Koyo.

HANS DAHLKE

HANDBUCH WÄLZLAGER-TECHNIK

Aus dem Programm Konstruktion

Roloff/Matek Maschinenelemente
von W. Matek, D. Muhs, H. Wittel und M. Becker

Maschinenelemente
Berechnen mit einer Tabellenkalkulation
von H.G. Harnisch, D. Muhs und M. Berdelsmann

Handbuch Wälzlagertechnik
von Hans Dahlke, Koyo Deutschland GmbH (Hrsg.)

Handbuch Vorrichtungen
von H. Matuszewski

Konstruieren und Gestalten
von H. Hintzen, H. Laufenberg, W. Matek, D. Muhs und H. Wittel

AutoCAD – Grundkurs
von H. G. Harnisch, I. Kretschmer und Th. Wesseloh

AutoCAD – Aufbaukurs
von H. G. Harnisch und J. Neuberger

Koyo (Hrsg.)

HANS DAHLKE

HANDBUCH WÄLZLAGER-TECHNIK

BAUARTEN · GESTALTUNG · BETRIEB

Mit 633 Bildern

vieweg

Der Herausgeber
Koyo Deutschland GmbH
Bargkoppelweg 4
22145 Hamburg
Tel. (040) 67 90 90-0

Der Autor
Nach einer Maschinenschlosserlehre und dem Ingenieurstudium begann Dipl.-Ing. Hans Dahlke, geb. 1937, seine Tätigkeit in der Wälzlagerbranche 1959 bei der Timken Company in Düsseldorf und wechselte 1968 zur Koyo Seiko Co. Ltd. Er baute zwei Niederlassungen in Süddeutschland auf und wurde 1972 Leiter der technischen Abteilung in der deutschen Zentrale. Heute ist Hans Dahlke als Direktor u.a. für den Vertrieb von Lenksystemen und Sonderlagern verantwortlich.

Ursprünglich erschienen bei Friedr. Vieweg & Sohn Verlagsgesellschaft mbH, Braunschweig/Wiesbaden, 1994

Gedruckt auf säurefreiem Papier

ISBN 978-3-663-01973-2 ISBN 978-3-663-01972-5 (eBook)
DOI 10.1007/978-3-663-01972-5

Vorwort

Das „Koyo-Handbuch Wälzlagertechnik" gibt einen umfassenden Überblick über die allgemeinen Grundlagen der Wälzlagertechnik, die Werkstoffe, die Berechnung, die Gestaltung, den Ein- und Ausbau sowie die Abdichtung, die Schmierung und Wartung von Wälzlagern.

Seit seinem ersten Erscheinen 1987 hat sich das Koyo-Handbuch als detaillierter Auskunftgeber bewährt und zu einem Standardwerk unter den technischen Handbüchern entwickelt. Das ausführliche Sachwortregister in deutscher und englischer Sprache unterstützt das schnelle Auffinden relevanter Passagen.

Der beständige technische Wandel und die damit verbundenen Neuentwicklungen machten es wiederum erforderlich, dieses Spezialdokument zu überarbeiten und zu ergänzen. Neu aufgenommen wurde in Kapitel 29 eine Darstellung der (K-V-SR-) Keramik-Vakuum-Selbstschmierenden-Reinraum-Wälzlager.

Verweisen möchten wir an dieser Stelle auf unseren „Koyo-Hauptkatalog". Er ermöglicht dem Praktiker eine rasche Dimensionierung der Lagerung und ist bei der Koyo Deutschland GmbH in Hamburg kostenfrei erhältlich.

Da ein aktuelles Nachschlagewerk vom Austausch mit der Leserschaft lebt, freuen wir uns über jede konstruktive Anregung und Anmerkung.

Allen Buchbenutzern wünschen wir gutes Gelingen bei der Bewältigung ihrer Aufgaben im Wälzlagerumfeld.

Inhaltsverzeichnis

Teil 1 Auswahl der Wälzlager

Teil 2 Wälzlagerpraxis

Sieben Schritte zur optimalen Lagerung

Koyo produziert und liefert Präzisionswälzlager aller Arten, Klassen, Abmessungen und Ausführungen, so daß ein weiter Bereich der Lageranforderung der meisten Industriezweige optimal gelöst werden kann. Um den vollen Nutzen aus diesem Angebot zu ziehen, ist es wichtig, das bestmögliche Lager unter Berücksichtigung der verschiedenen Bedingungen jedes Einbaufalles zu bestimmen. Der folgende Leitfaden will insbesondere dem Konstrukteur den richtigen Weg weisen. Befolgt er die hier angegebenen Schritte und Inhalte, wird er sicher auf die optimale Lagerung stoßen.

Bei weiterem Informationsbedarf steht die technische Beratung der Koyo Deutschland GmbH zur Verfügung.

START

1. Schritt, Beschreibung

- der Aufgabe der Maschine oder des Gerätes
- der Einbaustelle der Lager (Skizze, Einbauraum)
- der Anforderungen an die Lagerung mit Kennzeichnung fester, minimaler, maximaler und wünschenswerter Anforderungen (Genauigkeit, Geräuschpegel, Gebrauchsdauer, Schmierung, Reibung, zulässige Betriebstemperatur, Montage/Demontage, Wartung, Instandhaltung).
- der Einflußgrößen (Belastung Geschwindigkeit, Umgebungstemperatur, Verformungen / Verlagerungen, Schwingungen, Umgebungsstörungen), wenn möglich nach Häufigkeit und Zeit geordnet.
- vorhandener Betriebserfahrungen mit gleichen oder ähnlichen Lagerungen (Passungen, Abdichtung, Wartungsintervalle, Wirtschaftlichkeit usw.)

2. Schritt, Auswahl
(in schwierigen Fällen mehrere Alternativen)

- der Lageranordnung
- der Lagerbauart (s. Auswahltabelle)
- der Lagergröße

3. Schritt, Festlegung

- der Lagertoleranzen
- der Lagerluft
- der Lagerbauformen (Material, Käfig, Laufgeräusche usw.)
- der Lager-Bestellbezeichnungen

4. Schritt, Gestaltung (Zeichnung)

- der Lagerung (Befestigung, Abdichtung)
- der Passungen
- der Anschlußmaße
- der Schmierung
- des Ein- / Ausbaues

5. Schritt,
Überprüfung (Vergleich mehrerer Alternativen)

- des Gesamtsystems Lagerung nach den beschriebenen Anforderungen/Einflußgrößen, den vorhandenen Betriebserfahrungen und nach der Gesamtwirtschaftlichkeit (Äquivalente Lagerbelastung, Lagerlebensdauer, Genauigkeit, Drehzahlgrenzen, Reibung, Schmierung, Temperatur, Herstell-/Betriebskosten usw.).

6. Schritt, endgültige Festlegung

- der Lager nach Verfügbarkeits- und Kostenprüfung

7. Schritt, Fertigung/Montage

- der Wellen, Gehäuse und Anschlußteile.
- Probelauf und Auslieferung der Maschine(n) bzw. der Geräte.

ZIEL:
Zufriedene Kunden

n [min⁻¹]	f_n		n [min⁻¹]	f_n		n [min⁻¹]	f_n		n [min⁻¹]	f_n	
	Kugel-lager	Rollen-lager		Kugel-lager	Rollen-lager		Kugel-lager	Rollen-lager		Kugel-lager	Rollen-lager
10	1.494	1.435	85	0.732	0.756	1050	0.317	0.355	6400	0.173	0.207
11	1.447	1.395	90	0.718	0.742	1100	0.312	0.350	6600	0.172	0.205
12	1.405	1.359	95	0.706	0.731	1150	0.307	0.346	6800	0.170	0.203
13	1.369	1.326	100	0.639	0.719	1200	0.303	0.341	7000	0.168	0.201
14	1.335	1.297	110	0.672	0.699	1250	0.299	0.337	7200	0.167	0.199
15	1.305	1.271	120	0.652	0.681	1300	0.295	0.333	7400	0.165	0.198
16	1.277	1.246	130	0.635	0.665	1400	0.288	0.326	7600	0.164	0.196
17	1.252	1.224	140	0.620	0.650	1500	0.281	0.319	8000	0.161	0.193
18	1.228	1.203	150	0.606	0.637	1600	0.275	0.313	8500	0.158	0.190
19	1.206	1.184	160	0.593	0.625	1700	0.270	0.307	9000	0.155	0.187
20	1.186	1.166	170	0.581	0.613	1800	0.265	0.302	9500	0.152	0.184
21	1.166	1.149	180	0.570	0.603	1900	0.260	0.297	10000	0.149	0.181
22	1.148	1.133	190	0.560	0.593	2000	0.255	0.293	11000	0.145	0.176
23	1.132	1.118	200	0.550	0.584	2100	0.251	0.289	12000	0.141	0.171
24	1.116	1.104	220	0.533	0.568	2200	0.247	0.285	13000	0.137	0.167
25	1.100	1.090	240	0.518	0.553	2300	0.244	0.281	14000	0.134	0.163
26	1.086	1.077	260	0.504	0.540	2400	0.240	0.277	15000	0.131	0.160
27	1.073	1.065	280	0.492	0.528	2500	0.237	0.274	16000	0.128	0.157
28	1.060	1.054	300	0.481	0.517	2600	0.234	0.271	17000	0.125	0.154
29	1.048	1.043	320	0.471	0.507	2700	0.231	0.268	18000	0.123	0.152
30	1.036	1.032	340	0.461	0.498	2800	0.228	0.265	19000	0.121	0.149
31	1.025	1.022	360	0.453	0.490	2900	0.226	0.262	20000	0.119	0 147
32	1.014	1.012	380	0.444	0.482	3000	0.223	0.259	22000	0.115	0.143
33.3	1.000	1.000	400	0.437	0.475	3200	0.218	0.254	24000	0.112	0.139
34	0.994	0.994	420	0.430	0.467	3400	0.214	0.250	26000	0.109	0.136
36	0.975	0.977	440	0.423	0.461	3600	0.210	0.246	28000	0.106	0.133
38	0.958	0.962	460	0.417	0.455	3800	0.208	0.242	30000	0 104	0.130
40	0.941	0.947	480	0.411	0.449	4000	0.203	0.238	32000	0.101	0.127
42	0.926	0.933	500	0.406	0.444	4200	0.199	0.234	34000	0.0993	0.125
44	0.912	0.920	550	0.393	0.432	4400	0.196	0.231	36000	0.0975	0.123
46	0.898	0.908	600	0.382	0.420	4600	0.193	0.228	38000	0.0957	0.121
48	0.885	0.896	650	0.372	0.410	4800	0.191	0.225	40000	0.0941	0.119
50	0.874	0.386	700	0.363	0.401	5000	0.188	0.222	42000	0.0926	0.117
55	0.846	0.866	750	0.355	0.393	5200	0.186	0.220	44000	0.0912	0.116
60	0.822	0.838	800	0.347	0.385	5400	0.183	0.217	46000	0.0898	0.114
65	0.801	0.819	850	0.340	0.379	5600	0.181	0.215	50000	0.0874	0.111
70	0.781	0.800	900	0.333	0.372	5800	0.179	0.213			
75	0.764	0.784	950	0.328	0.366	6000	0.177	0.211			
80	0.747	0.769	1000	0.322	0.361	6200	0.175	0.209			

f_l	Kugellager		Rollenlager	
	L $[10^6 U]$	L_h [h]	L $[10^6 U]$	L_h [h]
0.50	0.13	62.5	0.10	50
0.55	0.17	83	0.14	68
0.585	0.20	100	0.17	84
0.60	0.22	108	0.18	91
0.617	0.23	117	0.20	100
0.65	0.34	137	0.24	119
0.70	0.34	170	0.30	150
0.75	0.42	210	0.38	190
0.80	0.51	255	0.48	240
0.85	0.61	305	0.58	290
0.90	0.73	365	0.70	350
0.95	0.86	430	0.84	420
1.00	1.00	500	1.00	500
1.05	1.16	580	1.18	590
1.10	1.33	665	1.37	685
1.15	1.52	760	1.59	795
1.20	1.73	865	1.84	920
1.25	1.95	975	2.10	1050
1.30	2.20	1100	2.40	1200
1.35	2.46	1230	2.72	1360
1.40	2.74	1370	3.07	1530
1.45	3.05	1520	3.45	1730
1.50	3.38	1690	3.86	1930
1.55	3.72	1860	4.31	2160
1.60	4.10	2050	4.79	2400
1.65	4.49	2250	5.31	2650
1.70	4.91	2460	5.86	2930
1.75	5.36	2680	6.46	3230
1.80	5.83	2920	7.09	3550
1.85	6.33	3170	7.77	3890
1.90	6.86	3430	8.50	4250
1.95	7.42	3710	9.26	4630
2.00	8.00	4000	10.1	5040
2.05	8.62	4310	10.9	5470
2.10	9.26	4630	11.9	5930

f_l	Kugellager		Rollenlager	
	L $[10^6 U]$	L_h [h]	L $[10^6 U]$	L_h [h]
2.15	9.94	4970	12.8	6420
2.20	10.6	5320	13.8	6920
2.25	11.4	5700	14.9	7460
2.30	12.2	6080	16.1	8030
2.35	13.0	6500	17.2	8620
2.40	13.8	6910	18.5	9250
2.45	14.7	7360	19.8	9920
2.50	15.6	7810	21.2	10600
2.55	16.6	8290	22.6	11300
2.60	17.6	8790	24.2	12100
2.65	18.6	9300	25.8	12900
2.70	19.7	9840	27.4	13700
2.75	20.8	10400	29.1	14600
2.80	22.0	11000	30.9	15500
2.85	23.2	11600	32.8	16400
2.90	29.4	12200	34.8	17400
2.95	25.7	12800	36.8	18400
3.00	27.0	13500	38.9	19500
3.05	28.4	14200	41.1	20600
3.10	29.8	14900	43.4	21700
3.15	31.3	15600	45.8	22900
3.20	32.8	16400	48.3	24100
3.25	34.3	17200	50.8	25400
3.30	35.9	18000	53.5	26800
3.35	37.6	18800	56.3	28100
3.40	39.3	19700	59.1	29600
3.45	41.1	20500	62.0	31000
3.50	42.9	21400	65.1	32500
3.55	44.7	22400	68.2	34100
3.60	46.7	23300	71.5	35800
3.65	48.6	24300	74.9	37400
3.70	50.7	25300	78.3	39200
3.75	52.7	26400	81.9	41000
3.80	54.9	27400	85.6	42800
3.85	57.1	28500	89.4	44700

f_l	Kugellager		Rollenlager	
	L $[10^6 U]$	L_h [h]	L $[10^6 U]$	L_h [h]
3.90	59.3	29700	93.4	46700
3.95	61.6	30800	97.4	48700
4.00	64.0	32000	102	50800
4.05	66.4	33200	106	52900
4.10	68.9	34500	110	55200
4.15	71.5	35700	115	57400
4.20	74.1	37000	120	59800
4.25	76.8	38400	124	62200
4.30	79.5	39800	129	64600
4.35	82.3	41200	134	67200
4.40	85.2	42600	140	69800
4.45	88.1	44100	145	72500
4.50	91.1	45600	150	75200
4.55	94.2	47100	156	78000
4.60	97.3	48700	162	80900
4.65	101	50300	168	83900
4.70	104	51900	174	87000
4.75	107	53900	180	90800
4.80	111	55300	187	93300
4.85	114	57000	193	96600
4.90	118	58800	200	99900
4.95	121	60600	207	103000
5.00	125	62500	214	107000
5.10	133	66300	228	114000
5.20	141	70300	244	122000
5.30	149	74400	260	130000
5.40	157	78700	276	138000
5.50	166	83200	294	147000
5.60	176	87800	312	156000
5.70	185	92600	331	165000
5.80	195	97600	351	175000
5.90	205	103000	371	186000
6.00	216	108000	392	196000
6.50	275	137000	513	256000
7.00	343	172000	656	328000

TEIL 1

AUSWAHL DER WÄLZLAGER

1 Wälzlagerauswahl

1.1 Anordnung der Lager

Um rotierende Machinenteile eindeutig zu führen und zu unterstützen, sind in der Regel zwei, im bestimmten Abstand voneinander angeordnete Lager erforderlich. Mehr als zweifach radial- und/oder axial unterstützte Wellen/Achsen sind statisch unbestimmt. Sie erfordern aufwendige Berechnungsverfahren, wenn genügend genaue Lebensdauerergebnisse erreicht werden müssen. Abb. 1 zeigt die wichtigsten Möglichkeiten. Beispiele 1 ... 8 sind Fest-Loslager-Konstruktionen, Beispiel 9 und 10 sind sogenannte „schwimmende" Lagerungen, Beispiele 11 und 12 sind angestellte Lagerungen und Beispiel 13 ist eine Direktlagerung.

Beispiel	Anordnung Festlager (A)-Seite	 Loslager (B)-Seite	Eigenschaften und Anwendung
1	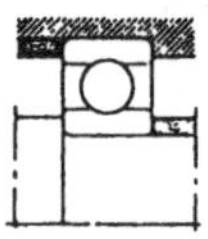 Rillen-kugellager	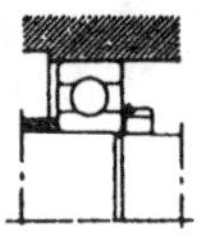 Rillen-kugellager	1) Einfach, preisgünstig 2) Längenausgleich über lose gepaßten Außenring 3) Häufig verwendet
2	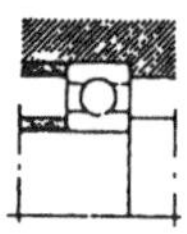 Rillen-kugellager	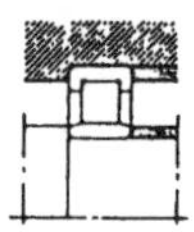 N- oder NU-Zylinder-rollenlager	1) Hochbelastbar, wenn das Zylinderrollenlager auf die höchstbelastete Seite gesetzt wird 2) Hohe Drehzahlgrenze 3) Bei größeren Winkelfehlern nicht geeignet 4) Längenausgleich im Zylinderrollenlager
3	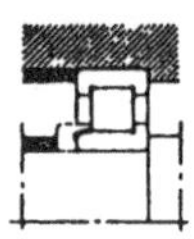 NH-Zylinder-rollenlager	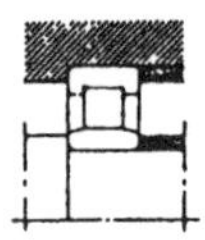 N- oder NU-Zylinder-rollenlager	1) Ausgezeichnet für hohe Drehzahlen und hohe Belastungen, allerdings muß auch die axiale Tragfähigkeit stets überprüft werden. 2) Einfacher Ein- und Ausbau, besonders bei strammen Passungen bei Innen- und Außenringen 3) Bei größerem Winkelfehler Sondermaßnahmen (Balligkeit) erforderlich
4	 Zweireihige Schrägkugel-lager	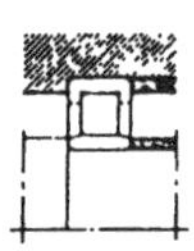 N- oder NU-Zylinder-rollenlager	1) Hohe axiale Führungsgenauigkeit 2) Hohe Drehzahlgrenze 3) Auch zweireihige Schrägkugellager möglich 4) Wellen- und Gehäusesitz müssen gut fluchten

Abb. 1 Lageranordnung

Beispiel	Anordnung: Festlager (A)-Seite	Anordnung: Loslager (B)-Seite	Eigenschaften und Anwendung
5	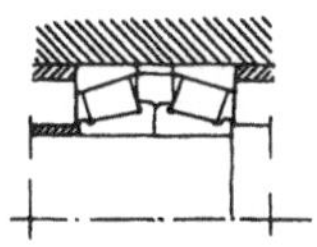 Zweireihige Kegelrollenlager	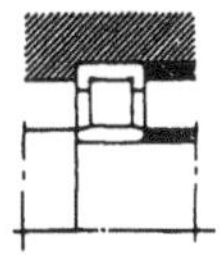 N- oder NU-Zylinderrollenlager	1) Hohe Belastbarkeit, besonders axial und stoßweise 2) Vorgespannte Kegelrollenlager erlauben eine genaue Wellenführung 3) Erfordert gut fluchtende Wellen und Gehäusesitze 4) Zweireihige Kegelrollenlager möglich
6	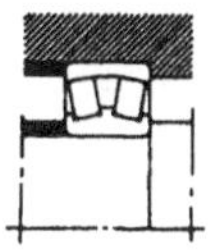 Pendelrollenlager	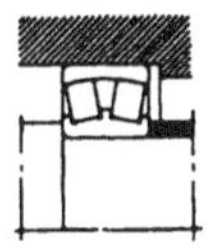 Pendelrollenlager	1) Hohe radiale Belastbarkeit 2) Ausgleich von Flucht- und Durchbiegungsfehlern 3) Niedrige Drehzahlen
7	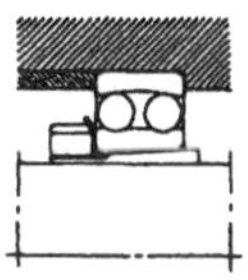 Pendelkugellager	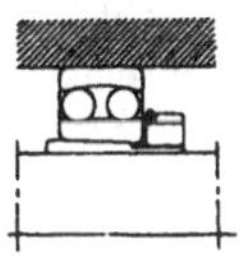 Pendelkugellager	1) Ausgleich von Flucht- und Durchbiegungsfehlern 2) Spannhülsen empfehlenswert bei gezogenen Wellen (ohne Schultern) 3) Nur gering axial belastbar
8	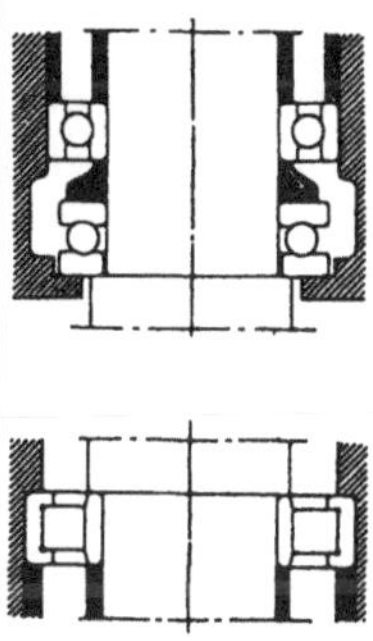	A-Seite: Rillenkugellager und Axial-Rillenkugellager B-Seite: N- oder NU-Zylinderrollenlager	1) Typische vertikale Wellen-Anordnung und überwiegend Axialbelastung 2) Auch für horizontale Wellen-Anordnung geeignet 3) Bei Flucht- und Durchbiegungsfehlern für Ausgleich sorgen (ballige Unterlegscheibe)

Abb. 2 Lageranordnung

Beispiel	Anordnung Festlager (A)-Seite	 Loslager (B)-Seite	Eigenschaften und Anwendung
9	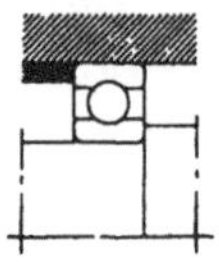 Rillen-kugellager	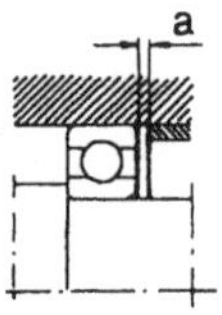 Rillen-kugellager	1) Für Kleinstmaschinen und Geräte mit geringen Belastungen 2) Lager müssen mit Spiel (a) oder Vorspannung (Federn) zur Geräuschminderung eingebaut werden
10	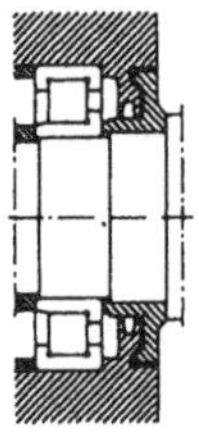 NJ-Zylinder-rollenlager	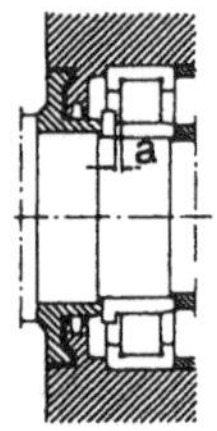 NJ-Zylinder-rollenlager	1) Geringe axiale Führungsgenauigkeit 2) Längenausgleich (Spiel a) mindestens auf einer Seite erforderlich 3) Einfache Montage
11	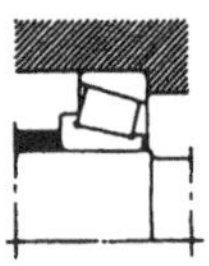 Einreihige Kegel-rollenlager (oder Schrägkugellager)	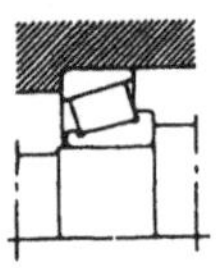 Einreihige Kegel-rollenlager (oder Schrägkugellager)	1) Hohe Belastbarkeit, insbesondere Kombinationen von axialen und radialen Belastungen 2) Individuelle Einstellung der Lagerluft 3) Getrennte Montage von Innen- und Außenringen 4) Erhöhung der axialen- und radialen Steifigkeit durch Vorspannung
12	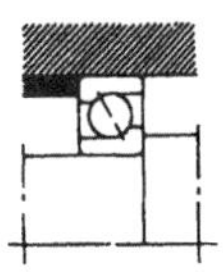 Einreihige Schrägkugellager (oder Kegelrollenlager)	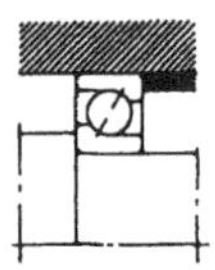 Einreihige Schrägkugellager (oder Kegelrollenlager)	1) Gegenüber O-Anordnung (Beispiel 11) geringfügig größerer Ausgleich von Flucht- und Durchbiegungsfehlern 2) Hohe Drehzahlen bei Schrägkugellagern
13	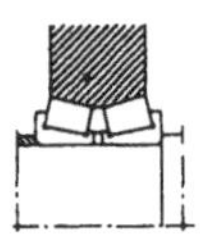 Kegelrollen-lager	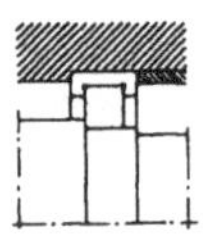 Zylinderrollen-lager	1) Raumsparende Bauweise 2) Hohe Belastbarkeit 3) Wellen- und/oder Gehäusesitz werden zu Verschleißteilen 4) Hohe Anforderungen an Material, Härte, Oberfläche, Maß-, Form- und Laufgenauigkeit

Die **Fest-Loslager-Konstruktion** gleicht mit ihrem Loslager die unterschiedlichen axialen Abstände der Lagersitze aus, die durch Fertigungsungenauigkeiten oder durch Wärmeausdehnungen (Welle in der Regel wärmer als Gehäuse) entstehen. Mehrfach unterstützte Wellen oder Achsen erhalten aus diesem Grunde nur ein Festlager. Der einfachste/beste Längenausgleich wird durch N- oder NU-Zylinderrollenlager oder durch entsprechende Nadellager erreicht. Bei allen übrigen Bauarten und -formen muß ein Lagerring verschiebbar sein. Je nach Belastungsart und Umlaufverhältnissen muß dies der Innen- oder Außenring sein. Die Axialluft des Festlagers bestimmt die axiale Führung. Sie kann z. B. durch spiegelbildlich angeordnete (vorgespannte) Schrägkugellager oder Kegelrollenlager verbessert werden. Der Vorteil der Festlager-Loslager-Konstruktion liegt darin, daß die seitlichen Lageranlageflächen nicht besonders eng toleriert werden müssen, weil die Lager sich nicht verspannen.

Bei der **„schwimmenden" Lagerung** wird auf eine enge Führung verzichtet. Die Abstände der Lagersitze werden unter Berücksichtigung der ungünstigsten thermischen und fertigungstechnischen Verhältnisse vorgegeben. Die Welle verschiebt sich bei jedem Richtungswechsel der Axialkraft und begrenzt damit die Verwendbarkeit.

Die **angestellte Lagerung** wird angewendet bei spiegelbildlich angeordneten Schräglagern, also vornehmlich bei Schrägkugellagern, Axialpendelrollenlagern, Kegelrollenlagern und gelegentlich auch bei Rillenkugellagern, die dann als Schrägkugellager mit kleinem Druckwinkel wirken. Bei der Montage wird ein Lagerring auf dem Lagersitz soweit axial verschoben, bis das Lager die gewünschte Lagerluft oder erforderliche Vorspannung erreicht hat. Diese Konstruktion der individuellen Lagerluftregulierung eignet sich besonders für Lagerungen, die eine enge Führung/geringe Abdrängung aufweisen müssen. Mit der sogenannten O- und X-Anordnung sind grundsätzlich zwei Varianten möglich. Abb. und weitere Einzelheiten siehe S. 41/56.

Direktlagerungen kommen in Betracht, wenn der zur Verfügung stehende Einbauraum kein komplettes Wälzlager aufnehmen kann und zerlegbare Lager (Zylinderrollenlager, Kegelrollenlager, Nadellager) ohne Laufbahnringe einsetzbar sind. Welle und/oder Gehäuse werden zu Laufbahnen. Da die Aufarbeitung einer solchen Lagerung nicht leicht möglich ist, geht der Vorteil der Wälzlager, Verschleiß- und Normteil zu sein, allerdings weitgehend verloren. Voraussetzung für die Wirtschaftlichkeit ist außerdem die Gewährleistung von Funktionseigenschaften, wie sie beim Einbau kompletter Wälzlager gegeben sind. Entsprechende Forderungen an Direktlagerungen siehe S. 98 und T. 2.

1.2 Gesichtspunkte für die Lagerauswahl

Wälzlager gehören zweifellos zu den wichtigsten Teilen einer Konstruktion und verdienen große Sorgfalt bei der Auswahl. Um das richtige Lager aus der Vielzahl der Möglichkeiten herauszufinden, müssen viele äußere Einflüsse gründlich durchdacht werden. Die Lagerarten besitzen sowohl eine Menge gemeinsamer als auch unterschiedlicher Eigenschaften, die das optimale Lager nicht leicht erkennen lassen. Viel Erfahrung ist notwendig. Die Abbildungen 1, 2 und die folgenden Seiten geben einige entscheidende Hinweise. Detaillierte Angaben sind in den Textteilen der einzelnen Lagerbauarten gemacht.

1.2.1 Lagerauswahl unter Berücksichtigung der Belastung

Entscheidend sind Richtung und Größe der Belastung. Bei niedrigen bis mittleren Belastungen werden in der Regel Kugellager günstiger als Rollenlager sein; bei hohen Belastungen und beschränktem Einbauraum ist es eher umgekehrt. Mit Ausnahme der Axial-Rillenkugellager, die ausschließlich axial belastet werden dürfen, können alle Lagerarten radiale Belastungen aufnehmen. Mit einer weiteren Ausnahme der nur rein radial belastbaren Nadellager, gilt das gleiche bei kombinierter Belastung, d.h. bei gleichzeitig wirkender Radial- und

Axialbelastung. Die Tragfähigkeit für kombinierte Belastung ist bei den verschiedenen Wälzlagerarten unterschiedlich und aus den X-und Y-Faktoren der Maßtabellen zu erkennen.
Zylinderrollenlager können Axialbelastungen durch die Borde am Innen- und Außenring aufnehmen.
Rillenkugellager übertragen Axialbelastungen in beiden Richtungen, einreihige Schrägkugellager und Kegelrollenlager jedoch nur in eine Richtung. Sie müssen deshalb immer paarweise eingebaut oder anderweitig abgestützt werden.
Pendelkugellager und Pendelrollenlager eignen sich besonders für Radialbelastungen (auch bei hohen Schiefstellungen); weniger für Axialbelastungen.
Gehäuselagereinheiten sind für alle Lastrichtungen geeignet, wenn sie, was meistens der Fall ist, mit winkelbeweglichen Rillenkugellagern bestückt sind.
Kann ein Lager die Belastung allein nicht tragen, kommen zwei oder mehrere Ausführungen in Frage, bei kombinierten Belastungen auch eine Aufteilung in Radial- und Axiallager.

1.2.2 Lagerauswahl unter Berücksichtigung der Lebensdauererwartung

Die Lebensdauererwartung hängt primär von der Tragzahl der Lager ab. Rollenlager haben höhere Tragzahlen als Rillenkugellager. Entscheidend ist aber auch der zur Verfügung stehende Einbauraum. Bei allen Lagerbauarten gibt es Abstufungen für Außendurchmesser und Breite gemäß dem genormten Maßplan (T. 2). Dadurch ergibt sich die Möglichkeit, bei gegebenem Wellendurchmesser zwischen unterschiedlichen Außendurchmessern und Breiten zu wählen.
Kegelrollenlager, Zylinderrollenlager und Nadellager können bei entsprechend gehärteten, geschliffenen Laufflächen auch ohne abziehbare Lagerringe eingebaut werden und so den Einbauraum optimal nutzen.

1.2.3 Lagerauswahl unter Berücksichtigung der Drehzahl

In den meisten Einbaufällen beeinflußt die Drehzahl die Lagerauswahl wenig. Sie wird bei der Lebensdauerberechnung berücksichtigt. Nur bei sehr hohen Drehzahlen ist eine Überprüfung notwendig und eine günstige Lagerbauart zu wählen.
Die höchsten Drehzahlen werden mit Rillenkugellagern, Schrägkugellagern und Zylinderrollenlagern erreicht. Anhaltswerte über die jeweils zulässigen Drehzahlen bei Fett- und Ölschmierung sind in den Maßtabellen aufgeführt.

1.2.4 Lagerauswahl unter Berücksichtigung der Führungsgenauigkeit

Die Führungsgenauigkeit einer Lagerung in radialer und axialer Richtung hängt von folgenden Faktoren ab:

1. Maß-, Form- und Laufgenauigkeit der Wälzlager (Toleranzklasse)
2. Radiale und axiale Lagerluft im Betriebszustand
3. Passungen
4. Maß-, Form- und Laufgenauigkeit der Wellen, Gehäuse und Anschlußteile
5. Steifigkeit (Federung) der Wälzlager in radialer und axialer Richtung
6. Steifigkeit (Federung) der Wellen, Gehäuse und Anschlußteile.

Die Lagerauswahl kann nur durch die Punkte 1, 2 und 5 beeinflußt werden.
Je präziser die Lagerung gefertigt wird, desto höher wird die Führungsgenauigkeit. Wie aus den angegebenen Toleranzklassen zu ersehen, werden aus wirtschaftlichen Gründen nicht alle Lagerbauarten in allen möglichen Genauigkeitsklassen hergestellt.
Je weniger Lagerluft die Lagerung aufweist, desto höher ist ihre Führungsgenauigkeit. Die radiale Lagerluft der Wälzlager ist nach DIN 620 in verschiedenen Gruppen festgelegt. Sie kann je nach Betriebstemperatur, Schmierung und Passungen ausgewählt werden. Die axiale Lagerluft ist nicht genormt, aber aus der radialen Lagerluft abzuleiten bzw. dem lagerartbezogenen Textteil zu entnehmen.
Ganz bestimmte Lagerluftwerte, also auch negative Luft (= Vorspannung), erhält man am leichtesten durch einstellbare Lager wie Schrägkugellager und Kegelrollenlager, aber auch z.B. durch federbelastete Rillenkugellager, eingestellte NJ/NF-Zylinderrollenlager oder durch axiales Verschieben von Lagern mit kegeliger Bohrung auf kegeligem Zapfen.
Die elastischen Verformungen der Wälzkörper und Laufbahnen unter Betriebsbelastung beeinflussen ebenfalls die Führungsgenauigkeit einer Lagerung. Sie sind

jedoch im Verhältnis zu üblichen Fertigungstoleranzen und zu den Federungen von Wellen, Gehäusen und Anschlußteilen, sehr gering und daher nur in wenigen Fällen (z. B. Arbeitsspindeln von Werkzeugmaschinen) für die Lagerauswahl entscheidend.
Lager mit Linienberührung (Zylinderrollenlager, Kegelrollenlager) sind steifer als Lager mit Punktberührung (Rillenkugellager/-Schrägkugellager). Beide Arten sind durch Vorspannung und paarweisen Einbau noch steifer zu machen.

1.2.5 Lagerauswahl unter Berücksichtigung des Geräuschverhaltens

Das Laufgräusch der normalen Wälzlager ist so gering, daß es gewöhnlich im normalen Maschinengeräusch untergeht. Nur in sehr ruhiger (Haushalt, Büro) resonanzauslösender Umgebung (Aufzug, Pkw, Ölbrenner) kann es evtl. störend sein. So fertigt Koyo Lager mit niedrigem, bzw. besonders niedrigem Geräuschniveau, z. B. für Tonbandgeräte, Schreibmaschinenmotoren und kleine Elektromotoren. Hauptsächlich sind dies kleine Rillenkugellager, aber auch mittlere Zylinderrollenlager und Kegelrollenlager. Das zulässige Geräuschniveau ist nicht genormt und muß mit dem Wälzlagerhersteller über Bemusterungen und Versuche abgestimmt werden.

1.2.6 Lagerauswahl unter Berücksichtigung des Durchbiegungs- und Fluchtfehler-Ausgleiches

Die Winkeleinstellbarkeit zum Ausgleich von Fluchtfehlern und Wellendurchbiegungen ist bei Pendelkugellagern und Pendelrollenlagern sehr gut, bei Rillenkugellagern in Abhängigkeit der Lagerluft noch gut, während sie bei Schrägkugellagern, Axial-Rillenkugellagern und Nadellagern gleich Null zu setzen ist. Winkelfehler rufen bei starren Lagern zusätzliche Einspannmomente hervor, die negativ in die Tragfähigkeitsberechnung eingehen. Bei Gehäuselagereinheiten findet der Fluchtfehlerausgleich zwischen den Kugelflächen des Lageraußenringes und der Gehäusebohrung statt. Zylinder- und Kegelrollenlager werden gegen Winkelfehler durch ballige Laufbahnen und/oder Wälzkörper nur in mäßigen Grenzen unempfindlich.
Schwenkbewegungen unter Belastung ohne Drehung der Wälzelemente sind zu vermeiden, weil sie meist zu Beschädigungen der Laufbahnen führen (Gleitspuren bei unzureichender Schmierung).
Größere Fluchtfehler treten meistens dann auf, wenn die Gehäusebohrungen nicht in einer Aufspannung bearbeitet sind, oder die Gehäuse einzeln und unabhängig voneinander montiert werden.
Größere Durchbiegungen (gleichzusetzen mit sich ständig verändernden Fluchtfehlern) treten bei geringer Wellensteifigkeit und/oder größeren Gehäuseverformungen auf. In beiden Fällen ist der Einbau von Pendelkugellagern oder Pendelrollenlagern angezeigt.

1.2.7 Lagerauswahl unter Berücksichtigung von Montage- und Demontageanforderungen

Nicht selbsthaltende, also zerlegbare Lager (Kegelrollen-, Zylinderrollen und Nadellager), sind meist einfacher zu montieren bzw. zu demontieren, als selbsthaltende. Das gleiche gilt für Lager mit kegeliger Bohrung gegenüber solchen mit zylindrischer Bohrung. Nicht selbsthaltende Lager müssen bei Montage eingestellt werden, was immer große Sorgfalt voraussetzt. Von der Einstellung ausgenommen sind Zylinderrollenlager und Nadellager mit zylindrischer Bohrung.
Wichtig ist dieser Montage und Demontage-Gesichtspunkt beispielsweise bei häufigem Lagerwechsel (Walzenlagerung), bei getrennten Fertigungen (Radnabe/-Achsschenkel), wenn beide Lagerringe eine feste Passung haben müssen (schwere Kurbelwellenlagerungen), oder wenn temperatur-/fertigungsbedingte Längenänderungen im Lager selbst ausgeglichen werden sollen.

1.2.8 Lagerauswahl unter Berücksichtigung der Reibung

Alle Wälzlager haben eine sehr niedrige, im weiten Drehzahl- und Belastungsbereich fast unveränderte Reibungszahl. Abgesehen von Sonderfällen (Kreisel, Meßgeräte, Miniaturlager) bleibt die Reibungsverlustleistung beim Entwurf einer Maschine oft unberücksichtigt. Bedeutung erhält die Wälzlagerreibung aber dadurch, daß sie die Lauftemperatur, die Drehzahlgrenze und auch den Verschleiß der Lager bestimmt. Reibungsunterschiede ergeben sich sowohl aus dem konstruktiven Aufbau, als auch aus der Ausführungsqualität der Lager. Die niedrigsten Reibwerte sind bei kleinen Belastungen mit Kugellagern, bei großen Belastungen und mäßigen Drehzahlen mit Rollenlagern zu erreichen. Der geringste Reibwert stellt sich ein, wenn Lastwinkel β und Druckwinkel α ungefähr übereinstimmen. Also, wenn für Radialbelastungen Radiallager, für Axialbelastungen Axiallager und für kombinierte Belastungen Schrägkugellager, Kegelrollenlager oder eine Kombination von Radial-und Axiallagern verwendet werden. Bei kleinen Rillenkugellagern, Schrägkugellagern und Kegelrollenlagern besteht die Möglichkeit reibwertgeprüfte Ausführungen zu beziehen.

Die unterschiedliche Reibung der verschiedenen Wälzlagerbauarten läßt sich überschlägig aus einer konstanten durchschnittlichen Reibungszahl μ ablesen, die wie folgt bestimmt wird:

$$\mu = \frac{M}{F \cdot d / 2} \qquad \text{(Gl. 1)}$$

mit

M Gesamtreibmoment des Lagers |Nmm|

F Resultierende Lagerbelastung

$= \sqrt{Fr^2 + Fa^2}$ |N|

d Lagerbohrung |mm|

Die Reibungszahlen sind in der beiliegenden Vergleichs- und Auswahltabelle angegeben. Vorausgesetzt werden normale Betriebsbedingungen, dosierte Schmierung, mittlere Drehzahlen ($n < 0{,}6\ ng_0$) und Belastungen ($P < 0{,}1\ C$). Dabei gelten die größeren Werte für überwiegend axialbelastete Radiallager (steigender Lastwinkel β) wie z. B. $\mu = 0{,}003$ für Zylinderrollenlager bis $F_a/F_r < 0{,}25$.
ng_0 = Drehzahlgrenze für Ölbadschmierung. P = Dyn. äquivalente Belastung, C = Dyn Tragzahl, F_a = Axialbelastung, F_r = Radialbelastung)
Im Vergleich hierzu liegen Gleitlager in der Regel bei $\mu = 0{,}01 \ldots 0{,}02$, manchmal auch über 0,15, selten jedoch unter 0,003

1.2.9 Lagerauswahl unter Berücksichtigung der Schmierung

Im allgemeinen wird der Schmierstoff und das Schmierverfahren dem eingesetzten Wälzlager angepaßt. Wenn dies nicht möglich ist, sind die unterschiedlichen Ansprüche der Wälzlagerarten an die Schmierung zu berücksichtigten. Die Radial-Rillenkugellager sind die anspruchslosesten, Axialpendelrollenlager die anspruchsvollsten. Letztere erfordern fast immer Ölschmierung. Die Rangfolge ergibt sich aus den steigenden Reibungszahlen und der Schmierstoff-Gebrauchsdauer.

Besondere Beachtung ist der Käfigbauform zu zollen. Die günstigsten Käfige für Fettschmierung sind Stahlblechkäfige mit großem Fettraum. Müssen Massivkäfige bei Fettschmierung eingesetzt werden, sind wälzkörpergeführte Käfige zu bevorzugen. Bei bordgeführten Massivkäfigen ist es meist schwierig, genügend Fett an die Führungsflächen zu bringen. Gezielte Schmierstoff-Zuführung und Schmiernuten in den Käfigführungsflächen sind anzuraten. Für die Konstruktion wartungsarmer- bzw. wartungsfreier Lagerungen sind möglichst Lager mit geringen Schmierungsanforderungen auszuwählen, weil sie die längsten Schmierfristen ergeben. Siehe (Radial-) Rillenkugellager und Gehäuselager mit Deck- oder Dichtscheiben.

1.2.10 Lagerauswahl unter Berücksichtigung der Betriebstemperatur

Die oberste Temperaturgrenze für Wälzlager aus normalem Wälzlagerstahl (100 Cr6) liegt bei etwa +350°C, die untere bei etwa —70°C. In der Normalausführung sind alle Lagerbauarten für konstante Betriebstemperaturen von —30 bis +120°C geeignet. Zulässig sind Temperaturspitzen bis 150°C. Abstriche sind bei abgedichteten Lagern wegen der Dichtung (+110°C) und der Fettfüllung (Schmierfrist) zu machen.
Für Temperaturen unter —30°C und über +120°C sind Metallkäfige einzusetzen. Für Temperaturen über +120°C ist eine besondere Wärmebehandlung der Wälzlager erforderlich (S0 . . . S3). Die damit verbundene verminderte Härte ist bei der Berechnung der Tragzahl bzw. Lebensdauer (S. 10 und T. 2) zu berücksichtigen.

1.2.11 Lagerauswahl unter Berücksichtigung von Schwingungen

Bei starken Schwingungen, die nur im Betrieb auftreten, (z. B. bei Unwuchterregern, Sieblagerungen und Achslagerungen von

Schienenfahrzeugen) ist mit erhöhten Belastungen zu rechnen. Sie erfordern eine reichliche Lagerdimensionierung und bordgeführte (leichte) Metall-Massivkäfige. Stahlblechkäfige sind nur sehr beschränkt geeignet.

Bei Schwingungen, die auch im Stillstand auftreten können (z. B. bei Transporten, Schiffshilfsmaschinen, Achsschenkellagerungen) besteht die Gefahr der Riffelbildung (Schwingungsverschleiß oder sogenannter falscher Brinell-Effekt). Rollenlager sind hierfür anfälliger als Kugellager. Die Käfigart ist in der Regel ohne Einfluß. Schadensminderungen schaffen Transportsicherungen (Welle gegen Gehäuse verkeilen), minimierte Lagerluft, evtl. Vorspannung, axiale Anstellung und geschmeidige Schmierstoffe.

1.2.12 Lagerauswahl unter Berücksichtigung der Standardisierung

Ein genormtes Lager ist einer Sonderausführung vorzuziehen. Die Normung bzw. das Standardlieferprogramm ist so aufgebaut, daß damit nahezu alle Lagerungsprobleme gelöst werden können. Diese Lager werden regelmäßig gefertigt, ihre Lieferung ist auf Jahre gesichert, das Bestellwesen und die Lagerhaltung sind sehr einfach.

Natürlich gibt es Lagerungen, für die Lagerarten und Lagerausführungen aus dem Standardprogramm nicht, oder nur eingeschränkt, verwendbar sind. In diesen Fällen sollte unser technischer Beratungsdienst für die Auswahl passender Lager mit Klärung der Lieferzeiten und Preise möglichst frühzeitig zu Rate gezogen werden. Einen groben Anhalt über die bisher gefertigten Sonderlager, Sonderausführungen, Großlager und über unsere Möglichkeiten gibt der Koyo-Hauptkatalog.

1.2.13 Lagerauswahl unter Berücksichtigung der Preise

Wie bei jeder guten Konstruktion gilt es auch bei der Lagerauswahl ein möglichst hohes Kosten-Nutzen-Verhältnis zu erreichen. Zu betrachten sind der Lagerpreis, sowie der Aufwand für die gesamte Konstruktion der Lagerung. Während die Gesamtkonstruktion jeweils individuell zu beurteilen ist, kann für den Lagerpreis eine absolute und eine „relative" Preisrangfolge angegeben werden. Die absolute Preisrangfolge ergibt sich aus den mittleren Verkaufspreisen der Lagerarten, die relative aus dem Verhältnis Verkaufspreis zur Tragfähigkeit. So ist z. B. das Axial-Rillenkugellager die billigste Axiallagerart, das (Radial-) Rillenkugellager die billigste Radial-Lagerbauart, das Kegelrollenlager dagegen aber oft die billigste Lagerbauart, wenn die Tragfähigkeit einbezogen wird. Einen gewissen Anhalt für die Wirtschaftlichkeit der Gesamtkonstruktion geben die aufgeführten typischen Anwendungsbeispiele.

1.3 Dimensionierung der Lager

Bei der Wahl der Lagergröße wird die erforderliche Tragzahl berechnet und für den gegebenen oder angenommenen Wellen-Ø aus der Maßtabelle die nächstliegende Lagergröße bestimmt.

Zu unterscheiden ist zwischen statisch und dynamisch beanspruchten Lagern. Bei statischer Beanspruchung steht das Lager still oder schwenkt langsam. Bei dynamischer Beanspruchung läuft das Lager um (ca. $n \geqq 10\ min^{-1}$).

1.3.1 Statisch beanspruchte Lager

Die erforderliche statische Tragzahl ergibt sich aus:

$$C_{0erf.} = P_0 \cdot fs\ [kN] \qquad \text{(Gl. 2)}$$

mit

P_0 Statisch äquivalente Belastung [kN]
fs Statische Tragsicherheit

Die Gleichung für P_0 ist im lagerbauartbezogenen Textteil angegeben. Die statische Tragsicherheit fs ist ein Maß für die Sicherheit gegen zu große plastische Verformungen an den Kontaktstellen der Wälzkörper. Anzustreben sind:

Nichtumlaufende Lager:

fs* = 1,0 ... 2,0 Kranhaken mit großen Zusatzkräften
= 1,0 ... 1,5 Bewegliche Brücken, Konverter
= 0,8 ... 1,0 KFZ-Achsschenkel, KFZ-Federbeine, Wehranlagen, Schleusen
= 0,4 ... 0,8 Verstellbare Flugzeugpropeller, Steuerungsgestänge

Langsam umlaufende Lager:
fs* = 2,0 ... 4,0 bei hohen Ansprüchen an die Laufruhe
= 1,5 ... 2,5 bei ausgeprägter Stoßbelastung
= 1,0 ... 1,5 bei normalem Betrieb und normalen Ansprüchen an die Laufruhe
= 0,5 ... 1,0 bei erschütterungsfreier, statischer Beanspruchung und geringen Anforderungen an die Laufruhe
* höhere Werte gelten für Rollenlager

1.3.2 Dynamisch beanspruchte Lager

Die erforderliche dynamische Tragzahl errechnet sich aus:

$C_{erf.} = P \cdot f_l / f_n \cdot f_t$ [kN] (Gl. 3)

mit
P Dynamisch äquivalente Belastung [kN]
f_l Lebensdauerfaktor
f_n Drehzahlfaktor
f_t Temperaturfaktor

Die Gleichung für P ist im Textteil der Lagerbauarten ausgewiesen, der Lebensdauerfaktor f_l ergibt sich nach der gewünschten Lebensdauer , der Drehzahlfaktor f_n nach der vorliegenden Drehzahl. Für den Temperaturfaktor f_t sind folgende Richtwerte einzusetzen.

max. Betriebstemperatur [°C]	150	200	250
Temperaturfaktor, f_t	1,0	0,90	0,75
Nachsetzzeichen	S0	S1	S2

Abb. 3 Temperaturfaktor und Nachsetzzeichen für höhere Betriebstemperatur

1.3.3 Lebensdauer-Richtwerte

Bei der Bestimmung der Lagergröße ist je nach Maschinenart, Einsatzdauer und Anforderungen an die Betriebssicherheit eine bestimmte Lebensdauer einzusetzen. Wenn eigene Erfahrungen fehlen, können die in Abb. 4 angegebenen Richtwerte zugrunde gelegt werden. Diese Richtwerte haben teilweise nur Vergleichscharakter, weil sie bereits einige von der Ermüdung unabhängige Faktoren wie z.B. Verschleiß, Wartung und Umwelt einschließen, d.h. daß sie sich nicht in jedem Fall mit den in der Praxis erzielten 90 % Lebensdauerwerten decken müssen.

Beispiel:

Gegeben:

Chemiepumpe, Einsatz 24 h täglich, Betriebstemperatur: 200 °C, Drehzahl: 1450 min^{-1}, Welle: 50 mm Ø, Lageranordnung: Rillenkugellager (A) und Zylinderrollenlager (B), siehe Beispiel Nr. 2 S. 11, Lagerbelastungen: Fr_A = 2 kN, Fa_A = 1,4 kN, Fr_B = 4,35 kN

Gesucht:

Erforderliche Tragzahlen ($C_{erf.}$ = ?) und Lagergrößen

Lösung:

$P_A = x \cdot Fr + y \cdot Fa$ (Abb. 21, S. 29)

x = 0,46 auf Grund erforderl. C3-Lagerluft für hohe Betriebstemperaturen

y = 1,18 angenommen (später überprüfen und ggf. neu rechnen)

$P_A = 0{,}46 \cdot 2 + 1{,}18 \cdot 1{,}4 = 2{,}572$ kN

$P_B = Fr_B = 4{,}35$ kN (Abb. 78, S. 97)

Erforderliche Lebensdauer:
40...50.000 h Abb. 6, S. 12

f_l = 4,65 bzw. 4,00 (Abb. 5)

f_n = 0,285 bzw. 0,323 (Abb. 4)

f_t = 0,90 (Abb. 3)

$$C_{Aerf.} = 2{,}572 \cdot 4{,}65 \cdot \frac{1}{0{,}285 \cdot 0{,}90} = 46{,}6 \text{ kN}$$

infrage kommt 6310 C3 S1
mit C = 62,0 kN (*)

$$C_{Berf.} = 4{,}35 \cdot 4{,}00 \cdot \frac{1}{0{,}323 \cdot 0{,}90} = 59{,}8 \text{ kN}$$

infrage kommt NU210RC3ZSS1,
mit C = 66,1 kN (*)

(*) Siehe Koyo-Hauptkatalog

Einsatzdauer/Anforderungen an die Betriebssicherheit —	Lebensdauer L_{10h} [h]
Maschinen, Geräte, Vorrichtungen	
Selten, saisonal/gering — Haushaltsmaschinen, Landmaschinen, Instrumente, M-T-Geräte, Tore/Türen	300 ... 3 000
Kurzzeitig, häufig unterbrochen/ normal — Elektro-Handwerkzeuge, Montagekräne, Baumaschinen	3 000 ... 8 000
Kurzzeitig, unterbrochen/hoch — Aufzüge, Stückgutkräne	8 000 ... 12 000
Tägl. 8 Stunden, nicht immer voll ausgelastet — Stationäre Elektromotore, Zahnradgetriebe, Kreiselbecher	10 000 ... 25 000
Tägl. 8 Stunden, voll ausgelastet — Werkzeugmaschinen, Holzbearbeitungsmaschinen, Druckereimaschinen, Massengut-Kräne, Gebläse, Separatoren	20 000 ... 30 000
Tägl. 24 Stunden/normal — Kompressoren, Pumpen, Textilmaschinen, Walzwerksgetriebe, Elektromaschinen, Förderanlagen	40 000 ... 50 000
Wasserwerke, Schiffsgetriebe, Verseilmaschinen	60 000 ... 100 000
Tägl. 24 Stunden, hoch — Papiermaschinen, Kraftanlagen, Grubenpumpen/-gebläse, Groß-Elektromaschinen, Schiffswellen	≧ 100 000
Fahrzeuge	L_{10s} [km]
Radlagerungen	
Motorräder, Personenfahrzeuge	60 000 ... 200 000
Lastkraftwagen, Omnibusse	300 000 ... 500 000
Achslagerungen	
Güterwagen (bei ständig wirkender größter Achslast)	800 000
Straßenbahnen, Nahverkehrsfahrzeuge	1 500 000
Reisezugwagen	3 000 000
Triebwagen Fernverkehr	3 500 000
Diesel- u. E-Lokomotiven	4 000 000

Abb. 4 Lebensdauer-Richtwerte

1.3.4 Lagerluft

Mit Rücksicht auf gute kinematische Bedingungen, günstige Lastverteilung innerhalb des Lagers und hohe Führungsgenauigkeit soll die Lagerluft im eingebauten, betriebswarmen Zustand nur wenige μm betragen. Nur für sehr enge Wellenführungen (Werkzeugmaschinenspindeln, Ritzellagerungen) wird eine geringe Vorspannung vorgesehen. Die Lagerluft im nichteingebauten Zustand muß so ausgelegt werden, daß das Lager durch unterschiedliche Wärmedehnungen (Lagerringe, Wellen, Gehäuse, Anschlußteile) und durch Aufweitung bzw. Einschnürung der Lagerringe infolge fester Passungen während des Betriebes nicht verspannt wird (sonst Heißlauf oder Lebensdauerminderung).

Weil die Einbau- und Betriebsverhältnisse von Fall zu Fall sehr unterschiedlich sein können, werden die Lager außer mit Normalluft (kein Nachsetzzeichen) sowohl mit kleinerer Lagerluft (Nachsetzzeichen C2), als auch mit größerer Lagerluft (Nachsetzzeichen C3, C4 oder C5) geliefert.
Die normale Lagerluft ist so festgelegt, daß bei üblichen Passungen (z.B. k5/J6 für Kugellager oder m5/K6 für Rollenlager) und normalen Betriebsverhältnissen, eine zweckmäßige Betriebslagerluft verbleibt.

Eine im Vergleich zur Normalluft geringere Lagerluft, C2, ist vorzusehen, wenn eine möglichst spielfreie Lagerung erforderlich ist. Die Passungen dürfen dann aber nicht sehr fest sein. Auf diese Lagerluftgruppe kann man im übrigen verzichten, wenn die angestrebte geringe Betriebslagerluft durch entsprechend fest gewählte Passung oder axiale Anstellung der Lager möglich ist.

Die vergrößerte Lagerluft, C3, C4 oder C5, kommt dann infrage, wenn besondere Betriebsbedingungen, wie z.B. sehr feste Passungen bei hohen Belastungen, Preßpassungen für beide Lagerringe bei unbestimmter Lastrichtung, große Temperaturdifferenzen zwischen Innen- und Außenring, vorliegen oder auf eine Erhöhung des zulässigen Einstellwinkels bzw. der axialen Tragfähigkeit von Rillenkugellagern Wert gelegt wird.

Bei den Toleranzklassen P6, P5 und P4 wird die Luftgruppe unter Weglassung des „C" an die Toleranzklasse angeführt, z.B. aus C3 und P6 wird P63.

Die international festgelegten Luftwerte und weitere Auswahlgesichtspunkte sind den Textteilen der Lagerbauart zu entnehmen. Alle Lagerluftwerte gelten, wenn nicht anders angegeben, für den nicht eingebauten Zustand und für eine Meßlast gleich Null.

1.4 Bestellbezeichnung der Wälzlager

Die Bestellbezeichnung besteht aus dem in den Maßtabellen angebenenen Kurzzeichen, und weiteren Nachsetzzeichen, wenn von der Normalausführung abweichende, bzw. geänderte Ausführungen der Lager zu kennzeichnen sind.
Die Kurzzeichen sind in DIN 623 genormt. Darüber hinaus gibt es herstellerspezifische Zeichen, die besonders beachtet werden müssen (s. Textteil der jeweiligen Lagerbauart). Lager, die das gleiche Kurzzeichen tragen, sind gegeneinander austauschbar. Nur bei zerlegbaren Lagern und Einzelteilen unterschiedlicher Hersteller ist dies nicht immer gewährleistet.
Kurzzeichen für Wälzlager sind so aufgebaut, daß verschiedene Gruppen des Kurzzeichens bestimmte Aussagen machen.

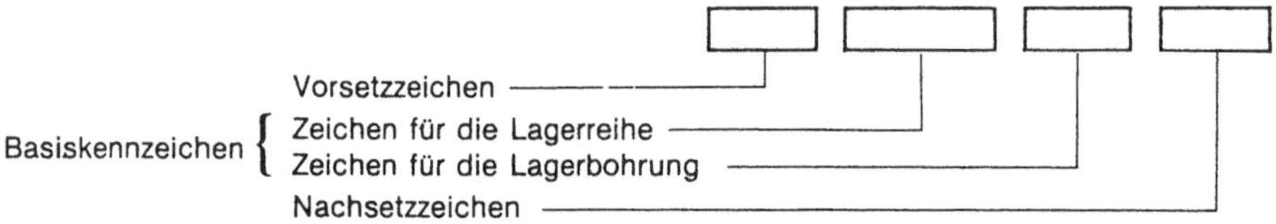

Abb. 5 Kurzzeichen für Wälzlager

Vorsetzzeichen kennzeichnen meistens Teile vom kompletten Lager. **Basiskennzeichen** setzen sich aus Zeichen für Lagerreihe (Abb 6) und Lagerbohrung (Abb 7) zusammen

Nachsetzzeichen geben zusätzlich Hinweise auf Außenmaße, äußere Form, Abdichtung, Käfig, Toleranzen, Lagerluft, Wärmebeständigkeit u. a S. Textteil der jeweiligen Lager)

Lagerbauart	DIN	Zeichen für die Lagerreihe*
Rillenkugellager	625	42, (43), 60, 62, 63, 64, (68), (69), 160
Schrägkugellager	628	32, 33, [(70)], 72, 73 [QJ2, QJ3, 173]
Pendelkugellager	630	12, 13, 22, 23, 112, 113, [115, 116]
(Schulterkugellager)	615	[BO, E, L, M]
Zylinderrollenlager	5412	N2, N3, N4, NJ2, NJ3, NJ4, NJ22, NJ23, NU2, NU3, NU4, NU10, NU20, NU22, NU23, NUP2, NUP3, NUP4, NUP22, NUP23, (NN30), NNU49
Kegelrollenlager, metrisch	720	302, 303, 313, 320, 322, 323, (329), 330, 331, 332
zöllig	—	
J-Lager	—	J bis JHM
Nadellager	617	[NA48, NA49]
Tonnenlager	635	[202, 203, 204]
Pendelrollenlager	635	213, 222, 223, 230, 231, 232, (239), 240, 241
Axial-Rillenkugellager	711	511, 512, 513, 514, [532, 533, 534]
	715	[522, 523, 524, 542, 543, 544]
Axial-Pendelrollenlager	728	292, 293, 294
(Axial-Zylinderrollenlager)	722	[811, 812]

* Lagerreihen in runden Klammern sind zwar gebräuchlich, aber nur in einer ISO-Norm enthalten. Lagerreihen in eckigen Klammern sind genormt, aber in diesem Handbuch nicht aufgeführt.

Abb. 6 Zeichen für Lagerreihe

Lagerbohrung d [mm]	Zeichen für die Lagerbohrung
1	1
.	.
.	.
.	.
9	9
10	00
12	01
15	02
17	03
20	04
22	/22
25	05
.	.
.	.
.	.
480	96
500	/500
600	/600
usw.	

Die Kennzahl für den Bereich d = 20...480 mm ergibt sich aus dem Bohrungsmaß geteilt durch 5. Beispiel d = 30 mm 30 : 5 = 06 = Bohrungszeichen

Abb. 7 Zeichen für Lagerbohrung

Zur unmittelbaren EDV-Verarbeitung muß die Bestellbezeichnung eine bestimmte Form haben, die im Sinne einer schnellen Kommunikation wie folgt zu beachten ist:

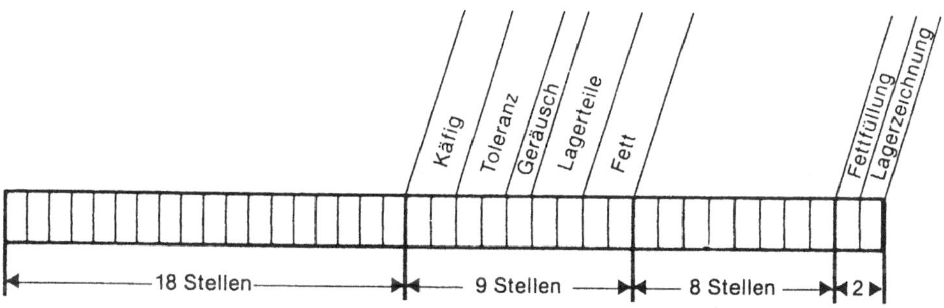

Die ersten 18 Stellen beinhalten: Vorsetzzeichen
Lagerreihe, Lagerbohrung } Basiskennzeichen
Nachsetzzeichen, mit Ausnahme der bereits oben angegebenen.

Abb. 8 EDV-Bestellbezeichnung

Die nächsten 9 Stellen ergeben sich aus den Nachsetzzeichen in den Textteilen der jeweiligen Lagerbauart, wobei folgende Abkürzungen zu verwenden sind:

Normalkäfig: *//*

Normaltoleranz:

a) metr. Lager - PØ
b) zöllige Kegelrollenlager - A4
c) J-Kegelrollenlager - PK

andere Toleranzen:

aus	ASA0	wird	A∅
	ASA2	„	A2
	usw.		
aus	P6E	wird	∅E
	P62E	„	2E
	P63E	„	3E
	usw.		
aus	PZ1	wird	Z1
	PZ2	„	Z2
	usw.		
aus	PH1	wird	H1
	PH2	„	H2
	usw.		

Geräusch:

aus SM wird S

Lagerteile:

Komplettes Lager	- ∅∅
Innenteil (Innenring und Wälzkörpersatz)	- ∅1
Außenteil (Außenring mit Wälzkörperkranz)	- ∅2
Wälzkörpersatz mit Käfig	- ∅3
Gehäuselagereinheit (Gehäuselager plus Gehäuse)	- ∅8
Gehäuselager mit Exzenterring	- ∅9
Innenring ohne Wälzkörperkranz	- 11
Außenring ohne Wälzkörperkranz	- 21
Wälzkörper (Kugel, Rolle)	- 4∅
Exzenterring oder Stellring	- 65
Zusätzliche Abdichtung für Gehäuselagereinheiten (Stahlblech-, Gußkappen mit/ohne Dichtung)	- 84
Hülse	- 92
Mutter	- 93
Unterlegscheibe, Sicherungsblech	- 94
Gehäuse (für Gehäuselagereinheit)	- 95

Die nächsten 8 Stellen bleiben für interne Mitteilungen frei.

Fettfüllung:

Normal	(30...40 %)-∅
	25 % - 1
	40...50 % - 4
	70 % - 2
	100 % - 3

Lagerzeichnung:

Liegt eine vereinbarte Lagerzeichnung, eine besondere Bestellvorschrift vor, oder kann das gewünschte Lager in der vorgegebenen Form nicht eindeutig beschrieben werden, wird ein „X" eingetragen.

Beispiele

Gewünscht: Rillenkugellager DIN 625 der Lagerreihe 62 mit einer Bohrung von 17 mm (Kennzahl 03), beidseitig abgedeckt (ZZ), mit C3-Lagerluft, Standard-Käfig (// hier Stahlblechkäfig), mit Normaltoleranz (P0), geräuschgeprüft (M), komplettes Lager (00), mit 30 bis 40 % SHELL ALVANIA R 2 (A2).

Kurzzeichen: **6203ZZ.C3.M.A2**

Bestellbezeichnung:

62∅3ZZC3//P∅M ∅∅ A2-∅

Gewünscht: Rillenkugellager der Lagerreihe 60 mit 8 mm Bohrung (Kennzahl 8), einseitig abgedichtet (RS), Innenringe, Außenringe und Kugeln aus nicht-rostendem Stahl (ST), mit Käfig aus nicht-rostendem Stahl (YS), in P6E-Toleranz, mit C3-Lagerluft (3E), besonders geräuschgeprüft (SM), komplettes Lager (00), mit 30 bis 40 % KLÜBER STABURAGS NBU 12 gefettet (NB).

Kurzzeichen: **608 RSST.YS.P63E.SM.NB.**

Bestellbezeichnung:

6∅8 RSSTYS3ES∅∅NB-∅

Anmerkung:

Die Verpackung trägt immer die vollständige Bestellbezeichnung, die Lagerringe dagegen aus Fertigungs- und Platzgründen nur wesentliche Elemente der Bestellbezeichnung.

Bei handgeschriebenen Bestellbezeichnungen wird die Null mit Schrägstrich (∅) geschrieben, um sie vom Buchstaben O unterscheiden zu können.

Das Vorsetzzeichen HI-CAP wird bei der EDV-Anschreibung gewöhnlich auf die Stellen 13 ... 18 gesetzt.

1.5 Lagerarten

1.5.1 Rillenkugellager, ein- und zweireihig

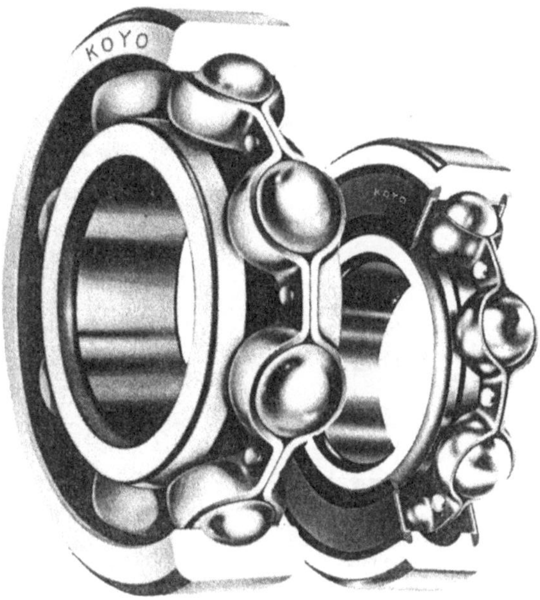

für einfachen, preisgünstigen Einbau

kompakte, fertigungsgünstige, wartungsfreie Lagerungen mit integrierter Abdichtung

hohe Drehzahlen

geringe Reibung

Radialkräfte und Axialkräfte aus jeder Richtung

Querschnitte

Einreihiges Rillenkugellager

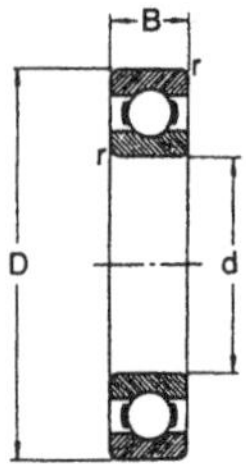

(offen)

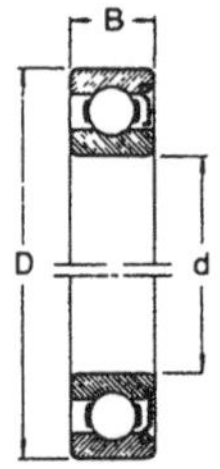

mit einer Deckscheibe (Z)

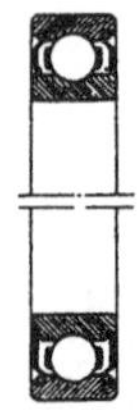

mit zwei Deckscheiben (ZZ)

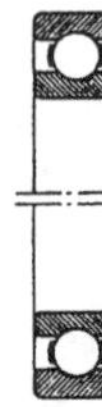

mit einer Dichtscheibe (RS)

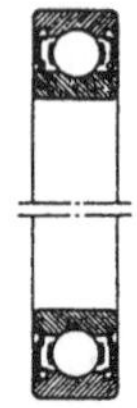

mit zwei Dichtscheiben (2RS)

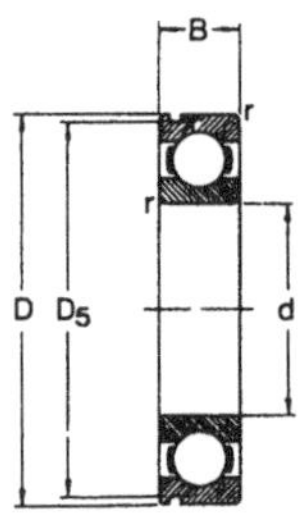

mit Ringnut für Sprengring (N)

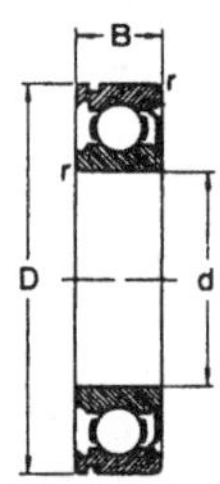

mit einer Deckscheibe und Ringnut für Sprengring (ZN)

Zweireihiges Rillenkugellager mit Füllnut

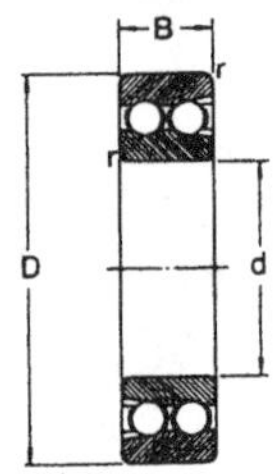

(offen)

Nachsetzzeichen

a (YA)	Kantenabstand ≠ Standard
AC	Gefettet mit Andok C
AE	Gefettet mit Alvania EP-2
AS	Gefettet mit Alvania RS
A2	Gefettet mit Alvania R2
A3	Gefettet mit Alvania R3
A6	Gefettet mit Andok 260
-1,-2 ...	Nicht näher bezeichnete Abweichungen an Standardlagern
B5	Gefettet mit Beacon 325
CM	Sonderradialluft für Elektromotorenlager
CR	Gefettet mit SRI 2
CS ...	Sonderradialluft (die nachfolgende Zahl gibt die mittlere Radialluft in μm an)
C1, 2, 3...	Radialluftgruppen
E7	Gefettet mit Aeroshell Nr. 7
FC	Massivkäfig aus Kohlenstoff-Stahl
FG	Massivkäfig aus glasfaserverstärktem Kunststoff (25 %)
FN	Massivkäfig aus Nylon
FT	Massivkäfig aus Phenolharz
FY	Massivkäfig aus Messing
K	Lager mit kegeliger Bohrung 1:12
LS	Gefettet mit Isoflex LDS 18 Super
M	Kugel- oder Zylinderrollenlager für Elektromotoren (geräuschgeprüfte Qualität entspr. GPR)
MG	Massivkäfig aus glasfaserverstärktem Kunststoff (10 %)
MN	Massivkäfig aus Kunststoff (hitzestabilisiertes Polyamid 6.6)
N	Lager mit Ringnut im Mantel des Außenringes
NB	Gefettet mit Staburags NBU 12
NR	Lager mit Ringnut und zugehörigem Sprengring
NY	Lager mit Nylon-Umspritzung am Außenring
PA	Außenringgeführter Massivkäfig
PB	Innenringgeführter Massivkäfig
PD	Kugelgeführter Massivkäfig

PZ 1, 2...	Sondertoleranzen
(P0), P6, P5, P4	Toleranzklassen
R	Verstärkte Ausführung (= erhöhte Tragfähigkeit)
RD	Reibungsarme Dichtscheibe
RK	Doppellippen-Dichtscheibe
RS	Dichtscheibe auf einer Seite
2 RS	Dichtscheiben auf beiden Seiten
RSA	Schmale Sonder-Dichtscheibe (Sandwich-Bauweise)
RSB	Breite Sonder-Dichtscheibe (Sandwich-Bauweise)
RSC	Dichtscheibe aus Silicon-Kautschuk
RSD	Dichtscheibe aus Acryl-Kautschuk
RSF	Dichtscheibe aus Fluor-elastomeren
RT	Sonderkäfig für Kurbelwellen-lager
RU	Gummi-Labyrinth-Dichtung auf einer Seite
SM	Besonders geräuschgeprüfte kleine Rillenkugellager (d < 25 mm)
SR	Gefettet mit Multemp SRL
ST	Wälzelemente aus nicht-rostendem Stahl
ST	Gefettet mit Staburags N12
S0, S1, S2,	Wärmebeständigkeit
UN	Gefettet mit Unirex N3
V	Vollkugeliges Lager
WR	Punktgeschweißter Stahlblechkäfig
YS	Gepreßter Käfig aus nicht-rostendem Stahl
YY	Messingblech-Käfig, doppelt verlappt
Z	Deckscheibe auf einer Seite
ZZ	Deckscheibe auf beiden Seiten
ZL	L-Form Deckscheibe
ZX	Deckscheibe mit Sicherungsring

einreihig:

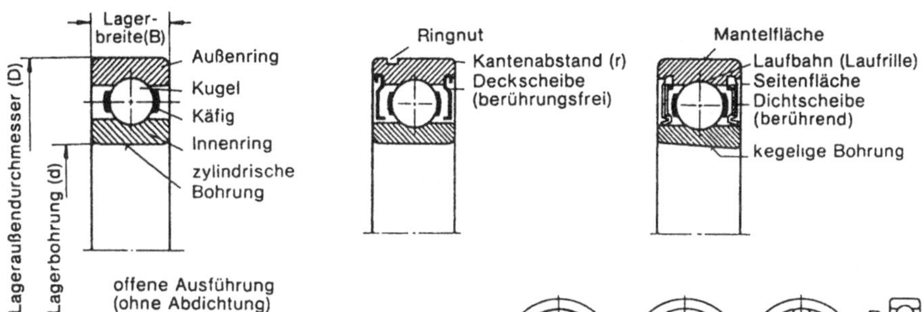

zweireihig:

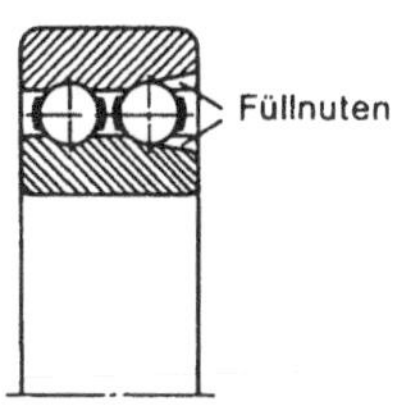

Abb. 9 Benennung der Rillenkugellagerteile

Abb. 10 Kugelfüllung und Käfigmontage bei Rillenkugellagern ohne Füllnuten

Bauformen

Dieses meist verwendete und preisgünstige Wälzlager ist einfach im Aufbau, billig in der Herstellung, problemlos in der Montage und unempfindlich im Betrieb. Die Innen- und Außenringe haben tiefe Rillen, die sich eng an die Kugeln anschmiegen. Die übliche einreihige Bauform hat keine Füllnuten mit nachteiligen Laufbahnunterbrechungen. Daher kann dieses Lager außer Radialkräften auch beträchtliche Axialkräfte in beiden Richtungen aufnehmen. Die Lagerreibung ist sehr gering und macht es für höchste Drehzahlen geeignet.

Koyo liefert offene, halboffene (mit Z- oder RS-Scheibe) und abgedichtete Lager (mit ZZ- oder 2RS-Scheiben). Rillenkugellager mit Ringnut (N) und Sprengring (NR) am Außenring (Baumaße siehe S. 167) erlauben eine elegante, raumsparende axiale Lagerbefestigung im Gehäuse.

Zweireihige Rillenkugellager sind radial tragfähiger als einreihige, wegen der Füllnuten axial jedoch weniger tragfähig. Sie werden deshalb heute zunehmend durch Zylinderrollenlager ersetzt.

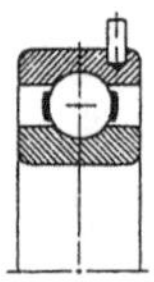

Rillenkugellager mit Sicherungsstift (gegen Verdrehen in Leichtmetall- Gehäusen) für Verbrennungsmotoren

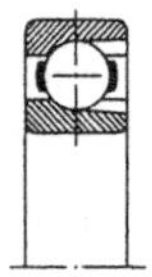

Einreihige Rillenkugellager mit Füllnute zur Tragzahlerhöhung, nur leicht axial belastbar, für Getriebe (Vorsetzzeichen „M")

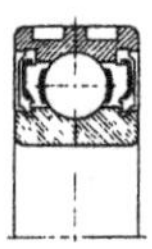

Rillenkugellager mit Kunststoffringen zur Kompensation von Temperatur- und Passungsdifferenzen in Elektromaschinen, Lüftern (Leichtmetallgehäusen) usw. (Nachsetzzeichen NY)

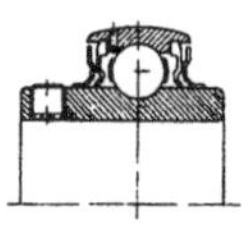

Breites Rillenkugellager, mit großem Fettraum und Gewindestift-Befestigung als Einstellager für Gehäuselagereinheiten, siehe Seite 316

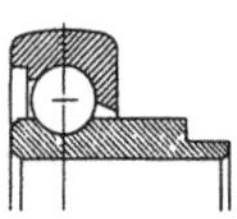

Vollkugeliges Rillenkugellager ohne Füllnuten (Spezialmontageverfahren) mit Oberflächenüberzug (Rostschutz und Schmierung) für Transportkettensysteme

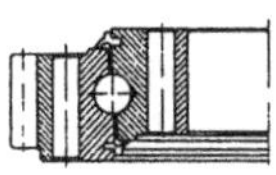

Großes Rillenkugellager mit Sonder-Außen- und Innenringen als Schwenklager für Drehkränze, Bagger, Drehtische

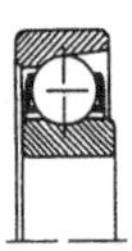

Schulterkugellager = Rillenkugellager mit abgeschliffenem Außenringbord zur getrennten Innen-/Außenringmontage (nur in einer Richtung axial belastbar), für kleine Elektromaschinen

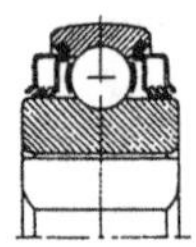

Rillenkugellager mit Dichtscheiben, Lebensdauerschmierung, 4- oder 6-Kantbohrung, z.B. als Loslager in Scheibeneggen und Sämaschinen

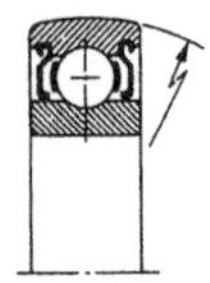

Rillenkugellager mit verstärktem Außenring, beidseitig abgedichtet und auf Lebensdauer geschmiert als Laufrolle oder Kurvenrolle

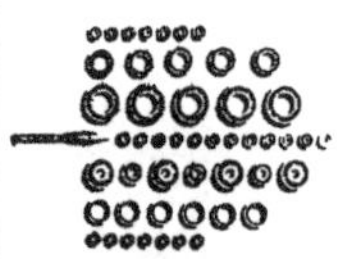

Miniatur — Rillenkugellager mit/ohne Außenflansch in vielen verschiedenen (Qualitäts-) Ausführungen, für Navigationsgeräte, Meßinstrumente, Kleinmotore, Zahnbohrer, Computer, Tonbandgeräte usw.

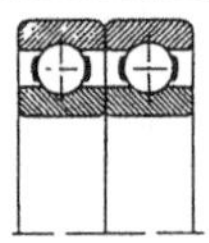

Gepaarte, einr. Rillenkugellager mit „doppelter" Tragzahl und Steifigkeit für Schleifspindeln, Getriebe u.ä. zur Aufnahme von Axialkräften in beiden Richtungen.

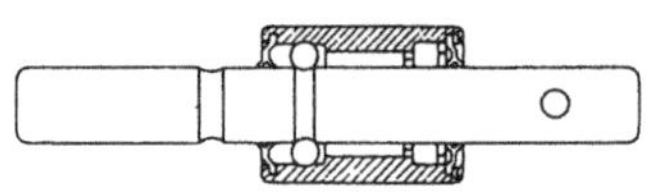

Lagerungseinheiten, Kugel/Kugel- oder Kugel/Rollen-Ausführung, für Getriebe, Laufrollen, Pumpen usw. mit verlängerter Welle, Abdichtung und Lebensdauerschmierung als Zapfen- oder Wasserpumpenlager für Riemenantriebe, Textilspindeln, Wasserpumpen, Ventilatoren u.ä.

Abb. 11 Sonderbauformen der (Radial-) Rillenkugellager

Verstärkte Rillenkugellager

Ständige Leistungssteigerungen von Antrieben, insbesondere von Kfz-Getrieben erfordern häufig, die vorhandenen Rillenkugellager mit mehr Tragfähigkeit auszustatten Koyo liefert daher verstärkte einreihige Rillenkugellager mit/ohne Füllnuten, die mehr und größere Kugeln aufweisen. Die Lager ohne Füllnuten (Nachsetzzeichen R) behalten alle techn. Vorteile der üblichen Rillenkugellager, die Lager mit Füllnuten (Vorsetzzeichen M) die Einschränkung bei axialer Tragfähigkeit und Höchstdrehzahl. Beide Lagerbauformen sind allerdings etwas teurer als die Normalausführung, weil der Fertigungsaufwand höher ist.

Abgedichtete Rillenkugellager

Die Zusammenfassung von Lager, Dichtung und Schmierstoff zu einer Einheit hat beträchtliche Vorteile. Sie sorgt für kompakte Konstruktionen, geringen Fertigungsaufwand und wartungsfreie Lagerungen Sie verhindert außerdem die Gefahren, die beim Umgang mit Fett durch Verschmutzung, Nachschmierung, Überschmierung und Sortenverwechslungen entstehen können Es gibt diese Lager mit einseitiger Dichtung, meist ohne Fettfüllung, und mit beiderseitiger Dichtung für Lebensdauerschmierung

Koyo liefert serienmäßig drei Arten abgedichteter Lager, wie die Abb. 12 zeigt:

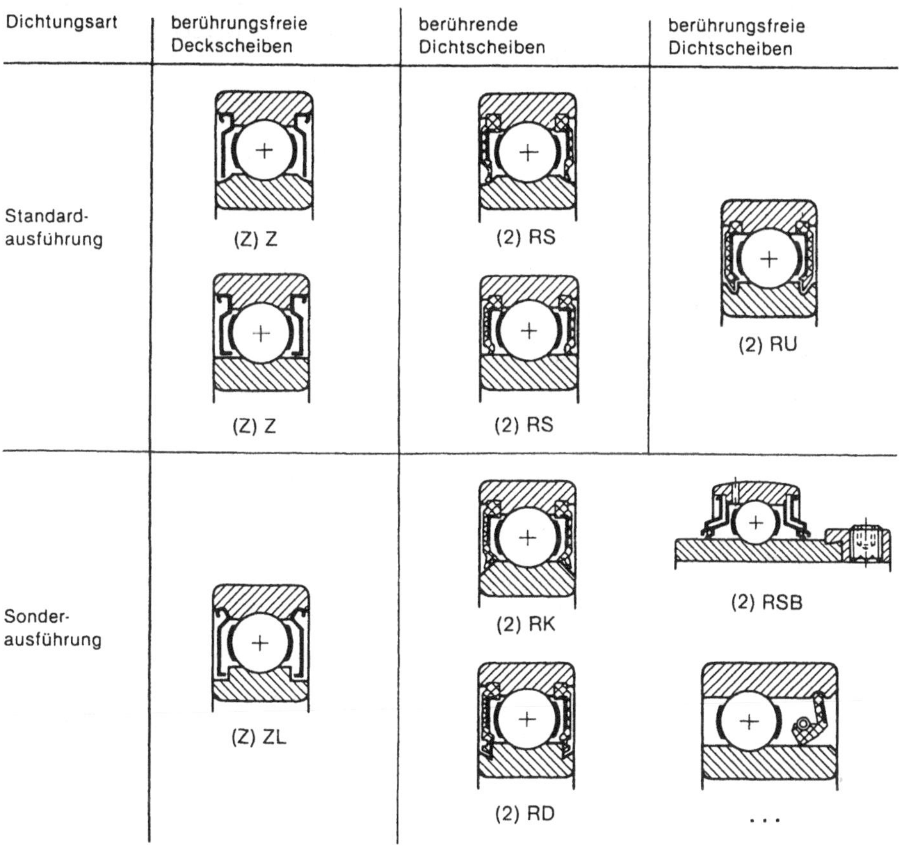

Abb. 12 Übersicht der lieferbaren Arten von abgedichteten Rillenkugellagern

Die einfachste (berührungsfreie) Dichtung eines Rillenkugellagers besteht aus einer profilierten, im Außenring eingepreßten Stahlblechscheibe, die mit dem Innenring eine Spaltdichtung bildet (Z-Dichtung). Ihre Dichtwirkung gegen eindringende Verschmutzung (Fremdkörper) und Feuchtigkeit ist begrenzt, für die meisten Einsatzfälle jedoch ausreichend.

Bei stärkerer Verschmutzungsgefahr werden Lager mit berührenden oder berührungsfreien Dichtscheiben eingesetzt (RS- bzw. RU-Dichtung). Die Dichtscheibe hat einen Stahlkern, ist im Außenring eingesetzt (demontierbar) und liegt entweder mit der Dichtlippe federnd am Innenring an oder bildet mit ihm ein Labyrinth. Bei den berührenden Dichtungen stehen sich Dichtwirkung (Vorspannung) und Reibung (Temperatur) gegenüber, so daß man immer einen Kompromiß eingehen muß. Allgemein wird dieser bei Kleinlagern mit hohen Betriebsdrehzahlen auf geringe Reibungswerte und bei mittleren und größeren, weniger schnellaufenden Lagern auf bessere Dichtwirkungswerte hinauslaufen.

Der berührende Teil der Dichtung besteht im Normalfall aus einem Acrylnitril-Kautschuk (NBR), einem Werkstoff hoher Abriebfestigkeit und Alterungsbeständigkeit.

Fettfüllung abgedichteter Lager

Koyo liefert werksseitig abgedichtete Rillenkugellager serienmäßig mit einem hochwertigen lithiumverseiften Fett der Konsistenz Klasse 2, wobei der freie Raum im Lager zu 30 % ausgefüllt wird.

Einsatzgrenzen abgedichteter Lager

Für den Einsatz sind neben Drehzahl, Belastung und Betriebstemperatur auch die Umgebungseinflüsse (synthetische Flüssigkeiten, Säuren, Laugen, Sonnenstrahlen, Verschmutzung usw.) zu berücksichtigen.

Serienmäßig gefertigte Lager eignen sich für den Temperaturbereich von —30° bis + 110°C.

Dichtscheiben eignen sich nicht bei nennenswertem Über-/Unterdruck, da die Dichtlippe bei wenigen Zehnteln bar bzw. da N/cm² umklappt oder abhebt und eine Linienpressung über wenige 100 Nmm hinaus bei beengten Platzverhältnissen kaum möglich ist.

Wo sich an der Lagerstelle, z. B. im Textil- und Landmaschinenbau, Fäden, Heu-, Stroh- oder Grashalme um die Welle wickeln können, müssen die Dichtscheiben der Rillenkugellager durch zusätzliche Abdeckungen oder Schleuderscheiben vor dem Zerreiben geschützt werden.

Natürlich lassen sich diese Grenzen in Sonderfällen, z. B. durch Verwendung von Silikon-Dichtungen, Hochtemperaturfetten und Maßstabilisierungen verschieben. Diese Ausführungen sind allerdings immer teurer und nicht kurzfristig lieferbar.

Grundausführungsvariante

Einige Lager der Grundausführung können aus fertigungstechnischen Gründen bereits Eindrehungen im Außenring für Deck- und Dichtscheiben besitzen und damit reduzierte Anlageflächen aufweisen.

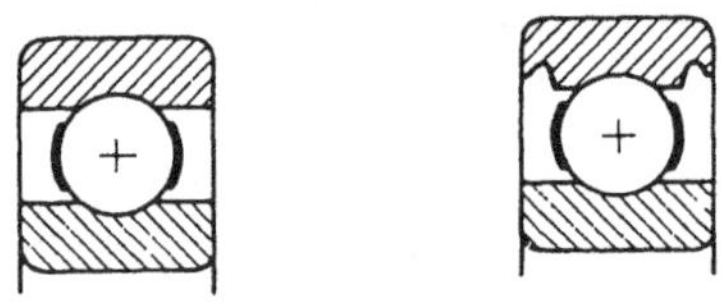

Abb. 13 Lager der Grundausführung

Toleranzen

(Meßverfahren siehe T. 2)

Koyo-Rillenkugellager werden in 5 verschiedenen Toleranzklassen (P0, P6E, P5, P4 s. Abb. 15) gefertigt, die Mehrzahl naturgemäß in Normaltoleranz, aber auch viele in erhöhter Genauigkeit, vornehmlich für Elektromotoren (P6E) und für Werkzeugmaschinen, Meßwerkzeuge usw. Zweireihige Rillenkugellager werden nur in der Normaltoleranzklasse (P0) geliefert. Für alle Toleranzklassen ist zu beachten, daß die angegebenen Werte für die Außendurchmessertoleranz D, Lager mit Deck- und Dichtscheiben vorläufig nicht einschließen. Die Toleranzen für die Kantenabstände (Radien) am Innen- und Außenring sind in DIN 620 bzw. ISO 582 aufgeführt (T. 2).

Lagerluft

(Allgemeine Anmerkungen siehe S. 11)

Einreihige Rillenkugellager werden regelmäßig mit Normal- oder C3-(erhöhter) Radialluft geliefert, zweireihige nur mit Normal-Radialluft. Für elektrische Maschinen gibt es darüber hinaus noch besondere Lagerluftgruppen. Die Werte sind in den Abb. 16 zusammengefaßt.

Wahl der Lagerluftgruppen

Mit Hilfe der Abb. 17 läßt sich auf einfache Weise die für den allgemeinen Anwendungsfall gültige Lagerluftgruppe abschätzen. Zugrundegelegt sind wahrscheinlich auftretende Toleranzwerte, 10°C Temperaturgefälle zwischen Innen- und Außenring, d $\leqq$ 200 mm, Stahl-Vollwellen und starre (Guß-)Gehäuse. Es empfiehlt sich, eine Nachrechnung der Lagerluft im eingebauten Zustand bei wesentlichen Abweichungen wie z. B. hohe Temperatur, Hohlwelle, hohe Drehzahl, Leichtmetallgehäuse, Fremderwärmung, Führungsgenauigkeit usw., vorzunehmen (s. T. 2).

Axiallagerluft

Anstelle fehlender Normen sind Anhaltswerte für die axiale Lagerluft aus Abb. 14 zu entnehmen oder bei genauer Kenntnis der Innenkonstruktion wie folgt zu berechnen:

$$a = 4 \sin\alpha (r_m - r_w) \qquad \text{(Gl. 4)}$$

mit

- a axiale Lagerluft |mm|
- c radiale Lagerluft |mm|
- r_I Rillenradius der Innenringlaufbahn |mm|
- r_A RillenradiusderAußenringlaufbahn |mm|
- D_W Wälzkörperdurchmesser |mm|
- r_O Abstand der Krümmungsmittelpunkte |mm|
- α sich einstellender Berührungswinkel (= Druckwinkel)

$$r_m = \frac{r_I + r_A}{2}$$

$$r_w = \frac{D_W}{2}$$

$$\cos\alpha = 1 - \frac{c}{4(r_m - r_w)}$$

Beispiel

Gegeben: Rillenkugellager 6010 C4 mit $c = 0{,}010$ mm im eingebauten Zustand, $r_I = 0{,}51 D_W$, $r_A = 0{,}52 D_W$, $D_W = 8{,}73$ mm

Gesucht: Axiale Lagerluft im eingebauten Zustand, a = ?

Lösung: $r_m = 4{,}496$ mm, $r_W = 4{,}365$ mm

$$\cos\alpha = 1 - \frac{0{,}010}{4(4{,}469 - 4{,}365)} = 0{,}9809$$

$$\rightarrow \alpha = 11{,}2115°$$

$$a = 4 \cdot \sin 11{,}2115\,(4{,}496 - 4{,}365)$$

a = 0,1019 mm, d. h. geringe Abweichung zu Wert aus Abb. 14, weil unterschiedliche Schmiegungen zugrunde liegen.

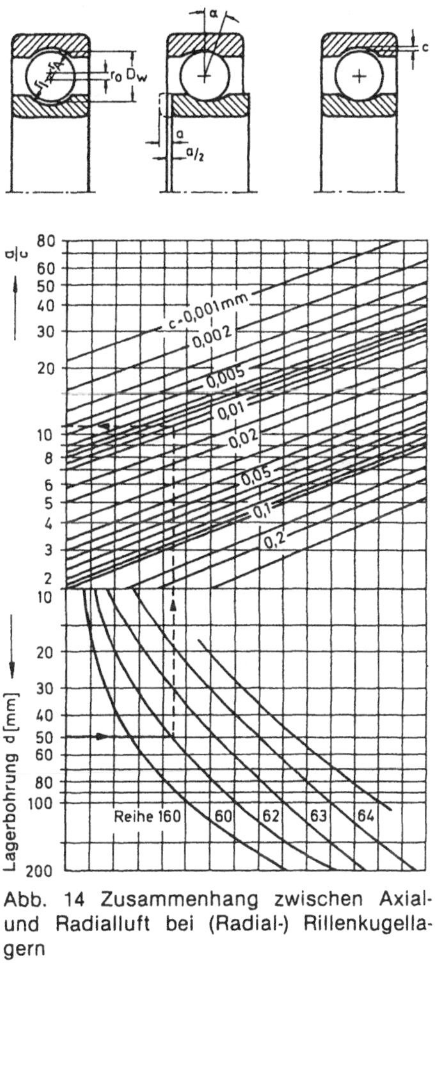

Abb. 14 Zusammenhang zwischen Axial- und Radialluft bei (Radial-) Rillenkugellagern

Innenring

Maße in mm

Nennmaß der Lagerbohrung																
		über	2,5	10	18	30	50	80	120	180	250	315	400	500	630	800	1000
		bis	10	18	30	50	80	120	180	250	315	400	500	630	800	1000	1250

Normaltoleranz (P0)

Abmaße in μm

	Δ_{dmp}		0 -8	0 -8	0 -10	0 -12	0 -15	0 -20	0 -25	0 -30	0 -35	0 -40	0 -45	0 -50	0 -75	0 -100	0 -125
Bohrung	V_{dp}	7,8,9	10	10	13	15	19	25	31	38	44	50	56	63	—	—	—
		0,1	8	8	10	12	19	25	31	38	44	50	56	63	—	—	—
		2,3,4	6	6	8	9	11	15	19	23	26	30	34	38	—	—	—
	V_{dmp}		6	6	8	9	11	15	19	23	26	30	34	38	—	—	—
Breite	Δ_{Bs}		0 -120	0 -120	0 -120	0 -120	0 -150	0 -200	0 -250	0 -300	0 -350	0 -400	0 -450	0 -500	0 -750	0 -1000	0 -1250
Breitenschwankung	V_{Bs}		15	20	20	20	25	25	30	30	35	40	50	60	70	80	100
Radialschlag	K_{ia}		10	10	13	15	20	25	30	40	50	60	65	70	80	90	100

Toleranzklasse P6

	Δ_{dmp}		0 -7	0 -7	0 -8	0 -10	0 -12	0 -15	0 -18	0 -22	0 -25	0 -30	0 -35	0 -40
Bohrung	V_{dp}*	7,8,9	9	9	10	13	15	19	23	28	31	38	44	50
		0,1	7	7	8	10	15	19	23	28	31	38	44	50
		2,3,4	5	5	6	8	9	11	14	17	19	23	26	30
	V_{dmp}		5	5	6	8	9	11	14	17	19	23	26	30
Breite	Δ_{Bs}		0 -120	0 -120	0 -120	0 -120	0 -150	0 -200	0 -250	0 -300	0 -350	0 -400	0 -450	0 -500
Breitenschwankung	V_{Bs}		15	20	20	20	25	25	30	30	35	40	45	50
Radialschlag	K_{ia}		6	7	8	10	10	13	18	20	25	30	35	40

Toleranzklasse P5

	Δ_{dmp}		0 -5	0 -5	0 -6	0 -8	0 -9	0 -10	0 -13	0 -15	0 -18	0 -23
Bohrung	V_{dp}	7,8,9	5	5	6	8	9	10	13	15	18	23
		0,1,2,3,4	4	4	5	6	7	8	10	12	14	18
	V_{dmp}		3	3	3	4	5	5	7	8	9	12
Breite	Δ_{Bs}		0 -40	0 -80	0 -120	0 -120	0 -150	0 -200	0 -250	0 -300	0 -350	0 -400
Breitenschwankung	V_{Bs}		5	5	5	5	6	7	8	10	13	15
Radialschlag	K_{ia}		4	4	4	5	5	6	8	10	13	15
Seitenschlag	S_d		7	7	8	8	8	9	10	11	13	15
Axialschlag	S_{ia}		7	7	8	8	8	9	10	13	15	20

* Durchmesserreihen (s. T. 2)

Abb. 15 Toleranzen der Rillenkugellager DIN 620 bzw. ISO 492 (Fortsetzung S. 23/24/25)

Außenring

Maße in mm

Nennmaß des Außendurchmessers über	6	18	30	50	80	120	150	180	250	315	400	500	630	800	1000	1250
bis	18	30	50	80	120	150	180	250	315	400	500	630	800	1000	1250	1600

Normaltoleranz (P0)

Abmaße in μm

	6–18	18–30	30–50	50–80	80–120	120–150	150–180	180–250	250–315	315–400	400–500	500–630	630–800	800–1000	1000–1250	1250–1600
Δ_{Dmp}	0 / -8	0 / -9	0 / -11	0 / -13	0 / -15	0 / -18	0 / -25	0 / -30	0 / -35	0 / -40	0 / -45	0 / -50	0 / -75	0 / -100	0 / -125	0 / -160
Außendurchmesser V_{Dp} 7,8,9	10	12	14	16	19	23	31	38	44	50	56	63	94	125	—	—
0,1	8	9	11	13	19	23	31	38	44	50	56	63	94	125	—	—
2,3,4	6	7	8	10	11	14	19	23	26	30	34	38	55	75	—	—
abgedichtete Lager 2, 3, 4	10	12	16	20	26	30	38	—	—	—	—	—	—	—	—	—
V_{Dmp}	6	7	8	10	11	14	19	23	26	30	34	38	55	75	—	—
Radialschlag K_{ea}	15	15	20	25	35	40	45	50	60	70	80	100	120	140	160	190

Abmaße für Breite Δ_{Cs} und Breitenschwankung V_{Cs} siehe zugehörigen Innenring ($\Delta_{Bs} = \Delta_{Cs}$, $V_{Bs} = V_{Cs}$)

Toleranzklasse P6

	6–18	18–30	30–50	50–80	80–120	120–150	150–180	180–250	250–315	315–400	400–500	500–630	630–800	800–1000
Δ_{Dmp}	0 / -7	0 / -8	0 / -9	0 / -11	0 / -13	0 / -15	0 / -18	0 / -20	0 / -25	0 / -28	0 / -33	0 / -38	0 / -45	0 / -60
Außendurchmesser V_{Dp} 8,9	9	10	11	14	16	19	23	25	31	35	41	48	56	75
0,1	7	8	9	11	16	19	23	25	31	35	41	48	56	75
2,3,4	5	6	7	8	10	11	14	15	19	21	25	29	34	45
abgedichtete Lager 0, 1, 2, 3, 4	9	10	13	16	20	25	30	—	—	—	—	—	—	—
V_{Dmp}	5	6	7	8	10	11	14	15	19	21	25	29	34	45
Radialschlag K_{ea}	8	9	10	13	18	20	23	25	30	35	40	50	60	75

Abmaße für Breite Δ_{Cs} und Breitenschwankung V_{Cs} siehe zugehörigen Innenring ($\Delta_{Bs} = \Delta_{Cs}$, $V_{Bs} = V_{Cs}$)

Toleranzklasse P5

	6–18	18–30	30–50	50–80	80–120	120–150	150–180	180–250	250–315	315–400	400–500	500–630	630–800
Δ_{Dmp}	0 / -5	0 / -6	0 / -7	0 / -9	0 / -10	0 / -11	0 / -13	0 / -15	0 / -18	0 / -20	0 / -23	0 / -28	0 / -35
Außendurchmesser V_{Dp}** 7,8,9	5	6	7	9	10	11	13	15	18	20	23	28	35
0,1,2,3,4	4	5	5	7	8	8	10	11	14	15	17	21	26
V_{Dmp}	3	3	4	5	5	6	7	8	9	10	12	14	18
Breitenschwankung V_{Cs}	5	5	5	6	8	8	8	10	11	13	15	18	20
Radialschlag K_{ea}	5	6	7	8	10	11	13	15	18	20	23	25	30
Seitenschlag S_D	8	8	8	8	9	10	10	11	13	13	15	18	20
Axialschlag S_{ea}	8	8	8	10	11	13	14	15	18	20	23	25	30

**Gilt nicht für abgedichtete Lager
Abmaße für Breite Δ_{Cs} siehe zugehörigen Innenring ($\Delta_{Bs} = \Delta_{Cs}$)

Innenring

		Maße in mm							
Nennmaß der	über	2,5	10	18	30	50	80	120	180
Lagerbohrung	bis	10	18	30	50	80	120	180	250

Toleranzklasse P4

		Abmaße in μm							
Bohrung	Δ_{ds}[1], Δ_{dmp}	0 - 4	0 - 4	0 - 5	0 - 6	0 - 7	0 - 8	0 -10	0 -12
	V_{dp}* 7,8,9	4	4	5	6	7	8	10	12
	0,1,2,3,4	3	3	4	5	5	6	8	9
	V_{dmp}	2	2	2,5	3	3,5	4	5	6
Breite	Δ_{Bs}	0 - 40	0 - 80	0 - 120	0 - 120	0 - 150	0 - 200	0 - 250	0 - 300
Breiten-schwankung	V_{Bs}	2,5	2,5	2,5	3	4	4	5	6
Radialschlag	K_{ia}	2,5	2,5	3	4	4	5	6	8
Seitenschlag	S_d	3	3	4	4	5	5	6	7
Axialschlag	S_{ia}	3	3	4	4	5	5	7	8

* Durchmesserreihen (s. T. 2) [1] Gilt nur für Durchmesserreihen 0 ... 4

Toleranzklasse P6E, DIN 42966 für elektr. Maschinen und Rillenkugellager 607 bis 609, 6000 bis 6004, 623 bis 627, 6200 bis 6210, 6300 bis 6310

		Abmaße in μm			
Bohrung	Δ_{dmp}	0 - 7	0 - 7	0 - 8	0 -10
	Δ_{ds}	+ 1 - 8	+ 1 - 8	+ 1 - 9	+ 1 -11
Breite	Δ_{Bs}	0 - 50	0 - 80	0 - 120	0 - 120
Breiten-schwankung	V_{Bs}	15	20	20	20
Radialschlag	K_{ia}	6	7	8	10

Einreihige Rillenkugellager DIN 620 bzw. ISO 5753

		Maße in mm													
Nennmaß der	über	2,5	6	10	18	24	30	40	50	65	80	100	120	140	160
Lagerbohrung	bis	6	10	18	24	30	40	50	65	80	100	120	140	160	180
		Lagerluft in μm													
Luftgruppe C2	min	0	0	0	0	1	1	1	1	1	1	2	2	2	2
	max	7	7	9	10	11	11	11	15	15	18	20	23	23	25
Luftgruppe normal	min	2	2	3	5	5	6	6	8	10	12	15	18	18	20
	max	13	13	18	20	20	20	23	28	30	36	41	48	53	61
Luftgruppe C3	min	8	8	11	13	13	15	18	23	25	30	36	41	46	53
	max	23	23	25	28	28	33	36	43	51	58	66	81	91	102
Luftgruppe C4	min	14	14	18	20	23	28	30	38	46	53	61	71	81	91
	max	29	29	33	36	41	46	51	61	71	84	97	114	130	147
Luftgruppe C5	min	20	20	25	28	30	40	45	55	65	75	90	105	120	135
	max	37	37	45	48	53	64	73	90	105	120	140	160	180	200

Abb. 16 Radialluft der Rillenkugellager (Fortsetzung S. 25/26)

Außenring

Maße in mm

Nennmaß des Außendurchmessers																	
über	6	18	30	50	80	120	150	180	250	315	400	500	630	800	1000	1250
bis	18	30	50	80	120	150	180	250	315	400	500	630	800	1000	1250	1600

Toleranzklasse P4

Abmaße in μm

Außendurchmesser	Δ_{Dmp}	0 -4	0 -5	0 -6	0 -7	0 -8	0 -9	0 -10	0 -11	0 -13	0 -15
	V_{Dp}** 7,8,9	4	5	6	7	8	9	10	11	13	15
	V_{Dp}** 0,1,2,3,4	3	4	5	5	6	7	8	8	10	11
	V_{Dmp}	2	2,5	3	3,5	4	5	5	6	7	8
Breitenschwankung	V_{Cs}	2,5	2,5	2,5	3	4	5	5	7	7	8
Radialschlag	K_{ea}	3	4	5	5	6	7	8	10	11	13
Seitenschlag	S_D	4	4	4	4	5	5	5	7	8	10
Axialschlag	S_{ea}	5	5	5	5	6	7	8	10	10	13

Abmaße für Breite Δ_{Cs} siehe zugehörigen Innenring ($\Delta_{Bs} = \Delta_{Cs}$)

Toleranzklasse P6E

Abmaße in μm

Außendurchmesser	Δ_{Dmp}	0 -5	0 -6	0 -7	0 -9	0 -10
	Δ_{Ds}**	+1 -6	+1 -7	+1 -8	+1 -10	+1 -11
Radialschlag	K_{ea}	8	9	10	13	18

Der Außenring hat die gleiche Breitentoleranz wie der zugehörige Innenring

**) Gilt nicht für abgedichtete Lager (mit Deck- und Dichtscheiben).

Nennmaß der Lagerbohrung												
	über	180	200	225	250	280	315	355	400	450	500	560
	bis	200	225	250	280	315	355	400	450	500	560	630
Luftgruppe C2	min	2	3	3	3	6	6	6	10	10	15	20
	max	30	35	41	44	55	55	65	70	75	85	95
Luftgruppe normal	min	25	28	32	35	45	45	55	60	60	70	75
	max	71	86	97	100	115	125	145	150	160	170	175
Luftgruppe C3	min	63	75	85	90	100	110	130	135	145	150	155
	max	117	140	160	170	190	210	240	245	260	265	270
Luftgruppe C4	min	107	125	145	155	170	190	220	220	235	240	245
	max	163	195	225	245	270	300	340	340	355	360	370
Luftgruppe C5	min	150	175	205	225	245	275	310	310	325	330	335
	max	230	255	290	320	350	380	430	435	450	460	465

Einreihige Rillenkugellager DIN 42966[1]

		Maße in mm						
Nennmaß der	über	2,5	6	10	18	24	30	40
Lagerbohrung	bis	6	10	18	24	30	40	50
		Lagerluft in μm						
Luftgruppe C2E	min	0	0	0	2	2	2	2
	max	5	5	6	8	8	9	10
Luftgruppe normal E	min	5	5	6	8	8	9	10
	max	11	11	13	15	16	18	20
Luftgruppe C3E	min	11	11	13	15	16	18	20
	max	18	18	21	23	25	30	33
Vergrößerung[2] der Radialluft durch Meßbelastung mit	± 2kg	4	3	3	—	—	—	—
	± 5kg	—	6	5	4	4	4	3
	±15kg	—	—	—	—	—	8	7

1) Werte gelten für Messung der Einzelteile; 2) errechnet aus der elast. Verformung

Zweireihige Rillenkugellager mit Füllnuten (Werksnorm)

		Maße in mm								
Nennmaß der	über	6	10	18	24	30	40	50	65	80
Lagerbohrung	bis	10	18	24	30	40	50	65	80	100
		Lagerluft in μm								
Luftgruppe C2	min	5	5	4	4	4	4	6	9	9
	max	12	12	13	13	13	13	16	19	19
Luftgruppe normal	min	10	10	11	11	11	11	14	19	20
	max	20	20	22	22	22	24	28	34	38

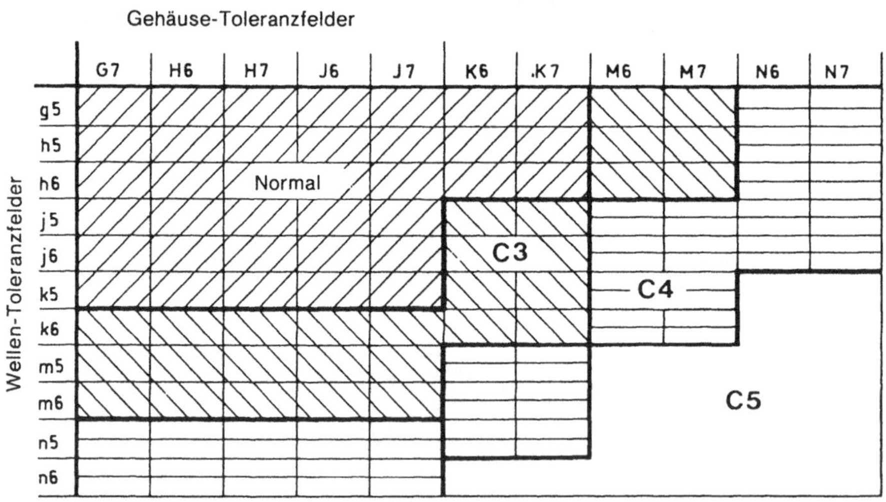

Abb. 17 Wahl der erforderl. Lagerluftgruppe bei Rillenkugellagern

Käfig

Koyo-Rillenkugellager können mit verschiedenen Käfigen geliefert werden, wie die folgende Übersicht (Abb. 18) beispielhaft wiedergibt. Die Standardausführungen sind in der Abb. 19 aufgeführt.

Bezeichnung	Eigenschaften	Anwendungsbereich bei Ölumlaufschmierung
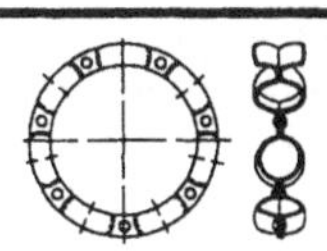 Stahlblechkäfig genietet	Leichter, kugelgeführter, gepreßter Käfig aus Stahl- oder Messingblech. Käfighälften entweder genietet, einfach- oder doppeltgelappt oder punktgeschweißt. Für Schmierstoff und Abdichtung viel Raum lassend.	Stahlblechkäfig $d_m \cdot n < 500.000$ Messingblechkäfig $d_m \cdot n < 600.000$
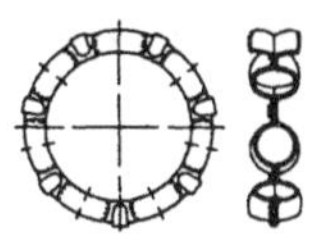 Stahlblechkäfig gelappt	Genieteter Käfig ist Standardausführung für Rillenkugellager, gelappter Käfig bei nichtrostenden Lagern mit $d < 10$ mm, geschweißter Käfig gelegentlich eine wirtschaftlichere Alternative	
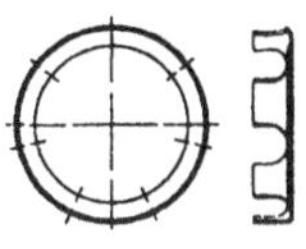 Kronenkäfig	Einfacher, kugelgeführter Blechkäfig aus Federstahl oder nichtrostendem Stahl (Kleinlager)	für Kleinlager ($d_m < 10$ mm) $d_m \cdot n < 500.000$ für zweireihige Rillenkugellager mit Füllnut $d_m \cdot n < 350.000$
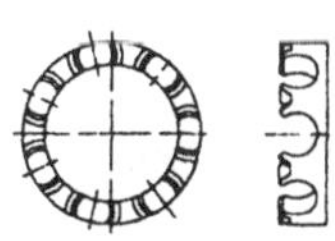 Kunststoff-Schnappkäfig 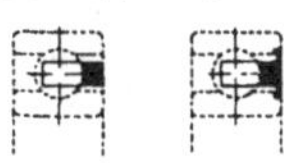 a) b)	Wirtschaftl., elastischer, formvariabler, spritzgegossener Kunststoffkäfig für Sonderausführungen von Rillenkugellagern wie z.B. Radlagereinheiten, verstärkte Rillenkugellager a), Rillenkugellager mit Abdichtungsalternative b) Ausführung: MN, MG, FG	je nach Kunststoffart und Verarbeitung: $d_m \cdot n < 750.000$ und Lagertemperatur $< 120°C$ (unverstärkter Kunststoff), bzw. $< 140°C$ (glasfaserverstärkter, wärmestabilisierter Kunststoff)
 außenring-geführt  innenring-gefuhrt Massivkäfig	Stabiler, präzis gedrehter, gebohrter, geräumter oder anders hergestellter Massivkäfig aus Stahl, Messing, Leichtmetall oder Phenolharz mit Gewebeeinlage (Resitex) für größere Rillenkugellager ($d > 10$ mm), Höchstdrehzahlen (Resitex od. Alu), Werkzeugmaschinenspindeln (Messing), Vibrationen/Siebe (Stahl) Ausführung: FT, FY, FC	$d_m \cdot n > 500.000$ (bis 1.000.000)

Abb. 18 Käfigarten für (Radial-) Rillenkugellager

Lager mit gepreßtem Käfig aus Stahl oder Messing	Lager mit Massivkäfig aus Messing oder Stahl
6008 ... 6028	6030 ... 6084
6206 ... 6230	6232 ... 6248
6306 ... 6322	6324 ... 6340
6403 ... 6414	6415 ... 6418
16002 ... 16032	16034 ... 16068
683 ... 6830	6832 ... 68/600
693 ... 6920	6922 ... 6976

Lager mit Kunststoffkäfig	
603 ... 609	6000 ... 6007
623 ... 629	6200 ... 6205
633 ... 635	6300 ... 6305
688 ... 697	

Abb. 19 Standardkäfige für Rillenkugellager

Winkeleinstellbarkeit

Die Winkeleinstellbarkeit der Rillenkugellager ist gering, d. h. die Lagersitze müssen gut fluchten. Fluchtfehler führen durch Zwangskräfte zu einem ungünstigeren Kugellauf, der die Lebensdauer reduziert. Um dieses in Grenzen zu halten, werde folgende Werte zugelassen:

Lagerreihe	niedrige Belastung $P/C < 0{,}08$	hohe Belastung $P/C > 0{,}15$
62, 63, 64	5....10'	8....16'
68, 69, 160, 60	2.... 6'	5....10'

Abb. 20 Zulässige Winkelfehler für Rillenkugellager [Winkelminuten]

Zweireihige Rillenkugellager dürfen Flucht- und Winkelfehlern nicht ausgesetzt werden.

Genauere Werte lassen sich für die einfachen Fälle der zwangslosen Schiefstellung und für die komplizierten Fälle der erhöhten Kugelbelastung berechnen. Die größte zwangslose Schiefstellung der Lagerringe gegeneinander ergibt sich aus:

a) bei Verkippung um den Lagermittelpunkt:

$$\delta_m = \frac{a}{d_m} \; [\mathrm{rad}] \qquad \text{(Gl. 5)}$$

mit

a Axialluft aus Abb. 14 [mm]

d_m Teilkreis-∅ des Wälzkörpersatzes, $\approx \frac{d+D}{2}$ [mm]

b) bei Verkippung um die unterste Kugel:

$$\delta = 2f \left[\frac{(m-0{,}25n)\,n}{1-(m-0{,}56\,n)^2 \cdot f^2} \right]^{1/2} [\mathrm{rad}] \qquad \text{(Gl. 6)}$$

mit

$f = D_W/d_m$; $m = r_0/D_W$; $n = c/D_W$

D_W Wälzkörperdurchmesser [mm]

r_0 Abstand der Krümmungsmittelpunkte [mm], Berechnung siehe T.2

c Radialluft (im Betriebszustand) [mm]

Beispiel:

6010 (C4) $D_W = 8{,}73$ mm, $d_m = 65{,}5$ mm,
$r_0 = 0{,}22$ mm $c = 0{,}010$ mm

Lösung: $\delta = 5'$

Wenn die Berechnung des zulässigen Kippwinkels (Winkelfehlers) bis hierher schon umfangreich ist, so wird die Berechnung bei Inkaufnahme einer bestimmten Lebensdauerreduzierung, z. B. um 20 % und somit Berücksichtigung erhöhter Kugelbelastungen (-verformungen) vollends unübersichtlich und nur mit EDV-Mitteln zu bewerkstelligen sein. Im konkreten Bedarfsfall ist der Koyo-Service einzuschalten.

Einfluß der Lagerluft auf die axiale Tragfähigkeit

Die X- und Y-Faktoren hängen bei einreihigen Rillenkugellagern vom Verhältnis Fa/Co (Druckwinkel) ab. Mit vergrößerter Lagerluft erhöht sich die axiale Tragfähigkeit der Lager. Werden die Lager mit normalen Passungen j5 bis n6 und J7 eingebaut, können zur Berechnung der äquivalenten Lagerbelastung die Werte aus Abb. 21 entnommen werden.

Zulässige Axialbelastung

Die Grenze der axialen Belastbarkeit Famax liegt bei einem Druckwinkel α, der gerade noch eine vollständige Druckellipse auf der Laufbahn ergibt und hohe Spannungsspitzen an den Laufbahnkanten vermeidet. Anhaltspunkte für Rillenkugellager mit üblicher Laufbahntiefe gehen aus Abb. 22 und 23 hervor.

Dynamisch äquivalente Belastung |kN|

	Fa/Fr ≦ e	Fa/Fr > e
Einreihige Rillenkugellager	P = Fr	P = X · Fr + Y · Fa
Zweireihige Rillenkugellager	P = Fr + Fa für Fa/Fr < 0,3	

Fa/C_0	normale Lagerluft			Lagerluft C3			Lagerluft C4		
	e	Fa/Fr > e		e	Fa/Fr > e		e	Fa/Fr > e	
		x	y		x	y		x	y
0,014	0,19		2,30	0,33		1,62	0,42		1,36
0,028	0,22		1,99	0,36		1,48	0,44		1,29
0,056	0,26		1,71	0,40		1,35	0,47		1,22
0,084	0,28		1,55	0,42		1,29	0,49		1,17
0,11	0,30	0,56	1,45	0,44	0,46	1,23	0,51	0,44	1,14
0,17	0,34		1,31	0,46		1,18	0,52		1,10
0,28	0,38		1,15	0,50		1,10	0,54		1,05
0,42	0,42		1,04	0,52		1,03	0,56		1,02
0,56	0,44		1,00	0,54		1,00	0,57		1,00

Abb. 21 e-, x- und y-Faktoren für (Radial-) Rillenkugellager

Statisch äquivalente Belastung |kN|

	Fa/Fr ≦ 0,8	Fa/Fr > 0,8
Einreihige Rillenkugellager	P_0 = Fr	P_0 = 0,6 Fr + 0,5 Fa
Zweireihige Rillenkugellager	P_0 = 0,6 Fr + 0,5 Fa für Fa/Fr ≦ 0,3 Wird P_0 < Fr so ist mit P_0 = Fr zu rechnen	

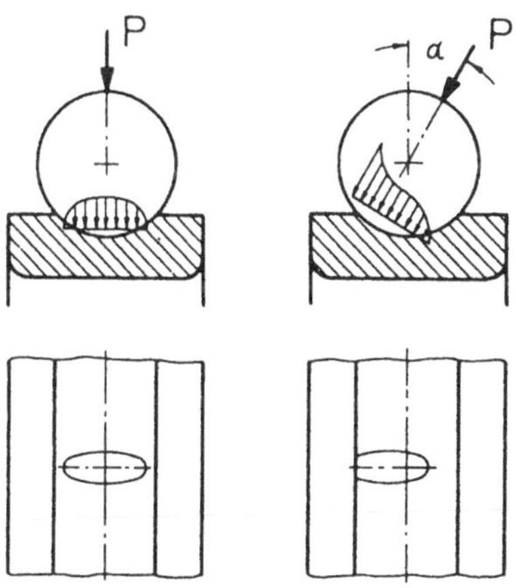

Abb. 22 Druckellipsen in Abhängigkeit der Belastung: a radiale Belastung, b hohe, schräg angreifende Belastung (Druckellipse unvollständig)

Passungen für Innen- und Außenring

Koyo-Passungsempfehlungen sind in Abb. 24 (Normale Anwendungsfälle) und Abb. 25 (Elektromotoren) zusammengefaßt. Sonderfälle wie Hohlwelle, kegelige Bohrung, Leichtmetallgehäuse, Höchstdrehzahlen, Vibrationen, Hoch- und Tieftemperaturen u. ä. müssen nach den Richtlinien und Gleichungen in T. 2 gelöst werden.

Radialluftgruppe Fa_{max}/Co	Lagerbohrung d ≦ 60 mm	d > 60 mm
Radialluft normal	0,50	0,75
Radialluft C3	0,45	0,67
Radialluft C4	0,40	0,60

Abb. 23 Zulässige Axialbelastung der Rillenkugellager

Innenring/Welle*

Normaltoleranzklasse (P0)

Belastungsart	Betriebsverhältnisse**	Beispiele	Innenbohrung in mm			
			bis 20	über 20 bis 100	über 100 bis 200	über 200 bis 400
Umfangslast für Innenring	kleine Belastung	Elektr. Geräte, Werkzeugmaschinen, Pumpen, Gebläse	h5	j6	k6	
Umfangs und Punktlast (unbestimmte Lastrichtung)	normale/hohe Belastung	allgem. Maschinenbau, Benzin-, Diesel- u. E-Motore, Kompressoren, Zahnradgetriebe, Holzbearbeitungsmaschinen	j5	k5	m6	n6
Punktlast für Innenring	leichte Verschiebbarkeit des Innenringes erforderlich	Loslager, Zwischenräder, Walzenzapfen	j6	g6	g6	f6
	Innenring nicht leicht verschiebbar	Seilscheiben, Spannrollen	alle Wellen-∅ h6			

Toleranzklasse P6, P5, P4

Umfangs- oder Punktlast	normal	Werkzeugmaschinen, Spindeln, Präzisionsgeräte	P6 P5 P4	h5 h4 h3	j5 js4 k4	k5 js3 —

* für Vollwellen aus Stahl

** kleine Belastung: $P < 0{,}08C$, normale Belastung: $P \approx 0{,}1C$, hohe Belastung: $P > 0{,}15C$

Abb. 24 Passungen für Rillenkugellager

Außenring/Gehäuse*

Normaltoleranzklasse (P0)

Belastungsart	Außenring	Beispiele	Alle Außenring-Außen-∅*
Punktlast für Außenring	leicht verschiebbar	Allgem. Maschinenbau, Achslager	H7
	Wärmezufuhr durch die Welle	Trockenzylinder Kalanderwalzen	G7
Punkt- und Umfangslast (unbestimmte Lastrichtung)	Verschiebbarkeit erwünscht	Getriebe, Pumpen	J7
	Verschiebbarkeit nicht erforderlich	Elektromotore (Fahrmotore)	K7 (M7)
Umfangslast für Außenring	hohe Belastung** hohe Stöße	Radnaben, Pleuel Kurbelwellen	P7, (N7 ab D > 500)

Toleranzklasse P6 und P5

Normale Belastung	nicht verschiebbar	Werkzeugmaschinenspindeln	K6, K5
Umfangslast oder hohe Belastung	nicht verschiebbar	Tablettiermaschinen Präzisionsgeräte	M6, M5

Toleranzklasse P4

Punkt- oder Umfangslast f. Außenring	nicht verschiebbar	Meßgeräte, Werkzeugspindeln	K4

* für Gehäuse aus Eisenguß oder Stahl ** hohe Belastung: $P > 0{,}15C$

Innenring / Welle

Toleranzklasse P0, P6E

Nennmaß d (mm)		Wellen-∅ (A)			Wellen-∅ (B)		
		Toleranzfeld	Abmaß (μm)		Toleranzfeld	Abmaß (μm)	
über	bis		oberes	unteres		oberes	unteres
2,5	10	j5	+ 4	− 2	j5	+ 4	− 2
10	18		+ 5	− 3		+ 5	− 2
18	30		+ 11	+ 2	k5	+ 11	+ 2
30	50		+ 13	+ 2		+ 13	+ 2
50	80	k5	+ 15	+ 2			
80	100		+ 18	+ 3			
100	120	m5	+ 28	+ 13			
120	140		+ 33	+ 15			
140	180	m6	+ 40	+ 15			

Außenring / Gehäuse

Toleranzklasse P0, P6E

Nennmaß D (mm)		Gehäusebohrung (A)			Gehäusebohrung (B)		
		Toleranzfeld	Abmaß (μm)		Toleranzfeld	Abmaß (μm)	
über	bis		oberes	unteres		oberes	unteres
6	10		0	+ 6		+ 1	+ 6
10	18	H5	0	+ 8	(H5)	+ 2	+ 8
18	30		0	+ 9		+ 2	+ 9
30	50		0	+ 11		+ 2	+ 11
50	80		− 6	+ 13		+ 3	+ 13
80	120		− 6	+ 16		+ 4	+ 15
120	150		− 7	+ 18			
150	180	J6*	− 7	+ 18			
180	250		− 7	+ 22			
250	315		− 7	+ 25			
315	400		− 7	+ 29			

(A) gilt bei Verwendung von Lagern der Normaltoleranzklasse (P0) DIN 620.
(B) gilt bei Verwendung von Lagern der Toleranzklasse P6E DIN 42966.
* Für Festlager kann auch K6 verwendet werden.
Diese Passungen gelten auch für Welle aus Stahl und Gehäuse aus Stahl, Gußeisen und Leichtmetallen (Bohrungen rollieren!)

Abb. 25 Passungen für Rillenkugellager in Elektromotoren (elektr. Maschinen)

1.5.2 Pendelkugellager

für „pendelnden" Ausgleich von Wellendurchbiegungen und Fluchtfehlern bis ±3°

hohe Drehzahlen

wartungsfreie Lagerung

leichten Ein- und Ausbau bei kegeliger Bohrung, Spannhülse oder breitem Innenring

Querschnitte

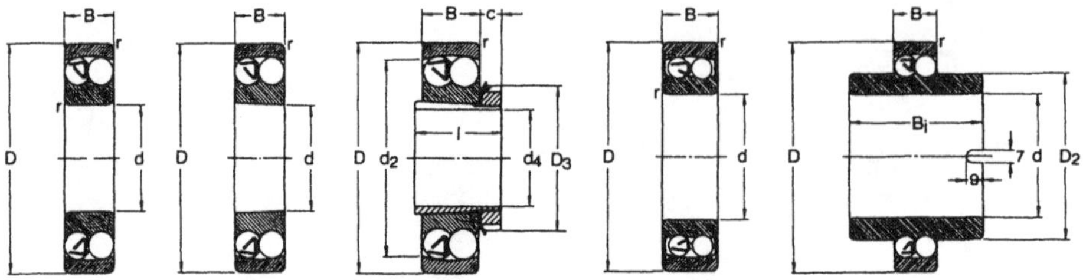

mit zylindrischer Bohrung | mit kegeliger Bohrung Kegel 1:12 | mit Spannhülse, Mutter und Sicherungsblech | mit beidseitiger Dichtscheibe und Fettfüllung Reihe 22,23 | mit breitem Innenring Reihe 112, 113

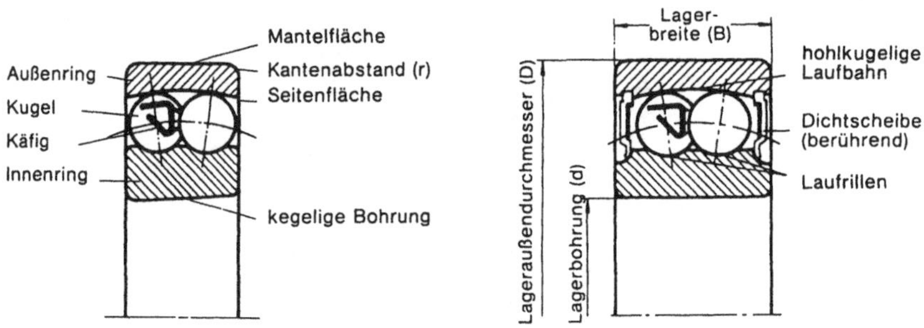

Abb. 26 Benennung der Pendelkugellagerteile

Nachsetzzeichen

-1,2 . . .	nicht näher bezeichnete Abweichungen an Standardlagern
C3, C4 . .	Radialluftgruppen
CS . . .	Sonderradialluft (die nachfolgende Zahl gibt den Mittelwert in μm an)
FC	Kugelgeführter Massivkäfig aus Kohlenstoffstahl
FY	Kugelgeführter Massivkäfig aus Messing
K	Lager mit kegeliger Bohrung 1:12
(P0), P6-	Toleranzklassen
2RS	Lager mit Dichtscheiben auf beiden Seiten
S0, S1, S2	Wärmebeständigkeit

Bauformen

Pendelkugellager haben zwei Laufrillen am Innenring und eine gemeinsame Laufbahn im Außenring. Die beiden Kugelreihen sind mit Innenring und Käfig verbunden, die sich im Außenring pendelnd, bei drehender Welle praktisch ohne zusätzliche Reibung, einstellen können. Diese selbsthaltenden Lager eignen sich daher besonders für lange oder in getrennten Gehäusen gelagerte Wellen, wo mit größeren Wellendurchbiegungen und Fluchtfehlern zu rechnen ist.

Koyo-Pendelkugellager werden mit zylindrischer oder kegeliger Bohrung, mit oder ohne Spannhülse, breitem Innenring oder Dichtscheiben auf beiden Seiten geliefert.

Die abgedichteten Lager sind mit einer auf die jeweilige Lagergröße abgestimmten Fettmenge versehen und sowohl von der Dichtung (NBR) als auch von der Fettfüllung (lithiumverseift) her für einen Temperaturbereich von —30° bis +110° verwendbar.

Pendelkugellager mit breitem Innenring lassen sich aufgrund der besonderen Bohrungstoleranz (J7) leicht auf gezogene Wellen aufschieben. Der Innenring ist, wie im Koyo-Hauptkatalog gezeigt, gegen Drehen und axiale Verschiebung zu sichern. Wie beim Einbau in Stehlagergehäuse der Reihen TN2 und TN3 dient der Innenring oft gleichzeitig als Laufbahn einer Dichtung.

Durch die ungünstigeren Schmiegungsverhältnisse, besonders am Außenring, sind die radialen und axialen Tragfähigkeiten geringer als die der Rillenkugellager.

Toleranzen

(Meßverfahren siehe T. 2)

Koyo-Pendelkugellager werden serienmäßig nur in der Normaltoleranzklasse (P0) geliefert, in höherer Genauigkeit (p6, P5) auf Anfrage. Die Toleranzen für kegelige Bohrungen und Kantenabstände (Radien) an Innen- und Außenringen sind aus DIN 620 bzw. ISO 582 (T. 2) ersichtlich.

Innenring

Maße in mm

Nennmaß der Lagerbohrung		2,5	10	18	30	50	80	120	180	250	315	400	500	630	800	1000
	über / bis	10	18	30	50	80	120	180	250	315	400	500	630	800	1000	1250
Normaltoleranz (P0)	Abmaße in μm															
Bohrung*	Δd_{mp}	0	0	0	0	0	0	0	0	0	0	0	0	0	0	0
		-8	-8	-10	-12	-15	-20	-25	-30	-35	-40	-45	-50	-75	-100	-125
	V_{dp}**, V_{dmp}	6	6	8	9	11	15	19	23	26	30	34	38	—	—	—
Breite	Δ_{Bs}	0	0	0	0	0	0	0	0	0	0	0	0	0	0	0
		-120	-120	-120	-120	-150	-200	-250	-300	-350	-400	-450	-500	-750	-1000	-1250
Breitenschwankung	V_{Bs}	15	20	20	20	25	25	30	30	35	40	50	60	70	80	100
Radialschlag	K_{ia}	10	10	13	15	20	25	30	40	50	60	65	70	80	90	100

*) Gilt nicht für Pendelkugellager mit breitem Innenring, deren Bohrungsmaße J7 entsprechen, siehe Koyo-Hauptkatalog

Außenring

Maße in mm

Nennmaß des Außendurchmessers		6	18	30	50	80	120	150	180	250	315	400	500	630	800	1000	1250
	über / bis	18	30	50	80	120	150	180	250	315	400	500	630	800	1000	1250	1600
Normaltoleranz (P0)	Abmaße in μm																
Außendurchmesser	ΔD_{mp}	0	0	0	0	0	0	0	0	0	0	0	0	0	0	0	0
		-8	-9	-11	-13	-15	-18	-25	-30	-35	-40	-45	-50	-75	-100	-125	-160
	V_{Dp}**, V_{Dmp}	6	7	8	10	11	14	19	23	26	30	34	38	55	75	—	—
Radialschlag	K_{ea}	15	15	20	25	35	40	45	50	60	70	80	100	120	140	160	190

Abmaße für Breite Δ_{Cs} und Breitenschwankung V_{Cs} siehe zugehörigen Innenring ($\Delta_{Bs} = \Delta_{Cs}$, $V_{Bs} = V_{Cs}$)

** Gilt für Durchmesserreihen 2 + 3 (s. T. 2)

Abb. 27 Toleranzen der Pendelkugellager DIN 620 bzw. ISO 492

Nennmaß der Lagerbohrung (Maße in mm)															
	über		6	10	14	18	24	30	40	50	65	80	100	120	140
	bis	6	10	14	18	24	30	40	50	65	80	100	120	140	160
mit zylindrischer Bohrung Lagerluft in µm															
Luftgruppe C2	min	1	2	2	3	4	5	6	6	7	8	9	10	10	15
	max	5	6	6	8	10	11	13	14	16	18	22	25	30	35
Luftgruppe normal	min	5	6	6	8	10	11	13	14	16	18	22	25	30	35
	max	10	12	13	15	17	19	23	25	30	35	42	50	60	70
Luftgruppe C3	min	10	12	13	15	17	19	23	25	30	35	42	50	60	70
	max	15	19	21	23	25	29	34	37	45	54	64	75	90	110
Luftgruppe C4	min	15	19	21	23	25	29	34	37	45	54	64	75	90	110
	max	21	27	30	32	34	40	46	50	65	76	89	105	130	150
Luftgruppe C5	min	21	27	30	32	34	40	46	50	65	76	89	105	130	150
	max	29	37	42	44	46	55	65	70	90	106	124	145	170	195
mit kegeliger Bohrung Lagerluft in µm															
Luftgruppe C2	min					7	9	12	14	18	23	29	35	40	45
	max					13	15	19	22	27	33	42	50	60	65
Luftgruppe normal	min					13	15	19	22	27	33	42	50	60	65
	max					20	23	29	33	41	50	62	75	90	100
Luftgruppe C3	min					20	23	29	33	41	50	62	75	90	100
	max					28	33	40	45	56	69	84	100	120	140
Luftgruppe C4	min					28	33	40	45	56	69	84	100	120	140
	max					37	44	52	58	76	91	109	130	160	180
Luftgruppe C5	min					37	44	52	58	76	91	109	130	160	180
	max					49	59	71	78	101	121	144	170	205	225

Abb. 28 Radialluft der Pendelkugellager, DIN 620 und ISO 5753

Lagerluft

(Allgemeine Anmerkung siehe S. 11)

Koyo-Pendelkugellager werden in der Regel mit Normalluft geliefert, selten in C3 oder C4. Koyo-Pendelkugellager mit breitem Innenring weisen eine Lagerluft auf, die zwischen C2 und Normal liegt. Die mit DIN und ISO übereinstimmenden Lagerluftwerte sind in Abb. 28 aufgeführt. Die Axialluft a ergibt sich aus dem Verhältnis a/c = Yo/0,44 mit c = Radialluft und Yo aus der Maßtabelle.

Wahl der Lagerluft-Gruppe

Bei den bevorzugten Anwendungsgebieten (Landmaschinen, Textilmaschinen, Ventilatoren, Transmissionen u. ä.) wird die Normalluft immer ausreichend und eine Nachrechnung der Lagerluft im eingebauten Zustand kaum erforderlich sein.

Lagerluftverminderung bei Lagern mit kegeliger Bohrung

Um die erforderliche feste Innenringpassung zu erreichen, wird das Lager soweit auf den Kegel der Welle oder Spannhülse aufgeschoben, bis sich der Außenring noch leicht drehen und ausschwenken läßt, d. h. die Lagerluftverminderung ist abhängig vom axialen Verschiebeweg des Lagers.

Käfig

Koyo-Pendelkugellager werden serienmäßig mit einem gepreßten Stahlkäfig, selten mit einem Massivkäfig geliefert (Abb 29).

Bezeichnung	Eigenschaften	Anwendungsbereich (Bei Ölumlaufschmierung)
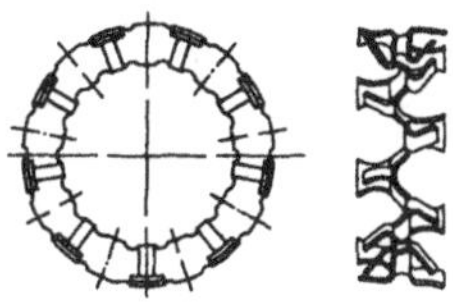	Leichter, kugelgeführter, gepreßter Käfig aus Stahl Standardausführung	$d_m \cdot n < 500.000$
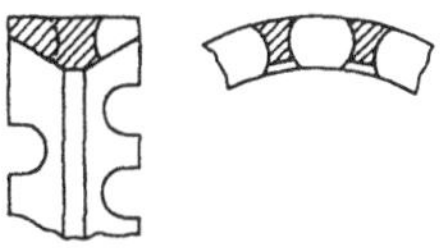	Stabiler, präzis bearbeiteter Massivkäfig aus Messing oder Stahl, kugelgeführt Ausführung: FY, FC	$d_m \cdot n > 500.000$

Abb. 29 Käfigarten für Pendelkugellager

Winkeleinstellbarkeit

Pendelkugellager können beträchtliche Schiefstellungen zwischen Innen- und Außenring ohne nachteilige Folgen aufnehmen. Der zulässige Winkelfehler (Abb. 30) ist dadurch begrenzt, daß die Kugeln nicht mit der Außenring-Laufbahnkante in Berührung kommem dürfen.

Lager	zul. Winkelfehler
108 - 135 1302 - 1318 2302 - 2318	3°
1200 - 1222 2202 - 2222 11204 - 11212 11304 - 11310	2,5°
2200 2RS - 2214 2RS 2302 2RS - 2311 2RS	1,5°

Abb. 30 Zulässige Winkelfehler für Pendelkugellager

Passende Gehäuse

Stehlagergehäuse für Pendelkugellager mit und ohne Stehhülse sind auf Seite 134 gezeigt.

Dynamisch äquivalente Belastung [kN]

Fa/Fr ≦ e	Fa/Fr > e
$P = Fr + Y_1 \cdot Fa$	$P = 0{,}65Fr + Y_2 \cdot Fa$

e- und Y-Werte siehe Koyo-Hauptkatalog

Statisch äquivalente Belastung

$P_0 = Fr + Y_0 \cdot Fa$

Y_0-Werte siehe Koyo-Hauptkatalog

Passungen für Innen- und Außenringe

In der Abb. 31 haben wir unsere Passungsempfehlungen für den Normalfall zusammengestellt. Außergewöhnliche Fälle (Temperatur, Hohlwelle, Drehzahl u. ä.) sollten nach den Richtlinien und Gleichungen in T. 2 gelöst werden.

Innenring/Welle*
Normaltoleranzklasse (P0)

Belastungsart	Betriebsverhältnisse**	Beispiele	Innenringbohrung in mm bis 20	über 20 bis 100	über 100 bis 200
Umfangslast für Innenring	kleine Belastung	Gebläse, Pumpen	h 5	j 6	k 6
Umfangs- und Punktlast (unbestimmte Lastrichtung)	normale/hohe Belastg.	Transmissionen, Land/Textilmasch.	j 5	k 5	m 6
	normale/hohe Belastg.	Reihe 112, 113	h 9	h 9	—
	beliebige Belastung	Spannhülse/Welle	h 9 / IT 6 bis h 10 / IT 7		

Außenring/Gehäuse***
Normaltoleranzklasse (P0)

Belastungsart	Außenring	Beispiele	Alle Außenring-Außen-∅
Punktlast für Außenring	leicht verschiebbar	Transmissionen, Ventilatoren	H 7
	Wärmezufuhr durch die Welle	Papiermaschinen	G 7
Punkt- und Umfangslast (unbestimmte Lastrichtung)	Verschiebbarkeit erwünscht	Landmaschinen, Textilmaschinen	J 7
	Verschiebbarkeit nicht gefordert	Trommeln	K 7

* Für Vollwelle aus Stahl
** kleine Belastung: $P < 0{,}08\ C$, normale Belastung: $P \approx 0{,}1\ C$, hohe Belastung: $P > 0{,}15\ C$
*** für Gehäuse aus Eisenguß oder Stahl

Abb. 31 Passungen für Pendelkugellager

1.5.3 Schrägkugellager, ein- und zweireihig

für höchste Drehzahlen

hohe Axialbelastungen, neben Radial- und Momentenbelastungen

starre Wellenführung

optimale Anpassung an Betriebsbedingungen durch individuelle Lagereinstellung oder Verwendung von gepaarten Lagern

einfachen Einbau bei werkseitig eingestellten Lagern

Querschnitte

Einreihige Schrägkugellager — Zweireihige Schrägkugellager — Universelle Paarung: Tandem-Anordnung — O-Anordnung — X-Anordnung

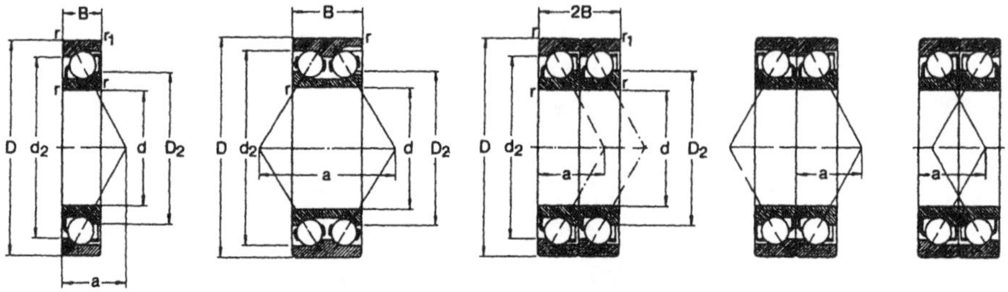

Reihe 72 B, 73 B
α = 40°

Reihe 32, 33
α = 32°

Reihe 72 BG, 73 BG
α = 40°

Nachsetzzeichen

A	gepaarte Schrägkugellager mit Innen- und Außenabstandsring (Abstandsringe ohne Schmiernut und -bohrungen
1,2 ...	nicht näher bezeichnete Abweichungen an Standardlagern
B	40° Druckwinkel
B	gepaarte Schrägkugellager mit Innen- und Außenabstandsring (Schmiernut und -bohrungen nur im Innenabstandsring)
C	15° Druckwinkel
C	gepaarte Schrägkugellager mit Innen- und Außenabstandsring (Abstandsring mit Schmiernut und -bohrungen)
CO	15° Druckwinkel, außenringgeführter Käfig und abziehbarer Innenring
C2, C3...	Radialluftgruppe
CS....	Sonderlagerluft (die nachfolgende Zahl gibt den Mittelwert in μm an)
FT	Massivkäfig aus Phenolharz
FY	Massivkäfig aus Messing
G	einreihige Schrägkugellager zur universellen Paarung mit geringer Lagerluft (C2)
GH	wie G, jedoch mit hoher Vorspannung
GL	wie G, jedoch mit leichter Vorspannung
GM	wie G, jedoch mit mittlerer Vorspannung
G1, G5...	einreihige Schrägkugellager zur universellen Paarung mit folgender Vorspannung: G1 = 100 N G5 = 250 N G10 = 500 N G20 = 1.000 N G30 = 1.500 N
PA	Außenringgeführter Massivkäfig
PB	Innenringgeführter Massivkäfig
PD	Kugelgeführter Massivkäfig
(P0), P6, P5...	Toleranzklasse
PZ, PZ2...	Sondertoleranzen
S0, S1...	Wärmebeständigkeit

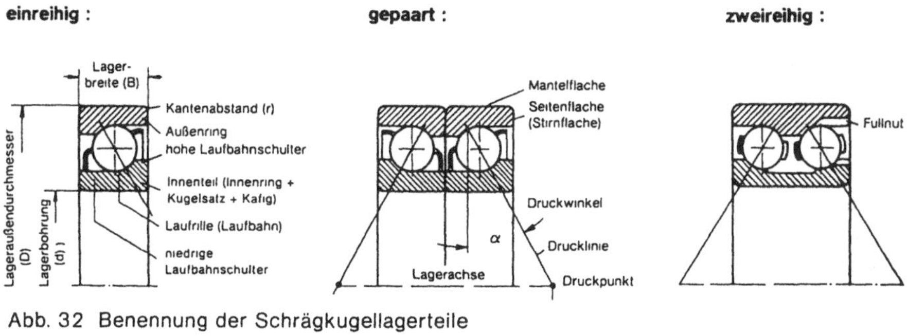

Abb. 32 Benennung der Schrägkugellagerteile

Bauformen

Bei Schrägkugellagern sind die Laufbahnen im Innen- und Außenring unter einem Druckwinkel schräg zur Lagerachse versetzt zueinander angeordnet. Dieser Winkel beträgt häufig 40° (Nachsetzzeichen B), selten 30° (kein Nachsetzzeichen) oder 15° (Nachsetzzeichen C). Diese Lager können neben radialen auch hohe axiale Kräfte aufnehmen. Die Axialkraft darf nur in Richtung der hohen Schulter wirken, da die niedrige Schulter nur Haltefunktion hat. Die optimale Lastaufnahme beginnt bei $F_a \geqq F_r$.

Da einreihige Schrägkugellager ähnlich Kegelrollenlagern axiale Belastungen nur in einer Richtung aufnehmen und auch radiale Belastungen immer eine axiale Reaktionskraft hervorrufen, ist eine Gegenführung durch ein zweites Lager erforderlich. Die Ausnahme bildet lediglich der Fall, wo eine ständige äußere axiale Gegenkraft von einer bestimmten Mindestgröße ($F_a/F_r > e$) wirkt, wie z. B. bei einer senkrechten Generatorwelle.

Sind zwei Einzellager miteinander zu kombinieren, empfiehlt sich die Verwendung der G-Ausführung. Die Lager werden bereits in der Fertigung so aufeinander abgestimmt, daß bei unmittelbar nebeneinander eingebauten Lagern der vorher festgelegte Wert für die Axialluft (G, GC3) bzw. die Vorspannung (GH, GL, GM, G1, G2 usw.) und die gleichmäßige Lastaufnahme ohne Paßscheiben oder sonstiger Einstellungen erreicht wird.

G-Lager können je nach Anforderung in drei Anordnungen wie folgt universell gepaart werden:

Tandem-Anordnung
Die Drucklinien verlaufen parallel zueinander. Axialkräfte werden nur in einer Richtung, auf beide Lager gleichmäßig verteilt, aufgenommen.

O-Anordnung
Die Drucklinien laufen auseinander. Axialkräfte werden in beiden Richtungen jeweils von einem Lager aufgenommen. Diese Anordnung ergibt eine relativ starre Lagerung, die auch Kippmomente aufnehmen kann.

X-Anordnung
Die Drucklinien laufen zusammen. Axialkräfte werden ebenfalls in beiden Richtungen von je einem Lager aufgenommen. Die Lagerung ist aber nicht so starr und für Kippmomente weniger geeignet.

Zweireihige Schrägkugellager der Reihen 32 und 33 entsprechen in ihrem Aufbau zwei einreihigen Schrägkugellagern in O-Anordnung. Wie diese eignen sie sich zur Aufnahme von Axialbelastungen in beiden Richtungen und zur Aufnahme von Kippmomenten. Ihr Vorteil ist die geringere Baubreite und aufgrund der kleineren Normalluft die spielfreie und starre Lagerung. Nachteilig ist der kleine Druckwinkel $\alpha = 32°$ und die Füllnut auf einer Seite (geringe Axialbelastung). Beim Einbau ist deshalb darauf zu achten, daß diese Seite die kleinere Axialbelastung aufnimmt. Die Lager sind selbsthaltend und nicht einstellbar. Für die Aufnahme hoher, wechselseitig wirkender Axialbelastungen gibt es als Sonderbauform zweireihige Schrägkugellager mit geteiltem Innenring, die einen größeren Druckwinkel und keine Füllnuten haben (Abb. 33). Die Lager sind meist nicht selbsthaltend und für den getrennten Einbau von Innenteilen und Außenringen geeignet.

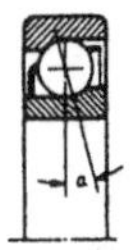 70 C, 72 C	Spindellager mit 15° Druckwinkel, Phenolharzkäfig, in P4 oder Sondertoleranz für Höchstdrehzahlen in Schleif-, Fräs-, Bohr- und Drehmaschinen, Zentrifugen, Turbinen, Holzbearbeitungsmaschinen, Meßgeräten usw.
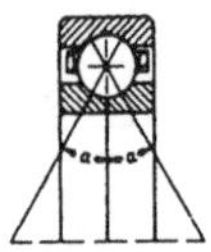 $\alpha = 45°$ 62 BI, 62 BO	3- bzw. 4-Punktlager, innen- bzw. außenringgeteilt, mit/ohne Haltenut, mit gepreßtem Stahl- oder Massivkäfig, mit werksseitig eingestellter Lagerluft, nicht selbsthaltend, für Getriebe mit hohen Drehzahlen. Axialbelastungen in beiden Richtungen. Optimale Laufbedingungen erst bei $F_a \geqq 1{,}27\ F_r$.
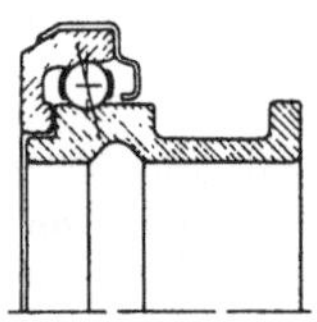 RCT	Kupplungsausrücklager für Kraftfahrzeuge und selbstfahrende Arbeitsmaschinen o. ä. mit drehendem Außen- oder Innenring, abgedichtet, wartungsfrei, in vielen Bauformen für alle Anwendungen.
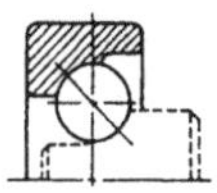 ACS	Schrägkugellager ohne Innenring für Lenkschnecken (Sicherheitsteil).
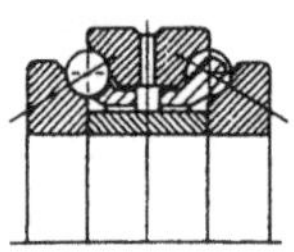 2 ACA	Zweiseitig wirkendes Axial-Schrägkugellager für Werkzeugmaschinenspindeln mit Innenabstandsring und werksseitig eingestellter Lagerluft, nicht selbsthaltend.
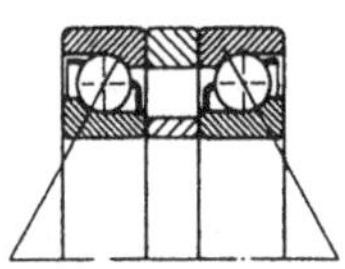 72 BD, 73 BD	Gepaarte, einreihige Schrägkugellager mit Innen- und Außenabstandsring mit/ohne Schmierbohrungen, vorzugsweise in O-Anordnung und im Herstellerwerk eingestellter Lagerluft, z. B. zur Erhöhung der radialen Steifigkeit oder guten Wärmeabfuhr.

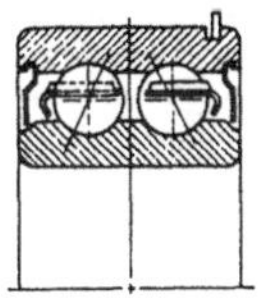 52 ZZ	Zweireihiges Schrägkugellager, selbsthaltend, ohne Füllnuten, kleiner Druckwinkel, daher hoch radial belastbar, mit Deckscheibe(n) und Fettfüllung, Sprengringnut und Sprengring für Getriebe. Lager ist zwischen den 42/43- und 32/33-Reihen einzuordnen.
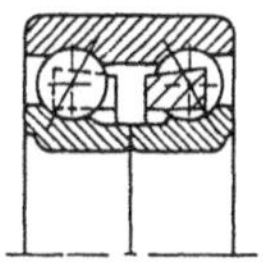 DAC	Zweireihiges Schrägkugellager mit geteiltem Innenring, selbsthaltend, ohne Füllnuten, in beiden Richtungen axial hoch belastbar. Die Innenringhälften müssen verspannt werden. Die werksseitig eingestellte Lagerluft wird im eingebauten Zustand nur durch die Passungen und die Vorspannkraft beeinflußt. Bevorzugte Einbaustellen sind Kegelradgetriebe und Pkw-Räder.
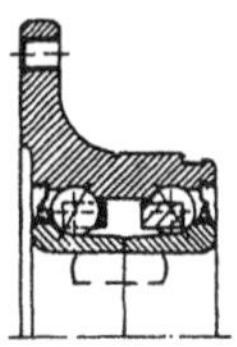 DACF	Wie vorher, jedoch mit Doppellippen-Dichtungen. Fettfüllung (wartungsfrei) mit/ohne Außenringflansch (Radlager der 2. Generation).

Abb. 33 Sonderbauformen der Schrägkugellager (Beispiele)

Toleranzen

(Meßverfahren siehe T. 2)

Schrägkugellager liefert Koyo hauptsächlich in der Normaltoleranzklasse (P0). G-Lager je nach Vorspannungsbereich, in P6 oder P5. Höhere Genauigkeiten, wie z. B. für Werkzeugmaschinenspindeln auf Anfrage.

Die Toleranzwerte sind in Abb. 34 angegeben und die Kantenabstände nach DIN 620 + ISO 582 (T. 2) festgelegt.

Innenring

Maße in mm

Nennmaß der Lagerbohrung		2,5	10	18	30	50	80	120	180	250	315	400	500	630	800	1000
	über	2,5	10	18	30	50	80	120	180	250	315	400	500	630	800	1000
	bis	10	18	30	50	80	120	180	250	315	400	500	630	800	1000	1250

Normaltoleranz (P0)

Abmaße in μm

		2,5–10	10–18	18–30	30–50	50–80	80–120	120–180	180–250	250–315	315–400	400–500	500–630	630–800	800–1000	1000–1250
Bohrung	Δ_{dmp}	0 / −8	0 / −8	0 / −10	0 / −12	0 / −15	0 / −20	0 / −25	0 / −30	0 / −35	0 / −40	0 / −45	0 / −50	0 / −75	0 / −100	0 / −125
	V_{dp}*, V_{dmp}	6	6	8	9	11	15	19	23	26	30	34	38	—	—	—
Breite	Δ_{Bs}	0 / −120	0 / −120	0 / −120	0 / −120	0 / −150	0 / −200	0 / −250	0 / −300	0 / −350	0 / −400	0 / −450	0 / −500	0 / −750	0 / −1000	0 / −1250
Breitenschwankung	V_{Bs}	15	20	20	20	25	25	30	30	35	40	50	60	70	80	100
Radialschlag	K_{ia}	10	10	13	15	20	25	30	40	50	60	65	70	80	90	100

Toleranzklasse P6

		2,5–10	10–18	18–30	30–50	50–80	80–120	120–180	180–250	250–315	315–400	400–500	500–630
Bohrung	Δ_{dmp}	0 / −7	0 / −7	0 / −8	0 / −10	0 / −12	0 / −15	0 / −18	0 / −22	0 / −25	0 / −30	0 / −35	0 / −40
	V_{dp}*, V_{dmp}	5	5	6	8	9	11	14	17	19	23	26	30
Breite	Δ_{Bs}	0 / −120	0 / −120	0 / −120	0 / −120	0 / −150	0 / −200	0 / −250	0 / −300	0 / −350	0 / −400	0 / −450	0 / −500
Breitenschwankung	V_{Bs}	15	20	20	20	25	25	30	30	35	40	45	50
Radialschlag	K_{ia}	6	7	8	10	10	13	18	20	25	30	35	40

Toleranzklasse P5

		2,5–10	10–18	18–30	30–50	50–80	80–120	120–180	180–250	250–315	315–400
Bohrung	Δ_{dmp}	0 / −5	0 / −5	0 / −6	0 / −8	0 / −9	0 / −10	0 / −13	0 / −15	0 / −18	0 / −23
	V_{dp}*	4	4	5	6	7	8	10	12	14	18
	V_{dmp}	3	3	3	4	5	5	7	8	9	12
Breite	Δ_{Bs}	0 / −40	0 / −80	0 / −120	0 / −120	0 / −150	0 / −200	0 / −250	0 / −300	0 / −350	0 / −400
Breitenschwankung	V_{Bs}	5	5	5	5	6	7	8	10	13	15
Radialschlag	K_{ia}	4	4	4	5	5	6	8	10	13	15
Seitenschlag	S_d	7	7	8	8	8	9	10	11	13	15
Axialschlag	S_{ia}	7	7	8	8	8	9	10	13	15	20

Toleranzklasse P4

		2,5–10	10–18	18–30	30–50	50–80	80–120	120–180	180–250
Bohrung	Δ_{dmp}	0 / −4	0 / −4	0 / −5	0 / −6	0 / −7	0 / −8	0 / −10	0 / −12
	Δ_{ds}, V_{dp}	3	3	4	5	5	6	8	9
	V_{dmp}	2	2	2,5	3	3,5	4	5	6
Breite	Δ_{Bs}	0 / −40	0 / −80	0 / −120	0 / −120	0 / −150	0 / −200	0 / −250	0 / −300
Breitenschwankung	V_{Bs}	2,5	2,5	2,5	3	4	4	5	6
Radialschlag	K_{ia}	2,5	2,5	3	4	4	5	6	8
Seitenschlag	S_d	3	3	4	4	5	5	6	7
Axialschlag	S_{ia}	3	3	4	4	5	5	7	8

Breitentoleranz der G-Lager

Nennmaß der Lagerbohrung (mm)				
	über	—	50	120
	bis	50	120	315
Breite (µm)	Δ_{Bs}	0 / −250	0 / −380	0 / −500

* Gilt für Durchmesserreihen 2 + 3 (s. T. 2)

Abb. 34 Toleranzen der Schrägkugellager DIN 620 und ISO 492

Außenring

Maße in mm

Nennmaß des Außendurchmessers		über / bis	6 18	18 30	30 50	50 80	80 120	120 150	150 180	180 250	250 315	315 400	400 500	500 630	630 800	800 1000	1000 1250	1250 1600
Normaltoleranz (P0)		Abmaße in μm																
Außendurchmesser	Δ_{Dmp}		0 -8	0 -9	0 -11	0 -13	0 -15	0 -18	0 -25	0 -30	0 -35	0 -40	0 -45	0 -50	0 -75	0 -100	0 -125	0 -160
	V_{Dp}^{*}, V_{Dmp}		6	7	8	10	11	14	19	23	26	30	34	38	55	75	—	—
Radialschlag	K_{ea}		15	15	20	25	35	40	45	50	60	70	80	100	120	140	160	190

Abmaße für Breite Δ_{Cs} und Breitenschwankung V_{Cs} siehe zugehöriger Innenring ($\Delta_{Bs} = \Delta_{Cs}$, $V_{Bs} = V_{Cs}$)

Toleranzklasse P6

		6–18	18–30	30–50	50–80	80–120	120–150	150–180	180–250	250–315	315–400	400–500	500–630	630–800	800–1000
Außendurchmesser	Δ_{Dmp}	0 -7	0 -8	0 -9	0 -11	0 -13	0 -15	0 -18	0 -20	0 -25	0 -28	0 -33	0 -38	0 -45	0 -60
	V_{Dp}^{*}, V_{Dmp}	5	6	7	8	10	11	14	15	19	21	25	29	34	45
Radialschlag	K_{ea}	8	9	10	13	18	20	23	25	30	35	40	50	60	75

Abmaße fur Breite Δ_{Cs} und Breitenschwankung V_{Cs} siehe zugehöriger Innenring ($\Delta_{Bs} = \Delta_{Cs}$, $V_{Bs} = V_{Cs}$)

Toleranzklasse P5

		6–18	18–30	30–50	50–80	80–120	120–150	150–180	180–250	250–315	315–400	400–500	500–630	630–800
Außendurchmesser	Δ_{Dmp}	0 -5	0 -6	0 -7	0 -9	0 -10	0 -11	0 -13	0 -15	0 -18	0 -20	0 -23	0 -28	0 -35
	V_{Dp}^{*}	4	5	5	7	8	8	10	11	14	15	17	21	26
	V_{Dmp}	3	3	4	5	5	6	7	8	9	10	12	14	18
Breitenschwankung	V_{Cs}	5	5	5	6	8	8	8	10	11	13	15	18	20
Radialschlag	K_{ea}	5	6	7	8	10	11	13	15	18	20	23	25	30
Seitenschlag	S_D	8	8	8	8	9	10	10	11	13	13	15	18	20
Axialschlag	S_{ea}	8	8	8	10	11	13	14	15	18	20	23	25	30

Abmaße für Breite Δ_{Cs} siehe zugehoriger Innenring ($\Delta_{Bs} = \Delta_{Cs}$)

Toleranzklasse P4

		6–18	18–30	30–50	50–80	80–120	120–150	150–180	180–250	250–315	315–400
Außendurchmesser	Δ_{Dmp}	0 -4	0 -5	0 -6	0 -7	0 -8	0 -9	0 -10	0 -11	0 -13	0 -15
	V_{Dp}^{*}	3	4	5	5	6	7	8	8	10	11
	V_{Dmp}	2	2,5	3	3,5	4	5	5	6	7	8
Breitenschwankung	V_{Cs}	2,5	2,5	2,5	3	4	5	5	7	7	8
Radialschlag	K_{ea}	3	4	5	5	6	7	8	10	11	13
Seitenschlag	S_D	4	4	4	4	5	5	5	7	8	10
Axialschlag	S_{ea}	5	5	5	5	6	7	8	10	10	13

Abmaße für Breite Δ_{Cs} siehe zugehöriger Innenring ($\Delta_{Bs} = \Delta_{Cs}$)

Nennmaß Lagerbohrung	über / bis	Maße in mm										
	über	6	10	18	24	30	40	50	65	80	100	120
	bis	10	18	24	30	40	50	65	80	100	120	140
		Lagerluft in µm										
Luftgruppe CD 2	min.	0	0	0	0	0	0	0	0	0	0	0
	max.	7	7	8	8	9	10	11	12	12	13	15
Luftgruppe normal	min	2	2	2	2	3	4	6	7	8	9	10
	max.	10	11	11	13	14	16	20	22	24	25	26
Luftgruppe CD3	min.	8	9	10	10	11	13	15	18	22	24	25
	max.	18	19	21	23	24	27	30	33	38	42	44

Abb. 35 Radialluft der zweireihigen Schrägkugellager Reihe 32, 33, Industrienorm

		Lagerluft in µm										
Luftgruppe C2	min.	0	0	0	0	0	0	0	0	0	0	0
	max.	11	11	13	13	14	16	17	19	19	21	24
Luftgruppe normal	min.	3	3	3	3	5	6	9	11	13	14	16
	max.	15	17	17	20	22	25	32	35	38	40	41
Luftgruppe C3	min.	12	12	15	15	17	20	23	28	34	38	39
	max.	27	29	32	36	37	42	47	52	60	66	69

Abb. 36 Axialluft der zweireihigen Schrägkugellager Reihe 32 und 33 (Umrechnung aus Abb. 35 mit cot 32°)

Lagerluft

Für die Lagerluft von Schrägkugellagern gibt es weder DIN- noch ISO-Normen oder Empfehlungen. Ohne vorherige Absprache werden die Hersteller daher gleiche Lager mit leicht unterschiedlichen Lagerluftwerten liefern.

Einreihige oder in Tandem gepaarte Schrägkugellager erfordern in der Regel eine bei Montage individuell und auf die vorhersehbaren Betriebsverhältnisse abgestimmte Lagereinstellung. Zweckmäßige Einstellwerte sind entweder aus Erfahrung gegeben oder müssen durch schrittweise Annäherung (Probelauf) gefunden werden. Die rechnerische Überprüfung der Lagerluft, die Einstellmittel und die Einstellmethoden sind gleich den Kegelrollenlagern (S. 65).

G-Lager, die in O- oder X-Anordnung gepaart werden, benötigen keine Lagereinstellung, da sie bereits in der Fertigung auf die gewünschte Lagerluft abgestimmt sind. Die Grundausführung hat etwa eine Lagerluft, die der C2-Lagerluftgruppe von Rillenkugellagern entspricht. Mehr oder weniger Lagerluft bzw. Vorspannung wird durch die Nachsetzzeichen GC3, GH, GL, GM, G1, G2 usw. festgelegt.

Zweireihige Schrägkugellager haben eine "eingebaute" Lagerluft, die keine Lagereinstellung zuläßt. Der Praxis entsprechend werden die Lager werksseitig mit Radial- bzw. Axialuftwerten gemäß Abb. 35 und Abb. 36 versehen.

Das Verhältnis Axial- zu Radialluft, a/c, ist bei B- und BG-Lagern mit $\alpha = 40° \approx 1{,}2 : 1$, bei Lagern der Reihe 32 und 33 mit $\alpha = 32° \approx 1{,}4 : 1$, bei allen anderen Lagern $a/c \approx \cot \alpha$

Käfige

Schrägkugellager haben meistens einen gepreßten Stahlkäfig, seltener einen Messing-Massivkäfig oder einen Phenolharzkäfig mit Gewebeeinlage (Hochgenauigkeits- oder Spindellager). Die Bezeichnungen, Eigenschaften und Anwendungsbereiche sind der Abb. 37 zu entnehmen. Bei Verwendung von Massivkäfigen werden die Schultern nicht wie dargestellt abgesetzt, sondern je nach Käfigführung am Innen- oder Außenring symmetrisch ausgebildet.

Winkeleinstellbarkeit

Schrägkugellager eignen sich nicht bei Wellendurchbiegungen und Fluchtfehlern. Während Einzellager und gepaarte Lager (G, GC3) in X-Anordnung noch geringe Schiefstellungen (< 2') vertragen, steigen bei zweireihigen und gepaarten Lagern in O-Anordnung Starrheit und Empfindlichkeit gegen Winkelfehler stark an.

Bezeichnung	Eigenschaften	Anwendungsbereich bei Ölumlaufschmierung
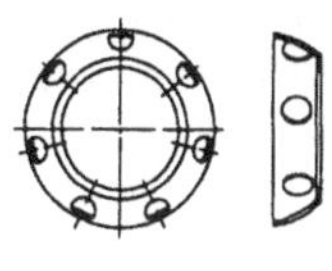 L-Käfig	Leichter, kugelgeführter, gepreßter Käfig aus Stahl- oder Messingblech, für Schmierung viel Raum lassend Standardausführung für einreihige Schrägkugellager	$d_m \cdot n < 500.000$
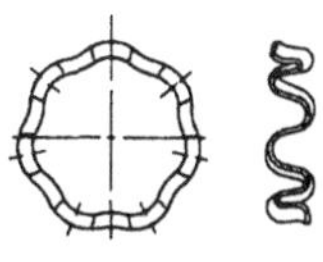 S-Käfig	Leichter, kugelgeführter, gepreßter Käfig aus Stahl zur Unterbringung von vielen Kugeln. Standardausführung für zweireihige Schrägkugellager mit Füllnuten.	$d_m \cdot n < 300.000$
 außenringgeführt für zerlegbare Lager (PA)  außenringgeführt (PA) 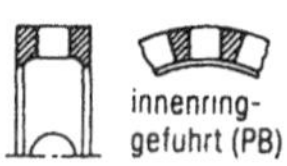 innenringgeführt (PB) Massivkäfig	Stabile, präzis gedrehte und gebohrte Massivkäfige aus Phenolharz mit Gewebeeinlage (Resitex) oder Messing für einreihige Schrägkugellager in den Toleranzklassen P5 und P4 (sog. Spindellager). Ausführung FT, FY	$d_m \cdot n > 500.000$ (bis 1.000.000)
 außenringgeführt (PA) 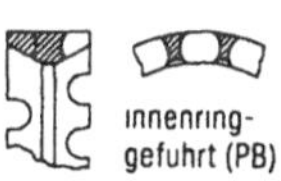 innenringgeführt (PB) Massivkäfig	Stabiler, präzis gedrehter, gebohrter Massivkäfig aus Messing oder gelegentlich Leichtmetall für größere und schnellaufende zweireihige Schrägkugellager mit Füllnuten. Ausführung: FY	$d_m \cdot n < 650.000$
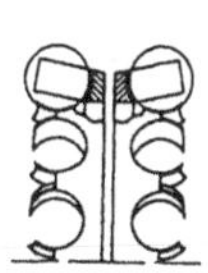 Kunststoff-Käfig	Wirtschaftlicher, elastischer, formvariabler, spritzgegossener Kunststoffkäfig für zweireihige Schrägkugellager mit geteiltem Innenring d.h. ohne Füllnuten. Ausführung: MN, FG	Je nach Kunststoffart und verarbeitung $d_m \cdot n < 750.000$ und Lagertemperatur < 120/150° C (stabilisierter Kunststoff) oder < 140/180° C (glasfaserverstärkter, wärmestabilisierter Kunststoff).

Abb. 37 Käfigarten für Schrägkugellager

Erreichbare Drehzahlen

Wie die Angaben in den Maßtabellen zeigen, lassen sich mit Schrägkugellagern sehr hohe Drehzahlen erreichen. Mit höherer Lager- und Bauteilgenauigkeit, Sonderkäfig und Minimalschmierung können die Drehzahlen weiter erhöht werden. (s. T. 2). Die in den Maßtabellen angegebenen Drehzahlen des Einzellagers werden nicht erreicht, wenn sie unmittelbar nebeneinander (gepaart) eingebaut und/oder zur Verbesserung der Starrheit vorgespannt sind. Die Abb. 38 zeigt mit welchen Minderungen gerechnet werden muß.

Lagerungsaufbau	Lagerluft G, GC3	Lagervorspannung GL, G1, G5	Lagervorspannung GH, GM, G>10
	1,0 ng	1,0 ng	0,8 ng
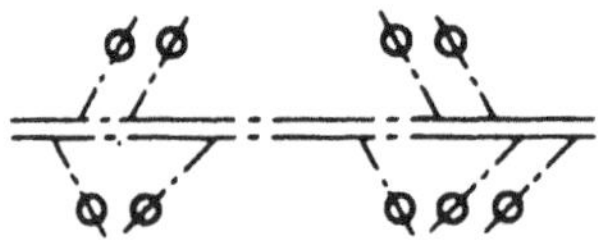	0,8 ng	0,8 ng	0,65 ng

ng = Drehzahlgrenze (s. Maßtabellen)

Abb. 38 Drehzahlminderung bei Vorspannung und paarweisem Einbau von Schrägkugellagern.

Dynamische Tragzahl C für mehrreihig gepaarte Lager

Die in den Lagertabellen aufgeführten Werte gelten bereits für die dargestellten Lager (einreihig, zweireihig) und Lageranordnungen (gepaarte Lager). Soll davon abgewichen und mehrere Einzellager nebeneinander eingebaut werden, so wird entsprechend der Tragzahlgleichung (s. T. 2) gerechnet.

$C_{Lagergruppe} = (i)^{0.7} \cdot C_{Einzellager}$ [kN], mit i = Anzahl der Wälzkörperreihen.

Für Lagerpaare in X- oder O-Anordnung also $1{,}625 \cdot C_{Einzellager}$. Für Lager in T-Anordnung jedoch $C_{Lagergruppe} = i \cdot C_{Einzellager}$ [kN], weil angenommen wird, daß die Lager einzeln austauschbar sind und gleichmäßig tragen.

O-Anordnung

X-Anordnung

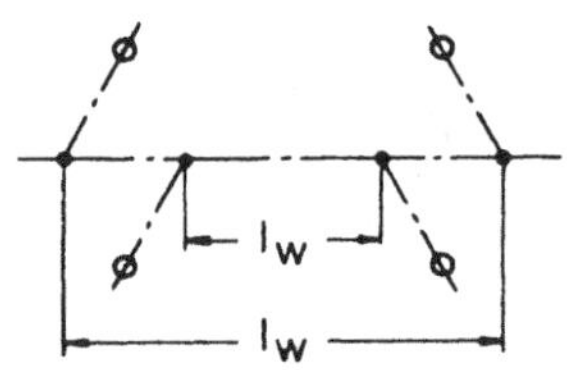

X-Anordnung

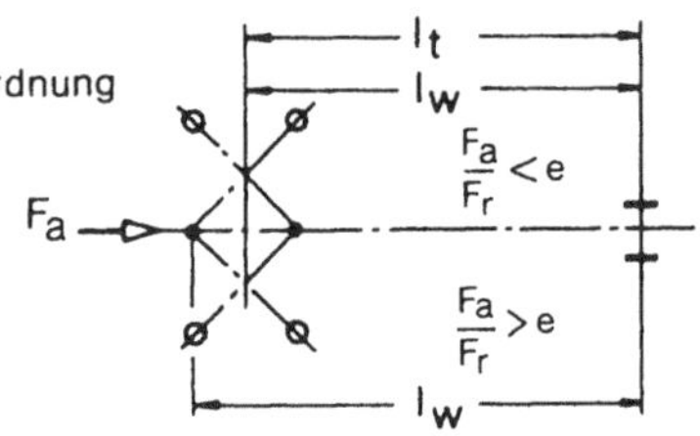

Tandem-Anordnung

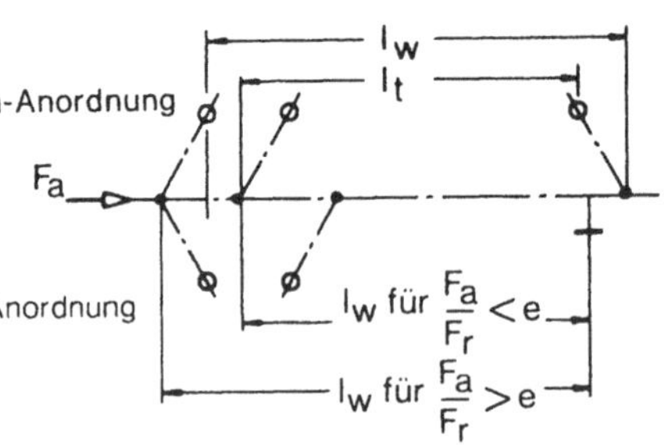

O-Anordnung

Wirksamer Lagerabstand

Wie die folgenden Beispiele zeigen, sind bei der Bestimmung der Lagerkräfte, Wellendurchbiegung und Steifigkeit nicht die tatsächlichen (l_t) sondern die wirksamen Lagerabstände (l_w) zu berücksichtigen.

Dynamisch äquivalente Belastung [kN]

	α	e	$F_a/F_r \leq e$	$F_a/F_r > e$
Einzellager und Tandem-Anordnung	40°	1,14	$P = F_r$	$P = 0{,}35\ F_r + 0{,}57\ F_a$
0- oder X-Anordnung	40°	1,14	$P = F_r + 0{,}55\ F_a$	$P = 0{,}57\ F_r + 0{,}95\ F_a$
Zweireihige Lager	32°	0,86	$F_a/F_r \leq 0{,}86$	$F_a/F_r > 0{,}86$
			$P = F_r + 0{,}73\ F_a$	$P = 0{,}62\ F_r + 1{,}17\ F_a$

Induzierte Axialkraft

Weil die Laufbahnen geneigt sind ($\alpha \neq 0$), induziert jede Radialbelastung eine innere Axialkraft, die sowohl bei der Berechnung der äquivalenten Lagerbelastung, als auch bei der Festigkeitsberechnung von Einstellelementen wie Deckel, Schrauben, Muttern usw. und bei der Bestimmung einer Lagervorspannung berücksichtigt werden muß. Sie ergibt sich bei einer Belastungszone von $\psi \approx 180°$ aus $F_a = 0{,}5\ F_r/y$ und bei $180° < \psi < 300°$ aus $F_a = 0{,}6\ F_r/y$.

Resultierende Axialkraft

Sie wird aus der Summe bzw. Differenz der inneren und äußeren Axialkräfte entsprechend Abb. 39 für einreihige Schrägkugellager gebildet. Dabei wird immer das Lager, auf das die äußere Axialkraft wirkt, mit A und das Gegenlager mit B bezeichnet. In den Fällen, wo die Axialkraft nicht wirksam ist, sind zur besseren Übersicht die Formeln in Klammern gesetzt.

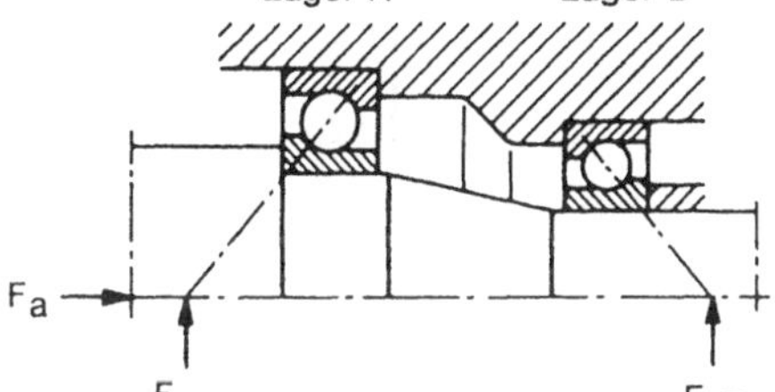

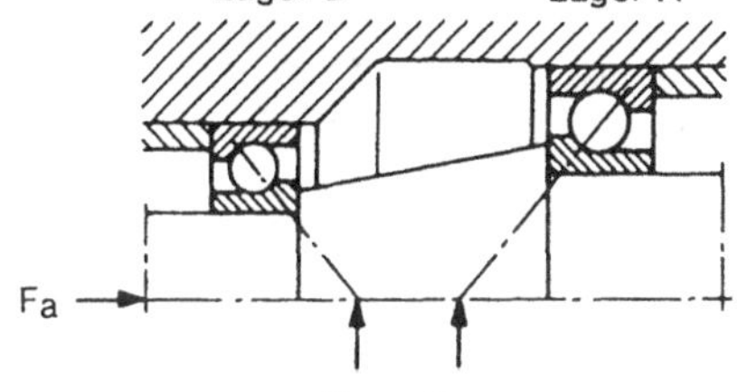

Belastungsverhältnisse		Resultierende Axialkraft	
$F_{\dot{a}A} = 0{,}5\ F_{rA}/Y_A$, $F_{\dot{a}B} = 0{,}5\ F_{rB}/Y_B$		Lager A	Lager B
$F_{\dot{a}A} \leq F_{\dot{a}B}$		$F_{aA} = F_a + F_{\dot{a}B}$	$(F_{\dot{a}B})$
$F_{\dot{a}A} > F_{\dot{a}B}$	$F_a > F_{\dot{a}A} - F_{\dot{a}B}$	$F_{aA} = F_a + F_{\dot{a}B}$	$(F_{\dot{a}B})$
	$F_a \leq F_{\dot{a}A} - F_{\dot{a}B}$	$(F_{\dot{a}A})$	$F_{aB} = F_{\dot{a}A} - F_a$

Abb. 39 Resultierende Axialkraft bei einreihigen Schrägkugellagern

Statische Tragzahl, Co, für mehrreihig gepaarte Lager

$C_{\text{Lagergruppe}} = i \cdot C_{\text{Einzellager}}$ [kN] mit i = Anzahl der Wälzkörperreihen

Statische äquivalente Belastung [kN]

	α	e	$F_a/F_r \leq e$	$F_a/F_r > e$
Einzellager und Tandem-Anordnung	40°	1,9	$P_o = F_r$	$P_o = 0{,}5\ F_r + 0{,}26\ F_a$
0- oder X- Anordnung	40°	–	$P_o = F_r + 0{,}52\ F_a$	
Zweireihige Lager	32°	–	$P_o = F_r + 0{,}63\ F_a$	

Passungen für Innenring/Welle*

Toleranzklasse (P0)

Belastungsart	Betriebs-verhältnisse	Beispiele	Innenringbohrung in mm			
			bis 20	über 20 bis 100	über 100 bis 200	über 200 bis 400
Umfangslast für Innenring	kleine Belastung	Elektro-Geräte, Werkzeug-maschinen, Pumpen, Gebläse	h5	j6	k6	
Umfangs- und Punktlast	normale/hohe Belastung	Allgem. Maschinenbau, Benzin-, Diesel- u. E-Motore, Kompressoren, Zahnradgetriebe, Holzbearbei-tungsmasch.	j5	k6	m6	n6
Punktlast für Innenring	leichte Verschiebbarkeit des Innenringes erforderlich	Loslager, Zwischenräder, Walzenzapfen	g6	g6	g6	f6
	Innenring nicht leicht verschiebbar	Seilscheiben, Spannrollen	alle Wellen- ⌀ h6			

Toleranzklasse P6, P5, P4

Umfangs- oder Punktlast	normal	Werkzeug-maschinen-Spindeln, Präzisionsgeräte	h5 h4 h3	j5 js4 k4	k5 js3 –	

für Vollwellen aus Stahl

** kleine Belastung: P<0,08 C, normale Belastung: P ≈ 0,1 C, hohe Belastung: P>0,15 C

Abb. 40 Passungen für Schrägkugellager

Passungen für Außenring/Gehäuse*

Normaltoleranzklasse (P0)

Belastungsart	Außenring	Beispiele	Alle Außenring-Außendurchmesser
Punktlast für Außenring	leicht verschiebbar	Allgem. Maschinenbau, Achslager	H7
Punkt- und Umfangslast	Verschiebbarkeit erwünscht	Getriebe, Pumpen	J7
	Verschiebbarkeit nicht erforderlich	Elektromotore, Fahrmotore	K7 (M7)
Umfangslast für Außenring	hohe Belastung hohe Stöße	Radnaben, Pleuel, Kurbelwellen	P7 (N7 ab D > 500 mm)

Toleranzklasse P6 + P5

Belastungsart	Außenring	Beispiele	Alle Außenring-Außendurchmesser
Normale Belastung	nicht verschiebbar	Werkzeugmaschinenspindeln, Tablettiermaschinen	K6, K5
Umfangslast oder hohe Belastung	nicht verschiebbar	Präzisionsgeräte	M6, M5

Toleranzklasse P4

Belastungsart	Außenring	Beispiele	Alle Außenring-Außendurchmesser
Punkt- oder Umfangslast für Außenring	nicht verschiebbar	Meßgeräte, Werkstückspindeln	K4

* für Gehäuse aus Eisenguß oder Stahl

Passungen für Innen- und Außenringe

(Allgem. gültige Hinweise siehe T. 2)

Ein- und zweireihige Schrägkugellager werden wie Rillenkugellager gepaßt. Gepaarte G-Lager erhalten mit Rücksicht auf die gewünschte Lagerluft bzw. Vorspannung im Einbauzustand allerdings oft nur j5/J6. Je gleichmäßiger die Passungen sind, desto besser ist die Lastverteilung auf die einzelnen Lager.

Für die normalen Einbaufälle sind unsere Passungsempfehlungen in der Abb. 40 zusammengestellt. Bei stark abweichenden Einbau- und Betriebsverhältnissen, wie Hohlwelle, hohe/tiefe Lagertemperatur, Höchstdrehzahl, Leichtmetallgehäuse, Fremderwärmung, Vibration u. ä. sind die erforderlichen Passungen nach den Richtlinien und Gleichungen in T. 2 festzulegen.

1.5.4 Kegelrollenlager

für hohe Belastungen jeder Art (radial, axial, kombiniert radial/axial)

max. Gebrauchszeiten

starre Wellenführung

wirtschaftliche Lagersitz-Herstellung
(Lagerluft unabhängig von Passungen)

leichten Ein- und Ausbau durch getrennte Montage von Innenteil und Außenring (zerlegbares Lager)

optimale Anpassung an Betriebsbedingungen durch individuelle Lagereinstellung

Querschnitte

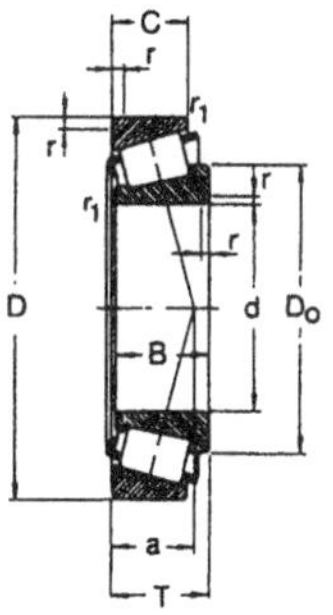

einreihig

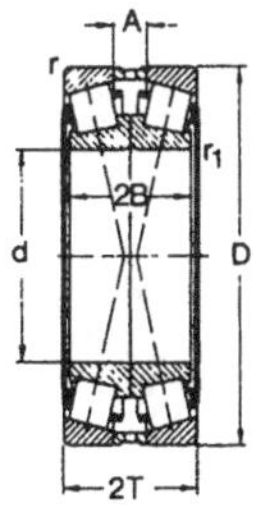

gepaart (45 C . . .)

Vorsetzzeichen

HI-CAP Lager gemäß Koyo-HI-CAP-Verfahren hergestellt

L nur Außenring bei metrischen Lagern

R nur Innenteil bei metrischen Lagern

J metrische Lagerreihe außerhalb DIN- und ISO-Normen

EL ultraleichte Kegelrollenlager mit Zollabmessungen

LL superleichte Kegelrollenlager mit Zollabmessungen

L leichte Kegelrollenlager mit Zollabmessungen

LM leichtschwere Kegelrollenlager mit Zollabmessungen

M mittelschwere Kegelrollenlager mit Zollabmessungen

HM halbschwere Kegelrollenlager mit Zollabmessungen

H schwere Kegelrollenlager mit Zollabmessungen

HH überschwere Kegelrollenlager mit Zollabmessungen

EH superschwere Kegelrollenlager mit Zollabmessungen

T Axial-Kegelrollenlager mit Zollabmessungen

Nachsetzzeichen

ASA 4, 2, 7, 3, 0, 00 Toleranzklassen für Lager mit Zollabmessungen

A, S, X, a Abmessungsvarianten

B Kegelrollenlager mit Außenringbund

C vergrößerter Druckwinkel, sogenannte Ritzellager

CS... mittlere Radialluft bei mehrreihigen, voreingestellten Lagern in μm

FP Bolzenkäfig

D großer Druckwinkel (ISO), sog. Steilwinkellager = 313er Reihe (DIN)

D Zweireihiges, zölliges Kegelrollenlager mit Doppelinnen- und Doppelaußenring

J Außenringlaufbahn-∅ und -winkel nach ISO-Norm, das ermöglicht austauschbare Innen- und Außenringe verschiedener Hersteller

N Kegelrollenlager mit niedrigem Geräuschpegel und besonders guten Laufeigenschaften

P0, P6, 5 Toleranzklassen für Lager nach DIN 720/ISO 355

PB, PC, PK, PN Toleranzklassen für J-Lager

PH 1, 2... eingeschränkte Breitentoleranz

PZ 4, 5... Sondertoleranzen

R verstärkte Ausführung (= erhöhte Tragfähigkeit)

S0, 1, 2... Wärmebeständigkeit

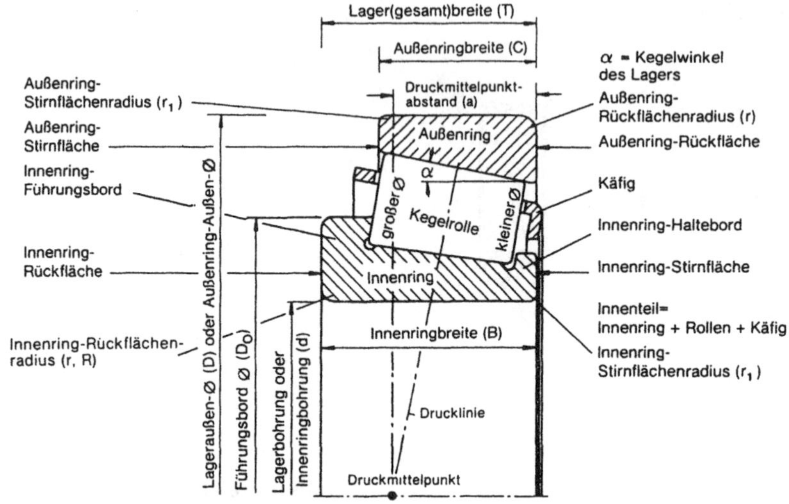

Abb. 41 Benennung der Kegelrollenlagerteile

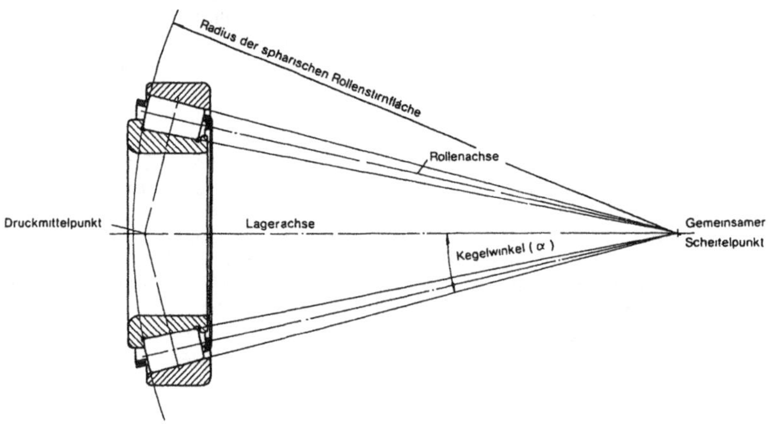

Abb. 42 Geometrie der Kegelrollenlager

Konstruktion

Kegelrollenlager haben kegelstumpfförmige Rollen, die auf kegeligen Innen- und Außenringlaufbahnen abwälzen. Der Abwälzvorgang erfolgt ohne einen nennenswerten Schlupf im Kontaktbereich Rollenmantel/Laufbahn, wie er z. B. bei Pendelrollenlagern oder Kugellagern unvermeidbar ist. Die Scheitelpunkte aller Kegelflächen treffen sich in einem Punkt auf der Lagerachse (Abb. 42).

Der Linienkontakt zwischen Rollen und Laufbahnen ergibt max. Tragfähigkeit und geringstmögliche elastische Verformungen. Die große Stirnfläche der Rollen ist sphärisch ausgebildet und liegt gegen den Innenring-Führungsbord an. Im unbelasteten Zustand entsteht Punktberührung, die sich bei Belastung auf eine elliptische Berührungsfläche erweitert und so den Aufbau eines tragfähigen Schmierfilmes zwischen Rollenende und Führungsbord begünstigt. Da außerdem die Flächenpressung gering ist, besteht keine Gefahr eines abnormalen Verschleißes.

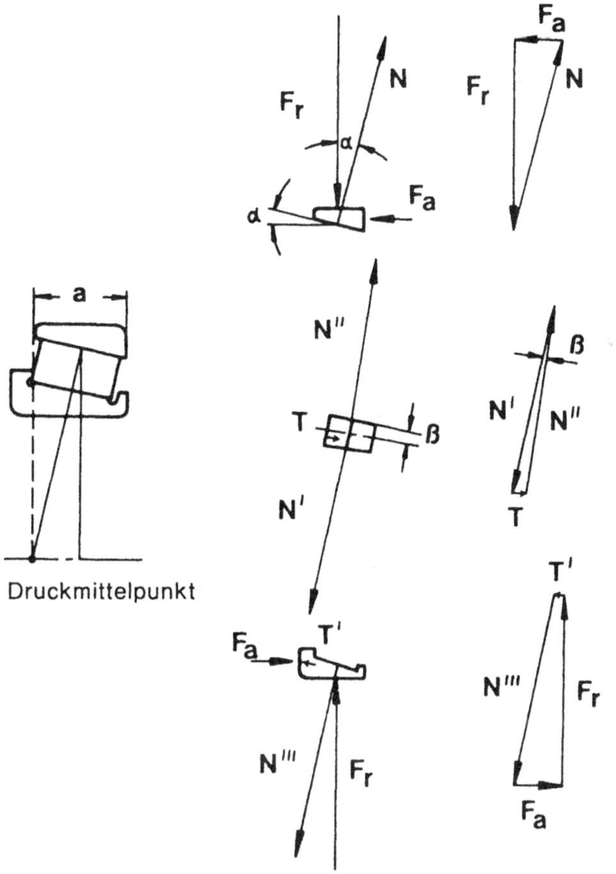

Abb. 43 Wirksame Kräfte an Kegelrollenlagerelementen bei rein radialer Belastung;
Fr = Radialkraft auf Innen- und Außenring, Fa = Induzierte Axialkraft auf Innen- und Außenring,
N = Normalkraft auf Laufflächen, T = Anpreßkraft der Rolle an Innenführungsbord.

Eine kleine Kraftkomponente (T) (Abb. 43), die bei allen Belastungsrichtungen auftritt, drückt die Rollen gegen den Innenring-Führungsbord und hält sie dadurch stets gut ausgerichtet. Diese Spannungsführung sorgt für eine sehr stabile Lastaufnahme des Lagers.

Innenring, Rollen und Käfig bilden eine Einheit, das Innenteil. Der Käfig ist nicht an der Kraftübertragung beteiligt, sondern dient als Klammer und Abstandshalter für die Rollen am Lagerumfang. Der kleine Bord am Innenring (= Haltebord) hält die Teile im nicht eingebauten Zustand zusammen.

Da übliche, einreihige Kegelrollenlager axiale Belastungen nur in einer Richtung aufnehmen und auch radiale Belastungen immer eine axiale Reaktionskraft (Fa) (Abb. 43) hervorrufen, ist in fast allen Fällen eine Gegenführung durch ein zweites, spiegelbildlich angeordnetes Kegelrollenlager (paarweiser Einbau) erforderlich (Abb. 44).

Alle Koyo-Kegelrollenlager der Normaltoleranzklasse werden mit schwachballigen Rollen und/oder Laufbahnen ausgeführt, so daß unter Belastung eine gleichmäßige Spannungsverteilung über die ganze Rollenlänge garantiert ist. Durch diese modifizierte Linienberührung werden schädliche Kantenpressungen vermieden und die max. Ermüdungslebensdauer erreicht.

Kegelrollenlager sind sowohl radial, axial oder zugleich radial und axial belastbar. Einzelne Lagerreihen (313, 322 B, 323 B) und verschiedene Lager mit Zollabmessungen haben größere Kegelwinkel und sind für größere axiale Belastungen bestimmt.

Bei den Koyo-Kegelrollenlagern mit dem Zusatzzeichen „R" wurden Anzahl und Abmessungen der Rollen vergrößert. Diese Lager haben damit eine höhere Tragfähigkeit als die bisherige Ausführung.

Koyo „GT/GTS"-Kegelrollenlager (Reihen 320, 329, 330, 331, 332) sind nach modernsten Gesichtspunkten (niedriger Querschnitt, viele lange Rollen, kleine Einstiche, B = T) konstruiert und ermöglichen sehr kompakte Lagerungen. Die GTS-Lager (50 GT-Auswahllager) werden serienmäßig mit eingeschränkten Breitentoleranzen geliefert. Das kann u. a. die Lagereinstellung (S. 75) vereinfachen.

Koyo fertigt in beträchtlichem Umfang auch Kegelrollenlager mit Zollabmessungen. Die gängigsten Größen sind im Koyo-Hauptkatalog dargestellt.

Zwischen den metrischen Lagern nach DIN 720/ISO 355 und den Lagern mit Zollabmessungen stehen die J-Kegelrollenlager mit ähnlichen Merkmalen wie die GTS-Lager.

Werkstoffe (Analyse/Beschreibung siehe T. 2)

Innen- und Außenringe	Durchhärtende Chromstähle SUJ-2 (≙ 100 Cr6), SUJ-3 oder Einsatzstähle SAE 4320, 8620, 5120 und SNCM 25
Rollen	SUJ-2
Käfig	kaltgewalztes Feinblech SPB-1 (≙ ST 12/14)
Abstandsringe	SUJ-2

Bauformen

Wo die Grundform, das einreihige Kegelrollenlager, nicht ausreicht oder nicht optimal verwendet werden kann, stehen als mögliche Alternativen sowohl zweireihige, vierreihige als auch Axial-Kegelrollenlager in einer Vielzahl von Varianten zur Verfügung. Mehrreihige oder gepaarte Lager werden in der Regel mit werksseitig eingestellter Lagerluft, die den jeweiligen Betriebsbedingungen angepaßt wird, geliefert. Durch axiale Reaktionskräfte und Selbstzentrierung der Laufringe zueinander ist die gleichmäßige Radiallastverteilung auf mehrere Rollenreihen gewährleistet. Eine grobe Übersicht gibt die Abb. 45.

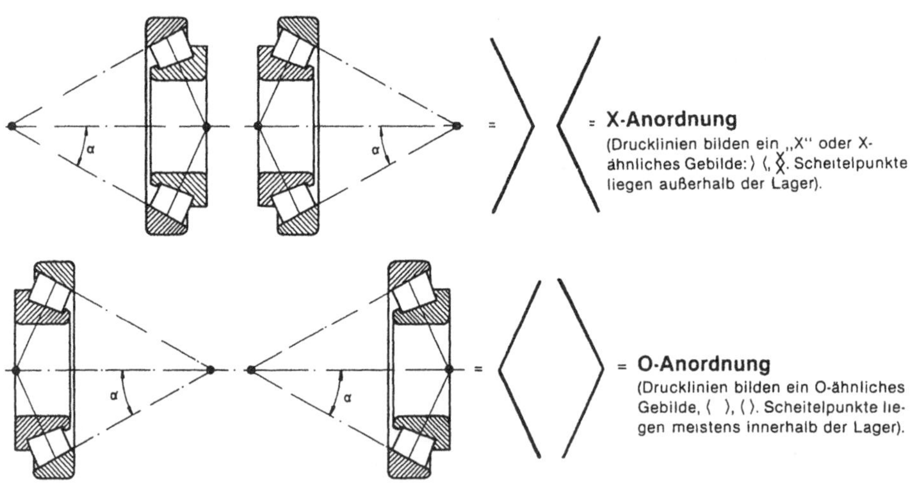

Abb. 44 Anordnung der Kegelrollenlager

 Grundbauform (TS)	Einreihiges Kegelrollenlager mit gepreßtem Stahlkäfig. Meist verwendete Bauform. Für Radialkräfte, Axialkräfte sowie jede Kombination dieser Belastungen. Bei größeren Lagern aus Fertigungs- und/oder Tragzahlgründen auch mit Bolzenkäfig (Nachsetzzeichen FP).
 . . . B (TSF)	Einreihiges Kegelrollenlager mit Bund am Außenring. Erübrigt Anlageschulter im Gehäuse und erlaubt durchgehende, fluchtgenaue Gehäusebohrungen/Lagersitze.
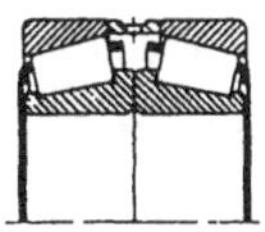 45 C . . .	Gepaarte einreihige Kegelrollenlager in X-Anordnung mit Außenabstandsring. Die Axialluft wird durch werksseitig angepaßten Außenabstandsring festgelegt. Hauptanwendungsgebiete sind Untersetzungsgetriebe.
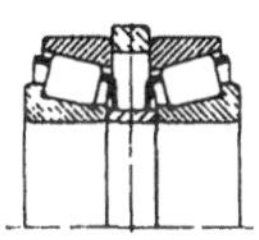 46 C . . . (ZS/SR)	Gepaarte einreihige Großserien-Kegelrollenlager in 0-Anordnung mit Innen- und Außenabstandsring. Der als Sprengring ausgebildete Außenabstandsring ermöglicht die axiale Fixierung des Lagers bei durchgehender Gehäusebohrung. Diese sehr wirtschaftlichen Lagereinheiten werden werksseitig auf die gewünschte Axialluft eingestellt.
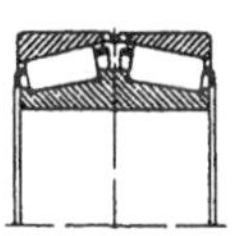 *45 T . . . (TDI)	Zweireihiges Kegelrollenlager mit zweireihigem Innenring mit/ohne Außenabstandsring. Der Außenabstandsring ist in der Regel mit Schmierbohrungen versehen.
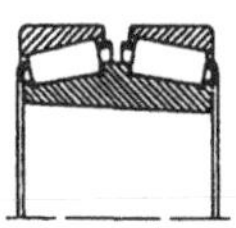 *T . . . TD(TDIT)	Das zweireihige Kegelrollenlager, wie zuvor, hat hier eine kegelige Bohrung zur Erleichterung häufiger Lagerdemontagen bei festen Innenringsitzen wie z.B. Kalanderwalzen, Papiermaschinenwalzen, leicht- bis mittelschwer belasteten Lagerzapfen.

Abb. 45 Bauformen der Kegelrollenlager (Fortsetzung S. 58)

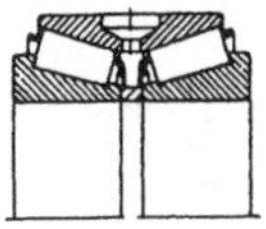 *T . . . (TDOC)	Zweireihiges Kegelrollenlager mit zweireihigem Außenring und mit/ohne Innenabstandring, werksseitig eingestellt. Der große wirksame Lagerabstand (0-Anordnung) ist sehr günstig bei hohen Kippmomenten. Anwendung sowohl als Festlager als auch als Loslager (axiale Verschiebbarkeit im Gehäuse). Sicherungsstift in angesenkter Schmierbohrung verhindert Außenringdrehen/-einschlagen.
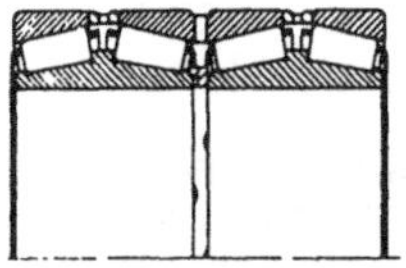 *17 T . . . (TQO)	Vierreihiges Hochleistungskegelrollenlager mit Innen- und Außenabstandsringen, werksseitig mit erforderl. Lagerluft versehen, für Walzenzapfen von Walzwerken. Bietet optimales Raum-Tragzahlenverhältnis. Macht zusätzliches Axiallager überflüssig.
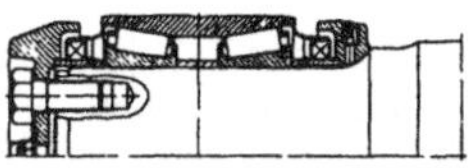 ABU KI . . . (AP)	Wartungsfreie, einbaufertige zweireihige Kegelrollenlagereinheit für Eisenbahnachsen (ARR-Freigabe Nr. 14), neuerdings auch für industrielle Anwendungen wie Kräne, Rollgänge, Seilrollen und Stahlwerktransportfahrzeuge.
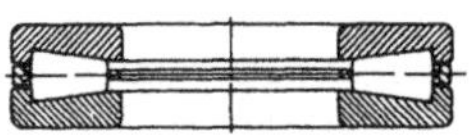 T . . ./THR.(TTHD)	Hochleistungs-Axialkegelrollenlager mit Käfig für schwere und schwerste Axialbelastungen z.B. in Strangpressen, Reitstöcken, Dornwiderlagern, Spulköpfen. Die Wälzelemente und Laufbahnen sind präzis geschliffen und wälzen ohne Schlupf. Axialkegelrollenlager konnen keine Radialkräfte aufnehmen.
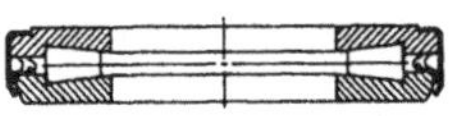 T . . . (TTC)	Einfache, symmetrische Axialkegelrollenlager, vollrollig, für hohe Axialkräfte und niedrige Drehzahlen oder Schwenkbewegungen z.B. in Fahrzeuglenkzapfen, Fahrzeugwinden. Die Lager werden durch eine Stahlkappe zusammengehalten und wahlweise in gefetteten/abgedichteten Ausführungen geliefert.

* Die verfügbaren Lagergrößen und techn. Informationen sind im Handbuch „Koyo Large Size Ball & Roller Bearings" aufgeführt.

Toleranzen

(Meßverfahren siehe T. 2)

Entsprechend den 3 Wälzlagerplänen werden Koyo-Kegelrollenlager nach DIN 720 in 3 verschiedene Toleranzklassen , nach Industrienormen in 4 Toleranzklassen und nach AFBMA-Norm in 4 Toleranzklassen hergestellt, die alle möglichen Anwendungsfälle abdecken (Abb. 46/48). Die meisten Kegelrollenlager werden in der Normaltoleranzklasse (PO, PK oder ASA 4) geliefert, die GTS-Kompakt-Kegelrollenlagerauswahl darüber hinaus mit eingeschränkten Breitentoleranzen (PN) zur vereinfachten Lagereinstellung. Werden Kegelrollenlager mit erhöhter Genauigkeit benötigt, sollten diese möglichst aus der 320er Reihe, den J-Lagern oder den Lagern mit Zollabmessungen gewählt werden.

Innenring

Maße in mm

Nennmaß der Lagerbohrung		10	18	30	50	80	120	180	250	315
	bis	18	30	50	80	120	180	250	315	400

The first column header also contains „über“: the first row of sizes is „über“ and the second is „bis“.

Normaltoleranz (P0)

Abmaße in μm

Bohrung	Δ_{dmp}	0 -12	0 -12	0 -12	0 -15	0 -20	0 -25	0 -30	0 -35	0 -40
	V_{dp}	12	12	12	15	20	25	30	35	40
	V_{dmp}	9	9	9	11	15	19	23	26	30
Nenn-Breite	Δ_{Bs}	- 120 0	- 120 0	- 120 0	- 150 0	- 200 0	- 250 0	- 300 0	- 350 0	- 400 0
Radialschlag	K_{ia}	15	18	20	25	30	35	50	60	70
Gesamtbreite	Δ_{Ts}	+ 200 0	+ 200 0	+ 200 0	+ 200 0	+ 200 - 200	+ 350 - 250	+ 350 - 250	+ 350 - 250	+ 400 - 400
Wirksame Breite	Δ_{T1s}	+ 100 0	+ 100 0	+ 100 0	+ 100 0	+ 100 - 100	+ 150 - 150			

Toleranzklasse 6X (GTS-Lager)

(Die Durchmesser- und Lauftoleranzen des Innenringes entsprechen der Normaltoleranz)

Nenn-Breite	Δ_{Bs}	-50 0	-50 0	-50 0	-50 0	-50 0	-50 0	-50 0	-50 0	-50 0
Gesamtbreite	Δ_{Ts}	+ 100 0	+ 100 0	+ 100 0	+ 100 0	+ 100 0	+ 150 0	+ 150 0	+ 200 0	+ 200 0
Wirksame Breite	Δ_{T1s}	+ 50 0	+ 50 0	+ 50 0	+ 50 0	+ 50 0	+ 50 0	+ 50 0	+ 100 0	+ 100 0

Toleranzklasse P5

Bohrung	Δ_{dmp}	0 -7	0 -8	0 -10	0 -12	0 -15	0 -18	0 -22
	V_{dp}	5	6	8	9	11	14	17
	V_{dmp}	5	5	5	6	8	9	11
Nenn-Breite	Δ_{Bs}	0 -200	0 -200	0 -240	0 -300	0 -400	0 -500	0 -600
Radialschlag	K_{ia}	5	5	6	7	8	11	13
Seitenschlag	S_d	7	8	8	8	9	10	11
Gesamtbreite	Δ_{Ts}	+ 200 - 200	+ 200 - 200	+ 200 - 200	+ 200 - 200	+ 200 - 200	+ 350 - 250	+ 350 - 250

Toleranzklasse P4

Bohrung	Δ_{dmp}, Δ_{ds}	0 -5	0 -6	0 -8	0 -9	0 -10	0 -13	0 -15
	V_{dp}	4	5	6	7	8	10	11
	V_{dmp}	4	4	5	5	5	7	8
Nenn-Breite	Δ_{Bs}	0 -200	0 -200	0 -240	0 -300	0 -400	0 -500	0 -600
Radialschlag	K_{ia}	3	3	4	4	5	6	8
Axialschlag	S_{ia}	3	4	4	4	5	7	8
Seitenschlag	S_d	3	4	4	4	5	7	8
Gesamtbreite	Δ_{Ts}	+ 200 - 200	+ 200 - 200	+ 200 - 200	+ 200 - 200	+ 200 - 200	+ 350 - 250	+ 350 - 250

Abb. 46 Toleranzen der Kegelrollenlager DIN 720 bzw. DIN ISO 355 (Fortsetzung S. 60)

Außenring

Nennmaß des Außen-durchmessers		Maße in mm										
	über	18	30	50	80	120	150	180	250	315	400	500
	bis	30	50	80	120	150	180	250	315	400	500	630

Normaltoleranz (P0)

		Abmaße in µm										
Außen-durch-messer	Δ_{Dmp}	0 -12	0 -14	0 -16	0 -18	0 -20	0 -25	0 -30	0 -35	0 -40	0 -45	0 -50
	V_{Dp}	12	14	16	18	20	25	30	35	40	45	50
	V_{Dmp}	9	11	12	14	15	19	23	26	30	34	38
Radialschlag	K_{ea}	18	20	25	35	40	45	50	60	70	80	100
Breite	Δ_{T2s}	+100 0	+100 0	+100 0	+100 - 100	+200 - 100	+200 - 100					

Breitentoleranz ΔC_s siehe zugehörigen Innenring ($\Delta C_s = \Delta B_s$)

Toleranzklasse 6X (GTS-Lager)

Breite	Δ_{Cs}	0 -100	0 -100	0 -100	0 -100	0 -100	0 -100	0 -100	0 -100	0 -100	0 -100	0 -100
	Δ_{T2s}	+50 0	+50 0	+50 0	+50 0	+100 0	+100 0	+100 0	+100 0	+100 0		

Übrige Toleranzen wie Normaltoleranz

Toleranzklasse P5

Außen-durch-meser	Δ_{Dmp}	0 -8	0 -9	0 -11	0 -13	0 -15	0 -18	0 -20	0 -25	0 -28
	V_{Dp}	6	7	8	10	11	14	15	19	22
	V_{Dmp}	5	5	6	7	8	9	10	13	14
Radialschlag	K_{ea}	6	7	8	10	11	13	15	18	20
Seitenschlag	S_D	8	8	8	9	10	10	11	13	13

Breitentoleranz ΔC_s siehe zugehörigen Innenring ($\Delta B_s = \Delta C_s$)

Toleranzklasse P4

Außen-durch-meser	Δ_{Dmp}, Δ_{Ds}	0 -6	0 -7	0 -9	0 -10	0 -11	0 -13	0 -15	0 -18	0 -20
	V_{Dp}	5	5	7	8	8	10	11	14	15
	V_{Dmp}	4	5	5	5	6	7	8	9	10
Radialschlag	K_{ea}	4	5	5	6	7	8	10	11	13
Axialschlag	S_{ia}	5	5	5	6	7	8	10	10	13
Seitenschlag	S_D	4	4	4	5	5	5	7	8	10

Breitentoleranz ΔC_s siehe zugehörigen Innenring ($\Delta B_s = \Delta C_s$)

Innenring

Maße in mm

Nennmaß der Lagerbohrung															
	über	10	18	30	50	80	120	180	250	315	400	500	630	800	1000
	bis	18	30	50	80	120	180	250	315	400	500	630	800	1000	1250

Normaltoleranz (PK)

Abmaße in µm

Bohrung	Δ_{dmp}	-13	-13	-13	-15	-20	-25	-30	-35	-40	-45	-50	-80	-100	-130
		0	0	0	0	0	0	0	0	0	0	0	0	0	0
Nenn-Breite	Δ_{Bs}	0	0	0	0	0	0	0	0	0	0	0	0	0	0
		-100	-100	-100	-150	-150	-200	-200	-200	-250	-250	-250	-300	-300	-300
Gesamtbreite	Δ_{Ts}	+200	+200	+200	+200	+200	+200	+200	+200	+200	+250	+250	+250	+300	+300
		0	0	0	0	-200	-200	-200	-200	-200	-300	-300	-300	-300	-350

Toleranzklasse PN

Abmaße in µm

Bohrung	Δ_{dmp}	-13	-13	-13	-15	-20	-25	-30	-35	-40	-45
		0	0	0	0	0	0	0	0	0	0
Nenn-Breite	Δ_{Bs}	0	0	0	0	0	0	0	0	0	0
		-50	-50	-50	-50	-50	-50	-50	-50	-50	-50
Gesamtbreite	Δ_{Ts}	+100	+100	+100	+100	+100	+150	+150	+200	+200	+200
		0	0	0	0	0	0	0	0	0	0

Toleranzklasse PC

Abmaße in µm

Bohrung	Δ_{dmp}	-10	-10	-10	-13	-13	-13	-15	-18	-20	-25	-30	-40	-50	-60
		0	0	0	0	0	0	0	0	0	0	0	0	0	0
Nenn-Breite	Δ_{Bs}	0	0	0	0	0	0	0	0	0	0	0	0	0	0
		-200	-200	-200	-300	-300	-300	-350	-350	-350	-350	-350	-350	-350	-350
Gesamtbreite	Ts	+200	+200	+200	+200	+200	+200	+200	+200	+250	+300	+300	+300	+350	+350
		-200	-200	-200	-200	-200	-250	-300	-300	-300	-300	-400	-400	-400	-450

Toleranzklasse PB

Abmaße in µm

Bohrung	Δ_{dmp}	-8	-8	-10	-10	-10	-10	-13	-13
		0	0	0	0	0	0	0	0
Nenn-Breite	Δ_{Bs}	0	0	0	0	0	0	0	0
		-200	-200	-200	-300	-300	-300	-350	-350
Gesamtbreite	Δ_{Ts}	+200	+200	+200	+200	+200	+200	+200	+200
		-200	-200	-200	-200	-200	-250	-300	-300

Abb. 47 Toleranzen der J-Kegelrollenlager, Industrienorm (Fortsetzung S. 62)

Außenring

Maße in mm

Nennmaß des Außendurchmessers																
	über	18	30	50	80	120	150	180	250	315	400	500	630	800	1000	1250
	bis	30	50	80	120	150	180	250	315	400	500	630	800	1000	1250	1600

Normaltoleranz (PK)

Abmaße in μm

Außendurchmesser	Δ_{Dmp}	0	0	0	0	0	0	0	0	0	0	0	0	0	0	0
		-20	-20	-20	-20	-25	-25	-30	-40	-40	-50	-50	-80	-100	-130	-165
Breite	Δ_{Cs}	0	0	0	0	0	0	0	0	0	0	0	0	0	0	0
		-150	-150	-150	-200	-200	-200	-250	-250	-250	-300	-300	-300	-350	-350	-400
Radialschlag des kompletten Lagers	K_a	30	30	30	40	40	40	50	50	50	65	65	65	90	90	90

Toleranzklasse PN

Abmaße in μm

Außendurchmesser	Δ_{Dmp}	0	0	0	0	0	0	0	0	0	0
		-20	-20	-20	-20	-25	-25	-30	-40	-40	-50
Breite	Δ_{Cs}	0	0	0	0	0	0	0	0	0	0
		-100	-100	-100	-100	-100	-100	-100	-100	-100	-100
Radialschlag des kompletten Lagers	K_a	30	30	30	40	40	40	50	50	50	65

Toleranzklasse PC

Abmaße in μm

Außendurchmesser	Δ_{Dmp}	0	0	0	0	0	0	0	0	0	0	0	0	0	0	0
		-8	-10	-10	-13	-13	-13	-15	-20	-20	-25	-25	-40	-50	-60	-80
Breite	Δ_{Cs}	0	0	0	0	0	0	0	0	0	0	0	0	0	0	0
		-150	-150	-150	-200	-200	-250	-250	-300	-300	-350	-350	-350	-400	-400	-400
Radialschlag des kompletten Lagers	K_a	5	6	6	6	7	8	10	11	13	18	25	35	50	60	80

Toleranzklasse PB

Abmaße in μm

Außendurchmesser	Δ_{Dmp}	0	0	0	0	0	0	0	0
		-8	-8	-9	-10	-10	-10	-13	-15
Breite	Δ_{Cs}	0	0	0	0	0	0	0	0
		-150	-150	-150	-200	-200	-250	-250	-300
Radialschlag des kompletten Lagers	K_a	2,5	2,5	3,5	3,5	3,5	4	5	5

Innenring

Maße in mm

Nennmaß der Lagerbohrung								
	über	—	76,200	101,600	304,800	609,600	914,400	1219,200
	bis	76,200	101,600	304,800	609,600	914,400	1219,200	—

Normaltoleranz (ASA 4)

Abmaße in μm

Bohrung	Δ_{dmp}	+13 0	+25 0	+25 0	+51 0	+76 0	+102 0	+127 0
Nenn-Breite	Δ_{Bs}	+76 -254	+76 -254	+76 -254	+76 -254			
Gesamtbreite	Δ_{Ts}	+200 0	+200 0	+355 -250	+380 -380			

Toleranzklasse ASA 2

Bohrung	Δ_{dmp}	+13 0	+25 0	+25 0	+51 0
Nenn-Breite	Δ_{Bs}	+76 -254	+76 -254	+76 -254	+76 -254
Gesamtbreite	Δ_{Ts}	+200 0	+200 0	+200 0	+380 -380

Toleranzklasse ASA 3

Bohrung	Δ_{dmp}	+13 0	+13 0	+13 0	+25 0	+38 0	+51 0	+76 0
Nenn-Breite	Δ_{Bs}	+76 -76	+76 -76	+76 -76	+76 -76			
Gesamtbreite	Δ_{Ts}	+200 -200	+200 -200	+200 -200	ab D > 508 mm: +380 -380			

Toleranzklasse ASA 0

Bohrung	Δ_{dmp}	+13 0	+13 0	+13 0
Nenn-Breite	Δ_{Bs}	+76 -76	+76 -76	+76 -76
Gesamtbreite	Δ_{Ts}	+200 -200	+200 -200	+200 -200

Toleranzklasse ASA 00

Bohrung	Δ_{dmp}	+8 0	+8 0	+8 0
Nenn-Breite	Δ_{Bs}	+76 -76	+76 -76	+76 -76
Gesamtbreite	Δ_{Ts}	+200 -200	+200 -200	+200 -200

(Ritzellager-) Toleranzklasse 7

Innen- und Außenringtoleranzen wie ASA 2, jedoch B ± 25 µm, C ± 51 µm und T + 100 µm

Abb. 48 Toleranzen der Kegelrollenlager mit Zollabmessungen, AFBMA-Norm (Fortsetzung S. 64)

Außenring

Maße in mm						
Nennmaß des Außen-durchmessers	über	—	304,800	609,600	914,400	1219,200
	bis	304,800	609,600	914,400	1219,200	—

Normaltoleranz (ASA 4)

Abmaße in μm						
Außen-durchmesser	Δ_{Dmp}	+25 0	+51 0	+76 0	+102 0	+127 0
Breite	Δ_{Cs}	+51 -254	+51 -254	+51 -254		
Radialschlag des kompletten Lagers	K_a	51	51	76	76	—

Toleranzklasse ASA 2

Abmaße in μm				
Außen-durchmesser	Δ_{Dmp}	+25 0	+51 0	+76 0
Breite	Δ_{Cs}	+51 -254	+51 -254	+51 -254
Radialschlag des kompletten Lagers	K_a	38	38	51

Toleranzklasse ASA 3

Abmaße in μm						
Außen-durchmesser	Δ_{Dmp}	+13 0	+25 0	+38 0	+51 0	+76 0
Breite	Δ_{Cs}	+51 -51	+51 -51	+51 -51		
Radialschlag des kompletten Lagers	K_a	8	18	51	76	—

Toleranzklasse ASA 0

Abmaße in μm		
Außen-durchmesser	Δ_{Dmp}	+13 0
Breite	Δ_{Cs}	+51 -51
Radialschlag des kompletten Lagers	K_a	4

Toleranzklasse ASA 00

Abmaße in μm		
Außen-durchmesser	Δ_{Dmp}	+8 0
Breite	Δ_{Cs}	+51 -51
Radialschlag des kompletten Lagers	K_a	2

Kantenabstände, Radien

Die Toleranzen für die Innen- und Außenring-Rückflächenradien, hier radiale und axiale Kantenabstände genannt, sind für Kegelrollenlager nach DIN 720/ISO 355 und J-Kegelrollenlager in DIN 620 bzw. ISO 582 enthalten (T. 2). Für Kegelrollenlager mit Zollabmessungen gilt Abb. 49. Die übrigen Lagerradien oder Kantenkürzungen sind nicht genormt und beim Hersteller individuell zu erfragen.

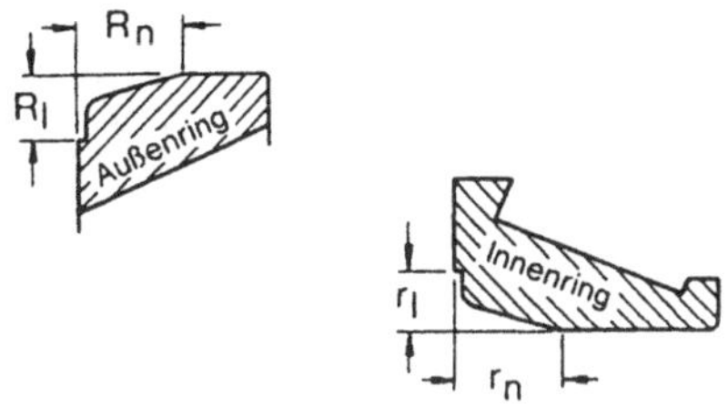

Maße und Abmaße in mm

Innenring				Außenring			
Bohrung, d		Radialer Kantenabstand, r_l	Axialer Kantenabstand r_n	Außen-Ø, D		Radialer Kantenabstand, R_l	Axialer Kantenabstand R_n
über	bis			über	bis		
—	50.800	r_{amax} + 0,38	r_{amax} + 0,89	—	101.600	R_{amax} + 0,58	R_{amax} + 1,07
50.800	101.600	r_{amax} + 0,51	r_{amax} + 1,27	101.600	168.275	R_{amax} + 0,64	R_{amax} + 1,17
101.600	254.000	r_{amax} + 0,64	r_{amax} + 1,78	168.275	266.700	R_{amax} + 0,84	R_{amax} + 1,35
				266.700	355.600	R_{amax} + 1,70	R_{amax} + 1,70

r_{amax} = max. zul. Wellenradius, R_{amax} = max. zul. Gehäuseradius (siehe Maßtabellen)

Abb. 49 Radiale und axiale Kantenabstände für Kegelrollenlager mit Zollabmessungen ISO 1123

Lagerluft

Von einigen Ausnahmen abgesehen, werden Kegelrollenlager erst bei der Montage mit der gewünschten Lagerluft oder Vorspannung versehen. Das geschieht durch axiale Verschiebung der Innen- oder Außenringe mittels Einstellelementen wie Deckeln, Hülsen, Platten, Beilagen, Sprengringen oder Schraubverbindungen. In vielen Fällen ist diese Einstellbarkeit von großem Vorteil, da die Lagerluft den zu erwartenden Betriebsbedingungen (Drehzahl, Temperaturunterschied, Gehäuse-/Wellensteifigkeit, Schmierung) optimal angepaßt werden kann. Gegenüber nicht einstellbaren Lagern ist es daher auch nicht notwendig, die Toleranzen für Lagersitze sehr eng zu halten.

Maßgebend für die zulässigen Einstellwerte sind die Verhältnisse im betriebswarmen, belasteten Zustand. Wenn, wie im Normalfall, die Temperaturunterschiede gering sind und keine besonderen Anforderungen an Genauigkeit, Starrheit und Tragfähigkeit gestellt werden, ist eine spielfreie Lagereinstellung absolut problemlos.

Es gibt jedoch Anwendungsfälle, die eine Vorspannung (negative Lagerluft) erfordern, weil sie folgenden Forderungen entgegenkommt:

a) Ausgleich von Wärmedehnungen,wenn im Betrieb eine Lagerluftvergrößerung eintritt, z. B. bei Kfz-Getrieben mit Leichtmetallgehäusen.
b) Bessere Lastverteilung auf alle Wälzkörper (Lastzone siehe T. 2)
c) Präzise, starre Wellenführung, z. B. bei Werkzeugmaschinen und Kfz-Achsgetrieben.
d) Verhinderung von Riffelbildung bei überwiegend starken Erschütterungen ausgesetzten, stillstehenden Lagern, z. B. Lenkzapfen- und Mittellager.
e) Schwingungsdämpfung

Vorspannkräfte bis ca. 30 % der äußeren Axialkräfte beeinträchtigen die Lagerlebensdauer nicht nennenswert. Bei höheren Werten steht die Verbesserung von Starrheit und Lastverteilung in keinem sinnvollen Verhältnis zur Lebensdauerreduzierung. Die Berechnung der Vorspannkraft ist kompliziert und wird auf Wunsch von Koyo übernommen.

Einige Erfahrungswerte für die zweckmäßige Lagereinstellung sind in der Abb. 50 zusammengefaßt. Bei kritischen Anwendungsfällen (hohe Drehzahl, starre Wellenführung) sind diese Werte ggfs. durch Probeläufe etappenweise zu optimieren. Das Verhältnis Axial- zu Radialluft ist: a/c = 4,6 Y_0 mit Y_0 nach Maßtabelle bzw. cotα mit α = Kegelwinkel. Bei Neukonstruktion empfiehlt sich stets eine rechnerische Überprüfung, wobei die Temperatur- und Belastungsverhältnisse sowie das elastische Verhalten der Lager-Gegenstücke richtig einzuschätzen sind. Im Zweifelsfall ist auch hierzu der Rat des Herstellers einzuholen.

Hohe Belastungen und hohe Drehzahlen führen auch ohne Fremderwärmung zur Temperaturerhöhung an der Lagerstelle. Folglich wird sich die bei Montage eingestellte Lagerluft (kalter Zustand) im Betrieb (warmer Zustand) ändern. Ob sich dabei die Luft vergrößert oder verkleinert, hängt von der Anordnung/Größe der Lager, den Werkstoffen von Welle/Gehäuse und dem Lagerabstand ab. Die entsprechende Gleichung (Gl. 7) ist auf S. 67 angegeben und mit einem umfassenden Beispiel erläutert.

		< 100	> 100...300	> 300...1000	> 1000 min^{-1} Drehzahl
Allgemeiner Maschinenbau		0	0,02...0,07	0,07...0,12	0,12...0,18 mm Axialluft
Schalt- und Verteilergetriebe bei X-Anordnung der Lager,		PKW	Leichter LKW	Schwerer LKW	
Gehäuse:	Eisenguß- oder Stahl	0,03...0,08	0,05...0,10	0,08...0,13 mm Axialluft	
	Leichtmetall	0,03...0,08	0,05...0,10	0,08...0,13 mm Vorspannung	
Ritzellagerung,	fliegend (Abb. 59)	1,0...2,0 Nm Vorspannung			
	abgestützt (Abb. 56)	0,5...1,0 Nm Vorspannung			
Differentiallagerung,	PKW	1,5...3,0 Nm Vorspannung			
	LKW	3,5...7,0 Nm Vorspannung			
Lenkzapfen, LKW/Baumaschinen		25...35 Nm Vorspannung			
Radlagerung	PKW	0,03...0,08 mm Axialluft			
	LKW	0,06...0,15 mm Axialluft			
	Planetenachsen	8,5 ... 14 Nm Vorspannung			
Schneckenlagerung		0,07 ... 0,12 mm Axialluft			
Schneckenradlagerung		keine merkliche Lagerluft			
Globoidschneckengetriebe					

Bereits gelaufene Kegelrollenlager müssen mit etwas niedrigeren Reibungsmomenten eingestellt werden als neue Lager, wenn die gleiche Vorspannkraft wie beim ersten Zusammenbau erreicht werden soll.

Abb. 50 Richtwerte für die Lagerluft-Einstellungen der Kegelrollenlager

Veränderung der Lagerluft

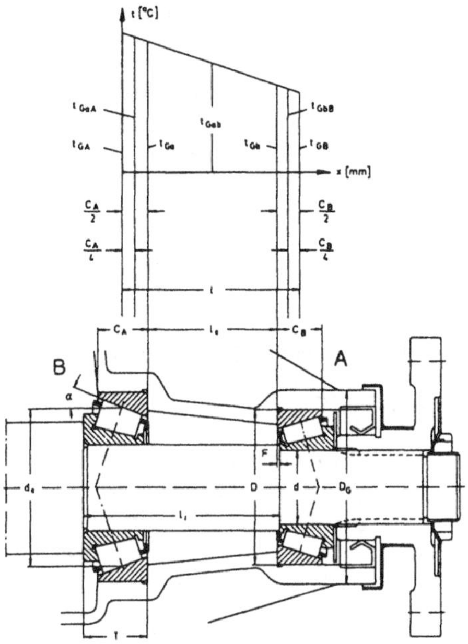

Abb. 51 Abtriebswellenlagerung für LKW-Automatik-Getriebe mit A = 32014 JR und B = 30214 JR in O-Anordnung

Bezeichnungen

Δa Axialluft oder axiale Vorspannung, |mm|

$\Delta(\Delta a)$ Änderung der Axialluft oder der axialen Vorspannung bei Betriebstemperatur gegenüber der Montage

D Außendurchmesser des Lageraußenrings |mm|

d_e Mittlerer Durchmesser der Lageraußenringlaufbahn |mm|

D_G Äußerer Durchmesser des Gehäuses an der Lagerstelle |mm|

α Druckwinkel des Lagers

l Abstand der Lageraußenringmitten |mm|

l_e Abstand der Anlageschultern im Gehäuse |mm|

λ_G Linearer Ausdehnungskoeffizient des Gehäusewerkstoffs |1/°C|

λ_W Linearer Ausdehnungskoeffizient des Wellen- und des Lagerwerkstoffs |1/°C|

k_e Faktor für die Durchmesseränderung der Außenringlaufbahn infolge temperaturbedingter Passungsänderungen zwischen Außenring und Gehäuse (im Fall von Passungsspiel $k_e = 0$)

E Elastizitätsmodul |daN/mm²|

m Poissonsche Konstante
Stahl (einschl. Wälzlagerstahl), Stahlguß, Leichtmetall 1/m = 0,3
Grauguß 1/m = 0,25

t Betriebstemperatur |°C|

Δt Temperaturdifferenz zwischen Temperatur t_0 bei Montage und Betriebstemperatur t |°C|
$\Delta t = t - t_0$

Indizes:

A Lager A
B Lager B
W Welle
G Gehäuse
a Anlageschulter des Außenrings von Lager A
b Anlageschulter des Außenrings von Lager B

Veränderung der Lagerluft

$$\Delta(\Delta a) = 0{,}5 \cot\alpha_A \cdot (d_{eA} \cdot f_{deA} - D_A \cdot k_{eA} \cdot f_{DA}) + 0{,}5 \cot\alpha_B (d_{eB} \cdot f_{deB} - D_B \cdot k_{eB} \cdot f_{DB})$$
$$\mp l \cdot f_l + 0{,}5 \cdot f_{CA} \cdot C_A + 0{,}5 \cdot f_{CB} \cdot C_B \;|mm| \qquad \text{(Gl. 7)}$$

Das obere Rechenzeichen gilt für die O-, das untere für die X-Lageranordnung (s. Abb. 44). Dabei werden folgende Vereinfachungen gemacht:
Wellentemperatur an der Lagerstelle = Innenringtemperatur
Gehäusetemperatur an der Lagerstelle = Außenringtemperatur
Gleicher Wärmeaustauschkoeffizient für Welle und Lager
Außenring/Gehäuse/Passungsübermaß wird durch Temperaturänderung nicht aufgehoben. (Erforderliche Passungen für Leichtmetallgehäuse siehe S. 80).

Sonderfälle

a) $\Delta(\Delta a) = \lambda\ |0{,}5 \cdot d_{eA} \cot\alpha_A (t_{WA} - t_{GA}) + 0{,}5 \cdot d_{eB} \cot\alpha_B (t_{WB} - t_{GB}) \mp l \cdot (t_{WAB} - t_{GAB})|$ (Gl. 8)
wenn Welle, Lager und Gehäuse gleiche E-, m- und λ-Werte besitzen.

b) $0{,}5 \cdot d_{eA} \cot\alpha_A (t_{WA} - t_{GA}) + 0{,}5\ d_{eB} \cot\alpha_B (t_{WB} - t_{GB}) = l\ (t_{WAB} - t_{GAB})$
wenn die Lagereinstellung von den Wärmedehnungen unbeeinflußt bleibt ($\Delta\ (\Delta a) = 0$), Voraussetzungen wie bei a) gleiche E-, m- und λ-Werte und 0-Anordnung.

c) $0{,}5 \cdot d_{eA} \cdot \cot\alpha_A + 0{,}5 \cdot d_{eB} \cdot \cot\alpha_B = 1$
wenn ferner die Wellen- und Gehäusetemperaturen an beiden Lagerstellen gleich sind ($t_{WA} = t_{WB}$, $t_{GA} = t_{GB}$). Hieraus ergibt sich auch der optimale Lagerabstand gemäß Abb. 52.

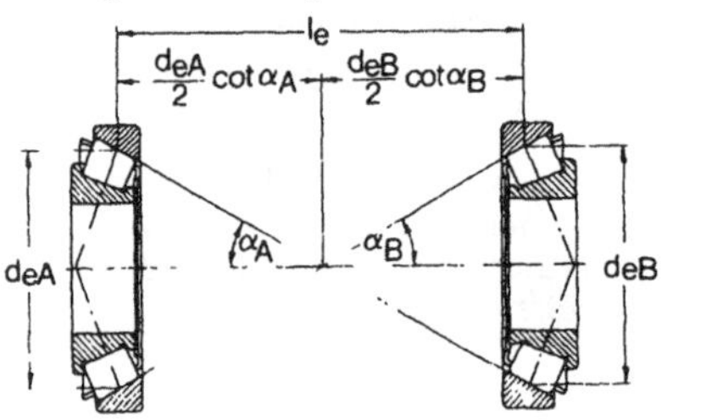

Abb. 52 Optimaler Lagerabstand bei der die Lagereinstellung nicht von der Temperaturänderung beeinflußt wird (Kompensation von radialer und axialer Lagerluft)

Abkürzungen

$f_{deA} = \lambda_W (t_{WA} - t_{GA})$

$f_{deB} = \lambda_W (t_{WB} - t_{GB})$

$f_{DA} = (\lambda_G - \lambda_W) \cdot \Delta t_{GA}$

$f_{DB} = (\lambda_G - \lambda_W) \cdot \Delta t_{GB}$

$f_l = \lambda_W \cdot \Delta t_{WAB} - \lambda_G \cdot \Delta t_{Gab}$

$f_{CA} = \lambda_W \cdot \Delta t_{GaA} - \lambda_G \cdot \Delta t_{Gab}$

$f_{CB} = \lambda_W \cdot \Delta t_{GbB} - \lambda_G \cdot \Delta t_{Gab}$

$$k_{eA} = \frac{\dfrac{2 \cdot d_{eA}/D_A}{1-(d_{eA}/D_A)^2}}{E_W/E_G \left[\dfrac{1+(D_A/D_{GA})^2}{1-(D_A/D_{GA})^2} + m_G\right] + \dfrac{1+(d_{eA}/D_A)^2}{1-(d_{eA}/D_A)^2} - m_W}$$

$$k_{eB} = \frac{\dfrac{2 \cdot d_{eB}/D_B}{1-(d_{eB}/D_B)^2}}{E_W/E_G \left[\dfrac{1+(D_B/D_{GB})^2}{1-(D_B/D_{GB})^2} + m_G\right] + \dfrac{1+(d_{eB}/d_B)^2}{1-(d_{eB}/d_B)^2} - m_W}$$

Mittlere Temperaturdifferenzen

Vorausgesetzt werden gemäß Abb. 51 ein lineares Temperaturgefälle zwischen den Außenringmitten, die hier auch als Lagermitten dienen. Im Sonderfall ($\lambda_W = \lambda_G$) ergibt sich:

$\Delta t_{GAB} = 0{,}5\,(\Delta t_{GA} + \Delta t_{GB})$ (Gl. 9)

1. Mittlere Temperaturdifferenzen der Welle zwischen Lager A und B
$\Delta t_{WAB} = 0{,}5\,(\Delta t_{WA} \cdot \Delta t_{WB})$ (Gl. 10)
2. Mittlere Temperaturdifferenz des Gehäuses zwischen den Anlageschultern der Außenringe von Lager A und B:
$$\Delta t_{GAB} = 0{,}5\,(\Delta t_{GA} + \Delta t_{GB}) \mp \frac{C_B - C_A}{4l} \cdot (\Delta t_{GB} - \Delta t_{GA}) \quad \text{(Gl. 11)}$$
3. Mittlere Temperaturdifferenz der halben Außenringbreite des Lagers A:
$$\Delta t_{GaA} = \Delta t_{GA} \pm \frac{C_A}{4l} \cdot (\Delta t_{GB} - \Delta t_{GA}) \quad \text{(Gl. 12)}$$
4. Mittlere Temperaturdifferenz der halben Außenringbreite des Lagers B:
$$\Delta t_{GbB} = \Delta t_{GB} \mp \frac{C_B}{4l} \cdot (\Delta t_{GB} - \Delta t_{GA}) \quad \text{(Gl. 13)}$$

Beispiel

Gegeben: Abtriebslagerung gemäß Abb. 51 unter besonderer Berücksichtigung von Sommer- und Winterbetrieb.

Lager	D [mm]	d_e [mm]	D_G [mm]	C [mm]	l [mm]	l_e [mm]	α [grd]
A = 320 14 JR	110	98	128	19	66,5	46,5	16
B = 302 14 JR	125	111	146	21	66,5	46,5	16

$\lambda_W = 11{,}7 \cdot 10^{-6}$ 1/°C (Stahl)

$\lambda_G = 23{,}8 \cdot 10^{-6}$ 1/°C (Alu-Leg.)

$E_W = 2{,}2 \cdot 10^5$ N/mm²

$E_G = 0{,}765 \cdot 10^5$ N/mm²

Poissonsche Konstante 1/m = 0,3

$t_0 = 20$°C, keine Temperaturdifferenz zwischen Lager A und Lager B

Temperaturen in °C

Sommer	$t_{WA,B} = 120$ $t_{GA,B} = 105$	$\Delta t_{WA,B} = 100$ $\Delta t_{GA,B} = 85$	Δt_{Gab} $\Delta t_{GaA} = 85$ Δt_{GbB}
Winter	$t_{WA,B} = 85$ $t_{GA,B} = 70$	$\Delta t_{WA,B} = 65$ $\Delta t_{GA,B} = 50$	Δt_{Gab} $\Delta t_{GaA} = 50$ Δt_{GaB}

Gesucht: Axialluftveränderung unter Berücksichtigung von Sommer- und Winterbetrieb. Δ_{as}, Δ_{aw} = ?

Lösung:

Sommer	Winter
$f_{deA} = 1{,}755 \cdot 10^{-4}$	$f_{deA} = 1{,}7555 \cdot 10^{-4}$
$f_{CB} = -1{,}0285 \cdot 10^{-3}$	$f_{CB} = -6{,}05 \cdot 10^{-4}$

$k_{eA} = 0{,}3044,\ k_{eB} = 0{,}3033$

$\Delta a_S = -0{,}0279$ mm,

d.h. Axialluftzunahme im Sommer

$\Delta a_W = +0{,}0051$ mm,

d.h. Axialluftverkleinerung im Winter

Folgerung:

Lagereinstellempfehlung:
0,02 bis 0,05 mm Vorspannung, weil nur so eine spielfreie Lagerung sowohl im Winter- als auch im Sommerbetrieb zu gewährleisten ist. Die im Winter entstehende max. Vorspannung von 0,05 mm ist für diese Lagerung zulässig.

Durchführung der Lagereinstellung

Die gewünschte Lagerluft oder -vorspannung kann sowohl durch Einstellung über die Außenringe, als auch über die Innenringe erreicht werden. Häufigkeit und Genauigkeit der Einstellung, Starrheit der Lagerung, Abdichtungslage, Herstellungskosten u. ä. bestimmen die zu wählende Konstruktion. Typische Beispiele siehe Abb. 53.

Bei der Einstellung über die Außenringe erhalten die Gehäusebohrungen Schiebesitze. Wenn die Gefahr besteht, daß die Außenringe mitdrehen und einschlagen (Vibrationen, Stöße, Leichtmetallgehäuse), werden sie besser (in Außenringbuchsen) mit festem Sitz montiert. Sprengringe vereinfachen die Konstruktion vielfach, ergeben aber auch geringere Steifigkeiten. Daher sollten Sprengringe zusammen mit festen Außenring-oder Innenringpassungen verwendet werden und gegen Lagerringe nur direkt anliegen, wenn diese eine genügende Anlagefläche (R,r $<$ 1,2 mm) bieten. Metallbeilagen dürfen bei lose montierten Außenringen nicht zwischen Rückfläche und Anlagegeschulter montiert werden, da sie bei auftretendem Außenringwandern Abrieb unterliegen.

Bei der Einstellung über die Innenringe erhalten die Wellensitze in der Regel zur einfacheren Einstellung nur leichte Preßsitze. Die Innenringanlagefläche sollte nicht so weich wie ein Sicherungsblech sein, weil sie dann evtl. schon bei der Anstellung oder später im Betrieb zerrieben wird. Auf eine zweite Wellenmutter oder eine Unterlegscheibe mit Innennase als Zwischenglied kann verzichtet werden, wenn der Innenring gleichzeitig axial, z. B. durch auf Maß geschliffene Abstandringe, verspannt ist.

Durch Verwendung von Innen- oder Außenabstandsringen können gepaarte oder mehrreihige Kegelrollenlager mit werksseitig eingestellter Lagerluft geliefert werden. Die Innen- und Außenringe werden dann nur axial verspannt. Hierbei entfällt eine Lagereinstellung. Es ist jedoch zu beachten, daß die vom Lagerhersteller angegebene Lagerluft nur für ganz bestimmte, mit dem Kunden verabredete Bedingungen (Passung, Betriebstemperatur, Genauigkeit, Einbaulage usw.) gilt und jede (spätere) Abweichung davon einen negativen bis positiven Einfluß auf die Lagerleistung hat. Die Lager-Einzelteile sind nicht untereinander austauschbar.

Die Anlageschultern, Metallbeilagen, Abstandringe oder Distanzbuchsen müssen zur Vermeidung von Veränderungen der Lagerluft im Betrieb durch Setzen der Teile eine ausreichende Festigkeit, Oberflächen- und Formqualität haben.

Einstellverfahren

Unabhängig von dem Einstellverfahren ist darauf zu achten, daß

- die Kegelrollenlager während des Einstellens und der Lagerluftmessung gedreht oder hin und her bewegt werden, damit sich die Kegelrollen wie im späteren Betrieb am Innenringführungsbord richtig anlegen.
- die Lagerringe satt an den seitlichen Stützflächen anliegen, damit eine Lagerluftveränderung durch „Setzen" weitgehend ausgeschaltet wird.
- der Einstellwert mit den Betriebsbedingungen abgestimmt ist.
- die Lager immer leicht und ausreichend geschmiert (konserviert) sein müssen.
- die Anstellelemente gegen selbsttätiges Lösen gesichert werden.

Nach der Art der Hilfsmittel, Vorrichtungen, Maschinen und Methoden können die Einstellverfahren wie folgt zusammengefaßt werden:

	Einstellung über Außenring		**Einstellung über Innenring**
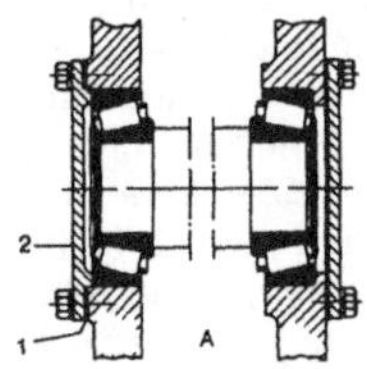	Metallbeilagen 1 Deckel 2	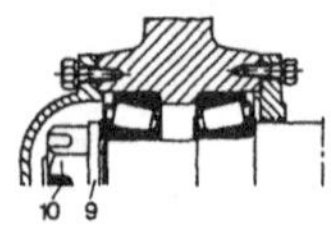	Kronenmutter 9 2 Splintbohrungen 10, wahlweise Klemmutter
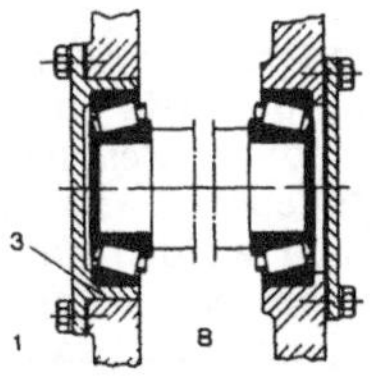	Metallbeilagen 1 Außenringbuchse 3	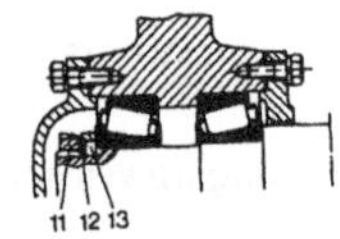	Nutmutter 11 Sicherungsblech 12 Unterlegscheibe mit Innennase 13
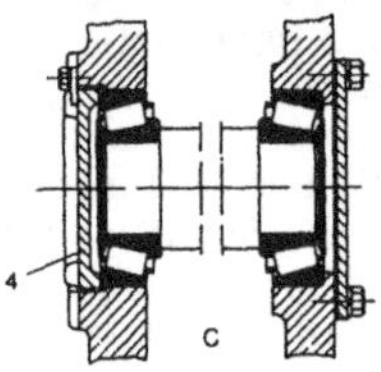	Gewindering 4	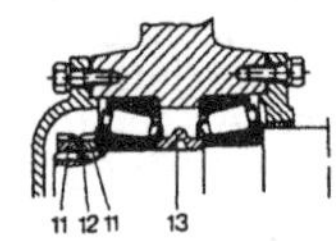	2 Nutmuttern 11 Sicherungsblech 12, wahlweise zusätzlich mit zusammendrückbarer Abstandshülse 13
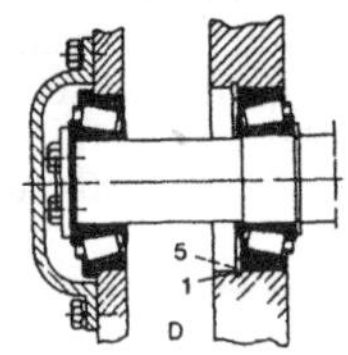	Metallbeilagen 1 wahlweise Auswahl-Sprengring 5	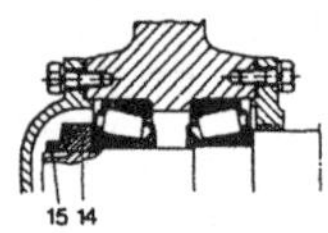	Sonderwellenmutter 14 (Dünnen Kragen in Wellennut 15 einhämmern)
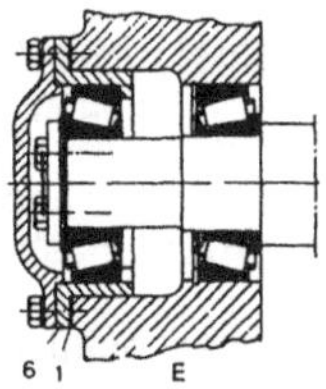	Metallbeilagen 1 Außenringbuchse 6	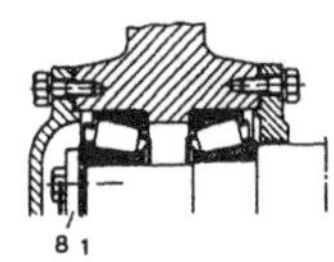	Metallbeilagen 1 Spannplatte 8
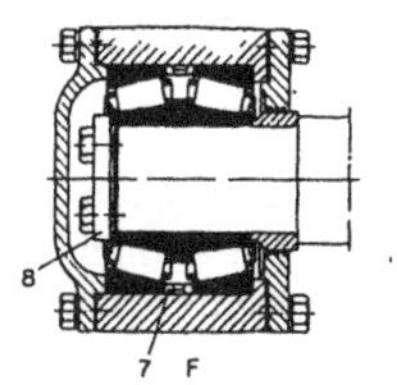	Außenabstandsring 7 Spannplatte 8	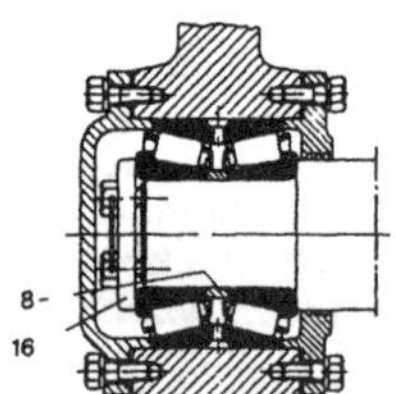	Innenabstandsring 16 Spannplatte 8

Abb. 53 Einstellelemente für Kegelrollenlagerungen

1. **Einstellen ohne Hilfsmittel**

   Die Mutter (oder ein anderes Einstellelement mit Gewinde) unter ständigem Drehen der Lager soweit anziehen, bis ein leichter Drehwiderstand (leichtes Klemmen) spürbar wird und jede Lagerluft beseitigt ist. Wenn dieser Zustand des spielfreien Lagers nicht der erforderlichen Lagerluft oder Vorspannung entspricht, wird die Mutter um den entsprechenden Betrag gelöst bzw. weiter angezogen und dann gesichert.
   Bei Verwendung von Metallbeilagen wird der Lagerdeckel (oder ein anderes entsprechendes Einstellelement) ebenfalls bis zum erhöhten Drehwiderstand angezogen, die Spaltbreite zwischen Deckelflansch und Gehäuse mit einer Fühllehre ausgemessen und im Falle einer X-Anordnung Metallbeilagen gleicher Dicke (= spielfreie Lagerung), geringerer Dicke (= Vorspannung) oder größerer Dicke (= Lagerluft) eingebaut. Die gefühlsmäßige Kontrolle, wann die Lagerung gerade spielfrei ist, setzt einige Erfahrungen voraus. Deshalb greift man gern auf Hilfsmittel zurück.

2. **Einstellen mit Hilfsmitteln**

   Die Zuverlässigkeit des 1. Verfahrens läßt sich durch einfache Hilfsmittel wie Meßuhr, Prüfschlüssel oder Drehmomentschlüssel wesentlich erhöhen, da die Einstellung durch Meßwerte kontrollierbar wird. Abb. 54 und 55
   Leichte Schläge mit einem Gummihammer auf Nabe, Gehäuse oder Welle gewährleisten, daß der einstellbare Lagerring zurückgeholt wird, satt anliegt und das Meßergebnis nicht verfälscht. In der Serienmontage wird die Lagerung auf einen bestimmten Wert (z. B. die Achsmutter von nicht angetriebenen Pkw-Rädern mit 25 . . . 50 Nm) vorgespannt, damit ein eindeutiger Einstellzustand mit vorausgenommenem Setzen gegeben ist, von wo aus die Mutter zurückzudrehen ist.

3. **Einstellen mit Vorrichtungen**

   Bei größeren Fertigungsmengen können besondere Vorrichtungen zur Bestimmung der Dicke von Passringen und Metallbeilagen zweckmäßig sein. Abb. 56 und 57. Bei diesen Verfahren sind 3/4 der durch Preßpassung verursachten Lagerluftveränderungen automatisch berücksichtigt.

4. **Einstellen mit Einstellmaschinen**

   Zur Verkürzung der Einstellzeit und Erhöhung der Einstellgenauigkeit werden Meß- und Einstellmaschinen der verschiedensten Art eingesetzt. Je nach angewandter Meßgröße wird von Kraft-, Weg-und Reibungsmoment-Einstellung oder einer ihrer Kombinationen gesprochen. Abb. 58 zeigt eine Kraft-Weg-Einstellung für mittlere Serien, Abb. 59 eine Kraft-Reibungsmomenten-Einstellung für Großserien.

5. **Einstellen über Reibungsmoment**

   Zwischen Reibungsmoment und Vorspannkraft besteht ein enger Zusammenhang, weshalb die Reibung als Maß für die Lagereinstellung benutzt wird. Können im Sonderfall die damit verbundenen Streuungen nicht akzeptiert werden, empfehlen wir
   a) elektromotorische Drehmomentengeräte mit konstanter Meßdrehzahl von etwa 50 oder 100 min^{-1} zu verwenden
   b) die Lager individuell zu eichen und vor allem
   c) die äußeren Bedingungen wie Drehzahl, Lagertemperatur, Einlaufzustand, Schmierung und Belastung während der Montage möglichst konstant zu halten.

   In der Kombination mit dem Konstantlast-Verfahren, gelegentlich auch Drehmomenten-Verfahren genannt, kann anstelle der Vorspannung auch eine Einstellung mit Lagerluft erreicht werden.

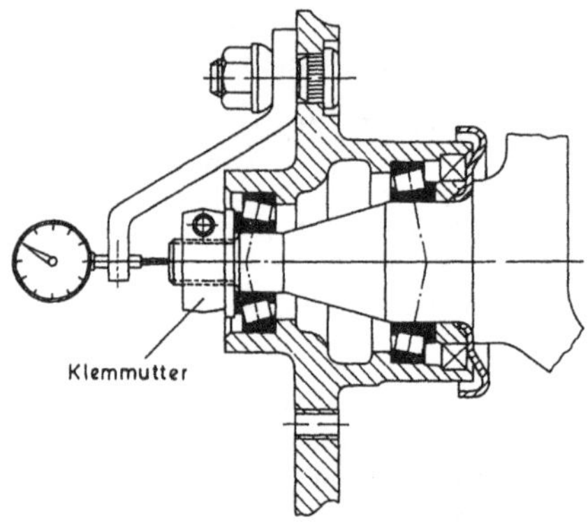

Abb. 54
Vorrichtung zur direkten Messung des Axialspiels bei O-Anordnung

Montagefolge

- Außenringe in Gehäusebohrung einpressen
- Schutzkappe und Distanzring mit Wellendichtung aufschieben
- Innenring des großen Lagers aufschieben
- Welle einführen und Innenring des kleinen Lagers aufschieben
- Klemmutter unter gleichzeitiger Drehung der Nabe anziehen bis sich das Reibmoment der Lagerung spürbar erhöht
- Klemmutter lösen bis das vorgeschriebene Axialspiel (bei Aufbringung einer definierten Axialkraft) erreicht ist
- Klemmutter sichern

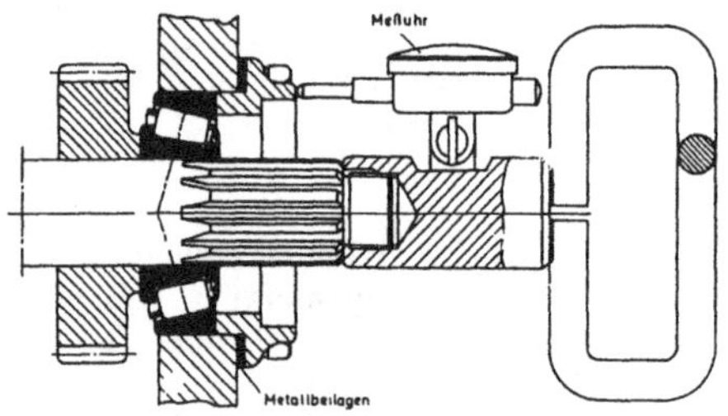

Abb. 55
Vorrichtung zur direkten Messung des Axialspiels bei X-Anordnung

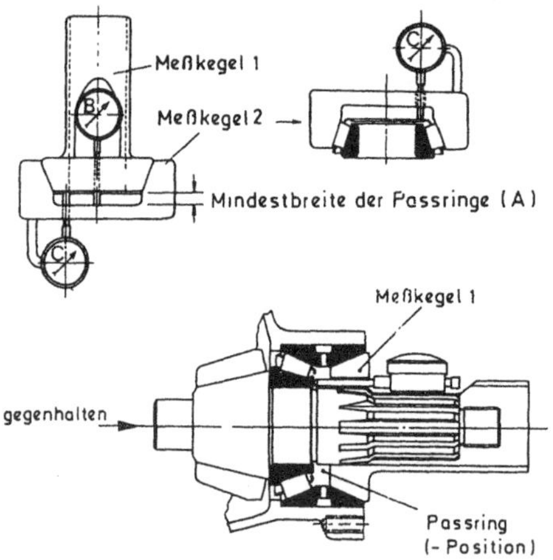

Abb. 56
Kegelrollenlager-Einstellung mit Meßvorrichtung (LKW-Ritzellager)

Montagefolge

- Innenteil des Ritzelkopflagers montieren
- Außenring(e) montieren
- Meßuhren auf Null stellen
- Ritzelwelle und Meßkegel 1 in Gehäuse einführen, Welle drehen und Zeigerausschlag B ablesen
- Meßkegel 2 auf Innenteil des Flanschlagers setzen, drehen und Zeigerausschlag C ablesen
- Paßring nach folgender Gleichung auswählen:
  E = A (Mindestbreite) + B + C
- Montage beenden und Schlußkontrolle

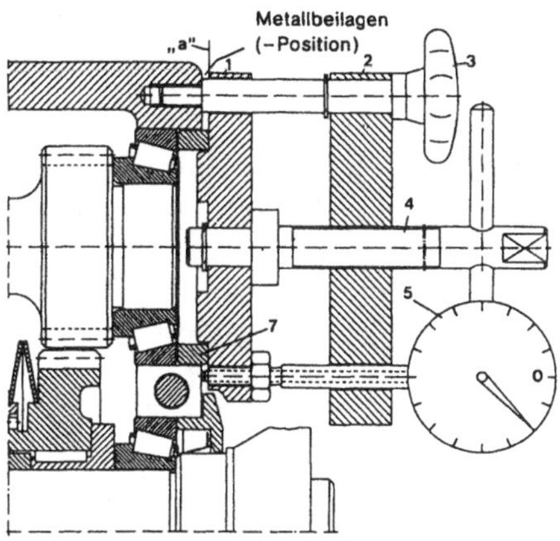

Abb. 57
Kegelrollenlager-Einstellung mit Meßvorrichtung (Zwischenwellenlagerung)

Montagefolge

- Montage aller Teile der Lagerung
- Einlegen eines Distanzringes (7), der in jedem Fall einen Spalt zwischen Anschraubfläche und Fläche „a" der Vorrichtung sicherstellt.
- Vorrichtung mit Schrauben (3) an Gehäuse befestigen
- Platte (1) über Knebelschraube (4) gegen Distanzring drücken
- erforderliche Beilagendicke an Meßuhr (5) ablesen

Anmerkung:
Meßuhr wird über Fläche „a" auf Null justiert, ggfs. wird hierbei schon ein Korrekturwert mit einbezogen.

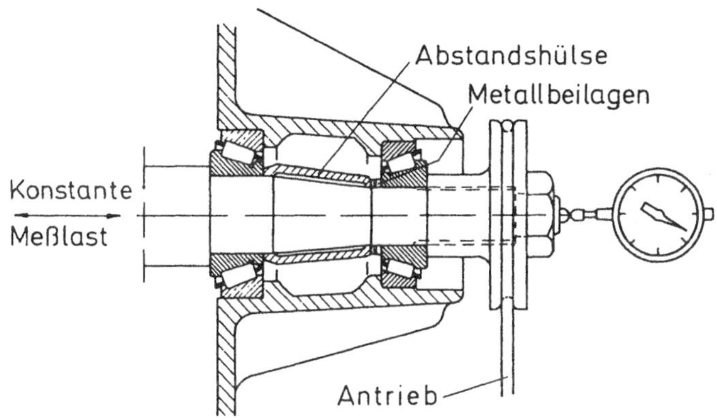

Abb. 58
Kegelrollenlager-Einstellung mit Einstellmaschinen (Abtriebswellenlagerung)

Montagefolge

- Montage aller Teile mit zu dickem Paßring bekannter Breite E_0
- Lager in beiden Richtungen axial belasten und Axialspiel dp_0 messen
- Bestimmungen der endgültigen Paßringbreite aus
  $E = E_0 - dp_0 - d_{alo} - d_{allo}$
  d_{alo} und d_{allo} sind die rechnerisch ermittelten Federraten für die Lager bei gewünschter Vorspannkraft F_0
- Teildemontage und erneuter Zusammenbau mit endgültigem Paßring
- Endkontrolle

Anmerkung:
Da für den flanschseitigen Innenring eine stramme Passung nicht erforderlich ist, ist diese Lagereinstellmethode weniger kompliziert, als man zunächst annehmen könnte.

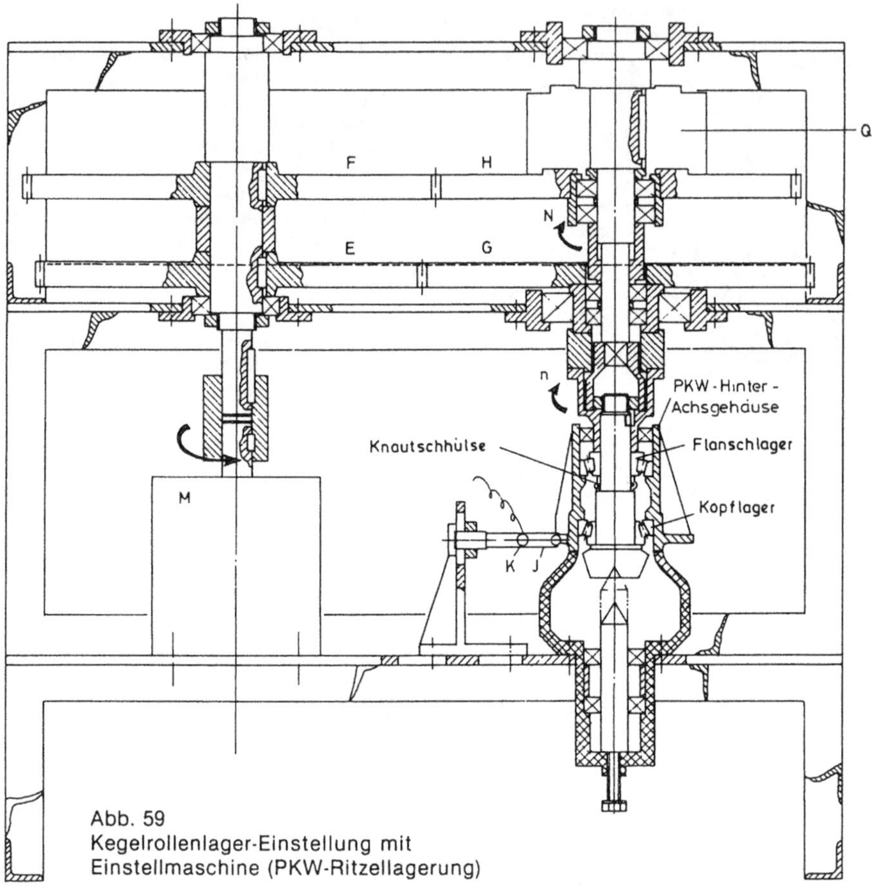

Abb. 59
Kegelrollenlager-Einstellung mit Einstellmaschine (PKW-Ritzellagerung)

Montagefolge

Die Abbildung 59 zeigt den schematischen Aufbau der Einstellmaschine. Antriebsquelle ist ein Regelmotor mit konstanter Drehzahl (50 oder 100^{-1}).

Der Antrieb der Lagerung erfolgt über die Räder E und G. Der Antrieb der Wellenmutter geschieht durch die Räderkombination F und H.

F/H ist geringfügig schneller (1 ... 3 min^{-1}) übersetzt, so daß aus dem Drehzahlüberschuß ein ständiges Anziehen der Wellenmutter unter gleichzeitiger Drehung der Lagerung erfolgt. Die Geschwindigkeit der Anziehbewegung kann durch Veränderung der Übersetzung F/H den jeweiligen Erfordernissen angepaßt werden.

Die durch das Anziehen der Wellenmutter hervorgerufene Vorspannkraft bewirkt einen Anstieg des Reibungsmomentes. Das gesamte Reibmoment der Lagerung einschließlich der Reibung der Dichtelemente wird von der Rückstellkraft des Gehäuses abgenommen. Die Abnahme erfolgt durch einen Dehnmeßstreifen K, der auf eine Blattfeder J befestigt ist.

Die Meßsignale werden verstärkt und automatisch mit einer Sollwertvorgabe verglichen. Bei Erreichen des Sollwertes löst ein elektrischer Impuls die Magnetkupplung Q, so daß der Antrieb der Wellenmutter unterbrochen ist. Das über den Dehnmeßstreifen erreichte Ist-Signal wird umgewandelt und als Reibmoment-Einstellwert registriert.

Vereinfachte Kegelrollenlager-Einstellungen

Um die konstruktionsbedingten Vorteile der Kegelrollenlager für die Serienfertigung voll zu erhalten, wurden u. a. folgende vereinfachte Lagereinstellverfahren entwickelt. Sie ermöglichen insbesondere dem Konstrukteur, die Einstellung von Kegelrollenlagern durch besondere Toleranzen entfallen zu lassen und/oder das Verfahren anzuwenden, das die höchstmögliche Genauigkeit/Schnelligkeit/Zuverlässigkeit bei minimaler Abhängigkeit von individuellen Gegebenheiten garantiert.

a) **Einstellung nach dem Wahrscheinlichkeitsverfahren**

Dieses Verfahren, das eine individuelle Kegelrollenlager-Einstellung überflüssig macht, beruht auf der Feststellung, daß die Extremwerte mehrerer Abmaße äußerst selten zusammenfallen (Gauß'sche Häufigkeitsverteilung) und die Lagerluft mit Hilfe der Wahrscheinlichkeitsrechnung für 99,73 % aller Lagerungseinheiten ermittelt werden kann. (Abb. 60). Je enger die Fertigungstoleranzen der Lager (Breite, Bohrung, Außen-∅) und der Gegenstücke (Lagersitze, Lagerabstandsmaße), desto enger der Lagerluft- bzw. Vorspannungsbereich. Die zulässige Streuung der Einstellwerte begrenzt allerdings die Wirtschaftlichkeit dieses Verfahrens. Lager mit eingeschränkten Breitentoleranzen sind GTS-Lager, J-Lager oder Lager mitZollabmessungen in bestimmten Größen. Typische Anwendungen sind Radlager für Kfz, Gabelstapler, Landmaschinen, Lager für Pumpen, Zwischenräder, Planetenräder usw. Eine ausführliche Beschreibung ist mit mit dem Koyo-Sonderdruck So2 „Vereinfachte Wälzlagereinstellung nach dem Wahrscheinlichkeitsverfahren" gegeben.

b) **Einstellung nach dem Konstantlastverfahren**

Die Grundlage bildet das Hook'sche Gesetz, nach dem die elastische Verformung oder Federung eines Systems proportional der aufgebrachten Last ist. (Abb. 61). Zur Vorbereitung der Montage wird die Federkonstante der kompletten Lagerung (und nicht nur der Lager!) einmalig bestimmt. Bei der Montage wird eine festgelegte Axialkraft, z. B. über die Innenringe mittels Druckschraube oder über die Außenringe mittels Deckelschrauben, aufgebracht und die Spaltbreite zwischen Deckel und Gehäuse mittels Fühler gemessen. Mit diesem Wert und einer Tabelle, die die Federkonstante widerspiegelt, wird unmittelbar am Montageplatz ohne Zwischenrechnung die Dicke der endgültigen Beilage bestimmt.

Dieses Verfahren erlaubt sowohl eine Einstellung mit Lagerluft, als auch eine Einstellung mit Vorspannung und ist für Kleinst- bis Großserienfertigung geeignet. Voraussetzung ist jedoch mindestens ein leicht einstellbarer Lagerring, weil die Preßpassung eine breite Streuung der Federkonstante bewirkt. Daher ggfs. einen Musterring mit Untermaß verwenden.

Typische Anwendungsbeispiele sind Schwergetriebe, Mähdreschergetriebe, Hydropumpen, Großräder.

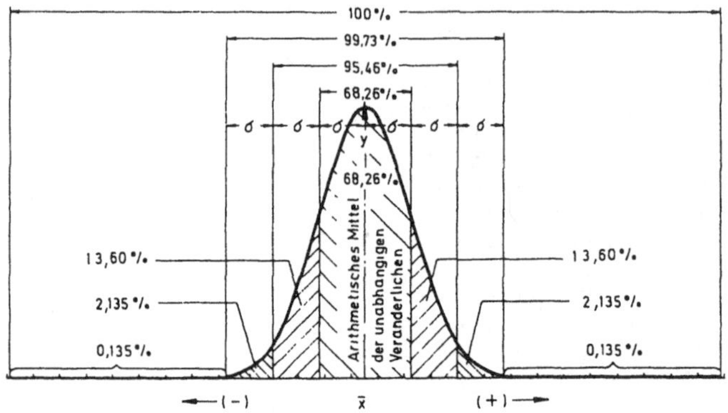

Abb. 60
Gauß'sche Häufigkeitsverteilung

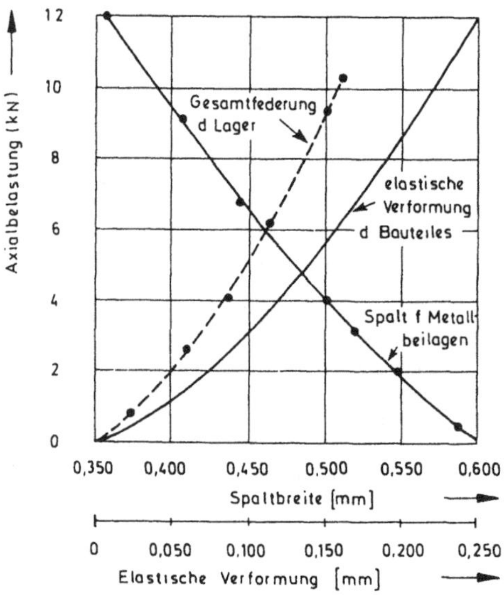

Abb. 61
Federkennung von Lager und Bauteil

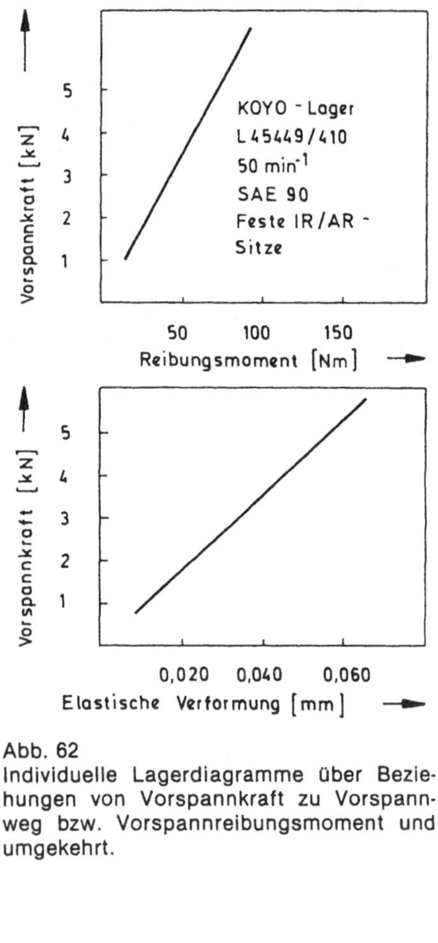

Abb. 62
Individuelle Lagerdiagramme über Beziehungen von Vorspannkraft zu Vorspannweg bzw. Vorspannreibungsmoment und umgekehrt.

Vorbereitungshilfen

Der Vorbereitungsaufwand bestimmter Meß- und Einstellarbeiten wird durch von Koyo zur Verfügung gestellte Lagerdiagramme, welche die Abhängigkeit von Reibmoment zu Vorspannkraft bzw. Anstellung zu Vorspannkraft für die jeweilige Lagergröße zeigen, sehr reduziert (Abb. 62).

Winkeleinstellbarkeit

Die Winkeleinstellbarkeit von Kegelrollenlagern ist gering, die Lagerstellen müssen gut fluchten. Anhaltswerte für Standardausführungen sind aus Abb. 63 ersichtlich.

Lagerreihen	Niedrige Belastung Fr/Co<0,1	Hohe Belastung Fr/Co<0,3
302, 303, 313, 320, 322, 329 L, (J)LM, (J)M	2′	4′
323 330, 331, 332 (J)HM, (J)H, HH	1,5′	3′

Zwei- und mehrreihige Kegelrollenlager lassen keine Winkelfehler zu.

Abb. 63 Zulässiger Winkelfehler für Kegelrollenlager |Winkelminuten|

Werden diese Werte wesentlich überschritten, wie z. B. bei dem Vorgelege eines Kfz-Schaltgetriebes, ist eine Sonderausführung (erhöhte Balligkeit) erforderlich. Andernfalls ist mit einer drastischen Lebensdauerverkürzung zu rechnen.

Käfige

Koyo-Kegelrollenlager werden serienmäßig mit einem gepreßten Stahlkäfig geliefert. Ausgenommen sind schwere und mehrreihige Kegelrollenlager, wo aus Tragfähigkeitsgründen ein Bolzenkäfig und durchgebohrte Rollen bevorzugt werden.

Wirksamer Lagerabstand

Bei der Bestimmung der Lagerkräfte, Wellendurchbiegung, Steifigkeit u. ä. sind nicht die tatsächlichen Lagerabstände (l_t) sondern die wirksamen Lagerabstände (l_w) entsprechend den folgenden Beispielen einzusetzen.

Einreihige Lagerung

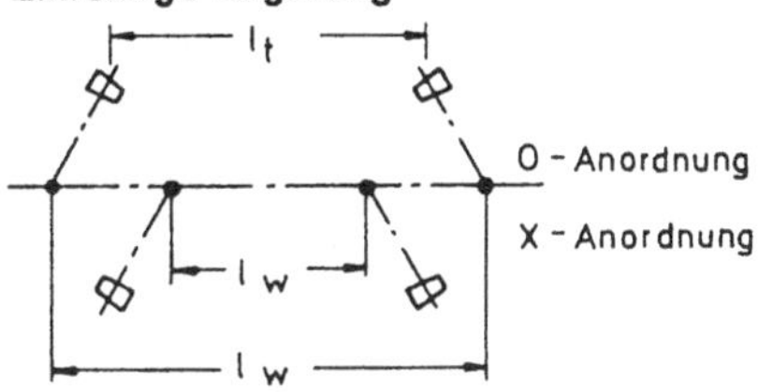

Zweireihige Lagerung

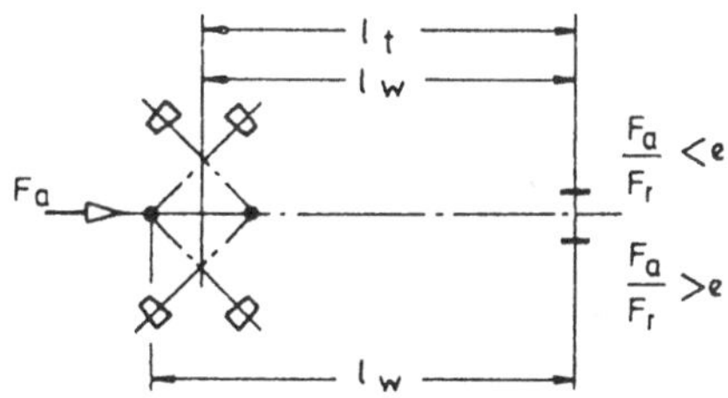

Dynamisch äquivalente Belastung [kN]

		$\frac{Fa}{Fr} \leq e$	$\frac{Fa}{Fr} > e$
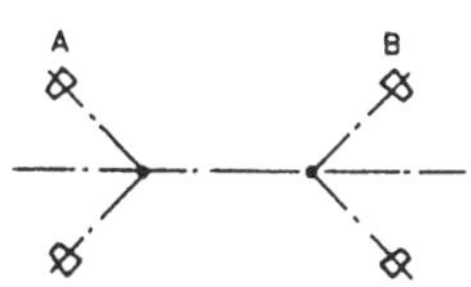	Einreihige Kegelrollenlager	P = Fr	P = 0,4 · Fr + y · Fa
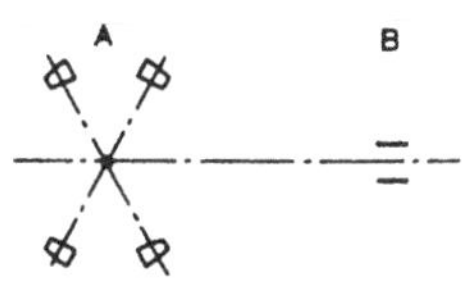	Paarweise eingebaute, einreihige Kegelrollenlager	P = Fr + y · Fa	P = 0,67 · Fr + y · Fa

e-, x- und y-Faktoren siehe Koyo-Hauptkatalog

Induzierte Axialkraft

Weil die Laufbahnen bei Kegelrollenlagern geneigt sind ($\alpha \neq 0^\circ$), induziert jede Radialbelastung (Fr) eine innere Axialkraft (Fa'), die sowohl bei der Berechnung der äquivalenten Lagerbelastung, als auch bei der Festigkeitsberechnung der Einstellelemente (Deckel, Mutter, Schrauben usw.) und bei der Bestimmung einer Lagervorspannung berücksichtigt werden muß. Sie ergibt sich bei einer Belastungszone von $\psi \approx 180^\circ$ aus Fa = 0,5 Fr/Y und bei $180^\circ < \psi < 300^\circ$ aus Fa = 0,6 Fr/Y.

Resultierende Axialkraft

Die Axialkraft (Fa_A bzw. Fa_B), die bei der Berechnung der dynamisch äquivalenten Belastung einzusetzen ist, ergibt sich aus der Summe bzw. Differenz der inneren und äußeren Axialkräfte, z. B. für einreihige Kegelrollenlager nach Abb. 64 Hierbei wird immer das Lager, auf das die äußere Axialkraft wirkt, mit A und das Gegenlager mit B bezeichnet. In den Fällen wo Fa/Fr < e wird, die Axialkraft also nicht wirksam ist, ist zur besseren Übersicht keine Gleichung eingesetzt.

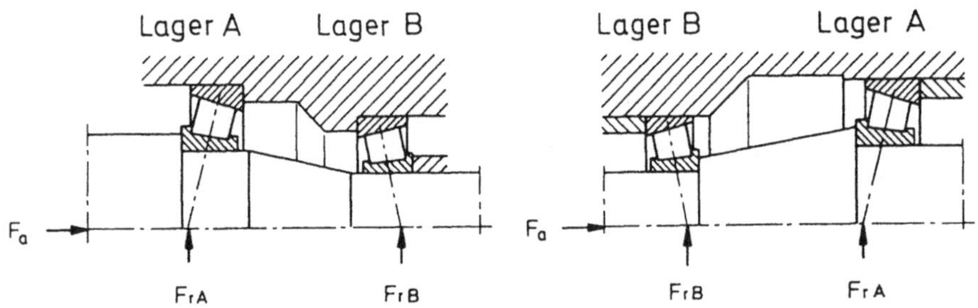

Belastungsverhältnisse		Resultierende Axialkraft	
$Fa'_A = 0{,}5(Fr'_A/y_A)$	$Fa'_B = 0{,}5(Fr_B/y_B)$	Lager A	Lager B
$Fa'_A \leq Fa'_B$	—	$Fa_A = Fa + Fa'_B$	—
$Fa'_A > Fa'_B$	$Fa > Fa'_A - Fa'_B$	$Fa_A = Fa + Fa'_B$	—
	$Fa \leq Fa'_A - Fa'_B$		$Fa_B = Fa'_A - Fa$

Abb. 64 Resultierende Axialkraft bei einreihigen Kegelrollenlagern

Statisch äquivalente Belastung [kN]

	$Fa/Fr < 0{,}5Y_0$	$Fa/Fr > 0{,}5Y_0$
Einreihiges Kegelrollenlager	$P_0 = Fr$	$P_0 = 0{,}5Fr + Y_0 \cdot Fa$
Paarweise eingebaute einreihige Kegelrollenlager	$P_0 = Fr + Y_0Fa$	

Y_0-Werte siehe Koyo-Hauptkatalog

Innenring/Welle*

Toleranzklasse P0 (Normal), PK (Normal) + PN

Belastungsart	Betriebs-verhältnisse**	Innenring	Beispiel	Innenringbohrung in mm bis 50	über 50 bis 100	über 100 bis 200	über 200 bis 400
Umfangslast für Innenring	normale/hohe Belastung	einstellbar, seitlich verspannt	Ritzel (Flansch)	j6	j6	k6	k6
	geringe Stöße	einstellbar, nicht seitlich verspannt	Allgem. Maschinenbau, Schalt- und Verteilergetr., Pumpen	k6	k6	m6	m6
	normale Belastg. mäßige Stöße	nicht einstellbar	Ritzel (Kopf)	m6	m6	n6	n6
Umfangs- und Punktlast (unbestimmte Lastrichtung)	hohe Belastung, hohe Drehzahl, hohe Stöße	nicht einstellbar	Achslager, Walzwerksgetriebe, Ausgleichgetr.	n6	n6	p6	p6
Punktlast für Innenring	normale/hohe Belastung, geringe Stöße	einstellbar	Seilscheiben, Laufräder, Zwischenräder	g6****	g6****	g6****	g6****
	gehärtete Achsen	einstellbar	Nichtangetr. Räder für Kfz-Anhänger und Traktoren	g6...f6	g6.. f6	g6...f6	—
	Planetenachsen	einstellbar		—	j7	j7	—

Toleranzklasse P6, P5 + PC

Umfangs- oder Punktlast	normal***	einstellbar oder nicht einstellbar	Werkzeugmaschinenspindeln	k5	k5	k5	k5

Toleranzklasse P4 + PB

Umfangs- oder Punktlast	normal	einstellbar oder nicht einstellbar	Werkzeugmaschinenspindeln	k4min.	k4min.	k4min.	

* für Vollwellen aus Stahl

** normale Belastung: $P \approx 0{,}1\ C$, hohe Belastung: $P > 0{,}15\ C$

*** Bei sehr hohen Belastungen und Drehzahlen ist eine min. Preßpassung von 0,0025 mm pro 10 mm Innenringbohrung zu verwenden

**** bei gedrehtem Wellensitz h6

Abb. 65 Passungen für Kegelrollenlager DIN 720/ISO 355 und J-Kegelrollenlager (Fortsetzung S. 80)

Außenring/Gehäuse*

Toleranzklasse P0 (Normal), PK (Normal) + PN

Belastungsart	Außenring	Beispiele	Alle Außenring Außen-∅
Punktlast für Außenring	leicht verschiebbar	Loslager (TDO) Achslager	H7, H8
	Wärmezufuhr durch die Welle	Trockenzylinder, Kalanderwalzen	G7
	seitlich verspannt, verschiebbar	Getriebe, Pumpen (45C....)	J7
	einstellbar	Allgem. Maschinenbau, Schalt- u. Verteilergetriebe	K7
Punkt- und Umfangslast	nicht einstellbar	Allgem. Maschinenbau, Radnaben	P7, M7

Toleranzklasse P6, P5 + PC | **Toleranzklasse P4 + PB**

Belastungsart	Außenring	Beispiele	Toleranzklasse P6, P5 + PC	Toleranzklasse P4 + PB: Alle Außenring Außen-∅
Punktlast für Außenring	leicht verschiebbar	Werkzeugmaschinenspindeln, Meßgeräte, Tablettiermaschinen, Präzisionsapparate usw.	H6	H5
	seitlich verspannt, verschiebbar		J6	J5
	einstellbar		K6	K5
Punkt- und Umfangslast	nicht einstellbar		N6	K5

* für Gehäuse aus Eisenguß oder Stahl

Passungen für Innen- und Außenringe

(Allgemein gültige Hinweise siehe T. 2)

Kegelrollenlager können dank ihrer Konstruktion auf die erforderlichen Betriebsbedingungen eingestellt werden und ermöglichen weite, wirtschaftlichere Bearbeitungstoleranzen. In den Abb. 65 und 66 sind unsere Passungsempfehlungen für alle üblichen Anwendungsfälle angegeben.

Die korrekte Anwendung bei Hohlwelle, Hoch-und/oder Tieftemperatur, Höchstdrehzahl oder starken Vibrationen muß entsprechend den Hinweisen im Teil 2 überprüft werden.

Die angegebenen Passungen gelten nicht für Lagersitze aus Leichtmetall. Wird der Außenring in ein **Aluminiumgehäuse** eingebaut, empfehlen wir eine min. Preßpassung von 0,001 mm pro mm Außenring-Außen-∅, bei **Magnesiumgehäuse** 0,0015 mm pro mm Außenring-Außen-∅. Zum Einpressen der Außenringe in die Leichtmetallgehäuse empfiehlt sich ein Spezialschmiermittel oder ein Unterkühlen des Außenringes und/oder ein Erwärmen des Gehäuses, damit der Lagersitz nicht durch Abrieb zerstört wird. Gelegentlich werden die Außenringe auch in eingegossene Stahlhülsen eingebaut, wobei wieder Normalpassungen verwendet werden können.

Innenring/Welle*

Toleranzklasse ASA 4 (Normal) + ASA 2

Belastungsart	Betriebsverhältnisse**	Innenring	Beispiele
Umfangslast für Innenring		einstellbar, seitlich verspannt	Ritzel (Flansch)
	normale/hohe Belastung geringe Stöße	einstellbar, nicht seitlich verspannt	Allgem. Maschinenbau Schalt- u. Verteilergetriebe, Pumpen
	normale Belastung mäßige Stöße	nicht einstellbar	Ritzel (Kopf)
Umfangs- und Punktlast	hohe Belastung, hohe Drehzahl, hohe Stöße	nicht einstellbar	Achslager, Walzwerksgetriebe, Ausgleichsgetriebe
Punktlast für Innenring	normale/hohe Belastung geringe Stöße	einstellbar	Seilscheiben, Laufräder, Zwischenräder
	gehärtete Achsen	einstellbar	Nichtangetriebene Räder für KFZ, Anhänger und Traktoren
	Planetenachsen	einstellbar	

Toleranzklasse ASA 3 + ASA 0

Belastungsart	Betriebsverhältnisse**	Innenring	Beispiele
Umfangs- oder Punktlast	normal***	einstellbar oder nicht einstellbar	Werkzeugmaschinenspindeln

Toleranzklasse ASA 00

Belastungsart	Betriebsverhältnisse**	Innenring	Beispiele
Umfangs- und Punktlast	normal	einstellbar oder nicht einstellbar	Werkzeugmaschinenspindeln

* für Vollwellen aus Stahl, ** normale Belastung: $P \approx 0{,}1\,C$, hohe Belastung: $P > 0{,}15\,C$, *** bei sehr hohen

Außenring/Gehäuse****

Toleranzklasse ASA 4 (Normal) + ASA 2

Belastungsart	Außenring	Beispiele	bis 76,200 mm: Außenring-außen-∅	Passung	Gehäusebohrung
Punktlast für Außenring	leicht verschiebbar	Loslager (TDO) Achslager		0,076 lose 0,025 lose	+ 0,076 + 0,050
	Wärmezufuhr durch die Welle	Trockenzylinder, Kalanderwalzen		Verwende eine	
	seitlich verspannt, verschiebbar	Getriebe, Pumpen (45C...)	+ 0,025 − 0,000	0,051 lose 0,000 lose	+ 0,051 + 0,025
	einstellbar	Allgem. Maschinenbau Schalt- u. Verteilergetriebe		0,025 lose 0,025 fest	+ 0,025 + 0,000
Punkt- und Umfangslast	nicht einstellbar	Allgem. Maschinenbau Radnaben		0,013 fest 0,064 fest	− 0,013 − 0,038

Toleranzklasse ASA 3 + ASA 0

Belastungsart	Außenring	Beispiele	bis 152,400 mm: Außenring-außen-∅	Passung	Gehäusebohrung
Punktlast für Außenring	leicht verschiebbar	Werkzeugmaschinenspindeln, Meßgeräte, Tablettiermaschinen, Präzisionsapparate usw.	+ 0,013 − 0,000	0,038 lose 0,013 lose	+ 0,038 + 0,025
	seitlich verspannt, verschiebbar			0,025 lose 0,000 lose	+ 0,025 + 0,013
	einstellbar			0,013 lose 0,013 fest	+ 0,013 + 0,000
Punkt- und Umfangslast	nicht einstellbar			0,013 fest 0,038 fest	− 0,013 − 0,025

**** für Gehäuse aus Eisenguß oder Stahl, für Leichtmetallgehäuse s. Seite 80

Abb. 66 Passungen für Kegelrollenlager mit Zollabmessungen (Fortsetzung S.82)

Innenringbohrung = Nennmaß = d

Abmaße in mm

bis 76,200 mm			über 76,200 bis 304,800 mm			über 304,800 bis 609,600 mm		
Innenring	Passung	Wellen-Ø	Innenring	Passung	Wellen-Ø	Innenring	Passung	Wellen-Ø
	0,013 fest 0,013 lose	+ 0,013 + 0,000		0,025 fest 0,025 lose	+ 0,025 + 0,000		0,051 fest 0,051 lose	+ 0,051 + 0,000
	0,038 fest 0,013 fest	+ 0,038 + 0,026		0,064 fest 0,013 fest	+ 0,064 + 0,038		0,127 fest 0,025 fest	+ 0,127 + 0,076
+ 0,013 + 0,000	0,051 fest 0,025 fest	+ 0,051 + 0,038	+ 0,025 − 0,000	0,076 fest 0,025 fest	+ 0,076 + 0,050	+ 0,051 − 0,000		
	0,064 fest 0,025 fest	+ 0,064 + 0,038		Verwende eine mittlere Preßpassung von 0,005 mm pro 10 mm Innenringbohrung				
	0,000 lose 0,025 lose	− 0,000 − 0,012		0,000 lose 0,051 lose	− 0,000 − 0,026		0,000 lose 0,102 lose	− 0,000 − 0,051
	0,005 lose 0,031 lose	− 0,005 − 0,018		0,005 lose 0,056 lose	− 0,005 − 0,031			
				0,064 fest 0,013 fest	+ 0,064 + 0,038			
+ 0,013 − 0,000	0,031 fest 0,005 fest	+ 0,031 + 0,018	+ 0,013 − 0,000	+ 0,031 fest + 0,005 fest	+ 0,031 + 0,018	+ 0,025 − 0,000	0,064 fest 0,013 fest	+ 0,064 + 0,038
+ 0,008 − 0,000	0,020 fest 0,005 fest	+ 0,020 + 0,013	+ 0,008 − 0,000	0,020 fest 0,005 fest	+ 0,020 + 0,013			

Belastungen und Drehzahlen ist eine min. Preßpassung von 0,0025 pro 10 mm Innenringbohrung zu verwenden

Außenring-Außen-Ø = Nennmaß = D

Abmaße in mm

über 76,200 bis 127,000 mm			über 127,000 bis 304,800 mm			über 304,800 bis 609,600 mm		
Außenring-außen-Ø	Passung	Gehäusebohrung	Außenring-außen-Ø	Passung	Gehäusebohrung	Außenring-außen-Ø	Passung	Gehäusebohrung
	0,076 lose 0,025 lose	+ 0,076 + 0,050		0,076 lose 0,025 lose	+ 0,076 + 0,050		0,152 lose 0,051 lose	+ 0,152 + 0,102
Spielpassung von 0,002 mm pro 10 mm Außenring-Außen-Ø								
+ 0,025 − 0,000	0,051 lose 0,000 lose	+ 0,051 + 0,025	+ 0,025 − 0,000	0,051 lose 0,000 lose	+ 0,051 + 0,025	+ 0,051 − 0,000	0,102 lose 0,000 lose	+ 0,102 + 0,051
	0,025 lose 0,025 fest	+ 0,025 + 0,000		0,051 lose 0,025 fest	+ 0,051 + 0,000		0,076 lose 0,025 fest	+ 0,076 + 0,025
	0,025 fest 0,076 fest	− 0,025 − 0,051		0,025 fest 0,076 fest	− 0,025 − 0,051		0,025 fest 0,127 fest	− 0,025 − 0,076

über 152,400 bis 304,800 mm			über 304,000 bis 609,600 mm			**Toleranzklasse ASA 00 ***		
	0,038 lose 0,013 lose	+ 0,038 + 0,026		0,064 lose 0,013 lose	+ 0,064 + 0,038		0,023 lose 0,008 lose	+ 0,023 + 0,016
+ 0,013 − 0,000	0,025 lose 0,000 lose	+ 0,025 + 0,013	+ 0,025 − 0,000	0,051 lose 0,000 lose	+ 0,051 + 0,025	+ 0,008 − 0,000	0,015 lose 0,000 lose	+ 0,015 + 0,008
	0,025 lose 0,013 fest	+ 0,025 + 0,000		0,025 lose 0,025 fest	+ 0,025 + 0,000		0,008 lose 0,008 lose	+ 0,008 + 0,000
	0,013 fest 0,051 fest	− 0,013 − 0,038		0,013 fest 0,064 fest	− 0,013 − 0,039		0,000 fest 0,015 fest	− 0,000 − 0,007

* bis einschließlich 266,7 mm Außendurchmesser

1.5.5 Zylinderrollenlager, ein- und zweireihig

für hohe Radialbelastungen

hohe Drehzahlen

einfachen Ausgleich von konstruktionsbedingten Längenausdehnungen (ideales Loslager)

leichten Einbau durch getrennte Montage von Innen- und Außenring (zerlegbares Lager)

aber auch für Axialbelastungen bzw. axiale Wellenführung

Querschnitte

Einreihige Zylinderrollenlager

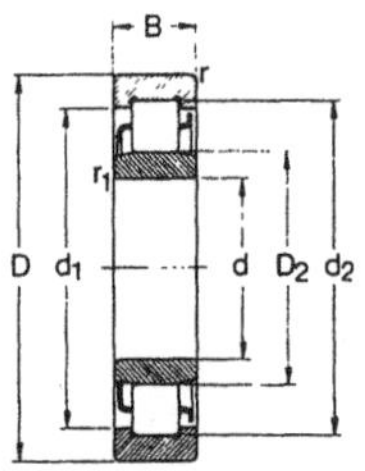

NU

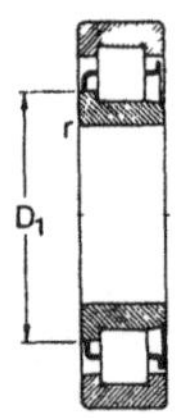

NJ

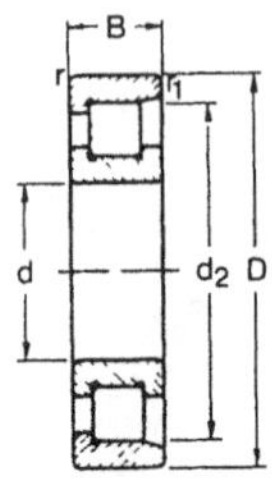

NF

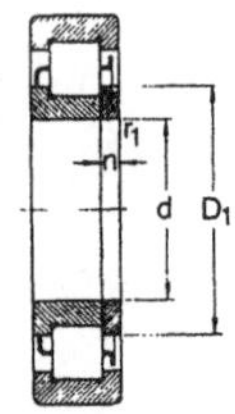

NUP
(NUPJ + P)

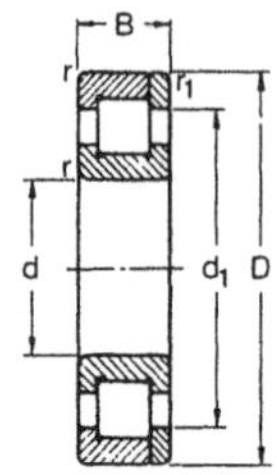

NP

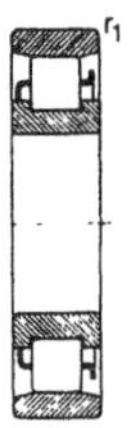

N

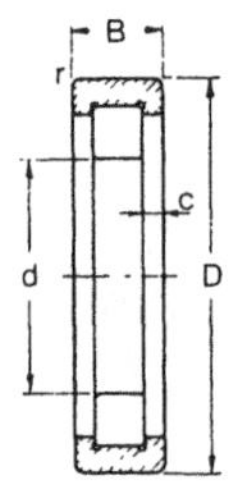

RNU

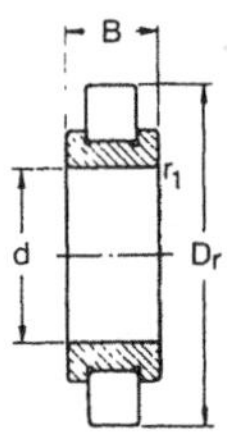

RN

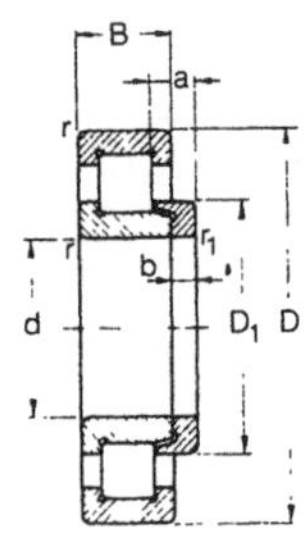

NH (NJ + HJ)

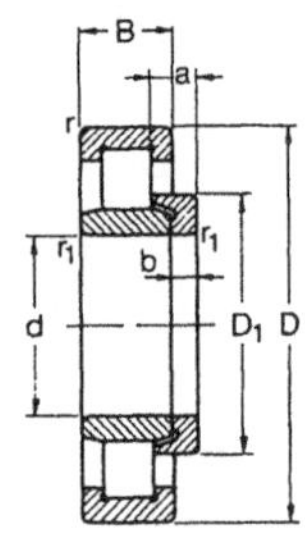

NUJ (NU + HJ)

Zweireihige Zylinderrollenlager

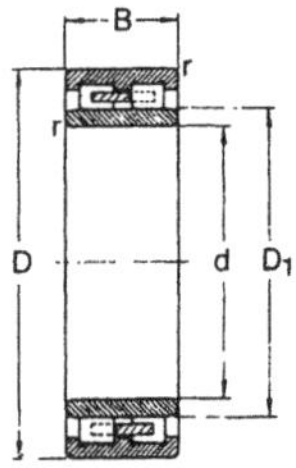

mit zylin-
drischer
Bohrung
NNU 49

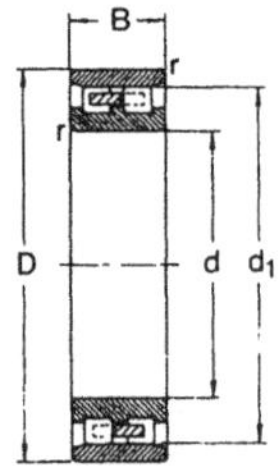

mit kegeliger
Bohrung
Kegel 1:12
NNU 49 K

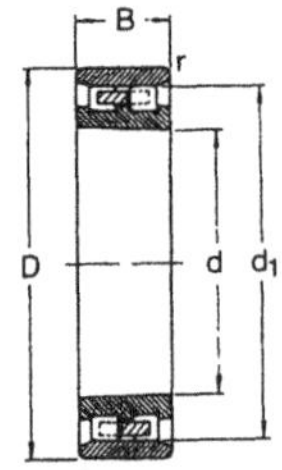

Kegel 1:12
NN 30 K

Nachsetzzeichen

BR	Gepreßter Stahl-Kastenkäfig
CM	Sonderlagerluft für E-Motore (NA-Ausführung)
CS . . .	Sonderlagerluft (die nachfolgende Zahl gibt die mittlere Radialluft in μm an)
C1, 2, 3...	Radialluftgruppen
FC	Massivkäfig aus Kohlenstoffstahl
FG	Massivkäfig aus glasfaserverstärktem Kunststoff
FP	Bolzenkäfig aus Kohlenstoffstahl
FS	Massivkäfig aus Kohlenstoffstahl mit genieteten Stegen
FT	Massivkäfig aus Phenolharz
FW	Geteilter Ms-Massivkäfig für zweireihige Zylinderrollenlager
FY	Massivkäfig aus Messing
K	Kegelige Bohrung 1:12
LPR	Einteiliger Massivkäfig aus Messing
LY	Einteiliger Massivkäfig aus Messing mit Steglappen
MT	Erhöhte axiale Tragfähigkeit
M2	Massivkäfig und abziehbarer Rollenkranz
N	Rollenlager mit niedrigem Geräuschpegel und besonders guten Laufeigenschaften
N	Lager mit Ringnut im Mantel des Außenringes
NA	Nicht austauschbare Ringe für eingeengten Lagerluftbereich
NR	Lager mit Ringnut und zugehörigem Sprengring
(P0),P6,P5	Toleranzklassen
Q1	Außenringgeführter Massivkäfig
Q2	Innenringgeführter Massivkäfig
Q3	Rollengeführter Massivkäfig
R	Verstärkte Ausführung (= erhöhte Tragfähigkeit)
S0, 1, 2...	Wärmebeständigkeit
SP	Superpräzision
TY	Kammdeckel-Käfig, nietlos
U	Geteilte Ringe und Käfige
U	Niedriger Geräuschpegel und besonders gute Laufeigenschaften für Werkzeugmaschinenspindel-Rollenlager
V	Vollrolliges Lager, selbsthaltend
W	Schmiernut und -bohrungen im Außenring
W1	Schmierbohrungen im Außenring
W2	Schmiernut und -bohrungen im Innenring
W4	Schmierbohrungen im Innen- und Außenring
W5	Schmiernut und -bohrungen im Innen- und Außenring
W6	Schmiernut und -bohrungen im Außenring sowie Schmierbohrungen im Innenring
ZS	Wenn Ringe zusammenbleiben, eingeengter Lagerluftbereich (Ringe gepaart), sonst Lagerluft für „Ringe vertauscht"

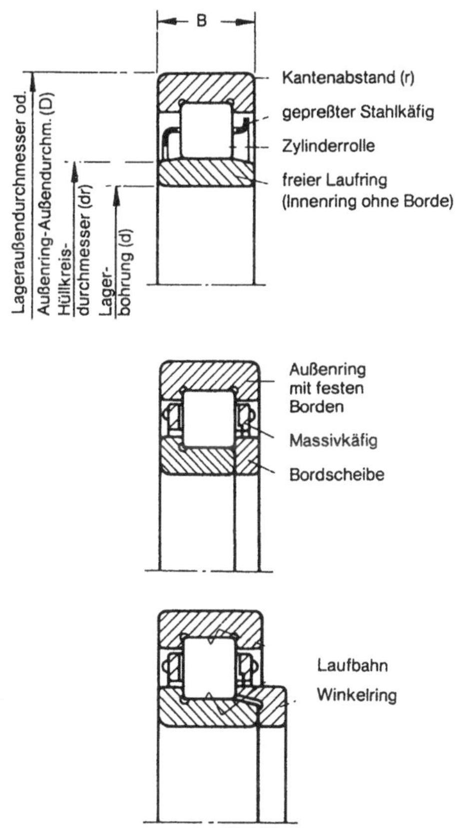

Abb. 67
Benennung der Zylinderrollenlagerteile

Bauform	Verwendung
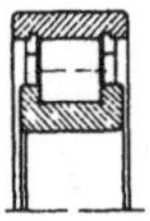 UC/UB . . . TAM	Vollrollige (selbsthaltende) Zylinderrollenlager, z. B. für Laufrollen und Ritzel ($d_m \cdot n < 200.000$)
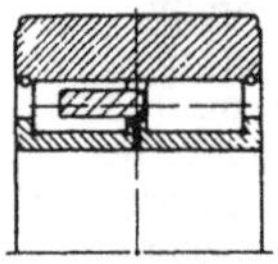 . . . DC . . . DS	Ein- und zweireihige Zylinderrollenlager mit dickem Außenring als Laufrolle oder Stützrolle, z. B. Sendzimir Walzwerke
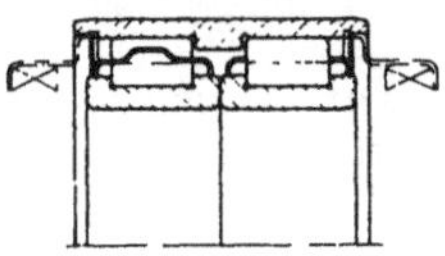 . . . RDC	Zweireihige Zylinderrollenlager für Eisenbahnachsen
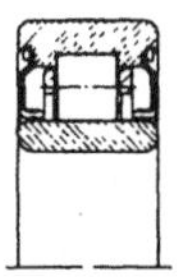 RUW . . . ZZ LPR RTW . . .	Zylinderrollenlager mit Deckscheibe, z. B. für Tatzlagerungen
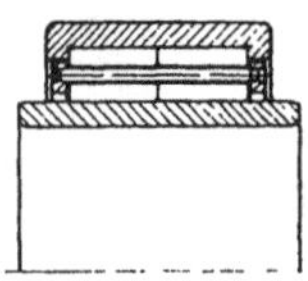 NUBZ . . . WN/WNU . . .	Zylinderrollenlager mit verlängertem Innenring für größere Axial-Verschiebemöglichkeit, z.B. für Richtwalzenlager oder Außenlager
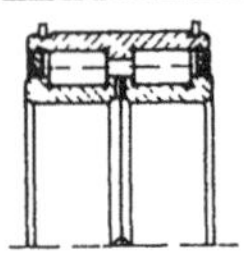 . . . DC . . . NR	Zweireihige, vollrollige (abgedichtete) Zylinderrollenlager mit Sprengringen im Außenringmantel für Seilrollen
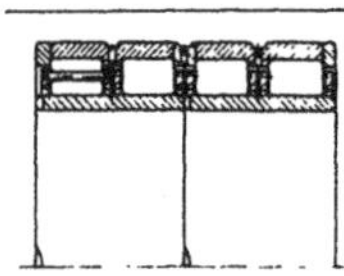 . . . FC	Vierreihige Zylinderrollenlager mit max. Tragzahlen für alle Arten von Walzenlagerungen (s. Koyo Large Size Ball & Roller Bearings)
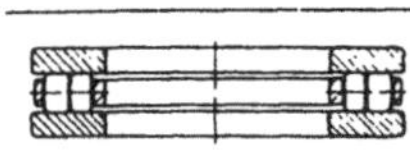 TH . . .	Axial-Zylinderrollenlager mit maximaler Tragfähigkeit für Extruderschnecken, Axialkolbenpumpen usw.

Abb. 68 Sonderbauformen der Zylinderrollenlager (Beispiele)

Bauformen

Zylinderrollenlager sind so aufgebaut, daß ein Laufring (Innen- oder Außenring) zwei feste Borde zur achsparallelen Rollenführung hat, während der andere Laufring entweder bordlos oder nur mit einem festen Bord ausgestattet ist. Daraus ergeben sich:

- Loslager (N, NU) mit bordlosem Außenbzw. Innenring (freier Laufring), die sich durch „innere, reibungsarme" axiale Verschiebbarkeit auszeichnen, also ideale Loslager bei Längenausdehnungen von Wellen sind (zulässige Werte s. Koyo-Hauptkatalog.
- Stützlager (NF, NJ, NUJ) mit einem festen Bord am Außen- bzw. Innenring zur axialen Wellenführung und für geringe Axialbelastungen in nur einer Richtung.
- Festlager (NH, NP, NUP) mit einem Winkelring bzw. einer Bordscheibe zur axialen Wellenführung und für Axialbelastung in beiden Richtungen. NU-Lager dürfen nur mit je einem Winkelring eingebaut werden, da es andernfalls zu axialer Verspannung kommen kann. Die Bauform NUP ohne Bordscheibe wird mit NUPJ bezeichnet und aus Platzgründen dort verwendet, wo die Bordscheibe in die Wellen- oder Abstandsring-Schulter integriert werden kann.
- Lager (RN, RNU) ohne den freien Laufring für räumlich gedrängte Lagerungen, wobei die Rollen direkt auf gehärteten und geschliffenen Wellen- bzw. Gehäuseteilen laufen.

Zylinderrollenlager sind zerlegbar und erleichtern den Ein- und Ausbau ganz wesentlich, insbesondere wenn für beide Laufringe feste Passungen erforderlich sind. Einfache raumsparende axiale Lagerbefestigungen im Gehäuse ergeben sich bei Verwendung von Ringnut und Sprengring. Maße für Nut und Sprengring sowie Anschlußmaße siehe S. 167/168.

Koyo-Zylinderrollenlager werden für hohe Radialbelastungen und hohe Drehzahlen hauptsächlich als einreihige, zweireihige und vierreihige Lager geliefert. Die Mantellinien der Rollen und Laufbahnen sind an den Enden oder über die ganze Länge schwach gekrümmt, um durch die modifizierte Linienberührung schädliche Kantenspannungen zu verhindern und ein Höchstmaß an Tragzahl zu gewährleisten. Die Axialbelastungen, die mit Koyo-Zylinderrollenlagern aufgenommen werden können, sind nach Angaben auf Seite 96 zu ermitteln.

Zwei- und mehrreihige Lager

Das sind Lager mit geringer Bauhöhe, hoher Tragfähigkeit und geringer Federung für hochbelastbare, steife Lagerungen, wie z.B. im Werkzeugmaschinen- und Walzwerksbau verwendet.

Verstärkte Ausführung

Wenn besonders hohe (Radial-) Belastungen aufzunehmen sind, Koyo-Zylinderrollenlager in verstärkter Ausführung, d. h. Lager mit dem Nachsetzzeichen „R", die sich von den Normallagern durch eine auf Tragzahl optimierte Innenkonstruktion unterscheiden.

Toleranzen

(Meßverfahren siehe T. 2)

Koyo-Zylinderrollenlager werden in 4 verschiedenen Toleranzklassen (P0, P6, P5, P4) gemäß den Tabellen auf S. 88/89 geliefert, die meisten natürlich in Normaltoleranz, aber auch viele mit erhöhter Genauigkeit, hauptsächlich für Werkzeugmaschinenspindeln.

Die Toleranzen für kegelige Bohrungen sowie Kantenabstände (Radien) am Innen- und Außenring sind in DIN 620 bzw. ISO 582 enthalten.

Innenring

Maße in mm

Nennmaß der Lagerbohrung		über bis	2,5 10	10 18	18 30	30 50	50 80	80 120	120 180	180 250	250 315	315 400	400 500	500 630	630 800	800 1000	1000 1250

Normaltoleranz (P0)

Abmaße in μm

			2,5–10	10–18	18–30	30–50	50–80	80–120	120–180	180–250	250–315	315–400	400–500	500–630	630–800	800–1000	1000–1250
Bohrung	Δ_{dmp}		0 - 8	0 - 8	0 -10	0 -12	0 -15	0 -20	0 -25	0 -30	0 -35	0 -40	0 -45	0 -50	0 -75	0 -100	0 -125
Bohrung	V_{dp}*	0,1	8	8	10	12	19	25	31	38	44	50	56	63	—	—	—
		2,3,4	6	6	8	9	11	15	19	23	26	30	34	38	—	—	—
	V_{dmp}		6	6	8	9	11	15	19	23	26	30	34	38	—	—	—
Breite	Δ_{Bs}		0 - 120	0 - 120	0 - 120	0 - 120	0 - 150	0 - 200	0 - 250	0 - 300	0 - 350	0 - 400	0 - 450	0 - 500	0 - 750	0 -1000	0 -1250
Breitenschwankung	V_{Bs}		15	20	20	20	25	25	30	30	35	40	50	60	70	80	100
Radialschlag	K_{ia}		10	10	13	15	20	25	30	40	50	60	65	70	80	90	100
Hüllkreisdurchm. (NU-Lager)	d_r		bis d = 24 mm: 0 + 10		0 + 15	0 + 15	0 + 20	0 + 20	0 + 25	0 + 30	0 + 35	0 + 40	0 + 45	0 + 65	0 + 80	—	—

Toleranzklasse P6

Abmaße in μm

			2,5–10	10–18	18–30	30–50	50–80	80–120	120–180	180–250	250–315	315–400	400–500
Bohrung	Δ_{dmp}		0 - 7	0 - 7	0 - 8	0 -10	0 -12	0 -15	0 -18	0 -22	0 -25	0 -30	0 -35	0 -40
Bohrung	V_{dp}*	0,1	7	7	8	10	15	19	23	28	31	38	44	50
		2,3,4	5	5	6	8	9	11	14	17	19	23	26	30
	V_{dmp}		5	5	6	8	9	11	14	17	19	23	26	30
Breite	Δ_{Bs}		0 - 120	0 - 120	0 - 120	0 - 120	0 - 150	0 - 200	0 - 250	0 - 300	0 - 350	0 - 400	0 - 450	0 - 500
Breitenschwankung	V_{Bs}		15	20	20	20	25	25	30	30	35	40	45	50
Radialschlag	K_{ia}		6	7	8	10	10	13	18	20	25	30	35	40

Toleranzklasse P5 siehe Rillenkugellager S. 38/39

Toleranzklasse P4

Abmaße in μm

			2,5–10	10–18	18–30	30–50	50–80	80–120	120–180	180–250
Bohrung	Δ_{ds}**, Δ_{dmp}		0 - 4	0 - 4	0 - 5	0 - 6	0 - 7	0 - 8	0 -10	0 -12
Bohrung	V_{dp}*	7,8,9	4	4	5	6	7	8	10	12
		0,1,2,3,4	3	3	4	5	5	6	8	9
	V_{dmp}		2	2	2,5	3	3,5	4	5	6
Breite	Δ_{Bs}		0 - 40	0 - 80	0 - 120	0 - 120	0 - 150	0 - 200	0 - 250	0 - 300
Breitenschwankung	V_{Bs}		2,5	2,5	2,5	3	4	4	5	6
Radialschlag	K_{ia}		2,5	2,5	3	4	4	5	6	8
Seitenschlag	S_d		3	3	4	4	5	5	6	7
Axialschlag	S_{ia}		3	3	4	4	5	5	7	8

* Durchmesserreihen (s.S T.2) **Gilt nur für Durchmesserreihe 0 ... 4

Abb. 69 Toleranzen der (Radial-) Zylinderrollenlager, DIN 620 bzw. ISO 492

Außenring

Maße in mm

Nennmaß des Außendurchmessers		über	6	18	30	50	80	120	150	180	250	315	400	500	630	800	1000	1250
		bis	18	30	50	80	120	150	180	250	315	400	500	630	800	1000	1250	1600

Normaltoleranz (P0) Abmaße in μm

	Δ_{Dmp}		0 -8	0 -9	0 -11	0 -13	0 -15	0 -18	0 -25	0 -30	0 -35	0 -40	0 -45	0 -50	0 -75	0 -100	0 -125	0 -160
Außendurchmesser	V_{Dp}*	0,1	8	9	11	13	19	23	31	38	44	50	56	63	94	125	—	—
		2,3,4	6	7	8	10	11	14	19	23	26	30	34	38	55	75	—	—
	V_{Dmp}		6	7	8	10	11	14	19	23	26	30	34	38	55	75	—	—
Radialschlag	K_{ea}		15	15	20	25	35	40	45	50	60	70	80	100	120	140	160	190
Hüllkreisdurchm. (N-Lager)	D_r		bis d = 24mm	0 -10	0 -15	0 -20	0 -20	0 -25	bis d = 200mm	0 -30	0 -35	0 -40	0 -50	0 -65	0 -80	—	—	

Toleranzklasse P6 Abmaße in μ

	Δ_{Dmp}		0 -7	0 -8	0 -9	0 -11	0 -13	0 -15	0 -18	0 -20	0 -25	0 -28	0 -33	0 -38	0 -45	0 -60
Außendurchmesser	V_{Dp}*	0,1	7	8	9	11	16	19	23	25	31	35	41	48	56	75
		2,3,4	5	6	7	8	10	11	14	15	19	21	25	29	34	45
	V_{Dmp}		5	6	7	8	10	11	14	15	19	21	25	29	34	45
Radialschlag	K_{ea}		8	9	10	13	18	20	23	25	30	35	40	50	60	75

Toleranzklasse P5 Abmaße in μm

	Δ_{Dmp}		0 -5	0 -6	0 -7	0 -9	0 -10	0 -11	0 -13	0 -15	0 -18	0 -20	0 -23	0 -28	0 -35
Außendurchmesser	V_{Dp}*	8,9	5	6	7	9	10	11	13	15	18	20	23	28	35
		0,1,2,3,4	4	5	5	7	8	8	10	11	14	15	17	21	26
	V_{Dmp}		3	3	4	5	5	6	7	8	9	10	12	14	18
Breitenschwankung	V_{Cs}		5	5	5	6	8	8	8	10	11	13	15	18	20
Radialschlag	K_{ea}		5	6	7	8	10	11	13	15	18	20	23	25	30
Seitenschlag	S_D		8	8	8	8	9	10	10	11	13	13	15	18	20
Axialschlag	S_{ea}		8	8	8	10	11	13	14	15	18	20	23	25	30

Toleranzklasse P4 Abmaße in μm

Außendurchmesser	Δ_{Ds}**, Δ_{Dmp}		0 -4	0 -5	0 -6	0 -7	0 -8	0 -9	0 -10	0 -11	0 -13	0 -15
	V_{Dp}*	8,9	4	5	6	7	8	9	10	11	13	15
		0,1,2,3,4	3	4	5	5	6	7	8	8	10	11
	V_{Dmp}		2	2,5	3	3,5	4	5	5	6	7	8
Breitenschwankung	V_{Cs}		2,5	2,5	2,5	3	4	5	5	7	7	8
Radialschlag	K_{ea}		3	4	5	5	6	7	8	10	11	13
Seitenschlag	S_D		4	4	4	4	5	5	5	7	8	10
Axialschlag	S_{ea}		5	5	5	5	6	7	8	10	10	13

Anmerkung. Für alle Toleranzklassen gilt: Abmaße für Breite Δ_{Cs} und Breitenschwankung V_{Cs} siehe zugehörigen Innenring ($\Delta_{Bs} = \Delta_{Cs}$, $V_{Bs} = C_{Cs}$)

Lagerluft

(Allgemeine Anmerkung siehe S. 11)

Einreihige Zylinderrollenlager werden regelmäßig in der Normal-Toleranzklasse mit Normal- oder C3-(erhöhter) Radialluft geliefert, zweireihige Zylinderrollenlager in der Toleranzklasse P4 mit Radialluft C1 bei Lagern mit kegeliger Bohrung bzw. mit C2, wenn das Lager eine zylindrische Bohrung hat.

Die Koyo-Zylinderrollenlager werden mit sehr kleiner Radialluft-Toleranz geliefert (2. und 3. Zeile „Ringe gepaart" bzw. Nachsetzzeichen ZS). Damit diese kleine Toleranz erhalten bleibt, müssen die Lagerringe und Rollensätze so gepaart bleiben, wie sie angeliefert werden. Werden sie vertauscht, ist mit einer größeren Lagerlufttoleranz (1. und 4. Zeile) zu rechnen (Abb. 73).

Bei allen Lagern mit C1-Luft dürfen die Ringe nicht vertauscht werden, weil sonst die beabsichtigte enge Wellen- oder Spindelführung nicht erreichbar ist. In Ausnahmefällen werden auch noch die Lager mit „nicht austauschbaren Ringen" (Nachsetzzeichen NA) geliefert. Ihre Lagerluft liegt im Bereich „Ringe gepaart". Zusammengehörige Ringe werden bei getrennter Verpackung als solche gekennzeichnet.

Wahl der Lagerluftgruppe

Aus Abb. 70 läßt sich die erforderliche Lagerluftgruppe schnell ermitteln, die für allgemeine Anwendungsfälle eine zweckmäßige, normale Betriebsluft ergibt. Vorausgesetzt werden wahrscheinlich auftretende Toleranzwerte, 10°C Temperaturgefälle zwischen Innen- und Außenring, d ≦ 200 mm, Vollwellen (Stahl) und starre Gehäuse (Guß). Bei wesentlichen Abweichungen (z. B. hohe Temperatur, Hohlwelle, hohe Drehzahl, Leichtmetallgehäuse, Fremderwärmung usw.) ist eine Nachrechnung der Lagerluft im eingebauten Zustand nach Teil 2 notwendig.

Axiale Verschiebemöglichkeit

Für Zylinderrollenlager mit einem bordfreien Innen- oder Außenring ist die konstruktionsbedingte zulässige axiale Verschiebung aus der Mittellage im Koyo-Hauptkatalog unter „S" angegeben.

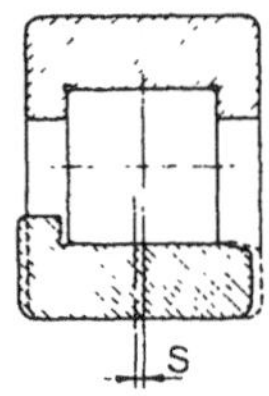

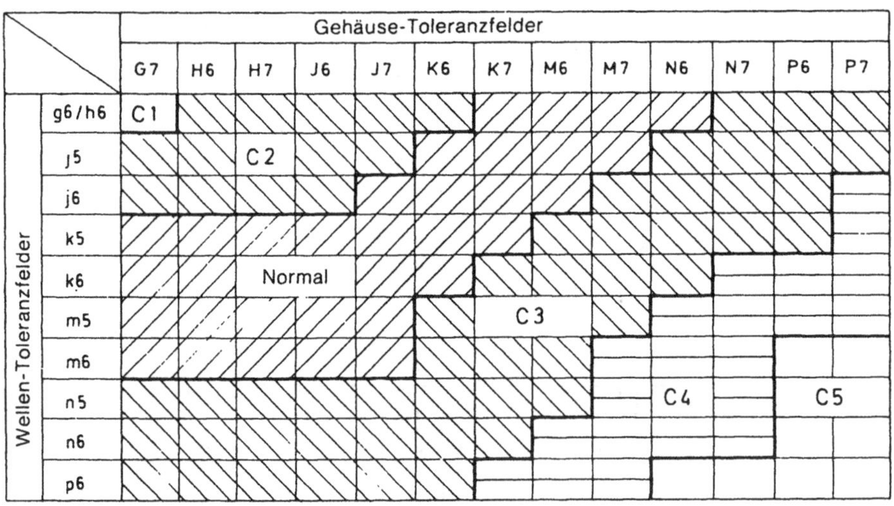

Abb. 70 Wahl der erforderlichen Lagerluftgruppe bei Zylinderrollenlagern

Axiale Lagerluft

Werte für die Axialluft sind – mit Ausnahme von Fahrmotorenlagern (DIN 43283, Blatt 3, Maß a für Lagerreihen 2, 3 und 4 – bisher nicht genormt. Handelsübliche Werte sind in Abb. 71 wiedergegeben.

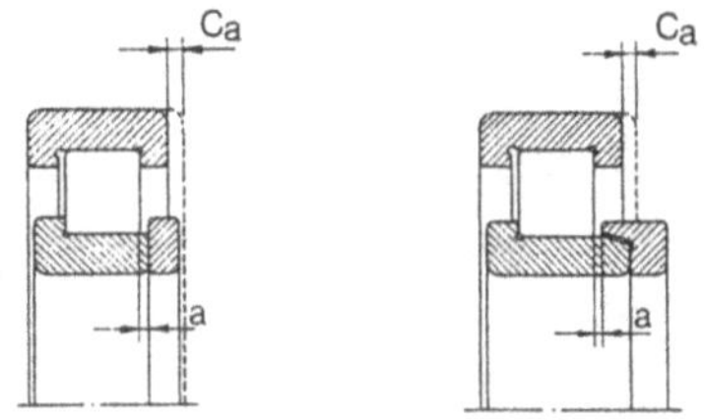

Lagerreihe / Bohrungskennzahl					Axiale Lagerluft Ca		Axialluft a	
2	22	3	23	4	NUP	NH	NUP + NH	
03							min	max
04 - 10	03 - 05	02 - 06	02 - 03	03	40 - 125	45 - 155		
11 - 18	06 - 12	07 - 12	04 - 08	04 - 09	45 - 135	50 - 170	150	250
19 - 32	13 - 20	13 - 21	09 - 14	10 - 16	55 - 155	60 - 200	180	300
34 - 44	21 - 28	22 - 30	15 - 19	17 - 22	70 - 185	80 - 235	230	380
48 - 56	30 - 32	32 - 40	20 - 21	24 - 26	95 - 230	110 - 290		
60 - 64	34 - 44	44 - 52	22 - 28	28 - 40	95 - 250	110 - 310	300	500
	48	56	30 - 36	44 - 48	120 - 305	140 - 385		
	52 - 64		38 - 56		120 - 305	140 - 385		
					150 - 385	170 - 460		

Abb. 71 Axiale Lagerluft von Zylinderrollenlagern [μm]

Winkeleinstellbarkeit

Die modifizierte Linienberührung zwischen Laufbahnen und Rollen läßt geringe Schiefstellungen zwischen Innen- und Außenring zu. Anhaltswerte für den zulässigen Winkel von normal gefertigten Zylinderrollenlagern sind:

Bauformen	Lagerreihen	Niedrige Belastung (Fr/Co < 0,1)	Hohe Belastung (Fr/Co < 0,3)
NU, N	10, 2, 2R	3	7
NU, N	3, 3R, 4	2	5
NU, N	22, 22R	2	4
NU, N	23, 23R	1	3
NF, NH, NJ, NUP	10, 2, 2R, 3, 3R, 4	2	4
NF, NH, NJ, NUP	22, 22R, 23, 23R	1	3
NN, NNU	30, 49	≡0	≡0

Abb. 72 Zulässige Winkelfehler für Zylinderrollenlager, [Winkelminuten]

Wenn diese Anhaltswerte in der Praxis voraussichtlich überschritten werden, sind entweder Zylinderrollenlager in Sonderausführung (erhöhte Balligkeit = größere Winkeleinstellbarkeit) zu verwenden oder beträchtliche Lebensdauerverkürzungen in Kauf zu nehmen. Da die Berechnung dieser Lebensdauerverkürzung exakt nur mit Hilfe der EDV möglich ist, begnügen wir uns hier mit einer empirischen Formel, die auf jeden Fall deutlich macht, wie wichtig die Winkeleinstellbarkeit ist. (Fortsetzung S. 94)

Nennmaß der Lagerbohrung	Maße in mm über / bis		24	30	40	50	65	80	100	120	140	160	180	200	225
		24	30	40	50	65	80	100	120	140	160	180	200	225	250
zylindrische Bohrung Lagerluft in µm															
Luftgruppe C1	min	5	5	5	5	5	10	10	10	10	10	10	15	15	15
	max	15	15	15	18	20	25	30	30	35	35	40	45	50	50
Luftgruppe C2	min	0	0	0	5	5	5	10	10	10	15	20	25	30	40
Ringe gepaart	min	10	10	12	15	15	20	25	25	30	35	35	40	45	50
	max	20	25	25	30	35	40	45	50	60	65	75	80	90	100
	max	30	30	35	40	45	55	60	65	75	80	85	95	105	115
Luftgruppe normal	min	10	10	15	20	20	25	30	35	40	50	60	65	75	90
Ringe gepaart	min	20	25	25	30	35	40	45	50	60	65	75	80	90	100
	max	30	35	40	45	50	60	70	80	90	100	110	120	135	150
	max	40	45	50	55	65	75	80	90	105	115	125	135	150	165
Luftgruppe C3	min	25	30	35	40	45	55	65	80	90	100	110	125	140	155
Ringe gepaart	min	35	40	45	50	55	70	80	95	105	115	125	140	155	170
	max	45	50	55	65	75	90	105	120	135	150	165	180	200	215
	max	55	65	70	75	90	105	115	135	155	165	175	195	215	230
Luftgruppe C4	min	35	40	45	55	65	75	90	105	115	130	150	165	180	205
Ringe gepaart	min	45	50	55	65	75	90	105	120	135	150	165	180	200	215
	max	55	60	70	80	90	110	125	145	160	180	200	220	240	265
	max	65	70	80	90	105	125	140	160	180	195	215	235	255	280
Luftgruppe C5	min	55	60	70	85	100	115	145	165	185	210	235	260	290	320
Ringe gepaart	min	65	70	80	95	110	130	155	180	200	225	250	275	305	330
	max	75	80	95	110	130	150	180	205	230	260	285	315	350	380
	max	85	90	105	120	140	165	195	220	250	275	300	330	365	395
kegelige Bohrung Lagerluft in µm															
Luftgruppe C1	min	10	15	15	17	20	25	35	40	45	50	55	60	60	65
	max	20	25	25	30	35	40	55	60	70	75	85	90	95	100
Luftgruppe C2	min	10	10	15	20	20	25	30	35	40	50	60	65	75	90
Ringe gepaart	min	20	25	25	30	35	40	45	50	60	65	75	80	90	100
	max	30	35	40	45	50	60	70	80	90	100	110	120	135	150
	max	40	45	50	55	65	75	80	90	105	115	125	135	150	165
Luftgruppe normal	min	25	30	35	40	45	55	65	80	90	100	110	125	140	155
Ringe gepaart	min	35	40	45	50	55	70	80	95	105	115	125	140	155	170
	max	45	50	55	65	75	90	105	120	135	150	165	180	200	215
	max	55	65	70	75	90	105	115	135	155	165	175	195	215	230
Luftgruppe C3	min	35	40	45	55	65	75	90	105	115	130	150	165	180	205
Ringe gepaart	min	45	50	55	65	75	90	105	120	135	150	165	180	200	215
	max	55	60	70	80	90	110	125	145	160	180	200	220	240	265
	max	65	70	80	90	105	125	140	160	180	195	215	235	255	280
Luftgruppe C4	min	45	50	60	70	80	95	110	130	145	165	190	205	225	255
Ringe gepaart	min	55	60	70	80	90	110	125	145	160	180	200	220	240	265
	max	65	70	80	95	110	130	150	170	190	215	240	260	285	315
	max	75	85	95	105	125	145	160	185	210	230	255	275	300	330
Luftgruppe C5	min	65	70	85	100	115	135	165	190	215	245	275	300	335	370
Ringe gepaart	min	75	80	95	110	130	150	180	205	230	260	285	315	350	380
	max	85	95	110	125	150	170	205	230	260	295	325	350	390	430
	max	95	105	120	135	160	185	215	245	280	310	340	370	410	445

Abb. 73 Radialluft der (Radial) Zylinderrollenlager DIN 620 bzw. ISO/DIS 5753

Maße in mm

Nennmaß der Lagerbohrung	über / bis	250 / 280	280 / 315	315 / 355	355 / 400	400 / 450	450 / 500	500 / 560	560 / 630	630 / 710	710 / 800	800 / 900	900 / 1000
Luftgruppe C1	min	20	20	20	25	25	25						
	max	55	60	65	75	85	95						
Luftgruppe C2	min	45	50	55	65	70	85	85	95	115	120	140	155
Ringe gepaart [	min	55	60	65	75	85	95	100	110	130	140	160	180
Ringe gepaart [	max	110	120	135	150	170	190	210	230	260	290	330	360
	max	125	135	145	160	190	205	225	245	275	310	350	385
Luftgruppe normal	min	100	110	125	140	155	180	195	215	240	270	310	335
Ringe gepaart [	min	110	120	135	150	170	190	210	230	260	290	330	360
Ringe gepaart [	max	165	180	200	225	255	285	320	350	400	450	500	560
	max	180	195	215	235	275	300	335	365	420	470	520	585
Luftgruppe C3	min	175	195	215	245	270	300	335	365	420	465	520	575
Ringe gepaart [	min	185	205	225	255	285	315	350	380	435	485	540	600
Ringe gepaart [	max	240	265	295	330	370	410	450	500	570	635	700	780
	max	255	280	305	340	390	420	465	520	585	655	720	805
Luftgruppe C4	min	230	255	280	320	355	395	435	485	555	615	680	755
Ringe gepaart [	min	240	265	295	330	370	410	450	500	570	635	700	780
Ringe gepaart [	max	295	325	360	405	455	505	550	615	695	780	860	970
	max	310	340	370	415	465	515	565	630	710	800	880	995
Luftgruppe C5	min	355	400	440	500	555	620	710	785	885	980	1110	1250
Ringe gepaart [	min	370	410	455	510	565	625	720	800	900	1000	1130	1270
Ringe gepaart [	max	420	470	520	585	650	720	815	910	1030	1140	1290	1440
	max	435	485	530	595	675	740	825	925	1045	1160	1310	1460

Luftgruppe C1	min	75	80	90	100	110	120						
	max	110	120	135	150	170	190						
Luftgruppe C2	min	100	110	125	140	155	180	195	215	240	270	310	335
Ringe gepaart [	min	110	120	135	150	170	190	210	230	260	290	330	360
Ringe gepaart [	max	165	180	200	225	255	285	320	350	400	450	500	560
	max	180	195	215	235	275	300	335	365	420	470	520	585
Luftgruppe normal	min	175	195	215	245	270	300	335	365	420	465	520	575
Ringe gepaart [	min	185	205	225	255	285	315	350	380	435	485	540	600
Ringe gepaart [	max	240	265	295	330	370	410	450	500	570	635	700	780
	max	255	280	305	340	390	420	465	520	585	655	720	805
Luftgruppe C3	min	230	255	280	320	355	395	435	485	555	615	680	755
Ringe gepaart [	min	240	265	295	330	370	410	450	500	570	635	700	780
Ringe gepaart [	max	295	325	360	405	455	505	550	615	695	780	860	970
	max	310	340	370	415	465	515	565	630	710	800	880	995
Luftgruppe C4	min	285	315	350	395	440	490	535	600	680	765	840	945
Ringe gepaart [	min	295	325	360	405	455	505	550	615	695	780	860	970
Ringe gepaart [	max	350	385	430	480	540	600	650	720	815	900	1015	1160
	max	365	400	440	490	570	610	665	735	830	915	1035	1185
Luftgruppe C5	min	410	460	510	575	650	725	800	895	1015	1120	1270	1420
Ringe gepaart [	min	420	470	520	585	660	735	815	910	1030	1140	1290	1440
Ringe gepaart [	max	475	530	590	660	745	825	915	1030	1165	1290	1455	1620
	max	490	545	600	670	755	835	930	1045	1180	1310	1475	1640

Fortsetzung von S. 91

$$L_\gamma \approx (\gamma_a - \gamma_{zul.})^{2,5} \cdot 2,5 \ [\%] \quad \text{für } \gamma_a < (\gamma_{zul.} + 3,5) \qquad \text{Gl.14}$$

mit

L_γ Lebensdauerverkürzung bei Überschreiten des zulässigen Winkelfehlers [%]

γ_a zu erwartender Winkelfehler [′]

$\gamma_{zul.}$ zulässiger Winkelfehler

Beispiel

Gegeben: NUP 306 R, hohe Belastung, $\gamma_a = 6'$

Gesucht: L_γ

Lösung: $\gamma_{zul.} = 4$ aus Abb. 72

$L_\gamma \ (6-4)^{2,5} \cdot 2,5 \approx 14\ \%$

Käfige

Zylinderrollenlager können mit verschiedenen Käfigen geliefert werden, wovon hier nur einige vorgestellt werden sollen (Abb. 74). Koyo-Standardausführungen sind in der Abb. 75 angegeben. Die verstärkten Lager (Nachsetzzeichen R) werden im Bohrungsbereich d = 15 ... 80 mm nach und nach auf Kunststoffkäfige (Nachsetzzeichen FG) umgestellt.

Lager mit Stahlkäfig (gepreßt)	Lager mit Massivkäfig (Messing oder Stahl)
NU 204 - NU 220	NU 221 - NU 264
NU 204R - NU 220R	NU 222R - NU 240R
NU 304 - NU 320	NU 321 - NU 348
NU 304R - NU 320R	NU 322R - NU 332R
NU 406 - NU 420	NU 421 - NU 430
NU 2204 - NU 2220	NU 2222 - NU 2252
NU 2204R - NU 2220R	NU 2222R - NU 2240R
NU 2304 - NU 2320	NU 2322 - NU 2340
NU 2304R - NU 2320R	NU 2322R - NU 2232R
	NU 1005 - NU 1092
NU steht hier für alle Bauformen	NN 3005 - NN 3096
	NNU 4920 - NNU 4968

Abb. 75
Standard-Käfige für Zylinderrollenlager

Bezeichnung	Eigenschaften	Anwendungsbereiche (bei Ölumlaufschmierung)
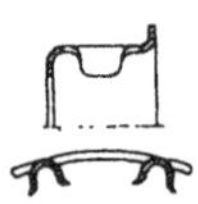 Stahl-Z-Käfig	Üblicher rollengeführter, gepreßter Stahlkäfig für normale Zylinderrollenlager, geringes Gewicht, niedriges Massenträgheitsmoment, guter Schmiermittelzugang.	n < 5.000 min^{-1} d < 100 mm $d_m \cdot n$ < 400.000
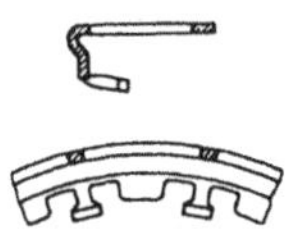 Stahl-L-Käfig	Rollengeführter, gepreßter Stahlkäfig für verstärkte Zylinderrollenlager	
 Stahl-Fenster-Käfig	Schultergeführt ohne Steglappen, sehr leicht, sonst wie Z-Käfig. Aufgrund einfacher Montage auch für lange Rollen verwendbar. Sonderausführung	n < 5.000 min^{-1} d < 350 mm $d_m \cdot n$ < 600.000
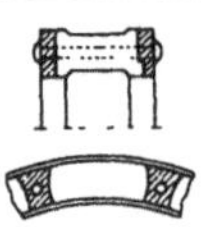 Kammdeckelkäfig genietet	Üblicher Massivkäfig, schulter- oder rollengeführt, für schwere Beanspruchungen, mittlere und hohe Temperaturen. Ausführungen: FY, FC	n < 8.000 min^{-1} d < 600 mm $d_m \cdot n$ < 600.000

Abb. 74 Käfigarten für Zylinderrollenlager

Bezeichnung	Eigenschaften	Anwendungsbereiche (bei Ölumlaufschmierung)
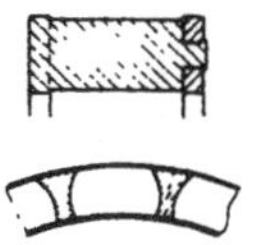 Kammdeckelkäfig nietlos	Massivkäfig, schulter- oder rollengeführt. Stege der Rollentaschen an freien Enden als Vierkantniete ausgebildet. Für hohe Tragzahlen und Geschwindigkeiten. Bei Fettschmierung weniger geeignet. Ausführung: TY	d < 100 mm $d_m \cdot n$ < 700.000
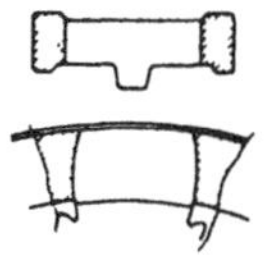 Massiv-Fensterkäfig mit Steglappen	Einteiliger Massivkäfig, schultergeführt, verringertes Gewicht, guter Schmiermittelzugang. Für hohe Tragzahlen und höchste Geschwindigkeiten. Für E-Motoren, Eisenbahn- und Flugzeuglager. Sehr geräuscharm. Ausführung: LY	n < 5.000 min^{-1} d < 200 mm $d_m \cdot n$ < 800.000
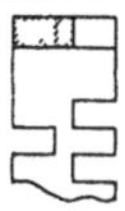 Doppelkammkäfig	Rollengeführter Massivkäfig für zweireihige Lager. Leichte Ausführung, hohe Präzision und geräuscharm, daher auch für Präzisions-Werkzeugmaschinenspindeln geeignet. Ausführung: FY	d < 1.000 mm $d_m \cdot n$ < 800.000
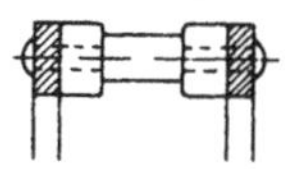 Dreiteiliger Massivkäfig	Rollen- oder schultergeführter Massivkäfig mit genieteten Stegen. Für große Rollenlängen (l/d = 3...4) Ausführung: FS	d < 300 mm $d_m \cdot n$ < 300.000
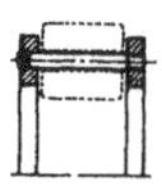 Bolzenkäfig	Stahl-Massivkäfig mit verschraubten und verschweißten Bolzen (durchbohrten Rollen). Für max. Tragfähigkeit, hohe Drehzahlen und rauhen Betrieb. Ausführung: FP	d > 600 mm $d_m \cdot n$ < 950.000
 Kunststoff-Käfig	Einreihiger Massiv-Fenster-Käfig, rollengeführt, sehr geringes Gewicht, gute Gleiteigenschaften. Für hohe Belastungen und höchste Drehzahlen. Ausführung: MN, FG	d < 80 mm $d_m \cdot n$ < 800.000 Je nach Kunststoffart und -verarbeitung beträgt die zulässige Lagerbetriebstemperatur max. 110°C bzw. 180°C
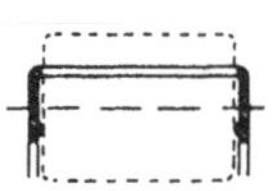 Stahl-Kastenkäfig	Rollengeführter, gepreßter Stahlkäfig für verstärkte Zylinderrollenlager Ausführung: BR	n < 5.000 min^{-1} d < 150 mm $d_m \cdot n$ < 500.000

Axiale Tragfähigkeit

Radial-Zylinderrollenlager mit Borden (Bauformen NF, NH, NU, NUP) können auch Axialbelastungen aufnehmen. Die zulässigen Werte werden nicht von der Ermüdungsfestigkeit des Werkstoffes, sondern von der Tragfähigkeit der Gleitflächen zwischen Rollenstirnseite und Bord bestimmt. Diese wird beeinflußt von den Betriebsverhältnissen (Schmierung, Drehzahl, Temperatur, Art und Dauer der Axialbelastung), Lagergröße, Einbau (Parallelität der Rollenführungsborde) und von den Berührungsverhältnissen zwischen Rollen und Bord.

Bei niedrigen Drehzahlen sind hochviskose Öle bis 540 mm^2/s empfehlenswert, bei hohen Drehzahlen niedrigviskose Öle (8 mm^2/s), Umlaufschmierung und evtl. Ölrückkühlung.

Dauernd wirkende Axialbelastung ist ungünstiger als veränderliche, kurzzeitig oder unterbrochen wirkende Axialbelastung (Schmiermittelversorgung in Entlastungspausen).

Da reine Axialbelastungen die Funktion des (Radial-) Zylinderrollenlagers stören, ist bei dauernder konstanter Axialbelastung das Belastungsverhältnis $Fa/Fr \leq 0,4$ einzuhalten.

Beim Zusammenwirken der Vielzahl von unterschiedlichen Einflüssen ist es verständlich, daß eine exakte Berechnung nicht möglich ist. Durch Erfahrung und Versuche bestätigte Grenzwerte, bei denen Anreibungen und übermäßiger Verschleiß der Gleitflächen noch vermieden werden, erhält man aus der folgenden Gleichung:

$$Fa_{max} = fa \cdot fb \cdot fp \cdot d_m^2 \,[kN] \qquad \text{(Gl. 15)}$$

mit

- Fa_{max} max. zulässige Axialbelastung [kN]
- fa Faktor für den zulässigen Gleitflächendruck abhängig von der Betriebsweise (Abb. 76)
- fb Faktor für die Gleitflächengröße abhängig von der Lagerinnenkonstruktion (Abb. 76)
- fp Faktor für den zulässigen Gleitflächendruck abhängig von dem Drehzahlkennwert (Abb. 77)
- d_m Teilkreis-Ø des Wälzkörpersatzes, $\approx (d + D)/2$ [mm]

Beispiel

Gegeben: Pkw-Schaltgetriebe mit NUP 306
$Fr = 5,6$ kN
$Fa = 2,9$ kN, $n = 2400\ min^{-1}$

Gesucht: Zulässige Axialbelastung, $Fa_{max} = ?$

Werte aus Maßtabelle und Abb. 76/77

$d_m = (30 + 72)/2 = 51$

$d_m \cdot n = 51 \cdot 2400 = 0,1224 \cdot 10^6\ mm \cdot min^{-1}$,

$fa = 0,02$, $fb = 1,0$, $fp = 0,062$

Lösung: $Fa_{max} = 0,02 \cdot 1,0 \cdot 0,062 \cdot 51^2 = 3,22$ kN

$Fa_{max} > Fa$, also zulässig.

Eine weitere Beurteilungsmöglichkeit ergibt sich, bei Kenntnis der Rolle/Bord-Geometrie, aus dem Wert T · v (Flächenpressung x Geschwindigkeit). Bei normalen Betriebsbedingungen sind 17000 (... 22000) $N/cm^2 \cdot m/s$ für Ölschmierung und 9000 $N/cm^2 \cdot m/s$ für Fettschmierung einzusetzen.

Art der Axialbelastung	fa
Konstant und dauernd bei Fettschmierung, z.B. Stationäre Elektromotore	0
Konstant und dauernd, z.B. Stationäre Getriebe mit Schrägverzahnung	0,01
veränderlich und kurzzeitig, z.B. PKW/LKW-Schaltgetriebe oder Fahrmotore	0,02
Stoßweise, z. B. Rollenachslager für Schienenfahrzeuge	0,03

Bauformen	Lagerreihen	fb
NF, NH, NJ, NUP	2,22	0,8
	2R, 22R, 23, 3	1,0
	4	1,2
	23R, 3R	1,4

Abb. 76 fa- und fb-Faktoren zur Berechnung der axialen Tragfähigkeit von Zylinderrollenlagern

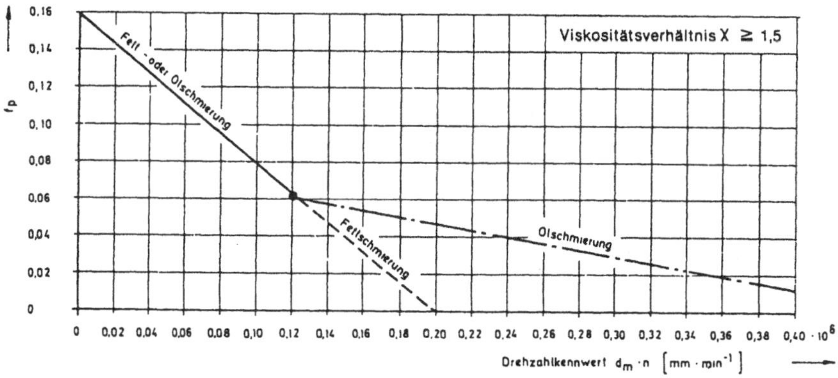

Abb. 77 fp-Faktor zur Berechnung der axialen Tragfähigkeit von Zylinderrollenlagern

Dynamisch äquivalente Belastung

Für Zylinderrollenlager, die als Loslager wirken, gilt P = Fr [kN]. Für Zylinderrollenlager, die als Stütz- oder Festlager eingebaut sind, muß, wie im nächsten Absatz erklärt, ggf. der Einfluß der Axialbelastung auf die Ermüdungslebensdauer berücksichtigt werden.

Statisch äquivalente Belastung

Für statisch belastete Zylinderrollenlager gilt: Po = Fr [kN] und die normalen Sicherheitsfaktoren fs gemäß Seite 18, sofern die Axialbelastung den für n = 0 min^{-1} und fa = 0,03 ermittelten dynamischen Wert nicht wesentlich überschreitet.

Einfluß der Axialbelastung auf die Ermüdungslebensdauer

Wie theoretisch und praktisch nachweisbar, wirkt sich eine Axialbelastung auch auf die Ermüdungslebensdauer der Zylinderrollenlager aus. Allerdings ist es üblich, diesen Einfluß zu vernachlässigen, wenn das Lastverhältnis Fa/Fr den Wert von 0,11 bzw. 0,17 je nach Lagerreihe nicht überschreitet.

Die Berechnungsgrundlagen und einen Überblick über die Auswirkungen einer zusätzlichen Axialbelastung auf die Ermüdungslebensdauer ergeben sich aus Abb. 78 und 79.

Die Grenze der zulässigen Axialbelastung (Bord-Dauerfestigkeit s. T. 2) ist mit Fa ≈ 1,5 D^2 erreicht. (Fa in N und D = Lageraußendurchmesser in mm)

Bauformen	Lagerreihen	Belastungsverhältnis Fa/Fr	Äquivalente Belastung
NF, NH, NJ, NUP	10, 2, 2R, 3, 3R, 4	0 ....0,11 0,11....0,40	P = Fr P = 0,92 Fr + 0,69 Fa
NF, NH, NJ, NUP	22, 22R, 23, 23R	0 ....0,17 0,17....0,40	P = Fr P = 0,92 + 0,45 Fa

Abb. 78 Gleichung zur Berechnung der äquivalenten Belastung von Zylinderrollenlagern

Bauformen	Lagerreihen	Fa/Fr = 0,10	0,15	0,20	0,25	0,30
NF, NH, NJ, NUP	10, 2, 2R, 3, 3R, 4	≈ 0	≈ 8	18	26	33
NF, NH, NJ, NUP	22, 22R, 23, 23R	≈ 0	≈ 0	4	11	17

Abb. 79 Verringerung der Ermüdungslebensdauer eines rein radial belasteten Zylinderrollenlagers durch eine zusätzl. Axialbelastung [%]

Passungen für Innen- und Außenringe

(Allgemein gültige Hinweise siehe Teil 2)

Unsere Passungsempfehlungen sind für normale Anwendungsfälle in der Abb. 80 zusammengefaßt. Sie gelten nicht für außergewöhnliche Fälle wie Hohlwelle, kegelige Bohrungen, Leichtmetallgehäuse, Hoch- und Tieftemperatur, Höchstdrehzahl, Vibrationen usw., die eine Überprüfung/Berechnung gemäß den Hinweisen in Teil 2 erfordern.

Damit die Innen- und Außenringe die gewünschte Passung tatsächlich erhalten können, ist die richtige Lagerluft zu bestimmen und die richtige Lagerluftgruppe zu wählen.

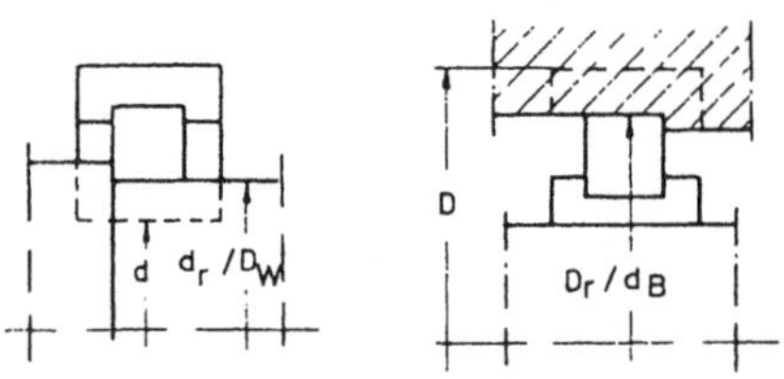

Wenn aus Platzgründen Zylinderrollenlager ohne Innen- oder Außenring (RN + RNU-Lager) direkt auf die Welle bzw. direkt in das Gehäuse montiert werden sollen, sind für die richtige Normal-Lagerluft folgende Passungen erforderlich:

RN-Lager			RNU-Lager	
IR.-Bohrung	Welle	Gehäuse*	Gehäuse	Welle*
d ≦ 40 mm	k6	G6	J7, K7	g6
d> 40 mm	m6	F6	P7	(f6)

* Nennmaß-Hüllkreisdurchmesser Dr bzw. dr

Bauform NU		Maße in mm					
Bohrung d	über	—	30	50	80	120	180
	bis	30	50	80	120	180	250
Normaltoleranz (P0)	Abmaße in µm						
Wellendurch-	V_{Dwp}	5	6	8	10	13	15
messer D_W	V_{Dwmp}	3	4	5	7	8	10
Laufbahn-parallelität	S_{Dw}	3	4	5	7	8	10
Radialschlag	K_{iaDw}	3	4	6	8	8	10

Abb. 81 Toleranzen der Zylinderrollenlager ohne Innen- bzw. Außenring

Passungen für Innenring/Welle*

Normaltoleranz (P0)

Belastungsart	Betriebsverhältnisse**	Beispiele	Innenringbohrung in mm bis 50	über 50 bis 100	über 100 bis 200	über 200 bis 400
Umfangslast für Innenring	normale/hohe Belastungen, geringe Stöße	Allgem. Maschinenbau, Pumpen, Benzin-/Diesel-/E-Motore, Zahnradgetriebe	k5	m5	n6	n6
Umfangs- und Punktlast	hohe Belastung, hohe Drehzahl, hohe Stöße	Achslager, Walzwerke, Fahrmotore	—	m6	n6	p6
Punktlast für Innenring	Leichte Verschiebbarkeit des Innenringes erforderlich	Zwischenräder, Planetenräder, Loslager, Walzenzapfen	g6	g6	g6	f6
	Innenring nicht leicht verschiebbar	Seilscheiben, Laufräder	Alle Wellen-∅ h6			
Toleranzklasse P6, P5 und P4						
Umfangs- oder Punktlast	normal	Werkzeugmaschinenspindeln, Meßgeräte	j5 js4	k5 k4	m5 m5	

* für Vollwellen aus Stahl ** normale Belastung: P ≈ 0,1C, hohe Belastung: P > 0,15C

Abb. 80 Passungen für Zylinderrollenlager

Bauform N Maße in mm

Außendurchmesser D		über	—	50	80	120	150	180	250	315
		bis	50	80	120	150	180	250	315	400
Normaltoleranz (P0) Abmaße in µm										
Gehäusebohrungsdurchmesser d_B	V_{dBp}		6	7	8	9	13	15	18	20
	V_{dBmp}		4	4	5	6	8	10	12	13
Laufbahnparallelität	S_{dB}		4	4	5	6	8	10	12	13
Radialschlag	K_{eadB}		4	4	6	6	8	10	12	14

Bei RN- und RNU-Lagern sind auf die besonderen Formtoleranzen (Abb. 82) und die Wellen- bzw. Gehäuse-Einstiche (Abb. 83) zu achten. Weitere Angaben siehe Direktlagerungen (Teil 2).

Bauform NU und N Maße in mm

Rollenlänge l_W		über	—	6	10	18	30	50
		bis	6	10	18	30	50	80
Normaltoleranz (P0) Abmaße in µm								
Bordseitenschlag	S_f		15	15	20	25	25	30

Abb. 82 Formtoleranzen bei Direktlagerungen

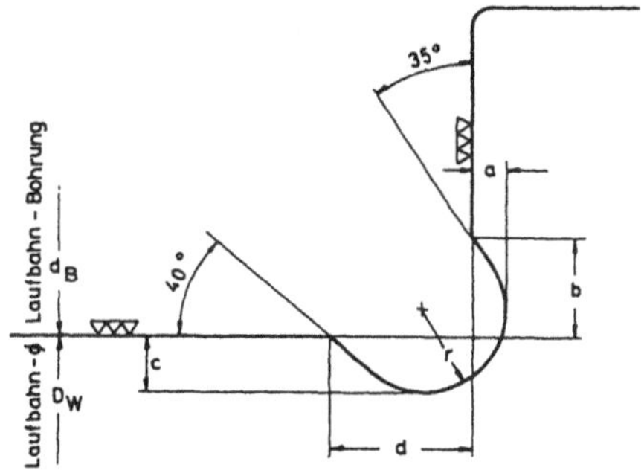

Maße in mm

Laufbahndurchmesser	über	—	50	100	150	200	250
	bis	50	100	150	200	250	300
	a	0,20	0,20	0,25	0,30	0,30	0,35
	b	0,50	0,60	0,80	0,85	0,98	1,13
	c	0,30	0,35	0,35	0,50	0,50	0,55
	d	0,70	0,90	1,0	1,25	1,40	1,53
	r	0,4	0,5	0,6	0,7	0,8	0,9

Abb. 83 Wellen- bzw. Gehäuse-Einstiche für Direktlagerungen

Passungen für Außenring/Gehäuse*

Normaltoleranzklasse (P0)

Belastungsart	Außenring	Beispiele	Alle Außenring-Außen-Ø
Punktlast für Außenring	leicht verschiebbar	Allgem. Maschinenbau, Achslager	H7 (H6)
	Wärmezufuhr durch die Welle	Trockenzylinder, Kalanderwalzen	G7
Punkt- und Umfangslast (unbestimmte Lastrichtung)	Verschiebbarkeit erwünscht	Getriebe, Pumpen	J7
	Verschiebbarkeit nicht erforderlich	Elektromotore (Fahrmotore)	K7 (M7)
Umfangslast für Außenring	hohe Belastung** hohe Stöße	Radnaben, Pleuel, Kurbelwellen	P7 (N7 bei D > 500)

Toleranzklasse P6, P5 und P4

Normale Belastung	nicht verschiebbar	Werkzeugmaschinenspindeln, Meßgeräte	K6, K5	K4
Umfangslast oder hohe Belastung	nicht verschiebbar	Tablettiermaschinen, Präzisionsapparate	M6, M5	

* für Gehäuse aus Eisenguß oder Stahl ** hohe Belastung: $P > 0{,}15C$

1.5.6 Pendelrollenlager

für schwerste Beanspruchung einschließlich großer Stöße und Vibrationen

„pendelnden" Ausgleich von Wellendurchbiegungen und Fluchtfehlern bis ±2,5°

mittlere Drehzahlen

lange Gebrauchszeiten

leichten Ein- und Ausbau bei kegeliger Bohrung, Spann- bzw. Abziehhülse

Querschnitte

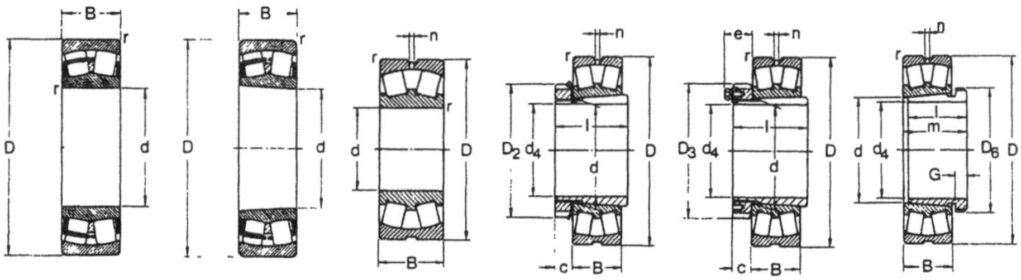

mit zylindrischer Bohrung | mit kegeliger Bohrung, Kegel 1 : 12 oder 1 : 30 | Mit Schmiernut und Schmierbohrungen (W33) | mit Spannhülse, Mutter und Sicherungsblech | mit Spannhülse, Mutter und Sicherungsbügel | mit Abziehhülse (Abstand m vor dem Einpressen der Hülse)

Nachsetzzeichen

AH(X) Lager mit Abziehhülse
C3, C4 Radialluftgruppen
CS . . . Sonderradialluft, gefolgt von einer Zahl, die die mittlere Radialluft in μm angibt
FC Massivkäfig aus Kohlenstoffstahl
FG Massivkäfig aus glasfaserverstärktem Kunststoff
FP Bolzenkäfig aus Kohlenstoffstahl
FY Massivkäfig aus Messing
G Pendelrollenlager mit geschliffenen Halteborden/Rollenenden zur präzisen Rollenführung
K Lager mit kegeliger Bohrung 1:12
K30 Lager mit kegeliger Bohrung 1:30
N Rollenlager mit niedrigem Geräuschpegel und besonders guten Laufeigenschaften
PC Pendelrollenlager mit asymmetrischen Rollen, Innen-Führungsbord, gepreßtem Stahlkäfig, ohne Innenring-Halteborde
PS Geteilter Bolzenkäfig aus Stahl
(P0), P6 Toleranzklassen
Q1 Außenringgeführter Massivkäfig
Q2 Innenringgeführter Massivkäfig
Q3 Rollengeführter Massivkäfig
R verstärkte Ausführung (= erhöhte Tragfähigkeit)
RH verstärktes Pendelrollenlager mit symmetrischen Rollen, Innen-Führungsring, gepreßtem Stahlkäfig, ohne Innenring-Halteborde
RHA verstärktes Pendelrollenlager mit symmetrischen Rollen, Innen-Führungsring, Massivkäfig und Innenring-Halteborde
S0, S1, S2, S3, Wärmebeständigkeit
ST Lager aus nichtrostendem Stahl
W20 Pendelrollenlager mit 3 gleichmäßig am Umfang verteilten Schmierbohrungen im Außenring
W2N W20 plus Bohrung für Sicherungsstift
W22 Pendelrollenlager mit Außenring-∅ Sondertoleranz (± 0,005 mm)
W26 Pendelrollenlager mit Schmierbohrungen im Innenring
W33 Pendelrollenlager mit Schmiernut und 3 gleichmäßig am Umfang verteilten Schmierbohrungen im Außenring
W3N W33 plus Bohrung für Sicherungsstift
W502 W22 plus W33
W513 W26 plus W33
W518 Pendelrollenlager mit Schmiernut und -bohrungen im Innen- und Außenring
YP Gepreßter, gedrehter, geräumter Korbkäfig aus hochfestem Messing mit Schmiernuten

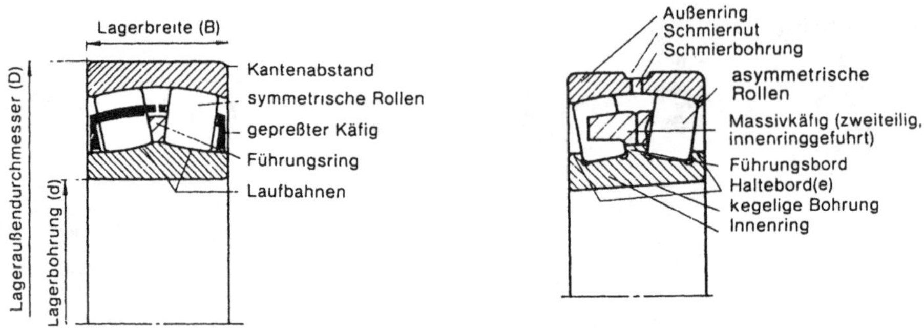

Abb. 84 Benennung der Pendelrollenlagerteile

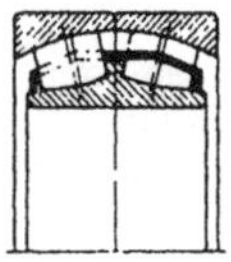 92....	Pendelrollenlager mit geteiltem Außenring zur Lagerlufteinstellung oder mit geteiltem breiten Außenring für große Schwenkbewegungen
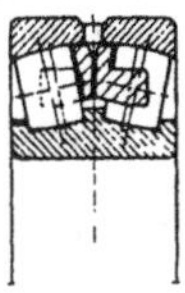 223..ROVS 502...	Pendelrollenlager für Vibrationsmaschinen, auch Sieblager genannt, mit außenringgeführtem Käfig und reduzierten Toleranzen für Bohrung/Außen-∅, Lagerluft und Laufgenauigkeit
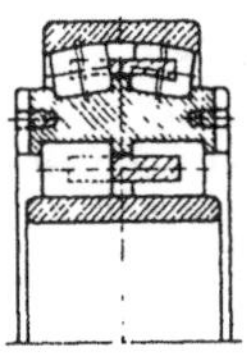 SPS...	Dreiring-Pendelrollenlager für „schwimmende" Kalanderwalzen, Papiermaschinen, Waagen und Bohrinseln. Der mittlere Ring wird angetrieben, um Riffelbildung und/oder hohe Reibwerte zu vermeiden.
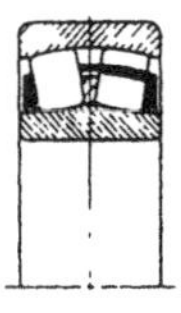 241...RKWST...	Pendelrollenlager aus nichtrostendem Stahl, z. B. für Schleusentore, Staudämme und Unterwasseranlagen.
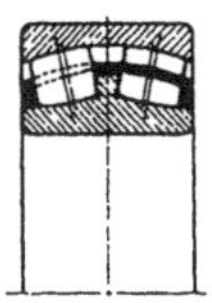 231..RA...	Pendelrollenlager mit symmetrischen Rollen und festem Innenführungsboard für Rollenachslager und eisenbahnähnlichen Anwendungen

Abb. 85 Sonderbauformen der Pendelrollenlager (Beispiele)

Bauformen

Pendelrollenlager sind zweireihige, selbsthaltende Rollenlager mit einteiligen hohlkugeligen Außenring-Laufbahnen und symmetrischen oder asymmetrischen Tonnenrollen. Der Innenring hat zwei konkave, zur Lagerachse geneigte Laufbahnen. Daher können Pendelrollenlager neben hohen Radialkräften beträchtliche Axialbelastungen in beiden Richtungen aufnehmen. Allerdings verringert sich die Drehzahlgrenze durch Axialbelastung (siehe Teil 2). Bei Lagern mit symmetrischen Rollen entstehen keine Kräfte auf Führungsbord bzw. -ring und Rollenstirnfläche. Bord oder Ring dienen zusammen mit dem Käfig nur dazu, die Rollen in der unbelasteten Zone zu führen. Innenring und Rollensatz können sich bei Wellendurchbiegungen und Fluchtfehlern in der Außenringlaufbahn „pendelnd" einstellen.

Koyo-Pendelrollenlager haben eine Höchstzahl von großen/langen Rollen und eine Schmierung zwischen Rollen und Laufbahnen (gute Spannungsverteilung). Zusammen mit dem Koyo-Warmstauch-Rollwalz-Verfahren (s. Koyo-Hauptkatalog) werden dadurch max. Tragfähigkeiten erreicht.

Größere Pendelrollenlager (ab ca. 210 mm Außen-∅) haben in der Regel für die vorteilhafteste Schmierstoffzuführung eine Nut mit 3 (oder mehr) Radialbohrungen im Außenring (Nachsetzzeichen W33).

Koyo-Pendelrollenlager werden mit zylindrischer oder kegeliger Bohrung und dazugehörigen Spann- und Abziehhülsen geliefert. Passende Stehlagergehäuse (S. 133) nur auf Anfrage.

Toleranzen

(Meßverfahren siehe T. 2)

Koyo-Pendelrollenlager werden serienmäßig nur in der Normaltoleranz (P0) entsprechend Abb. 88 geliefert. Die Toleranzen für kegelige Bohrungen und Kantenabstände (Radien) an Innen- und Außenring sind in DIN 620 bzw. ISO 582 aufgeführt.

Lagerluft

(Allgemeine Anmerkungen siehe S. 11)

Koyo-Pendelrollenlager werden je nach vorliegenden Betriebsbedingungen entweder mit Lagerluft „Normal", C3 oder C4 geliefert. Die Radialluftwerte sind in Abb. 89 angegeben. Die Axialluft a ergibt sich aus der Radialluft im Verhältnis $a/c = Y_0/0{,}44$ mit c = Radialluft und Y_0 aus der Maßtabelle.

Wahl der Lagerluftgruppe

Aus der Abb. 86 läßt sich die erforderliche Lagerluftgruppe schnell ermitteln, die für allgemeine Anwendungsfälle eine zweckmäßige normale Betriebsluft ergibt. Vorausgesetzt werden wahrscheinlich auftretende Toleranzwerte, 10°C Temperaturgefälle zwischen Innen- und Außenring, d ≦ 200 mm, Vollwellen (Stahl) und starre Gehäuse (Guß). Bei wesentlichen Abweichungen (z. B. hohe Temperatur, Hohlwelle, hohe Drehzahl, Leichtmetallgehäuse, Fremderwärmung usw.) ist eine Nachrechnung der Lagerluft im eingebauten Zustand nach Teil 2 erforderlich.

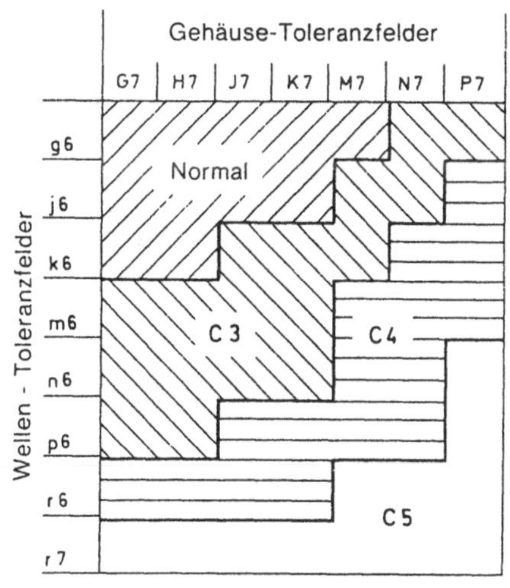

Abb. 86 Wahl der erforderlichen Lagerluftgruppe bei Pendelrollenlagern

Lagerluftverminderung bei Lagern mit kegeliger Bohrung

Pendelrollenlager mit kegeliger Bohrung werden mit Spann- bzw. Abziehhülsen auf der Welle befestigt oder aber direkt auf einen kegeligen Wellensitz montiert. Die Passung der Kegelflächen muß um so fester sein, je höher die Lagerleistung ist. Bei Pendelrollenlagern wird als Kriterium für einen genügend festen Sitz der Kegelflächen die Lagerluftverminderung herangezogen und aus diesem Grund die Radialluft vor und nach dem Einbau gemessen. Die Radialluft wird zweckmäßigerweise mit einer Fühllehre — mit Meßblättchen unterschiedlicher Dicke ab 0,03 mm beginnend — auf der Seite der unbelasteten Rollen gemessen. Vor dem Messen ist das Lager einige Male zu drehen, damit die Rollen die richtige Lage einnehmen. Während des Messens muß die an der Meßstelle liegende Rolle leicht gegen den Führungsbord bzw. -ring gedrückt werden. Die gemessene Radialluft muß über beiden Rollenreihen gleich sein, denn nur so ist gewährleistet, daß der Innenring nicht seitlich zum Außenring versetzt ist. Ist dieses Meßverfahren wegen der Lagergröße oder aus Platzmangel nicht möglich, so wird die axiale Verschiebung des Innenringes während des Aufziehens gemessen. Bei einem Kegel von 1:12 entspricht die Verschiebung etwa dem 15fachen der Radialluftverminderung. Bei Vollwellen wirkt sich das Passungsübermaß nur zu 75 % auf die Aufweitung der Innenringlaufbahn aus. Richtwerte sind in Abb. 87 angegeben.

Nennmaß der Lagerbohrung		Verminderung der Radialluft		Verschiebeweg auf dem Kegel 1 : 12				Verschiebeweg auf dem Kegel 1 : 30				Kleinste Radialluft nach dem Einbau		
				Welle		Hülse		Welle		Hülse		Luftgruppe		
über	bis	min	max	min	max	min	max	min	max	min	max	normal	C3	C4
mm		mm												
30	40	0,02	0,025	0,35	0,4	0,35	0,45					0,015	0,025	0,04
40	50	0,025	0,03	0,4	0,45	0,45	0,5					0,02	0,03	0,05
50	65	0,03	0,04	0,45	0,6	0,5	0,7					0,025	0,035	0,055
65	80	0,04	0,05	0,6	0,75	0,7	0,85					0,025	0,04	0,07
80	100	0,045	0,06	0,7	0,9	0,75	1	1,75	2,25	1,8	2,4	0,035	0,05	0,08
100	120	0,05	0,07	0,7	1,1	0,8	1,2	1,9	2,7	2	2,8	0,05	0,065	0,1
120	140	0,065	0,09	1,1	1,4	1,2	1,5	2,7	3,5	2,8	3,6	0,055	0,08	0,11
140	160	0,075	0,1	1,2	1,6	1,3	1,7	3	4	3,1	4,2	0,055	0,09	0,13
160	180	0,08	0,11	1,3	1,7	1,4	1,9	3,2	4,2	3,3	4,6	0,06	0,1	0,15
180	200	0,09	0,13	1,4	2	1,5	2,2	3,5	4,5	3,6	5	0,07	0,1	0,16
200	225	0,1	0,14	1,6	2,2	1,7	2,4	4	5,5	4,2	5,7	0,08	0,12	0,18
225	250	0,11	0,15	1,7	2,4	1,8	2,6	4,2	6	4,6	6,2	0,09	0,13	0,2
250	280	0,12	0,17	1,9	2,6	2	2,9	4,7	6,7	4,8	6,9	0,1	0,14	0,22
280	315	0,13	0,19	2	3	2,2	3,2	5	7,5	5,2	7,7	0,11	0,15	0,24
315	355	0,15	0,21	2,4	3,4	2,6	3,6	6	8,2	6,2	8,4	0,12	0,17	0,26
355	400	0,17	0,23	2,6	3,6	2,9	3,9	6,5	9	6,8	9,2	0,13	0,19	0,29
400	450	0,2	0,26	3,1	4,1	3,4	4,4	7,7	10	8	10,4	0,13	0,2	0,31
450	500	0,21	0,28	3,3	4,4	3,6	4,8	8,2	11	8,4	11,2	0,16	0,23	0,35
500	560	0,24	0,32	3,7	5	4,1	5,4	9,2	12,5	9,6	12,8	0,17	0,25	0,36
560	630	0,26	0,35	4	5,4	4,4	5,9	10	13,5	10,4	14	0,2	0,29	0,41
630	710	0,3	0,4	4,6	6,2	5,1	6,8	11,5	15,5	12	16	0,21	0,31	0,45
710	800	0,34	0,45	5,3	7	5,8	7,6	13,3	17,5	13,6	18	0,23	0,35	0,51
800	900	0,37	0,5	5,7	7,8	6,3	8,5	14,3	19,5	14,8	20	0,27	0,39	0,57
900	1000	0,41	0,55	6,3	8,5	7	9,4	15,8	21	16,4	22	0,3	0,43	0,64
1000	1120	0,45	0,6	6,8	9	7,6	10,2	17	23	18	24	0,32	0,48	0,7
1120	1250	0,49	0,65	7,4	9,8	8,3	11	18,5	25	19,6	26	0,34	0,54	0,77

Abb. 87 Radialluftverminderung und axiale Innenringverschiebung bei der Montage von Pendelrollenlagern mit kegeliger Bohrung auf Vollwellen

Innenring

Nennmaß der Lagerbohrung (Maße in mm)		über bis	2,5 10	10 18	18 30	30 50	50 80	80 120	120 180	180 250	250 315	315 400	400 500	500 630	630 800	800 1000	1000 1250
Normaltoleranz (P0) Abmaße in µm																	
	Δ_{dmp}		0 - 8	0 - 8	0 -10	0 -12	0 -15	0 -20	0 -25	0 -30	0 -35	0 -40	0 -45	0 -50	0 -75	0 -100	0 -125
Bohrung	V_{dp}*	7,8,9	10	10	13	15	19	25	31	38	44	50	56	63	—	—	—
		0,1	8	8	10	12	19	25	31	38	44	50	56	63	—	—	—
		2,3,4	6	6	8	9	11	15	19	23	26	30	34	38	—	—	—
	V_{dmp}		6	6	8	9	11	15	19	23	26	30	34	38	—	—	—
Breite	Δ_{Bs}		0 - 120	0 - 120	0 - 120	0 - 120	0 - 150	0 - 200	0 - 250	0 - 300	0 - 350	0 - 400	0 - 450	0 - 500	0 - 750	0 -1000	0 -1250
Breiten-schwankung	V_{Bs}		15	20	20	20	25	25	30	30	35	40	50	60	70	80	100
Radialschlag	K_{ia}		10	10	13	15	20	25	30	40	50	60	65	70	80	90	100

*) Durchmesserreihen s. Teil 2

Abb. 88 Toleranzen der Pendelrollenlager, DIN 620 bzw. ISO 492

Nennmaß der Lagerbohrung (Maße in mm)	über bis	18 24	24 30	30 40	40 50	50 65	65 80	80 100	100 120	120 140	140 160	160 180	180 200	200 225	225 250
Zylindrische Bohrung Lagerluft in µm															
Luftgruppe C2	min	10	15	15	20	20	30	35	40	50	60	65	70	80	90
	max	20	25	30	35	40	50	60	75	95	110	120	130	140	150
Luftgruppe normal	min	20	25	30	35	40	50	60	75	95	110	120	130	140	150
	max	35	40	45	55	65	80	100	120	145	170	180	200	220	240
Luftgruppe C3	min	35	40	45	55	65	80	100	120	145	170	180	200	220	240
	max	45	55	60	75	90	110	135	160	190	220	240	260	290	320
Luftgruppe C4	min	45	55	60	75	90	110	135	160	190	220	240	260	290	320
	max	60	75	80	100	120	145	180	210	240	280	310	340	380	420
Luftgruppe C5	min	60	75	80	100	120	145	180	210	240	280	310	340	380	420
	max	75	95	105	130	160	185	230	260	300	350	390	430	470	520
Kegelige Bohrung Lagerluft in µm															
Luftgruppe C2	min	15	20	25	30	40	50	55	65	80	90	100	110	120	140
	max	25	30	35	45	55	70	80	100	120	130	140	160	180	200
Luftgruppe normal	min	25	30	35	45	55	70	80	100	120	130	140	160	180	200
	max	35	40	50	60	75	95	110	135	160	180	200	220	250	270
Luftgruppe C3	min	35	40	50	60	75	95	110	135	160	180	200	220	250	270
	max	45	55	65	80	95	120	140	170	200	230	260	290	320	350
Luftgruppe C4	min	45	55	65	80	95	120	140	170	200	230	260	290	320	350
	max	60	75	85	100	120	150	180	220	260	300	340	370	410	450
Luftgruppe C5	min	60	75	85	100	120	150	180	220	260	300	340	370	410	450
	max	75	95	105	130	160	200	230	280	330	380	430	470	520	570

Abb. 89 Radialluft der Pendelrollenlager, DIN 620 bzw. ISO 5753 (Fortsetzung S. 106)

Außenring

Maße in mm

Nennmaß des Außendurchmessers		über bis	6 18	18 30	30 50	50 80	80 120	120 150	150 180	180 250	250 315	315 400	400 500	500 630	630 800	800 1000	1000 1250	1250 1600

Normaltoleranz (P0)

Abmaße in μm

		Δ_{Dmp}	0 -8	0 -9	0 -11	0 -13	0 -15	0 -18	0 -25	0 -30	0 -35	0 -40	0 -45	0 -50	0 -75	0 -100	0 -125	0 -160
Außen-durch-messer	V_{Dp}*	7,8,9	10	12	14	16	19	23	31	38	44	50	56	63	94	125	—	—
		0,1	8	9	11	13	19	23	31	38	44	50	56	63	94	125	—	—
		2,3,4	6	7	8	10	11	14	19	23	26	30	34	38	55	75	—	—
		V_{Dmp}	6	7	8	10	11	14	19	23	26	30	34	38	55	75	—	—
Radialschlag		K_{ea}	15	15	20	25	35	40	45	50	60	70	80	100	120	140	160	190

Abmaße für Breite Δ_{Cs} und Breitenschwankung V_{Cs} siehe zugehörigen Innenring ($\Delta_{Bs} = \Delta_{Cs}$, $V_{Bs} = V_{Cs}$)

Nennmaß der Lagerbohrung	über bis	250 280	280 315	315 355	355 400	400 450	450 500	500 560	560 630	630 710	710 800	800 900	900 1000
Luftgruppe C2	min	100	110	120	130	140	140	150	170	190	210	230	260
	max	170	190	200	220	240	260	280	310	350	390	430	480
Luftgruppe normal	min	170	190	200	220	240	260	280	310	350	390	430	480
	max	260	280	310	340	370	410	440	480	530	580	650	710
Luftgruppe C3	min	260	280	310	340	370	410	440	480	530	580	650	710
	max	350	370	410	450	500	550	600	650	700	770	860	930
Luftgruppe C4	min	350	370	410	450	500	550	600	650	700	770	860	930
	max	460	500	550	600	660	720	780	850	920	1010	1120	1220
Luftgruppe C5	min	460	500	550	600	660	720	780	850	920	1010	1120	1220
	max	570	630	690	760	840	910	980	1070	1160	1270	1410	1540

Luftgruppe C2	min	150	170	190	210	230	260	290	320	350	390	440	490
	max	220	240	270	300	330	370	410	460	510	570	640	710
Luftgruppe normal	min	220	240	270	300	330	370	410	460	510	570	640	710
	max	300	330	360	400	440	490	540	600	670	750	840	930
Luftgruppe C3	min	300	330	360	400	440	490	540	600	670	750	840	930
	max	390	430	470	520	570	630	680	760	850	960	1070	1190
Luftgruppe C4	min	390	430	470	520	570	630	680	760	850	960	1070	1190
	max	490	540	590	650	720	790	870	980	1090	1220	1370	1520
Luftgruppe C5	min	490	540	590	650	720	790	870	980	1090	1220	1370	1520
	max	620	680	740	820	910	1000	1100	1230	1360	1500	1690	1860

Winkeleinstellbarkeit

Pendelrollenlager können beachtliche Schiefstellungen zwischen Innen- und Außenring aufnehmen. Anhaltswerte siehe Abb. 90

Lagerreihen	niedrige Belastung ($Fr/Co < 0{,}1$)	hohe Belastung ($Fr/Co > 0{,}3$)
213, 238 R	1°	0,5°
222 R, 230 R, 231 R, 239 R	1,5°	1°
223 R, 240 R	2°	1,5°
232 R, 241 R	2,5°	2°

Abb. 90 Zulässige Winkelfehler für Pendelrollenlager

Ausführungen und Käfige

Koyo-Pendelrollenlager werden je nach Größe und Reihe in unterschiedlichen Ausführungen geliefert. Die wichtigsten Merkmale und Eigenschaften der einzelnen Ausführungen sind in Abb. 91 aufgelistet.

Wärmebeständigkeit

Koyo-Pendelrollenlager können ohne Einschränkung bis zu Betriebstemperaturen von 120 °C verwendet werden, größere Lager bis 150 °C. Für Betriebstemperaturen über 120 °C müssen die bekannten Nachsetzzeichen (S0 bis S4) mit angegeben werden.

Passende Gehäuse siehe S. 133

Dynamisch äquivalente Belastung |kN|

$\frac{Fa}{Fr} \leq e$	$\frac{Fa}{Fr} > e$
$P = Fr + Y_1 \cdot Fa$	$P = 0{,}67 \cdot Fr + Y_2 \cdot Fa$

e- und Y-Werte siehe Maßtabelle

Statisch äquivalente Belastung |kN|

$Po = Fr + Y_O \cdot Fa$

Y_O-Werte siehe Maßtabelle

Passungen für Innen- und Außenringe

(Allgemein gültige Hinweise siehe T. 2)

Mit den gleichen Ausnahmen wie bei der Lagerluftgruppenwahl, d.h. für normale Anwendungsfälle, sind die Passungsempfehlungen in der Abb. 92 zusammengefaßt. Die Überprüfung bzw. Berechnung kann gemäß unserer Hinweise in Teil 2 vorgenommen werden.

Lager	Nachsetz-zeichen	Merkmale	Eigenschaften, Anwendungen, Drehzahlgrenzen*
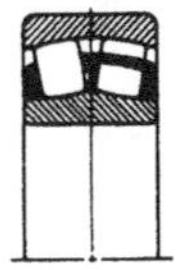	RH	Bordloser Innenring, Führungsring, symmetrische Pendelrollen, gepreßter, zweiteiliger Käfig aus Stahlblech	Für hohe Belastungen, Normalausführung für D < 280 mm $d_m \cdot n$ = 180000/220000
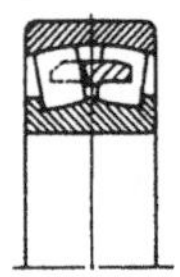	RHA	Haltebord und Führungsring am Innenring, symmetrische Pendelrollen, gepreßter oder gedrehter, einteiliger Käfig aus Stahl- oder Messingblech	Aus fertigungstechnischen Gründen anstelle von RH ab D ≈ 280 mm. $d_m \cdot n$ = 180000/220000
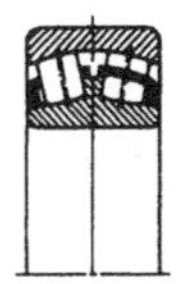	PC/RA	Führungsbord am Innenring, asymmetrische Pendelrollen, gepreßter, zweiteiliger Käfig aus Stahl oder Messingblech	Für größere Axialkräfte, z. B. Schienenfahrzeuge $d_m \cdot n$ = 180000/220000
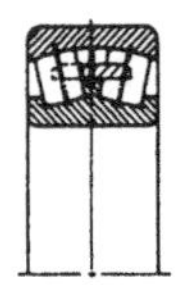	FY/FC	Halteborde und Führungsbord am Innenring, asymmetrische Pendelrollen, geteilter Kammkäfig aus Messing (FY) oder aus Stahl (FC), innenringgeführt	Populärer, reibungsarmer Präzisionskäfig mit gutem Schmiermittelzugang (D > 280 mm) FY: $d_m \cdot n$ = 220000/300000 FC: $d_m \cdot n$ = 140000/250000
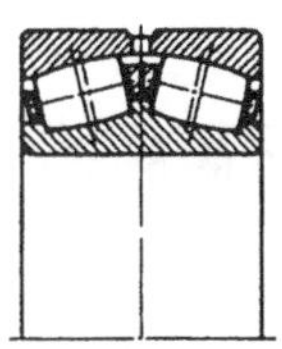	FP/PS	Halteborde und Führungsbord am Innenring, asymmetrische, durchbohrte Pendelrollen, zwei-(FP) oder mehrteiliger (PS) Bolzenkäfig aus Stahl	Größtmögliche Tragzahl, gute Rollenführung allerdings nur bei größeren Pendelrollenlagern möglich $d_m \cdot n$ = 160000/250000
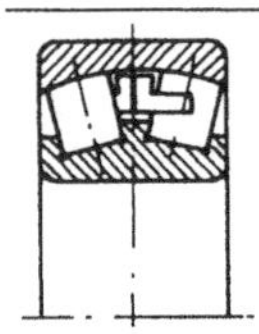	RO(VS)	Halteborde und Führungsbord am Innenring, symmetrische Pendelrollen, geteilter Kammkäfig mit Führungsbord und Schmiernuten aus Messing, außenringgeführt.	Sonderlager für hohe Belastungen in Schwingsieben, Vibratoren u.ä. Anwendungen $d_m \cdot n$ = 180000/220000
	YP	Führungsbord am Innenring, asymmetrische Pendelrollen, gepreßter, gedrehter, geräumter, zweiteiliger Korbkäfig aus hochfestem Messing mit Schmiernuten	Leichter, stabiler Käfig für hohe Drehzahlen und Tragzahlen $d_m \cdot n$ = 250000/320000

* Bei Normalausführung für Fett- bzw. Ölumlaufschmierung

Abb. 91 Bauformen und Käfige der Pendelrollenlager

Innenring / Welle*

Normaltoleranzklasse (P0)

Belastungsart	Betriebsverhältnisse**	Beispiele	Innenbohrung in mm: bis 50	über 50 bis 140	über 140 bis 280	über 280 bis 500	über 500
Umfangslast für Innenring	normale/hohe Belastung, geringe Stöße	Allgem. Maschinenbau, Papiermasch., Getriebe	k6	m6	p6	r6	r7
Umfangs- und Punktlast (unbestimmte Lastrichtung)	hohe Belastung/ hohe Drehzahl, hohe Stöße	Achslager, Walzwerke, Mühlen, Brecher, Tatzlagerungen, Schiffslager, Kurbelwellen, Förderanlagen		n6	p6	r6	r7
		Walzenzapfen (Lossitz)	Alle Wellen-∅ e7				
Punktlast für Innenring	leichte Verschiebbarkeit des Innenringes	Laufräder, Planetenräder, Seilscheiben	Alle Wellen-∅ g6				

Hülse/Welle*

Betriebsbedingungen	Beispiele	Hülsenart	Toleranzfeld	
Beliebige Belastung	Allgem. Maschinenbau, Achslager, Papiermaschinen	Abziehhülsen	h7/IT5 h8/IT5	IT- = zulässige Formabweichung (z,B, Unrundheit, Kegeligkeit) nach DIN 7151 (T. 2)
		Abzieh- und Spannhülsen	h10/IT7	
	Transmissionswellen	Spannhülsen	h 9/IT6	

Außenring/Gehäuse ***

Normaltoleranzklasse (P0)

Belastungsart	Außenring	Beispiele	Alle Außenring-Außen∅
Punktlast für Außenring	leicht verschiebbar	Allgem. Maschinenbau, Achslager, Einbaustücke	H7 (H6)
	Wärmezufuhr durch die Welle	Trockenzylinder, Kalanderwalzen	G7
Punkt- und Umfangslast (Unbestimmte Lastrichtung)	Verschiebbarkeit erwünscht	Getriebe/Pumpen	J7
	Verschiebbarkeit nicht erforderlich	Fahrmotore/Pumpen	K7 (M7)
Umfangslast für Außenring	hohe Belastung hohe Stöße	Radnaben, Laufräder, Kurbelwellen	P7 (N7 ab D > 500 mm)

* für Vollwellen aus Stahl, **normale Belastung: $P \approx 0{,}1C$, hohe Belastung: $P > 0{,}15C$

*** für Gehäuse aus Eisenguß oder Stahl

Abb. 92 Passungen für Pendelrollenlager

1.5.7 Axial-Rillenkugellager

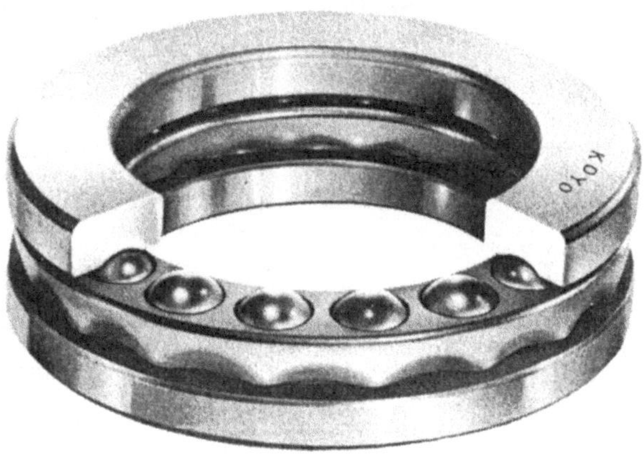

für hohe axiale Belastungen

mittlere Drehzahlen

starre Wellenführung

Querschnitte

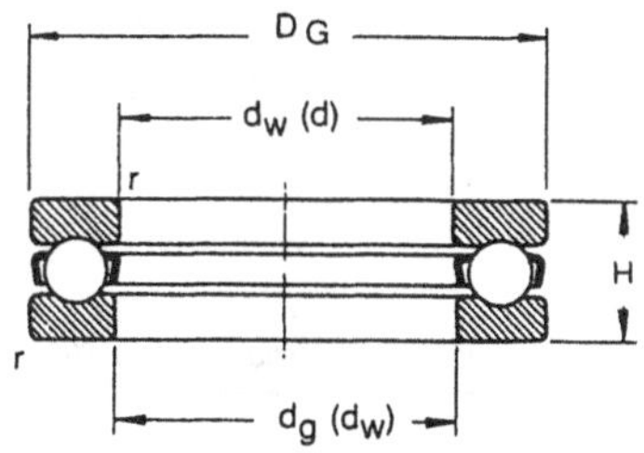

Reihe 511, 512, 513, 514

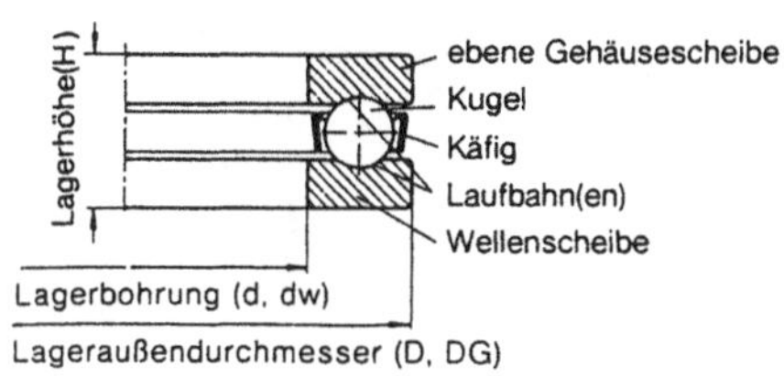

einseitig wirkendes
Axial-Rillenkugellager

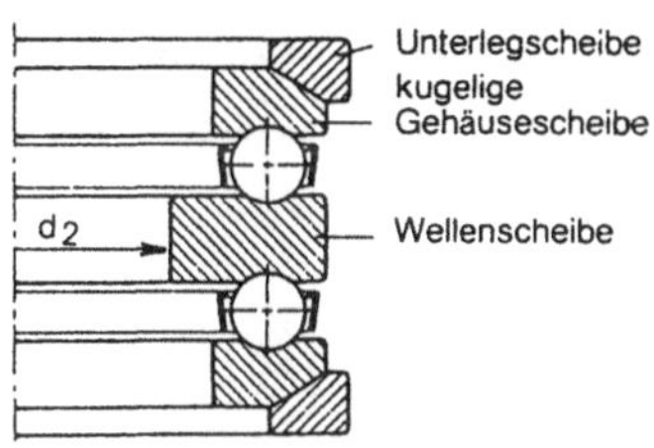

zweiseitig wirkendes
Axial-Rillenkugellager

Abb. 93 Benennung der Axial-Rillenkugellagerteile

Bauformen

Axial-Rillenkugellager bestehen bei der einseitig wirkenden Ausführung aus Wellenscheibe, Gehäusescheibe und Kugelsatz mit Käfig. Sie sind nicht selbsthaltend, der Ein- und Ausbau der Wellen- und der Gehäusescheibe kann daher getrennt erfolgen. Die Lager sind empfindlich gegen Schiefstellungen und bedingen fluchtende und rechtwinklige Lagersitze.

Axial-Rillenkugellager sind nur zur Aufnahme von reinen Axialkbelastungen bestimmt. Sie werden immer dann eingesetzt, wenn hohe Axialkräfte nicht mehr von Radiallagern aufgenommen werden können oder wenn eine sehr starre Wellenführung erforderlich ist. Um die durch Fliehkräfte und Kreiselmomente auftretenden Gleitbewegungen (Schlupf) zwischen den Kugelkontaktflächen zu vermeiden, sind drehzahlabhängige Mindestbelastungen erforderlich und die Drehzahlgrenze nicht zu hoch anzusetzen.

Winkeleinstellbarkeit

Die normalen Axial-Rillenkugellager eignen sich nicht zur Aufnahme von Schiefstellungen. Kugelige Gehäusescheiben können hier nützlich sein, aber auch nur dann, wenn keine Taumelbewegungen der Welle stattfinden, weil die Einstellmomente der kugeligen Flächen aufgrund ungünstiger Gleitreibung groß sind.

Käfig

Kleine Lager haben einen gepreßten Stahlkäfig, große Lager ($d > 150$ mm) einen kugelgeführten Massivkäfig aus Kohlenstoffstahl oder Messing.

Nachsetzzeichen

FC	Kugelgeführter Massivkäfig aus Kohlenstoffstahl
FY	Kugelgeführter Massivkäfig aus Messing
(P0), P6, P5	Toleranzklassen

Dynamisch äquivalente Belastung

$P = F_a$ [kN] (bei zentrischem Lastangriff*)

Statisch äquivalente Belastung

$P_0 = F_a$ [kN] (bei zentrischem Lastangriff*)

* Exzentrischer Lastangriff siehe T. 2.

Toleranzen

(Meßverfahren siehe T. 2)

Koyo-Axial-Rillenkugellager werden hauptsächlich in Normaltoleranz P0, seltener in P6 und P5 gefertigt. Die Toleranzwerte sind in Abb. 94 angegeben. Die Kantenabstände sind nach DIN 620 bzw. ISO 582 festgelegt.

Wellenscheibe

Maße in mm

Bohrungsdurchmesser d, d_2															
	über	—	18	30	50	80	120	180	250	315	400	500	630	800	1000
	bis	18	30	50	80	120	180	250	315	400	500	630	800	1000	1250

Normaltoleranz (P0), Toleranzklassen P5, P6

Abmaße in μm

Bohrung	Δ_{dmp}, Δ_{d2mp}	-8	-10	-12	-15	-20	-25	-30	-35	-40	-45	-50	-75	-100	-125
		0	0	0	0	0	0	0	0	0	0	0	0	0	0
	V_{dp}, V_{d2p}	6	8	9	11	15	19	23	26	30	34	38	—	—	—

Toleranzklasse P4

Bohrung	Δ_{dmp} Δ_{d2mp}	-7	-8	-10	-12	-15	-18	-22	-25	-30	-35	-40	-50
		0	0	0	0	0	0	0	0	0	0	0	0
	V_{dp}, V_{d2p}	5	6	8	9	11	14	17	19	23	26	30	—

Gehäusescheibe

Maße in mm

Nennaußendurchmesser D																
	über	10	18	30	50	80	120	180	250	315	400	500	630	800	1000	1250
	bis	18	30	50	80	120	180	250	315	400	500	630	800	1000	1250	1600

Normaltoleranz (P0), Toleranzklassen P5, P6

Abmaße in μm

Außendurchmesser D	Δ_{Dmp}	-11	-13	-16	-19	-22	-25	-30	-35	-40	-45	-50	-75	-100	-125	-160
		0	0	0	0	0	0	0	0	0	0	0	0	0	0	0
	V_{Dp}	8	10	12	14	17	19	23	26	30	34	38	55	75	—	—

Toleranzklasse P4

Außendurchmesser D	Δ_{Dmp}	-7	-8	-9	-11	-13	-15	-20	-25	-28	-33	-38	-45
		0	0	0	0	0	0	0	0	0	0	0	0
	V_{Dp}	5	6	7	8	10	14	15	19	21	25	29	34

Schwankung der Scheibendicke

Maße in mm

Nenndurchmesser d,															
	über	—	18	30	50	80	120	180	250	315	400	500	630	800	1000
	bis	18	30	50	80	120	180	250	315	400	500	630	800	1000	1250

Normaltoleranz (P0), Toleranzklassen P4, P5, P6

Abmaße in μm

Schwankung der Scheibendicke S_i, S_e	P0	10	10	10	10	15	15	20	25	30	30	35	40	45	50
	P6	5	5	6	7	8	9	10	13	15	18	21	25	30	35
	P5	3	3	3	4	4	5	5	7	7	9	11	13	15	18
	P4	2	2	2	3	3	4	4	5	5	6	7	8	—	—

Abb. 94 Toleranzen der Axial-Rillenkugellager DIN 620 und ISO 199

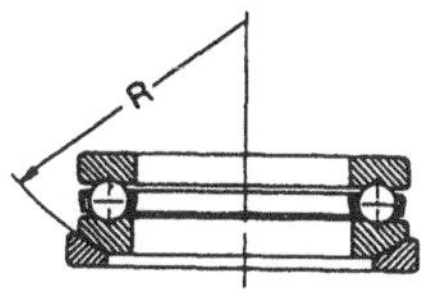

Einseitig wirkendes Axial-Rillenkugellager der Reihen 532, 533, 534 mit kugeliger Gehäusescheibe, mit/ohne Unterlegscheibe der Reihe U2, U3, U4 zum Ausgleich von Winkelfehlern

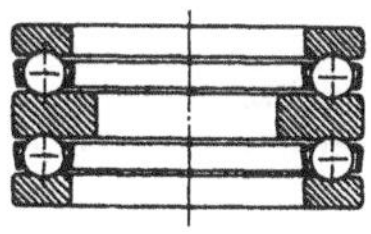

Zweiseitig wirkendes Axial-Rillenkugellager der Reihen 522, 523, 524

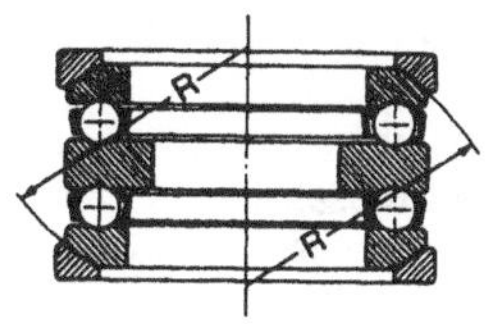

Zweiseitig wirkendes Axial-Rillenkugellager der Reihen 542, 543, 544 mit kugeligen Gehäusescheiben mit/ohne Unterlegscheiben der Reihe U2, U3, U4

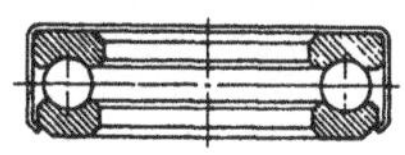

Einseitig wirkendes Axial-Rillenkugellager mit Schutzkappe, vollkugelig (ohne Käfig) für Schwenkbewegungen (z.B. Lenkzapfen, Federbein)

Abb. 95 Sonderbauformen der Axial-Rillenkugellager

Passungen für Wellen- und Gehäusescheiben

(Allgemein gültige Hinweise siehe T. 2)

Unabhängig von der Lagergröße, der Einbausituation und der Toleranzklasse sollen die Wellenscheiben von einseitig wirkenden Lagern mit j6, von zweiseitig wirkenden Lagern mit k6 montiert werden. Die entsprechenden Passungen für die Gehäusescheiben sind E8 (normale) bzw. H6 (hohe Laufgenauigkeit).

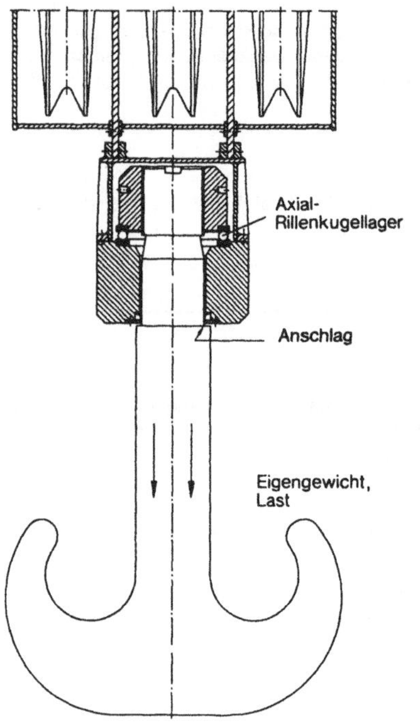

Lagereinstellung, axiale Mindestbelastung

Axial-Rillenkugellager müssen eingestellt werden, z.B. gegen ein zweites Lager, eine Feder, einen Anschlag oder ähnliches. Das ist besonders wichtig bei hohen Drehzahlen und wechselnden Be- und Entlastungen. Bei höheren Drehzahlen werden die Abwälzverhältnisse durch Gleitbewegungen nicht gestört und Anschmierungen vermieden, wenn die Axialbelastung Fa_{min} den folgenden Wert übertrifft:

$$Fa_{min} = A \cdot n_{max}^2 \cdot 10^{-1} \,[\mathrm{kN}] \quad \text{(Gl. 16)}$$
fü $Fa/Co > 0{,}0016$

mit
- A Mindestlastfaktor (s. Maßtabelle)
- Co statische Tragzahl [kN] (s. Maßtabelle)
- n_{max} max. Drehzahl [min⁻¹]

In vielen Fällen ist die Axialbelastung durch Eigengewicht und äußere Kraft bereits höher als Fa_{min}. Andernfalls muß vorgespannt werden. Die Einstellwerte ergeben sich aus Fa_{min} und der zulässigen Betriebstemperatur. Bei geringen Dauerbelastungen ($Fa/Co < 0{,}0016$) kann die Vorspannung entfallen, da ein Gleiten zwischen Kugeln und Laufbahnen bei guter Schmierung und geringer Belastung keine schädlichen Folgen hat.

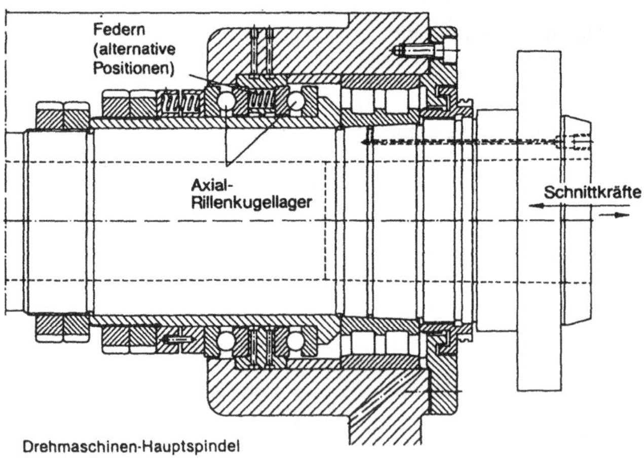

Abb. 96 Einbau und Einstellung von Axial-Rillenkugellagern

1.5.8 Axial-Pendelrollenlager

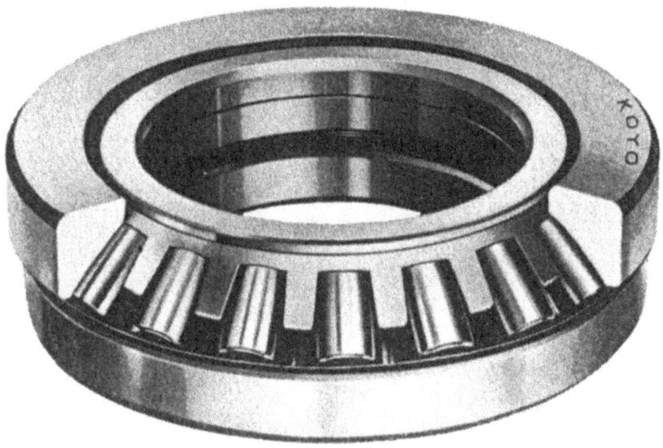

für höchste Axialbelastungen und mittlere Radialbelastungen

hohe Drehzahlen

„pendelnden" Ausgleich von Wellendurchbiegungen
und Fluchtfehlern bis ±3°

leichten Ein- und Ausbau durch getrennte Montage
von Innenteil und Außenring

Querschnitte

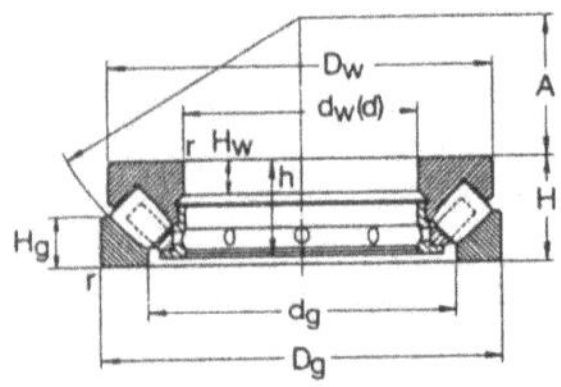

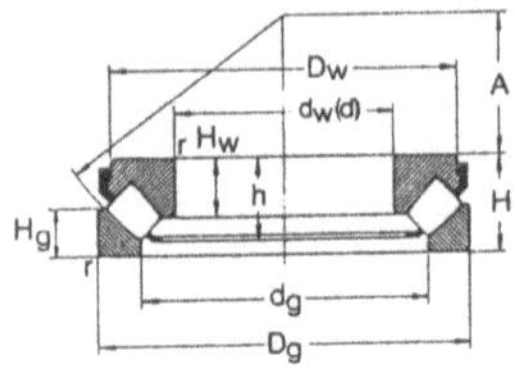

Bauform B

Nachsetzzeichen

B Verstärkte Ausführung und gepreßter Käfig aus Kohlenstoffstahl (= erhöhte Tragfähigkeit)

FC Massivkäfig aus Kohlenstoffstahl

FY Massivkäfig aus Messing

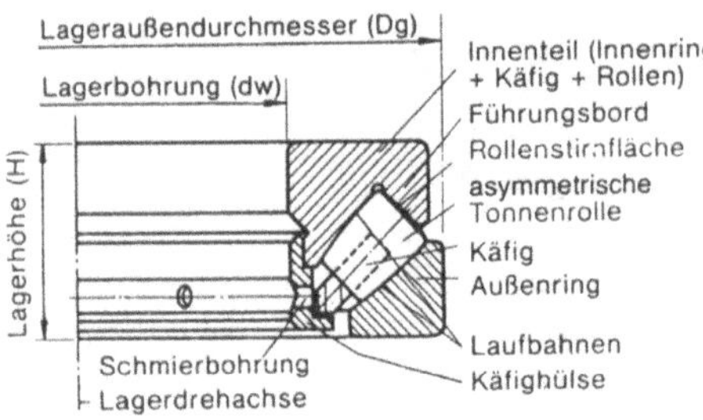

Abb. 97 Benennung der Axial-Pendelrollenlagerteile

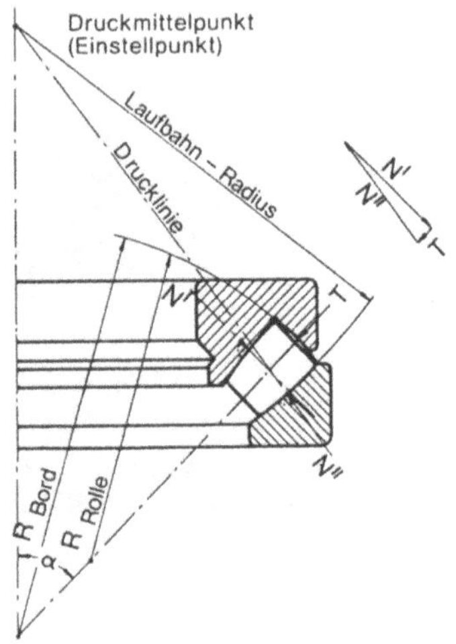

Abb. 98 Geometrie und innere Kräfte der Axial-Pendelrollenlager. α = Druckwinkel, N = Normalkraft auf Laufbahnen, T = Anpreßkraft der Rolle am Innenringführungsbord

Bauformen

Das Axial-Pendelrollenlager hat einen Satz unsymmetrischer Tonnenrollen die unter $\alpha = 55°$ Druckwinkel gegen die Lagerdrehachse geneigt sind, so daß dieses Lager neben hohen Axialbelastungen und entgegen anderen Axiallagern auch mittlere Radialbelastungen aufnimmt. Die Tonnenrollen stützen sich an dem hohen Innenringbord ab und können sich in der hohlkugeligen Außenring-Laufbahn „pendelnd", d.h. bei Drehung des Lagers fast ohne Reibung, einstellen. Dadurch ist es ebenso wie andere Pendelrollenlager unempfindlich gegen Fluchtfehler und Wellendurchbiegungen. Der Massivkäfig wird auf einer in der Innenringbohrung eingepreßten Stahlhülse geführt, der gepreßte Stahlkäfig mit eingebogenen Sicken am Außenring. Das Lager ist nicht selbsthaltend und der Einbau von Innenteil und Außenring bzw. Außenteil und Innenring kann getrennt erfolgen.

Infolge des Druckwinkels entsteht ein beträchtlicher Anpreßdruck (Abb. 98) zwischen Rollenstirnfläche und (Innenring-) Führungsbord, der eine gute Rollen-Spannungsführung gewährleistet. Die Seitenflächen der Rollen und Führungsflächen des Innenringes sind Kugelflächen mit leicht unterschiedlichen Halbmessern, damit sich in dem Spalt ein tragfähiger Ölfilm aufbauen kann.

Koyo-Axial-Pendelrollenlager haben eine große Anzahl Rollen und eine enge Schmiegung zwischen den Rollen und Laufbahnen, die sie zur Aufnahme von höchsten Belastungen und für hohe Drehzahlen besonders geeignet machen.

Toleranzen

(Meßverfahren siehe T. 2)

Koyo-Axial-Pendelrollenlager werden ausschließlich in der Normaltoleranzklasse (P0) geliefert. Die Toleranzwerte sind in Abb. 99 wiedergegeben. Die Kantenabstände sind in DIN 620 bzw. ISO 582 festgelegt.

Winkeleinstellbarkeit

Axial-Pendelrollenlager lassen unter normalen Belastungsbedingungen (Fa ≦ 0,1 C) Winkelfehler von ±2° (Reihe 292), ±2,5° (Reihe 293) und ±3° (Reihe 294) ohne nachteilige Folgen für das Lager zu.

Wellenscheibe

Maße in mm																
Nennmaß des Bohrungsdurchm. d		über	—	18	30	50	80	120	180	250	315	400	500	630	800	1000
		bis	18	30	50	80	120	180	250	315	400	500	630	800	1000	1250
Normaltoleranz (P0) Abmaße in µm																
Bohrung	Δ_{dmp}		-8	-10	-12	-15	-20	-25	-30	-35	-40	-45	-50	-75	-100	-125
			0	0	0	0	0	0	0	0	0	0	0	0	0	0
	V_{dp}		6	8	9	11	15	19	23	26	30	34	38	—	—	—
Schwankung d. Scheibendicke	S_i		10	10	10	10	15	15	20	25	30	30	35	40	45	50

Gehäusescheibe

Maße in mm																	
Nennmaß des Außendurchm. D		über	10	18	30	50	80	120	180	250	315	400	500	630	800	1000	1250
		bis	18	30	50	80	120	180	250	315	400	500	630	800	1000	1250	1600
Normaltoleranz (P0) Abmaße in µm																	
Außendurchmesser	Δ_{Dm}		-11	-13	-16	-19	-22	-25	-30	-35	-40	-45	-50	-75	-100	-125	-160
			0	0	0	0	0	0	0	0	0	0	0	0	0	0	0
	V_{Dp}		8	10	12	14	17	19	23	26	30	34	38	55	75	—	—
Schwankung d. Scheibendicke	S_e		10	10	10	10	15	15	20	25	30	30	35	40	45	50	—

Abb. 99 Toleranzen der Axial-Pendelrollenlager, DIN 620 und ISO 199

Dynamisch äquivalente Belastung

$P = Fa + 1{,}2\ Fr$ [kN] für $Fr \leqq 0{,}55\ Fa$

Statisch äquivalente Belastung

$Po = Fa + 2{,}7\ Fr$ [kN] für $Fr \leqq 0{,}55\ Fa$

Statische Tragsicherheit (s. S. 18)

Bei Axial-Pendelrollenlagern sollte mit Rücksicht auf die Bord- und Scheibenfestigkeit generell $f_S > 4$ sein. Wird der Außenring radial nicht unterstützt, gilt $f_S = 6 \ldots 8$

Käfige

Die meisten Lagergrößen werden mit Messing-Massivkäfig (FY) geliefert, einige wenige populäre Größen mit gepreßtem Stahlkäfig (Nachsetzzeichen B).

Zulässige Axialbelastung der Käfighülsen, Fa_H

Beim Einbau von Axial-Pendelrollenlagern (z.B. zwei Lager in X-Anordnung unmittelbar nebeneinander) läßt es sich manchmal nicht vermeiden, daß die Axialbelastungen über die Käfighülsen übertragen werden. Dann sind aus Festigkeitsgründen folgende Werte nicht zu überschreiten:

$Fa_H \approx 0{,}35$ Co (Reihe 282)
$\approx 0{,}2$ Co (Reihe 283, d < 200 mm)
$\approx 0{,}25$ Co (Reihe 293, d > 200 mm)
$\approx 0{,}25$ Co (Reihe 294)

Lagereinstellung, Mindestaxialbelastung

Axial-Pendelrollenlager müssen ähnlich einreihigen Schrägkugellagern und Kegelrollenlagern gegen ein zweites Lager, ein Federpaket, einen Anschlag, ein Gewicht o.ä. eingestellt werden. Nur bei einer ständig wirkenden Axialbelastung können die Tonnenrollen ohne Gleiten gut abwälzen und Schäden, wie z. B. Anschmierungen durch Rollenfliehkräfte und Kreiselmomente oder durch wechselnde Belastungen und Entlastungen vermieden werden. Die Mindestaxialbelastung Fa_{min} läßt sich wie folgt berechnen:

$$Fa_{min} = 1{,}8\,Fr + A \cdot n_{max}^2 \cdot 10^{-9}$$

mindestens jedoch

$$(1{,}3/1000) \cdot Co\ [kN] \qquad \text{(Gl. 17)}$$

mit

- A Mindestlastfaktor (s. Maßtabelle)
- Co Statische Tragzahl [kN] (s. Maßtabelle)
- Fr Radialbelastung [kN]
- n_{max} Drehzahl [min^{-1}]

Die Gleichung schließt Eigengewicht und äußere Kräfte der Lagerung mit ein, so daß sich daher eine Lagervorspannung manchmal erübrigt.

Wirkt zusätzlich zur Axialkraft eine Radialkraft, muß die Bedingung
$Fr < 1{,}5 \tan\alpha \cdot Fa$ (bei $\tan\alpha = 55°$,
$Fr < 0{,}55\,Fa$) erfüllt sein, da sonst die tragende Lagerbelastungszone zu klein wird.

Das Verhältnis **Axial- zu Radialluft,** a/c, entspricht $\cot\alpha$ ($\alpha = 55°$ Druckwinkel, $\cot\alpha = 0{,}70$).

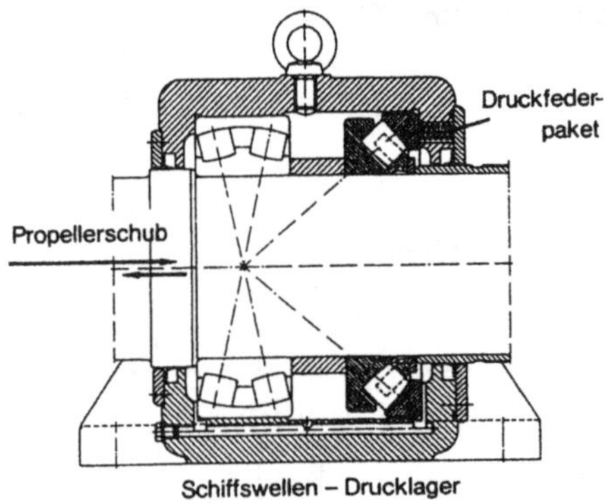

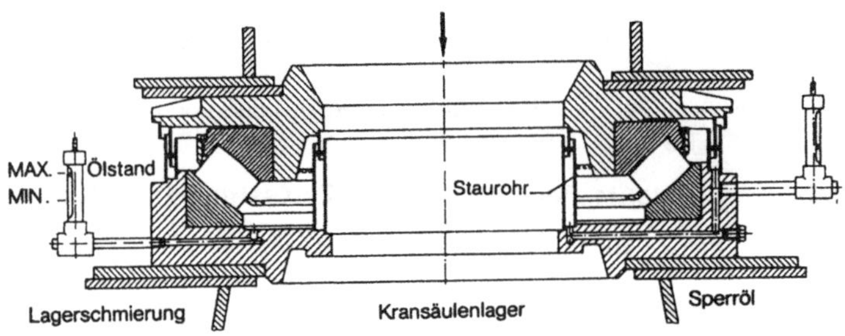

Abb.100 Einbau und Einstellung von Axial- Pendelrollenlagern

Lagerschmierung

Von ganz wenigen Einzelfällen abgesehen, ist eine Ölschmierung erforderlich. Da mit zunehmender Drehzahl die Pumpwirkung (von innen nach außen) des Axial-Pendelrollenlagers ansteigt, ist stets auf einen guten Ölumlauf (z.B. durch Ölrücklaufbohrungen, Entlüftung und ausreichende Kühlfläche) zu achten, um Mangelschmierung mit vorzeitigem Lagerausfall zu vermeiden (Abb.100/101)

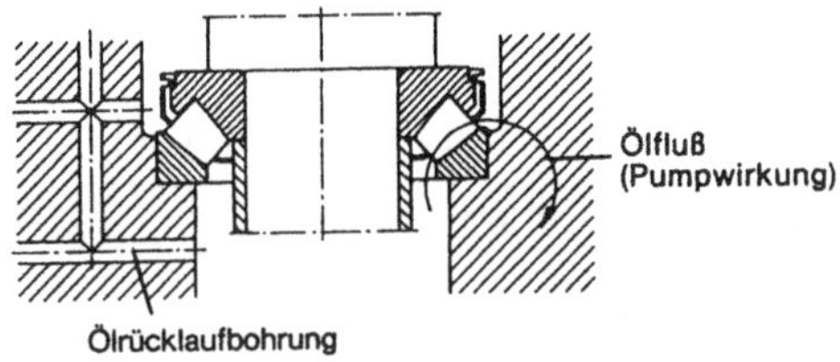

Abb.101 Ölschmierung für Axial-Pendelrollenlager

Passungen für Innen- und Außenringe

(allgemein gültige Hinweise siehe T. 2)

Abhängig von Lagergröße und Einbausituation werden die Innenringe mit h6 ... n6 und die Außenringe mit E8 ... M7 montiert.

Unsere Empfehlungen sind in der Abb. 102 festgehalten. Für außergewöhnliche Fälle (hohe Drehzahl, Hohlwelle, hohe Temperatur, Leichtmetallgehäuse usw.) ist eine Überprüfung gemäß T. 2 erforderlich.

Passungen für Innenring/Welle*

Belastungsart	Wellendurchmesser	Beispiel	Toleranzfeld
Reine Axialbelastung	alle Größen	Walzenzapfen, Schiffswelle	h 6
Punktlast für Innenring	≤ 250 > 250	Kransäule, Königstuhl Laufrolle	j 6 js 6
Umfangslast für Innenring	≤ 200 > 200 < 400 > 400	 Pumpe, Ritzelwelle Schneckenwelle	k 6 m 6 n 6

* für Vollwelle aus Stahl

Passungen für Außenring/Gehäuse*

Belastungsart	Betriebsverhältnisse	Beispiel	Toleranzfeld
Reine Axialbelastung	normale Belastung hohe Belastung**	Spülkopf, Wasserturbine Extruder, Schiffswelle	E 8 G 7/JS 7
Punktlast für Außenring	normale Belastung	Pumpe, Umformer Kransäule	H 7 K 7
Umfangslast für Außenring	normale Belastung hohe Belastung**	Ritzelwelle, Schneckenwelle	M 7

* Gehäuse aus Eisenguß oder Stahl ** hohe Belastung: $P > 0{,}2\ C$

Abb. 102 Passungen für Axial-Pendelrollenlager

1.5.9 Gehäuselagereinheiten

für einfache, kostengünstige Lagerungen

gezogene Wellen und unbearbeitete Gehäuseauflagen

großen Fluchtfehlerausgleich bis ± 10°

schnelle, problemlose Montage

wartungsfreien Betrieb

Lager ▶ / Gehäuse ▼	 UC 2 UC 3	 SB 2	 SA 2	 NA 2	 UK 2 + H UK 3 + H	 SC 2
 P 2 P 3 S. 334	UCP 2 UCP 3	SBP 2	SAP 2	NAP 2	UKP 2 + H UKP 3 + H	SCP 2
 PA 2 S. 333	UCPA 2	SBPA 2	SAPA 2	NAPA 2	UKPA 2 + H	SCPA 2
 F 2 F 3 S 338	UCF 2 UCF 3	SBF 2	SAF 2	NAF 2	UKF 2 + H UKF 3 + H	SCF 2
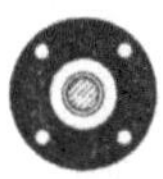 FC 2 S. 340	UCFC 2	SBFC 2	SAFC 2	NAFC 2	UKFC 2 + H	SCFC 2
 FL 2 FL 3 S. 342	UCFL 2 UCFL 3	SBFL 2	SAFL 2	NAFL 2	UKFL 2 + H UKFL 3 + H	SCFL 2
 FT 2 S. 337		SBFT 2	SAFT 2			SCFT 2
 FA 2	UCFA 2	SBFA 2	SAFA 2	NAFA 2	UKFA 2 + H	SCFA 2
 C 2 C 3	UCC 2 UCC 3	SBC 2	SAC 2	NAC 2	UKC 2 + H UKC 3 + H	SCC 2
 T 2 T 3	UCT 2 UCT 3	SBT 2	SAT 2	NAT 2	UKT 2 + H UKT 3 + H	
 HA 2	UCHA 2	SBHA 2	SAHA 2	NAHA 2	UKHA 2 + H	SCHA 2

Abb. 103 Typenübersicht der Koyo-Gehäuselagereinheiten

Lager ▶ / Gehäuse ▼	UC 2 UC 3	SB 2	SA 2	NA 2	UK 2 + H UK 3 + H	SC 2
PP 2 (SP) S. 336		SBPP 2	SAPP 2			SCPP 2
PBS		SBPBS 2	SAPBS 2			SCPBS 2
PF 2 (R) S. 344	UCPF 2	SBPF 2	SAPF 2	NAPF 2		SCPF 2
D	UCD 2	SBD 2	SAD 2	NAD 2		SCD 2
PFL 2 (RT) S. 346	UCPFL 2	SBPFL 2	SAPFL 2	NAPFL 2		SCPFL 2

Sondergehäuse, Sonderlager

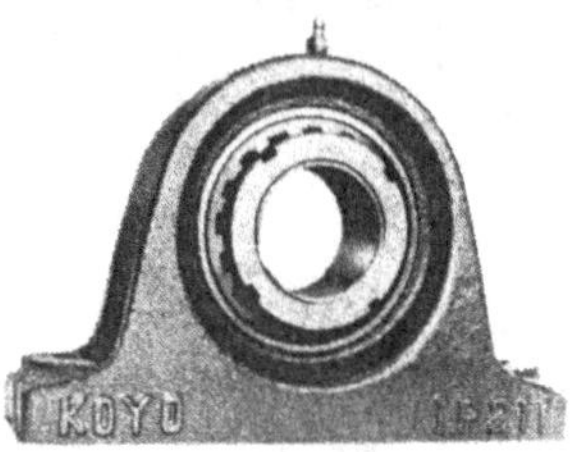

UCIP 2
UCIP 3

UCTH 2

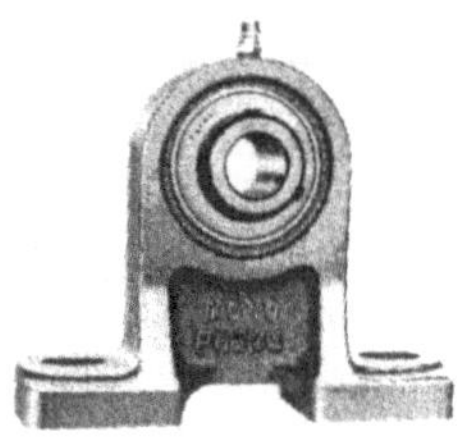

UCPH 2

UCPT X

CRCS 2

Konstruktion

Koyo-Gehäuselagereinheiten sind kompakte, einbaufertige Einheiten. Sie bestehen aus winkelbeweglichen (einstellbaren), wartungsfreien Rillenkugellagern mit Befestigungsteil für den Innenring und Gehäuse aus Grauguß oder Stahlblech. Die Gehäuselager haben die gleiche Innenkonstruktion wie die Rillenkugellager der Reihe 62 und 63, also gleiche Tragzahlen. Sie sind beidseitig abgedichtet und mit Fett gefüllt. Durch den Einbau in die sphärische Gehäusebohrung können beträchtliche Fluchtfehler ausgeglichen werden. Der Innenring ist zur einfachen Montage zu einem besonderen Befestigungsteil erweitert und in der Lagerbohrung nach Plus hin toleriert.

Gehäuselagereinheiten werden fast ausschließlich als Festlager eingebaut. Voraussetzungen sind kurze Wellen, geringe Wärmedehnungen oder nachgiebige Blechwände, damit Lagerschäden durch Verspannungen vermieden werden. Kleine Wellendehnungen werden bei richtiger Montage durch die Axialluft der Lager ausgeglichen, größere Wellendehnungen über Loslagerkonstruktionen (Abb. 105).

Werkstoffe (Analyse/Beschreibung s.T. 2)

Lagerringe, Wälzkörper	Durchhärtender Chromstahl SUJ2
Käfige	Kaltgewalzter Stahl SPC
Dichtungen	Synth.-Gummi NB Silikon-Elastomer SI
Schleuderscheibe, Stahlkappe	Kaltgewalzter Stahl SPC
Spannringe, Spannhülsen, Sicherungsbleche	Kohlenstoffstahl (S20 C, S25)
Leichtbaugehäuse	Kohlenstoffstahl SPC-1
Gußgehäuse, Gußkappe	Grauguß (FC 20, GG 25), Sphäroguß
Schmiernippel	Messing (C 3604)
Gewindestift, Sechskantschl.	Nickel-Chrom-Molybdänstahl (SNCM 630)

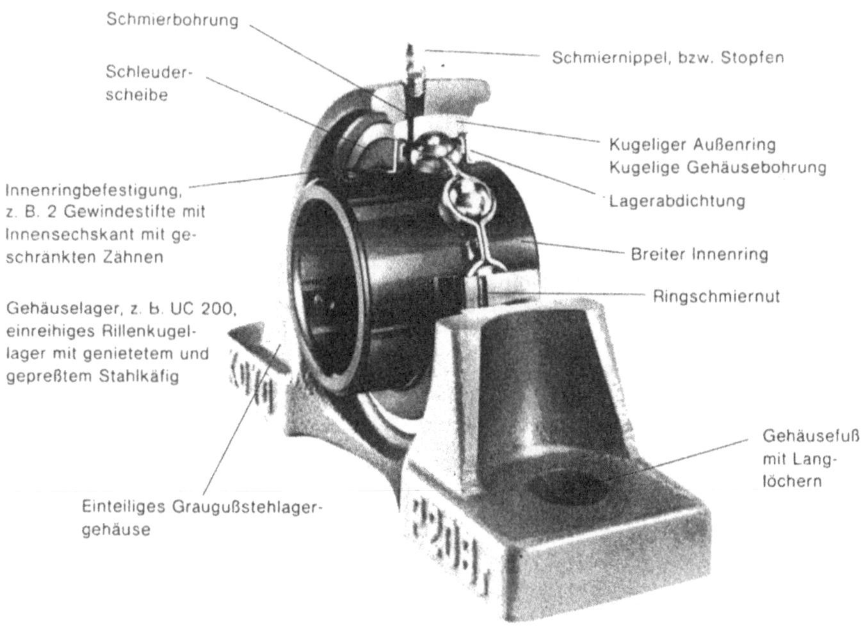

Abb. 104 Benennung der Teile einer Gehäuselagereinheit

Konstruktion	Abdichtung	Innenringbefestigung	Lagerreihe*
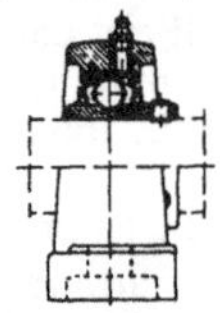	RS-Dichtscheibe mit Schleuderscheibe, ohne Nachsetzzeichen	Zwei Gewindestifte (Madenschraubenbefestigung)	UC, (UK)
	3-fach Dichtung mit Metallkappe, Nachsetzzeichen L-III	Spannhülse mit Mutter und Sicherung (Spannhülsenbefestigung)	(UC), UK, (NA)
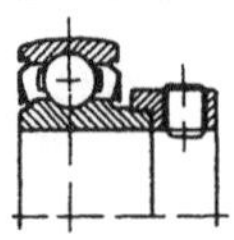	RS-Dichtscheibe mit außenliegender Stahlscheibe, Nachsetzzeichen F	Exzenterring (Spannringbefestigung)	SA, (SB), (NA)
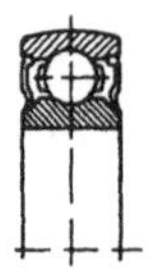	RS-Dichtscheibe, ohne Nachsetzzeichen	ohne besondere Befestigung, nur durch Preßsitz, wie bei Rillenkugellagern	SC
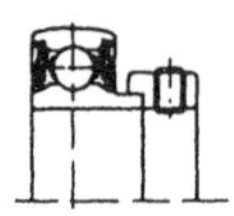	RSA-Dichtscheibe mit außenliegender Stahlscheibe in Sandwich-Bauweise. Nachsetzzeichen K	Exzenterring (Spannringbefestigung)	SA
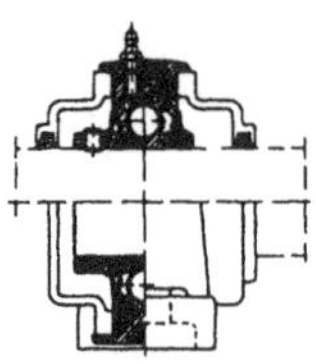 	C, FC D, FD Zusätzliche Schutzkappen aus Stahlblech oder Guß, geschlossen oder offen (mit Dichtung)	wie oben	Für alle Gußgehäuse (Sonderausführung bei extremer Verschmutzung oder nötiger Wellenabdeckung.
	wie oben	Anstatt der Gewindestifte eine Linsenkopfschraube mit Zapfen (DIN 922). Der Zapfen gleitet bei Axialverschiebung in einer Wellennut (Loslagerkonstruktion)	UC, SB

Einige Ausführungen werden, wie gezeigt, serienmäßig nachschmierbar geliefert, die übrigen nur auf Sonderwunsch. *) Klammerwerte haben nur die Abdichtung gemeinsam.

Abb. 105 Abdichtung/Innenringbefestigung und Nachschmiermöglichkeit

Nachsetzzeichen

C	Stahlkappe, beidseitig offen
CD	Stahlkappe, einseitig geschlossen
C3	Lagerluft größer als Normalluft
C4	Lagerluft größer als C3
E	Durchmesserabweichung der Befestigungslöcher
E1	Gehäuse mit Nut zur Aufnahme der Stahlkappen
E3	Gehäuse mit Nut zur Aufnahme der Gußkappen
E4	Gehäuse ohne Schmierbohrung
F	RS-Dichtscheibe mit außenliegender Stahlscheibe
F	Außenring-Breitenabweichung
FC	Gußkappe, beidseitig offen
FCD	Gußkappe, einseitig geschlossen
G6	Schraube mit Führungszapfen für Loslager
G8	Gewindestift mit Doppelschneide
H	Außenring-Spielpassung im Gußgehäuse
H4	Gehäuse aus Sphäroguß FCD 45 (JIS G 5502)
J	Außenring-Übergangspassung im Gußgehäuse
K	Außenring-Preßpassung im Gußgehäuse
K	RS-Dichtscheibe mit außenliegender Stahlscheibe in Sandwichbauweise
K2	Silikondichtung für extreme Temperaturen
K3	Berührungsfreie Dichtung
L-III	Dreifachdichtung
M	metrische Lagerbohrung und metrischer Lageraußen-∅
P7	Lager ohne Schmierbohrung
P9	Lager mit Schmiernut und Bohrungen am Außenring auf der Seite des Exenterringes
SO	Gehäuse in Sonderausführung
X	rostgeschützte, gebonderte Innenringe

Bauformen

Wie die Typenübersicht (Abb. 103) darlegt, gibt es min. 6 unterschiedliche Gehäuselagerbauformen und min. 17 unterschiedliche Gehäusebauformen. Sie sind von wenigen Ausnahmen abgesehen, beliebig miteinander kombinierbar. Die populärsten Kombinationen im Bereich $12<d<90$ mm sind in den Maßtabellen zusammengefaßt, das volle Programm im Einzelkatalog für Gehäuselagereinheiten.

Einzelheiten über die verschiedenen Arten von Abdichtungen, Innenringbefestigungen und Nachschmiermöglichkeiten sind aus Abb. 105 ersichtlich.

Austauschbarkeit

Die Gehäuselager sind in allen äußeren Abmessungen bereits nach ISO 2264 und 3145 bzw. DIN 626 festgelegt, bei den Gehäusen fehlt dieses noch weitgehend. Bei den Anschlußmaßen (Bohrung, Achshöhe, Lochabstand) sind in der Regel keine Unterschiede zwischen den einzelnen Herstellern feststellbar, wohl aber bei den übrigen Maßen sowie bei der Bezeichnung der Lager, Gehäuse und Gehäuseeinheiten. KOYO ist daher bei einer erforderlichen Umschlüsselung und Feststellung evtl. Maßabweichungen gern behilflich.

Toleranzen

(Meßverfahren siehe T. 2)

Koyo-Gehäuselagereinheiten werden nur in einer Toleranzklasse gemäß Abb. 106 geliefert. Abweichend von den Norm-Rillenkugellagern und ausgenommen die Reihe SC (CB) hat die Bohrung des Gehäuselagers eine Plus-Toleranz, welche den Ein- und Ausbau bei Wellen mit h-Toleranz sehr vereinfacht. Der Lagersitz im Gußgehäuse wird nach H7 bearbeitet, wenn das Gehäuse eine Drehsicherung (kein Nachsetzzeichen) aufweist, sonst nach J7 (Nachsetzzeichen J).

In beiden Fällen stellt sich das Gehäuselager sehr leicht bzw. leicht ein, ohne daß der Außenring im Gehäuse sich mitdreht. Feste Passungen im Gehäuse (K7, Nachsetzzeichen K) sind bei Umfangslast für den Außenring erforderlich. Das Gehäuselager läßt sich dann aber nur schwer einstellen. Die Lagersitze im Blechgehäuse sind so toleriert, daß sich beim Verschrauben der Gehäusehälften eine feste Passung für den Außenring einstellt. Daher Befestigungsschrauben erst fest anziehen, wenn sich das Gehäuselager eingestellt hat.

Innenring / Gehäuseanschluß

Nennmaß der Lagerbohrung		über bis	Maße in mm 10 18	 18 30	 30 50	 50 80	 80 120	 120 140
	Reihe		Abmaße in µm					
Innenring-bohrung	UC 2 UC 3 SB 2	Δ_{dmp}	+ 18 0	+ 21 0	+ 25 0	+ 30 0	+ 35 0	+ 40 0
		Δ_{ds}	+ 22 - 4	+ 25 - 4	+ 30 - 5	+ 36 - 6	+ 42 - 7	+ 48 - 8
	SA 2*	Δ_{dmp}	+ 13 0	+ 13 0	+ 13 0	+ 15 0	—	—
	NA 2*	Δ_{ds}	+ 16 - 3	+ 16 - 3	+ 8 - 5	+ 20 - 5	—	—
	SC** (CB)	Δ_{dmp}	- 8 0	- 10 0	- 12 0	- 15 0	- 20 0	—
		Δ_{ds}	- 11 + 3	- 13 + 3	- 15 + 3	- 18 + 4	- 25 + 5	—
Innenringbreite	alle	X	0 - 120	0 - 120	0 - 120	0 - 150	0 - 200	0 - 250
Achshöhe	P 2 P 3	A	±150	±150	±150	bis d = 90 ±200	ab d>90 ±300	±300
Lochabstand	F 2 F 3 FC 2	B	±700	±700	±700	±1000	±1000	±1000
Lagermitte	FC 3 FL 2 FL 3	I	±500	±500	±500	±800	±800	±800
Zentrier-durchmesser	FC 2 FC 3	F	0 - 46	0 - 46	0 - 54	bis d = 85 - 63	>85<100 - 75	ab d>100 - 85

* entspricht ISO 3145/DIN 626 ** entspricht ISO 492/DIN 620

Außenring / Gehäusebohrung*

Nennmaß des Außendurchmessers		über bis	Maße in mm 30 50	 50 80	 80 120	 120 150	 150 180	 180 250	 250 315
			Abmaße in µm						
Außen-durch-messer		Δ_{Dmp}	0 - 11	0 - 13	0 - 15	0 - 18	0 - 25	0 - 30	0 - 35
		Δ_{Ds}	+ 3 - 14	+ 4 - 17	+ 5 - 20	+ 6 - 24	+ - 32	+ 8 - 38	+ 9 -44
	Toleranzfeld								
Kugelige Gehäuse-bohrung	H7	D_{1m}	+ 25 0	+ 30 0	+ 35 0	+ 40 0	+ 40 0	+ 46 0	+ 52 0
		D_1	+ 30 - 5	+ 36 - 6	+ 42 - 7	+ 48 - 8	+ 48 - 9	+ 55 - 9	+ 62 - 10
	J7	D_{1m}	+ 14 - 11	+ 18 - 12	+ 22 - 13	+ 26 - 14	+ 26 - 14	+ 30 - 16	+ 36 - 16
		D_1	+ 19 - 16	+ 24 - 18	+ 29 - 20	+ 34 - 22	+ 34 - 22	+ 39 - 25	+ 46 - 26
	K7	D_{1m}	+ 7 - 18	+ 9 - 21	+ 10 - 25	+ 12 - 28	+ 12 - 28	+ 13 - 33	+ 16 - 36
		D_1	+ 12 - 23	+ 15 - 27	+ 17 - 32	+ 20 - 36	+ 20 - 36	+ 22 - 42	+ 26 - 46

* gilt nur für Gußgehäuse

Abb. 106 Toleranzen der Gehäuselagereinheiten

Lagerluft

(Allgemeine Anmerkungen siehe T. 2)

Koyo-Gehäuselager werden serienmäßig mit Normalluft geliefert, andere Luftgruppen (C3, C4) nur auf Sonderwunsch. Lagerluftwerte siehe Abb. 107.

Die Radialluft der Koyo-Gehäuselager stimmt mit den Werten für Rillenkugellager überein. Die Axialluft ist jedoch zum besseren Ausgleich von geringen Wärmedehnungen leicht erhöht. Sie ist etwa 8 bis 10 mal so groß wie die Radialluft.

	Maße in mm										
Nennmaß der Lagerbohrung	über	10	18	24	30	40	50	65	80	100	120
	bis	18	24	30	40	50	65	80	100	120	140
mit zylindrischer Bohrung Lagerluft in µm											
Luftgruppe normal	min	3	5	5	6	6	8	10	12	15	18
	max	18	20	20	20	23	28	30	36	41	48
Luftgruppe C3	min	11	13	13	15	18	23	25	30	36	41
	max	25	28	28	33	36	43	51	58	66	81
Luftgruppe C4	min	18	20	23	28	30	38	46	53	61	71
	max	33	36	41	46	51	61	71	84	97	114
mit kegeliger Bohrung											
Luftgruppe normal	min	—	13	13	15	18	23	25	30	36	41
	max	—	28	28	33	36	43	51	58	66	81
Luftgruppe C3	min	—	20	23	28	30	38	46	53	61	71
	max	—	36	41	46	51	61	71	84	97	114

Abb. 107 Radialluft der Gehäuselager

Schmierung

Koyo-Gehäuselager sind serienmäßig mit einem korrosions- und alterungsbeständigen Lithiumseifenfett (K-L2h DIN 51825) gefüllt. Unter normalen Betriebsbedingungen sind sie wartungsfrei. Eine Nachprüfung der Schmierfrist (siehe T. 2) und evtl. Nachschmierung ist nur in Fällen höherer Belastungen, langandauernden hohen Drehzahlen, hohen Temperaturen, sehr feuchter und verschmutzter Umgebung erforderlich. Nachzuschmieren ist mit einem Lithium- evtl. auch mit einem Kalkseifenfett.

Die Graugußgehäuse, die für Nachschmierung vorgesehen sind, besitzen eine Gewindebohrung 1/4-28 UNF (Gehäuse 201...210, 305...308 bzw. R 1/8 (Gehäuse 211...218, 309...328). Sie ist mit einem Kunststoffstopfen verschlossen und der entsprechende Schmiernippel ist beigelegt.

Betriebstemperaturen

Koyo-Gehäuselagereinheiten (ohne Gummiringeinlagen) können im Dauerbetrieb von —30°C bis +110°C eingesetzt werden. Unter- oder Überschreitungen dieser Grenzen erfordern eine unterschiedliche Fettfüllung und Dichtungsänderung. In solchen Fällen schalten Sie bitte den Koyo-Beratungsdienst ein.

Drehzahlgrenzen, Wellentoleranzen

Die zulässigen Drehzahlen für Gehäuselager sind im wesentlichen abhängig von der Belastung und dem Spiel, das sich zwischen der Lagerbohrung und der Welle ergibt. Höhere Drehzahlen werden mit festeren Passungen, feiner bearbeiteten Wellen, geringeren Belastungen und kurzen Lagerabständen erreicht. In Abb.108 sind die zulässigen Drehzahlen für verschiedene Wellentoleranzen und bei normalen bis hohen ($P \sim 0,15\ C$) sowie stoßweisen Belastungen zusammengestellt. Bei geringen Belastungen ($P < 0,08\ C$) und sonst günstigen Einbauverhältnissen können die Drehzahlen für die Wellen-Toleranzfelder h11 bis h9 verdoppelt werden.

SC-Lager sollen wie Rillenkugellager mit j6

oder k6 montiert werden. UK-Lager erhalten durch die Spannhülse einen Festsitz. Die Drehzahlgrenzen sind dann die gleichen wie bei abgedichteten Rillenkugellagern. Die Spannhülsenbefestigung gewährleistet einen konzentrischen Innenringlauf und bewirkt eine größere Geräuscharmut gegenüber lose gepaßten Lagern mit Madenschrauben- oder Spannringbefestigung.

Winkeleinstellbarkeit

Koyo-Gehäuselager erlauben Fluchtfehler bis ± 5°, bei Nachschmierung ± 2,5°, da sonst die Fettzuleitung unterbrochen wird.

Oberflächenschutz

Die Gußgehäuse sind grundiert, die Stahlblechgehäuse verzinkt, die Innenringe und die Exzenterringe gebondert. Der Innenringschutz vermindert die Rost- und Passungsrostbildung und erleichtert die Demontage von der Welle.

Wellen-toleranz-feld	Drehzahl-grenze $d_m \cdot n$**		Nennmaß der Lagerbohrung in mm							
			12...17	20	25	30	35	40	45	50
h11*	20.000	1)	625	597	519	435	374	333	308	286
		2)	—	—	455	392	345	308	274	250
h10*	25 000	1)	781	746	649	543	467	417	385	357
		2)	—	—	568	490	431	385	342	313
h9*	40.000	1)	1250	1194	1039	870	748	667	615	571
		2)	—	—	909	784	690	615	548	500
h8	80.000	1)	2500	2388	2078	1739	1495	1333	1231	1143
		2)	—	—	1818	1569	1379	1231	1096	1000
j7	120.000	1)	3750	3582	3117	2609	2243	2000	1846	1714
		2)	—	—	2727	2353	2069	1846	1644	1500
k7	170.000	1)	5313	5075	4416	3696	3178	2833	2615	2429
		2)	—	—	3864	3333	2931	2615	2329	2125
m7	200.000	1)	6250	5970	5195	4348	3738	3333	3077	2857
		2)	—	—	4545	3922	3448	3077	2740	2500

Wellen-toleranz-feld	Drehzahl-grenze $d_m \cdot n$**		Nennmaß der Lagerbohrung in mm								
			55	60	65	70	75	80	85	90	100
h11*	20.000	1)	258	235	216	205	195	182	170	160	—
		2)	227	211	194	182	169	160	150	143	127
h10*	25.000	1)	323	294	270	256	244	227	213	200	—
		2)	284	263	243	227	212	200	188	179	160
h9*	40.000	1)	516	471	432	410	390	364	340	320	—
		2)	455	421	388	364	339	320	301	286	253
h8	80.000	1)	1032	941	865	821	780	727	681	640	—
		2)	909	842	777	727	678	640	602	571	506
j7	120.000	1)	1548	1412	1297	1231	1171	1091	1021	960	—
		2)	1364	1263	1165	1091	1017	960	902	857	759
k7	170.000	1)	2194	2000	1838	1744	1659	1545	1447	1360	—
		2)	1932	1789	1650	1545	1441	1360	1278	1214	1076
m7	200.000	1)	2581	2353	2162	2051	1951	1818	1702	1600	—
		2)	2273	2105	1942	1818	1695	1600	1504	1429	1266

* bei geringen Belastungen $P < 0{,}08C$ ist etwa doppelte Drehzahl möglich

** d_m = Teilkreisdurchmesser des Wälzkörpersatzes, $\approx (d + D)/2$ [mm], n = Lagerdrehzahl [min^{-1}]

1) Betrifft alle Lagerreihen außer UC3 und UK3

2) Betrifft nur Lagerreihen UC3 und UK3

Abb. 108 Zulässige Drehzahlen für Gehäuselager

Tragfähigkeit, axiale Belastbarkeit

Graugußgehäuse erlauben die volle Ausnutzung der Tragfähigkeit der eingebauten Lager (Bruchfestigkeit > Co, siehe Abb. 110), während die Tragfähigkeit der preisgünstigen Stahlblechgehäuse aus Stabilisationsgründen (Abb. 112) wesentlich geringer ist (Abb. 111).

Die Gehäuselager haben die gleiche Tragfähigkeit wie die Rillenkugellager der Reihe 62 bzw. 63. Die axiale Belastbarkeit hängt von der Qualität der kraft- und formschlüssigen Verbindung mit der Welle ab. Richtwerte sind in Abb. 109 angegeben. Größere Axial- oder hohe Stoßbelastungen sollten über eine besondere Anlage eingeleitet werden (Wellenschulter, Sicherungsring, Anbohrung für Gewindestifte, Abflachung der Welle).

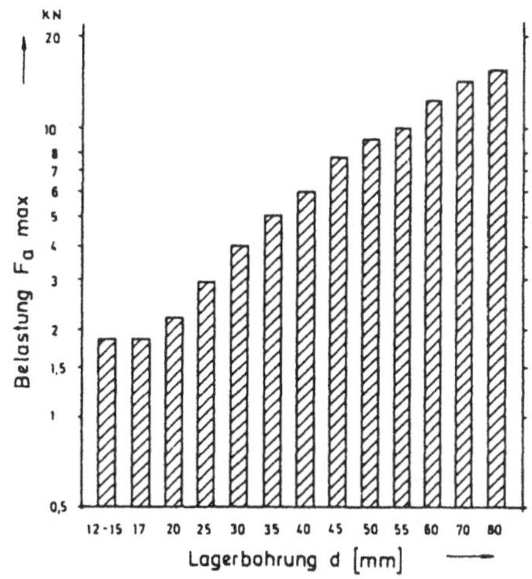

Spannringbefestigung

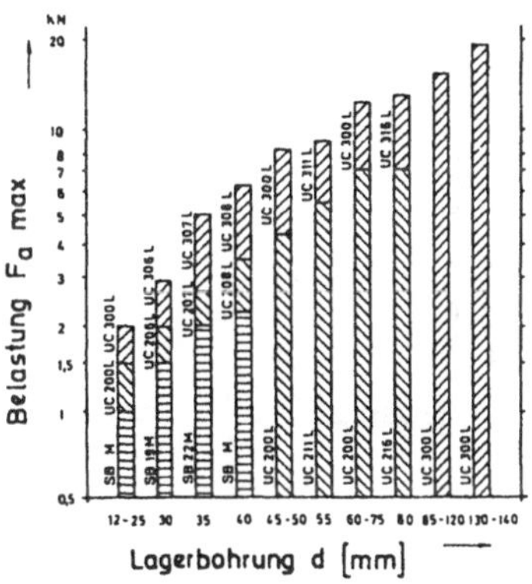

Madenschraubenbefestigung

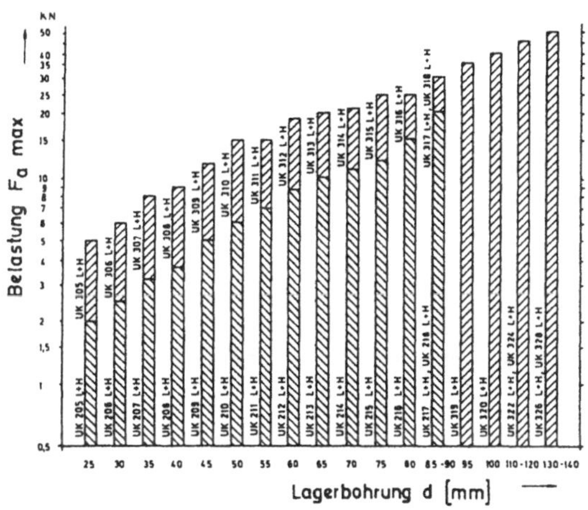

Spannhülsenbefestigung

Abb. 109 Axiale statische Tragfähigkeit der verschiedenen Innenringbefestigungsarten.

Umrechnungsfaktoren:

$W_i \approx 0{,}7\, W_u$, $W_s \approx 1{,}5\, W_u$,
$W_d \approx W_o \approx 2{,}5\, W_u$, $W_t \approx 0{,}3\, W_u$

Die zulässige Belastung (P) für Stehlagergehäuse aus GG 25 ergibt sich unter Einbeziehung eines Sicherheitsfaktors (S) in Abhängigkeit der Belastungsart aus:

$$P = \frac{W}{S}$$

mit

W Gehäuse-Bruchfestigkeit [kN]
S 3 . . . 5 für statische Belastung
6 . . . 9 für normale Belastung
10 . . . 15 für Stoßbelastung

Bei extrem hohen Belastungen empfehlen sich Sphäro- oder Stahlguß (Sonderausführungen).

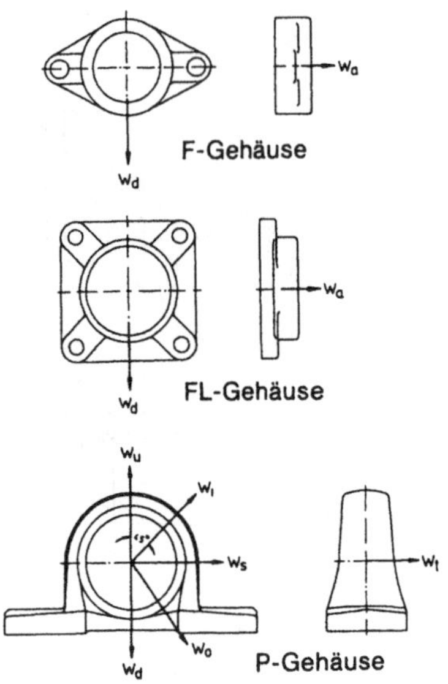

Größe (Kennzahl)	P-Gehäuse		F-Gehäuse			FL-Gehäuse			Lager
	W_n	W_u/Co	W_d	W_a	W_d/Co	W_d	W_a	W_d/Co	Co
	kN		kN	kN		kN	kN		kN
204	33	5,7	43	18	7,5	24	12	4,2	5,75
205	37	5,4	67	25	9,9	38	16	5,6	6,80
206	50	5,1	67	30	6,8	38	20	3,9	9,80
207	61	4,6	65	36	4,9	41	23	3,1	13,40
208	66	4,3	71	39	4,6	41	27	2,6	15,50
209	70	4,0	100	47	5,6	62	32	3,5	17,70
210	75	3,7	100	50	5,0	62	39	3,1	20,20
211	82	3,2	92	57	3,6	74	44	2,9	25,50
212	110	3,5	92	62	2,9	88	48	2,8	31,40
213	120	3,5	170	69	4,9	98	62	2,8	34,70

Abb. 110 Bruchfestigung der Gußgehäuse (GG 25)

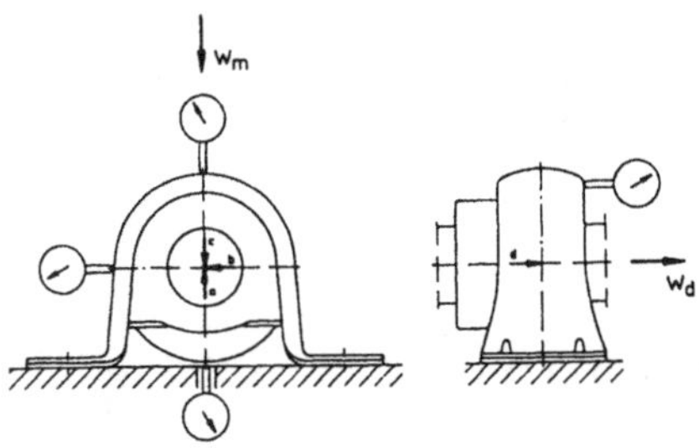

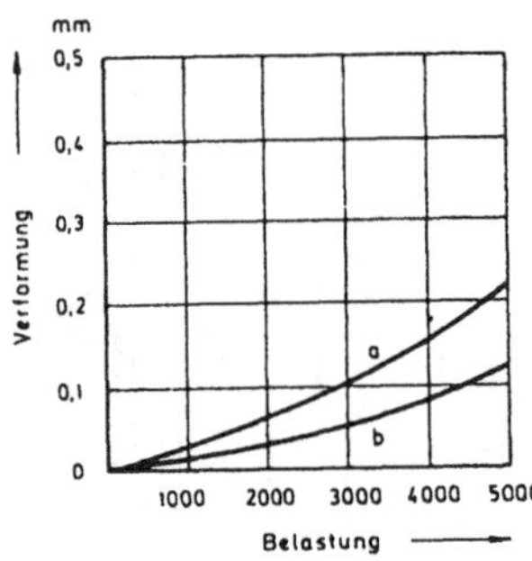

Große (Kennz.)	PP-Gehause		PF- + PFL-Gehäuse	
	W_d	W_a	W_d	W_a
	kN	kN	kN	kN
203	1,3	0,40	2,5	1,2
204	1,6	0,55	3,2	1,6
205	1,8	0,60	3,6	1,8
206	2,6	0,85	5,0	2,5
207	3,45	1,05	6,3	3,1
208	—	—	7,6	3,8

Abb. 111 Zulässige radiale und axiale Belastung der Stahlblechgehäuse

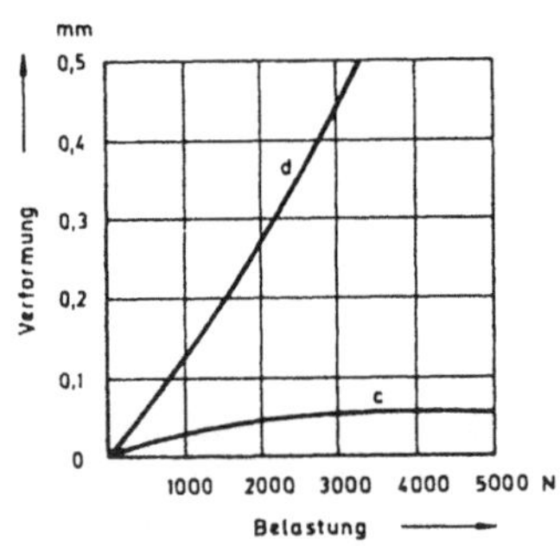

Abb. 112 Verformung des Stahlblechgehäuses mit d = 25 mm

Dynamisch äquivalente Belastung [kN]

$\frac{Fa}{Fr} < e$	$\frac{Fa}{Fr} > e$
$P = Fr$	$P = X \cdot Fr + Y \cdot Fa$

$\frac{Fa}{Co}$	Normal-Lagerluft e	$\frac{Fa}{Fr} > e$ x	y	Lagerluft C3 e	$\frac{Fa}{Fr} > e$ x	y	Lagerluft C4 e	$\frac{Fa}{Fr} > e$ x	y
0,025	0,22	0,56	2,0	0,31	0,46	1,75	0,40	0,44	1,42
0,04	0,24	0,56	1,8	0,33	0,46	1,62	0,42	0,44	1,36
0,07	0,27	0,56	1,6	0,36	0,46	1,46	0,44	0,44	1,27
0,13	0,31	0,56	1,4	0,41	0,46	1,30	0,48	0,44	1,16
0,25	0,37	0,56	1,2	0,46	0,46	1,14	0,53	0,44	1,05
0,50	0,44	0,56	1,0	0,54	0,46	1,00	0,56	0,44	1,00

Abb. 113 Dynamische Berechnungsfaktoren für Gehäuselager

Statisch äquivalente Belastung [kN]

$\frac{Fa}{Fr} < 0{,}8$	$\frac{Fa}{Fr} > 0{,}8$
$P_0 = Fr$	$P_0 = 0{,}6\, Fr + 0{,}5\, Fa$

Weitere Einzelheiten siehe unter Rillenkugellagern

Montage

Koyo-Gehäuselagereinheiten werden in der Regel im komplett montierten Zustand einzeln verpackt angeliefert. Schmiernippel, Schlüssel und Abdeckkappen liegen ggf. bei. Je nach Verwendungszweck und Lagerreihe stehen fünf verschiedene Innenringbefestigungsarten zur Verfügung (Abb. 105), die jede für sich eine besondere Montageart erfordert.

Gehäuselager mit Madenschrauben-Befestigung

Die Madenschrauben (Gewindestifte) mit beigelegtem Sechskantschlüssel fest anziehen. Keine Schlüsselverlängerung verwenden. Um die Laufeigenschaften des Lagers nicht zu beeinträchtigen und einen ovalen Innenring-Verzug zu verhindern, dürfen die in Abb. 114 angegebenen Anzugsdrehmomente nicht überschritten werden.

Bei Temperaturunterschieden zwischen Welle und Gehäuseauflage bzw. Umgebung ist die sich ergebende Wellenausdehnung zu bestimmen und die Befestigung des Lagers auf der Welle so mit der Befestigung des Gehäuses auf der Gehäuseauflage abzustimmen, daß die vorhandene Axialluft der Lager voll zum Längenausgleich zur Verfügung steht, so z. B. die Gehäuse vor dem Festschrauben nach außen ziehen oder die Innenringe nach innen drücken.

Bei größeren Axialbelastungen (Fa>0,15C) und hohen Vibrationskräften ist die Welle unter den Gewindestiften anzubohren, einzustechen oder anzuflachen. Das gleiche gilt bei Verwendung enger Innenringpassungen, um später den Lagerausbau zu erleichtern (Gratbildung).

Gehäuselager mit Spannringbefestigung

Den Exzenterring in Drehrichtung der Welle drehen, durch Prellschläge mit Hammer und Dorn fest anziehen und mit Gewindestift sichern. (Max. Anzugsmoment nach Abb. 114). Bei drehendem Gehäuse ist der Exzenterring entgegen der Drehrichtung anzuziehen.

Gehäuselager mit Spannhülsenbefestigung

Die Spannhülse auf der Welle fest anziehen (max. Anzugsmomente nach Abb 115) und erst dann die Gehäuse befestigen. Andernfalls könnte eine hohe axiale Verspannung entstehen, die zu einem vorzeitigen Lagerausfall führt. Beim Anziehen der Spannhülse ist darauf zu achten, daß die radiale Lagerluft nicht zu stark eingeengt wird und das Lager evtl. „heiß läuft". Das richtige Maß wäre etwa 60 . . . 90° Drehung der Mutter, nachdem die Spannhülse zwischen Innenring und Welle spielfrei eingeschoben ist. Außerdem ist die axiale Belastbarkeit zu berücksichtigen.

Gehäuselager als Loslager

Die Gewindestifte sind durch eine Schraube mit Zapfen (DIN 922) zu ersetzen. Der Zapfen gleitet bei größerer Axialverschiebung (starke Temperaturveränderung) in einer Wellennut. Eine andere Loslager-Möglichkeit ist durch Verwendung von Schiebelagern (UCC . . ., UKC . . . usw.) gegeben.

Gewindestift (Maden-schrauben)	Gehäuselager					Schlüssel-weite mm	Max. Anzugs-drehm. Nm
	UC 2	UC 3	SB 2	SA 2	NA 2		
M 5 x 0,8			201...203			2,5	3,0
M 6 x 1	201...206	305...306	204...206	201...205	204...205	3	4,0
M 8 x 1	207...209	307	207	206...207	206...210	4	8,5
M 10 x 1,25	210...212	308...309			211...212	5	17,5
M 12 x 1,5	213...218	310...314				6	28,0
M 14 x 1,5		315...316				6	35,0
M 16 x 1,5		317...319				8	56,0
M 18 x 1,5		320...324				8	62,0
M 20 x 1,5		326...328				10	83,0

Abb. 114 Gewindestifte für Gehäuselager-Innenringe und Exzenterringe

UK-Gehäuse-lager	205	206 305	207 306	208 307	209 308	210 309	211 310	212 311	213 312	214 313	215 314	216 315	217 316	218 317	318
Max. Anzugs-moment [Nm]	25	30	40	50	60	75	100	130	150	160	170	200	230	270	300

Abb. 115 Anzugsmomente der Spannhülsen

Madenschraubenbefestigung

Spannringbefestigung

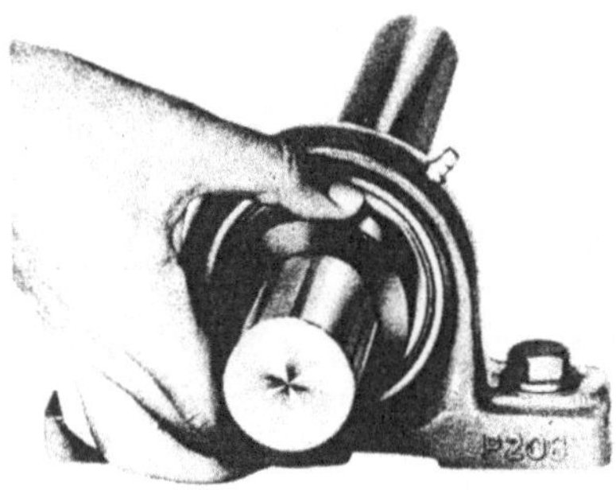

Spannhülsenbefestigung

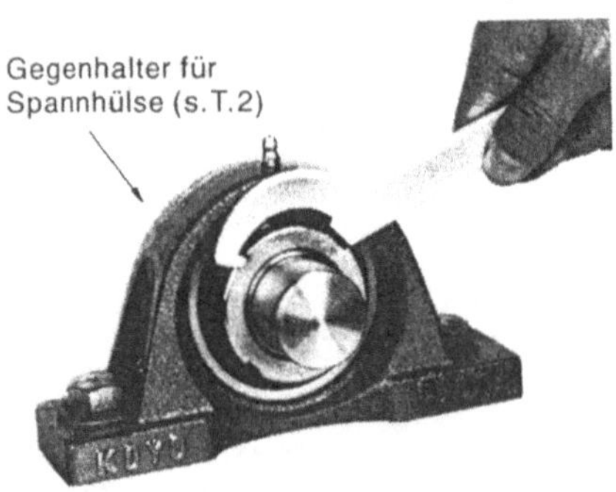

Montage der Gehäuselagereinheiten

1.5.10 Lagergehäuse

bilden mit Wälzlagern, Dichtungen und Schmierung austauschbare, anwenderfreundliche Lagereinheiten

für wirtschaftliche Lagerungen, egal ob Los- oder Festlager

Fluchtfehlerausgleich bis $\pm$ 1°

schnelle, einfache Montage

fast wartungsfreien Betrieb

Querschnitte

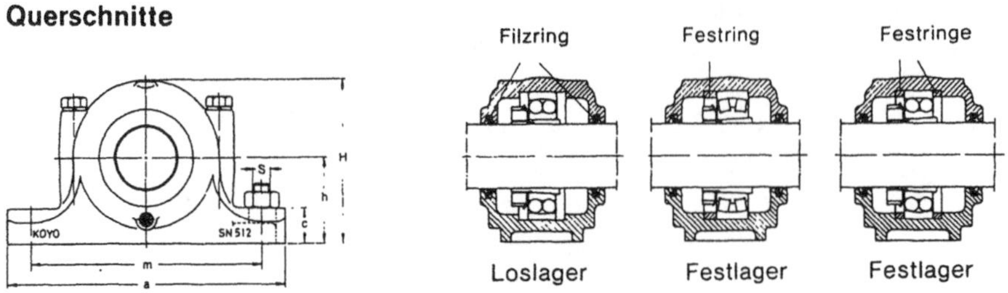

Gehäuse für Pendelkugellager, Pendelrollenlager mit kegeliger Bohrung und Spannhülse. Reihe SN 5, SN 6

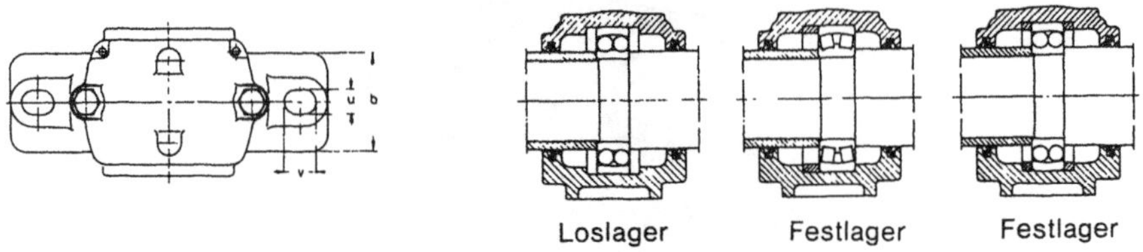

Gehäuse für Pendelkugellager, Pendelrollenlager mit zylindrischer Bohrung. Reihe SN 2 und SN 3

Nachsetzzeichen

V Radialwellendichtring

R Fettmengenregler

Bauformen

Für Wälzlager, insbesondere Pendelkugellager und Pendelrollenlager, die nicht direkt in Maschinen bzw. Geräte eingebaut werden können oder weil wirtschaftliche, anwenderfreundliche Lagereinheiten, die über die Leistungsfähigkeit der bekannten Gehäuselagereinheiten (s. S. 120) hinausgehen, gewünscht werden, liefert Koyo passende Gehäuse. Von der Vielzahl der möglichen Ausführungen kann hier nur ein Ausschnitt gezeigt werden. Bei weitergehendem Bedarf ist eine detaillierte Anfrage erwünscht.

Koyo-Lagergehäuse werden aus hochwertigem Grauguß hergestellt und sind für Fettschmierung vorgesehen.

Der Lagersitz im Gehäuse ist so bearbeitet (H7 bzw. H8), daß die Lager axial verschiebbar sind, also als Loslager wirken. Festlager erhält man durch Einlegen von Festringen, die gesondert bestellt werden müssen.

Die wirtschaftlichste Abdichtung für die Lagergehäuse sind Filzstreifen, die immer mitgeliefert werden. Sie eignen sich für Temperaturen bis 100° C und Umfangsgeschwindigkeiten bis 4 m/s. Vor dem Einbau sind die Filzstreifen stets einige Minuten in heißes Öl zu legen. Lagergehäuse mit anderen Dichtungen, wie z. B. V-Ringen, werden auf Anfrage geliefert.

In der Mehrzahl aller Anwendungsfälle reicht die einmalige Fettfüllung bei der Montage. Die Überprüfung und Nachrechnung der max. Schmierfrist ist nach den Angaben in T. 2 vorzunehmen. Ggf. ist danach verbrauchtes Fett anläßlich einer allgemeinen Inspektion durch frisches Fett zu ersetzen oder aber die Schmierfrist ist so kurz, daß eine regelmäßige Nachschmierung erforderlich wird. In diesem Fall können die Gehäuse nachträglich mit Bohrungen für Schmiernippel oder Schmierfettleitungen versehen werden. Besser ist es jedoch, dann Lagergehäuse mit Fettmengenregler einzusetzen, weil dieser eine mögliche Überschmierung der Lagerstelle verhindert.

Stehlagergehäuse Reihe SN 5 und SN 6

Diese Lagergehäuse sind waagerecht geteilt und für den Einbau von Pendelkugellagern und Pendelrollenlagern mit Spannhülsenbefestigung vorgesehen. Längliche Fußschraubenlöcher erlauben ein (nachträgliches) Ausrichten des Lagergehäuses. Das abnehmbare Gehäuseoberteil, das zum Unterteil in der Regel durch Spannstifte zentriert ist, begünstigt Einbau, Inspektion und Fetterneuerung. Die Oberteile dürfen nicht vertauscht werden. Ringschrauben im Oberteil ab SN 524 erleichtern die Handhabung. Wenn nur ein einzelner Festring eingelegt wird, kommt er auf die Seite der Nutmutter.

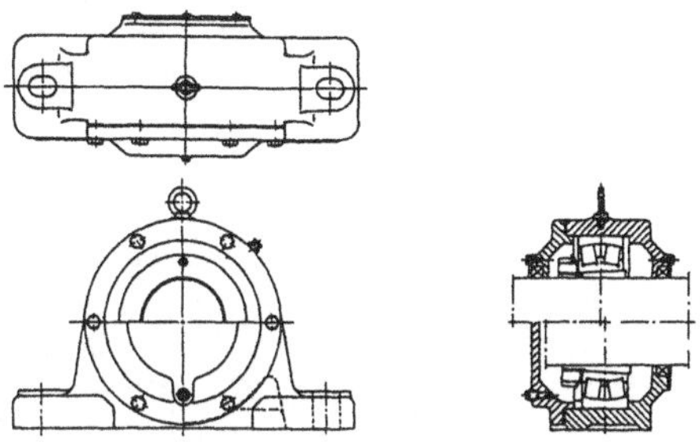

Ungeteilte Gehäuse der Reihe 500V für größere Pendelrollenlager. Stabile Graugußgehäuse mit sehr wirkungsvoller Abdichtung für Öl-oder Fettschmierung.

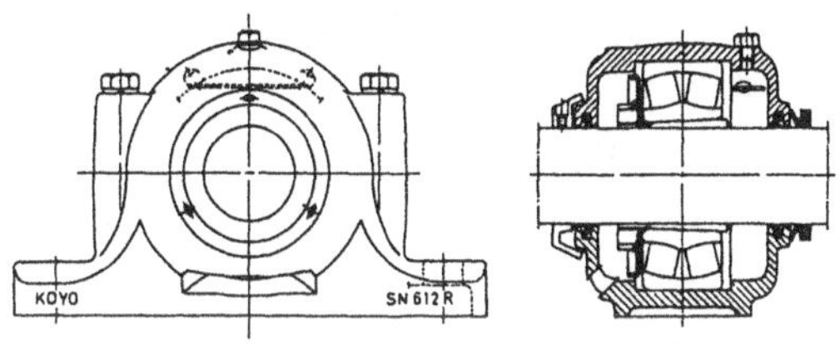

SN-Stehlagergehäuse

- mit Fettmengen-Regler für (hochtourige) Lagerungen, die regelmäßig nachgeschmiert werden müssen.
- mit zusätzlicher Abdichtung (Schleuderscheibe)
- mit zusätzlicher V-Ring-Dichtung

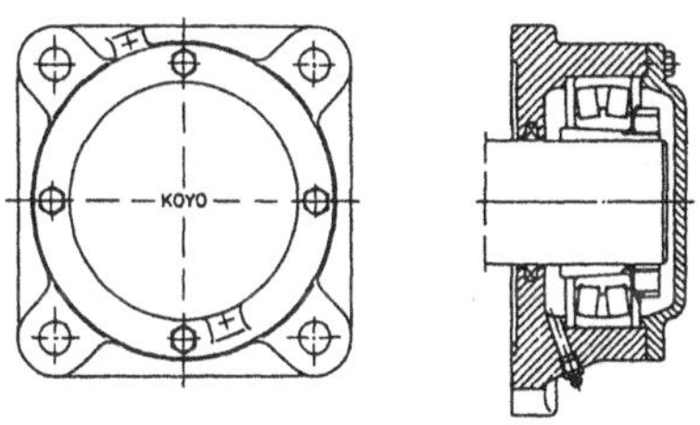

Flanschlagergehäuse für Pendelkugellager und Pendelrollenlager mit Spannhülsenbefestigung.
3- und 4-Loch Ausführung

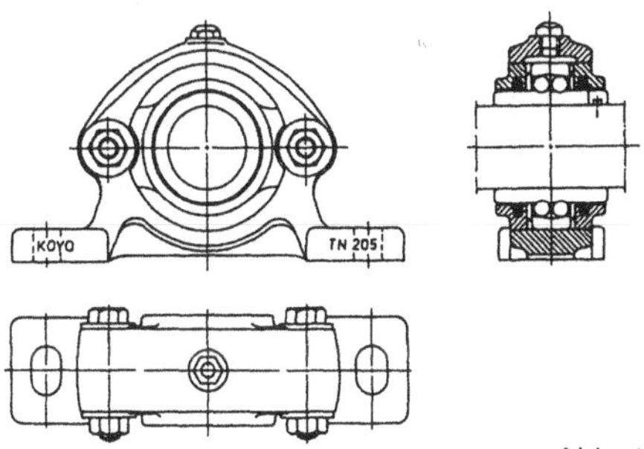

Ungeteilte Stehlagergehäuse TN2 + TN3 für Pendelkugellager mit breitem Innenring (Reihe 112, 113). Bis zur Einführung der Gehäuselagereinheiten (siehe S. 120) sehr populär im Landmaschinenbau.

Abb. 116 Sonderbauformen der Lagergehäuse

Stehlagergehäuse Reihe SN 2 und SN 3

Sie haben die gleiche Form und Eigenschaft wie die Lagergehäuse der Reihen SN 5 und SN 6, nur daß sie, bedingt durch den Einbau von Lagern mit zylindrischer Bohrung, dickere Wellen ergeben. Ringschrauben ab SN 224. Einzelnen Festring auf die Seite der Spannbuchse vorsehen.

Sonderbauformen

Koyo fertigt neben diesen Standardgehäusen auch Sondergehäuse aus Grauguß, Sphäroguß, Leichtmetall oder Stahlguß, wenn eine wirtschaftliche Fertigung möglich ist. Die Anfrage ist mit Bedarfs- und Verwendungsangabe zu machen.

Toleranzen

Mit Ausnahme der Lagersitzbohrung und -breite, gelten Gußfreimaßtoleranzen DIN 1696.

Belastbarkeit der Stehlagergehäuse

Stehlagergehäuse haben die größte und stets ausreichende Belastbarkeit senkrecht zur Aufspannfläche. Andere Belastungsrichtungen müssen sowohl für die Gehäuse als auch die Verbindungs-und Befestigungsschrauben überprüft werden. Richtwerte für die Gehäuse-Bruchlast (W) und die Schrauben-Streckgrenzenlast (Q) sind in Abb. 117 angegeben. Die zulässige Belastung (P) ergibt sich aus $P = W/S_1$ bzw. $P = Q/S_2$ mit S dem Sicherheitsfaktor. $S_1 = 3 \dots 5$ für ruhende Beanspruchung, $S_1 = 6 \dots 9$ für normale Beanspruchung und $S_1 = 10 \dots 15$ für Stoßbeanspruchung. S_2 ist etwa mit $0{,}5 \cdot S_1$ anzusetzen.

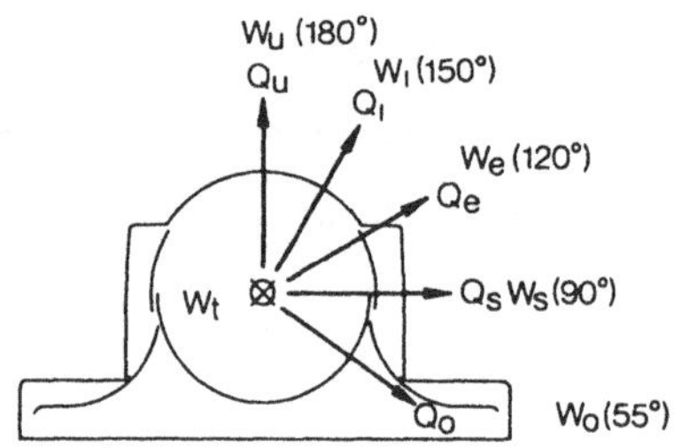

$W_t \sim 0{,}65\, W_U$, $Q_S > W_S$,

$Q_O = \infty$ (Verbindungschrauben unbelastet)

Gehäuse				Gehäuse-Bruchlasten					Streckgrenzenlasten für zwei Verbindungsschrauben		
Kurzzeichen				W_o	W_s	W_e	W_i	W_u	Q_e	Q_i	Q_u
—				kN					kN		
—	**SN 205**	**SN 505**	**—**	70	40	30	30	35	80	45	40
SN 305	**206**	**506**	**SN 605**	80	50	35	30	40	80	45	40
306	**207**	**507**	**506**	90	55	40	35	45	80	45	40
307	**208**	**508**	**607**	100	60	45	40	50	80	45	40
—	**209**	**509**	**—**	110	65	50	45	55	80	45	40
308	**210**	**510**	**608**	120	70	55	50	60	80	45	40
309	**211**	**511**	**609**	140	85	65	55	70	140	80	70
310	**212**	**512**	**610**	150	90	65	60	75	140	80	70
311	**213**	**513**	**611**	170	100	75	70	85	140	80	70
312	**215**	**515**	**612**	190	110	85	75	95	140	80	70
313	**216**	**516**	**613**	220	130	100	90	110	240	130	120
—	**217**	**517**	**—**	240	140	110	95	120	240	130	120
315	**218**	**518**	**615**	260	160	120	100	130	240	130	120
316	**—**	**—**	**616**	280	170	130	110	140	240	130	120
317	**220**	**520**	**617**	340	200	150	140	170	540	300	270
—	**222**	**522**	**—**	440	260	200	180	220	540	300	270
—	**224**	**524**	**—**	520	310	230	210	260	540	300	270
—	**226**	**526**	**—**	620	370	280	250	310	760	420	380
—	**228**	**528**	**—**	720	430	320	290	360	1 000	550	500
—	**230**	**530**	**—**	860	520	390	340	430	1 000	550	500
—	**232**	**532**	**—**	1 100	660	490	440	550	1 000	550	500

Abb. 117 Belastbarkeit der SN-Stehlagergehäuse

1.5.11 Zubehör

Spannhülsen Abziehhülsen Nutmuttern Sicherungsbleche Sicherungsbügel	zur Befestigung auf Wellen, zur Erleichterung der Montage/Demontage
Kugeln	für einfachste Lagerungen, Drehkränze, Ventile, Schaltgestänge, Gleichlaufgelenke

Querschnitte

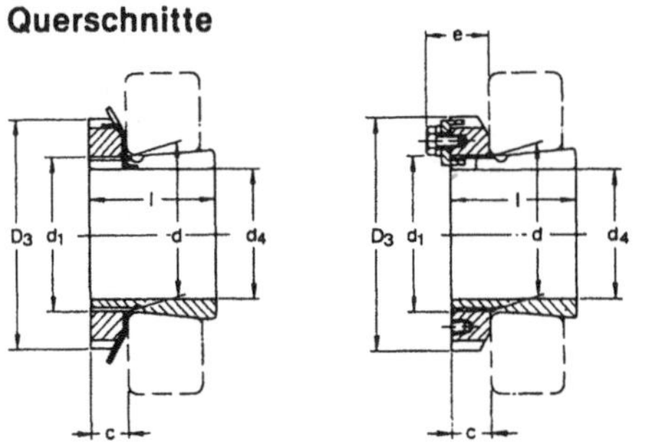

Spannhülsen DIN 5415 bzw. ISO R113
Reihe H 30 ($d_1 \leqq$ 180 mm) Reihe H 30 ($d_1 \geqq$ 180 mm)
Reihe H 31 ($d_1 \leqq$ 260 mm) Reihe H 31 ($d_1 \geqq$ 260 mm)
Reihe H 2, H 3, H 23 Reihe H 32

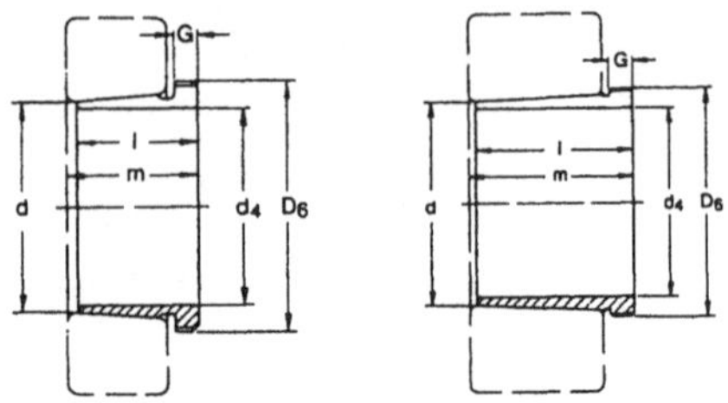

Kegel 1:12 Kegel 1:30
Abstand m: Vor dem Einpressen der Hülse

Abziehhülsen DIN 5416 bzw. ISO R113
Reihe AH 30, AH 31 Reihe AH 240, AH 241
Reihe AH 2, AH 22, AH 32
Reihe AH 3, AH 23

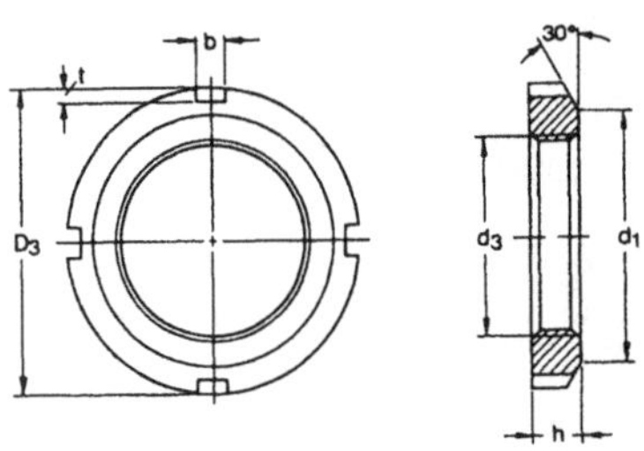

Nutmuttern
Reihe KM (AN)

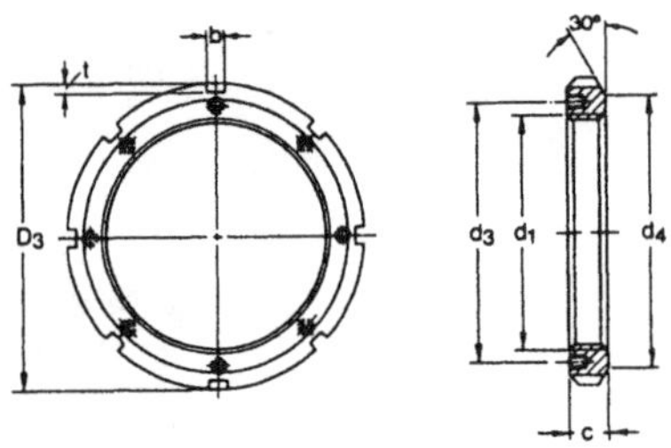

Nutmuttern
Reihe HM (ANL, AN)
komplett mit Sicherung

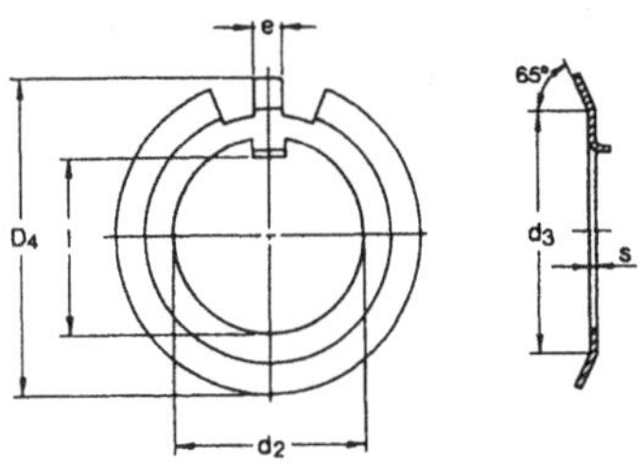

Sicherungsbleche
Reihe MB (AW . . X)

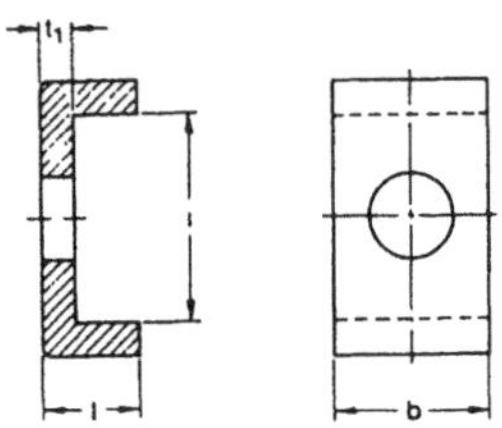

Sicherungsbügel
Reihe MS (ALL, AL)

Kugeln

Nachsetzzeichen

H	Nutmutter mit Gewindebohrungen für Montageschrauben
H	Abziehhülsen mit Ölnuten und Pumpenanschlüssen
HG	Spannhülsen mit Ölnuten und Pumpenanschlüssen
T	(Nut-)muttern mit Trapezgewinde
X	An ISO / R 113 angepaßte Spannhülsen
Kl. I... VI	Toleranzklassen der Kugeln

Bauformen

a) Spannhülsen

dienen zur Befestigung von Lagern mit kegeliger Bohrung auf zylindrischen Wellen, wobei größere Wellentoleranzen, wie z. B. bei gezogenen Wellen handelsüblich und zulässig sind. Abmessungen siehe Koyo-Hauptkatalog. Spannhülsen werden komplett mit Mutter und Sicherung und in der Regel nur in Verbindung mit den dazugehörigen Lagern geliefert. Zur Erleichterung der Montage/Demontage großer Lager werden die Spannhülsen ab $d_1 \geq 160$ mm auf Wunsch mit Ölnuten und Pumpenanschlüssen versehen. Abmessungen s. T. 2.

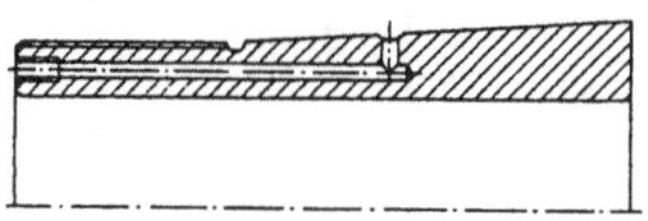

H . . . HG bzw.
OH . . .

b) Abziehhülsen

dienen ebenfalls zur Befestigung von Lagern mit kegeliger Bohrung auf zylindrischen Wellen, die auch eine größere Wellentoleranz erlauben. Sie sind aber nicht ohne Abstützung des Lagers (Wellenbund o.ä.) zu verwenden. Die Abziehhülse wird soweit in die Lagerbohrung gepreßt, bis die notwendige Radialluftverminderung erreicht ist (S. 104)

Beim Ausbau des Lagers wird die Abziehülse mit Hilfe einer extra zu bestellenden Nutmutter oder bei größeren Lagern mit einer besonderen Hydraulikmutter herausgezogen. Wie bei Spannhülsen werden die größeren Abziehhülsen auf Wunsch auch mit Ölnuten und Pumpenanschlüssen versehen.

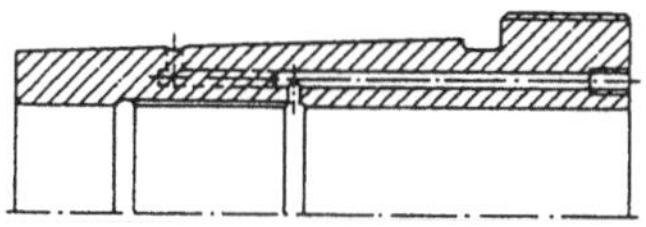

AH . . . H. bzw.
AOH . . .

c) Nutmuttern mit Sicherung

Nutmuttern mit Sicherungsblech bzw. komplettem Sicherungsbügel werden in der Regel nur als Teile von Spannhülsen geliefert, auf Wunsch aber auch als Einzelteile, z. B. für Abziehhülsen (Abziehmutter) oder zur einfachen axialen Befestigung von Lagern und anderen Maschinenteilen auf der Welle (Wellenmutter). Abmessungen siehe Koyo-Hauptkatalog). Die Nutmuttern haben bis zur Größe 40 (d_2 = 200 mm) metrisches Feingewinde mit ISO-Gewindeprofil, Gütegrad mittel und ab Größe 41 metrisches Trapezgewinde.

d) Kugeln

Kugeln aus Wälzlagerstahl (100 Cr6) haben eine Härte von 63 ± 3 HRC. Als Einzelstücke werden sie z. B. in Ventilen und Schaltgestängen verwendet, als komplette Sätze z. B. in Drehkränzen, Gleichlaufgelenken und preiswerten Lagerungen für niedrige Drehzahlen oder Schwenklagerungen. Höchste Belastbarkeit wird erzielt, wenn die Laufbahnen auf der Welle und im Gehäuse die gleiche Qualität und Härte wie übliche Wälzlagerringe aufweisen. Abmessungen siehe Abb. 120.

Toleranzen

(Meßverfahren siehe T. 2)

Spannhülsen, Abziehhülsen, Nutmuttern und Sicherungen werden nur in einer Toleranzklasse gefertigt (Abb. 118).

Kugeln werden hauptsächlich in 3 verschiedenen Toleranzen (I, II, III), selten in Klasse IV, V, VI, geliefert (Abb. 119).

Innerhalb der Klasse ist das Abmaß in Sorten unterteilt. Eine Lieferung von Kugeln gleichen Nennmaßes und gleicher Klasse kann -je nach Kugel-Anfall in der Herstellung - Kugeln nur einer Sorte oder verschiedener Sorten enthalten. Jede Sorte wird getrennt verpackt und mit dem mittleren Abmaß wie folgt gekennzeichnet: Beispiel 6 mm III + 4, d. h. in der Verpackung sind Kugeln der Klasse III mit einem tatsächlichen Durchmesser von 6,003 bis 6,005 mm enthalten.

Tragfähigkeit und Lebensdauerberechnung der Kugeln siehe T. 2.

Bohrung Kennziffer		Spannhülse			Abziehhülse							Spannhülse		Abziehhülse	
		Abmaß der Wandstärke Kegel 1:12		Radialschlag	Abmaß der Wandstärke Kegel 1:12		Abmaß der Wandstärke Kegel 1:30		Radialschlag	Breite Nennmaß (l)		Abmaß der Breite		Abmaß der Breite	
über	bis	min	max	max	min	max	min	max	max	über	bis	min	max	min	max
		µm		µm	µm				µm	mm		µm		µm	
	06	-70	+20	25	0	+33	—	—	15	18	30	-0,84	0	-330	0
06	10	-75	+25	25	0	+39	—	—	15	30	50	-1	0	-390	0
10	16	-90	+30	30	0	+46	—	—	20	50	80	-1,2	0	-460	0
16	24	-105	+35	40	0	+54	0	+35	25	80	120	-1,4	0	-540	0
24	36	-120	+40	45	0	+63	0	+40	30	120	180	-1,6	0	-630	0
36	48	-140	+50	60	0	+72	0	+46	40	180	250	-1,85	0	-720	0
48	60	-160	+55	75	0	+81	0	+52	50	250	315	-2,1	0	-810	0
60	80	-175	+60	90	0	+89	0	+57	60	315	400	-2,3	0	-890	0
80	/500	-190	+65	100	0	+97	0	+63	65	400	500	-2,5	0	-970	0
										500	630	—	—	-1050	0

Abb. 118 Toleranzen der Spann- und Abziehhülsen

Klasse	Durchmesser Nennmaß (D_W) über	bis	Toleranz Abmaß	der einzelnen Sorten	zulässige* Formabweichung	Anwendungsbeispiele
	mm		µm			
I		10	± 10,25	0,5	0,25	Genauigkeitslager
II		25	± 10,5	1	0,5	Genauigkeitslager
III		25	± 11	2	1	Kugellager
	25	50	± 13,5	3	1,5	Präzisons-Drehkränze
	50	75	± 14	4	2	Ventile
	75	100	± 17,5	5	2,5	
	100	125	± 21	6	3	
	125	150	± 24,5	7	3,5	
IV**		10	± 14	4	2	Konuslager
V**		25	± 75	50	25	Drehkränze für
	25	50	±113	75	38	Straßenfahrzeuge,
	50	75	±150	100	50	Möbelrollen,
	75	100	±188	125	63	Öler, Schnäpper
	100	125	±225	150	75	
	125	150	±263	175	88	
VI**			±200	400		Polierkugeln

* Dreipunkt-60°-Prisma-Messung ** Sonderausführungen

Abb. 119 Toleranzen der Kugeln DIN 5401

Abmessungen D_W		Gewicht je 1000Stück	Abmessungen D_W		Gewicht je 100 Stück	Abmessungen D_W		Gewicht je 10 Stuck	Abmessungen D_W		Gewicht je 1 Stück
mm	Zoll	kg	mm	Zoll	kg	mm	Zoll	kg	mm	Zoll	kg
0,4	—	0,0003	11	—	0,547	25,575	1 1/8	0,955	70	—	1,41
0,5	—	0,0005	11,112	7/16	0,564	30	—	1,11	73,025	2 7/8	1,60
0,794	1/32	0,002	11,906	15/32	0,693	30,162	1 3/16	1,13	75	—	1,74
1	—	0,004	12	—	0,710	31,750	1 1/4	1,32	76,200	3	1,82
1,5	—	0,014	12,700	1/2	0,842	32	—	1,35	80	—	2,10
1,588	1/16	0,016	13	—	0,903	33,338	1 5/16	1.52	82,550	3 1/4	2,31
2	—	0,033	13,494	17/32	1,01	34	—	1,62	85	—	2,52
2,381	3/32	0,055	14	—	1.13	34,925	1 1/8	1,75	88,900	3 1/2	2,89
2,5	—	0,064	14,288	9/16	1,20	35	—	1,77	90	—	3.00
3	—	0,111	15	—	1,39	36	—	1,92	95	—	3,52
3,175	1/8	0,132	15,081	19/32	1,41	36,512	1 7/16	2,00	95,250	3 3/4	3,55
3,5	—	0,177	15,875	5/8	1,65	38	—	2,25	100	—	4,11
3,969	5/32	0,257	16	—	1,68	38,100	1 1/2	2,27	110	—	5,47
4	—	0,263	16,669	21/32	1,91	39,688	1 9/16	2,57	120	—	7,10
4,5	—	0.374	17	—	2,02	40	—	2,63	127	5	8,42
4,762	3/16	0,446	17,462	11/16	2,19	41,275	1 5/8	2,90	150	—	13,9
5	—	0,514	18	—	2,40	42,862	1 11/16	3,24	200	—	32,9
5,5	—	0,679	18.256	23/32	2,50	44,450	1 3/4	3,61	250	—	64,2
5,556	7/32	0,702	19,050	3/4	2,84	45	—	3,74			
6	—	0,882	19,844	25/32	3,24	46,038	1 13/16	4,03			
6,350	1/4	1,03	20	—	3,29	47,625	1 7/8	4,46			
6,5	—	1,13	20,638	13/16	3,62	49,212	1 15/16	4,90			
7	—	1,41	21	—	3,81	50	1—	5,14			
7,144	9/32	1,50	22	—	4,38	50,800	2	5,39			
7,5	—	1,74	22,225	7/8	4,52	53.975	2 1/8	6,46			
7,938	5/16	2,06	23	—	5,00	55	—	6,79			
8	—	2,10	23,812	15/16	5,55	57,150	2 1/4	7,67			
8,5	—	2.52	24	—	5,68	60	—	8,82			
8,731	11/32	2,66	25	—	6,42	60,325	2 3/8	9,02			
9	—	3,00	25,400	1	6,74	63,500	2 1/2	10,3			
9,525	3/8	3,55	26	—	7,23	65	—	11,3			
10	—	4,11	26,988	1 1/16	8,08	66,675	2 5/8	12,2			
10,319	13/32	4,43	28	—	9,02	69,850	2 3/4	14,0			

Beispiel: Bezeichnung einer Kugel von 11mm Durchmesser der Klasse III: Kugel DIN 5401-11mm III

Abb. 120 Nennmaße, Gewichte und Bezeichnung der Kugeln DIN 5401

TEIL 2

WÄLZLAGER PRAXIS

2 Grundbegriffe der Wälzlagertechnik

Angestellte Lagerungen

Lagerungen, die aus spiegelbildlich angeordneten Schräglagern oder Axiallagern bestehen, müssen auf die gewünschte Lagerluft oder Vorspannung eingestellt werden. Das geschieht in der Regel bei O-Anordnung der Lager durch Verschieben des Innenringes und bei X-Anordnung durch Verschieben des Außenringes.

Axiallager

Axiallager sind Lager, die nur für axiale Belastungen konstruiert sind, also Axial-Rillenkugellager, Axial-Zylinderrollenlager und Axial-Nadellager. Ihr Nenndruckwinkel beträgt $\alpha_0 > 45°$.

Axialluft, a

Die Axialluft eines Lagers ist das Maß, um das sich ein Laufring von einer axialen Endlage bis zur anderen ohne Meßlast verschieben läßt.

Betriebsdruckwinkel, α

Bei Rollen- und Nadellagern sind Nenndruckwinkel und Betriebsdruckwinkel gleich, man spricht von Lagern mit unveränderlichem Druckwinkel. Zu dieser Gruppe werden auch Pendelrollenlager und Pendelkugellager gezählt, weil sich deren Druckwinkel bei Belastung nur geringfügig ändert.

Bei allen anderen Lagern mit starken Laufbahn-Krümmungen weicht der Betriebsdruckwinkel α, je nach Belastungshöhe mehr oder weniger vom Nenndruckwinkel α_0 ab. Für axial belastete Schräg- und Rillenkugellager gilt:

$$\sin\alpha = \frac{r_0 \cdot \sin\alpha_0 + \delta_a}{[r_0^2 \cdot \cos\alpha_0^2 + (r_0 \cdot \sin\alpha_0 + \delta_a)^2]^{1/2}} \quad \text{(Gl. 18)}$$

mit

r_0 Abstand der Krümmungsmittelpunkte [mm], s. Abb 121

δ_a axiale Verschiebung (Verformung) des Außenringes zum Außenring [mm], s.S. 248.

Bei kombinierter Belastung stellt sich an jedem Wälzkörper ein anderer Druckwinkel α ein, und infolgedessen schneiden sich die Drucklinien nicht in einem Punkt auf der Lagerachse, wie es bei axial belasteten Lagern der Fall ist.

Bei sehr hohen Drehzahlen ($n/ng \gg 1$) werden die Wälzkörper nach außen gedrückt. Dabei wird der Druckwinkel α_J am Innenring größer und der Druckwinkel α_A am Außenring kleiner. Es entsteht Bohrreibung (s.S. 268).

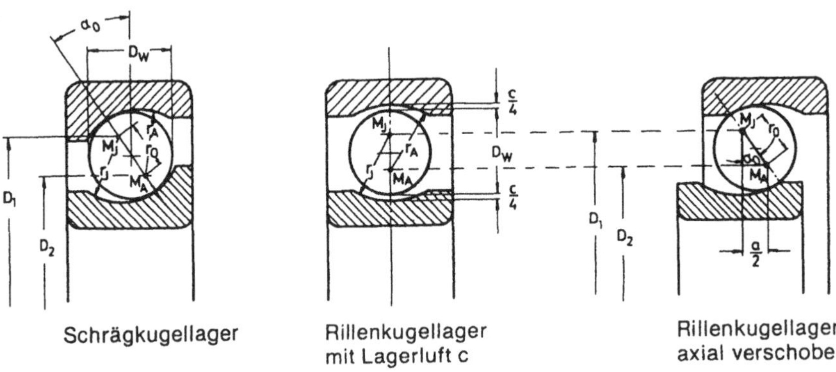

Abb. 121 Zur Berechnung der Druckwinkel α

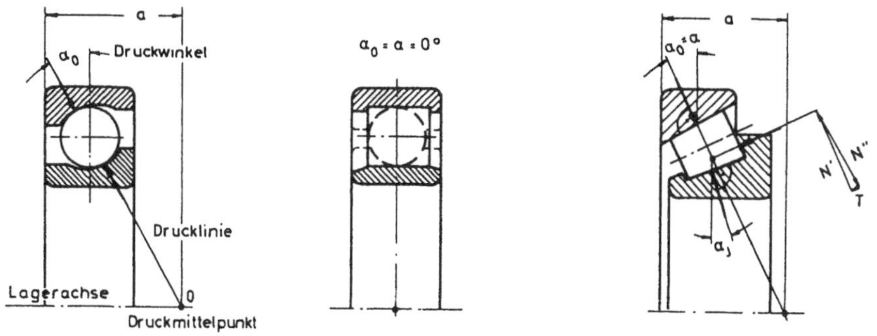

Schrägkugellager — Radiallager — Kegelrollenlager (mit Bordkomponente)

Abb. 122 Druckwinkel, Drucklinie und Druckmittelpunkt bei Wälzlagern

Betriebslagerluft, S

Neben der Axial- und Radialluft im nicht eingebauten Zustand ist die Betriebslagerluft im eingebauten Zustand von Bedeutung. Sie ist um den Betrag kleiner, der sich aus der Lagerluftverminderung durch feste Passungen beim Einbau und durch Erwärmung des Lagers im Betrieb ergibt.

Drehzahlgrenze, n_g (Bezugsdrehzahl)

Der Drehzahlfaktor f_n ist eine Hilfsgröße, die anstelle der Drehzahl zur Bestimmung der Lebensdauer eingesetzt wird.

Drehzahlgrenze, n_g

Die in den Maßtabellen aufgeführten Drehzahlgrenzen zeigen die Eignung der Lager für hohe Drehzahlen. Sie gelten für normale Lagerungen bei sorgfältigem Einbau und zweckmäßiger Schmierung.

Drucklinie

Die Wälzkörper übertragen die Kräfte von dem einen Laufring auf den anderen in Richtung der Drucklinien. Die Drucklinien stehen in den Berührungsmittelpunkten senkrecht auf den Laufbahnen bzw. den Berührungstangenten. Sie gehen bei Kugellagern durch den Kugelmittelpunkt. Bei Kegelrollenlagern und Pendelrollenlagern mit asymmetrischen Tonnenrollen steht die Drucklinie senkrecht auf derjenigen Laufbahn, die keinen Führungsbord hat.

Druckmittelpunkt, o

Als Druckmittelpunkt oder auch Druckkegelspitze bezeichnet man den Punkt auf der Lagerachse, in dem sich die Drucklinien schneiden. Bei der Berechnung der Lagerkräfte ist zu beachten, daß der Druckmittelpunkt aus Gleichgewichtsgründen auch den Bezugs- oder Angriffspunkt für die äußere Kraft F darstellt. Die Lage des Druckmittelpunktes O ist in den Maßtabellen durch das Abstandsmaß a von der großen Außenring-Stirnseite angegeben.

Druckwinkel, α

Der Druckwinkel α ist der Winkel, den die Drucklinien der Wälzkörperbelastungen mit einer zur Lagerachse senkrechten Ebene bilden. Weil sich dieser Winkel bei einigen Lagerbauarten mit der Belastung und Verformung der Lagerteile ändert, unterscheidet man zwischen dem Nenndruck- oder Konstruktionswinkel α_0 für das unbelastete Lager und dem Betriebswinkel α für das belastete Lager.

Der Druckwinkel vergrößert sich am meisten bei axial belasteten Rillenkugellagern und Schrägkugellagern, bei kombinierter Belastung sogar von Wälzkörper zu Wälzkörper, was insbesondere in der Lastverteilung (s. S. 258) zu berücksichtigen ist. Da die Druckwinkel bei Rollenlagern mit asymmetrischen Rollen am Innen- und Außenring verschieden sind, tritt bei diesen Lagern eine Bordkomponente T auf (Abb. 122). Bei

Rillenkugellagern wird der Nenndruckwinkel α_0 aber auch schon mit zunehmender Radialluft ohne Belastung größer, wenn die Lagerringe axial (bis zur spannungsfreien Berührung der Wälzkörper mit den Laufbahnen) verschoben werden und sie wie Schrägkugellager wirken (Abb. 121).

Dynamische Belastung

Die dynamische Beanspruchung ist die Belastung des umlaufenden Lagers. „Dynamisch" bezieht sich auf den Betriebszustand des Lagers und nicht auf die Wirkungsweise der Belastung. Die Höhe der Belastung und ihre Wirkungslinie können konstant bleiben.

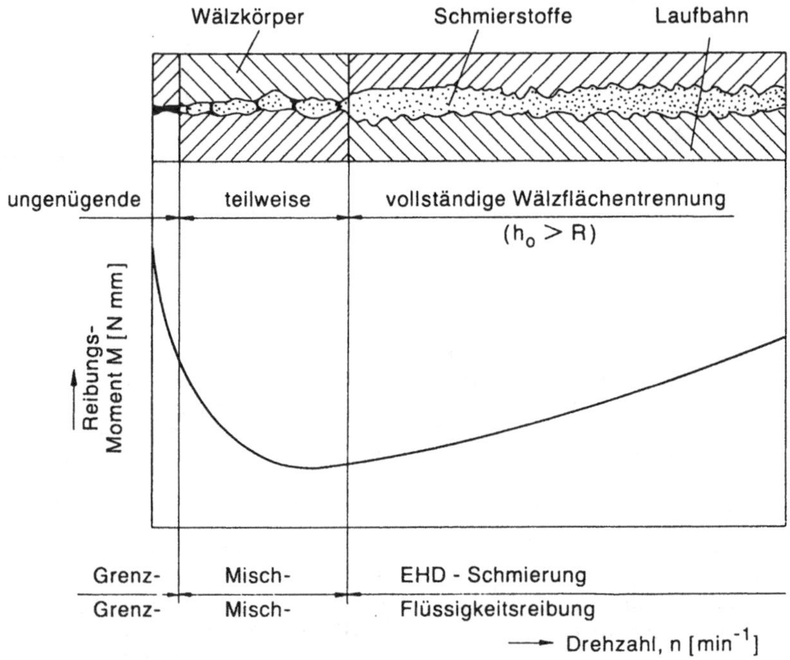

Abb. 123 Verschiedene Schmierungszustände (Striebeck-Kurve)

Ermüdungsgrenzbelastung

gleich Dauerfestigkeit (s S 208)

EHD-Schmierung

Reibungs-Drehzahl-Kennlinien (Abb. 123) zeigen, daß je nach der verwendeten Schmierstoffviskosität, den an den Wälzflächen vorhandenen Schmierstoffmengen und den Abwälzgeschwindigkeiten (Drehzahlen) sich ein verschieden dicker Schmierfilm ausbildet. Wenn dieser Schmierfilm die Wälzflächen (z.B. Wälzkörper/Innenring) ungenügend (Oberflächenspitzen plastisch verformt), teilweise oder vollständig trennt, spricht man von Grenz-, Misch- oder EHD (Flüssigkeits)-Schmierung.

Festlager

Das Lager, das die Welle oder die Nabe in beiden Richtungen führt, bezeichnet man als Festlager. Als Festlager können alle Lagerbauformen eingesetzt werden, die neben Radialbelastungen auch Axialbelastungen in beiden Richtungen aufnehmen. Ferner auch Schräglagerpaare in X- oder O-Ordnung.

Gebrauchsdauer

Die Gebrauchsdauer ist die Laufzeit, während der das Lager im Betrieb bleibt, weil es ausreichend zuverlässig funktioniert. Sie ist beendet, wenn das Lager infolge Ermüdung ausfällt oder infolge Verschleiß unbrauchbar wird.

Genauigkeitslager

Lager für erhöhte Anforderungen an die Lauf- und Führungsgenauigkeit werden zusammenfassend als Genauigkeitslager bezeichnet und in den Toleranzklassen P6, P5, P4, PC, PB, ASA3, 0, 00 usw. hergestellt.

Grenzschmierung,
siehe EHD-Schmierung

Käfig

Der Käfig ist ein Konstruktionselement zwischen den Laufbahnen, das die Wälzkörper im gleichmäßigen Abstand hält und ihre gegenläufige Berührung verhindert. Bei bordlosen Lagern führt der Käfig die Wälzkörper in die unbelasteten Zonen. Bei zerlegbaren Lagern bindet der Käfig die Wälzkörper an einen der Laufbahnringe. Die verschiedenen Käfigarten und -ausführungsformen sind in den Textteilen der Lagerbauarten beschrieben.

Kombinierte Belastung

Von kombinierter Belastung spricht man, wenn ein Wälzlager radial und axial belastet ist, die resultierende Belastung also unter dem Lastwinkel β angreift.

Krümmung und Krümmungsradien

Die Krümmung ϱ ist der Reziprokwert des zugehörigen Krümmungsradius r bzw. D/2 (Abb. 124). ϱ ist positiv, wenn der Krümmungsmittelpunkt innerhalb des Körpers liegt und negativ, wenn der Krümmungsmittelpunkt außerhalb liegt. Lager mit Punktberührung haben, wie der Axial- und Radialschnitt zeigen, zwei Krümmungsebenen, die mit I und II bezeichnet werden. So bedeutet z.B. $\varrho_{2\mathrm{I}}$ die Krümmung des Körpers „2" in der Hauptkrümmungsebene I und $\varrho_{1\mathrm{II}}$ die Krümmung des Körpers „1" in der Hauptkrümmungsebene II.

Die Summe der Krümmungen ergibt sich aus:

$$\Sigma\varrho = \varrho_{1\mathrm{I}} + \varrho_{1\mathrm{II}} + \varrho_{2\mathrm{I}} + \varrho_{2\mathrm{II}} \qquad \text{(Gl. 19)}$$

Der Abstand der Krümmungsmittelpunkte beträgt

$$r_o = 1/2\,(K_J + K_A)\, D_w\ [\mathrm{mm}] \qquad \text{(Gl. 20)}$$

$$= K \cdot D_w\ [\mathrm{mm}] \qquad \text{(Gl. 21)}$$

mit

K_J Schmiegung am Innenring
K_A Schmiegung am Außenring
K mittlere Schmiegung
D_w Wälzkörperdurchmesser [mm]

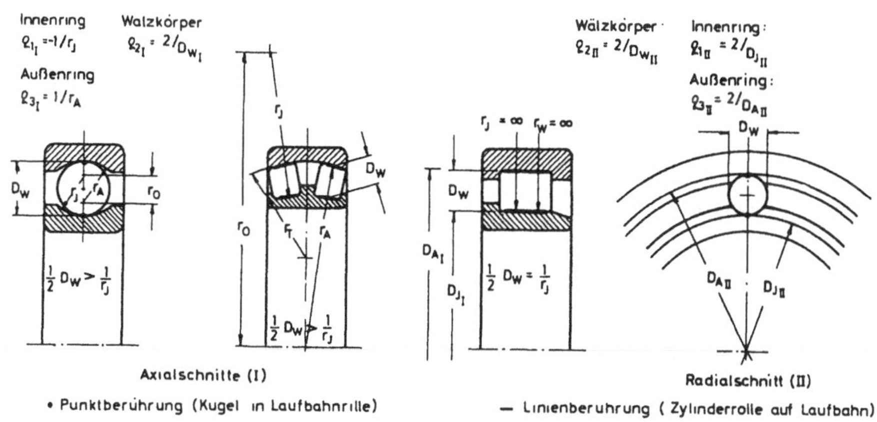

Kugellager Pendelrollenlager Zylinderrollenlager

Abb. 124 Berührungsform, Krümmung und Schmiegung in Wälzlagern

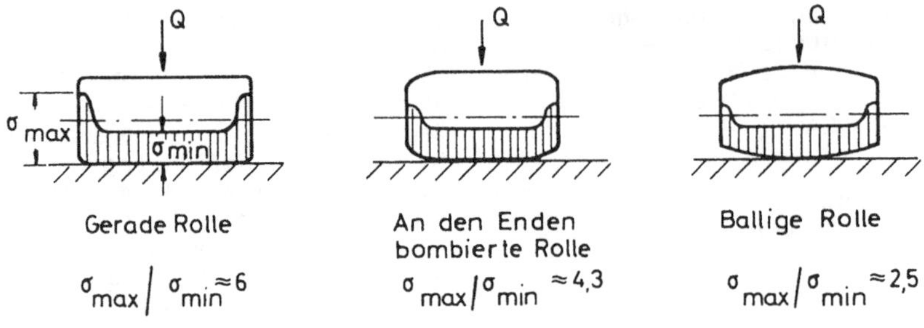

Abb. 125 Spannungsverlauf bei unterschiedlicher Rollenprofilierung (überhöht gezeichnet)

Lastwinkel, β

Als Lastwinkel wird der Winkel bezeichnet, der die Wirkungslinie der resultierenden äußeren Belastung F und die Lager-Radial-Ebene bilden. Er ergibt sich aus der Radialkomponente Fr und der Axialkomponente Fa zu $\tan\beta = Fa/Fr$.

Lebensdauer, L_h

Als Lebensdauer bezeichnet man die Ermüdungslaufzeit, d.h. die Laufzeit eines Lagers von der Inbetriebnahme bis zu seinem Ausfall infolge Werkstoffermüdung, die 90 % einer größeren Gruppe gleicher Lager unter gleichen Betriebsverhältnissen erreichen oder überschreiten. 10 % der Lager können vorher unbrauchbar werden.

Lebensdauerfaktor, f_l

Der Lebensfaktor f_l ist ein Maß für die Ermüdungslebensdauer. Er dient zur Bestimmung der Lagergröße bei dynamischer Belastung.

Linienberührung siehe Punktberührung.

Loslager

Als Loslager gilt das Lager, welches axiale Ausdehnungen/Längenunterschiede von Wellen oder Gehäuse ausgleicht. Die idealen Loslager sind Zylinderrollen- oder Nadellager mit einem bordlosen Laufring. Aber auch nichtzerlegbare Lager, wie Rillenkugellager und Pendelrollenlager werden als Loslager verwendet. Dazu erhält der punktbelastete Laufring eine lose Passung, damit dieser sich auf seiner Sitzfläche axial verschieben kann.

Mischschmierung,
siehe EHD-Schmierung

Miniaturlager

Als Miniaturlager gelten alle Wälzlager bis zu einem Außendurchmesser von 22 mm.

Modifizierte Linienberührung

Um eine möglichst gleichmäßige Spannung (Lastverteilung) über die gesamte Rollenlänge und damit eine hohe Belastbarkeit des Lagers zu erhalten, werden die Mantelflächen der Rollen und/oder die Laufbahnen der Ringe besonders profiliert. Der Spannungsverlauf bei unterschiedlicher Rollenprofilierung ist in Abb. 125 dargestellt.

Nenndruckwinkel α_o

Die Nenndruckwinkel α_o der verschiedenen Lagerbauarten sind in Abb. 126 angegeben. Sie lassen sich aber auch nach Abb. 121 wie folgt berechnen:

Schrägkugellager:

$$\cos\alpha_o = \frac{D_1 - D_2}{2 r_o} \qquad \text{(Gl. 22)}$$

$$= \frac{D_1 - D_2}{2 \cdot K \cdot D_w} \qquad \text{(Gl. 23)}$$

Rillenkugellager (axial verschoben):

$$\cos\alpha_o = 1 - \frac{c}{2 \cdot K \cdot D_w} \qquad \text{(Gl. 24)}$$

mit

D_1 Abstand der Außenring-Krümmungsmittelpunkte [mm]

D_2 Abstand der Innenring-Krümmungs-Mittelpunkte [mm]
r_0 Abstand der Krümmungsmittelpunkte [mm], s. Gl. 18
κ Mittlere Schmiegung, s. Gl. 27
D_w Wälzkörperdurchmesser [mm]
c Radial(lager)luft [mm]
$a/_2$ halbe Axialluft [mm]

Lagerbauart	Nenndruckwinkel α_0 [°]
Rillenkugellager, radial verschoben	0°
Rillenkugellager, axial verschoben	5° ... 15°
Schrägkugellager, einreihig	15° ... 40°
Schrägkugellager, zweireihig	32° ... 40°
Pendelkugellager	5° ... 20°
Zylinderrollenlager	0°
Nadellager	0°
Kegelrollenlager	10° ... 30°
Pendelrollenlager	4° ... 18°
Axial-Rillenkugellager	90°
Axial-Schrägkugellager	60°
Axial-Pendelrollenlager	50°

Abb. 126 Nenndruckwinkel verschiedener Lagerbauarten

O-Anordnung

Werden zwei Schräglager spiegelbildlich so eingebaut, daß der Druckmittelpunkt des linken Lagers links neben dem Lager liegt und der Druckmittelpunkt des rechten Lagers rechts neben dem Lager liegt, spricht man von der O-Anordnung (Abb. 129).

Pendellager

Pendellager sind alle Wälzlagerbauarten mit kugeliger Außenringlaufbahn, die sich bei Fluchtfehlern sowie bei Wellen- und Gehäusedurchbiegungen während des Laufes pendelnd einstellen. Dazu gehören Pendelkugellager, Radial- und Axial-Pendelrollenlager, aber nicht Axial-Rillenkugellager mit kugeliger Gehäusescheibe und Gehäuselager, weil sie sich nur beim Einbau einstellen.

Punkt-, Pendel- oder Umfangslast

Je nachdem, ob die Radialbelastung relativ zum betrachteten Laufring steht, pendelt oder umläuft, hat man es mit Punkt-, Pendel- oder Umfangslast zu tun. Das zu wissen ist für die Passungsauswahl entscheidend.

Punkt- oder Linienberührung

Die Berührungsform ergibt sich aus der Art, wie sich Wälzkörper und Laufbahnen im Axialschnitt im unbelasteten Zustand berühren (Abb. 124).
Wenn das Profil des konvexen Wälzkörpers stärker als das Profil der konkaven Laufbahn gekrümmt ist, berühren sich beide Körper in einem Punkt und man spricht von Punktberührung. Haben dagegen die Körper die gleiche Krümmung, berühren sich die Körper auf einer Linie, spricht man von Linienberührung.
Punktberührung liegt danach bei allen Kugellagern, Linienberührung bei allen Rollenlagern vor.
Pendelrollenlager und Rollenlager, die für den Spannungsabbau an den Rollenenden leicht ballige Wälzkörper haben, nehmen insofern eine Sonderstellung ein, als sie im unbelasteten Zustand Punktberührung, im belasteten Zustand jedoch Linienberührung aufweisen. Die Krümmungen in den Rollen und Laufbahnen dieser Lager sind jedoch so gering, daß bereits bei mittlerer Belastung eine Druckfläche entsteht, die mit der einer Linienberührung ungefähr gleich gesetzt werden kann.

Radiallager

Radiallager sind Lager, die in erster Linie für radiale Belastungen konstruiert wurden. Sie haben einen Nenndruckwinkel $\alpha_0 \leqq 45°$.

Radialluft, c

Die Radialluft eines Lagers ist das Maß, um das sich ein Laufring von einer radialen Endlage bis zur anderen ohne Meßlast verschieben läßt.

Radialluftgruppe

Weil die Lagerluft eines Wälzlagers auf die Einbauverhältnisse (Passungen, Drehzahl, Belastung, Temperaturgefälle usw.) abgestimmt werden muß, werden die Wälzlager in mehreren Radialluftgruppen gefertigt (C1 ... C5).

Schmiegung (Radienverhältnis)

Bei allen Wälzlagern, deren Laufbahnprofil im Axialschnitt (Hauptkrümmungsebene I) gekrümmt ist, hat die Laufbahn aus kinematischen Gründen einen etwas größeren Radius als der Wälzkörper (Abb. 124). Dieser Krümmungsunterschied wird durch die Schmiegung κ gekennzeichnet:

Kugellager

$$\kappa_J = \frac{2r_J - D_w}{D_w} = \frac{2r_J}{D_w} - 1 \qquad \text{(Gl. 25)}$$

$$\kappa_A = \frac{2r_A - D_w}{D_w} = \frac{2r_A}{D_w} - 1 \qquad \text{(Gl. 26)}$$

$$\kappa = \tfrac{1}{2}(\kappa_J + \kappa_A) \qquad \text{(Gl. 27)}$$

Lager mit Tonnenrollen

$$\kappa_J = \frac{r_J - r_T}{r_T} = \frac{r_J}{r_T} - 1 \qquad \text{(Gl. 28)}$$

$$\kappa_A = \frac{r_A - r_T}{r_T} = \frac{r_J}{r_T} - 1 \qquad \text{(Gl. 29)}$$

$$\kappa_A = \frac{r_A - r_T}{r_T} = \frac{r_A}{r_T} - 1 \qquad \text{(Gl. 30)}$$

mit

- κ_J Schmiegung am Innenring
- κ_A Schmiegung am Außenring
- κ Mittlere Schmiegung
- D_w Wälzkörperdurchmesser [mm]
- r_J Rillenradius der Innenringlaufbahn [mm]
- r_A Rillenradius der Außenringlaufbahn [mm]
- r_T Radius des Tonnenrollprofils [mm]

Die Angaben über Schmiegungen beziehen sich auf den unbelasteten Zustand. Bei Belastung wird die Schmiegung enger. Im allgemeinen ist die Schmiegung so festgelegt, daß sich bei durchschnittlichen Belastungsfällen eine hohe Tragfähigkeit mit guten Laufeigenschaften verbindet. Nur in Sonderfällen wird die Schmiegung manchmal auf eine bestimmte Lagereigenschaft abgestimmt, so daß z.B. in einem Fall höchste Tragfähigkeit (enge Schmiegung) oder in einem anderen Fall möglichst geringe Reibung (weite Schmiegung) besonders ausgeprägt ist.

Schräglager

Schräglager ist der Sammelbegriff für einreihige Lager, deren Drucklinien in einem konstanten Winkel schräg zur Radialrichtung verlaufen, also Schrägkugellager, Kegelrollenlager, Axial-Pendelrollenlager und axial belastete Rillenkugellager.

Schwimmende Lagerung

Der Aufbau ähnelt der angestellten Lagerung. Während man mit der angestellten Lagerung die geringstmögliche Lagerluft oder Vorspannung anstrebt, beläßt man bei der schwimmenden Lagerung zur Montagevereinfachung ein größeres Axialspiel (ca. 0,5 ... 1,0 mm) für die Wellenausdehnung. Dazu bieten sich Zylinderrollenlager der Bauart NJ oder NF an; aber auch z.B. Rillenkugellager oder Pendelrollenlager, wenn eine lose Passung und Axialluft zwischen Lagerring und Stützschulter vorgesehen werden.

Statische Belastung

Als statische Belastung gilt die Belastung des stillstehenden, schwenkenden oder mit geringer Drehzahl ($n < 10\ \text{min}^{-1}$) umlaufenden Lagers.

Stützbasis, wirksamer Lagerabstand

Die Stützbasis einer Lagerung ist der Abstand der (beiden) Lagerstellen (Lastangriffspunkte), wobei man bei Radiallagern von den Lagermitten und bei einreihigen Schräglagern von den Druckmittelpunkten aus mißt. Bei einer Lagerung gemäß Abb. 127 liegt der Angriffspunkt für die Lagerbelastung des zweireihigen Schräglagers zwischen der Lagermitte und dem Druckmittelpunkt der axialbelasteten Wälzkörperreihe. Seine Lage läßt sich näherungsweise nach Abb. 326, S. 579 berechnen.

Tandem-Anordnung

Werden zwei oder mehrere Schräglager nicht spiegelbildlich, sondern gleichsinnig (unmittelbar) nebeneinander eingebaut, spricht man von der Tandemanordnung (Abb. 129). Damit sich die Axialbelastung auf alle Lager gleichmäßig verteilen kann, muß entweder eine Universalausführung der Lager oder Lager mit Paßscheiben vorgesehen werden.

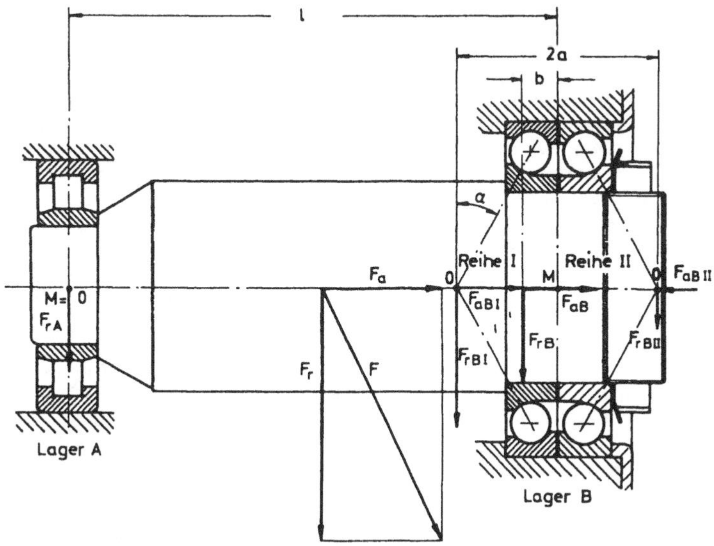

Abb. 127 Stützbasis (L), Druckmittelpunkte (O), Lagermittelpunkte (M) und Belastungskomponenten bei einer Lagerung mit 2 Schrägkugellagern als Festlager

Tribologie

Tribologie ist die Lehre von der wissenschaftlichen Erforschung und der technischen Anwendung/Beeinflussung der Vorgänge/Erscheinungen zwischen aufeinander einwirkenden, relativ zueinander bewegten Oberflächen. Sie liefert Unterlagen zur Werteerhaltung durch Schmierungsempfehlungen, Verschleiß- und Reibungsminimierungen.

Universal-Ausführung

Besondere Schrägkugellager-Ausführung, bei der die Lager der Stirnflächen zu den Laufrillen so eng toleriert ist (flush grinding), daß die Lager ohne Paßscheiben in O-, X- oder Tandem-Anordnung eingebaut werden können, ohne den Anstellzustand zu verändern.

Wälzelemente

Wälzelemente sind Wälzkörper und Laufringe.

Wälzkörper

Wälzkörper ist der Sammelbegriff für die sich auf den Laufbahnen abwälzenden oder abrollenden Körper.
Als Wälzkörper kommen Kugeln, Zylinderrollen, Nadel, Kegelrollen und Tonnenrollen zur Anwendung (Abb. 128).

Wälzen

gleich (Ab)rollen mit geringer Gleitung

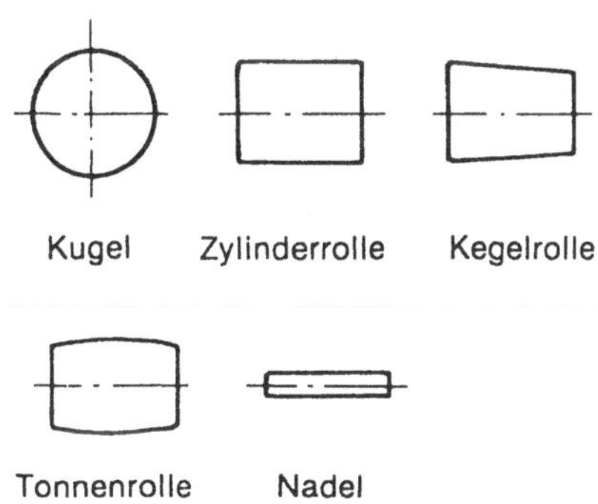

Abb. 128 Wälzkörper

Wälzlager

Wälzlager ist der Oberbegriff für Kugel-, Rollen-, Nadel- und Gehäuselager. Im Gegensatz zu Gleitlagern wird die Last nicht durch Gleiten, sondern durch Abwälzen übertragen. Sie bestehen, von einigen Ausnahmen abgesehen, aus zwei Laufbahnringen (Innen- und Außenring oder Wellen- und Gehäusescheibe), einem Wälzkörpersatz und einem Käfig. Je nach Eigenschaft und Verwendung unterscheidet man zwischen Radial-, Schräg- und Axiallagern (Hauptlastrichtung), zwischen Kugel-, Rollen- und Nadellagern (Wälzkörper), zwischen Los-, Fest- und schwimmenden Lagern (Wellenführung) und zwischen Pendellagern und nicht einstellbaren Lagern (Winkelbeweglichkeit).

Die wichtigsten Eigenschaften und Vorteile der Wälzlager sind:

- geringer, fast gleichbleibender Reibungswiderstand sowohl beim Anfahren als auch bei schneller Bewegung. (Wälzreibung) → niedrige Leistungsverluste/Lagertemperaturen.
- hohe Tragfähigkeit bei geringer Baubreite, weitgehend unabhängig von der Geschwindigkeit → kompakte Konstruktion.
- geringe thermische Belastung des Schmierstoffes → niedriger Schmierstoffverbrauch mit langer Gebrauchsdauer und großen Wartungsintervallen.
- praktisch kein Verschleiß bei sachgerechtem Einbau, sorgfältiger Wartung und wirksamer Abdichtung → gute Laufgenauigkeit über lange Gebrauchszeiten.
- international genormtes, austauschbares Maschinenelement → überall erhältlich, große Fertigungslose, niedrige Herstellungskosten.

Wälzlager können überall da eingesetzt werden, wo sich etwas dreht oder etwas bewegt werden soll. So begegnet man Wälzlagern praktisch auf allen Gebieten der modernen Technik, wie z.B. im Haushalt (in Wasch-, Näh- und Küchenmaschinen), im Büro (in Schreib-, Rechen- und Zeichenmaschinen, Fernschreibern, Kopierern, EDV-Anlagen), in Kraftfahrzeugen (in Getrieben, Kupplungen, Achsen, Lenkungen, Motoren), in der Landwirtschaft (in Traktoren, Anhängern, Mähmaschinen), in Bau- und Fördermaschinen, in Walzwerken, in Lokomotiven, in Flugzeugen, in der Raumfahrttechnik, in Schiffen usw.

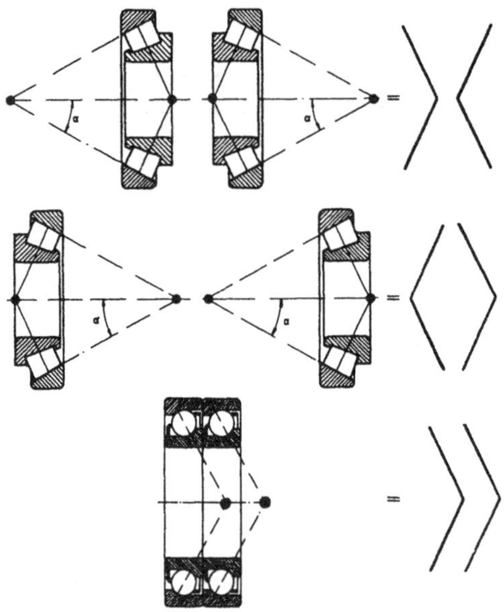

= **X-Anordnung**
(Drucklinien bilden ein „X" oder X-ähnliches Gebilde:) (, X. Scheitelpunkte liegen außerhalb der Lager).

= **O-Anordnung**
(Drucklinien bilden ein O-ähnliches Gebilde, ( ), ( ). Scheitelpunkte liegen meistens innerhalb der Lager).

= **Tandem-Anordnung**
(Drucklinien laufen parallel)

Abb. 129 Anordnung der Schräglager

Wälzkörperführung

Mit Ausnahme der Kugel, die in jeder Lage dieselben Berührungs- und Abwälzverhältnisse hat, muß für die anderen Wälzkörperarten im Betrieb die parallele Lage ihrer Drehachsen zu den Laufbahnen zwangsweise gewährleistet werden. Abweichungen (Schränkungen) führen zur Aufhebung der Linienberührung und damit zu wesentlich höheren spezifischen Lagerbeanspruchungen. Außerdem verschlechtern sich die Laufeigenschaften; Reibung/Erwärmung und Verschleiß nehmen zu. Da im praktischen Betrieb schiefstellende Kräfte auf die Rollen durch Ungenauigkeiten und elastische Verformungen der Gegenstücke (asymmetrische Lastverteilung) nicht ganz auszuschließen sind, müssen die Rollen achsparallel geführt werden. Dazu dienen in den meisten Fällen Führungsborde an den Laufringen, gelegentlich aber auch nur die Käfigtaschen. Symmetrische Rollen werden deshalb mit engem Spiel zwischen zwei Borde geführt (Spielführung), asymmetrische Rollen an einem Bord durch die Bordkomponente (Spannungs- oder Zwangsführung).

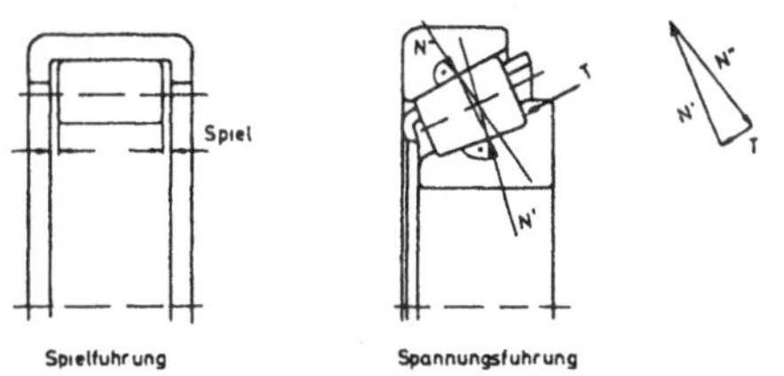

Spielführung Spannungsführung

Abb. 130 Wälzkörperführung zwischen/an Borden

Winkelbeweglichkeit

Unter Winkelbeweglichkeit oder Einstellbarkeit eines Lagers versteht man die Möglichkeit der Schiefstellung der beiden Lagerringe zueinander, ohne daß ein Zwang zwischen den Wälzkörpern und den Laufbahnen auftritt. Lager mit kugeliger Außenringlaufbahn (Pendellager) haben eine vollkommene Winkelbeweglichkeit, die lediglich dadurch begrenzt ist, daß bei einem bestimmten Schwenkwinkel die Druckflächen den Laufbahnrand erreichen und ab dann die Wälzkörper nicht mehr voll tragen. Alle übrigen Lager lassen keine oder nur im Rahmen der vorhandenen Lagerluft und zulässigen elastischen Verformung der Wälzelemente mögliche Schiefstellungen zu. Zylinder- und Kegelrollenlager hat man auch aus diesem Grunde mit profilierten Rollenmantelflächen und/oder profilierten Laufbahnen versehen. Zulässige Werte sind in den Textteilen der Lagerbauarten angegeben.

X-Anordnung

Werden zwei Schräglager spiegelbildlich so eingebaut, daß der Druckmittelpunkt des linken Lagers rechts neben dem Lager liegt und der Druckmittelpunkt des rechten Lagers links neben dem Lager liegt, spricht man von der X-Anordnung (Abb. 129).

Zerlegbare Lager

Als zerlegbar werden Wälzlager bezeichnet, deren beide Laufringe getrennt von einander eingebaut werden können. Zerlegbar sind in der Regel Axial-Rillenkugellager, Zylinderrollenlager, Nadellager, Kegelrollenlager und Axial-Pendelrollenlager.

3 Baumaße und Bezeichnungssysteme

Hersteller und Anwender von Wälzlagern haben aus Preis-, Qualitäts- und Ersatzteilgründen ein Interesse an einer begrenzten Anzahl von Lagergrößen. Die internationale Normungsorganisation ISO hat daher frühzeitig Normwerte für die Hauptabmessungen der Wälzlager festgelegt (ISO/R15, ISO/R355, ISO/R104), welche in DIN 616 übernommen bzw. vorweggenommen wurden. Die genormten Abmessungen geben den Konstrukteuren bereits beim ersten Entwurf einen Anhalt für die Größe des Einbauraumes und schließen Beschaffungsschwierigkeiten aus, weil genormte Lager überall zu beziehen sind.

3.1 Baumaße

In erster Linie sind die äußeren Abmessungen, die den Einbauraum der Lager bestimmen, genormt (DIN 616 + DIN ISO 355). In zweiter Linie folgen die Mindesttragzahlen der Wälzlager (DIN 622) und in dritter Linie gibt es erste Festlegungen über innere Abmessungen (z.B. Kegelrollenlager DIN ISO 355). Bisher nicht genormt sind innere Abmessungen wie z.B. Größe und Anzahl der Wälzkörper, Teilkreisdurchmesser, Schmiegung, Axialluft usw. Bei ihrem Bestreben nach optimalen Wälzlagerkonstruktionen sind die verschiedenen Hersteller aber im Laufe der Entwicklungszeit unabhängig voneinander zu sehr ähnlichen inneren Abmes-

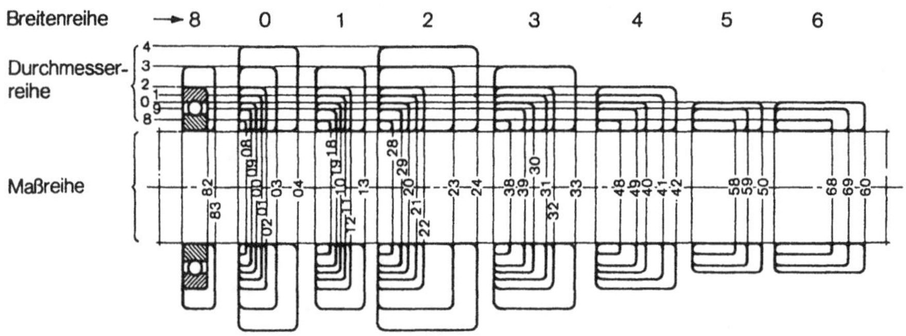

Abb. 131 Vergleich der Maßreihen für Radiallager DIN 616 des gleichen Bohrungsdurchmessers

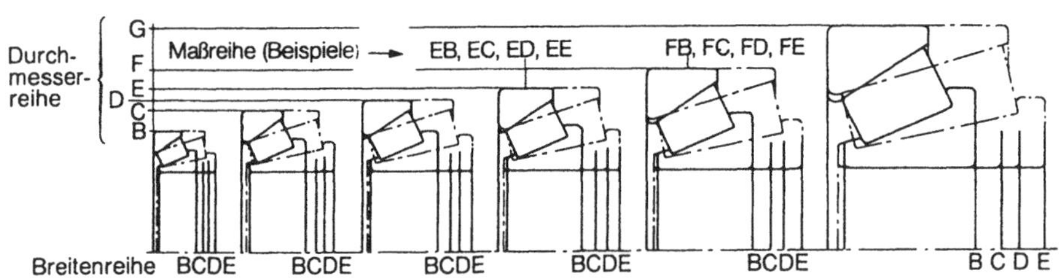

Abb. 132 Vergleich der Maßreihen für Kegelrollenlager DIN ISO 355 des gleichen Bohrungsdurchmessers

sungen gelangt. Anhaltswerte siehe Abb. 142. Ausgehend von den zu Beginn des Jahrhunderts bereits hergestellten Wälzlagern wurden die Reihen systemastisch erweitert. Dabei hat man sich nicht nur auf die seinerzeit in Betracht kommenden Reihen beschränkt, sondern auch Lagerabmessungen festgelegt, die vielleicht erst in Zukunft konstruiert und hergestellt werden. Wenn also in Sonderfällen Lager mit Maßen erforderlich sind, die nicht in den Maßtabellen der Wälzlagerhersteller vorkommen, wird man immer zu diesen Maßplänen greifen. Dadurch wird einerseits der fortschreitenden technischen Entwicklung Rechnung getragen und andererseits dem Wildwuchs der Abmessungen vorgebeugt.
Nach DIN 616 gibt es fünf metr. Maßpläne, nämlich für Radiallager (Abb. 137), Kegelrollenlager (Abb. 138), einseitig wirkende Axiallager (Abb. 139), für zweiseitig wirkende Axiallager (o. Abb.), und für die Ringnuten von Wälzlaaern (Abb. 140).
Für Lager mit Zollabmessungen (z. B. Kegelrollenlager (s. Koyo-Hauptkatalog) haben sich ähnliche Normen entwickelt, die hier aber nicht weiter erläutert werden sollen.
Der Maßplan für metrische Kegelrollenlager DIN 616 soll durch den Maßplan DIN ISO 355 abgelöst werden. Dadurch werden etwa 80 Größen entfallen, die aufgrund ihrer ungünstigen Querschnittsverhältnisse in modernen Maschinen nur bedingt Anwendung finden. Hinzu kommen 191 neue, niedrigbauende Lager, die den stetig steigenden weltweiten Forderungen nach kompakten, gewichtssparenden und wirtschaftlichen Maschinenbauweisen besser entsprechen.
In den metr. Maßplänen sind einer Bohrung mehrere Außendurchmesser und mehrere Breitenmaße zugeordnet (Abb. 131). So können mehrere Lager gleicher oder unterschiedlicher Bauart konstruiert werden, die bei gleicher Bohrung unterschiedliche Tragzahlen und Eigenschaften haben. Ohne den Einbauraum zu verändern kann der Konstrukteur so z. B. ein Rillenkugellager durch ein tragfähigeres und sonstwie besser geeignetes Zylinderrollenlager oder auch Schrägkugellager ersetzen. Bei Kegelrollenlagern DIN 720 und zweireihigen Lagern gilt dies nur bezogen auf den Lageraußendurchmesser, da für deren Breitenmaße besondere Bestimmungen gelten. Dieses Prinzip der gleichen Dimensionen für verschiedene Lagerbauarten wurde allerdings bei metrischen Kegelrollenlagern nach DIN ISO 355 zugunsten einer optimalen Gestaltung der Lagerquerschnitte wieder aufgegeben (Abb. 132).

3.2 Bezeichnungssystem DIN 623

Jedes genormte metrische Lager gehört zu einer bestimmten „Maßreihe", die aus zwei Ziffern besteht, die erste für die Breitenreihe und die zweite für die Außendurchmesserreihe. Das Kennzeichen für die „Maßreihe" wird dem Kennzeichen für die Lagerbauart angefügt und bildet zusammen mit eventuellem Nachsetzzeichen, das eine Änderung der inneren Konstruktion angibt, die Bezeichnung für eine Lagerreihe.
Abb. 134 zeigt schematisch den Aufbau dieses Bezeichnungssystems. Über den Lagerzeichnungen sind die populären Lagerreihen einer jeden Lagerbauart angegeben und unter den Lagerzeichnungen die Zeilen für die Breitenreihe und den Außendurchmesser. Die eingeklammerten Ziffern müßten bei einer strikten Befolgung des Bezeichnungssystems ebenfalls erscheinen, wurden aber aus praktischen Erwägungen weggelassen. Beispiele für die Lagerbezeichnungen sind in Abb. 135 zusammengestellt.
Die Abb. 135 deutet gleichzeitig an, daß nicht sämtliche Maßreihen für alle Lagerarten geeignet sind oder sich aus wirtschaftlichen Gründen verbieten. Als weiteres Beispiel mögen die Festlegungen in DIN 616 (Abb. 133) dienen. Es liegt grundsätzlich im Ermessen des Lagerherstellers, welche Maßreihen er für einzelne Lagerbauarten auswählt und in sein Lieferprogramm aufnimmt. Über die Liefermöglichkeiten bestimmter Lager muß sich der Verbraucher mit dem Hersteller verständigen.

Breiten- bzw. Höhenreihen	Durchmesserreihe 7	8	9	0	1	2	3	4	5
7	—	—	—	70	71	72	73	74	—
8	—	—	—	—	—	82	83	—	—
9	—	—	—	90	91	92	93	94	95
0	—	08	09	00	01	02	03	04	—
1	17	18	19	10	11	12	13	14	—
2	—	28	29	20	21	22	23	24	—
3	37	38	39	30	31	32	33	—	—
4	—	48	49	40	41	42	—	—	—
5	—	58	59	50	—	—	—	—	—
6	—	68	69	60	—	—	—	—	—

Abb. 133 Festlegung der Maßreihen nach DIN 616 (neuester Stand Februar 1973)

								NU (0) 4
								NJ (0) 4
								NUP (0) 4
								NU 23
		223			544			NJ 23
		213			524	6(0)4		NUP 23
		232			543	623		NU (0) 3
		222			523	6(0)3		NJ (0) 3
		241	323		542	(60)3		NUP (0) 3
		231	313		522	622		N (0) 3
		240	303			6(0)2		NU 22
		230	332		534	(60)2		NJ 22
	112	239	322		514	16(0)1		NUP 22
	(1)23		302		533	630		NU (0) 2
	1(0)3		331		513	6(0)0		NJ (0) 2
	(1)22	294	330		532	16(0)0		NUP (0) 2
(0)33	1(0)2	293	320	4(2)3	512	6(1)9	7(0)3	N (0) 2
(0)32	1(1)0	292	329	4(2)2	511	6(1)8	7(0)2	NU 10

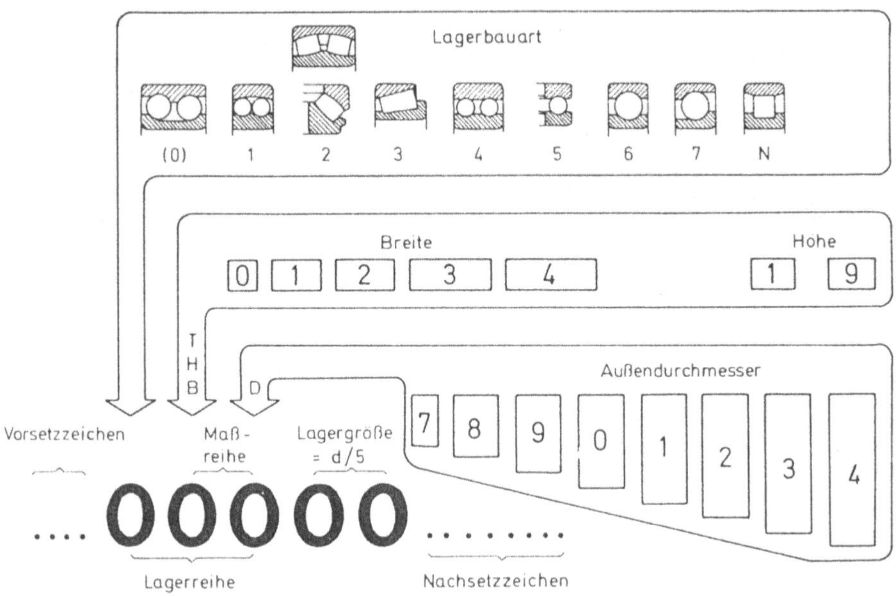

Abb. 134 Wälzlager-Bezeichnungssystem DIN 623

Lagerbauart	Lager-Nr. (Kurzzeichen)	Lager-reihe	Lager-kennzeichen	Breiten-reihe	Durchmes-serreihe	Bohrungs-kennzahl	Abmessungen dxDxB [mm]
Kleines Rillenkugellager	607	6(1)0	6	(1)	0	7	7x19x6
(Radial-) Rillenkugellager	6209	6(0)2	6	(0)	2	09	45x85x19
	6812	6(1)8	6	1	8	12	60x78x10
	6910	6(1)9	6	1	9	10	50x72x12
	6404	6(0)4	6	(0)	4	04	20x72x19
Einreihiges Schrägkugellager	7205	7(0)2	7	(0)	2	05	25x72x17
Zweireihiges Schrägkugellager	3208	(0)32	0	3	2	08	40x80x30,2
Zylinderrollenlager	NJ2206	NJ22	NJ	2	2	06	30x62x20
	NNU4968	NNU49	NNU	4	9	68	340x460x118
	NN3096	NN30	NN	3	0	96	480x700x165
	NU1008	NU10	NU	1	0	08	40x68x15
Pendelkugellager	1305	1(0)3	1	(0)	3	05	25x62x17
Pendelrollenlager	22212	222	2	2	2	12	60x110x28
	24152	241	2	4	1	52	260x440x180
Axial-Pendelrollenlager	29317	293	2	9	3	17	85x150x39
Kegelrollenlager (DIN720)	30212	302	3	0	2	12	60x110x23,75
Zweireihiges Rillenkugellager	4207	4(2)2	4	(2)	2	07	35x72x23
Axial-Rillenkugellager	51107	511	5	1	1	07	35x52x12

Abb. 135 Beispiele für Lagerbezeichnungen DIN 623

3.3 Bezeichnungssystem DIN ISO 355

Die Maßreihen werden hier durch eine Ziffer und zwei Buchstaben gekennzeichnet. Die Ziffer steht für einen bestimmten Bereich von Berührungswinkeln, die sogenannte Winkelreihe, der erste Buchstabe für die Durchmesserreihe und der zweite Buchstabe für die Breitenreihe. Die Maßreihe mit vorangesetztem Kennzeichen für die Lagerbauart (hier metrische Kegelrollenlager = T) bildet die Lagerreihe. Lagerreihe plus Kennzahl für den Bohrungsdurchmesser (hier unverschlüsselt der Bohrungsdurchmesser, 3-stellig in mm) ergibt dann schließlich das bestimmte Lager (Abb. 136).

Da eine sofortige Umstellung der Lagerbezeichnungen auf die neue ISO-Norm für Kegelrollenlager mit beträchtlichen Schwierigkeiten verbunden ist, ja teilweise mit konstruktiven Änderungen von Anschlußteilen, Werkzeugen und vor allen Dingen mit Änderungen von Zeichnungen, Stücklisten und EDV-Daten verbunden ist, behalten alle Wälzlagerhersteller die bisherigen Bezeichnungen zunächst noch (parallel) bei. Nur bei den neu in DIN ISO aufgenommenen Lagern wird dieses Bezeichnungssystem voll angewendet.

Beispiel

Gegeben: Kegelrollenlager 30212 DIN 720, dxDxT = 60x110x23,75 mm, $y_0 = 0{,}81$

Gesucht: Bezeichnung nach DIN ISO 355

Lösung: $\cot\alpha = \dfrac{y_0}{0{,}22} = \dfrac{0{,}81}{0{,}22} = 3{,}68$

$\rightarrow \alpha = 15{,}2^\circ \rightarrow$ Winkelreihe 3

$$\frac{D}{d^{0,77}} = \frac{110}{60^{0,77}} = 4{,}701$$

→ Durchmesserreihe E

$$\frac{T}{(D\text{-}d)^{0,95}} = \frac{23{,}75}{(110-60)^{0,95}} = 0{,}58$$

→ Breitenreihe B

Bezeichnung nach DIN ISO 355:
T 3 EB 060

Winkelreihe	α über	α bis
1	Reserviert für künftige Anwendungsfälle	
2	10°	13°52'
3	13°52'	15°59'
4	15°59'	18°55'
5	18°55'	23°
6	23°	27°
7	27°	30°

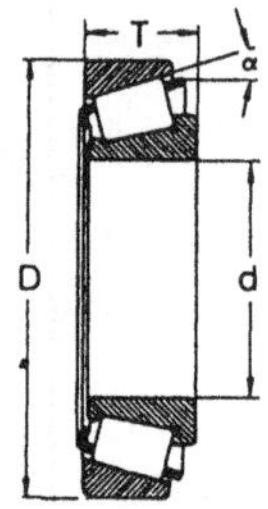

Lagerbauart T (Kegelrollenlager)

Durchmesserreihe	$\frac{D}{d^{0,77}}$ über	$\frac{D}{d^{0,77}}$ bis
A	Reserviert für künftige Anwendungsfälle	
B	3,40	3,80
C	3,80	4,40
D	4,40	4,70
E	4,70	5,00
F	5,00	5,60
G	5,60	7,00

Breitenreihe	$\frac{T}{(D-d)^{0,95}}$ über	$\frac{T}{(D-d)^{0,95}}$ bis
A	Reserviert für künftige Anwendungsfälle	
B	0,50	0,68
C	0,68	0,80
D	0,80	0,88
E	0,88	1,00

Maßreihe Bohrungsdurchmesser

T · · · 000

Abb. 136 Bezeichnungssystem der Kegelrollenlager DIN ISO 355

	Durchmesserreihe 8										Durchmesserreihe 9									
		Breitenreihe										Breitenreihe								
		0	1	2	3	4	5	6				0	1	2	3	4	5	6		
d	D	B							r[1)]	r	D	B							r[1)]	r
0,6	2,5	—	1	—	1,4					0,15										
1	3	—	1	—	1,5					0,15	4	—	1,6	—	2,3					0,2
1,5	4	—	1,2	—	2					0,2	5	—	2	—	2,6					0,3
2	5	—	1,5	—	2,3					0,2	6	—	2,3	—	3					0,3
2,5	6	—	1,8	—	2,6					0,3	7	—	2,5	—	3,5					0,3
3	7	—	2	—	3					0,3	8	—	3	—	4					0,3
4	9	—	2,5	3,5	4					0,3	11	—	4	—	5					0,3
5	11	—	3	4	5					0,3	13	—	4	—	6	10				0,3
6	13	—	3,5	5	6					0,3	15	—	5	—	7	10				0,3
7	14	—	3,5	5	6					0,3	17	—	5	—	7	10				0,3
8	16	—	4	5	6	8				0,4	19	—	6	—	9	11				0,3
9	17	—	4	5	6	8				0,4	20	—	6	—	9	—	11			0,5
10	19	—	5	6	7	9				0,5	22	—	6	8	10	13	16	22		0,5
12	21	—	5	6	7	9				0,5	24	—	6	8	10	13	16	22		0,5
15	24	—	5	6	7	9				0,5	28	—	7	8,5	10	13	18	23		0,5
17	26	—	5	6	7	9				0,5	30	—	7	8,5	10	13	18	23		0,5
20	32	4	7	8	10	12	16	22	0,5	0,5	37	7	9	11	13	17	23	30	0,5	0,5
22	34	4	7	—	10	—	16	22	0,5	0,5	39	7	9	11	13	17	23	30	0,5	0,5
25	37	4	7	8	10	12	16	22	0,5	0,5	42	7	9	11	13	17	23	30	0,5	0,5
28	40	4	7	—	10	—	16	22	0,5	0,5	45	7	9	11	13	17	23	30	0,5	0,5
30	42	4	7	8	10	12	16	22	0,5	0,5	47	7	9	11	13	17	23	30	0,5	0,5
32	44	4	7	—	10	—	16	22	0,5	0,5	52	7	10	13	15	20	27	36	0,5	1
35	47	4	7	8	10	12	16	22	0,5	0,5	55	7	10	13	15	20	27	36	0,5	1
40	52	4	7	8	10	12	16	22	0,5	0,5	62	8	12	14	16	22	30	40	0,5	1
45	58	4	7	8	10	13	18	23	0,5	0,5	68	8	12	14	16	22	30	40	0,5	1
50	65	5	7	10	12	15	20	27	0,5	0,5	72	8	12	14	16	22	30	40	0,5	1
55	72	7	9	11	13	17	23	30	0,5	0,5	80	9	13	16	19	25	34	45	0,5	1,5
60	78	7	10	12	14	18	24	32	0,5	0,5	85	9	13	16	19	25	34	45	0,5	1,5
65	85	7	10	13	15	20	27	36	0,5	1	90	9	13	16	19	25	34	45	0,5	1,5
70	90	8	10	13	15	20	27	36	0,5	1	100	10	16	19	23	30	40	54	1	1,5
75	95	8	10	13	15	20	27	36	0,5	1	105	10	16	19	23	30	40	54	1	1,5
80	100	8	10	13	15	20	27	36	0,5	1	110	10	16	19	23	30	40	54	1	1,5
85	110	9	13	16	19	25	34	45	0,5	1,5	120	11	18	22	26	35	46	63	1	2
90	115	9	13	16	19	25	34	45	0,5	1,5	125	11	18	22	26	35	46	63	1	2
95	120	9	13	16	19	25	34	45	0,5	1,5	130	11	18	22	26	35	46	63	1	2
100	125	9	13	16	19	25	34	45	0,5	1,5	140	13	20	24	30	40	54	71	1	2
105	130	9	13	16	19	25	34	45	0,5	1,5	145	13	20	24	30	40	54	71	1	2
110	140	10	16	19	23	30	40	54	1	1,5	150	13	20	24	30	40	54	71	1	2
120	150	10	16	19	23	30	40	54	1	1,5	165	14	22	27	34	45	60	80	1	2
130	165	11	18	22	26	35	46	63	1	2	180	16	24	30	37	50	67	90	1,5	2,5
140	175	11	18	22	26	35	46	63	1	2	190	16	24	30	37	50	67	90	1,5	2,5
150	190	13	20	24	30	40	54	71	1	2	210	19	28	36	45	60	80	109	1,5	3
160	200	13	20	24	30	40	54	71	1	2	220	19	28	36	45	60	80	109	1,5	3
170	215	14	22	27	34	45	60	80	1	2	230	19	28	36	45	60	80	109	1,5	3
180	225	14	22	27	34	45	60	80	1	2	250	22	33	42	52	69	95	125	2	3
190	240	16	24	30	37	50	67	90	1,5	2,5	260	22	33	42	52	69	95	125	2	3
200	250	16	24	30	37	50	67	90	1,5	2,5	280	25	38	48	60	80	109	145	2,5	3,5
220	270	16	24	30	37	50	67	90	1,5	2,5	300	25	38	48	60	80	109	145	2,5	3,5
240	300	19	28	36	45	60	80	109	1,5	3	320	25	38	48	60	80	109	145	2,5	3,5
260	320	19	28	36	45	60	80	109	1,5	3	360	31	46	60	75	100	136	180	3	3,5
280	350	22	33	42	52	69	95	125	2	3	380	31	46	60	75	100	136	180	3	3,5
300	380	25	38	48	60	80	109	145	2,5	3,5	420	37	56	72	90	118	160	218	3,5	4
320	400	25	38	48	60	80	109	145	2,5	3,5	440	37	56	72	90	118	160	218	3,5	4
340	420	25	38	48	60	80	109	145	2,5	3,5	460	37	56	72	90	118	160	218	3,5	4
360	440	25	38	48	60	80	109	145	2,5	3,5	480	37	56	72	90	118	160	218	3,5	4
380	480	31	46	60	75	100	136	180	3	3,5	520	44	65	82	106	140	190	250	4	5
400	500	31	46	60	75	100	136	180	3	3,5	540	44	65	82	106	140	190	250	4	5
420	520	31	46	60	75	100	136	180	3	3,5	560	44	65	82	106	140	190	250	4	5
440	540	31	46	60	75	100	136	180	3	3,5	600	50	74	95	118	160	218	290	5	5
460	580	37	56	72	90	118	160	218	3,5	4	620	50	74	95	118	160	218	290	5	5

1) gilt nur für Maßreihen 08, 09 und 00

Fortsetzung S. 160 ... 163)

Abb. 137 Maßplan für Radiallager mit Ausnahme von Kegelrollenlagern (DIN 616)

d	Durchmesserreihe 8 D	Breitenreihe 0 B	1	2	3	4	5	6	r1)	r	Durchmesserreihe 9 D	Breitenreihe 0 B	1	2	3	4	5	6	r1)	r
480	600	37	56	72	90	118	160	218	3,5	4	650	54	78	100	128	170	230	308	5	6
500	620	37	56	72	90	118	160	218	3,5	4	670	54	78	100	128	170	230	308	5	6
530	650	37	56	72	90	118	160	218	3,5	4	710	57	82	106	136	180	243	325	5	6
560	680	37	56	72	90	118	160	218	3,5	4	750	60	85	112	140	190	258	345	6	6
600	730	42	60	78	98	128	175	236	4	4	800	63	90	118	150	200	272	355	6	6
630	780	48	69	88	112	150	200	272	4	5	850	71	100	128	165	218	300	400	6	8
670	820	48	69	88	112	150	200	272	4	5	900	73	103	136	170	230	308	412	6	8
710	870	50	74	95	118	160	218	290	5	5	950	78	106	140	180	243	325	438	6	8
750	920	54	78	100	128	170	230	308	5	6	1000	80	112	145	185	250	335	450	8	8
800	980	57	82	106	136	180	243	325	5	6	1060	82	115	150	195	258	355	462	8	8
850	1030	57	82	106	136	180	243	325	5	6	1120	85	118	155	200	272	365	488	8	8
900	1090	60	85	112	140	190	258	345	6	6	1180	88	122	165	206	280	375	500	8	8
950	1150	63	90	118	150	200	272	355	6	6	1250	95	132	175	224	300	400	545	8	10
1000	1220	71	100	128	165	218	300	400	6	8	1320	103	140	185	236	315	438	580	8	10
1060	1280	71	100	128	165	218	300	400	6	8	1400	109	150	195	250	335	462	615	10	10
1120	1360	78	106	140	180	243	325	438	6	8	1460	109	150	195	250	335	462	615	10	10
1180	1420	78	106	140	180	243	325	438	6	8	1540	115	160	206	272	355	488	650	10	10
1250	1500	80	112	145	185	250	335	450	8	8	1630	122	170	218	280	375	515	690	10	10
1320	1600	88	122	165	206	280	375	500	8	8	1720	128	175	230	300	400	545	710	10	10
1400	1700	95	132	175	224	300	400	545	8	10	1820	—	185	243	315	425	—	—	—	12
1500	1820	—	140	185	243	315				10	1950	—	195	258	335	450				12
1600	1950	—	155	200	265	345				10	2060	—	200	265	345	462				12
1700	2060	—	160	206	272	355				10	2180	—	212	280	355	475				12
1800	2180	—	165	218	290	375				12	2300	—	218	290	375	500				15
1900	2300	—	175	230	300	400				12	2430	—	230	308	400	530				15
2000	2430	—	190	250	325	425				12										

d	Durchmesserreihe 0 D	Breitenreihe 0 B	1	2	3	4	5	6	r1)	r	Durchmesserreihe 7 D	Breitenreihe 1 B	3	r
0,6											2	0,8	—	0,1
1											2,5	1	—	0,1
1,5	6	—	2,5	—	3					0,3	3	1	1,8	0,1
2	7	—	2,8	—	3,5					0,3	4	1,2	2	0,1
2,5	8	—	2,8	—	4					0,3	5	1,5	2,3	0,15
3	9	—	3	—	5					0,3	6	2	3	0,15
4	12	—	4	—	6					0,4	7	2	3	0,15
5	14	—	5	—	7					0,4	8	2	3	0,15
6	17	—	6	—	9					0,5	10	2,5	3,5	0,2
7	19	—	6	8	10					0,5	11	2,5	3,5	0,2
8	22	—	7	9	11	14	19	25	—	0,5	12	2,5	3,5	0,2
9	24	—	7	10	12	15	20	27	—	0,5	14	3	4,5	0,2
10	26	—	8	10	12	16	21	29	—	0,5	15	3	4,5	0,2
12	28	7	8	10	12	16	21	29	0,5	0,5				
15	32	8	9	11	13	17	23	30	0,5	0,5				
17	35	8	10	12	14	18	24	32	0,5	0,5				
20	42	8	12	14	16	22	30	40	0,5	1				
22	44	8	12	14	16	22	30	40	0,5	1				
25	47	8	12	14	16	22	30	40	0,5	1				
28	52	8	12	15	18	24	32	43	0,5	1				
30	55	9	13	16	19	25	34	45	0,5	1,5				
32	58	9	13	16	20	26	35	47	0,5	1,5				
35	62	9	14	17	20	27	36	48	0,5	1,5				
40	68	9	15	18	21	28	38	50	0,5	1,5				
45	75	10	16	19	23	30	40	54	1	1,5				
50	80	10	16	19	23	30	40	54	1	1,5				
55	90	11	18	22	26	35	46	63	1	2				
60	95	11	18	22	26	35	46	63	1	2				
65	100	11	18	22	26	35	46	63	1	2				
70	110	13	20	24	30	40	54	71	1	2				

Maße in mm

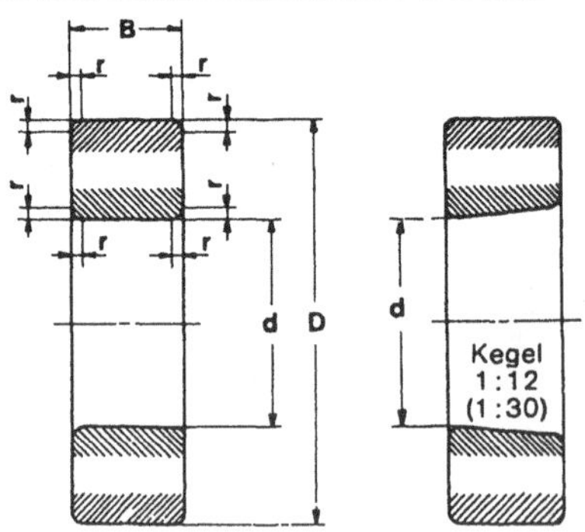

d	Durchmesserreihe 0										Durchmesserreihe 1							
		Breitenreihe										Breitenreihe						
		0	1	2	3	4	5	6				0	1	2	3	4		
	D	B							r1)	r	D	B					r1)	r
75	115	13	20	24	30	40	54	71	1	2								
80	125	14	22	27	34	45	60	80	1	2								
85	130	14	22	27	34	45	60	80	1	2								
90	140	16	24	30	37	50	67	90	1,5	2,5								
95	145	16	24	30	37	50	67	90	1,5	2,5								
100	150	16	24	30	37	50	67	90	1,5	2,5	165	21	30	39	52	65	2	3
105	160	18	26	33	41	56	75	100	1,5	3	175	22	33	42	56	69	2	3
110	170	19	28	36	45	60	80	109	1,5	3	180	22	33	42	56	69	2	3
120	180	19	28	36	46	60	80	109	1,5	3	200	25	38	48	62	80	2,5	3
130	200	22	33	42	52	69	95	125	2	3	210	25	38	48	64	80	2,5	3
140	210	22	33	42	53	69	95	125	2	3	225	27	40	50	68	85	2,5	3,5
150	225	24	35	45	56	75	100	136	2	3,5	250	31	46	60	80	100	3	3,5
160	240	25	38	48	60	80	109	145	2,5	3,5	270	34	51	66	86	109	3	3,5
170	260	28	42	54	67	90	122	160	2,5	3,5	280	34	51	66	88	109	3	3,5
180	280	31	46	60	74	100	136	180	3	3,5	300	37	56	72	96	118	3,5	4
190	290	31	46	60	75	100	136	180	3	3,5	320	42	60	78	104	128	4	4
200	310	34	51	66	82	109	150	200	3	3,5	340	44	65	82	112	140	4	4
220	340	37	56	72	90	118	160	218	3,5	4	370	48	69	88	120	150	4	5
240	360	37	56	72	92	118	160	218	3,5	4	400	50	74	95	128	160	5	5
260	400	44	65	82	104	140	190	250	4	5	440	57	82	106	144	180	5	5
280	420	44	65	82	106	140	190	250	4	5	460	57	82	106	146	180	5	6
300	460	50	74	95	118	160	218	290	5	5	500	63	90	118	160	200	6	6
320	480	50	74	95	121	160	218	290	5	5	540	71	100	128	176	218	6	6
340	520	57	82	106	133	180	243	325	5	6	580	78	106	140	190	243	6	6
360	540	57	82	106	134	180	243	325	5	6	600	78	106	140	192	243	6	6
380	560	57	82	106	135	180	243	325	5	6	620	78	106	140	194	243	6	6
400	600	63	90	118	148	200	272	355	6	6	650	80	112	145	200	250	8	8
420	620	63	90	118	150	200	272	355	6	6	700	88	122	165	224	280	8	8
440	650	67	94	122	157	212	280	375	6	8	720	88	122	165	226	280	8	8
460	680	71	100	128	163	218	300	400	6	8	760	95	132	175	240	300	8	10
480	700	71	100	128	165	218	300	400	6	8	790	100	136	180	248	308	8	10
500	720	71	100	128	167	218	300	400	6	8	830	106	145	190	264	325	10	10
530	780	80	112	145	185	250	335	450	8	8	870	109	150	195	272	335	10	10
560	820	82	115	150	195	258	355	462	8	8	920	115	160	206	280	355	10	10
600	870	85	118	155	200	272	365	488	8	8	980	122	170	218	300	375	10	10
630	920	92	128	170	212	290	388	515	8	10	1030	128	175	230	315	400	10	10
670	980	100	136	180	230	308	425	560	8	10	1090	136	185	243	336	412	10	10
710	1030	103	140	185	236	315	438	580	8	10	1150	140	195	250	345	438	12	12
750	1090	109	150	195	250	335	462	615	10	10	1220	150	206	272	365	475	12	12
800	1150	112	155	200	258	345	475	630	10	10	1280	155	212	272	375	475	12	12
850	1220	118	165	212	272	365	500	670	10	10	1360	165	224	290	400	500	15	15
900	1280	122	170	218	280	375	515	690	10	10	1420	165	230	300	412	515	15	15
950	1360	132	180	236	300	412	560	730	10	10	1500	175	243	315	438	545	15	15
1000	1420	136	185	243	308	412	560	750	10	10	1580	185	258	335	462	580	15	15
1060	1500	140	195	250	325	438	600	800	12	12	1660	190	265	345	475	600	15	18
1120	1580	145	200	265	345	462	615	825	12	12	1750	—	280	365	475	630	—	18
1180	1660	155	212	272	355	475	650	875	12	12	1850	—	290	388	500	670	—	18
1250	1750	—	218	290	375	500				12	1950	—	308	400	530	710	—	18
1320	1850	—	230	300	400	530				15	2060	—	325	425	560	750	—	18
1400	1950	—	243	315	412	545				15	2180	—	345	450	580	775	—	22
1500	2120	—	272	355	462	615				15	2300	—	355	462	600	800	—	22
1600	2240	—	280	365	475	630				15								
1700	2360	—	290	375	500	650				18								
1800	2500	—	308	400	530	690				18								

1) gilt nur für Maßreihe 00, 01, 82 und 83

Maße in mm

Maßplan für Radiallager mit Ausnahme von Kegelrollenlagern (Fortsetzung S. 162/163)

d	Durchmesserreihe 2 D	Breitenreihe 8 B	0	1	2	3	4	r1)	r	Durchmesserreihe 3 D	Breitenreihe 8 B	0	1	2	3	r1)	r	Durchm.reihe 4 D	Breitenreihe 0 B	2	r
0,6																					
1																					
1,5																					
2																					
2,5																					
3	10	2,5	4	—	—	5	—	0,2	0,3	13	—	5	—	—	7	—	0,5				
4	13	3	5	—	—	7	—	0,3	0,4	16	—	5	—	—	9	—	0,5				
5	16	3,5	5	—	—	8	—	0,3	0,5	19	—	6	—	—	10	—	0,5				
6	19	4	6	—	—	10	—	0,4	0,5	22	—	7	—	11	13	—	0,5				
7	22	5	7	—	—	11	—	0,5	0,5	26	—	9	—	13	15	—	0,5				
8	24	5	8	—	—	12	—	0,5	0,5	28	—	9	—	13	15	—	0,5	30	10	14	1
9	26	6	8	—	—	13	—	0,5	1	30	—	10	—	14	16	—	1	32	11	15	1
10	30	7	9	—	14	14,3	—	0,5	1	35	9	11	—	17	19	0,5	1	37	12	16	1
12	32	7	10	—	14	15,9	—	0,5	1	37	9	12	—	17	19	0,5	1,5	42	13	19	1,5
15	35	8	11	—	14	15,9	20	0,5	1	42	9	13	—	17	19	0,5	1,5	52	15	24	2
17	40	8	12	—	16	17,5	22	0,5	1	47	10	14	—	19	22,2	1	1,5	62	17	29	2
20	47	9	14	—	18	20,6	27	0,5	1,5	52	10	15	—	21	22,2	1	2	72	19	33	2
22	50	9	14	—	18	20,6	27	0,5	1,5	56	11	16	—	21	25	1	2	—	—	—	—
25	52	10	15	—	18	20,6	27	0,5	1,5	62	12	17	—	24	25,4	1	2	80	21	36	2,5
28	58	10	16	—	19	23	30	1	1,5	68	13	18	—	24	30	1	2	—	—	—	—
30	62	10	16	—	20	23,8	32	1	1,5	72	13	19	—	27	30,2	1	2	90	23	40	2,5
32	65	11	17	—	21	25	33	1	1,5	75	14	20	—	28	32	1	2	—	—	—	—
35	72	12	17	—	23	27	37	1	2	80	14	21	—	31	34,9	1	2,5	100	25	43	2,5
40	80	13	18	—	23	30,2	40	1	2	90	16	23	—	33	36,5	1,5	2,5	110	27	46	3
45	85	13	19	—	23	30,2	40	1	2	100	17	25	—	36	39,7	1,5	2,5	120	29	50	3
50	90	13	20	—	23	30,2	40	1	2	110	19	27	—	40	44,4	1,5	3	130	31	53	3,5
55	100	14	21	—	25	33,3	45	1	2,5	120	21	29	—	43	49,2	2	3	140	33	57	3,5
60	110	16	22	—	28	36,5	50	1,5	2,5	130	22	31	—	46	54	2	3,5	150	35	60	3,5
65	120	18	23	—	31	38,1	56	1,5	2,5	140	24	33	—	48	58,7	2	3,5	160	37	64	3,5
70	125	18	24	—	31	39,7	56	1,5	2,5	150	25	35	—	51	63,5	2,5	3,5	180	42	74	4
75	130	18	25	—	31	41,3	56	1,5	2,5	160	27	37	—	55	68,3	2,5	3,5	190	45	77	4
80	140	19	26	—	33	44,4	60	1,5	3	170	28	39	—	58	68,3	2,5	3,5	200	48	80	4
85	150	21	28	—	36	49,2	65	2	3	180	30	41	—	60	73	3	4	210	52	86	5
90	160	22	30	—	40	52,4	69	2	3	190	30	43	—	64	73	3	4	225	54	90	5
95	170	24	32	—	43	55,6	75	2	3,5	200	33	45	—	67	77,8	3	4	240	55	95	5
100	180	25	34	—	46	60,3	80	2,5	3,5	215	36	47	51	73	82,6	3,5	4	250	58	98	5
105	190	27	36	—	50	65,1	85	2,5	3,5	225	37	49	53	77	87,3	3,5	4	260	60	100	5
110	200	28	38	—	53	69,8	90	2,5	3,5	240	42	50	57	80	92,1	4	4	280	65	108	5
120	215	—	40	42	58	76	95	—	3,5	260	44	55	62	86	106	4	4	310	72	118	6
130	230	—	40	46	64	80	100	—	4	280	48	58	66	93	112	4	5	340	78	128	6
140	250	—	42	50	68	88	109	—	4	300	50	62	70	102	118	5	5	360	82	132	6
150	270	—	45	54	73	96	118	—	4	320	—	65	75	108	128	—	5	380	85	138	6
160	290	—	48	58	80	104	128	—	4	340	—	68	79	114	136	—	5	400	88	142	6
170	310	—	52	62	86	110	140	—	5	360	—	72	84	120	140	—	5	420	92	145	6
180	320	—	52	62	86	112	140	—	5	380	—	75	88	126	150	—	5	440	95	150	8
190	340	—	55	65	92	120	150	—	5	400	—	78	92	132	155	—	6	460	98	155	8
200	360	—	58	70	98	128	160	—	5	420	—	80	97	138	165	—	6	480	102	160	8
220	400	—	65	78	108	144	180	—	5	460	—	88	106	145	180	—	6	540	115	180	8
240	440	—	72	85	120	160	200	—	5	500	—	95	114	155	195	—	6	580	122	190	8
260	480	—	80	90	130	174	218	—	6	540	—	102	123	165	206	—	8	620	132	206	10
280	500	—	80	90	130	176	218	—	6	580	—	108	132	175	224	—	8	670	140	224	10
300	540	—	85	98	140	192	243	—	6	620	—	109	140	185	236	—	10	710	150	236	10
320	580	—	92	105	150	208	258	—	6	670	—	112	155	200	258	—	10	750	155	250	12
340	620	—	92	118	165	224	280	—	8	710	—	118	165	212	272	—	10	800	165	265	12
360	650	—	95	122	170	232	290	—	8	750	—	125	170	224	290	—	10	850	180	280	12
380	680	—	95	132	175	240	300	—	8	780	—	128	175	230	300	—	10	900	190	300	12
400	720	—	103	140	185	256	315	—	8	820	—	136	185	243	308	—	10	950	200	315	15
420	760	—	109	150	195	272	335	—	10	850	—	136	190	250	315	—	12	980	206	325	15
440	790	—	112	155	200	280	345	—	10	900	—	145	200	265	345	—	12	1030	212	335	15
460	830	—	118	165	212	296	365	—	10	950	—	155	212	280	365	—	12	1060	218	345	15
480	870	—	125	170	224	310	388	—	10	980	—	160	218	290	375	—	12	1120	230	365	18
500	920	—	136	185	243	336	412	—	10	1030	—	170	230	300	388	—	15	1150	236	375	18
530	980	—	145	200	258	355	450	—	12	1090	—	180	243	325	412	—	15	1220	250	400	18
560	1030	—	150	206	272	365	475	—	12	1150	—	190	258	335	438	—	15	1280	258	412	18
600	1090	—	155	212	280	388	488	—	12	1220	—	200	272	355	462	—	18	1360	272	438	18

d	Durchmesserreihe 2									Durchmesserreihe 3								Durchm.reihe 4			
		Breitenreihe									Breitenreihe								Breitenreihe		
		8	0	1	2	3	4				8	0	1	2	3				0	2	
	D	B						r 1)	r	D	B					r 1)	r	D	B		r
630	1150	—	165	230	300	412	515	—	15	1280	—	206	280	375	488	—	18	1420	280	450	18
670	1220	—	175	243	315	438	545	—	15	1360	—	218	300	400	515	—	18	1500	290	475	18
710	1280	—	180	250	325	450	560	—	15	1420	—	224	308	412	530	—	18				
750	1360	—	195	265	345	475	615	—	18	1500	—	236	325	438	560	—	18				
800	1420	—	200	272	355	488	615	—	18	1600	—	258	355	462	600	—	18				
850	1500	—	206	280	375	515	650	—	18	1700	—	272	375	488	630	—	22				
900	1580	—	218	300	388	515	670	—	18	1780	—	280	388	500	650	—	22				
950	1660	—	230	315	412	530	710	—	18	1850	—	290	400	515	670	—	22				
1000	1750	—	243	330	425	560	750	—	18	1950	—	300	412	545	710	—	22				
1060	—	—	—	—	—	—	—	—	—	—	—	—	—	—	—	—	—				

Maße in mm

Maßplan für Radiallager mit Ausnahme von Kegelrollenlagern — Schluß

d	Durchmesserreihe 9									Durchmesserreihe 0									Durchmesserreihe 1					
		Breitenreihe 2			3						Breitenreihe 2			3						Breitenreihe 3				
	D	B	C	T	B	C	T	r	r_1	D	B	C	T	B	C	T	r	r_1	D	B	C	T	r	r_1
12	—	—	—	—	—	—	—	—	—	28	11	—	11	13	—	13	0,5	0,2						
15	—	—	—	—	—	—	—	—	—	32	12	—	12	14	—	14	0,5	0,2						
17	—	—	—	—	—	—	—	—	—	35	13	—	13	15	—	15	0,5	0,2						
20	37	12	—	12	14	—	14	0,5	0,2	42	15	12	15	17	—	17	1	0,3						
22	—	—	—	—	—	—	—	—	—	44	15	11,5	15	—	—	—	1	0,3						
25	42	12	—	12	14	—	14	0,5	0,2	47	15	11,5	15	17	14	17	1	0,3						
28	—	—	—	—	—	—	—	—	—	52	16	12	16	—	—	—	1,5	0,5						
30	47	12	—	12	14	—	14	0,5	0,2	55	17	13	17	20	16	20	1,5	0,5						
32	—	—	—	—	—	—	—	—	—	58	17	13	17	—	—	—	1,5	0,5						
35	55	14	11	14	16	—	16	1	0,3	62	18	14	18	21	17	21	1,5	0,5						
40	62	15	12	15	17	—	17	1	0,3	68	19	14,5	19	22	18	22	1,5	0,5	75	26	20,5	26	2	0,8
45	68	15	12	15	17	—	17	1	0,3	75	20	15,5	20	24	19	24	1,5	0,5	80	26	20,5	26	2	0,8
50	72	15	12	15	17	—	17	1	0,3	80	20	15,5	20	24	19	24	1,5	0,5	85	26	20	26	2	0,8
55	80	17	14	17	20	—	20	1,5	0,5	90	23	17,5	23	27	21	27	2	0,8	95	30	23	30	2	0,8
60	85	17	14	17	20	—	20	1,5	0,5	95	23	17,5	23	27	21	27	2	0,8	100	30	23	30	2	0,8
65	90	17	14	17	20	—	20	1,5	0,5	100	23	17,5	23	27	21	27	2	0,8	110	34	26,5	34	2	0,8
70	100	20	16	20	24	—	24	1,5	0,5	110	25	19	25	31	25,5	31	2	0,8	120	37	29	37	2,5	0,8
75	105	20	16	20	24	—	24	1,5	0,5	115	25	19	25	31	25,5	31	2	0,8	125	37	29	37	2,5	0,8
80	110	20	16	20	24	—	24	1,5	0,5	125	29	22	29	36	29,5	36	2	0,8	130	37	29	37	2,5	0,8
85	120	23	19	23	27	—	27	2	0,8	130	29	22	29	36	29,5	36	2	0,8	140	41	32	41	3	1
90	125	23	19	23	27	—	27	2	0,8	140	32	24	32	39	32,5	39	2,5	0,8	150	45	35	45	3	1
95	130	23	19	23	27	—	27	2	0,8	145	32	24	32	39	32,5	39	2,5	0,8	160	49	38	49	3	1
100	140	25	20	25	31	—	31	2	0,8	150	32	24	32	39	32,5	39	2,5	0,8	165	52	40	52	3	1
105	145	25	20	25	31	—	31	2	0,8	160	35	26	35	43	34	43	3	1	175	56	44	56	3	1
110	150	25	20	25	31	—	31	2	0,8	170	38	29	38	47	37	47	3	1	180	56	43	56	3	1
120	165	29	23	29	36	—	36	2	0,8	180	38	29	38	48	38	48	3	1	200	62	48	62	3	1
130	180	32	26	32	39	—	39	2,5	0,8	200	45	34	45	55	43	55	3	1						
140	190	32	26	32	39	—	39	2,5	0,8	210	45	34	45	56	44	56	3	1						
150	210	38	31	38	47	—	47	3	1	225	48	36	48	59	46	59	3,5	1,2						
160	220	38	31	38	—	—	—	3	1	240	51	38	51	—	—	—	3,5	1,2						
170	230	38	31	38				3	1	260	57	43	57				3,5	1,2						
180	250	45	36	45				3	1	280	64	48	64				3,5	1,2						
190	260	45	36	45				3	1	290	64	48	64				3,5	1,2						
200	280	51	41	51				3,5	1,2	310	70	53	70				3,5	1,2						
220	300	51	41	51				3,5	1,2	340	76	57	76				4	1,5						
240	320	51	41	51				3,5	1,2	360	76	57	76				4	1,5						
260	360	63,5	—	63,5				3,5	1,2	400	87	65	87				5	2						
280	380	63,5	—	63,5				3,5	1,2	420	87	65	87				5	2						
300	420	76	—	76				4	1,5	460	100	74	100				5	2						
320	440	76	—	76				4	1,5	480	100	74	100				5	2						
340	460	76	—	76				4	1,5															
360	480	76	—	76				4	1,5															

Abb. 138 Maßplan für Kegelrollenlager (DIN 616)

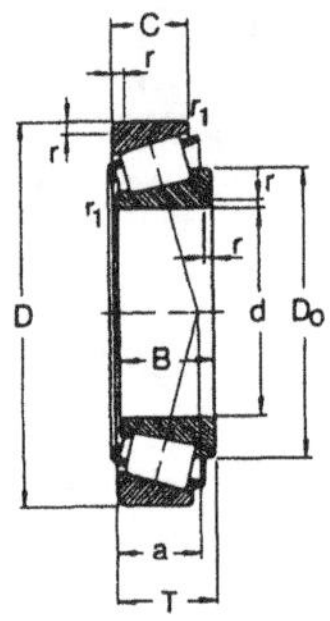

	Durchmesserreihe 2												Durchmesserreihe 3											
		Breitenreihe 0			2			3						Breitenreihe 0			1			2				
d	D	B	C	T	B	C	T	B	C	T	r	r_1	D	B	C	T	B	C	T	B	C	T	r	r_1
10	30	9	—	9,7	14	—	14,7				1	0,3	35	11	—	11,9				17	—	17,9	1	0,3
12	32	10	9	10,75	14	—	14,75				1	0,3	37	12	—	12,9				17	—	17,9	1,5	0,5
15	35	11	10	11,75	14	—	14,75				1	0,3	42	13	11	14,25				17	14	18,25	1,5	0,5
17	40	12	11	13,25	16	—	17,25				1	0,5	47	14	12	15,25				19	16	20,25	1,5	0,5
20	47	14	12	15,25	18	—	19,25				1,5	0,5	52	15	13	16,25				21	18	22,25	2	0,8
22	50	14	—	15,25	18	—	19,25				1,5	0,5	56	16	—	17,25				21	—	22,25	2	0,8
25	52	15	13	16,25	18	—	19,25	22	—	22	1,5	0,5	62	17	15	18,25	17	13	18,25	24	20	25,25	2	0,8
28	58	16	—	17,25	19	—	20,25	24	—	24	1,5	0,5	68	18	—	19,75	—	—	—	24	—	25,75	2	0,8
30	62	16	14	17,25	20	17	21,25	25	19,5	25	1,5	0,5	72	19	16	20,75	19	14	20,75	27	23	28,75	2	0,8
32	65	17	—	18,25	21	—	22,25	26	20,5	26	1,5	0,5	75	20	—	21,75	—	—	—	28	—	29,75	2	0,8
35	72	17	15	18,25	23	19	24,25	28	22	28	2	0,8	80	21	18	22,75	21	15	22,75	31	25	32,75	2,5	0,8
40	80	18	16	19,75	23	19	24,75	32	25	32	2	0,8	90	23	20	25,25	23	17	25,25	33	27	35,25	2,5	0,8
45	85	19	16	20,75	23	19	24,75	32	25	32	2	0,8	100	25	22	27,25	25	18	27,25	36	30	38,25	2,5	0,8
50	90	20	17	21,75	23	19	24,75	32	24,5	32	2	0,8	110	27	23	29,25	27	19	29,25	40	33	42,25	3	1
55	100	21	18	22,75	25	21	26,75	35	27	35	2,5	0,8	120	29	25	31,5	29	21	31,5	43	35	45,5	3	1
60	110	22	19	23,75	28	24	29,75	38	29	38	2,5	0,8	130	31	26	33,5	31	22	33,5	46	37	48,5	3,5	1,2
65	120	23	20	24,75	31	27	32,75	41	32	41	2,5	0,8	140	33	28	36	33	23	36	48	39	51	3,5	1,2
70	125	24	21	26,25	31	27	33,25	41	32	41	2,5	0,8	150	35	30	38	35	25	38	51	42	54	3,5	1,2
75	130	25	22	27,25	31	27	33,25	41	31	41	2,5	0,8	160	37	31	40	37	26	40	55	45	58	3,5	1,2
80	140	26	22	28,25	33	28	35,25	46	35	46	3	1	170	39	33	42,5	39	27	42,5	58	48	61,5	3,5	1,2
85	150	28	24	30,5	36	30	38,5	49	37	49	3	1	180	41	34	44,5	41	28	44,5	60	49	63,5	4	1,5
90	160	30	26	32,5	40	34	42,5	55	42	55	3	1	190	43	36	46,5	43	30	46,5	64	53	67,5	4	1,5
95	170	32	27	34,5	43	37	45,5	58	44	58	3,5	1,2	200	45	38	49,5	45	32	49,5	67	55	71,5	4	1,5
100	180	34	29	37	46	39	49	63	48	63	3,5	1,2	215	47	39	51,5	51	—	56,5	73	60	77,5	4	1,5
105	190	36	30	39	50	43	53	68	52	68	3,5	1,2	225	49	41	53,5	53	—	58	77	63	81,5	4	1,5
110	200	38	32	41	53	46	56	—	—	—	3,5	1,2	240	50	42	54,5	57	—	63	80	65	84,5	4	1,5
120	215	40	34	43,5	58	50	61,5				3,5	1,2	260	55	46	59,5	62	—	68	86	69	90,5	4	1,5
130	230	40	34	43,75	64	54	67,75				4	1,5	280	58	49	63,75	66	—	72	93	78	98,75	5	2
140	250	42	36	45,75	68	58	71,75				4	1,5	300	62	53	67,75	70	—	77	102	85	107,73	5	2
150	270	45	38	49	73	60	77				4	1,5	320	65	55	72	75	—	82	108	90	114	5	2
160	290	48	40	52	80	67	84				4	1,5	340	68	58	75	79	—	87	114	95	121	5	2
170	310	52	43	57	86	71	91				5	2	360	72	62	80	84	—	92	120	100	127	5	2
180	320	52	43	57	86	71	91				5	2	380	75	64	83	88	—	97	126	106	134	5	2
190	340	55	46	60	92	75	97				5	2	400	78	65	86	92	—	101	132	109	140	6	2,5
200	360	58	48	64	98	82	104				5	2	420	80	67	89	97	—	107	138	115	146	6	2,5
220	400	65	54	72	108	90	114				5	2	460	88	73	97	106	—	117	145	122	154	6	2,5
240	440	72	60	79	120	100	127				5	2	500	95	80	105	114	—	125	155	132	165	6	2,5
260	480	80	67	89	130	106	137				6	2,5	540	102	85	113	123	—	135	165	136	176	8	3,5
280	500	80	67	89	130	106	137				6	2,5	580	108	90	119	132	—	145	175	145	187	8	3,5
300	540	85	71	96	140	115	149				6	2,5	620	—	—	—	140	—	154	—	—	—	10	3,5
320	580	92	75	104	150	125	159				6	2,5	—	—	—	—	—	—	—	—	—	—	—	—

Maße in mm

Durchmesserreihe 0						Durchmesserreihe 1						Durchmesserreihe 2					
		Höhenreihe 7	9	1				Höhenreihe 7	9	1				Höhenreihe 7	9	1	
d_w	D_g	H			r	d_w	D_g	H			r	d_w	D_g	H			r
4	12	4	—	6	0,5							**4**	16	6	—	8	0,5
6	16	5	—	7	0,5							**6**	20	6	—	9	0,5
8	18	5	—	7	0,5							**8**	22	6	—	9	0,5
10	20	5	—	7	0,5	**10**	24	6	—	9	0,5	**10**	26	7	—	11	1
12	22	5	—	7	0,5	**12**	26	6	—	9	0,5	**12**	28	7	—	11	1
15	26	5	—	7	0,5	**15**	28	6	—	9	0,5	**15**	32	8	—	12	1
17	28	5	—	7	0,5	**17**	30	6	—	9	0,5	**17**	23	8	—	12	1
20	32	6	—	8	0,5	**20**	35	7	—	10	0,5	**20**	40	9	—	14	1
25	37	6	—	8	0,5	**25**	42	8	—	11	1	**25**	47	10	—	15	1
30	42	6	—	8	0,5	**30**	47	8	—	11	1	**30**	52	10	—	16	1
35	47	6	—	8	0,5	**35**	52	8	—	12	1	**35**	62	12	—	18	1,5
40	52	6	—	9	0,5	**40**	60	9	—	13	1	**40**	68	13	—	19	1,5
45	60	7	—	10	0,5	**45**	65	9	—	14	1	**45**	73	13	—	20	1,5
50	65	7	—	10	0,5	**50**	70	9	—	14	1	**50**	78	13	—	22	1,5
55	70	7	—	10	0,5	**55**	78	10	—	16	1	**55**	90	16	21	25	1,5
60	75	7	—	10	0,5	**60**	85	11	—	17	1,5	**60**	95	16	21	26	1,5
65	80	7	—	10	0,5	**65**	90	11	—	18	1,5	**65**	100	16	21	27	1,5
70	85	7	—	10	0,5	**70**	95	11	—	18	1,5	**70**	105	16	21	27	1,5
75	90	7	—	10	0,5	**75**	100	11	—	19	1,5	**75**	110	16	21	27	1,5
80	95	7	—	10	0,5	**80**	105	11	—	19	1,5	**80**	115	16	21	28	1,5
85	100	7	—	10	0,5	**85**	110	11	—	19	1,5	**85**	125	18	24	31	1,5
90	105	7	—	10	0,5	**90**	120	14	—	22	1,5	**90**	135	20	27	35	2
100	120	9	—	14	1	**100**	135	16	21	25	1,5	**100**	150	23	30	38	2
110	130	9	—	14	1	**110**	145	16	21	25	1,5	**110**	160	23	30	38	2
120	140	9	—	14	1	**120**	155	16	21	25	1,5	**120**	170	23	30	39	2
130	150	9	—	14	1	**130**	270	18	24	30	1,5	**130**	190	27	36	45	2,5
140	160	9	—	14	1	**140**	180	18	24	31	1,5	**140**	200	27	36	46	2,5
150	170	9	—	14	1	**150**	190	18	24	31	1,5	**150**	215	29	39	50	2,5
160	180	9	—	14	1	**160**	200	18	24	31	1,5	**160**	225	29	39	51	2,5
170	190	9	—	14	1	**170**	215	20	27	34	2	**170**	240	32	42	55	2,5
180	200	9	—	14	1	**180**	225	20	27	34	2	**180**	250	32	42	56	2,5
190	215	11	—	17	1,5	**190**	240	23	30	37	2	**190**	270	36	48	62	3
200	225	11	—	17	1,5	**200**	250	23	30	37	2	**200**	280	36	48	62	3
220	250	14	—	22	1,5	**220**	270	23	30	37	2	**220**	300	36	48	63	3
240	270	14	—	22	1,5	**240**	300	27	36	45	2,5	**240**	340	45	60	78	3,5
260	290	14	—	22	1,5	**260**	320	27	36	45	2,5	**260**	360	45	60	79	3,5
280	310	14	—	22	1,5	**280**	350	32	42	53	2,5	**280**	380	45	60	80	3,5
300	340	18	24	30	1,5	**300**	380	36	48	62	3	**300**	420	54	73	95	4
320	360	18	24	30	1,5	**320**	400	36	48	63	3	**320**	440	54	73	95	4
340	380	18	24	30	1,5	**340**	420	36	48	64	3	**340**	460	54	73	96	4
360	400	18	24	30	1,5	**360**	440	36	48	65	3	**360**	500	63	85	110	5
380	420	18	24	30	1,5	**380**	460	36	48	65	3	**380**	520	63	85	112	5
400	440	18	24	30	1,5	**400**	480	36	48	65	3	**400**	540	63	85	112	5
420	460	18	24	30	1,5	**420**	500	36	48	65	3	**420**	580	73	95	130	6
440	480	18	24	30	1,5	**440**	540	45	60	80	3,5	**440**	600	73	95	130	6
460	500	18	24	30	1,5	**460**	560	45	60	80	3,5	**460**	620	73	95	130	6
480	520	18	24	30	1,5	**480**	580	45	60	80	3,5	**480**	650	78	103	135	6
500	540	18	24	30	1,5	**500**	600	45	60	80	3,5	**500**	670	78	103	135	6
530	580	23	30	38	2	**530**	640	50	67	85	4	**530**	710	82	109	140	6
560	610	23	30	38	2	**560**	670	50	67	85	4	**560**	750	85	115	150	6
600	650	23	30	38	2	**600**	710	50	47	85	4	**600**	800	90	122	160	6
630	680	23	30	38	2	**630**	750	54	73	95	4	**630**	850	100	132	175	8
670	730	27	36	45	2,5	**670**	800	58	78	105	5	**670**	900	103	140	180	8
710	780	32	42	53	2,5	**710**	850	63	85	112	5	**710**	950	109	145	190	8
750	820	32	42	53	2,5	**750**	900	67	90	120	5	**750**	1000	112	150	195	8
800	870	32	42	53	2,5	**800**	950	67	90	120	5	**800**	1060	118	155	205	10
850	920	32	42	53	2,5	**850**	1000	67	90	120	5	**850**	1120	122	160	212	10
900	980	36	48	63	3	**900**	1060	73	95	130	6	**900**	1180	125	170	220	10
950	1030	36	48	63	3	**950**	1120	78	103	135	6	**950**	1250	136	180	236	10
1000	1090	41	54	70	3,5	**1000**	1180	82	109	140	6	**1000**	1320	145	190	250	12
1060	1150	41	54	70	3,5	**1060**	1250	85	115	150	6	**1060**	1400	155	206	265	12
1120	1220	45	60	80	3,5	**1120**	1320	90	122	160	6	—	—	—	—	—	—

Durchmesserreihen 0 + 1 sind bis d_W = 2500 mm genormt.

Durchmesserreihe 3

d_w	D_g	H (Höhenreihe 7)	H (Höhenreihe 9)	H (Höhenreihe 1)	r
4	20	7	—	11	1
6	24	8	—	12	1
8	26	8	—	12	1
10	30	9	—	14	1
12	32	9	—	14	1
15	37	10	—	15	1
17	40	10	—	16	1
20	47	12	—	18	1,5
25	52	12	—	18	1,5
30	60	14	—	21	1,5
35	68	15	—	24	1,5
40	78	17	22	26	1,5
45	85	18	24	28	1,5
50	95	20	27	31	2
55	105	23	30	35	2
60	110	23	30	35	2
65	115	23	30	36	2
70	125	25	34	40	2
75	135	27	36	44	2,5
80	140	27	36	44	2,5
85	150	29	39	49	2,5
90	155	29	39	50	2,5
100	170	32	42	55	2,5
110	190	36	48	63	3
120	210	41	54	70	3,5
130	225	42	58	75	3,5
140	240	45	60	80	3,5
150	250	45	60	80	3,5
160	270	50	67	87	4
170	280	50	67	87	4
180	300	54	73	95	4
190	320	58	78	105	5
200	340	63	85	110	5
220	360	63	85	112	5
240	380	63	85	112	5
260	420	73	95	130	6
280	440	73	95	130	6
300	480	82	109	140	6
320	500	82	109	140	6
340	540	90	122	160	6
360	560	90	122	160	6
380	600	100	132	175	8
400	620	100	132	175	8
420	650	103	140	180	8
440	680	109	145	190	8
460	710	112	150	195	8
480	730	112	150	195	8
500	750	112	150	195	8
530	800	122	160	212	10
560	850	132	175	224	10
600	900	136	180	236	10
630	950	145	190	250	12
670	1000	150	200	258	12
710	1060	160	212	272	12
750	1120	165	224	290	12
800	1180	170	230	300	12
850	1250	180	243	315	15
900	1320	190	250	335	15
950	1400	200	272	355	15

Durchmesserreihe 4

d_w	D_g	H (Höhenreihe 7)	H (Höhenreihe 9)	H (Höhenreihe 1)	r
25	60	16	21	24	1,5
30	70	18	24	28	1,5
35	80	20	27	32	2
40	90	23	30	36	2
45	100	25	34	39	2
50	110	27	36	43	2,5
55	120	29	39	48	2,5
60	130	32	42	51	2,5
65	140	34	45	56	3
70	150	36	48	60	3
75	160	38	51	65	3
80	170	41	54	68	3,5
85	180	42	58	72	3,5
90	190	45	60	77	3,5
100	210	50	67	85	4
110	230	54	73	95	4
120	250	58	78	102	5
130	270	63	85	110	5
140	280	63	85	112	5
150	300	67	90	120	5
160	320	73	95	130	6
170	340	78	103	135	6
180	360	82	109	140	6
190	380	85	115	150	6
200	400	90	122	155	6
220	420	90	122	160	8
240	440	90	122	160	8
260	480	100	132	175	8
280	520	109	145	190	8
300	540	109	145	190	8
320	580	118	155	205	10
340	620	125	170	220	10
360	640	125	170	220	10
380	670	132	175	224	10
400	710	140	185	243	10
420	730	140	185	243	10
440	780	155	206	265	12
460	800	155	206	265	12
480	850	165	224	290	12
500	870	165	224	290	12
530	920	175	236	308	12
560	980	190	250	335	15
600	1030	195	258	335	15
630	1090	206	280	365	15
670	1150	218	290	375	18
710	1220	230	308	400	18
750	1280	236	315	412	18
800	1360	250	335	438	18

Durchmesserreihe 5

d_w	D_g	H (Höhenreihe 9)	r
17	52	21	1,5
20	60	24	1,5
25	73	29	2
30	85	34	2
35	100	39	2
40	110	42	2,5
45	120	45	3
50	135	51	3
55	150	58	3,5
60	160	60	3,5
65	170	63	3,5
70	180	67	4
75	190	69	4
80	200	73	4
85	215	78	5
90	225	82	5
100	250	90	5
110	270	95	6
120	300	109	6
130	320	115	6
140	340	122	6
150	360	125	8
160	380	132	8
170	400	140	8
180	420	145	8
190	440	150	8
200	460	155	10
220	500	170	10
240	540	180	10
260	580	190	12
280	620	206	12
300	670	224	12
320	710	236	12
340	750	243	15
360	780	250	15
380	820	265	15
400	850	272	15
420	900	290	18
440	950	308	18
460	980	315	18
480	1000	315	18
500	1060	335	18
530	1090	335	18
560	1150	355	18
600	1220	375	18
630	1280	388	18
670	1320	388	18
710	1400	412	18
—	—	—	—

Maße in mm

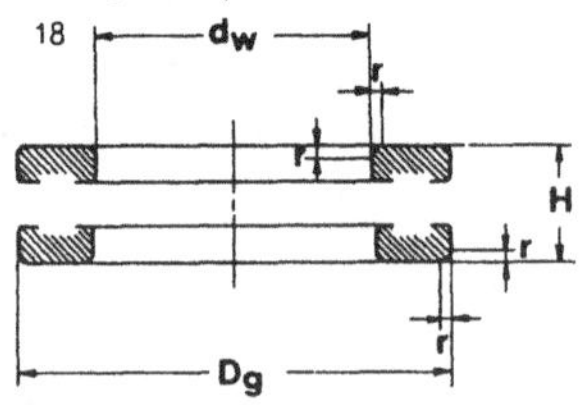

Abb. 139 Maßplan für einseitig wirkende Axiallager mit ebener Gehäusescheibe (Auszug DIN 616)

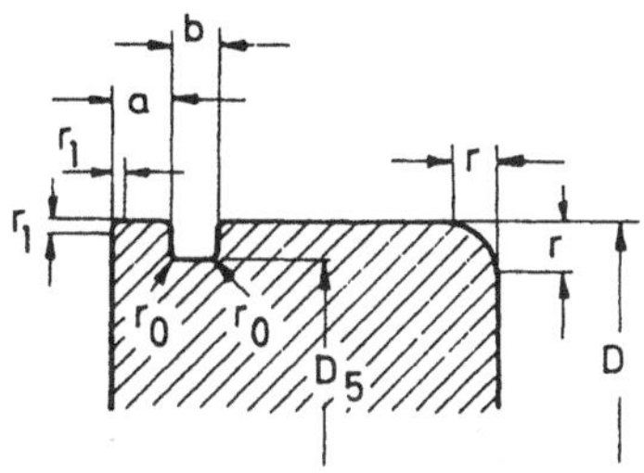

1) kleiner Wert gilt für die Durchmesserreihe 0
Maße und Abmaße in mm

Lager-Außen-durchmesser	D_5		a: Durchmesserreihen 0		a: Durchmesserreihen 2,3 und 4		b		r_0		r_1
D	Nennmaß	Abmaß	Nennmaß	Abmaß	Nennmaß	Abmaß	Nennmaß	Abmaß	Nennmaß	Abmaß	Kleinstmaß[1)]
30	28,17	- 0,25	—	—	2,06	- 0,15	1,35	+ 0,30	0,4	- 0,20	0,3/0,5
32	30,15	- 0,25	2,06	- 0,15	2,06	- 0,15	1,35	+ 0,30	0,4	- 0,20	0,3/0,5
35	33,17	- 0,25	2,06	- 0,15	2,06	- 0,15	1,35	+ 0,30	0,4	- 0,20	0,3/0,5
37	34,77	- 0,25	—	—	2,06	- 0,15	1,35	+ 0,30	0,4	- 0,20	0,5
40	38,1	- 0,25	—	—	2,06	- 0,15	1,35	+ 0,30	0,4	- 0,20	0,5
42	39,75	- 0,25	2,06	- 0,15	2,06	- 0,15	1,35	+ 0,30	0,4	- 0,20	0,5
44	41,75	- 0,25	2,06	- 0,15	—	—	1,35	+ 0,30	0,4	- 0,20	0,5
47	44,6	- 0,25	2,06	- 0,15	2,46	- 0,15	1,35	+ 0,30	0,4	- 0,20	0,5
50	47,6	- 0,25	—	—	2,46	- 0,15	1,35	+ 0,30	0,4	- 0,20	0,5
52	49,73	- 0,25	2,06	- 0,15	2,46	- 0,15	1,35	+ 0,30	0,4	- 0,20	0,5
55	52,6	- 0,25	2,06	- 0,15	—	—	1,35	+ 0,30	0,4	- 0,20	0,5
56	53,6	- 0,25	—	—	2,46	- 0,15	1,35	+ 0,30	0,4	- 0,20	0,5
58	55,6	- 0,25	2,06	- 0,15	2,46	- 0,15	1,35	+ 0,30	0,4	- 0,20	0,5
62	59,61	- 0,50	2,06	- 0,20	3,28	- 0,15	1,9	+ 0,30	0,6	- 0,30	0,5
65	62,6	- 0,50	—	—	3,28	- 0,15	1,9	+ 0,30	0,6	- 0,30	0,5
68	64,82	- 0,50	2,49	- 0,20	3,28	- 0,15	1,9	+ 0,30	0,6	- 0,30	0,5
72	68,81	- 0,50	—	—	3,28	- 0,20	1,9	+ 0,30	0,6	- 0,30	0,5
75	71,83	- 0,50	2,49	- 0,20	3,28	- 0,20	1,9	+ 0,30	0,6	- 0,30	0,5
80	76,81	- 0,50	2,49	- 0,20	3,28	- 0,20	1,9	+ 0,30	0,6	- 0,30	0,5
85	81,81	- 0,50	—	—	3,28	- 0,20	1,9	+ 0,30	0,6	- 0,30	0,5
90	86,79	- 0,50	2,87	- 0,20	3,28	- 0,20	2,7	+ 0,30	0,6	- 0,30	0,5
95	91,82	- 0,50	2,87	- 0,20	—	—	2,7	+ 0,30	0,6	- 0,30	0,5
100	96,8	- 0,50	2,87	- 0,20	3,28	- 0,20	2,7	+ 0,30	0,6	- 0,30	0,5
110	106,81	- 0,50	2,87	- 0,20	3,28	- 0,20	2,7	+ 0,30	0,6	- 0,30	0,5
115	111,81	- 0,50	2,87	- 0,20	–	–	2,7	+ 0,30	0,6	- 0,30	0,5
120	115,21	- 0,50	—	—	4,06	- 0,20	3,1	+ 0,30	0,6	- 0,30	0,5
125	120,22	- 0,50	2,87	- 0,20	4,06	- 0,20	3,1	+ 0,30	0,6	- 0,30	0,5
130	125,22	- 0,50	2,87	- 0,20	4,06	- 0,20	3,1	+ 0,30	0,6	- 0,30	0,5
140	135,23	- 0,50	3,71	- 0,25	4,9	- 0,25	3,1	+ 0,30	0,6	- 0,30	0,5
145	140,23	- 0,50	3,71	- 0,25	—	—	3,1	+ 0,30	0,6	- 0,30	0,5
150	145,24	- 0,50	3,71	- 0,25	4,9	- 0,25	3,1	+ 0,30	0,6	- 0,30	0,5
160	155,22	- 0,50	3,71	- 0,25	4,9	- 0,25	3,1	+ 0,30	0,6	- 0,30	0,5
170	163,65	- 0,50	3,71	- 0,25	5,69	- 0,25	3,5	+ 0,30	0,6	- 0,30	0,5
180	173,66	- 0,50	3,71	- 0,25	5,69	- 0,25	3,5	+ 0,30	0,6	- 0,30	0,5
190	183,64	- 0,50	—	—	5,69	- 0,25	3,5	+ 0,30	0,6	- 0,30	0,5
200	193,65	- 0,50	5,69	- 0,25	5,69	- 0,25	3,5	+ 0,30	0,6	- 0,30	0,5

Abb. 140 Maßplan und Toleranzen von Ringnuten für Wälzlager (Auszug DIN 616)

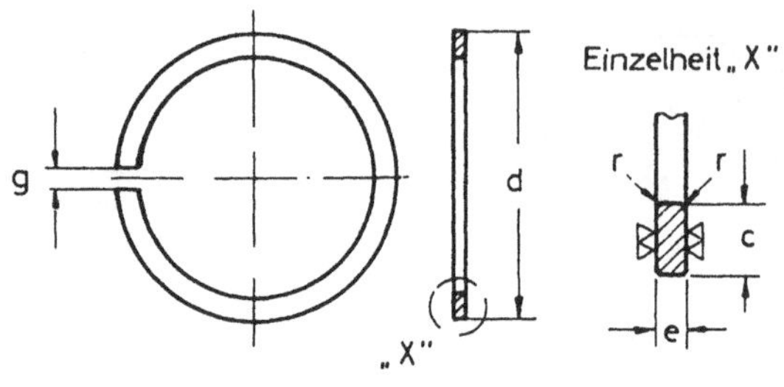

Maße und Abmaße in mm

Kurzzeichen	c	e	d (in Ringnut eingesetzt)	g	r	Zugehöriger Lageraußendurchmesser D
	- 0,15	- 0,10	Größtmaß	≈	Kleinstmaß	
SP 30	3,25	1,12	34,7	3	0,4	30
SP 32	3,25	1,12	36,7	3	0,4	32
SP 35	3,25	1,12	39,7	3	0,4	35
SP 37	3,25	1,12	41,3	3	0,4	37
SP 40	3,25	1,12	44,6	3	0,4	40
SP 42	3,25	1,12	46,3	3	0,4	42
SP 44	3,25	1,12	48,3	3	0,4	44
SP 47	4,04	1,12	52,7	4	0,4	47
SP 50	4,04	1,12	55,7	4	0,4	50
SP 52	4,04	1,12	57,9	4	0,4	52
SP 55	4,04	1,12	60,7	4	0,4	55
SP 56	4,04	1,12	61,7	4	0,4	56
SP 58	4,04	1,12	63,7	4	0,4	58
SP 62	4,04	1,70	67,7	4	0,6	62
SP 65	4,04	1,70	70,7	4	0,6	65
SP 68	4,85	1,70	74,6	5	0,6	68
SP 72	4,85	1,70	78,6	5	0,6	72
SP 75	4,85	1,70	81,6	5	0,6	75
SP 80	4,85	1,70	86,6	5	0,6	80
SP 85	4,85	1,70	91,6	5	0,6	85
SP 90	4,85	2,46	96,5	5	0,7	90
SP 95	4,85	2,46	101,6	5	0,7	95
SP 100	4,85	2,46	106,5	5	0,7	100
SP 110	4,85	2,46	116,6	5	0,7	110
SP 115	4,85	2,46	121,6	5	0,7	115
SP 120	7,21	2,82	129,7	7	0,7	120
SP 125	7,21	2,82	134,7	7	0,7	125
SP 130	7,21	2,82	139,7	7	0,7	130
SP 140	7,21	2,82	149,7	7	0,7	140
SP 145	7,21	2,82	154,7	7	0,7	145
SP 150	7,21	2,82	159,7	7	0,7	150
SP 160	7,21	2,82	169,7	7	0,7	160
SP 170	9,60	3,10	182,9	10	0,7	170
SP 180	9,60	3,10	192,9	10	0,7	180
SP 190	9,60	3,10	202,9	10	0,7	190
SP 200	9,60	3,10	212,9	10	0,7	200

Abb. 141 Sprengringe DIN 5417 für Wälzlager der Durchmesserreihen 0, 2, 3 und 4

Innere Baumaße	Regel	Ausnahme
Teilkreisdurchmesser	$d_m \approx (d + D) / 2$	Radial-Pendelrollenlager $d_m \approx 0{,}42 \ldots 0{,}45\,(d + D)$
Wälzkörperdurchmesser	$D_W \approx a\,(D - d)$	Axial-Pendelrollenlager $D_W \approx a \cdot H$
Anzahl der Wälzkörper in einer Reihe	$Z \approx b\,(d + D) / D_W$	
Abstand der Kugelreihen	$S \approx B - D_W$ oder 0,5 B	
Effektive (tragende) Rollenlänge	Ringe mit Einstichen $l_{eff} \approx l_r - 1{,}2\, l_r^{0{,}4}$	Ringe ohne Einstiche $l_{eff} \approx 0{,}9\, l_r$
Krümmungshalbmesser der Laufbahn in Axialschnitt (s. Abb. 124, S. 147)	Pendelrollenlager $r_A \approx D / 2 - 0{,}45\, D_W$	Pendelkugellager $r_A \approx d_m / 2 + 0{,}55\, D_W$

mit d = Lagerbohrung, D = Lageraußen-∅, B = Lagerbreite, H = Lagerhöhe, l_r = Rollenlänge (alle Maße in mm)

a- und b-Faktoren, Schmiegung und Rollenverhältnis wie nachstehend. Weitere innere Baumaße ergeben sich aus den Angaben in den Maßtabellen.

Lagerbauart	a	b	Schmiegung, K	l_r/D_W
Radial-Kugellager				
Rillenkugellager, einreihig	0,28 ... 0,33	0,99 ... 0,85	0,03 ... 0,06	
Rillenkugellager, zweireihig	0,24 ... 0,29	0,97 ... 0,85	0,06 ... 0,07	
Schrägkugellager, einreihig	0,29 ... 0,32	1,4 ... 1,25	0,03 ... 0,06	
Schrägkugellager, zweireihig	0,26 ... 0,29	1,48 ... 1,25	0,03 ... 0,06	
Pendelkugellager	0,22 ... 0,24	1,33 ... 1,07	K_J = 0,02 K_A = 0,6	
Radial-Rollenlager				
Zylinderrollenlager	0,24 ... 0,28	1,32 ... 1,12	—	1 ... 1,6
Pendelrollenlager	0,23 ... 0,28	1,4 ... 1,30	K_J = 0,0 K_A = 0,04	0,8 ... 1,6
Kegelrollenlager	0,22 ... 0,29	1,6 ... 1,3	—	1 ... 2,4
Nadellager, vollrollig	0,13 ... 0,21	1,57	—	3 ... 10
Nadellager mit Käfig	0,13 ... 0,21	0,78 ... 1,0	—	3 ... 10
Axiallager				
Axial-Rillenkugellager	0,32 ... 0,39	1,42 ... 1,19	0,04 ... 0,07	—
Axial-Pendelrollenlager	0,24 ... 0,25	1,12 ... 1,07	K_J = 0,0 K_A = 0,04	1,25 ... 1,3

Abb. 142 Richtwerte für die inneren Baumaße genormter Wälzlager

4 Toleranzen

Die Toleranzen der Wälzlager für Maß-, Form- und Laufgenauigkeit sowie für Kantenabstände und kegelige Bohrungen sind in DIN 620 festgelegt. Sie stimmen mit den wichtigsten nationalen- und internationalen Normen überein (Abb. 143), so daß die Austauschbarkeit der Lager weltweit sichergestellt ist. Außer der Normaltoleranz (P0) sieht die Norm für die Maß-, Form- und Laufgenauigkeit eingeengte Toleranzen, nämlich die Genauigkeitsklassen P6, P5 und P4 vor. Lager mit eingeengten Toleranzen sind für sehr genaue Wellenführungen und sehr hohe Drehzahlen (Werkzeugmaschinenspindeln, Meßgeräte) bestimmt. Entsprechend genau müssen die Wellen, Gehäuse und Anschlußteile hergestellt werden (höhere Einbau-Anforderungen).

Für besondere Lagerungsfälle, wie z. B. Elektromotoren, werden P6 E-Lager nach DIN 42966 (Rillenkugellager) oder DIN 43283 (Zylinderrollenlager) gefertigt, für Werkzeugmaschinenspindeln außer den genormten noch höhere Genauigkeiten (SP, UP, ABEC-7, 6 usw.). Hinzu kommen schließlich Kegelrollenlager nach Industrienormen (PK, PN, PC und PB).

Die Werte für die üblicherweise lieferbaren Toleranzklassen sind in den Textteilen der jeweiligen Lagerbauart angegeben.

Norm		Toleranzklasse				
JIS (Japanese Industrial Standard)		Normal	6	5	4	2
BAS (Japan Bearing Industrial Association Standard)		—	—	—	BAS4	
ISO 492 u. 199 (International Standardization Organisation)		Normal	6	5 5A	4 4A	—
DIN 620 (Deutsches Institut für Normung)		Normal	P6	P5	P4	P2
AFBMA (Anti-Friction Bearing Manufacturers Association)	Kugellager D>9 mm	ABEC1	ABEC3	ABEC5	ABEC7	ABEC9P
	D<9 mm			ABEC5P	ABEC7P	
	Rollenlager	RBEC1	—	RBEC5	RBEC7	

Abb. 143 Zuordnung nationaler und internationaler Toleranzklassen für Wälzlager

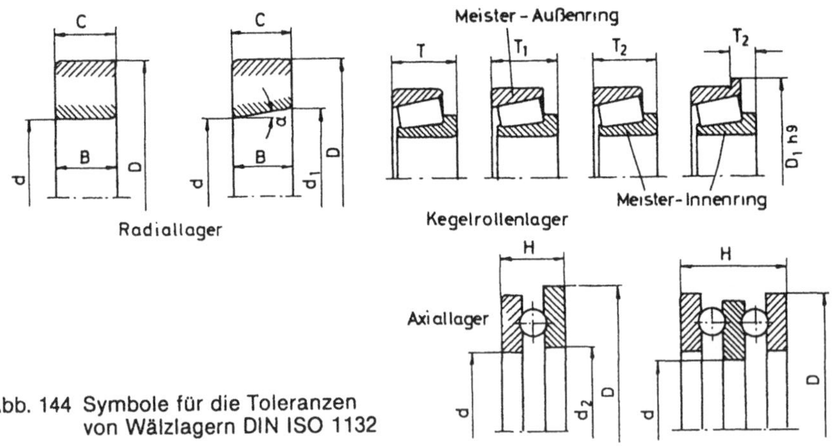

Abb. 144 Symbole für die Toleranzen von Wälzlagern DIN ISO 1132

Die verwendeten Symbole nach DIN ISO 1132 (Abb. 144) haben folgende Bedeutung:

4.1 Maß- und Formgenauigkeit

d	Nenndurchmesser der Bohrung
d_1	Nenndurchmesser der theoretischen Kegelfläche am weiten Ende der kegeligen Bohrung
d_2	Bohrungsnenndurchmesser der Wellenscheibe eines zweiseitig wirkenden Lagers
d_s	einzelner Bohrungsdurchmesser (Zweipunktmessung)
d_m	mittlerer Bohrungsdurchmesser $[(d_{smax} + d_{smin})/2]$
d_{mp}	mittlerer Bohrungsdurchmesser in einer Ebene
Δ_{ds}	Abweichung eines einzelnen Bohrungsdurchmessers $(d_s - d)$
Δ_{dm}	Abweichung des mittleren Bohrungsdurchmessers $(d_m - d)$
Δ_{dmp}	Abweichung des mittleren Bohrungsdurchmessers in einer Ebene $(d_{mp} - d)$
V_{ds}	Schwankung der einzelnen Bohrungsdurchmesser $(d_{smax} - d_{smin})$
V_{dp}	Schwankung der Bohrungsdurchmesser; Unterschied zwischen größtem und kleinstem in einer Radialebene gemessenen Bohrungsdurchmesser = Rundheit
V_{dmp}	Schwankung der mittleren Bohrungsdurchmesser; Unterschied zwischen größtem und kleinstem, jeweils in einzelnen Ebenen feststellbaren mittleren Bohrungsdurchmesser an einem einzelnen Ring bzw. einer einzelnen Scheibe = Konizität bzw. Parallelität
D	Nennaußendurchmesser
D_s	einzelner Außendurchmesser (Zweipunktmessung)
D_m	mittlerer Außendurchmesser $[(D_{smax} + D_{smin})/2]$
D_{mp}	mittlerer Außendurchmesser in einer Ebene
Δ_{Ds}	Abweichung eines einzelnen Außendurchmessers $(D_s - D)$
Δ_{Dm}	Abweichung des mittleren Außendurchmessers $(D_m - D)$
Δ_{Dmp}	Abweichung des mittleren Außendurchmessers in einer Ebene $(D_{mp} - D)$
V_{Ds}	Schwankung der einzelnen Außendurchmesser $(D_{smax} - D_{smin})$
V_{Dp}	Schwankung des Außendurchmessers; Unterschied zwischen größtem und kleinstem in einer Radialebene gemessenen Außendurchmesser = Rundheit
V_{Dmp}	Schwankung der mittleren Außendurchmesser; Unterschied zwischen größtem und kleinstem, jeweils in einzelnen Ebenen feststellbaren mittleren Außendurchmesser an einem einzelnen Ring bzw. einer einzelnen Scheibe = Konizität bzw. Parallelität
B, C	Nennbreite des Innenringes bzw. des Außenringes
B_s, C_s	einzelne Ringbreite
B_m, C_m	mittlere Ringbreite [z.B. $(B_{smax} + B_{smin})/2$]
Δ_{Bs}, Δ_{Cs}	Abweichung einer einzelnen Ringbreite (z.B. $B_{max} - B$)
V_{Bs}, V_{Cs}	Schwankung der Ringbreite; Unterschied zwischen größter und kleinster gemessener Breite eines Innen- bzw. Außenring = Parallelität
H, T	Nennhöhe bzw. Lagerbreite eines Axiallagers oder Kegelrollenlagers
T_s	einzelne Lagerbreite, Abstand zwischen den Anlageflächen (theoretischen Seitenflächen) des Innen- und Außenringes
T_{1s}, T_{2s}	einzelne Lagerbreite bei Kegelrollenlager unter Verwendung eines Meister-Außenringes bzw. Meister-Innenringes
Δ_{Ts}	Schwankung der Lagerbreite

4.2 Laufgenauigkeit

K_{ia}, K_{ea}	Rundlauf (Radialschlag) des Innen- bzw. Außenringes am zusammengebauten Lager
S_{ia}, S_{ea}	Planlauf (Axialschlag) der Seitenfläche (Anlageflächen) in Bezug auf die Laufbahn des Innen- bzw. Außenringes am zusammengebauten Lager
S_d	Planlauf (Seitenschlag) des Innenringes

S_D	Schwankung (Seitenschlag) der Neigung der Mantellinie (Außenring) gegenüber der Bezugsseitenfläche
S_i, S_e	Parallelität (Axialschlag) der Laufbahn zur Seitenfläche bei Rillenkugellagern bzw. Schwankung der Scheibendicke bei Axiallagern
K_i, K_e	Schwankung der Innen- bzw. Außenring-Wanddicke bei Radiallagern

4.3 Kegelige Bohrungen

Für Wälzlager mit kegeliger Bohrung ist der Kegel 1:12 ($2\alpha = 4° 46' 18,8''$) genormt und in DIN 620 (Abb. 145) festgelegt. Ausnahmen bilden Pendelrollenlager der Maßreihe 40, 41 und 42 (Kegel 1:30, $2\alpha = 1° 54' 33''$) sowie Pendelkugellager mit Klemmhülse, Lagerreihe 115 (Kegel 1:17, $2\alpha = 3° 21' 59''$), für die bisher keine allgemein verbindlichen Normen bestehen.

Kegel	1 : 12	1 : 30
Steigungs - ∢ α	2° 23′ 9,4″	0° 57′ 17,4″
(Halber Kegel - ∢)	= 2,38594°	= 0,95484°
	= 0,041643	= 0,01667 rad
Theoretischer Grunddurchmesser, d_1	$d + B/_{12}$	$d + B/_{30}$

Damit Widersprüche, die aus unterschiedlichen Meßverfahren entstehen können, ausgeschlossen sind, sollen bei der Überprüfung der Toleranzen die Festlegungen zu Meßverfahren in DIN 620 berücksichtigt werden (s. S. 175)

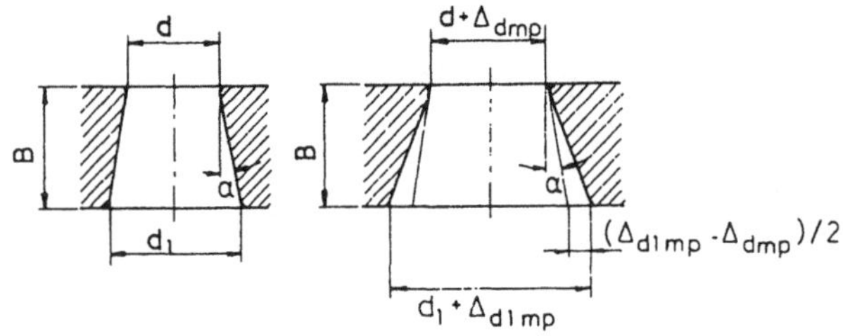

Maße													
Nennmaß der Lagerbohrung, d	über	—	10	18	30	50	80	120	180	250	315	400	500
	bis	10	18	30	50	80	120	180	250	315	400	500	630
Normaltoleranz DIN 620 bzw. ISO 492, Kegel 1 : 12 Abmaße in µm													
Δ_{dmp}, $\Delta_{d1mp} - \Delta_{dmp}$		0	0	0	0	0	0	0	0	0	0	0	
		+ 15	+ 18	+ 21	+ 25	+ 30	+ 35	+ 40	+ 46	+ 52	+ 57	+ 63	
V_{dp}		8	8	10	12	15	20	25	30	35	40	45	
Normaltoleranz DIN 620, Kegel 1 : 30													
Δ_{dmp}						0	0	0	0	0	0	0	0
						+ 15	+ 20	+ 25	+ 30	+ 35	+ 40	+ 45	+ 50
$\Delta_{d1mp} - \Delta_{dmp}$						0	0	0	0	0	0	0	0
						+ 35	+ 40	+ 50	+ 55	+ 60	+ 65	+ 75	+ 85
V_{dp}						19	25	31	38	44	50	56	63
Toleranz P 4 Werksnorm, Kegel 1 : 12													
Δ_d (H6)		0	0	0	0	0	0	0	0	0	0	0	
		+ 9	+ 11	+ 13	+ 16	+ 19	+ 22	+ 25	+ 29	+ 32	+ 36	+ 40	
$\Delta_{d1} - \Delta_d$ (IT5)		0	0	0	0	0	0	0	0	0	0	0	
		+ 6	+ 8	+ 9	+ 11	+ 13	+ 15	+ 18	+ 20	+ 23	+ 25	+ 27	

Δ_d Abmaß der Nennbohrung d, Δ_{d1} Abmaß des Bohrungsdurchmessers d_1

Abb. 145 Toleranzen der kegeligen Bohrungen

4.4 Kantenabstand

Die Toleranzen für den Kantenabstand r, r_1 von metr. Lagern sind ebenfalls in DIN 620 genormt (Abb. 146) und inzwischen nach ISO 582 - 1979 neu definiert (Abb. 147). Für den Kantenabstand wird nach ISO 582 nicht mehr das Nennmaß angegeben, sondern das Kleinstmaß. Weiterhin werden für Kantenabstände in axialer Richtung größere Toleranzen zugelassen, damit die Montage durch bessere Übergänge an Bohrung und Mantelfläche erleichtert wird. Die Toleranzen für Kantenabstände in radialer Richtung wurden teilweise eingeengt. Die alten Toleranzen werden durch die neuen voll überdeckt, so daß hieraus keine Austauschbarkeits- und Montageprobleme entstehen können.
Die Toleranzen gelten für alle Toleranzklassen. Toleranzen für die Kantenabstände von Kegelrollenlagern mit Zollabmessungen s. S. 65, T 1.

r, r1 — Nennmaß des Kantenabstandes
r_{min} — kleinster Kantenabstand (größter Hohlkehlenhalbmesser an Welle oder Gehäuse, welchen die Lagerkante freigeben muß)
r_{max} — größter Kantenabstand an irgendeiner Stelle des Ring- bzw. Scheibenumfanges

Die Angaben des Kantenabstandes sagen nichts über die Form der Lagerkante aus, d. h. über das Profil, das beim Kantenbrechen entsteht. Es darf jedoch kein Werkstoff über einen genauen Viertelkreis, der an die beiden intakten Flächen im Axialschnitt tangierend anschließt, vorstehen. Der Halbmesser dieses Viertelkreises ist gleich r_{min}.

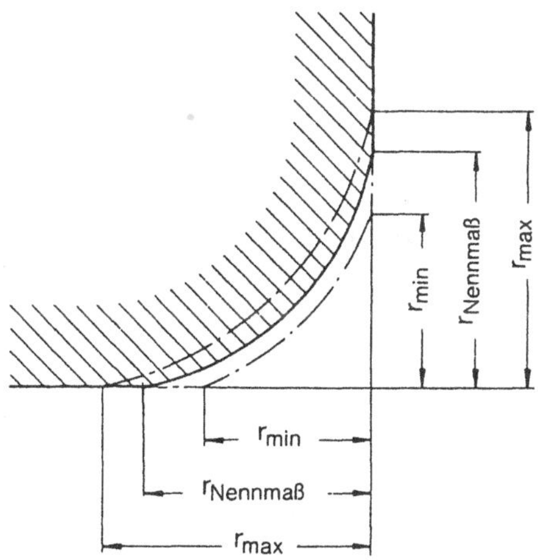

Maße in mm

Nennmaß r, r_1	0,2	0,2	0,4	0,5	0,8	1	1,2	1,5	2	2,5	3	3,5	4	5	6	8	10	12	15	18
r_{min}	0,1	0,1	0,2	0,3	0,5	0,7	0,9	1,1	1,5	1,9	2,3	2,7	3,1	3,9	4,7	6,3	8	9,5	11,8	14,2
r_{max}	0,4	0,5	0,6	0,8	1,2	1,5	1,7	2,1	2,7	3,3	4	4,5	5,2	6,5	7,5	10	12,5	15	19	23

Abb. 146 Toleranzen der Kantenabstände DIN 620

r_1	Kantenabstand in radialer Richtung
r_2	Kantenabstand in axialer Richtung
r_{1smin}	Kleinster einzelner Kantenabstand in radialer Richtung (unterer Grenzwert)
r_{2smin}	Kleinster einzelner Kantenabstand in axialer Richtung (unterer Grenzwert)
r_{1smax}	Größter einzelner Kantenabstand in radialer Richtung (oberer Grenzwert)
r_{2smax}	Größter einzelner Kantenabstand in axialer Richtung (oberer Grenzwert)

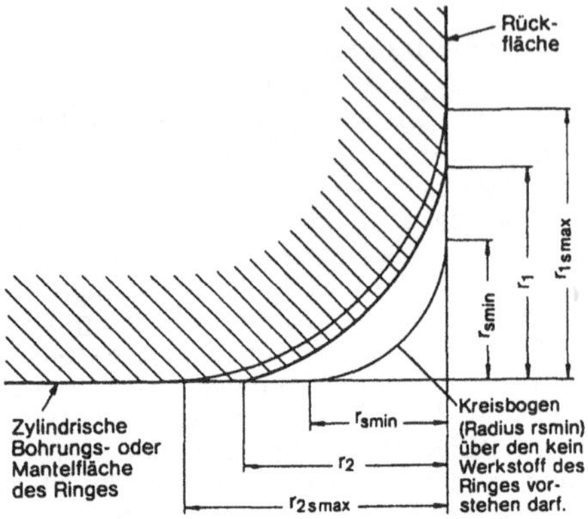

Radiallager mit Ausnahme von Kegelrollenlagern

Nennmaß der Lagerbohrung, d über	Maße in mm					—	40	—	40	—	50	—	120	—	120
bis						40	—	40	—	50	—	120	—	120	—
r_{smin}	**0,05**	**0,08**	**0,1**	**0,15**	**0,2**	**0,3**		**0,6**		**1**		**1,1**		**1,5**	
r_{1smax} (radial)	0,1	0,16	0,2	0,3	0,5	0,6	0,8	1	1,3	1,5	1,9	2	2,5	2,3	3
r_{2smax} (axial)	0,2	0,3	0,4	0,6	0,8	1	1	2	2	3	3	3,5	4	4	5

Nennmaß der Lagerbohrung, d über	—	80	220	—	280	—	100	280	—	280								
bis	80	220	—	280	—	100	280	—	280	—								
r_{smin}	**2**			**2,1**		**2,5**			**3**		**4**	**5**	**6**	**7,5**	**8,5**	**12**	**15**	**19**
r_{1smax} (radial)	3	3,5	3,8	4	4,5	3,8	4,5	5	5	5,5	6,5	8	10	12,5	15	18	21	25
r_{2smax} (axial)	4,5	5	6	6,5	7	6	6	7	8	8	9	10	13	17	19	24	30	38

Kegelrollenlager, metrisch (Kanten der Innen- bzw. Außenring-Rückfläche)

Nennmaß Lagerbohrung d, bzw Lageraußen-Ø D über	—	40	—	40	—	50	—	120	250	—	120	250	—	120	250
bis	40	—	40	—	50	—	120	250	—	120	250	—	120	250	—
	Maße in mm														
r_{smin}	**0,3**		**0,6**		**1,0**		**1,5**			**2**			**2,5**		
r_{1smax} (radial)	0,7	0,9	1,1	1,3	1,6	1,9	2,3	2,8	3,5	2,8	3,5	4	3,5	4	4,5
r_{2smax} (axial)	1,4	1,6	1,7	2	2,5	3	3	3,5	4	4	4,5	5	5	5,5	6

Nennmaß Lagerbohrung d, bzw Lageraußen-Ø D über	—	120	250	400	—	120	250	400	—	180	—	180
bis	120	250	400	—	120	250	400	—	180	—	180	—
r_{smin}	**3**				**4**				**5**		**6**	
r_{1smax} (radial)	4	4,5	5	5,5	5	5,5	6	6,5	6,5	7,5	7,5	9
r_{2smax} (axial)	5,5	6,5	7	7,5	7	7,5	8	8,5	8	9	10	11

Axiallager Maße in mm

r_{smin}	0,05	0,08	0,1	0,15	0,2	0,3	0,6	1	1,1	1,5	2	2,1	3	4	5	6	7,5	9,5	12	15	19
r_{1smax}, r_{2smax}	0,1	0,16	0,2	0,3	0,5	0,8	1,5	2,2	2,7	3,3	4	4,5	5,5	6,5	8	10	12,5	15	18	21	25

Abb. 147 Toleranzen (Grenzmaße) der Kantenabstände ISO 582-1979

5 Meßverfahren

In der Regel ist es möglich, die Maßabweichungen der Bohrung, des Außendurchmessers und der Breite mit den üblichen festen Lehren (Lehrdorn, Kugelendmaß, Rachenlehre) zu überprüfen. Für genaue Messungen sind dagegen die hier beschriebenen, nach DIN 620 zusammengefaßten Meßverfahren, anzuwenden. Sie berücksichtigen die leichte Verformbarkeit der verhältnismäßig dünnwandigen Lagerringe. Bei allen selbsthaltenden Lagern, z. B. Rillenkugellager, können Radialschlag und Axialschlag nicht unmittelbar gemessen werden. Die dadurch bedingte Meßunsicherheit (Lagerluft, Meßdornfehler) muß bei der Bewertung der Meßergebnisse beachtet werden.

	Nennmaßbereich mm über	bis	Meßkraft F [N] ≤	Halbmesser der Meßspitze [mm] ≥
Bohrungsdurchmesser *d*	—	10	1,5	0,8
	10	30	1,5	2,5
	30	—	1,5	2,5
Außendurchmesser D	alle Größen		1,5	2,5

Abb. 148 Meßkraft und Halbmesser der Meßspitze

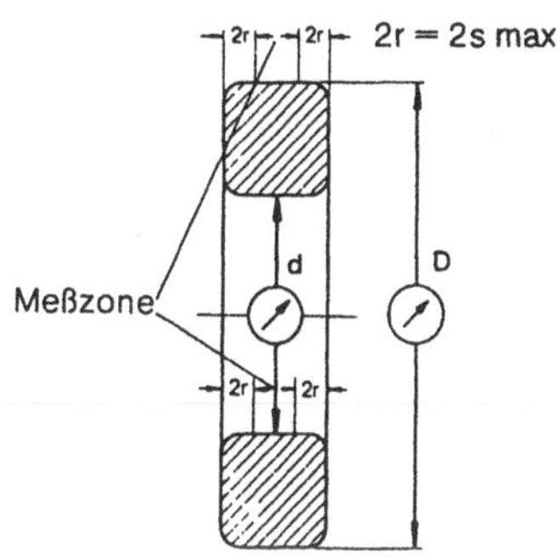

Abb. 149 Messung der Bohrungs- und Außendurchmesser.

5.1 Meßbedingungen

Vor der Messung sind die Lager in Waschbenzin mit einem Zusatz von 3...5 % Maschinenöl oder in säurefreiem Petroleum zu entfetten und nach der Messung sofort wieder zu konservieren (leicht einölen oder einfetten). Reines Benzin macht die Oberfläche vollkommen fettfrei und führt zur Rostbildung, welche die Lager bis zur Unbrauchbarkeit beschädigt.

Lager, Lehrstück und Meßgerät müssen für die Messung die gleiche Temperatur (20°C) haben und sind vor Handwärme zu schützen. Der Temperaturausgleich nimmt je nach Größe der Teile und Höhe der Temperaturunterschiede mehrere Stunden bis zu einigen Tagen in Anspruch. Den schnellsten Ausgleich erzielt man durch eine gemeinsame Metallunterlage.

Abb. 148 gibt die in DIN 620 festgesetzten Werte für die Meßkraft und den Halbmesser zur Meßspitze wieder. Die Bezugsfläche ist die nicht gestempelte bzw. Axialkraft aufnehmende Seitenfläche. Die Meßzone ist in Abb. 149 dargestellt.

5.2 Maß- und Formgenauigkeit

5.2.1 Bohrung (d) und Außendurchmesser (D)

Zweipunktmeßgerät mit Feinzeiger DIN 879 (Genauigkeitsgrad I, Skalenwert 1 µm).

Wenn damit zu rechnen ist, daß während des Messens bei waagerechter Lagerachse eine Verformung auftritt, die mehr als 10 % der zulässigen Maßabweichung beträgt, muß die Messung bei senkrechter Lagerachse durchgeführt werden.

Die Messungen erfolgen in verschiedenen Radialebenen. In jeder Ebene werden Minimal- und Maximalwerte festgestellt, also d_{psmax}, d_{psmin} bzw. D_{psmax}, D_{psmin}. Aus diesen Meßwerten errechnen sich:

$$d_{mp} = (d_{psmax} + d_{psmin})/2$$
$$D_{mp} = (D_{psmax} + D_{psmin})/2$$
$$\Delta_{dmp} = d_{mp} - d; \ \Delta_{Dmp} = D_{mp} - D$$
$$V_{dp} = d_{psmax} - d_{psmin}$$
$$V_{Dp} = D_{psmax} - D_{psmin}$$
$$V_{dmp} = d_{mpmax} - d_{mpmin}$$
$$V_{Dmp} = D_{mpmax} - D_{mpmin}$$

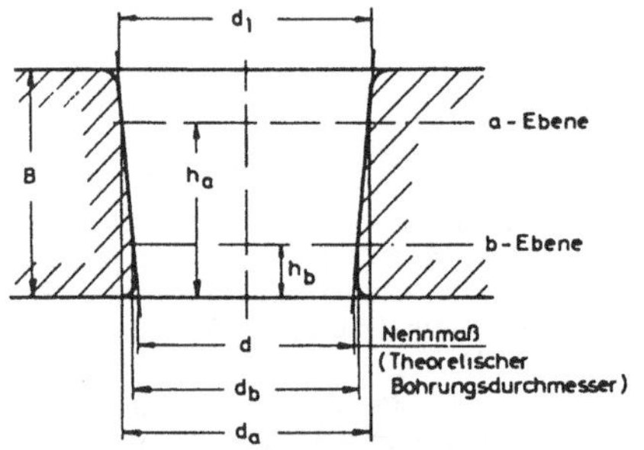

Abb. 150 Messung der kegeligen Bohrung (Werksnorm)

5.2.2 Kegelige Bohrungsdurchmesser (d, d_1)

Meßgerät wie 5.2.1

Lagerseite kleiner Bohrungs-∅ d auf Meßplatte legen

Meßwerte: d_a, d_b, h_a, h_b und B

Rechenwerte:

$$d = \frac{d_b \cdot h_a - d_a \cdot h_b}{h_a - h_b} \text{ [mm]} \qquad \text{(Gl. 31)}$$

$$\Delta d_{1mp} - \Delta d_{mp}$$
$$= (d_a - d_b)\frac{B}{h_a - h_b} - B/K \text{ [mm]} \qquad \text{(Gl. 32)}$$

K = 12 bei Kegel 1:12
= 30 bei Kegel 1:30

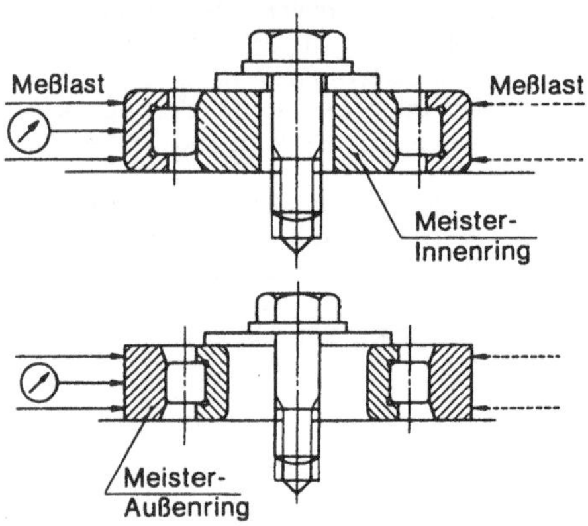

Abb. 151 Messung des Hüllkreisdurchmessers (Werksnorm)

5.2.3 Hüllkreisdurchmesser (dr, Dr) von Zylinderrollen- und Nadellagern

Meßgerät wie 5.2.1 Meister-Innen- und Außenring

Der Hüllkreis-∅ ergibt sich aus Zeigerausschlag plus bzw. minus Meisterring-Durchmesser

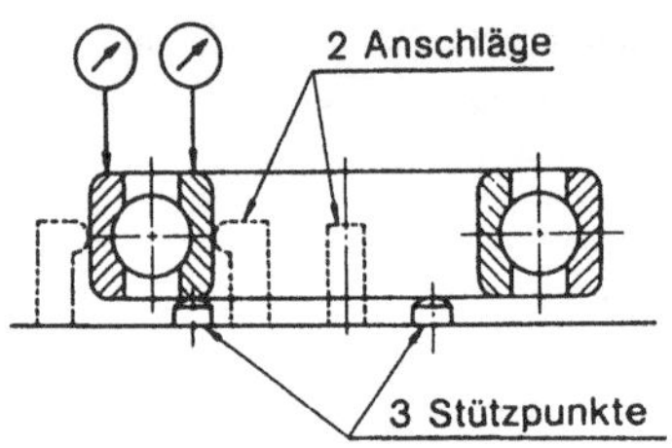

Abb. 152 Messung der Breite

5.2.4 Breite (B, C, T)

Meßgerät wie 5.2.1 (für die Breite genügt aber auch ein Feinanzeiger DIN 879, Genauigkeitsgrad II, Skalenwert 10 μm)

Zu messenden Ring so unterstützen, daß der andere Lagerring frei drehen kann. Feinanzeiger unmittelbar über einem Stützpunkt ansetzen.

Die Messungen erfolgen während einer Umdrehung; Meßwerte sind: B_{smax}, B_{smin} bzw. C_{smax}, C_{smin} bzw. T_{smax}, T_{smin}. Daraus ergeben sich:

$$\Delta_{Bs} = B_{smax} - B \text{ bzw. } B_{smin} - B$$
$$V_{Bs} = B_{smax} - B_{smin}$$
$$\Delta_{Cs} = C_{smax} - C \text{ bzw. } C_{smin} - C$$
$$V_{Cs} = C_{smax} - C_{smin}$$
$$\Delta_{Ts} = T_{smax} - T \text{ bzw. } T_{smin} - T$$
$$V_{Ts} = T_{smax} - T_{smin}$$

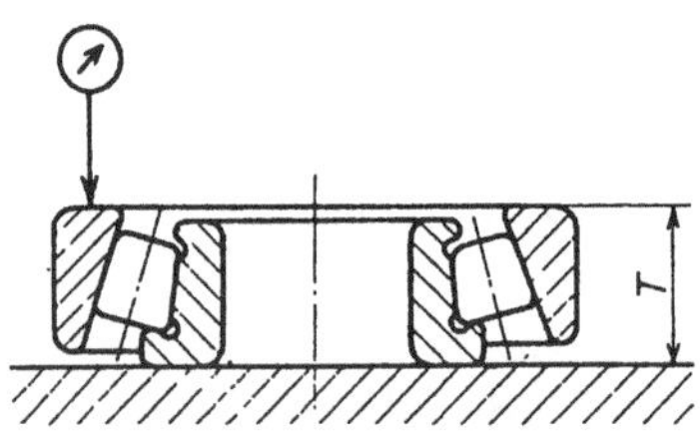

Abb. 153 Messung der Gesamtbreite bei Kegelrollenlagern (Werksnorm)

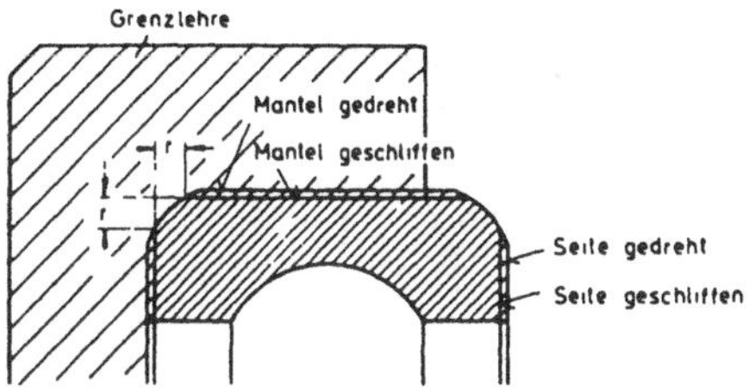

Abb. 154 Messung des Kantenabstandes

5.2.5 Kantenabstand (r, r_1)

Zweiseitige Grenzlehre mit Rundung der Welle bzw. Gehäuse DIN 5418 und Abstand r_{max} nach DIN 620 (oder entsprechende optische Lehre).
Formlehre an die Ringkante anlegen und Lichtspalt beobachten. Örtliche Fehler, die nicht über einen genauen Viertelkreis r_{min} hinausgehen, bleiben unberücksichtigt.

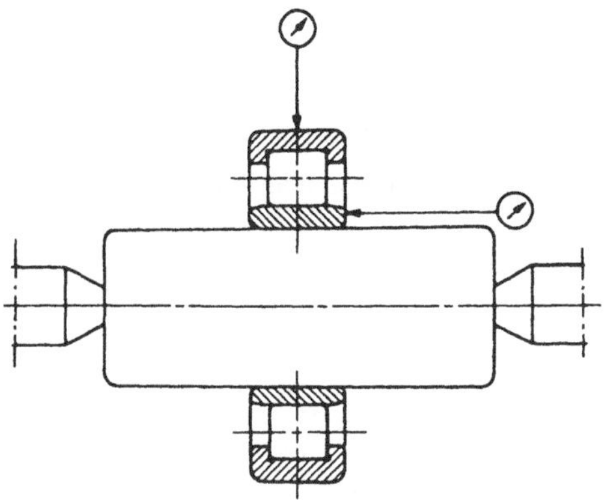

Abb. 155 Messung des Radial- und Seitenschlages am vollständigen Radiallager

5.3 Laufgenauigkeit

5.3.1 Rundlauf (Radialschlag) K_{ia}, K_{ea}, Schwankung K_i, K_e und Planlauf (Seitenschlag) S_d

Meßgeräte wie 5.2.1

Meßdorn mit 0,01...0,02 mm Kegeligkeit auf 100 mm

Nennmaßbereich der Lagerbohrung d [mm] über	bis	Meßkraft F [N]
	30	40
30	50	80
50	80	120
80	—	150

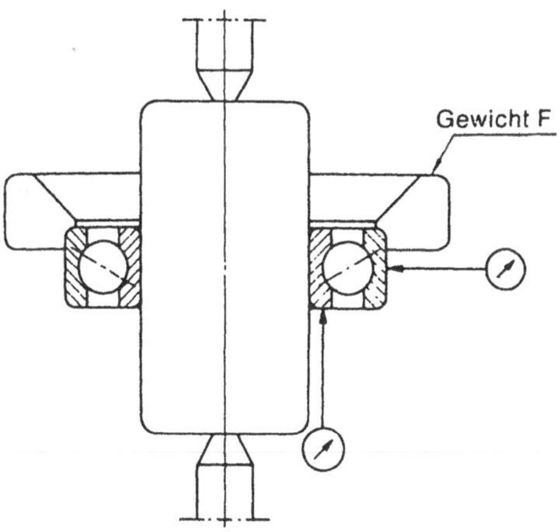

Abb. 156 Messung des Radial- und Seitenschlages an vollständigen, einreihigen Kegelrollenlagern und Schrägkugellagern

Verkanten des Innenringes vermeiden. Feinanzeiger rechtwinklig zum Dorn bzw. unmittelbar über Stützpunkt ansetzen.

Beim Messen des Innenringschlages Außenring festhalten und Innenring (Dorn) drehen. Beim Messen des Außenringschlages Innenring festhalten und Außenring drehen.

Größter und kleinster Zeigerausschlag während einer Umdrehung ergibt den vorhandenen Radial- bzw. Seitenschlag.

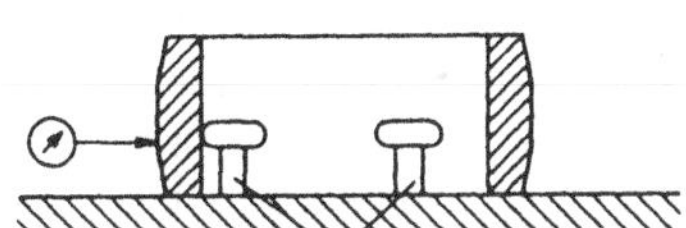

Abb. 157 Messung des Radialschlages an Lagerteilen (hier Wanddicken-Schwankung K_i am Innenring)

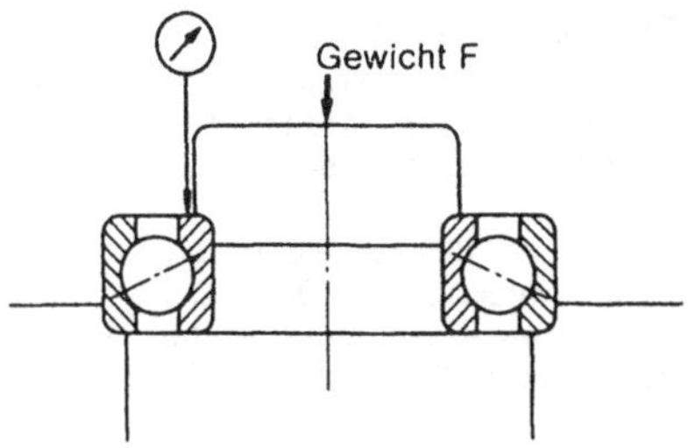

Abb. 158 Messung des Axialschlages von Innenringen

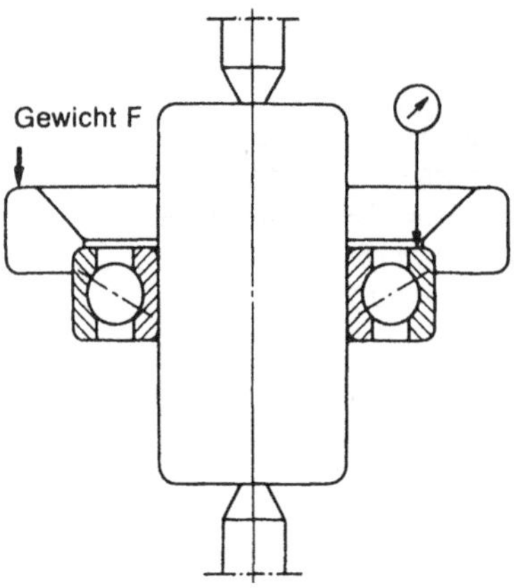

Abb. 159 Messung des Axialschlages von Außenringen

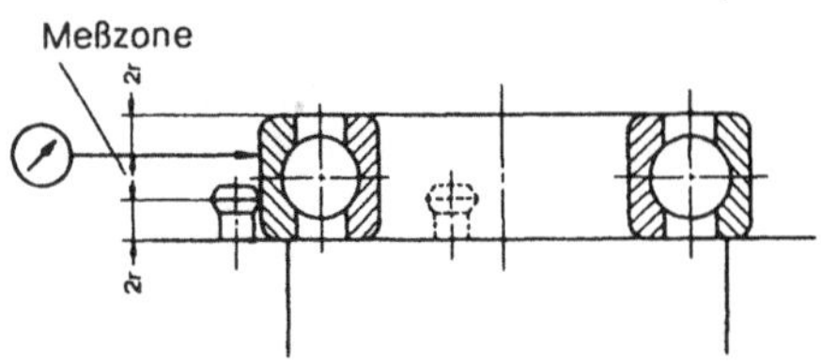

Abb. 160 Messung des Seitenschlages von Außenringen

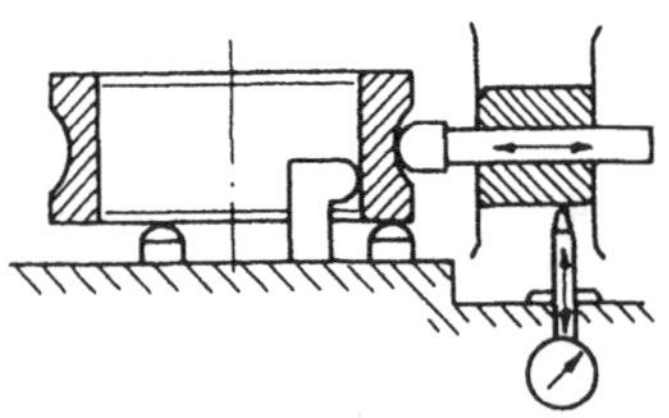

Abb. 161 Messung des Axialschlages von Radiallagern (hier Innenring)

5.3.2 Planlauf (Axialschlag) S_{ia} der Innenringe

Meßgeräte wie 5.2.1

Nennmaßbereich des Lager-Außendurchmesser D mm		Meßkraft F [N]	
über	bis	Wälzlager	Kegelrollenlager
—	30	5	40
30	50	7,5	80
50	80	15	120
80	120	35	150
120	180	70	150
180	—	140	150

Meßkraft (F) muß zentrisch wirken.

Der Axialschlag ergibt sich aus größtem und kleinstem Zeigerausschlag während mindestens zwei Umdrehungen.

5.3.3 Planlauf (Axialschlag) S_{ea} und Schwankung (Seitenschlag) S_D von Außenringen

Meßgerät wie 5.2.1

Meßkräfte wie 5.3.2

Axial- bzw. Seitenschlag ergibt sich aus größtem und kleinstem Zeigerausschlag während mindestens zwei Umdrehungen.

5.4 Parallelität bzw. Schwankung (Axialschlag) S_i, S_e

Meßgeräte wie 5.2.1

Lagerung mit Bezugsseitenfläche auf die Vorrichtung auflegen.

Der Axialschlag ergibt sich aus größtem und kleinstem Zeigerausschlag während einer Umdrehung.

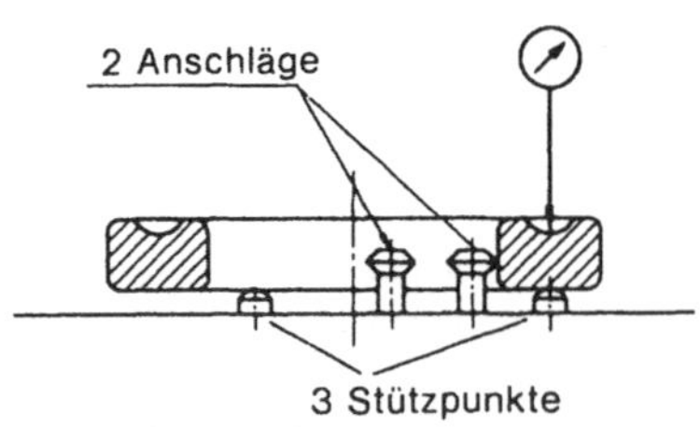

Abb. 162 Messung des Axialschlages von Axiallagerscheiben (hier Wellenscheibe)

6 Werkstoffe, Wärmebehandlung und Maßstabilisierung

6.1 Einleitung

Wälzlager gehören zu den spezifisch am höchsten belasteten Maschinenelementen, und entsprechend hoch sind die Anforderungen an die eingesetzten Werkstoffe. Dies gilt besonders für Stähle, aus denen die Wälzelemente gefertigt werden (Abb. 163).

Lagerungseigenschaft	Werkstoffanforderung
Hohe Hertz'sche Pressung Überrollungen Gleitbewegungen	Hohe Härte Wälzfestigkeit Reinheitsgrad Verschleißfestigkeit
Festigkeit bei Stoßbeanspruchung	Ausreichende Zähigkeit
Maßstabilität	Keine Gefügeänderungen
Besondere Umgebungsbedingungen	Korrosion- bzw. Temperaturbeständigkeit
Wälzkörper-Führung/ Trennung	Festigkeit, Elastizität Gleiteigenschaften Gewicht
Wirtschaftlichkeit	Anschaffungskosten Bearbeitungskosten

Abb. 163 Anforderungen an die Werkstoffe der Wälzlager

6.2 Werkstoffe für Wälzelemente

Die Laufbahnringe und Wälzkörper normaler Lager werden vorwiegend aus niedrig legiertem, durchhärtbarem Chromstahl gefertigt. Außerdem werden Einsatzstähle, Vergütungsstähle, nichtrostende Stähle verwendet; in wenigen Sonderfällen auch Kunststoff, Keramik, Glas, Siliziumkarbide und magnetische Werkstoffe.

Bereits um die Jahrhundertwende hatte Striebeck entdeckt, daß niedrig legierte Chromstähle für Wälzlager besonders gut geeignet sind (Abb. 165). Sie besitzen gute Festigkeitseigenschaften, hohe Härte, große Zähigkeit und günstige Verschleißeigenschaften. Sie lassen sich in hohen Reinheitsgraden herstellen und sind relativ leicht zu verarbeiten.

Wälzlagerstähle enthalten in der Grundanalyse oder durch Aufkohlung ca. 1 % Kohlenstoff, wovon etwa 60% für die erforderliche Martensithärte und 30% für eine ausreichende verschleißwiderstandsgewährende Karbidbildung sorgen. Der Chromgehalt von ca. 1,5% dient zu mehr als 2/3 der Härtbarkeit und der Rest zur erwünschten Karbidbildung $(FeCr)_3$ C. Zusätze von Mangan und/oder Molybdän werden zur gleichmäßigen Durchhärtung größerer Querschnitte benötigt. Der weltweit mit großem Abstand am meisten verwendete Wälzlagerstahl ist 100Cr6 bzw. JIS SUJ-2 oder SAE 52100.

Einsatzstähle (Abb. 168) werden bei Kegelrollenlagern, großen Zylinderrollenlagern und Pendelrollenlagern, sowie sogenannten Direktlagerungen (S. 329) eingesetzt. Einmal aus spezifischen Fertigungsgründen (z.B. Koyo-HICAP-Verfahren) und zum anderen bei hohen Stoßbelastungen (z.B. Walzenzapfenlager mit EH_t bis 15 % Ringdicke). Sie sind charakterisiert durch die Kombination von harter, verschleißfester Oberfläche und zähem, stoßunempfindlichen Kern. Rest-Druckspannungen an der Oberfläche nach dem Härten vermindern ein Fortschreiten von Ermüdungsrissen an die Laufbahnoberflächen (Durchhärter haben Zugspannungen!).

Vergütungsstähle (Abb. 168) für Flamm- und Induktionshärtung finden Anwendung bei Teilen von sehr großen Lagern (z.B. Drehkränze) oder Großlagerungen, die sich im Ofen nicht mehr erwärmen lassen. Mit Tragfähigkeitseinbußen wegen einer geringeren erreichbaren Oberflächenhärte (S. 195/200) ist zu rechnen

Für Lager, die mit korrosiven Medien in Verbindung gelangen können (z.B. Säurepumpen, Strahltriebwerke), wird man nichtrostende Stähle (Abb. 167) auswählen.

Wälzlager, die bei extrem hohen Temperaturen laufen müssen (Strahltriebwerke, Kalanderwalzen), werden aus warmfestem, zum Teil aus im Vakuum umgeschmolzenen Stahl hergestellt (Abb. 166). Hohe Legierungsanteile sorgen dafür, daß die Warmhärte bei maximaler Betriebstemperatur durch Steigerung der Anlaßbeständigkeit und durch Bildung von feinen Karbidausscheidungen möglich wird.

Die übrigen Werkstoffe sind nur ganz bestimmten Einbaufällen vorbehalten. Dabei sind die sehr stark von Normallagern abweichenden Eigenschaften (z.B. Kunststofflager-Tragfähigkeit) zu beachten.

Die Eignung eines Stahles für Wälzlager läßt sich nicht allein nach seiner chemischen Zusammensetzung und den statischen Festigkeitswerten beurteilen. Hinzu kommen müssen Gefügeausbildung, Homogenität, Eigenspannung, makro- und mikroskopische Reinheit (Blasen, Hohlräume, Dentriten, Seigerungen nichtmetallische Einschlüsse) und leichte Bearbeitungsmöglichkeit.
Die Festigkeit muß den sehr hohen örtlichen Kontaktspannungen zwischen Laufbahnen und Wälzkörpern (Hertz'sche Pressungen bis 4600 N/mm^2) und den Füge-Spannungen bei Preßsitzen (s. S. 372) genügen. Das Gefüge des gehärteten, angelassenen Stahles soll feinmuschelige, zeilenfreie und spannungsfreie Struktur besitzen (Abb. 175). Um dies zu erzielen und gleichzeitig eine gute Zerspanbarkeit des Werkstoffes zu erreichen, muß schon das Gefüge des geglühten, ungehärteten Stahles kugelige und fein verteilte Karbide aufweisen.
Die Reinheit ist für das Lebensdauerverhalten von Wälzlagern von großer Bedeutung (s.S.203).
Der mikroskopische Reinheitsgrad gibt Aufschluß über die im Stahl enthaltenen nichtmetallischen Einschlüsse, wie Sulfide, Oxide (z. B. Al_2O_3, FeO. MnO, TiO) und Silikate (SiO_2). Er wird mit Hilfe von sogenannten Gefüge-Richtreihen und besonderen Prüfverfahren (z.B. Stahl-Eisenprüfblatt 1570 ... 71) nach Art, Größe, Form, Anzahl und Verteilung bestimmt. Ähnliche Untersuchungen nach Japanischer Norm sind in Abb. 164 erläutert.

Die Einschlüsse, deren Größenordnung bei max. 0,02 µm liegt, verursachen im Korngrenzbereich wesentliche Festigkeitsunterschiede und örtliche Spannungsherde. Liegen diese Schwachstellen im unmittelbaren Einflußbereich der Wälzzonen, bilden sie die Keimzellen vorzeitiger partieller Werkstoffstörung, die sich schnell zu den bekannten Ermüdungserscheinungen (S. 224) ausweiten. Die Verteilung bzw. Anhäufung der kritischen Einschlüsse ist ein Zufallsprodukt. Sie unterliegt einer Wahrscheinlichkeit, der auch der Ermüdungslaufzeit und Lebensdauer anhaftet.
Koyo nutzt deshalb schon seit Anfang der 70er Jahre die Vorteile der Vakuum-Entgasung der Wälzlagerstähle, und damit die Verbesserung der Homogenität des Stahles durch Verringerung des Sauerstoff- und Wasserstoffgehaltes, sowie die Eingrenzung der Legierungsbestandteile. Dieses führt über die gleichmäßige Gefügeausbildung und Härte zur gewünschten Ermüdungslebensdauer-Erhöhung gegenüber Lagern aus nicht entgasten Stählen.

Sollte diese hohe Ermüdungslebensdauer und Betriebssicherheit immer noch nicht genügen, können von Koyo auch Wälzlager aus noch feineren, aber leider sehr teuren Stählen, z. B. unter Elektroschlacke oder im Vakuum umgeschmolzene Stähle, (ESR- bzw. CEVM-Stähle), HRS-Stähle usw. geliefert werden.

Koyo HRS.-Stahl-Herstellung

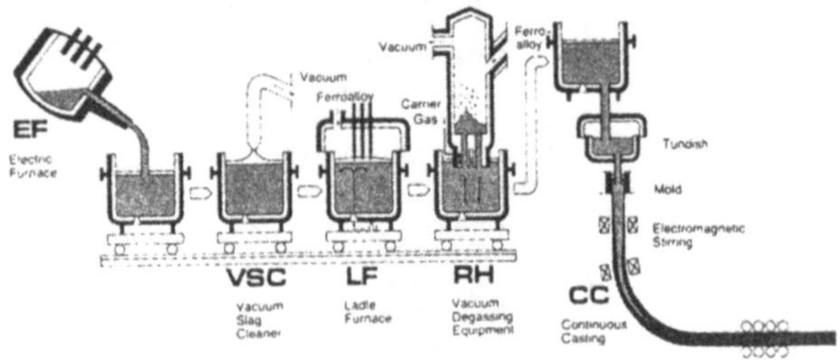

Gemessen werden 3 Gruppen nichtmetallischer Einschlüsse (NME):

dA	z. B. Sulfide/Silikate	- Typ A
dB	z. B. Alumina (Aluminiumoxyd)	- Typ B
dC	z. B. Oxide (oxidierte Teilchen)	- Typ C

Verwendet wird ein Mikroskop mit 400facher Vergrößerung mit aufgesetztem Netzraster 20 x 20 (400er Raster). Aus dem Rasterausschnitt werden z.B. bei Messungen die nichtmetallischen Einschlüsse ausgezählt und der prozentuale Anteil wie folgt ermittelt:

$$d = \frac{n}{p \cdot f} \cdot 100\,[\%] \qquad \text{(Gl. 33)}$$

mit

n Stückzahl bei f-Messungen des jeweiligen Typs NME
p Gesamtzahl der Raster
f Anzahl der Messungen je Typ nichtmetallischer Einschlüsse

Für in Vakuum entgasten Stahl sind zulässig:

d A 0,001 ... 0,09 %
d (B + C) ≦ 0,003 %

d (A + B + C) ≦ 0,10 %

Abb. 164 Untersuchungen auf nichtmetallische Einschlüsse nach JIS-G0555

Stahlsorte Kurzname	Zusammensetzung von ... bis ... [%] C	Si	Mn	P	S	Cr	Mo	Ringdicke [mm]	Bemerkung
JIS[1] AUJ1	0,75 0,85	0,15 0,35	≦ 0,50	≦ 0,025	≦ 0,025	1,30 1,60	—	≦ 30	Kleinlager
JIS SUJ2	0,95 1,10	0,15 0,35	≦ 0,50	≦ 0,025	≦ 0,025	1,30 1,60	—		≙ 100Cr6 DIN 0017230 ≙ SAE 52100, ≙ AISI 52100
JIS SUJ3	0,95 1,10	0,40 0,70	0,90 1,15	≦ 0,025	≦ 0,025	0,90 1,20	—	≧ 30	Cu ≦ 0,25 Ni ≦ 0,25
JIS SUJ4	0,95 1,10	0,15 0,35	≦ 0,50	≦ 0,025	≦ 0,025	1,30 1,60	0,10 0,25		
JIS SUJ5	0,95 1,10	0,40 0,70	0,90 1,15	≦ 0,025	≦ 0,025	0,90 1,20	0,10 0,25		
100CrMn6	0,90 1,05	0,50 0,70	1,00 1,20	≦ 0,030	≦ 0,025	1,40 1,65	—	≧ 30 ≦ 100	Chromstähle DIN 0017230 Cu ≦ 0,30 Ni ≦ 0,30
100CrMo73	0,90 1,05	0,20 0,40	0,60 0,80	≦ 0,030	≦ 0,025	0,90 1,65	0,20 0,35		
100CrMnMo8	0,90 1,05	0,40 0,60	0,80 1,10	≦ 0,030	≦ 0,025	1,80 2,05	0,50 0,60		

Abb. 165 Zusammensetzung und Ringdicke der häufig verwendeten durchhärtenden Wälzlagerstähle (Härte ≧ 58 HRC)

Stahlsorte Kurzname	Zusammensetzung von ... bis ... [%] C	Si	Mn	P	S	Cr	Mo	V	Härte °C	HRC	Bemerkung
AISI [3]M50	0,77 0,85	≦ 0,25	≦ 0,035	≦ 0,015	≦ 0,015	3,75 4,25	4,00 4,50	0,90 1,10	20 232 316 427	≧60 ≈59 ≈57 ≈54	≙ 80 MoCrV4216 DIN 0017230
	Ni ≦ 0,10, Cu ≦ 0,10, Co ≦ 0,25, W ≦ 0,25										
Stellit "6B"	0,9 1,4	2,0	2,0	≦ 0,04	≦ 0,03	28 32	1,5	—	550	≈51	Schneidmetall
	W = 3,5 ... 5,5, Ni = 3,0, Fe = 3,0										
X82WMoCrV654	0,78 0,86	≦ 0,40	≦ 0,40	≦ 0,03	≦ 0,03	3,80 4,50	4,70 5,20	1,70 2,00	450	≈56	Schnellstahl
	W = 6,00 ... 6,70										

Abb. 166 Zusammensetzung und Härte warmharter Stähle für Wälzlager

Stahlsorte Kurzname	Zusammensetzung von ... bis ... [%] C	Si	Mn	P	S	Cr	Mo		Härte °C	HRC	Bemerkung
JIS SUS440C	0,95 1,20	≦ 1,00	≦ 1,00	≦ 0,040	≦ 0,030	16,00 18,00	≦ 0,75	Ni ≦ 0,50	20 232 316	≧ 58 ≈ 55 ≈ 52	≙ AISI 440C ≙ X102 CrMo17 DIN 0017230
AISI 440C mod	0,95 1,20	≦ 0,3	0,55	≦ 0,040	≦ 0,030	14,00	4,00	1,20	450	≈ 58	≙ X105CrMo17 DIN 0017230
JIS KUS440C	0,60 0,70	≦ 0,35	0,60 0,80	≦ 0,030	≦ 0,020	12,50 13,50	0,10	—			Besser als AISI 440C

Abb. 167 Zusammensetzung und Härte nichtrostender Stähle für Wälzlager

1) JIS = Japanese Industrial Standard 2) SAE = Standard of Society of Automotive Engineering
3) AISI = American Iron and Steel Institute 4) BAS = Japanese Bearing Industrial Assotiation Standard

Stahlsorte Kurzname	Zusammensetzung von ... bis ... [%] C	 Si	 Mn	 P	 S	 Ni	 Cr	 Mo	Härte [HRC]	Bemerkung
JIS SCr415	0,13 0,18	0,15 0,35	0,60 0,85	≤ 0,030	≤ 0,030	—	0,90 1,20	—		≙ SAE 8620 für kleine/mittlere Lager D ≤ 100 mm
JIS SNCM220	0,17 0,23	0,15 0,35	0,60 0,90	≤ 0,030	≤ 0,030	0,40 0,70	0,40 0,65	0,15 0,30		
JIS SNCM420	0,17 0,23	0,15 0,35	0,40 0,70	≤ 0,030	≤ 0,030	1,60 2,00	0,40 0,65	0,15 0,30	≥ 58	≙ SAE 4320 für Lager allgemein
JIS SNCM815	0,12 0,18	0,15 0,35	0,30 0,60	≤ 0,030	≤ 0,030	4,00 4,50	0,70 1,00	0,15 0,30		für große Lager D ≥ 100 mm
SAE5120[2] modifiziert	0,17 0,22	0,15 0,35	0,60 0,90	≤ 0,035	≤ 0,040	≤ 0,30	0,70 0,90	—	≥ 60	KOYO-Hicap Cu ≤ 0,20 Kegelrollenlager
SAE4320	0,17 0,22	0,20 0,35	0,45 0,65	≤ 0,035	≤ 0,040	1,65 2,00	0,40 0,60	0,20 0,30		für Lager allgemein
SAE8620	0,18 0,23	0,20 0,35	0,70 0,90	≤ 0,035	≤ 0,040	0,40 0,70	0,40 0,60	0,15 0,25	≥ 58	für kleine/mittlere Lager D ≤ 150 mm
KCr 425	0,22 0,27	0,40 0,60	0,75 1,05	≤ 0,030	≤ 0,030	—	0,70 0,90	—		KOYO-Alternative zu SAE 8620
SAE9315	0,13 0,18	0,15 0,30	0,45 0,65	≤ 0,025	≤ 0,025	3,00 3,50	1,00 1,40	0,08 0,15		für große Lager D ≥ 150 mm
17MnCr5	0,14 0,19	0,15 0,40	1,00 1,30	≤ 0,035	≤ 0,035	—	0,80 1,10	—		Einsatzstähle DIN 0017230 Cu ≤ 0,30 für große Lager D ≥ 150 mm
17CrNiMo6	0,14 0,19	0,15 0,40	0,40 0,60	≤ 0,035	≤ 0,035	1,40 1,70	1,50 1,80	0,25 0,35	≥ 58	
17CrNiMo14	0,15 0,20	0,15 0,40	0,40 0,70	≤ 0,035	≤ 0,35	3,25 3,75	1,30 1,60	0,15 0,25		
SCM415	0,13 0,18	0,15 0,35	0,60 0,85	≤ 0,030	≤ 0,030	≤ 0,025	0,90 1,20	—	≥ 58	Tiefziehbandstahl für dünnwandige Wälzlager bis 2,5 mm Ringdicke ≙ Ck10 DIN 0017230
SPB2S BAS[4]	0,10 0,14	≤ 0,30	0,30 0,60	≤ 0,030	≤ 0,030	—	≤ 0,15	—		
44Cr2	0,42 0,48	0,15 0,40	0,50 0,80	≤ 0,025	≤ 0,035	—	0,40 0,60	—	≥ 55	Vergütungsstähle DIN 0017230 Cu ≤ 0,30
40CrMo4	0,38 0,44	0,15 0,40	0,50 0,80	≤ 0,025	≤ 0,035	—	0,90 1,20	0,15 0,30	≥ 54	
48CrMo4	0,46 0,52	0,15 0,40	0,50 0,80	≤ 0,025	≤ 0,035	—	0,90 1,20	0,15 0,30	≥ 57	
JIS SMn53H	0,55 0,61	0,15 0,35	1,30 1,65	≤ 0,025	≤ 0,025	≤ 0,025	≤ 0,030	≤ 0,08		

Abb. 168 Zusammensetzung und Randschichthärte üblicher Einsatz- und Vergütungsstähle für Wälzlager

Werkstoff Kurzname	Zusammensetzung, von ... bis ... % Cu	 Zn	 Mn	 Fe	 Al	 Sn	 Ni	 Pb	 Si	Bemerkung
JIS HBsC1	≥ 55	Reste (38)	≤ 1,5	0,5 1,5	0,5 1,5	≤ 1,0	≤ 1,0	≤ 0,4	≤ 0,1	Hochfester Messing für Ms-Massivkäfige
BAS HBsP3 (JIS C2801P)	59 62	40 37	—	≤ 0,070	—	—	—	≤ 0,10	—	Messing für nichtrostende Schleuderscheiben und Messingblechkäfige

Abb. 169 Zusammensetzung der Messingkäfige von Wälzlagern

	Werkstoff Kurzname	Art		Dichte,* ϱ [kg/dm³]	Zugfestigkeit, R_m [N/mm²]	Streckgrenze, R_e [N/mm²]	Bruchdehnung, [A_5, %]	Brucheinschnürung [%]
1	JIS SUJ2 (100 Cr6)	D	geglüht	7,83	≧ 600	340	≧30	60
			gehärtet	7,78	≧2300	1700	≧15	> 4
2	SAE 5120 modifiziert	E	ungehärtet	7,88	550		≧25	60
			gehärtet		≧1100	≦850	≧14	35
3	17CrNiMo14 (d = 30 mm)	E	ungehärtet	7,85			≧16	≧40
			gehärtet		≧1100	≧800	≧ 8	≧35
4	48CrMo4 (d = 40...100mm)	V	ungehärtet	7,85	≧ 900	≧700	≧12	≧50
			gehärtet					
5	JIS SUS 440 C	N	ungehärtet	7,70	≧ 740	≈190	≧18	
			gehärtet		≧1400			
6	AISI M50	W	ungehärtet	8,10	≧ 770		≧ 24	≧40
			gehärtet		≧2500			
7	BAS SPB1	C		7,85	≧ 280	≧250	≧35	
8	BAS SPB2	C		7,85	≧ 350	≧220	≧36	
9	JIS S25C	C		7,85	≧ 450	≧270	≧27	≧42
10	JIS HBSC1	M		8,20	≧ 450	≧250	≧40	
	Prüfungen n. ASTM		[N/mm²]			Biegefestigkeit		Schubmodul
11	Polyamid PA6.6 FG	K		1,40	≧ 140	260	2	9000
12	Polyamid 6,6 k MN (wärmestabilisiert)	K		1,14	87	130	30	3200

Werkstoffart: C = Kohlenstoffstahl, D = Chromstahl, E = Einsatzstahl, K = Kunststoff, M = Messingguß, N = Nichtrostender Stahl, V = Vergütungsstahl, W = warmharter Stahl

Pos. 1 ... 6 für Laufbahnringe/Wälzkörper, Pos. 7 ... 12 für Käfige/Stahlscheiben

* je nach Stabilisierungsstufe (S_0 ... S_3) mit Tragzahl- und Lebensdauereinbuße

Abb. 170 Mechanische Eigenschaften häufig verwendeter Werkstoffe für Wälzlagerteile (Durchschnittswerte bei normaler Wärmebehandlung), Keramikwerkstoffe s.S.551

Stahlsorte Kurzname	Zusammensetzung, von ... bis ... [%] C	Si	Mn	P	S	Ni	Cr	Bemerkung	
BAS SPB1 (JIS SPC, SPH)	≦ 0,10	≦ 0,040	0,25 0,45	≦ 0,030	≦ 0,030	—	—	≈ St 4 DIN 1623	Für gepreßte Stahlblechkäfige, Deckscheiben, Dichtungsstahlkerne, Blechkappen, Schleuderscheiben und Stahlblechgehäuse
BAS SPB2	0,13 0,20	≦ 0,040	0,25 0,60	≦ 0,030	≦ 0,030	—	—	≈ St 14 DIN 1623	
BAS SPB3 (≈ JIS S50C)	0,45 0,55	0,15 0,35	0,40 0,85	≦ 0,030	≦ 0,030	—	—		
JIS SUS304	≦ 0,08	≦ 1,00	≦ 2,00	≦ 0,040	≦ 0,030	8,00 10,50	18,00 20,00	≈X5CrNi189	Für gepreßte, nicht rostende Käfige
JIS S25C	0,22 0,28	0,15 0,35	0,30 0,60	≈ 0,030	≈ 0,035	—	—	≈ CK25 DIN 17200	Für Stahl-Massivkäfige

Abb. 171 Zusammensetzung der Stähle für Wälzlager-Käfige und -Dichtungen

Linearer Ausdehnungskoeffizient, [α 10^{-6}/°C]	Elastizitätsmodul, E [N/mm²]	Härte	(Öl)-Härte-Temperatur [°C]	Anlaß-temperatur [°C]	Betriebs-temperatur, max., [°C]	
11,9	208000	≤ 210 HB			—	1
12,5		≥ 58 HRC	830 ... 870	150 ... 180	+ 120 (...300)*	
		235 ... 321 HB			—	2
		≥ 58 HRC	800 ... 900	180 ... 250	+ 120 (...300)*	
		≤ 241 HB			—	3
		≥58 HRC	780 ... 820	150 ... 180	+ 120	
		≤ 255 HB			—	4
		≥ 57 HRC	830 ... 860	540 ... 680	+ 120	
10,1	204000	≤ 255 HB			—	5
		≥ 54 HRC	1030 ... 1080	150 ... 180	+ 170 (...320)*	
		≤ 248 HB			—	6
		≥ 60 HRC	1070 ... 1120	500 ... 580	+ 320 ...	
11,6	210000	≤110 HV (≤63 HB)			+ 220	7
		≤120 HV (≤67 HB)			+ 220	8
		123 ... 183 HB			+ 420	9
19,1	105000	102 HB			+ 320	10
		Kerbschlagzähigkeit	Flammpunkt			
29	≈ 8500	≥ 0,8	245 °C		+ 140(180)	11
80	3000	0,65	245 °C		+ 120(150)	12

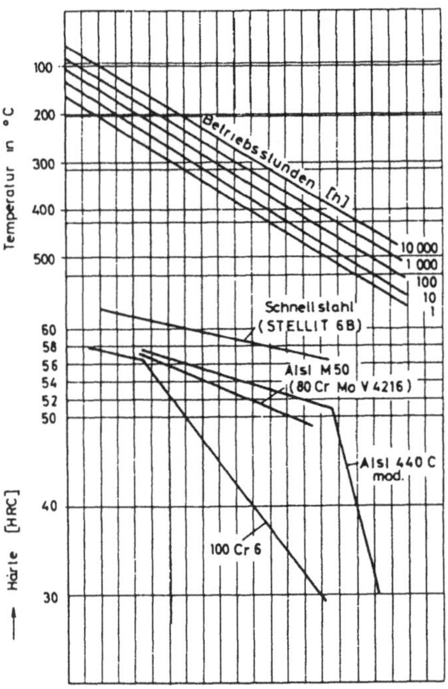

Abb. 172 Warmhärte einiger Wälzlagerstähle

6.3 Käfigwerkstoffe

Da auch der Käfig einen großen Einfluß auf das Leistungsvermögen und die Betriebssicherheit der Wälzlager hat, muß der Käfigwerkstoff sorgfältig ausgewählt werden. Bestimmend sind u.a. die Käfigkonstruktion, das Herstellungsverfahren und die erforderlichen Festigkeits- und Verschleißeigenschaften. Die Zusammensetzung der meistverwendeten Käfigwerkstoffe aus Stahl und Messing sind in Abb. 169 ...171 angegeben. Für Sonderfälle kommen Sonderwerkstoffe, wie z.B. Leichtmetalle und Hartgewebe (Phenolharze mit Textileinlagen) zur Anwendung.

Für normale Käfigbeanspruchungen ist der Stahlblechkäfig bei Standardlagern völlig ausreichend. Wenn jedoch große Schiefstellungen (Winkelfehler) der Wälzlagerringe auftreten, besteht durch die gestörten Abwälzverhältnisse (s. S. 268) für Blech-

käfige Rißgefahr. In diesen Fällen müssen Massivkäfige, die die Wälzkörper in der Laufbahn halten, verwendet werden. Bei hohen Drehzahlen müssen die auf den Käfig wirkenden Fliehkräfte möglichst gering gehalten werden, um radiale Dehnungen zu vermeiden. Deshalb werden Werkstoffe mit geringer Dichte verwendet.
Alle diese Käfigwerkstoffe sind in der Herstellung und Verarbeitung teurer als Kunststoffe, die sich im Spritzgießverfahren verarbeiten lassen. Polyamid 6.6, wärmestabilisiert (PA 6.6 k) oder glasfaserverstärkt (PA 6.6/GF) ist heute der weitverbreitetste Kunststoff für Wälzlagerkäfige. Sein niedriger Elastizitätsmodul ($\approx$80.000 N/mm^2 bei 20 °C) wird sowohl in der Konstruktion (Schnappkäfig), in der Fertigung (Handhabung) als auch in der Anwendung (Momentbelastung, starke Wellendurchbiegung) genutzt. Der Käfig aus PA 6.6 gibt in jedem Fall elastisch nach. Er hat hervorragende Gleiteigenschaften (Notlaufeigenschaften) und ist äußerst verschleißfest. Er ist (bei 20 °C) gut beständig gegen Benzin, Benzol, Dieselkraftstoff, Mineralöl und bedingt gegen Alkohol.
Kunststoffkäfige verursachen kaum Eigengeräusche (Luftschall) vergleichbar mit Käfigrasseln bei Blechkäfigen.
Im Vergleich zu metallischen Käfigen müssen bei der Konstruktion und Verwendung die kunststoffspezifischen Eigenschaften, wie hohe Wärmedehnung, schlechte Wärmeleitfähigkeit, temperaturabhängiger Elastizitätsmodul, Maßänderungen durch Nachschwindung, hohe Wasseraufnahmen (Quellung) und Schmierstoffverträglichkeit, beachtet werden. Kunststoffkäfighälften lassen sich mit Ultraschall zusammenschweißen.

6.4 Dichtungswerkstoffe

Für alle Stahlscheiben der abgedeckten und abgedichteten Wälzlager (Z-, ZZ-, RS-, 2RS- und Gehäuse-Lager) werden Werkstoffe nach Abb. 171 verwendet. Ihre Oberflächen werden in Sonderfällen (erhöhter Korrosionswiderstand) besonders behandelt (phosphatiert). Der Werkstoff für die Dichtscheiben (RS- und 2RS-Lager) besteht fast ausschließlich aus Acrylnitril-Kautschuk (NB) und nur in wenigen Sonderfällen (hohe Temperatur, hohe Drehzahl, bestimmte aggressive Medien) aus AC, SI oder FP. Siehe Abb. 546, S. 508.

6.5 Gehäusewerkstoffe

Siehe Gehäuselagereinheiten und Stehlagergehäuse (S. 123 + 134).

6.6 Mechanische Eigenschaften der Werkstoffe

Abb. 170 zeigt einige Anhaltswerte für die mechanischen Eigenschaften häufig verwendeter Werkstoffe für Wälzlagerteile bei normaler Wärmebehandlung.

6.7 Wärmebehandlung

Zur Einstellung bestimmter Gebrauchs- und Verarbeitungseigenschaften wird der Wälzlagerstahl bei der Wärmebehandlung bestimmten Temperatur-Zeit-Folgen und zusätzlich thermomechanischen oder thermochemischen Behandlungen ausgesetzt. Grundlage für die in weiten Grenzen veränderbaren Eigenschaften ist das temperaturabhängige Auftreten von α- und γ-Mischkristallen mit unterschiedlichem Lösungsvermögen für den Kohlenstoff (Ferrit und Austenit). Die Zustandsveränderungen verlaufen bei langsamen Temperaturveränderungen nach dem bekannten Eisen-Kohlenstoff-Diagramm (Abb. 173). Die Umwandlung des Austenit in andere Phasen geht aus isothermischen Zeit-Temperatur-Umwandlungs-(ZTU)-Schaubildern hervor. Abb. 174 zeigt am Beispiel des Stahles JIS SUJ2 (100Cr6) Beginn und Ende der Umwandlung des Austenit nach Abkühlung auf bestimmte Temperatur mit anschließendem Temperaturhalten.
Bei schneller Abkühlung auf Temperaturen unterhalb der MS-Linie beginnt die Umwandlung des Austenit-Gefüges in das Martensit-Gefüge. Bei zu langsamer Abkühlung entsteht jedoch wieder ein perlitisches Gefüge. Mit zunehmender Abkühlgeschwindigkeit wächst der Anteil des Bainits und Martensits, bis mit Überschreiten einer oberen kritischen Abkühlungsgeschwindigkeit auf Temperaturen unterhalb der MS-Linie nur noch Martensit mit geringen Austenitanteilen entsteht. Die üblichen Restautenitanteile für Wälzlagerstähle bei normaler Wärmebehandlung betragen 5 ... 15 % für durchhärtenden Stahl und 20 ... 35 % für Einsatzstahl. Restautenit bedeutet einerseits günstigen Einfluß auf die Werkstoffzähigkeit / Ermüdungslebensdauer und andererseits negativen Einfluß auf die Maßstabilität (s. 6.8).
Unterschiedliche Wärmebehandlungsarten sind in Abb. 180 skizziert und weitere Angaben über Härte- und Anlaßtemperaturen in Abb. 170 angegeben.

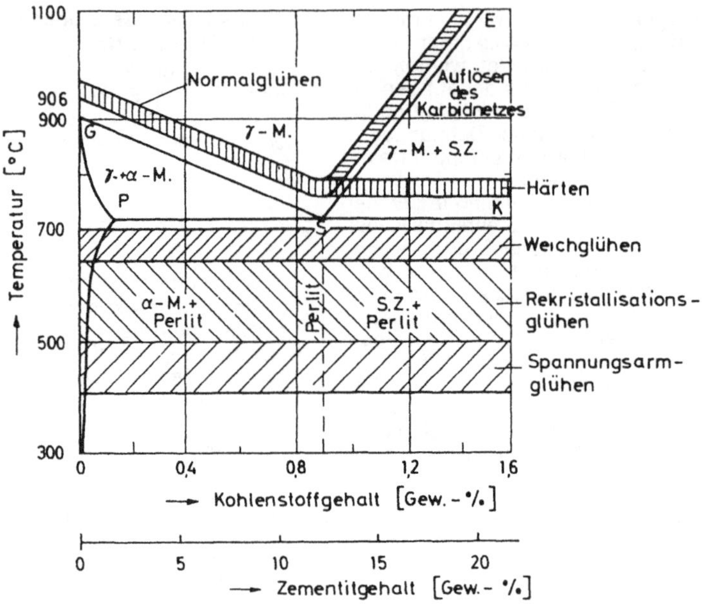

Abb. 173 Ausschnitt des Eisen-Kohlenstoff-Diagrammes mit Temperaturbereichen für die Wärmebehandlung, γ-**M**ischkristalle (Austenit), α-**M**ischkristalle (Ferrit) **S**ekundär-**Z**ementit (Fe_3C).

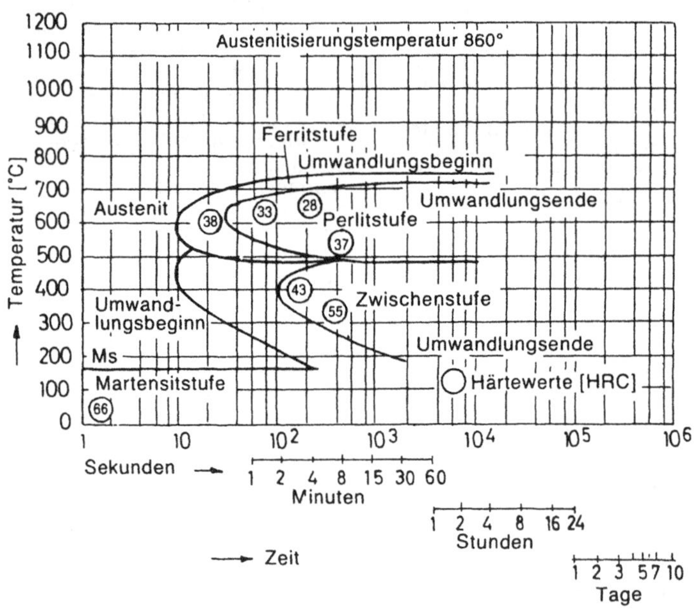

Abb. 174 Isothermisches ZTU-Schaubild für Wälzlagerstahl JIS SUJ2 (100 Cr6)

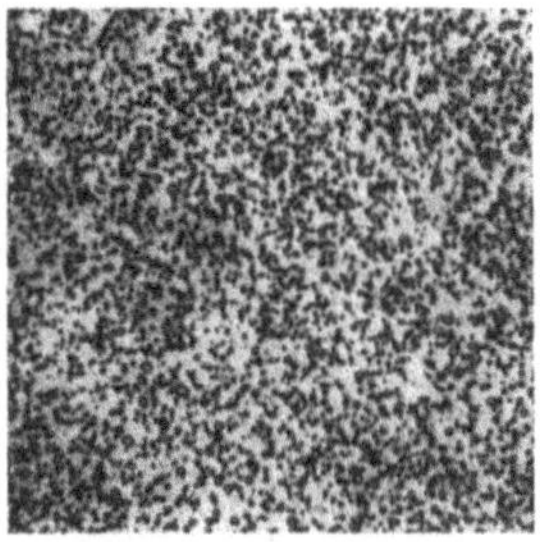

Gleichmäßig fein verteilte und ausreichende Menge von Karbiden — vorbildliches Gefüge

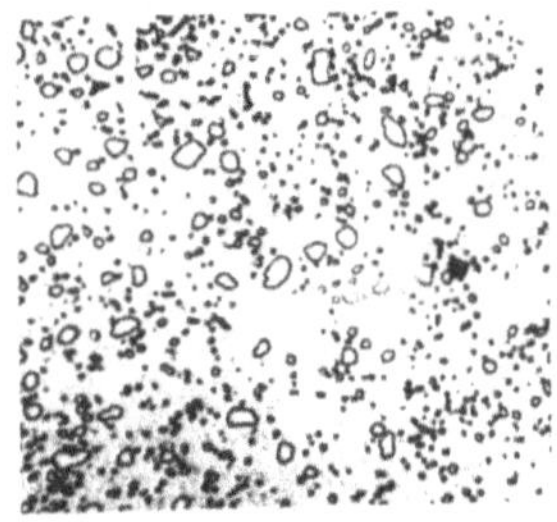

Übermäßig große Karbide — unzureichend geglühtes Ausgangsmaterial

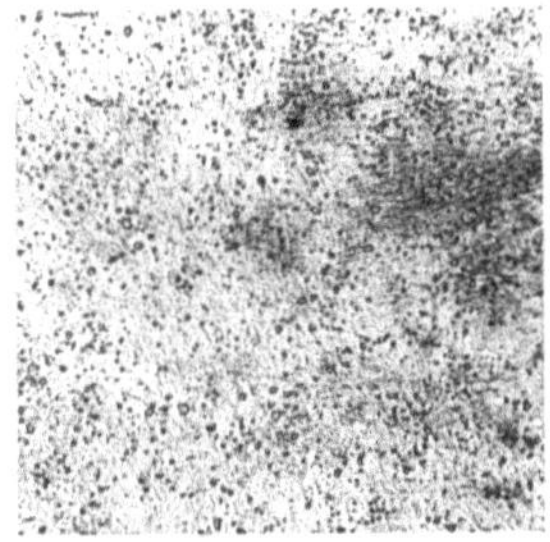

Karbidmenge zu gering — Zu hohe Abschrecktemperatur oder zu geringe Abschreckgeschwindigkeit

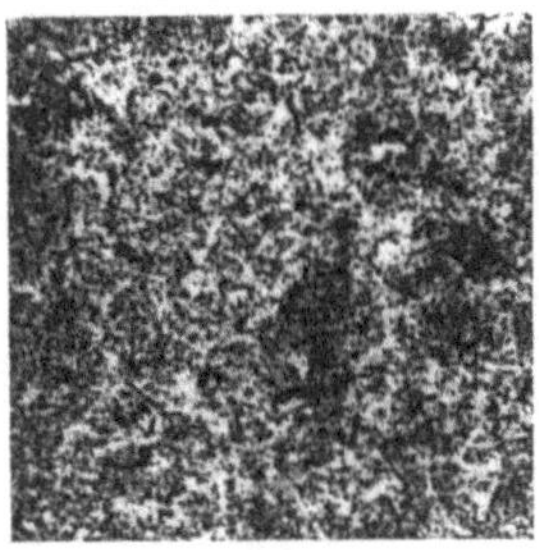

Troostit (Bainit) Zwischenstufengefüge. Zu hohe Anlaßtemperatur oder zu langsame Abkühlung

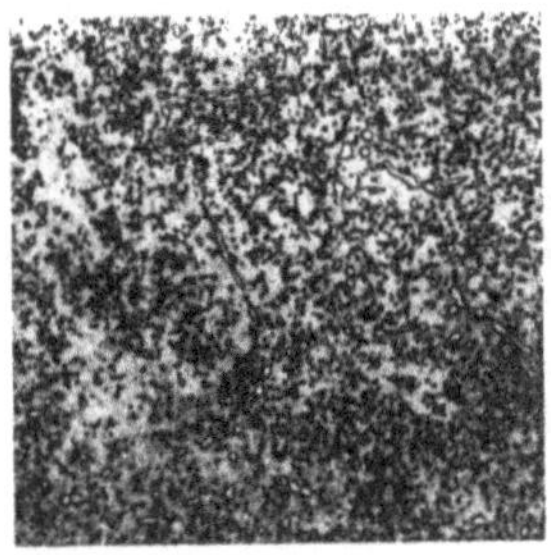

Ausgeprägtes Karbidnetz — unzureichend geglühtes Ausgangsmaterial

Abb. 175 Mikrogefügeaufnahmen von durchgehärtetem Wälzlagerstahl SUS2 (100 Cr6) bei 400facher Vergrößerung

Alle Koyo-Wälzlager werden einer optimalen Wärmebehandlung unterzogen, d.h., daß beispielsweise für Wälzlager aus 100 Cr6 heute in der Regel geringere Härten als max. möglich vorgesehen werden. Die max. Härte (66 HRC) ist nur bei idealer EHD-Schmierung und hohen Flächenpressungen im Wälzspalt einer max. Dauerfestigkeit (Lebensdauer) gleichzusetzen. In der Praxis liegen jedoch häufig Festkörper-Verschmutzungen vor, die eine Wärmebehandlung auf möglichst hohe plastische Formänderung der Wälzlagerteile bei ausreichender Härte (min. 58 HRC) erfordert, um die Verschleißfestigkeit, sprich Gebrauchsdauer und Betriebssicherheit der Wälzlager zu optimieren. Eine höhere (ca. 1,5 ... 3fache) Lebensdauer wird bei Festkörper-Verschmutzung (Getriebelager) durch eine zusätzliche Oberflächenbehandlung erreicht (Koyo-Nachsetzzeichen SH., s. Carbonitrierung S. 192). Als weiteres Beispiel für eine optimierte Wärmebehandlung gilt der aus Lebensdauer- und Fertigungsgründen erwünschte Härteunterschied von 1 ... 2 HRC zwischen Wälzkörper (59 ... 65 HRC) und Laufbahnen (58 ... 64 HRC).

Normal gehärtete Wälzlager können bei Betriebstemperaturen bis 120°C eingesetzt werden. Sind höhere Temperaturen zu erwarten, werden besondere Wärmebehandlungsmethoden notwendig, um Werkstoffgefüge-Umwandlungen, die mit Maßänderungen und Härte- bzw. Tragfähigkeitsverluste einhergehen, zu verhindern. Geliefert werden mehrere Stabilisierungsstufen (s. S 8/10), die auf die voraussichtliche Höhe der Betriebstemperatur abgestimmt sind.

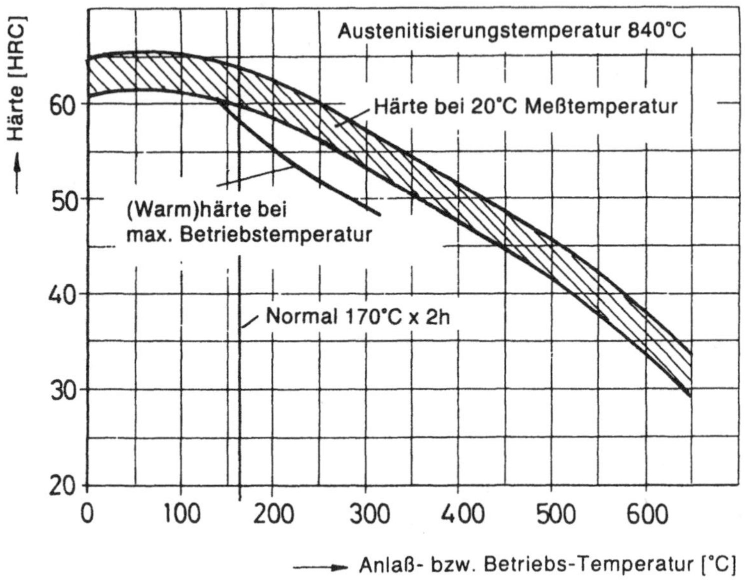

Abb. 176 Temperatur-Härte-Diagramm für Wälzlagerstahl JIS SUJ2 (100 Cr6)

6.8 Maßstabilisierung

Bei höheren Temperaturen ändern Wälzlager ihre Maße. Die Maßänderungen entstehen durch Wärmedehnungen und Gefügeveränderungen während des Betriebes. Der Werkstoff scheidet ab 80°C Kohlenstoff aus dem Martensit ab, über 120°C in Form von ε-Karbiden. Die Kohlenstoff-Abscheidung bewirkt eine Volumenreduzierung. Das kann bei Wälzlagern zwischen 80 und 120°C zu einer Durchmesserverringerung und festerem Lagersitz auf der Welle bzw. loserem Lagersitz im Gehäuse führen. Ab 120°C wird dieser Vorgang von der Umwandlung des beim Anlassen verbliebenen Restaustenits in Martensit überlagert. Das ist mit einer Volumenvergrößerung verbunden: lose Lagersitze auf der Welle mit Reibrostbildung, Fressen und Ausglühen des Wälzkörpers können die Folge sein. Überschreitet die Maßänderung des Lager-Innenringes die Passung zwischen Lager und Welle, hilft meistens auch keine Erhöhung des Passungsübermaßes, weil die beim Lageraufpressen erzeugten Spannungen die Aufweitung des Innenringes bei der Restaustenit-Umwandlung verstärken. Ebenso können Eigenspannungen aus dem Fertigungsprozeß Maßveränderungen durch Gefügeumwandlung beeinflussen.

Als Beispiel für Maßänderungen, Härteabfall und Umwandlung des Restaustenits mögen die Versuchsergebnisse für Außenringe 6211 in verschiedenen Anlaßzuständen (Abb. 177) dienen. Überschlägig beträgt die Längen- bzw. Durchmesserveränderung ca. 0,08‰ pro umgewandelten 1% Restaustenits. Bei 10% Restaustenit und 100 mm Außen-∅ sind das ca. 80μm, also weit mehr als das übliche Passungsübermaß.

Diesen möglichen Maßänderungen muß durch entsprechend hohes Anlassen vorgebeugt werden, insbesondere deshalb, weil der Restaustenitgehalt nach dem Abschrecken Werte bis 30% aufweisen kann. Für Dauerbetriebstemperaturen bis 150°C werden durchgehärtete Wälzlagerteile aus 100 Cr6 durch 4stündiges Anlassen bei 220°C stabilisiert (Nachsetzzeichen SO), für Dauerbetriebstemperaturen bis 200°C wird 4 Stunden bei 240°C angelassen (Nachsetzzeichen S1), bei Dauerbetriebstemperaturen bis 250°C oder über 300°C (Nachsetzzeichen S2 bzw. S3) wird noch höher angelassen oder wegen der unvermeidlichen hohen Versprödung durch die weitgehende Restaustenit-Umwandlung (mögliche Risse an Ringen mit hohen Preß-

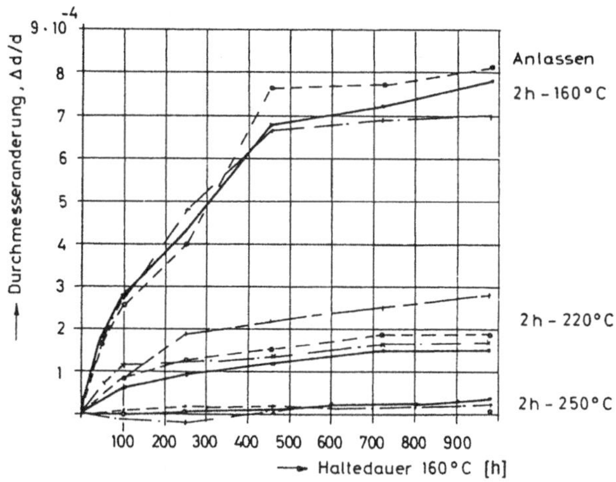

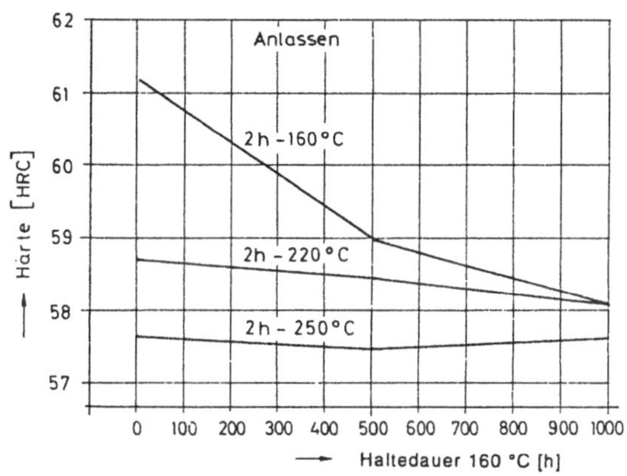

Abb. 177 Durchmesseränderung und Härteabfall von martensitisch gehärteten und verschieden hoch angelassenen Außenringen 6211 mit D = 100 mm aus SUJ-2 (100 Cr6) nach erneuter Erwärmung.

spannungen) auf eine Zwischenstufenvergütung (Bainithärtung) oder noch besser, auf einen warmharten Stahl übergewechselt. In beiden Fällen ist nur mit sehr geringen Maßänderungen zu rechnen und wichtiger als die Ermüdungslebensdauer — bei Betriebstemperaturen >300 °C ist mit heutigen Schmierstoffen keine völlige Trennung der Wälzflächen zu rechnen — ist die Verschleißfestigkeit. Die Verschleißfestigkeit wird durch die im Martensitgefüge ausgeschiedenen (Sonder)-Karbide und die hohe Warmhärte (Abb. 172) bestimmt. Werden andererseits die warmharten Stähle bei EHD-Schmierung und niedrigen Betriebstemperaturen eingesetzt, kommt die hohe Verschleißfestigkeit nicht zum Tragen. Die relativ großen Karbidausscheidungen wirken dann als Störquellen im Gefüge und sind Ausgangspunkte für Ermüdungsanrisse. Die resultierende Lebensdauerverminderung kann z.B. in der Tragfähigkeitsrechnung (s. Abb. 184) berücksichtigt werden.
Eine andere Möglichkeit, den Restaustenit-Gehalt bei gehärteten Stählen zu verringern, (Umwandlung in Martensit) bietet die Nachbehandlung des Stahles bei tiefen Temperaturen bis zu ≈ - 180 °C.

6.9 Härteprüfung

Härte ist ein Maß für den Widerstand, den ein Körper dem Eindringen eines anderen entgegensetzt. Eine Härteprüfung gibt schnell und weitgehend zerstörungsfreie Werte, die Aufschluß über Festigkeit, Verschleißverhalten und Zerspanbarkeit gestatten. Abb. 178 skizziert die wichtigsten Härteprüfverfahren und Abb. 179 gibt grobe Anhaltswerte für die Umrechnung der Härtewerte.

Härte	Kurzzeichen	Norm	Prüfspitze	Übliche Prüfkraft [N]	Beispiele
Brinellhärte	HB	DIN 50351	Stahl-Kugel 10, 5 oder 2,5 mm	Stahl ≈ 300 D^2 NEM ≈ 100 D^2 (D = Stahlkugel-Durchmesser [mm])	170 HB 5/250/30 bedeutet: Brinellhärte 170 geprüft mit 5 mm Kugel, 250 N Prüfkraft bei 30 s Einwirkdauer
Rockwellhärte	HR	DIN 50103	Diamantkegel 120° für HRC, HRA Kugel 1/16" für HRB	1471, 588 980	—
Vickershärte	HV	DIN 50133	Diamantpyramide 136°	294	770 HV 30/10 bedeutet: Vickershärte 770 geprüft mit 294 N Prüfkraft bei 10 s Einwirkdauer
Shorehärte	Shore A für Weichgummi Shore D für Hartgummi und Kunststoffe		Stahlstift 1,25 Ø x 2,5 mm	Federlast	—
Skleroskophärte (Rückprallhärte)	—	—	Stahlkörper mit Diamantspitze	Eigengewicht	für große, gehärtete Stahlteile, z.B. Walzen

Abb. 178 Härteprüfverfahren

HRC	HV	HB	Shore	HRA	HRC	HV	HB	Shore	HRA
20	235	235	34	60,5	45	451	430	61	73,4
21	239	239	34	61,0	46	468	450	63	74,0
22	245	245	35	61,5	47	480	460	64	74,5
23	250	250	36	62,0	48	498	470	66	75,2
24	256	256	37	62,4	49	509	490	67	75,7
25	264	264	38	62,8	50	528	—	68	76,2
26	270	270	38	63,3	51	540	—	69	76,7
27	275	275	39	63,8	52	558	—	71	77,3
28	284	284	41	64,3	53	576	—	72	77,9
29	290	290	41	64,7	54	591	—	74	78,5
30	299	299	42	65,3	55	610	—	75	78,9
31	309	309	44	65,8	56	630	—	76	79,5
32	319	319	45	66,3	57	650	—	78	80,0
33	322	322	45	66,8	58	670	—	80	80,6
34	331	331	46	67,4	59	690	—	81	81,1
35	340	340	47	67,9	60	711	—	83	81,7
36	350	350	48	68,4	61	737	—	84	82,1
37	360	359	50	68,9	62	760	—	86	82,6
38	370	358	51	69,4	63	783	—	87	83,1
39	381	377	52	69,9	64	810	—	88	83,6
40	391	386	54	70,4	65	840	—	91	84,1
41	407	398	56	70,9	66	865	—	93	84,6
42	418	407	57	71,5	67	900	—	95	85,1
43	429	414	58	72,0	68	940	—	97	85,6
44	440	423	59	72,5	69	970	—	—	—

Abb. 179 Anhaltswerte für die Umrechnung verschiedener Härtewerte

Wärmebehandlung Ziel	Temperatur und Zeitverlauf (Linien s. Abb. 173)
1. Glühen 1.1 Normalglühen; Beseitigung grobkörnigen Gefüges	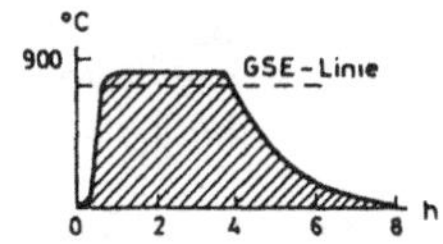 a Normalgluhen
1.2 Weichglühen, Erhöhung der Kaltverformbarkeit	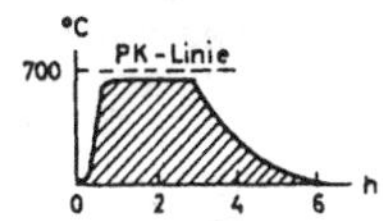 b Weichgluhen
1.2 Rekristallisationsglühen, Beseitigung der Verfestigung bei Kaltverformung	
1.3 Spannungsarmglühen, Ausgleich innerer Spannungen ohne Festigkeitseinbuße	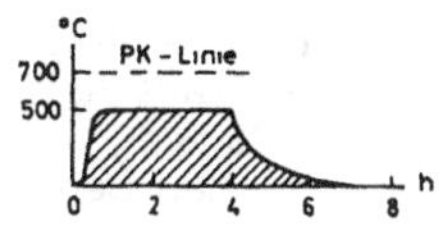 c Spannungsfreiglühen
2. Härtung 2.1 Abschreckhärten (Martensithärtung), Erzielung einer harten verschleißfesten Oberfläche	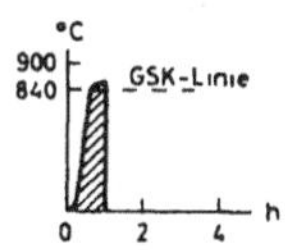 d Abschreckharten
2.2 Einsatzhärtung, Ziel: Harte verschleißfeste Oberfläche (Randschicht) bei weichem zähem Kern	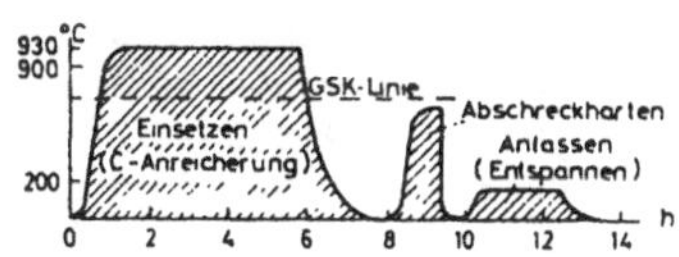 k Einsatzharten
2.3 Bainithärtung, Erreichen höherer Zähigkeit bei Verwendung durchhärtender Stähle	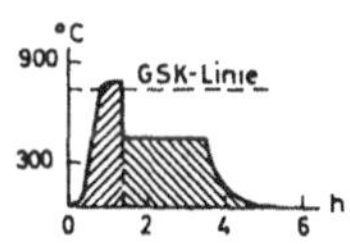 h Zwischenstufen-Verguten
3. Anlassen Beseitigung der Härtespannungen, Wiedererhöhung der Zähigkeit	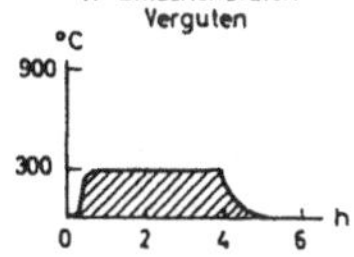 e Anlassen
4. Vergüten wesentliche Erhöhung der Zähigkeit (auf Kosten der Härte)	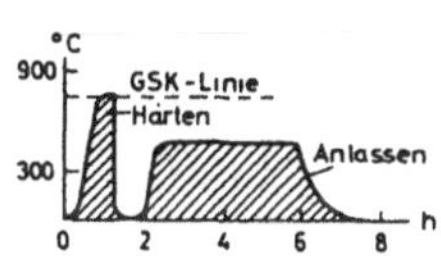 f Vergüten

Abb. 180 Wärmebehandlung der Wälzlagerstähle, Ziele, Temperaturverlauf und Zeitbedarf

6.9.1 Vom Glühen bis Vergüten

Glühen bedeutet Erwärmen und Halten auf Temperaturen in dem in Abb. 173 angegebenen Bereich und langsames Abkühlen. Es entsteht das gewünschte feinkörnige Perlit-Gefüge und kein Härte- oder Zwischenstufengefüge.

Mit **Härten** bezeichnet man eine Wärmebehandlung, die in mehr oder weniger großen Querschnittsbereichen eines Werkstückes nach dem Austenitisieren (Härtetemperatur) durch rasche Abkühlung in Öl, Wasser, Eiswasser oder Salzlösungen zur Martensitbildung führt. **Abschreckhärten** in Öl- oder Warmbädern wird bei allen durchhärtenden Wälzlagerstählen angewendet.

Beim **Einsatzhärten** wird die gewünschte Randschichthärte an Teilen aus Stählen mit C-Gehalten von 0,1 ... 0,25 % durch Härten nach den thermochemischen Behandlungen (Aufkohlen oder Carbonieren) erreicht. Das Aufkohlen geschieht durch Glühen in kohlenstoffabgebenden Mitteln. Der C-Gehalt der Randschicht nach dem Aufkohlen soll 0,8 ... 0,9 % nicht überschreiten, um eine nachteilige Zementitbildung zu vermeiden. Als Beispiel für übliche Härtungstiefen von einsatzgehärteten Lagern mag die Abb. 181 dienen. Hinweise auf Mindesthärtungstiefen von Direktlagerungen s. S 329. **Bainithärtung** ist eine Zwischenstufenhärtung unter Umgehung der Martensitstufe, die eine hohe Härte — wenn auch 2 ... 5 HRC Einheiten niedriger als die Abschreckhärtung — mit guter Zähigkeit verbinden soll. Die Bainithärtung setzt allerdings gleichbleibende (zylindrische) Querschnitte (> 12 mm), identische Chargenzusammensetzungen und sehr genaue Prozeßsteuerungen voraus. Meistens sind Durchhärter und für Wälzlager zu geringe Oberflächenhärten nicht zu vermeiden. Bainitisch umgewandelte Lagerteile haben oberflächliche Druckspannungen, wie einsatzgehärtete Lagerteile, und wirken fortschreitender Rißbildung bei Stoßbeanspruchungen entgegen.

Anlassen und **Vergüten** sind Wärmebehandlungen, die die Sprödigkeit des beim Härten entstehenden Martensitgefüges vermindern. Bei Anlaßtemperaturen bis 200°C nimmt die Zähigkeit (Bruchdehnung, Brucheinschnürung, Kerbschlagzähigkeit) zu, ohne das Festigkeit und Härte wesentlich abnehmen, s. Beispiel Abb. 176.

Induktionshärtung wird nicht nur bei Vergütungsstählen für Großlagerteile angewendet, sondern auch partiell bei Verwendung von anderen Wälzlagerstählen, wie z. B. 100 Cr6, wenn nach der Wärmebehandlung noch eine zerspanende Bearbeitung wie Bohren von Befestigungslöchern u. ä. stattfinden muß.

Carbonitrieren ist eine Kombination von Aufkohlung und Nitrieren im Salzbad bei Temperaturen, die unter der normalen Aufkohlungstemperatur (GSK-Linie) liegen. Dabei wird mehr Stickstoff und weniger Kohlenstoff der Randschicht zugeführt. Die Behandlungszeit ist kurz (meist < 90 min), weil Stickstoff u. a. das „Inlösunggehen" des Kohlenstoffs erleichtert. Vorteile der Carbonitrierung sind geringer Härteverzug und hohe Oberflächenverschleißfestigkeit. (Koyo SH-Wärmebehandlung).

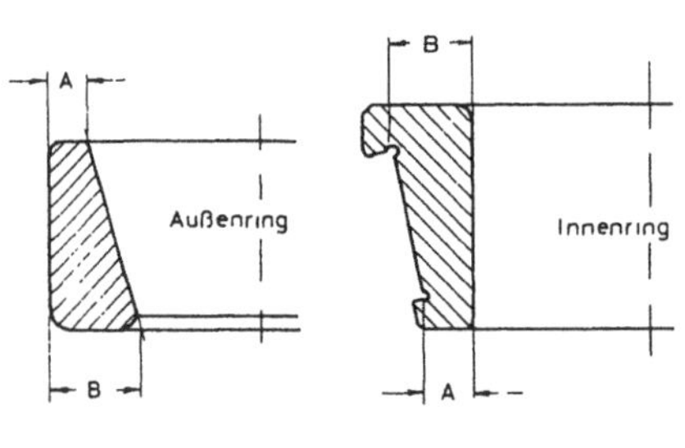

Maß A [mm]	Härtungstiefe min. [mm]	max. % von B
2,0 - 3,0	0,50	*
3,0 - 4,5	0,55	*
4,5 - 9,0	0,60	30
9,0 - 15,0	0,80	25
15,0 - 18,0	0,90	20
2,0 - 5,0	0,50	*
5,0 - 9,0	0,55	*
9,0 - 13,0	0,60	30
13,0 - 15,0	0,90	30
15,0 - 16,0	0,95	20

* = max. Kernhärte 47 HRC, gemessen im dicksten Querschnitt

Abb. 181 Beispiel für übliche Härtungstiefen von einsatzgehärteten Wälzlagern.

7 Tragfähigkeit

Bei der Dimensionierung der Lager (S. 9) wird die Belastung des Lagers mit seiner Tragfähigkeit verglichen. Als Maß für die Tragfähigkeit gelten die sogenannten Tragzahlen. Dabei unterscheidet man zwischen dynamischer Tragzahl C für umlaufende Lager und statischer Tragzahl C_o für stillstehende bzw. oszillierende, langsam laufende ($n < 10\ min^{-1}$) oder hohen Stößen ($P > 0{,}25\ C$) ausgesetzten Lagern, weil erstens eine vorzeitige Ermüdung und zweitens eine zu hohe plastische Verformung von Laufflächen der Wälzlager zu vermeiden ist.

Die i n den Maßtabellen angegebenen dynamischen Tragzahlen der Koyo-Wälzlager sind nach dem in DIN ISO 281 festgelegten Verfahren berechnet und nach unseren Erfahrungen (s. S. 197) modifiziert. Die statischen Tragzahlen wurden den neuesten Erkenntnissen entsprechend nach ANSI/AFBMA (**A**merican **N**ational **S**tandard **I**nstitute bzw. The **A**nti-**F**riction **B**earing **M**anufacturers **A**ssociation) Normen ermittelt. Zum Vergleich sind die bisher verwendeten BerechnungsverfahrenDIN ISO 76 und BAS-142 (Japan **B**earing Industrial **A**ssociation **S**tandard) vorangestellt.

7.1 Dynamische Tragzahl

Die dynamische Tragzahl eines Wälzlagers ist bei Radiallagern die rein radiale und bei Axiallagern die rein axiale, zentrisch wirkende Belastung unveränderlicher Größe und Richtung, bei der eine größere Menge gleicher Lager theoretisch eine nominelle Lebensdauer von 10^6 Umdrehungen erreicht oder überschreitet. Bei einreihigen Schrägkugellagern und Kegelrollenlagern bezieht sich die dynamische Tragzahl auf die radiale Belastungskomponente, die eine rein radiale Verschiebung der Ringe gegeneinander bewirkt.

7.1.1 f_c-Faktoren

Die Werte für die f_c-Faktoren sind in Abb. 182 angegeben (d_m = Teilkreis-∅ des Wälzkörpersatzes). Es sind in der Regel Maximalwerte für Lager, die aus gehärtetem Wälzlagerstahl (58...66 HRC) guter Qualität nach bewährtem Herstellverfahren gefertigt sind und deren Wälzflächenformen im wesentlichen herkömmlichen Ausführungen entsprechen. Sie dürfen bei Kugellagern nur angewandt werden, wenn übliche Schmiegungen bzw. Laufrillenradien vorliegen. Der f_c-Faktor steigt nicht notwendigerweise mit der Einführung engerer Schmiegungen bzw. Laufrillenradien, fällt aber in jedem Fall, wenn größere Werte als in der Abb. 182 angegeben sind.

Bei Rollenlagern gelten die angegebenen f_c-Werte nur, wenn unter äußerer Belastung die Spannungsverteilung entlang der Berührungslinie zwischen der am höchsten belasteten Rolle und der Laufbahn im wesentlichen gleichförmig ist (Ballige bzw. profilierte Laufbahnen und Rollen, s. S. 148). Mit kleineren Werten ist zu rechnen, wenn Spannungskonzentrationen auftreten, z. B. im Mittelpunkt von Punkt-Kontakten, an den Enden der Berührungsflächen bei Linienberührung, bei ungenau geführten Rollen (Geometrie, Schlupf) und bei langen Rollen ($l > 2{,}5\ D_w$). Für Zwischenwerte von $D_w \cdot \cos\alpha_o / d_m$ bzw. D_w / d_m sind die zugehörigen f_c-Werte linear zu interpolieren.

mit

C_r Dynamische radiale Tragzahl [kN]
C_a Dynamische axiale Tragzahl [kN]
f_c Faktor, abhängig von Geometrie, Herstellgenauigkeit und Werkstoff der Lagerteile
Anzahl der Wälzkörperreihen in einem Lager
α_o Nenndruckwinkel [°]
Z Wälzkörper-Anzahl in der Reihe
D_w Wälzkörperdurchmesser, bei symmetrischen Tonnenrollen der größte, bei asymmetrischen Tonnenrollen und Kegelrollen der mittlere Durchmesser [mm]
l_{eff} Effektive Berührungslänge von Rolle und Laufbahn.
Es gilt die kürzere, wenn die Berührungslängen an den beiden Laufbahnen unterschiedlich sind [mm].

7.1.2 Ein- und mehrreihige Wälzlager

Radial-Kugellager, $\alpha_o \leqq 45°$

$C_r = f_c(i \cdot \cos\alpha_o)^{0,7} \cdot Z^{2/3} \cdot D_w^{1,8}$ [kN] für $D_w \leqq 25{,}4$ mm (Gl. 34)

$= f_c(i \cdot \cos\alpha_o)^{0,7} \cdot Z^{2/3} \cdot 3{,}647\, D_w^{1,4}$ [kN] für $D_w > 25{,}4$ mm (Gl. 35)

Radial-Rollenllager, $\alpha_o \leqq 45°$

$C_r = f_c(i \cdot l_{eff} \cos\alpha_o)^{7/9} \cdot Z^{3/4} \cdot D_w^{29/27}$ [kN] (Gl. 36)

Axial-Kugellager, $\alpha_o = 90°$

$C_a = f_c \cdot Z^{2/3} \cdot D_w^{1,8}$ [kN] für $D_w \leqq 25{,}4$ mm (Gl. 37)

$= f_c \cdot Z^{2/3} \cdot 3{,}647\, D_w^{1,4}$ [kN] für $D_w > 25{,}4$ mm (Gl. 38)

Axial-Kugellager, $45° < \alpha_o < 90°$ (Axial-Schrägkugellager)

$C_a = f_c(\cos\alpha_o)^{0,7} \cdot \tan\alpha_o \cdot Z^{2/3} \cdot D_w^{1,8}$ [kN] für $D_w \leqq 25{,}4$ mm (Gl. 39)

$= f_c(\cos\alpha_o)^{0,7} \cdot \tan\alpha_o \cdot Z^{2/3} \cdot 3{,}647\, D_w^{1,4}$ [kN] für $D_w > 25{,}4$ mm (Gl. 40)

Axial-Rollenlager, $\alpha_o = 90°$

$C_a = f_c \cdot l_{eff}^{7/9} \cdot Z^{3/4} \cdot D_w^{29/27}$ [kN] (Gl. 41)

Axial-Rollenlager, $45° < \alpha_o < 90°$ (Axial-Pendelrollenlager)

$C_a = f_c(l_{eff} \cdot \cos\alpha_o)^{7/9} \cdot \tan\alpha_o \cdot Z^{3/4} \cdot D_w^{29/27}$ [kN] (Gl. 42)

7.1.3 Lagereinheiten und -kombinationen

Wenn bei bestimmten Einbaufällen die Tragzahl eines Lagers nicht ausreicht, können gleichartige Lager bestimmter Bauarten zu mehreren nebeneinander angeordnet (gepaart) werden. Bei gleichmäßiger Lastverteilung, die durch entsprechende Herstellung und Montage sicherzustellen ist, erhält man dann die i-fache Tragzahl des Einzellagers, wenn angenommen werden kann, daß die Einzellager bei Ablauf der Lebensdauer unabhängig voneinander ersetzt werden können. Sind die Lager nur als Einheit austauschbar, gelten folgende Tragzahlen:

Einheit	Kugellager	Rollenlager
Einreihige Radiallager in X-, O- oder Tandem-Anordnung	mehrreihig: $C_r = C_{r1} \cdot i^{0,7}$ Gl. 43 zweireihig: $C_r = C_{r1} \cdot 1{,}625$ Gl. 45	mehrreihig: $C_r = C_{r1} \cdot i^{7/9}$ Gl. 44 zweireihig: $C_r = C_{r1} \cdot 1{,}714$ Gl. 46
Axiallager mit zwei oder mehr Kugelreihen	$C_a = (Z_1 + Z_2 + \ldots + Z_n) \cdot \left[\left(\frac{Z_1}{C_{a1}}\right)^{10/3} + \left(\frac{Z_2}{C_{a2}}\right)^{10/3} + \ldots + \left(\frac{Z_n}{C_{an}}\right)^{10/3}\right]^{-3/10}$ (Gl. 47)	
Axiallager mit zwei oder mehr Rolleinreihen	$C_a = (Z_1 \cdot l_{eff1} + Z_2 \cdot l_{eff2} + \ldots + Z_n \cdot l_{effn}) \times \left[\left(\frac{Z_1 \cdot l_{eff1}}{C_{a1}}\right)^{9/2} + \left(\frac{Z_2 \cdot l_{eff2}}{C_{a2}}\right)^{9/2} + \ldots + \left(\frac{Z_n \cdot l_{effn}}{C_{an}}\right)^{9/2}\right]^{-2/9}$ (Gl. 48)	

mit C_{r1} Tragzahl des Einzellagers, C_{a1}, C_{a2} ... Tragzahlen für die Reihen Z_1, Z_2 ... und l_{eff1}, l_{eff2} ... effektive Rollenlänge für die Reihen Z_1, Z_2 ...

Lagerbauart	Werte für $D_w \cdot \cos\alpha_o / d_m$ bzw. D_w / d_m wenn $\alpha_o = 90°$												
	0,01	**0,02**	**0,03**	**0,04**	**0,05**	**0,06**	**0,07**	**0,08**	**0,09**	**0,10**	**0,12**	**0,14**	**0,16**
Radial-Kugellager:					**fc-Faktoren · 10^{-3}**								
Rillenkugellager, einreihig					46,7	49,1	51,1	52,8	54,3	55,5	57,5	58,8	59,6
Schrägkugellager, ein- und zweireihig													
Rillenkugellager, zweireihig					44,2	46,5	48,4	50,0	51,4	52,6	54,5	55,7	56,5
Pendelkugellager, ein- und zweireihig					17,3	18,6	19,9	21,1	22,3	23,4	25,6	27,7	29,7
Axialkugellager, einreihig, ein- oder zweiseitig wirkend													
$\alpha_o = 90°$	36,7	45,2	51,1	55,7	59,5	62,9	65,8	68,5	71,0	73,3	77,4	81,1	84,4
$\alpha_o = 45°$ *	42,1	51,7	58,2	63,3	67,3	70,7	73,5	75,9	78,0	79,7	82,3	84,1	85,1
$\alpha_o = 60°$	39,2	48,1	54,2	58,9	62,6	65,8	68,4	70,7	72,6	74,2	76,6	78,3	79,2
$\alpha_o = 75°$	37,3	45,9	51,7	56,1	59,7	62,7	65,2	67,3	69,2	70,7			
Radial-Rollenlager	52,1	60,8	66,5	70,7	74,1	76,9	79,2	81,2	82,8	84,2	86,4	87,7	88,5
Axial-Rollenlager, einreihig, ein- oder zweiseitig wirkend													
$\alpha_o = 90°$	105,4	122,9	134,5	143,4	150,7	156,9	162,4	167,2	171,7	175,7	183,0	189,4	195,1
$(45° < \alpha < 60°)\alpha_o = 50°$	109,7	127,8	139,5	148,3	155,2	160,9	165,6	169,5	172,8	175,5	179,7	182,3	183,7
$(60° \leqq \alpha < 75°)\alpha_o = 65°$	107,1	124,7	136,2	144,7	151,5	157,0	161,6	165,5	168,7	171,4	175,4	177,9	179,3
$(45° \leqq \alpha < 90°)\alpha_o = 80°$	105,6	123,0	134,3	142,8	149,4	154,9	159,4	163,2	166,4	169,0	173,0	175,5	

Bedingungen: Schmiegung $\kappa_i \leq 0{,}04$; $\kappa_A \leq 0{,}06$ für Rillen- und Schrägkugellager; $\kappa_i \leq 0{,}06$ für Pendelkugellager; $\kappa \leq 0{,}08$ für Axial-Rillenkugellager. Gleichmäßige Spannungsverteilung zwischen Rolle und Laufbahn für Rollenlager (modifizierte Linienberührung).

Abb. 182 fc-Faktoren zur Berechnung der dynamischen Tragzahl von Wälzlagern, DIN ISO 281

7.1.4 Verminderung der dynamischen Tragzahl

Die Tragzahl-Gleichungen 34 bis 48 setzen voraus, daß

- die Lagerringe ausreichend unterstützt werden (starre Wellen/Gehäuse),
- nur minimale Schiefstellungen auftreten (Vermeidung von Fluchtfehlern/Wellendurchbiegungen),
- die Betriebslagerluft nahe Null ist (normale Belastungszone, bei Radiallagern: $\psi = 180°$ bzw. $\varepsilon = 0{,}5$, bei Axiallagern: $\psi = 360°$),
- im Lager keine wesentlichen Spannungskonzentrationen in den Berührungsflächen auftreten (gleichmäßige Lastverteilung) und
- normale Laufbahnhärten und Lagertemperaturen vorliegen.

Wesentliche Abweichungen von diesen Punkten führen meist zu Verminderungen der Tragzahlen.

7.1.4.1 Einfluß der Lastverteilung im Lager

siehe Kap. 13.

7.1.4.2 Einfluß der Lagerluft

siehe Abschnitt 21.7.6

7.1.4.3 Einfluß der Laufbahnhärte

Die in den Maßtabellen angegebenen Tragzahlen gelten für Laufbahnen mit einer Härte von 58...64 HRC. Ist die Härte einer der Laufbahnen (Wälzlagerkontaktflächen) geringer als 58 HRC, vermindert sich die wirksame Tragzahl um den Härtefaktor:

$$C_{eff} = f_{Hdyn} \cdot C\,[\text{kN}] \qquad \text{(Gl. 49)}$$

mit

C_{eff} Wirksame dynamische Tragzahl [kN]
f_{Hdyn} Dynamischer Härtefaktor (Abb. 183)
C Dynamische Tragzahl [kN], siehe Maßtabelle oder Abschnitt 7.1

0,18	0,20	0,22	0,24	0,26	0,28	0,30	0,32	0,34	0,36	0,38	0,40	Lagerbauart
												Radial-Kugellager
59,9	59,9	59,6	59,0	58,2	57,1	56,0	54,6	53,2	51,7	50,0	48,4	Rollenkugellager, einreihig Schrägkugellager, ein- und zweireihig
56,8	56,8	56,5	55,9	55,1	54,1	53,0	51,8	50,4	48,9	47,4	45,8	Rillenkugellager, zweireihig
31,7	33,5	35,2	36,8	38,2	39,4	40,3	40,9	41,2	41,3	41,0	40,4	Pendelkugellager, ein- und zweireihig
												Axialkugellager, einreihig, ein- oder zweiseitig wirkend
87,4	90,2	92,8	95,3	97,6	99,8	101,9	103,9	105,8				$\alpha_0 = 90°$
85,5	85,4	84,9	84,0	82,8	81,3	79,6						$\alpha_0 = 45°$ *
79,6	79,5											$\alpha_0 = 60°$
												$\alpha_0 = 75°$
88,8	88,7	88,2	87,5	86,4	85,2	83,8	82,2	80,4	78,6	76,7	74,6	Radial-Rollenlager
												Axial-Rollenlager, einteilig, ein- oder zweiseitig wirkend
200,3	205,0	209,4	213,5	217,3	220,9	224,3						$\alpha_0 = 90°$
184,1	183,7	182,9	180,0	178,7								$(45° < \alpha < 60°)\alpha_0 = 50°$
179,7	179,3											$(60° \leqq \alpha < 75°)\alpha_0 = 65°$

* dient nur zur Interpolation zwischen 45° und 60°

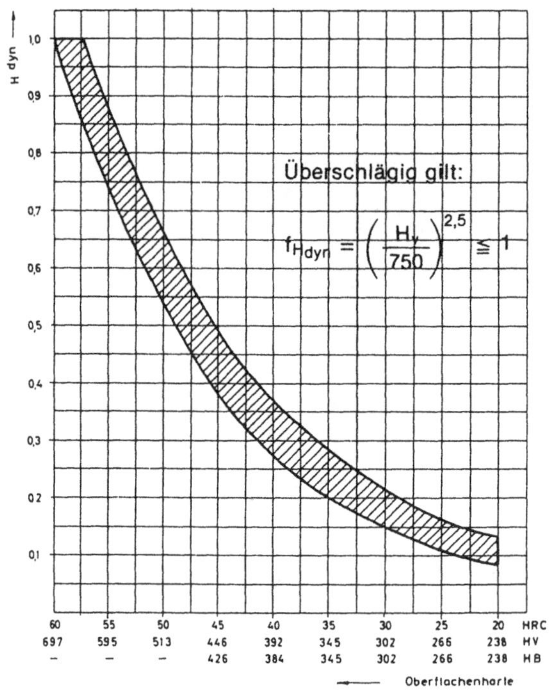

Abb. 183 Dynamischer Härtefaktor f_{Hdyn}

7.1.4.4 Einfluß der Lagertemperatur

Bei hohen Lagertemperaturen nimmt die Härte des Lagerwerkstoffes ab. Die dadurch bedingte Tragzahl-Verminderung wird durch folgende Gleichung berücksichtigt:

$$C_{eff} = f_{T_{dyn.}} \; C\,[kN] \qquad \text{(Gl. 50)}$$

mit

- C_{eff} Wirksame dynamische Tragzahl [kN]
- $f_{T_{dyn.}}$ Dynamischer Temperaturfaktor (Abb. 184)
- C Dynamische Tragzahl [kN], siehe Maßtabelle oder Abschnitt 7.1

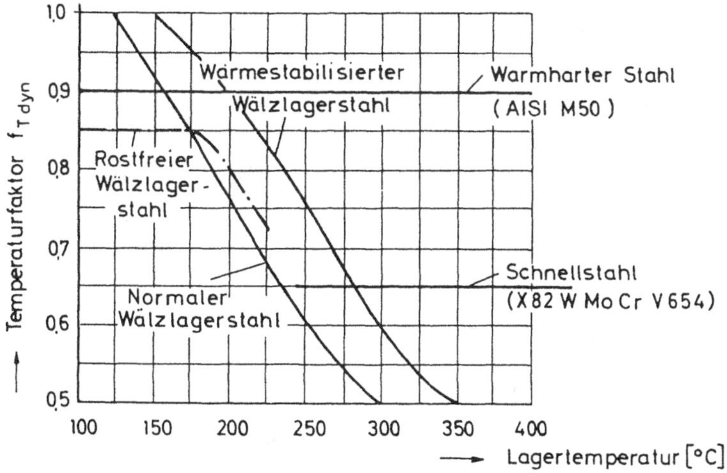

Abb. 184 Dynamischer Temperaturfaktor $f_{T_{dyn.}}$ der Wälzlagerstähle

7.1.5 Erhöhung der dynamischen Tragzahl

Alle Feststellungen zu Tragzahl- und Lebensdauerberechnungen können naturgemäß unverändert nur für eine bestimmte Zeit gelten. Sie werden daher den erzielten Fortschritten in der Lagerherstellungs- und -anwendungstechnik in größeren Zeiträumen immer wieder anzupassen sein. Die zwischenzeitlichen Verbesserungen an den Koyo-Lagern sind bei der Nachrechnung nach DIN ISO 281 durch folgende Faktoren zu berücksichtigen:

Lagerbauart	f_F
Rillenkugellager	1,30
Pendelrollenlager	1,15
Zylinderrollenlager	1,10
Kegelrollenlager	1,10

Die gültige Tragzahl C, so wie in den Maßtabellen angegeben, ergibt sich dann aus:

$$C = C_{DIN/ISO} \cdot f_F \text{ [kN]} \qquad \text{(Gl. 51)}$$

mit

$C_{DIN/ISO}$ Dynamische Tragzahl nach DIN ISO 281 [kN]

f_F Faktor für die verbesserten Werkstoffe und Verfahren, die heute für die Koyo-Lager und ihre Fertigung Standard sind.

Beispiel

Gegeben: Rillenkugellager 6207 mit $i = 1$, $Z = 9$, $D_w = 11{,}1125$ mm, $\alpha_o = 0°$, $d_m = 54{,}5$ mm

Gesucht: Dynamische Tragzahl C = ?

Lösung:

$C_{DIN\ ISO}$

$= f_c\,(i \cdot \cos\alpha_o)^{0,7} \cdot Z^{2/3} \cdot D_w^{1,8}$

$= 59{,}9\,(1 \cdot \cos 0°)^{0,7} \cdot 9^{2/3} \cdot 11{,}1125^{1,8}$

$= 19{,}772$ kN

mit $f_c = 59{,}9$ aus Abb. 182 für $D_w \cdot \cos\alpha_o/d_m = 0{,}20$

$C = C_{DIN/ISO} \cdot f_F$

$= 19{,}772 \text{ kN} \cdot 1{,}30$

$= 25{,}70$ kN,

s. a. Koyo-Hauptkatalog

7.2 Statische Tragzahl

7.2.1. DIN ISO 76 und BAS-142

Die statische Tragzahl eines Wälzlagers ist bei Radiallagern die rein radiale und bei Axiallagern die rein axiale, zentrisch wirkende statische Belastung, die eine bleibende Gesamtverformung von Wälzkörpern und Laufbahnen an der am höchsten beanspruchten Berührungsstelle von 0,0001fachen des Wälzkörperdurchmessers verursacht. Bei einreihigen Schrägkugellagern und Kegelrollenlagern bezieht sich die statische Tragzahl auf die radiale Belastungskomponente, die eine rein radiale Verschiebung der Ringe gegeneinander bewirkt.
Die Erfahrung zeigt, daß sich eine bleibende Gesamtverformung vom 0,0001fachen des Wälzkörperdurchmessers in den meisten Anwendungsfällen auf das Betriebsverhalten des Lagers (Laufruhe, Ermüdungslebensdauer) nicht nachteilig auswirkt.

7.2.2 ANSI/AFBMA-Standard 9- und 11-1978

Ergebnisse weltweit durchgeführter Versuche und praktische Anwendungen zeigen, daß die nach DIN ISO 76 und BAS-142 berechneten statischen Tragzahlen dem neuen Kenntnisstand nicht mehr gerecht werden, d.h., daß sie nicht wirklich und insbesondere nicht bei Rollenlagern mit modifizierter Linienberührung die angegebene Gesamtverformung vom 0,0001fachen des Wälzkörpers bewirken. Aus diesem Grunde wurden in den amerikanischen Normen die statischen Tragzahlen neu definiert und diese Standards der ISO zur Änderung der ISO 76 eingereicht. Hierbei ist die statische Tragzahl C_0 so festgelegt, daß eine Belastung in Höhe der statischen Tragzahl im Zentrum der Berührungsfläche des höchstbelasteten Wälzkörpers eine Hertz'sche Flächenpressung von 4000 N/mm² für Rollenlager, 4200 N/mm² für Kugellager und 4600 N/mm² für Pendelkugellager erreicht und eine plastische Verformung vom 0,0001fachen des Wälzkörpers nicht überschreitet.

Die Tragzahlgleichungen werden beibehalten und die f_0-Werte gegenüber DIN ISO bzw. BAS teilweise wesentlich verändert.

7.2.3 Ein- und mehrreihige Wälzlager

Radial-Kugellager, $\alpha_0 \leqq 45°$

$$C_{or} = f_o \cdot i \cdot Z \cdot D_w^2 \cos\alpha_o \,[\text{kN}] \qquad \text{(Gl. 52)}$$

Radial-Rollenlager, $\alpha_0 \leqq 45°$ (Gl. 53)

$$C_{or} = f_o \cdot i \cdot Z \cdot l_{eff} \cdot D_w \cdot \cos\alpha_o \,[\text{kN}]$$

Axial-Kugellager, $45° < \alpha_0 \leqq 90°$

$$C_{oa} = f_o \cdot Z \cdot D_w^2 \cdot \sin\alpha_o \,[\text{kN}] \qquad \text{(Gl. 54)}$$

Axial-Rollenlager, $45° < \alpha_0 \leqq 90°$

$$C_{oa} = f_o \cdot Z \cdot l_{eff} \cdot D_w \cdot \sin\alpha_o \,[\text{kN}] \qquad \text{(Gl. 55)}$$

mit

- C_{or} Statische radiale Tragzahl [kN]
- C_{oa} Statische axiale Tragzahl [kN]
- f_o Faktor, abhängig von Geometrie, Herstellgenauigkeit und Werkstoff der Lagerteile (s. Abschnitt 7.2.5)
- i Anzahl der Wälzkörperreihen in einem Lager
- Z Wälzkörper-Anzahl in einer Reihe
- D_w Wälzkörperdurchmesser, bei symmetrischen Tonnenrollen der größte, bei asymmetrischen Tonnenrollen und Kegelrollen der mittlere Durchmesser [mm].
- α_o Nenndruckwinkel
- l_{eff} Effektive Berührungslänge von Rolle und Laufbahn. Es gilt die kürzere, wenn die Berührungslängen an den beiden Laufbahnen unterschiedlich sind [mm].

7.2.4 Lagereinheiten und -kombinationen

Um für bestimmte Einbaufälle ausreichende Tragzahlen zu erreichen, können gleichartige Lager zu mehreren nebeneinander angeordnet (gepaart) werden. Bei gleichmäßiger Lastverteilung, die durch entsprechende Herstellung und Montage sicherzustellen ist, erhält man die i-fache Tragzahl des Einzellagers, ganz gleich, ob es sich dabei um X-, O-, Tandemanordnung und/oder Doppel- und Mehrfachlager handelt.

Werte für $D_w \cdot \cos\alpha_o / d_m$ bzw. D_w / d_m wenn $\alpha_o = 90°$

Lagerbauart	**0,00**	**0,01**	**0,02**	**0,03**	**0,04**	**0,05**	**0,06**	**0,07**	**0,08**	**0,09**	**0,10**	**0,12**	**0,14**	**0,16**	**0,18**	**0,20**
Radiallager	**fo-Faktoren**															
Rillen- u. Schrägkugellager	12,7	13,0	13,2	13,5	13,7	14,0	14,3	14,5	14,7	14,5	14,3	13,9	13,4	13,0	12,5	12,1
Pendelkugellager	1,3	1,3	1,3	1,4	1,4	1,4	1,5	1,5	1,5	1,5	1,6	1,6	1,7	1,7	1,8	1,9
Rollenlager	$fo = 44\,(1-\frac{D_w \cdot \cos\alpha_o}{d_m})$ mit d_m = Teilkreis-ϕ des Wälzkörpersatzes [mm]															
Axiallager																
Kugellager	51,9	52,6	51,7	50,9	50,2	49,6	48,9	48,3	47,6	46,9	46,4	45,5	44,0	42,6	41,2	39,7
Rollenlager	$fo = 220\,(1-\frac{D_w \cdot \cos\alpha_o}{d_m})$															

Bedingungen: Schmiegung $\kappa_i \le 0{,}04$, $\kappa_A \le 0{,}06$ für Rillen- und Schrägkugellager; $\kappa_i \le 0{,}06$ für Pendelkugellager.
Gleichmäßige Spannungsverteilung zwischen Rolle und Laufbahn für Rollenlager.
Alle Wälzlager aus hochwertigem Kugellagerstahl mit $E = 2{,}08 \cdot 10^5$ N/mm² und $m = 0{,}3$

Abb. 185 fo-Faktoren zur Berechnung der statischen Tragzahl der Wälzlager nach AFBMA-Normen

Lagerbauart	f_o-Faktor	Bedingung
Radiallager		Schmiegung
Rillen- und Schrägkugellager	$12{,}3 \cdot 10^{-3}$	$\kappa_i \leqq 0{,}04$, $\kappa_A \leqq 0{,}06$
Pendelkugellager	$3{,}33 \cdot 10^{-3}$	$\kappa_i \leqq 0{,}06$
Rollenlager	$21{,}6 \cdot 10^{-3}$	
Axiallager		
Rillen- und Schrägkullager	$49 \cdot 10^{-3}$	$\kappa_i \leqq 0{,}08$
Rollenlager	$98{,}1 \cdot 10^{-3}$	

Abb. 186 f_o-Faktoren zur Berechnung der statischen Tragzahl der Wälzlager, DIN ISO 76

7.2.5 f_o-Faktoren

Während DIN ISO 76 übliche Annahmen für die Geometrie, Herstellung und den Werkstoff der Lagerteile trifft und somit bestimmte f_o-Werte festschreibt (Abb. 185), nimmt BAS-142 besondere Rücksicht auf die Größen- und Schmiegungsverhältnisse im Lager und schreibt:

$$f_o = k \left[\frac{2f\,(1 \mp \gamma)}{2f - 1} \right]^{1/2} \cdot 10^{-3} \qquad \text{(Gl. 56)}$$

für Kugellager

$$= k\,(1 \mp \gamma)^{1/2} \cdot 10^{-3} \qquad \text{(Gl. 57)}$$

für Rollenlager

— oberes Vorzeichen gilt für Innenring/Wälzkörper-Berührung

+ unteres Vorzeichen gilt für Außenring/Wälzkörper-Berührung

mit

k Faktor, abhängig von Lagerbauart

f Verhältnis von Laufrillenradius/Kugeldurchmesser $= r_i/D_w$ bzw. r_A/D_w. In die Gleichungen 56 und 57 ist jedoch mindestens $f = 0{,}52$ einzusetzen, weil eine engere Schmiegung praktisch keinen Vorteil mehr bringt.

$$\gamma = \frac{D_w \cos\alpha_o}{d_m} \text{ bzw. } \frac{D_w}{d_m} \text{ für } \alpha_o = 90°$$

d_m Teilkreisdurchmesser des Wälzkörpersatzes [mm]

Lagerbauart	k
Radial-Kugellager	2,83
Axial-Kugellager	14,1
Radial-Rollenlager	26,3
Axial-Rollenlager	121

0,22	0,24	0,26	0,28	0,30	0,32	0,34	0,36	0,38	0,40	0,42	0,44	0,46	0,48	0,50	Lagerbauart
11,6	11,2	10,8	10,4	10,1	9,7	9,3	8,9	8,5	8,1	7,8	7,4	7,1	6,7	6,4	Rillen- u. Schrägkugellager
1,9	2,0	2,1	2,1	2,2	2,3	2,3	2,4	2,5	2,5	2,6	2,7	2,8	2,8	2,9	Pendelkugellager
38,3	37,0	35,8	34,4	33,2	32,0	30,5	29,5	28,0	26,8	25,7	24,6	23,5	22,4	21,2	Kugellager

7.2.6 Verminderung der statischen Tragzahl

Wie bei der dynamischen Tragzahl (Abschnitt 7.1.4), werden auch bei der Berechnung der statischen Tragzahl Einbau- und Betriebsbedingungen vorausgesetzt, die nicht immer zutreffen mögen. Mit Tragzahl-Minderungen ist zu rechnen bei sehr elastischen Wellen/Gehäusen, größeren Schiefstellungen von Innen- zu Außenring, übermäßiger Lagerluft (siehe Lastverteilung im Lager S. 260), geringer Laufbahnhärte und/oder hoher Lagertemperatur.

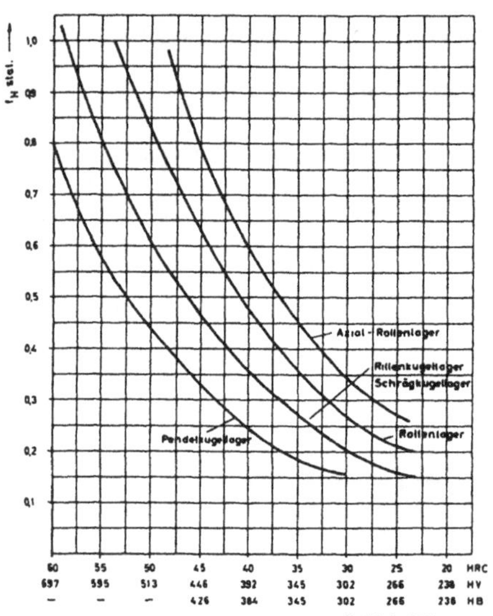

Abb. 187 Statischer Härtefaktor f_{Hstat}

7.2.6.1 Einfluß der Laufbahnhärte

Die in den Maßtabellen angegebenen Tragzahlen gelten für Laufbahnen mit einer Härte zwischen 58 und 64 HRC. Ist die Härte einer der Laufbahnen (Wälzlagerkontaktflächen) geringer als 58 HRC, vermindert sich die wirksame Tragzahl um den Härtefaktor:

$$C_{oeff} = f_{Hstat} \cdot C_o \,[kN] \qquad \text{(Gl. 58)}$$

mit

C_{oeff} Wirksame statische Tragzahl [kN]
f_{Hstat} Statischer Härtefaktor (Abb. 187)
C_o Statische Tragzahl [kN], siehe Maßtabelle oder Abschnitt 7.2

7.2.6.2 Einfluß der Lagertemperatur

Der mit hohen Lagertemperaturen verbundene Härteabfall des Lagerwerkstoffes führt zur Tragzahl-Verminderung und wird durch folgende Gleichung berücksichtigt:

$$C_{oeff} = f_{Tstat} \cdot C_o \,[kN] \qquad \text{(Gl. 59)}$$

mit

C_{oeff} Wirksame statische Tragzahl [kN]
f_{Tstat} Statischer Temperaturfaktor
C_o Statische Tragzahl, siehe Maßtabelle oder Abschnitt 7.2

Lagertemperatur, [°C]	150	200	250	300
Temperaturfaktor, f_{Tstat}	1	1	0,8	0,6

Beispiel

Gegeben: 1) Rillenkugellager 6207 mit $i = 1$, $Z = 9$, $D_w = 11{,}1125$ mm, $\alpha_o = 0°$, $d_m = 54{,}5$ mm, $r_j = 5{,}672$ mm, $r_A = 5{,}890$

2) Zylinderrollenlager NJ 207 mit $i = 1$, $Z = 12$, $D_w = 9$ mm, $l_{eff} = 9$ mm, $\alpha_o = 0°$, $d_m = 53{,}5$ mm

Gesucht: Statische Tragzahlen nach a) DIN ISO, b) BAS und c) ANSI/AFBMA, $C_{or} = ?$

Lösung:

1a) DIN ISO 76: $C_{or} = 12{,}3 \cdot 10^{-3} \cdot 1 \cdot 9 \cdot 11{,}1125^2 \cdot \cos 0° = 13{,}670$ kN

mit $f_o = 12{,}3 \cdot 10^{-3}$ aus Abb. 186

1b) BAS-142: $C_{or} = 12{,}87 \cdot 10^{-3} \cdot 1 \cdot 9 \cdot 11{,}1125^2 \cdot \cos 0° = 14{,}337$ kN

mit $r_J/D_w = 5{,}672/11{,}1125 = 0{,}510 \equiv 0{,}52$

$r_A/D_w = 5{,}890/11{,}1125 = 0{,}53$

$$\gamma = \frac{11{,}1125 \cdot \cos 0°}{54{,}5} = 0{,}204$$

$$f_o = 2{,}83 \left[\frac{2 \cdot 0{,}52\,(1 - 0{,}204)}{2 \cdot 0{,}52 - 1}\right]^{1/2} \cdot 10^{-3}$$

$$= 12{,}87 \cdot 10^{-3}$$

1c) AFBMA Std 9-1978:

$C_{or} = 12{,}1 \cdot 10^{-3} \cdot 1 \cdot 9 \cdot 11{,}1125^2 \cdot \cos 0° = 13{,}45$ KN

mit $f_o = 12{,}1$ aus Abb. 185

2a) DIN ISO 76: $C_{or} = 21{,}6 \cdot 10^{-3} \cdot 1 \cdot 12 \cdot 9 \cdot 9 \cdot \cos 0° = 20{,}995$ kN

mit $f_o = 21{,}6$ aus Abb. 186

2b) BAS 142: $C_{or} = 24{,}0 \cdot 10^{-3} \cdot 1 \cdot 12 \cdot 9 \cdot 9 \cdot \cos 0° = 23{,}328$ kN

mit $f_o = k\,(1 - \gamma)^{1/2} \cdot 10^{-3}$

$$= 26{,}3 \cdot \left(1 - \frac{9 \cdot \cos 0°}{53{,}5}\right)^{1/2} \cdot 10^{-3}$$

$$= 24{,}0 \cdot 10^{-3}$$

2c) AFBMA Std 11-1978:

$C_{or} = 36{,}598 \cdot 10^{-3} \cdot 1 \cdot 12 \cdot 9 \cdot 9 \cdot \cos 0° = 35{,}573$ kN

mit $f_o = 44 \cdot \left(1 - \frac{D_w \cos \alpha_o}{dm}\right) \cdot 10^{-3}$ aus Abb. 185

$$= 36{,}598 \cdot 10^{-3}$$

7.3 Herstellerspezifische Tragzahl-Angaben

Abweichend von DIN/ISO- und ANSI/AFBMA-Normen hat ein bekannter amerikanischer Kegelrollenlagerhersteller seine eigene Norm entwickelt, die sich wie folgt liest:

$$C = f_c \, (i \ell_{eff} \cos \alpha_o)^{4/5} \, Z^{7/10} \, D_w^{\,16/15} \quad [KN] \qquad \text{(Gl. 60)}$$

$$C_a = f_{ca} \, (\ell_{eff} \cos \alpha_o)^{4/5} \, Z^{7/10} \, D_w^{\,16/15} \quad [KN] \qquad \text{(Gl. 61)}$$

- C Dynamische radiale Tragfähigkeit, bezogen auf eine rechnerische Lebensdauer von $90 \cdot 10^6$ Umdrehungen oder 3000 Betriebsstunden und 500 min^{-1} bei 90 % Überlebenswahrscheinlichkeit.
- C_a Dynamische axiale Tragfähigkeit, bezogen auf . . ., s.C
- i Anzahl der Rollenreihen in einem Lager
- Z Anzahl der Rollen in einer Reihe
- ℓ_{eff} Effektive Berührungslänge von Rolle und Laufbahn [mm]
- D_w Mittlerer Kegelrollendurchmesser [mm]
- α_o Halber eingeschlossener Laufbahnwinkel am Außenring = Nenn-Druckwinkel [°]
- υ Halber eingeschlossener Rollenwinkel [°]
- γ Halber eingeschlossener Winkel zwischen Rollen und Lagermitte, $\gamma = \frac{\beta + \upsilon}{2}$ [°]
- f_c Geometrie- und Werkstoffkonstante, radial $f_c = 51.9$ H
- f_{ca} Geometrie- und Werkstoffkonstante, axial $f_{ca} = 2.564 \, f_c \tan \alpha_o$
- H Geometriekonstante
- M Werkstoffkonstante = 51,9

$\frac{\tan \upsilon}{\tan \gamma}$	H	$\frac{\tan \upsilon}{\tan \gamma}$	H
0,01	0,340	0,26	0,514
0,02	0,390	0,27	0,509
0,03	0,423	0,28	0,505
0,04	0,447	0,29	0,500
0,05	0,466	0,30	0,495
0,06	0,481	0,31	0,490
0,07	0,494	0,32	0,484
0,08	0,504	0,33	0,479
0,09	0,512	0,34	0,473
0,10	0,519	0,35	0,467
0,11	0,525	0,36	0,461
0,12	0,529	0,37	0,455
0,13	0,532	0,38	0,449
0,14	0,535	0,39	0,443
0,15	0,536	0,40	0,436
0,16	0,537	0,41	0,430
0,17	0,537	0,42	0,423
0,18	0,536	0,43	0,416
0,19	0,535	0,44	0,410
0,20	0,533	0,45	0,403
0,21	0,531	0,46	0,396
0,22	0,528	0,47	0,389
0,23	0,525	0,48	0,382
0,24	0,521	0,49	0,375
0,25	0,518	0,50	0,368

Soll diese Tragfähigkeit mit der Tragzahl nach DIN ISO 281 verglichen werden, ergibt sich der Umrechungsfaktor überschlägig aus den unterschiedlichen Umdrehungen, die den rechnerischen Lebensdauern zu Grunde gelegt sind:

$$fu \approx \left(\frac{90 \cdot 10^6}{10^6} \right)^{1/p} \qquad \text{(Gl. 62)}$$

$= 3{,}86$ für Rollenlager mit $p = 10/3$

$= 4{,}46$ für Kugellager mit $p = 3$

Die Vergleichstragzahl beträgt dann z. B.:

$$C_{r\,DIN\,ISO} = fu \cdot C \quad [kN] \qquad \text{(Gl. 63)}$$

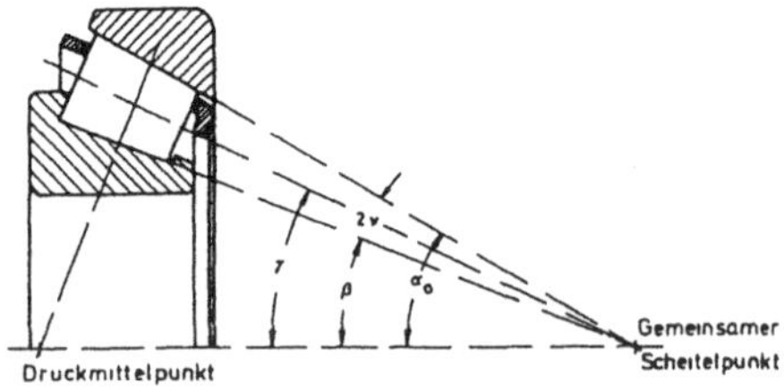

Abb. 188 Zur Berechnung einer herstellerspezifischen Tragzahl

8 Lebensdauer

8.1 Lebensdauer und Gebrauchsdauer

Seit ca. 60 Jahren werden Wälzlager in erster Linie auf Grund einer Lebensdauerberechnung ausgewählt, die auf der Ermüdungstheorie beruht. Andere Ausfallursachen, wie z. B. Feuchtigkeit, Verschmutzung, Mangelschmierung, die zu Rostbildung und Verschleiß führen, werden meistens vernachlässigt. Den Maschinenbauer und -anwender interessieren aber heute weniger die reine Ermüdungslebensdauer, als vielmehr die Zeit, die das Lager im praktischen Betrieb verbleiben kann, weil es ausreichend zuverlässig funktioniert, also die Gebrauchsdauer. Zu der Ermüdungsrechnung werden deshalb die Berechnungen und Betrachtungen der Betriebs- und Umweltbedingungen, sowie die des Verschleißes hinzukommen müssen.

Selbstverständlich kann die Angabe einer Gebrauchsdauer keine Verstöße gegen die Regel einer ordungsgemäßen Lagerung berücksichtigen. Lagerstörungen, die auf Fehler in der Wahl der Lagerausführung (Käfig, Lagerluft, Maß- und Laufgenauigkeit, Wärmebehandlung), in der Lagerungskonstruktion (Fluchtfehler, Durchbiegung, Passung), in ihrer Behandlung (Beschädigung durch Transport, schlechte Verpackung, falsche Vorratslagerung), beim Einbau (Laufbahn-Eindrückungen, Schlag- und Kratzmarken), bei der Wartung (Schmierung) usw. beruhen, setzten die Verwendbarkeit eines Lagers mehr oder weniger deutlich herab. Sie sind statistisch nicht erfaßbar, wohl aber doch vermeidbar.

8.1.1 Ermüdung

Die Wälzflächen der Lager sind im Betrieb periodischen Druckspannungen ausgesetzt, die früher oder später zum Ausfall der Lager durch Ermüdung führen. In der Regel bilden sich zunächst feine Risse, einige Zehntel Millimeter unter der Oberfläche (Zone größter Schubbeanspruchung, s.S. 239) und bei weiterer Beanspruchung Ausbrüche (Grübchen oder Pittings) und schließlich Schälungen. Die ersten Anrisse beginnen meistens an Schwachstellen oder Inhomogenitäten (mikrofeine, nichtmetallische Einschlüsse oder ungleichmäßig verteilte Legierungselemente).

Weil die Häufigkeit und Festigkeit dieser Schwachstellen schwankt und ihre Beanspruchung auf Grund fertigungsbedingter Toleranzen der Einzelteile unterschiedlich ist, ist es einleuchtend, daß die Ermüdungserscheinungen selbst bei gleichen Lagern und Betriebsverhältnissen nach verschieden langen Laufzeiten auftreten, sie also stark streuen. Daß diese Streuung so groß ist, hängt nicht etwa in erster Linie mit der unterschiedlichen Herstellgenauigkeit zusammen, sondern vielmehr damit, daß Wälzlagerstahl ein qualitativ hochwertiger Werkstoff ist, welcher nur sehr wenige Schwachstellen besitzt (s. Abschnitt 6.2) Dagegen ist bei einem mittelmäßigen Werkstoff mit vielen Schwachstellen die Wahrscheinlichkeit, daß eine solche Schwachstelle überwälzt wird, sehr groß, d.h. die Streuung ist sehr gering.

In Abb. 189 sind die wichtigsten Ermüdungsarten und ihre Ursachen zusammengestellt.

8.2 Lebensdauer (L_{10})

Da man auf Grund der Lebensdauer-Streuung keine absolute Aussage über die Ermüdungslaufzeit eines einzelnen Lagers machen kann, wurde ein Wahrscheinlichkeitswert gewählt, der sich nach DIN/ISO 281 wie folgt liest:

> Die nominelle Lebensdauer einer genügend großen Menge offensichtlich gleicher Lager ist die Anzahl von Umdrehungen (oder Anzahl von Stunden bei konstanter Drehzahl), die 90 % dieser Menge erreichen oder überschreiten, bevor Anzeichen einer Werkstoffermüdung auftreten.

Diese Lebensdauer wird in Tragfähigkeitsangaben (s. Maßtabellen dyn. Tragzahl C) für Wälzlager zugrunde gelegt. Sie ist weltweit anerkannt und ergibt bei ausreichender Sicherheit wirtschaftlich vertretbare Lagerabmessungen.

8.2.1 Lebensdauerstreuung und Ausfall-Verteilung

Versuche mit einer großen Anzahl Wälzlager gleicher Bauart und gleicher Ausführung (Fertigung) zeigen bei gleicher Belastung und identischen Betriebsbedingungen (Prüfständen) für die einzelnen Lager

Ermüdungsart	Ursache (s. auch Wälzlagerschäden S. 223)
a) Nichtmetallische Einschlüsse	Oxyd- oder andere nichtmetallische Materialeinschlüsse
b) Örtliche Spannungskonzentration	Gestörte Kontaktgeometrie. Schiefstellung und Verformung. Schmierfilmdicken-Effekt.
c) Grübchenbildung	Niedrige Viskosität. EHD-Filmdicke in Größenordnung der Rauhtiefe. Tangentialkräfte und/oder gleitende Wälzelemente.
d) Oberflächenschälung	Niedrige Viskosität. Rauhtiefe größer als EHD-Filmdicke. Reduzierter elastohydrodynamischer Druck durch Gleiten oder Oberflächenbeschädigungen.
e) Querrisse	Andere Ermüdungsarten. Spielpassung auf Welle oder im Gehäuse.
f) Ermüdung unterhalb der Einsatzschicht	Geringe Kernhärte. Dünne Einsatzschicht. Hohe Belastung.

Abb. 189 Ermüdungsarten und ihre Ursache bei Wälzlagern

eine unterschiedliche Laufzeit (Lebensdauer). Um diese Streuung rechnerisch zu erfassen und beurteilen zu können, werden die Ausfallzeiten auf sogenanntes Weibull-Funktionspapier übertragen (s. S. 212). Die Weibull-Verteilung bzw. Weibull-Gerade hat die folgende allgemeine Form:

$$F(t) = 1 - e^{-(t/r)^k} \qquad \text{(Gl. 64)}$$

für $F(t) = 0{,}05 \ldots 0{,}80$

mit

- $F(t)$ Wahrscheinlichkeit dafür, daß das einzelne Lager bis zum Zeitpunkt t ausgefallen ist.
- e Basis des natürlichen Logarithmus ($e \cong 2{,}72$)
- t Zeitpunkt bis zu welchem 63,2% aller Versuchslager ausgefallen sind.
- k Streuungsexponent ($k = 10/9 \cong 1{,}11$ für Kugellager, $k = 27/20 = 1{,}35$ für Rollenlager nach DIN 622/ISO 281), entspricht der Weibull-Steigung m.

Anhand dieser Ausfall-Verteilung läßt sich das Ermüdungsverhalten einer größeren Lagermenge gut beurteilen. In Abb. 194 sind beispielsweise 10 % der Lager bei einer Laufzeit von 70 h ausgefallen und 50 % der Lager nach 230 h.

Nach neueren Erkenntnissen kann eine Mindestlebensdauer $L_0 = 0{,}05\ L_{10}$ eingesetzt werden, weil es eine gewisse Zeit dauert, bis ein unter der Oberfläche liegender mikroskopisch kleiner Ermüdungsriß erkennbar wird und eine anfängliche Kaltverformung die Werkstoffeigenschaften verbessert. Die modifizierte Weibull-Gleichung lautet dann wie folgt:

$$F = 1 - e^{-0{,}105\left(\frac{L - L_0}{L_{10a} - L_0}\right)^{k'}} \qquad \text{(Gl. 65)}$$

mit

- F Ausfallwahrscheinlichkeit, d. h., daß das einzelne Lager eine bestimmte Lebensdauer L nicht erreicht.
- L Laufzeit (Lebensdauer) [h])
- L_{10a} modifizierte Lebensdauer (S. 206)
- L_0 Mindestlebensdauer, die von allen Lagern sicher erreicht bzw. überschritten wird.
- e Basis des natürl. Logarithmus ($e \cong 2{,}72$)
- k' Streuungsexponent ($\approx 1{,}11$ für alle Lagerarten, -größen und -belastgn).

Diese Gleichung ist Ausgangspunkt für die Berechnung der Ausfalldichte bzw. -rate und die Funktionssicherheit (s.S. 219).

8.2.2 Herkömmliche Lebensdauergleichung

Die Ergebnisse umfangreicher Lebensdauerversuche (P/C_0 oder $P/C < 0{,}5$) führen auf die herkömmliche Lebensdauergleichung:

$$L = [C/P]^p \, [10^6 \text{ Umdrehungen}] \qquad \text{(Gl. 66)}$$

mit

L	nominelle Lebensdauer [10^6-Umdrehungen]
P/C	Belastungsverhältnis
C	dynamische Tragzahl [kN], (s. Maßtabelle)
P	äquivalente Lagerbelastung [kN] (s. Abschnitt 20)
p	Lebensdauerexponent für Kugellager p = 3 für Rollenlager p ≅ 10/3

Die Ursache für die verschiedenen p-Werte ist der unterschiedliche Spannungszustand bei Punkt- und Linienberührung.

Neuere Forschungsergebnisse zeigen, daß der Lebensdauerexponet p außerdem lastabhängig ist und daß die Wälzlager daher unter günstigen Betriebsbedingungen auch dauerfest sein können (s. Abb. 191, S. 207/208).

Der Exponent 10/3 ist also ein Kompromis zwischen dem für niedrige Belastungen und Punktberührung gültigen Exponenten 3 und dem Exponenten 4 für hohe Belastungen und Linienberührung.

In der Praxis werden häufig folgende Abwandlungen verwendet:

Lebensdauer in Stunden:

$$L_h = \frac{10^6 \cdot L}{60 \cdot n} \, [h] \qquad \text{(Gl. 67)}$$

$$= (f_l)^p \cdot 500 \, [h] \qquad \text{(Gl. 68)}$$

Lebensdauer in km:

$$L_s = \pi \cdot D \cdot L/1000 \, [10^6 \text{ km}] \qquad \text{(Gl. 69)}$$

Lebensdauerfaktor:

$$f_l = C/P \cdot fn = [Lh/500]^{1/p} \qquad \text{(Gl. 70)}$$

Drehzahlfaktor:

$$f_n = [33\tfrac{1}{3} / n]^{1/p} \qquad \text{(Gl. 71)}$$

mit

n	mittlere Drehzahl [min^{-1}]
D	Rad-∅ [m]
C/P	Tragsicherheit

8.2.3 Gewogene Lebensdauer

Für ein Lager, das bekannten, veränderlichen Betriebsbedingungen ausgesetzt ist, kann anstelle der Ermittlung der mittleren Belastung und Drehzahl (Abschnitt 20), die Lebensdauerberechnung für die einzelnen Betriebszustände erfolgen und die Gesamt-Lebensdauer, auch gewogene Lebensdauer genannt, nach folgender Gleichung bestimmt werden:

$$L_{hg} = \frac{1}{t_1/L_{h1} + t_2/L_{h2} + \ldots + t_n/L_{hn}} \, [h] \qquad \text{(Gl. 72)}$$

mit

L_{hg}	gewogene Lebensdauer eines Lagers bei verschiedenen Betriebsbedingungen [h].
t_1, t_2, t_n	Wirkungsdauer des jeweiligen Betriebszustandes [%], wobei $t_1 + t_2 + \ldots + t_n = 1$ (100 %) ist.
$L_{h1}, L_{h2} \ldots L_{hn}$	Lebensdauer für den jeweiligen Betriebszustand [h]

8.2.4 System-Lebensdauer

Wenn der Ausfall eines einzelnen Lagers in einem System mit zwei oder mehr Lagern oder in einer Lagerkombination, z. B. mit einem gemeinsamen Innenring, für den Ausbau und die Betriebssicherheit von Bedeutung ist, interessiert die Gesamtlebensdauer. Ausgehend von der Lebensdauer der Einzellager erhält man aus der Wahrscheinlichkeitsrechnung die System-Lebensdauer wie folgt:

$$\frac{1}{L^{k''}} = \frac{1}{L_1{}^{k''}} + \frac{1}{L_2{}^{k''}} + \cdots + \frac{1}{L_n{}^{k''}} \quad [h] \qquad \text{(Gl. 73)}$$

mit

L	System-Lebensdauer [h]
$L_1, L_2 \ldots L_n$	Lebensdauer der Einzellager
k''	Streuungsexponent: 10/9 für Kugellager, 9/8 für Rollenlager.

In allen Fällen ist die System-Lebensdauer niedriger als die niedrigste Lebensdauer der Einzellager.

8.3 Modifizierte Lebensdauerberechnung

Die Lebensdauer, wie sie im vorhergehenden Abschnitt beschrieben wird, gilt für Lager, die aus gewöhnlichem Wälzlagerstahl (gute Qualität, gehärtet) mit herkömmlichen Wälzflächenformen nach bewährtem Herstellungsverfahren gefertigt sind und die sachgemäß eingebaut/geschmiert, vor Verschmutzung geschützt und keinen extremen Betriebsbedingungen ausgesetzt sind. Empfehlungen der ISO geben nun die Möglichkeit, Verbesserungen der Wälzlagerstähle und der Herstellungsverfahren, sowie genaue Kenntnisse vom Einfluß der Schmierung auf die Ermüdung mit Hilfe von Anpassungsfaktoren zu berücksichtigen:

$$L_{na} = a_1 \cdot a_2 \cdot a_3 \cdot L_h \; |h| \qquad \text{(Gl. 74)}$$

mit

- L_h Die nominelle, auf 90 % Überlebenswahrscheinlichkeit basierende Ermüdungslebensdauer |h|
- L_{na} Unter bestimmten Voraussetzungen erreichbare Ermüdungslebensdauer |h| mit Index n, die die Differenz zwischen geforderter Überlebenswahrscheinlichkeit und 100 % bezeichnet.
- a_1 Faktor für die Überlebenswahrscheinlichkeit
- a_2 Faktor für besondere Werkstoffe, Herstellungsverfahren und -güte
- a_3 Faktor für die Betriebsbedingungen.

Die Berechnung der modifizierten Lebensdauer setzt voraus, daß die Lagerbelastung (Lastkollektiv, Wellendurchbiegung, Fluchtfehler usw.) genau bestimmt werden kann und die tatsächlichen Betriebsverhältnisse bekannt sind.
Für die üblicherweise zugrunde gelegte Überlebenswahrscheinlichkeit von 90 %, herkömmliche Werkstoffe und normale Betriebsbedingungen, werden alle 3 Anpassungsfaktoren gleich 1 gesetzt, womit $L_{na} = L_h$ wird.

8.3.1 Lebensdaueranpassungsfaktor a_1

Wenn für bestimmte Anwendungsfälle eine von den üblichen 90 % abweichende Überlebenswahrscheinlichkeit wünschenswert erscheint, ist der entsprechende Anpassungsfaktor aus Abb. 190 zu entnehmen.

8.3.2 Lebensdaueranpassungsfaktor a_2

Bei Lagern aus herkömmlichen, gehärtetem Wälzlagerstahl ist $a_2 = 1$. Verbesserungen in der Stahlherstellung, wie z. B. die Erhöhung des Reinheitsgrades durch Vakuumentgasung, Umschmelzung unter Elektroschlacke oder im Vakuum zusammen mit modernen Härteverfahren und verfeinerten Fertigungsmethoden (z. B. Warmstauch-Rollwalzverfahren oder Kaltverformung) und besondere Herstellungsgüten, wirken sich in einer Verlängerung der Lebensdauer aus, d. h. a_2 wird > 1.
Koyo verwendet heute mindestens vakuumentgaste Stähle und überwiegend besondere Warm- bzw. Kaltverformungsverfahren, die einen Anpassungsfaktor von 1...3 rechtfertigen.
Lager aus rostfreiem Stahl werden mit $a_2 = 0{,}5$ gerechnet, es sei denn, es handelt sich um im Vakuum umgeschmolzenen rostfreien Stahl mit $a_2 = 1{,}0$.

8.3.3 Lebensdaueranpassungsfaktor a_3

In diesem Faktor sind die vielschichtigen Betriebs- und Umgebungseinflüsse auf die Lebensdauer enthalten. Das sind in erster Linie die Schmierung, die Sauberkeit und die Betriebstemperatur In den meisten Anwendungsfällen ist a = 1 anzunehmen. Allerdings darf nicht angenommen werden, daß ein Faktor $a_3 < 1$ durch einen Faktor $a_2 > 1$ kompensiert werden kann, weil z.B. die Vorteile der im Vakuum umgeschmolzenen Stähle bei Mischreibung ($K < 4{,}0$) verloren gehen.

Entscheidend für die Wahl des Schmierstoffes ist dessen Fähigkeit bei den gegebenen Betriebsbedingungen (Geschwindigkeit, Temperatur, Belastung) einen Schmierfilm aufzubauen, der die Wälzflächen im Wälzkontakt trennt und damit so Verschleiß und Lebensdauerreduzierungen verhindert. Wälzlagerindustrie, Schmierstoffhersteller und verschiedene Wälzlageranwender haben Empfehlungen ausgearbeitet, die die Auswahl des Schmierstoffes anhand einer Bezugsviskosität ν_1 ermöglichen (s. S. 407)

Abb. 191 zeigt die Abhängigkeit des Lebensdauerfaktors a_3 von dem Viskositätsverhältnis $\varkappa$, d.h. von dem Verhältnis der vorhandenen zur erforderlichen Betriebs-

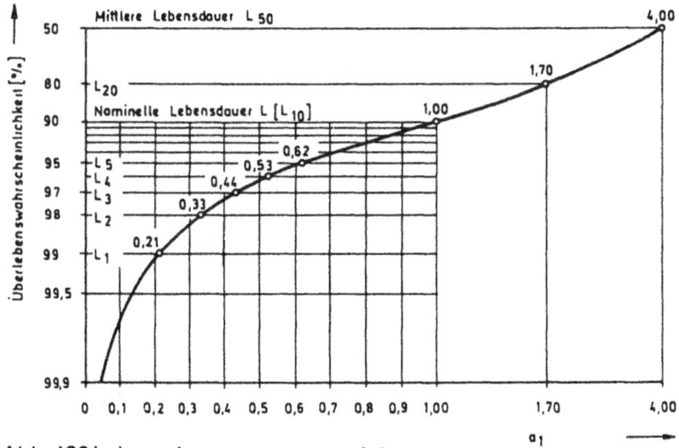

Abb. 190 Lebensdaueranpassungsfaktor a_1

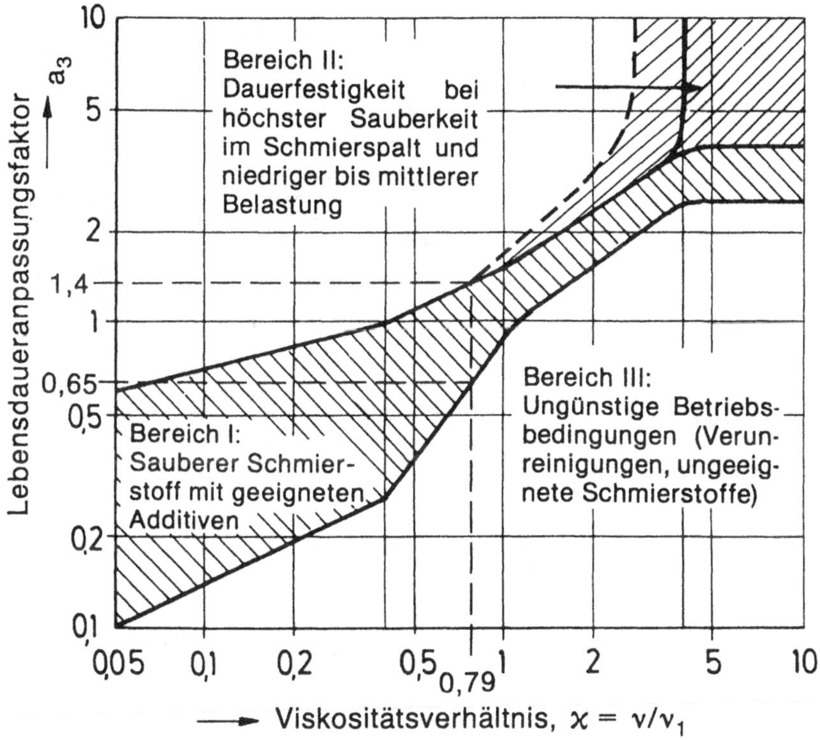

Abb. 191 Lebensdaueranpassungsfaktor a_3

viskosität. Das Diagramm gilt für Mineralöle. Für Syntheseöle sind folgende Korrekturfaktoren einzusetzen:

$$\varkappa_{Syntheseöl} = \varkappa \cdot k_1 \cdot k_2$$
$$k_1 = \alpha_{Syntheseöl}/\alpha_{Mineralöl}$$
$$k_2 = \varrho_{Syntheseöl}/\varrho_{Mineralöl}$$

mit

α = Viskosität-Druck (Vp)-Koeffizient [m^2/N], s.S. 721

ϱ = Dichte bei 15°C [kg/m^3], s.S. 722.

Die Angabe von Bereichen ist notwendig, weil der Faktor a_3 viele Einflußfaktoren enthält, die z.Z. nur als Ganzes erfaßt werden können. Dazu zählen z.B. die unterschiedlichen Wälz- und Gleitverhältnisse in Wälzlagern sowie das Viskositäts-Druck-Verhalten, das Scherverhalten und die Sauberkeit des Schmierstoffes.

Im Bereich I können Lager mit geringen Gleitreibungsanteilen (Rillenkugellager, Pendelkugellager, Kegelrollenlager und Radial-Zylinderrollenlager) bei guter Sauberkeit im Schmierspalt und geeigneten Additiven einen Faktor a_3 an der oberen Linie liegend, erreichen. Bei Lagern mit großen Gleitreibungsanteilen (Schrägkugellager, Pendelrollenlager, Axial-Zylinderrollenlager und Axial-Pendelrollenlager) ist, insbesondere bei χ-Werten < 1, mit Faktoren a_3 an der unteren Linie zu rechnen. Bei Fettschmierung gelten immer die unteren Grenzwerte, ganz besonders wenn EP-Zusätze fehlen.

Ist saubere Schmierung mit guter Oberflächentrennung gewährleistet, kann mit der Dauerfestigkeit der Lager gerechnet werden (Bereich II, fs > 8). Dabei sind etwa folgende Werte zulässig:

Hertz'sche Pressung	Teilchengröße
(tatsächliche, d.h. einschließlich Verkippung, Gehäuseverformung etc.)	(normale Mengen)
	kl Kugellager < 10µm
Punktberührung: $p_0 < 2200 N/mm^2$	mittl. Lager < 25µm
Linienberührung: $p_0 < 1600 N/mm^2$	große Lager < 50µm

Beispiel

Gegeben: Zwischenwelle eines stationären Stirnradgetriebes mit Zylinderrollenlager NJ 212 R (Z = 16, $l_{eff.}$ = 12,8 mm), Radialbelastung F_r = 18 kN, Drehzahl n = 276 min^{-1}, Betriebstemperatur 70 °C, Mineralöl mit einer Nennviskosität $\nu_{40\,°C}$ = 150 mm^2/s, einer Nenndichte ρ = 910 kg/m^3 und einem Druckviskositäts-Koeffizienten von $\alpha = 1{,}85 \times 10^{-8}\ m^2/N$ bei 60 °C.

Gesucht: 1) Nominelle Ermüdungslebensdauer L_h = ?
2) Modifizierte Ermüdungslebensdauer L_{na} = ?
3) Schmierfilmdicke h_o = ?

Lösung:

C = 97,70 kN aus Koyo-Hauptkatalog

f_n = 0,53 (s. S. XXII)

f_l = C/P f_n, s. Gl. 70, S. 205
= 97,70/10 · 0,53 = 2,88

1) $L_h = (2{,}88)^{10/3} \cdot 500 =$ <u>16.900 h</u>

$L_{na} = a_1 \cdot a_2 \cdot a_3 \cdot L_h$, s. Gl. 74, S. 206

a_1 = 1 (90% Überlebenswahrscheinlichkeit), s. Abb. 190, S. 207

a_2 = 1 (normale Werkstoffe, Herstellungsverfahren und -güte)

a_3 = abhängig von ν/ν_1, ν_1 von n und d_m

d_m = (60 + 110)/2 = 85 mm

ν_1 = Erforderliche Betriebsviskosität 48 mm^2/s aus Abb. 434, S. 407

ν = 38 mm^2/s aus Abb. 495, S. 463

ν/ν_1 = 38/48 = 0,79

$a_{3'}$ = 0,65...1,4 aus Abb. 191, S. 207

Von den Lagern her (wenig Gleitreibungsanteile bei Fa = 0), wäre a_3 mit 1,4 (obere Grenzlinie) einzusetzen, da aber mit Zahnradabtrieb und früher oder später mit Verschmutzung im Schmierspalt zu rechnen ist, sollte a_{31} (S. 209) mit etwa 0,75 eingesetzt werden, d.h. also:

$$a_3 = (0{,}75 \cdot 1{,}4) = 1{,}05$$

2) $L_{na} = 1 \cdot 1{,}05 \cdot 1 \cdot 16900 \approx$ <u>18000 h</u>

3) $h_{min} = \dfrac{0{,}145 \cdot \alpha^{0,6} (\eta \cdot v)^{0,7}}{(\Sigma\varrho)^{0,43} \cdot (Q/l_{eff})^{0,13}}$, s. Gl. 465, S. 404

$\eta = \varrho \cdot \nu \cdot 10^{-3}$, s. Gl. 470, S. 449

$\varrho_{70°}$ = 870 kg/m^3 aus Abb. 489, S. 455

$\nu_{70°}$ = 38 mm^2/s aus Abb. 495, S. 463

$\eta = 870 \cdot 38 \cdot 10^{-3} = 33{,}06$ mPa·s

$v = \dfrac{72 \cdot \pi \cdot 276}{1000 \cdot 60} = 1{,}04$ m/s
s. Gl. 270, S. 298

mit d = Innenlaufbahn-Durchmesser = 72 mm, s. Maßtabelle D_2, (s. Koyo-Hauptkatalog)

$\Sigma = \varrho 1I + \varrho 1II + \varrho 2I + \varrho 2II$
s. Gl. 19, S. 147

$\varrho 1I = \varrho 2I = 0$

$\varrho 1II = 2/D_{JII} = 2/72 = 0{,}028$

$\varrho 2II = 2/D_{WII} = 2/14 = 0{,}143$

$\Sigma\varrho = 0{,}171$

mit

D_W = 14 mm, s. Koyo-Hauptkatalog aus $(d_2 - D_2)/2$

$Q \equiv Q_{max}$
$= 4{,}08\ Fr/Z \cos\alpha$ s. Gl. 174, S. 260
$= 4.08\ 18/16 \cdot 1$
$= 5{,}175$ kN = 5175 N

3) $h_{min} = \dfrac{0{,}145(1{,}85\cdot 10^{-2})^{0{,}6}\cdot(33{,}06\cdot 1{,}04)^{0{,}7}}{(0{,}171)^{0{,}43}\cdot(5175/12{,}8)^{0{,}13}}$
$= 0{,}15\ \mu m$

$h_0 \approx 4/3\, h_{min} = 0{,}20\ \mu m$ s. Gl. 462, S. 403

Dieser Wert stellt bei dem heutigen Stand der Koyo-Wälzlager-Fertigungsgüte eine ausreichende Schmierfilmbildung sicher ($h_0 > R$), wie es bereits im Faktor $a_3 = 1{,}05$ zum Ausdruck kam.

8.3.3.1 Einfluß der Schmierstoff-Sauberkeit

Da der tragende Schmierfilm im allgemeinen nur wenige Zehntel-Mikrometer dick ist, wirkt sich jede Verunreinigung negativ auf die Lebensdauer aus. Abhängig von Anzahl, Größe, Form und Härte der Teilchen ergeben sich mehr oder weniger große Schmierfilmdurchbrechungen / Oberflächenschädigungen, die die Pittingsbildung beschleunigen. Eine ausreichende Schmierstoff-Sauberkeit muß durch effektive Filter und gute Abdichtungen der Lagerung ggf. herbeigeführt werden.

Die folgende Tabelle gibt einen Überblick über die Lebensdauerminderung, ohne allerdings die Begriffe klar zu definieren. Eigene Erfahrungen oder Versuche mögen bessere Werte liefern.

Sauberkeit der Lagerung	Faktor a_{31}	ho/R > 1
Außergewöhnlich hoch	2	größer 2
normal	1	-
ungenügend	<0,3	-

8.3.3.2 Einfluß schwer entflammbarer Druckflüssigkeiten

Die Schmierfilmbildung schwer entflammbarer Druckflüssigkeiten, die in explosions- und brandgefährdeten Betrieben, z. B. im Untertagebetrieb, als Lagerschmierung akzeptiert werden müssen, ist sehr gering und folglich mit beträchtlichen Lebensdauereinbußen verbunden. Im Vergleich zu einer guten Mineralölschmierung ergeben sich Reduzierungen bis zu 1/30. Eine Anleitung für die Lebensdauerberechnung von Radial-Rillenkugellagern gibt die BSI (**B**ritish **S**tandard **I**nstitution) auf der Basis der herkömmlichen Lebensdauergleichung:

$$L_{10} = \left(\frac{Cr}{Pr\cdot K_1}\right)^{n_n}\cdot F\ |10^6\ \text{Umdrehungen}| \qquad \text{(Gl. 75)}$$

mit

L_{10}	Nominelle Lebensdauer $[10^6$ Umdrehungen$]$
C(r)	Dynamische Tragzahl [kN]
P(r)	Äquivalente Lagerbelastung [kN]
K_1, n_n	Faktoren abhängig von der Druckflüssigkeit (Abb. 192)
F	Faktor für die Aussagesicherheit (Abb. 192)

Druckflüssigkeitsart (Gebrauchstemperatur)	ISO 6071/ DIN 51502 Klasse	n_n	K_1	F[1]	F[2]
Öl-in-Wasser-Emulsion (5 ... 55 °C)	HF A/HS-A	2,51	2,02	1	0,69
Wasser-in-Öl-Emulsion (5 ... 60 °C)	HF B/HS-B	2,71	1,43	1	0,52
Lösungen von Polymeren in Wasser (Glykol) (-20 ... 65°C)	HF C/HS-C	2,46	2,01	1	0,50
Wasserfreie, synthetische Flüssigkeiten (0 ... 150°C)	HF D/HS-D	3,37	1,18	1	0,52

1) bei 50% Aussagesicherheit 2) bei 75% Aussagesicherheit und P/C = 0.1 ... 0,5

Abb. 192 Lebensdauerfaktoren für die Schmierung von Rillenkugellagern mit schwer entflammbaren Druckflüssigkeiten

Beispiel

Gegeben: Hydraulik-Pumpe mit Rillenkugellager 6010, $n = 1440\ \text{min}^{-1}$, $Pr = 2{,}89$ kN und HFC-Schmierung.

Gesucht: Nominelle Lebensdauer bei einer Aussagesicherheit von 75 %, $L_{10/75} = ?$ und der Vergleich zur Mineralölschmierung mit $K > 1$.

Werte aus: Koyo-Hauptkatalog und Abb. 192.

$Cr = C = 21{,}80$ kN, $n_n = 2{,}46$, $K_1 = 2{,}01$
$F = 0{,}50$

Lösung:

Nominelle Lebensdauer bei HFC-Schmierung:

$$L_{10/75} = [21{,}80/(2{,}89 \cdot 2{,}01)]^{2{,}46} \cdot 0{,}50$$
$$= 12{,}939 \cdot 10^6 \text{ Umdrehungen}$$
$$= 150 \text{ h}$$

Nominelle Lebensdauer bei Mineralölschmierung

$$L_{10} = (21{,}80/2{,}89)^3$$
$$= 429{,}2 \cdot 10^6 \text{ Umdrehungen}$$
$$= 4968 \text{ h}$$

Lebensdauerverhältnis bei HFC- zu Mineralölschmierung: 1:33

Diese Anleitung gilt nur für Radial-Rillenkugellager als Einzellager. Ungenügende Versuchsdaten verbieten eine Übertragung der Ergebnisse auf andere Lagerbauarten und -kombinationen.

8.3.3.3 Einfluß der Lagertemperatur auf die Lebensdauer

Bei hohen Betriebstemperaturen erfolgt bei allen Wälzlagern ein Härteabfall, der auf bleibende Gefügeveränderungen beruht. Die dadurch bedingte Minderung der Lebensdauer wird entweder indirekt durch eine Reduzierung der dynamischen Tragzahl (s. Abschnitt 7.1.4.4) oder direkt durch den Faktor a_{32} berücksichtigt.

Lagertemperatur °C	150	200	250	300
Faktor a_{32} ($p = 3$)	1,0	0,73	0,42	0,22

8.3.3.4 Übrige Einflüsse

Sowohl die herkömmliche, als auch die modifizierte Lagerlebensdauerberechnung, und Ermüdungslebensdauerversuche im Labor, gehen von einer ausreichend festen Unterstützung der Lagerringe (starre Wellen/Gehäuse), geringen Schiefstellungen und einer Lagerluft entsprechend einer normalen Belastungszone von 180° aus. Ob dies immer der Fall ist, ist zu überprüfen. Die sehr komplexen Einflüsse, wie Wellendurchbiegung und Schiefstellungen (S. 339), Lagerluft und Belastungszone (S. 352), Preßpassung oder Spiel im Gehäuse (S. 369) werden bereits bei der Bestimmung der äquivalenten Belastung bzw. bei der Lastverteilung (s. Abschnitt 20 + 13) im Lager berücksichtigt.

8.3.3.5 Grenzen der Lebensdauer-(Laufzeit-) Berechnung

Weil auch die modifizierte Lebensdauerberechnung als Ausfallursache lediglich die Werkstoffermüdung umfaßt, kann die ermittelte Laufzeit nur dann mit der Gebrauchsdauer des Lagers identisch sein, wenn der angenommene Schmierzustand über die ganze Laufzeit hinweg erhalten bleibt (Alterung, Ölwechsel), die Dichtungen über die ganze Laufzeit voll wirksam bleiben (Verschmutzung), die angesetzten Kräfte und Drehzahlen den wirklichen Betriebsverhältnissen entsprechen, die Schätzung der Betriebstemperatur und damit die Bestimmung der Betriebsviskosität realistisch ist und bei fettgeschmierten Lagern die Grundölviskosität mit der effektiven Betriebsviskosität übereinstimmt.

8.4 Prüfung der Ermüdungslebensdauer

Die genaueste Bestimmung der Ermüdungslebensdauer von Wälzlagern bei gegebenen Betriebsbedingungen erfolgt in speziellen Prüfmaschinen. Hierbei ist im Labor die exakte Zuordnung und Überwachung aller wichtigen Einflußgrößen, wie Belastung, Drehzahl, Lager-Fluchtung, Temperatur und Schmierung gewährleistet. Dies ist wichtig, um die Streuung (S. 203) der Lebensdauerwerte so gering wie möglich zu halten und um sicherzustellen, daß die Mehrzahl der Prüflager tatsächlich durch Ermüdung, d. h. normaler

weise durch beginnende Ausbrüche/-Abblätterungen auf der Innenringlaufbahn oder auf den Wälzkörperflächen ausfällt. Die Analyse der Prüfdaten und Ergebnisse läßt wertvolle Rückschlüsse auf die zu erwartende Lebensdauer des durch die Prüflager repräsentierten Fertigungsloses zu und ermöglicht die Festlegung z. B. von Wartungsempfehlungen, Verbesserungen der Betriebsbedingungen bei Ausschöpfung der Lagertragzahl und konstruktive wie fertigungstechnische Änderungen am Lager selbst.
Um eine möglichst hohe Aussagesicherheit der Prüfergebnisse zu erreichen, müssen folgende Bedingungen eingehalten werden:

1. Es ist eine Mindeststückzahl von 10 Prüflagern anzustreben, wünschenswert sind 20 Prüflager.
2. Alle Lager müssen möglichst aus einem Fertigungslos stammen.
3. Belastung, Drehzahl und übrige Bedingungen sollten sich weitgehend an den Verhältnissen des jeweiligen Anwendungsfalles orientieren.
4. Prüfungen unter verschärften Bedingungen (maximal zulässig sind $P/C \leq 0{,}6$, $n \leq 0{,}75\ n_g$) zur schnelleren Erlangung von Prüfergebnissen erlauben zwar vergleichbare Rückschlüsse, sind aber weniger zuverlässig.
5. Die Auswertung der Prüfergebnisse soll mit Hilfe gebräuchlicher statistischer Verfahren vorgenommen werden.

Ein Beispiel für die Lebensdauerprüfmaschinen mit Schwingungsaufnehmer zur Bestimmung des Lagerausfallzeitpunktes gibt Abb. 193. Siehe auch Wälzlagerüberwachungssysteme (S. 541), insbesondere die Messung der Schadensentwicklung mittels Beanspruchungsanalyse (S. 545).

8.4.1 Auswertung der Prüfergebnisse

Die am häufigsten angewandte Methode für die Auswertung von Stichprobenwerten der Wälzlager-Ermüdungslebensdauer erfolgt auf dem Weibull-Funktionspapier. Folgende Schritte sind dazu notwendig:

1. Ordnung der Lagerausfälle nach steigenden Lebensdauerwerten
2. Zuordnung der Mittel-Rangwerte, entsprechende Prüflagermenge und Ausfallreihenfolge.
3. Eintragung der Werte in das Weibull-Funktionspapier
   a) Lebensdauer über Abzisse (x-Achse)
   b) Mittel-Rangwert der einzelnen Ausfälle über Ordinate (y-Achse)
4. Einzeichnen einer Geraden (Weibull-Gerade) durch die Schar der Einzelpunkte.

Abb. 193 Axiallast-Prüfmaschinen

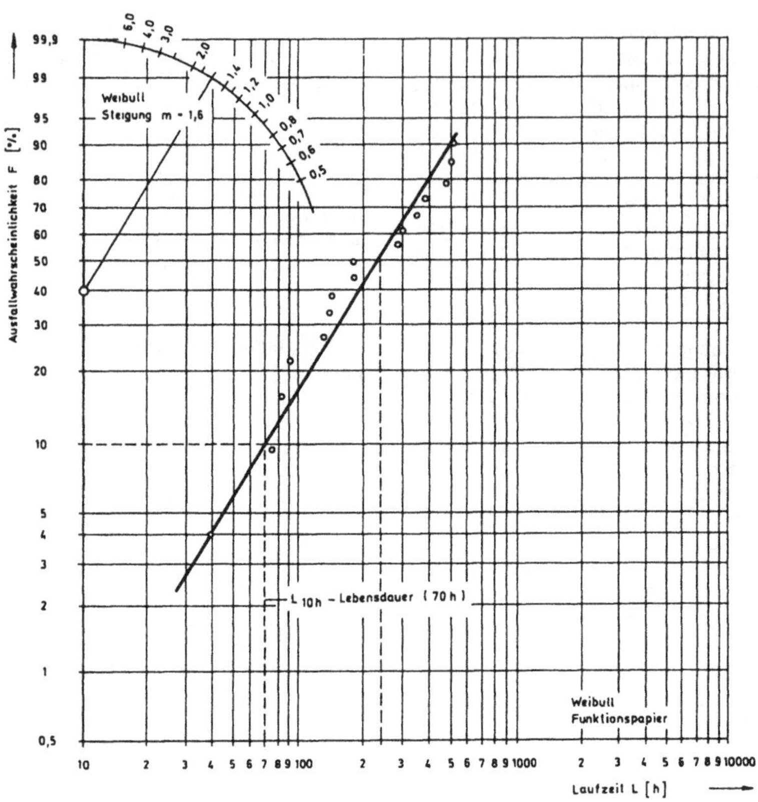

Abb. 194 Weibull-Diagramm für Kegelrollenlager HI-CAP LM 67048/010

Diese Weibull-Gerade repräsentiert die voraussichtliche Verteilung der Ermüdungslebensdauer bezogen auf das Fertigungslos, aus dem die Prüflager stammen. Somit ist mit hinreichender Genauigkeit eine Aussage möglich, wie groß die Lebensdauer zu jeder beliebigen prozentualen Ausfallrate ist. Der Schnittpunkt der Weibull-Geraden mit der 10 %-Ausfall-Linie stellt die L_{10} bzw. L_{10h} -Lebensdauer dar. Der Schnittpunkt mit der 50 %-Ausfall-Linie markiert die durchschnittliche Lebensdauer L_{50}.

Die Steigung der Weibull-Geraden m ist ein Maß für die zu erwartende Streuung der Lebensdauerwerte. Je geringer die Streuung, um so mehr ist die Gerade einer Vertikalen angenähert. Abb. 194 zeigt dasBeispiel eines Weibull-Diagramms für Koyo-Kegelrollenlager HI-CAP LM 67048/010, aufgenommen unter verschärften Prüfbedingungen von einem Automobilhersteller. (L_{10} = 70 h, m = 1,6)

Da die Prüfergebnisse zwangsläufig mit mehr oder weniger großen Fehlern und Ungenauigkeiten behaftet sind, ist es erforderlich, die Aussagegenauigkeit zu bestimmen. Hierbei ist es in der Wälzlagerindustrie üblich, den Vertrauensbereich mit 90 % anzusetzen. Die Konstruktion des Vertrauensbereiches erfolgt unter Zuhilfenahme der 5 % und 95 % Rangwerte aus der Abbildung 196. Jeweils 5 % der Lager liegen oberhalb und unterhalb der begrenzenden Kurven. Ähnlich können die möglichen Fehler der Weibull-Geraden mit einem Vertrauensbereich von 50 bzw. 90 % aus Abb. 197 und 198 konstruiert werden. Beide Abbildungen zeigen sehr deutlich den Einfluß der Prüflager-Anzahl auf die Fehlergröße.

Beispiel

Gegeben: Prüflager-Nr.	Erreichte Lebensdauer [h]
1	600
2	220
3	850
4	450
5	1500
6	1150
7	550

Gesucht: Weibull-Gerade,
90 % Vertrauensbereich,
L_{10}-Lebensdauer,
Weibull-Steigung und
mögliche Fehler,
Folgerung

Lösung:

Eintragen der Mittelrangwerte über die Lebensdauer im Weibull-Funktionspapier, Weibull-Gerade zeichnen, und davon ausgehend die 5 %- und 95 %-Rangwerte. (Siehe gestrichelte Linien). Die Verbindung der 5 %-bzw. 95 %-Werte ergibt den 90 % Vertrauensbereich (Abb. 195). Die Lebensdauer beträgt 48 ... 520 h, im Mittel 205 h.

Die Weibull-Steigung ist m = 1,7, die möglichen Fehler ± 18 % bei 50 % Vertrauensbereich (Abb. 197) bzw. ± 45 % bei 90 % Vertrauensbereich (Abb. 198).

Diagrammpunkte u. Rangwerte aus Abb. 196

Lebensdauer-Ordnung	Rangfolge	Mittelrang-Wert [%]	5%-Rang-Wert	95%-Rang-Wert
220	1	9,4	0,7	34,8
450	2	22,9	5,3	52,1
550	3	36,4	12,9	65,9
600	4	50,0	22,5	77,5
850	5	63,6	34,1	87,1
1150	6	77,2	47,9	94,7
1500	7	90,6	65,1	99,3

Folgerung:

Die Versuchswerte reichen nicht aus für eine allgemein akzeptable Aussage über die Lebensdauer dieses Fertigungsloses. Der große Bereich läßt nur Vergleiche mit anderen Fertigungslosen zu. Eine genauere Angabe ist nur mit wesentlich höherer Prüflager-Anzahl zu erzielen.

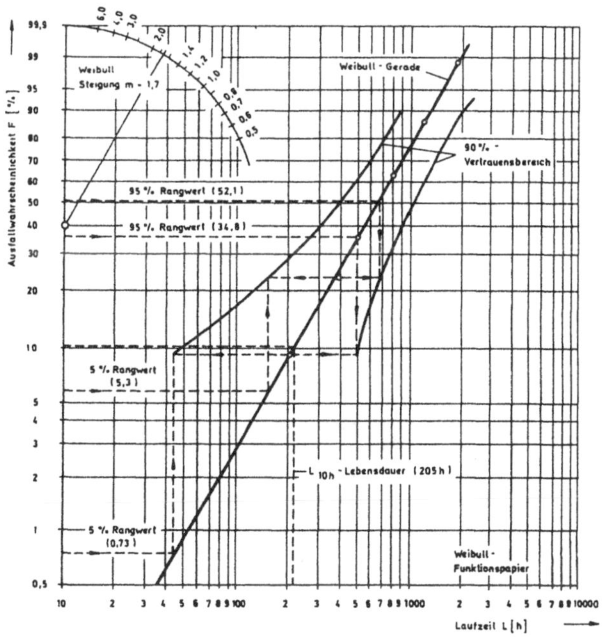

Abb. 195 Lagerlebensdauerverteilung auf Weibull-Funktionspapier mit 90 % Vertrauensbereich

Mittelrang-Werte

Anzahl der Prüflager

Nr.	5	6	7	8	9	10	11	12	13	14	15	16	17	18	19	20
1	12,9	10,9	9,4	8,3	7,4	6,7	6,1	5,6	5,2	4,8	4,5	4,2	4,0	3,8	3,6	3,4
2	31,4	26,4	22,9	20,1	18,0	16,2	14,8	13,6	12,6	11,7	11,0	10,3	9,7	9,2	8,7	8,3
3	50,0	42,1	36,4	32,1	28,6	25,9	23,6	21,7	20,0	18,6	17,4	16,4	15,5	14,6	13,8	13,1
4	68,6	57,9	50,0	44,0	39,3	35,5	32,4	29,8	27,5	25,6	23,9	22,5	21,2	20,0	19,0	18,1
5	87,1	73,6	63,6	56,0	50,0	45,2	41,2	37,9	35,0	32,6	30,5	28,6	27,0	25,5	24,2	23,0
6		89,1	77,2	67,9	60,7	54,8	50,0	46,0	42,5	39,5	37,0	34,7	32,7	31,0	29,3	27,9
7			90,6	79,8	71,4	64,5	58,8	54,0	50,0	46,5	43,5	40,8	38,5	36,4	34,5	32,8
8				91,7	82,0	74,1	67,6	62,1	57,5	53,5	50,0	46,9	44,2	41,8	39,7	37,7
9					92,6	83,8	76,4	70,2	65,0	60,5	56,5	53,0	50,0	47,3	44,8	42,6
10						93,3	85,2	78,3	72,5	67,4	63,0	59,2	55,8	52,7	50,0	47,5
11							93,9	86,4	80,0	74,4	69,5	65,3	61,5	58,2	55,2	52,5
12								94,4	87,4	81,4	76,1	71,4	67,3	63,6	60,3	57,4
13									94,8	88,3	82,6	77,5	73,1	69,1	65,5	62,3
14										95,2	89,1	83,6	78,8	74,5	70,7	67,2
15											95,5	89,7	84,6	80,0	75,8	72,1
16												95,8	90,3	85,4	81,0	77,0
17													96,0	90,8	86,2	81,9
18														96,2	91,3	86,9
19															96,4	91,7
20																96,6

5%-Rang-Werte

Anzahl der Prüflager

Nr.	5	6	7	8	9	10	11	12	13	14	15	16	17	18	19	20
1	1,0	0,9	0,7	0,6	0,6	0,5	0,5	0,4	0,4	0,4	0,3	0,3	0,3	0,3	0,3	0,3
2	7,6	6,3	5,3	4,6	4,1	3,7	3,3	3,0	2,8	2,6	2,4	2,3	2,1	2,0	1,9	1,8
3	18,9	15,3	12,9	11,1	9,8	8,7	7,9	7,2	6,6	6,1	5,7	5,3	5,0	4,7	4,4	4,2
4	34,3	27,1	22,5	19,3	16,9	15,0	13,5	12,3	11,3	10,4	9,7	9,0	8,5	8,0	7,5	7,1
5	54,9	41,8	34,1	28,9	25,1	22,2	20,0	18,1	16,6	15,3	14,2	13,2	12,4	11,6	11,0	10,4
6		60,7	47,9	40,0	34,5	30,4	27,1	24,5	22,4	20,6	19,1	17,8	16,6	15,6	14,7	14,0
7			65,1	52,9	45,0	39,3	35,0	31,5	28,7	26,4	24,9	22,7	21,2	19,9	18,8	17,7
8				68,8	57,1	49,3	43,6	39,1	35,5	32,5	30,0	27,9	26,0	24,4	23,0	21,7
9					71,7	60,6	53,0	47,3	42,7	39,0	36,0	33,3	31,1	29,1	27,4	25,9
10						74,1	63,6	56,2	50,5	46,0	42,3	39,1	36,4	34,0	32,0	30,2
11							76,1	66,1	59,0	53,4	48,9	45,2	42,0	39,2	36,8	34,7
12								77,9	68,4	61,5	56,0	51,6	47,8	44,6	41,8	39,4
13									79,4	70,3	63,7	58,3	53,9	50,2	47,0	44,2
14										80,7	72,1	65,6	60,4	56,1	52,4	49,2
15											81,9	73,6	67,4	62,3	58,1	54,4
16												82,9	75,0	69,0	64,0	59,9
17													83,8	76,2	70,4	65,6
18														84,7	77,4	71,7
19															85,4	78,4
20																86,1

95%-Rang-Werte

Anzahl der Prüflager

Nr.	5	6	7	8	9	10	11	12	13	14	15	16	17	18	19	20
1	45,0	39,3	34,8	31,2	28,3	25,9	23,8	22,1	20,6	19,3	18,1	17,0	16,2	15,3	14,6	13,9
2	65,7	58,2	52,1	47,1	42,9	39,4	36,4	33,9	31,6	29,7	27,9	26,4	25,0	28,8	22,6	21,6
3	81,1	72,9	65,9	60,0	55,0	50,7	47,0	43,8	41,0	38,5	36,3	34,4	32,6	31,0	29,6	28,3
4	92,4	84,7	77,5	71,1	65,5	60,7	56,4	52,7	49,5	46,6	44,0	41,7	39,6	37,7	35,9	34,4
5	99,0	93,7	87,1	80,7	74,9	69,6	65,0	60,9	57,3	54,0	51,1	48,4	46,1	43,9	41,9	40,1
6		99,2	94,7	88,9	83,1	77,8	72,9	68,5	64,5	61,0	57,7	54,8	52,2	49,8	47,6	45,6
7			99,3	95,4	90,2	85,0	80,0	75,5	71,3	67,5	64,0	60,9	58,0	55,4	53,0	50,8
8				99,4	95,9	91,3	86,5	81,9	77,6	73,6	70,0	66,7	63,6	60,8	58,2	55,8
9					99,4	96,3	92,1	87,7	83,4	79,4	75,6	72,1	68,9	65,9	63,2	60,6
10						99,5	96,7	92,8	88,7	84,7	80,9	77,3	74,0	70,9	68,0	65,3
11							99,5	97,0	93,4	89,6	85,8	82,2	78,8	75,6	72,6	69,8
12								99,6	97,2	93,9	90,3	86,8	83,3	80,1	77,0	74,1
13									99,6	97,4	94,3	91,0	87,6	84,4	81,3	78,3
14										99,6	97,6	94,7	91,5	88,4	85,3	82,3
15											99,7	97,7	95,0	92,0	89,0	86,0
16												99,7	97,9	95,3	92,5	89,6
17													99,7	98,0	95,6	92,9
18														99,7	98,1	95,8
19															99,7	98,2
20																99,7

Abb. 196 Rangwerte für die Lebensdauerverteilung auf Weibull-Funktionspapier

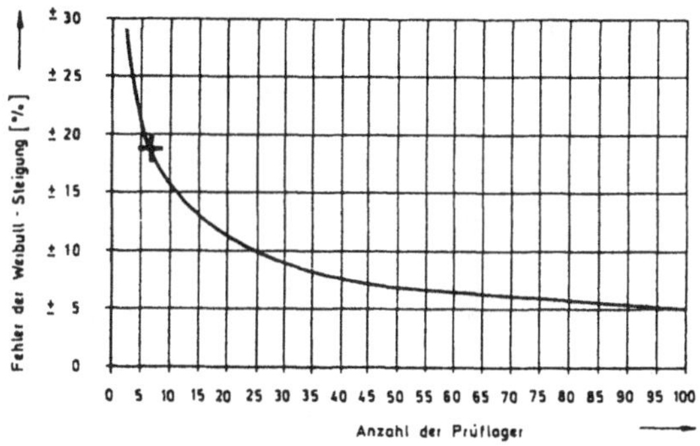

Abb. 197 Fehlerkurve der Weibull-Geraden bei 50 % Vertrauensbereich

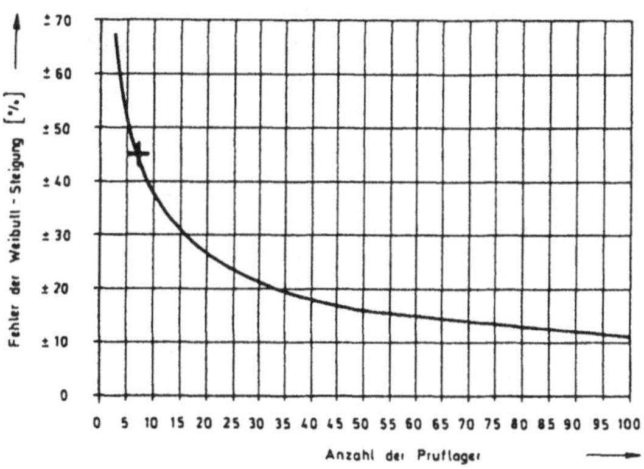

Abb. 198 Fehlerkurve der Weibull-Geraden bei 90 % Vertrauensbereich

8.4.2 Unterbrechungen im Prüfablauf

Muß die Prüfmaschine aus irgendwelchen Gründen abgeschaltet werden, ohne daß das Lager die Ermüdungsgrenze erreicht hat, dann ist es weder richtig das Lager als ausgefallen zu betrachten, noch es einfach nicht zu werten. Der Einfluß der Unterbrechung kann sehr leicht durch die Berechnung einer neuen Rangfolge wie folgt berücksichtigt werden:

$$\text{Rangfolgeänderung} = \frac{(\text{Prüflager-Anzahl} + 1) - (\text{Rang vor Unterbrechung})}{(1 + \text{Lager-Anzahl nach Unterbrechung})} \qquad \text{(Gl. 76)}$$

$$\text{Neuer Rang} = \text{Rang vor Unterbrechung} + \text{Rangfolgeänderung} \qquad \text{(Gl. 77)}$$

Beispiel

Gegeben: Vorgehendes Beispiel mit Unterbrechungen bei Lager Nr. 6 und 7.

Gesucht: Neue Rangfolge zur Eintragung der Lebensdauerwerte in das Weibull-Funktionspapier.

Lösung:

Alte Rangfolge	Lebensdauer-Ordnung	Neue Rangfolge	Mittelrang-Wert [%]	5%-Rang-Wert	95%-Rang-Wert
1	220	1	9,4	0,73	34,8
2	450	2	22,9	5,3	52,1
3	550 (Unterbrechung)	—			
4	600	3,2[1)]	39,1	14,8	68,2
5	850	4,4[2)]	55,4	27,1	81,3
6	1150 (Unterbrechung)	—			
7	1500	6,2[3)]	79,9	51,4	95,6

1) $\text{Rangfolgeänderung} = \frac{(7+1)-2}{1+4} = 1{,}2$

$\rightarrow 2 + 1{,}2 = 3{,}2$

2) $\text{neue Rangfolge} = 3{,}2 + 1{,}2 = 4{,}4$

3) $\text{Rangfolgeänderung} = \frac{(7+1)-4{,}4}{1+1} = 1{,}8$

$\rightarrow 4{,}4 + 1{,}8 = 6{,}2$

(Zur Prüfung: Letzter neuer Rang plus letzte Rangfolgeänderung muß immer die Anzahl der Prüflager plus 1 ergeben, hier: 6,2 + 1,8 = 7 + 1).

8.4.3 „Sudden Death"-Prüfung

Da die relative Aussagegenauigkeit nur von der Anzahl der ausgefallenen Lager abhängt, ist es gleichgültig, ob man eine Versuchsreihe mit 20 Lagern solange laufen läßt, bis alle 20 Lager ausgefallen sind, oder ob man mit der doppelten Menge beginnt und den Versuch nach den ersten 20 ausgefallenen Lagern abbricht. Es ist auch möglich, die Prüfmenge in beliebige Gruppen aufzuteilen, um die Prüfzeit so weit wie möglich abzukürzen und die sogenannte „Sudden-Death"-Methode anzuwenden.
Die Auswertung der Prüfergebnisse unterscheidet sich, wie das folgende Beispiel zeigt, nur wenig.

Beispiel

Gegeben: 50 Prüflager, Belastung und Drehzahl entsprechend einer nominellen Lebensdauer von 100 h. Aus Zeitgründen sind 10 Prüflager-Gruppen gebildet und solange getestet worden, bis jeweils ein Lager ausgefallen ist.

Lebensdauer-Ordnung	Rangfolge	Mittelrang Wert %
65	1	6,7
90	2	16,2
115	3	25,9
140	4	35,5
160	5	45,2
175	6	54,8
200	7	64,5
250	8	74,1
260	9	83,8
320	10	93,3

Gesucht: Weibull-Gerade, m = ?
Verhältnis von tatsächlicher/nomineller Lebensdauer, L'/L = ?

Lösung:

Einzeichnen der 10 Ausfälle als Einzelpunkte einer $L_{12,9}$-Lebensdauer im Weibull-Funktionspapier, die sogenannte „Sudden Death"-Gerade für 5er-Gruppen. Davon ausgehend die tatsächl. L_{10}-Lebensdauer (Weibull-Gerade) konstruieren (Parallele durch Schnittpunkt 50 % ⊥ 12,9 %, siehe Abb. 199).
m = L'/L = 170/100 = 1,7

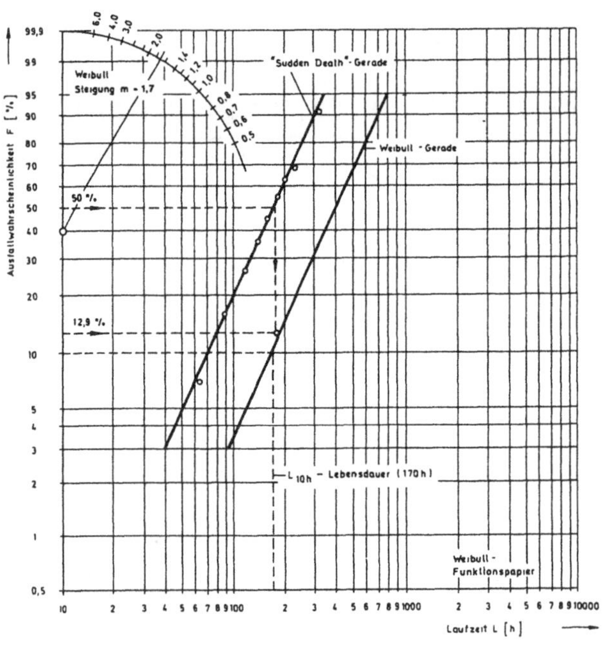

Abb. 199 Lagerlebensdauerverteilung auf Weibull-Funktionspapier bei „Sudden Death"-Prüfung.

9 Verschleiß

Wälzlager, die mäßig belastet, gut geschmiert, einwandfrei abgedichtet sind und nicht zu schnell laufen, weisen auch nach langen Betriebszeiten keinen nennenswerten Verschleiß auf. Die tatsächlichen Abwälz-Betriebsverhältnisse können jedoch vielfach ungünstiger sein und merklichen Verschleiß hervorrufen, der die Funktion des Lagers stark beeinträchtigt.

Die wesentlichen Ursachen für den Verschleiß sind Verunreinigungen, die durch ungenügende oder verschlissene Dichtungen in das Lager gelangen, Mangelschmierung, verbrauchtes Schmiermittel, Korrosion durch Kondenswasser (Schwitzwasser bei Temperaturwechsel), ätzende Flüssigkeiten, Dämpfe und chemisch reagierende Zusätze (EP-Additives). Bei Getrieben kommt häufig der Abrieb aus der Verzahnung hinzu.

Der Verschleiß zeigt sich durch eine Aufrauhung der Laufbahnen (mattes oder blankes Aussehen) und Änderung der Kontaktflächen. Mit zunehmendem Verschleiß vergrößert sich die Lagerluft, das Laufgeräusch wird stärker. Unwuchten mit zusätzlichen Lagerbelastungen entstehen, die Führungsgenauigkeit nimmt ab (bei Werkzeugmaschinen die Bearbeitungsgüte, bei Zahnrädern der Eingriff). Schließlich steigt die Lagerbeanspruchung durch eine verringerte Belastungszone und führt zu Schälungen/Folgeschäden.

9.1 Verschleißlaufzeit

Die Laufzeit, bis zu der ein Wälzlager durch Verschleiß unbrauchbar wird, ist abhängig von der Intensität der o. g. verschleißfördernden Einflüsse und der Beurteilung des zulässigen Verschleißes (s. Abb. 614, S. 548). Eine zahlenmäßige Voraussage ist wegen der Vielfalt der Umwelt- und Betriebsverhältnisse leider nicht möglich. Der sicherste Weg zur zutreffenden Abschätzung der Verschleißlaufzeit ist nach wie vor der Vergleich mit ähnlichen Einbaufällen.

9.1.1 Einfluß der Drehzahl

Bei hohen Drehzahlen ($n/n_g > 1$) werden Wälzlager nach einer bestimmten Zeit durch Verschleiß, besonders an den Käfigführungsflächen, (hohe Gleitgeschwindigkeiten und Unwuchten) unbrauchbar. Treffen bei Kugellagern hohe Drehzahlen und hohe Axialbelastungen zusammen, wird der Verschleiß durch die Bohrbewegung der Kugeln auf den Laufbahnen (S. 268) beschleunigt.

Rasche Drehzahländerungen, wie z. B. bei Kfz-Kupplungen, Holzbearbeitungsmaschinen, Reversier-Walzwerken usw. bewirken hohe Beschleunigungen und Verzögerungen, die zu großem Schlupf zwischen den Wälzelementen und dem Käfig führen können und damit die Lager durch Verschleiß gefährden. In diesen Fällen sollte man Lager mit niedrigen Querschnitten, kleineren Wälzkörpern und/oder Lager mit Leichtmetall- oder Kunststoffkäfigen (verringerte umlaufende Massen) vorziehen. Die Gleitflächen sind auf gute Schmierfilmbildung zu optimieren, die Wälzflächen durch besondere Oberflächenbehandlung auf gute Notlaufeigenschaften zu trimmen; der Freßverschleiß ist durch Schmiermittelzusätze zu vermindern und die Lager sind ggf. axial vorzuspannen (verringerte Lagerluft, besserer Reibungsschluß).

9.1.2 Einfluß der Belastung

Bestimmte Drehzahl- und Belastungsbereiche können bei einigen Wälzlagerbauarten zu Schlupf zwischen Wälzkörper und Laufbahnen führen. Wird dann der Schmierfilm in den Kontaktflächen durchbrochen, berühren sich die metallischen Flächen bei großer Relativgeschwindigkeit und erhöhen den Verschleiß sprungartig (Freßverschleiß). Diese Gefahr besteht besonders bei niedrig belasteten Lagern. Abhilfe schaffen eine Belastungserhöhung ($P/C >$ 0,02), kleinere Lager mit geringerer Tragzahl, oder axial vorgespannte Schrägkugellager bzw. Kegelrollenlager.

9.1.3 Einfluß der Schmierung und Wartung

Mit nachlassender Schmierfähigkeit (Schmierstoff Gebrauchsdauer $\ll$ Ermüdungslebensdauer) nimmt der Verschleiß zu. Wenn irgend möglich, sollte rechtzeitig nachgeschmiert werden, d. h. das Lager gewartet werden. Dadurch wird nicht nur der verbrauchte Schmierstoff, sondern es werden auch eingedrungene Fremdkörper aus dem Lager entfernt. Wenn diese Wartungsmaßnahme wirtschaftlich nicht vertretbar ist, kann evtl. durch geeignete Schmierstoffe auf eine Dauerschmierung umgestellt werden.

9.1.4 Einfluß der Abdichtung

Im Abschnitt 25 ist eine Auswahl häufig verwendeter Abdichtungen beschrieben, die je nach Art der Dichtung und des konstruktiven Aufwandes die Dichtwirkung und damit den Schutz gegen Verschleiß erkennen lassen.
Eine nachlassende Dichtwirkung ergibt sich bei Verschleiß des Dichtungselementes durch unzureichende Schmierung, Korrosion, Schmutzablagerungen u.ä.. Abhilfe schafft nur eine sorgfältige Wartung, Nachschmierung oder konstruktive Ergänzung der Dichtungsstelle (günstigere Stoffpaarung, verringerte Verschleißkräfte, auswechselbare Verschleißteile usw.)

9.1.5 Einfluß der Umweltverhältnisse

Wenn Verschleiß in Wälzlagern auftritt, liegt meistens eine Verschmutzung der Lagerteile vor. Manchmal auch eine Korrosion durch eingedrungenes Wasser und ähnliche Medien oder durch Kondenswasserbildung nach längeren Betriebspausen bei hoher Luftfeuchtigkeit (Lagerkammer-Entlüftung vorsehen). Soll die Verschleißlaufzeit nicht abfallen, ist ein hoher Aufwand bei Abdichtung und/oder Schmierung erforderlich. Kosten für die Erneuerung der Abdichtung und/oder Nachschmierung (Wartung) sind den Kosten für einen erforderlichen Lagerwechsel (Betriebsunterbrechung) gegenüberzustellen.

10 Betriebssicherheit

Nicht ohne gute Gründe werden fast alle Lagerstellen in Kraftfahrzeugen, Maschinen und Geräten nur mit Wälzlagern ausgerüstet. Sie arbeiten sehr zuverlässig und bedürfen in der Mehrzahl aller Anwendungsfälle keiner Wartung und besonderen Kontrolle. In hochbeanspruchten Maschinen, wie z. B. in Schienenfahrzeugen, Papiermaschinen, Walzgerüsten usw. ist die Gebrauchsdauer der Wälzlager jedoch manchmal vielfach kürzer als die der Maschine. Die Lager müssen dann ein- oder mehrmals ausgewechselt werden. Wann dies zu geschehen hat, hängt von dem Risiko (Zerstörung, Produktionsausfall), den Überwachungsmöglichkeiten (ständig, intervallartig) und den Reparaturkosten ab. (s. a. Abschnitt 27)

10.1 Ständige Überwachung

Da Ausfälle von Wälzlagern bei Ermüdung und Verschleiß in der Regel nicht plötzlich auftreten, sondern sich entwickeln, ist die höchste Betriebssicherheit zweifellos durch eine ständige Überwachung, z. B. durch Messung der Temperatur, der Schwingungen, des Verschleißes, der Arbeitsergebnisse und/oder Öldrücke, gegeben.

10.2 Kontrolle in regelmäßigem Abstand

Gute Betriebssicherheiten lassen sich auch noch durch Kontrollen in bestimmten Intervallen gewährleisten, wenn die Inspektionsabstände so bemessen sind, daß ein evtl. geringfügiger Defekt sich nicht zwischen 2 Inspektionen zu einem folgenschweren Schaden entwickeln kann. Erfahrungsgemäß liegen die Inspektionsabstände im Mittel bei 1/10 der nominellen Lebensdauer L_h.

10.3 Vorbeugende Instandhaltung

Bei sehr wertvollen, teuren Produktionsanlagen mit vielen Bauteilen gewinnt die vorbeugende Instandhaltung an Bedeutung. Da jede Betriebsunterbrechung hohe Kosten verursacht, wird der Austausch der Bauteile sorgfältig vorhergeplant und zwar so, daß ein ausreichender Sicherheitsabstand zur mittleren Lebensdauererwartung gegeben ist. Wälzlager werden für diese Fälle auf jeden Fall kräftig dimensioniert [$L_{h10} > 100.000$ h] und nach einer errechneten Ausfalldichte bzw. Ausfallrate beurteilt.

10.3.1 Ausfalldichte

Mit Ausfalldichte z (L) bezeichnet man die Wahrscheinlichkeit, daß ein Lager, das während der Zeit L in Betrieb gewesen ist, in der darauffolgenden Zeiteinheit ausfällt:

$$z(L) = \frac{0{,}105}{L_{10a} - L_0} \cdot k' \left(\frac{L - L_0}{L_{10a} - L_0}\right)^{k' - 1} \quad [1/ZE] \qquad \text{(Gl. 78)}$$

mit

- L Betriebszeit (Laufzeit, Lebensdauer) [h]
- L_{10a} Modifizierte Lebensdauer auf der Basis von 90 % Überlebenswahrscheinlichkeit [h]
- L_0 Mindestlebensdauer, die von allen Lagern sicher erreicht oder überschritten wird [h]
  $L_0 \approx 0{,}05 \cdot L_{10}$ (siehe Lebensdauerstreuung Seite 203)
- k' Streuungsexponent, ≈ 1,11 für alle Lagerarten, -größen und -belastungen
- ZE Zeiteinheit

10.3.2 Ausfallrate

Sind in einer Maschine Lager mit unterschiedlichen Lebensdauererwartungen L_{10a} eingebaut, ergeben sich unterschiedliche Ausfalldichten, die zu einer Ausfallrate für die Gesamtheit der Maschine wie folgt zusammengefaßt werden:

$$Z(L) = z_1(L) \cdot N_1 + z_2(L) \cdot N_2 + \ldots z_n(L) \cdot N_n \quad [1/ZE] \qquad \text{(Gl. 79)}$$

mit

Z (L) Ausfallrate, d. h. Anzahl aller zu einem bestimmten Zeitpunkt ausgefallenen Lager.

z_1 (L), z_2 (L) Ausfalldichte der Lagergruppe gleicher Lebensdauerwerte.

$N_1, N_2 \ldots N_n$ Lager-Anzahl in der Lagergruppe gleicher Lebensdauerwerte, aus Vereinfachungsgründen einschließlich bereits ersetzter Lager.

10.3.3 Funktionssicherheit

Bei der Überprüfung der Funktionssicherheit bzw. der Instandhaltungs-Anforderungen, muß die Wälzlager-Lebensdauer ggf. an die geforderte Ausfalldichte für das Gesamtsystem (Maschine) angepaßt werden. Dem Konstrukteur dient dazu die Abb. 200.

Beispiel

Gegeben: Produktionsmaschine, eingebaut sind 80 Wälzlager mit L_{10a} = 120.000 h und 20 Wälzlager mit L_{10a} = 80.000 h.

Gesucht:

1) Ausfallrate nach 60.000 Betriebsstunden, Z (L) = ?
2) Mittlere ausfallfreie Betriebszeit nach 50.000 Betriebsstunden, MTBF = ?
3) Wahrscheinlichkeit, daß die ersten 15.000 Laufstunden ohne Lagerausfall erreicht werden, S = ?
4) Wahrscheinlichkeit, daß weitere 2.000 ausfallfreie Betriebsstunden (Δt) über die 60.000 Betriebsstunden hinaus erreicht werden, wenn alle ermüdeten Lager ausgewechselt werden (Ausfalldichte soll unverändert sein), ΔS = ?

Lösung:

1) Aus Abb. 200:

z_1 (L) 120.000 = $0{,}095 \cdot 10^{-5}$/h

z_2 (L) 80.000 = $0{,}145 \cdot 10^{-5}$/h

nach Gl. 79:

$$Z(L) = 0{,}095 \cdot 10^{-5} \cdot 80 + 0{,}145 \cdot 10^{-5} \cdot 20 = 1{,}05 \cdot 10^{-4} \text{ Lagerausfall pro Stunde.}$$

2) MTBF ist der Reziprokwert der Ausfalldichte (bestimmtes Lager) bzw. der Ausfallrate (beliebiges Lager), also

$$\text{MTBF} = 1/z(L) \text{ bzw. } 1/Z(L) = 1/1{,}05 \cdot 10^{-4} = 9524 \text{ h}$$

3) Da S = 1 - F (F s.S.204) wird Gl. 78 zu

$$S = e^{-0{,}105 \left(\frac{L - L_0}{L_{10a} - L_0}\right)^{k'}} \qquad \text{(Gl. 80)}$$

$$S_{1(80)} = e^{-0{,}105 \left(\frac{15000 - 6000}{120000 - 6000}\right)^{1{,}11}} = e^{-0{,}00627}$$

$$L_{01} = 0{,}05 \cdot 12000 = 6000$$

$$S_{2(20)} = e^{-0{,}105 \left(\frac{15000 - 4000}{80000 - 4000}\right)^{1{,}11}} = e^{-0{,}0123}$$

$$L_{02} = 0{,}05 \cdot 80.000 = 4.000$$

$$S = S_1^{80} \cdot S_2^{20} = e^{-(80 \cdot 0{,}00627 + 20 \cdot 0{,}0123)} = 0{,}47$$

4) $\Delta S \;\; 1 - z(L) \cdot \Delta t$ (Gl. 81)

$$\begin{aligned}\Delta S_1 &= 1 - 0{,}95 \cdot 10^{-5} \cdot 2000\\ &= 0{,}9981\\ \Delta S_2 &= 1 - 0{,}145 \cdot 10^{-5} \cdot 2000\\ &= 0{,}9971\\ \Delta S &= \Delta S_1{}^{80} \cdot \Delta S_2{}^{20}\\ &= 0{,}9981^{80} \cdot 0{,}9971^{20}\\ &= 0{,}81\end{aligned}$$

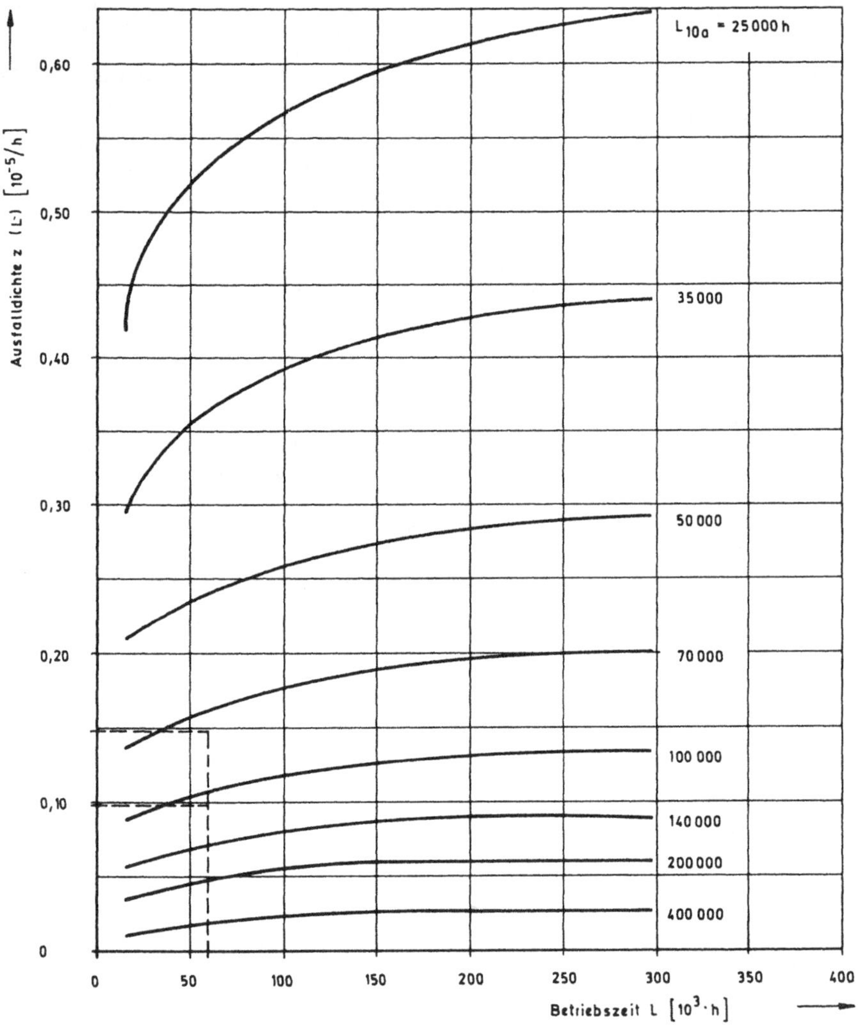

Abb. 200 Abhängigkeit der Lebensdauer von der Ausfalldichte und Betriebszeit ($k' = 1{,}11$, $L_0 = 0{,}05 \cdot L_{10}$)

11 Wälzlagerschäden – Erkennung und Verhütung

11.1 Allgemeine Feststellungen

Langjährige eigene Beobachtungen und Statistiken der Versicherungswirtschaft zeigen, daß Wälzlager sehr sichere Maschinenelemente sind (Abb. 201). Nur max. 0,5 % aller produzierten und eingebauten Lager fallen durch Schäden aus. Abb. 202 zeigt, daß bei diesen Lagerschäden ca. 30 % die natürliche Werkstoffermüdungsgrenze erreicht haben und weniger als 1 % dieser Lager (≙ 0,03 ‰ aller Lager selbst) Fehler aufweisen. Die Mehrzahl der Wälzlagerschäden sind auf eine fehlerhafte Konstruktion, falschen Einbau, schlechte Wartung oder Bedienung oder auf äußere Einflüsse zurückzuführen. Wälzlagerschäden sind also vermeidbar. Man erkennt sie häufig am ungewöhnlichen Betriebsverhalten der Lagerung (unruhiger Lauf, außergewöhnliches Laufgeräusch, Temperaturanstieg) oder an einer Qualitätsminderung des verarbeiteten/bearbeiteten Produktes. Die sich anzeigenden oder aufgetretenen Lagerschäden müssen sorgfältig untersucht werden, damit geeignete Maßnahmen zur Vermeidung von weiteren Schäden eingeleitet werden können. Die eingehende Analyse von Wälzlagerschäden ist sowohl für den Lagerhersteller als auch für den Anwender ein Instrument der Qualitätssicherung. Aber nicht in allen Fällen läßt sich die Ursache eines Wälzlagerschadens restlos klären, da die primäre Ursache von Folgeschäden überdeckt ist.

Wenn die Lager nicht bereits total zerstört sind (Heißlauf), die Betriebsverhältnisse (Belastung, Drehzahl), die Schmierung und Gesamtkonstruktion (Lageranordnung, Passung usw.) bekannt sind, können Ratschläge zur sicheren Vermeidung künftiger Schäden gegeben werden. Wegen der wirtschaftlichen Bedeutung empfehlen wir möglichst viele Daten über den allgemeinen Zustand der Maschine und die Begleitumstände des Schadens schriftlich festzuhalten. Vor dem Ausbau der Lager ist zu prüfen, ob Halteschrauben und Muttern richtig angezogen sind, ob sich die Ringe auffällig leicht oder schwer von ihren Sitzen lösen und schließlich ist die Stellung der Lagerringe zum Gehäuse und zur Belastungsrichtung zu notieren. Nach dem Ausbau der Lager sind Durchmesser, Rundheit und Flucht der Lagersitze zu messen und zu notieren.
Da der Zustand des Schmierstoffes oft wesentliche Hinweise für die Schadensursache geben kann, sollte an den Lagern haftender Schmierstoff nicht entfernt werden. Gesonderte Schmierstoffproben aus sauberen und verunreinigten Stellen geben weitere Aufschlüsse.

Ist die natürliche Gebrauchsdauergrenze erreicht, kann das ausgefallene Lager ohne weitere Maßnahmen ersetzt werden. Andernfalls ist eine Analyse vorzunehmen, damit die Schadensursache beseitigt werden kann.

11.2 Typische Schadensbilder, -merkmale, -ursachen und -abhilfen

Auf den folgenden Seiten sind die häufigsten Formen der Wälzlagerschäden detailliert dargestellt und in der Abb. 203 zusammengefaßt. Schmierungsbedingte Wälzlagerschäden s. a. S. 490. Bedingt durch die Vielzahl der möglichen Schadensformen kann die Aufstellung nicht vollständig sein. Da die Beurteilung von Wälzlagerschäden außerdem viel Erfahrung voraussetzt, ist in Zweifelsfällen die technische Abteilung der Koyo Deutschland GmbH einzuschalten. Zu den Ausfall-Lagern ist immer eine detaillierte Beschreibung der Einbaustelle und Betriebsverhältnisse zu geben

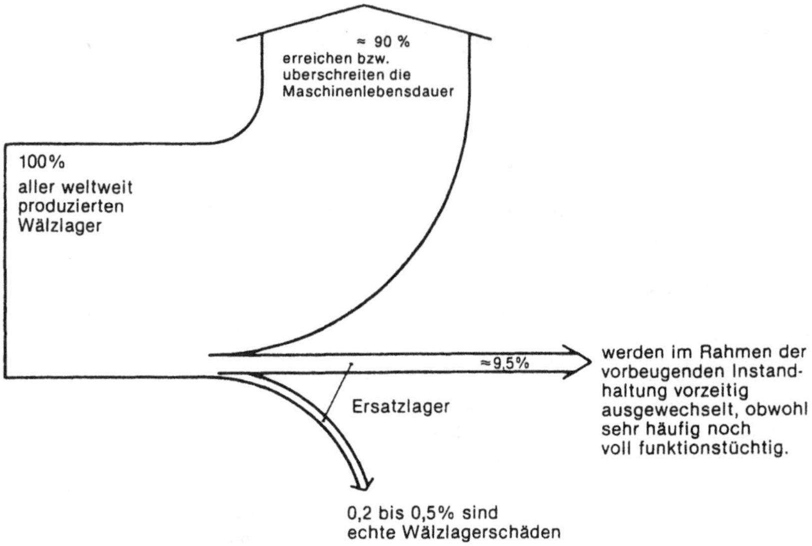

Abb. 201 Überblick über die Wälzlagerschäden

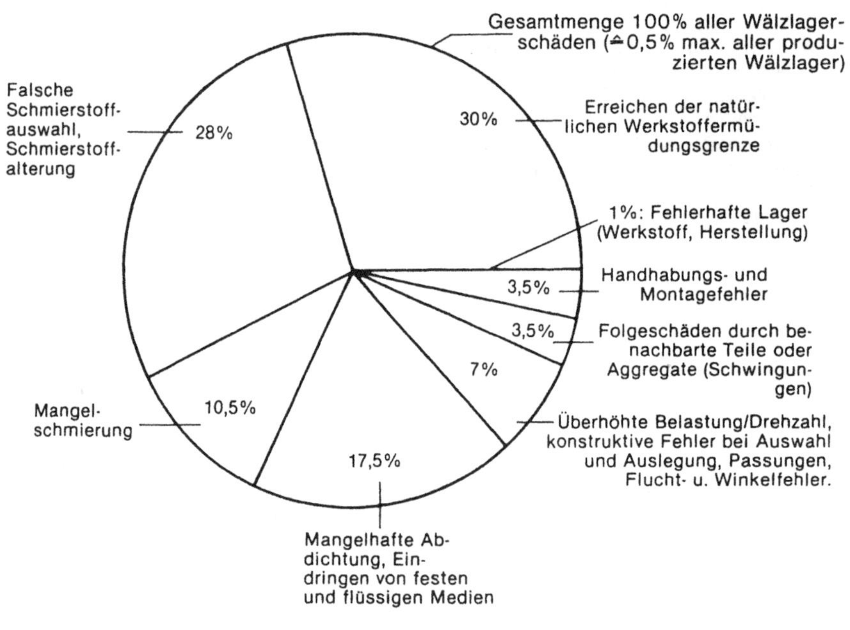

Abb. 202 Zusammensetzung der häufigsten Wälzlager-Ausfallursachen

Fehler	Schadensbild / Schadensursache	Brüche			Deformation				Ermüdung		Heißlauf			Korrosionen		Risse			Verschleiß						
		Bruch der Lagerringe	Käfigbruch	Ausbrüche	Verformungen	Eindruckungen	Bruchstellen	Markierungen	Abblätterungen, Schälungen	Risse	Verfärbung	Ausglühungen	Verschweißungen, Ausschmelzungen	Korrosion (Chemische)	Reibkorrosion	Wärmerisse	Härterisse	Schleifrisse	Laufspuren	(Normaler) Verschleiß	Riefen	Fresser, Anschmierungen	Verschürfungen, Ausscheuerungen	Riffelbildung	Rattermarken
Lagerung + Transport	Unzweckmäßige Lagerung				X	X								X											
	Unzweckmäßiger Transport				X									X	X									X	X
Montage	Mangelhafte Isolierung												X										X	X	
	Unsachgemäßer Einbau, keine Montagehilfe	X	X	X	X	X	X																		
	Unsachgemäße Erwärmung				X											X									
	Verkantung								X	X										X			X		
	Verspannung	X	X	X	X				X		X	X	X			X			X						
	Anstreifen															X			X		X				
	Mangelhafte Befestigung	X		X	X		X		X	X					X				X			X			
	Ungleichmäßiges Tragen im Lagersitz	X							X							X				X					
	Formungenauigkeit der Gehäusebohrung	X							X										X	X					
	Falsche Toleranz- und Passungswahl			X	X		X		X	X	X	X			X										
Schmierstoff, Abdichtung	Schmierstoffmangel				X						X	X	X							X		X	X		
	Schmierstoffüberfluß										X	X	X									X			
	Falsche Viskosität								X		X	X	X			X				X		X			
	Unzureichende Qualität								X		X	X	X	X		X				X		X			
	Verunreinigungen fest / flüssig			X		X			X		X			X					X	X	X		X		
Betriebsbedingungen	Zu hohe Geschwindigkeiten										X	X				X				X		X			
	Überlastung	X			X				X	X						X						X			
	Zu häufige Lastwechsel								X	X															
	Vibrationen, Schwingungen				X			X	X	X													X		X
Material	Gefügefehler	X							X	X															
	Falsche Materialpaarung																			X		X			
Fertigung	Unsachgemäße Wärmebehandlung								X	X							X			X					
	Unsachgemäßes Schleifen																	X							
	Unzureichende Oberflächengüte			X					X	X										X					

Abb. 203 Zusammenfassung der Wälzlagerschäden und ihre Ursachen

11.2.1 Ermüdungsrisse, Grübchen, Abblätterungen, Schälungen

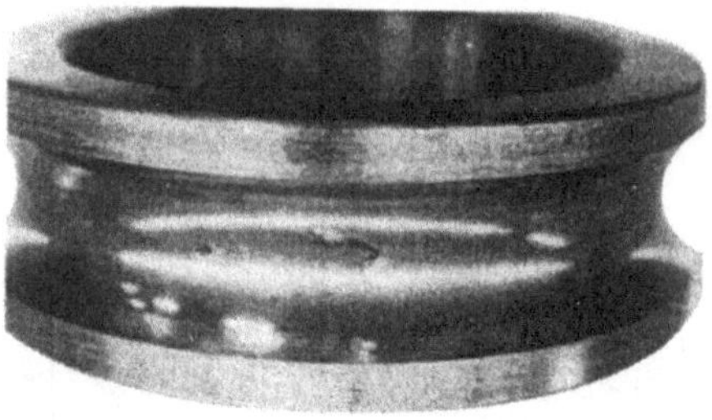

Abb. 204 Ermüdungsriß und Grübchen (Pitting) in der Innenring-Laufbahn in Folge von Verschleiß, Abrieb oder Verunreinigungen

Abb. 205 Schälung (Abblätterung) der Innenring-Laufbahn im Kugelabstand aufgrund von Brinellierung, Rost oder Reibkorrosion

Abb. 206 Fortgeschrittene Schälung über die ganze Laufbahn eines Kegelrollenlagers

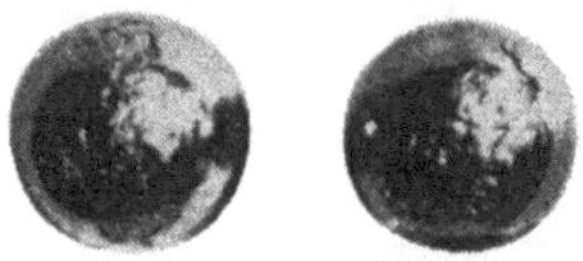

Abb. 207 Schälung der Kugeloberfläche in Folge von Rost oder Kugel-Kreiselbewegungen

Abb. 208 Schälung der Kegelrollen-Oberfläche verursacht durch Winkelfehler (Kantenlauf, einseitige Spannungskonzentration)

Ursachen: Natürliche Werkstoff-Ermüdung (S. 203), zu geringe Lagerluft, Winkelfehler (Kantenlauf), Oberflächenverletzungen (Kratzer, Kerben, Eindrückungen, Brinellierungen, Rost), unzureichende Genauigkeit der Lagersitze (Unrundheit, Welligkeit, Kegeligkeit, Verletzungen), veränderte Lastverteilung (Verschleiß), Mangelschmierung (zu geringe Betriebsviskosität).

Abhilfe: Feststellen, ob vorzeitiger Lagerausfall vorliegt und ob Verbesserungen in der Fertigung, Montage, Schmierung und Wartung möglich sind. (Siehe Abhilfe übriger Merkmale). Lager auf Werkstoff- oder Herstellfehler prüfen lassen. Bei zu niedriger Gebrauchsdauer Lagerung kräftiger dimensionieren.

11.2.2 Mikropittings (Grübchen) auf den Laufbahnen.

Ursache: Mangelschmierung

Abhilfe: Schmierung nach Art, Menge, Zuführung und Nachschmierfrist überprüfen und korrigieren.

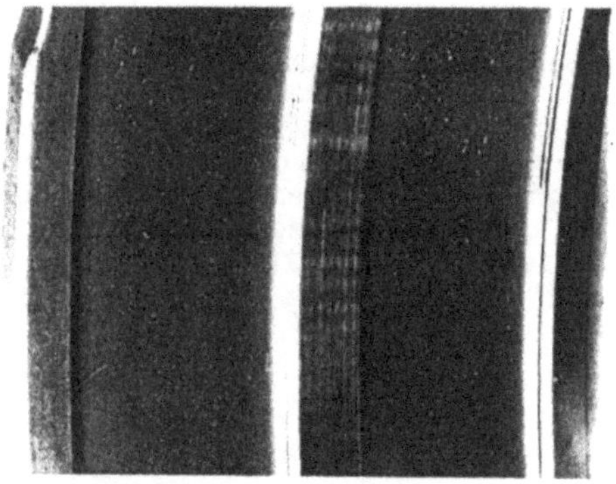

Abb. 209 Mikropittings auf den Laufbahnen

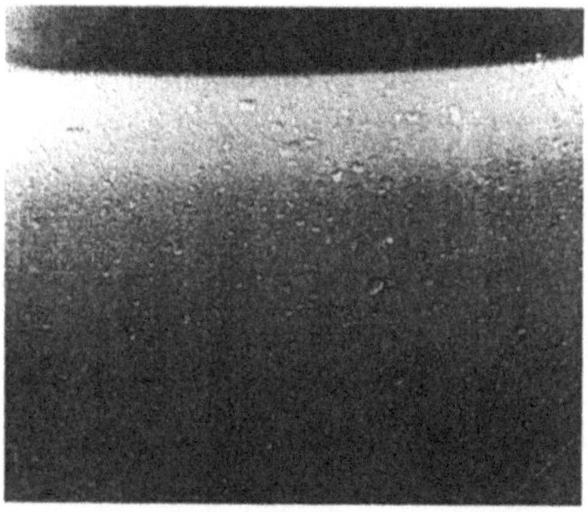

Abb. 210 Eindrückungen durch Überrollung von Verunreinigungen (Abrieb, Sand)

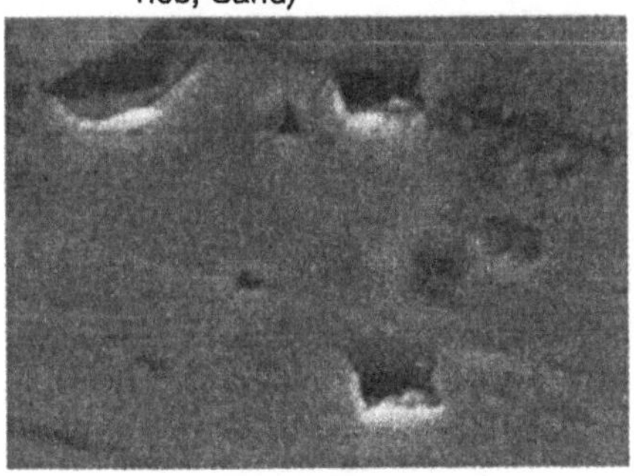

Abb. 211 Scharfkantige Eindrückungen (REM-Aufnahme, 400fache Vergrößerung)

11.2.3 Eindrückungen auf den Laufflächen

Ursachen: Überrollung von Fremdkörpern durch Verschmutzung der Lager, der Anschlußteile oder des Schmierstoffes vor und während der Montage, wie auch im Betrieb. Überrollung von Metallausbrüchen bei stoßartigen- oder statischen Überbelastungen. Unsachgemäßer Einbau: Montagekräfte über Wälzkörper eingeleitet geben gefährliche Eindrückungen (Brinellierungen) im Wälzkörper-Abstand.

Abhilfe: Äußerste Sauberkeit, Sorgfalt bei Montage und Wartung, Verbesserungen der Abdichtung. Überprüfung der statischen Tragfähigkeit. Einbauteile gründlich von Bearbeitungsspänen, Abrieb-, Sand-, Staub- und Farbresten reinigen. Sorgfältige Montage, saubere Schmierstoffe und Geräte einsetzen. Rechtzeitiges Nachschmieren (Verschmutzungen herausdrücken) und/oder gute Ölpflege (Filter wechseln, Wasser ablassen usw.) Verunreinigungen (Zahnradabrieb, Staub, Schmutz) von der Lagerstelle fernhalten. Schon kleinste (harte) Schmutzteilchen bewirken Eindrückungen und sehr hohe Spannungsspitzen im Werkstoff, die zu vorzeitigen Abblätterungen in den Laufbahnen führen. Außerdem entstehen Oberflächenaufrauhungen sowohl in den Laufbahnen als auch in den Käfigtaschen.

11.2.4 Normale Laufspuren

(Belastungszonen) bei Rillenkugellagern sind hier schematisch wiedergegeben. Sie sind schon nach kurzer Laufzeit an einer leichten Mattierung in der Laufbahn zu erkennen und geben einen Hinweis darauf, ob die Lager in der vorgesehenen Weise belastet sind (Abb. 212 ... 215).

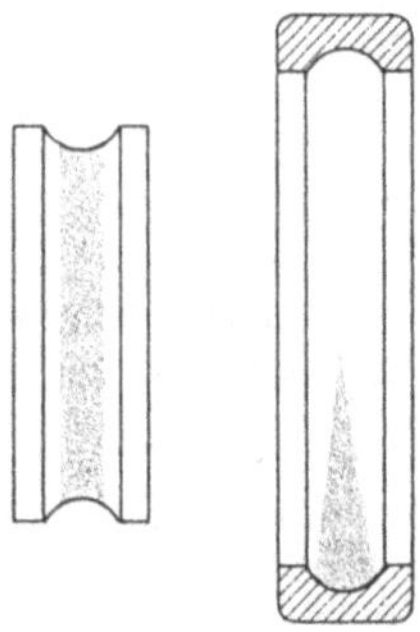

Abb. 212 Die Ausdehnung der Laufbahnmarkierungen hängt von den Lagerlaufbedingungen ab. Gezeigt ist eine normale Bahnmarkierung, wie sie bei umlaufendem Innenring entsteht.

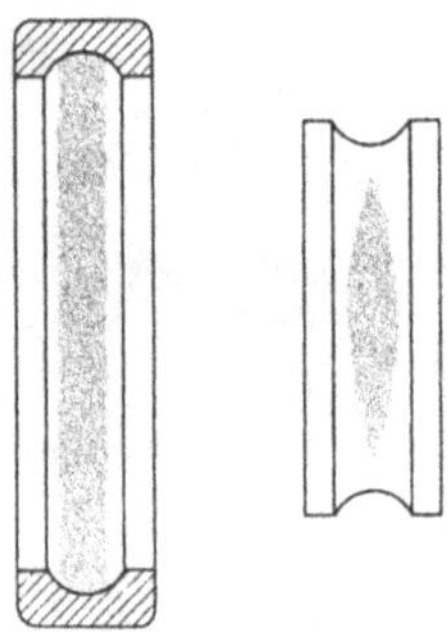

Abb. 213 Normale Laufbahnmarkierung bei umlaufendem Außenring oder bei lastsynchronem Innenring-Umlauf.

Abb. 214 Normale Laufbahnmarkierung bei axialer Belastung.

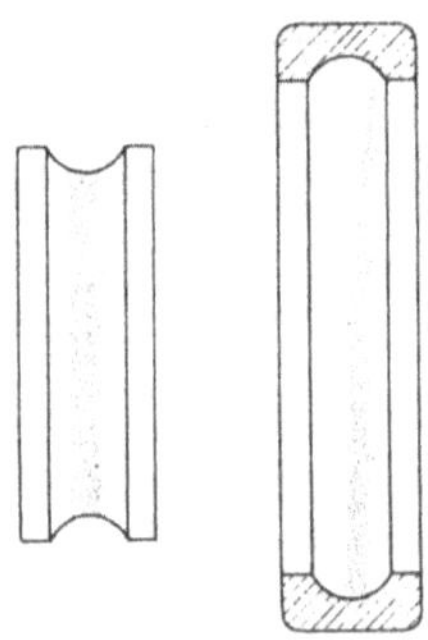

Abb. 215 Normale Laufbahnmarkierung bei Axial- und Radialbelastung.

11.2.5 Ausgeprägte, zentrische Laufspuren über den vollen Umfang der Lagerringe

Ursache: Radiale Verspannung (zu geringe Lagerluft)

Abhilfe: Nachrechnung der Betriebslagerluft (S. 345). Bis auf wenige Ausnahmen (Werkzeugmaschinen-Spindeln, Schwenklager, Kegelradgetriebe und ähnlichem) muß die Radialluft im Betriebszustand wenige µm betragen.
Ggfs. andere Lagerluftgruppen wählen oder wenn möglich, Passungsübermaße, Verformungen und Betriebstemperaturen reduzieren.

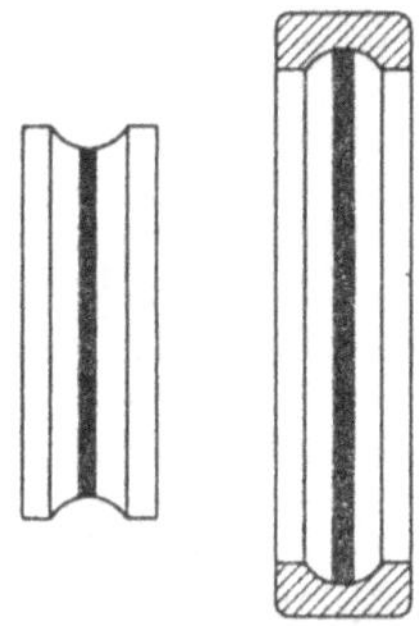

Abb. 216

11.2.6 Seitlich versetzte Laufspuren

Ursache: Axiale Verspannung (Kantenlauf)

Abhilfe: Veränderung der axialen Anstellung (größeres Spiel). Berücksichtigung von Wärmedehnungen. Ausreichende axiale Verschiebemöglichkeiten vorsehen (Passung und Passungsrostbildung beachten). Auf einem Wellenstrang nach Möglichkeit nur ein Festlager vorsehen.

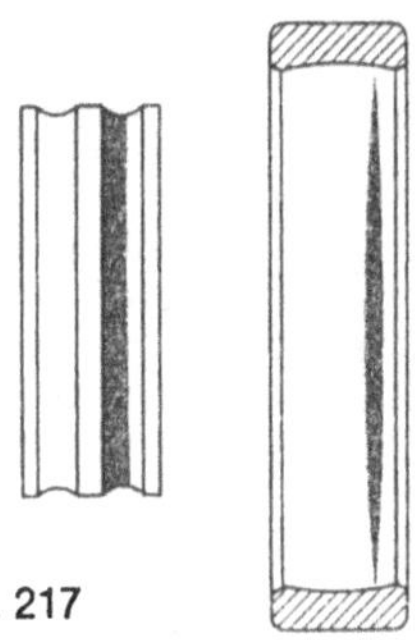

Abb. 217

11.2.7 Schrägverlaufende Laufspur an stillstehendem Lagerring

Ursache: Fluchtfehler der Lagersitze, nicht rechtwinklige Anlageflächen oder Durchbiegungen der Welle (Kantenlauf).

Abhilfe: Verminderung der Winkelfehler. Einsatz von Pendellagern oder Gehäuselagereinheiten. Ballige An- oder Auflageflächen der Lagergehäuse.

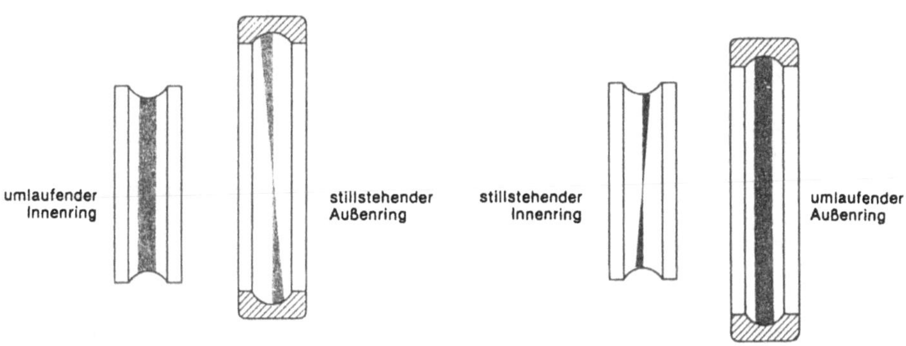

Abb. 218 Schrägverlaufende Laufspuren

11.2.7.1 Bestimmung des Winkelfehlers bei gelaufenen Radial-Rillenkugellagern

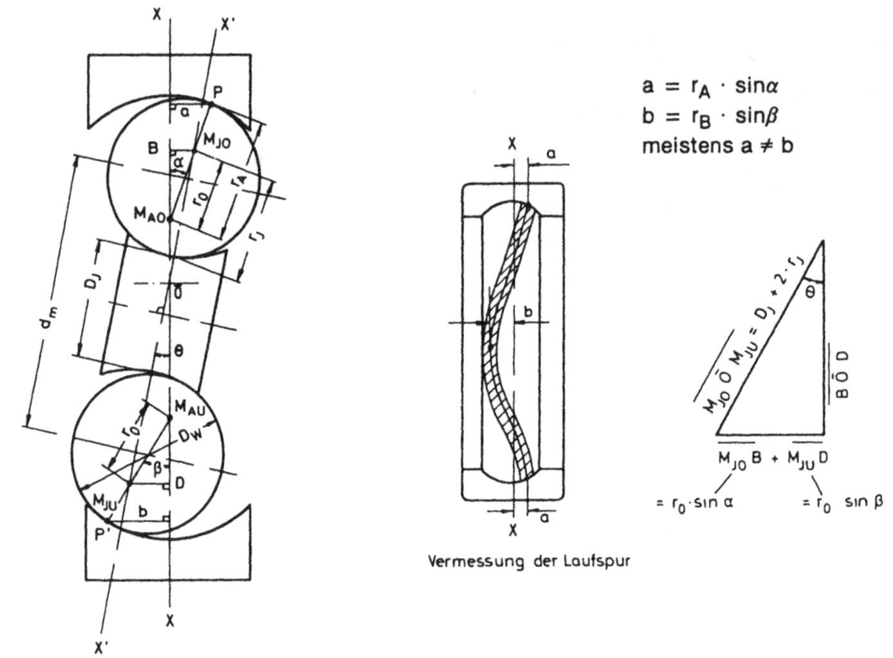

Abb. 219 Zur Berechnung des Winkelfehlers

Umlaufender Innenring — stillstehender Außenring:

$$\sin\Theta = \frac{(a + b)\, r_0}{r_A\,(D_J + 2\, r_J)} = \frac{(a + b)\, r_0}{r_A\,(d_m - D_w + 2\, r_J)} \qquad \text{(Gl. 82)}$$

Stillstehender Innenring — umlaufender Außenring:

$$\sin\Theta = \frac{(a + b)\, r_0}{r_J\,(d_m + D_w - 2\, r_A)} \qquad \text{(Gl. 83)}$$

mit

- Θ Winkelfehler [°]
- a, b Laufspur-Entfernungen von der Laufbahnmittellinie x—x [mm]
- r_0 Abstand der Krümmungsmittelpunkte [mm]
- r_A Rillenradius der Außenringlaufbahn [mm]
- r_J Rillenradius der Innenringlaufbahn
- d_m Teilkreisdurchmesser des Wälzkörpersatzes [mm]
- D_w Wälzkörperdurchmesser [mm]

Diese Gleichungen gelten nicht, wenn Radial- und Axialkräfte gleichzeitig wirken.

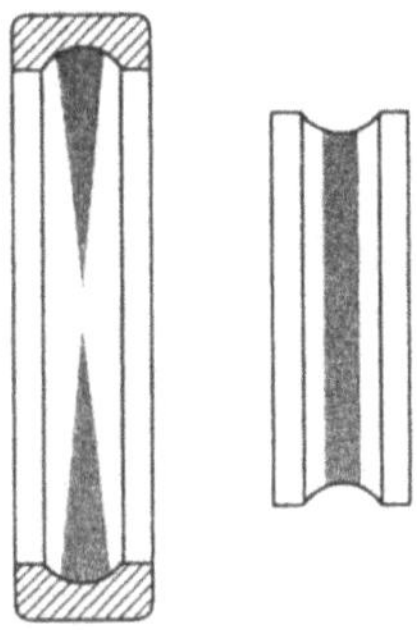

Abb. 220 Diametral gegenüberliegende Laufspuren

11.2.8 Diametral gegenüberliegende Laufspuren

Ursache: Ovale Verspannung

Abhilfe: Siehe 11.2.26

11.2.9 Verschleißmarken in den Laufbahnen und Käfigtaschen

Ursachen: Natürlicher Verschleiß, Verschmutzung (matte Oberfläche = grobe Partikel, blanke Oberfläche = feine Partikel). Mangelschmierung, Überbelastung.

Abb. 221 Käfigtaschenverschleiß

Abhilfe: Bei übermäßigem (abrasiven) Verschleiß: Bessere Abdichtung. Saubere, ausreichende Schmierung, Entlastung und sorgfältige Montage

11.2.10 Anschmierungen (feine Verschweißungen) auf den Laufflächen

Ursache: Gleitungen infolge eines unterbrochenen Kraftschlusses zwischen Wälzkörpern und Laufbahnen beim Wiedereintritt von der entlasteten Zone in die belastete Zone des Lagers (Abbremsen). Dieser Effekt wird oft durch einen zu hochkonsistenten/-viskosen Schmierstoff verstärkt. Zu große Lagerluft, Verklemmen der Wälzkörper im Käfig aufgrund von Verformungen, Winkelfehlern, zuviel oder zu steifer Schmierstoff (Mischreibung).

Abhilfe: Überprüfung der Betriebslagerluft (spielfreie Axiallager). Minimierung der Winkelfehler. Getrennte Käfige für mehrreihige Lager. Kontrolle der Schmierung (Viskosität bzw. Konsistenz, Menge, Zufuhr und geeignete Additive).

Abb. 222 Anschmierungen

11.2.11 Anschmierungen (Brandrisse) an den Lageroberflächen

Ursache: Ringmontage mit hoher Preßkraft bei ungenügender Schmierung oder Wandern (Gleiten) der Lagerringe infolge umlaufender Belastung.

Abhilfe: Lagerringe zum Einbau erwärmen oder mittels Hydraulik-Verfahren montieren. Erhöhung des Passungsübermaßes, Verringerung der Federung von Welle und Gehäuse. Bei unvermeidbarem Lossitz (Walzenzapfenlager) Gleitflächen schmieren und Lagerringe nicht axial verspannen. (s. Abb. 391, S. 366)

Abb. 223 Brandrisse am Außenring-Mantel- und an der Stirnfläche

Abb. 224 Brandrisse in der Innenringbohrung

11.2.12 Freßspuren an den Gleitflächen

Ursachen: Oberflächenbeschädigung bei Montage, Übermäßige Vorspannung bei Kegelrollenlagern, Mangelschmierung (Schmierfilmdurchbruch).

Abhilfe: Sachgerechte Montage. Kontrolle/-Korrektur der Lageranstellung. Überprüfung der Schmierung hinsichtlich Schmierstoffeignung, Ein- und Nachfüllmengen, Nachschmierfrist und Zuführung.

Abb. 225 Freßspuren am Rollenende

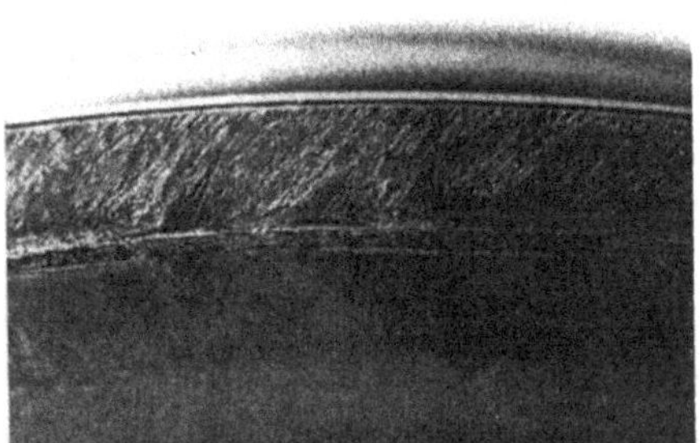

Abb. 226 Freßspuren am Innenring-Führungsbord

11.2.13 Starke Materialverformungen

an Rollenenden und Führungsbord von Kegelrollenlagern (Heißläufer)

Ursache: Zu viel oder zu wenig Schmierung, Überbelastung, zu hohe Vorspannung.

Abhilfe: Überprüfung der Schmierstoffzuführung. Verbesserung der Schmierfilmbildung. Veränderung der Lageranstellung. Reduzierung der Belastung oder Wahl eines tragfähigeren Lagers.

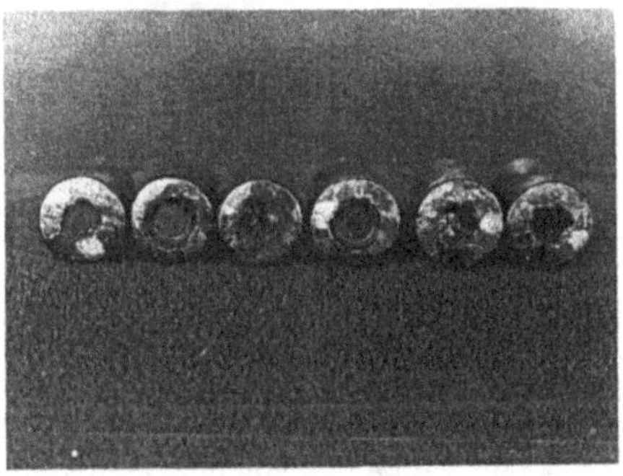

Abb. 227 Materialverformungen am Rollenende

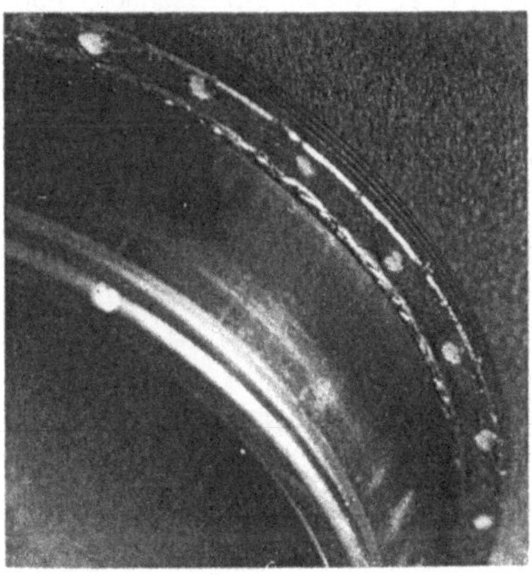

Abb. 228 Materialverformungen am Innenring-Führungsbord

11.2.14 Riefen, Kratzer, Zykloiden, Stufenverschleiß

Ursache: Abriebteile im Ölstrom.

Abhilfe: Metallische Verunreinigungen von der Lagerstelle fernhalten (Filter, Schleuderscheiben, Labyrinthe, Magnetstopfen).

Abb. 229 Stufenverschleiß am Rollenende

11.2.15 Spiralkratzer auf der Kugeloberfläche

Ursache: Winkelfehler zwischen Innen- und Außenring bei hoher Drehzahl.

Abhilfe: Minimierung des Winkelfehlers (erhöhte Fertigungsgenauigkeit bezüglich Fluchtung und rechtwinkliger Schulteranlage).

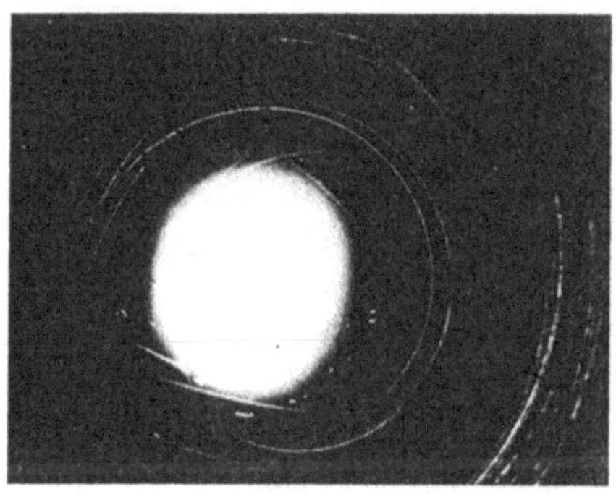

Abb. 230 Spiralkratzer auf der Kugeloberfläche

11.2.16 Schürfmarken auf den Laufbahnen

(achsparallel in Rollenabstand) und auf den Rollenmantelflächen.

Ursache:
a) Verkantetes Zusammensetzen zerlegbarer Rollenlager
b) Verschürfung der Laufbahnränder durch die Rollenkanten bei unsachgemäßem Einschwenken der Pendelrollenlager-Innenringe.

Abb. 231 Schürfmarken auf den Laufflächen von Zylinderrollen

Abb. 232 Vorzeitige Ermüdung als Folge von Schürfmarken

Abhilfe:
a) Verwendung von Montagehülsen zur Vermeidung von Fluchtfehlern bzw. gleichzeitigem Einpressen von Innen- und Außenringen (s. S. 519)
b) Sorgfältiges Einschwenken der Pendelrollenlager-Innenringe

11.2.17 Bordausbrüche

Ursachen: Schlagen mit (harten) Werkzeugen auf die Wälzlagerringe, Prellstöße, übermäßige stoßartige Axialbelastungen.

Abhilfe: Montagewerkzeuge (Montagebüchsen) so ansetzen, daß sie auf den ganzen Umfang der Lagerringe wirken. Wenn dieses nicht möglich ist, muß zwischen Hammer und Lagerring ein Kupferbolzen oder Hartholzstück gehalten werden. Montagekräfte dürfen nicht über Wälzkörper oder Käfig geleitet werden. Axiale Tragfähigkeit des Lagers überprüfen und notwendige Korrekturen vornehmen.

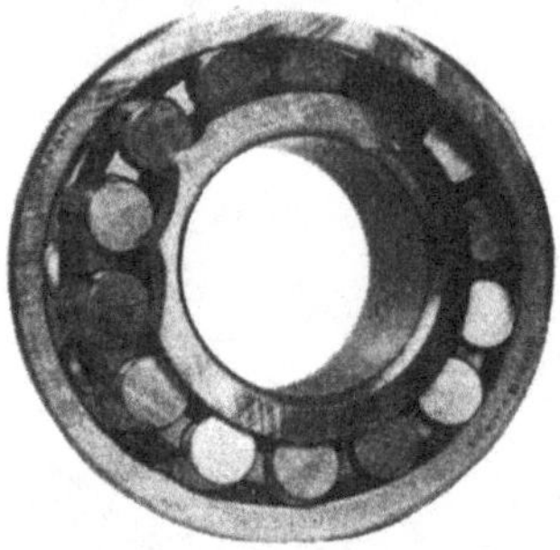

Abb. 233 Bordausbrüche am Innenring

11.2.18 Risse

Ursachen: Grobe Einbaufehler: Schlagmarken, eingeklemmte Fremdkörper, Gehäuseverformungen, ungleichmäßige Lagersitzflächen, zu stramme Passungen, hohe Stoßbelastungen, Überhitzung durch zu geringe Lagerluft, Lagerringwandern oder Schmiermittelmangel.

Abhilfe: Saubere, sorgfältige Montage. Überprüfung, gfs. Korrektur der statischen Tragfähigkeit, der Passungen, der Lagersitzgeometrie, der Betriebslagerluft und der Schmierung (Art, Menge, Zuführung, Nachschmierfrist).

Abb. 234 Risse im Außenring

11.2.19 Roststellen an den Oberflächen

Ursache bei noch nicht eingebauten Lagern: Beschädigte Verpackung. Zu hohe relative Luftfeuchtigkeit im Aufbewahrungsraum (> 60%). Handschweiß. Kondenswasserbildung bei hohen Temperaturschwankungen. Aggressive Chemikalien in der Nähe des Aufbewahrungsortes.

Abhilfe: Aufbewahrung der Wälzlager in trockenen Räumen, die ausschließlich Maschinenteilen vorbehalten sind. Feuchtigkeitskontrolle (< 55%), Temperaturüberwachung und evtl. Temperaturregelung (18...20 °C). Originalverpackung erst unmittelbar vor dem Einbau öffnen. Nach Entnahme eines Lagers Verpackung wieder gut schließen.

Ursache bei eingebauten Lagern:
a) Wasser- oder Säureeinbruch.
b) Kondenswasserbildung.
c) Säurehaltige Schmierstoffe (Ätzflecken).
d) Passungsrost (rot- oder schwarzgefärbter Reibrost), Vibrationen.

Abhilfe:
a) Verbesserung der Dichtung.
b) Umstellung auf Schmierstoff mit höherem Emulgiervermögen.
c) Zusatz von speziellen Antikorrosionszusätzen.
d) Festerer, genauerer Lagersitz (Schiebesitz, welliger Schliff, ovale und kegelige Lagersitze vermeiden).

Weitere Hinweise s. S. 366.

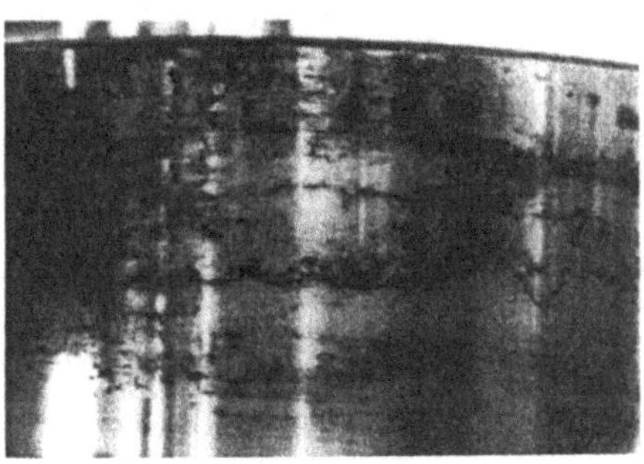

Abb. 235 Rost auf der Außenring-Mantelfläche

Abb. 236 Ätzflecken im Rollenabstand

Abb. 237 Fortgeschrittene Schälung infolge Rostbildung

11.2.20 Verfärbungen der Laufflächen

Ursachen: Rötlich oder braun verfärbte Laufspuren ohne Härteabfall bedeuten chemische Veränderungen des Schmierstoffes bei Temperatursteigerungen.
Glasurartige, dunkelbraune Verfärbungen (Verkrustungen) sind verbrannte Fett- und Ölrückstände.
Verfärbungen (Anlaßfarben) sind mit Härteverlusten verbunden. Härtefälle sind irreparable Lagerschäden. Sie sind die Folge von zu hohen Betriebstemperaturen (Käfig- oder Wälzkörperzerstörungen, Trockenlauf/-Heißlauf oder übermäßiger Fremderwärmung).

Abhilfe: Überprüfung der Betriebsbedingungen, der Lager- und Schmierstoffauswahl. Entsprechende Korrekturen: wärmestabilisierte Lager, Hochtemperaturfette, Ölkühlung oder ähnliches.

11.2.21 Kraterförmige Ausbrüche (vereinzelte Schmelzpunkte)

Ursache: Stromüberschlag im Lager durch von außen zugeführten elektrischen Strom hoher Stromstärke ($\Delta V > 0{,}4$).

Abhilfe: Verbesserung der Maschinenisolierung. Erdung des Maschinenrahmens bei Elektroschweißungen.

Abb. 238 Kraterförmige Ausbrüche auf der Kugeloberfläche

11.2.22 Braunverfärbte Riffeln auf den Laufflächen

Ursache: Übergang von schwachen, elektrischen Strömen während des Betriebes.

Abhilfe: Verbesserung der Maschinenisolierung. Erdung vagabundierender Ströme (Stromdichte $< 0{,}1$ A/mm^2).

Abb. 239 Braunverfärbte Riffeln auf der Innenring-Laufbahn

11.2.23 Rattermarken (Mulden, Riffeln, Reibkorrosion) im Wälzkörperabstand auf den Laufbahnen und den Wälzkörpermantelflächen)

Ursache: Relativbewegung zwischen Wälzkörpern und Laufbahnen infolge Erschütterungen oder Lastschwankungen bei stillstehendem Lager.

Abhilfe: Minimierung/Isolierung der Erschütterungen. Schwingungserregte, rotierende Maschinenteile nicht zum Stillstand kommen lassen, sondern durch Hilfseinrichtung in langsamer Drehbewegung halten. Beim Transport rotierende Teile verkeilen.
Kugellager Rollenlagern vorziehen (1 Freiheitsgrad mehr). Lager mit größerer statischer Tragzahl einsetzen (geringere spezifische Belastung).
Radialluft minimieren bzw. Lager spielfrei anstellen oder vorspannen (Schwingweite reduzieren).
Besondere Schmierstoffe oder Schmierstoffzusätze verwenden. Vollständig in Öl eingetauchte Lager verhalten sich günstiger als fettgeschmierte Lager (Öl fließt leichter in die Kontaktstellen nach). Wenn beides nicht möglich ist, Festschmierstoffe vorsehen.

Abb. 240 Riffeln auf allen Laufbahnen

11.2.24 Käfigbruch

Ursache, bei allen Lagern: Montagebeschädigung, Überschreitung der Drehzahlgrenze, Mangelschmierung, Anschmierung, Wälzlagerbruch, Massenkräfte.
bei Rillenkugellagern: Momentenbelastung
bei Pendellagern: Anormale Einstellung
bei Axiallagern: Exzentrisch oder schief eingebaute Scheiben.
Unbelastetes,nicht spielfreies Lager.

Abhilfe: Sachgemäße Montage. Anderer Käfigwerkstoff und andere Käfigkonstruktion. Verbesserte Schmierung. Kontrollierte Lageranstellung.

Abb. 241 Käfigbruch

11.2.25 Wälzkörperbruch

Ursachen: Überbelastung, Winkelfehler.

Abhilfe: Überprüfung der Lagerlebensdauer. Wenn nötig, tragfähigere Lager vorsehen. Erhöhung der Fertigungsgenauigkeit und/oder Verwendung eines Lagers, das größere Winkelfehler zuläßt.

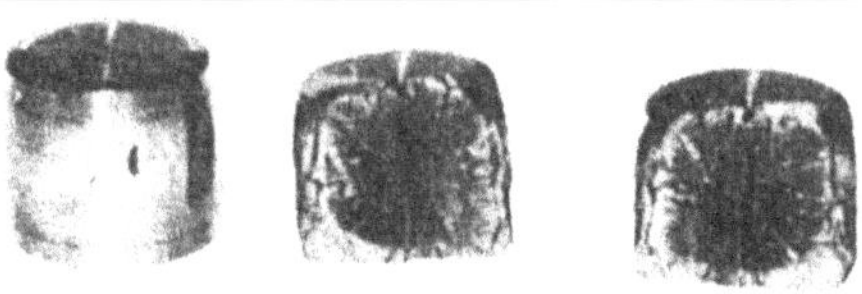

Abb. 242 Wälzkörperbruch

11.2.26 Ovale Ringe

Ursache bei nicht eingebauten Lagern: (Deformation nur durch Messung feststellbar). In Regalen „stehend" aufbewahrte Wälzlager oder Lagerringe der mittleren und schweren Reihen.

Abhilfe: Lager auf dem ganzen Umfang unterstützt (liegend) aufbewahren.

Ursache bei eingebauten Lagern:
Ovale Lagersitze (versetzte Gehäusehälften) oder ungenügende Unterstützung der Lagerringe (Lagersitzunterbrechung, Ovalverspannung oder unterschiedliche Gehäusewandungen).

Abhilfe: Verbesserung der Lagersitzqualität (Formgenauigkeit). Gehäusehälften eindeutig zentrieren. Trennfugen zum Lageraußenring hin anfasen (s. S. 338) Ovalverspannungen (Druckstift) und ungleichmäßige Gehäusewandungen vermeiden (Rippen).

11.2.27 Maßänderung der Ringe, Härteabfall

Ursache: a) Ungleichmäßige oder zu hohe Erwärmung des Wälzlagers oder Teile davon bei Montage. b) Zu hohe Betriebstemperatur

Abhilfe: a) Montagetemperatur von 80... 100 °C einhalten

b) Gründe für hohe Betriebstemperatur bestimmen, siehe 11.2.5, 11.2.6, 11.2.8 und 11.2.13. Maßänderungen durch Gefügeumwandlungen (s. S. 188) beachten.

11.2.28 Ungewöhnliche Lagerlaufgeräusche

Ursachen und Abhilfe siehe S. 387

12 Spannungen und Formänderungen in Wälzlagern

12. 1 Grundlagen

In den Kontaktstellen der Wälzelemente treten bei Belastung Verformungen auf, die sich als Abplattungen, Druckflächen oder Eindellungen darstellen. Bei Punktberührung sind sie kreis- oder ellipsenförmig, bei Linienberührung rechteckig (Abb. 243). Ihre Größe und Beanspruchung läßt sich nach den Hertz'schen Gleichungen berechnen. Diese Gleichungen gelten strenggenommen für homogene und isotrope Werkstoffe unter statischen Beanspruchungen bei Einhaltung der Elastizitäts- bzw. Proportionalitätsgrenze und für ebene, im Verhältnis zum Wälzkörperdurchmesser kleine Druckflächen, die nur Normal- und keine Tangentialspannungen übertragen. Obwohl diese Bedingungen von Wälzlagern nicht immer voll erfüllt werden, konnten verschiedene Forscher wie Stribeck, Berndt, Weibull u.a. nachweisen, daß sie zumindest für den praktischen Bereich (Hertz'sche Pressung bis ca. 5000 N/mm^2) genügend genaue Werte ergeben.

In der Zusammenfassung (Abb. 244) ist die Poissonsche Konstante (Querzahl) mit 1/m = 0,3 eingesetzt und der Elastizitätsmodul für beide Wälzelemente als gleichgroß vorausgesetzt worden. Wenn die Wälzelemente unterschiedliche E-Module aufweisen, ist für $E = (2E_1 \cdot E_2)/(E_1 + E_2)$ [N/mm^2] einzusetzen. Die Krümmungsdurchmesser sind bei Hohlkrümmungen mit negativen Vorzeichen einzusetzen. Die sich aus den Krümmungsverhältnissen an der Berührungsstelle ergebenen Hertz'schen Beiwerte y, η, ξ und ψ sind aus Abb. 245 zu entnehmen. Unberücksichtigt bleibt hier der Einfluß der Schmierung (s. Abschnitt 23).

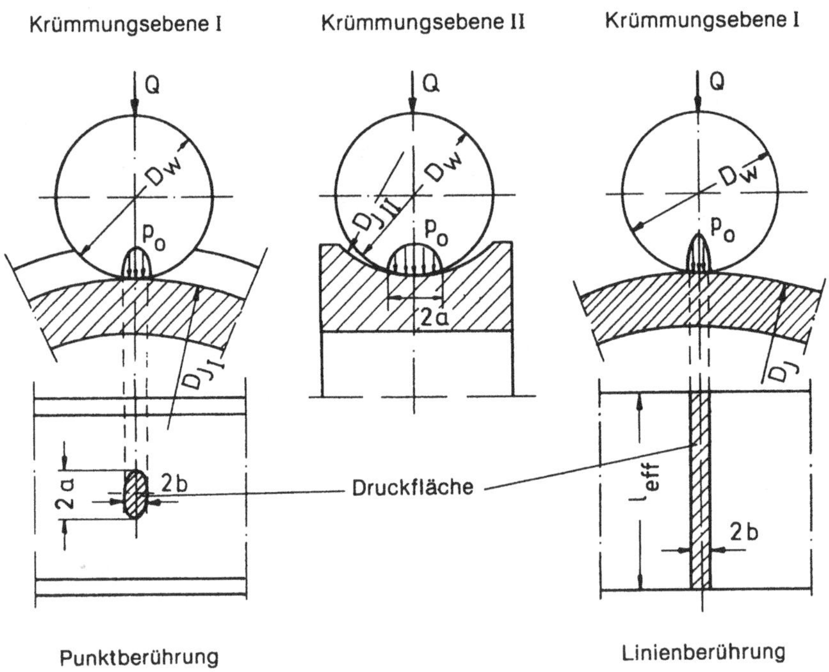

Abb. 243 Elastische Verformung und Hertz'sche Pressung in Wälzlagern

	Punktberührung	(Gleichung)	Linienberührung[1)]	(Gleichung)
Druckfläche, A $[mm^2]$	$\pi \cdot a \cdot b$	(84)	$2 \cdot b \cdot l_{eff}$	(85)
kleine Halbachse, b [mm]	$\eta/\xi \cdot a$	(86)	$1{,}075 \cdot D_I [K \cdot E]^{1/2}$	(87)
große Halbachse, a [mm]	$0{,}691 \left[\frac{Q}{p_0(\eta/\xi)}\right]^{1/2}$	(88)	—	
Spezifische Belastung, k_0 $[N/mm^2]$	Q/D_W^2	(89)	$Q/D_W \cdot l_{eff}$	(90)
Abplattung, δ_K [mm] (Elastische Verformung)	$1{,}55 \cdot \frac{\psi}{\xi} \left[\frac{Q^2(1/D_I + 1/D_{II})}{2 \cdot E^2}\right]^{1/3}$	(91)	$\frac{0{,}405 \cdot Q^{0{,}925}}{10^4 \cdot l_{eff}^{0{,}85}}$ 2)	(92)
Stribecksche Wälzpressung, K $[N/mm^2]$	$k_0/\varphi = \frac{Q}{D_0^2} = \frac{Q}{(D_I/y)^2}$	(93)	$k_0/\varphi = \frac{Q}{D_I \cdot l_{eff}}$	(94)
Schmiegungsbeiwert, φ	$D_0^2/D_W^2 = \frac{D_I^2}{D_W^2 \cdot y^2}$	(95)	D_I/D_W	(96)
Durchmesser der Ersatzkugel, die gegen eine Ebene die gleiche Wälzpressung ergibt, D_0 [mm]	$D_W^2 \cdot \varphi$	(97)	—	
Ersatzdurchmesser in der Krümmungsebene I, D_I [mm]	$\frac{D_W \cdot Dj_I}{D_W + Dj_I}$	(98)	$\frac{D_W \cdot Dj}{D_W + Dj}$	(99)
Krümmungsebene II, D_{II} [mm]	$\frac{D_W \cdot Dj_{II}}{D_W + Dj_{II}}$	(100)	—	
Mittlere Flächenpressung, p_m $[N/mm^2]$	$\frac{Q}{\pi \cdot a \cdot b}$	(101)	$\frac{Q}{2 \cdot b \cdot l_{eff}}$	(102)
Hertz'sche Pressung, p_0 $[N/mm^2]$	$1{,}5 \cdot p_m = \left[\frac{K \cdot E^2}{4{,}28}\right]^{1/3}$	(103)	$1{,}27 \cdot p_m = \left[\frac{K \cdot E}{2{,}86}\right]^{1/2}$	(104)
Sonderfall: Wälzkorper gegen Ebene	$D_I = D_{II} = D_W$ → alle Beiwerte = 1		$Dj = \infty$, $D_I = D_W$	
für Stahl auf Stahl mit E = 208000 N/mm^2	$p_0 = 2148 \cdot K^{1/3}$	(105)	$p_0 = 271 \cdot K^{1/2}$	(106)

1) fur Zylinder unendlicher Lange (ohne Kantenspannung) und näherungsweise fur modifizierte Linienberuhrung

2) für Rolle gegen Ebene (Dj = ∞) und näherungsweise für $D_W/Dj < 0{,}15$ nach Lundberg, da sich die Verformung δ_K fur Linienberuhrung nach Hertz nicht berechnen laßt

Abb. 244 Zusammenfassung der Hertz'schen Gleichungen für Wälzlager

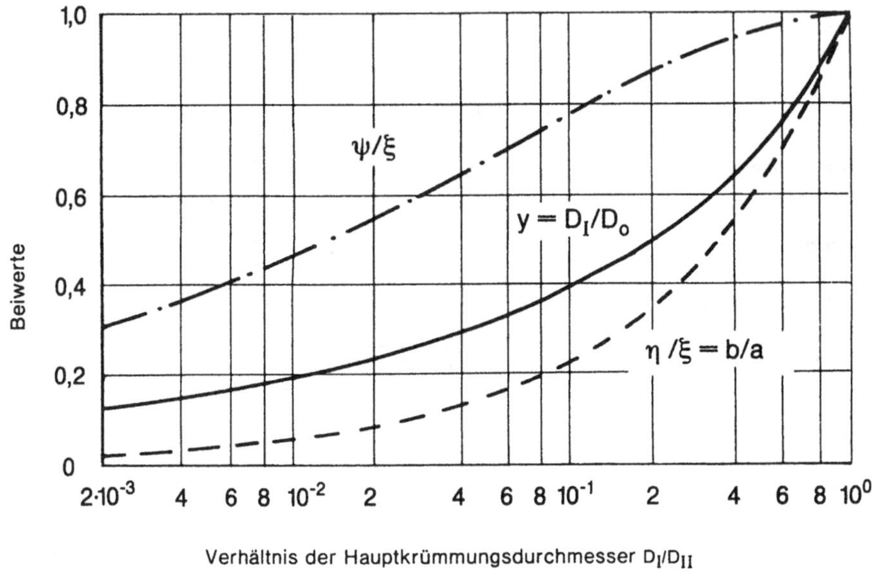

D_I/D_{II}	y	η/ξ	ψ/ξ
1,0	1,0	1,0	1,0
0,9	0,9491	0,9322	0,9994
0,8	0,8963	0,8618	0,9972
0,7	0,8411	0,7885	0,9930
0,6	0,7830	0,7117	0,9857
0,5	0,7212	0,6306	0,9741
0,4	0,6545	0,5441	0,9557
0,3	0,5805	0,4504	0,9261
0,2	0,4947	0,3460	0,8757
0,15	0,4442	0,2876	0,8357
0,10	0,3843	0,2223	0,7761
0,08	0,3558	0,1932	0,7426
0,06	0,3231	0,1615	0,6994

D_I/D_{II}	y	η/ξ	ψ/ξ
0,04	0,2831	0,1259	0,6397
0,02	0,2279	0,0828	0,5439
0,01	0,1850	0,0550	0,4581
0,008	0,1732	0,0483	0,4329
0,006	0,1593	0,0408	0,4020
0,004	0,1421	0,0322	0,3618
0,002	0,1191	0,0214	0,3011
0,001	0,1017	0,0141	0,2495
0,0005	0,0835	0,0096	0,2053
0,0001	0,0414	0,0048	0,1289
0,00009	0,0392	0,0046	0,1251
0	0	0	0

Abb. 245 Beiwerte der Hertz'schen Gleichungen

12.2 Spannungen unter der Oberfläche

Die Ermüdung des Werkstoffes im Wälzkontakt wird durch die Spannungen im Innern der Wälzelemente bestimmt. In den meisten Fällen geht die Ermüdung von der Zone der größten Schubspannung aus. Nach wiederholten Überrollungen treten Gefügeveränderungen auf, die sich dunkel ätzend, wie angelassener Martensit darstellen und durch abnehmende Härte gekennzeichnet sind. Die Tiefe dieser Zone nimmt mit der Zahl der Überrollungen zu. Nichtmetallische Einschüsse führen in diesen Zonen zu Mikrorissen, die zur Oberfläche wandern und den Werkstoff schollenartig ausbrechen (Pittingbildung, Abb. 246). Die ausbrechenden Werkstoffsplitter werden überrollt und führen zu örtlichen Überbelastungen, so daß im fortgeschrittenen Stadium die gesamte Belastungszone von Abblätterungen (Schälung) betroffen ist (s. Abb. 206, S. 224). Die Wahrscheinlichkeit der Pittingbildung nimmt mit der Reinheit des Werkstoffes und der Oberflächengüte ab. Für die Beurteilung der Werkstoffbeanspruchung genügt meistens die Überschlagsrechnung der Hertz'schen Druckverteilung.

Über die Berechnung der Spannungen in Wälzlagern herrschen unterschiedliche Meinungen. Ausgangspunkt war die Hertz'sche Theorie, mit der Verteilung der Normalspannung in den Kontaktflächen (Hauptschubspannungs-Hypothese) und vorläufiger Endpunkt ist die Gestaltänderungsenergie-Hypothese. Dazwischen liegt die Wechselschubspannungs-Hypothese von Lundberg/Palmgren, die weltweit als Grundlage für die Berechnung der Tragfähigkeit der Wälzlager herangezogen wird. Weitere Modelle beschäftigen sich mit der Fortentwicklung dieser Theorie, wie z.B. DIN ISO 281, welche zusätzlich drei Lebensdaueranpassungsfaktoren einfügten (s. S. 206).

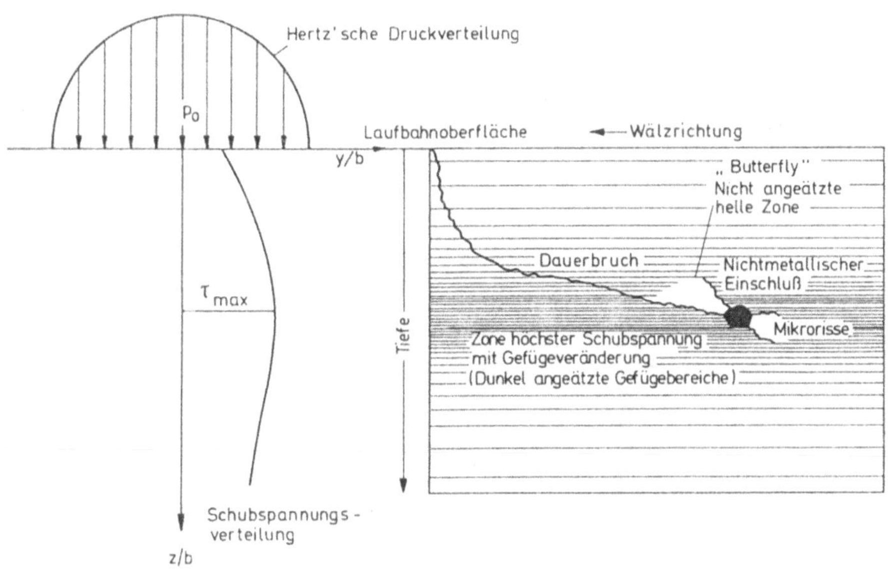

Abb. 246 Modell der Pittingbildung in Wälzlagern

12.2.1 Schubspannung bei Hertz'schem Kontakt

Die höchste Hertz'sche Pressung liegt in der Mitte der Druckfläche. Als Reaktion bildet sich in dem unter der Berührungsfläche befindlichem Material ein Spannungszustand gemäß Abb. 248.

Die Hauptschubspannung $\tau_{max} = 0{,}30\ p_o$ liegt in einer Tiefe von $z_o = 0{,}78$ a unter der Oberfläche und schließt mit ihr einen Winkel von ca. 45° ein.

Da die Schubspannung während einer Überrollung von 0 auf 0,30 p_0 anwächst und danach wieder abfällt, liegen Schwellspannungen vor. Hieraus leiteten Lundberg/Palmgren ihre Wechselschubspannungs-Hypothese ab. Bei ihnen entscheiden also nicht mehr die Hauptschubspannungen, sondern die Wechselschubspannungen über Werkstoffermüdung und Pittingbildung.

Für Linienberührung treten die Maximalwerte der Wechselschub-Spannungen während einer Überrollung in einer Tiefe von $Z_o = 0{,}5$ a auf und haben einen Wert von $\tau_{orth} = \pm 0{,}25\ p_o$ bzw. eine Doppelamplitude von $T = 0{,}5\ p_o$. Bei Punktberührung ergeben sich ähnliche Spannungsverhältnisse, nämlich $z_o = 0{,}35$ b und $T = 0{,}43 p_o$. T und z_o ergeben sich nach Lundberg/Palmgren aus folgenden Gleichungen:

$$\frac{T}{p_o} = \frac{2\tau_{max}}{p_o} = \frac{|2t - 1|^{1/2}}{t \cdot (t+1)} \qquad \text{(Gl. 107)}$$

$$\frac{b}{a} = [(t^2 - 1)(2t - 1)]^{1/2} \qquad \text{(Gl. 108)}$$

$$\frac{z_o}{b} = \frac{1}{(t+1) \cdot (2t - 1)^{1/2}} \qquad \text{(Gl. 109)}$$

mit

T Doppelamplitude der Schubspannung
p_o Hertz'sche Pressung [N/mm²] } siehe Abb. 244
a Große Halbachse [mm] } siehe Abb. 244
b Kleine Halbachse [mm] } siehe Abb. 244
z_o Tiefe unterhalb der Oberfläche [mm]
t Hilfsgröße

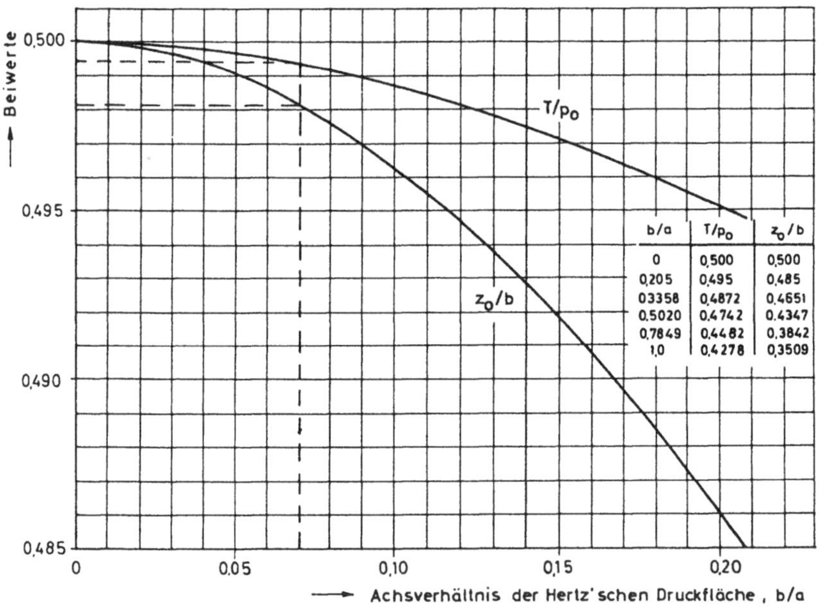

b/a	T/p_o	z_o/b
0	0,500	0,500
0,205	0,495	0,485
03358	0,4872	0,4651
0.5020	0,4742	0.4347
0.7849	0,4482	0.3842
1,0	0,4278	0,3509

Abb. 247 Beziehung zwischen b/a, T/p_o und z_o/b zur Berechnung der Schubspannungen bei Wälzlagern

a) Hertz'scher Kontakt

$\mu = 0$

$(\omega = 0)$

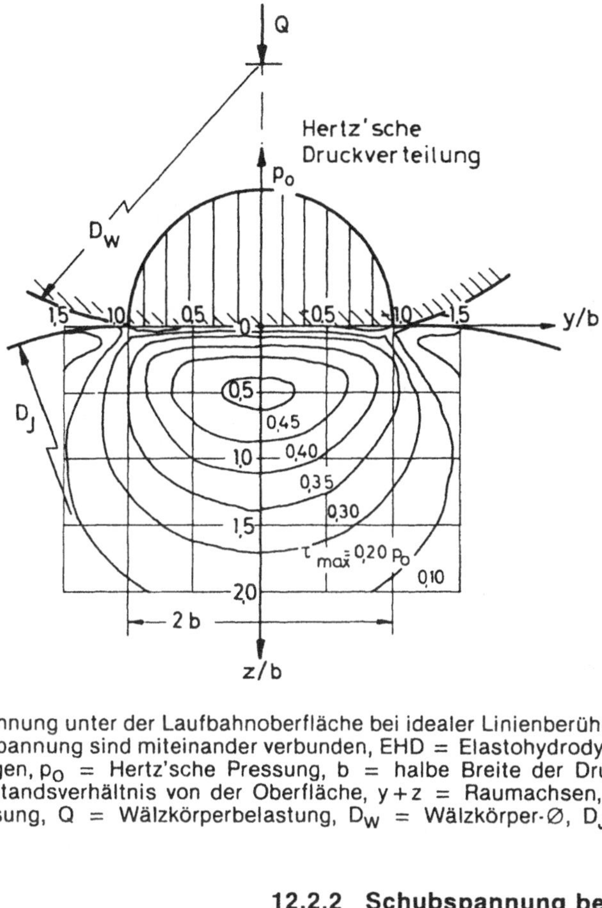

Abb. 248 Schubspannung unter der Laufbahnoberfläche bei idealer Linienberührung (Orte gleicher Spannung sind miteinander verbunden, EHD = Elastohydrodynamische Bedingungen, p_O = Hertz'sche Pressung, b = halbe Breite der Druckfläche, z/b = Abstandsverhältnis von der Oberfläche, y + z = Raumachsen, p_{EHD} = EHD-Pressung, Q = Wälzkörperbelastung, D_W = Wälzkörper-∅, D_J = Laufbahn-∅

12.2.2 Schubspannung bei EHD-Kontakt

In Abb. 248 ist die Werkstoffanstrengung unter der Laufbahnoberfläche bei idealer Linienberührung (Rolle/Laufbahn) gezeigt, a) für Hertz'schen Kontakt, d. h. ohne Bewegung, Schmierung und Reibungskräfte, b) für EHD-Kontakt mit einer Verschiebung des Ortes höchster Werkstoffbeanspruchung in Richtung Oberfläche und Kontaktauslauf.

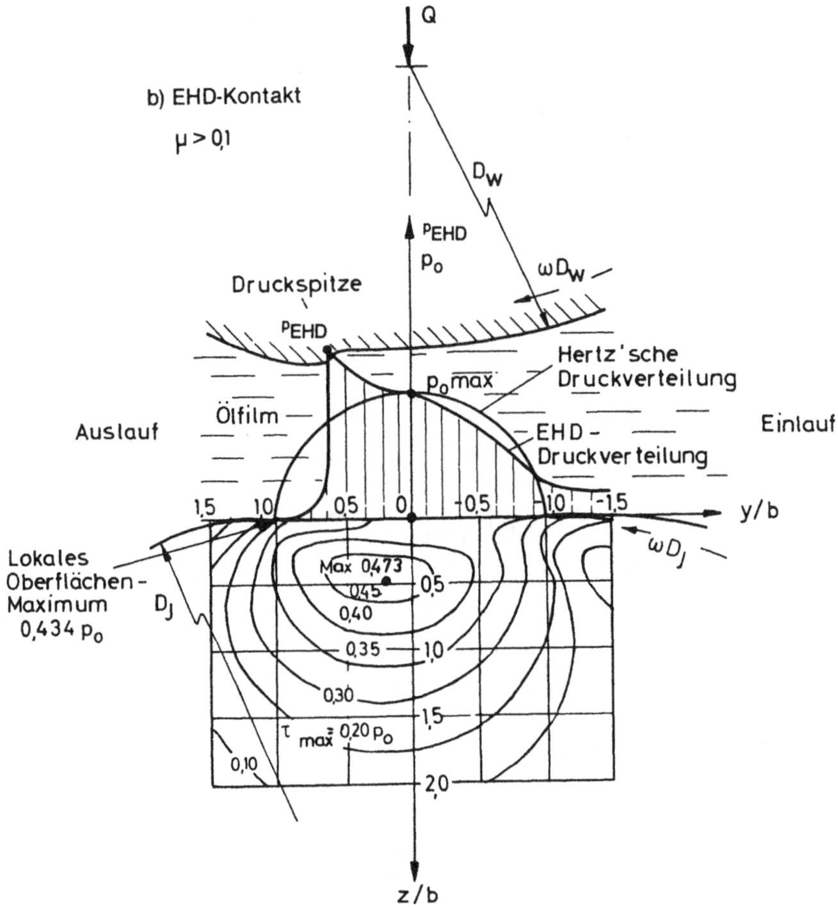

12.3 Zulässige Beanspruchungen

12.3.1 Zulässige statische Belastung

Die Stribek'schen Versuche (Abb. 250) zeigen, daß die Hertz'schen Gleichungen für Wälzelemente aus gehärtetem Kugellagerstahl bis weit in das Gebiet der plastischen Verformung ihre Richtigkeit behalten. Da für den Übergang von elastischer zu plastischer Verformung keine ausgeprägte Grenze besteht, nimmt man für die zulässige spezifische Belastung, k_O eine bleibende Gesamtverformung vom 0,0001fachen des Wälzkörperdurchmessers an und erhält als Grenzwert für

Punktberührung:

$k_O \approx 14(D_I \cdot D_{II}/D_W^2)^{1/2}$ [N/mm²] (Gl. 110)

Linienberührung:

$k_O \approx$ 100...120 $(D_I/D_W^2)^{1/2}$ [N/mm²] (Gl. 111)

Erfahrungswerte für zulässige spezifische Belastungen siehe Abb. 251.

12.3.2 Zulässige dynamische Belastung

Da bei ständigen, umlaufenden oder pendelnden Wälzbewegungen mit der Zeit (Anzahl der Überrollungen) ein Abblättern (Schälen) und bei gleichzeitiger Schmierung ein Ausbröckeln (Pittingbildung) an den Laufbahnen auftreten kann, hat man die zulässigen Wälzpressungen in Laufversuchen in Abhängigkeit der Überrollungen bis zur Pittingbildung ermittelt. Die Abb. 249 zeigt derartige Lebensdauerkurven für

Beispiel

Gegeben: Rillenkugellager 6205, Radialbelastung $F_r = 2000$ N, Kugel-∅ $D_W = 7{,}9375$ (5/16 ″), Kugelzahl $Z = 9$, Innenringlaufbahn-Radius $r_J = 4{,}048$ mm, Außenringlaufbahn-Radius $r_A = 4{,}207$ mm, Innenringlaufbahn-∅ $D_J = 31{,}063$ mm, Außenringlaufbahn-∅ $D_A = 46{,}938$ mm

Gesucht: Max. Schubspannung und ihre Tiefe unter der Oberfläche des Innenringes, $\tau_{max} = ?$, $z_0 = ?$

Lösung: Der Innenringlaufbahnradius hat eine negative Krümmung.
Ersatzdurchmesser — Krümmungsebene I, nach Gl. 98

$$D_I = \frac{D_W \cdot D_{JI}}{D_W + D_{JI}} = \frac{7{,}9375 \cdot 31{,}063}{7{,}9375 + 31{,}063} = 6{,}322 \text{ mm}$$

Ersatzdurchmesser — Krümmungsebene II, nach Gl. 100

$$D_{II} = \frac{D_W \cdot D_{JII}}{D_W + D_{JII}} = \frac{7{,}9375 \cdot (-2 \cdot 4{,}048)}{7{,}9375 + (-2 \cdot 4{,}048)} = 4{,}008$$

Verhältnis der Ersatzdurchmesser: $D_I/D_{II} = 0{,}016$
Aus Abb. 245: $y = 0{,}21$; $\eta/\xi = 0{,}07$

Maximale Wälzkörperbelastung nach Gl. 172/173

$$Q_{max} = \frac{F_r}{Z \cdot \cos \cdot J_r} = 4{,}37 \cdot \frac{F_r}{Z \cdot \cos\alpha}$$

$$Q_{max} = 4{,}37 \cdot \frac{2000}{9 \cdot \cos 0°} = 971 \text{ N}$$

Stribeck'sche Wälzpressung nach Gl. 93

$$K = \frac{Q_{max}}{(D_I/y)^2} = \frac{971}{(6{,}322/0{,}21)^2} = 1.071 \text{ N/mm}^2$$

Hertz'sche Pressung nach Gl. 103

$$p_{0\,max} = 2148 \cdot K^{1/3} = 2148 \cdot (1{,}071)^{1/3} = 2198 \text{ N/mm}^2$$

Große Halbachse a nach Gl. 88

$$a = 0{,}691 \left[\frac{Q}{p_{0\,max}\,(\eta/\xi)}\right]^{1/2} = 0{,}0691 \cdot \left[\frac{971}{2198 \cdot 0{,}07}\right]^{1/2} = 1{,}74 \text{ mm}$$

Kleine Halbachse b nach Gl. 86

$$b = (\eta/\xi) \cdot a = 0{,}07 \cdot 1{,}74 \text{ mm} = 0{,}122 \text{ mm}$$

$$b/a = 0{,}122/1{,}74 = 0{,}07$$

Aus Abb. 247:

$$2 \cdot \tau_{max}/p_{0\,max} = 0{,}499$$
$$z_0/b = 0{,}4963$$

Maximale Schubspannung nach Gl. 107

$$\tau_{max} = \frac{0{,}499 \cdot p_{0\,max}}{2} = \frac{0{,}499 \cdot 2198}{2} = 548 \text{ N/mm}^2$$

Tiefe unter der Oberfläche nach Gl. 109

$$z_0 = 0{,}4963 \cdot 0{,}122 \text{ mm} = 0{,}06 \text{ mm}$$

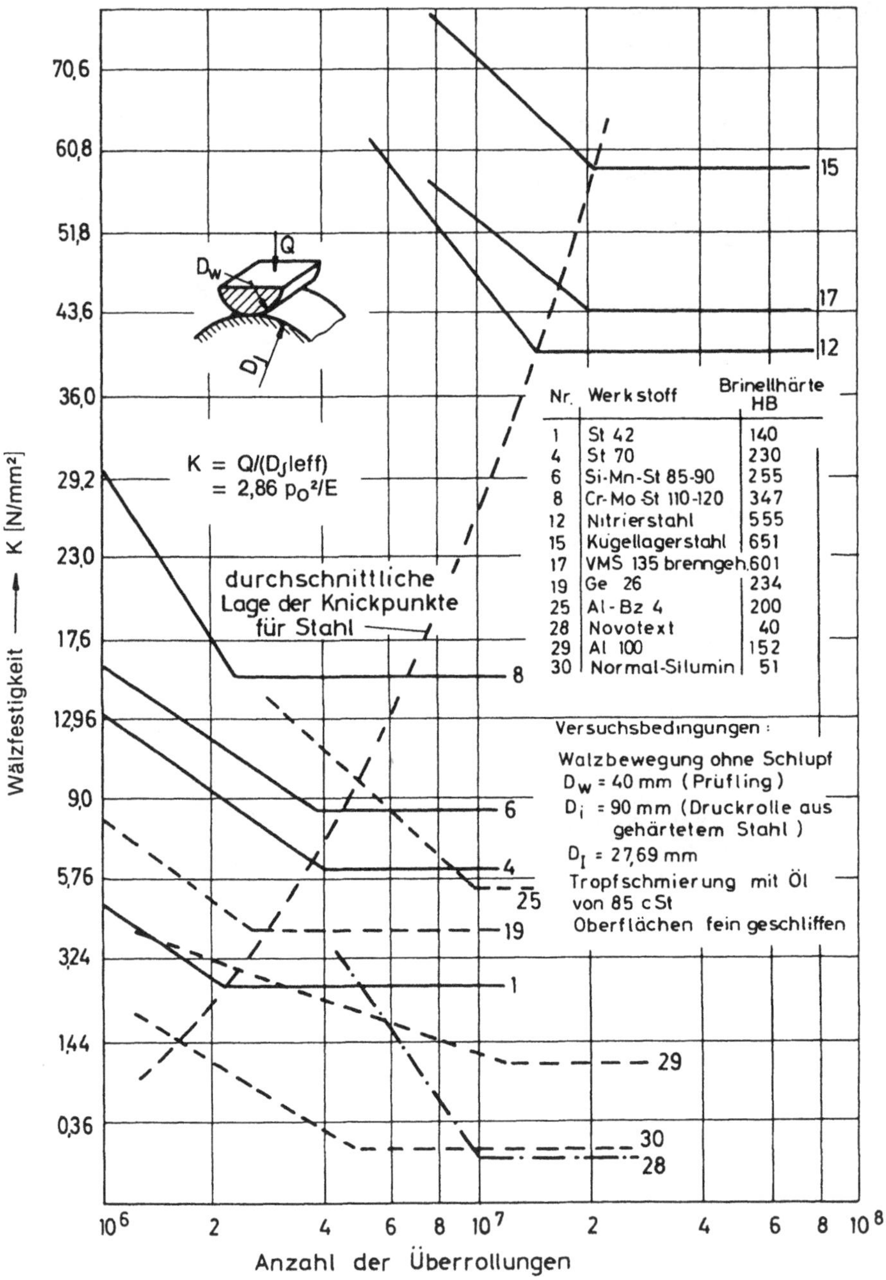

Abb. 249 Wälzfestigkeit K nach Niemann und Helbig (Stribek'sche Wälzpressung)

verschiedene Werkstoffpaarungen bei Linienberührung und reinen Wälzbewegungen. Wenn keine Pittingbildung mehr erzielt werden kann (Abknicken der Kurve in die Waagerechte), spricht man von einer Dauerwälzfestigkeit, KD. Sie beträgt für diese Versuche KD $\approx$ 1,25 (HB/100)^2 [N/mm^2]. Leicht höhere Werte stellen sich bei höherer Wälzgeschwindigkeit, zäherem Öl und besserer Oberflächengüte ein.

12.3.3 Einfluß der Berührungsform

Wie aus Abb. 244 und 251 hervorgeht, ist die zulässige (ertragbare) Hertz'sche Pressung, p_0, bei Punktberührung erheblich größer als bei Linienberührung, und zwar sowohl bei statischer als auch dynamischer Belastung. Entsprechend wird bei gehärtetem Stahl eine leicht ballige Rolle mit langgestreckter, elliptischer Druckfläche genausoviel oder mehr tragen als eine gleich dicke und lange zylindrische Rolle mit rechteckiger Druckfläche, wie sie in diesem Kapitel angenommen wird.

Grenzmerkmal	Kugel/Kugel $D_{w1} = D_{w2}$ k_0	K	Kugel/ Ebene $k_0 = K$
	Angaben in N/mm^2		
Bleibende Verformung, δ_q = 2%	3	12	4
Grenze der Hertz'schen Gleichung (Proportionalitätsgrenze)	5	20	20
Grenze gleichem p_m bei gleichem K für Kugel/ Kugel und Kugel/Ebene	50	200	200
1. Kreisriß (am Umfang d. Druckfläche)	100	400	350
Bruchlast der Kugel	520	2080	800

Abb. 250 Mittlere Grenzwerte statischer Druckversuche mit gehärteten Kugeln aus Wälzlagerstahl nach Stribek

Wälzelemente	Maße	Werkstoffhärte |Hv|	k_0 |N/mm^2|
Kugel/Ebene	$D_{jI} = \infty$	750 (840)	18 (15)
Kugel/Hohlrinne	$D_{jII} = -1{,}08\ D_w$	750 (840)	40 (58)
Rillenkugellager (Innenring)	$D_{jII} = -1{,}06\ D_w$	700	62,5
	$D_{jI} \approx 5\ D_w$		
Pendelkugellager (Außenring)	$D_{AI} \approx 7\ D_w$	700	17
Axial-Kugellager	$D_{jII} = -1{,}08\ D_w$	700	50
Rolle/Ebene	$D_{jI} = \infty$	750	80...120
Zylinderrollenlager (Innenring)	$D_{jI} \approx 6\ D_w$	700	110

Abb. 251 Erfahrungswerte zulässiger spezifischer Belastung, k_0, bei statischer Beanspruchung und einer bleibenden Gesamtverformung von 0,0001 · D_w.

12.4 Elastische Verschiebung in Wälzlagern

In den Hertz'schen Gleichungen (Abb. 244) ist die elastische Verformung oder Annäherung δ_k für eine Kontaktstelle, z.B. Kugel/Innenring oder Kugel/Außenring angegeben. Hier jedoch soll im folgenden die gesamte elastische Verschiebung δ, die (näherungsweise) mit der Verformung an beiden Kontaktstellen des Lagers, wie z.B. Kugel/Innenring plus Kugel/Außenring gleichzusetzen ist, betrachtet werden. Der allgemeinste Fall ist ein radial und axial belastetes Schräglager (Abb. 252); alle anderen Lagerbauarten werden als Sonderfälle daraus abgeleitet.

12.4.1 Richtung der elastischen Verschiebung

Die Richtungen der elastischen Verschiebungen sind in Abb. 253 dargestellt. Ihre Resultierende fällt nicht mit der Richtung der resultierenden Belastung (Lastwinkel β) zusammen.

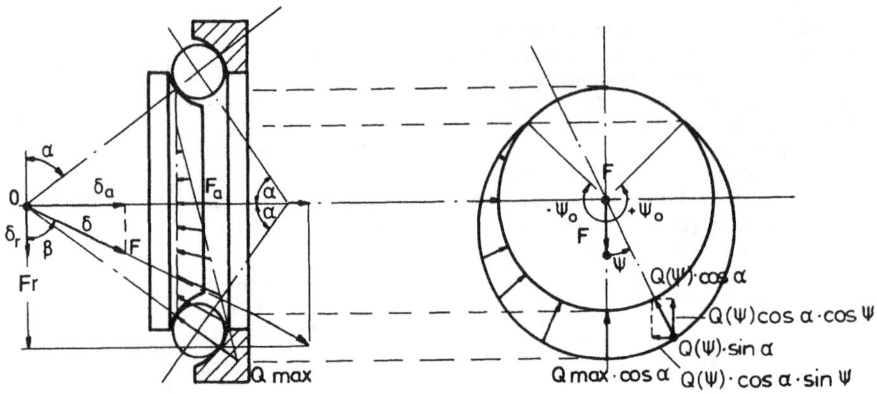

Abb. 252 Elastische Verschiebungen bei belasteten Schräglagern

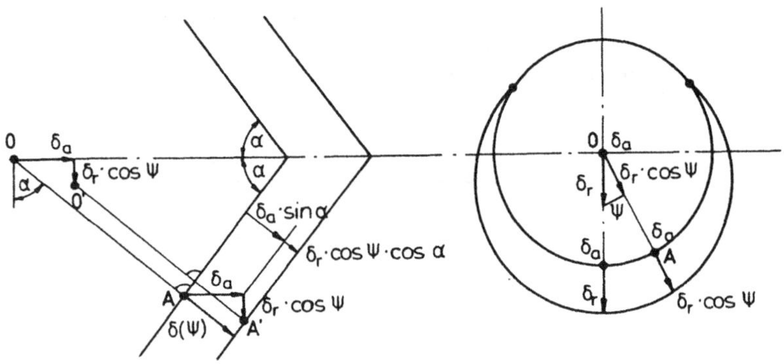

Fall a:

Lager ohne Lagerluft (spielfreies Lager)

$\delta_{(\psi)} = \delta_a \cdot \sin\alpha + \delta_r \cdot \cos\psi \cdot \cos\alpha$ [mm] (Gl. 112)

für $\psi = 0$:

$\delta_{(0)} = \delta_{max} = \delta_a \cdot \sin\alpha + \delta_r \cdot \cos\alpha$ [mm] (Gl.113)

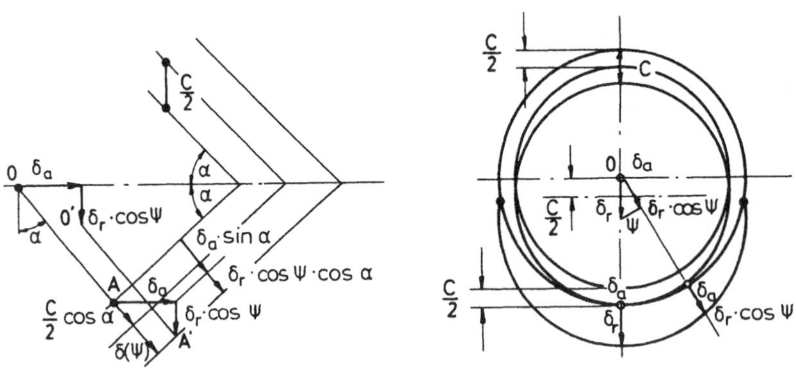

Fall b:

Lager mit Lagerluft (c)

$\delta(\psi) + 0{,}5 \cdot c \cdot \cos\alpha$
$= \delta_a \cdot \sin\alpha + \delta_r \cdot \cos\psi \cdot \cos\alpha$ [mm] (Gl. 114)

für $\psi = 0$:

$\delta_{max} = \delta_a \cdot \sin\alpha + \delta_r \cdot \cos\alpha + 0{,}5 \cdot c \cdot \cos\alpha$ [mm] (Gl. 115)

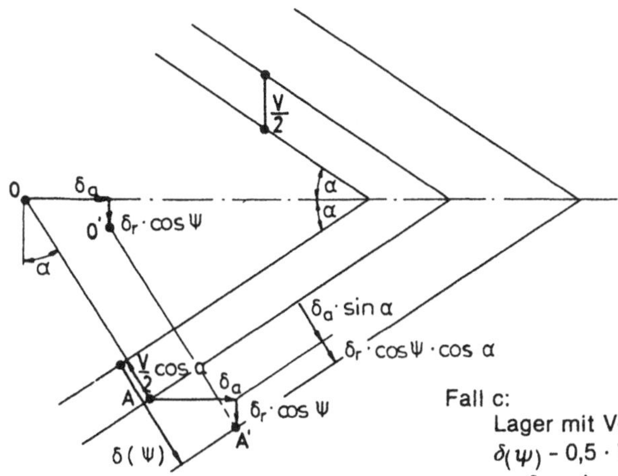

Fall c:

Lager mit Vorspannung (V)

$\delta(\psi) - 0{,}5 \cdot V \cdot \cos\alpha$
$= \delta_a \cdot \sin\alpha + \delta_r \cdot \cos\psi \cdot \cos\alpha$ [mm] (Gl. 116)

für $\psi = 0$: $\delta_{max} = \delta_a \cdot \sin\alpha + \delta_r \cdot \cos\alpha + 0{,}5 \cdot V \cdot \cos\alpha$ [mm] (Gl. 117)

Abb. 253 Richtung der elastischen Verschiebung im Axialschnitt ψ nach Abb. 252

0/0' = Druckmittelpunkt in der Ausgangs- bzw. Endlage

A/A' = Berührungspunkt in der Ausgangs- bzw. Endlage

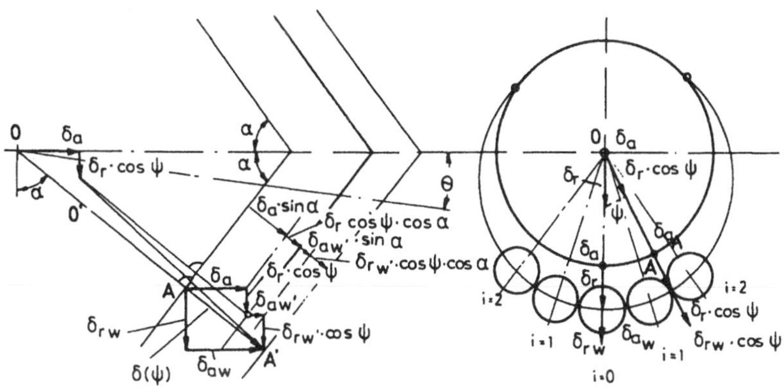

Abb. 254 Einfluß des Winkelfehlers auf die elastische Verschiebung bei Wälzlager mit konstantem Druckwinkel.

12.4.2 Größe der elastischen Verschiebung in Wälzlagern

Nach Hertz bzw. Lundberg (Abb. 244) ist die Größe der axialen Verschiebung von der Wälzkörperbelastung in der höchstbeanspruchten Berührungsstelle, von den Krümmungsdurchmessern und den Werkstoffkonstanten abhängig. Die Krümmungen der verschiedenen Größen üblicher Wälzlager sind annähernd gleich und dem Wälzkörper-Durchmesser D_W proportional. Für spielfreie Einzel-Lager mit im wesentlichen unveränderlichen Druckwinkel gelten dann folgende Näherungsgleichungen:

In radialer Richtung:

$$\delta_r = \frac{\delta_{max}}{2\varepsilon \cdot \cos\alpha} \text{ [mm]} \qquad \text{(Gl. 118)}$$

In axialer Richtung:

$$\delta_a = \delta_{max}/\sin\alpha \cdot (1-0{,}5 \cdot \varepsilon) \text{ [mm]} \qquad \text{(Gl. 119)}$$

	Lagerbauarten	Elastische Verschiebung, δ_{max} (ψ = 0) [mm] radial (δ_a = 0)	(Gleichung)	axial (δ_r = 0)	(Gleichung)
Punktberührung	Rillenkugellager Schrägkugellager	$4{,}31 \cdot 10^{-4} Q_{max}^{2/3}/D_W^{1/3} \cdot \cos\alpha$	(120)	$4{,}31 \cdot 10^{-4} Q_{max}^{2/3}/D_W^{1/3} \cdot \sin\alpha$ [1]	(121)
Punktberührung	Pendelkugellager	$6{,}89 \cdot 10^{-4} Q_{max}^{2/3}/D_W^{1/3} \cdot \cos\alpha$	(122)	$6{,}89 \cdot 10^{-4} Q_{max}^{2/3}/D_W^{1/3} \cdot \sin\alpha$	(123)
Punktberührung	Axial-Rillenkugellager	nicht zulässig		$5{,}17 \cdot 10^{-4} Q_{max}^{2/3}/D_W^{1/3} \cdot \sin\alpha$	(124)
	Radial-Rollenlager (Linienberührung)	$7{,}55 \cdot 10^{-5} Q_{max}^{0,9}/l_{eff}^{0,8} \cdot \cos\alpha$	(125)	$7{,}55 \cdot 10^{-5} Q_{max}^{0,9}/l_{eff}^{0,8} \cdot \sin\alpha$	(126)

mit

- Q_{max} größte Wälzkörperbelastung [N], s. Gl. 173 + 174, S. 260
- l_{eff} effektive Rollenlänge [mm]
- D_W Wälzkörperdurchmesser [mm]
- α Druckwinkel [°]
- α_0 Druckwinkel bei Nullbelastung [°]
- ε Lastzone
- Fa Axialbelastung [kN]
- Z Wälzkörperanzahl
- c radiale Lagerluft [μm]

[1] Gilt für Schrägkugellager mit $\alpha > 25°$. Bei anderen Schrägkugellagern und Rillenkugellagern (α = 0°) ändert sich der Druckwinkel mit zunehmender Axialbelastung zu sehr, als daß eine einfache Gleichung angegeben werden könnte. Für übliche Rillenkugellager s. Abb. 257.

Beispiele s. S. 251

Abb. 255 Gleichungen für die elastische Verschiebung in spielfreien Wälzlagern

12.4.3 Einfluß des Winkelfehlers

Winkelfehler, d. h. Verkippungen der Innenringe gegenüber den Außenringen lösen für den einzelnen Wälzkörper zusätzliche Verschiebungen aus. Für einen beliebigen Wälzkörper im Lager mit α_0 = konstant, C = V = 0 (Abb. 254) gilt:

$$\delta_{(\psi)} = (\delta_a + \theta \cdot r \cdot \cos\psi) \sin\alpha_0 + (-\delta_r \cdot \cos\psi) \,|\text{mm}| \qquad \text{(Gl. 127)}$$

mit

r mittl. Außenringlaufbahnradius |mm|

θ Kippwinkel, im Uhrzeigersinn: plus entgegen Uhrzeigersinn: negativ |°|

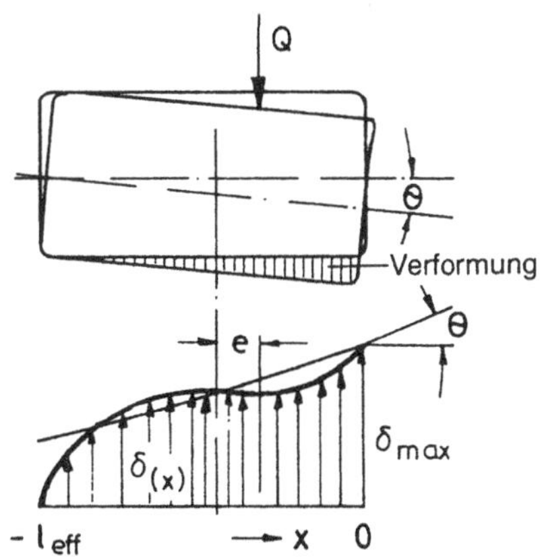

Abb. 256 Einfluß des Winkelfehlers auf eine Rolle hinsichtlich Verformung und Spannungsverteilung

Bei nicht einstellbaren Rollenlagern werden die Rollen über ihre Länge durch Winkelfehler verschieden stark elastisch verformt (Abb. 256). Über die Vorstellung, daß die Rollen durch viele dünne Scheiben ersetzt werden, kommt man über die Gleichungen 73 und 79 zur äquivalenten Rollenbelastung $P_{Rä}$ und über Gl. 183 zur dynamisch äquivalenten Lagerbelastung P. Die Lagerlebensdauer bei Winkelfehler und spielfreiem Rollenlager ergibt sich aus:

$$\frac{L\theta}{L_0} = \left(\frac{Q}{P_{Rä}}\right)^{10/3} |\text{h}| \qquad \text{(Gl. 128)}$$

mit

$L\theta$ Lagerlebensdauer bei Winkelfehler |h|

L_0 Lagerlebensdauer bei nicht verkipptem Lager (θ = 0) |h|

Q Rollenbelastung bei nicht gekipptem Lager |kN|

$P_{Rä}$ äquivalente Rollenbelastung bei Winkelfehler |kN|

$$\delta_{(x)} = \delta_{max} - \theta \cdot x \qquad \text{(Gl. 129)}$$

$$Q = c \cdot \delta^{1,08} \qquad \text{(Gl. 130)}$$

$$c = 2680 \cdot l_{eff}^{0,92} \text{ (Federkonstante)} \qquad \text{(Gl. 131)}$$

$$P_{Rä} = l_{eff}^{7/9} \cdot \frac{c}{l_{eff}} \left[\int_{-l_{eff}}^{0} (\delta_{(x)})^{1,08 \cdot 9/2} \right]^{2/9} |\text{kN}| \qquad \text{(Gl. 132)}$$

l_{eff} wirksame Rollenlänge

θ Winkelfehler |°|

12.4.4 Einfluß der Lagerluft

Die elastische Verschiebung ändert sich beträchtlich mit der Lagerluft. Sie wird größer mit zunehmender Lagerluft und kleiner bei negativer Lagerluft (= Vorspannung) als sie sich im Abschnittt 12.4.2 darstellen. Die tatsächliche radiale Verschiebung und die sich einstellende Belastungszone lassen sich mit Hilfe des Federungsdiagrammes nach Wiche (Abb. 258) berechnen:

$$\delta_r = \beta \cdot \delta_r^* \,|\text{mm}| \qquad \text{(Gl. 133)}$$

$$\varepsilon = f(S/\delta_r^*) \qquad \text{(Gl. 134)}$$

mit

δ_r radiale elastische Verschiebung des Lagers bei Lagerluft bzw. Vorspannung |mm|

δ_r^* radiale elastische Verschiebung des spielfreien Lagers |mm|, siehe Gl. 120 ff

β Federungsbeiwert

ε Lastzone = $S/[\delta_r^* (2 - 4\varepsilon)]$

S Radiale Betriebslagerluft [µm], s. Gl. 420.

Weitere Angaben, insbesondere zur (optimalen) Vorspannung s. S. 350.

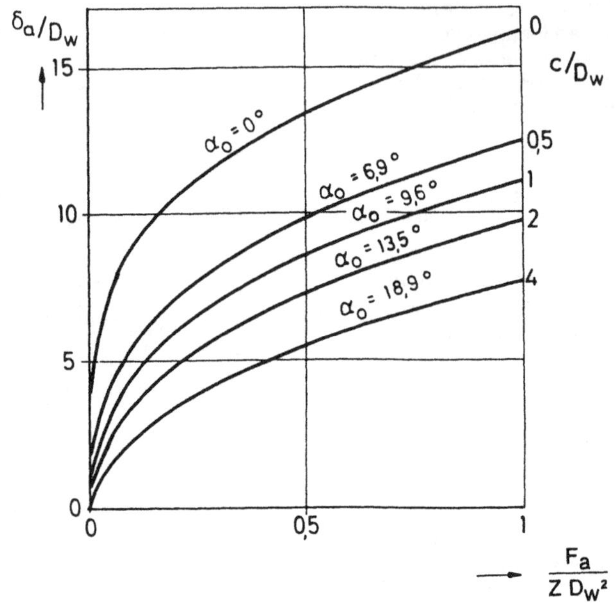

Abb. 257 Elastische Axialverschiebung, δ_a, in Rillenkugellagern mit üblicher Laufbahngeometrie.

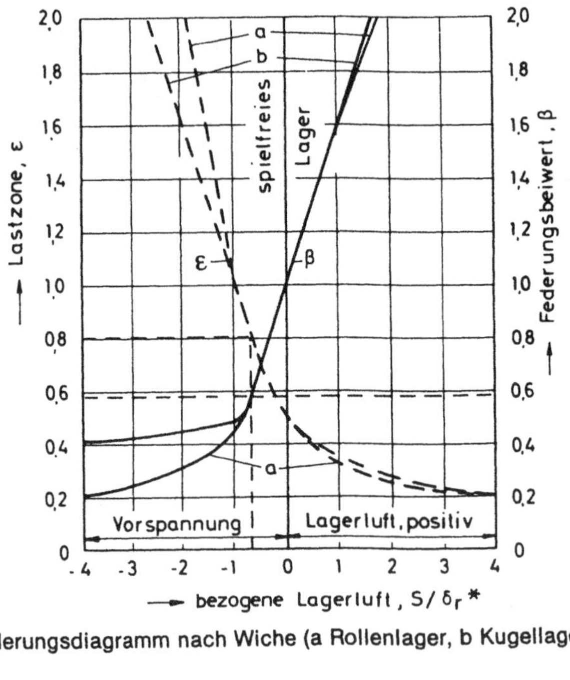

Beispiel
$S/\delta_r^* = -0{,}7$
$\rightarrow \beta = 0{,}58$
$\rightarrow \varepsilon = 0{,}8$

Abb. 258 Federungsdiagramm nach Wiche (a Rollenlager, b Kugellager)

Gegeben: **Beispiele**

Kegelrollenlager, $\alpha = 20°$
$Fr = 2000$ N
$Fa = 500$ N
$Z = 12$
$l_{eff} = 8$ mm

Zylinderrollenlager $\alpha = 0$ ($c = 0$)
$Fr = 2000$ N
$Fa = 0$
$Z = 12$
$l_{eff} = 8$ mm

Gesucht: Radiale und axiale Verschiebung, $\delta_r = ?$; $\delta_a = ?$

Lösung:

$Fr/Fa \cdot \tan\alpha = 0{,}728$
aus Abb. 268 $\varepsilon = 0{,}62$ und $J_r = 0{,}259$

(Gl. 172) $Q_{max} = \dfrac{2000}{12 \cdot \cos 20° \cdot 0{,}259} = 685$ N

(Gl. 125) $\delta_{max} = 7{,}554 \cdot \dfrac{10^{-5} \cdot 685^{0,9}}{8^{0,8} \cdot \cos 20°} = 0{,}005$ mm

(Gl. 118) $\delta_r = \dfrac{0{,}005}{2 \cdot 0{,}62 \cdot \cos 20°} = 0{,}004$ mm

(Gl. 119) $\delta_a = \dfrac{0{,}005}{\sin 20°}(1 - 0{,}5 \cdot 0{,}62)$

$= 0{,}002$ mm

weil $c = 0$ folgt $\varepsilon = 0{,}5$
$J_r = 0{,}2453$

$Q_{max} = \dfrac{2000}{12 \cdot \cos 0° \cdot 0{,}2453} = 679$ N

$\delta_{max} = 7{,}554 \cdot \dfrac{10^{-5} \cdot 697^{0,9}}{8^{0,8} \cdot \cos 0°} = 0{,}005$ mm

$\delta_r = \dfrac{0{,}005}{2 \cdot 0{,}5 \cdot \cos 0°} = 0{,}005$ mm

$\delta_a = 0$

Weitere Beispiele sind in den Abb. 259 und 260 leicht vergleichbar dargestellt.

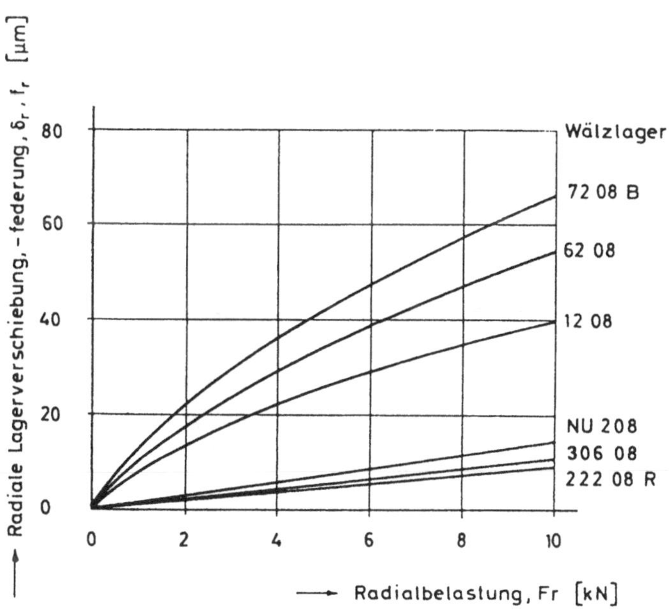

Abb. 259 Radiale Federung verschiedener Radial-Wälzlager nach Gl. 120 ... 125

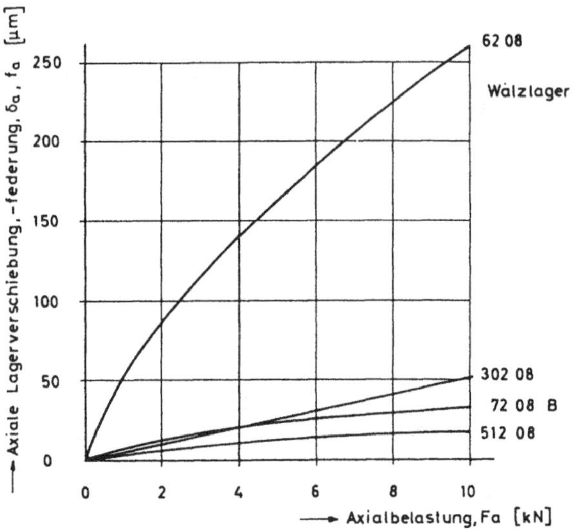

Abb. 260 Axiale Federung verschiedener Axial-Wälzlager nach Gl. 121 ... 126

12.5 Federung einer Lagerung

Die Federung einer Lagerung setzt sich zusammen aus elastischen Verschiebungen im Lager (Gl. 118 ff.) und Bewegungen, die aus Formänderungen der Lagerringe und Lageranschlußteile herrühren. Es sind nichtlineare Differentialgleichungen zu lösen, was bis heute nicht zufriedenstellend gelungen ist. Wir müssen uns mit Näherungs- oder Versuchswerten zufrieden geben. Als Beispiel für die Federung einer Lagerung mag die PkW-Ritzellagerung auf S. 351 oder die Hauptspindellagerung auf S. 475 dienen.

12.5.1 Axiale Federung der Kegelrollenlager (einer Pkw-Ritzellagerung)

Berücksichtigt werden die elastischen Verschiebungen im Lager sowie die Werkstoffe, Abmessungen und Passungen von Welle und Gehäuse. Vorausgesetzt werden ideale Sollformen der Lagerteile und Lagersitze, weil zahlenmäßige Aussagen über herstellbedingte Abweichungen in der Lagerabstützung nicht möglich sind.

Die axiale Federung beträgt dann:

$$\Sigma\delta a = \delta a + \delta a_I + \delta a_A \text{ [mm]} \qquad \text{(Gl. 135)}$$

mit

δa elastische Verschiebung im Lager, [mm], s. Gl. 126, S. 248

δa_I axiale Verschiebung durch Innenring-Zusammendrückung, [mm], s. Gl. 145, S. 253

δa_A axiale Verschiebung durch Außenring-Aufweitung [mm], s. Gl. 140, S. 253

und für die folgenden Gleichungen 136...145:

α Druckwinkel des Lagers [°]

B Innenringbreite [mm]

C Außenringbreite [mm]

d Lagerbohrung [mm]

D Lageraußendurchmesser [mm]

d_i Innendurchmesser der Welle [mm]

E Elastizitätsmodul [N/mm²]

1/m Poissonsche Konstante
Index L Lagerwerkstoff
G Gehäusewerkstoff
W Wellenwerkstoff

f mittl. Außenring-Laufbahndurchmesser [mm]

F mittl. Innenring-Laufbahndurchmesser [mm]

F_a Axialbelastung [N]

Flächenpressung an der Außenring-Laufbahn durch Axialbelastung

$$p_A \approx \frac{Fa \cdot \cot\alpha}{\pi \cdot f \cdot C} \,|N/mm^2| \qquad \text{(Gl. 136)}$$

Aufweitung des freien Außenring-Außendurchmessers

$$\Delta D = \frac{2\, f^2 \cdot D}{E_A (D^2 - f^2)} \cdot p_A \,|mm| \qquad \text{(Gl. 137)}$$

Flächenpressung am Außenring-Außendurchmesser durch ΔD

$$p_G = \frac{\Delta D}{D} \frac{1}{\frac{1}{E_G}\left[\frac{1 + (D/D_G)^2}{1 - (D/D_G)^2} + 1/m_G\right] + \frac{1}{E_A}\left[\frac{1 + (f/D)^2}{1 - (f/D)^2} - 1/m_L\right]} \,|N/mm^2| \qquad \text{(Gl. 138)}$$

Aufweitung der Außenring-Laufbahn

$$\Delta f = \frac{f}{E_L (D^2 - f^2)} \cdot [p_A \{(1 - 1/m_L)\, f^2 + (1 + 1/m_L)\, D^2\} - 2\, D^2 \cdot p_G] \,|mm| \qquad \text{(Gl. 139)}$$

Axiale Verschiebung durch Außenring-Aufweitung

$$\delta a_A = \Delta f \cdot \cot\alpha \cdot 0{,}5 \,|mm| \qquad \text{(Gl. 140)}$$

Flächenpressung an der Innenring-Laufbahn durch Axialbelastung

$$p_I \approx \frac{Fa \cdot \cot\alpha}{\pi \cdot F \cdot B} \,|N/mm^2| \qquad \text{(Gl. 141)}$$

Zusammendrückung der freien Innenringbohrung

$$\Delta d = \frac{2 \cdot d \cdot F^2}{E_L (F^2 - d^2)}\, p_I \,|mm| \qquad \text{(Gl. 142)}$$

Flächenpressung in der Innenringbohrung

$$p_W = \frac{\Delta d}{d} \frac{1}{\frac{1}{E_L}\left[\frac{1 + (d/F)^2}{1 - (d/F)^2} + 1/m_L\right] + \frac{1}{E_W}\left[\frac{1 + (di/d)^2}{1 - (di/d)^2} - 1/m_W\right]} \,|N/mm^2| \qquad \text{(Gl. 143)}$$

Zusammendrückung der Innenring-Laufbahn

$$\Delta F = \frac{F}{E_L (F^2 - d^2)} [p_W \{(1 - 1/m_L) \cdot F^2 + (1 + 1/m_G) \cdot d^2\} - 2\, d^2 \cdot p_W] \,|mm| \qquad \text{(Gl. 144)}$$

Axiale Verschiebung durch Innenring-Zusammendrückung

$$\delta ba_I = \Delta F \cdot \cot\alpha \cdot 0{,}5 \,|mm| \qquad \text{(Gl. 145)}$$

12.5.2 Einfluß der Passungen

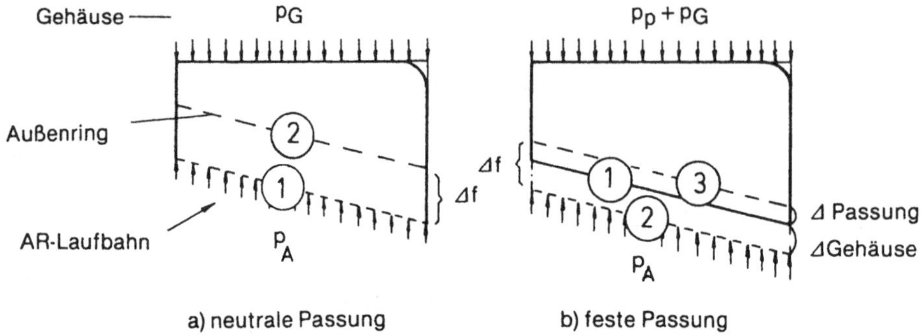

Abb. 261 Bewegung der Außenring-Laufbahn durch Lagerbelastung und -passung.

Die Gleichungen 138 und 143 gelten für den Fall, daß Innenring/Welle bzw. Außenring/Gehäuse mit „0" gepaßt sind (neutrale Passung, Abb. 261). Bei losen Passungen ist anstelle von ΔD, ΔD-ΔG (lose Passung) bzw. $\Delta D + \ddot{u}_G$ (feste Passung) und anstelle von Δd, Δd-ΔW (lose Passung) bzw. $\Delta d + \ddot{u}_W$ (feste Passung) zu setzen. Im Fall ΔG = ΔD bzw. ΔW > Δd haben die Lagerringe keinen Kontakt mit Gehäuse und Welle, es ist p_G bzw. $p_w = 0$.

12.6 Bleibende Formänderungen in Wälzlagern

Werden Wälzelemente über die Elastizitätsgrenze ihres Werkstoffes hinaus belastet, treten bleibende Verformungen, d.h. lokale Eindrückungen (z.B. abgeplattete Kugeln) an ihren Berührungsstellen auf. Größe und Verlauf der bleibenden Verformung lassen sich nicht mit Hilfe der Hertz'schen Theorie, sondern auf Grund verschiedener Untersuchungen (Werkstofffließverhalten, Änderung der Hertz'schen Druckverteilung, Geometrieverhältnisse, mehrfache Lastwechsel, Wärmebehandlung usw.) etwa wie folgt berechnen:

$$\delta_q = 1{,}3 \cdot 10^{-7} Q^2 (\varrho_{1I} + \varrho_{1II}) \cdot (\varrho_{2I} + \varrho_{2II}) / D_W \,[\text{mm}]$$

für Punktberührung (Gl. 146)

$$\delta_q = 2{,}1 \cdot 10^{-11} [Q/l_{eff} \cdot (\varrho_1 + \varrho_2)^{1/2}]^3 / D_W^{1/2} \,[\text{mm}]$$

für Linienberührung (Gl. 147)

mit

δ_q	Summe der bleibenden Verformung an der Berührungsstelle [mm]
Q	Wälzkörperbelastung [N]
ϱ_{1I}, ϱ_{1II}...	Reziprokwerte der Hauptkrümmungsradien [1/mm] (s. S. 147)
D_W	Wälzkörperdurchmesser [mm]
l_{eff}	effektive Rollenlänge [mm]

ΔG	Passungsspiel Außenring/Gehäuse
ΔW	Passungsspiel Welle/Innenring
$\ddot{u}_W$	Passungsübermaß Welle/Innenring
$\ddot{u}_G$	Passungsübermaß Außenring/Gehäuse
p_p	Flächenpressung durch Passung

Diese Gleichungen sind nur innerhalb eines begrenzten Bereiches gültig, der für die praktische Wälzlagertechnik von Bedeutung ist, nämlich einmalige Belastung, bleibende Verformung in der Größenordnung von 0,0001 D_W(Grundlage der statischen Tragzahl) und gehärtetem Stahl mit 800 ... 850 HV. Der Übergang von der elastischen zur plastischen Verformung erfolgt stetig. Kleinste bleibende Verformungen von Oberflächenspitzen sind praktisch ohne Bedeutung. Die gesamte bleibende Verformung an der Berührungsstelle teilt sich etwa zu 1/3 auf den Wälzkörper und zu 2/3 auf die Laufbahn des Lagerringes auf.

12.7 Bruchfestigkeit

Die Bruchgrenze für komplette Wälzlager liegt in der Regel über dem achtfachen der statischen Tragzahl ($F_B > 8C_0$). Nur in extremen Belastungsfällen ($f_s < 0{,}5$) interessiert daher die Bruchfestigkeit einzelner Wälzlagerelemente. Gestützt auf diverse Festigkeitsuntersuchungen sowohl im Betrieb als auch im Labor gelten für den Werkstoff SUJ-2 (≙ 100 Cr6, S. 179) etwa folgende Werte.

12.7.1 Bruchlast der Wälzkörper

Kugeln, 60 ... 66 HRC

D_W = 1/8″ ... 3″ (3,17 ... 76, 2 mm)

$F_B = 0{,}834 \cdot D_W^{1{,}773}$ |kN| (Gl. 148)*

Zylinderrollen, 60 ... 66 HRC

$F_B = 0{,}932 \cdot D_W^{0{,}7} \cdot l_r$ |kN| (Gl. 149)*

mit

F_B statische Bruchlast |kN|

D_W Wälzkörperdurchmesser |mm|

l_r Rollenlänge |mm|

* Gleichungen nach JIS B 1506 — 1976 (Zwei-Wälzkörperprüfung)

12.7.2 Bruchfestigkeit der Borde von Zylinder- und Kegelrollenlagern

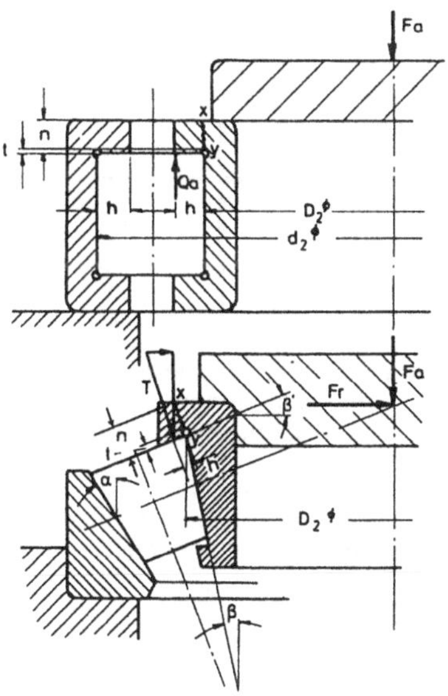

x-y-gefährdeter Querschnitt

Abb. 262 Zur Berechnung der Bruchfestigkeit der Lagerringborde

Biegespannung: $\sigma_1 = M/W_b$ (Gl. 150)

$M_b = Q_a \cdot h$

$Q_a = F_a/Z$

$W_b = \pi \cdot D\,(n - t)^2/6\,Z$

Scherspannung: $\tau = Q_a/A$

$A = \pi \cdot D\,(n - t)/Z$

Vergleichsspannung: $\sigma_v < \sigma_{vzul}$

$$= \left\{\sigma_{1/2} + \left[(\sigma_{1/2})^2 + \tau^2\right]^{1/2}\right\} \cdot 1{,}5$$

$$= \frac{3 \cdot Fa \cdot h \cdot 10^{-3}}{\pi \cdot D\,(n - t)^2} + \frac{1{,}5 \cdot Fa \cdot 10^3}{\pi \cdot D\,(n - t)^2} \cdot \left[4 \cdot h^2 + (n - t)^2\right]^{1/2} \;|N/mm^2| \quad \text{(Gl. 151)}$$

mit

A Gefährdete Querschnittsfläche |mm²|

M_b Biegemoment im Querschnitt x — y |Nmm|

W_b Widerstandsmoment des Querschnittes x - y [mm³]

Q_a Axialbelastung einer Rolle |kN|

h Wirksame Bordhöhe |mm|

Fa Axialbelastung des Lagers |kN|

Z Rollen-Anzahl

D Laufbahn-∅ = D_2 bzw. d_2 |m|

n Bordbreite |mm|

t Hinterschnittstiefe |mm|

1,5 Kerbfaktor für Querschnitt x — y

σ_{vzul} Zulässige Vergleichsspannung, für statische Belastung: 1800 ... 2100 N/mm², für dynamische Belastung: 300 N/mm²

Max. Bord/Rolle-Belastung bei Kegelrollenlagern:

$$T_{max} = \frac{\sin(\alpha - \beta)}{\cos(\beta' - \beta)} \cdot Q_{max.} \;|kN| \quad \text{(Gl. 152)}$$

Gesamte Bordbelastung bei Kegelrollenlagern:

$$T_{ges} = \frac{\sin(\alpha - \beta)}{\cos(\beta' - \beta)\sin\alpha} \cdot Fa \;|kN| \quad \text{(Gl. 153)}$$

mit

α Druckwinkel |°|

β Innenring-Laufbahnwinkel |°|

β' Führungsbordwinkel |°|

Q_{max} Größte Wälzkörperbelastung |kN|, S. Gl. 172, S. 260

12.7.3 Bruchlast des Außenringes

12.7.3.1 Wälzlager auf der Ebene

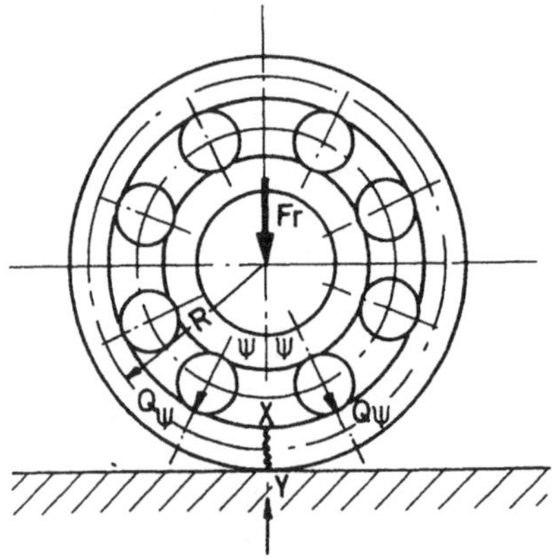

x-y-gefährdeter Querschnitt

Abb. 263 Zur Berechnung der Bruchlast von Außenringen auf einer Ebene

Vergleichsspannung:

$$\sigma_V = Q_\psi/A + M_b/A \cdot R \cdot \left[1 + \frac{\eta}{W_b(R+\eta)}\right] [N/mm^2] \quad (Gl. 154)$$

$$Q_\psi = [F_r/(2\cdot\pi)] \cdot (\pi - \psi) \cdot \tan\psi \cdot 10^{-3} \quad (Gl. 155)$$

$$M_b = [F_r \cdot R/(2 \cdot \pi)] \cdot [(\pi - \psi) \cdot \tan\psi - \sec\psi + 1] \cdot 10^{-3} \quad (Gl. 156)$$

(sec = 1/cos)

$$\eta = -A_t/2$$

$$W_b = 1/3\,(A_t/2R)^2 + 1/5\,(A_t/2R)^4 + 1/7\,(A_t/2R)^6 + \ldots \quad (Gl. 157)$$

mit

- Q_ψ Wälzkörperbelastung [kN]
- A Außenring-Querschnittsfläche [mm^2]
- M_b Biegemoment im Querschnitt x—y [Nmm]
- R Mittlerer Außenringradius [mm] (neutrale Faser)
- η Abstand zur neutralen Faser [mm]
- W_b Widerstandsmoment des Querschnittes x—y [mm^3]
- Fr Radialbelastung des Lagers [kN]
- ψ Wälzkörperstellung [°]
- A_t Außenringdicke [mm]

12.7.3.2 Kugellager im Gehäuse

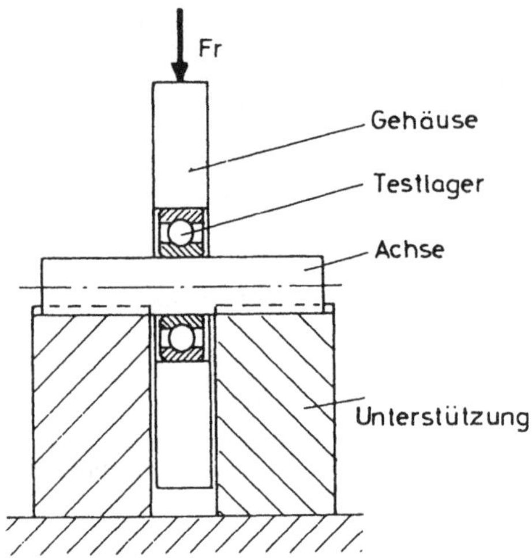

Gehäuse-Werkstoff	Brinellhärte [HB]
Aluminium	67 ... 70
Messing	89 ... 101
Stahl	113 ... 136
Gußeisen	168 ... 174
Gehärteter Stahl	198 ... 274

Abb. 264 Zur Bestimmung der Bruchlast von Außenringen in verschiedenen Gehäusewerkstoffen

In Versuchen mit Rillenkugellagern (d = 17 ... 35 mm) wurde folgender Zusammenhang gefunden:

$$F_B \approx Z \cdot HB \cdot A/5\ [kN] \quad (Gl. 158)$$

mit

- Z Kugelanzahl
- HB Brinellhärte des Gehäusesitzes
- A Außenring-Querschnittfläche [mm^2]

12.7.4 Bruchfestigkeit der Außenringnut

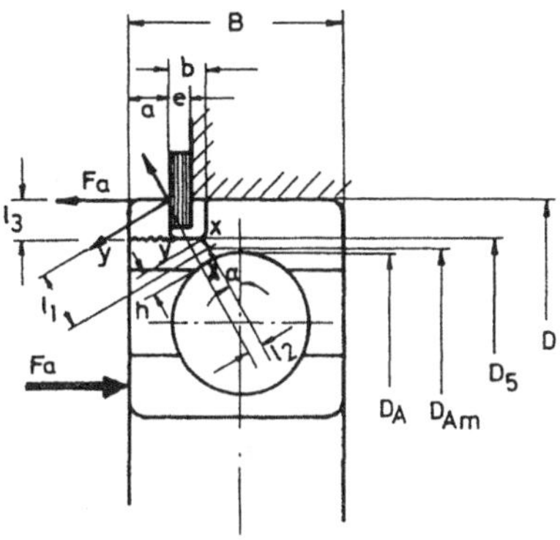

x — y }
y — y } Gefährdete Querschnitte

Abb. 265 Zur Berechnung der Bruchfestigkeit der Außenringnut

Ähnlich 12.7.2 ergeben sich für die gefährdeten Querschnitte (Abb. 265) folgende Vergleichsspannungen:

Querschnitt x—y:

$$\sigma_V = 1{,}896 \cdot \sigma_x/2 + 1{,}117 \cdot (\sigma_x^2/4 + \tau_x^2)^{1/2} \quad [\text{N/mm}^2] \quad \text{(Gl. 159)}$$

Querschnitt y—y:

$$\sigma_V = \sigma_y/2 + (\sigma_y^2/4 + \tau_y^2)^{1/2} \quad [\text{N/mm}^2] \quad \text{(Gl. 160)}$$

mit

$$\sigma_x = Fa \cdot (6 \cos\alpha \cdot l_1 - 6 \sin\alpha \cdot l_2 + h \cdot \cos\alpha)/\pi \cdot D_{Am} \cdot h^2 \quad \text{(Gl. 161)}$$

$$\sigma_y = 6 \cdot Fa \cdot l_3/\pi \cdot D_5 \cdot a^2 \quad \text{(Gl. 162)}$$

$$\tau_x = Fa \cdot \sin\alpha/\pi \cdot D_{Am} \cdot h \quad \text{(Gl. 163)}$$

$$\tau_y = Fa/\pi \cdot D_5 \cdot a$$

Fa Axialbelastung gemäß Abb. 265 [kN]

1,896, 1,117 } Beiwerte aus Versuche (Abb. 266)

$\sigma_{V zul}$ zulässige Vergleichsspannung für statische Belastung: 1800 ... 2100 N/mm² für dynamische Belastung: 300 N/mm²

Durch Einsetzen von $\sigma_{V\,zul}$ anstelle von σ_V erhält man die (max.) zulässige Axialbelastung für die Außenringnut.

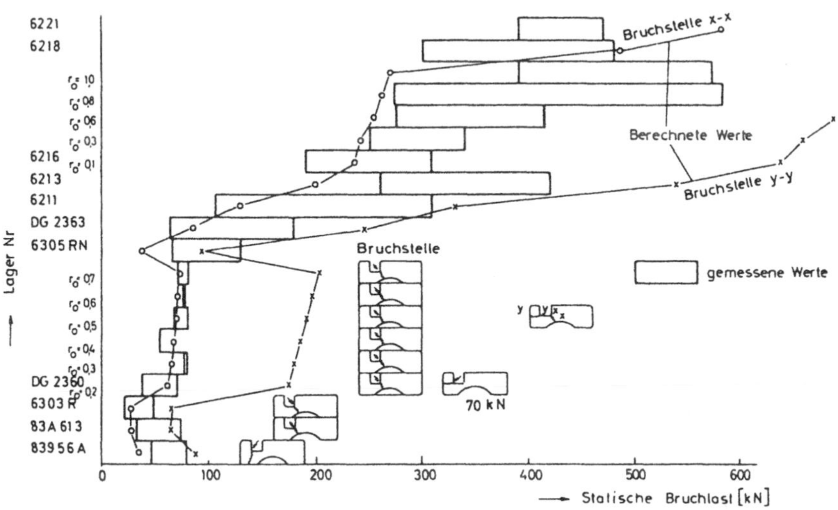

Abb. 266 Gemessene und berechnete statische Bruchlasten der Außenringnut von Rillenkugellagern

13 Lastverteilung im Wälzlager

Die Lastverteilung in einem belasteten Wälzlager ist, da sich die Belastung in der Regel auf mehr als zwei Wälzkörper abstützt (statisch unbestimmte Konstruktion), von elastischen Verformungen an den Berührungsstellen der Wälzelemente abhängig (s. Abschnitt 12.4). Ihre Berechnung nimmt entscheidenden Einfluß auf die wirksamen Tragzahlen. Der Einfachheit halber wird im folgenden der Einfluß der Massenkräfte (Fliehkraft, Kreiselmoment) nicht berücksichtigt, weil es im üblichen Drehzahlbereich fast immer gerechtfertigt ist.

13.1 Lastverteilung im Radiallager

Die Belastung, die ein beliebiger Wälzkörper im Lager aufzunehmen hat, wird durch die gesamte elastische Verformung (Verschiebung) an seinen Berührungsstellen mit der Laufbahn bestimmt (Abb. 267). Aus den Hertz'schen Gleichungen (s. S. 237) ergibt sich folgende Beziehung zwischen Wälzkörperbelastung und elastischer Wälzkörperverformung:

$$Q\psi/Q_{max} = (\delta\psi/\delta_{max})^{3/2}$$
für Punktberührung (Gl. 164)

bzw.

$$Q\psi/Q_{max} = (\delta\psi/\delta_{max})^{1,1}$$
für Linienberührung (Gl. 165)

mit

$Q\psi$ Wälzkörperbelastung in der durch ψ bestimmten Lage [kN]

Q_{max} größte Wälzkörperbelastung ($\psi = 0$) [kN]

$\delta\psi$, δ_{max} gesamte elastische Verformung (Verschiebung) an den Berührungsstellen [mm]

Das Gleichgewicht zwischen äußerer Lagerbelastung und Wälzkörperbelastungen ist hergestellt, wenn

$$Fr = J_r \cdot Z \cdot Q_{max} \cdot \cos\alpha \text{ [kN]} \quad \text{(Gl. 166)}$$
und
$$Fa = J_a \cdot Z \cdot Q_{max} \cdot \sin\alpha \text{ [kN]} \quad \text{(Gl. 167)}$$

betragen, wobei sich die Beiwerte J_r und J_a aus den Gleichungen (164) und (165) ermitteln oder, unter bestimmten Bedingungen, aus Abb. 268 ablesen lassen.

mit

Fr Radialbelastung [kN]

Fa Axialbelastung [kN]

Z Wälzkörper-Anzahl

Q_{max} größte Wälzkörperbelastung [kN]

α Druckwinkel [°]

Die Werte für J_r und J_a in Abb. 268, auch Sjövallsche Integrale genannt, gelten streng genommen nur für spielfreie Lager mit idealer geometrischer Form der Wälzelemente, für Lager mit starren Wälzlagerringen, die nur elastische Verformungen in den Berührungsstellen der Wälzelemente zulassen, für Lager mit konstantem Druckwinkel und für Lager, deren Laufringe sich bei der gegenseitigen elastischen Verschiebung nur parallel zu ihrer Mittelachse verschieben, also kein Verkippen stattfindet - Ausnahmen bilden Pendelkugel- und Pendelrollenlager, die keine Momente aufnehmen können.

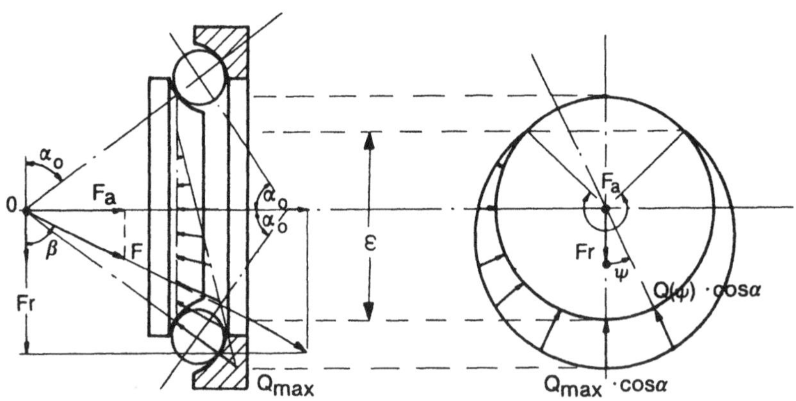

Abb. 267 Lastverteilung im Radiallager

Parameter der Lastzone ε	Einreihige Radiallager Punktberührung $\frac{Fr \cdot \tan\alpha_0}{Fa}$ 1)	J_r	J_a	Linienberührung $\frac{Fr \cdot \tan\alpha_0}{Fa}$	J_r	J_a
0	1	1/z	1/z	1	1/z	1/z
0,2	0,9318	0,1590	0,1707	0,9215	0,1737	0,1885
0,3	0,8964	0,1892	0,2110	0,8805	0,2055	0,2334
0,4	0,8601	0,2117	0,2462	0,8380	0,2286	0,2728
0,5	0,8225	0,2288	0,2782	0,7939	0,2453	0,3090
0,6	0,7835	0,2416	0,3084	0,7480	0,2568	0,3433
0,7	0,7427	0,2505	0,3374	0,6999	0,2636	0,3766
0,8	0,6995	0,2559	0,3658	0,6486	0,2658	0,4098
0,9	0,6529	0,2576	0,3945	0,5920	0,2628	0,4439
1	0,6000	0,2546	0,4244	0,5238	0,2532	0,4817
1,25	0,4538	0,2289	0,5044	0,3598	0,2078	0,5775
1,67	0,3088	0,1871	0,6060	0,2340	0,1589	0,6790
2,5	0,1850	0,1339	0,7240	0,1372	0,1075	0,7837
5	0,0831	0,0711	0,8558	0,0611	0,0544	0,8909
∞	0	0	1	0	0	1
	$2e/d_m$	J_r	J_a	$2e/d_m$	J_r	J_a
	Einseitig wirkende Axiallager, α = 90æ					

ε_I	ε_{II} 3)	Zweireihige Radiallager 2) $\frac{Fr \cdot \tan\alpha_0}{Fa}$	J_r	J_a	$\frac{Q_{IImax}}{Q_{Imax}}$	$\frac{Fr_{II}}{Fr_I}$	$\frac{Fr \cdot \tan\alpha_0}{Fa}$	J_r	J_a	$\frac{Q_{IImax}}{Q_{Imax}}$	$\frac{Fr_{II}}{Fr_I}$
0,5	0,5	∞	0,4577	0	1	1	∞	0,4906	0	1	1
0,6	0,4	2,046	0,3568	0,1744	0,544	0,477	2,389	0,4031	0,1687	0,640	0,570
0,7	0,3	1,092	0,3036	0,2782	0,281	0,212	1,210	0,3445	0,2847	0,394	0,306
0,8	0,2	0,8005	0,2758	0,3445	0,125	0,078	0,8232	0,3036	0,3688	0,218	0,142
0,9	0,1	0,6713	0,2618	0,3900	0,037	0,017	0,6343	0,2741	0,4321	0,089	0,043
1,0	0	0,6000	0,2546	0,4244	0	0	0,5238	0,2523	0,4817	0	0
ε_I	ε_{II}	$\frac{2e}{d_m}$	J_r	J_a	$\frac{Q_{IImax}}{Q_{Imax}}$	$\frac{M_{II}}{M_I}$ 4)	$\frac{2e}{d_m}$	J_r	J_a	$\frac{Q_{IImax}}{Q_{Imax}}$	$\frac{M_{II}}{M_I}$
		Zweiseitig wirkende Axiallager, α = 90æ									

1) $\frac{Fr \cdot \tan\alpha_0}{Fa} = \frac{\tan\alpha_0}{\tan\beta} = \frac{J_r}{J_a}$

2) oder zwei einreihige, gleichgroße gepaarte Radiallager

3) ε_I, ε_{II} Parameter der belasteten Zone der Wälzkörperreihen I und II

4) M_I, M_{II} auf Wälzkörperreihe I bzw. II wirkende Momente. Index I gilt für die höher belastete Reihe.

$$\varepsilon = \delta_{max}/(\delta_{max} - \delta_{min})$$

$$J_r = \frac{1}{2\pi} \int_{-\psi_0}^{+\psi_0} \left[1 - \frac{1}{2\varepsilon}(1 - \cos\psi)\right]^m \cos\psi \, d\psi \quad \text{(Gl. 168)}$$

$$J_a = \frac{1}{2\pi} \int_{-\psi_0}^{+\psi_0} \left[1 - \frac{1}{2\varepsilon}(1 - \cos\psi)\right]^m d\psi$$

mit

m = 3/2 für Punktberührung

= 1,1 für Linienberührung

$-\psi_0 \dots +\psi_0$ Lastzone

Abb. 268 Beiwerte J_r und J_a für die Berechnung der Lastverteilung in spielfreien Wälzlagern

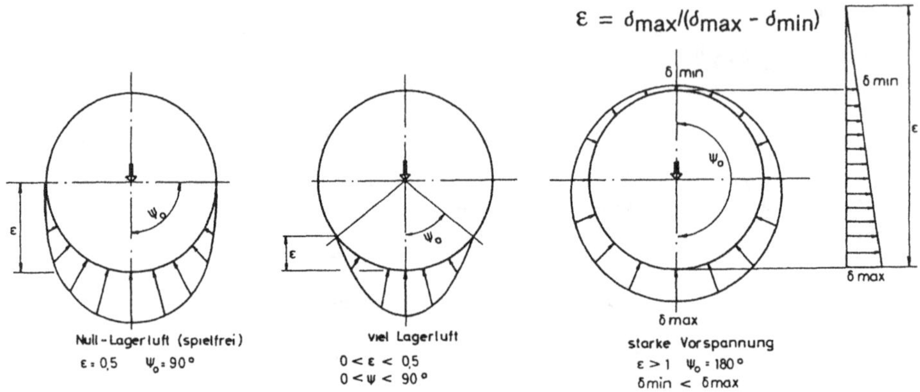

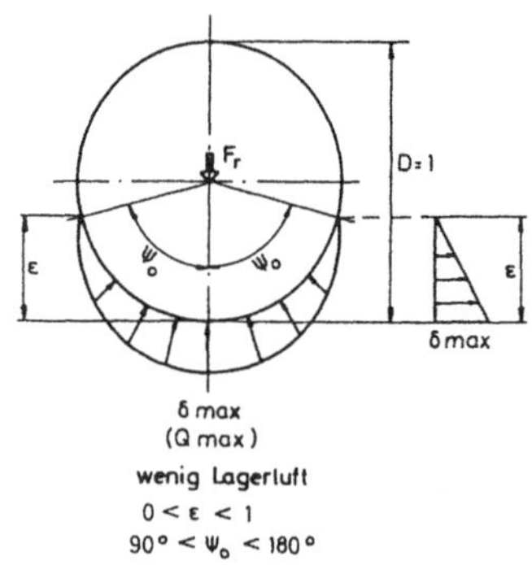

Abb. 269 Typische Belastungszonen von Radial-Wälzlagern bei unterschiedlicher Lagerluft bzw. -vorspannung.

13.2 Lastzone

Als Lastzone wird der Teil des Lagerumfanges bezeichnet, auf welchen die Wälzkörper Belastungen übertragen. Ihre Größe wird mit ε bezeichnet und ist, unabhängig davon, ob man ein Lager mit Lagerluft, ohne Lagerluft oder unter Vorspannung betrachtet, wie folgt definiert:

$$\varepsilon = \delta_{max}/2\delta_r \cdot \cos\alpha \qquad \text{(Gl. 169)}$$

mit

δ_{max} gesamte elastische Verformung an der Stelle des am höchstbelasteten Wälzkörpers [mm]

δ_r radiale Verformung der Lagerringe gegeneinander, von der Mittellage aus gerechnet [mm]

α Druckwinkel [°]

Bei Belastung nur eines Teiles des Laufbahnumfangs ist $\varepsilon \leqq 1$, bei Belastung des ganzen Laufbahnumfangs dagegen $\varepsilon \geqq 1$, (Abb. 269).

Die Tragzahlgleichungen und Tragzahlwerte in den Maßtabellen setzen eine Belastungszone gleich dem halben Laufbahnumfang voraus, also $\varepsilon = 0{,}5$. Damit dieser Zustand erreicht wird, ist nach Abb. 267 eine Axialkraft

$$Fa = \frac{Fr \cdot \tan\alpha}{0{,}8225} = 1{,}216 \cdot Fr \cdot \tan\alpha \qquad \text{(Gl. 170)}$$

(Punktberührung)

bzw.

$$Fa = \frac{Fr \cdot \tan\alpha}{0{,}7929} = 1{,}260 \cdot Fr \cdot \tan\alpha \qquad \text{(Gl. 171)}$$

(Linienberührung)

erforderlich.

13.2.1 Größte Wälzkörperbelastung

Die größte Wälzkörperbelastung, Q_{max}, die z.B. für die Bestimmung der äquivalenten statischen Belastung ausschlaggebend ist, ergibt sich aus Gleichung (166 und 167)

$$Q_{max} = Fr/Z \cdot \cos\alpha \cdot J_r = Fa/Z \cdot \sin\alpha \cdot J_a \text{ [kN]} \qquad \text{(Gl. 172)}$$

Bei einer Belastungszone von $\varepsilon = 0{,}5$ also:

$$Q_{max} = \frac{Fr}{0{,}2288 \cdot Z \cdot \cos\alpha} = 4{,}37 \frac{Fr}{Z \cdot \cos\alpha} \text{ [kN]}$$

für Punktberührung (Gl. 173)

$$Q_{max} = \frac{Fr}{0{,}2453 \cdot Z \cdot \cos\alpha} = 4{,}08 \frac{Fr}{Z \cdot \cos\alpha} \text{ [kN]}$$

für Linienberührung (Gl. 174)

Weil bei radialbelasteten Lagern fast immer eine gewisse Lagerluft vorhanden ist oder der Außenring mit Spielpassung im Gehäuse sitzt, ist $\varepsilon < 0{,}5$ und Q_{max} größer als nach diesen Gleichungen. So rechnet man in der Praxis oft mit Werten von 5 bzw. 4,6 anstelle von 4,37 bzw. 4,08.

13.2.2 Außermittige Radialbelastung

Außermittige Radialbelastung bei drei- und mehrreihigen (Zylinderrollen-)Lagern, z.B. als Walzenzapfenlager, bewirken ungleichmäßige Verformungen (Lastverteilungen) und erhöhte Lagerbeanspruchungen (Abb. 270). Erreicht der außermittige Lastangriff den 1,5fachen Wert des Reihenabstandes (a = 1,5 e), kippt das Lager innerhalb seiner Lagerluft. An den äußeren Rollenreihen treten dann entgegengesetzt gerichtete Belastungen auf, die die Lagerlebensdauer auf bis zu ein Hunderstel des Wertes für die gleichmäßige Belastung reduzieren.

- F_r Radialbelastung des Lagers [kN]
- P_1 Radialbelastung des Lagers [kN]
- P_1 Belastung der äußeren Lagerreihe [kN]
- L_0 Lagerlebensdauer bei zentrischer Belastung [h]
- L' Lagerlebensdauer bei exzentrischer Belastung [h]

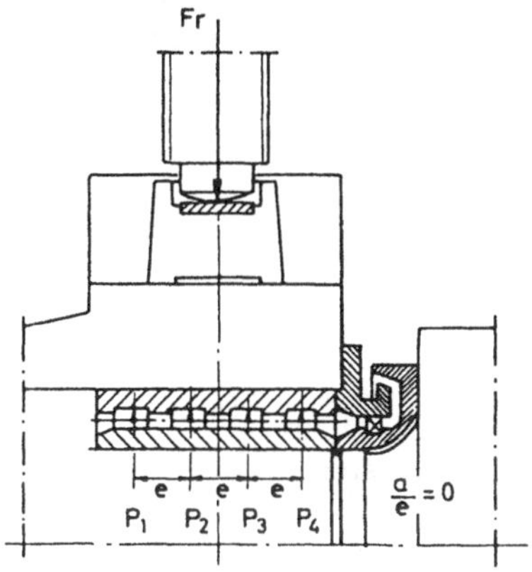

Lebensdauerverminderung

$\frac{a}{e}$	$\frac{L_0}{L'}$
0,25	2,4
0,50	5,0
0,75	8,5
1,00	16,0
1,25	39,0
1,50	100,0

Lastverteilung

$$P_1 = \frac{F_r}{4} \qquad \text{(Gl. 175)}$$

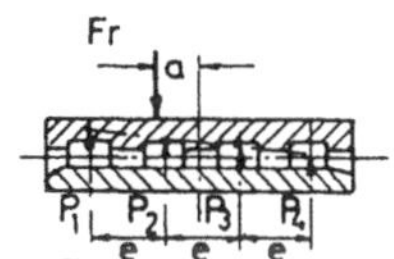

$$0 \leq \frac{a}{e} \leq \frac{5}{6} \qquad P_1 = F_r\left(0{,}3 \cdot \frac{a}{e} + \frac{1}{4}\right) \qquad \text{(Gl. 176)}$$

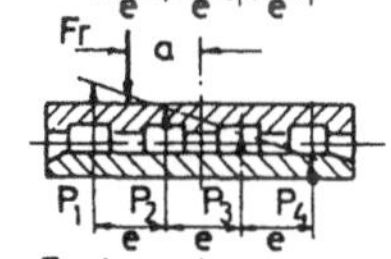

$$\frac{5}{6} \leq \frac{a}{e} \leq \frac{7}{6} \qquad P_1 = F_r\left(0{,}5 \cdot \frac{a}{e} + \frac{1}{12}\right) \qquad \text{(Gl. 177)}$$

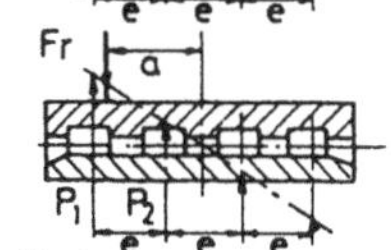

$$\frac{7}{6} \leq \frac{a}{e} \leq \frac{3}{2} \qquad P_1 = F_r\left(\frac{a}{e} - \frac{1}{2}\right) \qquad \text{(Gl. 178)}$$

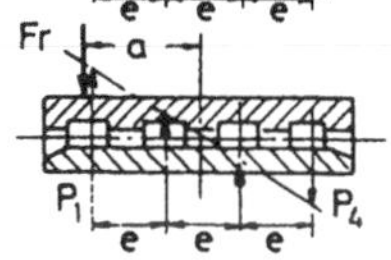

$$\frac{3}{2} \leq \frac{a}{e} \qquad P_1 = F_r \qquad \text{(Gl. 179)}$$

Abb. 270 Einfluß des außermittigen Lastangriffes auf die Lastverteilung (Lagerlebensdauer)

13.2.3 Axialbelastungen

Sinkt die Axialbelastung unter den im Abschnitt 13.2 angegebenen Werten, vermindert sich die belastete Zone und damit die Anzahl der belasteten Wälzkörper.

Bei Fa = Fr · tanα ist nur noch ein Wälzkörper belastet ($Q = Q_{max}$ = Fr/cosα). Bei einem weiteren Absinken der Axialbelastung rutscht der Innenring aus dem Außenring heraus. Soll der Laufbahnumfang gerade vollständig belastet, d.h. $\varepsilon = 1$ werden, ist eine Axialkraft Fa = Fr · tanα/0,600 = 1,67 · Fr · tanα (Punktbelastung) bzw. Fa = Fr · tanα/0,5238 = 1,91 · Fr · tanα (Linienberührung) erforderlich. Ist das Lager nur mit einer Axiallast beansprucht, d.h. Fr = 0, sind alle Wälzkörper gleich belastet und $\varepsilon = \infty$ ($Q = Q_{max}$ = Fa/Z · sinα). Bei zweireihigen Lagern bewirken Axialbelastungen Vergrößerungen der Lastzone in der einen Reihe und Verringerungen in der anderen. Ab $\varepsilon_{II} = 0$ ist dann wie bei einem einreihigen Lager weiter zu rechnen, weil nur noch eine Lagerreihe belastet ist.

Bei einreihigen Zylinderollenlagern mit Bord(en) an Innen- und Außenringen entsteht durch die Axialbelastung ein Moment an den Rollen (Abb. 271), das ähnlich wie Winkelfehler (Abb. 256) zu höheren Lagerbeanspruchungen führt. Für Überschlagrechnungen siehe Hinweise auf S. 97, T. 1.

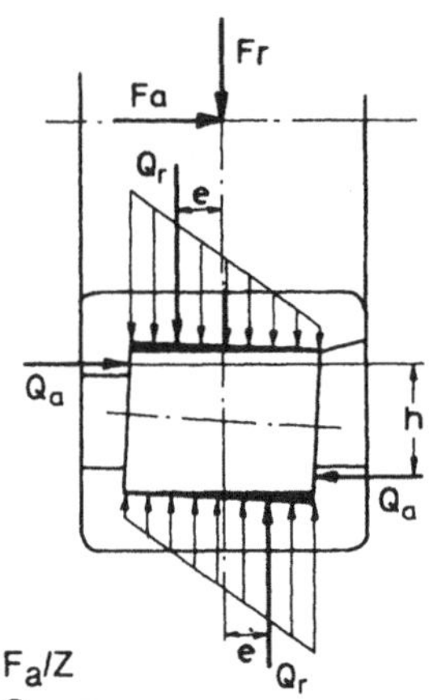

$Q_a = F_a/Z$

$Q_a \cdot h = Q_r \cdot e$

Abb. 271 Einfluß der Axialbelastung auf eine Rolle

13.3 Beliebige Wälzkörperbelastung

Aus den Gleichungen 164 und 165 sowie der Beziehung

$$\frac{\delta\psi}{\delta_{max}} = (1 - 0{,}5\,\varepsilon)\cdot(1 - \cos\psi) \qquad \text{(Gl. 180)}$$

läßt sich die Belastung eines beliebigen Wälzkörpers im Lager berechnen:

$$Q\psi = Q_{max}\,[(1-0{,}5\,\varepsilon)\cdot(1-\cos\psi)]^m\ [\text{kN}] \qquad \text{(Gl. 181)}$$

$$= Q_{max}\cdot\cos\psi^m\ [\text{kN}] \qquad \text{(Gl. 182)}$$

mit

m = 3/2 für Punktberührung
 = 1,1 für Linienberührung

13.4 Mittlere Wälzkörperbelastung

Die „mittlere" Wälzkörperbelastung, Q_m, die für die Bestimmung der äquivalenten dynamischen Belastung (s. Abschnitt 20) maßgebend ist, ergibt sich aus der Summation der einzelnen Wälzkörperbelastungen nach dem Lebensdauergesetz:

$$Q_m = \left[\frac{\sum_{\psi=1}^{\psi=z} Q\psi^p}{Z}\right]^{1/p}\ [\text{kN}] \qquad \text{(Gl. 183)}$$

mit

Q Wälzkörperbelastung in der durch ψ bestimmtem Lage [kN]
Z Wälzkörper-Anzahl
p Lebensdauerexponent, s. S. 205

Für $\varepsilon = 0{,}5$ gilt:

$$Q_m = \frac{2{,}46\cdot Fr}{Z\cdot\cos\alpha}\ [\text{kN}] \text{ für Punktberührung} \qquad \text{(Gl. 184)}$$

$$Q_m = \frac{2{,}49\cdot Fr}{Z\cdot\cos\alpha}\ [\text{kN}] \text{ für Linienberührung} \qquad \text{(Gl. 185)}$$

Beispiel

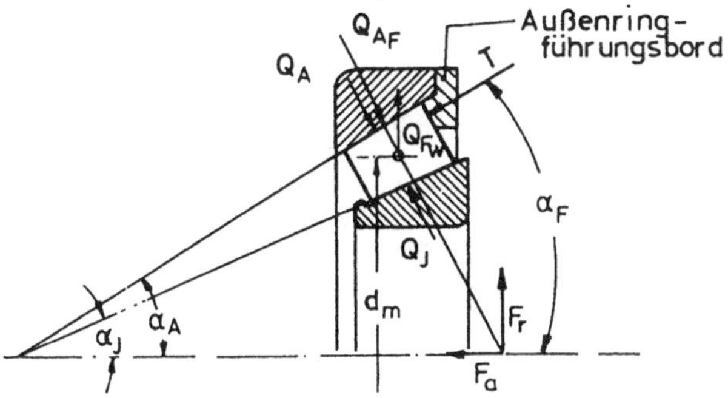

α_A = Außenringlaufbahnwinkel (= Druckwinkel α_o) [°]
α_F = Außenringführungsbordwinkel [°]
α_I = Innenringlaufbahnwinkel (β)[°]

Abb. 272 Kegelrollenlager mit Außenringführungsbord

Q_{F_W} Fliehkraft des Wälzkörpers [kN]
Q_A Wälzkörperbelastung am Außenring ohne Wälzkörper-Fliehkraft [kN]
Q_{A_F} Wälzkörperbelastung am Außenring einschl. Wälzkörper-Fliehkraft [kN]
T Wälzkörperbelastung am Außenringführungsbord [kN]
Q_I Wälzkörperbelastung am Innenring [kN]

Gegeben:

Kegelrollenlager 30205 in Sonderausführung (Außenringführungsbord, Toleranz P5, Leichtmetallkäfig usw.) für Gasturbinengetriebe

n_I = 53000 min^{-1} ($\hat{=}$ $d_m \cdot n = 1{,}35 \cdot 10^6$ bzw. 5fach ngö!)
c = 25,30 kN
y = 3,34
D_W = 6,79 mm
Z = 12
d_m = 39 mm
$\alpha_o = \alpha_A = 6°50' = 6{,}83°$
α_I = 2,83°
α_F = 6°
Wälzkörpergewicht, G = 0,028 N

Fr = 1,35 kN
Fa = 0,50 kn
n_A = 0

Gesucht:

1) Lastverteilung im Lager mit/ohne Fliehkraft der Wälzkörper, Q_A, Q_{A_F}, Q_m = ?
2) Ermüdungslebensdauer mit/ohne Fliehkrafteinwirkung, L_h, L_{hF} = ?

Lösung:

nach Gl. 220

$$Q_{F_W} = m_W \cdot \frac{d_m}{2} \cdot \omega_K = \frac{0{,}00285 \cdot 0{,}039 \cdot 2255}{2} = 0{,}286 \text{ kN}$$

$$m_W = \frac{G}{9{,}81} = 0{,}00285 \text{ kg}$$

$$\omega_K = \frac{\pi \cdot n_K}{30} = \frac{\pi \cdot 21919}{30} = 2295 \text{ rad/s}$$

nach Gl. 207

$$n_K = \left(1 - \frac{\cos\alpha}{d_m/D_w}\right) n_I/2$$

$$= \left(1 - \frac{\cos 6{,}83}{39/6{,}79}\right) 53000/2$$

$$= 21919\ \text{min}^{-1}$$

nach Gl. 172 ergibt sich die größte Wälzkörperbelastung:

$$Q_{max} = \frac{Fr}{Z \cdot \sin\alpha_I \cdot Ja}$$

$$= \frac{1{,}35}{12 \cdot \sin(6°50') \cdot 0{,}6044}$$

$$= 0{,}579\ \text{kN}$$

mit Ja = 0,6044 nach Abb. 268

$$\varepsilon = \frac{Fr \cdot \tan\alpha_I}{Fa}$$

$$= \frac{1{,}35 \cdot \tan 6°50'}{0{,}5}$$

$$= 1{,}353$$

Nach (Gl. 181) beträgt die Belastung eines beliebigen Wälzkörpers:

$$Q\psi = Q_A\psi$$
$$= Q_{max}\left[(1-0{,}5 \cdot 1{,}353) \cdot (1-\cos\psi)\right]^{1,1}$$

mit der Beziehung von

$$Q_{A\psi} = Q_{I\psi} \cdot \frac{\cos(\alpha_F - \alpha_I)}{\cos(\alpha_A - \alpha_F)}$$

ergibt sich die Belastung eines beliebigen Wälzkörpers am Außenring einschließlich der Wälzkörper-Fliehkraft zu:

$$Q_{AF(\psi)} = Q_{A\psi} + \frac{\cos\alpha_F}{\cos(\alpha_A - \alpha_F)} \cdot Q_F$$

$$= Q_{A\psi} + \frac{\cos 6}{\cos(6{,}83-6)} \cdot Q_F$$

Die mittlere Wälzkörperbelastung, die für die Lebensdauerberechnung entscheidend ist, erhält man aus Gl. 183:

$$Q_m = \left[\frac{\sum_{\psi=1}^{\psi=12} Q_\psi^{10/3}}{12}\right]^{3/10}$$

Die für das vorliegende Beispiel erhaltenen Zahlenwerte sind in der folgenden Tabelle zusammengestellt.

Wälzkörperlage Nr.	ψ [°]	Wälzkörperbelastung [kN] $Q_{I\psi}$	$Q_{A\psi}$	$Q_{AF(\psi)}$
1	0	0,579	0,579	0,861
2,12	± 30	0,548	0,547	0,829
3,11	± 60	0,462	0,461	0,743
4,10	± 90	0,347	0,347	0,629
5,9	±120	0,236	0,236	0,518
6,8	±150	0,158	0,158	0,440
7	180	0,131	0,130	0,412
	Q_m	0,441	0,434	0,686

Die Ermüdungslebensdauer ohne Berücksichtigung der Fliehkräfte errechnet sich nach S. 77 + Gl. 66/67 wie folgt:

$$P = 0{,}4 \cdot 1{,}35 + 3{,}34 \cdot 0{,}50$$
$$= 2{,}21\ \text{kN}\ (>Fr)$$

$$L_h = \frac{16667}{53000}\left(\frac{25{,}3}{2{,}21}\right)^{10/3} = 1063\ \text{h}$$

und bei Berücksichtigung der Wälzkörper-Fliehkräfte:

$$Fr_F = 0{,}401 \cdot 0{,}686 \cdot 12 \cdot \cos 6{,}83$$
$$= 3{,}28\ \text{kN}$$

s. Gl. 185

$$P = Fr_F$$

$$L_{hF} = \frac{16667}{53000}\left(\frac{25{,}3}{3{,}28}\right)^{10/3} = 285\ \text{h}$$

13.5 Lastverteilung in Axiallagern

In Axiallagern mit α_0 = 90 verteilt sich die äußere, zentrisch angreifende Axialbelastung gleichmäßig auf alle Wälzkörper, so daß die einzelne Wälzkörperbelastung ist:

$$Q = Q_{max} = Q_m = Fa/Z\ [kN] \quad \text{(Gl. 186)}$$

Wirkt die Axialbelastung dagegen exzentrisch oder wird das Lager mit einem Moment belastet, werden die Wälzkörper ungleichmäßig belastet. Die größte Wälzkörperbelastung kann mit Hilfe der Abb. 273 bestimmt werden, wobei folgende Zusammenhänge gelten:

$$Fa = J_a \cdot Z \cdot Q_{max}\ [kN] \quad \text{(Gl. 187)}$$

$$\frac{2 \cdot M}{d_m} = Fa \cdot \frac{2e}{d_m} = J_r \cdot Z \cdot Q_{max}\ [kN] \quad \text{(Gl. 188)}$$

$$\frac{2e}{d_m} = \frac{J_r}{J_a} \quad \text{(Gl. 189)}$$

mit

- Fa Axialbelastung [kN]
- J_a, J_r Beiwerte, siehe Abb. 268
- Z Wälzkörper-Anzahl
- Q_{max} größte Wälzkörperbelastung [kN]
- M Moment [Nm]
- d_m Teilkreisdurchmesser des Wälzkörpersatzes [mm]
- e Exzentrizität (Abstand der Axialbelastung von der Lagerachse) [mm]

Wird das einseitig wirkende Axiallager mit einer äußeren Belastung im Abstand $e = d_m/2$ beansprucht, so trägt nur ein Wälzkörper (Q_{max} = Fa), bei noch größerer Exzentrizität kippt eine Lagerscheibe ab. Ein zweiseitig wirkendes Axiallager dagegen kann Axialbelastungen mit unbegrenzter Exzentrizität und demzufolge auch ein Moment aufnehmen. Bis $e = 0{,}3\ d_m$ (Punktberührung) bzw. $e = 0{,}26 \cdot d_m$ (Linienberührung) ist nur eine Wälzkörperreihe belastet, darüber hinaus beginnt auch die andere Wälzkörperreihe zu tragen und dementsprechend sind die Beiwerte J_r und J_a für zweireihige Lager einzusetzen. In Abb. 273 gilt der Index I für die höher und der Index II für die niedriger belastete Wälzkörperreihe. Beispielsweise ergibt ein reines Moment M mit $2e/d_m = \infty$ und $J_r = 0{,}4577$

$$Q_{Imax} = Q_{IImax} = 4{,}37 \frac{M}{Z \cdot d_m} \quad \text{(Gl. 190)}$$

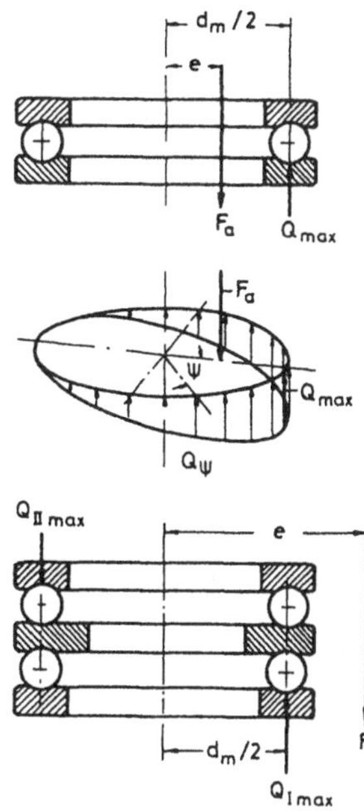

Abb. 273 Lastverteilung in Axiallagern

13.6 Lastverteilung im System Welle — Lager — Gehäuse

Während man bei statisch bestimmtem System die Lastverteilung in jedem Lager für sich einzeln betrachten und berechnen kann, sind bei statisch unbestimmten Systemen (Beispiel Abb. 327 Lagerkräfte) gegenseitige Beeinflussungen zu berücksichtigen, und noch komplexer wird die Lastverteilung, wenn mit elastischen Wellen- und Gehäusedeformationen gerechnet werden muß. In diesen Fällen hilft nur eine EDV-Anlage bei der Berechnung der Lastverteilung. Dabei werden zunächst beliebige Werte für δ_a, δ_r und Q angenommen und die Berechnung solange wiederholt, bis die Summe der Reaktionskräfte der einzelnen Lager aus der Summe der einzelnen Wälzkörperkräfte aller n-Lager, auf den sich die Welle abstützt, mit den äußeren Belastungen des Systems im Gleichgewicht stehen. Wenn dies mit hinreichender Genauigkeit erreicht ist, kann für jedes Lager des betrachteten Systems die größte und mittlere Wälzkörperbelastung nach Abschnitt 13.2.1 und 13.4 bestimmt werden.

13.7 Einfluß des Passungsspieles

Wälzlager werden aus verschiedenen Gründen (Montage/Demontage-Erleichterung, Loslager-Verschiebung) mit Spiel auf der Welle und/oder Spiel im Gehäuse eingebaut. Die so entstehenden Spalten zwischen Lager und Sitzfläche verändern die Lastverteilung im Wälzlager ganz beträchtlich (Abb. 274). Der Außenring kann sich durch die Wälzkörperkräfte bis zur Anlage an die Gehäusebohrung radial verformen und somit die Lastverteilung noch ungünstiger gestalten (Abb. 275). Alle Versuche, die quantitativen Auswirkungen durch Berechnung vorherzusagen, sind bisher ohne enormen Rechenaufwand und Großrechen-Anlage nicht zu lösen, weil z.B. (nicht-)lineare Gleichungssysteme mathematisch entkoppelt und numerisch iterativ gelöst werden müssen.

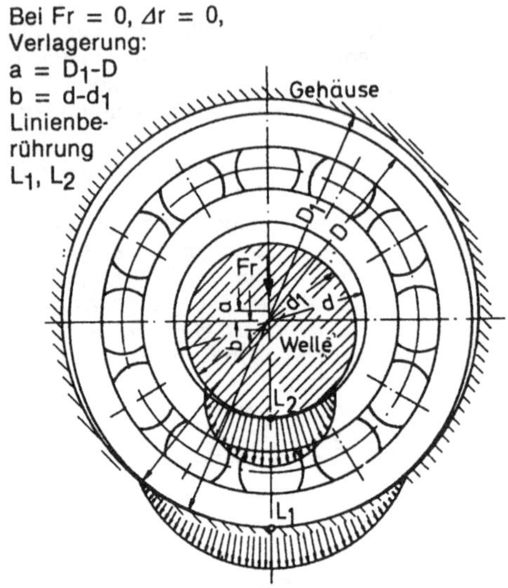

Abb. 274 Lastverteilung in der Sitzfläche von lose gepaßten Innen- und Außenringen

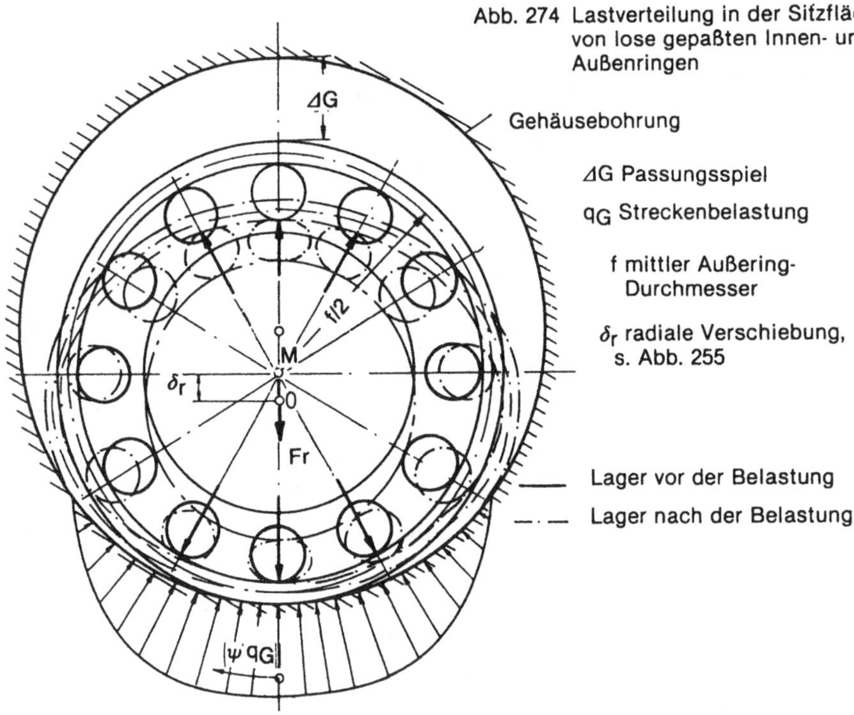

Abb. 275 Lastverteilung bei verformtem Außenring

Allgemein gesprochen wird die Lastzone mit wachsender Radialluft, wachsendem Passungsspiel und abnehmender Radialbelastung kleiner, d.h., daß immer weniger Wälzkörper an der Lastübertragung teilnehmen. In Extremfällen, wie z.B. des auf einer Ebene abgestützten Lagers (Abb. 263), werden bis zu 80% der Radialbelastung von der Scheitelrolle übertragen.
Aus der Lastverteilung werden nach der Lindberg/Palmgren-Theorie die dyn. Tragzahlen bestimmt (s. S. 193) und vorausgesetzt, daß die Theorie auch unter diesen veränderten Belastungsverhältnissen noch gültig ist. Gegenüber dem radialspielfreien Lager mit biegestarrem Außenring ergeben sich in Extremfällen dann nur Tragzahlen, die bis zu 50% niedriger sind. Aber auch bei Lagern in Gehäusen mit häufig verwendeten Bohrungstoleranzen von H6 ... G6 ergeben sich aus dem Passungsspiel resultierende noch bis zu 20% niedrigere Tragzahlen bei geringen Radialbelastungen. Weitere Tragzahleinbußen sind durch zusätzl. von Bauart und Verformungsverhalten abhängige Gehäuseverformungen zu berücksichtigen.
Für Überschlagsrechnungen genügt es meistens, die Belastungszone durch zeichnerische Ermittlung oder Messungen bereits eingebauter Lager abzuschätzen und die äquivalente Belastung entsprechend Abb. 276 zu berechnen.

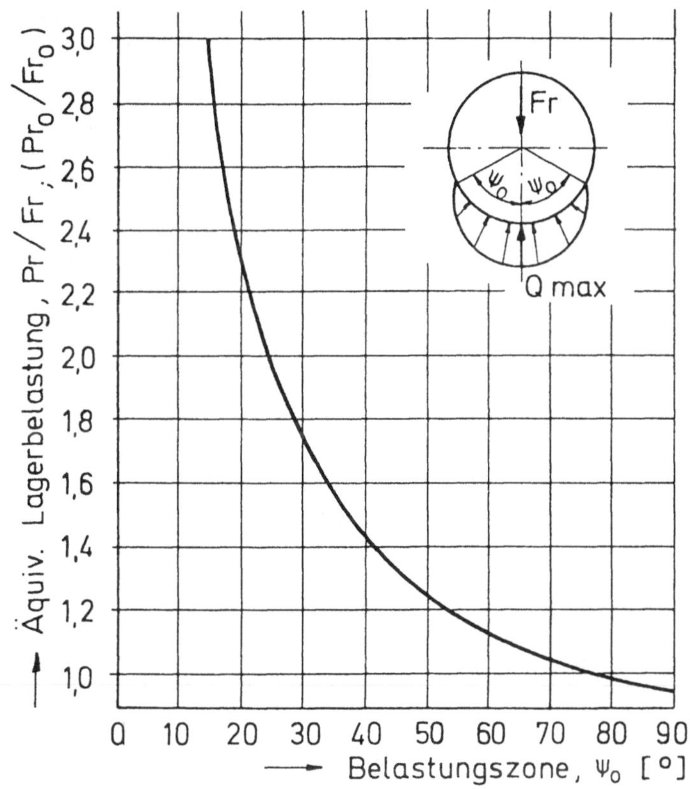

Abb. 276 Einfluß der Belastungszone auf die äquivalente Lagerbelastung (vereinfacht für alle Wälzlager)

14 Kinematik der Wälzlager

Bei vielen Untersuchungen über Wälzlager, wie z. B. Reibungsverhalten, Wärmeentwicklung, Verschleißverhalten oder Massenkräfte, müssen die verschiedenen Bewegungsverhältnisse in Wälzlagern bekannt sein.

14.1 Abwälzverhältnisse

14.1.1 Reine Abwälzverhältnisse

liegen in Wälzlagern nur vor, wenn die Wälzelemente sich spannungsfrei berühren und die verlängerten Berührungslinien der Wälzelemente sich in einem Punkt der Lagerachse, oder im Unendlichen schneiden, wie es z. B. bei Kegelrollenlagern bzw. Zylinderrollenlagern, oder bei spielfreien Rillenkugellagern gegeben ist. Abb. 277.

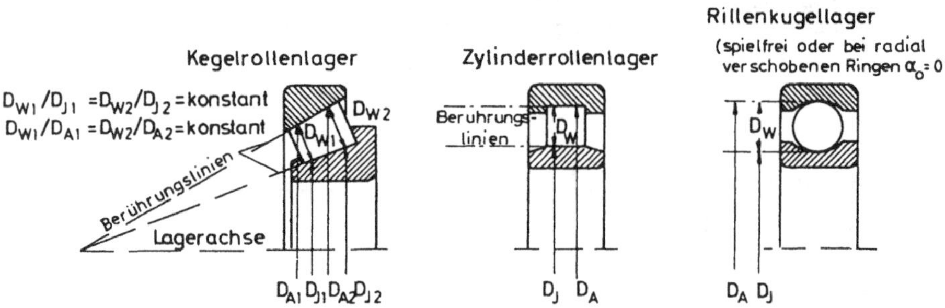

Abb. 277 Reine Abwälzung in Kegelrollenlagern, Zylinderrollenlagern und Rillenkugellagern.

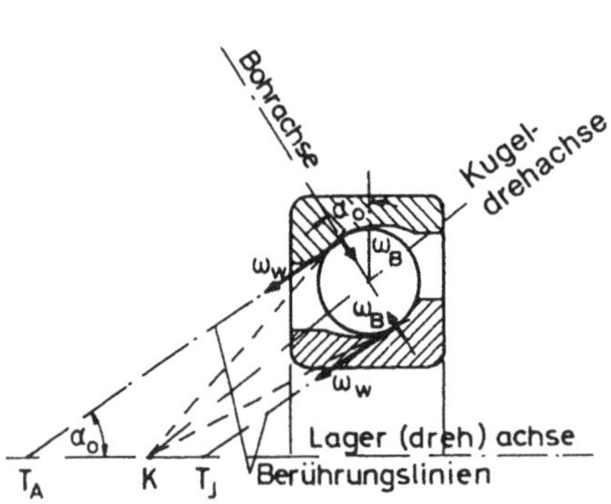

Abb. 278 Gemischte Abwälzverhältnisse in Schrägkugellagern

14.1.2 Gemischte Abwälzverhältnisse

ergeben sich in Wälzlagern, wenn sich die verlängerten Berührungslinien (Berührungstangenten) nicht in einem Punkt schneiden, wie die Abb. 278 für Schrägkugellager zeigt. Die Kugel wälzt auf dem Innenring oder Außenring mit ω_W (Wälzbewegung) um eine Achse ab, die die Lagerachse in einem Punkt K, der zwischen oder auf den Punkten T_A + T_I liegt. Gleichzeitig dreht sie sich mit ω_B (Bohrbewegung) um die Bohrachse (Berührungsnormale). Je größer der Anteil der Bohrbewegung ist, desto ungünstiger sind die Abwälzverhältnisse, da sie in den Hertz'schen Druckflächen Bohrreibungsverluste und Verschleiß hervorrufen.

Der Punkt T_I wird genau getroffen, wenn die Bohrbewegung am Innenring gleich Null ist; der Punkt T_A, wenn die Bohrbewegung am Außenring gleich Null ist. In diesen Grenzfällen muß der jeweils andere Ring die Wälzkörperführung übernehmen, d. h. an der Bohrbewegung durch ein höheres Haftreibungsmoment gehindert werden.

14.1.3 Bohrreibungsmomente

Die Bohrreibungsmomente M_I und M_A lassen sich unter Anwendung der Hertz'schen Gleichung (s. Abb. 244) aus den Druckflächen bei durchschnittlichem Reibungskoeffizienten wie folgt bestimmen:

$$M = \pi/4 \cdot \mu \cdot p_o \cdot b^3 \cdot E / (b/a)^2 \text{ [Nmm]} \quad \text{(Gl. 191)}$$

mit

- μ Reibungskoeffizient in der Druckfläche (Im allgemeinen bei EHD-Schmierung ca. 0,02)
- p_o Hertz'sche Pressung [N/mm²]
- b Kleine Halbachse der Druckfläche [mm]
- a Große Halbachse der Druckfläche [mm]
- E Elastizitätsmodul [N/mm²] (Stahl = 208.000 N/mm²)

14.1.4 Wälzkörperführung

Überwiegt das Bohrreibungsmoment M_I ($M_I/M_A > 1$) tritt am Innenring reines Abwälzen auf. Im umgekehrten Fall ($M_I/M_A < 1$) tritt reines Abwälzen am Außenring auf. Im ersten Fall spricht man von „Führung (des Wälzkörpers) am Innenring", im zweiten Fall von „Führung (des Wälzkörpers) am Außenring". Wenn die Bohrreibungsmomente an der Innenringdruckfläche und an der Außenringdruckfläche gleich sind ($M_I = M_A$), kann die Wälzkörperdrehachse nicht angegeben werden, d. h. ihr Schnittpunkt mit der Lagerachse pendelt zwischen T_I und T_A hin und her.

Bei üblichen Schrägkugellagern ist meist die Abwälzbedingung „Führung am Innenring" zu erwarten, weil die Schmiegungsverhältnisse dort zu größeren Druckflächen (Bohrreibungsmomenten) führen. Bei sehr schnell laufenden Lagern kann es durch hohe Fliehkräfte zu umgekehrten Verhältnissen kommen.

14.1.5 Abwälzverhältnisse in Axiallagern

Während die Abwälzverhältnisse in Axial-Rillenkugellagern ähnlich denen in Schrägkugellagern sind, verhalten sich die gemischten Abwälzverhältnisse in Axial-Zylinderrollenlagern wesentlich ausgeprägter. Bohrbewegungen treten stets an beiden Laufbahnen auf, die bei gleichen Reibungsverhältnissen (Regel) auch gleich groß sind, Abb. 279.

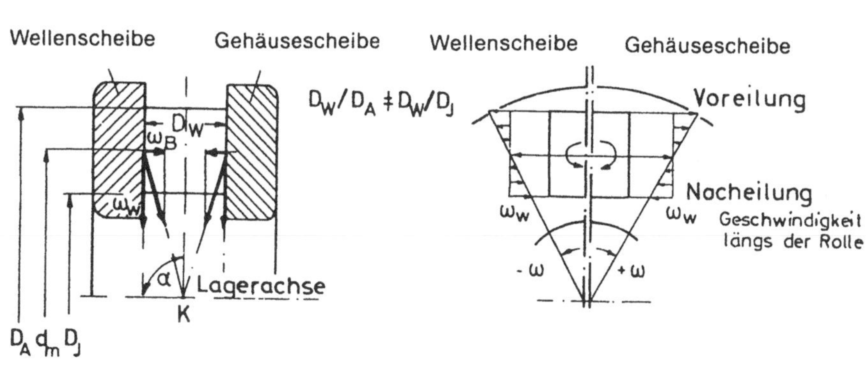

Abb. 279 Gemischte Abwälzverhältnisse im Axial-Zylinderrollenlager

14.2 Schlupf

Mit Schlupf werden in erster Linie Gleitbewegungen zwischen den Wälzelementen bezeichnet, die auftreten, wenn das Abstandsverhältnis der einzelnen Druckflächenpunkte von Lagerachse zur Wälzkörperachse unterschiedlich ist. Dieser sogenannte Wälzschlupf tritt besonders bei Rillenkugellagern mit steigender Belastung und engerer Schmiegung, bei Pendelrollenlagern mit symmetrischen Rollen und ganz besonders bei Axial-Zylinderrollenlagern auf (Abb. 280). Bei Kugellagern tritt sogenannter Bohrschlupf hinzu, wenn der Druckwinkel größer Null ist (Abb. 278). Bei leicht belasteten Wälzlagern kann die tragende Schmierstoffschicht reine Abwälzbewegungen der Wälzkörper auf den Laufbahnen verhindern (Makroschlupf). In der Regel hat der Schlupf bei gut gewarteten Wälzlagern keine negativen Auswirkungen auf ihre Gebrauchsdauer. Wenn aber starke Schlupfschwankungen (z. B. starke Schwingungen bei leicht belasteten Wälzlagern) vorliegen, ist mit Verschleiß und vorzeitigem Lagerausfall zu rechnen (s. a. Abb. 222).

14.3 Drehzahl der Wälzkörper und des Käfigs

Betrachtet man den allgemeinen Fall eines Wälzlagers, d. h. ein Schräglager, dessen beide Laufringe im gleichen Drehsinn mit unterschiedlicher Geschwindigkeit umlaufen, dessen Wälzkörper auf den Laufbahnen ohne Schlupf abwälzen und dessen Massenträgheitsmomente vernachlässigt werden können, ergeben sich Werte gemäß Abb. 281.

Bevor die Kugelgeschwindigkeit bei Schrägkugellagern berechnet werden kann, muß die Lage der Kugeldrehachse nach 14.1.3 festgelegt werden. In kombiniert belasteten oder „gekippten" Lagern eilen die Kugeln auf Grund der unterschiedlichen Druckwinkel während eines Umlaufes relativ zum Käfig vor oder nach (Abb. 282). Diese Geschwindigkeitsschwankungen sind allerdings, abgesehen von sehr extremen Betriebsbedingungen, vernachlässigbar.
Aus diesem allgemeinen Fall lassen sich alle anderen Fälle ableiten. Die wichtigsten sind in Abb. 283 zusammengestellt.

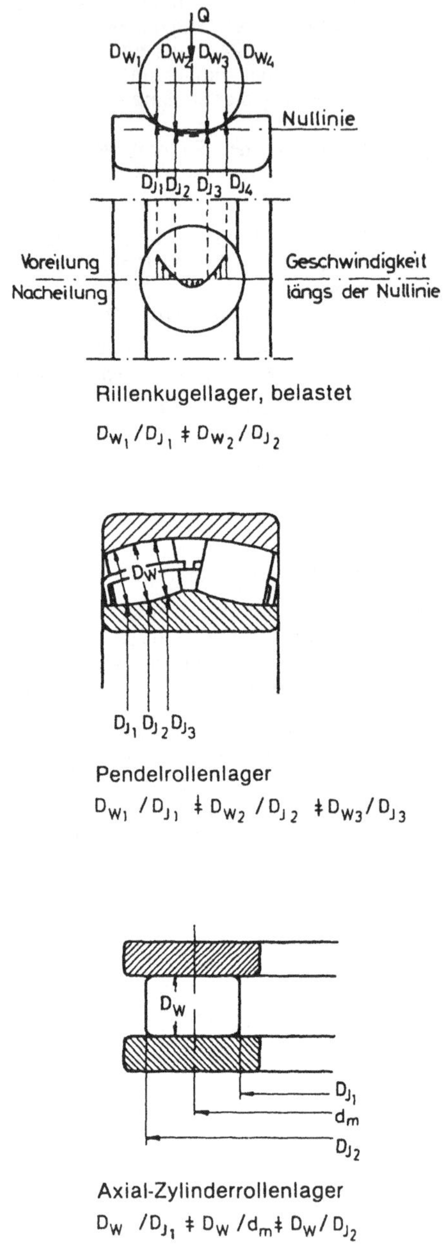

Abb. 280 Schlupf in Wälzlagern

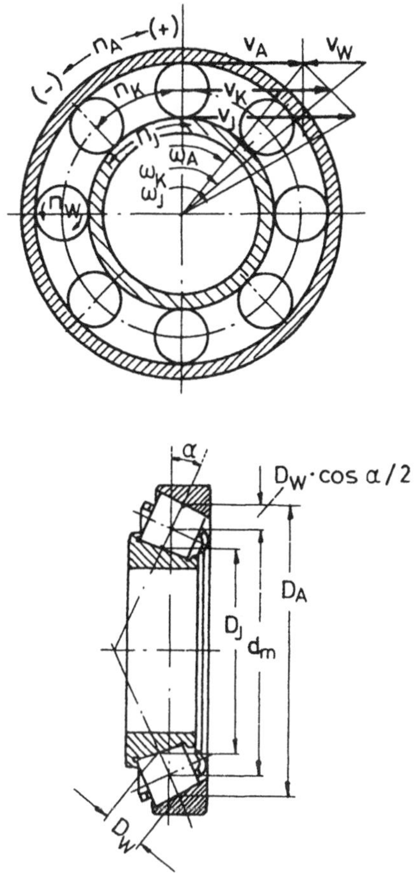

D_I Innenringlaufbahn — ⌀ [mm]

D_A Außenringlaufbahn — ⌀ [mm]

d_m Teilkreis — ⌀ des Wälzkörpersatzes [mm]

α Druckwinkel [°]

ω Winkelgeschwindigkeit [rad/s]

v Umfangsgeschwindigkeit [m/s]

n Drehzahl [min^{-1}]

Indizes:

I Innenring

A Außenring

K Käfig

W Wälzkörper

$$D_I = d_m - D_w \cdot \cos\alpha \,[\text{mm}] \quad \text{(Gl. 192)}$$

$$D_A = dm + D_w \cdot \cos\alpha \,[\text{mm}] \quad \text{(Gl. 193)}$$

$$n = \frac{v \cdot 60000}{D \cdot \pi} [\text{min}^{-1}] \quad \text{(Gl. 194)}$$

$$\omega = \frac{\pi \cdot n}{30} [\text{rad/s}] \quad \text{(Gl. 195)}$$

$$v_K = \frac{v_A + v_I}{2} [\text{m/s}] \quad \text{(Gl. 196)}$$

$$v_W = v_A - \omega_K \cdot D_{A/2000} [\text{m/s}] \quad \text{(Gl. 197)}$$

Umfangsgeschwindigkeit des Innenringes im Berührungspunkt I: (Gl. 198)

$$v_I = \frac{\pi \cdot n_I}{60000} (d_m - D_w \cdot \cos\alpha) [\text{m/s}]$$

Umfangsgeschwindigkeit des Außenringes im Berührungspunkt A: (Gl. 199)

$$v_A = \frac{\pi \cdot n_A}{60000} (d_m + D_w \cdot \cos\alpha) [\text{m/s}]$$

Umfangsgeschwindigkeit des Käfigs: (Gl. 200)

$$v_K = \frac{\pi \cdot dm}{60000} \left[\left(1 - \frac{\cos\alpha}{d_m/D_w}\right) n_{I/2} + \left(1 + \frac{\cos\alpha}{d_m/D_w}\right) n_{A/2} \right] [\text{m/s}]$$

Umfangsgeschwindigkeit des Wälzkörpers: (Gl. 201)

$$v_W = \frac{\pi \cdot D_w}{60000} \left(d_m/D_w - \frac{\cos^2\alpha}{d_m/D_w} \right) \frac{n_A - n_I}{2} [\text{m/s}]$$

Abb. 281 Zur Berechnung der Wälzkörper- und Käfigdrehzahlen

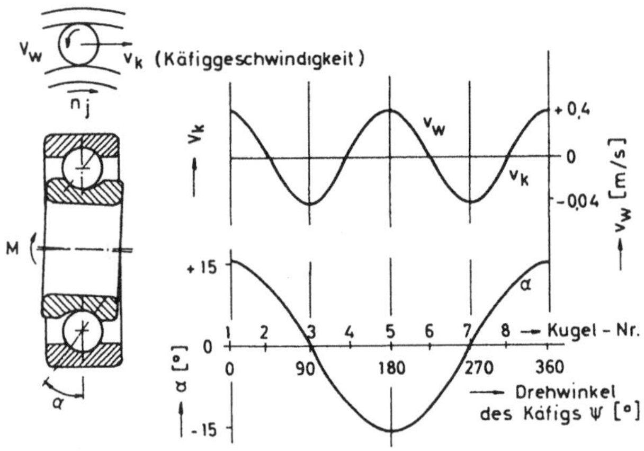

Abb. 282 Betriebsdruckwinkel (α) und Kugelgeschwindigkeit (v_w) bei Momentbelastung eines Rillenkugellagers mit $n > 10000\ \text{min}^{-1}$ und $D_w = 7{,}143$ mm

Umlaufender Innenring ($n_A = 0$)	Radial- und Schräglager		Axiallager $\alpha = 90°$	(Gleichung)
Wälzkörper, n_w	$-\left(d_m/D_w - \frac{\cos^2\alpha}{d_m/D_w}\right) n_{I/2}$	(202)	$d_m/D_w \cdot n_{I/2}$	(206)
Käfig, n_K	$\left(1 - \frac{\cos\alpha}{d_m/D_w}\right) n_{I/2}$	(203)	$n_{I/2}$	(207)
gegenüber Innenring, n_{KI}	$-\left(1 + \frac{\cos\alpha}{d_m/D_w}\right) n_{I/2}$	(204)	$-n_{I/2}$	(208)
gegenüber Außenring, n_{KA}	$\left(1 - \frac{\cos\alpha}{d_m/D_w}\right) n_{I/2}$	(205)	$n_{I/2}$	(209)
Umlaufender Außenring ($n_I = 0$)	Radial- und Schräglager		Entgegengesetzte Drehrichtung, $n_I = -n_A$	
Wälzkörper, n_w	$\left(d_m/D_w - \frac{\cos^2\alpha}{d_m/D_w}\right) n_{A/2}$	(210)	$\left(d_m/D_w - \frac{\cos^2\alpha}{d_m/D_w}\right)\frac{n_I + n_A}{2}$	(214)
Käfig, n_K	$\left(1 + \frac{\cos\alpha}{d_m/D_w}\right) n_{A/2}$	(211)	0	(215)
gegenüber Innenring, n_{KI}	$-\left(1 + \frac{\cos\alpha}{d_m/D_w}\right) n_{A/2}$	(212)	$n_{I/2}$	(216)
gegenüber Außenring, n_{KA}	$\left(1 - \frac{\cos\alpha}{d_m/D_w}\right) n_{A/2}$	(213)	n_A	(217)

Abb. 283 Gleichungen zur Berechnung der Drehzahl von Wälzkörpern und Käfigen

14.4 Überrollungen

Die Anzahl der Überrollungen Ü, die ein Punkt auf der Laufbahn des Innen- oder Außenringes während einer Umdrehung des Lagers erfährt, ist für die Berechnung der Lagertragfähigkeit wichtig. Sie ist nicht mit der Anzahl Lastwechsel in dem betrachteten Punkt zu verwechseln, da der Punkt sowohl von belasteten als auch unbelasteten Wälzkörpern überrollt wird. Die Anzahl der Überrollungen ergibt sich aus Wälzkörperanzahl (Z), Käfigdrehzahl (n_K) und Innen- bzw. Außenringdrehzahl (n_I, n_A).

Steht ein Ring still, während der andere umläuft, gilt:

$$Ü_I = Z \cdot \frac{n_{KI}}{n} = Z/_2 \left(1 + \frac{\cos\alpha}{d_m/D_w}\right) \quad \text{(Gl. 218)}$$

$$U_A = Z \cdot \frac{n_{KA}}{n} = Z/_2 \left(1 - \frac{\cos\alpha}{d_m/D_w}\right) \quad \text{(Gl. 219)}$$

Oszillierende Lagerbewegung s. S. 317 und Mindestüberrollung Abb. 340, S. 323.

15 Massenkräfte in Wälzlagern

15.1 Fliehkräfte

Fliehkräfte der Wälzkörper erhöhen

- in Radiallagern die Wälzkörperbelastung am Außenring
- in Schräglagern die Wälzkörperbelastung am Außenring oder am Innenringführungsbord und verschieben außerdem die Druckfläche am Außenring, womit der Schlupf der berührenden Wälzelemente sich erhöht,
- in Axiallagern die Rillen- oder Führungsbordkräfte sowie deren Lage (Abb. 284).

Während im ersten und zweiten Fall die Mehrbeanspruchungen des gegenüber dem Innenring meist schwächer belasteten Außenringes in der Regel keine Tragfähigkeitseinbuße bewirken, können sie im dritten Fall die Wälzkörper gegen die Käfigtaschen drücken und bei ungenügendem Käfigtaschenspiel oder ungenügender Lagerbelastung (s. Mindest-Axiallast, S. 275) Verschleiß oder Fressen verursachen,auf jeden Fall aber die Reibung des Lagers erhöhen (s. a. Kreiselkräfte S. 274). Bei den Lagern, deren Lagerachse eine umlaufende Bewegung ausführt, wie z. B. in Planetenrädern oder auf Kurbelzapfen (Pleuellager), werden die Wälzkörper und der Käfig zusätzlichen Kräften ausgesetzt, die sowohl bei der Ermüdungslebensdauerberechnung als auch bei der Käfigführung berücksichtigt werden müssen.

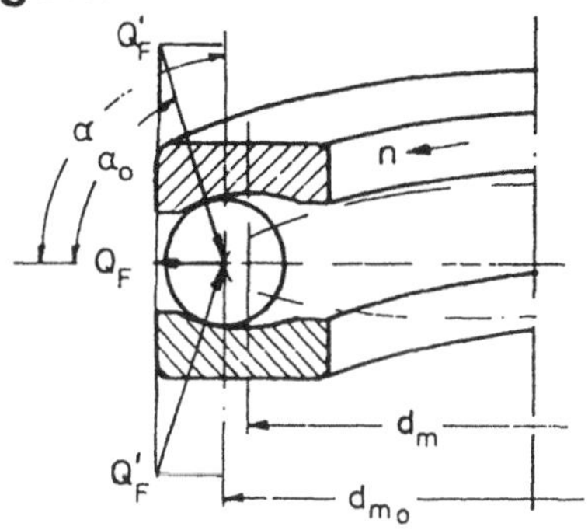

Abb. 284
Fliehkraft Q_F und Kugelkraft Q_F' einer Kugel im umlaufenden Axial-Rillenkugellager

Die Fliehkraft erhält man aus:

$$Q_F = m \cdot \frac{dm}{2} \cdot \omega_K^2 \cdot 10^{-6}\,[\text{kN}] \quad \text{(Gl. 220)}$$

mit

- m Masse des Wälzkörpers [kg], siehe Abb. 288
- d_m Teilkreis-∅ des Wälzkörpersatzes [mm]
- ω_k Winkelgeschwindigkeit des Käfigs [rad/s], s. Abb. 281

Ein Beispiel für den Fliehkrafteinfluß auf die Ermüdungslebensdauer siehe Beispiel S. 263 ff.

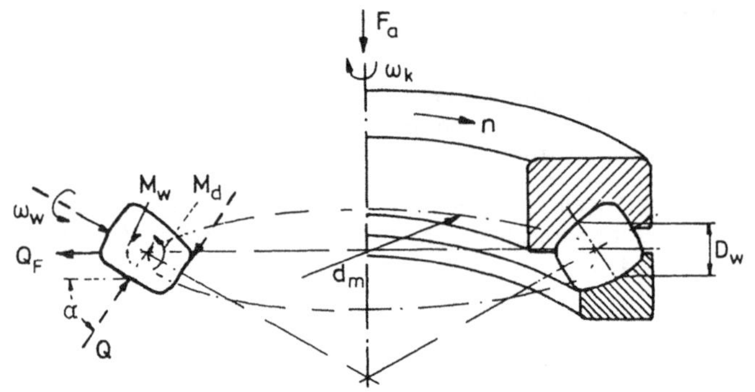

Abb. 286 Kreisel-, Flieh- und Reibungskräfte einer Rolle in umlaufenden Axial-Pendelrollenlagern

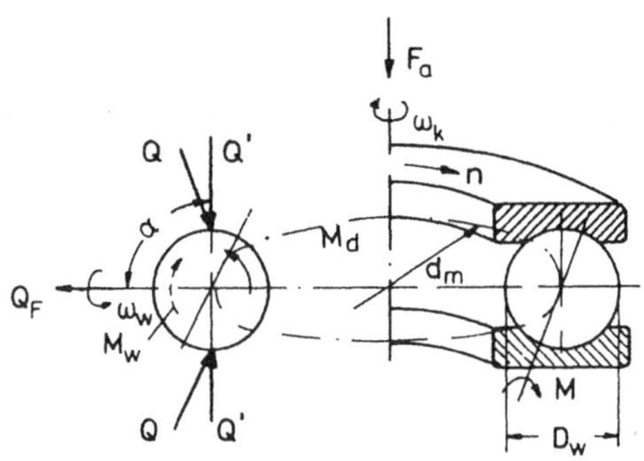

Abb. 285
Kreisel-, Flieh- und Reibungskräfte einer Kugel in umlaufenden Axial-Rillenkugellagern

15.2 Kreiselkräfte

In umlaufenden Wälzlagern mit einem Druckwinkel $\alpha > 0°$ treten an den Wälzkörpern Kreiselmomente auf, weil sich die Richtung der Drehachse der Wälzkörper ändert. Das Kreiselmoment, dessen Drehachse mit der Tangente des Teilkreiskreises des Wälzkörpersatzes zusammenfällt (Abb. 285 + 286), ist:

$$M_d = \Theta_w \cdot \omega_w \cdot \omega_K \cdot \sin\alpha \cdot 10^{-3} [\text{Nmm}] \quad \text{(Gl. 221)}$$

mit

- Θ_w Massenträgheitsmoment des Walzkörpers [kg · m²], s. Abb. 287
- ω_w Winkelgeschwindigkeit des Wälzkörpers um die eigene Achse [rad/s]
- ω_k Winkelgeschwindigkeit des Wälzkörpers um die Lagerachse = Käfig-Winkelgeschwindigkeit [rad/s], s. Abb. 287

Das Kreiselmoment nimmt mit dem Druckwinkel und dem Quadrat der Drehzahl zu. Deshalb müssen die Kreiselkräfte nur in den Fällen berücksichtigt werden, wo es sich um schnellaufende Lager mit großem Druckwinkel handelt, also bei Axial-Rillenkugellagern, Axial-Rollenlagern und Schrägkugellagern mit $\alpha > 40°$.

Für Axial-Rillenkugellager mit $\alpha = 90^o$ ergibt sich

$$M_d = 2{,}25 \cdot 10^{-12}\, d_m \cdot D_w^4 \cdot n^2\, [\mathrm{Nmm}] \quad \text{(Gl. 222)}$$

Da das durch die Kugelbelastung hervorgerufene Reibungsmoment M_w die Kugel daran hindert, sich in Richtung des Kreiselmomentes zu drehen, sind die Kugeln genügend zu belasten ($M_w > M_d$), damit Schlupf, Anschmierungen und Geräuscherhöhungen vermieden werden. Der Reibungskoeffizient der gleitenden Reibung bei gleichzeitiger Wälzbewegung schwankt, je nach Schlupf- und Betriebsbedingungen, (Ölsorte, Temperatur, Last, Berührungsform) zwischen $\mu = 0{,}02 \ldots 0{,}08$. Daher wird man kaum mit höheren Reibungsmomenten rechnen können, als:

$$M_w = 0{,}2 \cdot D_w \cdot F_{a/Z}\, [\mathrm{Nmm}] \quad \text{(Gl. 223)}$$

mit

D_w Wälzkörperdurchmesser [mm]

F_a Axialbelastung [kN]

Z Kugelanzahl

d_m Teilkreis-∅ des Kugelsatzes [mm]

Die Bedingung $M_w > M_d$ für Axial-Rillenkugellager ist erfüllt, wenn

$$F_a > 5{,}75 \cdot 10^{-14} \cdot Z \cdot d_m \cdot D_w^3 \cdot n^2\, [\mathrm{kN}] \quad \text{(Gl. 224)}$$

oder auf praktische Fälle reduziert:

$$F_{a\,min} = A \cdot n_{max}^2 \cdot 10^{-1}\, [\mathrm{kN}] \quad \text{(Gl. 16)}$$

mit

$F_{a\,min}$ Mindestaxialbelastung des Axial-Rillenkugellagers [kN]

A Mindestaxiallastkonstante, s. Maßtabellen

n_{max} max. Drehzahl [min^{-1}]

Bei zweiseitig wirkenden Axial-Rillenkugellagern ist in der Regel eine Kugelreihe unbelastet, und die Mindestaxialbelastung nach (Gl. 16) kann nicht immer garantiert werden. Das Drehen der Kugeln in Richtung des Kreiselmomentes hat jedoch erfahrungsgemäß keine schädlichen Folgen, wenn die spezifische Kugelbelastung bei guter Schmierung kleiner ist als $k \sim 0{,}08\, \mathrm{kN/mm^2} \triangleq 0{,}0016\, C_0$.

Bei kombiniert belasteten Schrägkugellagern wird ausgehend von der am wenigsten belasteten Kugel

$Q_{min} = Q\left(\frac{\varepsilon - 1}{1}\right)^{3/2}$, die erforderliche Mindest-Kugelbelastung $Q_{min} = \frac{Fa_{min}}{Z \cdot \sin}$

und damit überschlägig

$$Fa'_{min} = 1{,}8 \tan\alpha\, Fr + Fa_{min}\, [\mathrm{kN}] \quad \text{(Gl. 225)}$$

$$= 1{,}8\, Fr + A \cdot n_{max}^2 \cdot 10^{-9}\, [\mathrm{kN}] \quad \text{(Gl. 17)}$$

mit

Fa'_{min} Mindestaxialbelastung des kombiniert belasteten Schrägkugellagers [kN]

α Druckwinkel [°]

Fr Radialbelastung [kN]

Fa_{min} Mindestaxialbelastung nach Gl. (16)

Bei Axial-Pendelrollenlagern ist bei niedrigen Drehzahlen eine untere Grenze empfehlenswert, nämlich:

$$Fa_{min} = 1{,}3/1000 \cdot C_0\, [\mathrm{kN}] \quad \text{(Gl. 226)}$$

Wirkt zusätzlich zur Axialbelastung eine Radialbelastung, muß die Bedingung $Fr \leq 0{,}55\, Fa$ ($\triangleq$ 70 % tragende Rollen bei $\alpha = 50^o$) eingehalten werden.
Ausführungsbeispiele für die Gewährleistung der Mindestaxialbelastung, z. B. durch Federn, siehe Textteile der betreffenden Lagerbauarten.

15.3 Massenträgheitsmomente

Das Massen-Trägheitsmoment Θ von Wälzlagern gleicher Baureihe und Größe ist trotz genormter Abmessungen und Toleranzen bei verschiedenen Fabrikaten unterschiedlich. Der Grund sind unterschiedliche Innenkonstruktionen, die auf verschiedene Wälzkörperzahlen, Wälzkörperabmessungen, Käfigbauarten und Werkstoffen aufbauen. Das Massenträgheitsmoment ist bei Lagerungen von ungleichmäßig bewegten, insbesondere oszillierenden Getrieben, ein wichtiges Auswahlkriterium. Es setzt sich nach dem Energieerhaltungssatz aus den Trägheitsmomenten der einzelnen Bauelemente des Lagers zusammen (Abb. 288).

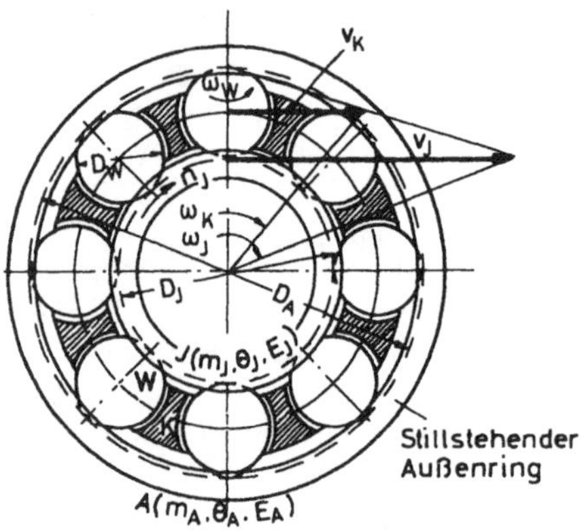

D_I Innenringlaufbahn-∅ [mm]
D_A Außenringlaufbahn-∅ [mm]
d_m Teilkreis-∅ des Wälzkörpersatzes [mm]
ω Winkelgeschwindigkeit [rad/s]
v Umfangsgeschwindigkeit [m/s]
n Drehzahl [min^{-1}]
m Masse [kg]
Θ Massenträgheitsmoment [$kg \cdot m^2$]
E Kinetische Energie [$kg \cdot m^2/s^2$]
Z Wälzkörperanzahl

$$\omega = \frac{\pi \cdot n}{30} [rad/s] \quad (Gl. 195)$$

$$v_K = \frac{v_A + v_I}{2} [m/s] \quad (Gl. 196)$$

Indizes:
I Innenring
A Außenring
K Käfig
W Wälzkörper

Zur Verwendung in den Gleichungen 233 + 234 sind die Massenträgheitsmomente der am häufigsten in Wälzlagern verwendeten Körper in Abb. 288 zusammengestellt.

$$E_{ges} = E_R + E_W + E_K [kg \cdot m^2/s^2] \quad (Gl. 227)$$

mit
E_{ges} Kinetische Energie des Wälzlagers
E_R Kinetische Energie des bewegten Lagerringes
E_w Kinetische Energie aller Wälzkörper
E_K Kinetische Energie des Käfigs

$$E_R = 0{,}5 \cdot \Theta_R \cdot \omega_R^2 \quad (Gl. 228)$$

$$E_w = Z\,(0{,}5\,\Theta_w \cdot \omega_w^2 + 0{,}5\,m_w \cdot v_w^2) \quad (Gl. 229)$$

$$E_K = 0{,}5 \cdot \Theta_K \cdot \omega_K^2 \quad (Gl. 230)$$

$$E_{ges} = 0{,}5 \cdot \Theta_{ges} \cdot \omega_R^2 \quad (Gl. 231)$$

bei stillstehendem Außenring gilt:

$$\omega_R = \omega_I$$

$$\Theta_{ges} = \Theta_I + n_I \left[\Theta_w \left(\frac{\omega_w}{\omega_I}\right)^2 + m_w \left(\frac{v_K}{\omega_I}\right)^2 \right] + \Theta_K \left(\frac{\omega_K}{\omega_I}\right)^2 \quad (Gl. 232)$$

$$= \Theta_I + \frac{n_I}{4} \left| \Theta_w \left(\frac{D_I}{D_w}\right)^2 + m_w \cdot D_I^2/4 \right| + \frac{\Theta_K}{4} \left(\frac{D_I/2}{D_I/2 + D_w/2}\right) [kg \cdot m^2] \quad (Gl. 233)$$

bei stillstehendem Innenring gilt:

$$\omega_R = \omega_A$$

$$\Theta_{ges} = \Theta_A + \frac{n_A}{4} \left| \Theta_w \left(\frac{D_A}{D_w}\right)^2 + m_w \cdot D_A^2/4 \right| + \frac{\Theta_K}{4} \left(\frac{D_A/2}{D_A/2 - D_w/2}\right) [kg \cdot m^2] \quad (Gl. 234)$$

Abb. 287 Zur Berechnung des Massenträgheitsmomentes von Wälzlagern

Körperform		Massenträgheitsmoment Masse (ϱ = Dichte)	(Gleichung)
Hohlzylinder (Lagerung, Käfig)	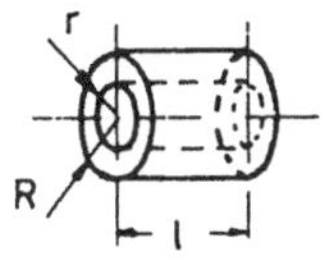 	$\Theta = \frac{m}{2} \cdot (R^2 + r^2)$	(235)
		$m = \varrho \cdot \pi \cdot (R^2 - r^2)\, l$	(236)
Kugel (Wälzkörper)	 	$\Theta = \frac{2}{5} \cdot m \cdot r^2$	(237)
		$m = \varrho \cdot \frac{4}{3} \cdot \pi \cdot r^3$	(238)
Zylinder (Wälzkörper)	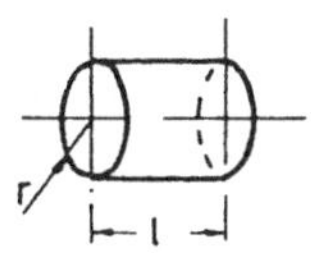 	$\Theta = \frac{m}{2} \cdot r^2$	(239)
		$m = \varrho \cdot \pi \cdot r^2 \cdot l$	(240)
Kegelstumpf (Wälzkörper, Lagering)	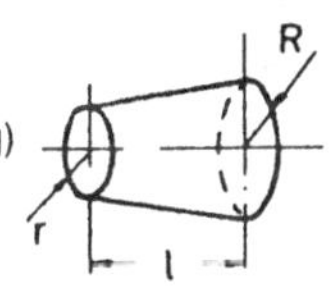 	$\Theta = \frac{3}{10} \cdot m \cdot \frac{R^5 - r^5}{R^3 - r^3}$	(241)
		$m = \varrho \cdot \frac{1}{3} \cdot \pi \cdot l (R^2 + R \cdot r + r^2)$	(242)
Tonne (Wälzkörper)	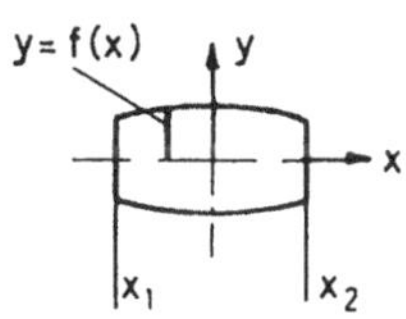 	$\Theta_x = \frac{1}{2} \cdot \varrho \cdot \pi \cdot \int_{x_1}^{x_2} y^4 \cdot dx$	(243)
		$m = \varrho \cdot \pi \cdot \int_{x_1}^{x_2} y^2 \cdot dx$	(244)

Abb. 288 Massenträgheitsmomente von häufig in Wälzlagern verwendeten Körpern (bezogen auf die eingezeichneten Achsen)

16 Reibung

Reibung oder Widerstand, den ein Wälzlager bei seiner Drehung dieser entgegensetzt, besteht etwa aus folgenden Teilen:

Wälzreibung (Rollwiderstand)	Abwälzen der Wälzkörper auf den Laufbahnen (Hysteresis) und partielles Gleiten (Schlupf) innerhalb der Druckflächen,
Gleitreibung	zwischen Wälzkörperstirnflächen und Borden bei Rollenlagern, sowie zwischen Käfig und Wälzkörpern und Führungsborden.
Schmierstoffreibung	Innere Reibung (Planschoder Walkarbeit)
Dichtungsreibung	bei abgedichteten Lagern

16.1 Wälzreibung

Der Ablauf der Wälzreibung in einem belasteten Wälzlager ist sehr kompliziert. Wie Abb. 289 zeigt, verformen sich die Wälzelemente und rufen beim Abwälzen Gleitbewegungen (Schlupf) und damit Reibung hervor, sowohl in der Wälzrichtung als auch senkrecht dazu. Bedeutende Anteile der Wälzreibung sind auf die Hysteresis des Werkstoffes und auf die sogenannte Bohrreibung (s. S. 269) zurückzuführen. Die aus zahlreichen theoretischen und experimentellen Untersuchungen gewonnenen Erkenntnisse reichen für eine zahlenmäßige Aufteilung der Anteile noch nicht aus, sie lassen lediglich tendenzielle Zusammenhänge erkennen. So haben beispielsweise Rillenkugellager mit 3-oder 4-Punkt-Berührung eine größere Reibung als Lager mit 2-Punkt-Berührung. Der Einfluß der Druckflächenkrümmung läßt sich beim Vergleich von Pendelrollenlagern und Zylinderrollenlagern deutlich erkennen. Die Gleitung/Reibung nimmt mit engerer Schmiegung und stärkerer Belastung zu. Die Bohrreibung wächst mit zunehmendem Druckwinkel α.

Die Wälzreibung eines Lagers hängt im wesentlichen von seiner Bauform, Größe, Belastung, Belastungsrichtung und Schmierung ab.

16.2 Gleitreibung

Die Kräfte, die an einem Käfig wirken (Eigengewicht, Beschleunigungs- und Verzögerungskräfte in der Lastzone bzw. im Ein- und Auslauf der Lastzone, Massenkräfte

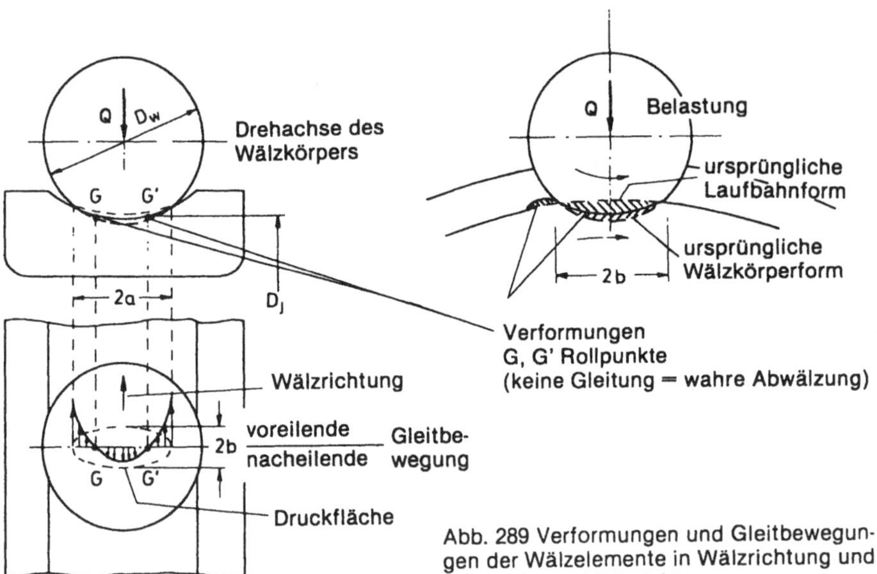

Abb. 289 Verformungen und Gleitbewegungen der Wälzelemente in Wälzrichtung und senkrecht zur Wälzrichtung

bei Drehzahlschwankungen, Kräfte durch wechselnden Druckwinkel bei Rillenkugellagern usw.), sind bei normalen Betriebsbedingungen und ausreichender Schmierung klein und die Gleitreibung dementsprechend gering. Merkliches Ansteigen der Gleitreibung (Temperatur) sind die Folge von Mangelschmierung, Verschmutzung, übermäßiger Drehzahl oder auch einer zu großen Verkippung der Lagerringe gegeneinander.

Erhöhte Gleitreibung tritt bei käfiglosen, sogenannten vollkugeligen oder vollrolligen Lagern auf, weil die Wälzkörper entgegengesetzt aneinander reiben.

Gleitreibungsanteile an Käfigführungsflächen und Rollen-/Bordstirnflächen lassen sich mit Hilfe der Hydrodynamischen Schmiertheorie (S. 402) abschätzen.

16.3 Schmierstoffreibung

Die Schmierstoffreibung ist hauptsächlich von der Menge und Zähigkeit des Schmierstoffes sowie der Lagerdrehzahl abhängig. Sie ist in der Regel gering bei niedrigen Drehzahlen und steigt mit zunehmender Drehzahl, Öl- oder Fettmenge. Wenn der überschüssige Schmierstoff nicht aus dem Lager entweichen kann, ist u. U. mit Heißlauf zu rechnen. Die Schmierstoffreibung ist bei wohldosierter Fettschmierung ähnlich niedrig wie bei Ölnebelschmierung.

16.4 Experimentelle Reibwert-Untersuchungen

Genaue Angaben über den Reibwert und das Reibwertverhalten der verschiedenen Wälzlager können nur aus Versuchen mit vollständigen Wälzlagern gewonnen werden. Derartige Versuche sind u. a. von Jones, Palmgren, Snare und Eschmann durchgeführt worden. Aus den Laborversuchen von Eschmann seien hier einige Anhaltswerte mit den Abb. 290 ... 292 wiedergegeben, weil sie die Stärken und Schwächen der verschiedenen Wälzlagerarten (unter gleichen Bedingungen) gut erkennen lassen. Streng genommen gelten diese Werte nur für die angegebenen Bedingungen und Lagerbohrungen d ≈ 20...130 mm. Bei Berücksichtigung der in der nachfolgenden Berechnungsmethode des Reibungsmomentes angegebenen Faktoren (f_0, f_1, ν usw.) lassen sie sich aber auch auf andere Betriebsverhältnisse übertragen.

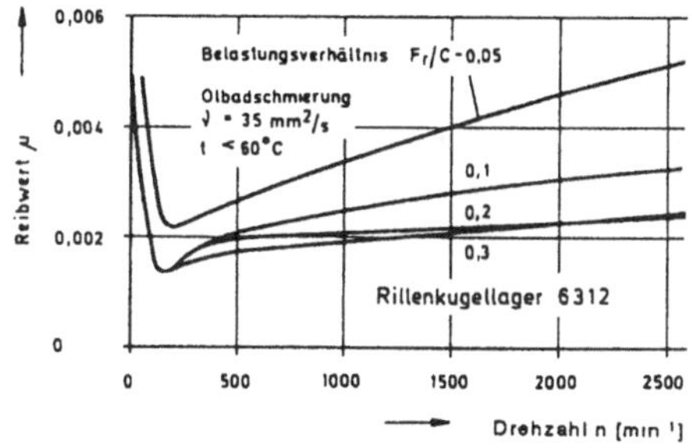

Abb. 290 Reibwert abhängig von Drehzahl und Belastung (für Rillenkugellager 6312)

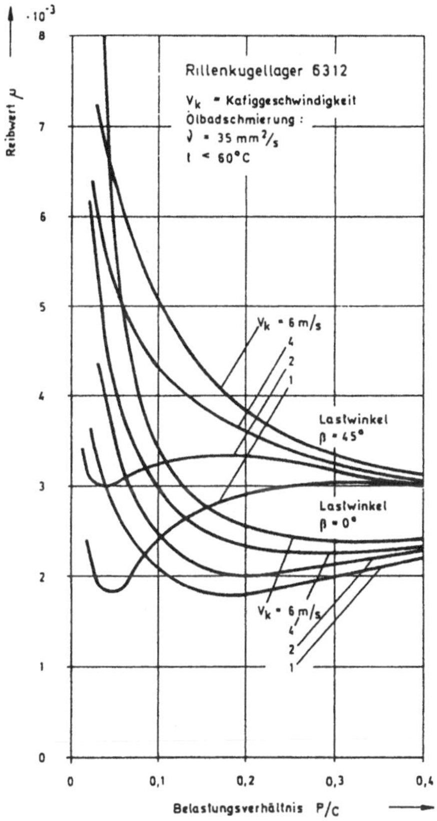

Abb. 291 Reibwert abhängig von Belastung, Käfiggeschwindigkeit (Drehzahl) und Lastwinkel (für Rillenkugellager 6312)

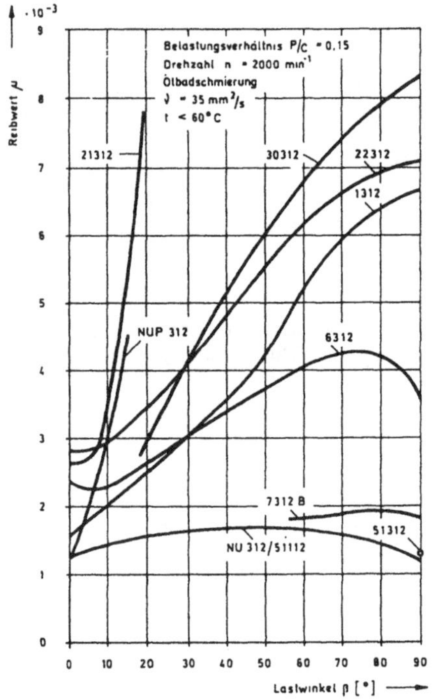

Abb. 292 Reibwert abhängig vom Lastwinkel für verschiedene Wälzlagerarten

16.5 Berechnung des Reibungsmomentes

Über die vereinfachte Gleichung (S. 8, T. 1) hinaus, läßt sich das Gesamtreibungsmoment eines Lagers (M_R) gemäß Palmgren (bei Verwendung von paraffinbasischen Mineralölen) exakter wie folgt berechnen:

$M_R = M_0 + M_1$ [Nmm] (Abb. 293) (Gl.245)

mit

M_0 Reibungsmoment des unbelasteten Lagers, hauptsächlich Schmierstoff- und Gleitreibung (= Leerlaufwiderstand) [Nmm]

M_1 Lastabhängiger Teil des Gesamtreibungsmoments, hauptsächlich Wälzreibung einschl. Hysteresis und Gleitreibungseffekte [Nmm]

$M_0 = f_0 \cdot 10^{-7} [\nu_1 \cdot n]^{2/3} \cdot d_m^3$ [Nmm]
für $\nu_1 \cdot n \geq 2000 \leq 10^6$ (Gl. 246)

$M_0 = f_0 \cdot 159 \cdot 10^{-7} [\nu_1 \cdot n]^{2/3} \cdot d_m^3$ [Nmm]
für $\nu_1 \cdot n < 2000$ (Gl. 247)

mit

f_0 Beiwert für Lagerbauart und Schmierung (Abb. 295)

ν_1 Betriebsviskosität des (Grund-) Öles [mm^2/s]

n Lagerdrehzahl [min^{-1}]

d_m Teilkreisdurchmesser des Wälzkörpersatzes, $\approx (d + D)/2$ [mm]

Bei $\nu_1 \cdot n < 2000$ gilt die EHD-Theorie infolge des ungünstigen Verhältnisses der Schmierfilmdicke zur Rauhtiefe (h_0/R) nicht mehr. Der absolute Wert ist also im Vergleich zu M_1 sehr klein.

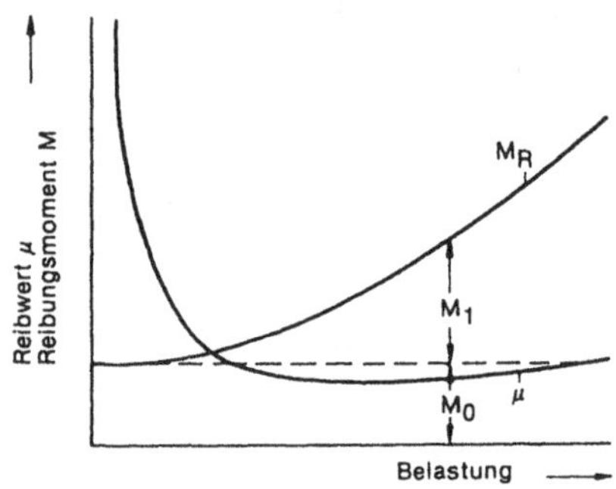

Abb. 293 Gesamtreibungsmoment und Reibwert abhängig von der Belastung

Da der Beiwert f_0 ungefähr mit der Wälzkörpergröße (Lagerquerschnitt) zunimmt, sind für die schweren Lager-Reihen die höheren Werte einzusetzen. Innerhalb der Lagerreihen ist f_0 nahezu konstant. Bei ungünstigen Bedingungen (vertikale Welle, schwerer Massivkäfig oder große Schmierstoffmenge) ist mit einer Verdoppelung der angegebenen Höchstwerte zu rechnen. Bei Fettschmierung ist M_0 zunächst höher und fällt erst auf den angegebenen f_0-Wert ab, wenn das überschüssige Fett aus dem Lager verdrängt und der Beharrungszustand erreicht ist. Bei der Ölbad- oder Tauchschmierung wird vorausgesetzt, daß der Ölstand bei stillstehender Welle üblicherweise nur bis zur Mitte des unteren Wälzkörpers reicht.

$M_1 = f_1 \cdot g_1 \cdot P_0 \cdot d_m$ [Nmm] (Gl. 248)

mit

- f_1 Beiwert für Belastung und Lagerbauart (Abb. 295)
- g_1 Beiwert für Lastrichtung (Abb. 295)
- P_0 Äquivalente statische Lagerbelastung (s. S. 321) [N]
- d_m Teilkreisdurchmesser des Wälzkörpersatzes, ≈ (d + D)2 [mm]

Der Beiwert f_1 ist in bestimmtem Umfang vom Verhältnis Wälzkörperdurchmesser zu Teilkreisdurchmesser (D_w/d_m) abhängig. Die in der Abb. 295 angegebenen f_1-Werte gelten für einen Mittelwert $D_w/d_m \approx 0{,}2$.

Bei den Gleichungen für $g_1 \cdot P_0$ sind Fa = Axialbelastung, Fr = Radialbelastung, α der Berührungswinkel des Lagers und y der y-Faktor des Lagers. Für Lager mit veränderlichem Druckwinkel ist mit dem Berührungswinkel zu rechnen, der sich aus der Belastungskombination (s. S. 144) ergibt.

Beispiel

Gegeben: Rillenkugellager 6208 mit d_m = 60 mm; Co = 15,5 kN, s. Maßtabelle S. 54

Fr = 8 kN; Fa = 4 kN;
n = 1200 min^{-1}
Öltemperatur = 100 °C;

$\nu_1 = 20 \frac{mm^2}{s}$

Gesucht: Gesamtreibmoment, M_R = ?

Lösung: $M_1 = f_1 \cdot g_1 \cdot P_o \cdot d_m$
nach S. 45:
$P_o = 0{,}6 \cdot 8\ kN + 0{,}5 \cdot 4\ Kn = 6{,}8\ kN < Fr$
$P_o = Fr = 8\ kN$

aus Abb. 295:

$f_1 = 0{,}0009 \cdot \left(\frac{P_o}{C_o}\right)^{0{,}55}$

$= 0{,}0009 \cdot \left(\frac{8}{15{,}5}\right)^{0{,}55}$

$= 6{,}26 \cdot 10^{-4}$

$g_1 \cdot P_o = Fr = 8\ kN = 8000\ N$

$M_1 = 6{,}26 \cdot 10^{-4} \cdot 8000 \cdot 60 = 300\ Nmm$

aus $\upsilon_1 \cdot n = 20 \cdot 1200 = 24000 > 2000$

folgt Gl. 246:

$M_o = f_o \cdot 10^{-7} (\upsilon_1 \cdot n)^{2/3} \cdot d_m^3$

aus Abb. 295:

f_o = 1,75 für Ölbadschmierung

$M_o = 1{,}75 \cdot 10^{-7} \cdot (24000)^{2/3} \cdot 60^3 = 31\ Nmm$

$M_R = M_o + M_1 = 331\ Nmm$ Gesamtreibmoment

Die Gleichungen 246 . . . 248 verlieren im Tieftemperaturbereich (. . -40° C) außerhalb der Grenzwerte $\nu_2 \cdot n > 10^6\ mm^2/s \cdot min^{-1}$ und $\nu < 700\ mm^2/s$ ihre Gültigkeit (ν = kinematische Viskosität, n = Lagerdrehzahl). Eine hohe Start-Ölviskosität ($\nu > 90000\ mm^2/s$) kann beim Anfahren des Lagers zu Schlupf und Fressen/Anschmieren (s. S. 229) der Wälzelemente führen. Hohe Belastungen und Drehzahlen (= hohe Reibleistung) können diese gefährliche Anfahrphase abkürzen.

16.5.1 Axialbelastete Radial-Zylinderrollenlager

In diesem Fall muß die Gl. 245 um das axiallastabhängige Reibungsmoment M_2, verursacht durch Gleitreibung zwischen Rollenstirnseiten und Ringborden, erweitert werden:

$M_R = M_O + M_1 + M_2$ [Nmm] (Gl. 249)

wobei

$M_2 = f_2 \cdot Fa \cdot d_m$ [Nmm] (Gl. 250)

mit

- f_2 Beiwert für Lagerausführung und Schmierung (Abb. 294)
- Fa Axialbelastung [N]
- d_m Teilkreisdurchmesser des Wälzkörpersatzes, ≈ (d + D)/2 [mm]

Einreihige Lager	Fettschmierung	Ölschmierung
Zylinderrollenlager	0,003...0,005	0,002...0,004
Zylinderrollenlager, vollrollig	0,006	0,003

Bedingung: Viskositätsverhältnis $K \geq 1{,}5$ (s.S. 207)
Fa/Fr ≤ 0,4

Abb. 294 Reibungsbeiwert, f_2, für axial belastete Zylinderrollenlager

Lagerbauart	Ölbad-/Tauch- oder Ölumlauf-schmierung	Ölnebel- Tropf- oder Fett-schmierung	Alle Schmierungsarten	
	f_o	f_o	f_1 [1)]	$g_1\ P_o$
Rillenkugellager, $\alpha_0 = 0°$	1,5 ... 2	0,7 ... 1	$0{,}0009 \lvert P_o/C_o \rvert^{0,55}$	0,9 Fa cotα - 0,1 Fr ≧ F oder (2...3)** Fa - 0,1 Fr ≧ Fr
Pendelkugellager, $\alpha_0 = 10°$	1,5 ... 2	0,7 ... 1	$0{,}0003 \lvert P_o/C_o \rvert^{0,4}$	0,9 Fa cotα - 0,1 Fr ≧ Fr oder 1,4 Fa - 0,1 Fr ≧ Fr
Schrägkugellager, $\alpha_0 = 30°$ einreihig	1,5 ... 2	0,7 ... 1	$0{,}008 \lvert P_o/C_o \rvert^{0,45}$	0,9 Fa cotα - 0,1 Fr ≧ Fr oder 3,4 Fa - 0,1 Fr ≧ Fr
$\alpha_0 = 40°$	1,5 ... 2	0,7 ... 1	$0{,}0013 \lvert P_o/C_o \rvert^{0,33}$	0,9 Fa cotα - 0,1 Fr ≧ Fr oder Fa - 0,1 Fr ≧ Fr
Schrägkugellager, $\alpha_0 \approx 32°$ zweireihig	3 ... 4	1,6 ... 2	$0{,}001 \lvert P_o/C_o \rvert^{0,33}$	0,9 Fa cotα - 0,1 Fr ≧ Fr oder 1,4 Fa - 0,1 Fr ≧ Fr
Axial-Rillenkugellager, $\alpha_0 = 90°$	1,5 ... 2	0,7 ... 1	$0{,}0012 \lvert P_o/C_o \rvert^{0,33}$	Fa
Zylinderrollenlager	2 ... 3	1 ... 1,5	0,00025 ... 0,0003*	Fr***
Zylinderrollenlager, vollrollig	6 ... 8	—	0,0005 ... 0,0007*	Fr***
Nadellager mit Käfig	6 ... 12	3 ... 6	0,0003 ... 0,0004*	Fr
Kegelrollenlager	3 ... 3,5	1,5 ... 2	0,0004 ... 0,0005*	0,8 Fa cotα ≧ Fr oder 2y Fa ≧ Fr
Pendelrollenlager mit festem Führungsbord	4 ... 6	2 ... 3	0,0004 ... 0,0005*	0,8 Fa cotα ≧ Fr oder 1,4y Fa ≧ Fr
Pendelrollenlager mit losem Führungsbord	3 ... 5	1,5 ... 2,5	0,0002 ... 0,0004*	0,8 Fa cotα ≧ Fr oder 1,2yFa ≧ Fr
Axial-Pendelrollenlager	3 ... 4	—	0,0005 ... 0,0006*	Fa(Fr max. <0,55 Fa)

[1)] Bei negativer Lagerluft F_e statt P_o einsetzen.
* Kleine Werte für leichte Reihen, große Werte für schwere Reihen.
** Kleiner Klammerwert für $Fa/C_o \approx 1$, großer Klammerwert für $Fa/C_o \approx 0{,}1$
*** Für zusätzliche axialbelastete Zylinderrollenlager siehe Abb. 78, S. 97, T. 1.

Abb. 295 Reibungsbeiwerte der Wälzlager

16.5.2 Lastabhängiges Reibmoment bei negativer Lagerluft (Vorspannung)

Alle bis hierher gemachten Angaben beziehen sich auf Wälzlager mit positivem Betriebsspiel. Werden die Lager jedoch aus bestimmten Gründen (erhöhte Lagersteifigkeit/Genauigkeit, wie z. B. bei Werkzeugmaschinen, Spindeln oder Kfz-Ritzeln) mit negativem Betriebsspiel eingebaut, kommen zu den äußeren Belastungen innere Belastungen, die das Reibungsmoment zum Teil beträchtlich erhöhen. In diesem Falle ist an die Stelle von P_0 die äquivalente Belastung F_e einzusetzen. Vorausgesetzt $F_e > Fr$. Bei $F_e < Fr$ bleibt es bei P_0.

Fall 1: Lagerbelastung, Fr = Fa = 0

In Schräglagern mit negativer Lagerluft sind bei fehlender äußerer Lagerbelastung die Wälzkörper auf den ganzen Umfang gleichmäßig belastet. Es sind $\varepsilon = \infty$ (s. Lastzone S. 260) und $Q_{max} = Q_1 = Q_2 = \ldots Q_Z = Q_0$. Die Wälzkörperbelastung hängt von der negativen Lagerluft (S) und von der Lagersteifigkeit (elastische Verschiedung δ) ab und kann nach den Gleichungen 166 + 167 (S. 258) bestimmt werden, wobei die Verschiebung $\delta = -S/2$ entspricht.

$Q_0 = 1{,}23 \cdot S^{3/2} \cdot D_w{}^{0,5}$ [N] (Gl. 251)
für Punktberührung

$Q_0 = 8 \cdot S^{1,1} \cdot l_{eff}{}^{0,9}$ [N] (Gl. 252)
für Linienberührung

$F_e = 2 \cdot Z \cdot Q_0/\pi \geqq P_0$ [N] (Gl. 253)

mit

Q_0 Wälzkörperbelastung [N]

S radiale Betriebslagerluft [μm], s. S. 345

D_w Wälzkörperdurchmesser [mm]

l_{eff} effektive Rollenlänge [mm]

F_e äquivalente Lagerbelastung bei negativer Lagerluft [N]

Z Wälzkörper-Anzahl

P_0 statisch äquivalente Lagerbelastung [N], s. S. 321.

Fall 2: Lagerbelastung, Fr > 0

Mit größer werdender äußerer Lagerbelastung nähert sich die Lastverteilung bei vorhandener negativer Lagerluft der Lastverteilung bei Null-Lagerluft. Die Gleichung 167 in neuer Form:

$F_e = Z \cdot Q_{max} \cdot J_e$ [N] (Gl. 254)
$= Fr \cdot (J_e/J_r)$ [N] (Gl. 255)

mit

Q_{max} max. Wälzkörperbelastung [N] $= Fr/Z \; J_r$, s. S. 258 ff.

Beiwert J_e (Last-Integral) } Abb. 296
Beiwert J_r Sjövallisches Integral, } Abb. 296
gleiche Werte wie Abb. 268)

$J_e = J_{r1} + J_{r2}, J_r = J_{r1} - J_{r2}$
Index 1 obere Lagerhälfte
Index 2 untere Lagerhälfte

Fr Radialbelastung des Lagers [N]

Parameter der Lastzone ε*	Punktberührung		Linienberührung	
	J_r	J_e	J_r	J_e
0,5	0,2288	0,2288	0,2453	0,2453
0,6	0,2416	0,2418	0,2568	0,2574
0,7	0,2505	0,2524	0,2636	0,2677
0,8	0,2559	0,2622	0,2658	0,2784
0,9	0,2576	0,2727	0,2628	0,2915
1,0	0,2546	0,2856	0,2523	0,2101
2,0	0,1618	0,4250	0,1334	0,4658
3,0	0,1140	0,4891	0,0900	0,5217
4,0	0,0877	0,5237	0,0678	0,5500
5,0	0,0711	0,5452	0,0544	0,5672
10,0	0,0366	0,5848	0,0274	0,6017
∞	0,0000	0,6366	0,0000	0,6366

* ε muß für den konkreten Belastungsfall nach Abb. 258, S. 250, bestimmt werden

Abb. 296 Beiwerte J_r und J_e für die Berechnung der Lastverteilung in einreihigen Wälzlagern mit negativer Lagerluft

Die vorgenannten Beziehungen ermöglichen eine ausreichend genaue Abschätzung des Reibungsmomentes einer Lagerung. Eine volle Übereinstimmung mit der Praxis wird es nicht immer geben, weil einerseits die angestrebte Vollschmierung oft nicht aufrecht zu erhalten ist, mitunter also Mischreibung auftritt und andererseits die in den Gleichungen verwendeten und teilweise empirisch bestimmten Beiwerte nicht alle Einflußfaktoren, wie z. B. Veränderung der Betriebsviskosität, der Ölfüllmenge, der Lagereinstellung, Fluchtungsfehler, Verschmutzung und Ventilation berücksichtigen können.

Nicht zu verwechseln sind diese Reibungsmomente mit denen, die beim Anlaufen auftreten, oder sich bei sehr niedrigen Drehzahlen ($n < 10\ min^{-1}$) einstellen und sehr viel höher (bis zu 100 %) liegen (s. Abschnitt 16.5.3). Bei Untersuchungen der Reibungsverluste einer Lagerung sind schließlich die zum Teil sehr hohen Reibwerte von schleifenden Dichtungen und anderen Maschinenteilen (z. B. Zahnräder, Riemen, Kupplungen, Bremsen) nicht zu vergessen.

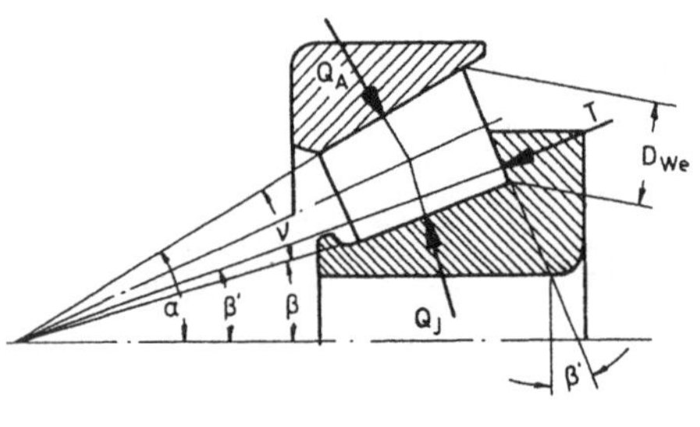

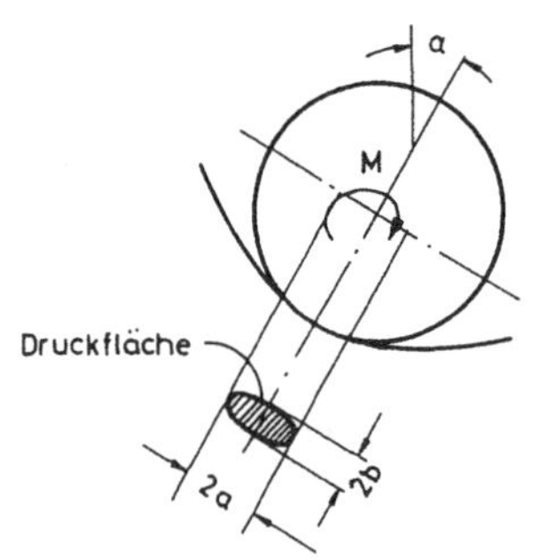

Abb. 297 Zur Berechnung der Losbrechmomente von Schräglagern

16.5.3 Losbrechmoment (Anlaufreibung)

Für die Montage von Schräglagern ist gelegentlich das Losbrechmoment unter Axialbelastung von Interesse. Bei Kegelrollenlagern wird es im wesentlichen von dem Gleitreibungsanteil Bord/Rolle beeinflußt, bei Schrägkugellagern hauptsächlich von der Bohrreibung:

$$M_{LK} \approx \mu \frac{\beta' - \beta}{\nu} \cdot D_{We} \cdot \cos \nu/2 \cdot \cdot Fa \cdot 10^{-2}\ [Nmm] \qquad (Gl. 256)$$

$$M_{LS} \approx M \cdot Z \cdot \sin\alpha_0\ [Nmm] \qquad (Gl. 257)$$

mit

M_{LK}	Losbrechmoment axial belasteter Kegelrollenlager
M_{LS}	Losbrechmoment axial belasteter Schrägkugellager
μ	Reibungszahl, Allgemein $\mu \approx 0{,}20$, Automobillager $\mu \approx 0{,}18$, Walzwerkslager $\mu \approx 0{,}25$
β'	Führungsbordwinkel
β	Innenring-Laufbahnwinkel
ν	Rollenwinkel
D_{We}	Großer Durchmesser der Kegelrolle
Fa	Axialbelastung [kN]
M	Bohrreibungsmoment [Nmm], s. Gl. 191, S. 269
Z	Kugelanzahl
α_0	Nenn-Druckwinkel [°]

Die Anlaufreibung ist ferner von Interesse bei Betrieb der Wälzlager im Tieftemperaturbereich (bis -50°C), weil sie evtl. bei der Auslegung des Antriebes berücksichtigt werden muß. Allerdings stehen hierfür keine handlichen Berechnungsunterlagen zur Verfügung. Erfahrungs- und Versuchswerte können bei der Koyo Deutschland GmbH angefragt werden.

17 Betriebstemperatur

Die Kenntnis der voraussichtlichen Betriebstemperatur ist für die Gestaltung einer Lagerung, was die Lagerausführung (Bauart, Bauform, Werkstoff, Toleranzklasse, Lagerluft, Lebensdauer), die Schmierung (Art, Viskosität) und die Abdichtung (berührend/nicht berührend) angeht, sehr wichtig. Sie ergibt sich aus dem Gleichgewicht (Beharrungszustand) zwischen erzeugter und abgeführter Wärme. Die erzeugte Wärme entspricht der Verlustleistung aus Lagerreibung, Dichtungsreibung, Zahnrad- und Schmierstoffreibung plus möglicher Fremdwärme. Die abzuführende Wärme wird durch die Umgebungstemperatur, Luftzirkulation, Wärmeleitfähigkeit von Welle/Gehäuse und angrenzender Maschinenteile, der Schmierung, der Lagerluft bzw. der Vorspannung und der Passung bestimmt. Überschlägig läßt sich nach empirischen Ermittlungen rechnen:

$Q_E = 1{,}047 \cdot 10^{-4} \cdot n \cdot M_R$ [W] (Gl. 258)
= Erzeugte Wärmemenge (Lagerreibung)

$Q_G = \alpha \cdot F_t \cdot (t_l - t_u)$ [W] (Gl. 259)
= Abgeführte Wärmemenge (Gehäuse/Welle)

$Q_Ö = (1/60\,000) \cdot [q \cdot \varrho \cdot c\,(t_a - t_e)$ [W]
= Abgeführte Wärmemenge (Gl. 260) (Öl)

$t_l = [(Q_E - Q_Ö)/(\alpha \cdot F_t)] + t_u$ [°C] (Gl. 261)

mit

- t_l Lagertemperatur [°C]
- n Lagerdrehzahl [min^{-1}]
- M_R Lagergesamtreibungsmoment [Nmm] (s. Seite 280)
- α Wärmeübergangs-Koeffizient [W/°C m^2], gewöhnlich α = 500 W/ °C m^2
- F_t Wärmeabgebende Fläche [m^2]
- t_u Umgebungstemperatur [°C]
- q Durchlauf-Ölmenge [cm^3/min]
- ϱ Dichte des Öles [Kg/m^3] (s. S. 455)
- c Spezifische Wärmekapazität des Öles [J/Kg °C] (s. S. 456)
- t_a Ölaustrittstemperatur [°C]
- t_e Öleintrittstemperatur [°C], gewöhnlich $t_a - t_e$ = 20 °C

Da u. a. der Wärmeübergangskoeffizient α in der Regel nur unzureichend bekannt ist, wird auch das Ergebnis dieser Temperaturberechnung fast immer zu ungenau. Einen brauchbaren Wert erhält man durch einen Laufversuch (Bestimmung α aus t_u). Erst dann läßt sich die Beharrungstemperatur von Lagern verschiedener Bauformen bei unterschiedlichen Belastungen und Drehzahlen ausreichend genau bestimmen.
Anhaltspunkte über durchschnittliche Lagerbetriebstemperaturen in verschiedenen Maschinen und Geräten sind in der Abb. 298 zusammengetragen. Übermäßige Lagertemperaturen lassen in der Regel auf Unter- oder Überversorgung mit Schmierstoff schließen. Daneben kommen als Ursache aber auch Lagerfluchtungsfehler, übermäßige Verspannung, zu geringe Lagerluft oder Lagerverschmutzung in Frage.

17.1 Temperaturdifferenzen zwischen Innen- und Außenring

Die bessere Wärmeabfuhr am Außenring mit seiner größeren Oberfläche ergibt ein Temperaturgefälle und damit eine größere Innenringausdehnung, die bei der Festlegung der Lagerausführung bzw. Radialluftgruppe (s. S. 11/345) unbedingt berücksichtigt werden muß.
Die Temperaturdifferenz zwischen Innen- und Außenring beträgt erfahrungsgemäß 5...10 °C, wenn das Lager in seiner Umgebung weder gekühlt noch erwärmt wird. Bei gekühltem Gehäuse beträgt die Differenz, z. B. durch Fahrtwind, ca. 15...20 °C. Bei fremderwärmten Lagerungen ist sie schwer abzuschätzen. Man muß hier auf Erfahrungswerte mit gleichen Geräten bei gleichen oder ähnlichen Bedingungen zurückgreifen.

17.2 Betriebstemperaturverlauf

Typische Beispiele für Fett- und Ölschmierung sind in Abb. 299 wiedergegeben. Infolge der Walkarbeit ist bei frisch geschmierten Wälzlagern und bei jeder Nachschmierung zunächst mit einem höheren Reibungsmoment und daher mit einer höheren Betriebstemperatur zu rechnen. Ein Fettmengenregler (s. Abb. 462, S. 435) vertreibt überschüssiges Fett aus dem Lager und hilft das Temperaturniveau zu senken.
Die niedrigsten Reibungsmomente und Betriebstemperaturen werden bei einer kleinen Ölmenge erreicht. Wird die Ölversorgung zu gering, so daß die Lager im Misch-

reibungsgebiet laufen, steigt die Temperatur. Sie steigt auch mit zunehmender Ölmenge auf Grund der Planscharbeit. Dagegen wirken sehr große Ölmengen kühlend und lassen die Betriebstemperatur wieder auf ein niedriges Niveau fallen.

Lagerung ohne Fremderwärmung (Spindel, Hauptwelle oder Zapfen)	[°C]
Kreissäge	40
Hobelmaschine	40
Fräsmaschine	40
Bohrmaschine	40
Horizontalbohrwerk	40
Blockbrammengerüst	45
Sägegatter	50
Holzfräse	50
Karusseldrehbank	50
Drehbank	50
Flächenschleifmaschine	55
Warmband-Stützwalzen	55
Papierkalander	55
Lok/Reisezug-Achsen	60
Hammermühle	60
Backenbrecher	60
Drahtstraße	65
Verseilmaschine	70
Vibrationsmotor	70
Schiffs-Drucklager	80
Schlägermühle	80
Schwingsiebe	80
Vibrationswalze	90
PKW-Vorderrad	70...130
Stationäre Getriebe	70...110
KFZ-Hinterachs- und Schaltgetriebe	110...130

Lagerung mit Fremderwärmung	[°C]
Elektrische Fahrmotore (Ankererwärmung, Fahrtwindkühlung)	80...90
Heißgasventilatoren (Wellenaufheizung)	≈ 90
KFZ-Wasserpumpen (Motor- und Kühlwasserwärme)	≈ 120
Turbokompressoren (Kompressionswärme)	≈ 120
Kurbelwellen-Verbrennungs-kraftmaschinen (Verbrennungswärme, Gehäusekühlung) (Heizdampf 140...150°C durch Lagerzapfen)	≈ 120
Trockenzylinder-Papiermaschine	120...130
Gummi-/Kunststoff-Kalander (Aufheizung durch Lagerzapfen)	≈ 180
Brennofenwagen-Radlager (Brennraumwärme)	200...300

Abb. 298 Lagerbetriebstemperaturen verschiedener Maschinen und Geräte

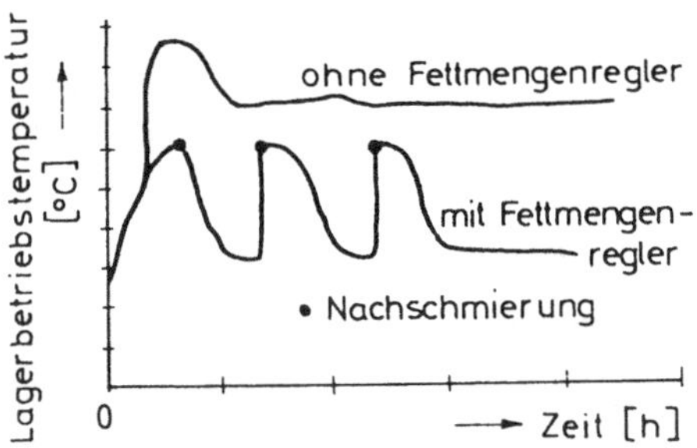

Abb. 299 Betriebstemperaturverlauf bei unterschiedlicher Schmierstoffversorgung

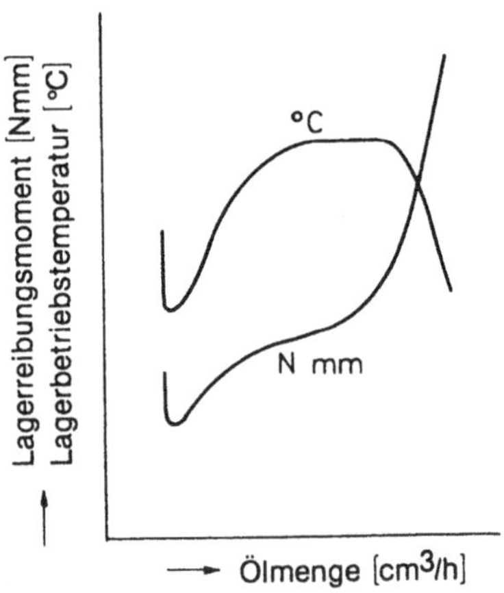

18 Drehzahlgrenze

Bei Überschreiten der Drehzahlgrenze wird ein Gebiet erreicht, in dem ein gleichmäßiger, ungestörter Betrieb nicht mehr gewährleistet ist. Die Massenkräfte der Wälzkörper und des Käfigs sowie kleinste Formabweichungen und Lagefehler führen zu unruhigem Lauf (Geräusch/Schwingungen), die Schmierverhältnisse verschlechtern sich (Schmierfilmdurchbruch/Mischreibung), Reibung und Verschleiß nehmen zu, und die Lagertemperatur steigt rapide an. Die Folge sind Lagerblockade (Heißlauf) und möglicherweise Käfigbruch. Wann diese Laufstörungen auftreten, ist im voraus nicht genau anzugeben, da die Drehzahlgrenze von einer Vielfalt von Faktoren beeinflußt wird, die kaum zu berechnen sind.

Die erreichbare Drehzahl hängt ab von

- der Art und Größe des Lagers (Geometrie, Kinematik, Genauigkeit),
- der Art und Größe der Belastung,
- der Umgebungskonstruktion (Genauigkeit, Sauberkeit),
- der Lagerluft bzw. Lagervorspannung,
- der Art der Schmierung (Schmierstoff, Schmierfilmbildung, Wärmeableitung),
- und den weiteren Betriebsbedingungen (Fremderwärmung, Kühlung, Drehzahlveränderung).

In den Maßtabellen sind für jedes Lager Richtwerte für die Drehzahlgrenze bei Fettschmierung (ng_f) und Öl-Tauch-Schmierung ($ng_ö$) angegeben. Sie gelten für normale Einbauverhältnisse, saubere Umwelt ohne Fremderwärmung, gute Schmierung, rein radial belastete Radiallager oder rein axial belastete Axiallager, mäßige Belastungen $P < 0{,}1\ C$, starre Wellen und Gehäuse, richtiges Betriebsspiel und Lager in normaler Ausführung und Genauigkeit.

Beurteilungsmaßstab ist die mittlere Lagergeschwindigkeit:

$A = d_m \cdot n$ [mm/min] (Gl. 262)

für Radiallager

$A = n\,[D \cdot H]^{1/2}$ [mm/min] (Gl. 263)

für Axiallager

mit

- A Richtwert für die Drehzahlgrenze, s. Abb. 300
- d_m mittlerer Lagerdurchmesser $= (d + D)/2$ [mm]
- d Lagerbohrung [mm]
- D Lageraußendurchmesser [mm]
- n Lagerdrehzahl [min^{-1}]
- H Lagerhöhe [mm]

18.1 Minderungsfaktoren

Minderungsfaktoren für kombinierte Belastungen (fn_1) und höhere Belastungen bzw. geringe Lebensdauer (fn_2) sind aus den Abb. 301 und 302 zu entnehmen.

$ng' = fn_1 \cdot fn_2 \cdot ng$ [min^{-1}] (Gl. 264)

mit

- ng Drehzahlgrenze für Fett- bzw. Ölschmierung [min^{-1}] (s. Maßtabelle)

Bei Lagern in RS-Ausführung ist die Drehzahl durch die berührende Dichtung mit ca. 12 m/s begrenzt.

Um Wälzlagerschlupf infolge hoher Flieh- und Kreiselkräfte zu verhindern, müssen schnell laufende Kugellager, insbesondere Axialrillenkugellager sowie Axialpendelrollenlager, mit einer bestimmten Mindestlast axial vorgespannt werden (s. S. 114 und S. 118)

Bei Fettschmierung ist zu beachten, daß nicht jedes Fett sich bis zu der in den Maßtabellen angegebenen Drehzahlgrenze eignet und daher eine Überprüfung mit dem vom Fetthersteller angegebenen Drehzahlkennwert $d_m \cdot n$ notwendig ist.

$(d_m \cdot n)' = fn_3 \cdot d_m \cdot n$ (Gl. 265)

mit

- fn_3 Minderungsfaktor nach Abb. 303 für den Gleitreibungsanteil im Lager

Lagerbauform	Richtwert A Fett- schmierung	 Öltauch- schmierung
Radiallager		
Rillenkugellager, einreihig	500 000	630 000
—, einreihig, mit Dichtscheiben (RS, 2RS)	360 000	—
—, zweireihig	320 000	400 000
Schrägkugellager, einreihig	500 000	630 000
—, einreihig, gepaart	400 000	500 000
—, zweireihig	360 000	450 000
Pendelkugellager	500 000	630 000
—, mit breitem Innenring	250 000	320 000
Zylinderrollenlager, einreihig	500 000	630 000
—, vollrollig	—	275 000
—, zweireihig, Genauigkeitsausführung	500 000	630 000
Kegelrollenlager	320 000	400 000
Pendelrollenlager, Normalkäfig	180 000	220 000
—, Massivkäfig	250 000	320 000
Axiallager		
Axial-Rillenkugellager } (Mindestbelastung	140 000	200 000
Axial-Pendelrollenlager } beachten)	—	280 000

Abb. 300 Richtwerte für die Drehzahlgrenze der Wälzlager

18.2 Steigerungsfaktoren

Höhere Drehzahlen als die in den Maßtabellen angegebenen Werte lassen sich durch bessere Wärmeableitung, Kühlung, geringe Schmierstoffreibung, genauere Lager, höhere Lagerluft und besondere Käfige, bei entsprechender Gesamtkonstruktion und Bearbeitungsgenauigkeit von Wellen und Gehäusen erreichen. Einen Überblick über die Steigungsmöglichkeiten gibt die Abb. 304.

$$ng' = f_{n4} \cdot ng_{ö} \; [\text{min}^{-1}] \qquad \text{(Gl. 266)}$$

mit

$ng_{ö}$ Drehzahlgrenze für Ölschmierung $[\text{min}^{-1}]$ (s. Maßtabelle)

Käfige aus Leichtmetall, Hartgewebe oder Kunststoff (Polyamide), haben ein geringeres Gewicht als der Standardkäfig und führen so über kleinere Unwuchtkräfte, zum Teil auch schwingungs- und geräuschdämpfend mit bestimmten Notlaufeigenschaften, zu höheren Drehzahlen.

Bordgeführte anstelle wälzkörpergeführte Massivkäfige gewährleisten ebenfalls kleine Unwuchtkräfte. Sie setzen allerdings gut geschmierte Gleitflächen, geschliffene Lagerringborde und evtl. zusätzliche Schmiernuten voraus. Wichtig ist auch hier, daß die Schmierstoffreibung so niedrig wie möglich bleibt und dennoch genügend Wärme abgeführt wird.

Bei geringer Belastung und schneller Drehzahländerung (Beschleunigung/Verzögerung), die zu Gleitbewegungen der Wälzelemente führen und die Gefahr örtlicher Erwärmung/Materialverschweißung/Anschmierung bedingen, haben sich Wälzkörper mit geringem Massenträgheitsmoment, wie z.B. hohle Rollen, bewährt.

Unter Ausnutzung aller Möglichkeiten konnten in Versuchen mit kleinen Rillen- und Schrägkugellagern Höchstdrehzahlen erreicht werden, die dem 5- bis 6fachen Wert der in den Maßtabellen angegebenen Drehzahlgrenzen $ng_{ö}$ und einem Drehzahlkennwert $d_m \cdot n$ von $3 \cdot 10^6$ entsprechen.

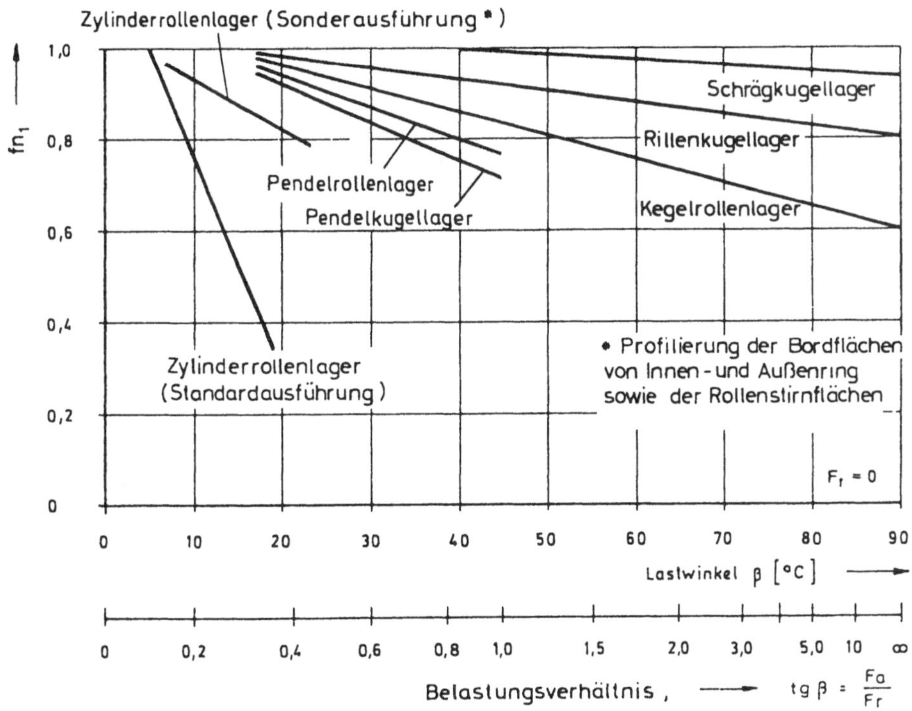

Abb. 301 Drehzahlminderung bei kombinierter Belastung, Faktor fn_1

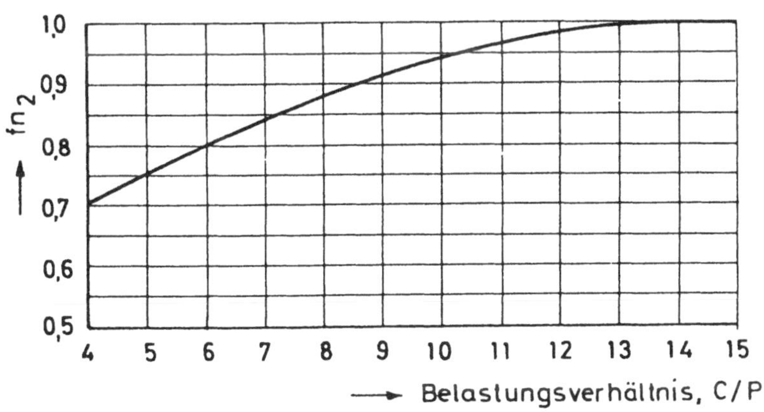

Abb. 302 Drehzahlminderung bei hoher Belastung, Faktor fn_2

Lagerbauform	Rillenkugellager Zylinderrollenlager	Pendelkugellager Schrägkugellager	Nadellager Axialrillen-kugellager	Kegelrollenlager Pendelrollenlager	Nadelhülsen Nadelkäfige
fn_3	1	0,9	0,7	0,6	0,4
			(Lageranordnung s.S. 48)		

Abb. 303 Minderungsfaktoren der Drehzahlkennwerte für Fette nach Abb. 447/S. 425 für verschiedene Wälzlagerbauformen.

Lagerausführung	Schmierung	Rillenkugellager, Schrägkugellager, Zylinderrollenlager	Kegelrollenlager [1]	Axial-Rillen-Kugellager
			Käfigausführung [2]	
Normal-Toleranzklasse (P0 bzw. PK oder ASA 4) Standardkäfig	Fett	FG = 1,4 FY = 1,5 FT = 1,6	FG/FY = 1,4	FG = 1,2
	Ölbad	1	1	1
Toleranzklasse P6 bzw. PC oder ASA 3, Standard-Käfig	Fett	Standardkäfig = 1,2		
	Ölumlauf	1,4 ... 1,6	1,2 ... 1,4	1,1 ... 1,2
Toleranzklasse P6 bzw. PC oder ASA 3, Sonderkäfig	Fett	FG = 1,5 FY = 1,6 FT = 1,7	FG/FY = 1,4	
	Ölumlauf	1,6 ... 1,8	1,4 ... 1,5	1,2 ... 1,3
Toleranzklasse P5 bzw. PB oder ASA 0 ... 00, Sonderkäfig		FG = 1,7 FY = 1,8 FT = 1,9	FY = 1,6	
	Ölumlauf mit Kühler oder Ölnebel	1,8 ...2,2	1,5 ... 1,8	1,3 ... 1,4
Toleranzklasse P4 Sonderkäfig	Fett	FG = 1,8 FY = 1,9 FT = 2,0		
	Ölnebel oder Öl-einspritzung mit Kühlung	2,2 ... 3	—	1,4 ... 1,6

1) Weitere Steigerungsmöglichkeiten s Ölumlaufschmierung S. 481 2) Nachsetzzeichen s. S. 16/17

Abb. 304 Drehzahl-Steigungsmöglichkeit, Faktor fn_4.
(Vorausgesetzt wird eine der Lagertoleranz entsprechende Bearbeitungs- und Fluchtgenauigkeit der Wellen- und Gehäuse-Lagersitze, erhöhte Lagerluft und sorgfältiges dynamisches Auswuchten). Bei gepaarten Lagern ist mit 20 % niedrigen Werten zu rechnen.

19 Lagerbeanspruchungen

Ob ein Lager richtig dimensioniert ist oder nicht, wird üblicherweise durch einen Vergleich zwischen der neuen und einer zumindest ähnlichen, bereits bewährten, Lagerung entschieden. Dabei dient in Fällen dynamischer Beanspruchung als alleinige Grundlage die Ermüdungsrechnung als Ausdruck von Belastung, Drehzahl, Tragzahl und Lebensdauerrichtwert. Diese einfache empirische Methode hat sich in der Praxis bewährt und ist für viele Anwendungsfälle ausreichend. Andererseits steigen die Anforderungen an Maschinen und Geräte auf Grund zunehmenden Wettbewerbs. So z. B. bei Herstellern von Fahrzeugen, die aus Gründen der Energie- u. Kosteneinsparung immer kompaktere Schaltgetriebe entwickeln. Mit kleineren Achsabständen, Wellen, Zahnrädern, Lagern und teilweise Leichtmetallgehäusen, wo mit beträchtlich geringen Steifigkeiten, höheren Wellendurchbiegungen und veränderter Lastverteilung bei gleichzeitig kleineren Lagern gerechnet werden muß. In solchen und ähnlichen Fällen versagt die eingangs erwähnte empirische Beurteilungsmethode.

19.1 Systemanalyse

Das Wälzlager muß nunmehr als Teil eines Gesamtsystems betrachtet werden, das äußeren Beanspruchungen verschiedenster Art unterliegt. Bei der Beurteilung einer Lagerung müssen daher die wirksam werdenden Gesamtzusammenhänge, die durch eine Anzahl von erfaßbaren Beanspruchungsgrößen charakterisiert sind, sorgfältig ermittelt werden. Wie die Abb. 305 zeigt, hat jede einzelne Beanspruchungsgröße eine Vielzahl von Ursprüngen und nicht weniger Einflußgrößen auf die tribologischen Lagerelemente, die die Gebrauchslebensdauer der Lager mehr oder weniger bestimmen.

Beanspruchung	Größe und zeitlicher Verlauf (Beispiele)	Ursprung	Wesentlicher Einfluß auf
Belastung	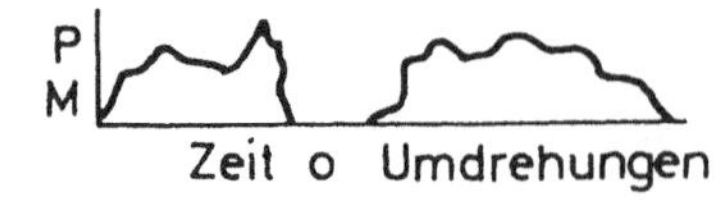	Antriebsmomente Gewichte Riemen-/Ketten-/Zahnradkräfte Arbeitskräfte Förderströme Gaskräfte Massenkräfte	Ermüdungslebensdauer Drehzahl Reibung Schmierung Verformung/Federung
Geschwindigkeit (Drehzahl)	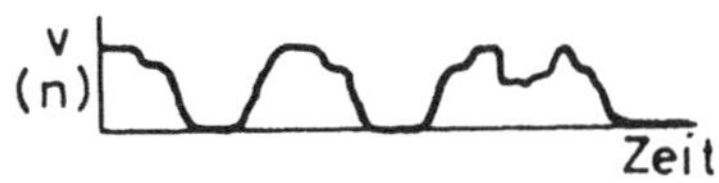	Bewegung	Reibung Schmierung Temperatur
Umgebungstemperatur	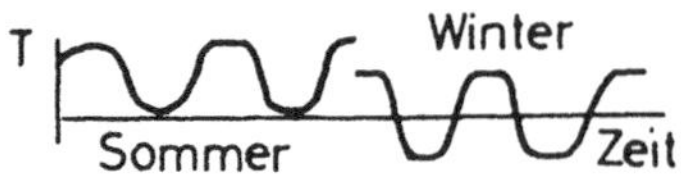	Eigenwärme Fremdwärme	Werkstoff Wärmebehandlung Schmierung
Verformungen und Verlagerungen		Belastung Temperaturschwankungen Leichtbau Passungsspiel Lagerluft Fluchtfehler	Führungsgenauigkeit Lastzone Tragfähigkeit/Lebensdauer (Spannungskonzentration) Verschleiß
Schwingungen	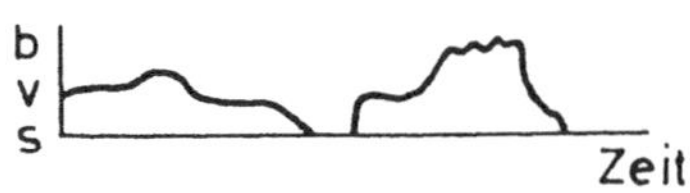	Eigenschwingung Fremderregung	Lagerbelastung Festigkeit Schmierung Verschleiß
Störung durch Umgebung		Umwelt	Gebrauchsdauer Verschleiß Temperatur Geräusch

Abb. 305 Lagerbeanspruchungen

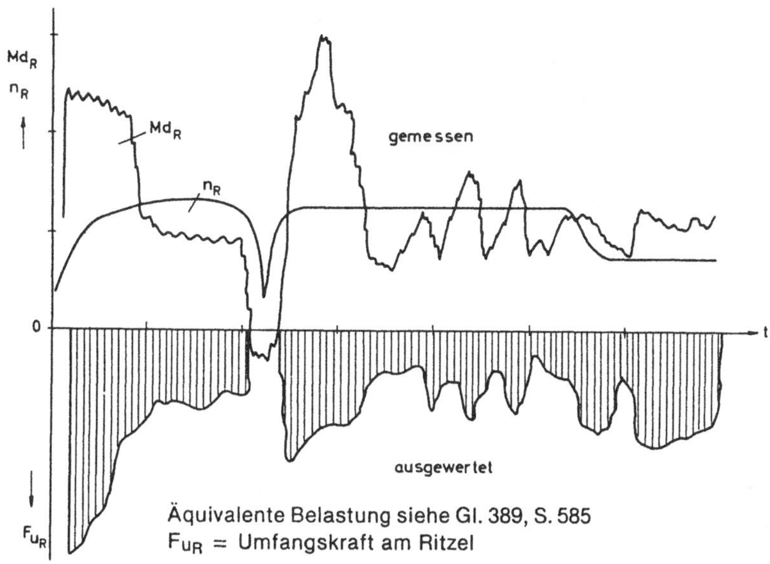

Abb. 306 Belastungskollektiv für den Fahrantrieb eines Schleppers

19.2 Beanspruchungskollektive

Da sich die Beanspruchungen im Laufe der Gebrauchsdauer ändern können, ist es zweckmäßig, die tatsächlichen Betriebsbedingungen zeitraffend in Beanspruchungskollektiven darzustellen und daraus die äquivalenten, durchschnittlichen oder maximal entscheidenden Beanspruchungen zu bestimmen. Die Vorteile der Beanspruchungskollektive sind unbestritten, jedoch ist es schwierig, die erforderlichen Angaben zu erhalten. Häufig genügt es daher schon, die zu erwartenden Beanspruchungskollektive abzuschätzen. Besonders wichtige Betriebsbedingungen, die der reinen Berechnung nicht oder nur schwer zugänglich sind, sollten durch Kurzzeitmessungen an ausgeführten Maschinen erfaßt werden, wie am Beispiel eines Schleppers in Abb. 306 wiedergegeben. Diese Messungen über wenige Betriebsstunden liefern oft bereits gute Grundlagen für ein brauchbares Beanspruchungskollektiv. Als Meßelemente für Belastungen dienen z. B. Kraftmeßdosen, Dehnmeßstreifen und besondere Kraftmeßlager (s. S. 331). Die Meßergebnisse werden auf Magnetband gespeichert und mit sogenannten Klassiergeräten nach bestimmten Regeln statistisch ausgewertet.

19.3 Belastungsannahmen und Lebensdauerrichtwerte

Die Wälzlagerhersteller besitzen einen großen Erfahrungsschatz in der Berechnung von Wälzlagerungen aller Arten und Einbausituationen. Dieser Schatz wird durch praktische und theoretische Arbeiten stetig erweitert. Er steht allen Wälzlageranwendern zur Verfügung, insbesondere denen, die (noch) nicht über die vorher beschriebenen Beanspruchungskollektive verfügen. Die Abb. 307 gibt eine Übersicht mit welchen Belastungsannahmen, Zuschlagfaktoren und Lebensdauerrichtwerten heute in den einzelnen Bereichen des Maschinen- und Fahrzeugbaues gerechnet werden muß, um zu sicheren und wirtschaftlichen Lagerungen zu kommen. Die angegebenen Werte dürfen nicht getrennt gesehen werden, da sie sich gegenseitig ergänzen. Die empfohlene Lebensdauer ist nicht unbedingt mit der tatsächlichen zu erzielenden Lebensdauer gleichzusetzen, weil sie im jeweiligen Einbaufall neben einer ausreichenden Ermüdungslebensdauer noch weitere Forderungen an die Lagerung, wie z. B. außergewöhnliche Belastungsspitzen, Schwingungen, Verschmutzung, Steifigkeit, geringeres Gewicht usw., berücksichtigt.

Einbaustelle	Belastungsannahmen	Zuschlag-faktor, f_z	Lebens-dauer-Richtwert $[10^3 h]$
Baumaschinen			
Bagger, Drehwerk	Mittleres Moment d. hydrostat.		2 ... 5
, Fahrwerk	Antriebes bei mittl. Drehzahl		0,5 ... 2
Lader, Planierraupen	s. Kfz, S. 297		5 ... 10
Rüttlerflaschen			0,5 ... 2
Unwuchterreger, Vibrations-Verdichter	Fliehkraft · f_z	1,1 ... 1,3	2 ... 10
Brecher, Mühlen Siebe u. a.			
Backenbrecher	Antriebsleistung, Exzenterradius		20 ... 30
Brikettpresse,	Preßkraft, Nenndrehzahl		35 ... 50
Futtermittelpresse			10 ... 20
Kreiselbrecher, Walzenbrecher	Brechkraft, Nenndrehzahl		20 ... 30
Hammermühlen		2,5 ... 3	35 ... 70
Prallmühlen		3	35 ... 70
Rohrmühlen,	Rotorgewicht · f_z, N'-drehzahl	1,5 ... 2,5	50 ... 100
Schlägermühlen		2 ... 2,5	35 ... 70
Schwingmühlen	Fliehkraft · f_z, N'-drehzahl	1,2 ... 1,3	5 ... 20
Schwingsiebe		1,2	10 ... 20
Drehofen-Laufrollen	Rollenbelastung · f_z, N'-drehzahl (stat. Tragfähigkeit überprüfen)	1,2 ... 1,3	35 ... 70
Elektromotoren			
E-Motoren f. Haushaltsgeräte	Rotorgewicht · f_z (Unwucht,	1,5 ... 2	2 ... 5
Normmotoren	Magnetzug), Nenndrehzahl, bei Ritzel- oder	1,5 ... 2	35 ... 70
Großmotoren	Riemenabtrieb: Beanspruchungs-	1,5 ... 2	50 ... 100
Elektr. Fahrmotoren	kollektiv	1,5 ... 2,5	20 ... 30
Fördermittel			
Bandantriebe/Bergbau	Antriebsleistung		75 ... 100
Bandtrommeln	Gurtzug, Gurtgewicht, Betriebsdrehzahl		50 ... 75
Förderbandrollen, allgem.	Gewicht vom Gurt/		10 ... 30
Förderbandrollen, Bergbau	Belastung, Betriebsdrehzahl		75 ... 100
Förderseilscheiben	Seillast, Nenndrehzahl (DIN 22410)		50 ... 75
Gabelstapler	s. Kfz, S. 297		5 ... 8
Kran-Laufräder	Antriebsleistung, Krangewicht		10 ... 30
Kran-Antrieb	Axialbelastung ≈ 0,10 F_r am Umfang (DIN 15071)		20 ... 40
Schaufelradbagger,			
-Fahrantrieb	Antriebsleistung		10 ... 30
-Schaufelantrieb	Antriebsleistung		75 ... 100
-Schaufelrad	Grabwiderstand, Gewicht, Betr'drehzahl		75 ... 150
Seilrollen	Seillast, Nenndrehzahl (DIN 15062)		20 ... 40

Abb. 307 Belastungsannahmen, Zuschlagfaktoren und Lebensdauerrichtwerte für verschiedene Bereiche des Maschinen- und Fahrzeugbaues (Fortsetzung S. 295 ... 297).

Einbaustelle	Belastungsannahmen	Zuschlag-faktor, f_z	Lebens-dauer-Richtwert [10^3h]
Getriebe (allgem. Maschinenbau)			
Universalgetriebe, Getriebemotoren	Nennleistung, Nenndrehzahl (Abtriebskräfte beachten)		5 . . . 20 5 . . . 20
Großgetriebe, stationär	Nennleistung, Nenndrehzahl (Abtriebskräfte beachten)		20 . . . 70
Holzbearbeitungs-maschinen			
Frässpindeln, Messerwellen	Schnittkräfte, Antriebsleistung		20 . . . 50
Sägegatter, -Hauptwelle	Massenkräfte, Nenndrehzahl		35 . . . 50
-Pleuellager	Massenkräfte, Nenndrehzahl		10 . . . 20
Kunststoff-verarbeitung			
Schneckenpresse	Max. Spitzdruck, Betriebsdrehzahl		20 . . . 30
Kalander für Gummi/Kunststoff	mittl. Walzkraft/Drehzahl, Temperatur		35 . . . 70
Landmaschinen			
Ackerschlepper	s. Kfz, S. 297		2 . . . 5
Selbstfahrende Arbeitsmasch.	s. Kfz, S. 297		2 . . . 5
Saisonmaschinen	Max. Leistung bei Nenndrehzahl		0,5 . . . 2
Papier- u. Druck-maschinen			
Papiermasch. -Naßteil	Sieb-/Filzzug, Walzengewicht		100 . . . 120
-Trockenteil	Anpreßkraft, N'drehzahl (Temperatur)		100 . . . 150
-Refiner	Trommelgewicht, Druckkraft (Temp.)		100 . . . 120
-Kalander	Walzengew., Anpreßkraft, N'drehzahl		75 . . . 100
Druckmaschinen	Walzengew., Anpreßkraft, N'drehzahl		75 . . . 75
Pumpen, Gebläse, Kompressoren			
Hydraulik-Axial- oder Radialkolbenmasch.	Nenndruck, Nenndrehzahl		0,5 . . . 10 0,5 . . . 10
Kolbenpumpen	Nenndruck, Nenndrehzahl		0,5 . . . 10
Kreiselpumpen	Axialschub, Rotorgewicht, N'drehzahl		20 . . . 70
Zahnradpumpen	Betriebsdruck, Nenndrehzahl		0,5 . . . 10
Großgebläse	Rotorgewicht · f_z (Unwucht), N'drehzahl	0,5 . . . 1	50 . . . 100
Ventilatoren, Kleingebläse	Axial- bzw. Radialschub, Rotorgew., Unwucht		35 . . . 70
Kompressoren, Verdichter	Betriebsdruck, Massenkräfte, N'drehzahl		5 . . . 30
Reinigungsmaschinen			
Waschmasch.-Trommel	Antriebsleistung, Gewicht d. Trommel		4 . . . 30
Trockner-Trommel	Zeitanteile, Unwucht, mittl. Drehzahl		4 . . . 10

Einbaustelle	Belastungsannahmen	Zuschlag-faktor, f_z	Lebens-dauer-Richtwert [10^3h]
Schiffbau			
Bootsantriebe	Antriebsleistung		2 ... 10
Schiffsgetriebe, kleine	Antriebsleistung		5 ... 20
Schiffsgetriebe, große	Antriebsleistung		10 ... 30
Schiffswellentraglager	Anteiliges Wellengewicht, Nenndrehzahl		50 ... 120
Schiffswellendruck-lager	Max. Propellerschub, Nenndrehzahl		20 ... 120
Ruderschaftlager	Antriebskraft, Ruderkraft, Gewicht (Vorschriften der Klassifikations-gesellschaften)		(fs ≧ 1)
Textilmaschinen			
Spinnmasch./-spindeln	Unwucht, Nenndrehzahl		25 ... 45
Web-/Wirk-/Strick-maschinen	Antriebsleistung, Unwucht, Massen-kräfte		15 ... 30
Verbrennungsmotoren			
Ottomotor, Zweitakt	Max. Gas- u. Massenkräfte · f_z im oberen Totpunkt bei Vollast	0,35	0,8 ... 5
— Viertakt		0,3	
Dieselmotor, Zweitakt		0,5	
— Viertakt		0,4	
Walzwerke, Hütteneinrichtungen			
Walzgerüste	Mittl. Walzkraft/-geschwindigkeit (Belastungskollektiv, L_h je nach Walz-gerüst und Walzprogramm)		1 ... 20
Walzwerksgetriebe	Antriebsleistung		20 ... 50
Rollgänge	Antriebsleistung, Gewicht/Stöße des Walzgutes		10 ... 30
Schleudergieß-maschine	Gewicht, Unwucht, Nenndrehzahl		30 ... 70
Konverter	Max. Gewicht, Kräfte aus Axial-verschiebung		(fs ≧ 1,5)
Werkzeugmaschinen			
Dreh-, Bohr- u. Fräs-spindeln	Antriebsleistung, Schnittkräfte Vorspannung, Betriebsdrehzahl (Werkstückgewicht)		20 ... 70
Schleifspindeln			8 ... 20
Werkstückspindeln			35 ... 60
Werkzeugmasch. Getriebe	Antriebsleistung		15 ... 30
Pressen-Exzenterwelle	Preßkraft, Zeitanteile, Nenndrehzahl		20 ... 30
-Schwungrad	Schwungradgewicht, Nenndrehzahl		35 ... 50
Elektro-/Druckluft-werkzeuge	Antriebsleistung, Schnittkräfte		4 ... 15
Zentrifugen, Rühr-werke			
Rührwerke, große	Antriebsleistung, Gewicht		35 ... 50
Zentrifugen	Gewicht, Unwucht, Nenndrehzahl		8 ... 20

Einbaustelle	Belastungsannahmen	Lebensdauer-Richtwert
Kraftfahrzeuge	**Schaltgetriebe**	L_{10} [h]
Motorräder	Max. Motormoment mit zugehöriger Drehzahl	400 ... 1200
PKW, leicht	unter Berücksichtigung des übertragbaren Momentes	1000 ... 3000
PKW, schwer	am Reifen. Gewogene Lebensdauer (Gl. 72, S. 205)	1400 ... 3000
LKW, leicht	mit den Zeitanteilen der einzelnen Gänge.	3500 ... 9000
LKW, schwer	Automatische Getriebe mit Beanspruchungskollektiv.	5000 ... 20000
Busse	Für Tal- und Rückwärtsfahrt (Schub) gilt 70 % des max. Motormomentes	3600 ... 16000
	Achsgetriebe/Verteilergetriebe a) wie Schaltgetriebe oder b) Berechnung einer Zugkraft bei mittl. Geschwindigkeit s. S. 305) und folgende Zuschlagfaktoren, f_z	

	Achsvorgelege	Differential	Ritzel: fliegend	beidseitig abgestützt
PKW	—	2 ... 1,15	1	0,667
LKW, Busse	1,15	1,5	1	0,667

Einbaustelle	Belastungsannahmen	Lebensdauer-Richtwert
	Radlager	$L_{10} = L_s$ [10^3 km]
Motorräder	Zulässige stat. Achsbelastung $Q_{zul.}$	50 ... 100
PKW	bei mittl. Geschwindigkeit (PKW = 80 km/h,	100 ... 150
Radlagereinheiten	LKW = 60 km/h, Schlepper 12 km/h)	250 ... 350
LKW/Straßeneinsatz:	Gewogene Lebensdauer aus 3 Fahrzuständen:	
bis 4 t zulässiges Gesamtgewicht	95 % Geradeausfahrt mit Q_{zul}	200
4...9 t	2,5 % Rechtskurvenfahrt mit $Q_{zul} \cdot f_z \cdot f_d$	250
9...13,5 t	2,5 % Linkskurvenfahrt mit $Q_{zul} \cdot f_z \cdot f_d$	325
13,5...38 t		500
Busse/Überlandeinsatz 9 ... 18 t	PKW, Bus, Motorrad f_z[1)] = 1,3 Kombi, LKW, Zugmaschine = 1,5 LKW im Gelände, Ackerschlepper = 1,5 ... 1,7	625
LKW-Anhänger	Fahrzeuge mit Vollgummireifen (z. B. Gabelstapler) = 1,7	500
Ackerschlepper		120
Camping-Anhänger	Lenkbare Räder f_d[2)] = 0,6 Nicht lenkbare Achsen = 0,35	100
LKW im Gelände/ Baustelleneinsatz	100 % Geradeausfahrt bei mittl. Geschwindigkeit (30 km/h) mit Zugkraft s. S. 305 und $f_z = 2$	90
Alle Kraftfahrzeuge	**Lenkzapfen, Federbeine** Zulässige stat. Achsbelastung	(fs > 0,8 ... 1,0)
Schienenfahrzeuge	**Achslager**	
Abraumwagen	Stat. Achslast mit Zuschlagsfaktor f_z abhängig von Höchstgeschwindigkeit, Fahrzeugart und Gleisoberbau; $f_z = 1,2 ... 1,4$	500
Hüttenbetriebswagen		500
Förderwagen		500
Güterzugwagen	**Getriebe und elektr. Fahrmotore** Beanspruchungskollektive mit f_z; $f_z = 1,2 ... 1,5$	800
Reisezugwagen		3000
Straßenbahnen		1500
Triebwagen		3000
Lokomotiven,	Gewogene Lebensdauer nach Gl. 72, S. 205; $f_z = 1,3 ... 1,8$	
Außenlager		3000
Innenlager		5000

1) Zuschlagfaktor für Stoßbelastung (Fahrbahnzustand, Federung) 2) Faktor für Bodenhaftung

19.4 Berechnung der äußeren Kräfte

Die Belastung des Lagers muß genau bestimmt werden, da die Ermüdungslebensdauer etwa der dritten Potenz der Belastung proportional ist (s. Gl. 66, S. 205). Das bedeutet, daß sich die Lebensdauer eines bestimmten Lagers z. B. bei doppelter Belastung auf ein Achtel (Kugellager) bzw. auf ein Zehntel (Rollenlager) verringert. Ausgangspunkt für die Berechnung der äußeren Kräfte wird in den meisten Fällen das zu übertragende Drehmoment (M), die Antriebsleistung (P) der Maschine, die Masse (m) oder die Fliehkraft (F) der abzustützenden Teile oder das Arbeitsvermögen (E) der Maschine sein, wobei folgende allgemeine Beziehungen gelten:

$$M = 9549 \frac{P}{n} \text{ [Nm]} \qquad \text{(Gl. 267)}$$

$$F = \frac{m \cdot r \cdot n^2}{91{,}20} \text{ [kN]} \qquad \text{(Gl. 268)}$$

$$E = J \cdot \omega^2 + m \cdot v^2 \text{ [Nm]} \qquad \text{(Gl. 269)}$$

mit

P Antriebsleistung [kW]

n Antriebsdrehzahl [min^{-1}]

m Masse der rotierenden bzw. bewegten Teile [g]
$= G/9{,}81$ (Gewicht/Erdbeschleunigung)

r Schwerpunktabstand [mm]

J Trägheitsmoment der bewegten Teile [$kg \cdot m^2$]

ω Winkelgeschwindigkeit der rotierenden Teile [rad/s], $\omega = 2\pi n$

v Geschwindigkeit

$$= \frac{d \cdot \pi \cdot n}{60 \cdot 1000} \text{ [m/s]} \qquad \text{(Gl. 270)}$$

d Rotationsdurchmesser [mm]

Bei vielen Lagerungen treten neben diesen Nennbelastungen zusätzlich Kräfte auf, die aus der Maschinenbetriebsart und den Einbauverhältnissen der Lagerung herrühren. Dazu zählen z. B. schwingende oder stoßartige Beanspruchungen, Massenkräfte bewegter Teile, Unwuchten, Gewichtsverlagerungen, Belastungen aus Flucht- und Durchbiegungsfehlern der Wellen und Gehäuse, Belastungen aus Verformung der Lageranschlußteile (Gehäuse) und Belastungen aus Verschiebewiderständen bei Loslagern. Diese Zusatzkräfte lassen sich meistens nicht genau berechnen, so daß man sie üblicherweise durch Zuschlagfaktoren zur Nennbelastung berücksichtigt. Anhaltswerte siehe Abb. 307 und 308.

Kraftübertragung	Belastungsverhältnisse	Zuschlagfaktor f_z
Elektromotoren, Turbomaschinen	stoßfrei	1,0 ... 1,2
Kolbenmotoren	mittlere Stöße	1,2 ... 1,5
Kettentriebe	Stoßbelastung/ Vorspannung	1,2 ... 1,5
Zahnriemen	— " —	1,5 ... 2,0
Keilriemen	— " —	2 ... 2,5
Lederriemen	— " —	2,5 ... 3,5
Stahlbänder	— " —	3 ... 4
Zahnräder	T FF*	
— geschliffen	< 0,02	1,0 ... 1,1**
— gefräßt oder gehobelt	0,02 ... 0,10	1,1 ... 1,3
— gegossen, unbearbeitet	> 0,1	1,5 ... 2,0

* Teilungs- und Formfehler [mm]
** größere Werte gelten fur v > 2 m/s

Abb. 308 Zuschlagfaktoren für dynamische Lagerbelastungen

19.5 Riemen-, Ketten-, Zahnrad- und Schneckenkräfte

Symbole:

a Achsabstand zwischen Schnecke und Schneckenrand [mm]

α_B Betriebseingriffswinkel [°], meistens gleich α_n

α_n Normal-Eingriffwinkel [°], meistens 20°

β_o Schrägungs- bzw. Spiralwinkel [°]

δ Teilkegelwinkel [°], bei Hypoidrädern gleich Kopf-Teilkegelwinkel des Ritzels oder Fuß-Teilkegelwinkel des Tellerrades

d_m Mittlerer Riemenscheiben-, Kettenrad-, Zahnrad-Teilkreis-∅ bzw. wirksamer Arbeitsdurchmesser [mm]

η Wirkungsgrad

f Reibungswinkel bei Schneckengetrieben [°]

Fa Axialkraft [kN]

Fr Radialkraft [kN]

Fu Umfangskraft [kN]

f_z Zuschlagfaktor für dynamische Kräfte (s. Abb. 307/308)

γ Steigungwinkel der Schnecke [°], entspricht 90° — β_o

i Ubersetzungsverhältnis

n Drehzahl [min^{-1}]

P Nennleistung [kW]

S Gesamter Riemen- bzw. Kettenzug [kN]

μ Faktor für Zahnreibung

v Gleitgeschwindigkeit bei Schneckengetrieben [m/min]

Z Zähnezahl

Index:

1 Scheibe/Rad 1, Ritzel bzw. Schnecke

2 Scheibe/Rad 2, Tellerrad bzw. Schneckenrad

tr. treibendes Rad

getr. getriebenes Rad

19.5.1 Riemen- und Kettengetriebe

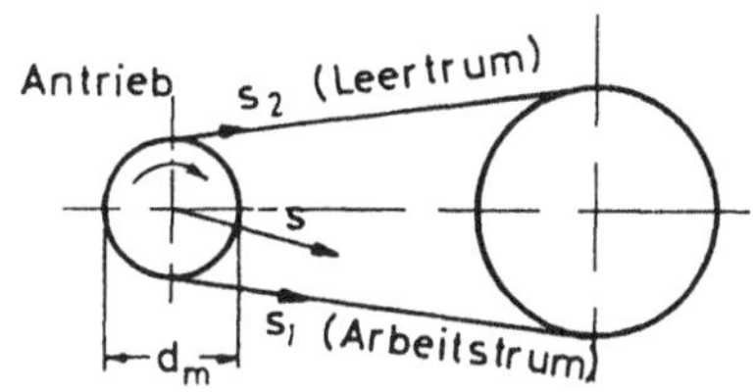

Die Kraftübertragung wird u. a. beeinträchtigt durch Abmessungen, Material und Reibungsfaktoren der Riemen und Riemenscheibe sowie durch Umschlingungswinkel, Vorspannung, Belastungsart, Wartung und atmosphärische Bedingungen. Diese Einflüsse sind schwer vorauszusagen. Als sichere Berechnungsgrundlage für die Lagerung gilt:

$$S = \frac{19100 \cdot P \cdot f_z}{n \cdot d_m} \text{ [kN]} \qquad \text{(Gl. 271)}$$

19.5.2 Geradverzahnte Stirnräder

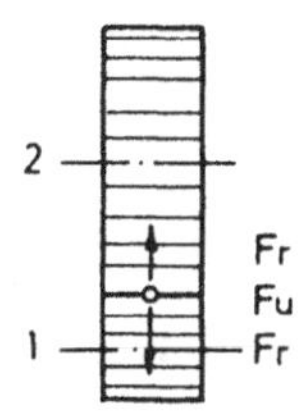

$$Fu = \frac{19100 \cdot P \cdot f_z}{n \cdot d_m} \text{ [kN]} \qquad \text{(Gl. 272)}$$

$$Fr_1 = Fr_2 = Fu \cdot \tan\alpha_n \text{ [kN]} \qquad \text{(Gl. 273)}$$

19.5.3 Schrägverzahnte Stirnräder

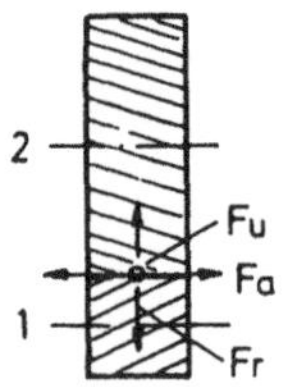

$$F_u = \frac{19100 \cdot P}{n \cdot d_m} \text{ [kN]} \qquad \text{(Gl. 274)}$$

$$F_{r1} = F_{r2} = F_u \cdot \tan\alpha_B / \cos\beta_o \text{ [kN]} \qquad \text{(Gl. 275)}$$

$$F_{a1} = F_{a2} = F_u \cdot \tan\beta_o \text{ [kN]} \qquad \text{(Gl. 276)}$$

19.5.4 Geradverzahnte Kegelräder

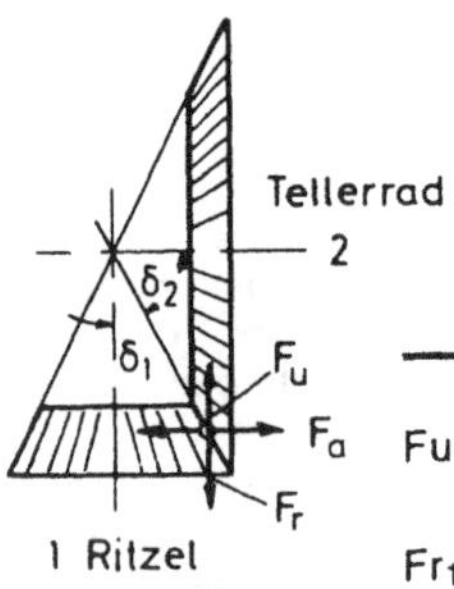

Ritzel		Tellerrad	
$F_{u1} = \frac{19100 \cdot P}{n_1 \cdot d_{m1}}$	(Gl. 277)	$F_{u2} = \frac{19100 \cdot P}{n_2 \cdot d_{m2}}$	(Gl. 279)
$F_{r1} = F_{u1} \cdot \tan\alpha_n \cos\delta_1$	(Gl. 278)	$F_{r2} = F_{u2} = \tan\alpha_n \cos\delta_2$	(Gl. 280)

19.5.5 Globoid-Schneckengetriebe

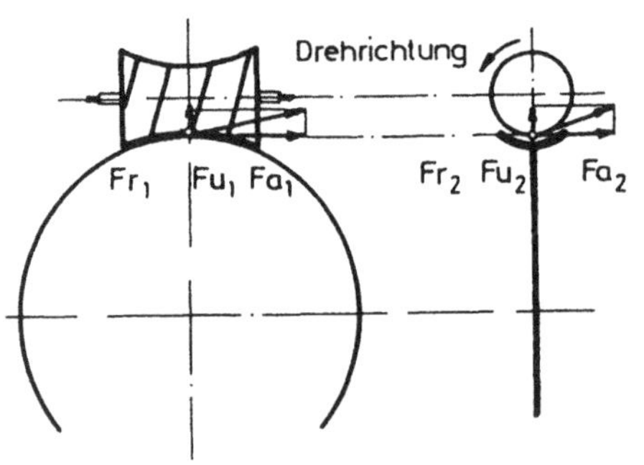

$$F_{u1} = F_{a2} = \frac{19100 \cdot P}{n_1 \cdot d_{m1}} \qquad \text{(Gl. 281)}$$

$$F_{a1} = 0{,}98 \cdot F_{u2} \qquad \text{(Gl. 282)}$$

$$F_{r1} = F_{r2} = 0{,}98 \cdot F_{u2} \tan\alpha_B / \cos\gamma \qquad \text{(Gl. 283)}$$

$$F_{u2} = \frac{19100 \cdot P \cdot \eta}{n_2 \cdot d_{m2}} \qquad \text{(Gl. 284)}$$

mit

$d_{m1} = 2_a - 0{,}98 \cdot d_{m2}$

η nach Herstellerangabe

19.5.6 Normal- und Evolventen-Schneckengetriebe

$$Fu_1 = Fa_2 = \frac{19100 \cdot P}{n_1 \cdot d_{m1}} \qquad \text{(Gl. 285)}$$

$$Fa_1 = Fu_2 = Fu_1 \cdot \eta / \tan\gamma \qquad \text{(Gl. 286)}$$

$$= Fu_1 / \tan(\gamma + f) \qquad \text{(Gl. 287)}$$

$$= \frac{19100 \cdot P \cdot \eta}{n_2 \cdot d_{m2}} \qquad \text{(Gl. 288)}$$

$$Fr_1 = Fr_2 = Fu_1 \tan\alpha_B / \sin(\gamma + f) \qquad \text{(Gl. 289)}$$

$$= Fu_1 \cdot \tan\alpha_{St} / \tan(\gamma + f) \qquad \text{(Gl. 290)}$$

mit

$\gamma = \arctan(d_{m2}/i \cdot d_{m1})$ (Gl. 291)

$ = \arctan(\text{Steigung [mm]}/\pi \cdot d_{m1})$ (Gl. 292)

$\eta = \tan\gamma / \tan(\gamma + f)$ (Gl. 293)

$f = (381/v)^{0,6}$ für $v > 12 < 350$ m/min (Gl. 294)

$v = d_{m1} \cdot \pi \cdot n_1/1000 \cdot \cos\gamma$ (Gl. 295)

für $v < 11{,}9$ gilt $f = 8^\circ$

> 350 gilt $f = 1^\circ 4'$

19.5.7 Spiralverzahnte Kegelräder und Hypoidräder

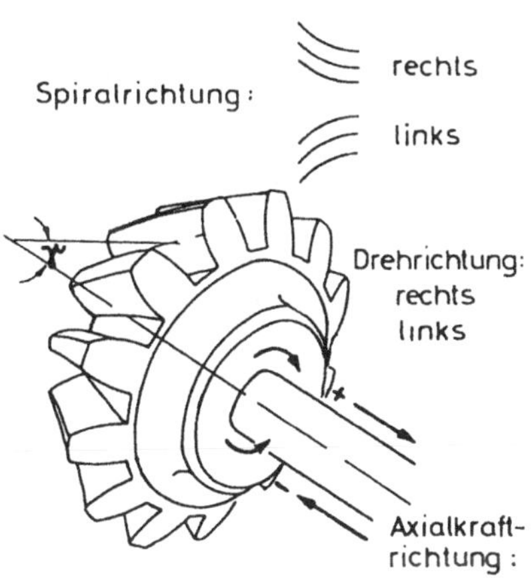

Abb. 309 Definition der Axialkräfte bei Kegelrädern

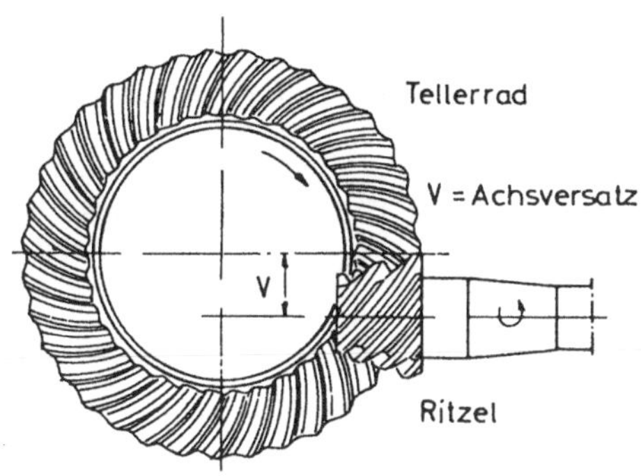

Abb. 310 Achsversetztes Kegelradgetriebe (Hypoidgetriebe)

Spiral- und Drehrichtung des treibenden Rades	Axial- und Radialkräfte	
Rechtsspirale rechtsdrehend oder Linksspirale linksdrehend	$Fa_{tr} = Fu/_{\cos\beta_o}(\tan\alpha_B \cdot \sin\delta - \sin\beta_o \cdot \cos\delta)$	(Gl. 296)
	$Fr_{tr.} = Fu/_{\cos\beta_o}(\tan\alpha_B \cdot \cos\delta + \sin\beta_o \cdot \sin\delta)$	(Gl. 297)
	$Fa_{getr.} = Fu/_{\cos\beta_o}(\tan\alpha_B \cdot \sin\delta + \sin\beta_o \cdot \cos\delta)$	(Gl. 298)
	$Fr_{getr.} = Fu/_{\cos\beta_o}(\tan\alpha_B \cdot \cos\delta - \sin\beta_o \cdot \sin\delta)$	(Gl. 299)
Rechtsspirale linksdrehend oder Linksspirale rechtsdrehend	$Fa_{tr.} = Fu/_{\cos\beta_o}(\tan\alpha_B \cdot \sin\delta + \sin\beta_o \cdot \cos\delta)$	(Gl. 300)
	$Fr_{tr.} = Fu/_{\cos\beta_o}(\tan\alpha_B \cdot \cos\delta - \sin\beta_o \cdot \sin\delta)$	(Gl. 301)
	$Fa_{getr.} = Fu/_{\cos\beta_o}(\tan\alpha_B \cdot \sin\delta - \sin\beta_o \cdot \cos\delta)$	(Gl. 302)
	$Fr_{getr.} = Fu/_{\cos\beta_o}(\tan\alpha_B \cdot \cos\delta + \sin\beta_o \cdot \sin\delta)$	(Gl. 303)

Abb. 311 Kräfte bei schräg- und spiralverzahnten Kegelrädern

Spiral- und Drehrichtung des treibenden Rades	Axial- und Radialkräfte (Gl. 304 . . . 311)
Rechtsspirale rechtsdrehend oder Linksspirale linksdrehend	$Fa_{tr.} = F_z(-\cos\alpha_B \cdot \sin\beta_o \cdot \cos\delta + \sin\alpha_B \cdot \sin\delta + \mu \cdot \cos\beta_o \cdot \cos\delta)$
	$Fr_{tr} = F_z(\cos\alpha_B \cdot \sin\beta_o \cdot \sin\delta + \sin\alpha_B \cdot \cos\delta - \mu \cdot \cos\beta_o \cdot \sin\delta)$
	$Fa_{getr.} = F_z(\cos\alpha_B \cdot \sin\beta \cdot \cos\delta + \sin\alpha \cdot \sin\delta - \mu \cdot \cos\beta_o \cdot \cos\delta)$
	$Fr_{getr.} = F_z(-\cos\alpha_B \cdot \sin\beta_o \cdot \sin\delta + \sin\alpha_B \cos\delta + \mu \cdot \cos\beta_o \cdot \sin\delta)$
Rechtsspirale linksdrehend oder Linksspirale rechtsdrehend	$Fa_{tr.} = F_z(\cos\alpha_B \cdot \sin\beta_o \cdot \cos\delta + \sin\alpha_B \cdot \sin\delta - \mu \cdot \cos\beta_o \cdot \cos\delta)$
	$Fr_{tr.} = F_z(-\cos\alpha_B \cdot \sin\beta_o \cdot \sin\delta + \sin\alpha_B \cdot \cos\delta + \mu \cdot \cos\beta_o \cdot \sin\delta)$
	$Fa_{getr.} = F_z(-\cos\alpha_B \cdot \sin\beta_o \cdot \cos\delta + \sin\alpha_B \cdot \sin\delta + \mu \cdot \cos\beta_o \cdot \cos\delta)$
	$Fa_{getr.} = F_z(\cos\alpha_B \cdot \sin\beta_o \cdot \sin\delta + \sin\alpha_B \cdot \cos\delta - \mu \cdot \cos\beta_o \cdot \sin\delta)$

$$\text{Zahnkraft } F_z = \frac{Fu_1}{\cos\alpha_B \cdot \cos\beta_1 + \mu \cdot \sin\beta_1} \quad \text{(Gl. 312)}$$

$$\text{Umfangskraft am Tellerrad } Fu_2 = F_z \cdot (\cos\alpha_B \cdot \cos\beta_2 + \mu \cdot \sin\beta_2) \quad \text{(Gl. 313)}$$

Abb. 312 Kräfte bei Kegelrädern mit Hypoidverzahnung

19.5.8 Planetengetriebe

Die Zahnkräfte und ihre Komponenten werden wie bei anderen Stirnradgetrieben berechnet. Wenn mehrere Planetenräder angeordnet sind, wird eine gleichmäßige Kraftverteilung angenommen. Abb. 313 zeigt das Schema eines einfachen Planetengetriebes und Abb. 315 die Gleichungen für Drehzahl- und Momentberechnung einfacher Planetengetriebe. Grundgleichungen weiterer, häufig verwendeter Planetengetriebe sind in Abb. 314 angegeben.

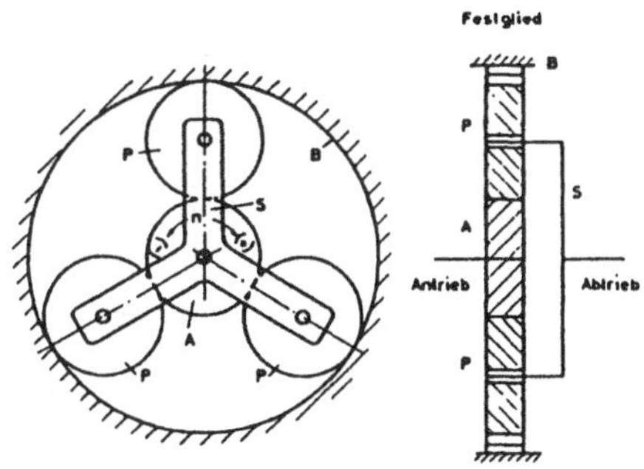

Abb. 313 Einfaches Planetengetriebe

A = Sonnenrad mit Außenverzahnung, Zentralradwelle

B = Hohlrad mit Innenverzahnung

S = Planetenträger, Stegwelle

P = Planetenräder mit Außenverzahnung

Drehrichtung: im Uhrzeigersinn +,
entgegen dem Uhrzeigersinn —

Getriebeart	Getriebeschema	Grundgleichung	Planetenrad-drehzahl	Drehmomente (verlustfreie Getriebe)
Einfach-Planetentrieb	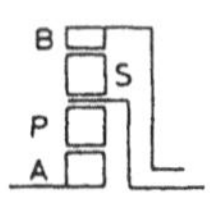	$n_A + \frac{Z_B}{Z_A} n_B - (1 + \frac{Z_B}{Z_A})\, n_s = 0$	$n_p = \frac{Z_B}{Z_P}(n_B - n_s)$ $n_p = \frac{Z_A}{Z_p}(n_s - n_A)$	$\frac{M_B}{M_A} = \frac{Z_B}{Z_A}$
Stufen-Planetentrieb	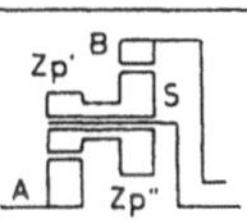	$n_A + \frac{Z_{P'}}{Z_A} \cdot \frac{Z_B}{Z_{P''}} n_B - (1 + \frac{Z_{P'}}{Z_A} \cdot \frac{Z_B}{Z_{P''}})\, n_s = 0$	$n_p = \frac{Z_B}{Z_{p''}}(n_B - n_s)$ $n_p = \frac{Z_A}{Z_{p'}}(n_s - n_A)$	$\frac{M_B}{M_A} = \frac{Z_B}{Z_{p''}} \cdot \frac{Z_{p'}}{Z_A}$
Stufen-Planetentrieb	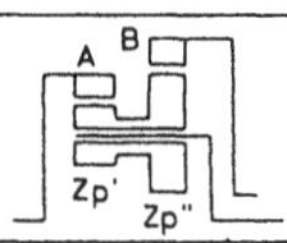	$n_A - \frac{Z_{P'}}{Z_A} \cdot \frac{Z_B}{Z_{P''}} n_B - (1 - \frac{Z_{P'}}{Z_A} \cdot \frac{Z_B}{Z_{P''}})\, n_s = 0$	$n_p = \frac{Z_A}{Z_{p'}}(n_A - n_s)$ $n_p = \frac{Z_B}{Z_{p''}}(n_B - n_s)$	$\frac{M_B}{M_A} = -\frac{Z_B}{Z_{p''}} \cdot \frac{Z_{p'}}{Z_p}$
Stufen-Planetentrieb	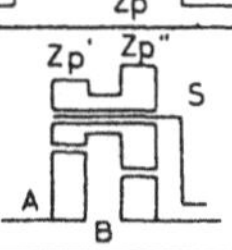	$n_A - \frac{Z_{P'}}{Z_A} \cdot \frac{Z_B}{Z_{P''}} n_B - (1 - \frac{Z_{P'}}{Z_A} \cdot \frac{Z_B}{Z_{P''}})\, n_s = 0$	$n_p = \frac{Z_A}{Z_{p'}}(n_s - n_A)$ $n_p = \frac{Z_B}{Z_{p''}}(n_s - n_B)$	$\frac{M_B}{M_A} = -\frac{Z_B}{Z_{p''}} \cdot \frac{Z_{p'}}{Z_p}$
Planetentrieb mit Planetenradpaaren	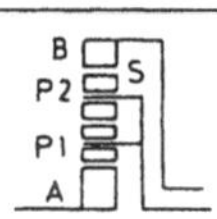	$n_A - \frac{Z_B}{Z_A} n_B - (1 - \frac{Z_B}{Z_A})\, n_s = 0$	$n_{p2} = \frac{Z_B}{Z_{P_2}}(n_B - n_s)$ $n_{p_1} = \frac{Z_A}{Z_{p_1}}(n_s - n_A)$	$\frac{M_B}{M_A} = -\frac{Z_B}{Z_A}$

Abb. 314 Grundgleichungen häufig verwendeter Planetengetriebe (Gl. 314...334)

Fall	Getriebe-glied	Funk-tion	Über-setzungs-bereich	Dreh-richtung von An- und Abtrieb	Drehzahlen				Momente		
					n_A (Sonnenrad)	n_B (Hohlrad)	n_S (Plane-ten-träger)	n_P (Planeten-rad)	M_A (Sonnen-rad)	M_B (Hohl-rad)	M_S (Planeten-träger)
A	Sonnenrad Hohlrad Planetenträger	Festglied Antrieb Abtrieb	1,1 ... 1,6	gleichläufig	0	n_B	$\frac{n_B}{1+\frac{Z_A}{Z_B}}$	$\frac{Z_B}{Z_P}(n_B-n_S)$	0	M_B	$\frac{M_B(1+\frac{Z_B}{Z_A})}{\frac{Z_B}{Z_A}}$
B	Sonnenrad Hohlrad Planetenträger	Antrieb Festglied Abtrieb	3,4 ... 12	gleichläufig	n_A	0	$\frac{n_A}{1+\frac{Z_B}{Z_A}}$	$\frac{Z_A}{Z_P}(n_S-n_A)$	M_A	0	$M_A(1+\frac{Z_B}{Z_A})$
C	Sonnenrad Hohlrad Planetenträger	Antrieb Abtrieb Festglied	1,6 ... 3,4	gegenläufig	n_A	$-n_A(1+\frac{Z_A}{Z_B})$	0	$\frac{Z_B}{Z_P}\,n_B$	M_A	$-\frac{Z_B}{Z_A}\cdot M_A$	0
D	Sonnenrad Hohlrad Planetenträger	Festglied Abtrieb Antrieb	0,62 ... 0,91	gleichläufig	0	$n_S(1+\frac{Z_A}{Z_B})$	n_S	$\frac{Z_B}{Z_P}(n_B-n_S)$	0	$\frac{\frac{Z_B}{Z_A}\cdot M_S}{1+\frac{Z_B}{Z_A}}$	M_S
E	Sonnenrad Hohlrad Planetenträger	Abtrieb Festglied Antrieb	0,09 ... 0,3	gleichläufig	$n_S(1+\frac{Z_B}{Z_A})$	0	n_S	$\frac{Z_A}{Z_P}(n_S-n_A)$	$\frac{M_S}{1+\frac{Z_B}{Z_A}}$	0	M_S
F	Sonnenrad Hohlrad Planetenträger	Abtrieb Antrieb Festglied	0,3 ... 0,62	gegenläufig	$-n_B\frac{Z_B}{Z_A}$	n_B	0	$\frac{Z_B}{Z_P}\cdot n_B$	$-M_B\frac{Z_B}{Z_A}$	M_B	0

Abb. 315 Übersetzungsbereiche, Drehzahlen und Momente einfacher Planetengetriebe

19.6 Zugkraft

Als Ersatz für Angaben über die Antriebsleistung oder zur Überprüfung des übertragbaren Antriebsdrehmomentes bei Fahrzeugen wird die Zugkraft zwischen den Antriebsrädern und der Fahrbahn ermittelt. Sie ist im wesentlichen abhängig von dem Gesamtfahrzeuggewicht und der Fahrzeuggeschwindigkeit, wobei Steigungs-, Roll- und Luftwiderstände zu überwinden sind. Für Fahrzeuge, die unter üblichen Straßenbedingungen eingesetzt werden, ist die Verwendung empirisch ermittelter Werte zur Bestimmung der Zugkraft am Umfang der Antriebsräder nach Abb. 316 ausreichend. Liegen dagegen besondere Daten, wie Fahrzeugform, Einsatzbedingungen oder Geschwindigkeitsbereiche vor, kann die Zugkraft analytisch bestimmt werden, z. B. für schwere LKWs und Busse nach SAE J688:

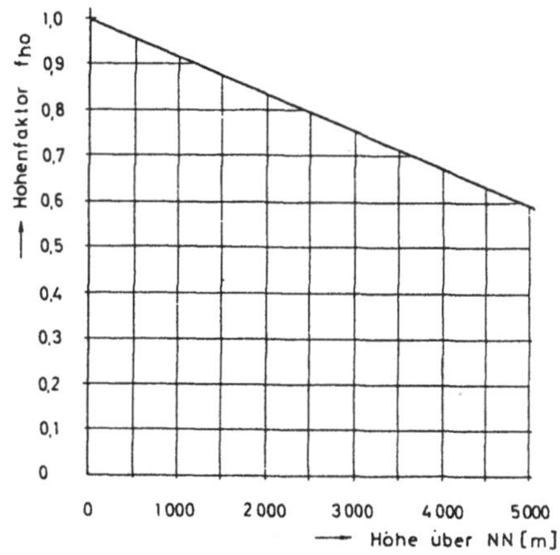

Abb. 317 Höhenfaktor zur Ermittlung des Luftwiderstandes

$$F_Z = F_{ZS} + F_{ZR} + F_{ZL}\ [kN] \quad \text{(Gl. 335)}$$

$$F_{ZS} = GFW \cdot \sin\alpha/100\ [kN] \quad \text{(Gl. 336)}$$

$$F_{ZR} = (7{,}6 + 0{,}056\ v) \cdot GFW \cdot \left[\left(\frac{1 + f_{str}}{10}\right)\right] - 5 \cdot 10^{-5}\ [kN] \quad \text{(Gl. 337)}$$

$$F_{ZL} = 37 \cdot (Höhe - 0{,}230) \cdot Breite \cdot v^3 f_{Ho} \cdot 10^{-6}\ [kN] \quad \text{(Gl. 338)}$$

mit

F_Z	(Gesamt)Zugkraft am Umfang der Antriebsräder [kN]
F_{ZS}	Steigungswiderstand [kN]
F_{ZR}	Rollwiderstand [kN]
F_{ZL}	Luftwiderstand [kN]
GFW	Gesamtfahrzeuggewicht [kN]
α	Steigungswinkel der Fahrbahn [°]
v	Fahrzeuggeschwindigkeit [km/h]
f_{str}	Fahrbahnfaktor, s. Abb. 318
f_{Ho}	Höhenfaktor, s. Abb. 317
Höhe	Höhe des Fahrzeuges über Meeresspiegel [m]
Breite	Fahrzeugbreite [m]

Der Reibungsfaktor nach Abb. 319 multipliziert mit der Radlast, läßt die max. mögliche Zugkraft und damit das höchste übertragbare Antriebsdrehmoment erkennen.

	PKW	LKW/Busse	LKW im Geländeeinsatz
Zugkraft, F_Z [kN]	FW · 60/100 (Gl. 339)	GFW · 30/100 + 7 (Gl. 340)	GFW 80/100 (Gl. 341)
bei durchschnittlicher Geschwindigkeit	80 km/h	65 km/h	30 km/h

Anzustrebende Lebensdauerwerte L_S und Zuschlagfaktoren, f_Z s. Abb. 307, S. 297
FW Fahrzeuggewicht [kg], GFW Gesamtfahrzeuggewicht [kg]

Abb. 316 Gleichungen für die Zugkraft (empirisch)

Fahrbahndecke	Fahrbahnzustand gut (trocken)	mittel (naß, sauber)	schlecht (schmierig, vereist)
Beton/Asphalt	0	0,1	0,2
Granitpflaster			
Bitumen (Teer), festgewalzter Schotter	0,2	0,6	1
Fester Lehmsand, Kopfsteinpflaster	0,5	1	1,5
Erde/Sand	1	1,5	2,5

Abb. 318 Fahrbahnfaktor f_{str} für die Berechnung des Fahrzeug-Rollwiderstandes

Fahrbahndecke	trocken	sauber	Naß, schmierig	vereist
Asphalt	0,85 (0,45)	0,6	0,3	0,1 . . . 0
Beton	0,85 (0,45)	0,75	0,5	0,1 . . . 0
Pflaster	0,70 (0,35)	0,55	0,3	0,08 . . . 0
Schotter	0,45 (0,35)	—	0,2	
Sand	0,30 (0,30)	0,40 (0,35)	—	
Lehm	0,60 (0,90)	0,45 (0,70)	—	

Abb. 319 Reibungsfaktor für Luftreifen bei 60 km/h (und für Ketten)

19.7 Gelenkwellenkräfte

Gelenkwellen dienen der drehstarren Verbindung zweier Wellen, die aus verschiedenen Gründen (Platz, Ausrichtungsgenauigkeit, Wärmedehnung, Verformung oder Fundamentversatz) zueinander parallel, abgewinkelt, seitlich- oder höhenversetzt angeordnet sind. Gelenkwellenkräfte, die die Anschlußlager belasten, ergeben sich aus der Kinematik ihrer Gelenke und aus den Reibungskräften im Längenausgleich.

Das einfache Kreuzgelenk (Abb. 320) kann nur Kräfte übertragen, die in seiner Ebene wirken. Es bedingt zusätzlich Gleichgewicht-Momente M_Z und formt eine gleichmäßige Winkelgeschwindigkeit ω_I in eine ungleichförmige (pulsierende) Winkelgeschwindigkeit ω_{II} um. (Abb. 321). Diese Ungleichförmigkeit, vielfach auch Kardanfehler (U) genannt, wird durch zwei Kreuzgelenke (Doppelgelenk oder Gelenkwelle) kompensiert. Vollkommener Bewegungsablauf zwischen An- und Abtriebswelle ist gegeben, wenn

alle Wellenteile der Gelenkwelle in einer Ebene liegen,

die Gabeln 1 und 2 des Wellenteiles II in einer Ebene ausgerichtet sind,

die Bewegungswinkel β_I und β_{II} der Kreuzgelenke 1 und 2 gleich sind.

Ist eine dieser Bedingungen nicht gegeben, arbeitet die Gelenkwelle nicht homokinetisch, d. h. sie läuft unruhig und belastet die Anschlußlager zusätzlich. Bei räumlicher Anordnung der Wellen ist ein gewisser Ausgleich durch Verdrehen der Gelenkgabel (Versatzwinkel) zueinander zu erreichen.

Radiale Lagerbelastung aus Momentenumleitung

In Abb. 322 + 323 sind die Gleichungen für die zwei gebräuchlichsten Gelenkwellenanordnungen zusammengestellt.

Mittlere Lagerbelastung

Während für die Überprüfung der statischen Sicherheit (Gl. 405, S. 322) nur die Maximalwerte der Radial- und Axialbelastungen zählen, ist für die Lebensdauerberechnung (Gl. 66, S. 205) die mittlere Lager-

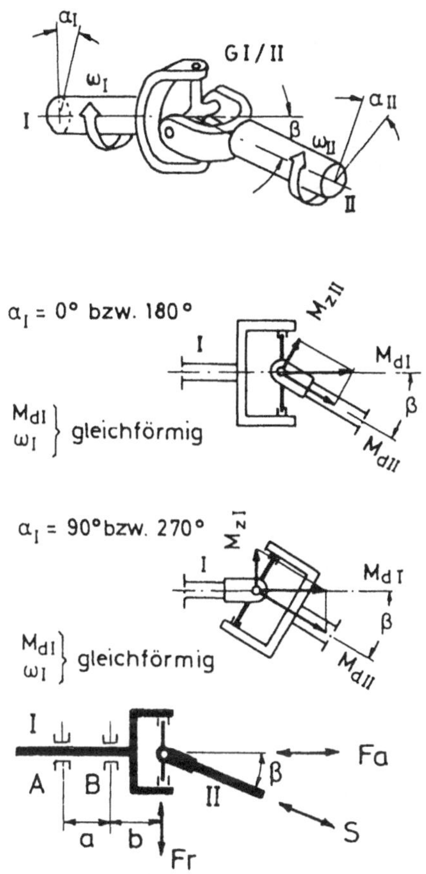

Abb. 320 Einfaches Kreuzgelenk

belastung bei mittlerem Bewegungswinkel und mittlerer Reibungskraft mit

$Fm \approx 0{,}68 \cdot F$ [kN] (Gl. 342)

einzusetzen. Dabei wird angenommen, daß sich die Radialkräfte aus Momenten-Umlenkung und Reibungskraft addieren (ungünstigster Fall). Sind die Lager noch durch andere Kräfte belastet, gilt:

$Fm \approx 1/3\, F_{min} + 2/3\, F_{max}$ [kN] (Gl. 343)

mit

F_{min} Lagerbelastung ohne Gelenkwellenkräfte [kN]

$F_{max.}$ Lagerbelastung mit Gelenkwellenkräfte [kN]

α	Drehwinkel, Gabelstellung [°]
ω	Winkelgeschwindigkeit [s^{-1}]
β	Beugungswinkel [°]
G	Kreuzgelenk
M_d	Drehmoment [Nm]
M_Z	Zusatzmoment [Nm]
U	Kardanfehler, Ungleichförmigkeit

Index:

I Wellenteil I II Wellenteil II

III Wellenteil III

$Md_{II\,min} = Md_I \cdot \cos\beta$ (Gl. 344)

$Mz_{II} = Md_I \cdot \sin\beta$ (Gl. 345)

$\omega_{II\,max.} = \omega_I / \cos\beta$ (Gl. 346)

$Md_{II\,max.} = Md_I / \cos\beta$ (Gl. 347)

$Mz_I = M_{dI} \cdot \tan\beta$ (Gl. 348)

$\omega_{II\,min} = \omega_I \cdot \cos\beta$ (Gl. 349)

$$\omega_{II} = \frac{\cos\beta}{1 - \cos^2\alpha_I \cdot \sin^2\beta} \cdot \omega_I \quad \text{(Gl. 350)}$$

$$\cos\beta = \frac{\tan_{\alpha_{II}}}{\tan_{\alpha_I}} \quad \text{(Gl. 351)}$$

Zusätzliche Lagerbelastung

Bei Gelenkwellen mit Längenausgleich (Abb. 320) tritt in der Schiebemuffe während der Verschiebung und Momentenübertragung eine Reibungskraft (S) auf, die die Lager und Wellen zusätzlich belastet. d_m ist der mittlere Profildurchmesser in mm und μ der Reibwert, der je nach Profilausführung und Schmierung mit 0,1 . . . 0,3 angenommen werden muß (gehärtet, nitriert, poshatiert → $\mu = 0{,}1$, polyamid beschichtet → $\mu = 0{,}06$).

$S = 2 \cdot Md_I \cdot \mu / d_m$ [kN] (Gl. 352)

$Fr = S \cdot \sin\beta$ [kN] (Gl. 353)

$Fa = S \cdot \cos\beta$ [kN] (Gl. 354)

$Fr_A = Fr \cdot b/a;$ (Gl. 355)

$Fr_B = Fr \cdot (a + b)/a$ (Gl. 356)

$Fa_{A(B)} = Fa$ (Gl. 357)

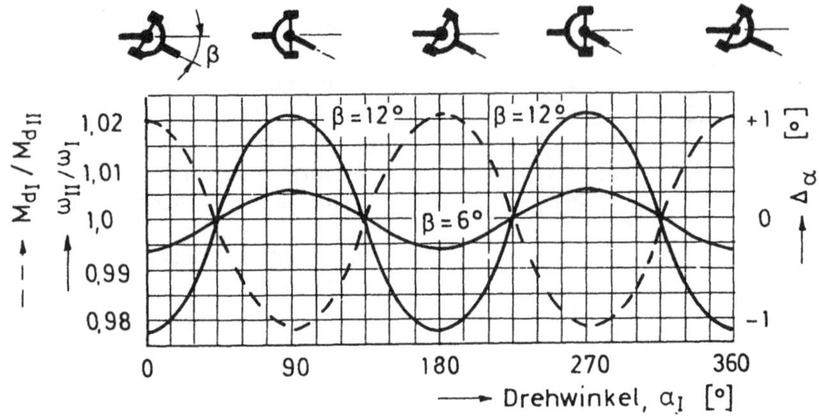

	Min.	Max.
α_I [°]	0; 180	90; 170
ω_{II}/ω_I	$\cos\beta$	$1/\cos\beta$
M_{dI}/M_{dII}	$1/\cos\beta$	$\cos\beta$

$$U = \frac{\omega_{II\,max.} - \omega_{II\,min}}{1} \quad \text{(Gl. 358)}$$

$$= \tan\beta \cdot \sin\beta \quad \text{(Gl. 359)}$$

$$\beta \approx (\beta_I + \beta_{II})/2 \quad \text{(Gl. 360)}$$

$$\Delta_\alpha = \alpha_I - \alpha_{II} \quad \text{(Gl. 361)}$$

Abb. 321 Verlauf der Winkelgeschwindigkeiten und Drehmomente am einfachen Kreuzgelenk.

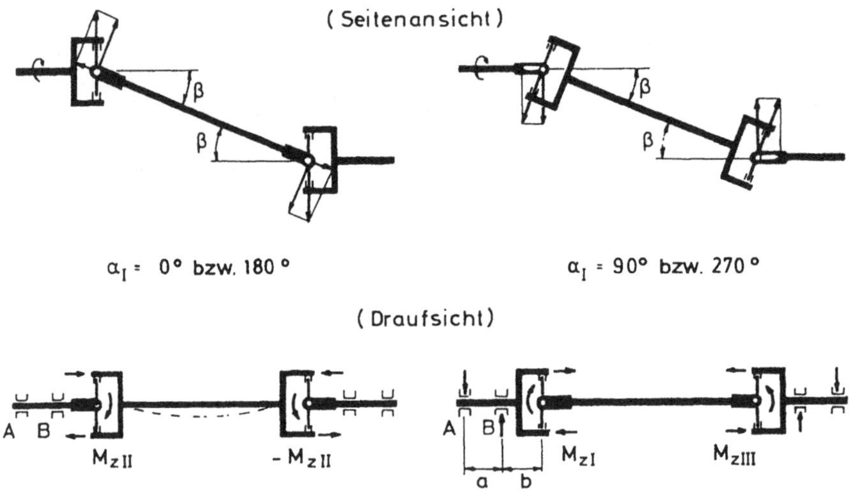

$Fr_A = Fr_B = 0$

$$Fr_{A\,max} = Fr_{B\,max} = \frac{M_{zI}}{a} = \frac{M_{dI} \cdot \tan\beta}{a} \; \text{[kN]} \quad \text{(Gl. 362)}$$

Abb. 322 Radiale Lagerbelastung bei Z-Beugung der Gelenkwelle

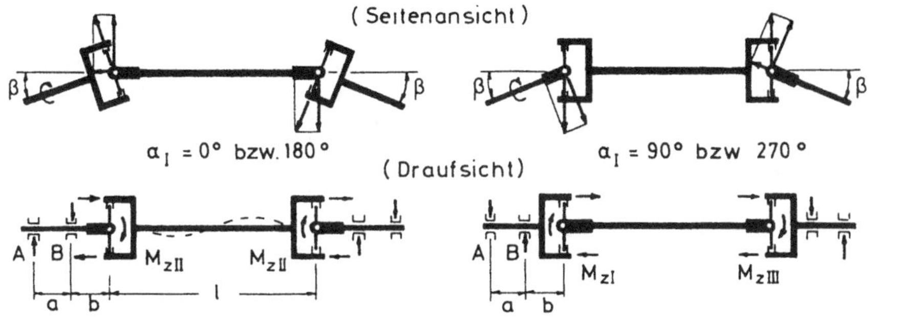

$$Fr_A = \frac{2 \cdot M_{dI} \cdot \sin\beta \cdot b}{l \cdot a} \; [kN] \qquad \text{(Gl. 363)}$$

$$Fr_B = \frac{2 \cdot M_{dI} \cdot \sin\beta \cdot (a+b)}{l \cdot a} \; [kN] \qquad \text{(Gl. 364)}$$

$$Fr_A = Fr_B = \frac{M_{zI}}{a} = \frac{M_{dI} \cdot \tan\beta}{a} \; [kN] \qquad \text{(Gl. 365)}$$

Abb. 323 Radiale Lagerbelastung bei **W**-Beugung der Gelenkwelle

19.8 Stoßbelastungen

Stoßbelastungen sind plötzlich und schlagartig auftretende Belastungen. Ausschlaggebend sind die Stoßbeschleunigung, meist ausgedrückt als ein Vielfaches (w) der Erdbescheinigung, und die Stoßzeit. Mit abnehmender Stoßzeit nimmt die Stoßbelastung beträchtlich zu.

$$F_s = w \cdot g_n \cdot {}^{m}/_{1000} \; m \; [kN] \qquad \text{(Gl. 366)}$$

mit

F_s Stoßbelastung [kN]

w Stoßbeschleunigung als Vielfaches der Erdbeschleunigung, $g_n = 9{,}81 \; m/s^2$

m beschleunigte Masse [kg]

Die erhöhte Lagerbeanspruchung durch dynamische Stoßbelastungen wird durch die äquivalente Lagerbelastung nach Gleichung 389, S. 318 oder durch einen Zuschlagfaktor (s. Abb. 307, S. 294) berücksichtigt. **Weil riffelähnliche Laufbahnschäden entstehen, darf die Stoßfrequenz nicht in der Nähe der Wälzkörperdurchgangsfrequenz (s. Abb 283, S, 272) liegen.**

Bemessungsgrundlage bei "statischer Stoßbelastung" ist die statische Tragsicherheit (s S. 322).

Bei schockbeanspruchten Maschinen und Geräten genügt es, wenn für die nicht umlaufenden Wälzlager mit der doppelten Masse sämtlicher rotierender Maschinenteile gerechnet wird, $m = 2 \cdot m_{rot}$.

19.9 Stillstandserschütterungen

Sind stillstehende Wälzlager Erschütterungen (Vibrationen) durch unregelmäßig wiederkehrende Stöße (Transport zu Lande und auf dem Wasser) oder durch fremderregte Schwingungen (Hilfsaggregate) ausgesetzt, dann können die Laufbahnen der Lager je nach Intensität der Schwingungsbeanspruchung in kurzer Zeit ausgeprägte Erschütterungsschäden aufweisen **(siehe Abb. 240, S. 234). Die Ursache ist Reibrostbildung in der Berührungszone zwischen Wälzkörper und Laufbahn.** Von den Wälzelementen lösen sich durch Gleitbewegung und Oxydation winzige Metallteilchen und es entstehen muldenförmige Vertiefungen, sogenannte Riffeln (false brinelling). Riffeln bewirken wie bleibende Verformungen erhöhte Laufgeräusche ab Riffeltiefe h ≧ 0,0004 D_w, größere Anlaufreibung und vorzeitige Ermüdungschäden ab Riffeltiefe h ≧ 0,0003 D_w, wobei die Schälung am Riffelrand beginnt. Basierend auf Laborversuchen und Gesetzen der statischen Überbelastung wurde für die Praxis ein Diagramm (Abb. 324) erstellt, das anzeigt, wie lange ein Lager bei Stillstandserschütterungen funktionstüchtig bleibt:

$$L_{st} \approx \frac{N_{st} \cdot S}{3600 \cdot f} \; [h] \qquad \text{(Gl. 367)}$$

mit

L_{st} „Lebensdauer" bei Stillstandserschütterung [h]

S Schmierstoffbeiwert ($S = 15$ für Fettschmierung, $S = 33$ für Ölschmierung)

f Schwingungsfrequenz [Hz]

N_{st} Anzahl der Lastwechsel bis zum Erreichen der Schadensgrenze für nicht geschmierte Lager nach Abb. 324

P_{st} Schwingungsbelastung in Form der äquivalenten statischen Belastung [kN]

b Zulässige Riffelbreite $= 0{,}018\, t \cdot D_w$ [mm], aus praktischen Gründen anstelle der zulässigen Riffeltiefe von $h \leqq 0{,}0001\, D_w$ verwendet

t $= 1$ für $0{,}5\, ng < n \leqq ng$
$= 2$ für $n \leqq 0{,}5\, ng$

D_w Wälzkörperdurchmesser [mm]

n (spätere) Betriebsdrehzahl [min^{-1}]

ng Grenzdrehzahl [min^{-1}], s. Maßtabellen

Bis zu dieser Zeitspanne kann das Lager also Stillstandserschütterungen ausgesetzt sein, ohne daß das Lager seine Funktionstüchtigkeit (Gebrauchsdauer) verliert.

Beispiel

Gegeben:

Rillenkugellager 6210 im Losrad eines Schaltgetriebes mit einer Schwingungsbelastung von $Fr_{st} = 1{,}5$ kN in radialer Richtung bei $f = 10$ Hz und einer Betriebsdrehzahl von $n = 800\ min^{-1}$

Gesucht:

„Lagerlebensdauer", $L_{st} = ?$

Lösung:

Lagerwerte, $D_W = 12{,}7$ mm $C_O = 20{,}2$ kN, $X_o = 0{,}6$, $Y_o = 0{,}5$, $ng_ö = 8500\ min^{-1}$

zulässige Riffelbreite:

$b = 0{,}018 \cdot 2 \cdot 127 = 0{,}46$ mm

$P_{st} = 0{,}6 \cdot 1{,}5 + 0{,}5 \cdot 0$
$= 4{,}2\ kN < Fr_{St} = 1{,}5$ kN

$$\frac{P_{st}}{C_O} \cdot 100 = \frac{1{,}5}{20{,}2} \cdot 100 = 7{,}43\ \%$$

$N_{st} = 6 \cdot 10^6$ aus Abb. 324

$$\longrightarrow L_{st} = 6 \cdot 10^6 \cdot \frac{33}{3600 \cdot 10} = 5500\ h$$

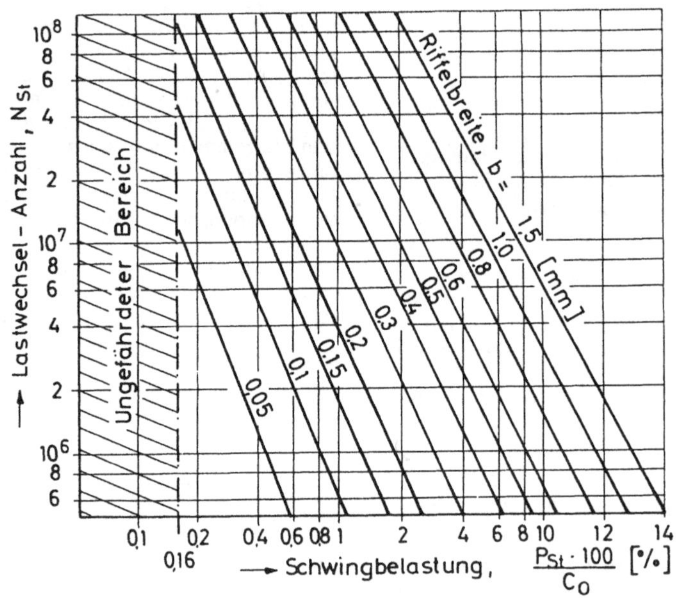

Abb. 324 Diagramm zur Bestimmung der „Lagerlebensdauer" bei Stillstandserschütterungen

19.10 Unwuchtbelastungen

Unwuchten lassen sich rechnerisch nur schwer erfassen und werden meistens in einem Zuschlagfaktor, f_Z (s. Abb. 307, S. 294), berücksichtigt. Nur wenn bestimmte Auswuchtgütestufen (s. S. 383) vorgegeben sind, kann die Unwuchtbelastung ähnlich der Fliehkraftbelastung berechnet werden:

$$F_B = m \cdot e \cdot \omega^2 \cdot 10^{-6} \text{ [kN]} \qquad \text{(Gl. 368)}$$

mit

m Unwuchtmasse [kg]

e Exzentrizität der Unwucht [mm]

ω Winkelgeschwindigkeit der Unwucht [rad/s]

19.11 Schwungradbelastung

Das Schwungrad als Energiespeicher hat folgendes Arbeitsvermögen, E:

$$E = J \cdot \omega^2/2 \text{ [Nm]} \qquad \text{(Gl. 369)}$$

$$J = \frac{GD^2}{4 \cdot g_n} \text{ [kg} \cdot \text{m}^2\text{]} \qquad \text{(Gl. 370)}$$

mit

J Massenträgheitsmoment [kg · m²]

ω Winkelgeschwindigkeit [rad/s]

GD^2 Schwungmoment [kg · m²]

G Schwungradgewicht [kg]

D Schwerpunktabstand [m], = 2 · r

g_n Erdbeschleunigung [9,81 m/s²]

Die abgegebene Arbeit(sleistung) beim Abbremsen des Schwungrades von Drehzahl n_1 auf n_2 oder bei Drehzahlabfall um x %, beträgt:

$$A = E_1 - E_2$$

$$= \frac{J \cdot \pi^2}{1800} (n_1^2 - n_2^2 \text{ [Nm]} \qquad \text{(Gl. 371)}$$

$$= \frac{J \cdot \pi^2}{1800} \cdot n_1 [1 - (1 - x)^2] \text{ [Nm]} \qquad \text{(Gl. 372)}$$

$$P = A/(T \cdot 1000) \text{ [kW]} \qquad \text{(Gl. 373)}$$

mit

A Abgegebene Arbeit [Nm]

P Abgegebene Arbeitsleistung [kW]

T Arbeitszeit [s]

19.12 Berechnung der Lagerkräfte

Die einzelnen Lagerkräfte werden nach dem Hebelgesetz aus den äußeren Kräften berechnet, wobei die Summe aller Kräfte und die Summe aller Momente gleich Null sein muß. Beispiele siehe Abb. 325. Der wirksame Lagerabstand (Stützbasis) richtet sich nach der Lage und Größe der äußeren Kräfte sowie nach den Druckmittelpunkten und der Anordnung der Lager. Die Wirkungslinie der Lagerkraft geht bei Radiallagern durch die Lagermitte. Sie liegt neben der Lagermitte bei Schräglagern (s. Textteil der jeweiligen Lagerbauart).

Wenn eine Welle in einem zweireihigen oder in zwei gepaarten Schräglagern in 0-Anordnung und einem weiteren Lager gelagert ist (Abb. 326), so beeinflußt die Lage der Wirkungslinie die Aufteilung der äußeren Kräfte auf die beiden Lagerstellen. Bei einer Axialbelastung Fa = 0, geht die Radialbelastung durch den Mittelpunkt M der Lagerung, d. h. beide Lagerreihen sind gleichmäßig belastet. Mit wachsendem Fa nähert sich jedoch die Wirkungslinie von Fr dem Druckmittelpunkt 0_I der axial belasteten Reihe I, bis sie schließlich von einem Grenzwert Fa ab durch den Druckmittelpunkt selbst geht: Die Reihe I nimmt dann die ganze Belastung auf, während die Reihe II unbelastet ist. Die Lagerung ist statisch unbestimmt. Anhaltswerte über die Lage der Wirkungslinie sind aus Abb. 326 zu entnehmen.

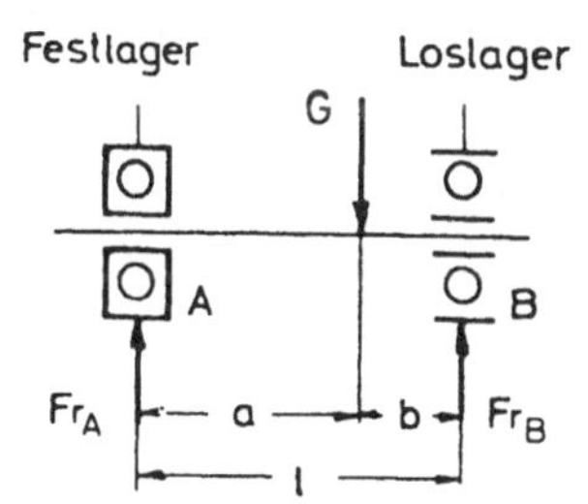

$$Fr_A = G \cdot b/l \qquad \text{(Gl. 374)}$$

$$Fr_B = G \cdot a/l \qquad \text{(Gl. 375)}$$

Kontrolle:

$$Fr_A + Fr_B = G$$

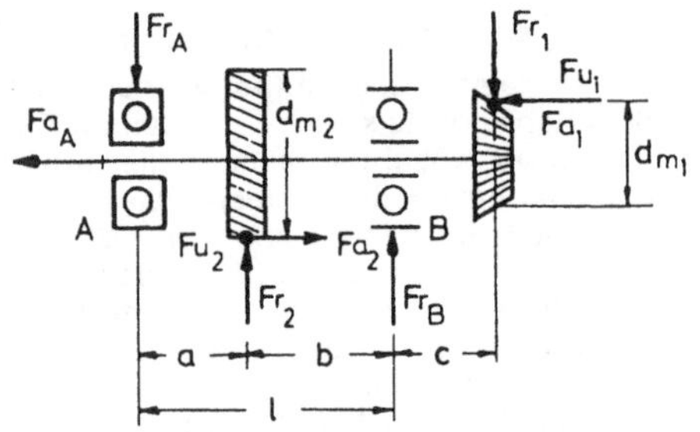

$$Fr_A = [(Fu_2 \cdot {}^{b}/_{l} + Fu_1 \cdot {}^{c}/_{l})^2 + + (Fr_2 \cdot {}^{b}/_{l} + Fr_1 \cdot {}^{c}/_{l} - Fa_2 \cdot d_{m2/2l} - Fa_1 \cdot d_{m1/2l})^2]^{1/2} \qquad \text{(Gl. 376)}$$

$$Fr_B = [(Fu_2 \cdot {}^{a}/_{l} - Fu \cdot \frac{l + c}{l})^2 + + (Fr_2 \cdot {}^{a}/_{l} - Fr_1 \cdot \frac{l + c}{l} + Fa_2 \cdot d_{m2/2l} + Fa_1 \cdot d_{m1/2l})^2]^{1/2} \qquad \text{(Gl. 377)}$$

$$Fr_A = Fa_2 - Fa_1 \qquad \text{(Gl. 378)}$$

Abb. 325 Beispiele zur Berechnung der Lagerkräfte

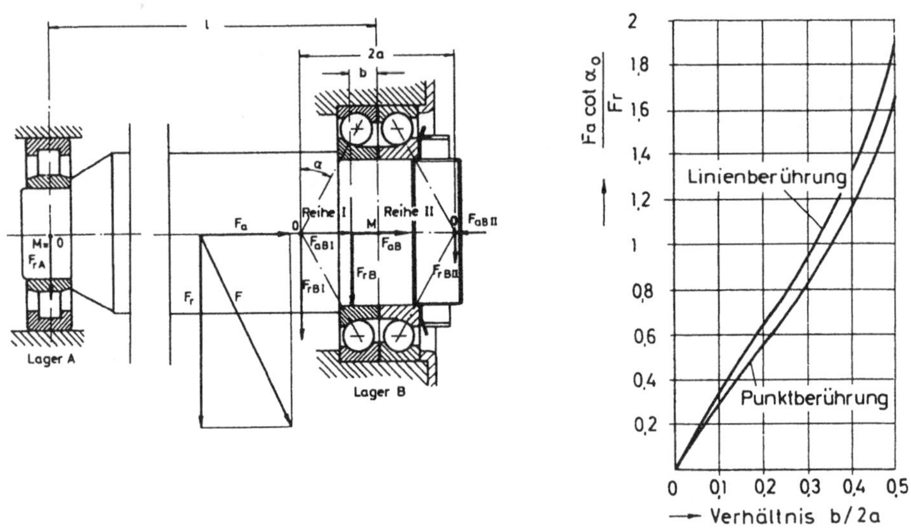

Abb. 326 Lage der Wirkungslinie bei zweireihigen Schräglagern (Angenommen sind spielfrei eingestellte Lager, parallele Lagerring-Verschiebung und Null-Wellendurchbiegung).

Ist eine Welle drei- oder mehrfach gelagert (Abb. 327), ist die Lagerung ebenfalls statisch unbestimmt. Für die Ermittlung der Lagerkräfte müssen Gleichungen der elastischen Verformung aus der Festigkeitslehre herangezogen werden, wie z. B. das Superpositionsverfahren. Dazu werden die Lagerkräfte $Fr_A + Fr_B$ wie im ersten Beispiel berechnet, dann die Durchbiegung f_c ohne Lager C und schließlich die Kraft C' die diese Durchbiegung zur Folge hätte. Da die Durchbiegung f_c durch das Lager C verhindert wird, ist die so berechnete Kraft C', mit der Lagerkraft Fr_C gleichzusetzen.

Die genaue Berechnung für eine abgesetzte Welle mit mehreren Kräften und Lagern kann rechnerisch oder graphisch nach Mohr (s. Wellendurchbiegung S. 339/341) erfolgen. Für Überschlagsrechnungen, insbesondere bei Dreifach-Lagerungen und Wellen ohne große Durchmesserunterschiede, genügt es, eine glatte Welle zur Berechnungsgrundlage zu nehmen, weil auf Grund der Fertigungsgenauigkeiten (Lagerspiel, Fluchtung) und elast. Verformungen (Lager, Gehäuse) Abweichungen zwischen rechnerischen und tatsächlichen Werten auftreten. Sollen alle diese Einflußfaktoren berücksichtigt werden, muß man sich besonderer EDV-Rechenprogramme bedienen.

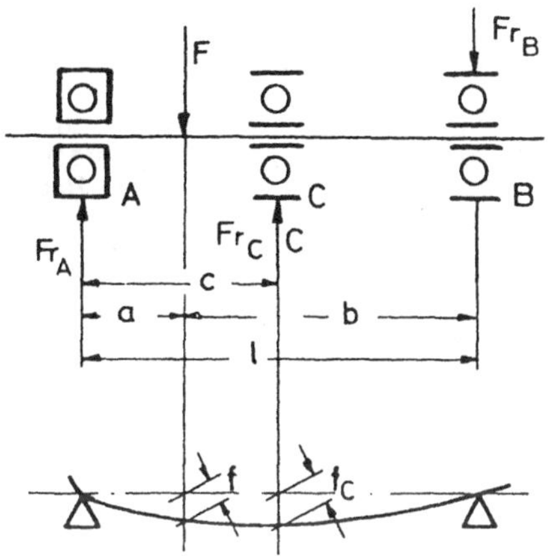

$$Fr_1 = F \cdot b/l - C' \cdot b/l \qquad \text{(Gl. 379)}$$

$$Fr_B = F \cdot a/l - C'(l - c)/l \qquad \text{(Gl. 380)}$$

$$f_c = \frac{Fr \cdot a \cdot c}{6 \cdot l \cdot J \cdot E}(l^2 - a^2 - c^2)\,[\text{cm}] \qquad \text{(Gl. 381)}$$

$$Fr_C = C' = \frac{f_c \cdot 3 \cdot l \cdot J \cdot E}{c^2 \cdot (l - c)^2}\,[\text{kN}] \quad \text{für } a = c,\ b = l - c \qquad \text{Gl. 382)}$$

Abb. 327 Beispiel zur Ermittlung der Lagerkräfte bei statisch unbestimmten Systemen (Superpositionsverfahren)

20 Äquivalente Lagerbelastungen

20.1 Allgemeines

Die Berechnungsverfahren für die dynamischen bzw. statischen Tragzahlen und die nominelle Lebensdauer gehen von ganz bestimmten Belastungsverhältnissen aus (Konstante Größe, unveränderliche Richtung, normale Lastverteilung). Da bei vielen Lagerungen jedoch abweichende Betriebsbedingungen vorliegen, können die Gleichungen für die Lebensdauer (Gl. 66 bzw. 70) oder für die zulässige statische Belastung (Gl. 405) erst dann angewendet werden, wenn die veränderlichen Belastungen zunächst in konstante mittlere Belastungen F_m und dann in sogenannte äquivalente Lagerbelastungen P umgerechnet werden. Diese fiktiven konstanten Radial- bzw. Axialbelastungen haben den gleichen Einfluß wie die tatsächlich wirkenden Belastungen. Die Auswirkungen innerer Einflüsse wie Lagerluft, Verspannungen, Winkelfehler und Verformungen sind über die Bestimmung der einzelnen Wälzkörperbelastungen zu berücksichtigen (s. Kapitel 12, 13 u. 21.7).

20.2 Äquivalente Belastung bei umlaufenden Lagern

20.2.1 Kombinierte Belastung

Abb. 328 zeigt am Beispiel eines kombiniert belasteten einreihigen Kegelrollenlagers wie sich die äquivalente Belastung P berechnen läßt. Die ausgezogene Kurve gibt die Größe aller Belastungen innerhalb eines Abschnittes von 90° an, die nach der Ermüdungstheorie gleichwertig sind. Vorausgesetzt wird, daß das Lager spielfrei eingestellt bzw. der halbe Laufbahnumfang belastet ist und die Laufringe unter Belastung nur parallel verschoben, nicht aber verkippt werden. Der halbe Laufbahnumfang ($\varepsilon = 0{,}5$) ist belastet, wenn bei Kugellagern $Fa = 1{,}22\,Fr \cdot \tan\alpha_0$ und bei Rollenlagern $Fa = 1{,}26 \tan\alpha_0$ beträgt (Lastwinkel β_1). Diese Axialkraft entsteht selbsttätig bei normalem Einbau von zwei gleichen Schräglagern, die gleich belastet sind. Kleinere Werte, die vornehmlich bei Lagern entstehen, die mit (reichlich) Lagerluft eingebaut werden, sind mit einer Reduzierung der Anzahl der tragenden Wälzkörper und

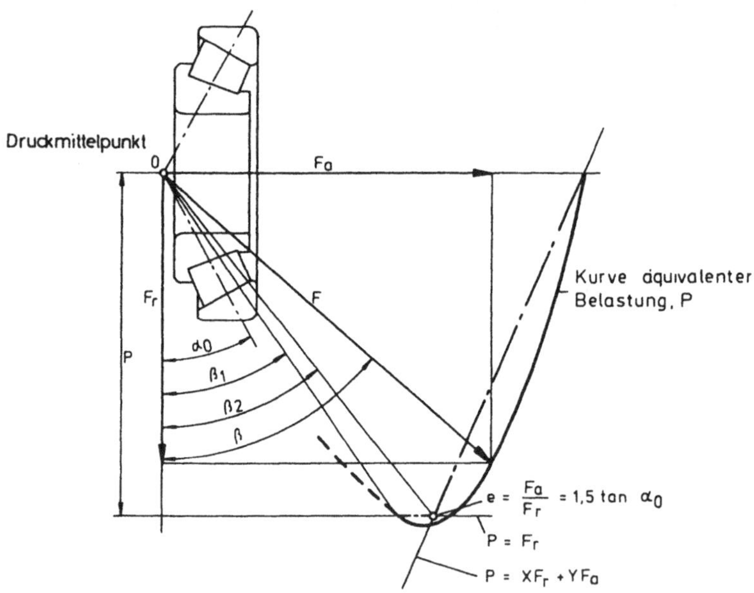

Abb. 328 Äquivalente (dynamische) Belastung bei kombinierter Belastung einreihiger Wälzlager

rasch ansteigender äquivalenter dynamischer Belastung verbunden. Dieser Teil der Kurve, mit dem im allgemeinen nicht gerechnet zu werden braucht, ist in Abb. 328 gestrichelt dargestellt. Zur Berechnungsvereinfachung kann die ausgezogene Kurve durch zwei Näherungsgeraden (in Abb. 328 strichpunktiert dargestellt) ersetzt werden. Der Schnittpunkt e (Lastwinkel β_2) ist mit $Fa/Fr = 1{,}5 \tan\alpha_0$ festgelegt.

Die beiden Geraden werden durch folgende allgemeine Gleichungen beschrieben:

$$P = X \cdot Fr + Y \cdot Fa \text{ [kN] für } Fa/Fr > e \qquad \text{(Gl. 383)}$$

$$P = Fr \text{ [kN] für } Fa/Fr \leqq e \qquad \text{(Gl. 384)}$$

mit

- P Dynamisch äquivalente Lagerbelastung [kN]
- Fr Radialbelastung oder radiale Belastungskomponente [kN]
- Fa Axialbelastung oder axiale Belastungskomponente [kN]
- X Radialfaktor des Lagers
- Y Axialfaktor des Lagers
- e Lager-Konstante (Übergangsstelle von einer Näherungsgeraden zur anderen).

20.2.2 X- und Y-Faktoren

Beide Faktoren werden aus der Lage und Steigung der Näherungsgeraden bestimmt. Sie sind in den Abb. 330 und 331 zusammengestellt und in Auszügen im jeweiligen Textteil der verschiedenen Lagerbauformen wiedergegeben.

Da sich bei Kugellagern der Druckwinkel mit zunehmender Axiallast vergrößert, und zwar um so mehr, je kleiner der Nenndruckwinkel α_0 ist, müssen mehrere Werte für X und Y in Abhängigkeit von α_0 bzw. der relativen Axiallast angegeben werden. Das gleiche gilt für Rillenkugellager mit erhöhter Betriebslagerluft (S. 45). Bei Schrägkugellagern mit $\alpha_0 \geqq 20°$ ändert sich der Druckwinkel unter Axialbelastung nur wenig, so daß die angegebenen Mittelwerte verwendet werden dürfen.

Radialbelastungen führen bei Radial-Schrägkugellagern, Kegelrollenlagern und Axial-Pendelrollelagern wegen der Neigung der Laufbahnen ($\alpha_0 \neq 0°$) zu einer (induzierten) Axialbelastung des Gegenlagers und umgekehrt. Diese inneren Lagerkräfte müssen bei der Bestimmung der äquivalenten Lagerbelastung berücksichtigt werden. (Weitere Einzelheiten siehe S. 78). Radial Zylinderrollenlager ($\alpha_0 = 0$) können in diesem Sinne nur rein radiale Belastungen aufnehmen, daher ist P = Fr. Axialkräfte werden nur über die Borde an den Ringen (Gleitlagerfunktion) übertragen (s. S. 96).

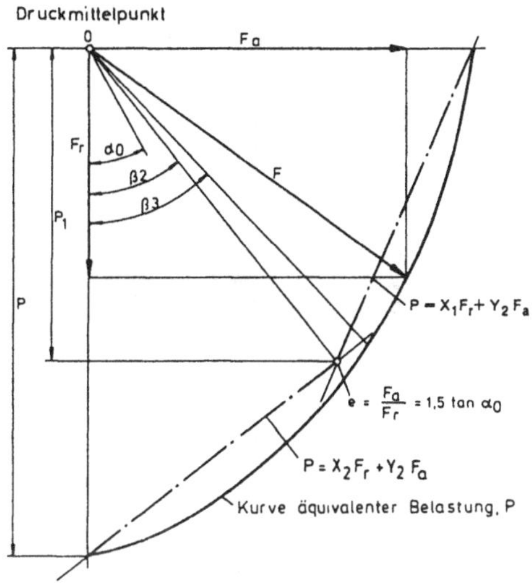

Abb. 329 Äquivalente (dynamische) Belastung bei kombinierter Belastung zweireihiger symmetrischer Wälzlager

Bei zweireihigen, symmetrisch angeordneten Radiallagern sind die Gleichungen zur Bestimmung der äquivalenten (dynamischen) Belastung wie folgt zu ändern, weil bei zunehmender axialer Belastungskomponente (steigender Lastwinkel) die Lastzone der einen Reihe zunimmt und die der anderen abnimmt (Abb. 329). Ab einem Lastwinkel β_3, für welchen $Fa/Fr = 1{,}67 \tan\alpha_0$ (Kugellager) bzw. $Fa/Fr = 1{,}91 \tan\alpha_0$ (Rollenlager) gilt, beginnt das Lager wie ein einreihiges zu wirken (s. Lastverteilung, S. 259).

$$P = X_1 \cdot Fr + Y_1 \cdot Fa \text{ [kN] für } Fa/Fr > e \qquad \text{(Gl. 385)}$$

$$P = X_2 \cdot Fr + Y_2 \cdot Fa \text{ [kN] für } Fa/Fr \leqq e \qquad \text{(Gl. 386)}$$

Lagerbauart		Relative Axiallast[1)]		e	Einreihiges Lager				Zweireihiges Lager[2)]			
					$\frac{F_a}{F_r} \leq e$		$\frac{F_a}{F_r} > e$		$\frac{F_a}{F_r} \leq e$		$\frac{F_a}{F_r} > e$	
					X	Y	X	Y[3)]	X	Y_1	X	Y_2
		$\frac{F_a}{C_{or}}$	$\frac{F_a}{i\,Z\,D_w^2}$		$[y = 0{,}84(C_{or}/Fa)^{0{,}24}]$ $[e = 0{,}505(Fa/C_{or})^{0{,}231}]$							
Radial-Rillenkugellager		0,014	0,172	0,19				2,30				2,30
		0,028	0,345	0,22				1,99				1,99
		0,056	0,689	0,26				1,71				1,71
		0,084	1,03	0,28				1,55				1,55
		0,11	1,38	0,30	1	0	0,56	1,45	1	0	0,56	1,45
		0,17	2,07	0,34				1,31				1,31
		0,28	3,45	0,38				1,15				1,15
		0,42	5,17	0,42				1,04				1,04
		0,56	6,89	0,44				1,00				1,00
	α	$\frac{i\,F_a}{C_{or}}$	$\frac{F_a}{Z\,D_w^2}$		$[e = 0{,}5 + 1{,}21 \cdot (1/\cot\alpha_0 - 0{,}3)^{1{,}036}]$							
Schrägkugellager	5°	0,014	0,172	0,23			Für diese Art verwendet man dieselben X-, Y- und e-Werte wie für einreihige Radial-Rillenkugellager			2,78		3,74
		0,028	0,345	0,26						2,40		3,23
		0,056	0,689	0,30						2,07		2,78
		0,085	1,03	0,34						1,87		2,52
		0,11	1,38	0,36	1	0			1	1,75	0,78	2,36
		0,17	2,07	0,40	$[Y_1 = 0{,}51\cot\alpha_0^{0{,}688}]$					1,58		2,13
		0,28	3,45	0,45	$[Y_2 = 0{,}82\cot\alpha_0^{0{,}713}$ für $\alpha_0 > 16{,}7°]$					1,39		1,87
		0,42	5,17	0,50						1,26		1,69
		0,56	6,89	0,52	$[X = 0{,}33\cot\alpha_0^{0{,}268}]$					1,21		1,63
	10°	0,014	0,172	0,29				1,88		2,18		3,06
		0,029	0,345	0,32				1,71		1,98		2,78
		0,057	0,689	0,36				1,52		1,76		2,47
		0,086	1,03	0,38				1,41		1,63		2,29
		0,11	1,38	0,40	1	0	0,46	1,34	1	1,55	0,75	2,18
		0,17	2,07	0,44				1,23		1,42		2,00
		0,29	3,45	0,49				1,10		1,27		1,79
		0,43	5,17	0,54				1,01		1,17		1,64
		0,57	6,89	0,54				1,00		1,16		1,63
	15°	0,015	0,172	0,38				1,47		1,65		2,39
		0,029	0,345	0,40				1,40		1,57		2,28
		0,058	0,689	0,43				1,30		1,46		2,11
		0,087	1,03	0,46				1,23		1,38		2,00
		0,12	1,38	0,47	1	0	0,44	1,19	1	1,34	0,72	1,93
		0,17	2,07	0,50				1,12		1,26		1,82
		0,29	3,45	0,55				1,02		1,14		1,66
		0,44	5,17	0,56				1,00		1,12		1,63
		0,58	6,89	0,56				1,00		1,12		1,63
	20°	—	—	0,57			0,43	1,00		1,09	0,70	1,63
	25°	—	—	0,68			0,41	0,87		0,92	0,67	1,41
	30°	—	—	0,80	1	0	0,39	0,76	1	0,78	0,63	1,24
	35°	—	—	0,95			0,37	0,66		0,66	0,60	1,07
	40°	—	—	1,14			0,35	0,57		0,55	0,57	0,93
	45°	—	—	1,34			0,33	0,50		0,47	0,54	0,81
Pendelkugellager				$1{,}5\tan\alpha_0$	1	0	0,40	$0{,}4\cot\alpha_0$	1	$0{,}42\cot\alpha_0$	0,65	$0{,}65\cot\alpha_0$
Rollenlager		$\alpha_0 \neq 0$		$1{,}5\tan\alpha_0$	1	0	0,40	$0{,}4\cot\alpha_0$	1	$0{,}45\cot\alpha_0$	0,67	$0{,}67\cot\alpha_0$

1) Der zulässige Höchstwert hängt von der Lagerkonstruktion ab (Lagerluft und Laufrillentiefe). Siehe Beispiel Rillenkugellager S. 45.

2) oder zwei einreihige gleichgroße Lager in X- oder O-Anordnung

3) Werte für X, Y und e dürfen für Zwischenwerte linear interpoliert werden

Abb. 330 X- und Y-Faktoren zur Berechnung der dynamisch äquivalenten Belastung von Radiallagern, DIN ISO 281

Für einseitig wirkende Axiallager sind die X- und Y-Faktoren nur für Fa/Fr $\geqq$ e = 1,5 $\tan\alpha_0$ angegeben, weil bei niedrigen Belastungsverhältnissen die Belastungszone zu klein wird. Bei Axiallagern mit $\alpha_0 = 90°$ gilt P = Fa, weil sie nur rein axiale Belastungen übertragen. Nicht zentrische Lagerbelastungen siehe Abschnitt 13 5.

Mehrfache Rillenkugel , Schrägkugel- und Kegelrollenlager gleicher Größe und Ausführung werden bei Tandem-Anordnung bezüglich der äquivalenten Belastung wie einreihige Lager behandelt und die axiale Belastung durch die Lageranzahl geteilt.

Lagerbauart	e	Einseitig wirkendes Lager[2]		Zweiseitig wirkendes Lager			
		$\frac{F_a}{F_r} > e$		$\frac{F_a}{F_r} \leqq e$		$\frac{F_a}{F_r} > e$	
		X	Y	X	Y	X	Y
Axial-Kugellager $\alpha_0 = 45°$[1]	1,25	0,66		1,18	0,59	0,66	
50°	1,49	0,73		1,37	0,57	0,73	
55°	1,79	0,81		1,60	0,56	0,81	
60°	2,17	0,92		1,90	0,55	0,92	
65°	2,68	1,06	1	2,30	0,54	1,06	1
70°	3,43	1,28		2,90	0,53	1,28	
75°	4,67	1,66		3,89	0,52	1,66	
80°	7,09	2,43		5,86	0,52	2,43	
85°	14,29	4,80		11,75	0,51	4,80	
$\alpha \neq 90°$	1,25 $\tan\alpha_0$	1,25 $\tan\alpha_0 (1-\frac{2}{3}\sin\alpha_0)$	1	$\frac{20}{13}\tan\alpha_0 (1-\frac{1}{3}\sin\alpha_0)$	$\frac{10}{13}(1-\frac{1}{3}\sin\alpha_0)$	1,25 $\tan\alpha_0 (1-\frac{2}{3}\sin\alpha_0)$	1
Axial-Rollenlager $\alpha_0 \neq 90°$	1,5 $\tan\alpha_0$	$\tan\alpha_0$	1	1,5 $\tan\alpha_0$	0,67	$\tan\alpha_0$	1

1) Für Axiallager gilt $\alpha_0 > 45°$, Werte sind nur zur Interpolation zwischen 45° und 50° angegeben.

2) $\frac{F_a}{F_r} \leqq e$ für einseitig wirkende Lager ungeeignet

Abb. 331 X- und Y-Faktoren zur Berechnung der dynamisch äquivalenten Belastung von Axiallagern, DIN ISO 281

20.2.3 Oszillierende Lagerbewegung

Bei oszillierender Lagerbewegung ergibt sich die Drehzahl n zur Verwendung in der Lebensdauergleichung aus:

$$n = n_{osz} \cdot \gamma / 90 \; [\mathrm{min}^{-1}] \qquad \text{(Gl. 387)}$$

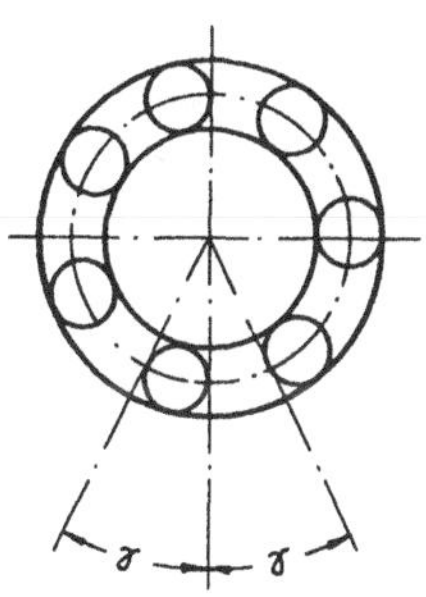

mit

n_{osz} Frequenz der Hin- und Herbewegung (Anzahl der Schwingungen) [min^{-1}]

γ Schwingungsamplitude [°]

20.2.4 Umlaufbedingungen

Wegen der unterschiedlichen Überrollungszahlen wurde früher zwischen Umfangslast und Punktlast für den Innenring unterschieden und entsprechende Umlauffaktoren V berücksichtigt. Neuere Untersuchungen rechtfertigen jedoch ihre Annullierung.

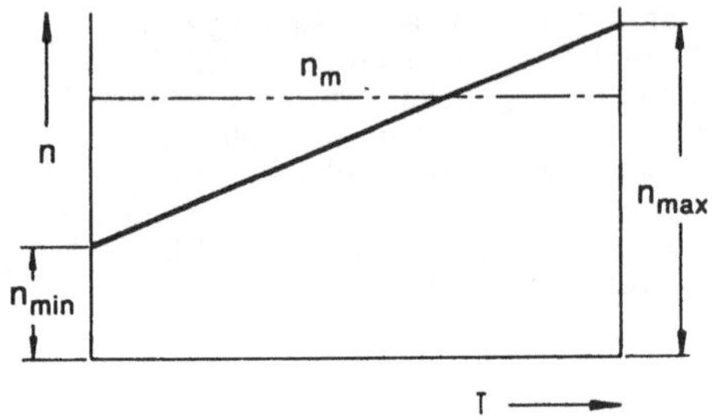

Abb. 332 Mittlere Drehzahl n_m

20.2.5 Veränderliche Drehzahlen

Veränderliche Drehzahlen kann man zu einer mittleren Drehzahl (Abb. 332) zusammenfassen, weil die Lagerlebensdauer (Schmierung und Geometrie unberücksichtigt) nicht von der Umlaufgeschwindigkeit, sondern von der Anzahl der Umdrehungen abhängig ist:

$$n_m = \frac{n_1 \cdot t_1 + n_2 \cdot t_2 + \ldots + n_n \cdot t_n}{t_1 + t_2 + \ldots + t_n} \quad [\text{min}^{-1}]$$

(Gl. 388)

mit

n_m	mittlere Drehzahl $[\text{min}^{-1}]$
$n_1 \ldots n_n$	Unterschiedliche Drehzahlen $[\text{min}^{-1}]$
$t_1 \ldots t_n$	Wirkungsdauer für die Drehzahlen $n_1 \ldots n_n$ [%, h oder Umdrehungen]
T	Gesamtwirkungsdauer = 100 [%]

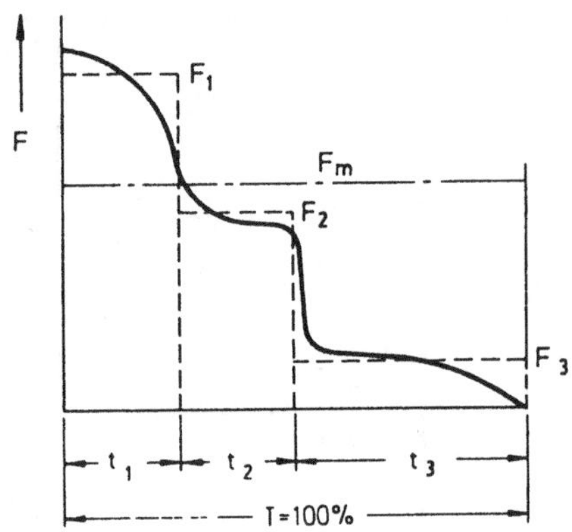

Abb. 333 Mittlere Lagerbelastung F_m

20.2.6 Veränderliche Belastung

Nach der Lebensdauergleichung (S. 205) ist die Lebensdauer umgekehrt proportiional einer Potenz p der Belastung. Eine hohe Lagerbelastung kann daher einen unerwartet großen Einfluß auf die Lebensdauer haben, auch wenn sie nur während einer verhältnismäßig kurzen Zeit der Gesamtlebensdauer wirkt. Setzt sie sich aus verschieden großen, aber während einer bestimmten Zeit (h oder Umdrehungen) gleichbleibenden Kräften zusammen oder kann eine zyklisch veränderliche Belastung näherungsweise durch eine Anzahl von konstanten Einzelbelastungen ersetzt werden (Abb. 333), erhält man die mittlere Lagerbelastung aus:

mit

F_m	mittlere Lagerbelastung [kN]
$F_1 \ldots F_n$	Lagerbelastungen [kN]
$t_1 \ldots t_n$	Wirkungsdauer für die Lagerbelastungen $P_1 \ldots P_n$ [%]
p	Lebensdauer-Exponent, p = 3 (Kugellager) bzw. 10/3 (Rollenlager)

$$F_m = \left[F_1^p \cdot \frac{t_1}{100} + F_2^p \cdot \frac{t_2}{100} + \ldots + F_n^p \cdot \frac{t_n}{100} \right]^{1/p} \quad [\text{kN}] \qquad \text{(Gl. 389)}$$

20.2.7 Veränderliche Drehzahl und Belastung

In diesem allgemeinen Fall (Abb. 334) ändern sich Drehzahl und Belastung mit der Zeit, entweder regellos oder zyklisch im Rahmen eines Arbeitsprogrammes. Aus den gegebenen Belastungs- und Drehzahlwerten ist die mittlere Belastung wie folgt zu ermitteln:

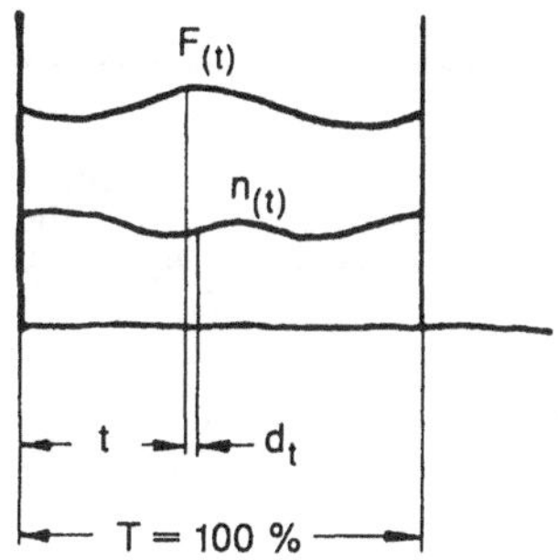

Abb. 334 Veränderliche Drehzahl und Belastung (Allgemeiner Fall)

$$F_m = \left[F_1{}^p \cdot \frac{n_1}{n_m} \cdot \frac{t_1}{100} + F_2{}^p \cdot \frac{n_2}{n_m} \cdot \frac{t_2}{100} + \dots + F_n{}^p \cdot \frac{n_n}{n_m} \cdot \frac{t_n}{100}\right]^{1/p} \text{[kN]} \quad \text{(Gl. 390)}$$

$$= \left[\frac{\int_0^{100} F_{(t)}{}^p \cdot n_{(t)} \cdot d_t}{\int_0^{100} n_{(t)} \cdot d_t}\right]^{1/p} \quad \text{(Gl. 391)}$$

mit

F_m mittlere Lagerbelastung [kN]
$F_1 \dots F_n$ Lagerbelastungen [kN]
$t_1 \dots t_n$ Wirkungsdauer für die Lagerbelastungen $P_1 \dots P_n$ [%]
p Lebensdauer-Exponent, $p = 3$ (Kugellager) bzw. 10/3 (Rollenlager)

Greifen die in den einzelnen Belastungsfällen wirkenden Kräfte $F_1 \dots F_n$ schräg am Lager an, so sind zunächst die einzelnen äquivalenten Belastungen $P_1 \dots P_n$ für die einzelnen Belastungsfälle 1...n nach Abschnitt 20.2.1 zu bestimmen, bevor die mittlere Belastung für den gesamten Belastungszyklus berechnet werden kann.
Bei regellosen Änderungen der Belastungen und Drehzahlen läßt sich eine verwendbare Berechnungsgrundlage nur durch Messungen an im Betrieb befindlichen Maschinen gewinnen (Belastungskollektive). Lassen sich die ermittelten Belastungs- und Drehzahlkollektive auf Grund ihrer komplizierten Form nicht in eine annehmbare Anzahl Teile mit konstanten Werten aufteilen, so ist das Integral am besten auf graphischem Wege (Planimetrieren) zu lösen.

20.2.8 Besondere Belastungsfälle

Wenn der Belastungsverlauf einer bekannten Funktion (Gerade, Sinuslinie, Parabel, Ellipse, Kreislinie) entspricht, lassen die sich in Abb. 335 wiedergegebenen Näherungsgleichungen verwenden.
Wenn sich die Lagerbelastung aus einer in Größe und Richtung konstanten Belastung F_1 (z.B. Gewicht eines Rotors) und einer umlaufenden konstanten Belastung F_2 (z.B. Unwucht) zusammensetzt, so ergibt sich die mittlere Belastung mit f_m aus Abb. 336 näherungsweise:

$$F_m = f_m (F_1 + F_2) \text{ [kN]} \quad \text{(Gl. 392)}$$

Ein konkretes Beispiel für diese Belastungsfälle ist die Waschmaschinen-Trommellagerung.

Belastungsverlauf	Näherungsgleichung	Gleichung
linear 	$F_m = 0{,}63\ F_2 + 0{,}37\ F_1$	(393)
sinusförmig 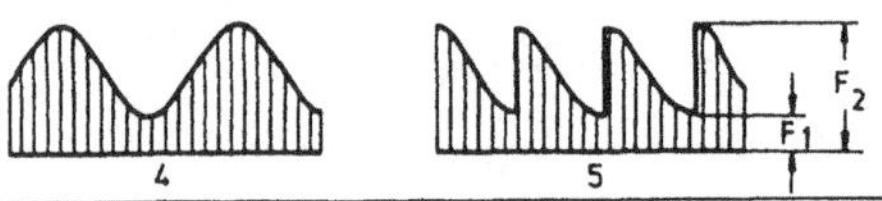	$F_m = 0{,}68\ F_2 + 0{,}32\ F_1$	(394)
sinusförmig 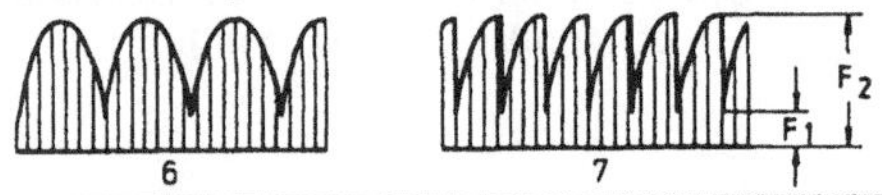	$F_m = 0{,}75\ F_2 + 0{,}25\ F_1$	(395)
parabolisch 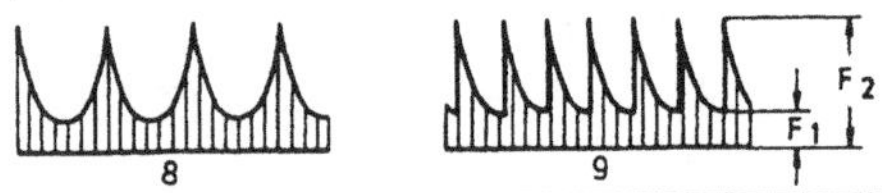	$F_m = 0{,}55\ F_2 + 0{,}45\ F_1$	(396)
kreisförmig, elliptisch 	$F_m = 0{,}84\ F_2 + 0{,}16\ F_1$	(397)
kreisförmig, elliptisch 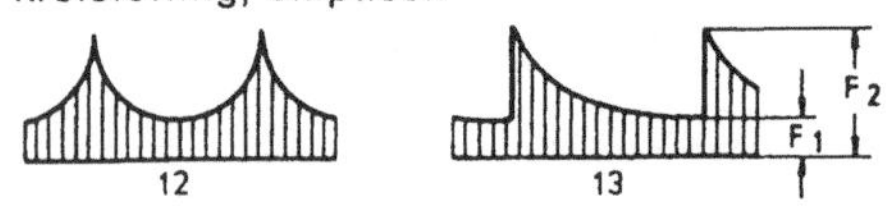	$F_m = 0{,}38\ F_2 + 0{,}62\ F_1$	(398)

Abb. 335 Mittlere Lagerbelastung F_m bei zyklisch veränderlicher Belastung

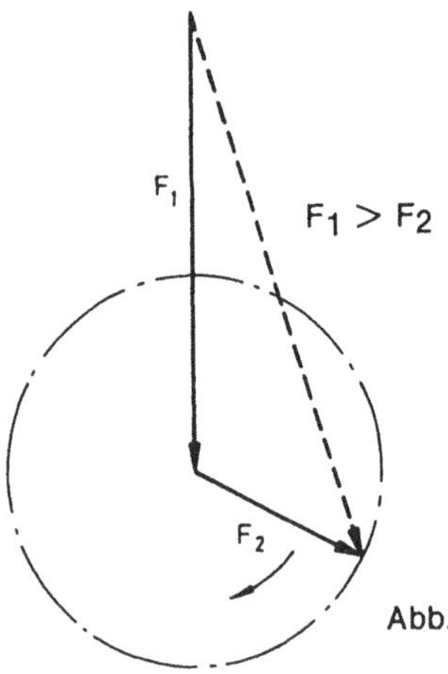

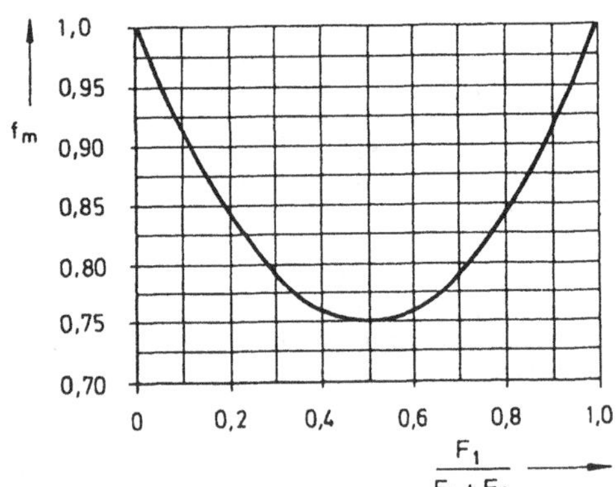

Abb. 336 Besonderer Belastungsfall (Stillstehende und umlaufende Belastungen)

Bei oszillierender Lagerbewegung kann für die Lebensdauerberechnung entgegen Abschnitt 20.2.4 die Drehzahl gleich der Anzahl der Schwingungen gesetzt werden, wenn die mittlere Belastung bestimmt wird, und zwar mit einem Faktor f, der die Anzahl der Überrollungen berücksichtigt. (Abb. 337)

$F_m = f \cdot Fr$ [kN] (Gl. 399)

γ	f Kugellager	Rollenlager
10	0,47	0,53
20	0,61	0,65
30	0,69	0,72
45	0,79	0,81
60	0,87	0,89
75	0,94	0,95
90	1,0	1,0

Abb. 337 f-Faktor für Radial-Kugel- und Rollenlager

Zur Vermeidung von Verschleiß sind bei schnellen oszillierenden Lagerbewegungen und kleiner Lagerbelastung Lager mit kleinem Wälzkörper wegen ihrer geringeren Trägheitskräfte zu bevorzugen. Aus gleichem Grund soll die Überrollung $\gamma/90 > 1/z$ betragen, mit z = Wälzkörperanzahl.

20.2.9 Verbindung zur mittleren Wälzkörperbelastung, Q_m

Setzt man in den Gleichungen 184, 185 u. 186 anstelle der äußeren Belastungen Fr und Fa die äquivalenten Belastungen P bzw. P_a ein, ergibt sich nach Umformung für

Radial-Kugellager:
$P = 0{,}407\ Q_m \cdot Z \cdot \cos\alpha_0$ [kN] (Gl. 400)

Radial-Rollenlager:
$P = 0{,}401\ Q_m \cdot Z \cdot \cos\alpha_0$ [kN] (Gl. 401)

Axial-Wälzlager:
$P = P_a = Q_m \cdot Z \cdot \sin\alpha o$ [kN] (Gl. 402)

mit
Z Wälzkörper-Anzahl
α_0 Nenn-Druckwinkel des Lagers.

20.3 Äquivalente Belastung bei stillstehenden Lagern

Belastungen beliebiger Richtung oder eine Kombination aus Radial- und Axialbelastung müssen in äquivalente statische Belastungen P_0 umgerechnet werden, deren Richtung und bleibende Verformung die gleiche ist, für welche die statische Tragzahl gilt (S. 198). Dazu kann die allgemeine Gleichung 383 für P_0 entsprechend umgewandelt werden:

Radiallager

$P_0 = X_0 \cdot Fr + Y_0 \cdot Fa$ [kN] (Gl. 403)

$P_0 \geqq Fr$ [kN]

Axiallager

$P_0 = 2{,}3 \cdot Fr \cdot \tan\alpha_0 + Fa$ [kN] (Gl. 404)

$P_0 \geqq Fa$ [kN]

Für einseitig wirkende Lager gilt diese Gleichung nur für $Fa/Fr < 0{,}44 \cot\alpha_0$ und ist brauchbar, aber weniger genau bis $Fa/Fr = \cot\alpha_0$. Genaue Berechnung siehe Lastverteilung, S. 258.

mit
Fr Radialkomponente der größten statischen Belastung [kN]
Fa Axialkomponente der größten statischen Belastung [kN]
α_0 Nenn-Druckwinkel
X_0 Radialfaktor des Lagers
Y_0 Axialfaktor des Lagers

20.3.1 X_0- und Y_0-Faktoren

Die Werte sind in Abb. 338 zusammengestellt und in Auszügen im Textteil für die jeweiligen Lagerbauarten angegeben. Für Lagerkombinationen von zwei oder mehr gleichartiger einreihiger Radial-, Rillen- oder Schrägkugellager, die in Tandem-Anordnung montiert sind, gelten die X_0- und Y_0-Werte für einreihige Lager, wobei die Fr- und Fa-Werte für die gesamte Belastung derartiger Lageranordnungen einzusetzen sind. Letzteres gilt auch für die Kombination von Axiallagern.

Lagerbauart		Einreihiges Lager		Zweireihiges Lager[3]	
		X_0	Y_0	X_0	Y_0
Radial-Rillen-Kugellager[1]		0,6	0,5	0,6	0,5
Schrägkugel-lager, α_0[2]	15°	0,5	0,46	1	0,92
	20°	0,5	0,42	1	0,84
	25°	0,5	0,38	1	0,76
	30°	0,5	0,33	1	0,66
	35°	0,5	0,29	1	0,58
	40°	0,5	0,26	1	0,52
	45°	0,5	0,22	1	0,44
Pendel-Kugel-lager $\alpha_0 \neq 0°$[1]		0,5	$0,22 \cdot \cot\alpha_0$	1	$0,44 \cdot \cot\alpha_0$
Radial-Rollen-Lager, $\alpha_0 \neq 0°$		0,5	$0,22 \cdot \cot\alpha_0$	1	$0,44 \cdot \cot\alpha_0$

1) Der zulässige Höchstwert hängt von der Lagerkonstruktion ab (Lagerluft und Laufrillentiefe). Siehe Beispiel Rillenkugellager S. 29, T. 1.
2) Werte für Y_0 dürfen für Zwischenwerte linear interpoliert werden.
3) oder zwei einreihige gleich große Lager in X- oder O-Anordnung

Abb. 338 X_0 und Y_0 Faktoren zur Berechnung der statisch äquivalenten Belastung von Radiallagern, DIN ISO 76

20.4 Zulässige statische Belastung

Ob ein Lager für die gegebene statische Belastung ausreichend ist, ergibt sich aus der statischen Tragsicherheit fs, die Sicherheit gegen zu hohe örtliche Verformung der Wälzelemente:

$$fs = \frac{C_0}{P_0} \qquad \text{(Gl. 405)}$$

mit
C_0 Statische Tragzahl [kN], s. Maßtabelle
P_0 Größte statische (Stoß-)Belastung [kN]

Wie bei der Definition der statischen Tragzahl erwähnt, kann bei normalen Lagerungen (Ansprüchen) eine bleibende Verformung vom 0,0001fachen des Wälzkörperdurchmessers zugelassen werden, d.h. $P_0 = C_0$ oder fs = 1. Höhere oder geringere Ansprüche an die Lagerungen führen zu Tragsicherheits-Empfehlungen gemäß Abb. 339.

Betriebsverhältnisse/Ansprüche	Tragsicherheit fs[1]	Gesamtverformung δ_b/D_W[2]
Zeitweise statisch belastete Genauigkeitslager, hohe Anforderungen an die Laufruhe	>2 ...4	<0,00003
Ausgeprägte Stoßbelastung bei dynamischer Beanspruchung	>1,5...2,5	<0,00005
Normale Lagerungen, normaler Betrieb, normale Anforderungen an die Laufruhe	≧1 ...1,5	≦0,0001
Lager, an die keine besonderen Ansprüche an Genauigkeit/Laufruhe gestellt werden oder ruhiger erschütterungsfreier Betrieb	>0,7	<0,0002
Ausgeprägte Stoßbelastung oder kleiner Schwenkwinkel/Pendelbewegung	>0,7	<0,0002
Lager, die unter Belastung geringe, langsame Schwenkbewegungen ausführen, deren Amplitude jedoch so groß ist, daß die ganze Laufbahn von einem Wälzkörper zum nächsten bleibend verformt wird ($\gamma > \psi$, s. Abb. 340)	>0,6	<0,0003
Lager mit sehr kurzen Betriebszeiten und geringen Dreh-/Pendelbewegungen	0,4...0,8	<0,0006

1) höhere Werte gelten für Rollenlager
2) s. S. 245

Abb. 339 Empfohlene Tragsicherheit und zulässige Gesamtverformung

Lager, die mit niedriger Drehzahl umlaufen und die für eine kurze Ermüdungslebensdauer ausgelegt sind, können nach der Lebensdauergleichung eine scheinbar zulässige Belastung ertragen, die weit über der statischen Tragzahl liegt. Deshalb muß auch in diesem Fall die zulässige statische Belastung überprüft werden.

Stoßbelastungen verursachen bleibende Verformungen, die die Laufruhe des Lagers beeinträchtigen. Sie sind rechnerisch meist nicht sehr genau zu erfassen und bewirken unter Umständen Verformungen auch an der Lagerabstützung (Gehäuse), die zu ungünstiger Lastverteilung im Lager führen. Die Mindest-Überrollung der Laufbahnen (Abb. 340) vermag die Laufbahnen gleichmäßig zu verformen, so daß die Laufruhe wenig gestört wird.

Wenn Zylinderrollenlager außer der Drehbewegung ständig axial hin- und hergehende Bewegungen ausführen (z.B. Farbauftragswalzen, bestimmte Walzen für Bandschleif- und Textilmaschinen, Mittelachsen von Diesellokomotiven), soll die statische Tragsicherheit $f_S > 5$ betragen und in Abhängigkeit der relativen Gleitbewegung $s = a/r$ gemäß Abb. 341 gewählt werden. a = Gleitstrecke (Axialbewegung), r = Rollstrecke ($F \cdot \pi \cdot n$), F = Laufbahndurchmesser und n = Drehzahl.

Wenn Lager bei Stillstand Vibrationen ausgesetzt sind oder schnell mit kleiner Amplitude pendeln, sind sie durch Schäden infolge Riffelbildung („false brinelling") gefährdet. Siehe S. 234 und S. 309.

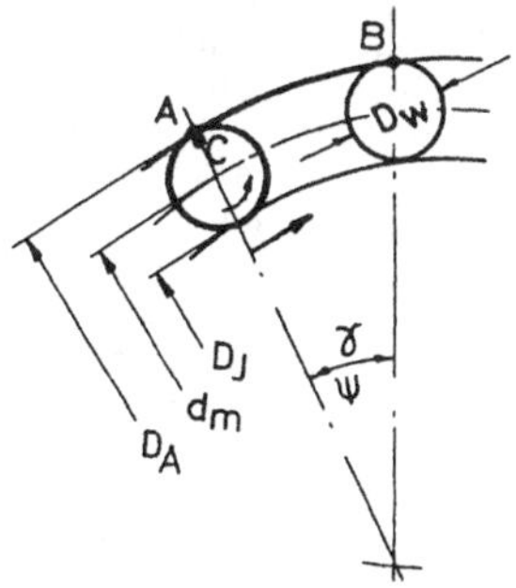

D_W Wälzkörper-∅ [mm]
d_m Teilkreis-∅ des Wälzkörpersatzes [mm]
Z Wälzkörper-Anzahl
D_A Außenringlaufbahn-∅ [mm]
D_J Innenringlaufbahn-∅ [mm]

Überrollter Laufbahnabschnitt > Wälzkörperabstand:

$$\widehat{AB}, \widehat{AC}, (D_W \cdot \pi) > \frac{d_m \cdot \pi}{Z} \qquad \text{(Gl. 406)}$$

Überrollwinkel, $\gamma >$ Wälzkörperlagewinkel, ψ

Abb. 340 Mindest-Überrollung der Laufbahnen bei Stoßbelastung zur Vermeidung von Laufunruhen.

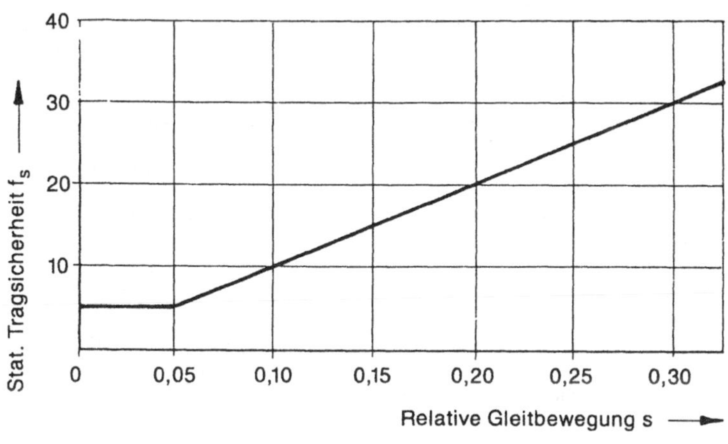

Abb. 341 Statische Tragsicherheit in Abhängigkeit von der relativen Gleitbewegung

21 Gestaltung der Lagerung

Die Gestaltung der Lagerung beinhaltet in groben Zügen die Anordnung der Lager (S. 2), die radiale/tangentiale Festlegung der Lagerringe (s. Passungen, S. 353), die Bestimmung der Lagerluft (S. 345), die Wahl der Abdichtung (S.494), die Gestaltung der Schmierung (S. 402) und Vorkehrungen für den Einbau/ Ausbau/Überwachung (S. 517/540). Hinzukommen müssen die axiale Befestigung der Lagerringe (s.u.), die detailierte und kraftflußgerechte Wellen-/Gehäuse-/Anschlußteile-Konstruktion (S. 330) und geeignete Maßnahmen zum Ausgleich von Flucht- und Durchbiegungsfehlern (S. 337). In allem ist immer Rücksicht zu nehmen auf die auftretende Lagerbelastung, auf die erforderliche Gebrauchsdauer einschließlich Laufgenauigkeit (S. 379) und Laufgeräusche (S. 386), auf bisherige Erfahrungen (z.B. Wälzlagerschäden, S. 221) und schließlich auf die Wirtschaftlichkeit der einzelnen Maßnahmen auf das Gesamt-Lagersystem.

21.1 Axiale Befestigung der Lagerringe

Obwohl eine feste Passung das seitliche Abwandern der Lagerringe in einigen Fällen (keine Axialbelastung/Wellendurchbiegung/ Stoß- und Schwingungsbeanspruchung) verhindert, wird aus Gründen der Betriebssicherheit fast ausnahmslos eine axiale Befestigung oder Halterung vorgesehen. So werden bei Festlagern stets beide Lagerringe nach beiden Seiten festgelegt, bei Loslagern ebenso, wenn es sich nicht um selbsthaltende Lager handelt. Bei schwimmenden und angestellten Lagerungen (S. 2) sowie einseitig wirkenden Axiallagern genügt die axiale Befestigung jeweils nach einer Seite und zwar so, daß die Axialkräfte jeweils diagonal von dem Innenring über die Wälzkörper auf den Außenring übertragen werden. Bei Schräglagern sind die induzierten bzw. resultierenden Axialkräfte zu berücksichtigen (S. 49/78).

21.1.1 Befestigungsarten

Oft verwendete Befestigungsarten sind in Abb. 342 wiedergegeben.

Lagerringe mit fester Passung werden meist so eingebaut, daß sie sich auf einer Seite gegen eine Wellen- oder Gehäuseschulter (a) abstützen und auf der gegenüber liegenden Seite durch eine Wellenmutter (b) bzw. einen Gewindering (c) mit Sicherungsblech (d) oder durch eine Spannplatte (e) bzw. einen Gehäusedeckel (f) verspannt werden. Anstelle fester Wellen- und Gehäuseschultern werden häufig Abstandshülsen (g) oder Abstandsringe zwischen einem Lagerring und dem Anschlußteil, z. B. einer Riemenscheibe, vorgesehen. Bei Wellen kann in eine Nut ein geteilter Ring (h) eingelegt werden, der durch einen aufgeschobenen ungeteilten Ring oder durch den Innenring selbst gehalten wird. Diese Möglichkeit wird z. B. aus Festigkeits- und Montagegründen (Walzwerksbau) oder aus Fertigungs- und Montagegründen (lange Welle) genutzt.

Wichtig ist, besonders bei erhöhten Genauigkeitsanforderungen, wie z.B. im Werkzeugmaschinenbau, daß die axiale Anlagefläche senkrecht zur Lagerachse steht (zul. Axialschlag s. S. 374). Der Schlag der Gewindemuttern kann durch nicht zu kurze Zwischenbüchsen eliminiert werden, wenn nicht gar ganz auf Gewindemuttern verzichtet und auf sogenannte Stufenhülsen (Abb. 343) oder Schrumpfringe umgestellt wird. Sprengringe (i) mit und ohne Stützring (j) ermöglichen eine raumsparende Bauweise, einen schnellen Ein- und Ausbau sowie einen verringerten Fertigungsaufwand. Weitere Einsparungsmöglichkeiten ergeben sich in der Verbindung von Wälzlagern, die eine Ringnut im Außenring haben (Abb. 344). Die Gehäusewanddicke braucht nicht größer als die Lagerbreite zu sein. Das stets vorhandene Axialspiel zwischen Sprengring und Nut kann, falls erforderlich, durch zusätzliche Paßscheiben oder Stützringe verschiedener Dicke auf ein Minimum verringert werden. Bei Kfz-Schaltgetrieben wird die Spielfreiheit durch Verspannen mittels Deckel erreicht. Bei hohen Axialbelastungen muß die Festigkeit der Nut als auch die des Sprengringes überprüft werden (Abb. 347). Ähnliche Vorteile bieten Lager mit Bund am Außenring (Abb. 345).
Um die Lagerringe lediglich am seitlichen Abwandern zu hindern, ist die axiale Befestigung mittels Pratzen (k) oder durch plastische Verformung (Einrollen, Verstemmen) der Gehäusewand (l) bzw. des Wellenendes (m) möglich.

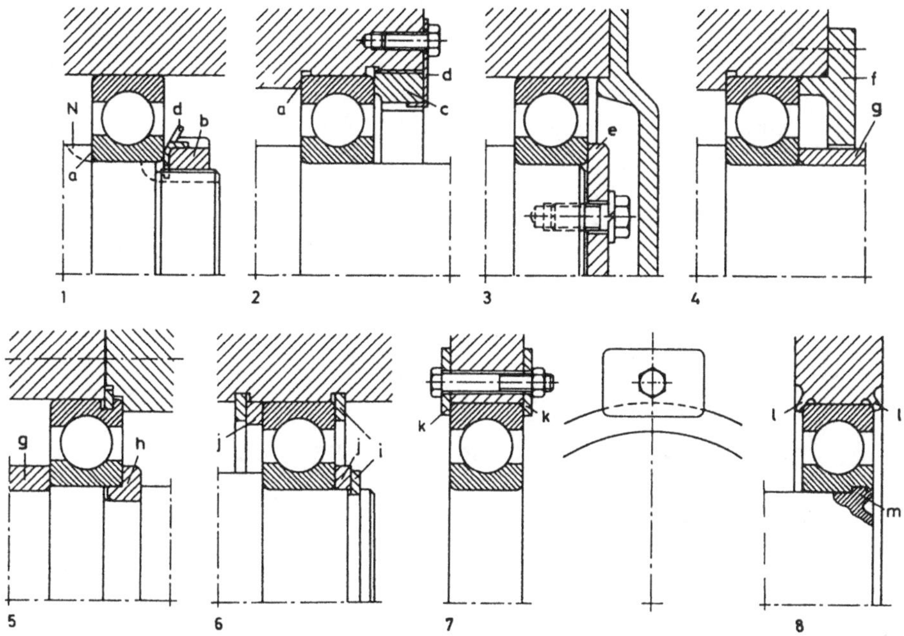

Abb. 342 Häufig verwendete axiale Befestigungsmittel für Wälzlager

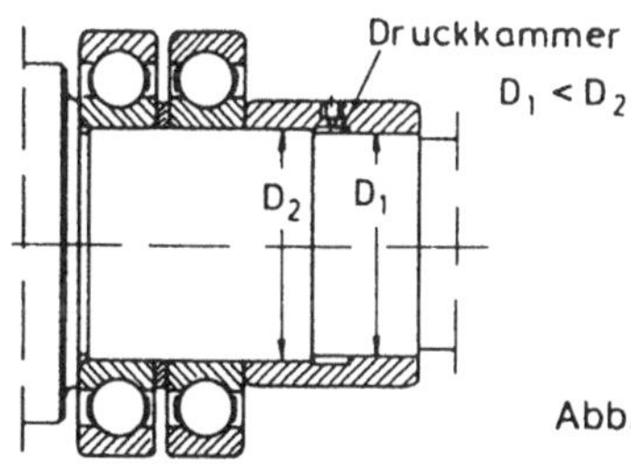

Montage der Stufenhülse: Warm aufziehen. Demontage/Bewegung d. Stufenhülse: Einpressen von Drucköl in Druckkammer. Weitere Einzelheiten siehe Druckölverfahren s. 531.

Abb. 343 Axiale Befestigung von Hochgenauigkeitslagern mit Stufenhülse

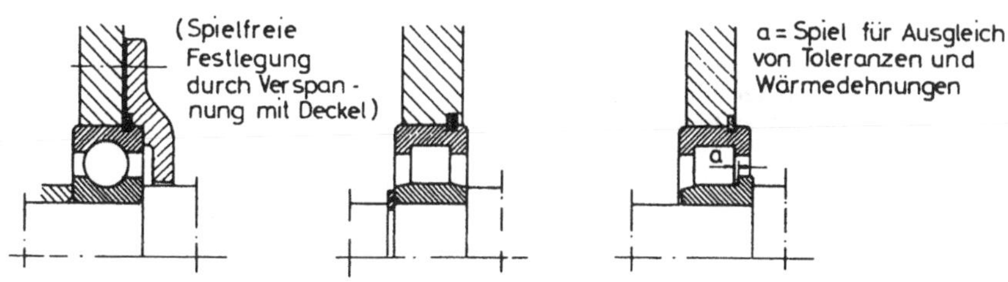

Abb. 344 Axiale Befestigung von Wälzlagern mit Ringnut und Sprengring (Abmessungen und Toleranzen der Ringnuten und Sprengringe siehe Baumaße, S. 167/168)

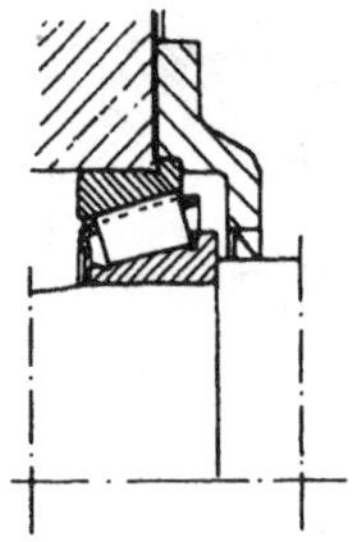

Abb. 345 Axiale Befestigung von Wälzlagern mit Bund am Außenring

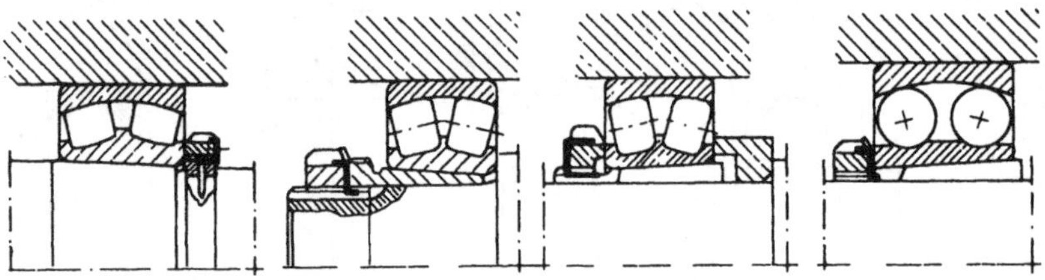

Abb. 346 Axiale (und radiale) Befestigung von Wälzlagern mit kegeliger Bohrung

Lager mit kegeliger Bohrung (Abb. 346), die unmittelbar auf einen kegeligen Zapfen montiert sind, werden meist mit einer Mutter auf dem Zapfengewinde oder einem eingelegten geteilten Gewindering befestigt. Beim Einbau von Lagern auf Abziehhülsen muß sich der Innenring gegen eine Anlagefläche (Wellenbund, Abstandsring) abstützen. Die Hülstenstellung wird nach dem Einpressen durch eine Wellenmutter oder einer Spannplatte gesichert. Lager auf Spannhülsen werden mit der zugehörigen Hülsenmutter festgelegt. Hohe Axialkräfte lassen sich in einer Richtung durch einen Zwischenring/Wellenbund übertragen. Im anderen Fall ist die axiale Belastbarkeit von der Reibung zwischen Welle und Hülse abhängig. Sachgemäßen Einbau vorausgesetzt, gilt näherungsweise:

$$Fa_z = 3 \cdot B \cdot d/_{100} \; [kN] \qquad \text{(Gl. 407)}$$

mit

Fa_z größte zulässige Axialbelastung [kN]
B Lagerbreite [mm]
d Lagerbohrung [mm]

Gehäuselager (Lager mit verlängertem Innenring) werden auf der Welle mittels Madenschrauben (Gewindestifte) oder Exzenterring axial festgelegt (s. Abb. 105, S. 124).

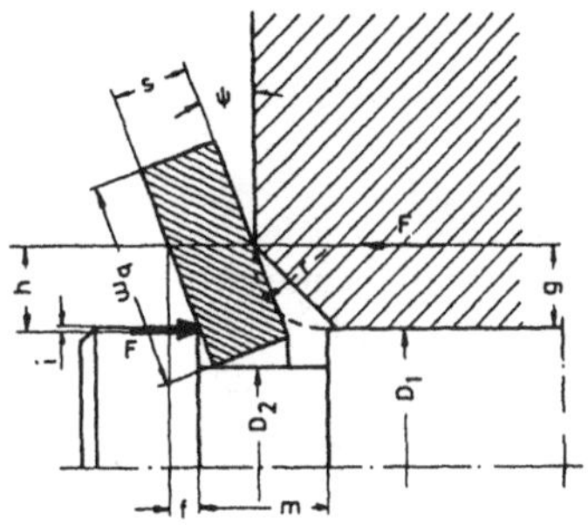

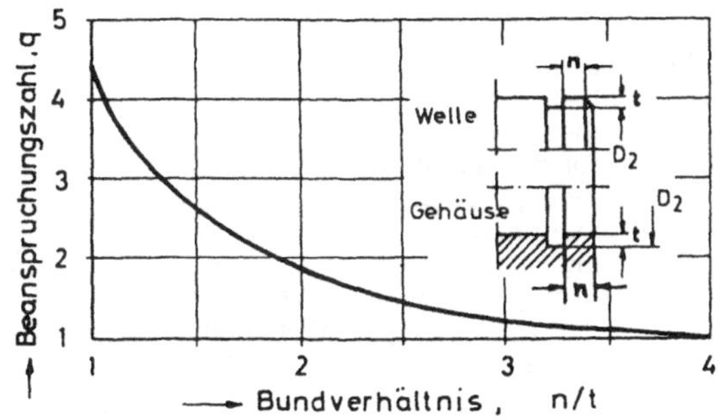

Übliche Werte

n/t ≈ 3

h ≈ 0,3 + 0,002 D_1 [mm] bei scharfkantiger Anlage

h ≈ 0,5 + g [mm] mit g ≈ 0,75 r bei Anlagefläche mit Fase oder Rundung

ψ = f/h ≦ 15°

1. Nuttragfähigkeit:

$$F_N = \frac{A_N \cdot \sigma_S}{q \cdot S \cdot 1000} \text{ [kN]} \qquad \text{(Gl. 408)}$$

2. Ringtragfähigkeit:

$$F_R = \frac{\psi \cdot K}{h \cdot S \cdot 1000} \text{ [kN]} \qquad \text{(Gl. 409)}$$

3. Axiale Verschiebung:

$$f = \frac{F \cdot h^2}{K} + V \text{ [mm]} \qquad \text{(Gl. 410)}$$

4. Ablösedrehzahl:

$$n_{abl} = \frac{3{,}72 \cdot 10^7 \cdot b}{(D_2 + b)^2} \cdot \left(\frac{D_2 - D_3}{D_3 + b}\right)^{-1/2} \text{ [min}^{-1}] \qquad \text{(Gl. 411)}$$

mit:

A_N	Nutfläche, ≈ $(D_1^2 - D_2^2)\,\pi/4$ [mm²]
σ_S	Streckgrenze [N/mm²]
q	Beanspruchungszahl
S	Sicherheit, in der Regel = 1,0
ψ	Umstülpwinkel [°]
h	Hebelarm [mm]
K	Konstante, $K = c \cdot h^2 = \pi \cdot E \cdot s^3/6 \cdot \ln(1 + 2\,bm/D_2)$
c	Federkonstante des Sprengringes
E	Elastizitätsmodul [N/mm²]
s	Ringdicke [mm]
b_m	mittlere radiale Ringbreite [mm]
F	Axialbelastung [kN]
V	Anfangsverschiebung (Setzbetrag ≈ 0,02 ... 0,05 mm)
D_3	Innendurchmesser des Ringes im ungespannten Zustand [mm]
b	max. radiale Ringbreite [mm]

Abb. 347 Überprüfung der Festigkeit von Nut und Sprengring nach Seeger-Handbuch Frühjahr 1981 ohne Berücksichtigung eines Preßsitzes zwischen Lager und Gegenstück.

21.1.2 Anschlußmaße

Bei der Gestaltung der Lageranschlußteile (Gegenstücke) sind bestimmte Abmessungen — siehe Anschlußmaße in den Maßtabellen — für die Schulterhöhen, Anlageflächen und Übergänge an Wellen, Gehäusen und Zwischenringen einzuhalten, damit die Lager richtig („satt") anliegen und ihre umlaufenden Teile nicht anstreifen (Abb. 348). So muß z. B. die Rundung am Wellenabsatz größer sein als der Kantenabstand am Lager ($r_a < r$) und die Gehäuse (-deckel) bei Kegelrollenlagern mit überstehendem Käfig Aussparungen erhalten. Anstelle einer Rundung (Hohlstelle) kann auch ein Freistich mit den Abmessungen nach Abb. 349 verwendet werden. Da die Beanspruchung an einem Wellenabsatz um so geringer ist, je größer die Rundung am Übergang zur Wellenschulter ist, wird bei hochbelasteten Wellen eine große Rundung ($r_a > r$) vorgesehen, mit der Folge, daß dann ein besonders geformter Zwischenring für ausreichende Anlagefläche sorgen muß. Gelegentlich müssen in den Schultern Nuten zum Ansetzen eines Abziehwerkzeuges vorgesehen werden. Bei bestimmten Zylinderrollenlagern sollte der Schulterdurchmesser aus Montage-/Demontagegründen kleiner als der Hüllkreisdurchmesser ausgeführt werden.

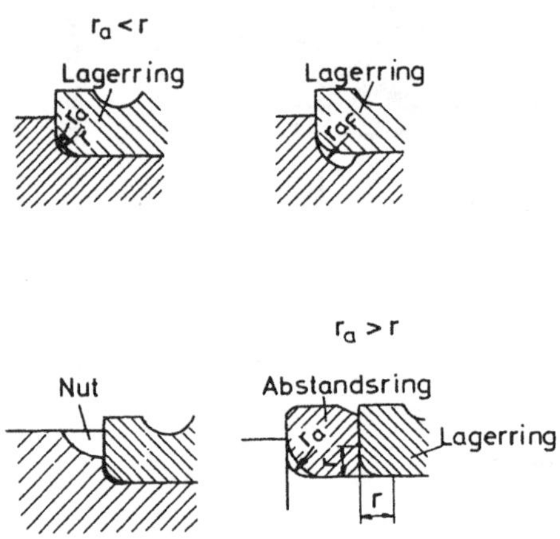

Abb. 348 Übergänge von Lagersitz zur Wellen- oder Gehäuseschulter

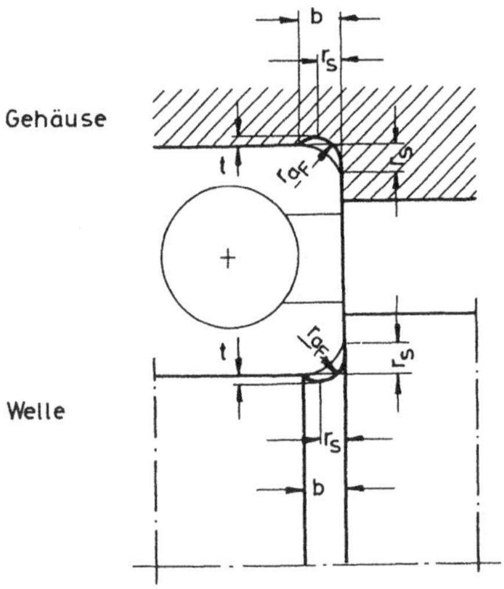

Kantenabstand r_s min	Freistich b	t max	r_{aF} max
mm	mm		
1	2	0,2	1,3
1,1	2,4	0,3	1,5
1,5	3,2	0,4	2
2	4	0,5	2,5
2,1	4	0,5	2,5
3	4,7	0,5	3
4	5,9	0,5	4
5	7,4	0,6	5
6	8,6	0,6	6
7,5	10	0,6	7
9,5	12	0,6	9

Abb. 349 Freistichmaße für den Übergang Lagersitz zur Wellen- oder Gehäuseschulter

21.2 Direktlagerungen

Für besonders raumsparende Lagerungen mit größtmöglicher Steifigkeit und Belastbarkeit werden bestimmte, zerlegbare Wälzlager ohne Laufbahnringe eingesetzt, so daß die Wälzkörper direkt auf der Welle bzw. in der Gehäusebohrung laufen. Dabei sind einige wesentliche Anforderungen zu erfüllen, die sich weitgehend an die Ausführung des kompletten Wälzlagers orientieren und hier nachfolgend zusammenstellt sind.

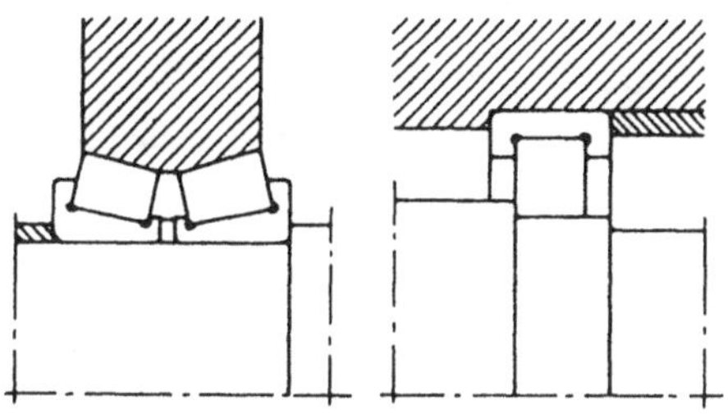

Kegelrollenlagerung Zylinderrollenlagerung

Eigenschaften:

1) Raumsparende Bauweise
2) Hohe Belastbarkeit
3) Wellen- und/oder Gehäusesitz werden zu Verschleißteilen
4) Hohe Anforderungen an Material, Härte, Oberfläche, Maß-, Form- und Laufgenauigkeit

Abb. 350 Direktlagerungen

21.2.1 Werkstoffe

Der Werkstoff muß eine der Tragzahlgleichung zu Grunde liegende Oberflächenhärte (58 ... 65 HRC), eine ausreichende Härtetiefe und einen den üblichen Wälzlagerstählen entsprechenden Reinheitsgrad gewährleisten. Die in Frage kommenden Werkstoffe sind im Abschnitt 6 beschrieben. Für kurze Zapfen und kleine Außenteile können durchhärtende Wälzlagerstähle verwendet werden, wenn keine nennenswerten Biege- und Kerbbeanspruchungen vorliegen, wie z. B. bei Kolbenbolzen, Planetenrädern usw.. Anderenfalls sind Einsatz- oder Vergütungsstähle zu wählen.

21.2.2 Härtungstiefe

Bei einsatz-, flamm- oder induktionsgehärteten Laufbahnen ist neben der Oberflächenhärte auf eine ausreichend große Härtungstiefe E_{ht} (Einsatzhärtungstiefe) bzw. R_{ht} (Einhärtungstiefe) zu achten, weil die Ermüdung des Werkstoffes bei Wälzlagern in einer bestimmten Tiefe unterhalb der Wälzflächen beginnt. Als Härtungstiefe wird diejenige Tiefe der gehärteten Randzone bezeichet, in der noch eine Härte von 550 HV (≈ 52 HRC) bzw. 80 % der Oberflächenhärte vorliegt (DIN 50190). Mit Rücksicht auf die praktischen Bedingungen (Genauigkeit/Härteverzug) der Wärmebehandlung darf die Mindesthärtungstiefe mit E_{ht} bzw. $R_{ht} \geqq 140\, D_w/R_{p0,2} \geqq 0{,}08\, D_w$ oder 0,3 mm angenommen werden (D_w = Wälzkörperdurchmesser in mm, $R_{p0,2}$ = Werkstoffstreckgrenze in N/mm²). Andererseits soll die Mindesthärtungstiefe die Belastung berücksichtigen:

P/C_0	≦0,5	0,7	1,0	1,5	2
t_{min} [mm]	0,3	0,5	0,7	0,9	1

Diese Angaben beziehen sich auf das fertige Bauteil; Bearbeitungszugaben müssen hinzu gerechnet werden. Nach dem Härten muß ein rein martensitisches Gefüge vorhanden sein. Sekundärzementitnetze, die die Tragfähigkeit der betroffenen Bauteile entscheidend verringern, sind auszuschließen. Beim Schleifen dürfen keine Schleifrisse entstehen und die Härteschicht darf nicht einseitig geschwächt werden.

21.2.3 Bearbeitungstoleranzen der Laufbahnen

Sie hängen von der angestrebten Radialluft ab und sind für Zylinderollenlager in dem den Maßtabellen vorangestellten Textteil aufgeführt.

21.2.4 Oberflächengüte der Laufbahnen

Für die Laufbahnen ist zur vollen Ausnutzung der Tragfähigkeit der Lagerungen eine Rauhheit $R_z = 1$ ($\approx R_a = 0{,}2$) erforderlich. Bei größeren Lagern (dm > 250 mm), bei Rollen- oder Käfigführungsflächen oder bei geringen Ansprüchen an die Lagerung sind etwa dreifach höhere Werte bis $R_z = 4$ ($\approx$ Ra = 0,8) zulässig. Um gute Laufruhe und geringe Geräuschentwicklung zu erzielen, müssen die Laufbahnen möglichst wellenfrei geschliffen werden.

21.3 Kraftflußgerechte Konstruktion der Wälzlager-Anschlußteile

Die Berechnungen der Tragfähigkeit, Lebensdauer und Federung von Wälzlagern gehen von völlig starren Anschlußteilen und kreisrunden, schlagfreien Lagersitzen aus. Bei radial belasteten spielfreien Lagern ist dann die Hälfte der Wälzkörper belastet ($\psi = 180°$, $\varepsilon = 0{,}5$, s. Abb. 351). In der Praxis, besonders im Leichtbau und bei zunehmender Lagergröße, lassen sich diese idealen Bedingungen nicht immer erfüllen. Abgesehen von geometrischen Herstellfehlern (Toleranzen) und ungünstigen Betriebsbedingungen (Flucht- und Durchbiegungsfehler, Lagerluft/-vorspannung u. ä.), deren Einfluß auf die Lastverteilung im Lager an anderer Stelle beschrieben wird, tritt vor allem eine Änderung durch Verformung der Anschlußteile und Wälzelemente auf, die in der Regel in höhere Lagerbeanspruchung münden.
Zur Überprüfung der elastischen Verformung (Festigkeit) der Anschlußteile und ihre Auswirkung auf die Lastverteilung im Lager werden sowohl Versuche mit spannungsoptischen Modellen (Abb. 351) bzw.

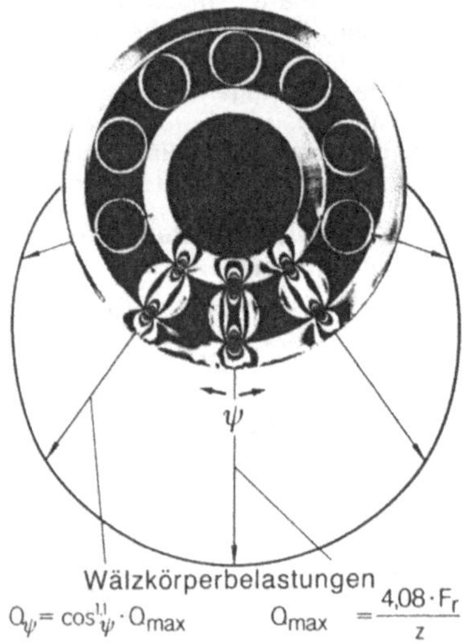

Abb. 351 Spannungsoptisches Bild eines Rollenlagers, Lastverteilung bei Null-Spiel und starrem Gehäuse

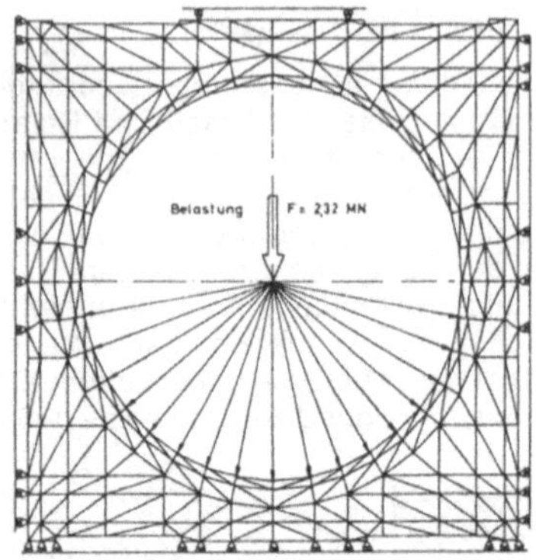

Abb. 352 FEM-Struktur und Belastungsverteilung eines Wälzlagergehäuses bei einer Radialbelastung.

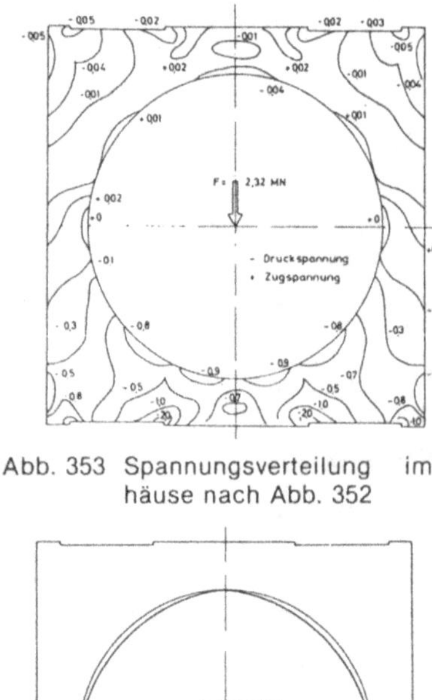

Abb. 353 Spannungsverteilung im Gehäuse nach Abb. 352

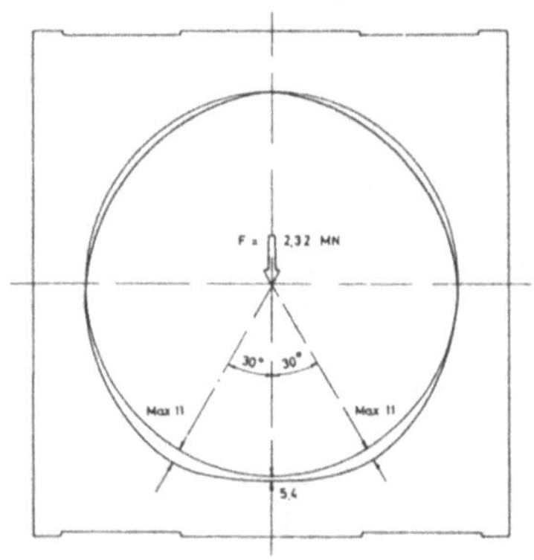

Abb. 354 Elastische Verformung der Bohrung im Gehäuse nach Abb. 352 und 353

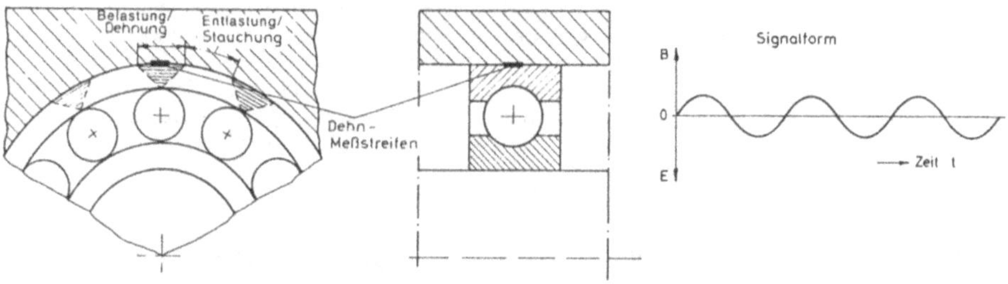

Abb. 355 Kraftmeßlager (Lager mit Dehnungsmeßstreifen)

Abb. 356 Messung der Verformungen der Gehäuse und Lager von Kfz-Achsgetrieben (Abdrängungsversuch = Verlagerung des Tragbildes der Verzahnung)

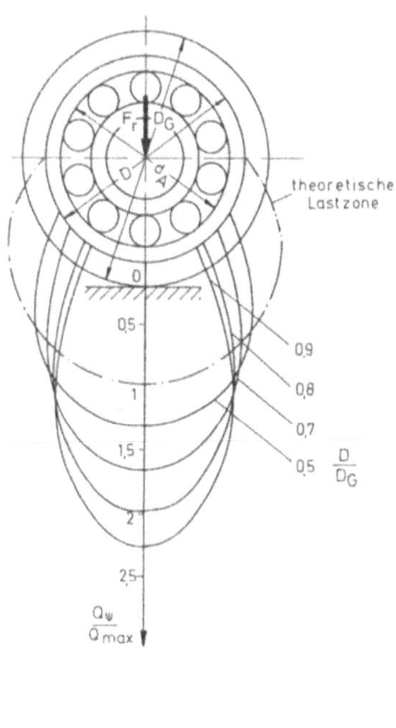

Kraftmeßlagern (Abb. 355) als auch Berechnungen mit EDV-Anlagen (Finete-Elemente-Methode, Abb. 352...354) oder vereinfachte Berechnungen durchgeführt. Bei bereits gelaufenen Lagern läßt sich die Belastungszone aufgrund des Laufbildes (Laufspuren) abschätzen (s. S. 226) ff.) Im Kfz-Getriebebau werden auch sogenannte Abdrängungsversuche gefahren (Abb. 356).

Q_{max} Wälzkörperbelastungen,
Q_ψ S. Abb. 351
D Lageraußendurchmesser
D_G Gehäuse-Außendurchmesser
d_A Außenring-Laufbahndurchmesser
d_A/D $\approx$ 0,85

Abb. 357 Lastverteilung eines Rollenlagers in verschieden dicken Gehäusen

Wie die folgenden Beispiele zeigen, wird die elastische Verformung außer von der Formgebung und den Querschnittsverhältnissen auch von der Lasteinleitung beeinflußt. Die Ergebnisse sind nur auf annähernd kreisrunde bzw. rechteckige Gehäuse übertragbar. Für unregelmäßig geformte Gehäuse sind jeweils besondere Untersuchungen erforderlich. Die Verformung der Vollwelle ist im Vergleich zum Gehäuse sehr klein und meist vernachlässigbar. Zum besseren Verständnis sind die Wälzkörperbelastungen $Q\varphi$ als Kurven eingezeichnet, die die Ausbreitung der Lastzone ε und die größte Wälzkörperbelastung Q_{max} zeigen. Außerdem ist jeweils die Lastverteilung bei spielfreiem Wälzlager und starrem Gehäuse ε_{th} eingetragen, so wie es die üblichen Lebensdauer-, Tragfähigkeits- und Federberechnungen voraussetzen. Abb. 357 zeigt die Lastverteilung eines spielfreien radial belasteten Rollenlagers in verschieden dicken Gehäusen (Außenringen), welche auf einer Unterlage (Ebene, Walze) abstützen (abrollen). Praktische Beispiele sind Laufrollen, Kurvenrollen und Stützrollen. Während bei einem dickwandigen Gehäuse nahezu die Hälfte der Wälzkörper belastet ist ($\psi \approx 180°$, $\varepsilon \approx 0{,}5$), tragen bei einem dünnwandigen Gehäuse nur wenige Wälzkörper ($\varepsilon < 0{,}5$).

Da die Lagerbeanspruchung hauptsächlich vom Verhältnis Lagerfederung (δ_r) zur Außenringverformung (δ_A) abhängt und für Rollenlager eine fast lineare Federcharakteristik ($\delta_A \approx 2680 \cdot l_{eff}^{0,92}$) angenommen werden darf, läßt sich der Einfluß des elastischen Außenringes bei Stütz- und Kurvenrollen, die als Rollen- oder Nadellager ausgeführt sind, mit folgender Kennzahl beurteilen:

$$f_k = \delta_r / \delta_A \qquad \text{(Gl. 412)}$$

$$= B \cdot h^3 / (i \cdot Z \cdot l_{eff}^{0,92} \cdot \cos^2\alpha_o \cdot R^3)$$

B	idealisierte Außenringbreite [mm]
h	idealisierte Außenringwandstärke [mm], s. Abb. 358
i	Anzahl der Rollenreihen
Z	Rollenanzahl pro Rollenreihe
l_{eff}	effektive Rollenlänge [mm]
α_o	Nenn-Druckwinkel [°]
R	Mittlerer Außenringradius [mm] (Neutrale Faser)

Die dynamischen und statischen Lagerbeanspruchungen lassen sich unter Zuhilfenahme dieser Kennzahl aus der Abb. 359 entnehmen. Die Abb. 359 ist die rechnerische Auswertung bisher aufgeführter Lauf-, Stütz- und Kurvenrollen.

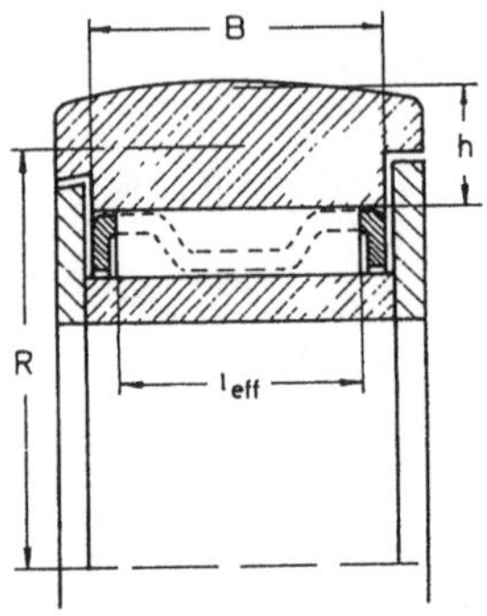

Abb. 358 Idealisierter Außenringquerschnitt

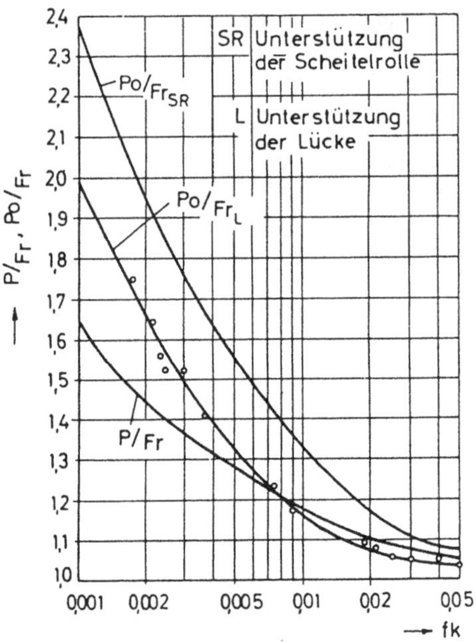

Abb. 359 Rollenlagerbeanspruchung von Lauf-, Stütz- und Kurvenrollen

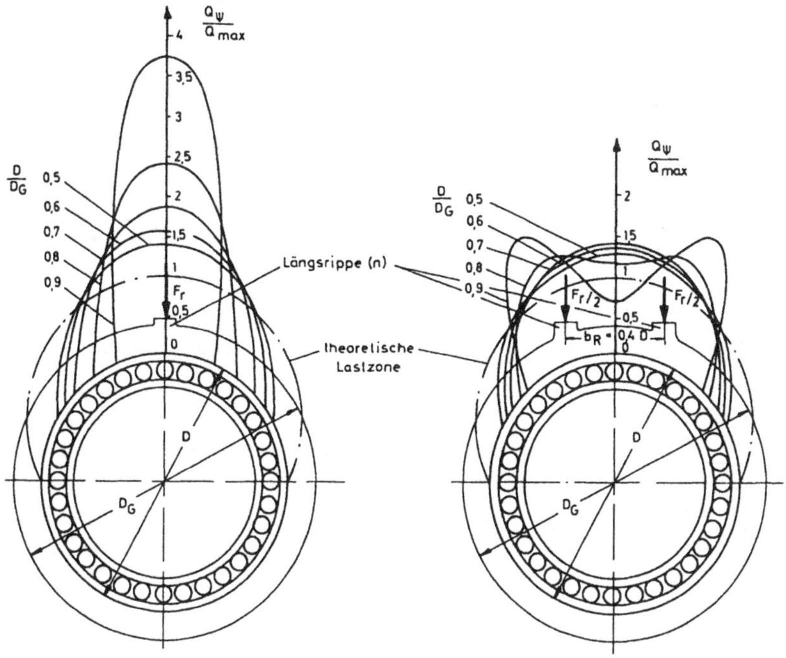

Abb. 360 Lastverteilung eines Rollenlagers in kreisförmigen Gehäusen mit Längsrippen und verschiedenen Wanddicken

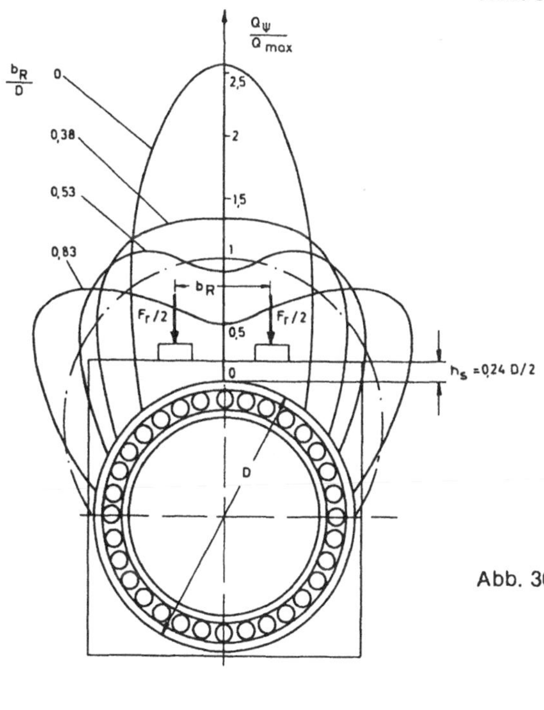

Abb. 361 Lastverteilung eines Rollenlagers in rechteckigen (dünnwandigen) Gehäusen bei unterschiedlicher Lasteinteilung

Abb. 360 zeigt, wie bei kreisförmigen Gehäusen (z. B. Achslagergehäuse für Schienenfahrzeuge) Längsrippen (Lasteinleitungspunkte) die Lastverteilung beeinflussen. Günstige Voraussetzungen werden durch (zwei) weit auseinanderliegende Lasteinleitungspunkte erreicht. Sowohl die Lastzone als auch die größte Wälzkörperbelastung sind nur wenig von ihren theoretischen Werten entfernt. Für die in Abb. 361 gezeigten rechteckigen Gehäuse (z. B. Einbaustücke für Walzgerüste) gelten ähnliche Gestaltungshinweise wie für Abb. 360. Darüber hinaus haben sich Wanddicken nach Abb. 363 bewährt.

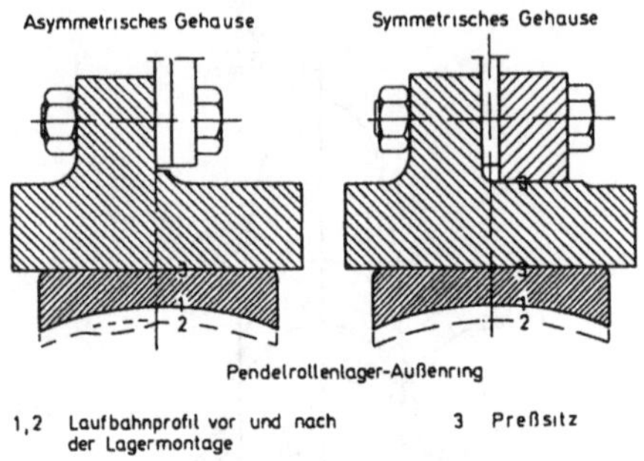

Abb. 362 Laufbahn-Verformung durch ungünstige Gehäuseform

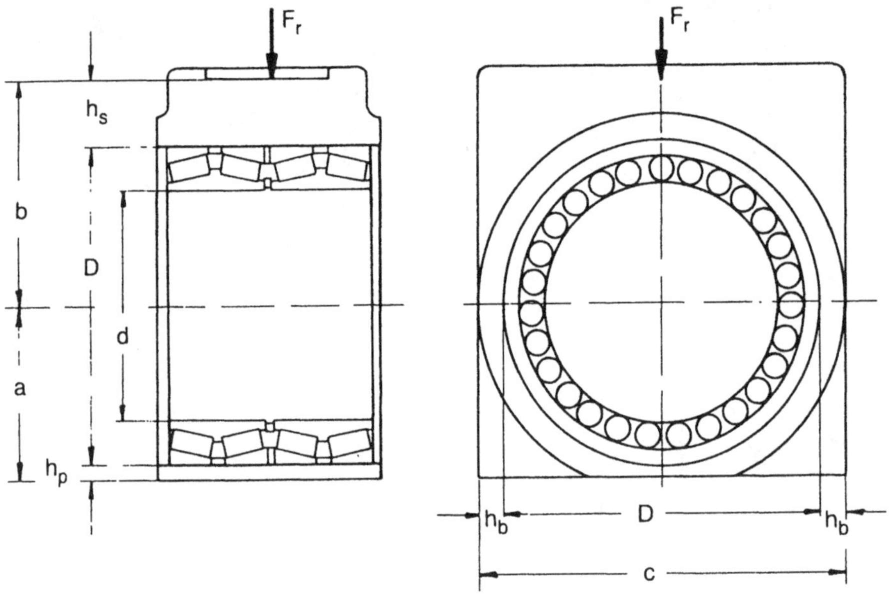

Abmessungen	Duo-Gerüst + Quarto-Stützwalze	Quarto-Gerüst Arbeitswalzen-Einbaustücke asymmetrisch	symmetrisch
a	1,075 D/2	1,10 D/2	1,125 D/2
b	1,4 ... 1,6 D/2	1,15 D/2	1,125 D/2
c	> 1,20 D	> 1,20 D	> 1,20 D
		Alternativ:	
h_p		0,15 ... 0,25 (D-d) /2, min. 6 min	
h_s		1,5 ... 2,0 (D-d) /2	
h_b		0,7 ... 1,2 (D-d) /2	

d = Lagerbohrung D = Lageraußendurchmesser

Abb. 363 Bewährte Wanddicken von Einbaustücken (GS-45) für Walzgerüste

Bei (großen) Stehlagergehäusen (Abb. 364) wird durch hochgezogene seitliche Stützflächen (Lasteinteilungspunkte) erreicht, daß sich der untere, belastete Gehäuseteil wie ein Zugband um den Außenring legt. Wenn dann der obere Gehäuseteil nicht zu schwach ausgebildet ist, wird das Ziel — annähernd gleiche Wälzkörperbelastung in einer weiten Zone — recht gut erreicht. Durch diese hochgezogene Stützfläche vermindert sich auch das Kippmoment aus der Axialbelastung des Gehäuses.

Die Lagergehäuse müssen in allen Richtungen überprüft werden, damit z. B. Fehler, wie in Abb. 362 gezeigt, vermieden werden.

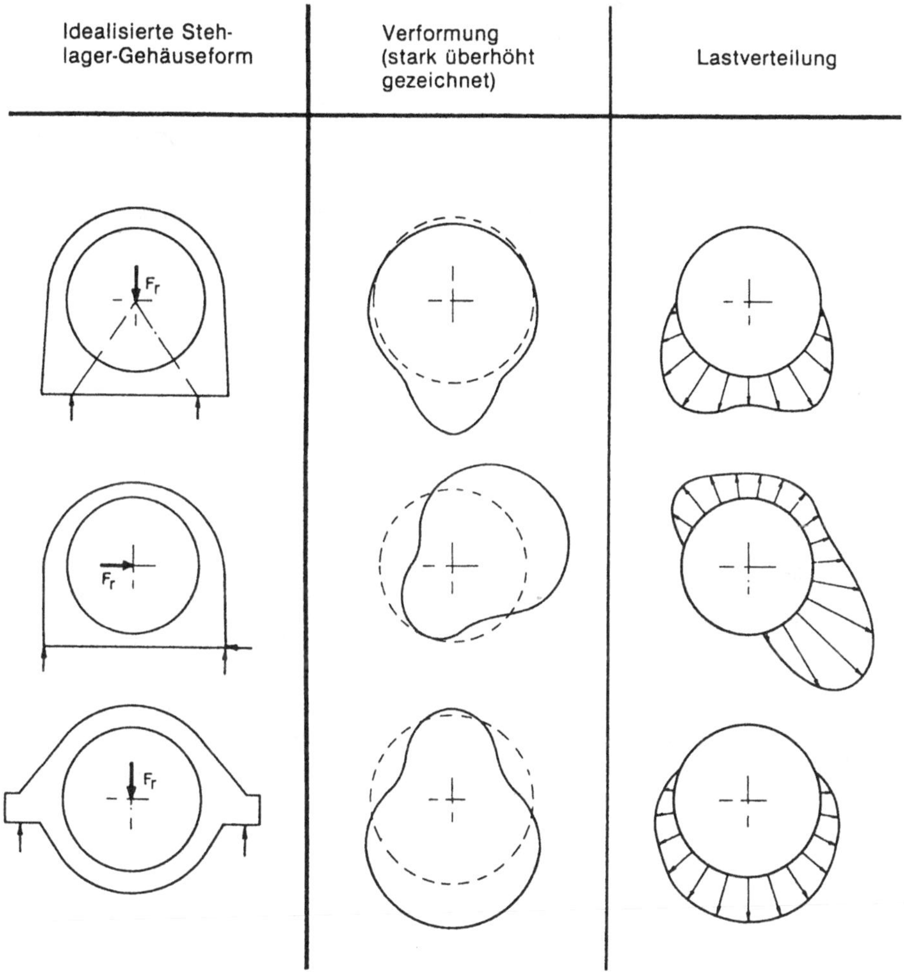

Abb. 364 Verformung und Lastverteilung eines Rollenlagers in verschiedenen Stehlagergehäuseformen

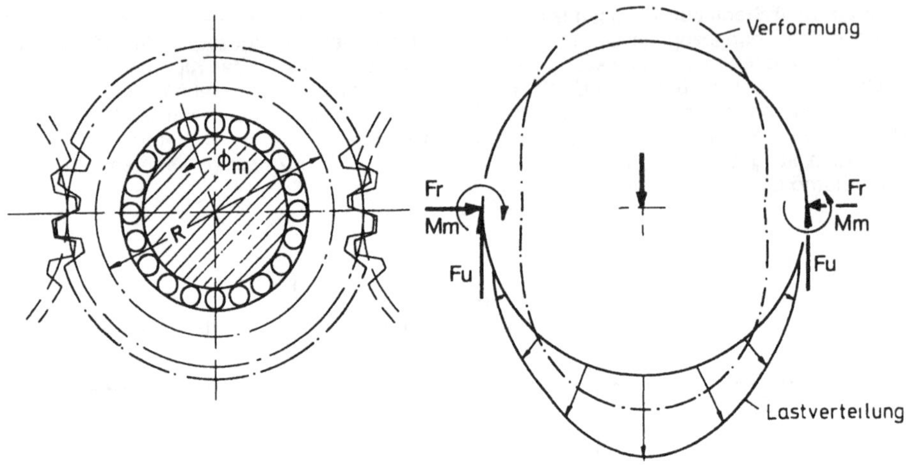

Abb. 365 Verformung und Lastverteilung eines Rollenlagers im Planetenrad

Der Einfluß der Verformung bzw. der Lastverteilung auf die Lagerlebensdauer kann im Falle einer Planetenlagerung (Abb. 365) mit Hilfe eines EDV-Programmes wie folgt berechnet werden:

1 Bestimmung der Wälzkörperbelastung für starre, kreisrunde Laufbahnen
2 Bestimmung der resultierenden Laufbahnfederung (radiale Verschiebung)
3 Bestimmung der Wälzkörperbelastung für die verformte Laufbahn
4 Vergleich der Wälzkörperbelastungen 1 + 3 und ggfs. erneute Berechnung mit veränderten Daten
5 Bei ausreichender Übereinstimmung Berechnung der Lebensdauer

mit

- δ_r Radiale Verschiebung [mm]
- R Radius der neutralen Faser [mm]
- E Elastizitätsmodul [N/mm²]
- J Trägheitsmoment des Radquerschnittes
- ϕm entgegen dem Uhrzeigersinn gemessene Winkellage zwischen Wirklinie der Belastung und Stelle der zu berechnenden Verschiebung [°]
- Fr Radialbelastung [N]
- Fu Umfangsbelastung [N]
- Mm Momentenbelastung

Berechnungsgrundlage ist die sogenannte Dünnring-Verformungstheorie mit folgenden Gleichgewichtsbedingungen:

$$\delta_x(\Phi_m) = R^3/(4\pi \cdot E \cdot J) \sum_{m=1}^{i} Fr \cdot fr(\Phi m) + 2 \sum_{m=1}^{i} Fu \cdot fu(\Phi m) + 2/R \sum_{m=1}^{i} \cdot Mm \cdot fm(\Phi m) \,[mm] \quad \text{(Gl. 413)}$$

$$fr(\Phi m) = -\Phi m \cdot \sin \Phi m + (\Phi m / 2 - \pi)\, \Phi m \cdot \cos \Phi m - 2 \quad \text{(Gl. 414)}$$

$$fu(\Phi m) = (\Phi m - \pi/2 \cos \Phi m + 0{,}25\, (\Phi m^2 - 2\pi\Phi m - 4) \sin \Phi m - \Phi m \quad \text{(Gl. 415)}$$

$$fm(\Phi m) = (\Phi m - \pi) \cos \Phi m - 1{,}5 \sin \Phi m - \Phi m \quad \text{(Gl. 416)}$$

21.4 Ausgleich von Winkelfehlern

Winkelfehler resultieren aus Fertigungs- und Montageungenauigkeiten. Sie treten auf

- als Schlagfehler der Wälzlager und Anschlußteile (Abb. 366),
- als Radialversatz (Fluchtfehler) der Lagersitzstellen (Abb. 367),
- als elastische Verformung der Anschlußteile (z. B. Wellendurchbiegung, Abb. 368) oder
- als Kombination dieser Möglichkeiten.

Winkelfehler wirken sich nur auf solche Lagerbauarten aus, die nicht winkeleinstellbar sind, also auf Rillenkugellager, Schrägkugellager, Zylinderrollenlager, Kegelrollenlager, Nadellager und einige mehrreihige Wälzlager.
Bei Rillen- und Schrägkugellagern verändern Winkelfehler die Lastverteilung/Lastzone und die Wälzkörper-/Lagerbeanspruchung (innere Verspannung). Bei nicht winkelbeweglichen Rollenlagern steigen die Beanspruchungen hauptsächlich dadurch, daß die Rollen nicht mehr gleichmäßig über ihre Länge belastet sind (Kantenlauf).
Anhaltswerte für die üblicherweise zulässigen Einstellwinkel sind in den Textteilen der Lagerbauarten vermerkt. Berechnungsmethoden und Einfluß auf die Ermüdungslebensdauer sind auf S. 249 ff. angegeben.
Die Winkelbeweglichkeit kann außer im Lager selbst durch hohlkugelige Laufbahnform (= Pendellager) auch außerhalb des Lagers durch einstellbare Gehäuse/Außenringe/Zwischenringe erreicht werden. Prägnante Beispiele sind Abb. 369 ... 371 dargestellt.

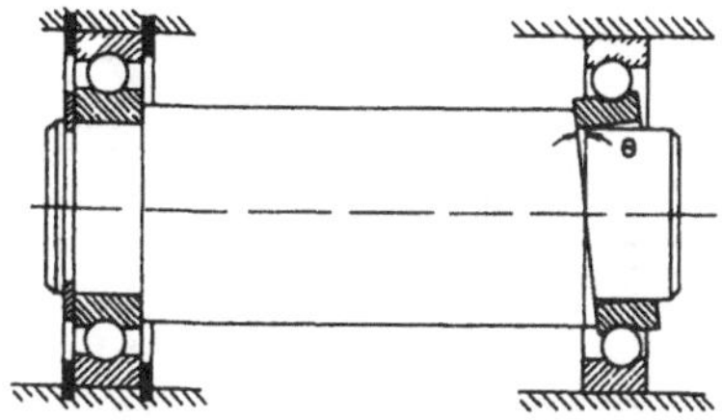

Abb. 366 Winkelfehler Θ als Schlagfehler der Wellenschulter (Verkippung)

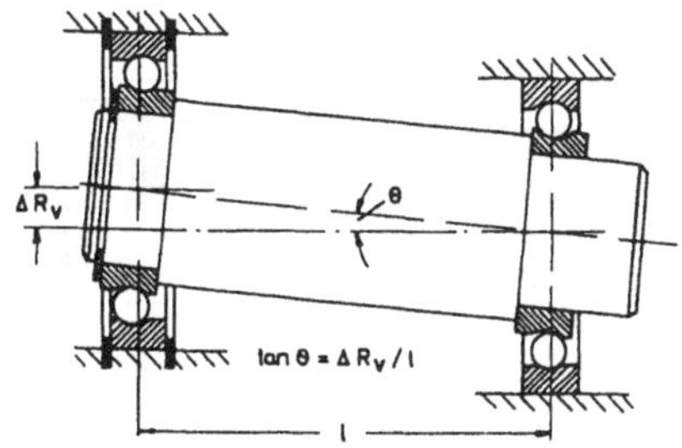

Abb. 367 Winkelfehler Θ als Radialversatz der Lagersitzstellen (Fluchtfehler)

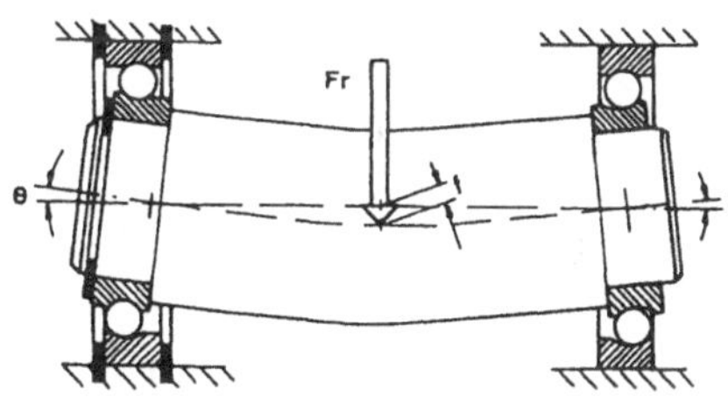

Abb. 368 Winkelfehler Θ als Wellendurchbiegung (elastische Verformung)

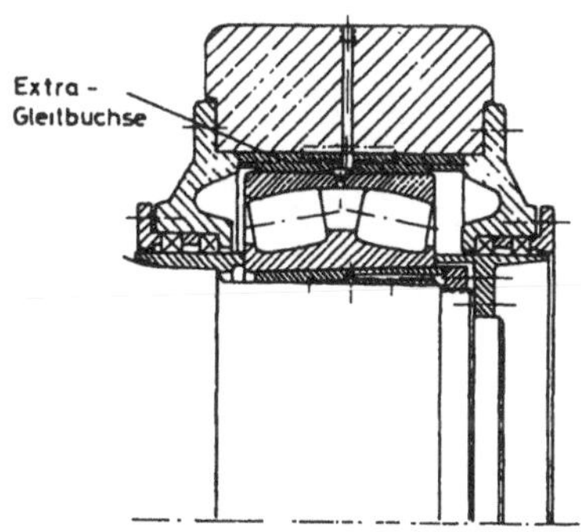

Loslager mit Extra-Gleitbuchse

Merkmale:
- großer Lagerabstand (Durchbiegung)
- hohe statische Belastung
- Schwieriges Ausrichten der Lagersitzstellen (Fluchtfehler)
- Fundament-Senkung (Fluchtfehler)
- Verformungen durch Belastung und Temperaturen

Winkelfehlerausgleich:
- Pendelrollenlager
- Zylinderrollenlager mit großer Balligkeit

Abb. 369 Konverter-Lagerung

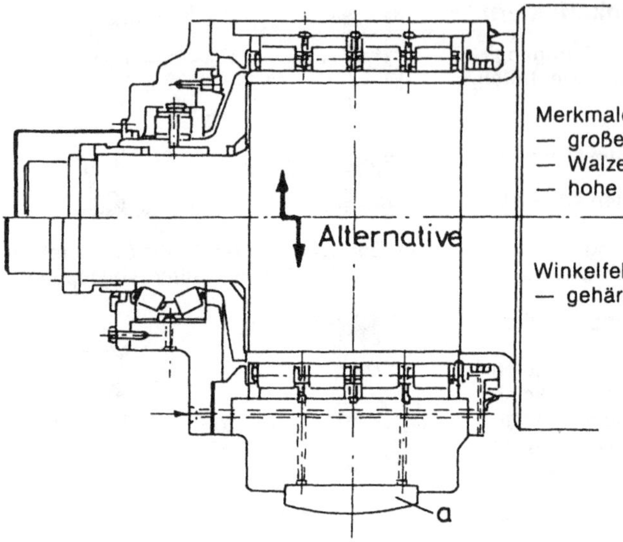

Merkmale:
— großer Lagerabstand
— Walzen(durch)biegung
— hohe Belastung (Verformung)

Winkelfehlerausgleich:
— gehärtete ballige Stahlscheibe (a)

Abb. 370 Stützwalzen-Lagerung

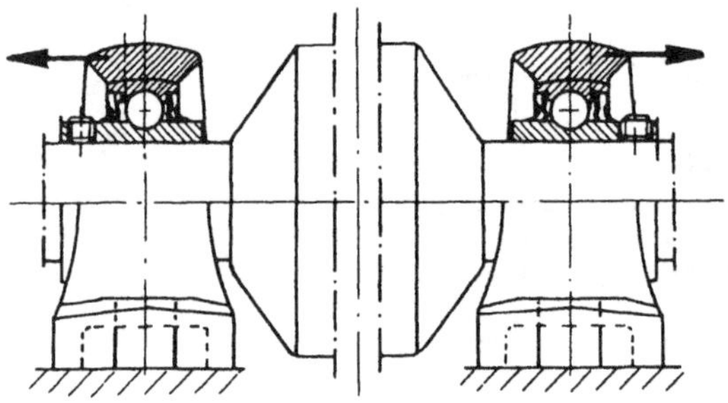

Merkmale:
— großer Lagerabstand (Durchbiegung)
— weiche Unterkonstruktion (Verformungen)
— Schwieriges Ausrichten (Fluchthelfer)

Winkelfehlerausgleich:
— Gehäuselagereinheit (balliger Außenring)

Abb. 371 Dreschtrommellagerung

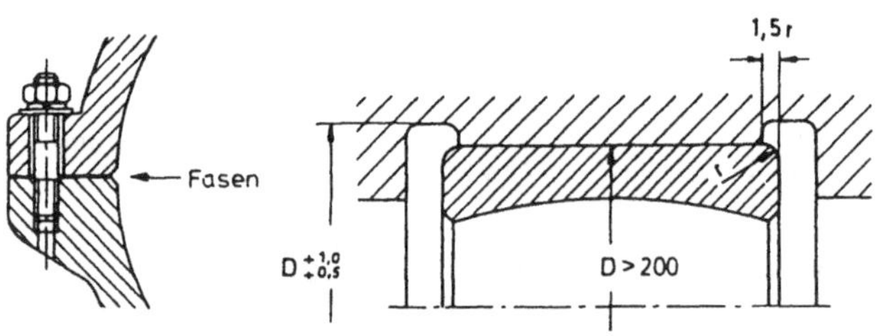

Abb. 372 Gestaltung des Außenringsitzes großer Loslager im geteilten Gehäuse

21.5 Verschiebbarkeit großer Loslager

Um die Verschiebbarkeit großer Loslager (D > 200 mm) zu gewährleisten, sind eine G-Passung, Fasen an den Teilfugen, Hinterdrehungen des Außenringsitzes und eine geeignete Schmierung (z. B. MoS_2-Zusätze) zwischen Außenring und Gehäuse vorzusehen (Abb. 372, S. 338).

Bei großen Längsverschiebungen, wie z. B. bei Lagerungen von Konvertern, Trocknern, Papiermaschinen oder Sinterbädern reichen diese Maßnahmen nicht aus. Entweder werden die Loslagergehäuse auf Längslager (Rollen) gesetzt oder der Loslageraußenring wird in eine besondere Gleitbuchse montiert (s. Abb. 369). Die einteilige Gleitbuchse besteht beispielsweise aus Gußeisen oder Gleitblech (Stahlrücken mit poröser Bronzeschicht und PTFE oder Blei-Füllung).

Schräg- und Pendelrollenlager neigen bei großen Verschiebebelastungen zur Aufweitung des Außenringes, die bis zur Selbsthemmung führen kann. Einreihige Zylinderrollenlager mit breitem Außenring und besonders großer Balligkeit sind eine mehrfach praktizierte Alternative.

21.6 Wellendurchbiegung

Bei Anwendungsfällen wie z. B. dem Leichtbau mit hoher Werkstoffausnutzung, dem Getriebebau mit guten Zahneingriffsverhältnissen, dem Walzwerks- und Werkzeugmaschinenbau mit stabiler Spindel- bzw. Walzenlage, muß die Durchbiegung der Welle besonders beachtet/berechnet werden. Denn wie im Abschnitt 12.4.3 erläutert, bestimmen Durchbiegung und Neigung der Welle (= Winkelfehler) die Lagerbelastungen. Außerdem lassen sie Angaben über Wellenstarrheit und Beeinflußbarkeit der Biegelinie zu.

Im einfachsten Fall, d. h. annähernd glatte Welle, basiert die Berechnung der Wellendurchbiegung nur auf dem Modell des elastischen Balkens (Welle) auf zwei Stützen (starre Lager), siehe Abb. 373.

Für den Fall stark abgesetzter und/oder mehrfach unterstützter Welle empfiehlt sich die graphische Ermittlung der Wellendurchbiegung nach Mohr (Abb. 374).

Kommen weitere Bedingungen hinzu, wie mehrreihige Lager, Lagerluft oder Lagervorspannung, federnde Anschlußteile und größere Axialbelastungen, steigt der Rechen-/Zeichenaufwand derart an, daß der Einsatz

	Belastungsfall	Gleichung der Biegelinie	Durchbiegung	Neigungswinkel
1	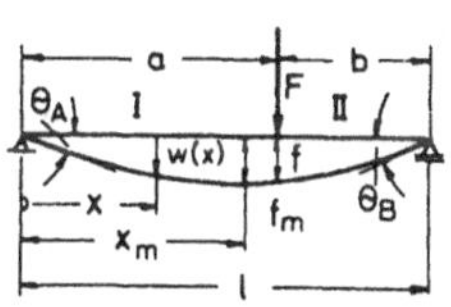	$0 \leq x \leq a$: $w_I(x) =$ $\frac{Fab^2}{6EI_y}\left[\left(1+\frac{l}{b}\right)\frac{x}{l} - \frac{x^3}{abl}\right]$ $0 \leq x \leq l$. $w_{II}(x) =$ $\frac{Fab^{2*}}{6EI_y}\left[\left(1+\frac{l}{a}\right)\frac{l-x}{l} - \frac{(l-x^3)}{abl}\right]$	$f = \frac{Fa^2b^2}{3EI_yl}$ $a>b$: $f_m = \frac{Fb\sqrt{(l^2-b^2)^3}}{9\sqrt{3}\,EI_yl}$ in $x_m = \sqrt{(l^2-b^2)/3}$ $a<b$: $f_m = \frac{Fa\sqrt{(l^2-a^2)^3}}{9\sqrt{3}\,EI_yl}$ in $x_m = l - \sqrt{(l^2-a^2)/3}$	$\Theta_A = \frac{Fab(l+b)}{6EI_yl}$ $\Theta_B = \frac{Fab(l+a)}{6EI_yl}$
2	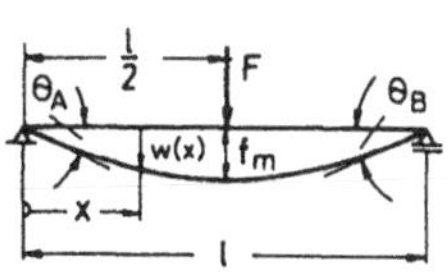	$0 \leq x \leq l/2$: $w(x) =$ $\frac{Fl^3}{48EI_y}\left[3\frac{x}{l} - 4\left(\frac{x}{l}\right)^3\right]$	$f_m = \frac{Fl^3}{48EI_y}$	$\Theta_A = a_B = \frac{Fl^2}{16EI_y}$

Abb. 373 Biegelinien statisch bestimmter Wellen konstanten Querschnittes (Ausnahme Fall 7: statisch unbestimmt, Lager B eingespannt)

Belastungsfall	Gleichung der Biegelinie	Durchbiegung	Neigungswinkel
3 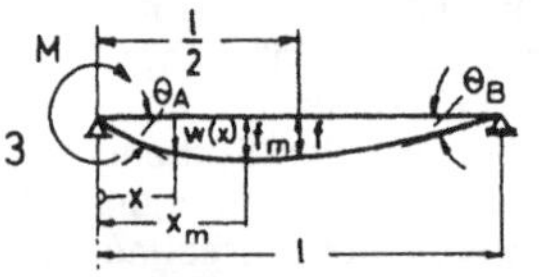	$w(x) = \frac{Ml^2}{6EI_y}\left[2\frac{x}{l} - 3\left(\frac{x}{l}\right)^2 + \left(\frac{x}{l}\right)^3\right]$	$f = \frac{Ml^2}{16EI_y}$ in $x = \frac{l}{2}$ $f = \frac{Ml^2}{9\sqrt{3}EI_y}$ in $x_m = l - \frac{l}{\sqrt{3}}$	$\Theta_A = \frac{Ml}{3EI_y}$ $\Theta_B = \frac{Ml}{6EI_y}$
4 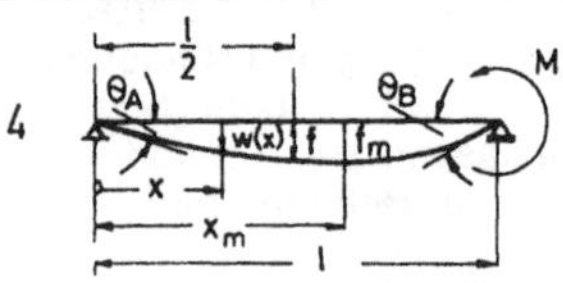	$w(x) = \frac{Ml^2}{6EI_y}\left[\frac{x}{l} - \left(\frac{x}{l}\right)^3\right]$	$f = \frac{Ml^2}{16EI_y}$ in $x = \frac{l}{2}$ $f_m = \frac{Ml^2}{9\sqrt{3}EI_y}$ in $x_m = \frac{l}{\sqrt{3}}$	$\Theta_A = \frac{Ml}{6EI_y}$ $\Theta_B = \frac{Ml}{3EI_y}$
5 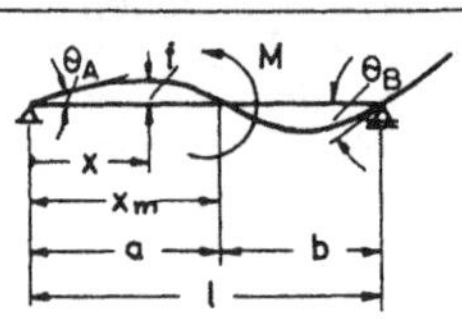		$f = \frac{M \cdot a}{3EI_y l}(l-a)(l \cdot 2a)$	$\Theta_A = \frac{M}{2EI_y l}\left(\frac{l^2}{3} - b^2\right)$ $\Theta_B = \frac{M}{2EI_y l}\left(\frac{l^2}{3} - a^2\right)$
6 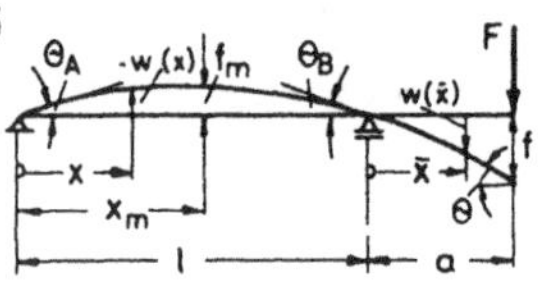	$0 \leq x \leq l$: $w(x) = \frac{Fal^2}{6EI_y}\left[\frac{x}{l} - \left(\frac{x}{l}\right)^3\right]$ $0 \leq x \leq a$: $w(\bar{x}) = \frac{Fa^3}{6EI_y}\left[2\frac{l}{a}\frac{\bar{x}}{a} + 3\left(\frac{\bar{x}}{a}\right)^2 - \left(\frac{\bar{x}}{a}\right)^3\right]$	$f = \frac{Fa^2(l+a)}{3\,EI_y}$ $f = \frac{Fal^2}{9\sqrt{3}EI_y}$ in $x_m = \frac{l}{\sqrt{3}}$	$\Theta = \frac{Fa(2l+3a)}{6\,EI_y}$ $\Theta_A = \frac{Fal}{6EI_y}$ $\Theta_B = \frac{Fal}{3EI_y}$
7 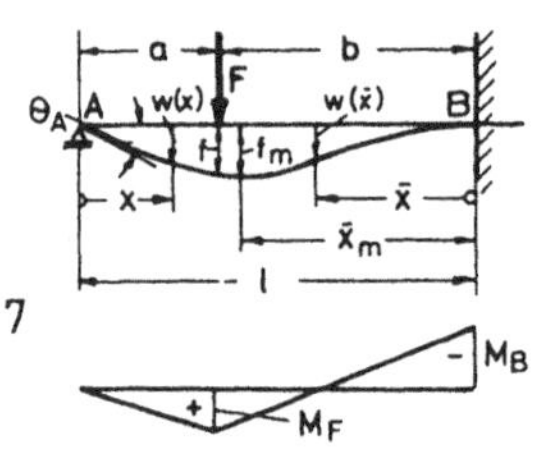	$0 \leq x \leq a$: $w(x) = \frac{Flb^2}{4EI_y}\left[\frac{a}{l}\frac{x}{l} - \frac{2}{3}\left(1 + \frac{a}{2l}\right)\left(\frac{x}{l}\right)^3\right]$ $0 \leq \bar{x} \leq b$: $w(\bar{x}) = \frac{Fl^2a}{4EI_y}\left[\left(1 - \frac{a^2}{l^2}\right)\left(\frac{\bar{x}}{l}\right)^2 - \left(1 - \frac{a^2}{3l^2}\right)\left(\frac{\bar{x}}{l}\right)^3\right]$	$f = \frac{Fa^2b^3}{EI_y l^2}\left(1 + \frac{a}{3l}\right)$ für $a \leq 0{,}414l$: $f_m = w(\bar{x}_m)$ in $\bar{x}_m = \frac{b(1 + l/a)}{1 + 3b/2a + b/2l}$ für $a \geq 0{,}414l$: $f_m = w(x_m)$ in $x_m = l\sqrt{\frac{a/2l}{1 + a/2l}}$	$\Theta_A = \frac{Fab^2}{4EI_y l}$
	Auflagekräfte: $F_A = F\left(\frac{b}{l}\right)^2\left(1 + \frac{a}{2l}\right)$ $F_B = F\left(\frac{a}{l}\right)^2\left(1 + \frac{b}{2l} + \frac{3}{2}\frac{b}{a}\right)$		Biegemomente: $M_B = F\frac{ab}{l}\left(1 - \frac{b}{2l}\right)$ $M_F = F\frac{ab^2}{l^2}\left(1 + \frac{a}{2l}\right)$

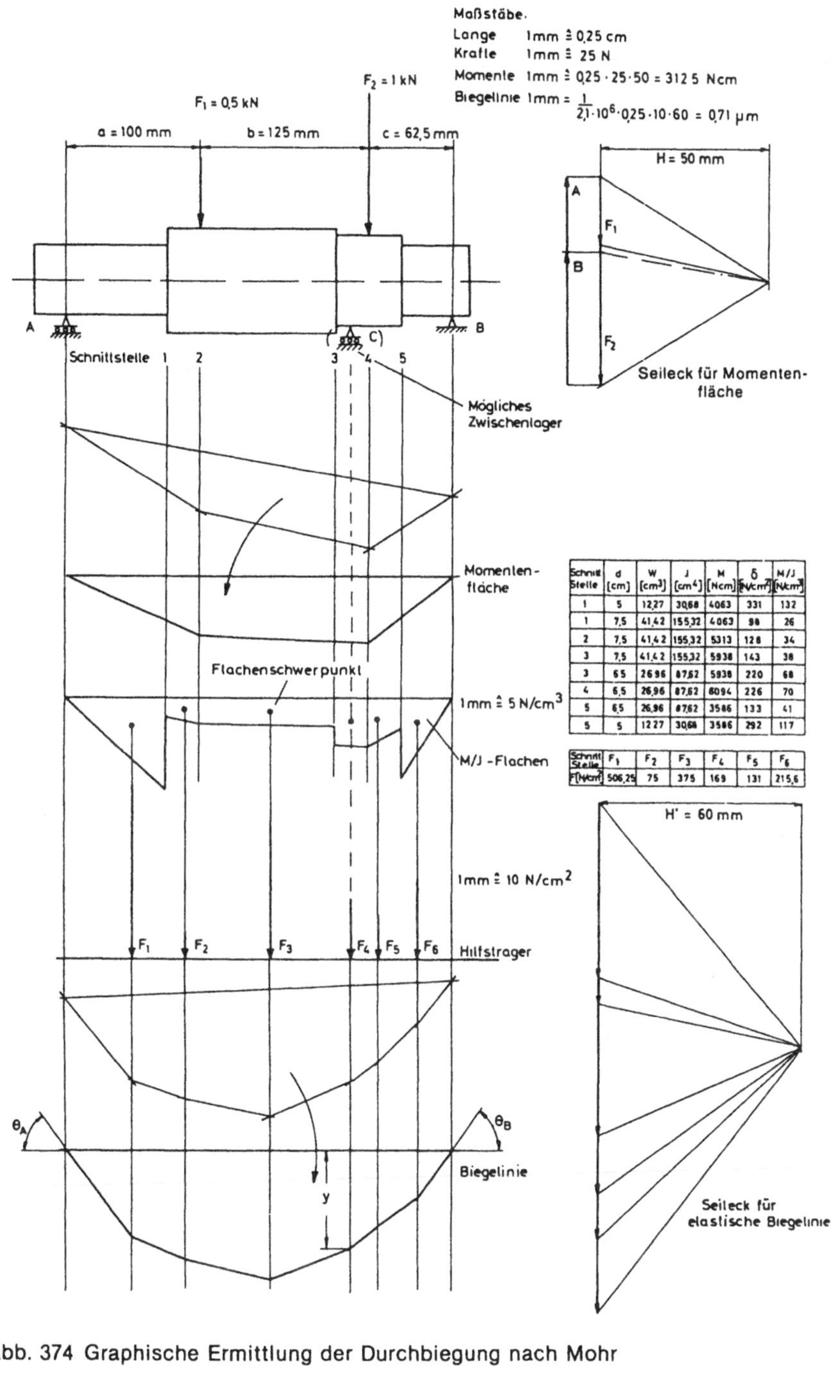

Schnitt Stelle	d [cm]	W [cm³]	J [cm⁴]	M [Ncm]	δ [N/cm²]	M/J [N/cm³]
1	5	12,27	30,68	4063	331	132
1	7,5	41,42	155,32	4063	98	26
2	7,5	41,42	155,32	5313	128	34
3	7,5	41,42	155,32	5938	143	38
3	6,5	26,96	87,62	5938	220	68
4	6,5	26,96	87,62	6094	226	70
5	6,5	26,96	87,62	3586	133	41
5	5	12,27	30,68	3586	292	117

Schnitt Stelle	F_1	F_2	F_3	F_4	F_5	F_6
F [N/cm²]	506,25	75	375	169	131	215,6

Abb. 374 Graphische Ermittlung der Durchbiegung nach Mohr

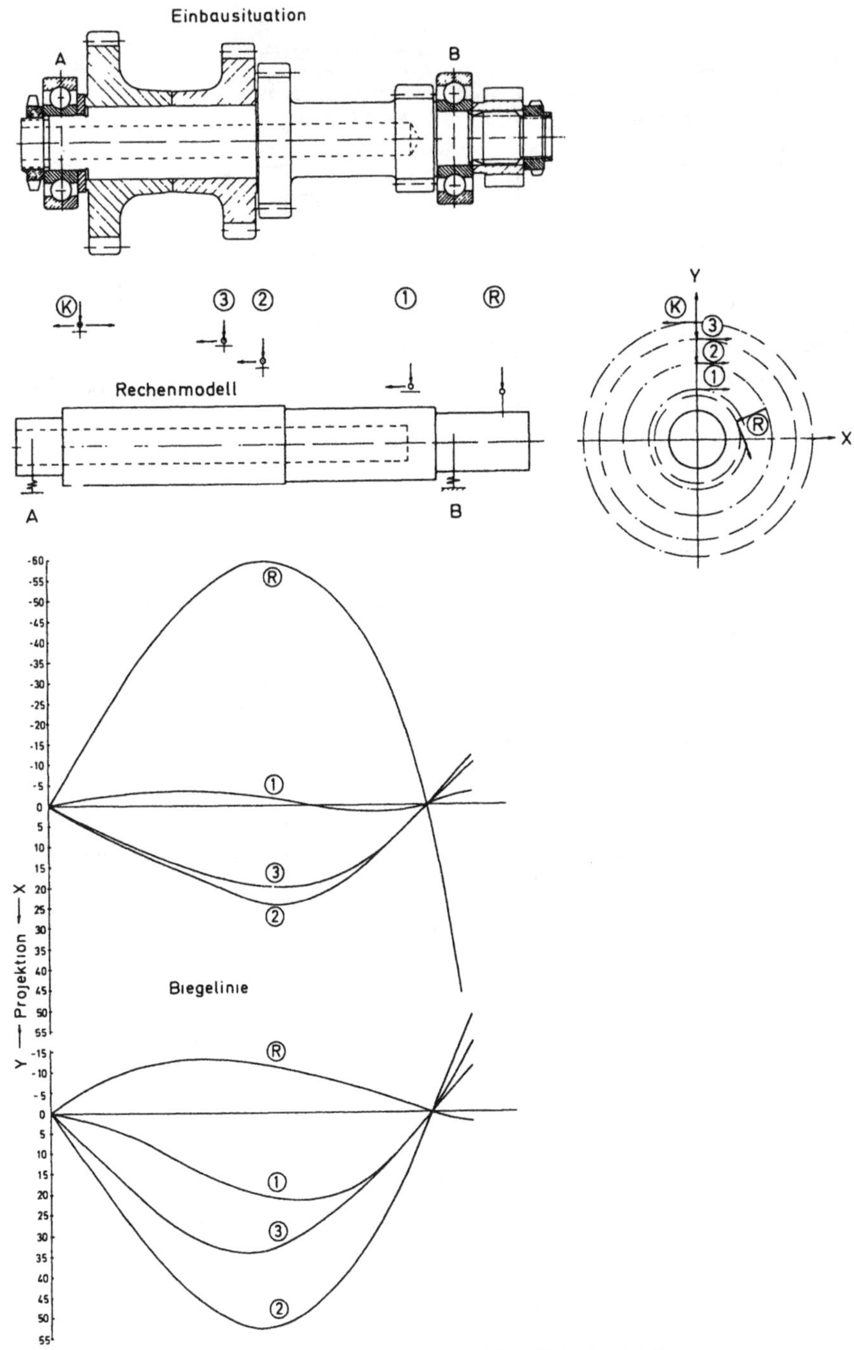

Abb. 375 Biegelinien der Vorgelegewelle eines Pkw-Schaltgetriebes

einer EDV-Anlage notwendig wird. Mit Hilfe der EDV-Anlage läßt sich nicht nur die Lagerfederung schneller bestimmen, sondern auch die Rechenergebnisse lassen sich überschaubarer darstellen. Eingegeben werden das Rechenmodell, die Lagerdaten einschließlich Lagerluft und einbaubedingte Versetzungen der Lagerringe, die Neigungen/Verschiebungen der Welle usw. Das Programm ermittelt die Verschiebung an jedem einzelnen Wälzkörper und errechnet nach Hertz die Reaktionskräfte, die Summe aller Wälzkörperkräfte (P_m) und -momente sowie die Querkräfte, die Wellendurchbiegungen, Neigungen, Biegespannungen und Schubspannungen. Dabei werden die Anfangswerte der wahrscheinlichen Verschiebung mit Hilfe von Näherungszyklen solange verändert, bis die Bedingungen von Lager und Welle übereinstimmen. Schließlich werden die Endergebnisse meist graphisch dargestellt (Abb. 375).

21.6.1 Kritische Drehzahl

Für schnellaufende Wellen ($n > 3000\ \text{min}^{-1}$) bestimmter Maschinen ist die kritische Drehzahl n_k aus der Biegeschwingung (Wellendurchbiegung, Fliehkräfte, Unwuchten), bzw. aus der Drehschwingung (z. B. Kurbelwelle) nachzurechnen. Die Betriebsdrehzahl darf nicht im Bereich der kritischen Drehzahl (Hauptresonanz) liegen, weil Eigenfrequenzen und Erregerfrequenzen zu Resonanzen führen, die unruhigen Lauf, Energieverluste und (Wellen)zerstörungen bedeuten.

Biegeschwingung:

$$n_k \approx 950 \sqrt{1/f_0 + 1/f_1 + 1/f_2 + 1/f_3}\ [\text{min}^{-1}] \quad \text{(Gl. 417)}$$

mit

f_0 Wellendurchbiegung durch Eigengewicht [mm]

$$= \frac{G \cdot l^3}{48\ EJ_y}$$

f_1 Wellendurchbiegung durch Unwucht [mm], s. S. 311

f_2... Wellendurchbiegung bei mehreren Massen auf der schwerelosen Welle, s. Abb. 410, S. 381 [mm]

Drehschwingung:

$$n_k \approx \frac{30}{\pi} \cdot \sqrt{\frac{c}{J_m}}\ [\text{min}^{-1}] \quad \text{(Gl. 418)}$$

$$\frac{1}{c} = \frac{\psi}{M_d} = \frac{32}{\pi \cdot G}\left(\frac{l_1}{d_1^4} + \frac{l_2}{d_2^4} + \ldots\right) \left[\frac{\text{rad}}{\text{Nmm}}\right] \quad \text{(Gl. 419)}$$

mit

- c Drehfederkonstante [Nmm/rad]
- ψ Verdrehwinkel [°]
- M_d Drehmoment [Nmm]
- G Schubmodul [N/mm²]
- l drehfedernde Länge [mm]
- d Wellendurchmesser [mm], bei abgesetzter Welle oder 2 Massen gilt:

$$J_m = \frac{J_{m1} \cdot J_{m2}}{J_{m1} \cdot J_{m2}}$$

- J_m Massenträgheitsmoment [kg · m²]

Die kritische Drehzahl wird mit den vorstehenden Gleichungen, vereinfacht und ohne Berücksichtigung von Naben/Lagerverstärkungen und Kreiselkräften der Scheiben, bestimmt. Die Betriebsdrehzahl soll deshalb mind. 10% von n_k entfernt liegen.

Beispiel

Gegeben: Welle mit Riemenscheibe gemäß Abb. 376 Riemenkraft $F_1 = 500$ N
$d = 25$ mm, $l = 300$ mm,
$n = 840\ \text{min}^{-1}$
Unwuchtmasse $m = 5$ kg
Unwucht-Exzentrizität $e = 1$ mm

Gesucht: Biegekritische Drehzahl $n_k = ?$

Lösung: Welleneigengewicht

$$F_2 = \frac{\pi \cdot d^2}{4} \cdot l \cdot \varrho = 1134\ \text{N}$$

Kraft aus Unwucht $F_3 = m \cdot e \cdot w^2 = 1$ N (s. Gl. 368, S. 311)

Gesamtkraft $F_G = F_1 + F_2 + F_3 = 1635$ N

Wellendurchbiegung, s. Belastungsfall 2, Abb. 373, S. 339

$$f_m = \frac{F_G \cdot l^3}{48 \cdot E \cdot I_y} = \frac{1635 \cdot 300^3}{48 \cdot 2{,}1 \cdot 10^5 \cdot 19175} = 0{,}23\ \text{mm}$$

Kritische Drehzahl $n_k \approx 950 \cdot \sqrt{\frac{1}{0{,}23}} \approx 1980\ \text{min}^{-1}$

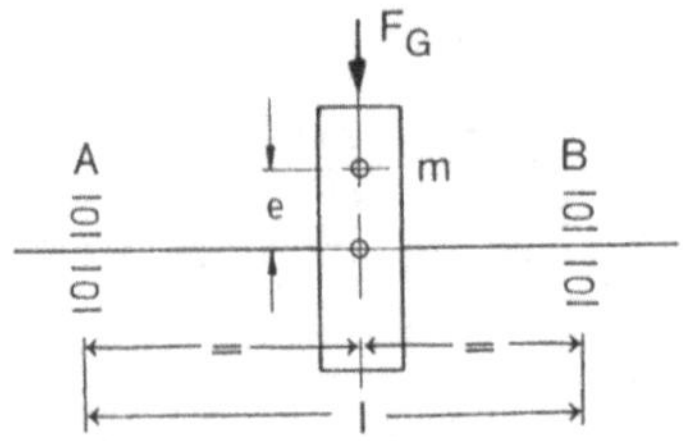

Abb. 376 Welle mit Riemenscheibe

21.7 Lagerluft und Lagervorspannung

Wälzlager werden je nach den Einbau-/Betriebsverhältnissen und den besonderen Anforderungen, die im Einzelfall an die Lagerung gestellt werden, entweder mit Lagerluft, gerade spielfrei, oder mit Lagervorspannung eingebaut. Beispiele sind in den Textteilen der einzelnen Lagerbauarten angegeben.

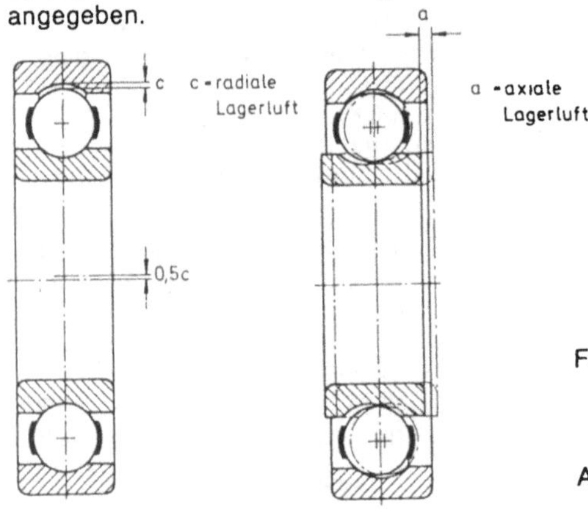

Abb. 377 Radial- und Axialluft der Wälzlager

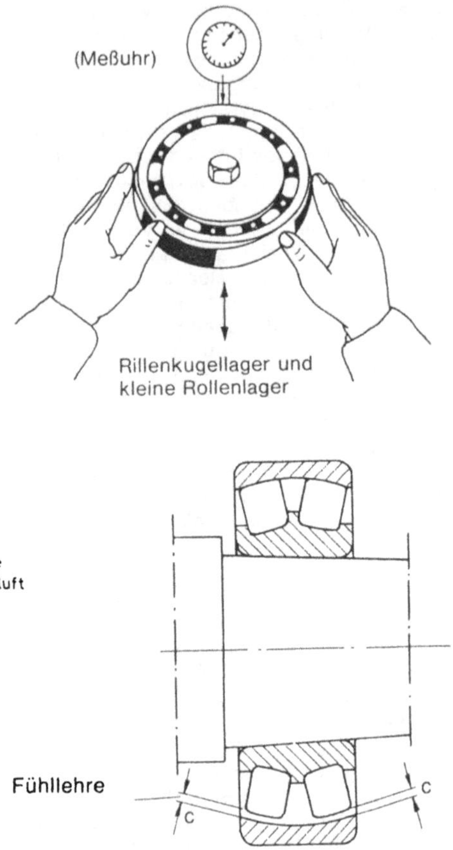

Abb. 378 Manuelle Lagerluftmessung

Mittlere und große Rollenlager (Einzelheiten s. S. 104)

21.7.1 Lagerluft

Die Lagerluft eines Wälzlagers ist nach DIN 620 das Maß, um das sich ein Lagerring gegenüber dem anderen in radialer Richtung (Radialluft) oder in axialer Richtung (Axialluft) ohne Meßbelastung von einer Endlage in die andere verschieben läßt (Abb. 377/378). Die Messung der Lagerluft des vollständigen Lagers ist allerdings schwierig, weil der korrekte Wert durch elastische Verformung der Wälzelemente (Meßdruck, Lagergewicht) und evtl. durch nicht ausgerichtete Wälzkörper (z.B. nicht konzentrische, mittige Lagerringe) leicht verfälscht wird. Mit den auf dem Markt befindlichen Meßgeräten erzielt man daher nicht immer vergleichbare Ergebnisse, es sei denn, das jeweils benutzte Gerät wird mit einem Meisterlager, d.h. mit einem Lager, dessen Lagerluft bekannt ist, eingestellt. Die Wälzlagerhersteller stellen die vorgeschriebene Lagerluft dadurch sicher, daß sie bei der Fertigung die Einzelteile der Lager messen und den vorgeschriebenen Lagerluftwerten entsprechend zusammenfügen. Für die richtige Festlegung der Luftgruppe eines Wälzlagers (S. 11, T. 1) ist es in vielen Fällen notwendig, die zu erwartende Betriebslagerluft und die mit ihr verbundenen Vor- und Nachteile rechnerisch vorzubestimmen.

21.7.2 Betriebslagerluft

Die radiale Betriebslagerluft ergibt sich aus:

$$S = c - e_I + e_A - e_t + e_L \ [\mu m] \qquad \text{(Gl. 420)}$$

mit:

- c Radialluft im nicht eingebauten Zustand = Anlieferungslagerluft [μm], s. Textteil der betreffenden Lagerbauart
- e_I Radialluftverminderung durch Innenringpassung [μm]
- e_A Radialluftverminderung durch Außenringpassung [μm]
- e_t Radialluftverminderung durch Temperaturgefälle [μm]
- e_L Radialluftvergrößerung durch Belastung [μm]

21.7.2.1 Radialluftverminderung durch Innenringpassung

(Aufweitung/Durchmesserzunahme der Innenringlaufbahn)

$$e_I = 2000 \cdot \frac{d}{E_I} \cdot \frac{d/F}{1-(d/F)^2} \cdot \sigma r_{IW} \ [\mu m] \quad \text{(Gl. 421)}$$

mit:

- d Innenringbohrung (Lagerbohrung) [mm], siehe Maßtabelle
- F mittlerer Borddurchmesser des Innenringes [mm], siehe Abb. 380
- E_I Elastizitätsmodul des Innenringes [N/mm^2], (Stahl = 208000 N/mm^2)
- σr_{IW} Radialspannung in der Paßfuge Welle/Innenring [N/mm^2], s. Gl.445, S. 372

21.7.2.2 Radialluftverminderung durch Außenringpassung

(Einschnürung/Durchmesserverringerung der Außenringlaufbahn)

$$e_A = 2000 \cdot \frac{D}{E_A} \cdot \frac{f/D}{1-(f/D)^2} \cdot \sigma r_{AG} \ [\mu m] \qquad \text{(Gl. 422)}$$

mit

- D Außenring-Außendurchmesser (Lageraußendurchmesser) [mm], siehe Maßtabelle
- f mittlerer Borddurchmesser des Außenringes [mm]
- E_A Elastizitätsmodul des Außenringes [N/mm^2] (Stahl = 208000 N/mm^2)
- σr_{AG} Radialspannnung in der Paßfuge Gehäuse/Außenring [N/mm^2], s. Gl. 446, S. 372

21.7.2.3 Radialluftverminderung durch Temperaturgefälle

In den meisten Fällen hat der Lagerinnenring eine höhere Temperatur als der Lageraußenring (s. Betriebstemperatur, S. 285). Die Radialluftverminderung beträgt:

$$e_t = \alpha \cdot d_m \cdot \Delta_t \ [\mu m] \qquad \text{(Gl. 423)}$$

mit

- α Wärmeausdehnungskoeffizient des Lagermaterials [1/°C] (Stahl = $12 \cdot 10^{-6}$ 1/°C)
- d_m Teilkreis-Ø des Wälzkörpersatzes, ≈(d + D)/2 [mm] (s. Maßtabelle)
- Δ_t Temperaturdifferenz zwischen Innen- und Außenring [°C]

21.7.2.4 Radialluftvergrößerung durch Belastung

Die Radialluftvergrößerung durch Belastung e_L entspricht der elastischen Verschiebung von Innen- und Außenring δ_r, S. 248. Sie kann jedoch fast immer vernachlässigt werden.

21.7.3 Vereinfachte Berechnungsmethode der Betriebslagerluft

Wenn der Werkstoff von Welle, Lager und Gehäuse denselben Elastizitätsmodul und dieselbe Poissonsche Konstante haben — das ist bei 80 bis 90 % aller Einbaufälle der Fall —, kann die radiale Betriebslagerluft (Min/Max-Wert) nach Abb. 379 ermittelt werden bzw. umgekehrt, von einer Mindestbetriebsluft ausgehend, die notwendige Radialluft(gruppe) im nichteingebauten Zustand bestimmt werden. Für darüber hinausgehende Anwendung verfügt Koyo über entsprechende Rechnerprogramme, die eine schnelle und genaue Bestimmung der wahrscheinlichen Betriebslagerluft ermöglichen.

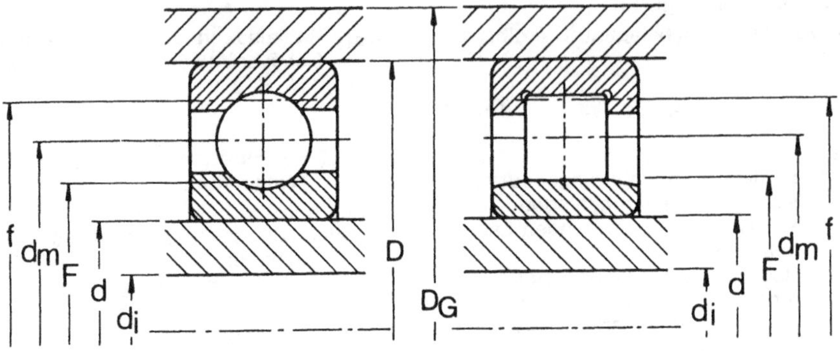

Nennmaß, d, D, [mm[	bis 50	über 50 bis 100	über 100
Glättung, G' [µm]	4	6	8

	Wälzlager-Kurzzeichen:	Passung (Abmaße in µm)	Gutseite	Ausschuß-seite	Passung (Beispiel: 6010)	Gutseite	Ausschuß-seite
1	Lagerbohrung	KB			KB	−12	0
2	Wellendurchmesser, d				k6	+18	+2
3	theoretisches Übermaß, $ü_{th} = 2-1$ 1)					+30	+2
4	praktisches Übermaß, $ü = ü_{th} - G'$					+26	—
5	Aufweitung des Innenringes, Hohlwelle $e_J = \frac{d/F\,[1-(d_i/d)^2]}{1-(d/F)^2\cdot(d_i/d)^2}$ Vollwelle $e_J = d/F \cdot ü$					16	
6	Lageraußendurchmesser, D	hB			hB	0	−13
7	Gehäusebohrung				K7	−21	+9
8	theoretisches Übermaß, $ü_{th} = 6-7$ 1)					+21	−22
9	praktisches Übermaß, $ü = ü_{th} - G'$					+15	—
10	Stauchung des Außenringes, $e_A = \frac{f/D\,[1-(D/D_G)^2]}{1-(D/D_G)^2\cdot(f/D)^2}\cdot ü$					8	—
11	gesamte Luftverminderung, $e_{ges} = 5+10$					24	—
12	Radialluft vor dem Einbau, C				C3	18 36	C4 30 51
13	Radialluft nach dem Einbau, C' = 12 − 11					−6 +12	+6 +27
14	Wärmedehnung, $e_t = 0{,}012 \cdot d_m \cdot \Delta t^{2)}$ [µm]					6	
15	Betriebslagerluft, S = 13 − 14					−12 +6	0 +21

1) Ein negativer Wert bedeutet Spiel; 2) Wenn für Δ_t kein Wert vorliegt, dann Erfahrungswert 10 °C annehmen

Abb. 379 Vereinfachte Berechnungsmethode der radialen Betriebslagerluft von Wälzlagern (Beispiel: 6014C4, Hohlwelle 50∅ k6, Gehäuse 80∅ K7, Ergebnis: Betriebslagerluft $S_{min} = 0$, $S_{max} = +21$ µm, C4 ist also richtig gewählt)

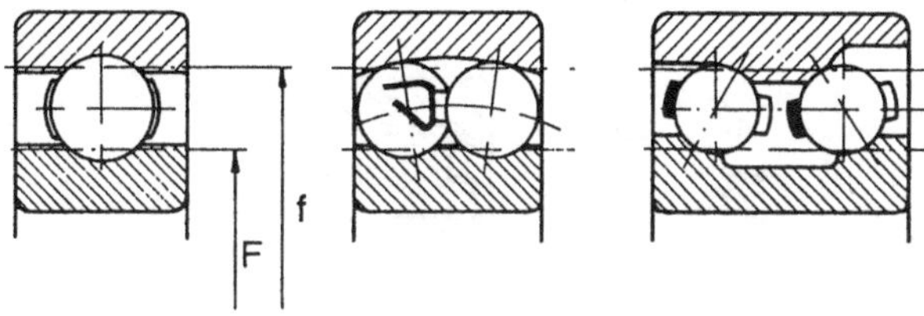

Lagerreihe			00	01	02	03	04	05	06	07	08	09	10	11	12	13	14	15	16
			Bohrungskennziffer																
			Maße in mm																
Rillenkugellager	160/60	F	13,7	16,5	20,0	22,5	26,5	33,9	37,6	42,5	47,7	52,9	58,4	64,1	69,0	74,7	80,3	85,4	91,4
		f	22,1	24,6	28,1	30,6	36,9	41,4	48,5	55,6	60,8	67,2	72,7	80,9	86,0	91,3	99,7	104,5	113,4
	62	F	16,0	17,9	20,6	23,6	28,0	32,5	38,9	45,5	50,5	54,8	60,3	67,6	74,3	79,2	83,5	87,9	94,7
		f	24,1	27,3	30,5	34,7	41,1	45,6	54,6	63,6	69,6	75,3	80,8	90,5	99,8	106,2	111,6	117,3	125,4
	63	F	16,7	18,0	23,0	25,8	28,2	34,5	42,5	47,7	53,0	59,7	66,8	72,5	78,2	83,9	89,7	95,9	102,2
		f	28,5	31,1	36,1	40,3	43,9	52,6	61,6	69,4	77,1	86,4	97,4	105,7	114,0	122,3	130,6	139,3	151,1
	64	F	—	—	—	29,8	34,9	43,0	48,2	54,3	59,2	65,1	71,4	76,9	84,6	89,8	100,2	106,8	111,5
		f	—	—	—	49,2	59,1	67,1	75,0	84,9	92,7	102,2	109,8	120,3	130,5	138,2	153,2	162,2	172,5
Pendelkugellager	12	F	14,3	16,7	20,5	22,7	26,3	32,5	37,5	38,9	50,0	56,0	61,9	67,9	73,7	79,8	85,9	92,0	98,2
		f	24,5	26,2	28,7	33,2	39,2	43,7	52,5	61,3	68,7	73,1	77,7	86,5	95,7	104,6	110,3	114,8	123,6
	22	F	14,3	16,7	20,5	22,7	26,3	32,5	37,5	38,9	50,0	55,8	61,4	67,0	72,5	78,5	84,5	90,6	96,6
		f	24,9	26,6	29,2	33,7	39,9	44,3	53,3	62,0	69,2	74,0	78,6	87,5	96,8	106,0	110,5	115,2	124,6
	13	F	15,9	18,6	22,7	25,4	29,6	36,5	43,2	49,3	55,9	62,1	69,0	75,3	81,6	83,4	95,2	101,9	108,6
		f	28,3	30,0	34,2	38,5	42,9	51,8	60,5	67,8	76,6	85,5	94,6	103,3	112,1	120,8	129,5	138,1	146,7
	23	F	15,4	18,2	22,2	24,3	27,6	34,0	40,0	45,9	51,6	57,7	64,0	70,3	76,7	83,1	89,5	95,9	102,3
		f	28,7	30,4	34,9	39,2	43,7	52,6	61,6	68,6	77,5	86,5	95,7	104,5	113,6	122,9	132,0	141,0	149,8
Schrägkugellager, zweireihig	32	F	15,9	18,5	22,2	25,0	27,4	33,3	38,9	44,6	50,0	55,6	61,7	67,9	74,1	80,2	86,4	92,6	98,8
		f	24,5	26,2	29,1	33,5	39,7	44,5	53,4	62,6	70,0	74,8	79,2	88,3	97,1	106,0	110,4	114,8	123,6
	33	F	—	—	22,7	25,4	29,6	35,7	42,1	48,3	54,8	60,4	67,1	73,5	80,0	86,6	93,1	99,6	106,1
		f	—	—	33,6	38,3	42,9	51,5	60,5	68,0	77,0	86,0	94,6	103,2	111,8	120,4	129,0	137,6	146,2
Pendelrollenlager	239	F	—	—	—	—	—	—	—	—	—	—	—	—	—	—	—	—	—
		f	—	—	—	—	—	—	—	—	—	—	—	—	—	—	—	—	—
	230	F	—	—	—	—	—	—	—	—	—	—	—	—	—	—	—	—	—
		f	—	—	—	—	—	—	—	—	—	—	—	—	—	—	—	—	—
	240	F	—	—	—	—	—	—	—	—	—	—	—	—	—	—	—	—	—
		f	—	—	—	—	—	—	—	—	—	—	—	—	—	—	—	—	—
	231	F	—	—	—	—	—	—	—	—	—	—	—	—	—	—	—	—	—
		f	—	—	—	—	—	—	—	—	—	—	—	—	—	—	—	—	—
	241	F	—	—	—	—	—	—	—	—	—	—	—	—	—	—	—	—	—
		f	—	—	—	—	—	—	—	—	—	—	—	—	—	—	—	—	—
	222	F	—	—	—	—	—	32,5	38,7	44,6	50,3	55,9	61,3	67,1	73,0	78,9	84,7	90,6	96,4
		f	—	—	—	—	—	44,8	53,6	62,6	70,0	74,6	79,0	87,8	96,7	105,6	110,1	114,7	123,5
	232	F	—	—	—	—	—	—	—	—	—	—	—	—	—	—	—	—	—
		f	—	—	—	—	—	—	—	—	—	—	—	—	—	—	—	—	—
	223	F	—	—	—	—	—	—	—	—	51,9	58,1	64,5	70,9	77,1	83,5	89,9	96,3	102,6
		f	—	—	—	—	—	—	—	—	68,4	73,1	77,4	86,5	95,7	104,6	109,1	113,6	122,5

Abb. 380 Mittlere Borddurchmesser der Wälzlagerinnen- und -außenringe.

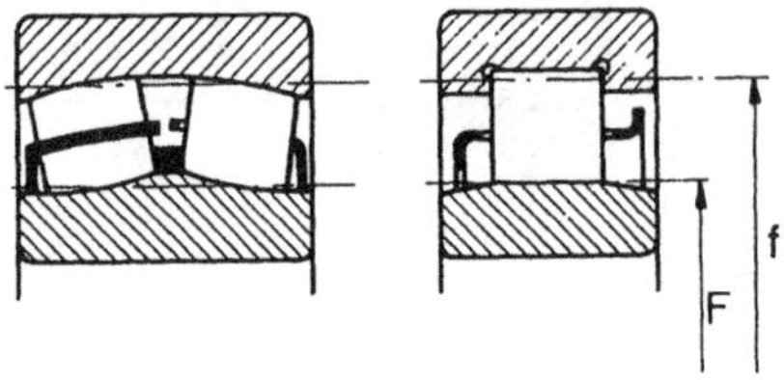

17	18	19	20	21	22	24	26	28	30	32	34	36	38	40	44	48	52	56	60
97,6	102,9	109,9	112,8	121,2	125,2	135,4	148,5	158,5	171,2	181,1	193,4	207,1	215,9	228,3	250,7	270,7	—	—	—
119,4	127,1	134,1	137,2	147,8	154,8	164,8	181,8	191,5	206,8	218,9	236,5	252,9	264,1	281,7	309,3	329,3	—	—	—
101,0	107,2	113,4	120,7	127,4	134,2	143,9	154,6	196,6	157,7	199,6	212,0	219,5	231,9	247,0	271,9	299,4	—	—	—
134,2	143,0	151,8	161,6	170,8	180,1	192,6	205,7	220,9	235,4	250,4	268,0	280,6	298,1	313,0	348,1	380,7	—	—	—
108,4	114,6	120,8	129,8	134,5	144,9	156,9	169,4	181,9	198,9	209,2	221,9	234,9	248,0	261,0	—	—	—	—	—
156,9	165,7	174,5	188,3	195,9	211,3	223,1	240,6	258,1	275,1	290,7	309,5	327,5	344,8	362,1	—	—	—	—	—
116,2	124,5	—	138,2	—	—	—	—	—	—	—	—	—	—	—	—	—	—	—	—
179,6	190,5	—	211,8	—	—	—	—	—	—	—	—	—	—	—	—	—	—	—	—
104,3	110,4	116,6	122,7	128,8	135,0	—	—	—	—	—	—	—	—	—	—	—	—	—	—
132,5	141,3	150,1	158,9	167,8	176,6	—	—	—	—	—	—	—	—	—	—	—	—	—	—
102,7	108,7	114,5	120,5	126,5	132,4	—	—	—	—	—	—	—	—	—	—	—	—	—	—
133,5	142,4	151,3	160,2	169,1	178,0	—	—	—	—	—	—	—	—	—	—	—	—	—	—
115,3	122,0	128,6	135,3	141,9	148,6	—	—	—	—	—	—	—	—	—	—	—	—	—	—
155,3	164,0	172,6	185,5	194,2	207,1	—	—	—	—	—	—	—	—	—	—	—	—	—	—
108,7	115,1	121,5	127,9	134,3	140,7	—	—	—	—	—	—	—	—	—	—	—	—	—	—
158,6	167,4	176,2	189,4	198,2	211,4	—	—	—	—	—	—	—	—	—	—	—	—	—	—
104,9	111,1	117,3	123,5	129,6	135,8	—	—	—	—	—	—	—	—	—	—	—	—	—	—
132,5	141,3	150,1	158,9	167,8	176,6	—	—	—	—	—	—	—	—	—	—	—	—	—	—
112,6	119,0	125,3	131,8	138,2	144,7	—	—	—	—	—	—	—	—	—	—	—	—	—	—
154,8	163,4	172,0	184,9	193,5	206,4	—	—	—	—	—	—	—	—	—	—	—	—	—	—
—	—	—	—	—	—	—	—	—	—	186,8	198,3	212,9	222,3	236,9	257,8	277,6	305,8	327,7	352,7
—	—	—	—	—	—	—	—	—	—	210,3	220,6	239,3	248,6	267,2	286,9	307,6	342,8	364,6	398,8
—	—	—	—	—	125,7	134,8	149,0	159,1	177,3	181,4	192,5	206,7	226,0	240,2	261,4	282,7	310,1	328,3	357,3
—	—	—	—	—	156,4	166,8	184,4	196,8	210,3	224,8	239,3	256,9	266,2	284,8	308,7	331,4	367,7	386,3	422,6
—	—	—	—	—	—	133,8	147,0	157,1	167,2	179,4	188,5	201,7	213,9	225,0	247,3	267,6	290,9	313,2	335,5
—	—	—	—	—	—	163,7	180,2	191,6	204,4	218,5	232,0	249,6	263,1	277,6	305,5	328,3	359,4	382,2	415,3
—	—	—	117,6	—	129,4	142,8	153,0	164,3	177,7	189,0	201,3	221,8	236,2	248,5	273,2	299,9	323,5	344,0	370,7
—	—	—	150,2	—	163,8	180,4	191,8	206,3	221,9	239,5	255,0	265,4	282,0	304,8	332,8	355,6	395,0	416,8	451,0
—	—	—	—	—	123,7	136,8	149,0	158,1	172,3	184,5	192,5	206,8	218,9	231,1	252,4	272,7	297,0	317,3	342,6
—	—	—	—	—	157,4	174,0	187,5	205,1	218,5	234,1	244,1	264,1	278,6	294,2	322,1	348,0	382,2	403,9	436,1
102,3	107,9	113,6	119,3	—	130,0	141,2	151,1	163,9	174,8	200,4	211,3	221,2	235,0	246,9	273,5	298,2	323,9	344,6	362,3
132,3	141,1	149,9	159,8	—	176,4	189,8	206,0	224,3	239,5	257,8	272,0	283,2	297,4	314,7	352,5	386,7	422,2	444,6	472,0
—	111,1	—	123,5	—	135,8	148,4	161,1	172,6	185,3	207,4	221,1	233,7	247,4	262,1	296,1	315,8	343,2	365,3	389,5
—	142,4	—	160,2	—	178,0	190,6	207,3	224,9	237,3	252,3	271,2	282,7	303,6	316,2	347,6	390,6	424,1	446,0	469,1
109,0	115,4	121,8	128,2	—	141,0	158,2	164,3	188,7	202,9	217,1	229,3	243,5	259,7	267,8	300,3	325,6	353,0	379,4	402,7
131,3	140,2	149,3	158,0	—	209,7	226,2	243,8	260,3	277,9	295,4	313,0	331,6	348,1	365,7	399,7	436,9	472,1	508,2	559,9

Für Zylinderrollenlager gilt $F = (D_2 + D_1)/2$ und $f = (d_2 + d_1)/2$, siehe Maßtabelle

21.7.4 Einfluß der axialen Befestigung auf die Lagerluft

Wenn zweireihige Schräglager durch Klemmkräfte auf der Welle oder im Gehäuse axial gehalten werden, ist infolge der Stauchung der Lagerringe mit einer Verminderung der axialen und radialen Lagerluft zu rechnen. Überschlägige Werte erhält man nach dem Hook'schen Gesetz, also für das Beispiel eines Innenringes nach Abb. 381 folgende Werte nach empirischen Versuchen:

Axialluft-Verminderung durch axiale Innenring-Verspannung:

$$\Delta_{a1} = \frac{4 \cdot Fa}{E \cdot \pi} \left[\frac{b_2 - b_1}{d(c-b)} \left(\ln\frac{c-d}{c+d} - \ln\frac{b-d}{b+d} \right) + \frac{b_3 - b_2}{b^2 - d^2} \right] [mm] \quad (Gl. 424)$$

Axialluft-Verminderung durch radiale Innenring-Aufweitung:

$$\Delta_{a2} = \Delta_{a1} \cdot \cot\alpha / m \; [mm] \quad (Gl. 425)$$

$$\Delta_a = \Delta_{a1} + \Delta_{a2} \; [mm] \quad (Gl. 426)$$

mit

- Δ_a gesamte Axialluft-Verminderung
- Fa axiale Klemmkraft [kN]
- E Elastizitätsmodul des Innenringes [N/mm²] (Stahl = 208000 N/mm²)
- m Poissonsche Konstante (Stahl = 0,3)
- α Druckwinkel [°]
- übrige Symbole gemäß Abbildung.

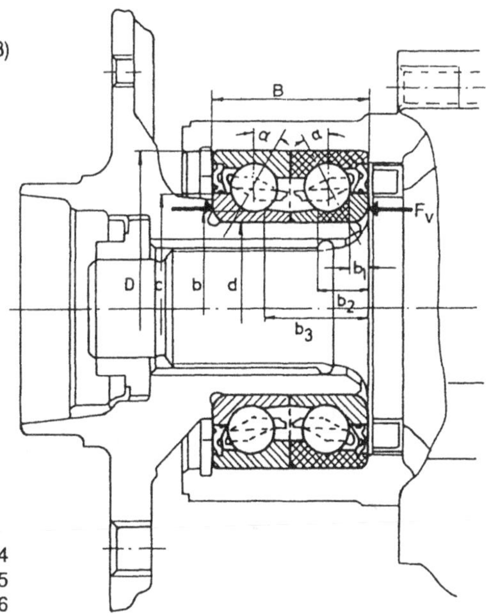

Beispiel

Gegeben: PKW-Hinterradlagerung
Koyo DAC 3972
d = 39 mm D = 72 mm
B = 37 mm α = 35°
b = 46 mm c = 53,4 mm
b_1 = 4,5 mm b_2 = 12,5 mm
b_3 = 26 mm
Klemmkraft, F_V = 60 kN

Gesucht: Lagerluftverminderung, Δ_a = ?

Lösung: Δ_{a1} = 0,015 mm nach Gl. 424
Δ_{a2} = 0,006 mm nach Gl. 425
Δ_a = 0,021 mm nach Gl. 426
Im Versuch gemessen:
Δ_a = 0,025 mm

Abb. 381 Lagerluftverminderung durch Klemmkraft bei zweireihigen Schräglagern.

21.7.5 Lagervorspannung

Lagervorspannung bedeutet negative Lagerluft. Gründe und typische Anwendungen für vorgespannte Lagerungen sind:

1. Genaue radiale/axiale Führung und Aufrechterhaltung der Laufgenauigkeit → Hauptspindeln von Werkzeugmaschinen/Instrumenten.
2. Erhöhung der Lagersteifigkeit → Hauptspindeln von Werkzeugmaschinen, Ritzel- und Ausgleichlagerungen
3. Minimierung (Dämpfung) des Laufgeräusches infolge von Vibrationen/Resonanzen → Elektromotore
4. Verhinderung von Gleiten (Schlupf) zwischen Wälzkörper und Laufbahnen → Anwendungen mit Schrägkugellagern oder Axial-Rillenkugellagern bei hohen Drehzahlen und Beschleunigungen, z.B. Schleifspindeln
5. Halterung der Wälzkörper in den Laufbahnen →Axial-Rillenkugellager und Axial-Pendelrollenlager bei Horizontalwellen, z. B. Schneckenextruder.
6. Ausgleich von Wärmedehnungen, wenn sich eine zu hohe Betriebslagerluft einstellt → LKW-Abtriebswelle (s. S. 146).
7. Vergrößerung der Lastzone → Einfluß auf die Lebensdauer (s. S. 260)
8. Vermeidung von Riffelbildung →Hilfsmaschinen, Kfz-Losradlagerung.

$fa_A = fa'_A + fo$	$fa_B = fa'_B - fo$
$(Ka - Fa_Z) \leq V$	$(Ka - Fa_Z) > V$
$Fa_A = V + Fa_Z$ $Fa_B = V - (Ka - Fa_Z)$	$Fa_A = Ka$ $Fa_B = 0$

fa = f {Lager (δ_a), Welle (f_W), Gehäuse (f_G) u. a. Anschlußteile (f_x)

$= Ka/c_{ges}$ (Gl. 427)

$c = Fa/fa$

- c Federkonstante
- fa Axialer Federweg
- fa' Axialverschiebung ohne Vorspannung
- fa_{A1} Axialverschiebung des Lagers A bei nicht vorgespannten Lagern
- fo Zusätzliche Axialverschiebung infolge äußerer Kraft
- δ_a Elastische Axialverschiebung des Lagers, s. S. 248
- Fa Axialbelastung
- Fa_Z Zusätzliche Axialbelastung
- Fa_e Äußere Axialkraft auf Lager A, bei welcher gerade Entlastung (Fa_B = 0) eintritt
- Ka Äußere Axialkraft
- V Vorspannung, um keine Entlastung zu erreichen, gilt V_{min}

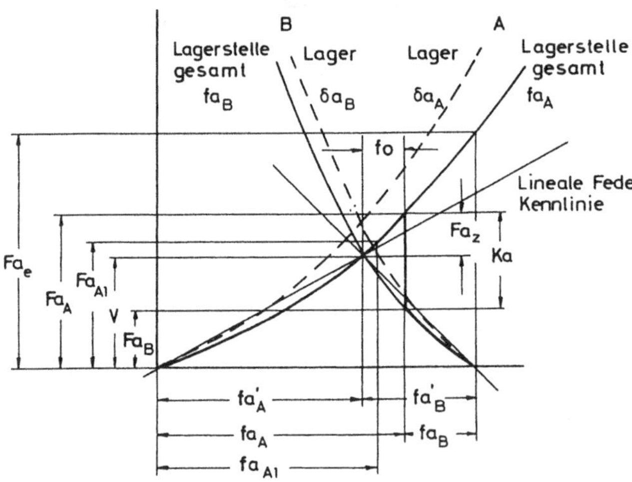

Kräfte/Belastungen in kN
Federwege/Axialverschiebungen in mm.

Abb. 382 Verspannungsschaubild für zwei vorgespannte Schräglager

Zu unterscheiden ist zwischen fester Vorspannung, d. h. Einstellung über Preßpassung, Mutter, Spannplatten oder Beilagen usw. (s. Abb. 53, S. 70), und federnder Vorspannung, d.h. Einstellung über elastische Elemente (s. Abb. 383 oder 427, S. 398). Die Vorspannung wird direkt durch die Vorspannkraft oder den Vorspannweg oder indirekt durch das erhöhte Reibmoment ausgedrückt. Entsprechend sind die Montageverfahren (s. Textteil der Lagerbauarten, insbesondere S. 65 ff.). Auch wenn meist schon feste Erfahrungswerte für bestimmte Einbaufälle (s. z.B. Abb. 50, S. 66) vorliegen, empfiehlt es sich, die Vorspannung stets rechnerisch und praktisch nachzuprüfen bzw. festzulegen. Ausgangspunkt ist die Vorspannkraft im Betriebszustand, die die Starrheit, Lebensdauer und Betriebssicherheit optimal miteinander verbindet. Danach wird der Einstellwert für die Montage (Temperatur-/Belastungsunterschiede) bestimmt.

Zum besseren Verständnis werden Verspannungskreise (Abb. 383) und Verspannungsschaubilder (Abb. 382), wie von Schrauben- oder Federverbindungen her bekannt, maßstäblich gezeichnet.

Aus dem Verspannungskreis gehen die Anzahl und Art der beteiligten Elemente sowie die an der vorgespannten Lagerung angreifenden äußeren Kräfte hervor.
Aus dem Verspannungsschaubild lassen sich die Zusammenhänge zwischen Kräfte/Belastungen und Federwege/Axialverschiebungen ablesen. Hiernach kann bei konstanter äußerer Axialkraft die günstigste Vorspannung bestimmt werden. Bei veränderlicher Belastung wählt man die Vorspannung für eine mittlere oder für die häufigst auftretende äußere Belastung, z.B. max. Axialkraft im 3. Gang eines 4-Gang-Pkw-Getriebes.

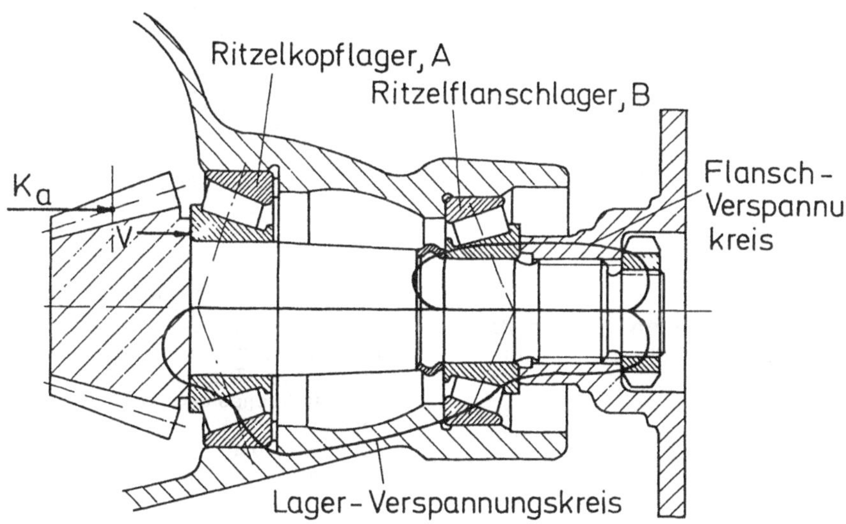

Lager-Verspannungskreis:

V belastet Antriebsflansch, beide Lager, Gehäuse (Druck) und Welle (Zug).
Ka belastet Lager A zusätzlich. Ka entlastet Lager B, Antriebsflansch, Wellenmutter, Welle und Gehäuse

Ka Äußere Axialkraft
V Verspannungskraft

Abb. 383 Verspannungskreise einer Ritzellagerung

Der Vorspannweg setzt sich aus den elastischen Verschiebungen der Lager und der übrigen verspannten Anschlußteile zusammen. Messungen an Ritzellagerungen (Abb. 383) zeigen folgende Verteilung:

Vorspannweg beider Lager 30 ... 60 %
Zusätzlicher Vorspannweg der Lager infolge Radialfederung von Welle und Gehäuse 30 ... 40 %
Vorspannweg der übrigen Anschlußteile 10 ... 20 %

Die Berechnung der Federwege aller im Verspannungskreis liegenden Elemente ist wegen ihrer häufig unregelmäßigen Form und Toleranzen nur näherungsweise möglich. Am genauesten lassen sich noch die Wälzlager berechnen, s. S. 246 ff. bei begrenztem Rechenaufwand müssen Annahmen oder Versuchswerte genügen.

Bei linearer Federkennlinie, die in der Praxis für Wälzlagerungen meist ausreichende Ergebnisse bringen, gilt in Übereinstimmung mit Abb. 382:

$$Fa_Z = Ka \cdot \frac{c_A}{c_A} + c_B \; [kN] \qquad \text{(Gl. 428)}$$

$$V_{min} = Ka \cdot \frac{c_B}{c_A} + c_B \; [kN] \qquad \text{(Gl. 429)}$$

$$Fa_e = V \cdot \frac{(c_A + c_B)}{c_B} \; [kN] \qquad \text{(Gl. 430)}$$

21.7.6 Einfluß der Lagerluft auf die Tragzahlen bzw. Ermüdungslebensdauer

Wie bereits in Kapitel 7, S. 195 erwähnt, hat die Betriebslagerluft maßgeblichen Einfluß auf die Ermüdungslebensdauer. Wenn auf diesen Punkt weder in der allgemeinen Gleichung für die nominelle Lagerlebensdauer ($L = (C/P)^p$) noch in den Tragzahlangaben in den Wälzlagerkatalogen eingegangen wird, so liegt das daran, daß alle diesbezüglichen Veröffentlichungen von einer international getroffenen Vereinbarung ausgehen, die besagt, daß für diese Berechnungen der Normalfall, nämlich eine Betriebslagerluft annähernd Null, gilt. Bei Anwendungsfällen, wo die Lager unter erhöhter Lagerluft oder negativer Lagerluft (Vorspannung) laufen müssen, ist es daher ratsam, diesen Einfluß auf die Lagerlebensdauer näher zu untersuchen. An anderer Stelle (S. 260) wurde auf die Lagerbelastungszonen, die unmittelbar mit der Betriebslagerluft zusammenhängen, hingewiesen. In Abhängigkeit von der Lagerluft bzw. Vorspannung stellt sich eine bestimmte Belastungszone für das Lager ein, die mit einer höheren oder niedrigeren spezifischen Wälzkörperbelastung / Ermüdungslebensdauer einhergeht. Die Bestimmung der Belastungszone und die sich daraus ergebenen Veränderungen sind sehr komplex und sollen hier nur andeutungsweise beschrieben werden. Im konkreten Fall ist auf Rechnerprogramme der Koyo Deutschland GmbH zurückzugreifen. Vereinfacht dargestellt sieht der Rechnungsvorgang wie folgt aus:

1. Berechnung der radialen Federung für $\varepsilon = 0{,}5$ auf Grund der gegebenen äquivalenten Belastung P
2. Bestimmung des Parameters ε für die Belastungszone anhand der vorliegenden Betriebslagerluft und eines Schätzwertes für die wahrscheinlich auftretende radiale Federung.
3. Mit dem so gefundenen Wert ε wird durch Umstellung der Gleichung für die elastische Federung die radiale Belastung Fr berechnet. Ist Fr nun nicht identisch mit der äquivalenten Belastung P, muß die Rechnung nach einer neuen Schätzung der elastischen Federung wiederholt werden und zwar solange, bis Fr = P ist.
4. Der der richtigen Federung entsprechende Parameter ε ist Grundlage für die Rechnung der neuen von $\varepsilon = 0{,}5$ abweichenden Tragzahl C '.
5. Der Veränderungsfaktor (f) für die Ermüdungslebensdauer ergibt sich aus $(C/C')^p$ und damit die veränderte Lebensdauer $L_h' = L_h \cdot f$

Abb. 384 zeigt das Ergebnis einer solchen Berechnung in Form eines Diagrammes. Hinzuzufügen ist, daß bei der endgültigen Festlegung der Lagerluft ein gewisser Sicherheitsabstand von den optimalen Werten (z.B. Vorspannung) gehalten werden muß, weil die Toleranzen z. B. für Passungen und Betriebstemperatur sich in der Praxis leicht anders darstellen als angenommen.

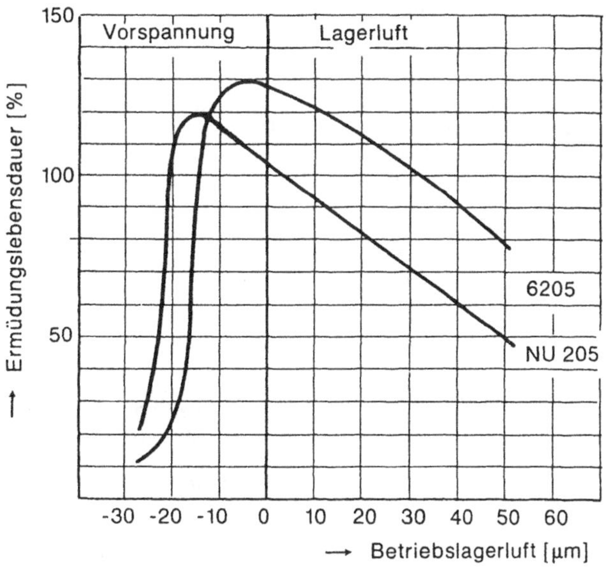

Abb. 384 Einfluß der Betriebslagerluft auf die Ermüdungslebensdauer

21.8 Passungen

Die richtige Passung soll das Wälzlager in radialer, tangentialer und manchmal auch in axialer Richtung in Position halten, so daß

- die Lagerringe auf ihrem ganzen Umfang unterstützt sind, damit die Lagertragfähigkeit voll ausgenutzt werden kann,
- die Lagerringe auf ihren Gegenstücken in Umfangsrichtung nicht rutschen/wandern, da sonst die Sitzflächen beschädigt werden (Passungsrost, Verschleiß, Überhitzung, Verschweißung, Geräusche, Verlagerung usw.).
- die Loslager sich axial einstellen können (Längenänderung/Verspannung),
- die Wälzlager ohne unnötigen Aufwand leicht ein- und ausgebaut werden können.

Feste Passungen führen beim Innenring zu einer Durchmesservergrößerung, beim Außenring zu einer Durchmesserverringerung der Laufbahn. Die dadurch entstehenden Spannungen in den Ringen (S. 372) und der Einfluß auf die Radialluft (S. 369) müssen besonders betrachtet werden. Lose Passungen beeinträchtigen die Führungsgenauigkeit der Lagerung. Wälzlagerschäden infolge von Passungsfehlern sind vermeidbar.

21.8.1 Radiallager

Aus vorgenannten Forderungen ergibt sich, daß grundsätzlich eine feste Passung die Ringe der Radiallager mit ihren Gegenstücken verbinden soll. Je größer die Belastung und je höher die zu erwartende Stoßbeanspruchung ist, um so fester muß die Passung sein, da mögliche Dehnungen zur (zeitweisen) Lockerung der Lagerringe führen. Die Grenze des maximalen Festsitzes und die Minderung des Passungsübermaßes durch die Belastung als auch durch evtl. Temperaturgefälle ist im Abschnitt 21.8.7 (S. 369) erläutert.

Quergeteilte Lagergehäuse sollen nicht fester als H oder J gepaßt werden, da sonst die Gefahr der Außenringquetschung besteht (s. a. S. 338/339).

Wegen der allgemein geringen Ringquerschnitte der Wälzlager müssen die Gegen-

stücke möglichst starr und ohne Unterbrechung in den Sitzflächen sein, damit sich die geometrische Form unter Belastung möglichst wenig verändert. Aus dem selben Grund müssen die bei der Bearbeitung entstehenden Formabweichungen der Sitzflächen von der runden, zylindrischen oder kegeligen Sollform in engen Grenzen gehalten werden (S. 374).
Für den Wellendurchmesser für Lager der Normaltoleranz (PO) ist möglichst die ISO-Qualität 5, für die Gehäusebohrung die ISO-Qualität 6 vorzusehen. Wenn Belastung, Drehzahl und Einbau es zulassen, können auch gröbere Qualitäten zur Erleichterung der Fertigung zugestanden werden. Für Genauigkeitslager (Toleranzklasse P6, P5, P4) sind feinere, dem Lager entsprechende ISO-Qualitäten zu wählen.

Bei Verwendung von Spann-, Klemm- und Abziehhülsen werden gröbere Durchmessertoleranzen (h7 ... h9), aber engere Formtoleranzen (IT5...IT7) verwendet (S. 375).
Wenn mit Rücksicht auf die axiale Verschiebbarkeit des Lagers während des Betriebes (Loslager) oder wegen Ein- und Ausbaues einer der beiden Ringe von nicht zerlegbaren (selbsthaltenden) Lagern eine lose Passung erhält, ist die geringere Unterstützung (Tragzahl-Verlust, s. S. 266) zu tolerieren oder auf eine zerlegbare Lagerbauart (Zylinderrollenlager, Kegelrollenlager) überzuwechseln.

21.8.2 Axiallager

Die Wellenscheiben von Axiallagern werden immer fest gepaßt, die Gehäusescheiben lose oder fest,je nachdem, ob sie außer Axialbelastungen auch Radialbelastungen aufnehmen müssen.

21.8.3 Lager mit kegeliger Bohrung

Der Innenring von Lagern mit kegeliger Bohrung muß stets mit fester Passung montiert werden. Als Maß für die Festigkeit der Passung wird in der Praxis die Verminderung der ursprünglichen Lagerluft (Anlieferungs-Lagerluft) oder die axiale Verschiebung auf dem kegeligen Lagersitz benutzt. Richtwerte sind in den Textteilen für Pendelrollenlager (S. 104) und Pendelkugellager (S. 36) aufgeführt. Die Überprüfung des vorgegebenen Passungscharakters, insbesondere bei außergewöhnlichen Einbaufällen (Hohlwelle, hohe Betriebstemperaturen, unterschiedliche Werkstoffe usw.), ist ähnlich den Richtlinien für Lager mit zylindrischer Bohrung durchzuführen. Die Passungen Außenring/Gehäuse folgen ebenfalls den Richtlinien für Lager mit zylindrischer Bohrung.

21.8.4 Auswahl der Passungen

In den Textteilen der Lagerbauarten sind Richtlinien für die Wahl der Passungen für Innen- und Außenringe auf Stahl-Vollwellen bzw. Stahl-, Stahlguß- oder Gußgehäuse in Abhängigkeit von der Belastungsart, Belastungsgröße, Lagerbauform und Lagergröße angegeben Sie gelten für allgemeine Einbaufälle und berücksichtigen weder hohe Betriebstemperaturen und stark abweichende Werkstoffe (Festigkeit, Wärmeleitfähigkeit, Wärmeausdehnung), weder Hohlwellen und dünne Gehäuse noch besondere Funktions- und Montagegründe. Die Belastungsarten „Umfangslast" und „Punktlast" und die sich daraus ergebenden Passungsforderungen sind in Abb. 385 erklärt. Bei Umfangslast würde ein loser Ring auf dem Lagersitz wandern, bei Stoßbelastung rutschen, auch wenn er axial gegen die Wellen- oder Gehäuseschulter fest verspannt ist.

Bei Punktlast treten kaum Kräfte auf, die den Ring wandern lassen. Im ersten Fall muß der Lagerring fest gepaßt werden, im zweiten Fall kann er lose gepaßt werden, wenn man die Nachteile, die ein Passungsspiel auf die Unterstützung der Lagerringe und auf die Genauigkeit der Lagerung hat, in Kauf nimmt.

Als weitere Belastungsarten kommen in der Praxis „Pendellast" und „unbestimmte Lastrichtung" vor. Pendellast tritt auf, wenn der Lagerring relativ zur Lastrichtung Pendelbewegungen ausführt. Sie wird ebenfalls nach Umfangslast oder Punktlast unterschieden. Unter „unbestimmte Lastrichtung" sind alle Belastungsarten zusammengefaßt, die sich aus der Kombination von Umfangslast und Punktlast ergeben. Dazu gehören z. B. Wellen, die gleichzeitig durch Riemenzug und stärkere Vibrationen beansprucht werden, sowie Kurbeltriebe und Planetenräder.

Umfangslast für Innenring (= Punktlast für Außenring)

Beispiele	Modell	Bewegungsverhältnisse	Passungen
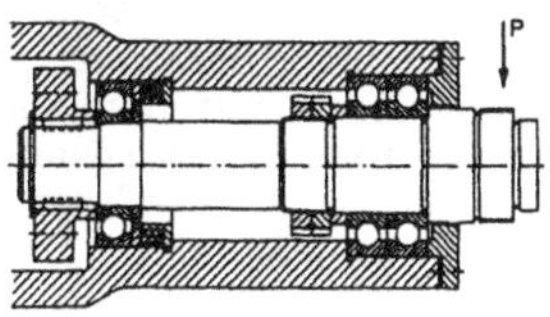 Spindel, Getriebewelle	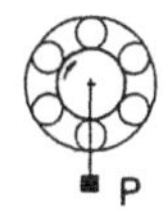 Gewicht, Belastung	Innenring rotiert, Außenring steht still, Lastrichtung konstant	Innenring, feste Passung erforderlich. Außenring, lose Passung zulässig
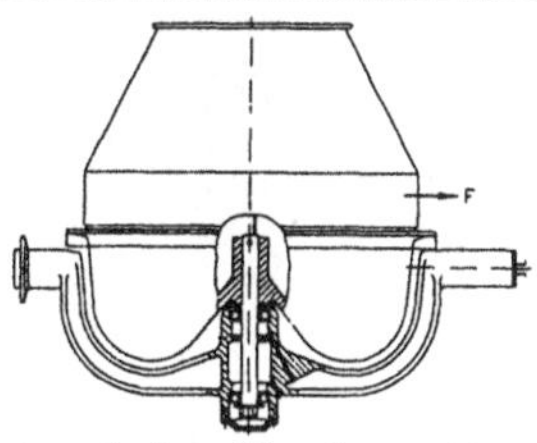 Betonmischer, Waschmaschine	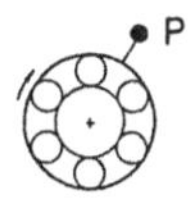 Unwucht	Innenring steht still, Außenring rotiert, Lastrichtung rotiert mit Außenring	

Umfangslast für Außenring (= Punktlast für Innenring)

Beispiele	Modell	Bewegungsverhältnisse	Passungen
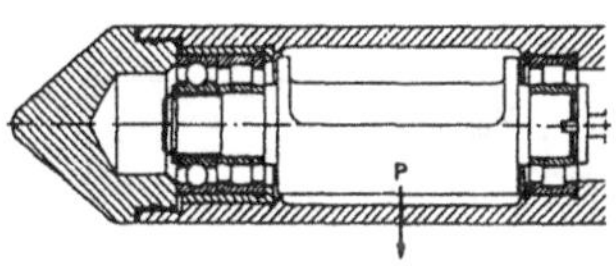 Vibratoren, Zentrifugen	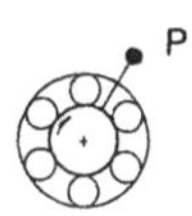 Unwucht	Innenring rotiert, Außenring steht still, Lastrichtung rotiert mit Innenring	Innenring, lose Passung zulässig. Außenring, feste Passung erforderlich
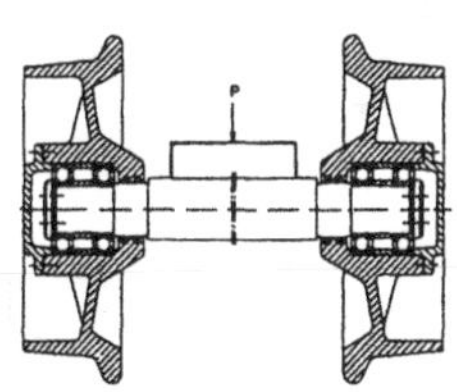 Achsen, Räder, Seilscheiben	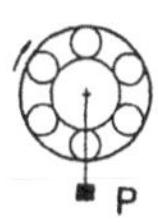 Gewicht, Belastung	Innenring steht still, Außenring rotiert, Lastrichtung konstant	

Abb. 385 Unterscheidung von Umfangslast und Punktlast

21.8.5 Lage der Toleranzfelder und Art der Passungen

Für die Passungen der Wälzlager kommt nur eine beschränkte Auswahl von ISO-Toleranzfeldern zur Anwendung, deren Lage im Vergleich zu den Toleranzfeldern KB und hB der Wälzlager mit den sich ergebenden Passungsarten am Beispiel des Zylinderrollenlagers NJ 210 in Abb. 386 dargestellt ist.

Als wahrscheinlicher Passungswert ist der Wert angegeben, der sich ergibt, wenn die Istmaße um 1/3 der Toleranz von der Gutseite entfernt liegen, weil bei der Bearbeitung der Lagersitze zur Vermeidung von Ausschuß meistens die Gutseite angestrebt wird.* Genauere Berechnungen für den wahrscheinlichen Sitzcharakter sind Rechnerprogrammen mit Auswertungen der statistischen Verteilung der Fertigungstoleranzen vorbehalten.

21.8.6 Zahlenwerte der Passungen

In Abb. 387 und 388 sind die Abmaße der Wellen bzw. Gehäuse sowie die maximalen, minimalen und wahrscheinlichen Passungsübermaße bzw. Passungsspiele für Lager der Normaltoleranz (PO) zusammengestellt.

* **Beispiel**	Abmaße	Gutseite um 1/3 eingeengt	Passungsuber-maß [µm]
Lagerbohrung, d = 30 mm	−10/0 µm	− 7 µm	+ 25 Max
			+ 17 µm Wahrschl.
Wellen-Ø, Ø 30 k6	+ 15/ + 2 µm	+ 10 µm	+ 2 Min.

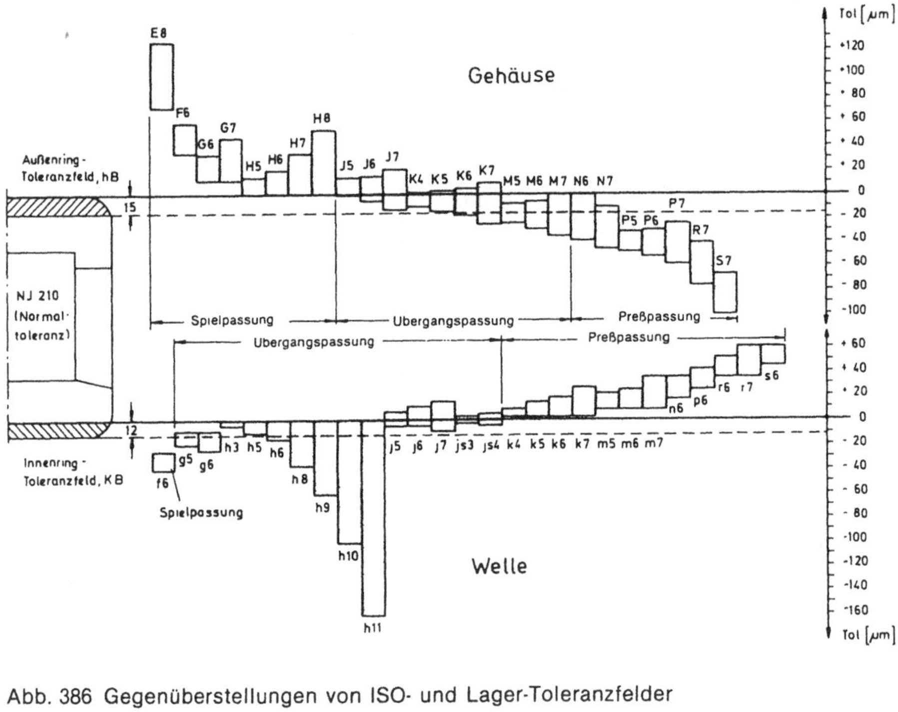

Abb. 386 Gegenüberstellungen von ISO- und Lager-Toleranzfelder

	Nennmaß der Welle [mm]						
über	3	6	10	18	30	50	80
bis	6	10	18	30	50	80	120
	Abmaß der Lagerbohrung, d (Normaltoleranz, P0) [μm]						
	−8 0	−8 0	−8 0	−10 0	−12 0	−15 0	−20 0
Wellen-toleranz	Wellenabmaß, Passungsübermaß (+) bzw. Passungsspiel (—) [μm]						
e 7	−20 −32 / −12 **−25** −32	−25 −40 / −17 **−32** −40	−32 −50 / −24 **−41** −50	−40 −61 / −30 **−51** −61	−50 −75 / −38 **−63** −75	−60 −90 / −45 **−75** −90	−72 −107 / −52 **−89** −107
f 6	−10 −18 / −2 **−7** −18	−13 −22 / −5 **−11** −22	−16 −27 / −8 **−14** −27	−20 −33 / −10 **−18** −33	−25 −41 / −13 **−22** −41	−30 −49 / −15 **−26** −49	−36 −58 / −16 **−30** −58
g 5	−4 −9 / +4 **0** −9	−5 −11 / +3 **−2** −11	−6 −14 / +2 **−3** −14	−7 −16 / +3 **−3** −16	−9 −20 / +3 **−5** −20	−10 −23 / +5 **−4** −23	−12 −27 / +8 **−4** −27
g 6	−4 −12 / +4 **−1** −12	−5 −14 / +3 **−3** −14	−6 −17 / +2 **−4** −17	−7 −20 / +3 **−5** −20	−9 −25 / +3 **−6** −25	−10 −29 / +5 **−6** −29	−12 −34 / +8 **−6** −34
h 5	0 −5 / +8 **+4** −5	0 −6 / +8 **+3** −6	0 −8 / +8 **+3** −8	0 −9 / +10 **+4** −9	0 −11 / +12 **+4** −11	0 −13 / +15 **+6** −13	0 −15 / +20 **+8** −15
h 6	0 −8 / +8 **+3** −8	0 −9 / +8 **+2** −9	0 −11 / +8 **+2** −11	0 −13 / +10 **+2** −13	0 −16 / +12 **+3** −16	0 −19 / +15 **+4** −19	0 −22 / +20 **+7** −22
h 7	0 −12 / +8 **+1** −12	0 −15 / +8 **0** −15	0 −18 / +8 **−1** −18	0 −21 / +10 **0** −21	0 −25 / +12 **0** −25	0 −30 / +15 **0** −30	0 −35 / +20 **+2** −35
h 8	0 −18 / +8 **−1** −18	0 −22 / +8 **−2** −22	0 −27 / +8 **−4** −27	0 −33 / +10 **−4** −33	0 −39 / +12 **+1** −39	0 −46 / +15 **−5** −46	0 −54 / +20 **−5** −54
h 9	0 −30 / +8 **−5** −30	0 −36 / +8 **−7** −36	0 −43 / +8 **−9** −43	0 −52 / +10 **−11** −52	0 −62 / +12 **−13** −62	0 −74 / +15 **−15** −74	0 −87 / +20 **−16** −87
h10	0 −48 / +8 **−11** −48	0 −58 / +8 **−14** −58	0 −70 / +8 **−18** −70	0 −84 / +10 **−21** −84	0 −100 / +12 **−25** −100	0 −120 / +15 **−30** −120	0 −140 / +20 **−33** −140
j 5	+3 −2 / +11 **+7** −2	+4 −2 / +12 **+7** −2	+5 −3 / +13 **+8** −3	+5 −4 / +15 **+9** −4	+6 −5 / +18 **+10** −5	+6 −7 / +21 **+12** −7	+6 −9 / +26 **+14** −9
j 6	+6 −2 / +14 **+9** −2	+7 −2 / +15 **+9** −2	+8 −3 / +16 **+10** −3	+9 −4 / +19 **+11** −4	+11 −5 / +23 **+14** −5	+12 −7 / +27 **+16** −7	+13 −9 / +33 **+19** −9
js6	+4 −4 / +12 **+7** −4	+4,5 −4,5 / +12,5 **+7** −4,5	+5,5 −5,5 / +13,5 **+7** −5,5	+6,5 −6,5 / +16,5 **+9** −6,5	+8 −8 / +20 **+11** −8	+9,5 −9,5 / +24,5 **+13** −9,5	+11 −11 / +31 **+18** −11
k 5	+6 +1 / +14 **+10** +1	+7 +1 / +15 **+10** +1	+9 +1 / +17 **+12** +1	+11 +2 / +21 **+15** +2	+13 +2 / +25 **+17** +2	+15 +2 / +30 **+21** +2	+18 +3 / +38 **+26** +3

Abb. 387 Wellenpassungen, Wellenabmaße sowie maximale, minimale und wahrscheinliche Passungsübermaße bzw. -Spiele für Wälzlager mit Normaltoleranz (Fortsetzung S. 358 ... 364

120 180		180 250		250 315		315 400		400 500		500 630		630 800		800 1000		1000 1250	
−25 0		−30 0		−35 0		−40 0		−45 0		−50 0		−75 0		−100 0		−125 0	
−85 −125	−60 **−103** −125	−100 −146	−70 **−121** −146	−110 −162	−75 **−133** −162	+ 125 −182	−85 **−150** −182	−135 −198	−90 **−162** −198	—		—		—		—	
−43 −68	−18 **−35** −68	−50 −79	−20 **−40** −79	−56 −88	−21 **−44** −88	−62 −98	−22 **−47** −98	−68 −108	−23 **−51** −108	—		—		—		—	
−14 −32	+11 **−3** −32	−15 −35	+15 **−3** −35	−17 −40	+18 **−1** −40	−18 −43	+22 **0** −43	−20 −47	+25 **+1** −47	—		—		—		—	
−14 −39	+11 **−6** −39	−15 −44	+15 **−5** −44	−17 −49	+18 **−4** −49	−18 −54	+22 **−3** −54	−20 −60	+25 **−3** −60	−22 −66	+28 **−3** −66	−24 −74	+51 **+9** −74	−26 −82	+74 **+22** −82	−28 −94	+97 **+33** −94
0 −18	+25 **+11** −18	0 −20	+30 **+13** −20	0 −23	+35 **+16** −23	0 −25	+40 **+18** −25	0 −27	+45 **+21** −27	—		—		—		—	
0 −25	+25 **+8** −25	0 −29	+30 **+10** −29	0 −32	+35 **+13** −32	0 −36	+40 **+15** −36	0 −40	+45 **+17** −40	0 −44	+50 **+19** −44	0 −50	+75 **+33** −50	0 −56	+100 **+48** −56	0 −66	+125 **+61** −66
0 −40	+25 **+2** −40	0 −46	+30 **+5** −46	0 −52	+35 **+6** −52	0 −57	+40 **+8** −57	0 −63	+45 **+9** −63	0 −70	+50 **+10** −70	0 −80	+75 **+23** −80	0 −90	+100 **+37** −90	0 −105	+125 **+48** −105
0 −63	+25 **−4** −63	0 −72	+30 **−4** −72	0 −81	+35 **−4** −81	0 −89	+40 **−3** −89	0 −97	+45 **−2** −97	0 −110	+50 **−3** −110	0 −125	+75 **+8** −125	0 −140	+100 **+20** −140	0 −165	+125 **+28** −165
0 −100	+25 **−17** −100	0 −115	+30 **−18** −115	0 −130	+35 **−25** −130	0 −140	+40 **−20** −140	0 −155	+45 **−22** −155	0 −175	+50 **−25** −175	0 −200	+75 **−17** −200	0 −230	+100 **−10** −230	0 −260	+125 **−3** −260
0 −160	+25 **−37** −160	0 −185	+30 **−42** −185	0 −210	+35 **−47** −210	0 −230	+40 **−50** −230	0 −250	+45 **−53** −250	0 −280	+50 **−60** −280	0 −320	+75 **−57** −320	0 −360	+100 **−53** −360	0 −420	+125 **−57** −420
+7 −11	+32 **+18** −11	+7 −13	+37 **+20** −13	+7 −16	+42 **+23** −16	+7 −18	+47 **+25** −18	+7 −20	+52 **+28** −20	—		—		—		—	
+14 −11	+39 **+22** −11	+16 −13	+46 **+26** −13	+16 −16	+51 **+29** −16	+18 −18	+58 **+33** −18	+20 −20	+65 **+37** −20	—		—		—		—	
+12,5 −12,5	+37,5 **+14** −12,5	+14,5 −14,5	−44,5 **+25** −14,5	+16 −16	+51 **+29** −16	+18 −18	+58 **+33** −18	+20 −20	+65 **+37** −20	+22 −22	+72 **+41** −22	+25 −25	+100 **+58** −25	+28 −28	+128 **+76** −28	+33 −33	+158 **+94** −33
+21 +3	+46 **+32** +3	+24 +4	+54 **+37** +4	+27 +4	+62 **+43** +4	+29 +4	+69 **+47** +4	+32 +5	+77 **+53** +5	—		—		—		—	

Wellentoleranz	Nennmaß der Welle [mm] über 3 bis 6	über 6 bis 10	über 10 bis 18	über 18 bis 30	über 30 bis 50	über 50 bis 80	über 80 bis 120
Abmaß der Lagerbohrung, d (Normaltoleranz, P0) [μm]	−8 0	−8 0	−8 0	−10 0	−12 0	−15 0	−20 0
Wellenabmaß, Passungsübermaß (+) bzw. Passungsspiel (—) [μm]							
k 6	+9 / +1 +17 / **+12** / +1	+10 / +1 +18 / **+12** / +1	+12 / +1 +20 / **+14** / +1	+15 / +2 +25 / **+17** / +2	+18 / +2 +30 / **+21** / +2	+21 / +2 +36 / **+25** / +2	+25 / +3 +45 / **+31** / +3
m 5	+9 / +4 +17 / **+13** / +4	+12 / +6 +20 / **+15** / +6	+15 / +7 +23 / **+18** / +7	+17 / +8 +27 / **+21** / +8	+20 / +9 +32 / **+24** / +9	+24 / +11 +39 / **+30** / +11	+28 / +13 +48 / **+36** / +13
m 6	+12 / +4 +20 / **+15** / +4	+15 / +6 +23 / **+17** / +6	+18 / +7 +26 / **+20** / +7	+21 / +8 +31 / **+23** / +8	+25 / +9 +37 / **+28** / +9	+30 / +11 +45 / **+34** / +11	+35 / +13 +55 / **+41** / +13
n 5	+13 / +8 +21 / **+17** / +8	+16 / +10 +24 / **+19** / +10	+20 / +12 +28 / **+23** / +12	+24 / +15 +34 / **+28** / +15	+28 / +17 +40 / **+32** / +17	+33 / +20 +48 / **+39** / +20	+38 / +23 +58 / **+46** / +23
n 6	+16 / +8 +24 / **+19** / +8	+19 / +10 +27 / **+21** / +10	+23 / +12 +31 / **+25** / +12	+28 / +15 +38 / **+30** / +15	+33 / +17 +45 / **+33** / +9	+39 / +20 +54 / **+43** / +20	+45 / +23 +65 / **+51** / +23
p 6	+20 / +12 +28 / **+23** / +12	+24 / +15 +32 / **+26** / +15	+29 / +18 +37 / **+31** / +18	+35 / +22 +45 / **+37** / +22	+42 / +26 +54 / **+45** / +26	+51 / +32 +66 / **+55** / +32	+59 / +37 +79 / **+65** / +37
r 6	+23 / +15 +31 / **+26** / +15	+28 / +19 +36 / **+30** / +19	+34 / +23 +42 / **+36** / +23	+41 / +28 +51 / **+43** / +28	+50 / +34 +62 / **+53** / +34	50 bis 65: +60 / +41 +75 / **+64** / +41 65 bis 80: +62 / +43 +77 / **+66** / +43	80 bis 100: +73 / +51 +93 / +79 / +51 100 bis 120: +76 / +54 +96 / **+82** / +54
r 7	+27 / +15 +35 / **+28** / +15	+34 / +19 +42 / **+34** / +19	+41 / +23 +49 / **+40** / +23	+49 / +28 +59 / **+49** / +28	+59 / +34 +71 / **+59** / +34	50 bis 65: +71 / +41 +86 / **+71** / +41 65 bis 80: +73 / +43 +88 / **+73** / +43	80 bis 100: +86 / +51 +106 / **+88** / +51 100 bis 120: +89 / +54 +109 / **+91** / +54
s 6						50 bis 65: +72 / +53 +87 / **+76** / +53	80 bis 100: +93 / +71 +113 / **+99** / +71

120 180	180 250	250 315	315 400	400 500	500 630	630 800	800 1000	1000 1250
−25 0	−30 0	−35 0	−40 0	−45 0	−50 0	−75 0	−100 0	−125 0
+28 +53 +36 +3 +3	+33 +63 +43 +4 +4	+36 +71 +49 +4 +4	+40 +80 +55 +4 +4	+45 +90 +62 +5 +5	+44 +94 +63 0 0	+50 +125 +83 0 0	+56 +156 +104 0 0	+66 +191 +127 0 0
+33 +58 +44 +15 +15	+37 +67 +50 +17 +17	+43 +78 +59 +20 +20	+46 +86 +64 +21 +21	+50 +95 +71 +23 +23	—	—	—	—
+40 +65 +48 +15 +15	+46 +76 +56 +17 +17	+52 +87 +65 +20 +20	+57 +97 +72 +21 +21	+63 +103 +80 +23 +23	+70 +120 +89 +26 +26	+80 +155 +113 +30 +30	+90 +190 +138 +34 +34	+106 +231 +167 +40 +40
+45 +70 +56 +27 +27	+51 +81 +64 +31 +31	+57 +92 +73 +34 +34	+62 +102 +80 +37 +37	+67 +112 +88 +40 +40	—	—	—	—
+52 +77 +60 +27 +27	+60 +90 +70 +31 +31	+66 +101 +79 +34 +34	+73 +113 +88 +37 +37	+80 +125 +97 +40 +40	+88 +138 +107 +44 +44	+100 +175 +133 +50 +50	+112 +212 +160 +56 +56	+132 +257 +193 +66 +66
+68 +93 +76 +43 +43	+79 +109 +89 +50 +50	+88 +123 +101 +56 +56	+98 +138 +113 +62 +62	+108 +153 +125 +68 +68	+122 +172 +141 +78 +78	+138 +213 +171 +88 +88	+156 +256 +204 +100 +100	+186 +311 +247 +120 +120
120 bis 140	180 bis 200	250 bis 280	315 bis 355	400 bis 450	500 bis 560	630 bis 710	800 bis 900	1000 bis 1120
+88 +113 +96 +63 +63	+106 +136 +116 +77 +77	+126 +161 +139 +94 +94	+144 +184 +159 +108 +108	+166 +211 +183 +126 +126	+194 +244 +213 +150 +150	+225 +300 +258 +175 +175	+266 +366 +314 +210 +210	+316 +441 +377 +250 +250
140 bis 160	200 bis 225							
+90 +115 +98 +65 +65	+109 +139 +119 +80 +80	280 bis 315	355 bis 400	450 bis 500	560 bis 630	710 bis 800	900 bis 1000	1120 bis 1250
160 bis 180	225 bis 250							
+93 +118 +101 +68 +68	+113 +143 +123 +84 +84	+130 +165 +143 +98 +98	+150 +190 +165 +114 +114	+172 +217 +189 +132 +132	+199 +249 +218 +155 +155	+235 +310 +268 +185 +185	+276 +376 +324 +220 +220	+326 +451 +387 +260 +260
120 bis 140	180 bis 200	250 bis 280	315 bis 355	400 bis 450	500 bis 560	630 bis 710	800 bis 900	1000 bis 1120
+103 +128 +108 +63 +63	+123 +153 +128 +77 +77	+146 +181 +152 +94 +94	+165 +205 +173 +108 +108	+189 +234 +198 +126 +126	+220 +270 +230 +150 +150	+255 +330 +278 +175 +175	+300 +400 +337 +210 +210	+355 +480 +403 +250 +250
140 bis 160	200 bis 225							
+105 +130 +108 +65 +65	+126 +156 +131 +80 +80	280 bis 315	355 bis 400	450 bis 500	560 bis 630	710 bis 800	900 bis 1000	1120 bis 1250
160 bis 180	225 bis 250							
+108 +133 +111 +68 +68	+130 +160 +135 +84 +84	+150 +185 +155 +98 +98	+171 +211 +179 +114 +114	+195 +240 +204 +132 +132	+225 +275 +235 +155 +155	+265 +340 +288 +185 +185	+310 +410 +347 +220 +220	+365 +490 +413 +260 +260
120 bis 140	180 bis 200	250 bis 280	315 bis 355	400 bis 450	500 bis 560	630 bis 710	800 bis 900	1000 bis 1120
+117 +142 +125 +92 +92	+151 +181 +161 +122 +122	+190 +225 +203 +158 +158	+226 +266 +241 +190 +190	+272 +317 +289 +232 +232	—	—	—	—

	Nennmaß der Gehäusebohrung [mm]						
über	6	10	18	30	50	80	120
bis	10	18	30	50	80	120	150
	Abmaß des Lageraußendurchmessers, D (Normaltoleranz, P0) [µm]						
	0 −8	0 −8	0 −9	0 −11	0 −13	0 −15	0 −18
Gehäuse-passungen	**Gehäuseabmaß, Passungsübermaß (+) bzw. Passungsspiel (—) [µm]**						
E 8	+25 / +47; −25 / **−35** / −55	+32 / +59; −32 / **−44** / −67	+40 / +73; −40 / **−54** / −82	+50 / +89; −50 / **−67** / −100	+60 / +106; −60 / **−80** / −119	+72 / +126; −72 / **−95** / −141	+85 / +148; −85 / **−112** / −166
F 6	−13 / +22; −13 / **−19** / −30	+16 / +27; −16 / **−23** / −35	+20 / +33; −20 / **−27** / −42	+25 / +41; −25 / **−34** / −52	+30 / +49; −30 / **−41** / −62	+36 / +58; −36 / **−48** / −73	+43 / +68; −43 / **−57** / −86
G 7	+5 / +20; −5 / **−13** / −28	+6 / +24; −6 / **−15** / −32	+7 / +28; −7 / **−17** / −37	+9 / +34; −9 / **−21** / −45	+10 / +40; −10 / **−24** / −53	+12 / +47; −12 / **−29** / −62	+14 / +54; −14 / **−33** / −72
H 5	0 / +6; 0 / **−5** / −14	0 / +8; 0 / **−5** / −16	0 / +9; 0 / **−6** / −18	0 / +11; 0 / **−7** / −22	0 / +13; 0 / **−9** / −26	0 / +15; 0 / **−10** / −30	0 / +18; 0 / **−12** / −36
H 6	0 / +9; 0 / **−6** / −17	0 / +11; 0 / **−6** / −19	0 / +13; 0 / **−7** / −22	0 / +16; 0 / **−9** / −27	0 / +19; 0 / **−11** / −32	0 / +22; 0 / **−12** / −37	0 / +25; 0 / **−14** / −43
H 7	0 / +15; 0 / **−8** / −23	0 / +18; 0 / **−9** / −26	0 / +21; 0 / **−10** / −30	0 / +25; 0 / **−12** / −36	0 / +30; 0 / **−14** / −43	0 / +35; 0 / **−17** / −50	0 / +40; 0 / **−19** / −58
H 8	0 / +22; 0 / **−10** / −30	0 / +27; 0 / **−12** / −35	0 / +33; 0 / **−14** / −42	0 / +39; 0 / **−17** / −50	0 / +46; 0 / **−20** / −59	0 / +54; 0 / **−23** / −69	0 / +63; 0 / **−27** / −81
J 6	−4 / +5; +4 / **−2** / −13	−5 / +6; +5 / **−1** / −14	−5 / +8; +5 / **−2** / −17	−6 / +10; +6 / **−3** / −21	−6 / +13; +6 / **−5** / −26	−6 / +16; +6 / **−6** / −31	−7 / +18; +7 / **−7** / −36
J 7	−7 / +8; +7 / **−1** / −16	+8 / +10; +8 / **−1** / −18	−9 / +12; +9 / **−1** / −21	−11 / +14; +11 / **−1** / −25	−12 / +18; +12 / **−2** / −31	−13 / +22; +13 / **−4** / −37	−14 / +26; +14 / **−5** / −44
K 6	−7 / +2; +7 / **+1** / −10	−9 / +2; +9 / **+3** / −10	−11 / +2; +11 / **+4** / −11	−13 / +3; +13 / **+4** / −14	−15 / +4; +15 / **+4** / −17	−18 / +4; +18 / **+6** / −19	−21 / +4; +21 / **+7** / −22
K 7	−10 / +5; +10 / **+2** / −13	−12 / +6; +12 / **−13** / −14	−15 / +6; +15 / **+5** / −15	−18 / +7; +18 / **+6** / −18	−21 / +9; +21 / **+7** / −22	−25 / +10; +25 / **+8** / −25	−28 / +12; +28 / **+9** / −30
M 6	−12 / −3; +12 / **+6** / −5	−15 / −4; +15 / **+9** / −4	−17 / −4; +17 / **+10** / −5	−20 / −4; +20 / **+11** / −7	−24 / −5; +24 / **+13** / −8	−28 / −6; +28 / **+16** / −9	−33 / −8; +33 / **+19** / −10
M 7	−15 / 0; +15 / **+7** / −8	−18 / 0; +18 / **+9** / −8	−21 / 0; +21 / **+11** / −9	−25 / 0; +25 / **+13** / −11	−30 / 0; +30 / **+16** / −13	−35 / 0; +35 / **+18** / −15	−40 / 0; +40 / **+21** / −18
N 6	−16 / −7; +16 / **+10** / −1	−20 / −9; +20 / **+14** / +1	−24 / −11; +24 / **+17** / +2	−28 / −12; +28 / **+19** / +1	−33 / −14; +33 / **+22** / +1	−38 / −16; +38 / **+26** / +1	−45 / −20; +45 / **+31** / +2

Abb. 388 Gehäuseanpassungen. Gehäuseabmaße sowie maximale, minimale und **wahrscheinliche** Passungs-Übermaße bzw. -Spiele für Wälzlager mit Normtoleranz (Fortsetzung S. 362 264)

150 180		180 250		250 315		315 400		400 500		500 630		630 800		800 1000		1000 1250	
0 −25		0 −30		0 −35		0 −40		0 −45		0 −50		0 −75		0 −100		0 −125	
+85 +148	−85 **−114** −173	+100 +172	−100 **−134** −202	+110 +191	−110 **−149** −226	+125 +214	−125 **−168** −254	+135 +232	−135 **−182** −277	+145 +255	−145 **−198** −305	+160 +285	−160 **−227** −360	+170 +310	−170 **−250** −410	+195 +360	−195 **−292** −485
+43 +68	−43 **−60** −93	+50 +79	−50 **−70** −109	+56 +88	−56 **−78** −123	+62 +98	−62 **−87** −138	+68 +108	−68 **−96** −153	—		—		—		—	
+14 +54	−14 **−36** −79	+15 +61	−15 **−40** −91	+17 +69	−17 **−46** −104	+18 +75	−18 **−50** −115	+20 +83	−20 **−56** −128	+22 +92	−22 **−62** −142	+24 +104	−24 **−76** −179	+26 +116	−26 **−89** −216	+28 +133	0 **−86** −258
0 +18	0 **−14** −43	0 +20	0 **−17** −50	0 +23	0 **−19** −58	0 +25	0 **−22** −65	0 +27	0 **−24** −72	—		—		—		—	
0 +25	0 **−17** −50	0 +29	0 **−20** −59	0 +32	0 **−22** −67	0 +36	0 **−25** −76	0 +40	0 **−28** −85	0 +44	0 **−31** −94	C +50	0 **−42** −125	0 +56	0 **−52** −156	0 +66	0 **−64** −191
0 +40	0 **−22** −65	0 +46	0 **−25** −76	0 +52	0 **−29** −87	0 +57	0 **−32** −97	0 +63	0 **−36** −108	0 +70	0 **−40** −120	0 +80	0 **−52** −155	0 +90	0 **−63** −190	0 +105	0 **−77** −230
0 +63	0 **−29** −88	0 +72	0 **−34** −102	0 +81	0 **−35** −106	0 +89	0 **−43** −129	0 +97	0 **−47** −142	0 +110	0 **−53** −160	0 +125	0 **−67** −200	0 +140	0 **−80** −240	0 +165	0 **−97** −290
−7 +18	+7 **−10** −43	−7 +22	+7 **−20** −52	−7 +25	+7 **−15** −60	−7 +29	+7 **−18** −69	−7 +33	+7 **−21** −78	—		—		—		—	
−14 +26	+14 **−8** −51	−16 +30	+16 **−9** −60	−16 +36	+16 **−13** −71	−18 +39	+18 **−14** −79	−20 +43	+20 **−16** −88	—		—		—		—	
−21 +4	+21 **+4** −29	−24 +5	+24 **+4** −35	−27 +5	+27 **+5** −40	−29 +7	+29 **+4** −47	−32 +8	+32 **+4** −53	−44 0	+44 **+13** −50	−50 0	+50 **+8** −75	−56 0	+56 **+4** −100	−66 0	+66 **+2** −125
−28 +12	+28 **+7** −37	−33 +13	+33 **+8** −43	−36 +16	+36 **+7** −51	−40 +17	+40 **+8** −57	−45 +18	+45 **+9** −63	−70 0	+70 **+30** −50	−80 0	+80 **+28** −75	−90 0	+90 **+27** −100	−105 0	+105 **+28** −125
−33 −8	+33 **+16** −17	−37 −8	+37 **+17** −22	−41 −9	+41 **+19** −24	−46 −10	+46 **+21** −30	−50 −10	+50 **+22** −35	−70 −26	+70 **+39** −24	−80 −30	+80 **+43** −45	−90 −34	+90 **+38** −66	−106 −40	+106 **+42** −85
−40 0	+40 **+18** −25	−46 0	+46 **+21** −30	−52 0	+52 **+23** −35	−57 0	+57 **+25** −40	−63 0	+63 **+27** −45	—		—		—		—	
−45 −20	+45 **+28** −5	−51 −22	+51 **+31** −8	−57 −25	+57 **+35** −10	−62 −26	+62 **+37** −14	−67 −27	+67 **+39** −18	−88 −44	+88 **+57** −6	−100 −50	+100 **+58** −25	−112 −56	+112 **+60** −44	−132 −66	+132 **+68** −59

	Nennmaß der Gehäusebohrung [mm]						
über	6	10	18	30	50	80	120
bis	10	18	30	50	80	120	150
	Abmaß des Lageraußendurchmessers, D (Normaltoleranz, P0) [μm]						
	0 −8	0 −8	0 −9	0 −11	0 −13	0 −15	0 −18
Gehäuse-passungen	**Gehäuseabmaß, Passungsübermaß (+) bzw. Passungsspiel (—) [μm]**						
N 7	−19, −4 (+19, **+11**, −4)	−23, −5 (+23, **+14**, −3)	−28, −7 (+28, **+18**, −2)	−33, −8 (+33, **+19**, −8)	−39, −9 (+39, **+25**, −4)	−45, −10 (+45, **+28**, −5)	−52, −12 (+52, **+33**, −6)
P 6	−21, −12 (+21, **+15**, +4)	−26, −15 (+26, **+20**, +7)	−31, −18 (+31, **+24**, +9)	−37, −21 (+37, **+28**, +10)	−45, −26 (+45, **+34**, +13)	−52, −30 (+52, **+40**, +15)	−61, −36 (+61, **+47**, +18)
P 7	−24, −9 (+24, **+16**, +1)	−29, −11 (+29, **+20**, +3)	−35, −14 (+35, **+25**, +5)	−42, −17 (+42, **+30**, +6)	−51, −21 (+51, **+37**, +8)	−59, −24 (+59, **+42**, +9)	−68, −28 (+68, **+49**, +10)
R 7	−28, −13 (+28, **+20**, +5)	−34, −16 (+34, **+25**, +8)	−41, −20 (+41, **+31**, +11)	−50, −25 (+50, **+38**, +14)	50 bis 65: −60, −30 (+60, **+46**, +17) 65 bis 80: −62, −32 (+62, **+48**, +19)	80 bis 100: −73, −38 (+73, **+56**, +23) 100 bis 120: −76, −41 (+76, **+59**, +26)	120 bis 140: −88, −48 (+88, **+69**, +30) 140 bis 150: −90, −50 (+90, **+71**, +32)
S 7	−32, −17 (+32, **+24**, +9)	−39, −21 (+39, **+30**, +13)	−48, −27 (+48, **+38**, +18)	−59, −34 (+59, **+47**, +23)	50 bis 65: −72, −42 (+72, **+58**, +29) 65 bis 80: −78, −48 (+78, **+64**, +35)	80 bis 100: −93, −58 (+93, **+76**, +43) 100 bis 120: −101, −66 (+101, **+91**, +51)	120 bis 140: −117, −77 (+117, **+98**, +59) 140 bis 150: −125, −85 (+125, **+106**, +67)

Lesebeispiele siehe S. 356

120 180	180 250	250 315	315 400	400 500	500 630	630 800	800 1000	1000 1250
0 −25	0 −30	0 −35	0 −40	0 −45	0 −50	0 −75	0 −100	0 −125
−52 −12 / +52 **+30** −13	−60 −14 / +60 **+35** −16	−66 −14 / +66 **+37** −21	−73 −16 / +73 **+41** −24	−80 −17 / +80 **+44** −28	—	—	—	—
−61 −36 / +61 **+44** +11	−70 −41 / +70 **+50** +11	−79 −47 / +79 **+57** +12	−87 −51 / +87 **+62** +11	−95 −55 / +95 **+67** + 10	−122 − 78 / +122 **+ 91** + 28	−138 − 88 / +138 **+ 96** + 13	−156 −100 / +156 **+104** 0	−186 −120 / +186 **+125** − 5
−68 −28 / +68 **+46** + 3	−79 −33 / +79 **+54** + 3	−88 −36 / +88 **+59** + 1	−98 −41 / +98 **+66** + 1	−108 −45 / +108 **+72** 0	−148 −78 / +148 **+108** + 28	−168 −88 / +168 **+116** + 13	−190 −100 / +190 **+127** 0	−225 −120 / +225 **+148** − 5
150 bis 160	180 bis 200	250 bis 280	315 bis 355	400 bis 450	500 bis 560	630 bis 710	800 bis 900	1000 bis 1120
−90 −50 / +90 **+68** +25	−106 − 68 / +106 **+ 81** + 30 200 bis 225 −109 − 63 / +109 **+ 84** + 33	−126 − 74 / +126 **+ 97** + 39	−144 − 87 / +144 **+112** + 47	−166 −103 / +166 **+130** + 58	−220 −150 / +220 **+180** +100	−255 −175 / +255 **+203** +100	−300 −210 / +300 **+237** +110	−355 −250 / +355 **+272** +125
160 bis 180	225 bis 250	280 bis 315	355 bis 400	450 bis 500	560 bis 630	710 bis 800	900 bis 1000	1120 bis 1250
−93 −53 / +93 **+71** +28	−113 − 67 / +113 **+ 88** + 37	−130 − 78 / +130 **+101** +43	−150 − 93 / +150 **+118** +53	−172 −109 / +172 **+136** +64	−225 −155 / +225 **+185** +105	−265 −185 / +265 **+213** +110	−310 −220 / +310 **+247** +120	−365 −260 / +365 **+288** +135
150 bis 160	180 bis 250	250 bis 280	315 bis 355	400 bis 450	500 bis 560	630 bis 710	800 bis 900	1000 bis 1120
−125 − 85 / +125 **+106** + 67	−151 −105 / +151 **+125** + 75 200 bis 225 −159 −113 / +159 **+134** + 83	−190 −138 / +190 **+161** +103	−226 −169 / +226 **+194** +129	−272 −209 / +272 **+236** +164	−350 −280 / +350 **+310** +230	−420 −340 / +420 **+368** +265	−520 −430 / +520 **+457** +330	−625 −520 / +625 **+548** +395
160 bis 180	225 bis 250	280 bis 315	355 bis 400	450 bis 500	560 bis 630	710 bis 800	900 bis 1000	1120 bis 1250
−133 − 93 / +133 **+111** + 68	−169 −123 / +169 **+144** + 93	−202 −150 / +202 **+173** +115	−244 −187 / +244 **+212** +147	−292 −229 / +292 **+256** +184	−380 −310 / +380 **+340** +260	−460 −380 / +460 **+488** +305	−560 −470 / +560 **+497** +370	−685 −580 / +685 **+608** +455

21.8.7 Veränderungen der Passungen

21.8.7.1 Wandern der Lagerringe

Beim Ausbau von Wälzlagern stellt man durch Verschleißspuren und/oder Passungsrost fest, daß die Lagerringe auf ihren Gegenstücken (Lagersitzen) gewandert sind.
Im Falle von „Punktlast" bei lose gepaßten Lagerringen werden langsame Bewegungen durch die tangentialen Reibungskräfte der Wälzkörper auf den Laufbahnen hervorgerufen. Diese Bewegungen werden unterstützt, wenn die Reibung der Lagerringe auf ihren Gegenstücken durch Erschütterungen zeitweilig aufgehoben wird. Der hiermit verbundene Verschleiß ist jedoch meistens so unbedeutend, daß die Funktion der Lagerung nicht beeinflußt wird, ja man kann darin auch den Vorteil sehen, daß sich die Lastzonen der Lagerringe lebensdauersteigernd allmählich verschieben. Sollte allerdings während des Betriebes häufiger eine vollständige Lagerentlastung auftreten, muß eine (zu) lose Passung vermieden werden. Bei Entlastung beginnt der Lagerring umzulaufen und wird bei Belastung plötzlich bis zum Stillstand abgebremst, wodurch die Paßflächen beschädigt werden können. Bei großen, stoßbeanspruchten Rollenlagern (D>150 mm) tritt der Fall ein, daß sich ein lose gepaßter Außenring bei „Punktlast" einhämmert. Um dies zu vermeiden hat,sich eine Drehsicherung, wie in Abb. 389 gezeigt, bewährt.

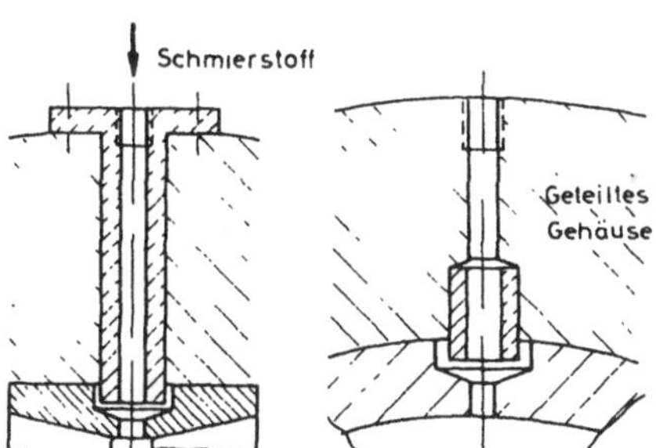

Hohlstifte außerhalb der Lastzone an geeigneter Stelle anbringen

Abb. 389 Drehsicherungen für Außenringe (Hohlstift mit Schmierstoffzufuhr)

Im Falle von „Umfangslast" führen die lose gepaßten Lagerringe Rollbewegungen auf ihren Gegenstücken aus (Abb. 390). Auf Grund immer auftretender Formänderungen der Abrollpartner ist diese Rollbewegung mit Gleitbewegungen verbunden, die wiederum durch entlastende Erschütterungen unterstützt werden. Sie rufen beträchtlichen Verschleiß der sich relativ zueinander bewegenden Teile hervor. Wenn außerdem noch Passungsrostbildung auftritt, können in kurzer Zeit sowohl die Wellen als auch die Gehäuse unbrauchbar werden (s. Abschnitt 21.8.7.2).

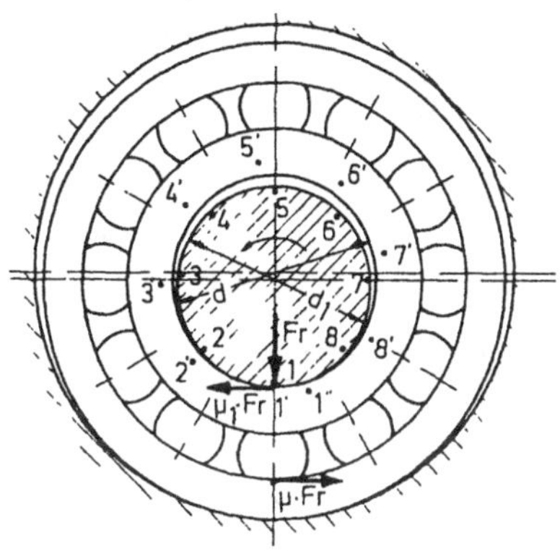

Rollbewegung bei $\mu_1 \cdot Fr > \mu \cdot Fr$:

$$\text{Bogen } \overline{1 \ldots 2 \ldots 3 \ldots 0} \triangleq \overline{1' \ldots 2' \ldots 3' \ldots 1''} = \pi\,(d - d_1)$$

$\therefore\ n_l < n$

$n_l = n\,(d - d_1)/d$ für drehende Welle $[\text{min}^{-1}]$ (Gl. 431)

$n_l = n\,(d - d_1)/d_1$ für drehende Belastung $[\text{min}^{-1}]$ (Gl. 432)

mit

- n_l Drehgeschwindigkeit des wandernden Ringes $[\text{min}^{-1}]$
- n Drehzahl der Welle bzw. des Gehäuses $[\text{min}^{-1}]$
- d Lagerbohrung bzw. Gehäusebohrung $[\text{mm}]$
- d_1 Wellendurchmesser bzw. Außenring-Außendurchmesser $[\text{mm}]$

Abb. 390 Bewegungsverhältnisse bei einem wandernden Lagerring

Eine lose Passung bei „Umfangslast am Innenring" kann nur in wenigen Ausnahmefällen zugelassen werden, nämlich dann, wenn die Belastung sehr gering ist oder eine hohe Belastung bei drehendem Innenring selten auftritt. Dann ist es aber immer noch zweckmäßig, einen harten Werkstoff für die Welle zu verwenden und eine gute Oberflächenbeschaffenheit vorzusehen. Nur wenn für eine gute Schmierung der Paßflächen gesorgt ist, z.B. Zapfenschmierung bei Walzenzapfenlagern, kann ein Wandern des Ringes unter Last während längerer Zeit zulässig sein.
Das einzige zuverlässige Mittel, das Wandern zu verhindern, besteht in einer genügenden Spannung der Lagerringe nach dem Einbau. Sie ist abhängig von dem Übermaß, der Lagerringdicke und der Sitzflächen-Beschaffenheit. Ab wann ein Lagerring beginnt sich zu lockern, zu rutschen oder auch nur zu bewegen, ist rechnerisch schwer zu bestimmen. Dennoch haben sich nach Gleichung 444 (S. 371) erhaltene Näherungswerte in der Praxis bewährt.
Kein geeignetes Mittel ist, die Lagerringe mit Haltenuten und -bohrungen zu versehen, ausgenommen untergeordnete Einbaufälle wie z.B. Landmaschinenlagerungen mit Pendelkugellagern mit breiten Innenringen (s. Koyo-Hauptkatalog).

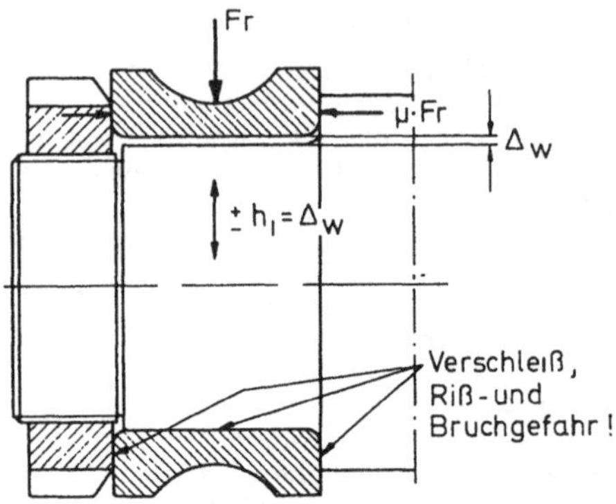

Fr Radialbelastung
$\mu \cdot$ Fr Klemmkraft
μ Reibwert, gewöhnlich <0,1
Δ_W Passungsspiel Welle/Innenring

Abb. 391 Bewegungsmöglichkeit (h_I) eines lose gepaßten, seitlich verspannten Innenringes bei „Umfangs- und Pendellast"

Gefährlich und auf jeden Fall abzuraten ist vom seitlichen Verspannen der lose gepaßten Lagerringe (Abb. 391). Die axiale Verspannung, die erforderlich ist, den Lagerring unter Belastung in der Schwebe zu halten, geht bald verloren, weil die unter Belastungen (Wellendurchbiegungen) entstehenden Federungen und Dehnungen der Lagerringe zu Lockerungen führen und die seitlichen Anlageflächen verschleißen. Die Bewegungen zwischen Lagerring und Gegenstück erfolgen unter fast trockener Reibung, weil nicht genügend Öl zwischen diese Flächen dringt. Dadurch entstehen hohe örtliche Erwärmungen, die in den gehärteten Lagerringen Spannungen freisetzen und zu Anschmierungen, Brandrissen Abb. 223/224, S. 230 führen. Diese Erscheinung ist sehr gefährlich, weil ein Bruch des Lagerringes die unmittelbare Folge sein kann. Die feinen Haar-Risse lassen sich oft erst durch Ätzen sichtbar machen. Die Ursache eines Bruches wird deshalb leicht an anderer Stelle gesucht.

21.8.7.2 Passungsrost

Beim Ausbau von Wälzlagern findet man gelegentlich Passungsrost in der Lagerbohrung oder auf dem Lageraußendurchmesser (s. Beispiel Abb. 235, S. 233) und auf den Lagersitzen, wenn sie aus Eisenwerkstoffen bestehen. Er hat im wesentlichen zwei Erscheinungsformen:

- Trockener Passungsrost, ein rostbraunes pulverförmiges Oxyd, vorwiegend roter Hämatit (α-Fe_2O_3), vermischt mit nicht oxydiertem Metallabrieb.
- Feuchter Passungsrost, ein tiefschwarzer bis rostbrauner harter Belag aus Oxyden, α-Fe_2O_3, Abrieb und chemisch gealtertem Schmierstoff.

assungsrost oder Reiboxydation ist die olge von Reibkorrosion, auch Schwingeibverschleiß oder Tribokorrosion genannt. Passungsrost ist die Schädigung von Werkstoffen, deren Oberflächen sich unter Normalkraft berühren und dabei oszillierende Bewegungen oder Stöße ausführen. Die Folge ist, daß kleine Teile von der Werkstoffoberfläche getrennt werden und mit Luft-Sauerstoff oxydieren. Diese Oxydationsprodukte häufen sich in der Paßfuge an oder werden herausgetragen (Abb. 392).

Vornehmlich auf Grund des höheren Volumens bewirken sie bereits nach relativ kurzer Zeit:

— Veränderung der Maß- und Lagegenauigkeit
— Grübchenbildung und Erhöhung der Kerbspannungen bis zu Dauerbrüchen
— Zerstörung der Oberfläche durch Fressen und Verschleiß sowie Brüche durch Sprengwirkung angehäufter Oxydationsprodukte.
— Riffelbildung bei statischer Reibkorrosion (s. S. 234)

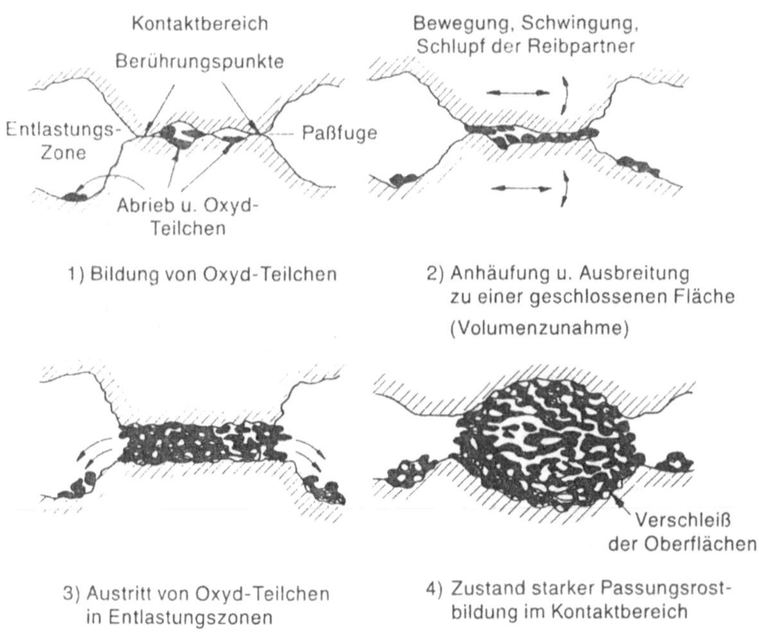

Abb. 392 Schematische Darstellung der Passungsrostbildung

Zur Passungsrostbildung genügen sehr kleine Bewegungen (Schwingungen > 10 μm), wie sie z.B. bei größeren Wellendurchbiegungen in der Paßfuge auftreten. Minimale Bewegungen zwischen den Teilen sind visuell nicht leicht feststellbar, da sie nur innerhalb der Paßfuge durch Überlagerung von Schubspannung und Flächenpressung auftreten (Abb. 393). In diesem Fall spricht man von statischer Reibkorrosion. Sichtbar werden die Bewegungen erst in einer Größenordnung von 0,1 mm. Treten sie über die gesamte Paßfuge (Gleitfläche) auf, spricht man von kinetischer Reibkorrosion.

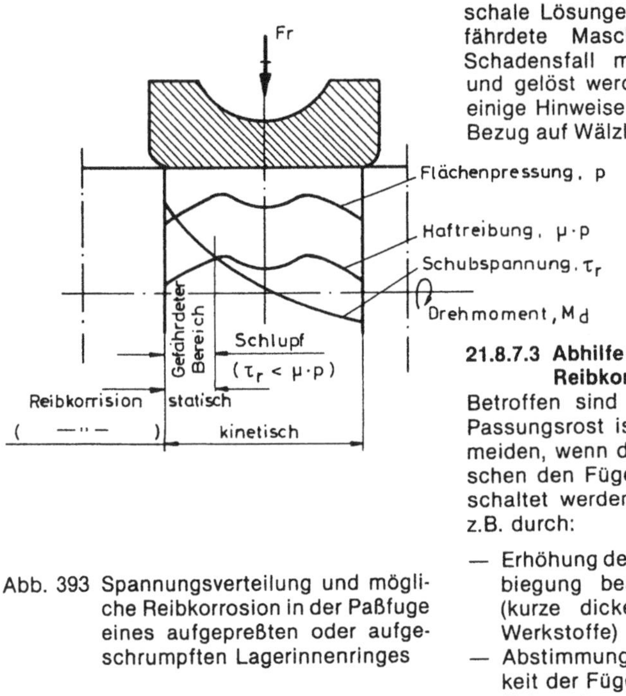

Abb. 393 Spannungsverteilung und mögliche Reibkorrosion in der Paßfuge eines aufgepreßten oder aufgeschrumpften Lagerinnenringes

Passungsrost entsteht bei Bewegungen auch nur dann, wenn in oder an der Paßfuge eine Atmosphäre mit oxydierend wirkenden Stoffen wie Luft-Sauerstoff, Kohlendioxyd oder Feuchtigkeit vorhanden ist. Je nachdem, ob nur die schwingenden Oberflächen oder auch der Schmierstoff betroffen ist, spricht man, wie eingangs erwähnt, von trockenem bzw. feuchtem Passungsrost. Niedrige Luftfeuchtigkeitswerte (<10 %) beschleunigen die Reibkorrosion.

Hohe Luftfeuchtigkeitswerte verlangsamen die Reibkorrosion, weil absorbierte Wassermoleküle und vorhandene Oxydationsprodukte eine schützende Deckschicht bilden.

Wenn Passungsrost in das Lager gelangt, bilden sich zwar keine Eindrücke, aber es entsteht Verschleiß, weil der Passungsrost, fein verteilt, wie Schleif- oder Poliermittel wirkt.
Die durch Reibkorrosion verursachten Schäden können ein ernstes Problem werden, weil sie häufig erst sehr spät als solche Schäden erkannt werden und weil Abhilfemaßnahmen oft wegen konstruktiver Maßnahmen sehr kostspielig sind. Pauschale Lösungen gibt es nicht. Jedes gefährdete Maschinenelement und jeder Schadensfall muß individuell analysiert und gelöst werden. Im folgenden werden einige Hinweise auf Abhilfemaßnahmen in Bezug auf Wälzlagersitze gegeben.

21.8.7.3 Abhilfe bei statischer Reibkorrosion

Betroffen sind Fest- und Schrumpfsitze. Passungsrost ist nur wirkungsvoll zu vermeiden, wenn die Relativbewegungen zwischen den Fügeteilen vollkommen ausgeschaltet werden. Das heißt im einzelnen z.B. durch:

- Erhöhung der Steifigkeit der auf Umlaufbiegung beanspruchten Wellenenden (kurze dicke Wellen, hochelastische Werkstoffe)
- Abstimmung von Kraftfluß und Steifigkeit der Fügeteile (Verhinderung großer Dehnunterschiede)
- Verlagerung der Schiebekräfte in eine elastische Zwischenschicht (Einbau von Gummiteilen, Kunststoff-Folien oder Klebern)
- Erhöhung der Flächenpressung

Während der Montage ist mit Schmierstoff in der Paßfuge sehr sparsam umzugehen, da die bewirkte Reibungsminderung die Bewegungsfreiheit der Kontaktflächen erhöht.

21.8.7.4 Abhilfe bei kinetischer Reibkorrosion

Bei größeren Bewegungen zwischen den Fügeteilen, die auch funktionsbedingt sein können (leichte Verschiebbarkeit, leichter Einbau/Ausbau), werden folgende Abhilfen praktiziert:

- Verringerung der Flächenpressung, weil bei kinetischer Reibkorrosion der Verschleiß abnimmt.
- Vermeidung einer Paarung Stahl auf Stahl. Verwendung von Gegenwerkstoffen mit besseren Gleiteigenschaften, wie Grauguß, NE-Metalle, Duro- oder Thermoplaste (Kunststoff-Folien aus Polyamid oder Polytetrafluorethylen). Bei Kunststoffen ist auf ausreichende mechanische Festigkeit zu achten.

  Sehr feine, hochlegierte Stähle zeigen einen höheren Massenverschleiß als niedrig bis unlegierte Werkstoffe. Werkstoffe, die einen Korrosionswiderstand in Folge schützender Reaktionsschichten besitzen (Aluminium, rostfreie oder korrosionsbeständige Stähle), sind hier recht ungünstig, weil die Schutzschichten durch die Bewegungen ständig zerstört und kaum wirksam werden.
- Nachschmiermöglichkeit (möglichst zentral und automatisch vorsehen). Verwendung besonderer Schmierstoffe. Metallseifenfette sind wenig geeignet, hochviskose Basisöle sind besser, Öle mit EP-Additiven bieten keinen Vorteil. Feststoffschmierstoffe können die Reibkorrosion verhindern, aber nur so lange wie das Pulver eine porenfreie Schicht aufrechterhält und nicht durch die Reibbeanspruchung aufgerissen wird. Die mangelnde Konsistenz von Schichten aus Festschmierstoffen kann durch geeignete Bindemittel kompensiert werden. Bei MoS_2-haltigen Ölen nimmt die Tendenz zur Reibkorrosion mit ansteigendem Feststoffanteil zu. Zur Verminderung von Reibkorrosion hat sich eine Zinkphosphatierung als die preisgünstigste, das Vergolden als die wirksamste Oberflächenbehandlung herausgestellt.
- Beschichten eines Reibpartners durch Stoffe mit niedrigerem Reibwert, wie z.B. MoS_2- oder PTFE-Einbrennlacke (s. S. 486). Die Rauhtiefe, obwohl sonst ohne große Bedeutung für die Reibkorrosion, ist hier besonders niedrig zu halten, damit die Beschichtung nicht vorzeitig abgeschabt wird.
- Verschleißarme Gleitflächen durch Erhöhung der Oberflächenhärte (Wärmebehandlung, Nitrieren, Verchromen, Kaltverfestigung, Kugelstrahlen).

21.8.7.5 Berechnung der Passungsveränderungen

Die ursprünglich gewählte oder überschlägig bestimmte Passung (s. Textteil der Lagerbauarten) verändert sich bei besonderen Einbau- und Betriebsbedingungen durch Verluste oder Gewinne des Passungsübermaßes bzw. Passungsspieles. Damit Lockerungen bzw. Verklemmen der Lager ausgeschlossen wird, ist es ratsam zu überprüfen, ob die festen und die losen Passungen wirklich lose genug sind.
Unter den Voraussetzungen, daß nur geringe plastische Verformungen in der Paßfuge stattfinden — dies ist meistens der Fall —, läßt sich die Veränderung ΔP, wie folgt bestimmen:

Welle

$$\Delta P_W = \Delta d_{\ddot{u}} + G' + \Delta d_F + \Delta d_T \pm \Delta d_W + \Delta d_n \quad [\mu m] \quad \text{(Gl. 433)}$$

mit

$\Delta d_{\ddot{u}}$ Übermaßverlust durch Hohlwelle [µm]

G' Übermaßverlust durch Oberflächenglättung [µm]

Δd_F Übermaßverlust durch Belastung [µm]

Δd_T Übermaßverlust durch Temperaturgefälle zwischen Welle und Innenring [µm]

Δd_W Übermaßverlust oder -gewinn durch unterschiedliche Werkstoffe [µm]

Δd_n Übermaßverlust durch Fliehkraft und Maßänderungen [µm]

Gehäuse

$$\Delta P_G = \Delta D_ü + G' - \Delta D_F + \Delta D_T \pm \Delta D_W + \Delta D_n \quad [\mu m] \quad \text{(Gl. 434)}$$

mit

- $\Delta D_ü$ Übermaßverlust durch dünne Gehäuse [μm]
- G' Übermaßverlust durch Oberflächenglättung [μm]
- ΔD_F Übermaßgewinn durch Belastung [μm]
- ΔD_T Übermaßverlust durch Temperaturgefälle zwischen Außenring und Gehäuse [μm]
- ΔD_W Übermaßverlust durch unterschiedliche Werkstoffe [μm]
- ΔD_n Übermaßverlust durch Fliehkraft und Maßänderungen [μm]

Zu beachten sind mögliche Vorzeichenänderungen durch ungewöhnliche Tieftemperaturen und Werkstoffpaarungen.

21.8.7.6 Einfluß von Hohlwelle und dünnem Gehäuse, $\Delta d_ü + \Delta D_ü$

Gegenüber der allgemeinen Annahme von Vollwelle und ausreichend dicken (starren) Gehäusen werden bei festen Passungen die Hohlwellen mehr zusammengedrückt und die Gehäuse mehr aufgeweitet:

$$\Delta d_ü = ü_d \cdot di/d \ [\mu m] \quad \text{(Gl. 435)}$$
$$\Delta D_ü = ü_D \cdot D/D_G \ [\mu m] \quad \text{(Gl. 436)}$$

mit

- $ü_d$ Theoretisches Übermaß zwischen Welle und Lagerinnenring [μm] nach gewählter Passung, Abb. 387
- $ü_D$ Theoretisches Übermaß zwischen Lageraußenring und Gehäuse [μm] nach gewählter Passung, Abb. 388
- d Lagerinnenringbohrung [mm], siehe Maßtabelle
- d_i Innendurchmesser der Hohlwelle [mm]
- D Lageraußenring-Durchmesser [mm], siehe Maßtabelle
- D_G Außendurchmesser des Gehäuses [mm]

21.8.7.7 Einfluß der Oberflächenglättung ,G'

Je gröber und weicher die Oberflächen sind, desto mehr wird der Passungscharakter beim Zusammenbau durch plastische Verformungen (Glättung) der Paßflächen beeinflußt. Beim Kaltauf- oder -einpressen z.B. ist die Glättung größer als beim Warmaufziehen der Innenringe oder beim Einführen der Außenringe in vorgewärmte Gehäuse. Unterkühlte Wellen oder Außenringe sind ebenfalls günstiger.
Nach DIN 7190 beträgt die Glättung etwa 60% der Rauhtiefe (R_t, bzw. R_z) der beiden gefügten Teile, auf den Durchmesser bezogen also:

$$G' = 2 \cdot 0{,}6(R_{t_I} + R_{t_A}) \ [\mu m] \quad \text{(Gl. 437)}$$

mit

- R_{t_I} Rauhtiefe des Innenteiles [μm]
- R_{t_A} Rauhtiefe des Außenteiles [μm]

Die Rauhtiefen ergeben sich aus Messungen, Fertigungszeichnungen oder anderen Empfehlungen (s. S. 377). Gute Anhaltswerte gibt auch die Abb. 394.

Nennmaß der Lagerbohrung, d über bzw. des Lager-Außen∅, D bis		— 50	50 100	100
Auf den Durchmesser bezogene Glättung, G'	feinst geschliffen	1	1	2
	fein geschliffen	2	2,5	4
	feinst gedreht	3	5	6
	fein gedreht	4	7	8

Abb. 394 Anhaltswerte für die Glättung bei festen Passungen für Wälzlager

21.8.7.8 Einfluß unterschiedlicher Werkstoffe, Δd_W, ΔD_W

Wenn Welle oder Gehäuse aus anderen Werkstoffen als aus Stahl oder Stahlguß, z. B. Grauguß, Leichtmetall, Kunststoff, Titan bestehen, oder die Lager selbst aus solchen Werkstoffen hergestellt sind, ist die Festigkeit und die unterschiedliche Wärmeausdehnung der Werkstoffe zu überprüfen. Im ersten Fall muß eine genügend große Sicherheit gegenüber den aus der gewählten Passungen resultierenden Fügespannungen bestehen (s. S. 373). Im zweiten Fall gilt ähnlich 21.8.7.11:

$\Delta d_W = (\alpha_1 - \alpha_2) \cdot \Delta T_i \cdot d \cdot 1000$ [μm] (Gl. 438)

$\Delta D_W = (\alpha_1 - \alpha_2) \cdot \Delta T_a \cdot D \cdot 1000$ [μm] (Gl. 439)

mit

α_1, α_2 Ausdehnungskoeffizient der Werkstoffe der gefügten Teile [1/°C] (Stahl $\alpha_{St} = 12 \cdot 10^{-6}$/°C Grauguß $\alpha_{GG} = 9 \cdot 10^{-6}$/°C Leichtmetall $\alpha_A = 22 \cdot 10^{-6}$/°C Kunststoff $\alpha_K \approx 110 \cdot 10^{-6}$/°C Titan $\alpha_{Ti} = 11 \cdot 10^{-6}$/°C)

$\Delta T_i, \Delta T_a$ Temperaturgefälle zwischen den gefügten Teilen im Betriebszustand, ggfs. auch die Temperaturdifferenz zwischen Betriebs- und Einbauzustand [°C]

d Lagerinnenringbohrung [mm], siehe Maßtabelle

D Lageraußenring-Durchmesser [mm], siehe Maßtabelle

21.8.7.9 Einfluß der Belastung Δd_F, ΔD_F

Unter Belastung werden die Lagersitze zusammengedrückt und die Lagerringe radial gedehnt, so daß für die Innenringe ein Übermaßverlust und für die Außenringe ein Übermaßgewinn auftritt.

$\Delta d_F = 0{,}25\ 10^{-2} \sqrt{d/B \cdot Fr}$ [μm] (Gl. 440)

$\Delta D_F = 0{,}25\ 10^{-2} \sqrt{D/B \cdot Fr}$ [μm] (Gl. 441)

mit

d Lagerinnenringbohrung [mm], siehe Maßtabelle

B Innenringbreite [mm], siehe Maßtabelle

Fr Radialbelastung [kN]

D Lageraußenring-Durchmesser [mm], siehe Maßtabelle

21.8.7.10 Einfluß der Fliehkraft und Maßänderung der Wälzlagerringe Δd_n, ΔD_n

Bei sehr hohen Drehzahlen werden die Lagerringe durch die Fliehkraft aufgeweitet bzw. zusammengedrückt. Dadurch ändert sich der Passungscharakter ebenso wie bei Maßänderungen der Wälzlagerringe (s. S. 188). Diese Einflüsse wirken sich nur bei extremen Einbausituationen ($n \gg n_g$) aus und sind am besten der Technischen Abteilung der Koyo Deutschland GmbH zur Überprüfung zu übergeben.

21.8.7.11 Einfluß des Temperaturgefälles Δd_T, ΔD_T

Da die Temperatur des Lagers im Betrieb gewöhnlich über der der Lagerstellen-Umgebung liegt, treten bestimmte Temperaturdifferenzen in den Paßfugen auf. Wenn die gefügten Teile aus dem gleichen Werkstoff bestehen, ergibt sich der daraus resultierende Übermaßverlust zu:

$\Delta d_T = (0{,}10 \ldots 0{,}15) \cdot \Delta T \cdot \alpha \cdot d \cdot 1000$ [μm] (Gl. 442)

$\Delta D_T = (0{,}10 \ldots 0{,}15) \cdot \Delta T \cdot \alpha \cdot D \cdot 1000$ [μm] (Gl. 443)

mit

ΔT Temperaturgefälle zwischen Lager und Umgebung der Lagerstelle [°C], s. S. 185

α Ausdehnungkoeffizient des Werkstoffes der gefügten Teile [1/°C], s. S. 184

d Lagerinnenringbohrung [mm], siehe Maßtabelle

D Lageraußenring-Durchmesser [mm], siehe Maßtabelle

21.8.7.12 Vereinfachte Berechnung der Passungsänderung

Die Gleichung (433) vereinfacht sich bei der Mehrzahl aller Einbaufälle, weil $\Delta d_{ü}$, Δd_W und Δd_n nicht wirksam sind, zu

$$\Delta p'_W = \frac{d+3}{d} \left(0{,}25 \cdot 10^{-2} \sqrt{\frac{d}{B} \cdot Fr} + 0{,}0015 \cdot d \cdot \Delta t\right) \text{[μm]} \quad \text{(Gl. 444)}$$

mit

$\Delta p'_W$ Erforderliches Übermaß, das Innenringwandern in der Regel verhindert bzw. „anti-creep" gewährleistet. [μm]

Die Berechnung des Übermaßes ist auch nur bei wenigen Einbaufällen, wie z.B. Großlager im Walzwerksbau, notwendig, da geeignete Passungen für verschiedene Betriebsbedingungen nach Erfahrungen in den Textteilen der Lagerbauarten zur Wahl stehen.

21.8.8 Preßsitz-Spannungen

Für die genauere Berechnung der Betriebslagerluft (Lagerluftverminderung) und Überprüfung des Passungscharakters ist die Radialspannung (Fugendruck p_F, Flächenpressung) in der Paßfuge und die Tangentialspannung in den Lagerringen zu bestimmen. Das gleiche gilt in Sonderfällen (besondere Werkstoffe, hohe Betriebstemperaturen, höchst extreme Drehzahlen, Preßpassungen) für die Festigkeits-Überprüfung der Fügeteile. Bei Beschränkung auf elastische Preßverbindungen lassen sie sich aus dem wirksamen Übermaß ü errechnen.

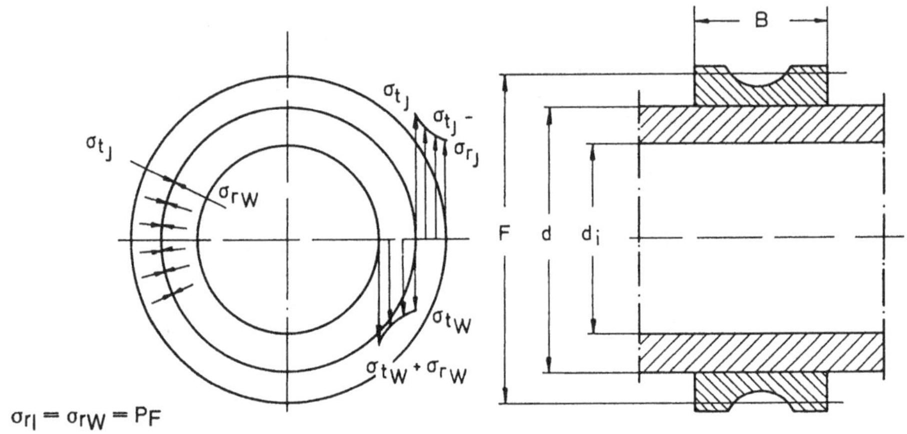

Abb. 395 Radial- und Tangentialspannungen in der Paßfuge Innenring/Welle

21.8.8.1 Radialspannung, Innenring/Welle, σ_{rIW}

$$\sigma_{rIW} = \frac{ü}{d} \cdot \frac{1}{\frac{1}{E_I} \cdot \left[\frac{1+(d/F)^2}{1-(d/F)^2} + \frac{1}{m_I}\right] + \frac{1}{E_W}\left[\frac{1+(di/d)^2}{1-(di/d)^2} - \frac{1}{m_W}\right]} \quad [N/mm^2]$$

(Gl. 445)

mit

- ü Wirksames Übermaß [mm] s. Gl. 433 $ü = ü_d - \Delta P_W$
- d Lagerbohrung [mm], siehe Maßtabelle
- E_I Elastizitätsmodul des Wälzlager-Innenringes (Stahl: 208000) [N/mm²]
- E_W Elastizitätsmodul der Welle [N/mm²]
- F Mittlerer Innenring-Borddurchmesser [mm], siehe Abb. 380, S. 347
- m_I Poissonssche Konstante des Wälzlager-Innenringes (Stahl: 10/3)
- m_W Poissonsche Konstante der Welle
- d_i Innendurchmesser der Welle [mm]

21.8.8.2 Radialspannung, Außenring/Gehäuse, σ_{rAG}

$$\sigma_{rAG} = \frac{ü}{D} \cdot \frac{1}{\frac{1}{E_G} \cdot \left[\frac{1+(D/D_g)^2}{1-(D/D_G)^2} + \frac{1}{m_G}\right] + \frac{1}{E_A}\left[\frac{1+(f/D)^2}{1-(f/D)^2} - \frac{1}{m_A}\right]} \quad [N/mm^2]$$

(Gl. 446)

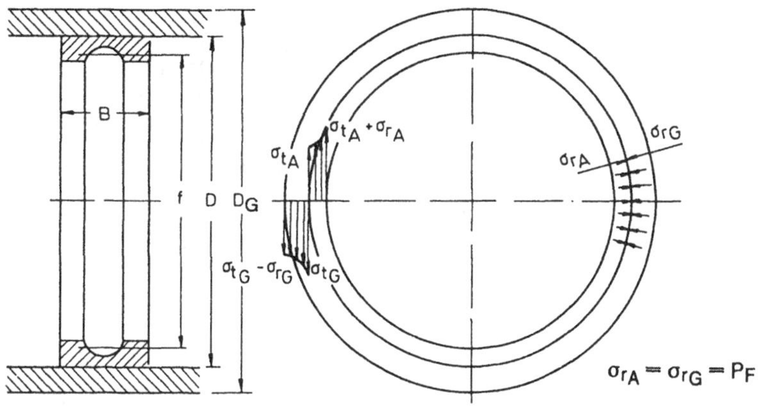

Abb. 396 Radial- und Tangentialspannungen in der Paßfuge Außenring/Gehäuse

mit

- ü Wirksames Übermaß[mm], siehe Gl. 434, $ü = ü_D - \Delta P_G$
- D Lager-Außendurchmesser [mm], siehe Maßtabelle
- E_G Elastizitätsmodul des Gehäuses [N/mm²] (Stahl: 208000 N/mm², Gußeisen: 105000 N/mm², Leichtmetall ≈ 76000 N/mm²)
- D_G Außendurchmesser des Gehäuses [mm]
- m_G Poissonsche Konstante des Gehäuses (Stahl, Stahlguß, Leichtmetall: 10/3; Gußeisen: 4)
- m_A Poissonsche Konstante des Wälzlager-Außenringes (Stahl: 10/3)
- f Mittlerer Außenring-Bohrdurchmesser [mm], siehe Abb. 380, S. 347

Vereinfachungen ergeben sich bei Wälzlagern, Vollwellen und starren Gehäusen aus annähernd gleichem Material (Stahl, E = 208000 N/mm²):

$\sigma r_{IW} = ü \cdot 104/d\ [1-(d/F)^2]$ [N/mm²] (Gl. 447)

$\sigma r_{AG} = ü \cdot 104/D\ [1-(f/D)^2]$ [N/mm²] (Gl. 448)

21.8.8.3 Fließen des Werkstoffes

Nach der Schubspannungstheorie tritt Fließen auf, wenn $2\sigma/(1-C^2) = \sigma_s$ ist, mit C fur das größte vorhandene Durchmesserverhältnis und σ_s für die Streckgrenze des Werkstoffes in [n/mm²].

21.8.8.4 Tangentialspannung

Die Tangentialspannungen im Wälzlager sind am größten in der Bohrung des fest gepaßten Innenringes (Zugspannungen) bzw. am mittleren Borddurchmesser des fest gepaßten Außenrings (Druckspannungen), s. Abb. 395 + 396. Die sich aus den Passungsempfehlungen (siehe Textteil der einzelnen Lagerbauarten) ergebenden Tangentialspannungen sind so niedrig, daß ein Bruch der Ringe bei sachgemäßer Montage nicht zu befürchten ist. Zur Nachprüfung seien folgende Fälle (Welle und Lager aus Stahl) angeführt:

Innenring auf Vollwelle:

$\sigma t_I = ü \cdot 104/d\ [1+(d/F)^2]$ [N/mm²] (Gl. 449)

Innenring auf Hohlwelle:

$$\sigma t_I = \frac{E}{2} \cdot \frac{ü}{d} \cdot \frac{(1-d_i^2/d^2)\,(1+d^2/F^2)}{(1-d_i^2/F^2)}\ \text{[N/mm}^2\text{]} \quad \text{(Gl. 450)}$$

Außenring in Gehäuse

$$\sigma t_A = E \cdot \frac{ü}{D} \cdot \frac{(1-D^2/D_G^2)}{(1-f^2/D_G^2)}\ \text{[N/mm}^2\text{]} \quad \text{(Gl. 451)}$$

Zulässig sind etwa 170—200 N/mm² für durchgehärtete Wälzlagerringe (100 Cr6) und 280 N/mm² für einsatzgehärtete Wälzlagerringe bei ca. 2,5facher Sicherheit gegen Bruch.

21.8.9 Genauigkeit der Lagersitze

Da die Qualität der Lagersitze aus wirtschaftlichen und funktionellen Gründen der Qualität der Lager angepaßt sein muß, sind für die Bearbeitung der Lagersitze (Gegenstücke) die Toleranzfelder (Passungen) mit Angaben über die Formtoleranzen und Oberflächengüten zu ergänzen.

21.8.9.1 Formtoleranzen

Formfehler der Lagersitze übertragen sich zu einem großen Teil auf die Wälzlager-Laufbahnen und beeinflussen die Belastungsverteilung (S. 334), die Bewegungsverhältnisse im Lager (S. 268) und die Laufgenauigkeit der Lagerung (S. 379).

Für Wälzlagersitze wird allgemein empfohlen, als zulässige Formtoleranz die Hälfte der Maßtoleranz einzusetzen. Genauere Angaben, insbesondere auch für Hochgenauigkeits-Lagerungen, sind den Abb. 397 und 398 zu entnehmen. Die Werte für die ISO-Toleranzqualitäten folgen in Abb. 399.

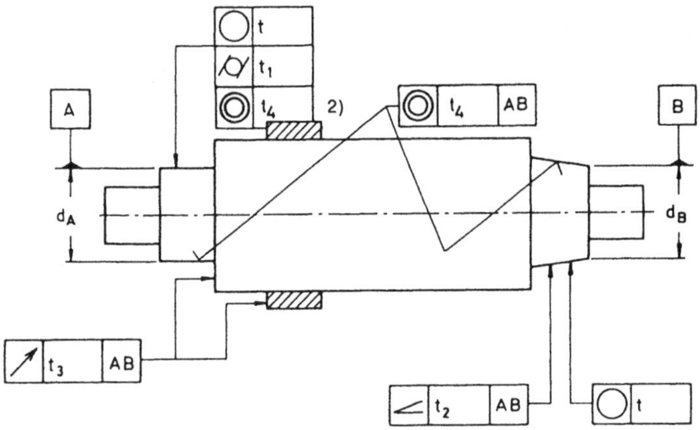

(Bezeichnungen nach DIN 7184 bzw. DIN ISO 110)

Wälzlager-Toleranzklasse:	Symbol	Toleranzwert	Normal (P0)[1]	P6	P5	P4	P2
Maßgenauigkeit	—	d	IT6 (IT5)	IT5	IT4	IT3	IT2
Rundheit	○	t	IT4 (IT3)	IT3	IT3/2	IT2/2	IT0
Zylinderform (Kegeligkeit)	⌭	t_1	IT4/2 (IT3)	IT3/2	IT2/2	IT1/2	IT0
Winkligkeit	∠	t_2	IT4	IT3	IT3/2	IT2/2	IT0
Planlauf	↗	t_3	IT4 (IT3)	IT3	IT2	IT1	IT0
Konzentrizität[2] (Fluchtungsfehler)	◎	t_4	IT5	IT5	IT5	IT4	IT3

1) Bei Punktlast ist eine ISO-Qualität höher möglich, z.B. IT7 statt IT6
2) Gilt nur bei genügend breiten Lagersitzen (Bezugsflächen)

Abb. 397 Formtoleranzen für Wellen von Wälzlagerungen

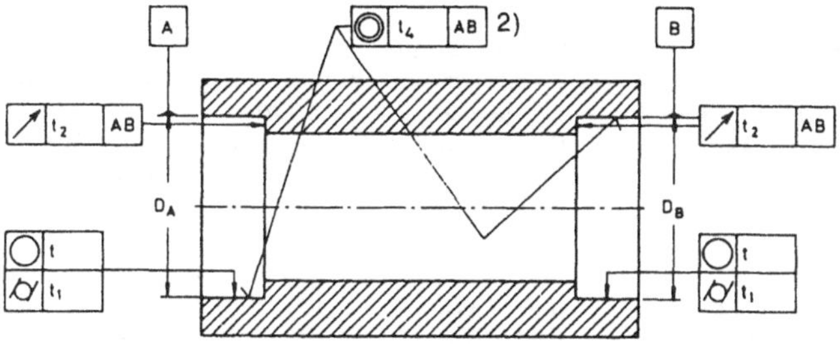

Bezeichnungen nach DIN 7184 bzw. DIN 110

	Wälzlager-Toleranzklasse		Normal	(P0)[1]	P6	P 5	P 4	P 2
	Symbol	Toleranzwert	D[mm]					
			≦150	>150				
Maßgenauigkeit	—	D	IT7 (IT6)	IT7 (IT6)	IT6	IT5	IT4	IT3
Rundheit	○	t	IT4 (IT3)	IT5 (IT4)	IT4	IT3/2	IT2/2	IT1
Zylinderform (Kegeligkeit)	⌭	t_1	IT4/2 (IT3)	IT5/2 (IT4)	IT3	IT3/2	IT1	IT0
Planlauf	↗	t_2	IT4 (IT3)	IT5 (IT4)	IT3	IT3	IT2	IT1
Konzentrizität[2] (Fluchtungsfehler)	◎	t_3	IT5	IT5	IT5	IT4	IT4	IT3

1) Bei Punktlast ist eine ISO-Qualität höher möglich, z.B. IT8 statt IT7

2) Gilt nur bei genügend breiten Lagersitzen (Bezugsflächen)

Abb. 398 Formtoleranzen für Gehäuse von Wälzlagerungen

Durchmesser Nennmaß d, D über	bis	Toleranzqualität IT01	IT0	IT1	IT2	IT3	IT4	IT5	IT6	IT7	IT8	IT9
mm		µm										
3	6	0,4	0,6	1	1,5	2,5	4	5	8	12	18	30
6	10	0,4	0,6	1	1,5	2,5	4	6	9	15	22	36
10	18	0,5	0,8	1,2	2	3	5	8	11	18	27	43
18	30	0,6	1	1,5	2,5	4	6	9	13	21	33	52
30	50	0,6	1	1,5	2,5	4	7	11	16	25	39	62
50	80	0,8	1,2	2	3	5	8	13	19	30	46	74
80	120	1	1,5	2,5	4	6	10	15	22	35	54	87
120	180	1,2	2	3,5	5	8	12	18	25	40	63	100
180	250	2	3	3,5	7	10	14	20	29	46	72	115
250	315	2,5	4	6	8	12	16	23	32	52	81	130
315	400	3	5	7	9	13	18	25	36	57	89	140
400	500	4	6	8	10	15	20	27	40	63	97	155

Abb. 399 ISO-Toleranzreihen DIN 7151 bzw. ISO/R 286

21.8.9.2 Oberflächengüte

Wenn die Oberflächengüte (Rauhheit) der Lagersitze für die Funktion der Lagerung nicht im gleichen Maße entscheidend ist wie die Qualität der Durchmessertoleranzen und Formtoleranzen, so ist sie jedoch für die Erhaltung des Passungscharakters von Bedeutung. Rauhe Sitzflächen können im Laufe der Zeit zu plastischen Zusammendrückungen der Unebenheiten unter Betriebslast führen (Setzen), d. h. die Preßpassung läßt nach bzw. die Spielpassung ist durch Passungsrost gefährdet. Bestimmte Mindestanforderungen (Richtwerte Abb. 401) sind also die Voraussetzung dafür, daß die festgelegten Passungen über die gesamte Betriebszeit erhalten bleiben.

Rollenlager der Normaltoleranz (PO) erlauben gegenüber Kugellagern etwa doppelte Rauhtiefen; Punktlast gegenüber Umfangslast ebenfalls. Beispiel: PO-Rollenlager,d = 50 mm und Punktlast ergibt R_z zulässig = 1,6 · 2 · 2 = 6,4 μm.

Die Lagersitzflächen müssen in der Regel geschliffen, zumindest aber feinstgedreht werden. Wenn die geforderte Oberflächengüte mit dem ausgewählten Bearbeitungsverfahren einmal nicht erreichbar ist, kann durch Wahl einer festeren Passung, z. B. K6 statt J6, der beabsichtigte Sitzcharakter erreicht werden.

Zum besseren Verständnis und zum Vergleich enthält die Abb. 400 eine Beschreibung und die Abb. 402 eine Gegenüberstellung deutscher und angelsächsischer Meßgrößen; dabei handelt es sich um empirische Werte, weil ein exakter rechnerischer Vergleich der Rauhtiefe R_t und der Mittenrauhwerte R_a (bzw. CLA, RMS) nicht möglich ist.

Kurzzeichen	Benennung	Beschreibung
R_{max} (R_t)	maximale Rauhtiefe	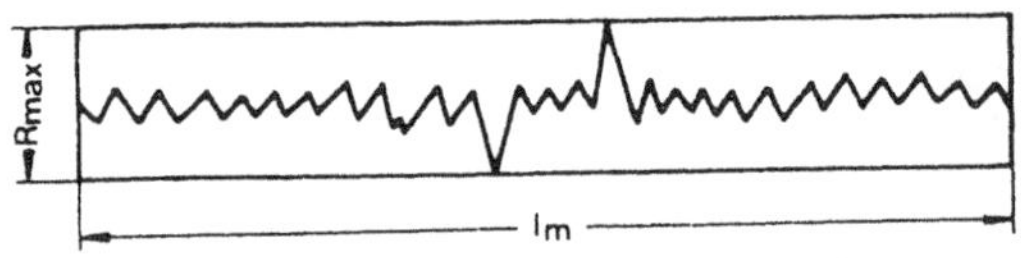 Nach dem Ausfiltern von Formabweichungen und Welligkeit die Profilhöhe einschließlich Ausreißer nach oben und unten innerhalb der Meßstrecke l_m
R_z	gemittelte Rauhtiefe $R_z = \frac{1}{5}\left(\begin{array}{c} Z_1+Z_2+Z_3 \\ +Z_4+Z_5 \end{array}\right)$	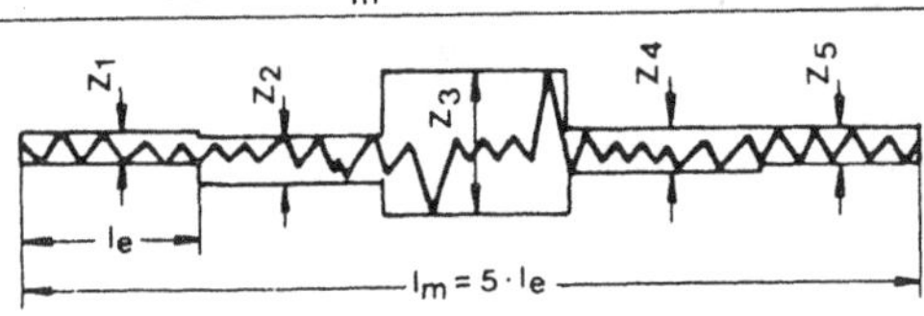 Arithmetisches Mittel aus den Einzelrauhtiefen fünf aneinander grenzender Einzelmeßstrecken l_e
R_a	Mittenrauhwert $R_a = \frac{1}{l_m} \int_{x=0}^{x=l_m} \lvert y \rvert \, dx$	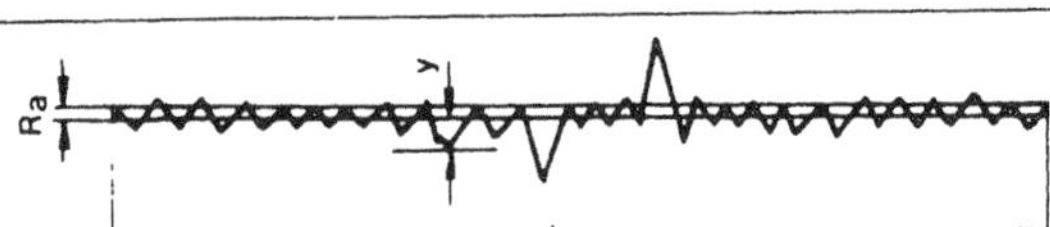 Nach dem Ausfiltern von Formabweichungen und Welligkeit arithmetisches Mittel aller Profilordinaten y. R_a-Wert schwankt zwischen 1/3 und 1/7 des R_z-Wertes (DIN 4767). Einzelne Ausreißer, insbesondere mit großen Öffnungswinkeln, beeinflussen R_a mehr als R_z.

Abb. 400 Beschreibung gebräuchlicher Rauhtiefen-Meßgrößen (Senkrechtmaße), DIN 4762/68

Toleranzklasse	Nennmaß [mm] über Durchmesser, d, D, bis		Welle und Anlagefläche[1] — / 50	50 / 120	120 / 250	250 / —	Gehäuse und Anlagefläche (Spiel- und Übergangspassungen)[2] — / 50	50 / 120	120 / 250	250 / —
			Werte in μm							
Normal P0 und P6	Rauhtiefe,	R_z	1,6	2,5	4,0	6,3	2,5	4,0	6,3	10
	Mittenrauhwert,	R_a	0,4	0,63	1,0	1,6	0,63	1,0	1,6	2,5
P5	Rauhtiefe,	R_z	1	1,6	2,5	4,0	1,6	2,5	4,0	6,3
	Mittenrauhwert,	R_a	0,25	0,4	0,63	1,0	0,4	0,63	1,0	1,6
P4	Rauhtiefe,	R_z	0,63	1,0	1,6	2,5	1,0	1,6	2,5	4,0
	Mittenrauhwert,	R_a	0,16	0,25	0,4	0,63	0,25	0,4	0,63	1,0

1) Bei Anlageflächen für Wälzlager der Normaltoleranzklasse kann R_z eine Stufe höher als angegeben zugelassen werden, z.B. $R_z = 2{,}5$ statt 1,6

2) Bei Preßpassungen für Wälzlager ist R_z eine Stufe höher als angegeben zulässig.

Abb. 401 Richtwerte für zulässige Rauhtiefen der Kugellagersitze bei Umfangslast

Ubergang von Rauhtiefe auf Mittenrauhwerte Rauhtiefe R_t [µm]	Mittenrauhwerte R_a [µm]	CLA[1] [µin]	RMS[2] [µin]	Ubergang von Mittenrauhwerten auf Rauhtiefe Mittenrauhwerte R_a [µm]	CLA [µin]	RMS [µin]	Rauhtiefe R_t [µin]
0,1	0,007 . 0,02	0,3 0,8	0,3... 1,0	0,02	0,8	0,9. . 1,0	0,1 0,3
0,2	0,016 ..0,04	0,6 .. 1,6	0,7 . 1,9	0,04	1,6	1,8... 1,9	0,2 0,5
0,3	0,025 ...0,06	1,0 2,4	1,1.. 2,9	0,06	2,4	2,6. 2,9	0,3.. 0,7
0,4	0,035 .. 0,08	1,4 3,2	1,5... 3,8	0,08	3,2	3,5 3,8	0,4 .. 0,8
0,5	0,045 0,11	1,8... 4,4	2,0 . 5,3	0,10	4,0	4,4 .. 4,8	0,5 . 1,0
0,6	0,055 .0,13	2,2 .. 5,2	2,4 6,2	0,12	4,8	5,3 5,8	0,6... 1,2
0,7	0,065 ...0,15	2,6 .. 6,0	2,9 .. 7,2	0,14	5,6	6,2 6,7	0,65. .1,4
0,8	0,075 ...0,18	3,0 7,2	3,3 . 8,6	0,16	6,4	7,0. . 7,7	0,7. 1,6
0,9	0,085 .0,20	3,4 . 8,0	3,8 . 9,6	0,18	7,2	7,9. 8,6	0,8 1,7
1,0	0,10 0,22	4,0 8,8	4,3 . 10,6	0,20	8,0	8,8 . 9,6	0,9.. 1,9
1,2	0,12 . 0,27	4,8. 10,8	5,3 12,9	0,25	10	11,0 12,0	1,1 2,3
1,4	0,15 . 0,32	6,0 12,8	6,4 15,4	0,30	12	13,2 .14,4	1,3 2,7
1,6	0,17 .. 0,37	6,8 14,8	7,5 . 17,8	0,35	14	15,4. 16,8	1,5 3,0
1,8	0,19 .. 0,42	7,6.. 16,8	8,5 20,2	0,40	16	17,6 .19,2	1,7 . 3,4
2,0	0,22 . 0,47	8,8 . 18,8	9,7 22,6	0,45	18	19,8. 21,6	1,9 3,8
2,2	0,24 .. 0,52	9,6 ..20,8	10,6 25,0	0,50	20	22,0 24,0	2,1 . 4,2
2,4	0,27 0,57	10,8.. 22,8	11,9 27,4	0,6	24	26,4 .28,8	2,5 . 4,8
2,6	0,30 . 0,62	12,0 24,4	13,0.. 29,2	0,7	28	30,8 . 33,6	2,9 5,5
2,8	0,32 .0,67	12,8 26,8	14,1 . 32,2	0,8	32	35,2. 38,4	3,3 6,2
3,0	0,35 . 0,72	14,0 28,8	15,4.. 34,5	0,9	36	39,6. 43,2	3,7 .. 7,0
3,5	0,42 . 0,85	16,8 .33,6	18,5. . 40,4	1,0	40	44,0 48,0	4,0. 7,5
4,0	0,48 ...0,98	19,2 39,2	21,1 . 47,0	1,1	44	48,4. .52,8	4,5 . 8,2
4,5	0,55 . 1,10	22,0 ..44,0	24,2.. 52,8	1,2	48	53. 58	4,9 . 9,0
5,0	0,62 .. 1,25	24,8 . 50,0	27,3 . 60,0	1,3	52	57.. 62	5,2 . 9,5
5,5	0,69 1,37	27,6. 54,8	30,4 . 65,7	1,4	56	62 .. 67	5,6 . 10,0
6,0	0,76 .. 1,50	30,4.. 60,0	33,4.. 72,0	1,5	60	66.. 72	6,0 . 10,5
6,5	0,84 . 1,65	33,6 .66,0	37,0.. 79,2	1,6	64	70 . 77	6,4 .11,5
7,0	0,90 . 1,77	36,0.. 71,0	39,6. 85,2	1,8	72	79 . 86	7,1. 12,5
7,5	0,98 .. 1,90	39,2 . 76,0	43,2. . 91,2	2,0	80	88 96	7,8 14,0
8,0	1,06 . 2,05	42,5 .82,0	46,8... 98,4	2,5	100	110 . 120	9,6 . 16,5
8,5	1,13 . 2,20	45,2. 88,0	49,7. .105,5	3,0	120	132 . 144	11,5 19,5
9,0	1,2 ... 2,3	48,0 92,0	52,8 . 110	3,5	140	154 168	13. .22
9,5	1,3 .. 2,5	52. 100	57,2 120	4,0	160	176 192	15.. 26
10	1,4 .. 2,6	55 ..104	62. .125	4,5	180	198 . 216	17 .28
12	1,7 ... 3,2	68.. 128	75 ..154	5,0	200	220. 240	18 .30
14	2,0 . 3,8	80 152	88 ..182	6	240	264 .288	22 35
16	2,4 ... 4,3	96. .172	106.. 206	7	280	308. 336	25 . 40
18	2,7 ... 4,9	108 ..196	119. .235	8	320	352 . 384	28 45
20	3,1 . . 5,5	124 220	136 . 264	9	360	396. .432	32 .50
25	4,0 . 7,0	160. 280	176 . 336	10	400	440...480	35 56
30	5,0 .. 8,5	200 340	220. 408	11	440	484. .528	38.. 60
35	6,0 .. 10,0	240 .400	264 480	12	480	528...576	42. .65
40	7,0 ...11,5	280 460	308. 552	13	520	572. .624	45 70
45	8,0 . 13,0	320 520	352.. 624	14	560	616 672	48 74
50	9,0 . .15,0	360...600	396 720	15	600	660 720	51 78

1) Centerline Average, England

2) Root Mean Square, USA

Abb. 402 Gegenüberstellung deutscher und angelsächsischer Rauhtiefen-Meßgrößen

21.9 Kleben von Wälzlagern

In vielen Fällen von Möbeln, Büchern, Bauten, E-Geräten und Autos bis hin zu Flugzeugen ersetzt das Kleben mechanische Fügeverfahren. Bei Wälzlagerbefestigungen (Preßpassungen) hat sich jedoch die Klebeverbindung bisher nicht durchgesetzt. Die Gründe liegen z. T. in mangelnder Anwendungserfahrung und vor allem in der Verarbeitung. Für Wälzlagerbefestigungen geeignet sind anaerobe (unter Luftabschluß härtende) Einkomponenten-Kleber auf Acrylat- und Methacrylat-Basis. Die Berechnungsgrundlage bilden folgende Gleichungen:

a) Axiale Kraftübertragung:

$$F = A \cdot \tau_{B2} \cdot f_{ges.} \; [N] \qquad \text{(Gl. 452)}$$

b) Radiale Kraftübertragung:

$$M_d = 0{,}5 \cdot d^2 \pi \cdot b \cdot \tau_{B2} \cdot f_{ges.} \; [Nmm] \qquad \text{(Gl. 453)}$$

mit

F	Auspreßkraft [N]
A	Klebefläche [mm²]
τ_{B2}	Druckscherfestigkeit nach DIN 54452 [N/mm²], etwa 10...30 N/mm²
f_{ges}	Minderungsfaktoren für Dauer-/Wärmebeanspruchung, Oberflächenrauhigkeit, Fügeflächengröße u. a.
M_d	Übertragbares Drehmoment [Nmm]
d	Fügedurchmesser
b	Klebelänge

Die wichtigsten Vor- und Nachteile dieser Befestigungsart gegenüber Auf- oder Einpressen, Kalt- oder Warmschrumpfen sind:

Vorteile:
- Entfeinerte, auf wenige Spielpassungen begrenzte Wälzlagersitze
- Durch Montage (Preßsitz) nicht beeinflußte Lagerluft
- Keine Einbauwerkzeuge wie Auftreiber, Pressen, Anwärmgeräte
- Ausgleich von Fertigungsfehlern (Untermaß, Form, Fluchtung)
- Spannungsfreier Wälzlagereinbau, erhöht die Lagerlebensdauer
- Verhinderung von Passungsrost, weil Klebstoff Paßfuge vollständig abdichtet.
- Vermeidung von Deformationen/Ausschlafen der Lagersitze in dünnwandigen (AL-Druckguß-) Gehäusen
- Gewährleistung einer späteren zerstörungsfreien Demontage (z. B. keine Riefen, Fresser) mit normalen Ausbauwerkzeugen.

Nachteile
- Klebeflächen müssen entfettet sein, also zusätzlicher Arbeitsaufwand bei den zumindest ölig-korrosionsgeschützten, wenn nicht gar gefetteten Wälzlagern.
- Dosierung und Verteilung der Klebstoffmenge muß sehr sorgfältig geschehen. (Überschüssiger) Klebstoff darf nicht ins Lager gelangen.
- Aushärtezeit von 1...6 h bei Raumtemperatur muß abgewartet werden.
- Laufgenauigkeit der Wälzlagerung ist bei größeren Fügespalten nicht gewährleistet.

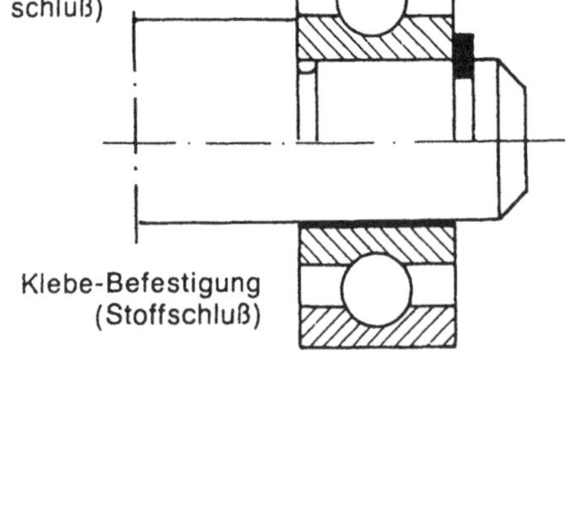

Abb. 403 Klebebefestigung von Wälzlagern

22 Laufgenauigkeit

Die Laufgenauigkeit, d. h. die radiale oder axiale Auslenkung (Schlag) der Welle (Spindel), wird durch die Genauigkeit und Federung sowohl der Lager als auch der Anschlußteile bestimmt (Abb. 405). Das Spektrum möglicher Anwendungsfälle ist in Abb. 404 angedeutet.

22.1 Einfluß der Wälzlagertoleranzen

Die Auswirkungen der Toleranzen eines Einzellagers auf die Laufgenauigkeit der umlaufenden Welle sind in Abb. 406 zusammengestellt. Abb. 407 zeigt die Ursachen und Auswirkungen des Innenring-Radialschlages eines Einzellagers auf die Werkstückgenauigkeit bei Drehmaschinen. Der Axialschlag wirkt sich im wesentlichen nur bei Plandrehstücken und Fräswerkstücken in welligen Oberflächen aus (Abb. 409). Bei

Einbaustelle	Anforderungen
Werkzeug-maschinen-Spindeln	Hohe Oberflächen-güte, Maß-, Form- und Laufgenauigkeit des Werkstückes.
Folien- und Draht-walzwerke	Maß- und Form-genauigkeit des Produktes
Gasturbinen, Turbo-verdichter	Höchstdrehzahlen
Getriebewellen, Spiralverzahnung (Kfz-Ritzel)	Geringe Wellenaus-lenkung (Verschleiß-minimierung)
Präzisions-instrumente	Laufgenauigkeit

Abb. 404 Anwendungsbeispiele erhöhter Laufgenauigkeit

Merkmal	Lager	Anschlußteile (Welle, Gehäuse, Anlageflächen)
Genauigkeit	Radial-, Axialschlag (Wand-dickenschwankung, Wälz-körper-Variation)	Rundheit, Fluchtung der Lagersitze, Winkeligkeit der Anlageflächen
Thermische und elastische Verformung	Wälzelemente	Wellen/Gehäuse-Federung/ Durchbiegung/Verformung/ Unwucht
Spiel	Lagerluft	Passungsspiel

Abb. 405 Einflußgrößen auf die Laufgenauigkeit einer Lagerung

Lagertoleranz	(Definition s. S. 171) (Meßmethode s. S. 175 ff.)	Auswirkungen an der Welle bei rotierendem Innenring/ stillstehendem Außenring
Radialschlag	K_i, Innenring K_e, Außenring	Radialschlag Mittenversatz (Achsverlagerung)
Axialschlag	S_i, Innenring S_e, Außenring	Axialschlag Winkelfehler
Seitenschlag	S_d, Innenring S_D, Außenring	Radial- und Axialschlag Mitten- und Axialversatz
Wälzkörperdurch-messer-Unterschiede		sehr geringer Radialschlag
Lagerluft		Mitten- und Axialschlag

Abb. 406 Einfluß der Einzellager-Toleranzen auf die Laufgenauigkeit der Welle.

Fräsmaschinen (umlaufendes Werkzeug) entstehen bei Radial- und Axialschlägen wellige Werkstückoberflächen, wobei der Abstand der Wellenberge sich aus dem Vorschub ergibt. In allen vorgenannten Fällen ist auf die gegenseitige Beeinflussung von Radial- und Axialschlag zu achten. Da außerdem die Lagerung aus zwei Lagern besteht, kommt es auch auf die richtige Anordnung der Lager an, wenn sich die Radialschlagwerte nicht ungünstig addieren sollen (Beispiele Abb. 408). Niedrige Reibungswerte der Wälzlager und geeignete Schmierstoffe halten die Lagertemperatur niedrig und sorgen so dafür, daß die Form- und Lageänderungen zwischen verschiedenen Betriebszuständen so klein wie möglich bleiben.

Ursache	Auswirkungen auf das Werkstück
Runde Laufbahn exzentrisch zur runden Bohrung (Wanddickenschwankung)	Trotz Radialschlag der Spindel rundes Werkstück, wenn nicht umgespannt wird.
Elliptische Laufbahn konzentrisch zur runden Bohrung	Übertragung der Laufbahnform auf das Werkstück
Regellos wellige Laufbahn zur runden Bohrung	Fehler überträgt sich bei Belastung nicht vollständig, weil Abmilderung durch Ausgleich der elastischen Verformungen in Wälzkörperkontakten.
Wälzkörper-Durchmesserunterschiede	Fehler übertragen sie kaum, weil sehr klein und Ausgleich durch regellose Verteilung der Wälzkörper und elastische Verformungen.

Abb. 407 Auswirkung des Innenring-Radialschlages eines Wälzlagers auf die Werkstückgenauigkeit bei Drehmaschinen.

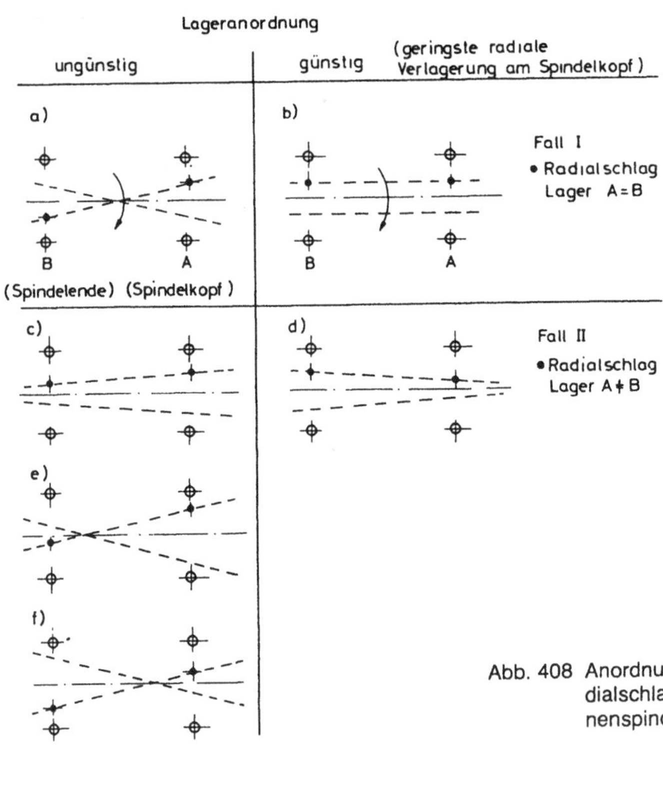

Abb. 408 Anordnung der Wälzlager mit Radialschlag bei Werkzeugmaschinenspindeln

Fall	Axialschlag* der Laufbahn [µm] Stillstehende Gehausescheibe	Rotierende Wellenscheibe	Axialbewegung** der Welle [µm]
1 SG RW	3	10	3
2	10	3	3
3	6	6	6

* ≙ Schwankung der Scheibendicke S_i, S_e
** wegen elastischer Verformung tatsächl. noch geringer

Abb. 409 Auswirkung des Axialschlags eines Axiallagers auf die axiale Führungsgenauigkeit der Welle (Beispiele)

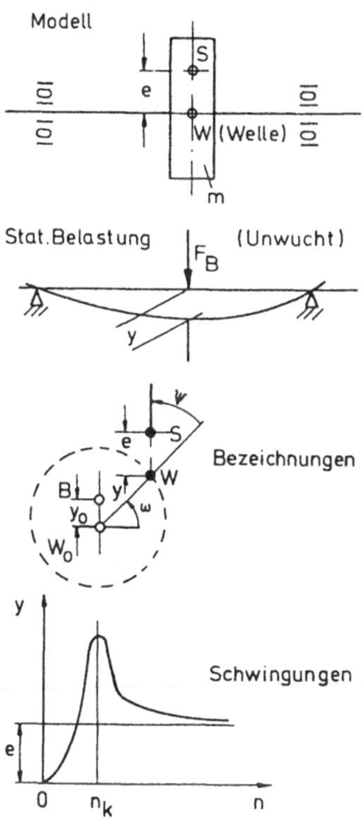

Abb. 410 Unwuchtschwingungen der einfachen Welle

22.2 Einfluß der Unwuchten

Die Unwuchten eines Rotors führen nicht nur zu Zusatzbelastungen (s. S. 311) seiner Lagerung/Welle/Fundamentierung, sondern auch zu Schwingungen der Maschine, die sich negativ auf Laufruhe und Laufgenauigkeit der Lagerung auswirken. Die Unwuchtschwingungen der einfachen Welle (Abb. 410) betragen:

$$y = \frac{e \cdot \eta^2}{\sqrt{(1-\eta^2)^2 + (2D\eta)^2}} \,|\mathrm{mm}| \qquad \text{(Gl. 454)}$$

$$\omega_k = \sqrt{k/m} = \frac{1}{\sqrt{hm}} = n_k \cdot 2\pi \,|\mathrm{rad/s}| \qquad \text{(Gl. 455)}$$

mit

- y Schwingungen (Ausschlag y über Drehachse W_0) |mm|
- e Exzentrizität der Unwucht (Schwerpunktsabstand) |mm|
- η = ω/ω_k
- ω Winkelgeschwindigkeit der Unwucht = $2\pi \cdot y$ |rad/s|
- ω_k Kritische Winkelgeschwindigkeit (der Welle) |rad/s|
- k Biegesteifigkeit = F/W

m Unwuchtmasse |g|

h Nachgiebigkeit der Welle

$$= \frac{W}{F} = e \cdot \frac{(\omega/\omega_K)^2}{1 - (\omega/\omega_K)^2}$$

$$\tan\psi = \frac{2\,D\eta}{(1 - \eta^2)}$$

y_0 = m · g/k (stat. Durchbiegung infolge Eigengewicht) |mm|

D Dämpfungsgrad = b/2m · ωk

b Dämpfungsbeiwert

n_K kritische Drehzahl, siehe S. 343

Konstruktions- und Zeichenfehler	Werkstoffehler	Fertigungs- und Montagefehler
Teile nicht rotationssymmetrisch	Lunker in Gußteilen	Formfehler beim Schweißen und Gießen
Unbearbeitete Flächen am Rotor	Ungleiche Materialdichte	Spannfehler bei der spanabhebenden Bearbeitung (Winkelfehler)
Rundlauf- und Planlaufabweichungen, z.B. infolge grober Passungen	Ungleiche Materialdicke, z.B. bei Schweißkonstruktionen	Bleibende Verformung durch Bearbeitung, z.B.: freiwerdende Restspannung, Verzug durch Aufschrumpfen, Löten, Schweißen
Paßfeder kürzer als Nut		
Laufabweichungen und Spiel der Wälzlagerung		
Bauteile mit veränderlicher Lage nicht rotationssymmetrisch und spielfrei gelagert		Verspannen durch ungleichmäßiges Anziehen von Befestigungsschrauben
Betriebfehler Ablagerungen Verstopfungen		Unterschiedliches Material bei konzentrischer Verschraubung, z.B. durch verschiedene Längen der Schrauben, verschiedene Arten Unterlegmaterial und Muttern

Abb. 411 Ursachen der Unwuchten

Wenn Unwuchten auftreten (Abb. 411), ist bei schnellaufenden Maschinen/Geräten ein Auswuchten (Ausbalancieren) der rotierenden Massen unerläßlich. Auswucht-Empfehlungen sind den Abb. 412/413 zu entnehmen. Der Wuchtkörper gilt als starr, wenn im gesamten Betriebsbereich von Drehzahl und Lagerung keine Massenverlagerungen entstehen, die eine merkliche Veränderung des Wuchtzustandes mit der Drehzahl bewirken. Für dynamische Wuchtkörper ist eine ISO-Empfehlung in Arbeit.

Der Unwuchtsausgleich geschieht durch Werkstoffzufügungen (Schrauben, Nieten, Klemmen, Kleben, Schweißen) oder durch Werkstoffabtragungen (Bohren, Fräsen, Schleifen). Bei starrem Wuchtkörper wird der Unwuchtausgleich meist in zwei Elementen vorgenommen, bei elastischem Wuchtkörper meist in (K + 2)-Ebenen (K = Anzahl der biegekritischen Drehzahl unterhalb der max. Betriebsdrehzahl). Die Auswuchtgüte (Restunwucht) wird dann am besten sein, wenn der Wuchtkörper in fertigmontiertem Zustand (mit Lagern) an den Stellen aufgenommen wird, die auch später im Betrieb dafür vorgesehen sind.

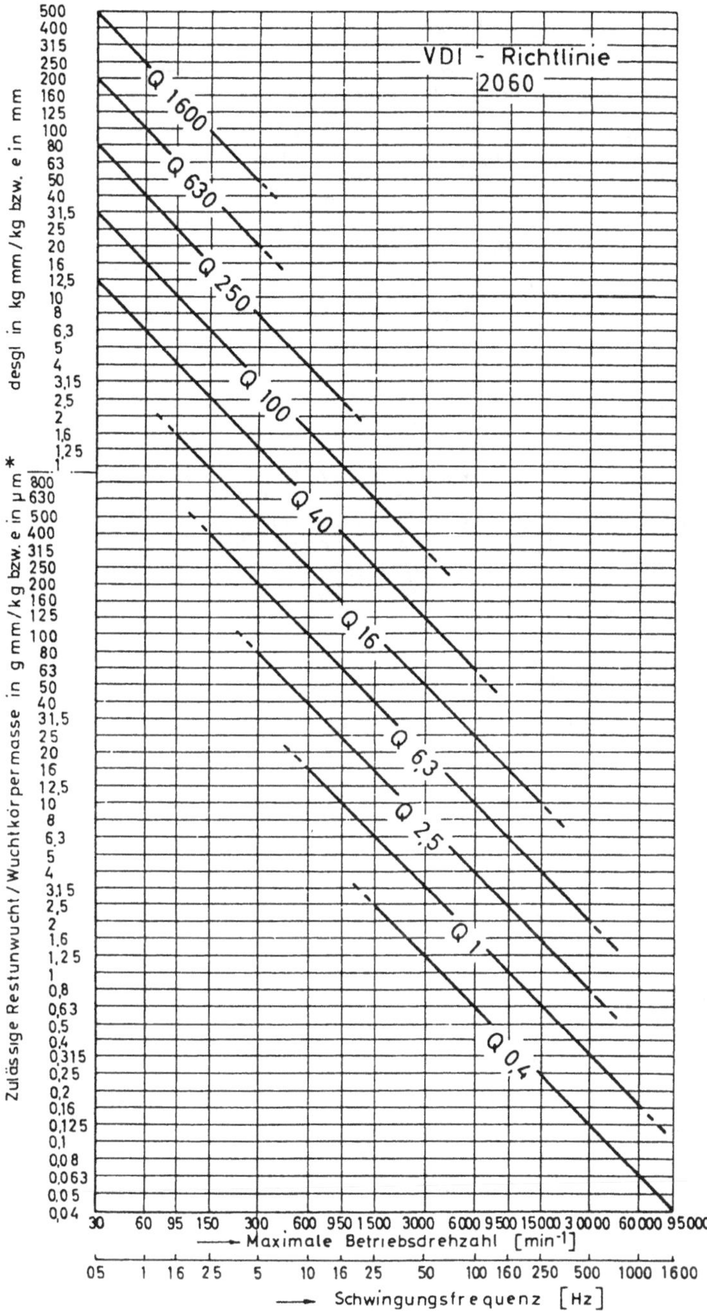

Abb. 412 Auswuchtgütestufen für starre Wuchtkörper/Maschinen

*) Für starre Wuchtkörper mit zwei Ausgleichsebenen gilt im allgemeinen je Ebene die Hälfte des betreffenden Richtwertes.

Gütestufe*	Beispiele, Wuchtkörper/Maschinen
Q 250	Kurbeltriebe starr aufgestellter, schnellaufender Vierzylinder Dieselmotoren
Q 100	Kurbeltriebe starr aufgestellter, schnellaufender Dieselmotoren mit sechs und mehr Zylindern; Komplette PKW-, LKW-, Lok-Motoren
Q 40	Autoräder, Felgen, Radsätze, Gelenkwellen; Kurbeltriebe elastisch aufgestellter, schnellaufender Viertaktmotoren mit sechs und mehr Zylindern; Kurbeltriebe von PKW-, LKW-, Lok-Motoren
Q 16	Gelenkwellen mit besonderen Anforderungen; Teile von Zerkleinerungs- und Landwirtschafts-Maschinen; Kurbeltriebe von sechs und mehr Zylindermotoren mit besonderen Anforderungen
Q 6,3	Teile der Verfahrenstechnik; Zentrifugentrommeln; Ventilatoren, Schwungräder, Kreiselpumpen; Maschinenbau- und Werkzeugmaschinen Teile; Normale Elektromotorenanker Kurbeltrieb-Einzelteile mit besonderen Anforderungen
Q 2,5	Läufer von Strahltriebwerken, Gas- und Dampfturbinen, Turbogebläsen, Turbogeneratoren; Werkzeugmaschinen-Antriebe; Mittlere und größere Elektromotoren-Anker mit besonderen Anforderungen; Kleinmotoren-Anker; Pumpen mit Turbinenantrieb
Q 1 Feinwuchtung	Magnetophon- und Phono-Antriebe; Schleifmaschinen-Antriebe; Kleinmotoren-Anker mit besonderen Anforderungen
Q 0,4 Feinstwuchtung	Feinstschleifmaschinen-Anker, -Wellen und -Scheiben, Kreisel

*) Zahl steht für den zulässigen $e \cdot \omega$-Wert in mm/s

Beispiel

Gegeben: Elektromotor mit Betriebsdrehzahl $n_{max} = 3000\ min^{-1}$

Gesucht: Zulässige Restexzentrizität bzw. Restunwucht für Wuchtgüte-Stufe Q 2,5, e_R = ?, F_{BR} = ?

Lösung: $\omega = 2\pi \cdot n = 314{,}2\ s^{-1}$

$e \cdot \omega$ für Q 2,5 = 2,5 mm/s

$e_R = 2{,}5/314{,}2 = 0{,}00796\ mm \approx 8\ \mu m$

$F_{BR} = m \cdot e \cdot w^2 \cdot 10^{-6}$ (Gl. 368)

$= m \cdot 0{,}00796 \cdot (314{,}2)^2 \cdot 10^{-6}$

$= 0{,}0008 \cdot m$

Abb. 413 Beispielhafte Zuordnung der Auswuchtgütestufen zu verschiedenen Wuchtkörpern und Maschinen

22.3 Einfluß der Betriebslagerluft

Die unveränderliche zentrische Wellenführung ist nur gewährleistet, wenn zwischen Wälzkörper und Laufbahnen in keinem Betriebszustand Spiel vorhanden ist. Dieser Zustand läßt sich nicht immer erfüllen, weil die Lager verschiedenen Lagerluftänderungen (s. S. 345) unterliegen. Spielfreiheit läßt sich jedoch durch Anstellen der Lager (Beispiel E-Motor S. 398 und Kerola S. 65) oder durch Lager mit konischer Bohrung erreichen. Starrheit und Laufgeschwindigkeit der Lagerung können durch Vorspannung der Lager wesentlich erhöht werden Allerdings sind Grenzen durch entgegenwirkende Abnahme des Dämpfungsvermögens (Schwingungen, Geräusche), Erhöhung der Betriebstemperatur und Verringerung der Ermüdungsdauer gesetzt. Die radiale Federung des Wälzlagers ist bei Vorspannung der Lager (Δr) um die Verformung $\Delta r/2$ geringer als die Gesamtverformung des spielfreien Wälzlagers nach Abb. 253, S 246/247 Die optimale Vorspannung liegt etwa 10 – 20 % über der Federung des spielfreien Lagers.

22.4 Einfluß des Passungsspieles

Passungsspiele, d.h. Luft zwischen Lageraußen-∅ und Gehäuse bzw. Lagerbohrung und Welle, führen wie die Lagerluft zu Achsverlagerungen. Bei hohen Ansprüchen an die Laufgenauigkeit sind feste Passungen vorzusehen oder, wenn dies konstruktiv nicht möglich ist, die Toleranzen der Anschlußteile und Wälzlager einzuengen. Die Loslagerseite enthält deshalb oft ein Zylinderrollenlager, weil beide Laufbahnringe feste Passungen erhalten und dennoch der axiale Wärmeausdehnungsausgleich stattfinden kann.

22.5 Einfluß der Anschlußteile-Genauigkeit

Da sich die Wälzlagerringe meist weitgehend der Form der Lagersitzflächen in den Anschlußteilen anpassen, müssen die Lagersitze möglichst rund, zylindrisch bzw. konisch und fluchtend sein; die Anlageflächen möglichst rechtwinklig und alles zusammen möglichst so genau wie die Wälzlager, wenn die Laufgenauigkeit der Lagerung nicht durch übermäßig thermische und elastische Verformung leiden soll. Zulässige Toleranzen für Form, Oberfläche und Winkelfehler siehe S. 374 (Formtoleranzen)

22.6 Einfluß der Lagerbelastung

Der Einfluß der Belastung auf die Laufgenauigkeit ergibt sich aus der elastischen Verformung (Verschiebung) der Wälzelemente unter Last. Die elastische Verformung (= Wellenversatz) nimmt mit steigender Belastung zu (s. S. 248). Die Federung der Wälzlager ist gering und wird daher nur bei Lagerungen mit hohen Laufgenauigkeits- bzw. Starrheitsansprüchen zu berücksichtigen sein. Die Größenordnungen sind aus der Abb. 258, S. 250 zu erkennen. Die Anschlußteile geben ebenfalls unter Belastung nach und müssen entsprechend starr ausgebildet werden. Während die Berechnung der Wellendurchbiegung relativ einfach ist (s. S. 339), läßt sich die Gehäuseverformung rechnerisch nur mit der FE-Methode (S. 330) bestimmen.

23 Laufgeräusch

23.1 Einleitung

Wachsendes Umweltbewußtsein läßt die Anforderungen an geräuscharme Maschinen und Geräte ständig steigen. Verlangt werden geräuscharme Lagerungen und geräuschgeprüfte Lager. Berechtigt sind diese Forderungen, wenn der Geräuschpegel am Aufstellungsort der Maschinen schon sehr niedrig liegt und ein stärkeres Laufgeräusch die Menschen stören und belästigen würde. Wälzlagerverwendende Beispiele findet man bei (kleinen) Elektromotoren/-Getrieben in Büroräumen (Schreibmaschine, Kopierer, Fernschreiber), im Haushalt (Staubsauger, Video-Recorder, Ölbrenner), in Krankenhäusern (Lüfter, Kompressoren, Umwälzpumpen, Aufzüge) und im Pkw (Hinterachsgetriebe, Schaltgetriebe).

23.2 Entstehung der Geräusche

Geräusche sind Luftschwingungen, die für unser Ohr im mehr oder weniger störenden Bereich liegen. Sie entstehen bei Bewegungen von Maschinenteilen, z.B. dadurch, daß zwei harte Körper aufeinander abrollen. Die Maschinenteile strahlen ihre Schwingenergie zu einem Teil als sogenannten Luftschall in Form von Druckwellen an die Atmosphäre und zum anderen Teil als sogenannten Körperschall in Form von Erschütterungen/Vibrationen an die benachbarten Maschinenteile ab. Diese strahlen dann ihrerseits wieder Luftschall ab. Die Ursachen für Schwingungen und Geräusche sind im wesentlichen:

- Leistungsdichte (Drehzahl, Belastung, Magnetfeld)
- Antriebselemente (Zahnräder, Ketten, Gelenkwellen)
- Fertigungsungenauigkeiten (Fluchtfehler, Unwuchten, Verunreinigungen)
- Thermisch bedingte Maßänderungen
- Dämpfungsverhalten der Maschinenteile und des Maschinenkörpers (konstruktive Gestaltung und Abmessung)
- Konstruktiv bedingte Wechselwirkungen zwischen Maschinenteilen und angrenzenden Medien (turbulente Störungen, Gaskräfte)
- Beschaffenheit des Standortes (Geräuschpegel, Nebenaggregate, wie Lüfter, Kompressoren, Pressen, Arbeitsmaschinen, Vibratoren usw.)
- Lager

23.3 Ursachen der Wälzlager-Laufgeräusche

Die Wälzlager-Laufgeräusche, ihre Beschreibung, Eigenschaften, mögliche Ursachen und Gegenmaßnahmen sind in Abb. 415 zusammengefaßt, die wesentlichen Punkte nachstehend erläutert.

23.3.1 Elastische Verformungen

- Elastische Verformungen der Wälzelemente und Biege-Schwingungen des Außenringes.

Selbst in idealen Wälzlagern, d.h. Wälzlagern, deren Einzelteile keinerlei Abweichungen von der Sollform haben, entstehen Schwingungen und Geräusche, weil elastische Verformungen in den Wälzkörperkontaktflächen mit unterschiedlichen Federkonstanten im Takt der Wälzkörperdurchgänge (Abb. 414) stattfinden. Diese Eigenschwingungen der Wälzlager sind nicht zu vermeiden, aber durch Abstimmung von Belastung, Lagerabstand und Lagergröße zu minimieren.

Radialbelastung
(Radiale Schwingung des Innenringes)

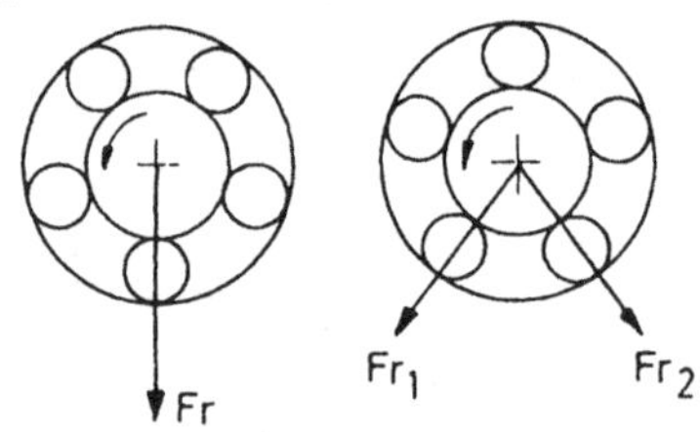

Axialbelastung
(Biegeschwingung des Außenringes)

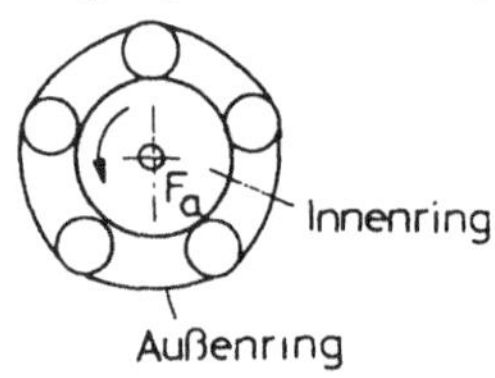

Wälzkörperdurchlauffrequenz:

$$f_W = n_K \cdot Z/60 \text{ [Hz]} \qquad \text{(Gl. 456)}$$

mit

n_K Käfigdrehzahl bezogen auf den Außenring [min^{-1}], s. S. 272

Z Wälzkörper-Anzahl

Abb. 414 Schwingungen in geometrisch idealen Wälzlagern

Geräusch durch ...	Beschreibung	Eigenschaften	Mögliche Ursachen	Gegenmaßnahmen
Laufbahn	Regenschauerartig	1. Geräusch wird mit zunehmender Drehzahl lauter 2. Gleichförmiges Geräuschniveau bei konstanter Drehzahl 3. Erscheint manchmal in Verbindung mit einem metallischen Geräusch	1. Ungenügendes Finish von Laufbahnen oder Wälzkörpern 2. Zu geringe Betriebsradialluft 3. Mangelschmierung 4. Durch Fremdpartikel geschädigte Laufbahnen	1. Lageraustausch 2. Passung oder Lagerluft ändern 3. Neues Schmiermittel 4. Prüfung von Dichtung, Schmierstoff, Filter
Welligkeit	Sirenenartig mit kurzen Unterbrechungen	1. Ausgeprägtes, hohes Geräusch bei bestimmten Drehzahlen 2. Tonlage und Lautstärke sind von der Drehzahl abhängig	Welligkeit an Laufbahnen oder Wälzelementen	Lageraustausch
Anriß (Kratzer)	Schlagendes Geräusch	1. Intervall zwischen den Geräuschen wird mit sinkender Drehzahl länger 2. Geräusch verschwindet bei Axiallast 3. Zyklisches Auftreten	Anriß an Laufbahn oder Wälzkörper	1. Lageraustausch 2. Verbesserung der Montage 3. Reinigung des Lagers überprüfen
Schmutz	„sandiges", manchmal quackendes Geräusch	1. Weder gleichförmig noch zyklisch 2. Geräusch verschwindet nach Lagerreinigung 3. Geräusch wird durch Drehzahl nicht beeinflußt	1. Ungenügende Reinigung 2. Fremdteilchen im Schmierstoff	1. Verbesserung der Reinigung 2. Überprüfung des Schmiermittels auf Verunreinigung
Rost	wie oben	wie oben	Rost auf Laufbahnen oder Wälzkörpern	1. Lageraustausch 2. Rostschutz verbessern
Brinellierung	unreiner, sirenenartiger Ton	Zyklisch, ähnlich wie durch Riß verursachtes Geräusch bei niedrigen Drehzahlen	Brinellierungen an den Laufbahnen	1. Lageraustausch 2. Montage prüfen und verbessern 3. Verhütung von „false brinelling"
Passung	trommelnd oder hämmernd	1. Geräusch entsteht bei lose gepaßtem Lagerring 2. Entsteht häufig bei großer Lagerluft	1. Dynamische Unwucht eines rotierenden Körpers 2. Schläge zwischen den gepaßten Oberflächen durch von außen aufgebrachte Schwingungen	1. Überprüfen der Passungen 2. Unwuchten ausmerzen 3. Vorspannen

Geräusch durch ...	Beschreibung	Eigenschaften	Mögliche Ursachen	Gegenmaßnahmen
„Fallende Rollen"	klapperndes Geräusch	1. Häufig bei mittleren bis großen Lagern 2. Entsteht nur bei kleinen Drehzahlen 3. Lager mit geringer Luft oder kleinem Käfigspiel sind nicht betroffen	Stöße zwischen Wälzkörper und Käfig oder Käfig und Laufbahn in der unbelasteten Zone	1. Lagerluft verringern 2. Käfigspiel überprüfen 3. Schmierstoff mit genügendem Drehwiderstand und besserer Schmierfähigkeit benutzen
„Quietschgeräusch"	unregelmäßiges, quietschendes Geräusch	1. Azyklisch 2. Entsteht nur bei hohen Drehzahlen 3. Oft bei Zylinderrollenlagern 4. In Verbindung mit ungenügender Schmierung	Schleifen zwischen Rollen und Laufbahnen oder Käfig kombiniert mit mangelhafter Schmierung	1. Verbesserung der Schmierung (Andere Fettsorte oder Ölschmierung) 2. Lagerluft verringern
Schiefstellung der Rollen („Schränken")	wie oben	1. Azyklisch 2. Drehzahlunabhängig 3. Unabhängig von der Schmierung	Schleifen durch „Schränken" der Rollen	1. Lageraustausch 2. Überprüfen der Lagerluft 3. Uberprüfen, ob Schiefstellung, Durchbiegung
Ausbrüche (Ermüdung)	hämmerndes Geräusch	1. Zyklisch (außer bei Ausbrüchen an den Rollen) 2. laut 3. tritt erst nach langerem Betrieb auf	Ausbrüche an Laufbahnen und Wälzkörpern	Lageraustausch
Betriebsspiel	heulendes/ pfeifendes Geräusch	Gleichförmig, mit Drehzahl steigend	Zu geringe Betriebslagerluft	1. Lagerluft vergrößern 2. Passung überprüfen
	rumpelndes, ungleichmäßiges Geräusch	Stöße zwischen Wälzkörper/Käfig/ Laufbahn in der unbelasteten Zone	Zu große Betriebslagerluft	1. Lagerluft/Passungen/Temperatureinflüsse kontrollieren

Abb. 415 Wälzlager-Laufgeräusche, Beschreibung, Eigenschaften, mögliche Ursachen und Gegenmaßnahmen

23.3.2 Fertigungsungenauigkeiten

— Ausgeprägte Wellen (geometrische Fehler oder Formfehler) und/oder rauhe Oberflächen an Laufbahnen und Wälzkörpern sowie Winkelfehler (Radial- und Axialschlag).

Einen weitaus größeren Einfluß auf das Lagergeräusch als die elastischen Verformungen der Wälzelemente und Biegeschwingungen des Außenringes haben die Fertigungsungenauigkeiten, wozu in erster Linie die als Welligkeit bezeichnete Abweichung der Wälzelemente von der idealen Kreisform zählt (s. Abschnitt 23.4.1). Die aus der Welligkeit resultierenden Schwingungen lassen sich berechnen. Z. B. verursacht eine Sinuswelle auf dem Innenring mit k Wellen auf dem Umfang, beim stillstehenden Außenring, eine Schwingungsfrequenz, f_F, von

$$f_F = k \cdot (f_I - f_K) \pm p \cdot f_K \text{ [Hz]} \qquad \text{(Gl. 457)}$$

mit

k Wellenzahl am Innenring

f_I Innenringdrehzahl [s^{-1}]

f_K Käfigdrehzahl [s^{-1}], s. Abb. 283, S. 272

p ganzzahliger Faktor abhängig von k/Z (Wellenzahl zu Wälzkörperanzahl)

Die Schwingungsform ist abhängig vom Verhältnis der Wellenzahl zur Wälzkörperzahl (Abb. 416), die Schwingungsamplitude ebenfalls und zusätzlich noch von den Resonanz- und Dämpfungsverhältnissen im Lager, so daß über die Größe keine allgemeingültige Aussage gemacht werden kann. Die Oberflächenrauhigkeit ist heute infolge der allgemeinen hohen Fertigungsgüte ($R_a \ll 0{,}2\ \mu m$) für die Geräuschentwicklung im Wälzlager von untergeordneter Bedeutung. Wichtig sind aber noch „innere" Winkelfehler, die in Form von Radial- und Axialschlägen am Lager gemessen werden und durch wechselnde Überrollungszonen Geräusche erzeugen.

23.3.3 Laufbahn- und Wälzkörperbeschädigungen

Beschädigungen können in der Fertigung, z. B. während der Bearbeitung (kleine Anschliffe, Rattermarken), des Teiletransportes (Hiebmarken, Kratzer) oder beim Zusammenbau (Quetschungen, Schürfmarken) entstehen. Sie werden bei Koyo durch geeignete Fertigungsmethoden und vollautomatische, optische und teilweise magnetische Oberflächenprüfungen vermieden. Häufiger treten Beschädigungen während des Lagereinbaus auf, z. B. wenn die Aufpreßkräfte von Kugellagern auf die Welle über den Außenring geleitet werden oder gar mit dem Hammer auf den Außenring geschlagen wird. Dann entstehen Kugeleindrücke auf den Laufbahnen und Kugelab-

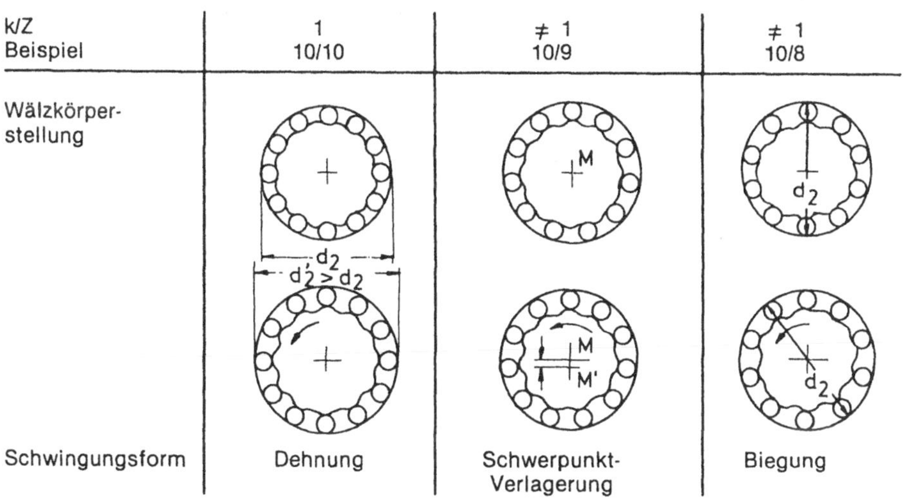

Abb. 416 Schwingungen in einem Wälzlager mit Innenring-Formfehlern

flachungen. Zerlegbare Lager sind bei örtlich bedingtem Einbau der Innen- und Außenringe zeitweise ungeschützt und können diverse Oberflächenbeschädigungen erhalten. Auch beim Zusammenbau dieser Lagerteile können Schürf- und Hiebmarken entstehen. Diese anwendungsbedingten Fehler sind nur durch sachgerechte Montage und sorgfältige Handhabung der Lager zu vermeiden.
Beschädigungen an Kugeln sind nur zeitweise deutlich zu hören, weil die Kugel im Lager ständig ihre Drehachse und damit ihre Überrollungspunkte ändert.

23.3.4 Käfigbewegungen

durch Schleudern, Schleifen, Klemmen einzelner Wälzkörper infolge von Fertigungsfehlern, radialer Stoßbeanspruchung, Schmiermittelmangel, Verschleiß oder Resonanzen.

Da der Käfig nicht im festen Kontakt mit den übrigen Lagerteilen steht, wirken sich Käfiggeräusche auf den Körperschall wenig, aber direkt auf den Luftschall des Lagers aus.
Die fertigungsbedingten Käfigfehler werden durch mehrere Kontrollstationen und in der Endkontrolle des Lagers ausgeschieden.
Radiale Stoßbeanspruchungen können zu Käfigverformungen / Schmiermittelmangel mit Käfigverschleiß/Fressen und ungünstige Schwingungsverhältnisse zu Eigenresonanzen des Käfigs führen.

23.3.5 Schiefstellung (Winkelfehler)

zwischen Innen- und Außenring resultierend aus Verformungen der Lagerringe infolge ungenau bearbeiteter/montierter Gehäuse, Wellen und Lageranschlußteilen sowie aus Lagerluft und Passungsspiel zwischen Außenring und Gehäuse.

23.3.6 Verschmutzung

des Lagers während der Herstellung, Lagerung, Einbau, Schmierung und Betrieb.
Harte Fremdkörper im Lager machen sich allmählich wie die Laufbahn- und Wälzkörperbeschädigungen durch Stoßimpulse bemerkbar; allerdings nicht so regelmäßig, weil die Fremdkörper durch das Schmiermittel aus den überrollten Zonen gedrängt und somit der Einfluß auf das Geräusch zeitweilig wegbleiben kann. Harte Fremdkörper können sich aber auch in die Laufbahn einwalzen und zu Dauergeräuschen führen.
Sowohl die Lagerteile als auch die vollständigen Lager werden bei Koyo sehr gründlich mit Ultraschall gereinigt, und die Konservierungsmittel bzw. Schmierfette werden auf hohe Reinheitsgrade untersucht, so daß die Lager frei von geräuschbildenden Verschmutzungen/Verunreinigungen beim Kunden eintreffen.
Verschmutzungen der Lager können durch unsachgemäße Handhabung beim Auspacken, Befetten und beim Einbau auftreten; ferner durch ungünstige Abdichtung der Lagerstelle und bei Ölumlaufschmierung durch Abrieb anderer Maschinenteile.
Geräuschvolle Lager können auch durch jahrelange Lagerung infolge Veränderung des Konservierungs- bzw. Schmierstoffes (Verharzung) entstehen.

23.3.7 Ermüdung, Korrosion und Riffelbildung

Alle drei Geräuschursachen sind Oberflächenverletzungen, die sich wie Laufbahn- und Wälzkörperbeschädigungen bemerkbar machen. Hinweise zur vermeidung dieser Fehler s. „Wälzlagerschäden" S. 488.

23.4 Messung der Wälzlagergeräusche

Objektive Geräuschmessungen sind sehr schwierig, weil sie sich mit dem meist subjektiv urteilenden menschlichen Ohr vergleichen lassen müssen. Der Mensch urteilt häufig in Abhängigkeit seiner Umgebung, Stimmung, Aufmerksamkeit, Gewöhnung oder vorgefaßten Meinung. Entsprechend vielfältig sind die Möglichkeiten und Versuche, die Geräusche meßtechnisch zu erfassen und zahlenmäßig zu bewerten.
Grundsätzlich wird zwischen Luftschall- und Körperschallmessung, zwischen Messung am eingebauten Lager und nichteingebauten Lager sowie zwischen Messung an kompletten Lagern und an Lagerteilen zu unterscheiden sein.
In der Wälzlagertechnik hat sich die Körperschallmessung zur Beurteilung der Geräuschqualität eines Lagers als geeigneter als die Luftschallmessung erwiesen. Die Gründe liegen an den relativ niedrigen Grundfrequenzen der Lagerschwingungen (ungefähr 100 Hz), die schlecht abgestrahlt werden, weil die Wellenlängen im Verhältnis der abstrahlenden Fläche groß sind,und in der Notwendigkeit, störende Nebengeräusche von der Meßstelle fern zu halten (in Fertigungsräumen meist mit hohem Aufwand verbunden).

Obwohl man aus den Meßwerten an nichteingebauten Lagern nicht auf die Größe des Geräuschpegels im eingebauten Zustand schließen kann — weil ein leises Lager nur im Allgemeinen in einer Maschine weniger Geräusche geben wird als ein lautes Lager, tritt gelegentlich das Gegenteil auf (Resonanzen) —, hat es sich durchgesetzt, die Geräuschqualität eines Lagers nur durch Messung am Lager allein, also ohne evtl. dämpfende oder mitschwingende Umbauteile, zu bestimmen. In der Wälzlagerfertigung werden auch Einzelteile auf geräuschverursachende Elemente kontrolliert, wie z. B. die Welligkeit, Rundheit oder Winkeligkeit einer Innenringlaufbahn.
Aus der Vielzahl der verwendeten Meßmethoden für geräuschverursachende Elemente in Wälzlagern sollen im folgenden nur die vorgestellt werden, die sich bisher als allgemein verbindlich herauskristallisiert haben.

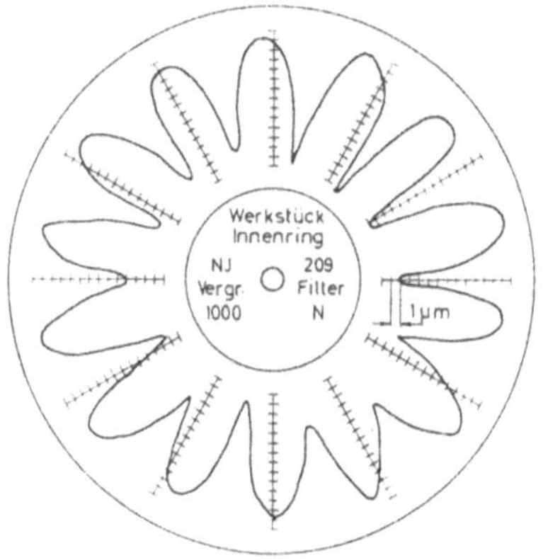

Abb. 417 Talyrond-Diagramm eines Zylinderrollenlager-Innenringes mit absichtlich erzeugter hoher Welligkeit für Körperschall-Studien

23.4.1 Welligkeitsmeßgerät

In der Fertigungskontrolle geräuscharmer Lager wird neben Laufgenauigkeits- und Rundheitsmeßeinrichtungen (Beispiel Abb. 417) häufig ein Welligkeitsmeßgerät eingesetzt, das im Prinzip in Abb. 418 dargestellt ist. Der Prüfling (Lagerring bzw. Wälzkörper) wird auf eine schwingungsfreie Spindel geschoben. Ein Meßfühler tastet die Laufbahn ab und wandelt alle Abweichungen (Wellen) von der idealen Kreisform in elektrische Signale um. Die Frequenz ergibt sich aus Spindeldrehzahl und Wellenzahl. Nach der Verstärkung wird ein der Schwinggeschwindigkeit proportionaler Wert angezeigt. Umschaltbare Filter ermöglichen Anzeigen in mehreren Frequenzbereichen.
Aus der Erfahrung gewonnene Toleranzwerte ermöglichen es, die Fertigungsmaschinen so zu überwachen und zu steuern, daß die Welligkeit innerhalb dieser Toleranz bleibt und die Körperschallwerte des fertigen Lagers einen vorgegebenen Wert nicht überschreiten.

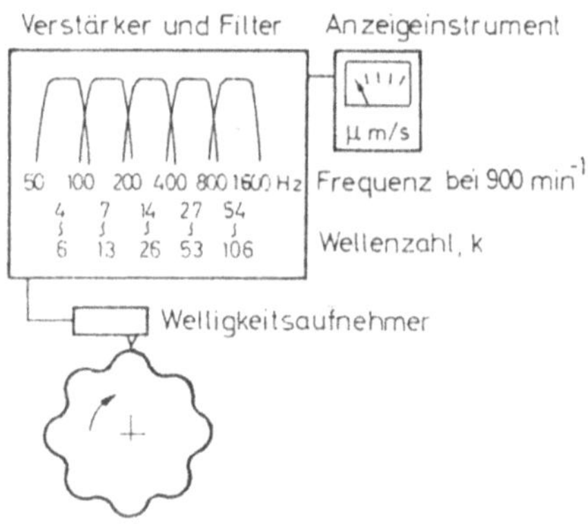

Abb. 418 Prinzip des Welligkeitsmeßgerätes

23.4.2 Handdrehen

Die einfachste Methode der Geräuschmessung ist das sogenannte Handdrehen.
Der Innenring wird mit den Fingerspitzen der einen Hand gehalten, während die andere Hand den Außenring rasch dreht (Abb. 419). Ein erfahrener Prüfer wird so durch sein Fingerspitzengefühl eine gute Selek-

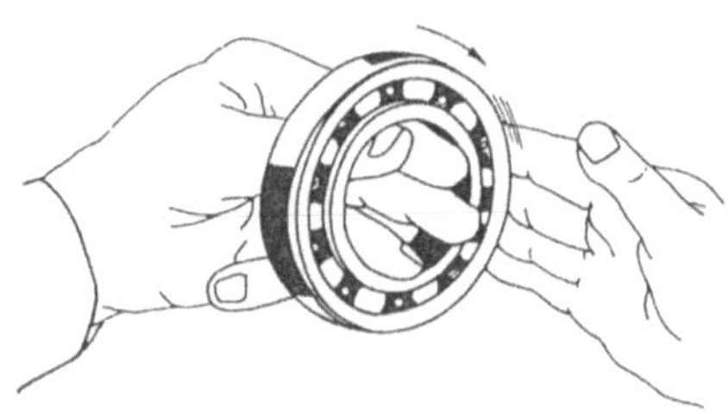

Abb. 419 Lauf-(Geräusch)Prüfung eines Wälzlagers durch Handdrehen

tierung zwischen geräuscharmen und geräuschvollen Lagern vornehmen können. Diese Methode ist bei Vergleich der Lager an verschiedenen Orten und zur Bestimmung des absoluten Geräuschpegels nicht brauchbar.

23.4.3 Körperschallmeßgerät

Diese Geräte laufen auch unter dem Begriff Geräuschprüf- oder Schwinggüte-Meßgeräte. Das bekannteste ist das Anderonmeter. Das Meßprinzip ist ähnlich dem des Welligkeitsmeßgerätes. Die Geräteausführungen sind je nach Hersteller mehr oder weniger unterschiedlich und umfangreich. Diese Geräte sind für serienmäßige Abnahmeprüfungen der Geräuschqualität unerläßlich. Ein Schönheitsfehler ist, daß die an ein und demselben Lager mit Geräten unterschiedlicher Hersteller gewonnenen Meßwerte selten direkt miteinander vergleichbar sind. Abb. 420 und Abb 421. zeigen das Prinzip und die tatsächliche Ausführung des Koyo-Körperschallmeßgerätes.

Gemessen wird die radiale Bewegung des feststehenden Außenringes bei rotierendem Innenring in sogenannten Anderon-Meßeinheiten oder in m/s.

Die Geräuschqualität eines Wälzlagers ist proportional der radialen Außenringversetzung (μinch), dividiert durch den dazugehörigen Drehwinkel des Innenringes (Bogenmaß).

Abb. 421 Koyo 3-Band-Körperschallmeßgerät

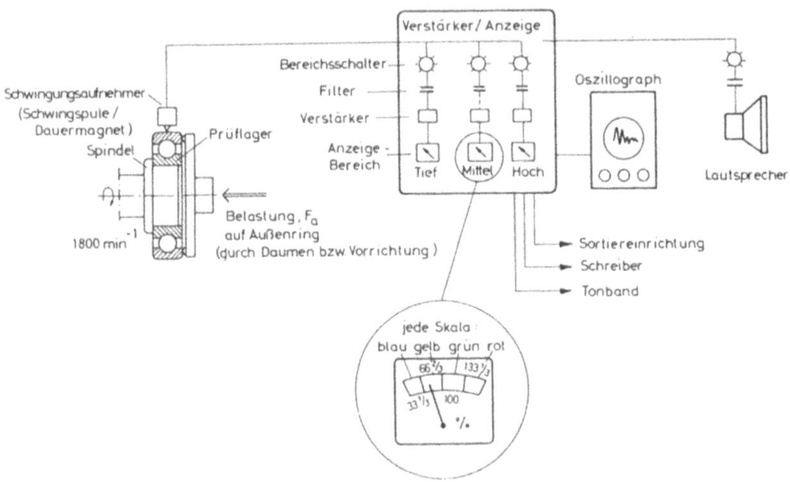

Abb. 420 Prinzip des Koyo 3-Band-Körperschallmeßgerätes

Das Koyo-Dreiband-Körperschallmeßgerät hat, wie das Anderonmeter, drei Kanäle mit je einem Bereichsschalter und einem Anzeigeinstrument. Die Kanäle werden nach praktischen Erfordernissen der Menschen (Gehör) und der Fertigungsmaschinen (Fehlerquellen) mit folgendem Frequenzumfang gewählt:

Tief (-Tonbereich): 50...300 Hz, d.h. das Anzeigeinstrument mißt Wellen (z.B. große Unrundheiten), die eine Schwingung erzeugen, deren Frequenz das 1 2/3 ... 10 fache der Spindeldrehzahl (1800 min^{-1}) ausmacht.

Mittel (-Tonbereich) 300...1800 Hz, d.h. dieses Anzeigeinstrument mißt Wellen (z.B. Ratterschleifmarken), deren Länge 1/10 ... 1/60 des Innenringumfanges beträgt.

Hoch (-Tonbereich): 1800...10000 Hz, d.h. das Anzeigeinstrument mißt Wellen (z.B. Rauhigkeiten), die 60 ... 300 mal pro Umdrehung wiederkehren.

Die Bereichsschalter sind in viele Stufen von 4 ... 4000 Anderon aufgeteilt und werden dem zu messenden Wälzlager entsprechend eingestellt. Die Skalen der Anzeigeinstrumente haben vier große Bereiche, die 33 1/3 (blau), 66 2/3 (gelb), 100 (grün) und 133 1/3 (rot) des eingestellten Bereichswertes entsprechen und die Lager von sehr leise bis sehr laut einteilen.

Schwingungen, die durch Laufbahnhochschlag, Spiel zwischen Innenringbohrung und Aufnahmedorn sowie durch Spindel-/-Innenring-/Käfig-Unwuchten hervorgerufen werden, haben eine Frequenz < 50 Hz und beeinträchtigen somit das Meßergebnis nicht. Wichtig ist aber, daß

- beim Vergleichen die Prüflinge stets im ausgewaschenen und petroleumfeuchten Zustand gemessen werden, damit die Einflüsse von Schmierungs- und Konservierungsstoffen ausgeschaltet sind,
- die Spindel weitgehend schlag- ($<5\mu m$) und schwingungsfrei läuft,
- der Außenring des Prüflagers so stark belastet wird, daß alle Wälzkörper tragen,
- der Schwingungsaufnehmer und alle übrigen Teile keine zusätzlichen Bewegungen (z.B. Eigenresonanzen, Rückkopplungen) ausführen und die Geräuschqualität des Lagers verfälschen.

Neben den 3-Kanal-Geräuschmeßgeräten werden auch Einkanal-Geräte mit Mittelwertbildung über den ganzen Frequenzbereich verwendet, wobei das „Geräuschnormal" durch Referenzlager festgelegt wird.

Da die Anzeigeinstrumente auf kurzzeitige Störungen oder impulsartige Vorgänge nicht oder nur wenig reagieren, wurde das Körperschallmeßgerät um einen Lautsprecher und einen Oszillographen ergänzt. Damit ist z. B. ein verschmutztes oder in der Laufbahn leicht beschädigtes Wälzlager deutlich im Lautsprecher zu hören (Knacken) bzw. deutlich auf dem Oszillographen (ausgeprägte Spitzen) zu identifizieren.

23.4.3.1 Geräuschmuster-Erkennung im Oszillographen

Typische Wälzlager-Laufgeräusche, wie sie sich im Oszillographen darstellen, sind in Abb. 422 wiedergegeben.

Die charakteristischen Eigenschaften eines abnormen Laufgeräusches sind bei eingebauten und nicht eingebauten Wälzlagern gleich.

23.4.3.2 Meßgenauigkeit

Der elektronische Teil der Körperschallmeßgeräte läßt sich auf wenige Prozent genau eichen. Diese Genauigkeit darf jedoch nicht mit der in der Praxis sich ergebenden Meßgenauigkeit verwechselt werden. Die Erfahrung hat gezeigt, daß bei einem gewissenhaften Prüfer mit einer Streuung von 5 bis 10% und bei Vergleich von zwei Prüfern mit einer Streuung bis zu 15% zu rechnen ist. Diese Streuung ist z.B. dadurch bedingt, daß der Außenring nicht am gleichen Punkt und in beiden axialen Richtungen geprüft werden kann. Wer aber die Problematik der Geräuschmessung kennt, wird mit diesem Ergebnis zufrieden sein.

23.4.4 Luftschall-Meßeinrichtungen

Zur Messung des Luftschalls benötigt man ein Mikrophon, das die Luftschwankungen in elektrische Spannungen umformt, ein Anzeigeinstrument und ggfs. zur Ausschaltung von Störgeräuschen einen schallisolierten, reflexionsfreien oder schalltoten Raum. Im schalltoten Raum kann man die Oberfläche des Prüflings punktweise abtasten und die Stellen maximaler Schallabstrahlung bestimmen (s. Beispiel Abb. 423).

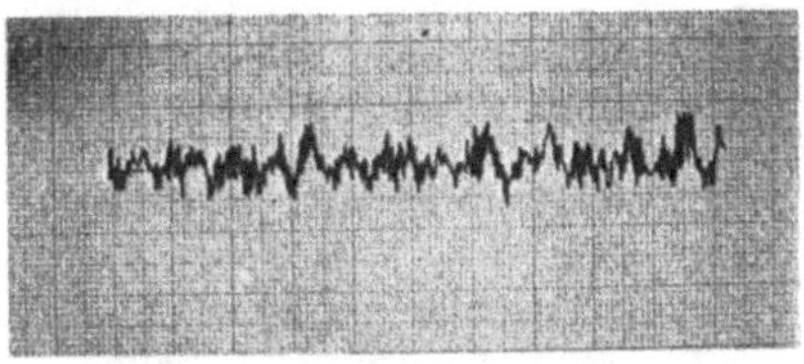

1. Normales Lauf(bahn)geräusch eines Rillenkugellagers. Das Geräusch ähnelt dem eines Regenschauers: weich, gleichmäßig, surrend

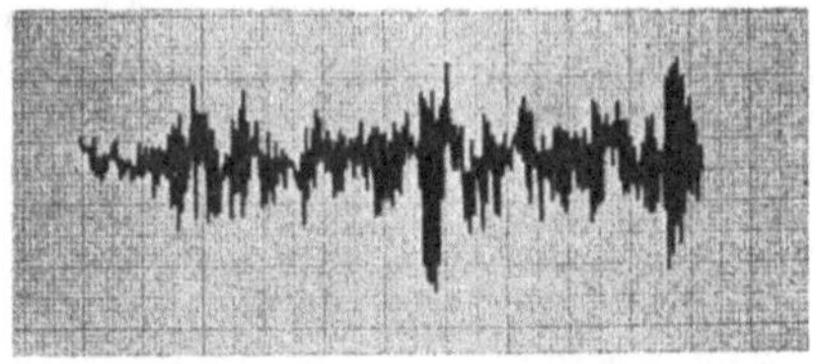

2. Normales klapperndes Laufgeräusch durch die „fallenden" Rollen eines Zylinderrollenlagers mittlerer Größe bei niedrigen Drehzahlen

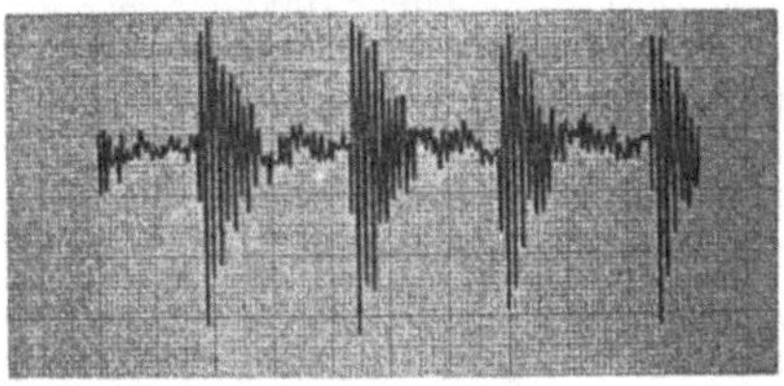

3. Abnormales Laufgeräusch: Das Lager hat einen Anriß (Kratzer) in der Laufbahn. Es ist mit gleicher Intensität in gleichen Abständen zu hören.

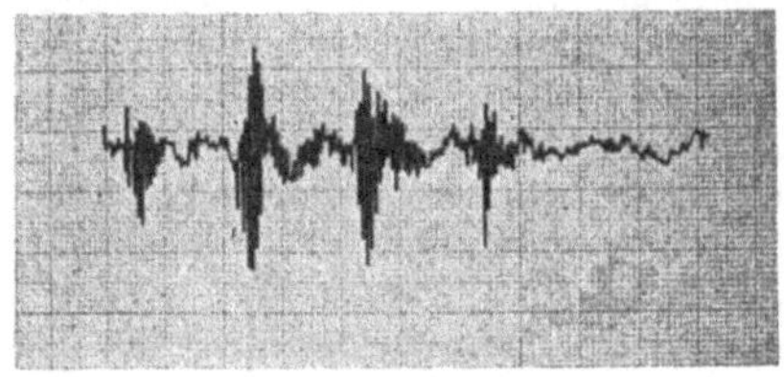

4. Abnormales Laufgeräusch durch Anriß an einer Kugel. Es ist zyklisch, aber weniger häufig als zuvor.

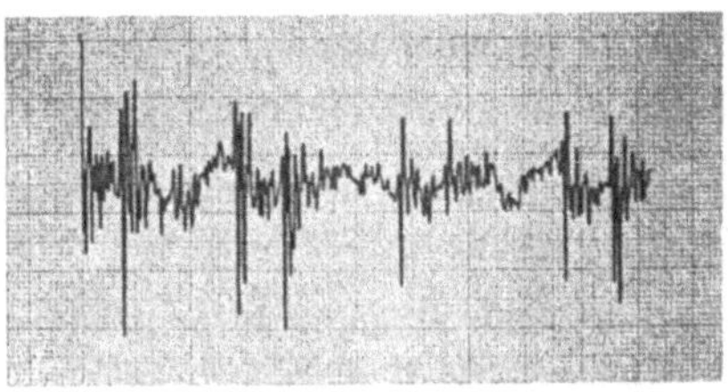

5. Abnormales Laufgeräusch durch Verschmutzung des Lagers. Das Geräusch ist weder gleichförmig noch zyklisch und von der Drehzahl unabhängig.

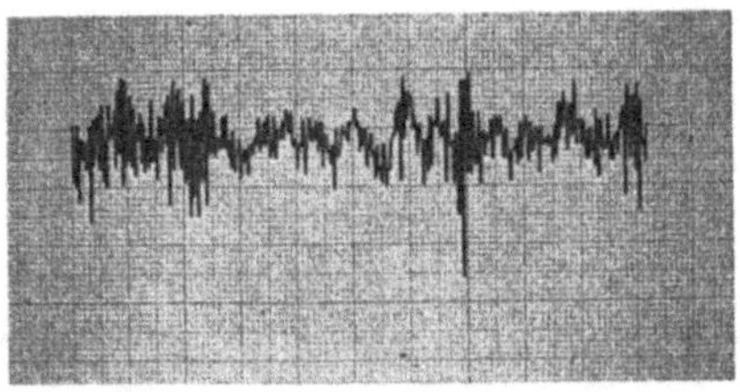

6. Käfiggeräusch bei niedrigen Betriebstemperaturen (Winter), unpassender Fettsorte oder übermäßigem Käfigtaschenspiel.

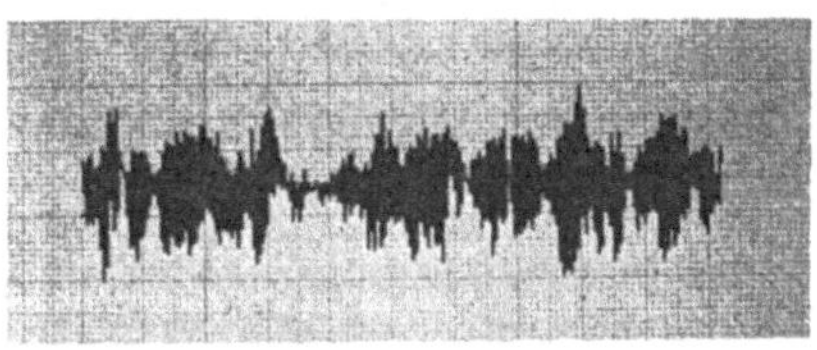

7. „Quietschgeräusch" eines fettgeschmierten Zylinderrollenlagers. Es klingt metallisch, unregelmäßig, sehr unangenehm.

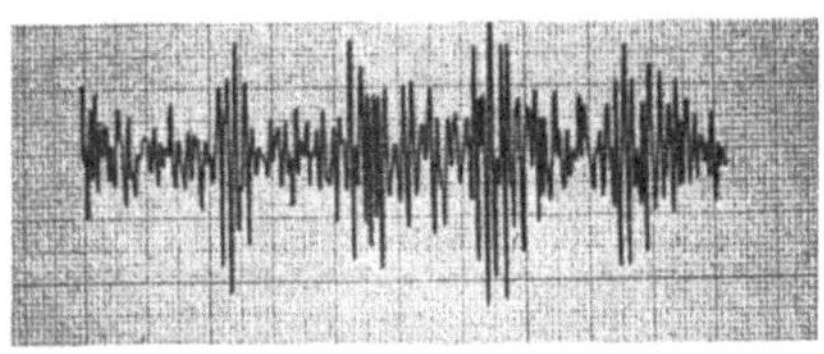

8. Abnormales Laufgeräusch (Anriß wie 3) eines im Elektromotor eingebauten Wälzlagers.

Abb. 422 Geräuschmuster-Erkennung im Oszillographen

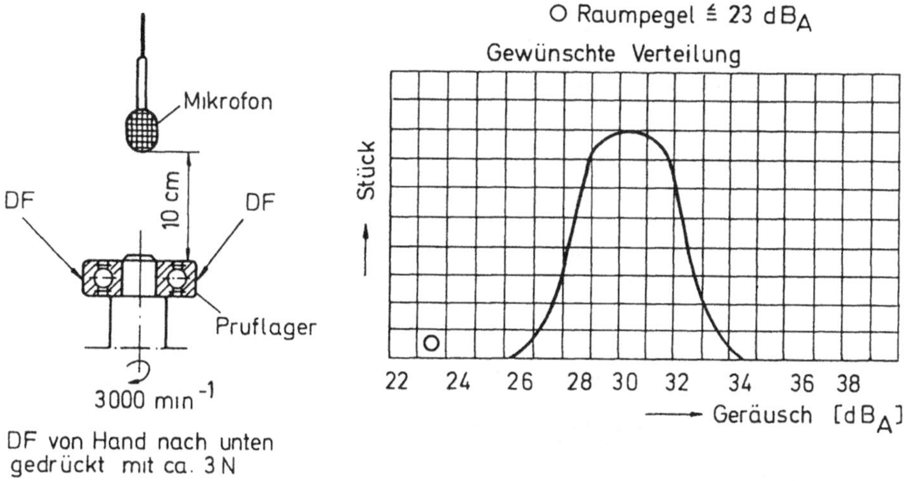

Abb. 423 Luftschall-Meßeinrichtung und Geräuschspezifikation für Computerlager (z. B. 625 ...)

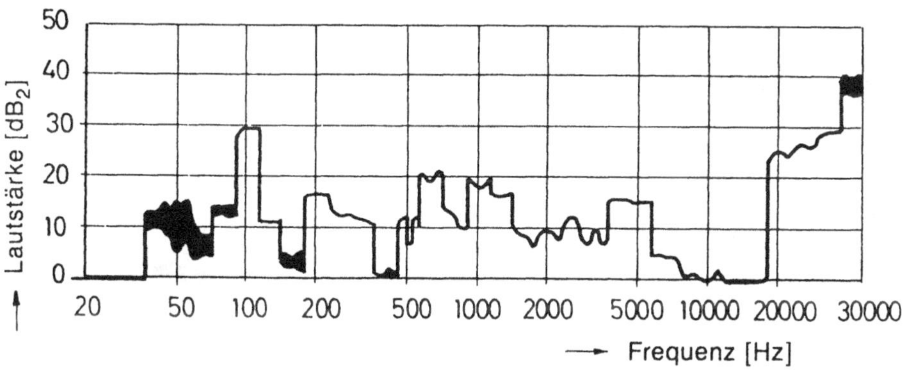

Geräuschklassifizierung

Art	Frequenz [Hz]	Ursache
Dehnung	≙ Drehzahl	(Rotor) Unwucht
Elektromagnet	100/200/950/1150/4450	Magnetfeldvariation (Rotor/Stator-Versatz)
Ventilation	160...500	Luftdruck
Stator	500...640	Resonanz
Wälzlager	> 1000	s. Abschn. 23.3

Abb. 424 Frequenzanalyse bei einem Drehstrommotor

23.4.5 Frequenzanalyse

Kommt es zu Geräuschbeanstandungen, glaubt der Maschinenbauer meistens, den Grund in erster Linie auf die Lagerqualität zurückführen zu können. Er findet z.B., daß die Maschine erst nach ein- oder mehrmaligem Lagerwechsel ruhig läuft; daß Lager einer Hälfte der Serie (Lieferung) besser als die andere sind; daß Wettbewerbslager, an der gleichen Stelle eingebaut, sofort gut laufen. Abgesehen von der Möglichkeit, daß der Einbau in irgendeiner scheinbar unbedeutend erachteten Einzelheit von Fall zu Fall verschieden gewesen sein kann, müssen die beanstandeten sowie die noch nicht eingebauten Lager zunächst noch einmal einer Körperschallprüfung unterzogen werden. Ist das Prüfergebnis positiv, muß nach anderen Geräuschursachen geforscht werden. Eine umfassende Prüfung schließt eine Frequenzanalyse mit ein; eine Analyse mit deren Hilfe man z.B. bei Elektromotoren das geräuscherzeugende Teil des Motors oder Lagers meist sehr gut bestimmen kann, sei es den Starter oder Rotor (elektromagnetisch erzeugte Geräusche) den Lüfter (Luftgeräusch) oder Fehler am Lagerinnenring / Wälzkörper / Außenring, Form- und Lagefehler an Welle oder Gehäuse, Verschmutzung oder auch ungeeignetes Fett (mechanisches Geräusch).

23.4.6 Messungen an eingebauten Wälzlagern

Je nach vorhandenen Einrichtungen wird entweder der Luftschall oder der Körperschall gemessen. Nähere Angaben über die Bestimmung der Lautstärke des Geräusches sind in DIN 45632, über Meßverfahren und Grenzwerte der Schwingstärke in DIN 45665 (VDI 2056, ISO 2954) für elektrische Maschinen gemacht.

Die einfachste Methode der Geräuschprüfung kompletter Maschinen erfolgt durch Abhören mit einem Holzstab, Schraubendreher oder Stethoskop vorzugsweise in einem schallisolierten Raum (Abb. 425). Bei Elektromotoren z. B.sollen zur leichteren Fehlerunterscheidung dem Prüfer zweckmäßigerweise mehrere Motoren zur Verfügung stehen, die absichtlich mit entscheidenden Fehlern wie Lagerverunreinigungen, übermäßige axiale Anstellung, Schiefstellung der Lageraußenringe/-Deckel, Kugeleindrückungen usw. versehen sind, weil jeder Fehler ein charakteristisches, deutlich hörbares Geräusch verursacht (Abb. 415).

Geräusch- und Schwingungsmessungen zur Feststellung des Lagerausfalles siehe Überwachung S. 541

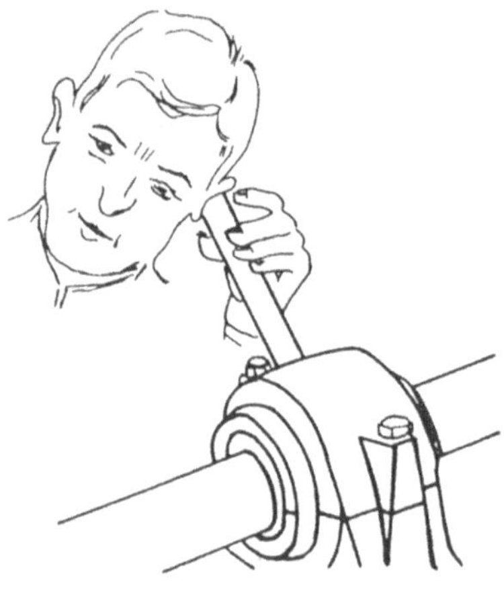

... mittels Holzstab oder Schraubendreher

Abb. 425 Geräuschprüfung an eingebauten Wälzlagern

23.5 Geräuscharme Wälzlager

Geräuscharme Wälzlager sind meistens kleine einreihige Kugel- und Rollenlager der leichten und mittleren Reihen bis etwa 50 mm Bohrung, die gezielt auf Geräuscharmut hergestellt und automatisch geprüft werden. Koyo bezeichnet diese Lager mit den Nachsetzzeichen M oder SM (Kugellager) bzw. M oder N (Rollenlager). Hinzuzufügen ist, daß die Koyo-Standardlager (kein Nachsetzzeichen) bereits ein sehr niedriges Geräuschniveau aufweisen und die geräuscharmen Lager nur besonderen Anforderungen vorbehalten werden sollten. Das unterschiedliche Geräuschverhalten der Lagerbauarten ist in der beiliegenden Vergleichs- und Auswahltabelle angegeben. Ohne Zweifel eignen sich hierfür (kleine) Rillenkugellager am besten (geringe Gleitreibungsanteile, günstige Schmierbedingungen, kleine Anstellkräfte). Der Wälzlagerhersteller weiß aus Erfahrung, welche Anforderung die Verbraucher in der Regel an das Geräuschverhalten der Lager stellen und hat sich darauf eingerichtet. In kritischen Einbaufällen wird es notwendig, besondere Prüfverfahren zu vereinbaren. Wichtig ist dann die Abstimmung, d.h. die Lager, die den Ansprüchen des Abnehmers noch entsprechen, mit Hilfe von Geräuschmeßgeräten zu klassifizieren und in der End- bzw. Eingangskontrolle als Grenzmuster für die Qualitätssicherung zugrunde zu legen.

23.6 Geräuscharme Wälzlagerungen

Die Wälzlagerhersteller geben sich große Mühe, durch verfeinerte Fertigungsmethoden geräuscharme Wälzlager zu produzieren. Sollen die niedrigen Geräuschwerte der Wälzlager beim Einbau in die Maschinen und Geräte nicht verloren gehen, so müssen, ausgehend von der Erkenntnis, daß Wälzlager nur leise laufen, wenn alle Wälzkörper mit beiden Laufbahnen in Kontakt sind, folgende Regeln beachtet werden:

23.6.1 Ausführung der Lagerung, allgemein

Die Ausführung der Lagerung muß der Genauigkeit der gewählten Wälzlager entsprechen. Jede Abweichung von einer achsparallelen Verschiebung (= Schrägstellung) der Innen- und Außenringe erhöht das Lagergeräusch, wie aus Abb. 426 ersichtlich.

Die Lagersitze der Wellen und Gehäuse müssen fluchten; die Anlageflächen parallel und senkrecht zur Lagerungsachse ver-

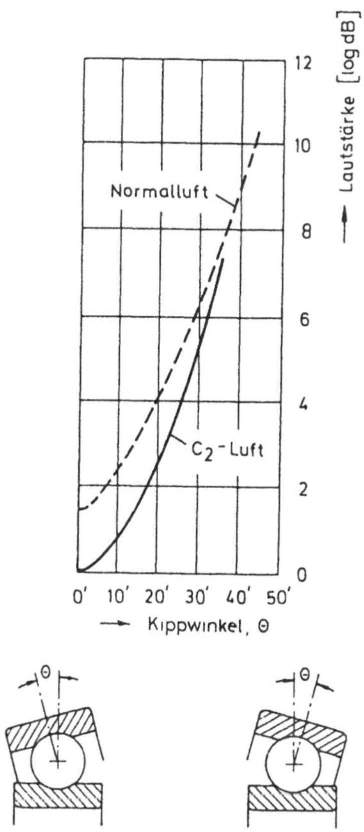

Abb. 426 Geräuschzunahme bei Schiefstellungen der Lagerringe zueinander

laufen und die Hohlkehle so klein gewählt werden, daß die Lager richtig anliegen. Ovale, konische oder wellige Lagersitze müssen vermieden werden, da die relativ elastischen Wälzlagerringe diese Fehler auf die Laufbahn übertragen. Formfehler sind durch Dreipunktmessung oder mit Rundheitsmeßgeräten zu kontrollieren, weil z.B. „Gleichdicke" (Unrundheit), wie sie gelegentlich beim spitzenlosen Schleifen von Wellensitzen vorkommen, durch Zwei-Punktmessungen nicht feststellbar sind. Unsere Empfehlungen für geräuscharme Lagerungen werden am Beispiel Elektromotor für Haushaltsgeräte deutlich (Abb. 427). Zu Passungsempfehlungen/Formtoleranzen s z.B. S. 32 und 374 ff.

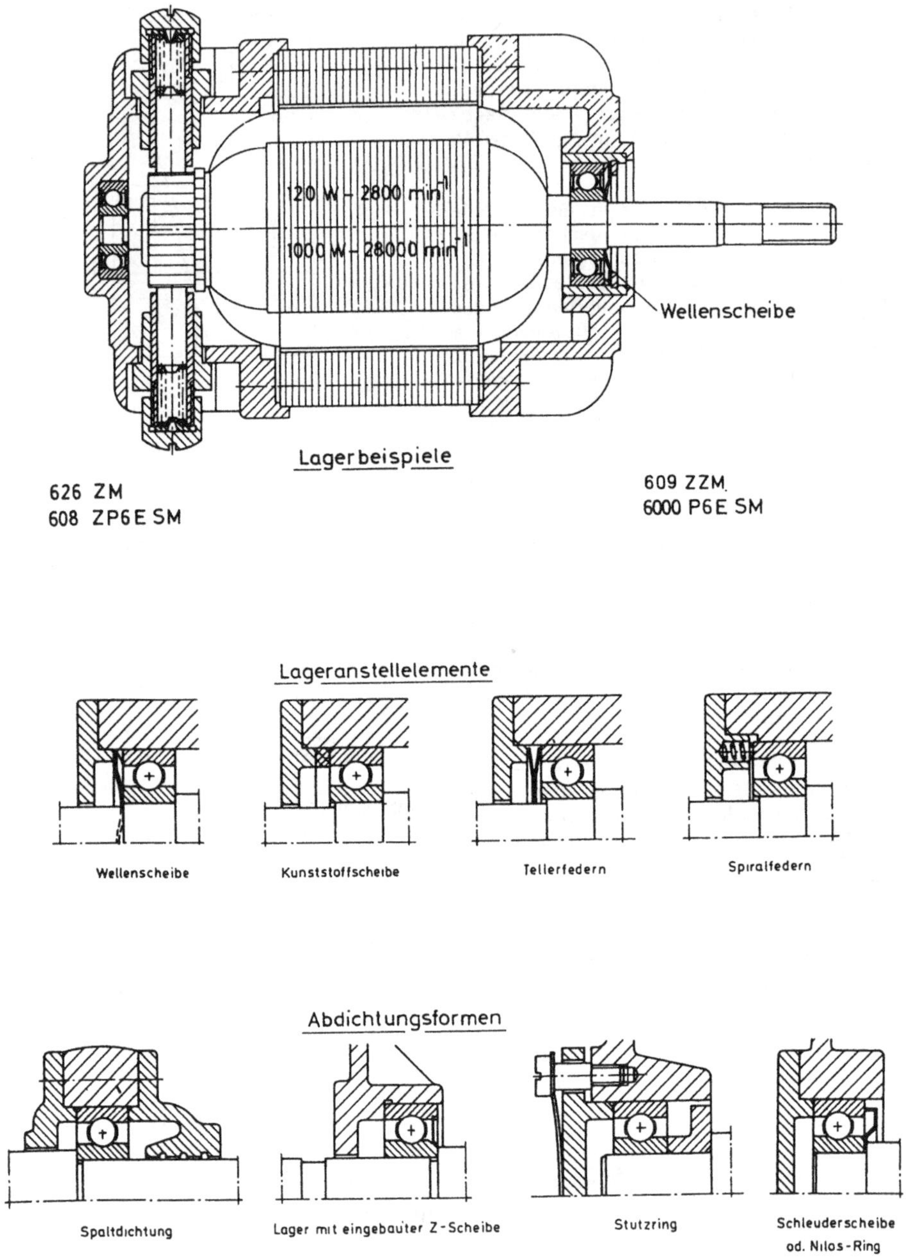

Abb. 427 Geräuscharme Wälzlagerungen (Beispiel Elektromotor in Haushaltsgeräten)

23.6.2 Änderungen der Lagersitze (Paßfugen)

durch thermische Verformungen, basierend auf unsymmetrischen Querschnitten (ungleicher Wärmefluß) oder unterschiedlichen Werkstoffpaarungen (z.B. Stahl/Leichtmetall) mit unterschiedlichen Wärmeleitzahlen müssen berücksichtigt werden. Diese thermisch bedingten Maßänderungen können zu großen Formfehler, zu großem Passungsspiel (s. S. 371) und/oder zu großer Radialluftentwicklung (s. S. 345) führen, was unweigerlich erhöhtes Laufgeräusch zur Folge hat. Daran ändern auch eingeengte Fertigungstoleranzen nichts, wie sie z.B. in DIN 42966 empfohlen werden. In Sonderfällen ist ein Kompensationsglied zwischen Lagersitz und Lager, wie in Abb. 428 gezeigt, vorzusehen.

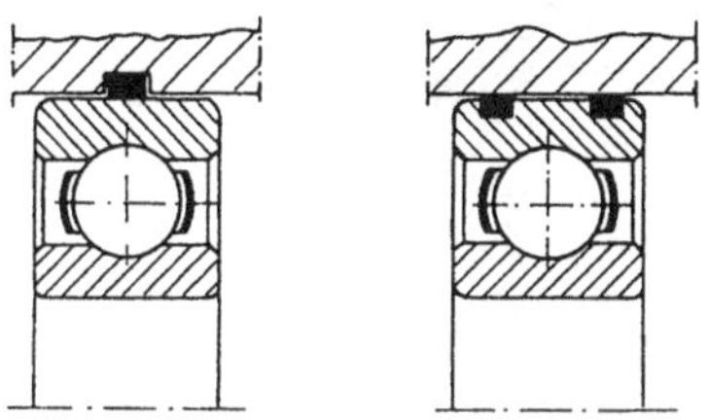

Abb. 428 Kompensationsglieder zur Lage- und Sitzstabilisierung bei großem Passungsspiel infolge thermischer Einflüsse

Besondere Bedeutung kommt dem Sitz des losen Lagerringes, in der Regel dem Außenring, zu, der ein gewisses Passungsspiel haben muß, damit er sich einerseits leicht einstellen (verschieben) läßt, aber andererseits nicht mitwandert.

23.6.3 Spielfreier Lagereinbau

Der spielfreie Lagereinbau ist wegen der sich ständig im Betrieb ändernden Geräuschfaktoren durch Wahl der Passungen und Lagerluft selten einzuhalten. Eine Vorspannung der Lager zur Sicherstellung der totalen Wälzkörperanlage ist im wesentlichen auf Schräglager begrenzt, wie z.B. Kegelrollenlager in KFZ-Achsgetrieben oder Schrägkugellager in Schleifmaschinenspindeln.

Rillenkugellager dagegen müssen, wenn sie nicht senkrecht eingebaut sind, mittels besonderer Einstellelemente (Abb. 427) angestellt werden, so daß über den zu erwartenden Bereich betriebsbedingter Maßänderung ein ständiger Kontakt aller Kugeln mit beiden Laufbahnen gewährleistet ist. Die notwendige axiale Anstellkraft (Fa) setzt sich aus einem drehzahl- und lagerzustandsabhängigen Wert zusammen:

$$Fa_{min} = 0{,}3 \cdot \left(\frac{n \cdot C_0}{10^6}\right)^2 + 1{,}67 \cdot Fr \cdot \tan\alpha \ [kN] \qquad \text{(Gl. 458)}$$

mit

n Lagerdrehzahl [min^{-1}]

C_0 statische Tragzahl des Lagers [kN]

Fr Radialbelastung des Lagers

α Betriebswinkel [°], s. S. 148

Als Faustformel gilt auch:

$$Fa_{min} = 5...15 \cdot d \ [N] \qquad \text{(Gl. 459)}$$

mit d Bohrung des kleineren Lagers [mm].

Hinzu kommen kann eine passungsabhängige Reibungskraft ($\mu \cdot Fr$).

Müssen Zylinderrollenlager verwendet werden, so wählt man die Lagerluft so klein, wie es die Betriebsverhältnisse gestatten, evtl. also auch Vorspannung.

Beispiel

Gegeben: 6305, n = 2800 min^{-1}, Fr = 1000 N, Dw = 11,1125 mm, Betriebslagerluft C_m = 0,0045 mm, 2 K = 0,06

Gesucht: Fa_{min} = ?

Lösung: c_0 = 9,7 kN aus Maßtabelle

$$\cos\alpha = 1 - \frac{c_m}{0{,}06 \cdot D_w} \quad \text{s. Gl. 24}$$

$$= 1 - \frac{0{,}0045}{0{,}06 \cdot 11{,}1125} = 0{,}99325$$

$$\alpha = 6{,}7°$$

$$Fa_{min} = 0{,}3 \left(\frac{2800 \cdot 9{,}7}{10^6}\right)^2 + 1{,}67 \cdot 1{,}0 \cdot \tan 6{,}7° = 0{,}196 \text{ kN} = 196 \text{ N}$$

oder

$$Fa_{min} = (5...15) \cdot 25 = 125...375 \text{ N}$$

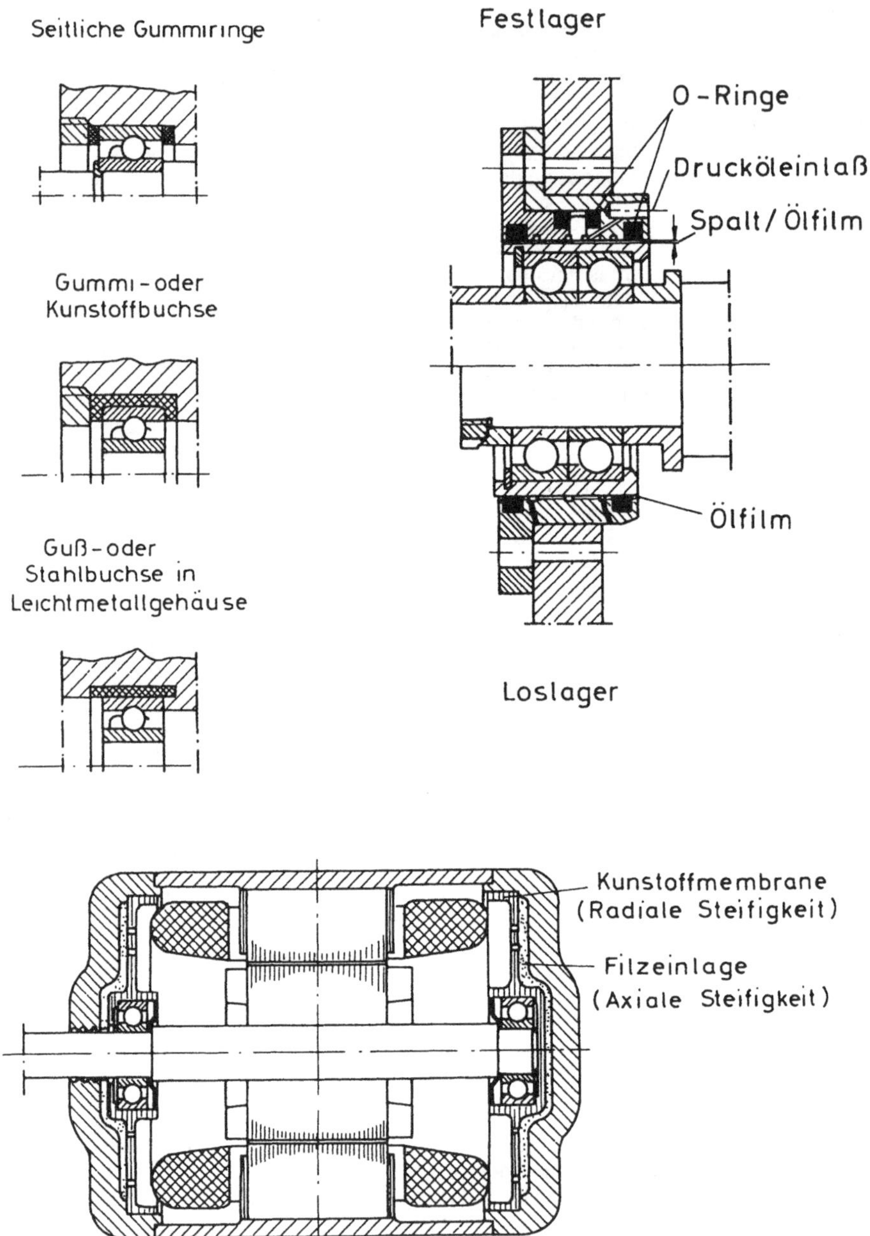

Abb. 429 Elastische Zwischenglieder zur Geräusch- und Schwingungsdämpfung der Wälzlager für extrem hohe Anforderungen

23.6.4 Wälzlagergehäuse

Die Wälzlagergehäuse sollten gute Dämpfungseigenschaften aufweisen. Durch Formgestaltung (Wandstärke, Rippen, aufgespritzte dämpfende Massen) und Werkstoffwahl läßt sich das Geräuschverhalten beeinflussen. Als zusätzliche Dämpfungsmaßnahmen dienen elastische Zwischenglieder (Abb. 429), Anstellelemente (Abb. 427) und Kompensationsglieder (Abb. 428).

23.6.5 Rotationsteile

Die Rotationsteile müssen gut ausgewuchtet sein. Je schneller die Maschine läuft, desto feiner. Dies aber nicht nur wegen der Laufruhe, sondern auch wegen der Laufgenauigkeit und Lebensdauer von Lagern und Wellen (s. S. 311 bzw. 384)

23.6.6 Wälzlagerabdichtung

Die Wälzlager müssen gut abgedichtet werden, weil jede Verschmutzung zur Geräuschbildung führt. Beispiele für Elektromotoren sind in Abb. 427 dargestellt.

23.6.7 Montage

Für die Montage gilt die für Wälzlager übliche Grundregel, daß keine Montagekräfte (Einpreßkräfte) über die Wälzkörper geleitet werden dürfen. Brinellierungen, also bleibende Eindrückungen der Wälzkörper in die Laufbahnen, können die Folge sein. Derart vorgeschädigte Lager laufen nicht nur erheblich geräuschvoller, sie werden in aller Regel auch vorzeitig ermüden. Für das Auf- bzw. Einpressen von selbsthaltenden Lagern muß daher immer ein Stempelwerkzeug verwendet werden, das eine Planlage von Innen- und Außenring gewährleistet (Abb. 566, S. 519). Vielfach besser ist es, die Gehäuse anzuwärmen, wie es z.B. bei Elektromotoren zur Vermeidung von schrägem Aufdrücken der Lagerschilde auf die Lageraußenringe geschieht.
Bestimmte Lagerarten erfordern eine definierte Einbaulage hinsichtlich der Lastrichtung. So dürfen z.B. bei Lagern mit Einfüllbohrung die Axialkräfte nur gegen die nicht unterbrochene Laufbahnschulter gerichtet werden.
Eine saubere Umgebung bei der Montage ist angesichts des hohen Genauigkeitsgrades von Wälzlagern selbstverständlich. Neue Lager dürfen vor dem Einbau nicht gewaschen werden. Das Spülen der Lager vor Ort kann nur zur Folge haben, daß Schmutz in die Lager gelangt und bei Fettschmierung die Haftfähigkeit der Lagerflächen verringert wird. Das an den Lagerflächen haftende Konservierungsmittel verträgt sich mit allen Markenschmierstoffen.

23.6.8 Schmierstoff

Der Schmierstoff soll einen möglichst hohen Reinheitsgrad und gute Dämpfungseigenschaften aufweisen. Fettschmierung dämpft etwas besser als Ölschmierung. Die Anwesenheit bestimmter Feststoffe (inhomogene Dickungsmittel, Zusätze) im Fett können je nach Art, Härte, Größe und Verteilung das Geräuschverhalten beeinflussen. Weitere Auswahlkriterien wie Drehzahlfaktor, Gebrauchstemperaturbereich, Ölviskosität und Beständigkeit gegen bestimmte Medien siehe Kapitel Schmierung (S. 402).

23.6.9 Isolierung der Geräuschquelle

In vielen Fällen kann es genügen, die Maschine oder das Gerät auf eine dämpfende Unterlage (Filz, Gummi, Schwingmetalle) zu stellen. Am aufwendigsten ist im allgemeinen die Abschirmung mit einer Schallschutzhaube.

24 Schmierung

24.1 Einleitung

Wälzlager können, von seltenen Ausnahmen abgesehen, nicht ohne Schmierstoff erfolgreich betrieben werden. Der Schmierstoff soll den unmittelbaren Kontakt der Oberflächen von rollenden und gleitenden Lagerteilen verhindern, also Reibung und Verschleiß vermindern, die Oberflächen vor Korrosion schützen und ggf. die Wärmeabfuhr und /oder die Wirksamkeit der Dichtungen verbessern.

Die maximale Ermüdungs-Lebensdauer (S. 206) setzt eine ausreichende Schmierfilmbildung voraus. Der Schmierfilm entsteht bei den verschiedenen Lagerkontakflächen auf unterschiedliche Art. Bei hydrostatischen Gleitflächen (bei Wälzlagern nicht vorliegend) wird der Schmierfilm durch Drucköl (Pumpe) aufgebaut. Bei hydrodynamischen Gleitflächen, wie Käfigführungsflächen und Rollenstirn-/Bordflächen, wird er von dem umlaufenden Teil durch Keilflächenwirkung erzeugt (Schmierkeil). Bei den Wälzkontaktflächen entsteht der Schmierfilm dadurch, daß Wälzkörper und Laufbahn — durch Belastung geringfügig verformt — einen Schmierspalt bilden, in den der an den Lagerteilen anhaftende Schmierstoff hineingezogen wird. Man spricht hier von der Elasto-Hydrodynamischen oder EHD-Schmierung.

Die Gleitbewegungen, die aus den Wälzkontaktstellen von Wälzkörpern und Laufbahnen auf Grund der elastischen Verformung der Lagerteile und aus den gekrümmten Wälzflächen (Pendelrollenlager, Kugellager) resultieren, sind — im Vergleich zu Gleitlagern — sehr gering, so daß sich die Verlustleistung und der Verschleiß in Grenzen halten, selbst dann, wenn das Wälzlager im Mischreibungsgebiet läuft. Andererseits sind dort, wo höhere Gleitgeschwindigkeiten (z. B. Rolle/Bord oder am Käfig) auftreten, die Drücke fast immer sehr klein. Deshalb ist die völlige Trennung der Kontaktflächen nicht so bedeutungsvoll wie bei Gleitlagern. Diese geringen Ansprüche an die Schmierung bei mittleren Belastungen und Drehzahlen macht die Wälzlager u. a. so vorteilhaft. Dies bedeutet jedoch nicht, daß der Schmierstoff-Auswahl ihre Bedeutung genommen wird. Ganz im Gegenteil: Nur eine sorgfältig auf die Betriebsverhältnisse und Lagerbauart abgestimmte Schmierung läßt eine lange Gebrauchsdauer erwarten. Der Schmierstoff ist ein wichtiges, kraftübertragendes Konstruktionselement im Wälzlager.

24.2 Theoretische Grundlagen

24.2.1 Hydrodynamische Schmierung

Abb. 430 zeigt das Prinzip der hydrodynamischen Schmierung. Ursprünglich für Gleitlager entwickelt, läßt es sich, wie bereits erwähnt, auch bei Wälzlagern anwenden, sehr gut auf die niedrig belasteten Käfigführungsflächen, weniger gut auf hochbelastete Rollenstirn- und Bordflächen. Das Beispiel Zylinderrollenlager (S. 96) kann auch für Kegelrollenlager gelten.

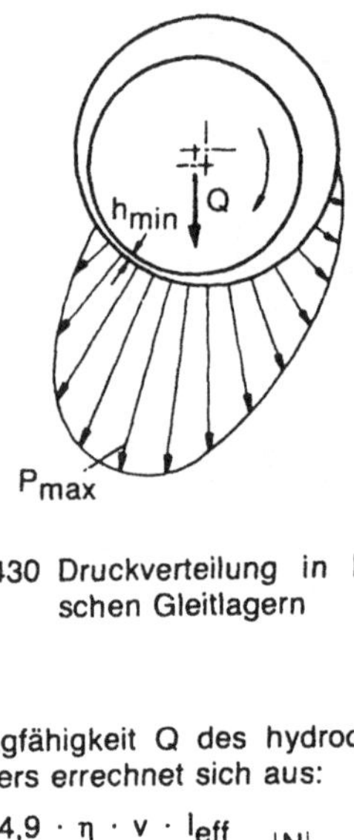

Abb. 430 Druckverteilung in hydrodynamischen Gleitlagern

Die Tragfähigkeit Q des hydrodynamischen Gleitlagers errechnet sich aus:

$$Q = \frac{4{,}9 \cdot \eta \cdot v \cdot l_{eff}}{1000 \cdot \Sigma\varrho \cdot h_{min}} \; [N] \qquad \text{(Gl. 460)}$$

$$\text{für } p_0 \leqq 80 \sqrt{\eta \cdot v \cdot \Sigma\varrho}$$

- η dynamische Viskosität [mPa · s]
- v Gleitgeschwindigkeit [m/s]
- l_{eff} Lagerbreite [mm]
- $\Sigma\varrho$ Summe der Krümmungen [mm^{-1}] (s. S. 414)
- h_{min} minimale Schmierfilmdicke [μm]
- p_0 Hertz'sche Flächenpressung [N/mm^2]

24.2.2 Elasto-Hydrodynamische Schmierung

Die Elasto-Hydro-Dynamische (EHD-)Schmiertheorie beschreibt die Schmierfilmausbildung in (hoch) belasteten Kontaktstellen (Hertz'schen Berührungsflächen), die (mit hoher Geschwindigkeit) aufeinander abrollen (Abb. 431). Der Elastohydrodynamische Schmierfilm bleibt fast über die gesamte Länge der Kontaktzone konstant (h_o). Während sich an der Einlaufseite der Druck abweichend von der Hertz'schen Druckverteilung, die für den ungeschmierten Kontakt zweier gegenförmiger Körper gilt, allmählich aufbaut, ist auf der Auslaufseite eine Druckspitze vorhanden, die den Schmierfilm h_o auf $h_{min.}$ reduziert. Im Gegensatz zur Hydrodynamik ist hier sowohl die Viskositäts-Druck-Abhängigkeit der Schmierstoffe als auch die Verformung der Kontaktstellen zu berücksichtigen. Unter der Annahme isothermer Bedingungen (Zustandsänderungen bei konstanter Temperatur) und ideal glatten Oberflächen (Vernachlässigung der Oberflächenfeinstrukturen) lassen sich die Schmierfilmdicken mit folgenden Gleichungen berechnen:

$$h_{min} = 2{,}65\ U^{0,7} \cdot G^{0,54} \cdot w^{-0,13}\ |\mu m| \qquad \text{(Gl. 461)}$$

$$h_o \approx 4/3\ h_{min}\ |\mu m| \qquad \text{(Gl. 462)}$$

für Linienberührung nach Dowson und Higginson oder

$$h_{min} = 3{,}63\ U^{0,68} \cdot G^{0,49} \cdot w'^{-0,073} \cdot (1-e^{-0,68\ k'})\ |\mu m| \qquad \text{(Gl. 463)}$$

$$h_o = 2{,}69\ U^{0,67} \cdot G^{0,53} \cdot w'^{-0,067} \cdot (1-0{,}61 e^{-0,73\ k'})\ |\mu m| \qquad \text{(Gl. 464)}$$

für Punktberührung nach Hamrock und Dowson

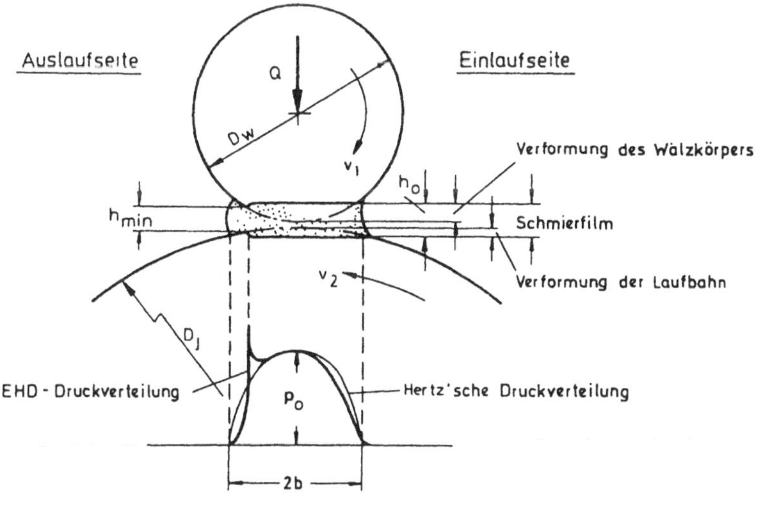

Abb. 431 Schmierfilm und Druckverteilung bei Elastohydrodynamischer Schmierung (Beispiel Rolle/Innenring)

mit

U Geschwindigkeitsfaktor

$$= \frac{\eta_o \cdot v_n}{E' \cdot R_r}$$

G Materialfaktor

$$= \alpha_{p2000} \cdot E'$$

w Belastungsfaktor

$$w = \frac{Q}{E' \cdot R_r \cdot l_s}$$

$$w' = \frac{Q}{E' \cdot R_r^2}$$

k' Halbachsen-Verhältnis der Druckflächen ($k' = a/b$, s. S. 237)

η_o Dynamische Viskosität |mPa · s|

v_n hydrodynamisch wirksame Rollgeschwindigkeit |m/s|
in Abb. 431 ist $v_n = v_1 + v_2$

1/E' effektiver Elastizitätsmodul |N/mm²|

$$= \frac{1}{2}\left(\frac{1-1/m_1^2}{E_1} + \frac{1-1/m_2^2}{E_2}\right)$$

R_r reduzierter Krümmungsradius

$$= \frac{r_1 \cdot r_2}{r_1 + r_2}$$

in Abb. 431 ist $R_r = \frac{1}{2}\left(\frac{D_w \cdot D_i}{D_w + D_i}\right)$

α_{p2000} Viskositäts-Druck-Koeffizient (bis p = 2000 bar) [mm²/N] (s. S. 454)

Q Wälzkörperbelastung |N|

l_s Spaltlänge bzw. effektive Rollenlänge |mm|

Für Stahl mit dem Elastizitätsmodul $E = 2{,}08 \cdot 10^5$ N/mm² und der Poisson'schen Konstanten 1/m = 0,3 ergibt sich für Gl. 461 folgende Vereinfachung:

$$h_{min} = \frac{0{,}145\alpha^{0,6} \cdot (\eta_o \cdot v_h)^{0,7}}{(\Sigma\varrho)^{0,43} \cdot (Q/l_s)^{0,13}} \ |\mu m| \qquad \text{(Gl. 465)}$$

Berechnungsbeispiel s. S. 208

Diese Gleichungen zeigen, daß die Schmierfilmdicke bei einem Lager mit vorgegebener Geometrie hautpsächlich durch die Rollgeschwindigkeit v_n, durch die dynamische Viskosität bei Betriebstemperatur und Atmosphärendruck η_o sowie durch den Viskositäts-Druck-Koeffizienten α bestimmt wird. Die Belastung Q dagegen hat nur einen geringen Einfluß, weil mit zunehmender Belastung die Viskosität steigt und die Kontaktflächen durch die elastischen Verformungen größer werden.

24.2.3 Schmierungszustände

Nach Abb. 432 sind folgende Schmierungszustände zu unterscheiden:

— Voll-, Flüssigkeit- oder EHD-Schmierung ($\chi > 4$).
Die Oberflächen der Wälzpartner sind ganz oder nahezu vollständig durch einen Schmierfilm getrennt. Dieser Schmierungszustand fast reiner Flüssigkeitsreibung ist für den Dauerbetrieb immer anzustreben.
χ = Viskositätsverhältnis

$$= \frac{\text{Vorhandene Viskosität}}{\text{Bezugsviskosität } \nu_1} \qquad \text{(Gl. 466)}$$

— Teil- bis Voll-Schmierung ($\chi = 0{,}4 \ldots 4$)
Ab einer bestimmten Schmierfilmdicke kommt es zu Oberflächenkontakten, so daß Mischreibung entsteht.

— Grenzschmierung ($\chi < 0{,}4$)
Bei ungenügender Schmierung treten in vielen Oberflächenkontakten sehr hohe Drücke, Grenzreibung und sehr hohe Temperaturen auf. Um diesen Zustand abzumildern, ist eine „chemische Schmierung", d.h. Feststoff- oder EP-Zusätze, im Schmierstoff angezeigt. Die Zusätze reagieren unter den hohen Drücken und lokalen (Blitz-)Temperaturen mit den metallischen Oberflächen. Sie bilden schmierfähige Reaktionsprodukte, die eine dünne Trennschicht entstehen lassen und so den fehlenden Flüssigkeitsfilm ersetzen.

— Trocken- oder Feststoffschmierung siehe Abschnitt 24.7, Seite 484

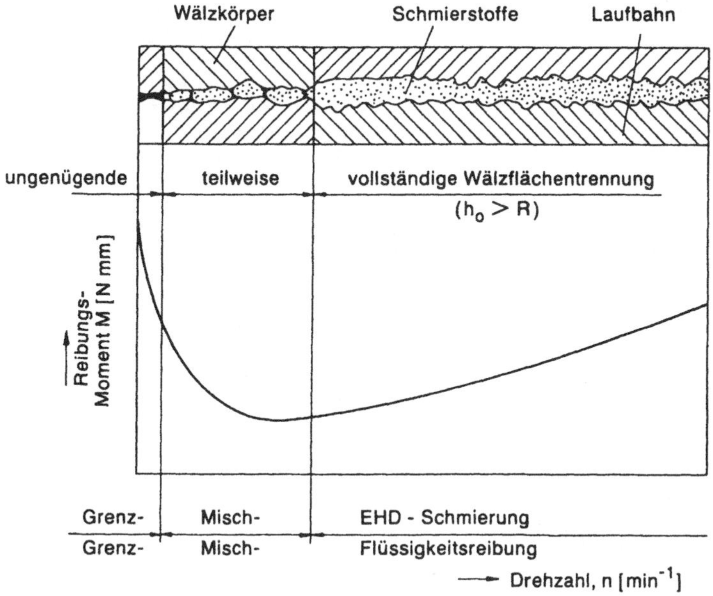

Abb. 432 Verschiedene Schmierungszustände

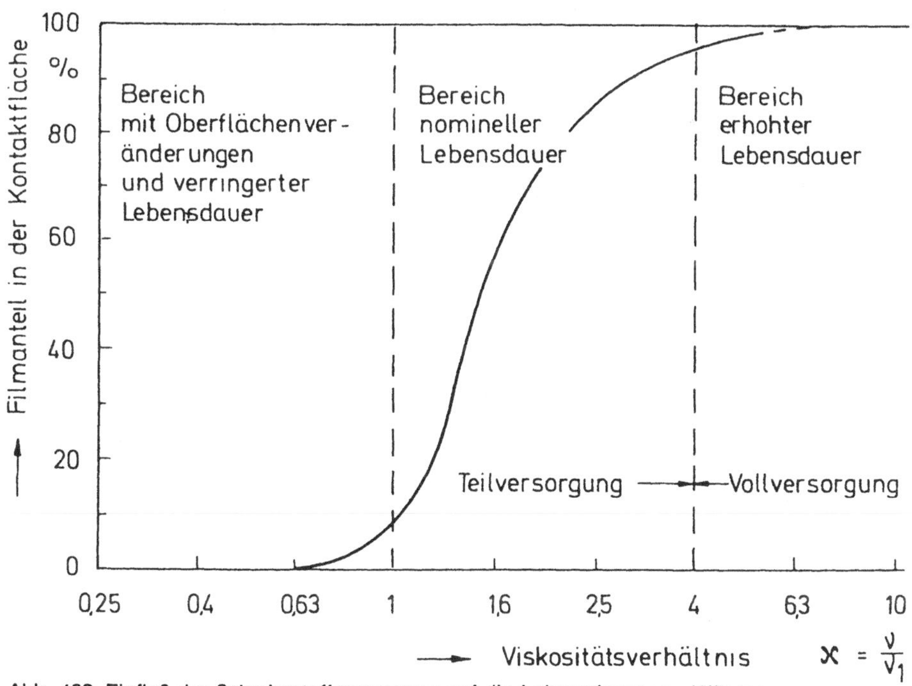

Abb. 433 Einfluß der Schmierstoffversorgung auf die Lebensdauer von Wälzlagern

Die unterschiedlichen Schmierungszustände von Teilversorgung bis Vollversorgung und ihre Einflüsse auf die Wälzlagerlebensdauer sind in Abb. 433 dargestellt.
Bei einer Vollversorgung des Wälzkontaktes mit Schmierstoff, wie es bei Ölumlauf- oder Ölbadschmierung vorauszusetzen ist, geht man davon aus, daß genügend Schmierstoff vorhanden ist, um den maximal möglichen Schmierfilm aufzubauen.
Beim Einsatz von Kleinstmengen-Schmierungssystemen (Ölnebel, Öl-Luft, Öleinspritzung) und Fettschmierung muß man davon ausgehen, daß die Versorgung der Wälzkontakte mit Schmierstoff nicht ausreicht, den maximal möglichen Schmierfilm aufzubauen. Der Betrieb der Wälzlager erfolgt zwar ebenfalls im EHD-Bereich, der Schmierfilmaufbau weicht aber ab einer bestimmten Drehzahl von der theoretischen Linie ab, nähert sich asymtopisch einem Maximalwert und bleibt dann drehzahlunabhängig konstant. Dieser Schmierungszustand wird als Teilversorgung („starvation") bezeichnet. Die sich daraus ergebende Reibungsmomenten-Kennlinie hat für schnellaufende, leicht belastete Wälzlager (z. B. Werkzeugmaschinenspindellager) bei kontrollierter Teilversorgung große Vorteile. Der Einfluß der Teilversorgung auf die Reduzierung des Reibmomentes ist sehr viel größer als auf die Schmierfilmbildung.
Bei einem Viskositätsverhältnis $\chi = 1$ haben wir den Schmierungszustand, der den Berechnungen der nominellen Lebensdauer L gemäß DIN ISO 281 zugrunde liegt. Abweichende Schmierungszustände werden durch Gl. 74, S. 206 berücksichtigt.

24.2.4 Vereinfachte Berechnungsmethode der Schmierfilmbildung

Weil nicht immer alle Daten der EHD-Schmierung zur Verfügung stehen, ist für die Praxis ein Rechendiagramm entwickelt worden, welches bei Verwendung von mäßig legierten bzw. unlegierten Mineralölen eine sichere Aussage über den Schmierungszustand im Wälzlagerkontakt ermöglicht. Dabei wurde die Schmierfilmdicke h_0 mit der durchschnittlichen Rauhigkeit der Wälzpartner R_a gleichgesetzt, weil bei dieser Bedingung von einem verschleißfreien Betrieb der Wälzlager auszugehen ist.

Zur Beurteilung des Schmierungszustandes wird eine Bezugsviskosität ν_1 (erforderliche Betriebsviskosität) nach Abb. 434 ermittelt und ins Verhältnis zur Betriebsviskosität ν des vorgesehenen Öles gesetzt. Die Betriebsviskosität kann den Datenblättern der Schmierstoffhersteller entnommen werden.
Zu beachten ist, daß mit der Schmierfilmdicke oder die daraus abgeleitete Bezugsviskosität ν_1 nur der Schmierungszustand im Wälzkontakt beurteilt wird, nicht aber die Schmierungsverhältnisse in anderen Kontakten des Lagers (Wälzkörper/Käfig, Wälzkörper/Bord, Wälzkörper/Wälzkörper). Daher werden je nach Lagerbauform, Wälzkörperbeanspruchung oder Wälzkörpertrennung aus praktischen Erfahrungen heraus höhere Bezugsviskositäten als ν_1 empfohlen (s. Abschnitt 24.6.6.1, S. 462).

24.2.5 Schmierfilmbildung bei Fettschmierung

Bei der Fettschmierung nimmt nur ein sehr geringer Teil des Schmierstoffes aktiv am Schmierungsvorgang teil, weil der größte Teil des Fettes nach einer kurzen Einlaufzeit, übliche Konsistenz vorausgesetzt, aus dem Lager verdrängt wird und sich entweder seitlich in dem Lagergehäuse ablagert oder über die Dichtungen verschwindet.
Die Lagerschmierung erfolgt sowohl durch das Grundöl des auf den Laufbahnen haftenden Fettes als auch durch das nachfließende Öl des seitlich abgelagerten Fettes.
Für lange Schmierfristen ist es günstig, wenn das Fett gerade soviel Öl abgibt wie zur Schmierung des Lagers erforderlich. So bleibt die Ölabgabe über eine lange Zeit bestehen, und vorzeitige Fettverfestigung bzw. Mangelschmierung werden verhindert. Die Ölabgabe hängt vorrangig von der Größe der ölabgebenden Fläche ab. Durch Kühlen oder Erwärmen eines Fettdepots der Lagerung kann die Ölabgabe gesteuert werden. Fette mit extrem zähem Grundöl haben ohne Wärmeeinwirkung eine geringe Ölabgaberate. Ein hoher Füllungsgrad von Lager und Gehäuse oder kurzfristige Nachschmierung sind dann meistens für einen guten Schmierungszustand unentbehrlich.

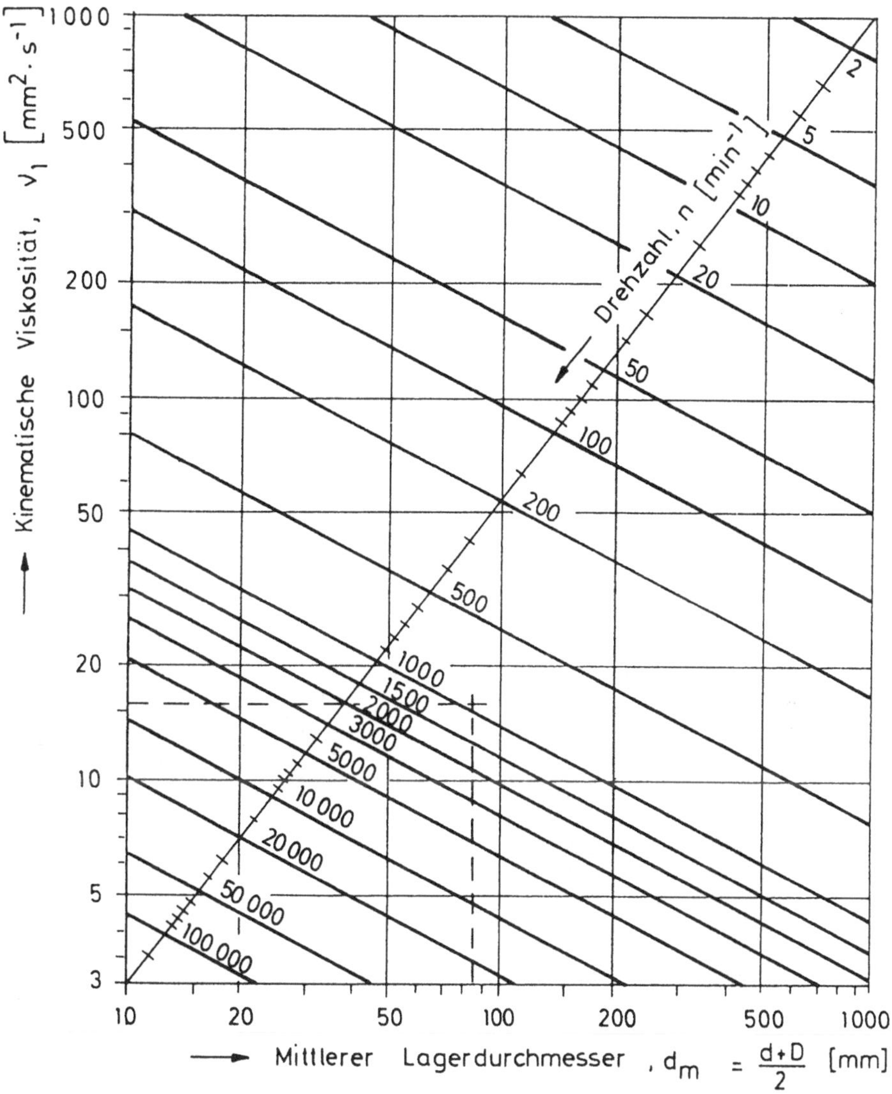

Abb. 434 Erforderliche Betriebsviskosität ν_1 (Bezugsviskosität) für Wälzlagerschmierung

Im Ansatz gelten die Gesetzmäßigkeiten der EHD-Theorie auch für Fettschmierung, wobei die Betriebsviskosität des Grundöles einzusetzen ist. Da die Schmierwirkung eines Fettes nicht nur vom Grundöl bestimmt, sondern auch durch das Dickungsmittel und die Zusätze beeinflußt wird, ist es durchaus möglich, daß bei Vollversorgung und Frischfett wesentlich günstigere Schmierungsbedingungen (1,5 ... 2,5fach dickere Schmierfilme) vorliegen, als man es nach der Theorie erwarten konnte. Andererseits ergeben sich bereits nach kurzer Laufzeit durch Teilversorgung geringere Schmierfilmdicken als mit dem Grundöl des Fettes berechnet. Für unbekannte Schmierfette sind daher Schmierfilmmessungen angebracht (s. Abb. 436).

24.2.6 Schmierfilmbildung bei Feststoffschmierung

Bei Gleit- und Rollbewegung der Wälzpartner werden durch Festschmierstoffe die Oberflächenrauhigkeiten ausgeglichen, die Belastungen auf eine größere Fläche verteilt und die chemische Reaktion mit den Oberflächen angeregt. Sie bilden schmierfähige Reaktionsprodukte, die eine dünne Trennschicht entstehen lassen und den bei Öl- und Fettbeschmierung vorliegenden Flüssigkeitsfilm ersetzen.
Bei Festschmierstoffen mit Schichtgitterstruktur richten sich die Feststofflamellen unter Druck- und Gleitbewegung zur Oberfläche aus. Dabei findet die Gleitbewegung entfernt von den metallischen Oberflächen in der Feststoffschmierschicht statt (Abb. 435). Festschmierstoffe ohne Schichtgitterstruktur und weiche Metalle zeigen auf Grund ihrer geringen natürlichen Festigkeit ein relativ günstiges Reibungsverhalten. Die Laufzeiten für trockene Feststoffschmierung werden in der Regel deutlich geringer ausfallen als bei Öl- oder Fettschmierung.

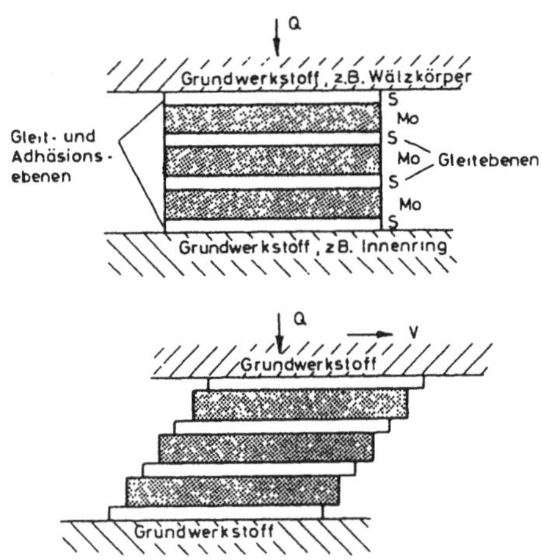

Abb. 435 Wirkungsweise von Festschmierstoffen mit Schichtgitterstruktur (MoS_2)

Prüfanordnung	Prüfkörper	Bez. der Maschine	Prüfungen
Betriebsfremde Prüfungen, Kurzzeitteste für Produktions-/Identitäts-/Eingangskontrollen			
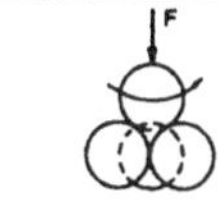	4 Stahlkugeln 1/2″	Vierkugelapparat, VKA DIN 51350 ASTM D2596	
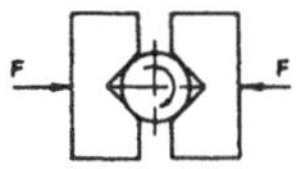	2 Prismen und Welle	Falex-Gerät	Hochdruckwirkung (Freßlast)
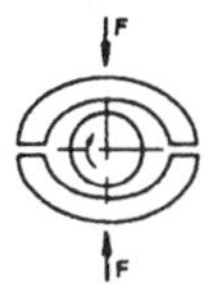	2 Lagerschalen und Welle	Almen-Wieland-Maschine	Belastbarkeit Verschleiß, Reibung, Erwärmung
	Lageraußenring und Prüfblock	Timken-Schmier-Stoff-Prüfmaschine SEB 181302 ASTM D2509	
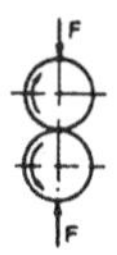	2 Walzen (2 Scheiben)	SAE-Tester (Zweigscheiben-Prüfstand)	
Betriebsnahe Prüfungen			
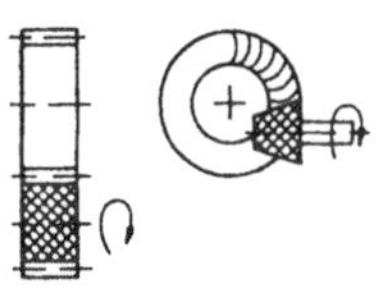	Stirnräder bzw achsversetzte Kegelräder	ZFG-Zahnrad-Verspannungs-maschine DIN 51354 oder RYDER-Test ASTM D 1947	Verschleiß (Freßlastgrenze Schadenskraftstufe)
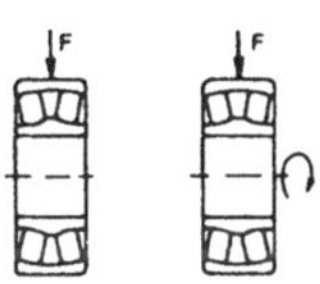	2 Pendelrollenlager	Wälzlagerfett-Prüfmaschine DIN 51806	Konsistenzveränderung, Verschleiß, Reibung, Gebrauchstemperaturen, Restfettmenge, Abdichtung
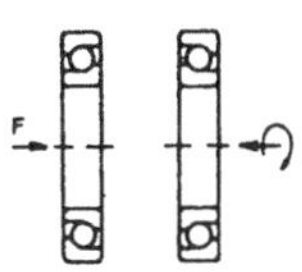	Verschiedene Wälzlagerbauarten	Schmierstoff-Prüfsysteme	Belastbarkeit, Reibung, Verschleiß, Schmierstoff-Veränderungen
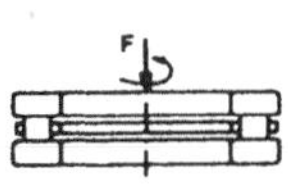	1 Axial-Rollenlager	Schmierfilm-Prüfmaschine	Filmdicke, Reibungsmoment, Kontaktfläche
	Standardisierte Motore, Pumpen, Getriebe	Vickers Motoren-, Pumpen-, Getriebe-Prüfstände	Besondere Anforderungen an Verschleiß, Reibung, Gebrauch

Abb. 436 Beispiele wichtiger Schmierstoff-Prüfmaschinen

24.3 Schmierstoff-Anforderungen und -Prüfungen

Die Anforderungen an Schmierstoffe (für Wälzlager) sind u. a. in folgenden Normen/ Richtlinien festgelegt:
DIN- (51825 s. Abb. 439) und JIS-Normen,
MIL-, Nato-, TL-Spezifikationen,
Kfz-, Nahrungsmittel-Industrienormen,
die Lieferbedingungen u. a. in:
Stahleisen-(SEB), VDMA- und Bergbau-Betriebsblätter.

Die Beurteilung der Wälzlagerschmierstoffe orientiert sich an praktischen Erfahrungen, chemisch-physikalischen Schmierstoffdaten und an Ergebnissen mechanisch-dynamischer Prüfungen.
Die große Anzahl chemischer und physikalischer Schmierstoff-Prüfungen ist teilweise standardisiert. Neben den DIN-Prüfmethoden sind hier die Prüfmethoden nach ASTM (**Am**erican **S**ociety for **T**esting and **M**aterial), JIS (**J**apanese **I**ndustrial **S**tandard), ISO (**I**nternational Organisation of **S**tandardisation), AFNOR (L'**A**ssociation **F**rancaise de **Nor**malisation), FTM (**F**ederal **T**est **M**ethod — USA), IP (The **I**nstitute of **P**etroleum — Great Britain) sowie einige Werksnormen zu nennen (Abb. 437).
Beispiele wichtiger Prüfmaschinen für mechanisch-dynamische Schmierstoff-Prüfungen sind in Abb. 436 zusammengestellt. Die Mehrzahl der Prüfmaschinen eignen sich gut zur laufenden Qualitätskontrolle. Zur Beurteilung des Einsatzbereiches werden dagegen Maschinen benötigt, bei denen Belastung, Drehzahl, Temperatur und Lagerbauform im weiten Bereich variiert werden können. Um die berechneten Filmdicken zu überprüfen oder exakte Vorhersagen über das Verhalten unbekannter Schmierstoffe im Wälzkontakt zu treffen (fehlende α und η_0-Werte), ist es erforderlich, die Schmierfilmbildung und das Reibungsverhalten im Wälzkontakt zu messen. Dies geschieht meistens in Zwei-, Drei-, Vierscheiben- oder Kugel-Scheiben-Prüfmaschinen, in denen die Bedingungen im Wälzkontakt nachgebildet werden können. Exakter und z.T. mit geringerem Aufwand kann es aber auch mit besonderen Wälzlager-Prüfmaschinen geschehen.
Besondere Anforderungen, wie Verschleiß, Reibungs- und Gebrauchseigenschaften, werden mit standardisierten Motoren, Pumpen und Getrieben durchgeführt und schließlich die allgemeine Verwendbarkeit der Schmierstoffe mit Originalbauteilen bei tatsächlichen Betriebsbedingungen bestimmt.

Norm	Prüfung
DIN 51 346	Prüfung von schwerentflammbaren Druckflüssigkeiten, Beständigkeit
DIN 0051 350	Prüfung im Shell-Vierkugel-Apparat, Bestimmung der Schweißkraft von konsistenten Schmierstoffen und der Verschleißwerte. (ASTM D 2266, IP 239)
DIN 51 354	Prüfung von Schmierstoffen, ZFG-Zahnrad-Verspannungsmaschine
DIN 51 359	Prüfung von Korrosionsschutzölen und Schmierölen auf korrosionsverhindernde Eigenschaften
DIN 51 376	Flammpunkt nach Cleveland (→ ISO 2592, ASTM D 92, IP 36)
DIN 51 381	Prüfung des Luftabscheidevermögens eines Schmieröles
DIN EN 51 386	Prüfung des Korrosionschutzes von Motorenölen
DIN 51 532	Bestimmung des Alterungsverhaltens von Schmierölen, Koksrückstand nach Conradson
DIN 51 559	Verseifungszahl (**VZ**, ASTM D 94, IP 136 A)
DIN 51 558	Neutralisationszahl (**NZ**, ASTM D 974, IP 139)
DIN 51 562	Kinematische Viskosität (→ ISO 3104, ASTM D 445, IP 71)

Norm	Prüfung
DIN 51 563	Bestimmung des Viskositätsindexes (**VI**) (→ DIN ISO 2909)
DIN 51 575	Prüfung von Mineralölen, Bestimmung der Sulphatasche (ASTM D 874)
DIN 51 582	Bestimmung des Wassergehaltes durch Destillation (→ ISO DIN 3733, ASTM D 95, IP 74)
DIN 51 585	Prüfung der Korrosionswirkung von Schmierstoffen auf Stahl
DIN 51 587	Alterungsverhalten (Zunahme der **Neutralisationszahl**)
DIN 51 589	Püfung des Wasserabscheidevermögens eines Schmieröles **(WAV)**
DIN 51 592	Bestimmung des Gehaltes an festen Fremdstoffen von Schmierölen (ASTM D1404)
DIN 51 597	Bestimmung des Pourpoints (→ ISO 3016, ASTM D 97, IP 15)
DIN 51 599	Demulgiervermögen von Wasser in Schmierstoffen
DIN 51 750	Probenahme (ASTM D 270)
DIN 51 757	Bestimmung der Dichte (→ ISO 3675, ASTM D 1298, IP 160)
DIN 51 759	Prüfung der Korrosionswirkung von Schmierstoffen auf Kupfer (→ISO 2160)
DIN 51 777	Bestimmung des Wassergehaltes nach Karl Fischer
DIN 51 801	Bestimmung des Tropfpunktes von Schmierfetten (→ ISO 2176, ASTM D 566, IP 132)
DIN 51 802	Prüfung von Schmierfetten auf korrosionsverhindernde Eigenschaften, SKF-Emcor-Verfahren (ASTM D 1743, IP 220/67)
DIN 51 803	Bestimmung der Asche von Schmierfetten
DIN 51 804	Bestimmung der Konuspenetration (Verformbarkeit, Zähigkeit, Walkstabilität) von Schmierfetten (→ DIN ISO 2137, ASTM D 217, ASTM D 1403, IP 50).
DIN 51 805	Bestimmung des Fließdruckes von Schmierfetten, Verfahren nach Kesternich
DIN 51 806	Prüfung mit der SKF-Wälzlagerfett-Prüfmaschine, Prüfgerät, Laufprüfungen A und B (Laufprüfung A überholt)
DIN 0051 807	Prüfung des Verhaltens von Schmierfetten gegenüber Wasser (IP 125)
DIN 51 808	Bestimmung der Oxydationsbeständigkeit von Schmierfetten, Sauerstoff-Verfahren (ASTM D 942, IP 142)
DIN 51 809	Bestimmung der freien sauren oder alkalischen Anteile in Schmierfetten (Neutralisationszahl)
DIN 51 810	Bestimmung des Fließverhaltens von Schmierfetten im Rotationsviskosimeter
DIN 51 811	Prüfung der Korrosionswirkung von Schmierfetten auf Kupfer(streifen)
DIN 51 812	Neutralisationszahl (NZ)
DIN 51 813	Bestimmung des Gehaltes an festen Fremdstoffen von Schmierfetten, Teilchengrößen über 25 μm (Gilt nur für klassische Seifenfette ohne Feststoffzusätze)
DIN 51 814	Bestimmung des Gehaltes an Mineralöl und Seife von Schmierfetten, Dialyse-Verfahren
DIN 0051 815	Bestimmung des Gehaltes an Li, Na, Ca, Fe und MoS_2 von Schmierfetten durch ASS (Atomabsorptions-Spektrometrie)
DIN 0051 816	Bestimmung des Förderverhaltens von Schmierfetten

Norm	Prüfung
DIN 51 817	Bestimmung der Ölabscheidung aus Schmierfetten unter statischen Bedingungen (ASTM D 1742, IP 121)
DIN 51 818	Bestimmung der Konsistenz, NLGI-Klassen (ASTM D 217, IP 50)
DIN 51 819	Bestimmung der Rollstabilität von Schmierfetten
DIN 0051 820	Infrarotspektroskopische Analyse von Schmierfetten
DIN 0051 821	Mechanisches Prüfverfahren für Schmierfette KH für hohe Gebrauchstemperaturen
DIN 51 831	Bestimmung des Feststoffgehaltes und des Gehaltes an Graphit und Molybdändisulfid von Schmierfetten
DIN 51 832	Bestimmung der Teilchengröße von Festschmierstoffen
DIN 51 848/9	Prüffehler und Toleranzen (ASTM D 3244)
DIN 53 521	Prüfung des Quellverhaltens von Kautschuk und Elastomeren bei Schmierstoffen
ASTM D 128	Schmierfett-Analyse
ASTM D 1092	Scheinbare Viskosität (Röhrenviskosimeter)
ASTM D 1263	Vorderradlager-Test zur Bestimmung der Leckverluste
ASTM D 1264	Wasserauswaschbarkeitstest für Schmierfette (IP 216)
ASTM D 1403	Test zur Bewertung von festen Fremdstoffen
ASTM D 1478	Tieftemperatur-Drehmoment-Test
ASTM D 1741	Kugel- und Rollenlager-Funktionstest
ASTM D 1743	Rostschutztest für Schmierfette, Prüfung der Korrosionsschutzeigenschaften von Wälzlagerfetten, Emcor-Verfahren
ASTM D 1831	Rollstabilität von Schmierfetten
ASTM D 1972	Prüfung des Verdampfungsverlustes
ASTM D 2264	Bestimmung der Verschleißschutzeigenschaften nach der Vierkugelmethode
ASTM D 2266	Bestimmung des Verschleißschutzes durch Schmierfette mit dem Shell-Vierkugelapparat (IP 239)
ASTM D 2509	Messung der EP-Eigenschaften nach der Timken-Methode (IP 240)
ASTM D 2596	Bestimmung der Schweißkraft von Schmierfetten mit dem Shell-Vierkugelapparat (IP 239)
ASTM D 3232	Scheinbare Viskosität bei hohen Temperaturen
ASTM D 3337	Lebensdauertest bei hohen Temperaturen in kleinen Lagern
ASTM D 3428	Test zur Beurteilung von Kugelgelenkfetten
ASTM D 3527	Vorderradlager-Test zur Bestimmung der Hochtemperatureigenschaften
IP 266	Umwälztest (Churning Test) für Wälzlagerschmierfette

Abb. 437 Zusammenstellung einiger standardisierter Prüfverfahren zur Schmierstoffuntersuchung (Vergleichbare ISO-, ASTM- und IP-Normen in Klammern)

24.4 Wahl des Schmierverfahrens

Wälzlager können im allgemeinen sowohl mit Fett als auch mit Öl geschmiert werden, während die Feststoffschmierung wenigen Sonderfällen vorbehalten bleibt. Technische und wirtschaftliche Überlegungen — zur optimalen Lösung zweckmäßigerweise in der ersten Konstruktionsphase beginnend — müssen zeigen, welchem Schmierverfahren der Vorzug zu geben ist.

Drehzahlkennwert $d_m \cdot n$, Drehzahlgrenzen ng_f, $ng_ö$ sowie angestrebte Betriebstemperaturen (s. S. 285) sind besonders zu berücksichtigen. Eine Zusammenstellung der gebräuchslichsten Schmierverfahren gibt die Abb. 438. Einzelne Beispiele und Gestaltungshinweise folgen auf den Seiten ab. S. 434 bzw. 465.

Wälzlager werden in den meisten Anwendungsfällen (80-90%) mit Fett geschmiert, weil der Aufwand für Dichtung und Wartung gegenüber einer Ölschmierung gering ist. Das gilt besonders bei senkrechter oder schräger Lagerachse. Außerdem bietet das Schmierfett einen besseren Schutz (oft auch Fettkragen) gegen Eindringen von Verunreinigungen in das Lager.

Schmierfette sind plastisch, aber doch nicht fließend wie Schmieröle. Dadurch ist die Gefahr der Schmierstoffverarmung an der Lagerstelle durch Ausfließen des Schmierstoffes in aller Regel gebannt. Die Verdampfungsraten der Schmierfette sind dank der Saugwirkung des Verdickergerüstes wesentlich niedriger. Die Spreitung (Tendenz des Wegkriechens) des Grundöles ist aufgrund der Kapillarwirkung des Verdickers geringer, und schließlich besitzen Schmierfette selbst in dünnsten Schichten meist eine höhere Tragfähigkeit, ein besseres Dämpfungsvermögen und z.T. ein geringeres Drehmoment als Ölschmierungen.

Andererseits lassen sich Ölschmiereinrichtungen sehr genau auslegen, optimal regeln, einfach warten, und der Schmierstoff läßt sich leicht erneuern. Unbedingt erforderlich ist eine Ölschmierung, wenn in den Lagern hohe Eigenerwärmung (hohe Drehzahlen / Belastungen) oder Fremderwärmungen (hohe Umwelttemperaturen) auftreten und das Öl neben der Schmierfunktion auch noch die der Wärmeabfuhr (Senkung der Lagertemperatur) zu übernehmen hat. Ölschmierung bietet sich an, wenn die Schmierfrist des Schmierfettes nicht ausreicht oder wenn andere bewegte Teile in der Maschine (Zahnräder, Ketten, Scheiben) bereits mit Öl geschmiert werden und das Spritzöl bzw. der Öldunst im Gehäuse zur Lagerschmierung ausreicht. Die Ölschmierung erfordert immer einen größeren Dichtungsaufwand als Fettschmierung, besonders wenn Leckverluste vermieden werden müssen.

24.5 Fettschmierung

24.5.1 Schmierfettzusammensetzung

Schmierfette bestehen zu 5 ... 30 Gew.% aus Dickungsmitteln (Metallseifen, Quellmittel), 65 ... 95 Gew.% Grundöl (Mineralöle, synthetische Öle) und 0 ... 5 Gew.% Zusätzen (Wirkstoffen). Die Eigenschaften eines Schmierfettes ergeben sich primär aus der Art und Menge des Grundöles (Schmierfilm), seine Konsistenz aus der Art und Menge des Dickungsmittels, der Art und der Viskosität des Grundöls sowie des Herstellungsprozesses. Das Oxydations- (Alterungs-) und Korrosionsschutzverhalten wird durch Inhibitoren bestimmt, das EP-Verhalten durch Hochdrucksätze, das Geräuschverhalten durch besondere Herstellungsverfahren (Filterung $< 25\,\mu m$, Homogenisierung) beeinflußt.

24.5.2 Wälzlagerfettarten

Die Wälzlagerfettarten können in Anlehnung an DIN 51502 nach Abb. 439 unterteilt werden.

24.5.2.1 Normalwälzlagerfette

Sie eignen sich für normale Anforderungen und bestehen meistens aus mineralischem Grundöl und Metallseifen-Dickungsmittel wie Lithium, Natrium (Natron) oder Kalzium (Kalk). Lithiumseifenfette sind besonders vielseitig einsetzbar. Sie sind wasserbeständig, walkstabil und temperarturbeständig bis 130 °C (lange Gebrauchsdauer). Natriumfette emulgieren mit Wasser, sind wasserlöslich, verändern bei direktem Wasserzutritt ihre Struktur und fließen aus dem Lager. Sie eignen sich zur Wälzlagerschmierung bei Kondenswasserbildung bis 110 °C. Kalziumseifenfette eignen sich für Wälzlager nur bedingt, weil sie bei thermischer Überbeanspruchung ($\leqq 80$ °C) mit erheblichem Ascherückstand zerfallen. Im zu-

	Abschnitt	Schmierverfahren	Erreichb. Drehzahl-Kennwert $(d_m \cdot n)$[1]	Schmierart[2]	Schmiermenge pro Lagerstelle [cm³/min]	Geräte-Anschaffungskosten	1 = niedrig 2 = mittel 3 = hoch
Minimal-Schmierung ohne Wärmeabfuhr	24.5	Fettschmierung (Sonderfette)	$<0{,}5 \cdot 10^6$ $(1{,}3 \cdot 10^6)$	Vorrats-, Verbrauchs- oder „for life"-Schmierung	Erstfüllung und Nachschmierung (s. S. 696 + 697)	Handpresse	1
						Fettautomat	2
	24.6.7.10	Fettsprühschmierung	$0{,}5 \cdot 10^6$			Fettmengenregler	1
						Zentralanlage	3
	24.6.7.5	Tropfölschmierung	$<0{,}8 \cdot 10^6$ $(n_{g\ddot{o}}/n>1)$[3]	Verbrauchsschmierung	0,006 ... 0,01	Tropföler	1
	24.6.7.13	Ölimpulsschmierung	$1{,}5 \cdot 10^6$		>0,0001	Zentralanlage mit Pumpe, Dosiereinheit, Leitungen usw.	3
	24.6.7.6	Dochtölschmierung	$<0{,}8 \cdot 10^6$	Verbrauchsschmierung (nur für kleine Radial-Rillenkugellager)	—	Dochtöler	1
	24.6.7.3	Öldunstschmierung	$<0{,}8 \cdot 10^6$	Verbrauchsschmierung	<0,002	Keine (vorhandene Zahnräder, Schleuderscheiben usw.)	—
	24.6.7.8	Ölnebelschmierung	$<1{,}0 \cdot 10^6$	Verbrauchsschmierung	<0,002	Pumpe, Dosiereinheiten, Leitungen, Düsen	3
	24.6.7.9	Öl-Luft-Schmierung	$(3 \cdot 10^6)$		<0,0015	dto. (evtl. Absaugung)	>3
Große Schmierstoffmengen/Wärmeabfuhr	24.6.7.1	Tauch-, Bad- u. Sumpfölschmierung	$<0{,}5 \cdot 10^6$ $(n_{g\ddot{o}}/n>2{,}5)$	Vorratsschmierung	Vorratsmenge	Ölstandskontrolle, Überlauf/ Entlastungsbohrungen	1
						Elektr. Überwachung	2
	24.6.7.2	Spritzölschmierung				Keine (vorhandene Zahnräder, Schleuderscheiben usw.)	—
	24.6.7.11	Ölumlaufschmierung	$<0{,}8 \cdot 10^6$	Umlaufschmierung	<0,0001	Keine (Förderringe, Kegelflächen usw.)	—
	24.6.7.12	Öleinspritzschmierung	$\sim 0{,}8 \cdot 10^6$ $(4 \cdot 10^6)$		>1	Pumpe, Filter, Leitungen, Ventile	3
					0,0005...0,006	dto. plus Düsen, Ölkühler	>3

(Öl-Minimalmengen-Schmierung: 24.6.7.13 bis 24.6.7.9)

1) Angaben beziehen sich auf Rillenkugellager, andere Lagerarten siehe Abschnitt 18
2) Verbrauchs- oder Verlustschmierung = Frischfett- bzw. Frischölschmierung
3) Drehzahlgrenze für Ölschmierung, s. Maßtabelle (Koyo-Hauptkatalog)

$$d_m = \frac{d+D}{2} \text{ [mm], mit}$$

d Lagerbohrung [mm] D Lageraußendurchmesser [mm] n Lagerdrehzahl [min^{-1}]

Abb. 438 Zusammenstellung der Schmierverfahren

Hinweise / Fettarten	Normalwalzlager fett	Sonderwälzlagerfette: Hochdruckfett	Hochtemperaturfett	Tieftemperaturfett	Hochgeschwindigkeitsfett
Kennzeichnung DIN 51 502	Kennbuchstabe K	Kennbuchstabe KP	Kennbuchstabe KH	Kennbuchstabe KTA (-30...120°C) KTB (-40...120°C) KTC (-55...120°C)	—
Anforderungsnorm	DIN 51 825/1	DIN 51 825/3	DIN 51 825/4	DIN 51 825/2	—
Anforderung	Gebrauchs-Temperaturbereich -20...140°C	für hohe Druckbelastung bei -20...140°C	Gebrauchs-Temperaturen über 140°C	fur tiefe Temperaturen	für sehr hohe Lagerdrehzahlen

Abb. 439 Kennzeichnung und Anforderungen einiger Wälzlagerfettarten

lässigen Gebrauchs-Temperaturbereich sind Kalziumfette wasserabweisend bzw. vollkommen wasserbeständig. Sie sind vorzügliche Dichtungsfette für Labyrinthe wassergefährdeter Lager.

24.5.2.2 Sonderwälzlagerfette
Durch besondere Dickungsmittel, Grundöle und Wirkstoffe können Fette für besondere Eigenschaften getrimmt werden, wie die Abb. 440 und folgende Beispiele zeigen.

24.5.2.3 Hochdruckfette
Es sind Sonderfette mit Hochdruckzusätzen [EP(Extrem Pressure)-Wirkstoffe, Festschmierstoff-Zusätze], die ein mineralisches Grundöl höherer Viskosität enthalten. Sie sind bei hoher spezifischer Lagerbelastung zu wählen, damit der Verschleiß niedrig bleibt. Gute Ergebnisse werden auch mit Lithiumseifenfetten hoher Grundölviskosität erzielt, ein ca. 10fach besseres Ergebnis allerdings mit einem entsprechenden Bariumkomplexfett.

24.5.2.4 Hochtemperaturfette, Heißlagerfette
Mit thermisch stabilen Dickungsmitteln (Komplexseifen, Bentonit, Polyharnstoff) können mineralische Grundöle Dauertemperaturen von 150 ... 160 °C erreichen; darüber hinaus werden synthetische Grundöle (Ester-, Polyglycol-, Polyphenyläther-, Silikon-, Alkoxyfluoröl) erforderlich. Die obere Gebrauchs-Temperatur für Wälzlagerfette liegt bei 250 °C (Alkoxyfluorölfett).

24.5.2.5 Tieftemperaturfette
Tieftemperaturfette sind meist Gelfette (Kieselgel, Bentonite) oder Lithiumseifenfette mit niedrig viskosem Mineralöl, Polyalphaolefin oder Ester als Grundöl. Sie eignen sich für einen leichten Lageranlauf, auch bei extrem niedriger Temperatur (—70 °C). Tieftemperaturfette auf Syntheseölbasis haben gleichzeitig den Vorteil, auch bei normalen und hohen Temperaturen gut schmierfähig zu sein.

24.5.2.6 Hochgeschwindigkeitsfette
Hohe Drehzahlen ($n/n_{gf} > 1$) erfordern eine niedrige dynamische Fettzähigkeit (geringe Reibung), gute Haftfähigkeit auf den Lagerteilen und Langzeiteigenschaften. Diese Forderungen erfüllen alle Fette mit niedrigviskosem Esteröl. Sehr weiche Fette halten den Lagerwiderstand zwar klein, sie neigen aber zum Schmierstoffverlust infolge Ausfließens. Es wurden daher Hochgeschwindigkeitsfette entwickelt, die etwa gleiche Konsistenzen wie Normalfette haben. Da die Eigenerwärmung der Lager gering ist, stellt diese Fettschmierungsart eine wirtschaftliche Alternative zur aufwendigen Ölschmierung dar.

24.5.2.7 Fließfette, Getriebefette
Fließfette sind Schmierfette von pasteriöser bis halbflüssiger Konsistenz (NLGI-Klasse 0 ... 00), mit mineralischem Grundöl von ν_{40} °C > 70 mm²/s Sie werden in universal einsetzbaren Getrieben und Getriebemotoren verwendet. Hier sind es meist natriumverseifte, langziehende, weiche Fließfette, teilweise auch EP- oder Feststoff-legiert.

24.5.2.8 Langzeitfette

Gute Mineralölfette eignen sich zur Langzeit- und Dauerschmierung. Häufig werden Lithiumseifenfette verwendet. Komplexfette sind schon bei Normal-Temperatur und -Belastung den üblichen Metallseifenfetten als Langzeitfette überlegen. Die Lagerungen lassen sich damit öfters wartungsfrei konstruieren.

24.5.2.9 Komplexseifenfette

Normalwälzlagerfette enthalten üblicherweise Metallseifen als Dickungsmittel (24.5.2.1). Metallseifen sind Reaktionsprodukte aus Metall und Metallverbindungen mit Fettsäure. Weil diese Metallseifenfette für einige Schmierungsaufgaben nicht gut genug waren, entstanden Komplexseifenfette. Diese modernen Schmierfette enthalten Dickungsmittel auf der Basis von Metallseifen aus höhermolekularer Fettsäure sowie Metallsalze niedrigmolekularer organischer Säure. Sie sind alterungsbeständiger und verschleißschützender. Die Tropfpunkte und die Gebrauchstemperaturen sind höher. Sie bieten im Vergleich zu Metallseifenfetten mehrfach (fünffach) längere Schmierfristen (s. S. 430).

Bariumkomplexseifenfette werden nur noch für besondere Anwendungen empfohlen, weil ihre Herstellung und Anwendung sehr aufwendig sind.

Natriumkomplexseifenfette zeichnen sich durch geringe Ölabscheidungen, gute Haftfähigkeit und hohe Drehzahleignung aus.

Kalziumkomplexseifenfette haben einen hohen Tropfpunkt (z. T. > 300 °C), gute Scherstabilität, Wasserbeständigkeit und geringe Ölabscheidung. Allerdings beginnt ab 160 °C Betriebstemperatur eine Seifenzersetzung. Sie können auch stark thixotrope Eigenschaften und eine ausgeprägte Tendenz zum Verhärten aufweisen.

Lithiumkomplexseifenfette haben erst durch neuere Entwicklungen eine wesentliche Bedeutung erhalten. Sie weisen sehr gute Schmierungseigenschaften auf (längere Laufzeiten, Mehrzweckfette).

Weitere für Wälzlagerungen interessante Schmierfette, auf Basis von besonderen Dickungsmitteln wie Bentonite und Polyharnstoffe, siehe Abb. 439 und 445.

24.5.3 Eigenschaften, Kennwerte

Die Eigenschaften und Kennwerte wichtiger Fettarten sind in Abb. 440 zusammengestellt. Die obere Gebrauchstemperatur entspricht der Prüftemperatur der Laufprüfung B DIN 51806. Für die Festlegung der unteren Gebrauchstemperatur wird die Höhe des Fließdrucks nach DIN 51 805 (z. B. 1400 mbar für Schmierfette K DIN 51825) oder die Konuspenetration nach DIN 51 804 bei tiefstmöglicher Lagertemperatur herangezogen.

24.5.3.1 Grundöle

Für Schmierfette eignen sich sowohl mineralische als auch synthetische Öle. Wegen unterschiedlicher Anforderungen werden Öle sehr unterschiedlicher Viskositäten von ca. 20 ... 3400 mm²/s bei 20 °C verwendet. Grundöle mit niedriger Viskosität ermöglichen gute Tieftemperatureigenschaften, gute Förderbarkeit, niedrige Fließdrücke, niedrige Betriebstemperaturen und hohe Drehzahlen. Öle mit hoher Viskosität eignen sich für Schmierfette für langsam laufende Lager, hohe Belastungen, hohe Temperaturen, niedrige Ölabscheidungen, Verringerung von Verdampfungsverlusten, Erreichung guter Haftfähigkeit und guter Wasserbeständigkeit. Syntheseöle sind gegenüber Mineralölen um ein Vielfaches teurer und werden für besondere Schmierungseigenschaften, die mit Mineralölen nicht zu erreichen sind eingesetzt. Weitere Einzelheiten s. S. 441.

24.5.3.2 Additive

Wie bei den Schmierölen verbessern die Additive die Eigenschaften von Schmierfetten in bestimmten Punkten (s. S. 460).

24.5.3.3 Konsistenz, Fließverhalten

Die Schmierfette werden, obwohl nur bedingt aussagefähig, traditionsgemäß noch immer in sieben Konsistenzklassen eingeteilt (Abb. 441). Es wird nach DIN 51 804 nur ein Punkt im Fließverhalten bestimmt, obwohl sich wesentliche Unterschiede ergeben. Deshalb werden die Fette heute im allgemeinen durch die scheinbare Viskosität η_s beschrieben. Sie ist, wie Abb. 442 zeigt, abhängig von der Temperatur, dem Schergefälle, der Scherzeit und der Vorgeschichte. Sie fällt mit Zunahme der Temperatur und des Schergefälles stark ab und nähert sich mit zunehmendem Schergefälle der Grundviskosität.

Fettart					
Dickungsmittel		Grundöl	Gebrauchs-Temperaturbereich [°C]	Tropfpunkt [°C]	Wasserbeständigkeit DIN 51807
Art	Seife				
Normal	Aluminium	Mineralöl	-20 ... 70	120	●●
	Kalzium		-30 ... 50	80/100	●●●
	Lithium		-35 ... 130	170/200	●●●
	Natrium		-30 ... 100	150/190	—
Komplex	Aluminium	Mineralöl	-30 ... 160	>250	●●●
	Barium		-30 ... 150	>220	●●
	Kalzium		-30 ... 140	>240	●●
	Natrium		-30 ... 160	>240	●
	Lithium		-30 ... 150	>250	●●
Normal	Lithium	Ester	-65 ... 150	190	●
Komplex	Barium	Ester	-60 ... 130	>200	●●
	Lithium		-40 ... 180	>240	●●
		Silikon	-60 ... 170	>190	●●●
Bentonite		Mineralöl	-20 ... 150	ohne	●●●
Polyharnstoff			-25 ... 160	>250	●●●
Polyharnstoff		Silikonöl	-40 ... 200	>250	●●●
		Fluorsilikonöl	-40 ... 200	>250	●●●
Kunststoff (PTFE oder FEP)		Alkoxyfluoröle	-50 ... 250	ohne	●●●
		Fluorsilikonöl	-40 ... 230	ohne	●●●

Eignung: ●●● sehr gut; ●● gut; ● mäßig; — schlecht 1) Bezogen auf Lithiumseifenfett/Mineralölbasis = 1

Abb. 440 Eigenschaften von Schmierfetten (Durchschnittswerte)

Eigenschaften

Korrosionsschutz (DIN 51802)	Druckbelastbarkeit	Preisrelation[1)]	Wälzlager-Eignung	Verwendung als (Bemerkungen)
●	●	2,5 ... 3	●	Fließfett, quillt bei Wassereinwirkung
●●	●	0,8	●	Dichtungsfett, niedrige Belastungen
(●●)	●	1	●●●	Normalfett
●●●	●	0,9	●●	Emulgiert Wasser, evtl. Verfestigung, Fettfüllung für geschlossene Getriebe
●●●	●	2,5 ... 4	●●●	Hochtemperaturfett, Sprühhaftschmierstoff
●●●	●●●	4 ... 5	●●●	Hochdruckfett, dampfbeständig
●●	●●	0,9 ... 1,2	●●●	Normalfett, wasserabweisend
●●●	●	3,5	●●	Hochtemperaturfett, Langzeitfett, Neigung zur Verhärtung bei hohen Temperaturen
●	●●	2	●●●	Normalfett für höhere Temperaturen
●	●	5 ... 6	●●●	Tief-, Hochtemperatur- und Hochgeschwindigkeitsfett
●●●	●●	7	●●●	Tieftemperatur- u. Hochgeschwindigkeitsfett bei mäßigen Belastungen
●	●	10	●●●	Hoch- u. Tieftemperaturfett
—	—	20	●●	Hoch- und Tieftemperaturfett, $P/C < 0,025$
—	●	6 ... 10	●●	Hochtemperaturfett bei niedrigen Drehzahlen
●	●●	3	●●●	Hochtemperaturfett bei mittleren Drehzahlen
●	—	35 ... 40	●●	Hoch- und Tieftemperaturfett bei geringen Belastungen
●	●	100	●●●	Hoch- und Tieftemperaturfett bei mäßigen Belastungen
●	●●	150 ... 400	●●●	Hoch- u. Tieftemperaturfette, sehr gute Chemikalien- und Lösungsmittelbeständigkeit, für Dauerschmierung
●	—	120	●●●	

NLGI-[1]) Konsistenzklasse	Walkpenetrationsbereich DIN 51 804 (0,1 mm)	Visuelle Beurteilung der Verformbarkeit	Verwendung
000	445-475	sehr weich,	Getriebefette
00	400-430	ähnl. sehr dickem Öl	Getriebefette
0	355-385	weich	Getriebefette / Wälzlagerfette
1	310-340	weich	Wälzlagerfette
2	265-295	salbenartig	Wälzlagerfette
3	220-250	beinahe fest	Wälzlagerfette / Wasserpumpen-, Dicht- und Sperrfette
4	175-205	fest	Wasserpumpen-, Dicht- und Sperrfette
5	130-160	sehr fest	Blockfette
6	85-115	wie Seife	Blockfette

[1]) NLGI = National Lubrication Grease Institute

Abb. 441 Einteilung der Schmierfette in NLGI-Konsistenzklassen, DIN 51 818

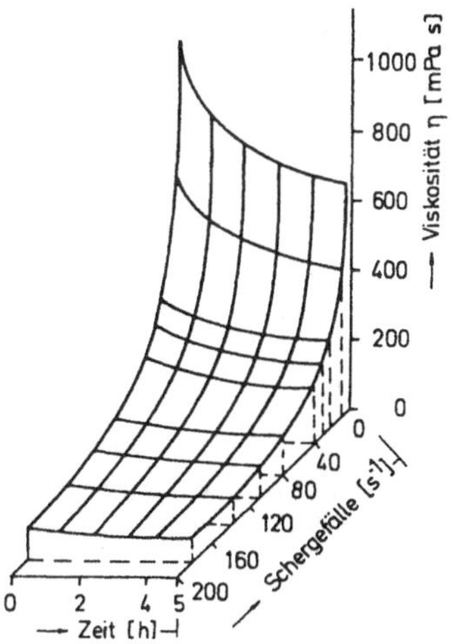

Abb. 442 Viskositäts-/Schergefälle-/Scherzeit-Verhalten der Schmierfette

Die Temperaturabhängigkeit kann nach ASTM-D 3232 ermittelt werden (Abb. 443). Die z. T. erheblichen diskontinuierlichen Änderungen sind auf Veränderungen der Schmierfettstruktur (Phasenumwandlungen und/oder chemische Reaktion) zurückzuführen. Dabei treten Verhärtungen, Erweichungen, Verflüssigungen, Kanalbildung, Aufblähungen usw. auf.

Die meßtechnische Ermittlung der Fließkurven ist sehr aufwendig. Bei einem empirischen Meßverfahren wird das Fett in einem Fettkneter (Walkapparatur) mit 60, 10 000 oder 100 000 Doppelhüben durch Lochplatten unterschiedlicher Lochdurchmesser gedrückt. Als Maß für die Scherstabilität, insbesondere für Wälzlagerfette, hat sich die Änderung der Walkpenetration ΔP nach 100 000 und 60 Doppelhüben eingeführt (Abb. 444). Ein anderes empirisches Meßverfahren ist die Rollstabilität nach ASTM D 1831.

Zur Beurteilung der Fetteignung in Zentralschmieranlagen (rheologisches Verhalten), werden der Fließdruck nach DIN 51 805, das Fettentspannungsverhalten nach DIN 51 860 oder die Förderbarkeitsprüfung mit dem Shell-De-Limon-Rheometer herangezogen.

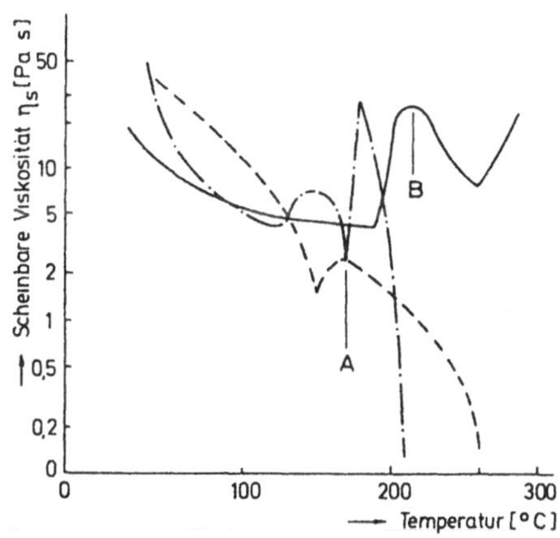

Kalzium-Komplexseifen-Fett
Aluminium-Komplexseifen-Fett
Natriumseifen-Fett
A: Schmierfett-Erweichung B: Schmierfett-Verhärtung

Abb. 443 Scheinbare Viskosität einiger Schmierfette, ASTM D 3232

ΔP [0,1 mm]	Scher-stabilität	Beispiel
< 30	sehr gut	Hochwertige Li-Seifen- und Kalzium-Komplex-seifen-Fette
30 ... 60	gut	Li- und Ca-Seifen-Fette
61 ... 100	aus-reichend	Na-Seifen und Na-Komplex-seifen-Fette
> 100	un-genügend	Unverträgliche Fettmischungen, Pasten

Abb. 444 Bewertung der Schmierfett-Scherstabilität

24.5.3.4 Ölabscheidung

Zu den Kennwerten der Schmierfette zählt ihre Neigung zur Ölabgabe bzw. Ölabscheidung. Sie wird von der Zusammensetzung und der Feinstruktur des Fettes beeinflußt.

Die dynamische Ölabscheidung — Voraussetzung für die Funktionsfähigkeit eines Schmierfettes überhaupt — kann nur indirekt über ihre Auswirkungen erfaßt werden, z.B. bei Lebensdauerprüfungen. Ihr Wert geht im Schmierstellen-Bereich am Ende der Fettgebrauchsdauer gegen Null.

Die statische Ölabscheidung („Ausbluten" im Gebinde) kann nach DIN 51 817 (ASTM D 1742) gemessen werden. Über ihre erforderliche Höhe bei Frischfetten gehen die Meinungen auseinander. Praxisbewährte Schmierfette weisen etwa folgende Werte auf:

NLGI-Klasse 2: 3 ... 6 Gew.%
NLGI-Klasse 3: 1 ... 4 Gew.%

Die statische Ölabscheidung dient in erster Linie der Chargen- und Lieferkontrolle auf Gleichmäßigkeit. Bei Gebrauchtfetten ist sie ohne Bedeutung, weil sie keine Rückschlüsse auf die im Gebrauchtfett noch vorhandene aktive Restölmenge zuläßt. Zwischen statischer und dynamischer Ölabscheidung besteht keine feste Beziehung.

24.5.3.5 Tropfpunkt

Der Tropfpunkt ist die Temperatur, bei welcher eine Fettprobe bei Erwärmung unter festgelegten Prüfbedingungen abzutropfen (zu fließen) beginnt (DIN ISO 2176, früher DIN 51 801). Bei Frischfetten wird der Tropfpunkt gelegentlich noch bei der Fertigungskontrolle bestimmt. Jedoch lassen sich daraus keine konkreten Werte für die obere Gebrauchstemperatur ableiten. Überschlägig soll die Gebrauchstemperatur ca. 60 °C unter dem Tropfpunkt liegen.

24.5.3.6 Drehzahlkennwert

Der Drehzahlkennwert d_m n kennzeichnet den zulässigen Drehzahlbereich für das Wälzlagerfett. Er wird aufgrund von Erfahrungen in Anlehnung an die scheinbare dynamische Viskosität (innerer Widerstand) des Fettes festgelegt. Ist die scheinbare dynamische Viskosität zu hoch oder wird der Drehzahlkennwert des Fettes überschritten, steigt die Lagertemperatur. Der Drehzahlkennwert ist entsprechend der Lagerbauform zu korrigieren (s. S. 287).

24.5.3.7 Verunreinigungen

Absolut saubere Schmierstoffe gibt es nicht. Mindestanforderungen legen die zulässigen Grenzwerte für den Anlieferungszustand fest (z.B. Wassergehalt, s. 24.5.3.9). Feste Fremdstoffe, z.B. Sand, Staub, Siliciumdioxid, Eisen und Eisenoxide, verursachen je nach Härte, Teilchengröße und Menge mehr oder weniger Verschleiß im Lager. Bewährt haben sich Filter von 10 ...60 µm (s. S. 477).

Der Einfluß von Wasser ist zu umfangreich, als daß nur ein zulässiger Grenzwert angegeben werden könnte. Fettstrukturänderungen treten abhängig von der Seifenbasis ab 5 % auf. Der z.T. beträchtliche Lebensdauer-Einfluß muß durch praxisnahe Versuche bestimmt werden. Sonstige Verunreinigungen (Komponenten aus Dichtmassen, Farbanstriche, Kunststoffbeschichtungen, Lösemittel, Hydraulikflüssigkeiten usw.) führen zu Strukturveränderungen und Abbau der Oxidationsstabilität (s. Alterung, S. 458).

24.5.3.8 Aschegehalt/Sulfatasche

Die nichtflüchtigen Veraschungsprodukte (Metallseifen/-additive) werden mittels Schwefelsäure in Sulfate überführt (DIN 51 803). Der Aschegehalt von (Frisch)fetten ist eine analytische und keine qualitative Kenngröße, die beim heutigen Stand der analytischen Technik (z.B. Atomadsorption, Röntgenfluoreszenz- oder Emissionsspektroskopie) keine Bedeutung mehr hat. Die sogenannten aschefreien Schmierfette (Polyharnstoffe, Polymerkohlenwasserstoffe u.a. mit metallfreien Additiven) sind deshalb nicht besser oder schlechter.

24.5.3.9 Wassergehalt, Wasserbeständigkeit

Die meisten Frischfette enthalten herstellungsbedingt feinstverteiltes, praktisch nicht sichtbares Restwasser: Lithium- und Natriumfette 0,1 ... 0,4 Gew.%, einfache Kalkseifenfette bis 3 Gew.%. Der Wassergehalt (Bestimmung z.B. nach DIN 51 582, DIN 51 777 oder DIN ISO 3733) wird häufig noch als Kriterium für die Qualitätskonstanz angesehen. Wassergehalt von Gebrauchsfetten, s. S. 424. Die Wasserbeständigkeit von Schmierfetten wird nach DIN 51 807 geprüft. Da es sich nur um eine statische Prüfung (Einwirkung ruhenden destillierten Wassers bei verschiedenen Temperaturen = Glasstreifentest) handelt, sind Rückschlüsse auf das Verhalten in der Praxis nicht möglich.

Dickungsmittel	Li-Seife	Al-Seife	Na-Seife	Ca-Seife	Ba-Komplex	Al-Komplex	Ca-Komplex	Na-Komplex	Bentonite	Polyharnstoff
Li-Seife	+	—	—	+	+	—	+	+	—	+
Al-Seife	—	+	—	—	+	+	—	+	—	
Na-Seife	—	—	+	—	+	—	—	+	—	+
Ca-Seife	+	—	—	+	+	—	+	—	—	+
Ba-Komplex	+	+	+	+	+	+	+	+	—	+
Al-Komplex	—	+	—	—	+	+	—	—	—	+
Ca-Komplex	+	—	—	+	+	—	+	—	—	+
Na-Komplex	+	+	+	—	+	—	—	+	—	+
Bentonite	+		+	+	+	—	+	—	+	+
Polyharnstoff	+		+	+	+	+	+	+	+	+

Grundöle	Mineralöl	Poly-α-olefine	Esteröl	Polyglykolöl	Silikonöl (Methyl)	Silikonöl (Phenyl)	Polyphenylätheröl	Alkoxyfluoröl
Mineralöl	+	+	+	—	—	+	+	—
Poly-α-olefine	+	+	+	—	—	—		—
Esteröl	+	+	+	+	—	+	+	—
Polyglykolöl	—	—	+	+	—	—	—	—
Silikonöl (Methyl)	—	—	—	—	+	+	—	—
Silikonöl (Phenyl)	+	—	+	—	+	+	+	—
Polyphenylätheröl	+		+	—	—	+	+	—
Alkoxyfluoröl	—	—	—	—	—	—	—	+

+ mischbar, — nicht mischbar

Abb. 445 Mischbarkeit von Dickungsmitteln und Ölen (verschiedener Wälzlagerfette)

24.5.3.10 Kälteverhalten

Das Kälteverhalten von Schmierfetten interessiert

— bei der Förderung des Schmierfettes durch lange Rohrleitungen zur Schmierstelle (s. 24.5.3.3)
— beim Anlaufen, Wiederanlaufen und bei Dauerbetrieb im Kälte- und Niedrigtemperaturbereich.

Es wird im wesentlichen bestimmt durch

— die Viskosität des Grundöles
— den Pour Point des Grundöles
— den Seifengehalt des Schmierfettes
— die Konsistenz des Schmierfettes
— die Grundöl- und Seifenart.

Das Kälteverhalten von Schmierfetten wird häufig durch die Bestimmung des Fließdruckes (DIN 51805) oder der scheinbaren Viskosität (ASTM D 1092) beschrieben; eine andere Methode ist die Messung des Reibungswiderstandes auf speziellen Wälzlagerprüfständen oder der Rührtest der Deutschen Bundesbahn.

Die Phase des hohen Lagerreibungsmomentes (Kaltstart) kann durch einen Betrieb bei hoher Belastung und Drehzahl sehr verkürzt werden, weil die Betriebstemperatur unter diesen Bedingungen schon in wenigen Sekunden um 20 ... 30 °C ansteigt und ein Teil des Schmierstoffes wieder fließfähig wird. Bei geringen Belastungen und (Grund-)Ölen mit $\nu_{-30\,°C}$ > 90 000 mm^2/s, tritt sehr hoher Schupf auf, der häufig zu Anschmierungen/Fressen der Lager führt (s. S. 229). Bei sehr niedrigen Belastungen und Drehzahlen wird. die entstehende Wärme über die Kontakte, meist schadensfrei, abgeführt.

24.5.3.11 Verträglichkeit, Mischbarkeit

Schmierfette unterschiedlicher Zusammensetzung und Herstellung sollen zur Vermeidung von wesentlichen Veränderungen der Schmiereigenschaften und daraus entstehender Lagerschäden nicht gemischt werden. Einige Dickungsmittel und Grundöle sind nicht mischbar (Abb. 445). Bei Unverträglichkeit der Dickungsmittel zeigt das Fett schon nach kurzer, mäßiger Erwärmung erhebliche Änderungen der Walkpenetration, Ölabscheidung, Tropfpunkte und der Gebrauchstemperatur. Es wird entweder fest (Verhärtung) oder fließt aus dem Lager (Erweichung). Die Verträglichkeit ist z. T. auch in Frage gestellt, wenn Additive mit unterschiedlichem Aufbau verwendet werden. Um diese Unsicherheiten zu umgehen, empfiehlt es sich, die Lager von altem Fett zu reinigen und neu zu fetten oder Verträglichkeitsuntersuchungen durchzuführen. Wenn die Mischbarkeit zweier Wälzlagerfette gegeben ist, kann der Fettaustausch durch Nachschmierung geschehen, vorausgesetzt, es ist eine entsprechende Nachschmierungs- bzw. Fettaustrittsmöglichkeit vorhanden.

24.5.4 Fettauswahl

Von den Mineralölgesellschaften wird eine Unmenge von verschiedenen Schmierfetten hergestellt, so daß die Auswahl sehr schwer fällt. Als Anhalt mag die Abb. 447 mit den wichtigsten bei Koyo verwendeten Wälzlagerfetten dienen. Generell ist ein Schmierfett zu bevorzugen, mit dem die Wälzlager wartungsfrei laufen (Dauerschmierung). Die wichtigsten Gesichtspunkte, die zur richtigen Wahl des Schmierfettes und seiner Konsistenz führen, sind in Abb. 446 zusammengestellt.

24.5.4.1 Fettauswahl unter Berücksichtigung der Drehzahl und Belastung

Drehzahl und Belastung werden durch Drehzahlkennwert bzw. Belastungsverhältnis berücksichtigt. Danach wird zwischen Normal-, Hochdruck- und Hochgeschwindigkeitsfetten gewählt. Die ausreichende Schmierfilmbildung ist gem. Abschnitt 24.2.4 bzw. 24.2.2 zu überprüfen.

24.5.4.2 Fettauswahl unter Berücksichtigung der Laufeigenschaften

Wenn die Antriebsleistung hauptsächlich von der Verlustleistung der Lager bestimmt wird, wie z. B. bei kleinen Elektromotoren mit geringer Leistung, oder wenn die Lagerungen ruckfrei arbeiten sollen, wie z. B. in Kreiseln, muß die Reibung sehr gering sein. In solchen Fällen haben sich Fette der NGLI-Klasse 2 mit (synthetischem) Grundöl niedriger Viskosität bewährt. Koyo-Nachsetzzeichen B5 oder LS). Geringe, konstante Reibung wird auch bei großen Lagerungen gefordert, die kleine (Einstell-)Bewegungen ruckfrei ausführen sollen, wie z. B. Teleskop-Lagerungen. Hier werden Lithium-Fette mit hochviskosem Grundöl, EP- und MoS_2-Zusätzen verwendet.

Wenn die Startreibung (das Losbrechmoment) von Wälzlagern bei niedrigen Temperaturen von Bedeutung ist, muß ein Fett mit entsprechend niedriger Gebrauchstemperatur gewählt werden. Liegt die Gebrauchstemperatur über der Betriebstemperatur, kann eine günstige Fettverteilung durch mehrmaliges Anlau-

Gesichtspunkte		**Fettbeschaffenheit**		
	DIN →	Normalfett (K) 51825 T1...4	Hochdruckfett 51825 T3	Hochgeschwindigkeitsfett 51828 T3
Lager	Drehzahlkennwert $d_m \cdot n \cdot f_3$ 1)	$0{,}4 \cdot 10^6$	$< 0{,}2 \cdot 10^6$	$> 0{,}4 \cdot 10^6$
	Belastungsverhältnis $f \cdot P/C$ 2)	$< 0{,}15$	$> 0{,}15$	$< 0{,}1$
	Größe (Wellen-Ø)	NLGI 2, ($d < 80$ mm), NLGI 3, ($d > 80$ mm)		
Laufeigenschaften	Geringe Reibung, geringes Anlaufmoment, geringes Laufgeräusch	NLGI 1...2 synthetisches Grundöl geringer Viskosität NLGI 2...4 besonders gefiltertes Fett, hochviskoses Grundöl		
Einbausituation	Senkrechte o. schräge Welle Fliehkräfte auf Lager oder Außenring dreht bei stillstehendem Innenring	Haftfähiges Fett, Gebrauchstemp. ≫ Betriebstemperatur, NLGI 3...4		
Wartung	Nachschmierung (häufig) Dauerschmierung (geleg. Nachschmierung)	NLGI 2 (1), gute Forderbarkeit NLGI 2, walkstabiles Fett, Gebrauchstemperatur ≫ Betriebstemperatur		
Umwelteinflüsse	Extreme Temperaturen	NLGI 1...3 Gebrauchstemperatur ≧ Betriebstemperatur (Hoch- bzw. Tieftemperaturfette)		
	Verunreinigungen	NLGI 3 (unterstützt Dichtung)		
	Korrosion, Kondenswasser	emulgierendes (Na- oder Li-) Fett mit Korrosionsschutz		
	Korrosion, Spritzwasser	wasserabweisendes (Ca-) Fett		
	Schwingungsbeanspruchung	NLGI 2...3, Li-Fett, häufige Nachschmierung (Feststoffzusätze)		
	Radioaktive Strahlung	Strahlungsbeständiges Fett		
	Vakuum	Normal-Wälzlagerfette DIN 51825 bis 10^{-5} mbar, darüber hinaus s. S. 427		
	Aggressive Medien (Säuren, Basen)	Sonderfette nach Vorschlag der Schmierstoffhersteller oder Koyo		

1) s. S. 554/557

2) P/C Belastungsverhältnis s. S. 205

f Zuschlagsfaktor für Wälzlager-Gleitreibungsanteile,

= 1 für beliebig belastete Kugellager und überwiegend radial belastete Rollenlager

= 2 für überwiegend radial belastete Rollenlager

= 3 für vollrollige Lager

Abb. 446 Wesentliche Gesichtspunkte der Schmierfett-Wahl

fen der Lagerung ausreichend sein. Die lagerbedingte Fett- und Lagererwärmung führt nach wenigen Minuten Betriebszeit zu starken Reibungsverminderungen. Bei normalen Temperaturen kann eine niedrige Reibung auch durch Fette der NGLI-Klasse 3...4 erreicht werden, weil sich die Umlaufteilnahme des Fettes nach einer kurzen Phase der Fettverteilung in die Lagernebenräume verringert.

Werden Lager mit sehr geringen Fettmengen befüllt, z. B. 5% des freien Lagerraumes bei Dispersionsschmierung, lassen sich ebenfalls sehr geringe Reibungswerte erzielen, allerdings auf Kosten reduzierter Fettgebrauchsdauer.

Schmierfette für geräuscharme Lagerungen, wie z. B. in Haushalt- oder Büro-Geräten, müssen besonders gefiltert und homogenisiert sein, d. h. keine festen Bestandteile enthalten. Geräuschmindernd wirken hohe Grundölviskositäten, besonders im oberen Frequenzbereich. Allerdings steigt auch die Lagerreibung.

Für geräuscharme Rillenkugellager und normale Betriebsbedingungen haben sich gefilterte Lithium-Fette der NGLI-Klasse 2 mit einem Grundöl bis ca. 60 mm²/s bei 40 °C bewährt (Koyo-Nachsetzzeichen AS oder LS).

24.5.4.3 Fettauswahl unter Berücksichtigung der Einbausituation

Bei senkrecht oder schräg angeordneten Wellen besteht die Gefahr, daß das Fett infolge seiner Schwerkraft aus dem Lager austritt, vor allem wenn die Betriebstemperatur das Fett erweicht. Dann ist ein besonders haftfähiges Fett mit höherer Gebrauchstemperatur zu wählen und das Fett durch Stauscheiben neben oder unter dem Lager zurückzuhalten. Fettaustritt kann auch bei stillstehendem Innenring und rotierendem Außenring oder Fliehkräften auf das Lager auftreten.

24.5.4.4 Fettauswahl unter Berücksichtigung der Wartung

Ist bei hoch beanspruchten Lagern oder Dichtungen ein häufigeres Nachschmieren erforderlich und sind die Fettkanäle verhältnismäßig lang und klein, ist ein weiches, gut förderbares Fett mit geringem Widerstand beim Nachpressen vorzusehen.

Bei Dauer-(„for life")-Schmierung oder hoher Fettgebrauchsdaueranforderung (gelegentl. Nachschmierung) müssen sehr walkstabile Fette der NGLI-Klasse 2 ... 3 vorgesehen werden. Dabei sollte die obere Gebrauchstemperatur des Fettes weit (>20 °C) über der zu erwartenden Lagerbetriebstemperatur liegen.

24.5.4.5 Fettauswahl unter Berücksichtigung der Umweltverhältnisse

Hohe Lagerbeanspruchung und Fremderwärmung ergeben erhöhte Lagertemperaturen, die sogenannte Hochtemperaturfette bedingen (s. S. 415). Wenn der Drehzahlkennwert des Fettes überschritten wird, ist die Gebrauchsdauerminderung zu beachten. Es ist dann möglicherweise in kürzeren Abständen nachzuschmieren.

Allerdings geben Verbraucher schon einmal zu hohe Betriebstemperaturen an und bedenken nicht, daß die Schmierstoffpreise über 100/120 °C drastisch steigen. Setzt man das Mehrzweckfett für Langzeitschmierung bis 100 °C mit 1 an, steigen die Produktpreise über die Temperaturen etwa wie folgt:

100 °C = 1
120 °C = 2
140 °C = 3 ... 12
160/200 °C = 50 ... 200
200/250 °C = 200 ... 800

Bei tiefen Temperaturen wählt man sogenannte Tieftemperaturfette (s. S. 415), mit denen sich eine niedrige Startreibung erzielen läßt und die im Gegensatz zu sehr steifen Fetten (bei geringen Belastungen) Schlupf/Verschleiß an den Wälzelementen vermeiden.

Steife Fette (NGLI Klasse = 3) können die Wirkung der Lagerabdichtung unterstützen. Sie bilden am Dichtspalt (Wellendurchtritt) einen schützenden Kragen, halten sich gut in Labyrinthe und betten Fettkörper ein. Bei berührenden Dichtungen ist die Verträglichkeit des Fettes mit den Dichtungen zu gewährleisten.

Bei allen Maschinen, die im Freien oder in feuchter Umgebung stehen und während längerer Betriebspausen abkühlen, kann sich Kondens- oder Schmutzwasser bilden und zu Korrosion führen. Um Rost zu vermeiden, sind wasserabweisende Fette, wie z.B. Kalziumseifenfette mit Rostschutzzusatz oder Fette, die mit Wasser emulgieren, wie Natrium- und Lithiumfette, vorzusehen.

Bei starkem Wasseranfall oder bei Spritzwassereinwirkung sollte das Fett die Wirkung der Dichtung unterstützen. Der Wasserdruck muß ggfs. so gemindert werden, daß das Fett nicht aus der Dichtung herausgewaschen wird.

Bei dynamischer Beanspruchung nimmt jedes Schmierfett Wasser auf. Die Wasseraufnahme

Fett Nr.	KOYO Nachsetzzeichen	Dickungsmittel, Grundöl	Tropfpunkt DIN 51801 [°C]	Grundölviskosität, v [mm²/s] bei ... °C	Konsistenzklasse	Dichte DIN 1306 [g/cm³]	Gebrauchstemperatur [°C] dauernd (zeitweilig)	Drehzahl-Kennwert $d_m \cdot n$ 1) [10⁶]
1	(A2)	Lithiumseife Mineralöl	186	141- 40	2	0,9	-20... + 120 (-35... + 130)	0,35
2	AW (A3)		186	68- 50	3		-30... + 140 (-30... + 150)	0,40
3	AS		180	70- 40 9,8-100	2		-20... + 100 (-30... + 120)	0,90
4	AE		180	140- 40	2		-10... + 80 (-20... + 120)	0,30
5	RA		180	140- 40	2		-15... + 100 (-20... + 120)	0,35
6	UN	Lithiumkomplex-Seife, Mineralöl	≈ 300	115- 40	3		-30... + 165 (-30... + 200)	0,6
7	PS	Lithiumseife Synth. Öl	198	43-40	2	1,3	-30... + 100	0,5
8	SR		191	28- 40	2-3		-40... + 130 (-45... + 135)	0,5
9	4H		224	84- 40	1-2		-30... + 180	0,2
10	B5		193	11,5- 40 3,3-100	1-2		-50... + 100 (-60... + 120)	1,0
11	LS	Lithiumseife Esteröl	>185	15- 40 3,7-100	2	0,96	-60... + 120 (-60... + 130)	1,3
12	AC	Natriumkomplex-Seife, Mineralöl	250	93- 40 8,8-100	3-4		-25... + 120 (-25... + 160)	0,5
13	CR	Polyharnstoff Mineralöl	240	83- 40 29-100	2		0... + 150 (-30... + 175)	0,5
14	K7	Polyharnstoff Syntheseöl	>250	55- 40 8-100	3		-30... + 135 (-40...150)	0,5
15	D2	Bentonite (Microgel) Mineralöl	ohne	114-40	2		0... + 150 (-20... + 200)	0,1
16	E7	Bentonite (Microgel) Esteröl	260	4- 40	2		-60... + 120 (-70... + 150)	0,5
17	RB	Lithium/Natron-Seife Mineralöl	175	162- 40	1-2		-5... + 120	0,2
18	S5	Bariumkomplex-Seife, Esteröl	>180	23- 40 4,7-100	2	1,0	-40... + 130 (-60... + 140)	1,0
19	BL	PTFE Alkoxyfluoröl	ohne	390- 40	2	1,9	-30... + 220 (-35... + 270)	0,03
20	S8	Selica-Gel Mineralöl	ohne	270-50	2		-10... + 150	0.2
21	KR	Fluorkohlenstoff-Polymere/Öl	>250		2		-30... + 250 (-34... + 287)	0,3

Abb. 447 Auswahl von Koyo-Wälzlagerfetten und ihre Kenndaten

Wasserbeständigkeit DIN 51807	Druckfestigkeit 2) [10⁵Nm²]	Reibungswert 3) [Nm]	Eigenschaften	Typische Anwendungen	ungefähres Kostenverhältnis
	3,0	0,0155	MIL-G-18709 A	Universal-Wälzlagerfett	1
	3,5	0,0165		Wasserpumpen	
bis 90 °C			hoher Reinheitsgrad, geringe Reibung	Geräuscharme, kleine Elektromotore	
	4,5	0,165	Fett-Nr.1 mit Hochdruck-(EP)-Zusätzen	Sieblager, Gelenkwellen, Druckwalzen, Lenkzapfen	
	2,0	0,0145		KFZ-Radlager	
bis 80 °C	4,5			Radlager bei hohen Temperaturen	2
	3,0		sehr guter Korrosionsschutz, hoher Reinheitsgrad	Elektromotore, Werkzeugmaschinen-Spindeln	
			geringe Reibung	Geräuscharme E-Motore	
bis 90 °C			geringe Reibung auch bei Kälte	Ventilatoren, KFZ-Kupplgn.	
	2,5	0,0155	geringe Reibung MIL-G-3278 A	Flugzeuglager, Hochgeschwindigkeitslager	
bis 90 °C			hoher Reinheitsgrad, geringe Reibung (MIL-G3278 A)	geräuscharme Kleinlager, Spindellagerungen	8
keine, emulgiert	3,0	0,0142	niedrige Reibung	EDV-Geräte	
gut	2,5		Langzeitfett, niedrige Reibung, nicht geräuscharm	„for life"-Schmierung, Staubsaugermotore, Ventilatoren	1,4
			Langzeitfett	Kupplg., Lichtmasch.	4,5
sehr gut	5,0	0,0165	bei niedrigen Drehzahlen hochbelastbar	Walzwerke, Rollgänge	
	4,5	0,0145	MIL-G-23827 A	Flugzeuglager	
bis 90 °C	3,5	0,0170		ABU-Rollenachslager	
bis 110 °C beständig			Langzeit-Fett, geringe Reibung, MIL-G-25760 MIL-G-7711 A, MIL-G-15793	Werkzeugmasch.-Spindeln, Hochgenauigkeitslager, Spez. Tieftemperaturfett	5,5
gut			Beständig gegen viele Medien (Kohlenwasserstoffe)	Höchst-Temperatur- und Langzeitfett, Entfettungsanl.	290!
mäßig			Strahlungsbeständig bis $1{,}8 \cdot 10^9$ rad	Reaktor	
			MIL-G-2761 A	Höchsttemperatur- und Langzeitfett	300

1) gilt für Rillenkugellager u. Zylinderrollenlager, andere Lagerarten s. S. 290 2) Relative Ölfilm-Druckfestigkeit

3) Relativer Reibungswert (6204 2RS, 1800 min⁻¹, 40% Füllung, Fr = 30 N)

ist vom Dickungsmittel abhängig. Polyharnstoffette nehmen ca. 20 %, Bariumkomplexfette ca. 40 % und besonders additivierte Lithiumseifenfette über 100 % Waser auf. Ob das Schmierfett in Gegenwart von Wasser vor Korrosion schützt, wird unter betriebsnahen Prüfbedingungen z.B. nach DIN 51 802 festgestellt.

Die Minderung der Schmierungseigenschaften durch Fremdwasser ist unterschiedlich. Die Stahlindustrie fordert z.B., daß Lithium-EP-Fette auch nach Einarbeitung von 20 % Wasser walkstabil bleiben und ausreichende Schmierung im Mischreibungsgebiet gewährleisten.

Aggressive Medien bewirken eine starke Veränderung der chemisch-physikalischen Kennwerte und führen hauptsächlich zur Schmierstoff-Alterung und Oberflächenzerstörung (Korrosion).

Die alterungsbedingten Wälzlagerschäden können durch Überwachung der Lagerung verhindert, mindestens jedoch frühzeitig erkannt werden (s. Überwachung S. 540). Aggressive oder besondere Medien, wie Säuren, chlorierte Kohlenwasserstoffe, Laugen, Dampf oder kochendes Wasser, erfordern bestimmte Sonderfette (Verträglichkeiten), die bei der Koyo Deutschland GmbH anzufragen sind.

Starke Schwingbeanspruchungen, wie z.B. in Schwingsieben oder Vibratoren, bewirken einerseits eine häufige, zufällige Fettergänzung am Schmierspalt und andererseits die mehr oder weniger kurzfristige Aufspaltung des Fettes in Öl und Dickungsmittel.

Bei Schwingsieben hat sich ein Lithiumfett der NGLI-Klasse 2 mit EP-Zusätzen bei kurzfristiger (wöchentl.) Nachschmierung bewährt, bei Vibratoren ein Lithium(Komplex)seifenfett der NGLI-Klasse 3 oder ein Festschmierstoff enthaltendes Bariumkomplexseifenfett der NGLI-Klasse 2.

Mit der Entwicklung von Kernkraftwerken taucht die Frage nach der Strahlungsbeständigkeit der Schmierstoffe auf (Abb. 448). Strahlen verändern die Konsistenz und den Tropfpunkt und bewirken Verdampfungsverluste sowie Gasentwicklung. Die Höhe der Strahlenbelastung (rd/h) ist davon abhängig, welche Veränderungsgrade der Schmierstoffeigenschaften toleriert werden können. So ist bei einem unlegierten Mineralöl bis zu einer Strahlendosis von bis zu 10^7 rd praktisch mit keiner Veränderung zu rechnen. Ab 10^8 rd kann dagegen schon eine 20 % Viskositätserhöhung eintreten. Bei legierten Mineralölen können die Zusätze (MoS_2, S, Halogene usw.) durch Strahlung negativ beeinflußt werden, z.B. durch Aufspaltung (Wirkungsverlust). Deshalb sollten sie nicht höher als mit 10^8 rd belastet werden. Diesteröle werden bei $5 \cdot 10^7$ rd angegriffen. Bei höheren Strahlenbelastungen müssen besondere, strahlungsresistente Schmierstoffe (z.B. Polyphenyläther) in Erwägung gezogen werden. Bei Fetten gilt sinngemäßes: Ein Lithiumseifenfett zum Beispiel war nach einer Gesamtstrahlenbelastung von 10^8 rd in der Walkpenetration von 265 ... 295 auf 330 gestiegen. Bei weiterer Bestrahlung wurde das Fett durch Zerstörung des Seifengerüstes sehr schnell flüssig. Silikonfette werden bei $8 \cdot 10^6$ rd beschädigt. Ein Strahlungsresistentes Fett ist z.B. S8 nach Abb. 447, S. 425.

Im Hochvakuum verdampfen die Öle allmählich und stehen dann zur Schmierung nicht mehr zur Verfügung. Bei Raumtemperaturen und Vakuum bis 10^{-5} mbar arbeiten Normallager und -fette im allgemeinen noch sicher. Bei 10^{-7} mbar sollten die Lagerteile aus nichtrostendem Werkstoff, der Käfig vorzugsweise aus öl-vakuumimprägniertem Phenolharz gefertigt sein und die Lager selbst durch Deck- oder Dichtscheiben gegen zu hohe Verdampfungsverluste geschützt werden. Mineralöle sind, soweit ihr durch die Betriebstemperatur bestimmter Dampfdruck nicht überschritten wird, synthetischen (Diester-)Ölen bzw. Fetten vorzuziehen. Bei 10^{-9} mbar ist der Käfig mit einem Silikonöl zu imprägnieren und das Lager mit einem Silikonfett zu füllen. Um und über 10^{-11} mbar kommen nur Metallfilmüberzüge (Pb, Au) für Laufbahnen und festschmierstoffhaltige Käfige in Frage.

Wenn Lager im flüssigen Sauerstoff oder Stickstoff (—210 °C und darunter) laufen müssen, ist ihr Betrieb schwierig, da normale Schmierstoffe nicht angewendet werden können und die Eigenschmierung (extrem niedrige Viskosität) der Kühlmittel nur geringe Lagerbelastungen zulassen. Die Lager müssen daher auf minimale Gleitreibungsanteile getrimmt werden und vorzugsweise glasfaserverstärkte Teflonkäfige besitzen. Als Lagerwerkstoff reicht AISI 440C (s. S 181). Die Lager sollen im flüssigen Sauerstoff voll untertauchen, weil anderenfalls extreme Oxydation mit rapider Lagerbeschädigung einsetzt.

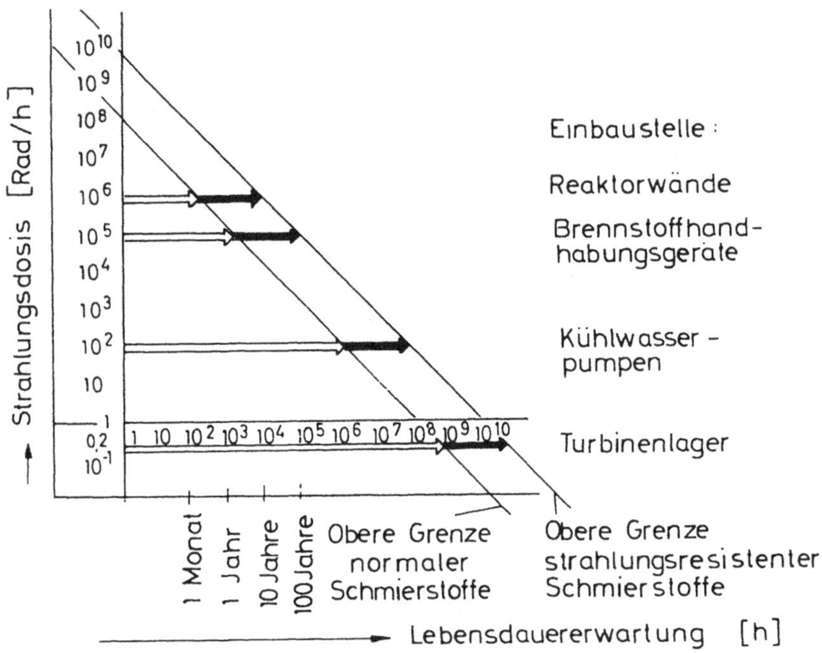

Abb. 448 Strahlung und Schmierstoff-Strahlungsbeständigkeit in Kernkraftwerken ($1 \text{ rd} = 10^{-2}$ J/kg)

24.5.5 Fettfüllung

Alle Wälzlager sind, mit Ausnahme extrem schnellaufender (Spindel)lager, voll mit Fett zu füllen, damit alle Funktionsflächen sicher geschmiert werden. In einem voll gefüllten Wälzlager (Anhaltswerte Abb.449) stellt sich die richtige Fettmenge drehzahlabhängig ein, wenn das überschüssige Fett in die Seitenräume des Lagergehäuses abschleudern/abfließen kann. Die Seitenräume sollten ebenfalls mit Fett gefüllt sein, weil Lagerdrehung und -erschütterung immer wieder frisches Fett bzw. ausblutendes Öl aus dem Gehäuse zu den Lagerkontaktstellen transportieren und somit die Nachschmierfrist verlängern helfen. Die Seitenräume sollten unter Berücksichtigung der Lagerdrehzahl (Fettwalkreibung) gem. Abb. 449 gefüllt werden.

Füllungsgrad	Drehzahlverhältnis n/n_{gf}	Drehzahlkennwert $d_m \cdot n$
100 % (voll)	$<0{,}2$	<90.000
33 % (1/3)	0,2 ... 0,8	90.000 ... 350.000
0 % (leer)	$>0{,}8$	>350.000

n = Lagerdrehzahl $[\text{min}^{-1}]$ n_{gf} = Drehzahlgrenze für Fettschmierung (s. Maßtabellen)
d_m = mittlerer Lagerdurchmesser (s. S. 287)

Abb. 449 Fett-Füllungsgrad der Lagerungen

Die Lagerfüllmenge bestimmt die Fettverteilung und den (anfänglichen) Lagertemperaturverlauf (s. Abb. 299, S. 286). Niedrige Drehzahlen erzeugen wenig Walkreibung; Lei-

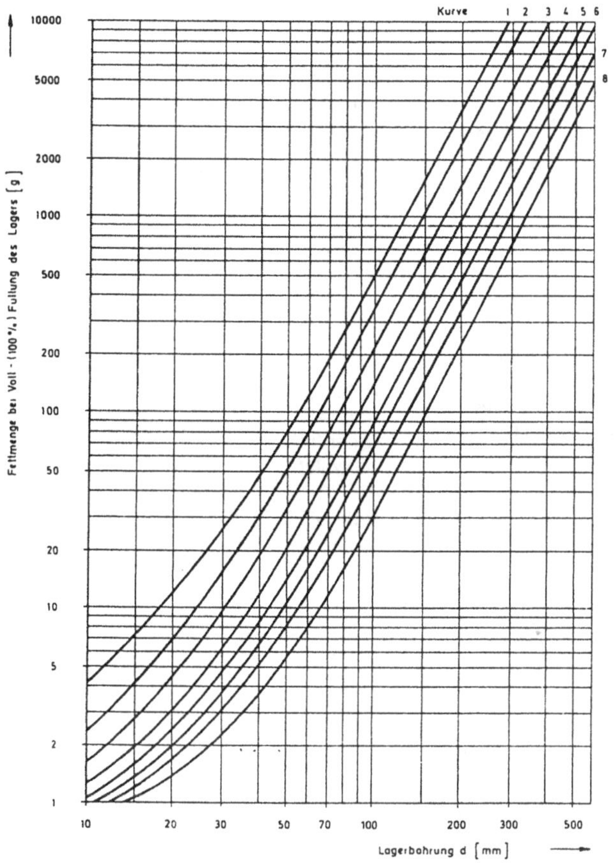

Lagerreihe	Kurve
Rillenkugellager	
160	7
60	6
62	4
63	2—3
64	1
Schrägkugellager	
B70	5
B72	3—4
Kegelrollenlager	
302	3—4
303	2
313	2
320X	6
322	3—4
323	1—2
329	7—8
330	5
331	4
332	4
Zylinderrollenlager	
NU10	7
NU2	5
NU22	4
NU23	2
NU3	3
NU4	2
NN30K	5
NNU49	7
Pendelrollenlager	
213	3
222	4
223	2
230	6
231	4
232	3—4
239	8
240	5
241	3

Abb. 450 Anhaltswerte für die Füllmenge (freier Innenraum) der Wälzlager in offener (nicht abgedichteter) Bauform.

stungsverluste und Temperatursteigerung sind gering. Bei hohen Drehzahlen kann die Fettwalkreibung eine unzulässige Temperatursteigerung bewirken, wenn das Fett sich im Lager staut. Unterschiedliche Drücke vor und hinter dem Lager sind durch Durchbrüche, Bohrungen oder Nuten an den Anschlußteilen auszugleichen. Bei hohen Lagertemperaturen sollte neben dem Lager ein möglichst großes Fettdepot (Ölabgabe) vorgesehen werden (s. Abb. 457, S. 434). Bei Wälzlagern mit beidseitigen Dichtungen, wie z.B. Rillenkugellagern der 2RS- oder ZZ-Bauform, wird der freie Innenraum des Lagers serienmäßig mit 30...50 % Fett gefüllt. Diese Fettfüllung gewährleistet bei normalen Betriebsbedingungen eine hohe Gebrauchsdauer. Das Fett verteilt sich während einer kurzen Einlaufphase, setzt sich zum großen Teil an den Innenseiten der Deck- oder Dichtscheiben ab, nimmt nicht mehr unmittelbar am Umlauf teil. Das Lager läuft reibungsarm. Da die Dichtungen den Fettaustritt verhindern, reicht die sehr geringe Fettmenge für lange Zeit, oft sogar für die Gebrauchsdauer des Lagers (Dauerschmierung).

24.5.6 Nachschmierung

Schmierfette verlieren durch die mechanische Beanspruchung (Überrollung, Temperatur, Vibration), durch die Alterung (Oxydation, Konsistenzänderung) und durch die Aufnahme von Verunreinigungen (natürlicher Verschleiß, Staub, Wasser, Abrieb usw.) ihre Gebrauchsfähigkeit und müssen aus diesen Gründen ergänzt (Nachschmierfrist t_{fn}) oder erneuert (Fettwechsel t_{fw}) werden.

24.5.6.1 Gebrauchsdauer

Die Fettgebrauchsdauer wird durch Labor- und Praxisversuche ermittelt. Bei vergleichbaren Betriebsbedingungen ist mit einer starken Streuung der Fettausfallzeiten bis 1:10 zu rechnen. Fettgebrauchsdauerwerte und Schmierfristen lassen sich daher, ähnlich wie bei der Ermüdungslebensdauer der Wälzlager, nur für bestimmte Ausfallwahrscheinlichkeiten angeben.

24.5.6.2 Schmierfrist

Als Schmierfrist wurde der Wert für die 10...20% Ausfallwahrscheinlichkeit der Schmierfettgebrauchsdauer gewählt. Richtwerte ergeben sich aus der Abb. 451 und folgender Gleichung:

$$\log t_{f1} = |6{,}10 - 4{,}4 \cdot 10^{-6} \cdot d_m \cdot n - 2{,}50 \cdot (P/C - 0{,}05) - (0{,}021 - 1{,}80 \cdot 10^{-8} \cdot d_m \cdot n)\, t\,|h| \quad \text{(Gl. 467)}$$

Diese Gleichung gilt mit folgenden Einschränkungen:

$50\,°C < t < 120\,°C$, $0{,}12 \cdot 10^6 < d_m \cdot n < 0{,}5 \cdot 10^6$, $0{,}05 < P/C < 0{,2}$

mit

d_m Teilkreis-∅ des Wälzkörpersatzes, $\approx (d + D)/2$ |mm|
n Lagerdrehzahl $|min^{-1}|$
P äquivalente Lagerbelastung |kN|
C dynamische Lagertragzahl |kN|
t Lagertemperatur |°C|

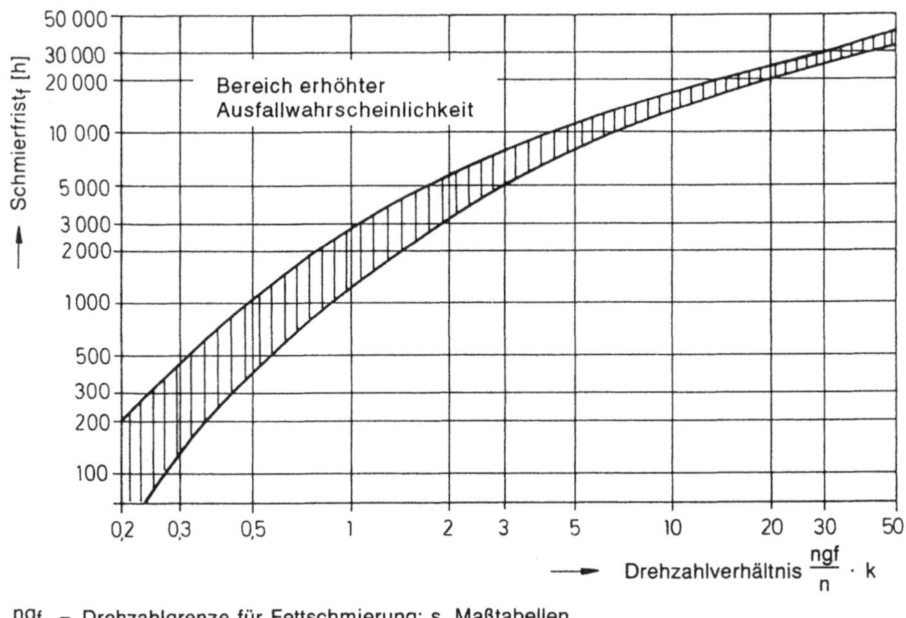

n_{gf} = Drehzahlgrenze für Fettschmierung; s. Maßtabellen
n = Lagerdrehzahl $|min^{-1}|$, k = Lagerbeiwert, s. Abb. 452

Abb. 451 Schmierfristen für Lithiumseifenfette bei günstigen Betriebsbedingungen und Ausfallwahrscheinlichkeiten von 10 ... 20%

Die Beanspruchung des Fettes durch die verschiedenen Lagerarten (unterschiedliche Gleitreibungsanteile) wird durch einen Lagerbeiwert k nach Abb. 452 berücksichtigt. Die größeren Werte gelten für die leichten Reihen, die kleineren für die schweren, breiteren, tragfähigen Reihen.

Lagerart	Lagerbeiwert k
Radial-Rillenkugellager, allgemein	1,8
Radial-Rillenkugellager mit Massiv-Käfig, d < 100 mm	1,3
Schrägkugellager	1,4
Pendelkugellager	1,3 ... 1,6
Zylinderrollenlager, Loslager	1,0
Zylinderrollenlager, Festlager (NUP)	0,8
Zylinderrollenlager, vollrollig	0,28
Kegelrollenlager	0,8
Pendelrollenlager	0,3 ... 0,6
Axial-Rillenkugellager	1,2

Abb. 452 Lagerbeiwert zur Berechnung der Schmierfrist t_f

Die Schmierfristen nach Abb. 451 gelten für atmosphärische Umweltbedingungen
- bis zu Außenring-Temperaturen von 70 °C. Bei höheren Temperaturen wächst die Beanspruchung der Fette beträchtlich. Für Lithiumfette mit mineralischem Grundöl verminder sich die Schmierfrist. Einen Richtwert gibt die Abb. 453.
- bis zu Belastungen von P/C ≦ 0,1. Höhere Werte reduzieren die Schmierfristen, z.B. P/C = 0,2 ergibt nur die halbe Schmierfrist.
- bei mäßigen Umweltbedingungen. Eingedrungene Verunreinigungen (Feuchtigkeit, aggressive Medien, Luftstrom) und Vibrationen können eine Schmierfristverminderung bis auf 1/5 der Diagrammwerte zur Folge haben. Besonders kritisch sind Luftströmungen bei Spaltdichtungen, weil die durchströmende Luft den Schmierstoff altert, das Fett oder Grundöl aus dem Lager reißt und Verunreinigungen in das Lagerinnere transportiert.

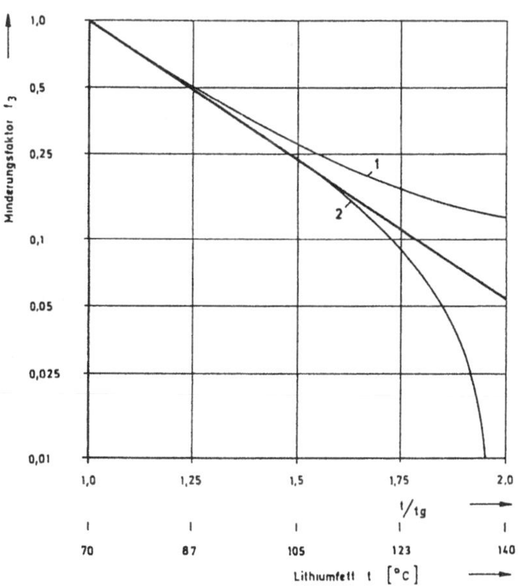

1 einfache, schleifende Dichtung, z.B. 2RS-Lager

2 berührungsfreie Dichtung, z.B. ZZ-Lager

t Lager-Außenring-Temperatur [°C]

tg Grenztemperatur für Beginn der Schmierfristverminderung, z.B. Li-Fette mit tg = 70 °C

Abb. 453 Minderung der Schmierfrist bei hohen Temperaturen

Einflüsse auf das Lager		Beispiele	Minderungsfaktoren
Staub und Feuchtigkeit	mäßig	Kreissäge, Hammermühle	f1 = 0,8 ... 0,9
	stark	Backenbrecher, Landmaschinen	f1 = 0,6 ... 0,8
	sehr stark	Saug/Preßwalze, Sieblager	f1 = 0,3 ... 0,6
Luftströmung durch das Lager	gering	Belüftete E-Motore	f2 = 0,5 ... 0,7
	stark	Ventilatoren, Staubsauger	f2 = 0,2 ... 0,5
Belastung	hoch P/C > 0,15	Walzenzapfen, Zentrifuge	f3 = 0,6 ... 0,8
	sehr hoch P/C > 0,25	Futterpressen, Baggergetriebe	f3 = 0,2 ... 0,6
Stoßbelastung		Pkw-Rad-, Rollenachslager	f4 = 0,8 ... 0,9
Vibrationen u. Schwingungen		Backenbrecher, Walzwerke	f4 = 0,6 ... 0,8
		Sieblager, Textilspindel	f4 = 0,3 ... 0,6
Oszillierende Lagerbewegung (s. S. 317)		γ [°]: 5 | 45 | 90 | 135 f4: 0,2 | 0,5 | 0,75 | 0,92	
Temperatur			f5 s. Abb. 453

Abb. 454 Minderungsfaktoren der Fettschmierfristen

Bei ungünstigen Betriebsverhältnissen vermindert sich die Schmierfrist also überschlägig auf:

$t_{fe} = t_f \cdot f1 \cdot f2 \cdot f3 \cdot f4 \cdot f5$ [h] (Gl. 468)

Richtwerte für die Minderungsfaktoren f1 ... f5 können der Abb. 454 entnommen werden.

Mit Sonderfetten, die speziell auf die jeweiligen Betriebsverhältnisse abgestimmt sind, lassen sich längere Schmierfristen als nach Abb. 451 erreichen, evtl. sogar Dauerschmierung. Eine genauere Bestimmung der wartungsfreien Laufzeit einer Lagerung ist nur durch Versuche unter Betriebsbedingungen möglich.

24.5.6.3 Dauerschmierung

Dauerschmierung, auch „for life"-Schmierung genannt, ist dann gegeben, wenn die modifizierte Lebensdauer (Gebrauchsdauer) des Lagers oder auch der Überholzyklus der Maschine, in welche das Lager eingebaut ist, geringer ist als die Fettschmierfrist. Dies ist z.B. bei kleinen, abgedeckten und abgedichteten Rillenkugellagern häufig der Fall.

24.5.6.4 Nachschmierfrist

Für die üblichen Wälzlagerfette empfiehlt es sich, die Nachschmierfristen t_{fn} auf etwa 70 ... 50 % der Fettschmierfrist t_{fe} zu kürzen, weil das Altfett nur teilweise gegen Neufett ausgetauscht wird.

Im Schwermaschinen- und Walzwerksbau haben sich beispielsweise folgende Nachschmierfristen bewährt:

Lagerbauart	$d \cdot t_f$
Rillenkugellager	$1{,}1 \cdot 10^{10}$
Zylinderrollenlager	$0{,}9 \cdot 10^{10}$
Kegelrollenlager	$0{,}7 \cdot 10^{10}$
Pendelrollenlager	$0{,}6 \cdot 10^{10}$

mit

d Lagerbohrung [mm]

t_f Nachschmierfrist [Umdrehungen]

Extrem kurze Nachschmierfristen ergeben sich bei höchsten Beanspruchungen des Fettes. Dann ist eine Fettschmierpumpe angebracht, wobei auf gute Förderbarkeit (weiches Fett, gute Fettzu- und -abfuhr) zu achten ist, damit besonders in Fällen hoher Lagertemperaturen Fettverfestigungen nicht zur Blockierung der Dosierventile führen.

24.5.6.5 Fettwechselfrist

Die Fettwechselfrist t_{fw} sollte aus Gründen der Betriebssicherheit und mit Rücksicht auf geplante, vorbeugende Instandhaltungen etwas kürzer als die Fettschmierfrist t_{fe} gewählt werden. Bei einem Fettwechsel muß das Lager ausgebaut, gereinigt, inspiziert und neu gefettet werden.

24.5.6.6 Nachschmiermenge

Kann die Fettmenge nur ergänzt werden, weil keine Fettabfuhr (keine Gehäusefreiräume, kein Fettmengenregler, kein Fettventil) vorhanden ist, sollte die Nachschmiermenge G begrenzt werden, um Überschmierung zu vermeiden. Als Faustformel gilt:

$$G = D \cdot B \cdot X\,[g] \qquad \text{(Gl. 469)}$$

mit
D Lager-Außen-∅ [mm]
B Lagerbreite [mm]
X Faktor gemäß Abb. 455

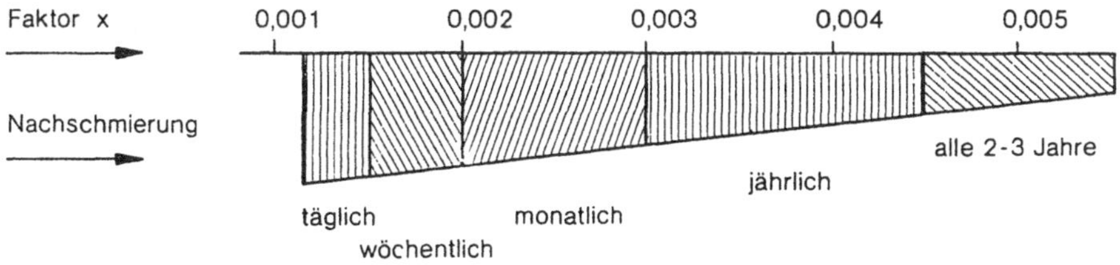

Abb. 455 Faktoren für die Fett-Nachschmiermenge

Bei niedrigen Drehzahlen, bei großen Gehäuseräumen oder Verwendung eines Fettmengenreglers (s. Abb. 462/463, S. 435/436), eines Fettventils o.ä. ist die Gefahr der Überschmierung gering. Eine reichliche Nachschmierung (X = 0,01) bietet den Vorteil besseren Austausches von Alt- gegen Neufett und der Dichtungsunterstützung. Die Nachschmierung geschieht zweckmäßigerweise bei betriebswarmen, drehenden Lagern. Ein gleichmäßiger Fettaustausch wird durch konstruktive Maßnahmen sichergestellt. Die Unterstützung der Abdichtung gegen eindringende Verunreinigungen wird erreicht, wenn ständig in kurzen Intervallen nachgeschmiert wird, z.B. eine 100 % Fettfüllung pro Stunde in kleinen Portionen (s. Abb. 449, S. 428).
Bei hohen Temperaturen kann entweder mit billigem, nur kurzzeitig stabilen Fett oder teurem, temperaturstabilen Fett geschmiert werden. Entsprechend bewegen sich die stündlichen Nachschmiermengen von 1 ... 2 % des freien Lagerraumes für das billige Fett bis zu 0,002 % des freien Lagerraumes für das teuere Sonderfett. Bei kleinen Nachschmiermengen ist die Zuführung direkt ins Lager notwendig. Kleinere Nachschmiermengen oder die Unterteilung in kleine Portionen hat den Vorteil geringerer Reibungsmoment- und Temperaturerhöhung (s. Öl-Minimalmengenschmierung, S. 483). Neben der richtigen Nachschmiermenge ist auf das richtige Nachschmierfett zu achten, s. Verträglichkeit, S. 422.

24.5.7 Zuführung und Abführung des Fettes

Wichtig ist, daß das neue Fett an die Funktionsflächen des Lagers gelangt und das alte und überschüssige Fett aus dem Lager entweichen kann. Bei der Fettführung sind möglichst kurze Schmierkanäle bzw. Schmierleitungen mit geringem Fettdruck anzustreben, scharfe Umlenkungen und enge Stauräume sowie starke Erwärmungen (Fettverhärtung, Fettablagerung) zu vermeiden. Die Abbildungen 456 ... 463 zeigen beispielhaft, mit welchem konstruktiven Aufwand eine gezielte Fettführung erreicht werden kann. Diesen Aufwand wird man allerdings in der Regel nur bei wertvollen Maschinen und schwierigen Betriebsbedingungen (hohe Temperaturen, hohe Drehzahlen $n/n_{gf} > 0{,}8$, Gefahr der Überschmierung) treiben und bei niedrigen bis mittleren Lagerbeanspruchungen einen großen Fettüberschuß in Kauf nehmen. Vor der Inbetriebnahme sind die Nachschmiereinrichtungen auf einwandfreie Funktion hin zu überprüfen. Um Korrosion auszuschließen, sollen alle Fettleitungen bis zur Lagerstelle mit Schmierfett gefüllt sein. Die Abb. 456 und 457 zeigen (lebens)dauergeschmierte Lagerungen, Abb. 458 und 459 selten nachgeschmierte Lagerungen und Abb. 460 ... 463 häufig bzw. regelmäßig nachgeschmierte Lagerungen.
Durch Stau- und Haltescheiben wird das Fett in Lagernähe gehalten (Abb. 457, 459, 461).

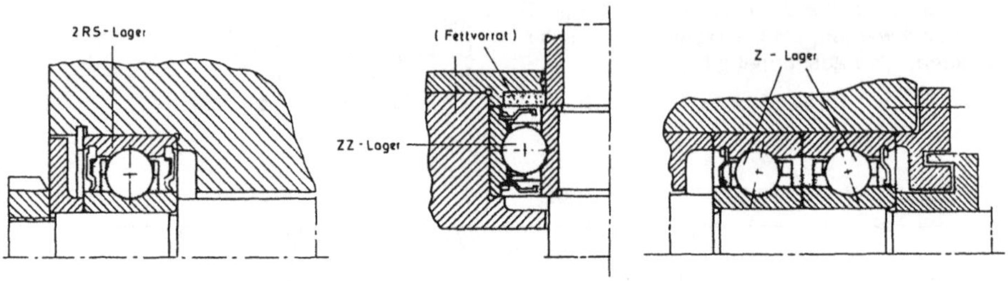

Abb. 456 **Dauerschmierung** bei Verwendung von abgedichteten oder abgedeckten Wälzlagern

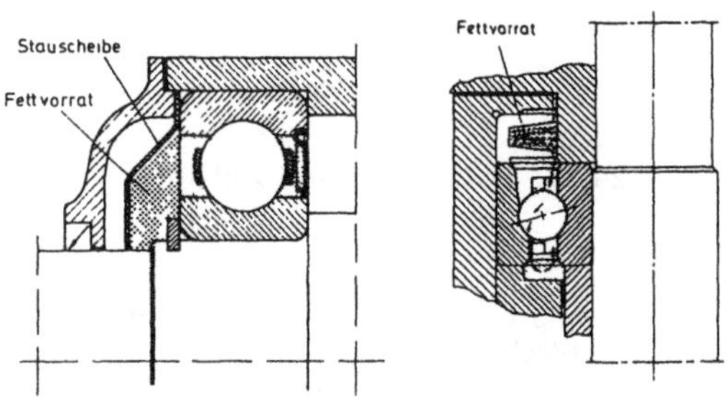

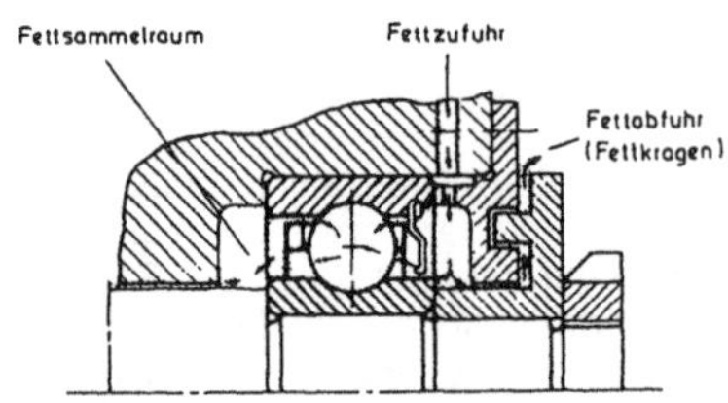

Seltene Nachschmierung

Abb. 457 **Dauerschmierung,** durch einmalige Fettfüllung bei Lagermontage (lange Laufzeiten durch Fettvorrat)

Abb. 458 **Fettzufuhr** von der Seite — **Fettabfuhr** durch Labyrinthdichtung bzw. in Fettsammelraum

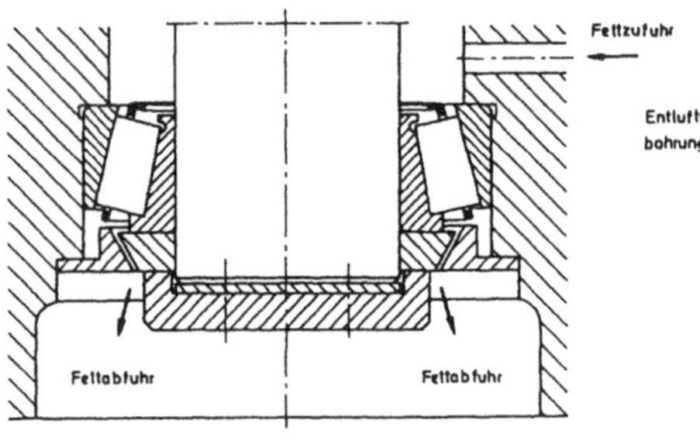

Seltene Nachschmierung

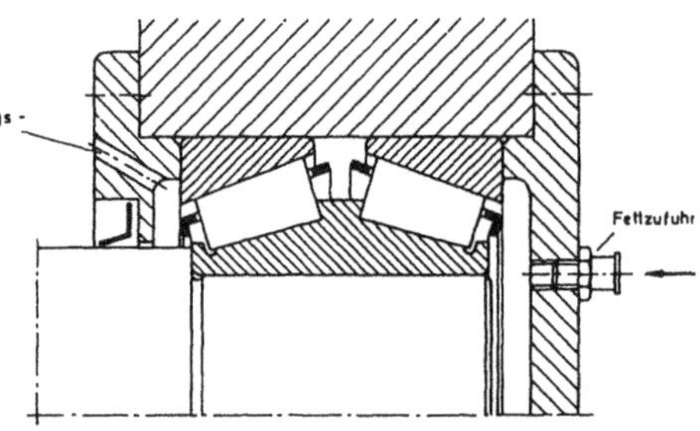

Regelmäßige Nachschmierung

Abb. 459 **Fettzufuhr** oberhalb des Lagers — **Fettabfuhr** durch Spalt an Fetthaltescheibe

Abb. 460 **Fettzufuhr** und **Entlüftung** bei selbstfördernden Schräglagern

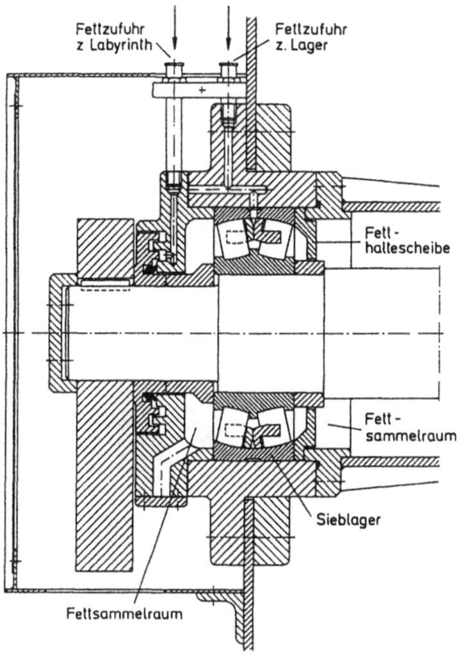

Häufige Nachschmierung

Abb. 461 Zentrale **Fettzufuhr** durch Lageraußenring (W 33 — Pendelrollenlagerausführung) — **Fettabfuhr** durch Spalt an Fetthaltescheibe bzw. in Fettsammelraum

Reglerscheiben und Fettmengenregler schützen die Lagerung vor Überfettung (Abb. 462, 463) sie sorgen für den Abtransport überschüssiger Fettmengen aus dem Lager sowohl bei der Erstfüllung als auch bei jeder späteren Nachschmierung. Als Fettmengenregler eignet sich auch ein V-Ring (S. 496, 503). stelle muß getrennt geschmiert werden. Günstig ist die Fettzufuhr zwischen die Lagerreihen (Abb. 461), möglich ist auch die gezielte seitl. Nachschmierung (Abb. 458). Bei Schräglagern ist auf die Förderwirkung von kleinem zu großem Durchmesser zu achten (Abb. 460). Um eine ausreichende Förderwirkung (Zentrifugalkraft) sowohl bei Schräglagern als auch bei Reglerscheibe und Fettmengenregler zu erreichen, darf die Betriebsdrehzahl nicht zu klein sein ($n/n_{gf} > 0{,}4$).

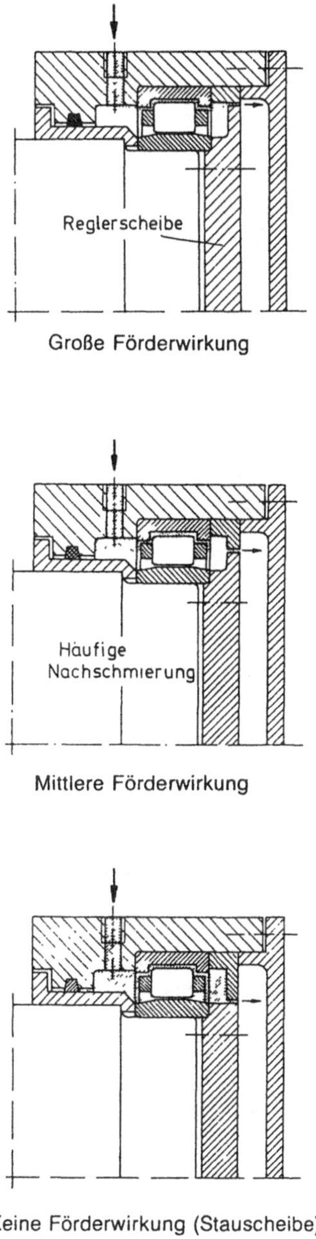

Abb. 462 Variationen der Reglerscheibe, **Fettzufuhr** von der Seite, **Fettabfuhr** über Reglerscheibe

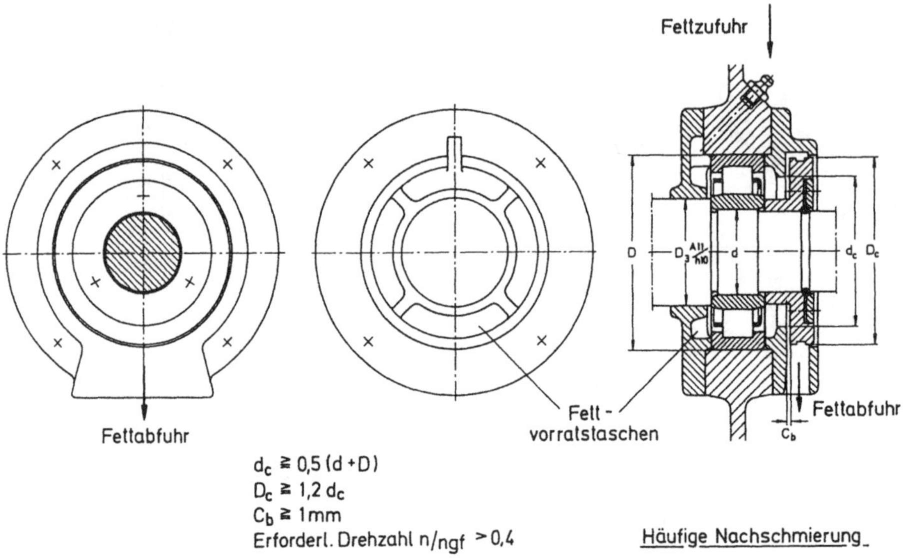

Abb. 463 **Fettzufuhr** über seitliche Fettvorratstaschen, **Fettabfuhr** über Fettmengenregler

Wenn die Betriebsverhältnisse eine Nachschmierung in größeren Zeitabständen zulassen, genügt es, wenn das Lagergehäuse gut zugänglich ist und geöffnet werden kann, entweder durch Abheben des Gehäuseoberteiles bei geteilten Gehäusen oder durch Abnehmen der Seitendeckel bei ungeteilten Gehäusen. Nach Entfernen des verbrauchten Fettes aus der Lagerstelle wird Frischfett zwischen die Wälzkörper gebracht.
Ist häufigeres Nachschmieren erforderlich, muß am Lagergehäuse eine Nachschmiermöglichkeit — am besten ein Schmierloch mit Nippel — vorgesehen werden. Das Fett wird dann mit einer Schmierpresse in die Lagerstelle gedrückt. Der Schmiernippel (Abb. 465) ist vor dem Nachschmieren gut zu reinigen. Das Fett sollte langsam eingepreßt werden und zwar bei drehendem Lager, bis frisches Fett aus dem Lager austritt. Übermäßiger Druck kann die Dichtungen beschädigen (Entlüftung).

24.5.8 Schmierfettgeräte

Wenn keine vom Hersteller gefetteten Lager eingebaut werden, müssen die Lager bei Montage mit Schmierstoff gefüllt werden. Der hierfür erforderliche Schmiergeräteaufwand ist sehr gering. Die Lager werden meist von Hand gefüllt und nur größere Serien kleiner und mittlerer Lager mit Vorrichtungen gefettet (Abb. 464).
Die Nachschmierung erfolgt je nach vorhandenem Hilfsmittel entweder über Gehäusedeckel, Schmiernippel, Fettbüchse, Schmierstoffgeber, Fettpresse, Fettpumpe oder über Zentralschmieranlage (Abb. 465). Einzelheiten der Zentralschmieranlagen s. S. 468.

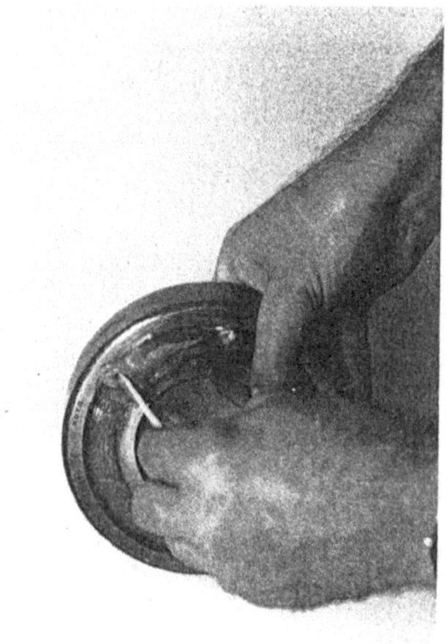

Einfetten der Wälzlager von Hand

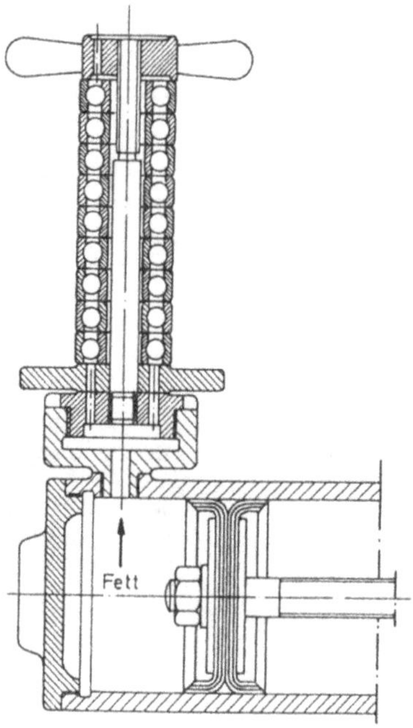

Vorrichtungen zum Einfetten von Klein- und Mittellagern

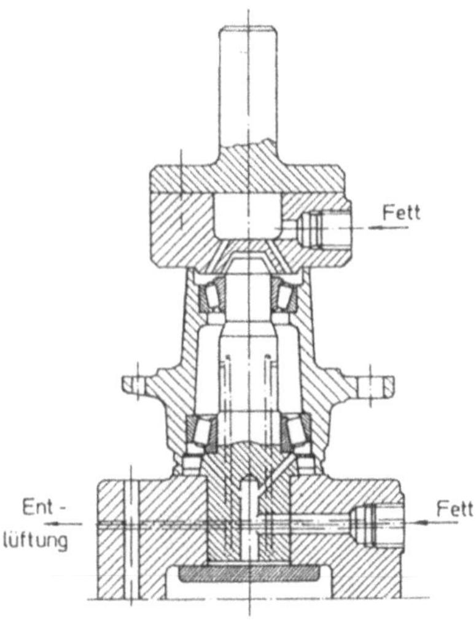

Automatische Schmiervorrichtung, Lager, Nabe und Dichtung werden in einem Arbeitsgang geschmiert.

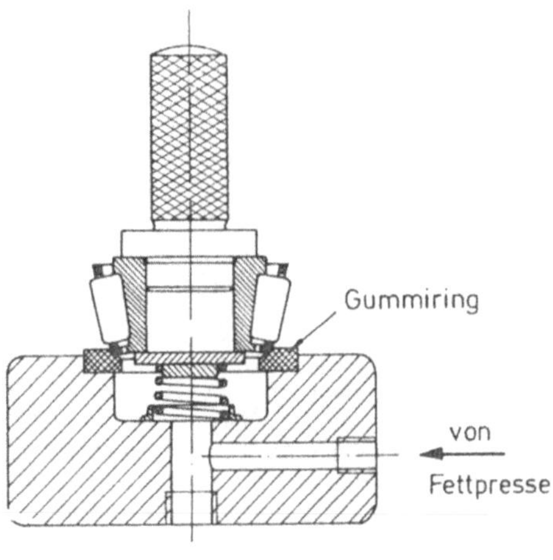

Vorrichtung zum Einfetten von Kegelrollenlagern

Abb. 464 Verschiedene Schmierfett-Vorrichtungen zur Erstbefüllung von Wälzlagern

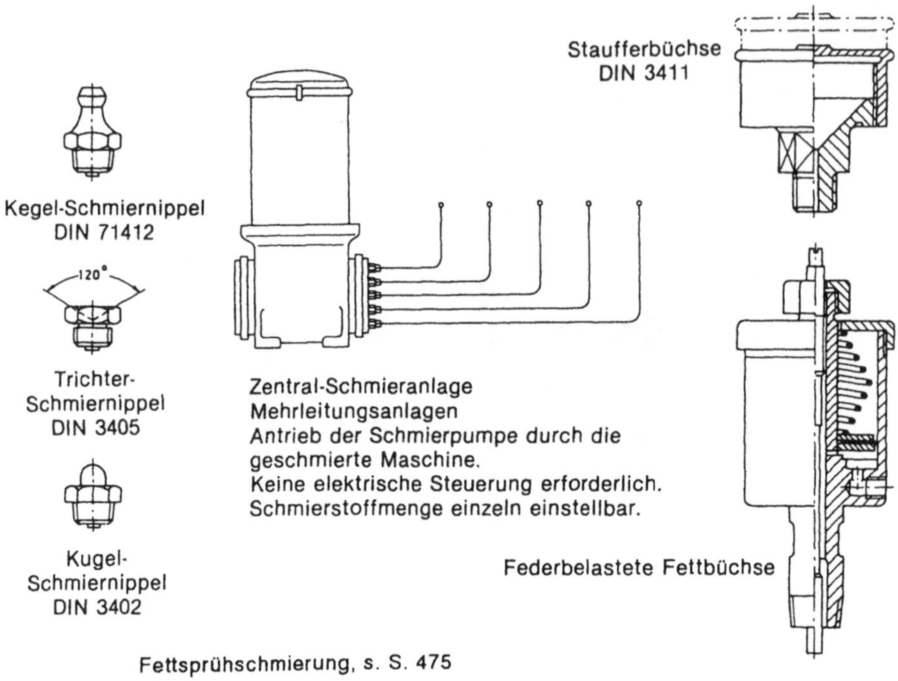

Abb. 465 Verschiedene Schmierfettgeräte zur Nachschmierung von Wälzlagerungen

24.6 Ölschmierung

Zur Schmierung von Wälzlagern eignen sich unlegierte und legierte Maschinen-, Turbinen-, Motoren-, Spindel-, Hydraulik-, Getriebeöle, wenn sie säurefrei, oxidationsbeständig, korrosionsschützend sind und neben einem guten **VT**-Verhalten geringe Schaumneigung aufweisen. In der Regel werden unlegierte Mineralöl-Solventraffinate eingesetzt. Bei Temperaturen über +125 °C ist die Verwendung von synthetischen Ölen angezeigt. Legierte Öle mit chemischen Zusätzen zur Verbesserung bestimmter Öleigenschaften sind häufig nur bei besonderen Anforderungen notwendig. In Ausnahmefällen sind auch andere Schmierflüssigkeiten denkbar.

24.6.1 Schmierölarten

Die Kennzeichnung der Schmieröle erfolgt u.a. nach DIN 51 502, US-Militärspezifikationen MIL-, SAE- und API-Klassifikationen, nach japan. Industrienormen JIS oder besonderen Werksnormen. Häufig verwendete Schmieröle für Wälzlager sind in Abb. 466 aufgelistet.

- ISO (**I**nternational **O**rganisation for **Stan**dardization)
- ASTM (**A**merican **S**ociety for **T**esting and **M**aterials)
- IP (**I**nstitute of **P**etroleum), Großbritannien
- API (**A**merican **P**etroleum **I**nstitute)
- MIL (US-**Mil**itär-Spezification)

24.6.1.1 Allgemeine (Maschinen-) Schmieröle

Allgemeine Maschinenschmieröle sind unlegierte und legierte Mineralölraffinate. Die Mindestanforderungen sind in DIN 51 505, 51 515 und 51 517 (andere gibt es zur Zeit weltweit nicht) beschrieben und in Abb. 467 so gegenübergestellt, daß ihre Eignung auch für erschwerte Betriebsbedingungen sichtbar wird.

Schmierölart (Kennzeichen DIN 51 502)		Üblicher Viskositätsbereich [mm²/s bei 40 °C]	Anforderungsnormen, Spezifikation, Klassifikation
Schmieröle	N, L-AN	46 ... 220	DIN 51 501
	C, C-L, C-LP	320 ... 680	DIN 51 517
Turbinenöle L-TD		32 ... 100	DIN 51 515
Hydrauliköle H, H-L H-LP		32 ... 150	DIN 51 524 DIN 51 525
Syntheseöle, E, PG, SI, FK		46 ... 1000	z.Z. noch nicht genormt
Motorenöle DIN 51 511		SAE 10W SAE 20W/20 SAE 30 SAE 20W/30	MIL-L 46152 MIL-L 2104C
HD-Motorenöle		SAE 20W ... SAE 50	etwa API GL-3
Normal legierte Getriebeöle DIN 51 512 bzw. SAE J 306		SAE 75W, 80, 90, 140 und 250	MIL-L 2105, API-GL 3 (ohne SAE 140 ... 250)
Hypoidgetriebeöle (HYP)		SAE 75W, 80W, 85W, 85W/90, 140 und 250	MIL-L 2105 B MIL-L 2105 C API-GL 4 und 5
a) Einlauf-Hypoid-Getriebeöle b) Weiterlauf-Hypoid-Getriebeöle c) Sperrdifferential-Hypoidgetriebeöle		MIL-L-2105 C: SAE 75W, 80W/90 und 85W/140	
Flüssigkeits-Getriebeöle (ATF) a) Type A (Kennzeichen A)		≈ 35 ... 40 Pourpoint < −40 °C	GMC-Teste
b) Dexron I, II			Dexron-Spezifikation
c) Ford M 2 C33 G			Ford-Spezifikation

Abb. 466 Häufig verwendete Schmieröle für Wälzlager und Getriebe aller Arten.

24.6.1.2 Mehrzwecköle

Das Bestreben, möglichst viele Anwendungsbereiche mit einem Öl abzudecken (= vereinfachte Lagerhaltung), hat zur Entwicklung sog. Mehrzwecköle geführt, d.h. zu Kombinationen wie z.B. von Schmieröl und Hydrauliköl oder von Metallbearbeitungs-, Hydraulik-, Getriebe- und Schmieröl. Die Viskositätswahl ist stets ein Kompromiß, die teilweise hohe Aktivierung eine Gefahr schädlicher Nebenwirkungen und die höheren Herstellungskosten nachteilig.

24.6.1.3 Turbinenöle

Turbinenöle (z.B. L-TD DIN 51 515) bestehen in der Regel aus parafinbasischen Grundölen mit gutem VT-Verhalten und Zusätzen von phenolischen Oxidationsinhibitoren und Korrosionsschutz-Additiven. Gutes Wasser- und Luftabscheidevermögen werden wegen der meist großen Ölfüllmengen gefordert.

Eigenschaften	Prüfung nach DIN/ISO	Schmierölart L-AN DIN 51 501	C DIN 51 517, T.1	CL DIN 51 517, T.2	CLP DIN 51 517, T.3	L-TD DIN 51 515
Beschreibung		Reines Mineralöl	Alterungsbeständige Mineralöle, höherwertiger als L-AN	Mineralöl mit Oxidations- und Korrosionsinhibitoren	wie CL, (Regler-Öle)	wie CL plus Verschleißschutz-Zusatz
Verwendung		für normale Anforderungen	für Umlaufschmierung	für höhere Anforderungen	für (Dampf-) Turbinen mit Getrieben, Pumpen usw.	für hohe Anforderungen bei Mischreibung
Kinemat. Viskosität bei 40 °C	51 562/51 550/ 3104	X	X	X	X	X
Flammpunkt	51 376	X	X	X	X	X
Pour Point (Fließgrenze)	51 597	X	X	X	X	X
Dichte	51 757					X
Neutralisationszahl	51 558/51 812	X	X			
Verseifungszahl	51 559	X				
Aschegehalt (Sulfatasche)	EN 7	X	X			
Asphaltengehalt		X				
Wassergehalt	51 582	X	X	X	X	X
ungelöste Stoffe	51 592	X	X	X	X	X
Alterungsverhalten	51 806		X	X		X
Korrosionsschutz Cu	51 759/51 871			X		X
Korrosionsschutz Stahl	51 585			X	X	X
Demulgiervermögen	51 599		X			
Wasserabscheidevermögen	51 589					X
Luftabscheidevermögen						X
Verschleißschutz/ Lastaufnahmevermögen	51 350				X	

Abb. 467 (Maschinen-)Schmieröl-Anforderungen nach DIN

Syntheseölart	Verwendung	US-Militärspezifikation
Esteröl-Mischung	Schmieröl für Flugturbinenmotoren	MIL-L-7808 G
Neopentylglykolester	Schmieröl für Turboprop- und Turboschaftmotoren	MIL-L-23 699
Dicarbonsäureester-Basis	MoS_2-Fett	MIL-G-21 164 C
Phosporsäureester	Feuerresistente hydraulische Flüssigkeiten	MIL-H-19 457 B
Kieselsäureester	Tieftemperatur-Schmieröl für Waffen	MIL-L-14 107 B
Dicarbonsäureester	Korrosionsschutzöl für Gasturbinenmotoren	MIL-C-8188 C
Chloriertes Phenyl-methyl-polysiloxan	Hydraulisches Schmier- und Dämpfungsmittel	MIL-S-81 087 A
Synthetische Kohlenwasserstoff- oder Ester-Basis	Fett für Flugzeuge	MIL-G-81 322 A
Silicone	Hydraulische Flüssigkeiten für Flugzeuge (nicht Mineralöl)	MIL-H-8 446 B
Silicon-Basis	Schmierfett für Rollen- und Kugellager in Flugzeugen	MIL-G-25 013 D

Abb. 468 Typische Anwendungen synthetischer Öle nach US-Militärspezifikation

24.6.1.4 Hydrauliköle

Hydrauliköle sind Druckflüssigkeiten aus Mineralölen mit Zusätzen zum Erhöhen des Korrosionsschutzes und der Alterungsbeständigkeit (z.B. H-L DIN 51 524) sowie zur Verminderung des Freßverschleißes im Mischreibungsgebiet (z.B. H-LP DIN 51 525).

24.6.1.5 Syntheseöle

Extreme Betriebsbedingungen moderner Maschinen, die mit natürlichen Kohlenwasserstoffen (Mineralölen) nur schwer zu meistern sind, sowie die (Kombination von) Forderungen, wie geringe Viskositätsänderung, gute Schmierfähigkeit sowohl bei Tiefst- als auch bei Höchsttemperaturen (tiefer Stockpunkt — hoher Tropfpunkt), hohe Alterungs-, Oxydations-, Chemie-, Strahlungs- und Feuerbeständigkeit, haben die Entwicklung synthetischer Schmierstoffe gefördert. Ihr Anteil am gesamten Schmierstoffmarkt beträgt z.Z. ca. 2%.

Basis der synthetischen Öle sind in erster Linie Polyäther (Polyglykole, Polyphenyläther), Ester (ein- und mehrbasische Carbonsäuren, ein- und mehrwertige Alkohole), Phosphorsäureester, Silikone, Polyhalogenkohlenwasserstoffe, Fluor-Verbindungen (Ester) und synthetische Kohlenwasserstoffe (Polyolefine, Alkylaromaten).

Ein Vergleich der Eigenschaften synthetischer Öle und Mineralöle geht aus Abb. 470 hervor. Höhere Herstellungskosten und einige technische Nachteile, wie z.B. die geringe Druckfestigkeit der Silikonöle, stehen einer allgemeinen Verwendung von Syntheseölen entgegen. Einige typische Anwendungsbeispiele sind nach US-Militärspezifikationen in Abb. 468 zusammengestellt.

Esteröle haben den höchsten Verbrauch aller Syntheseöle. Sie sind thermisch stabil (günstiges VT-Verhalten, geringe Flüchtigkeit) und eignen sich daher gut für hohe Drehzahlen und hohe Temperaturen. Esteröle sind meist mit Mineralölen mischbar. Bei Wasserzutritt reagieren sie unterschiedlich, einige Arten verseifen und zerfallen in ihre Komponenten.

Poly(alkylen)glycole sind gut additivierbare Syntheseöle, die bei mäßigen Preisen günstiges VT-Verhalten und tiefe Stockpunkte aufweisen. Im Hochtemperaturbereich (150 ... 200 °C) können die Ölwechselfristen auf den zwei- bis fünffachen Wert üblicher Mineralölwechselfristen ausgedehnt werden. Von praktischer Bedeutung sind die wasserunlöslichen Arten. Ein Vergleich der Viskositäts-Druck-Koeffizienten α zeigt, daß hier kleinere Werte vorliegen und sich dünnere Schmierfilme ausbilden als bei viskositätsgleichen Mineralölen. Die meisten Polyglycole sind nur bedingt mit Mineralölen mischbar. Gegen Dichtungswerkstoffe und Kunststoffe verhalten sie sich neutral, angegriffen werden Gehäuselackierungen und Aluminiumlegierungen (Käfige).

Silikonöle eignen sich bei extremen Temperaturen (—70 ... +300 °C), weil sie thermisch sehr stabil sind. Ihre Belastbarkeit ist sehr gering ($P < 0{,}03\,C$) und ihr Verschleißschutzvermögen schlecht. Außerdem neigen sie zum Spreiten.

Polyalphaolefine, auch SHC (Synthetic Hydrocarbon) oder SHF (Synthetic Hydrocarbon Fluid) genannt, sind synthetisch hergestellte Kohlenwasserstoffe und problemlos mit Mineralölen mischbar (ähnliches VT-Verhalten und ähnlicher Viskositäts-Druck-Koeffizient). Sie erreichen gegenüber Mineralölen eine mehrfache Gebrauchsdauer (gute Oxidationsbeständigkeit, hoher VI, geringe Verdampfungsrate, günstiges Tieftemperaturverhalten).

Polyphenyläther sind außerordentlich thermisch und oxidativ stabil mit hoher Strahlungsresistenz. Nachteilig sind ihre hohen Pourpoints und ihr ungünstiges VT-Verhalten. Alkoxyfluoröle stellen perflourierte aliphatische Ester dar. Sie sind chemisch dem PTFE ähnlich und wie dieser thermisch/oxidativ/chemisch in sehr weitem Temperaturbereich äußerst beständig. Der obere Gebrauchstemperaturbereich ist einerseits durch die Flüchtigkeit und andererseits durch ihre Reaktionsneigung mit bestimmten Metallen bei hohen Temperaturen eingeschränkt. Al- und Al-Mg-Legierungen können oberhalb 250 °C explosionsartig reagieren.

Alkoxyfluoröle werden hauptsächlich als Grundöle für chemikalien- und sauerstoffresistente Schmierfette im Hochtemperaturbereich von 150 ... 230/250 °C verwendet. Solche Fette sind echte Langzeitfette. Ihr Nachteil: Ihr hoher Preis, ihre geringe Oberflächenspannung (mangelhafte Benetzung vieler Werkstoffe), keine Löslichkeit von Additiven und mit keinem anderen Öl mischbar.
(Alkoxy)-Fluoröle sind alterungs-, chemie- und wasserbeständig. Ihre Dichte und ihr Viskositäts-Druck-Koeffizient liegen über denen von viskositätsgleichen Mineralölen.
Zu den synthetischen Ölen gehören die schwerentflammbaren (Hydraulik)-Druckflüssigkeiten. Ihre Besonderheiten sind unter 24.6.1.11 beschrieben.

24.6.1.6 Motorenöle

Je nach Anwendungsbereich bestehen Motorenöle heute vorwiegend aus paraffinbasischem Mineralöl mit 5 ... 25 % Additiven. Für extreme (thermische) Anforderungen wird das Grundöl teilweise oder vollständig durch synthetische Komponenten (z.B. Ester oder Olefin-Oligomere) ersetzt. Man spricht dann von halbsynthetischen bzw. vollsynthetischen Motorenölen.
Motorenöle sollen bei hohen Temperaturen (200 ... 300 °C in der Kolbenringzone und 100 ... 150 °C in der Kurbelwanne) eine ausreichende Viskosität für eine gute Schmierung, eine effektive Abdichtung zwischen Kolben und Zylinder und zugleich bei niedrigen Außentemperaturen (—40 °C) ein störungsfreies Motorstarten gewährleisten. Außerdem sollen sie Koks- und Schlammablagerungen verhindern (Detergent-Dispersant-Zusätze) sowie den Verschleiß niedrig halten (Verschleißschutz-Additive).
Die Motorenöle werden eingeteilt sowohl nach ihrer Viskosität (s. SAE-Klassifikation, Abb. 481, S. 451) als auch nach ihrem Leistungsgrad (s. API-Klassifikation, Abb. 472, S. 446). Daneben haben viele Motorenhersteller eigene Spezifikationen (Werksnormen) aufgestellt, in denen neben Motortesten auch chemisch-physikalische Kenngrößen (Korrosions-, Elastomere-, Schaumverhalten usw.) beschrieben werden. Hieraus ergibt sich die Typenvielfalt der Motorenöle. Für die Pkw-Motorenschmierung werden in der Regel Mehrbereichsöle, die mehrere SAE-Viskositätsklassen überdecken, eingesetzt (Beispiel SAE 10W-40 für ganzjährigen Betrieb). Typische Kenndaten handelsüblicher Pkw-Motorenöle s. Abb. 469. Bei Zweitaktmotoren wird das Öl dem Kraftstoff beigemischt. Oxidationsstabilität und VT-Verhalten spielen eine untergeordnete Rolle (Verlustschmierung). Infolge der unterschiedlichen thermischen Beanspruchung und des sehr geringen Ölschutzfilmes sind die Motore, insbesondere die Wälzlager auf den Kurbelwellen, sehr stark korrosionsgefährdet (Verschleiß, Geräusch, vorzeitiger Lagerausfall). Empfehlenswert ist eine Überprüfung des Korrosionsschutzes, z.B. nach DIN E 51 386.

24.6.1.7 HD-(Motoren)Öle

HD (Heavy-Duty)-Additive in Motorenölen übernehmen die Funktion als Dispersions-, Reinigungs- und Neutralisationsmittel.

24.6.1.8 Getriebeöle

Getriebeöle sind Mineral- oder Syntheseöle mit und ohne Additive. Sie werden nach dem Hauptverwendungszweck eingeteilt in Industrie-, Schiffs-, Schienenfahrzeug-, Kfz.-(Hypoid-), ATF-, Einlauf-, Schnecken-, Reib-, Kraftübertragungs- und Traktoren-Getriebeöle.

Kenndaten		Einbereichsöle		Mehrbereichsöle		
		SAE 20W-20	SAE-30	SAE 15W-50	SAE 10W-40	SAE 20W-50
Dichte bei 15 °C	kg/m^3	905	910	884	878	900
Viskosität —18 °C	Pa · s	6200	—	4100	2250	8900
Viskosität 40 °C	mm^2/s	68	110	134	108	159
Viskosität 100 °C	mm^2/s	8,7	11,9	18	16	18
Viskositäts-Index	VI	99	95	147	154	124
Sulfatasche	Massen-%	1,05	0,95	0,7	0,7	1,0
Pourpoint	°C	—27	—24	—27	—30	—27

Abb. 469 Kenndaten handelsüblicher Pkw-Motorenöle

Eigenschaften		Mineralöle I/II[1]	Ester (E)
Schmierfähigkeit		ausgez.	ausgez.
Kinemat. Viskosität, ν bei 40 °C/100 °C |mm²/s|		2 ... 4500	7 ... 4000
Viskositätsindex, VI, ca.		68/95	140 ... 175
Oxidationsbeständigkeit (m. Inhibitor)		gut	gut
Thermische Stabilität (VT-Verhalten)		mäßig	gut
Hydrolytische Stabilität		ausgez.	mäßig
Pourpoint |°C|		-40/-9	-73 ... -37
Mischbarkeit mit Mineralölen		—	gut
Flüchtigkeit		gering	mäßig
Flammpunkt |°C|		175/227	204 ... 245
Rostschutzeigenschaften (m. Inhibitor)		ausgez.	mäßig
Lösungsverhalten gegenüber Gummi, gegenüber Elastomeren, Farben usw.		In der Regel nicht (Ölzusätze beachten)	aggressiv (Quellen)
Mischreibungsverhalten		gut	ausgez.
Gebrauchstemperatur |°C|		-40 ... +150	-70 ... +200
Dichte ϱ |kg/m³| bei 25 °C, ca.		887/869 bei 15 °C	911
Dynamische Viskosität,	30 °C	47/54	16
η |mPa · s|	60 °C	13/14	6,5
	100 °C	3,9/4,3	2,87
Viskositäts-Druck (Vp)-	30 °C	-/2,17 } 1,1 ... 3,5	1,49 } 1,0 ... 4,5
Koeffizient, α[2]	60 °C	-/1,85	1,28
|10^8 m²/N|	100 °C	-/1,42	1,05
Spezifische Wärme-	30 °C	1860/1960	—
kapazität, c	60 °C	1960/2020	1960
|J/kg K|	100 °C	2100/2170	2100
Wärmeleitfähigkeit, λ	30 °C	0,130/0,133	0,154
|W/mK|	60 °C	0,128/0,131	0,149
	100 °C	0,125/0,127	0,142
Ungefähres Kostenverhältnis zu Mineralöl		1	4 ... 10
Häufige Einsatzbeispiele			Flugzeug-Gasturbinen, Grundöl für Tief- und Hochtemperaturfette

1) I = Naphtenbasis, leicht II = Paraffinbasis, leicht 2) Durchschnittswerte für p = 0 ... 34,5 · 10^6 Pa

Abb. 470 Eigenschaften häufig verwendeter Schmieröle (Anhaltswerte)

Phosphor-säureester	Polyglykole (PG)	Silikonöle (SI)	Poly-α-Olefine (PAO)	Polyphenyl-äther	Alkoxy-fluoröle
ausgez.	gut/ausgez.	mäßig	gut	ausgez.	gut
	224/31	4 ... 100 000	30/575		20 ... 650
17 ... 68/	130 ... 260	190 ... 470	130 ... 151	-20 ... -74	50 ... 140
gut	schlecht/mäßig	ausgez.	sehr gut	sehr gut	ausgez.
schlecht/mäßig	gut	ausgez.	mäßig/gut	sehr gut	gut
mäßig	gut	gut	ausgez.	ausgez.	sehr gut
-22	-48 ... -29	-73 ... -23	-60 ... -43	-12 ... +21	-70 ... -30
mäßig/schlecht	schlecht	schlecht	ausgez.	gut	schlecht
gut	mäßig	gering/mäßig	gering	mäßig	gering
265	148 ... 260	150 ... 315	235 ... 271	200 ... 345	nicht entflammbar
mäßig	gut	gut	ausgez.	—	
gegenüber Farben ja, gegenüber Elastomeren gering/schlecht		in der Regel gering	teilweise ja	ja	völlig neutral
gut	ausgez.	schlecht	ausgez.	gut	gut
-55 ... +120	-50 ... +200	-70 ... +300	-40 ... +200	0 ... +330	-50 ... +250
1130 bei 15 °C	1020	970	861 bei 15 °C	1190	1950
	220	140		800	280
	70	83		86	38,5
	22,5	45		13	10,3
	1,76 }	1,81 }			4,4 }
	1,43 } 1,2 ... 3,2	1,81 } 1,0 ... 3,0	1,5 ... 2,2		3,7 } 2,5 ... 4,4
	1,22 }	}		≈ 3,25	2,83 }
	1870	—		1650	1340
	1970	1550		1730	
	2100	—		1840	
0,13	0,150	0,162		0,136	0,13
0,13	0,148	0,159		0,135	0,13
0,13	0,146	0,155		0,135	0,13
5 ... 8	5 ... 10	40 ... 100	6	200 ... 500	200 ... 800
Hydraulik-flüssigkeiten EP-Wirkstoff, Verdichter	Wasserlösliche Arten für schwerent-flammbare Hydraulik-flüssigkeiten	Grundöle für Instrumenten- und Wälzlager-Sonderfette, Dampföle	VI-Verbesse-rung, hohe thermische Belastung	Höchsttemp.-Schmierstellen, Strahlung	Raketentrieb-werke, Chemiepumpen, Sauerstoff-kompressoren

Kennwerte		Industriegetriebeöl C-LP ISO VG 150	C-LP ISO VG 460	ATF	Schaltgetriebeöl SAE 80W
Dichte bei 15 °C	kg/m^3	892	903	882	900
Viskosität 40 °C	mm^2/s	140	440	36,3	87,0
Viskosität 100 °C	mm^2/s	13	28	7,1	10,0
Viskositäts-Index	(VI)	96	97	162	94
Pour point	°C	—24	—12	—42	—30
Phosphorgehalt	Massen-%	0,05	0,05	0,06	0,07
Sulfatasche	Massen-%	0,03	0,04	1,4	0,1
FZG A/16.6/140	(Schadenskraftstufe)	>12	>12	10	>12

Kennwerte		Hypoidgetriebeöl SAE 90	SAE 85W-140	Kraftübertragungsöl	Traktorengetriebeöl
Dichte bei 15≳C	kg/m^3	909	913	877	887
Viskosität 40≳C	mm^2/s	200	335	32,5	56,2
Viskosität 100≳C	mm^2/s	17,4	25,1	5,7	9,4
Viskositäts-Index	(VI)	93	97	116	150
Pourpoint	°C	—24	—18	—33	—37
Phosphorgehalt	Massen-%	0,11	0,11	0,03	0,11
Sulfatasche	Massen-%	0,1	0,1	0,05	1,6
FZG A/16.6/140	(Schadenskraftstufe)	>12	>12	—	>12

Abb. 471 Kenndaten häufig verwendeter Getriebeöle

Für Getriebe werden auch Schmieröle eingesetzt, die für andere Verwendungen, wie z.B. für Motore, Turbinen und Hydrauliksysteme, entwickelt wurden. Kenndaten häufig verwendeter Getriebeöle sind in Abb. 471 zusammengestellt.

24.6.1.8.1 Industrie-, Schiffs- und Schienenfahrzeuggetriebeöle

Die Mindestanforderungen und die entsprechende Kennzeichnung sind u.a. in DIN 51 517 (Abb. 467) beschrieben.

24.6.1.8.2 Kfz.-(Schalt-, Hypoid- und Automatik)-Getriebeöle

Die hohen Anforderungen (Belastung, wirksamer Korrosions- und Verschleißschutz, Freßlasttragfähigkeit, Oxidations- bzw. Alterungsbeständigkeit, Reibwertverhalten usw.) an diese Schmieröle bedingen legierte Öle. Unterschieden wird zwischen normal legierten (ohne Kennzeichen), hoch legierten Getriebeölen (HYP) und legierten Flüssigkeitsgetriebeölen (ATF). Wie die Abb. (466) zeigt, gibt es bisher keine DIN-Anforderungsnormen, sondern lediglich Spezifikationen der Automobilwerke, des US-Militärs (MIL) und des Amerikanischen Petroleum Institutes (API). Die API-Klassifikation (sämtliche Getriebeöle sind in sechs Klassen, je nach ihren EP-Eigenschaften, eingeteilt) wird in Europa wenig benutzt (Abb. 472).

Die Vereinheitlichung von Schalt- und Hinterachs-(Hypoid) Getriebeölen scheiterte bisher an der Tatsache, daß die aus Kostengründen verwendeten Buntmetall-Synchronkörper im Schaltgetriebe durch die Legierungsbestandteile des Hypiodöles (s. S. 460) angegriffen werden und vorzeitig verschleißen.

Gute ATF-Öle (**A**utomatic **T**ransmission **F**luids) zeichnen sich durch einen engen Reibwertbereich und eine ausgezeichnete Reibwertkonstanz über die Laufleistung aus (Gewähr für ruckfreien Schaltvorgang). ATF-Öle sind zur Unterscheidung von Motorenölen stets rot eingefärbt. Typische ATF-Kenndaten sind in Abb. (471) gezeigt. ATF-Öle werden teilweise auch in Handschaltgetrieben, Servolenkungen und diversen Hydrauliksystemen verwendet.

Die Kfz.-Getriebeöle sind in verschiedene SAE-Viskositätsklassen eingeteilt, s. Abb. 482, s. S, 451.

API-Klasse	Betriebsbedingungen für das Getriebeöl	Getriebeart (Handschaltung)	Ölart bzw. entspr Spezifikationen	Typische Legierungshöhe [Massen-%]
GL-1	leichte Belastung/Drehzahl	Kegelrad (Spiral-), Schnecke	unlegiert	—
GL-2	mittlere Belastung/Drehzahl	Schnecke (LKW)	Spezial	div. Formulierungen
GL-3	mittlere Belastung/Drehzahl	Kegelrad (Spiral-)	„Mild EP"	2,7
GL-4	mittel bis schwere Belastung	Hypoid mit geringem Versatz	MIL-L-2105	4
GL-5	schwere Stoßbelastung (hohe Drehzahl)	Hypoid mit normalem Versatz	MIL-L-2105 B u. C	6,5
GL-6	höchste Belastung	Hypoid mit höchstem Versatz (>50 mm) Höchstbeanspruchung	ESW-M2C 105 A (FORD)	10

Abb. 472 API-Klassen der Kfz-Getriebeöle

24.6.1.8.3 Einlauf-Getriebeöle

Einlauföle sollen während des Einlaufvorganges einen erhöhten Abrieb an Stellen der Zahnflanken bewirken, die durch Fertigungs- oder Lageungenauigkeiten entstehen. Betroffen sind davon meist nur noch Großgetriebe und Hypoidgetriebe. Als Additive kommen z.B. Schwefel-Phosphor-Verbindungen, besonders aktive EP-Zusätze oder Chlorparaffine in Frage (s. S. 460). Dank besonderer Mischungen können die Einlauföle teilweise auch schon die Dauerschmierung übernehmen.

24.6.1.8.4 Schneckengetriebeöle

Für Schneckengetriebe eignen sich mildlegierte Mineralöle (FZG-Schadenskraftstufe >12) oder besser noch synthetische Öle (Polyglycole). Ungeeignet sind einfache Mineralöle (Verschleiß, Temperatur) und HD-(Hypoid)-Getriebeöle (Schwefel-, Phosphor- und Chlor-Additive greifen Buntmetall-Räder an).

24.6.1.8.5 Reibgetriebeöle (Traction Fluids)

Diese Öle sollen einen möglichst hohen Reibwert aufweisen, damit bei hoher Kraft (Leistungs)-Übertragung möglichst wenig Schlupf (Verlust) auftritt. Verwendet man die Reibgetriebeöle (gleichzeitig) zur Schmierung von (benachbarten) Wälzlagern und Zahnrädern, kann der hohe Reibungswert zu unerwünschter, übermäßiger Wärmeentwicklung führen. Bewährt haben sich naphtenbasische Hydrauliköle oder Syntheseöle (cycloaliphatische Kohlenwasserstoffe), auch (High) Traction Fluids genannt.

24.6.1.8.6 Kraftübertragungs(getriebe)-öle

Für hydrodynamische Kupplungen, Wandler und Turbogetriebe werden niedrigviskose, mildlegierte Mineralöle mit guter Alterungsbeständigkeit, EP-Zusätzen, sehr gutem Luftaufnahme-/abgabevermögen und gutem Schaumverhalten (konstante Dichte) verwendet. In einfachen Fällen genügen jedoch auch schon Motoren- oder niedrigviskose Getriebeöle.

24.6.1.8.7 Traktorengetriebeöle

Traktorenhersteller haben ihre eigenen Schmieröl-Vorschriften aufgestellt, um die komplexen Anforderungen an die Traktoren möglichst gut zu erfüllen. Niedrige Viskosität, gutes VT-Verhalten (Fahrbereitschaft bei Tieftemperaturen), bestimmte EP-, Wandler-, Hydraulik- und Reibwerteigenschaften sind empfohlen. Typische Kenndaten s. Abb 471

24.6.1.9 Schmieröle für die Feinwerktechnik

Schmieröle für die Feinwerktechnik (wie z.B. Fernmeldeanlagen, Haushaltsgeräte, Zählwerke, Meßgeräte, Luftfahrtinstrumente, wissenschaftl. Apparate usw.) sind meist sehr alterungsbeständige Mineralöle mit günstigem VT-Verhalten bis zu tiefen Temperaturen (gute Kältebeständigkeit). Die Öle dürfen nicht kriechen (Abbau der Ölreserve, Verschmutzung, Funktionsstörung) und müssen Dauerschmierung bzw. lange Nachschmierfristen gewährleisten. Praxisnahe Aussagen lassen sich häufig aus den üblichen genormten Prüfmethoden ableiten.

24.6.1.10 Spindelöle

Spindelöle für (Werkzeugmaschinen-)Spindellagerungen sind sehr niedrig viskose ($\nu_{40\,°C}$ = 5 ... 30 mm^2/s) Schmieröle mit gutem VT-Verhalten.

Eigenschaften		Schwerentflammbare Druckflüssigkeiten				Mineralöl
Bezeichnung	ISO 6071 1)	HFA	HFB	HFC	HFD	—
	DIN 51502	HS-A	HS-B	HS-C	HSD	—
Druckflüssigkeitsart		Öl-in-Wasser-Emulsion	Wasser-in-Öl-Emulsion	Lösungen von Polymeren in Wasser (Glykol)	Wasserfreie synthetische Flüssigkeiten	—
Wassergehalt	Gew.%	80 ... 98	>40	35 ... 55	<0,1	<0,1
Schwerentflammbarkeit		sehr gut	gut	sehr gut	gut	schlecht
Kinematische Viskosität ν bei 40 °C	mm^2/s		>100	>150	<0 ... 80	68 ... 95
Dichte ϱ bei 15 °C	kg/m^3	≈990	920 ... 1050	1040 ... 1090	1100 ... 1450	850 ... 900
Pourpoint	°C		<—10	<—30	—24 ... 6	
Gebrauchstemperatur	°C	5 ... 55	5 ... 60	—20 ... 65	0 ... 150	—20 ... 150
Wärmeleitfähigkeit λ bei 20 °C	W/mK	≈0,4	≈0,25	≈0,4	≈0,11	≈0,14
Spezifische Wärmekapazität c bei 20 °C	J/kgK	≈4,0	≈3,0	≈3,3	1,2 .. 1,5	1,6 ... 1,7
Lebensdauer und Belastung von Wälzlagern im Verhältnis zur Lebensdauer mit Mineralöl 2)	%	sehr gering	12 ... 18	12 ... 18	50 ... 100	100

1) mit Nachsetzzeichen L ohne Verschleißschutz, M mit Verschleißschutz, -R Phosphorsäureesterbasis, -S chlorierte Kohlenwasserstoffbasis, -T Mischungen aus HFD-R + HFD-S, -U andere Zusammensetzungen

2) s. a. S. 209

Abb. 473 Kenndaten der schwerentflammbaren Druckflüssigkeiten

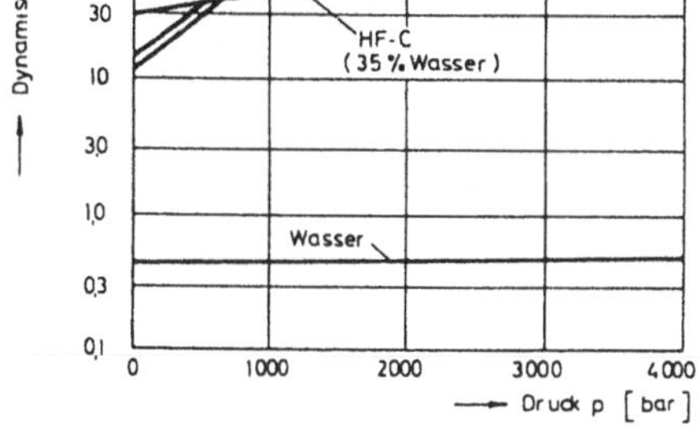

Abb. 474 Viskosität-Druck-Verhalten verschiedener Druckflüssigkeiten (t = 66 °C)

24.6.1.11 Schwerentflammbare Druckflüssigkeiten

Schwerentflammbare Druckflüssigkeiten (Hydraulikflüssigkeiten) werden in explosions- und brandgefährdeten Betrieben eingesetzt, um Menschen und Sachwerte zu schützen. Die wesentlichen Einsatzgebiete und die wichtigsten Kenndaten dieser Flüssigkeiten sind in Abb. 473 und 475 beschrieben. Schwerentflammbare Druckflüssigkeiten können in wasserhaltige und wasserfreie Flüssigkeiten eingeteilt werden. Die Schwerentflammbarkeit wird in verschiedenen, auf betriebliche Gegebenheit abgestimmte, Brandtests verifiziert. Das große Problem der wasserhaltigen Druckflüssigkeiten (HFA ... C) ist ihr ungenügender Verschleißschutz im Vergleich zu Mineralölen. Die Gründe dafür sind das ungünstige Viskositäts-Druckverhalten (s. Abb. 474), das schlechte Benetzungsvermögen von metallischen Oberflächen und die geringe Konzentration wirksamer Verschleißschutz-Additive. Der erhöhte mechanische Verschleiß wirkt sich besonders ungünstig bei Wälzlagern aus (Schwachstelle in einer Pumpe). Folgende Gegenmaßnahmen werden unternommen:

— die Wälzlager werden gegenüber Mineral-

Druckflüssigkeitsart	Einsatzgebiete Bergbau	Industrie	Kraftwerke
HFA	Hydraulischer Grubenausbau	Hydraulische Pressen, Fertigungseinrichtungen Chemieanlagen	—
HFB	Wird, außer in Großbritannien, kaum verwendet		
HFC	Offene Hydraulikkreisläufe <50 KW (Hydrostat. Antriebe)	Druckmaschinen Warm-Arbeitsmaschinen	—
HFD	Geschlossene Hydraulikkreisläufe <500 KW (Hydrostat. Kupplungen)	Druckmaschinen Warm-Arbeitsmaschinen	Dampf-/Gasturbinen-Regel-/Schmiersysteme

Abb. 475 Einsatzgebiete schwer entflammbarer Druckflüssigkeiten

ölschmierung mehrfach überdimensioniert, s. S. 209
- die Wälzlager werden separat geschmiert (Kapselung und Dauer-Fettschmierung)
- die Wälzlager werden durch Gleitlager (Kunststoff-Compound-Lager) ersetzt oder
- die Wälzlager werden durch nicht wasserhaltige Druckflüssigkeiten (HFD) geschmiert.

Die HFD-Druckflüssigkeiten, wie z.B. Phosphorsäureester, haben ein besseres Verschleißschutzvermögen als Mineralöle, allerdings treten schnell Schwierigkeiten auf, wenn Wasser einbricht. Die sehr geringe Hydrolysestabilität kann nur z.T. durch gezielte Additivierung verbessert werden.

24.6.1.12 Sonstige Schmieröle

Kältemaschinenöle für Kältemaschinen mit Ammoniak oder halogierten Kohlenwasserstoffen als Kältemittel sind Mineralöle (z.B. Schmieröle K DIN 51503).
Schmieröle für Luftverdichter und Vakuumpumpen (z.B. VB oder VD-L DIN 51506) sind reine Mineralöle oder legierte Mineralöle (Zusatz L gegen Oxidation und Korrosion).
Bei Gasverdichtern und Kompressoren wird der Explosions- und Brandgefahr durch eine hohe Oxidationsstabilität und geringe Neigung zur Koksbildung entgegengewirkt.
Zylinderöle sind reine hochviskose Mineralöle für Dampfmaschinen (z.B. Schmieröle Z DIN 51510).

Schmieröle B sind dunkle, bitumenhaltige Mineralöle für (offene Zahnrad-) Getriebe, Gelenksteine, Gleitbahnen u. Drahtseile (z.B. BA DIN 51513).
Schmieröl CG ist für Gleitbahnen und Schmieröl D für Druckluftwerkzeuge. Beides sind Mineralöle und bisher in DIN-Normen nicht festgelegt.

Andere Flüssigkeiten, wie z.B. Wasser für Kunststoff-Kugellager, Benzin-Öl-Gemisch für Zweitaktmotoren oder Dieselkraftstoffe für Einspritzpumpen (Abb. 476), die in einzelnen Fällen für die Wälzlagerschmierung akzeptiert werden müssen, bedürfen wegen verringerter Schmierfähigkeit, verbunden mit beträchtlicher Lebensdauereinbuße, in jedem Einzelfall einer eingehenden Prüfung.

Kenndaten		Dieselkraftstoff DIN 51601	Selbstmischendes 2-Takt-Motorenöl	Wasser
Dichte bei 15 °C	kg/m³	830	878	1000
Flammpunkt	°C	min 55		∞
Pourpoint	°C	(—15)	—27	0
Viskosität bei 40 °C	mm²/s	3,0		
Viskosität bei 100 °C	mm²/s		6,8	

Abb. 476 Schmiertechnische Kenndaten von Dieselkraftstoff, 2-Takt-Motorenöl und Wasser.

Die bei Wälzlagern eingesetzten Korrosionsschutzöle (s.S. 490) sind lösungsmittelverdünnte, legierte Mineralöle ($\nu_{20\,°C}$ = 3 ... 8 mm²/s). Sie reichen zur Schmierung der Lager nicht aus.

24.6.2 Eigenschaften

Die wichtigsten Eigenschaften von Schmierstoffen sind in Abb. 477 zusammengestellt. Für eine Reihe von Schmierstoffen sind die wesentlichen, für den Haupteinsatzbereich geltenden Eigenschaften in Normen, Spezifikationen oder Klassifikationen festgelegt. Dabei ist zwischen zivilen, militärischen, firmenbezogenen, anwenderbezogenen, allgemein gültigen oder internationalen Festlegungen zu unterscheiden. Sie sind weniger durch chemisch-physikalische Eigenschaften (genormte Meßverfahren) als durch technologische Eigenschaften (standardisierte Prüfverfahren) gekennzeichnet. S. Kapitel 24.3 S. 409 ff.

VISKOSITÄT
  Viskositäts-Temperatur u. Druckverhalten
REIBUNGSVERHALTEN
  Reibungsminderung
KÄLTEVERHALTEN
  Kristallisation, Fließeigenschaften, Pourpoint
FLÜCHTIGKEIT
  Siedeverhalten, Entflammbarkeit, Geruch
THERMISCHE STABILITÄT
  Kühlwirkung
OXIDATIONSSTABILITÄT
  Alterung, Lagerfähigkeit
STRAHLUNGSSTABILITÄT
HYDROLYSESTABILITÄT
GRENZFLÄCHENEIGENSCHAFTEN
  Benetzungsvermögen, Ober- u. Grenzflächenspannung, Luft- u. Wasserabscheidevermögen, Schaumbildungsneigung, Sauberkeit
LÖSLICHKEITSEIGENSCHAFTEN, VERTRÄGLICHKEIT
  Öle, Additive, Elastomere u.a.
KORROSIONS- u. VERSCHLEISS-SCHUTZEIGENSCHAFTEN
SPEZIFISCHE WÄRME
  Wärmeleitfähigkeit
DICHTE, KOMPRESSIBILITÄT
ELEKTRISCHE u. OPTISCHE EIGENSCHAFTEN
  Isolationswiderstand, Farbe, Fluoreszenz
TOXIKOLOGISCHES VERHALTEN

Abb. 477 Wichtige Eigenschaften von Schmierstoffen

24.6.2.1 Viskosität

Die Viskosität ist einer der wichtigsten Faktoren für die Auslegung eines Reibkontaktes im hydrodynamischen oder elastohydrodynamischen Bereich. Nach DIN 51 550 ist die Viskosität die Eigenschaft einer Flüssigkeit, der gegenseitigen laminaren Verschiebung zweier benachbarter Schichten einen Widerstand entgegenzusetzen, also ein Maß für die innere Reibung zwischen den Molekülen eines strömenden Mediums. Die Viskosität wird, wie die Abb. 478 und 479 zeigen, nach verschiedenen statischen Verfahren (konstanter Druck) bestimmt und in entsprechenden Normen beschrieben. Daneben lassen sich Viskositätsmessungen praxisnäher unter dynamischen Bedingungen im EHD-Bereich (unterschiedliche Gleitgeschwindigkeiten und Belastungen), z. B. in einem Zweischeiben-Prüfstand (s. Abb. 436, S. 409), bis 14 000 bar, durchführen.

In der technischen Anwendung (Handel) benutzt man die kinematische Viskosität ν [mm²/s] (früher 1 cSt = 1 centistoke = 1 mm²/s), weil sie leicht und meist genauer zu messen ist. In der Schmiertheorie wird die dynamische Viskosität η [mPa · s], (früher 1 cP = 1 centipoise = 1 mPa · s) verwendet. Sie unterscheiden sich durch die Dichte [kg/m³]:

$$\eta = \varrho \cdot \nu \cdot 10^{-3}\ [\mathrm{mPa \cdot s}] \qquad \text{Gl. 470}$$

Die dyn. Viskosität ist die Kraft (F), die nötig ist, um in einer Flüssigkeitsschicht von 1 m² Fläche und 1 m Schichthöhe die obere Schicht parallel zur unteren mit 1 m/s Geschwindigkeit hinwegzubewegen. Außer den genannten Viskositätsmaßen sind in Gebrauch: Engler-Grad (E), Redwood Nr. 1 Vis-

Norm	Bezeichnung und Inhalt
DIN 1342	Viskosität Newton'scher Flüssigkeiten — Definition
DIN 51550	Bestimmung der Viskosität — Viskosimetrie, Grundlagen
DIN 53012	Kapillarviskosimetrie Newton'scher Flüssigkeiten — Viskosimetrie, Fehlerquellen, Korrekturen
DIN 53018	Messung der dynamischen Viskosität Newton'scher Flüssigkeiten mit Rotationsviskosimeter — Grundlagen, Fehlerquellen, Korrekturen
DIN 51563	Bestimmung des Viskositäts-Temperatur-Verhaltens (VT-Verhalten) — Richtungskonstante m
DIN 53017	Bestimmung der Temperaturkoeffizienten der Viskosität
DIN/ISO 2909	Berechnung des Viskositätsindex (VI) aus der kinematischen Viskosität

Abb. 478 Verschiedene Viskositäts-Normen

Norm	Meßgröße	Meßgerät (Viskosimeter)
DIN 51 561/569	Viskosität (—55 ... 10 °C)	Vogel-Ossag
ASTM D 2602 mod	Viskosität (→DIN 51 377)	Cold Cranking Simulator (CCS)
ASTM D 2983	Viskosität (→DIN 51 398)	Brookfield (Rotations-Viskosimeter)
ASTM D 3829	Maß für Viskosität	Minirotary (MRV)
DIN 53 015	Viskosität	Kugelfall (Höppler)
DIN 51 561	VD-Verhältnis* (—10 ... 150 °C)	Vogel-Ossag
DIN 51 562	VD-Verhältnis (→ASTM D 2515, IP 71)	Ubbelohde
DIN 51 366	VD-Verhältnis	Camon-Fenske
DIN 51 372	VD-Verhältnis	BS/IP-U-Rohr
ASTM D 88	Ausflußzeit	Saybolt
IP 70	Ausflußzeit	Redwood
DIN 51 560	Relative Ausflußzeit	Engler

* Viskositäts-Dichte-Verhältnis = Kinematische Viskosität

Abb. 479 Verschiedene Verfahren zur Viskositätsbestimmung

cosity Sekunde (R″) und Saybolt Universal Viskosity Sekunde (SUS). Sie sind möglichst zu vermeiden. Die überschlägige Umrechnung mag nach Abb. 484, S. 452 geschehen.

24.6.2.1.1 Viskositätsklassifikation

Die Viskosität ist kein Qualitätsmerkmal. Jede Flüssigkeit gibt es in mehreren Viskositätsklassen. Gebräuchliche Einteilungen sind in Abb. 480 (ISO-Viskositätsklassen für flüssige Industrie-Schmierstoffe), in Abb. 481 (SAE-Viskositätsklassen für Kfz.-Motorenöle) und in Abb. 482 (SAE-Viskositätsklassen für Kfz.-Getriebeöle) wiedergegeben.

24.6.2.1.2 Viskositäts-Einflüsse

Die Viskosität von Schmierölen in EHD-Kontakten ist nicht nur eine Funktion der Tem-

ISO-Viskositäts-klasse	Mittel-punkts-viskosität bei 40,0 °C |mm²/s, cSt	Grenzen der kinematischen Viskosität bei 40,0 °C |mm²/s, cSt min	max.
VG 2	2,2	1,98	2,42
VG 3	3,2	2,88	2,52
VG 5	4,6	4,14	5,06
VG 7	6,8	6,12	7,48
VG 10	10	9,00	11,0
VG 15	15	13,5	16,5
VG 22	22	19,8	24,2
VG 32	32	28,8	35,2
VG 46	46	41,4	50,6
VG 68	68	61,2	74,8
VG 100	100	90,0	110
VG 150	150	135	165
VG 220	220	198	242
VG 320	320	288	352
VG 460	460	414	506
VG 680	680	612	748
VG 1000	1000	900	1100
VG 1500	1500	1350	1650

Abb. 480 ISO-Viskositätsklassen flüssiger Industrie-Schmierstoffe nach ISO 3448 und DIN 51 519

SAE-Viskosi-täts-klasse	Dynam. Viskosität bei —18 °C |mPa · s¦ (DIN 51377) max.	Kinemat. Viskosität bei 100 °C |mm²/s¦ (DIN 51 550) min.	max.
5 W	bis 1 250	3,8	—
10 W	über 1 250 bis 2 500	4,1	—
15 W	über 2 500 bis 5 000	5,6	—
20 W	über 5 000 bis 10 000	5,6	—
20	—	5,6	unter 9,3
30	—	9,3	unter 12,5
40	—	12,5	unter 16,3
50	—	16,3	unter 21,9

Abb. 481 SAE-Viskositätsklassen der Kfz.-Motorenöle nach SAE J 300d bzw. DIN 51 511

SAE-Viskosi-täts-klasse	Maximale Temperatur bei der Viskosität von 150 000 mPa · s | °C' (DIN 51 398)	Kinemat. Viskosität bei 100 °C |mm²/s¦ (DIN 51 550) min.	max.
75 W	—40	4,1	—
80 W	—26	7,0	—
85 W	—12	11,0	—
90	—	13,5	<24,0
140	—	24,0	<41,0
250	—	41,0	—

Abb. 482 SAE-Viskositätsklassen der Kfz.-Getriebeöle nach SAE J 306c bzw. DIN 51 512

peratur, des Druckes und in speziellen Fällen des Schergefälles, sondern auch eine Funktion der Belastung und Gleitgeschwindigkeit. Je nach Ölzusammensetzung, Struktur und Stabilisierungszeit sind große Unterschiede feststellbar.

24.6.2.1.3 Viskosität-Temperatur-(VT)-Verhalten

Die Viskosität von Mineral- und Syntheseölen fällt im allgemeinen mit steigender Temperatur (Abb. 483). Deshalb darf bei Viskositätsangaben die Bezugstemperatur nicht fehlen.

Üblicherweise wird die VT-Abhängigkeit auf logarithmischem Papier gezeichnet, weil die VT-Kurven sich als angenäherte Geraden darstellen (Abb. 483 und 484). Die kinematische Viskosität wird für zwei, mindestens 50 °C auseinanderliegende, Temperaturen eingetragen und die Punkte durch eine Gerade miteinander verbunden. Diese Art der Darstellung ist nur für Temperaturen zwischen +20 und 100 °C gesichert. Bei Extrapolationen, die diesen Bereich erheblich überschreiten, insbe-

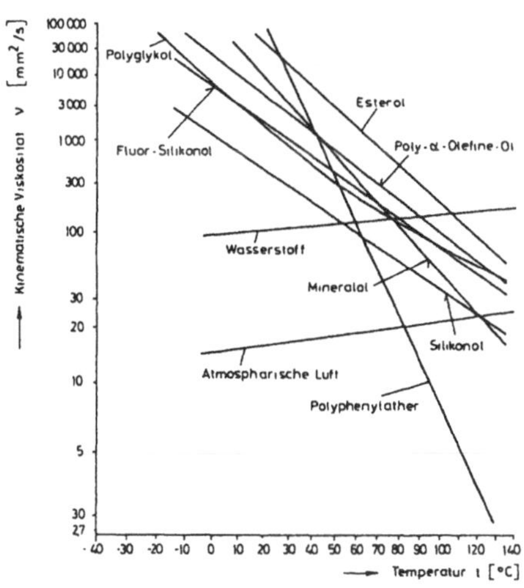

Abb. 483 Viskosität-Temperatur-Verhalten verschiedener Öle und Gase.

Abb. 48.1 Viskosität-Temperatur-Diagramm (UBBELOHDE-WALTER-DIAGRAMM)

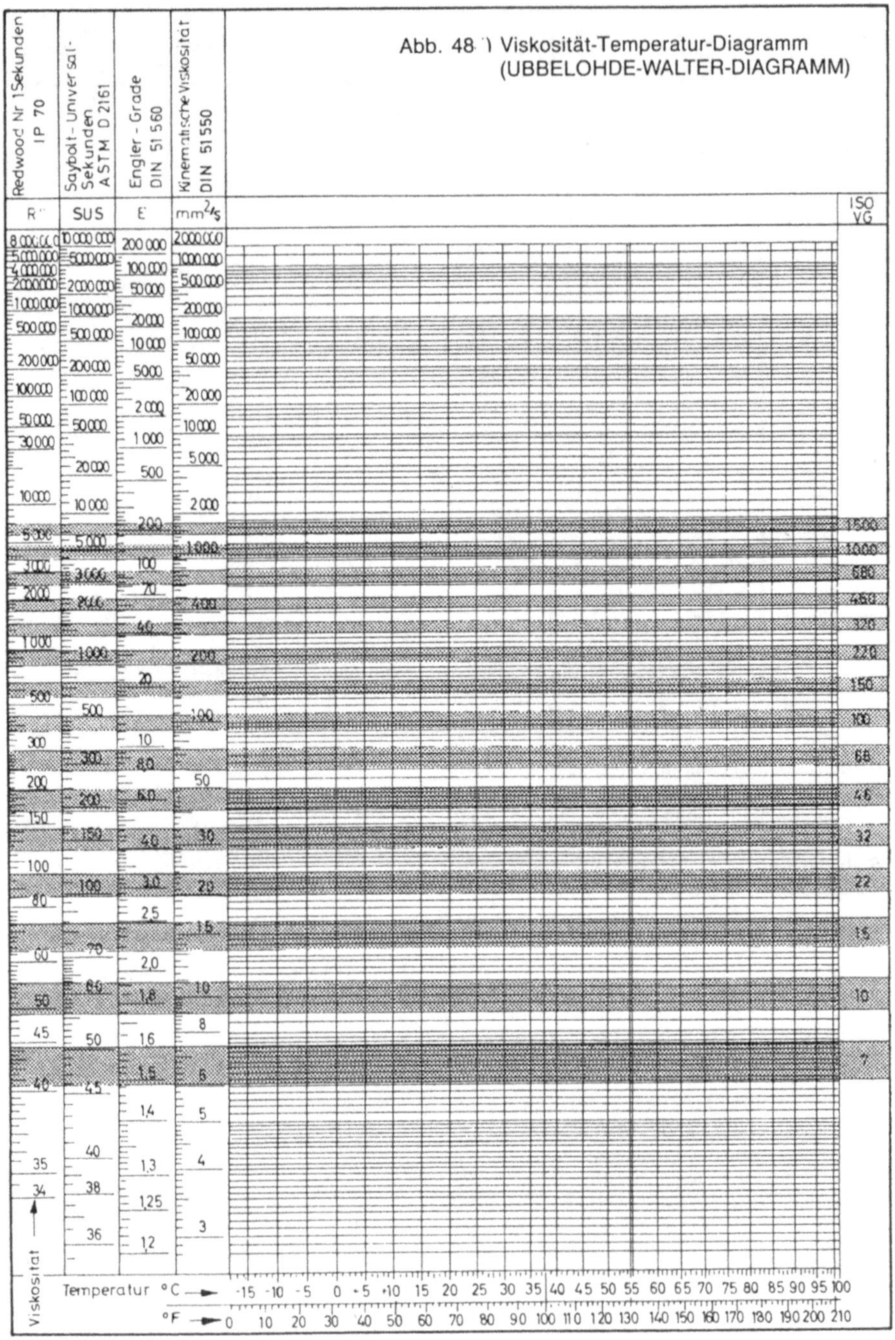

sondere zu tiefen Temperaturen hin, muß sichergestellt sein, daß keine Phasenänderungen, Ausscheidungen usw. auftreten, die große Abweichungen von den errechneten Werten zur Folge haben können.
Als zahlenmäßige Bewertung des VT-Verhaltens sind der Viskositätsindex, die Richtungskonstante m, der VTC-(Viskosity Temperature Constant)-Faktor und der ASTM-Faktor bekannt geworden. Alle diese Faktoren dienen der Ölbeschreibung und sind für schmiertechnische Berechnungen ohne Bedeutung.

24.6.2.1.4 Viskositätsindex (VI)

Der Viskositätsindex nach DIN 51 563 (DIN ISO 2909) — trotz einiger Mängel international anerkannt — ist eine Kenngröße des VT-Verhaltens. Seine (willkürliche) Skala von 0 ... 100 basiert auf einem Öl mit der größten (VI = 0) und einem solchen mit der geringsten, z.Z. der Normung (etwa 1928) bekannten, VT-Abhängigkeit (VI = 100). Die Skalenwerte werden heute durch andere Raffinationsverfahren und Syntheseöle deutlich überschritten ($VI_E > 100$).

24.6.2.1.5 Viskosität-Druck (Vp)-Verhalten

Die Viskosität von Mineral- und Syntheseölen nimmt mit steigendem Druck zu (Abb. 485, 486). Nach Hertz berechnete Drücke (s. Flächenpressung p_0, Abb. 244, S. 237) betragen im Wälzkontakt max. 30 000 bar (hohe Belastung) und in der Einlaufzone max. 7000 bar. Für technische Zwecke gilt hinreichend genau:

$$\eta_p = \eta_0 \cdot e^{\alpha(p-p_1)} \; |mPa \cdot s| \qquad \text{(Gl. 471)}$$

mit

η_p Dynamische Viskosität bei Druck p |mPa · s|

η_0 Dynamische Viskosität bei Atmosphären-Druck, p_1 = 1 bar |mPa · s|

e Basis des natürlichen Logarithmus (≅ 2,72)

α Viskosität-Druck (Vp)-Koeffizient $|m^2/N|$

p Druck |bar|

Der Vp-Koeffizient α gibt die Steigung der Isothermen $\ln\eta$ über den Druck p an und wird mit steigender Temperatur kleiner.

$$\alpha = \frac{1}{\eta_p} \cdot \left(\frac{d\eta_p}{d_p}\right) \cdot T \; |m^2/N| \qquad \text{(Gl. 472)}$$

mit

T Absolute Temperatur |°C|

α ist produktspezifisch, d.h. abhängig von der Struktur des Öles, der Additivierung und dem Druck. Ist er nicht vorgegeben, darf ein Mittelwert gemäß Abb. 487 eingesetzt werden. Da Überprüfungen der Schmierfilmdickenmessung mit Wälzlagern (p_{max} = 14 000 bar, Mineralöl) recht gute Übereinstimmung ergaben, können diese α-Werte für Wälzlager allgemein angewendet werden.

24.6.2.1.6 Viskosität-Schergefälle (VS)-Verhalten

Bei nicht-newton'schen Substanzen, also Substanzen, deren Viskosität nicht dem Newton'schen Reibungsgesetz gehorchen, bezeichnet man die jeweils nur für eine bestimmte Schergeschwindigkeit geltende (örtliche) Viskosität als scheinbare Viskosität. Zur Kennzeichnung dieser Substanzen müssen Fließkurven τ = f(s) mit Rotations- oder Sonderkapillarviskosimeter ermittelt werden. Die örtliche Viskosität ergibt sich aus $\eta = \tau / s$ (schematische Darstellung Abb. 488). Plastische (BINGHAM-)Körper, wie z.B. Fette, benötigen zum Fließen eine Mindestschubspannung. Steigt das Schergefälle mit der Schubspannung an oder fällt die Viskosität mit dem Schergefälle, hat man es mit sogenannten strukturviskosen Flüssigkeiten, wie z.B. mit makromolekularen Polymeren versetzten Schmierölen, zu tun. Steigt die Viskosität mit dem Schergefälle, spricht man von dilatanten Flüssigkeiten.

24.6.2.1.7 Viskositätsstabilität

Die Viskosität von Schmierölen kann sich im Betrieb sowohl nach unten als auch nach oben hin verändern. Am Beispiel von Motorenölen werden nachfolgend einige Ursachen dafür angegeben.

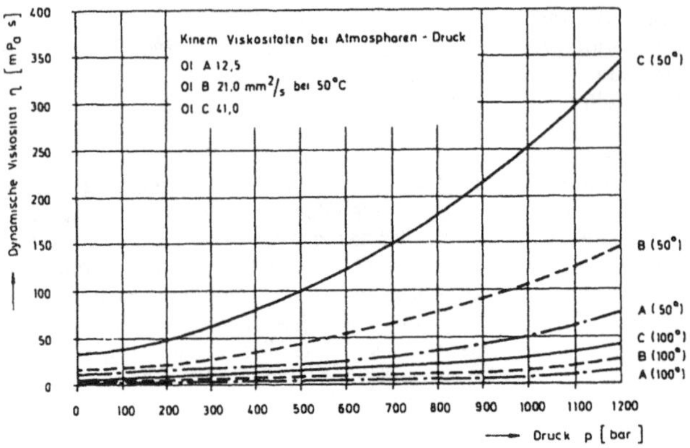

Abb. 485
Viskosität-Druck-Verhalten eines hochwertigen naphtenbasischen Mineralöles bei unterschiedlichen Temperaturen.

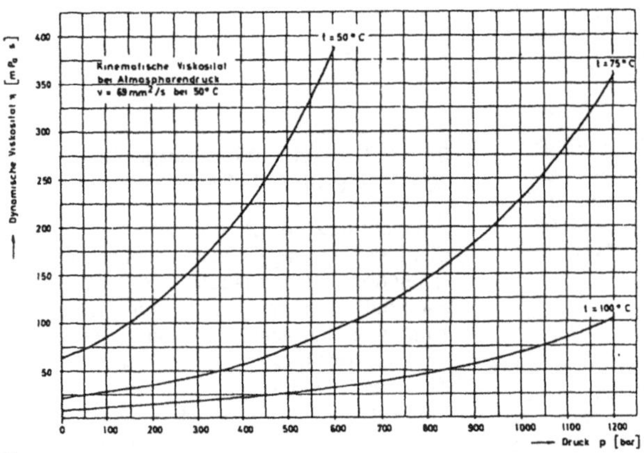

Abb. 486
Viskosität-Druck-Verhalten hochwertiger paraffinbasischer Mineralöle bei unterschiedlichen Temperaturen.

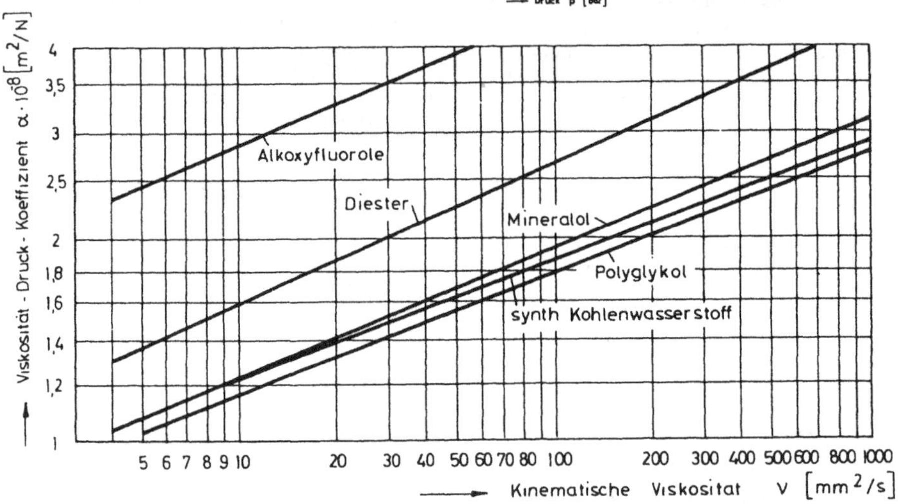

Abb. 487 Viskosität-Druck(V_p)-Koeffizient α verschiedener Schmieröle für den Druckbereich 0 bis 2000 bar.

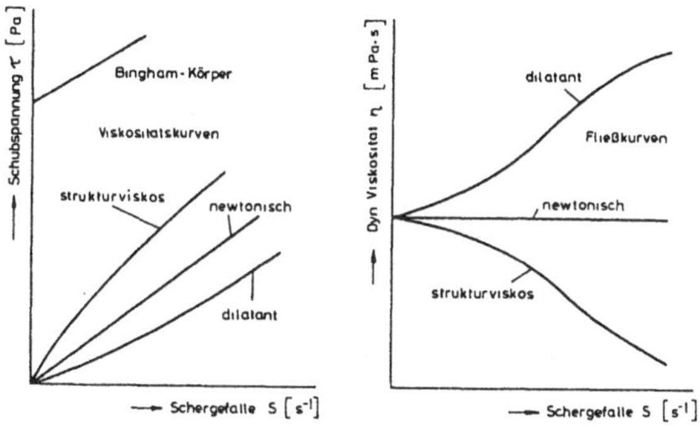

Abb. 488 Fließ- und Viskositätskurven verschiedener Substanzen

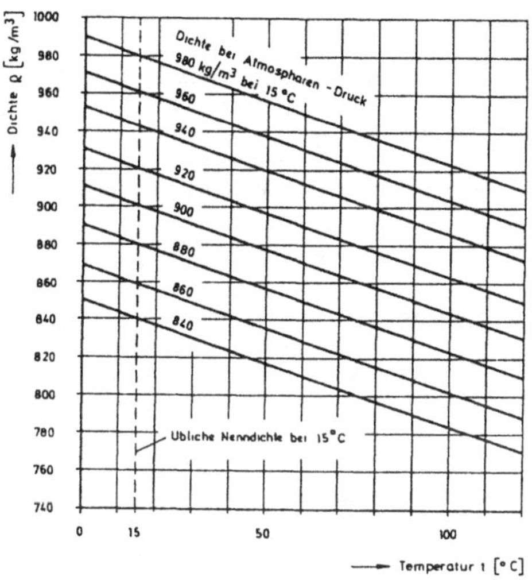

Abb. 489 Dichte-Temperatur-Abhängigkeit der Mineralöle

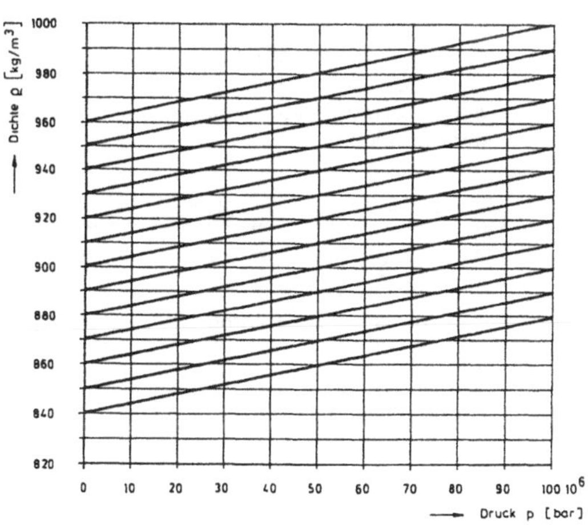

Abb. 490 Dichte-Druck-Abhängigkeit der Mineralöle

Viskositätsabfall durch
Lösliche „Flüssige Fremdstoffe"
- Kraftstoffverdünnung (unvollständige Verbrennung)
- Kraftstoffeinbruch (Leck)

Polymerabbau (bei Mehrbereichsölen mit VI-Verbesserern)
- mechanische Scherung
- thermischer oder oxidativer Abbau

Niedrigviskose Nachfüllung/Additivierung

Viskositätsanstieg durch
„Feste Fremdstoffe"
- Ruß (Dieselmotor)
- Bleiverbindungen (Ottomotor)
- Crack- u. Alterungsprodukte

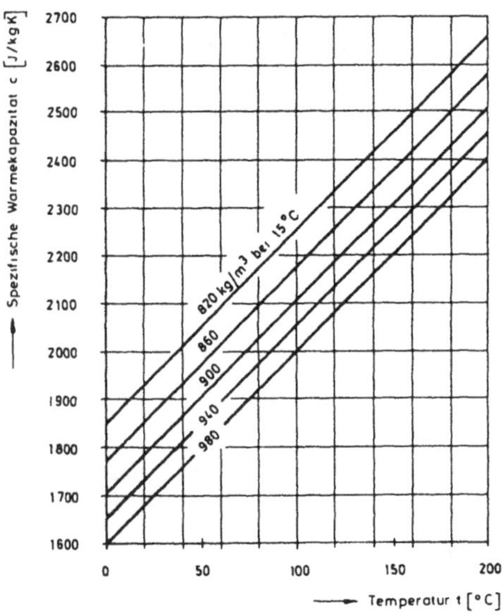

Abb. 491 Spezifische Wärmekapazität von Mineralölen (Mittelwerte) in Abhängigkeit von Temperatur und Dichte

Ölalterung
Verdampfung leichtflüchtiger Ölanteile
Kühlmittel- oder Glykoleinbruch
Hochviskose Nachfüllung/Additivierung

24.6.2.2 Dichte

Zur Berechnung der dynamischen Viskosität η aus der gemessenen kinematischen Viskosität ν muß die Dichte ϱ der Flüssigkeit bekannt sein. Sie ist in erster Linie von der Temperatur und in zweiter Linie vom Druck abhängig. Abb. 489 zeigt die Abhängigkeit der Dichte von der Temperatur für Mineralöle. Der ϱ t-Verlauf anderer Schmierflüssigkeiten kann abgeschätzt werden, wenn die Dichte bei 15 °C bekannt ist. Abb. 490 macht die Abhängigkeit der Dichte der Mineralöle vom Druck deutlich.

24.6.2.3 Spezifische Wärmekapazität

Für Lagerberechnungen, z.B. Ölmengen bei Umlaufschmierung u.ä., werden Werte für die spezifische Wärmekapazität benötigt. Anhaltswerte sind in Abb. 491 und 470 gezeigt.

24.6.3 Kennwerte der Schmierstoffe

Die Kennwerte der Schmierstoffe erlauben im Gegensatz zu den Eigenschaftswerten kaum Qualitätsaussagen, sondern dienen lediglich zur Bestimmung und Auswahl von Schmierstoffen. Einige wichtige Kennwerte sind im folgenden genannt.

24.6.3.1 Pourpoint, Stockpunkt

Der Pourpoint eines Mineralöles ist die Temperatur, bei der eine Probe beim Abkühlen unter bestimmten Bedingungen nicht mehr fließt (DIN 51 597 und DIN ISO 3016). Er ist etwa dem früher verwendeten Stockpunkt (DIN 51 583) vergleichbar und dient zur Kennzeichnung des Kälteverhaltens. Er soll stets unter der zu erwartenden niedrigsten Betriebstemperatur liegen.

Gefahrenklasse	Flammpunkt [°C]	Meßmethode	Beispiele	
I	<21	DIN 51 755 (geschlossener Tiegel)	Benzol	≈ − 6 °C
II	21 ... 55	DIN 51 755 (geschlossener Tiegel)	Fahrbenzin	≈ −20 °C
III	55 ... 100	DIN 51 758	Dieselkraftstoff	> 55 °C
ohne Gefahrenklasse	>100	DIN 51 376 (offener Tiegel)	Motoröl Getriebeöl	190 ... 270 °C 200 ... 280 °C

Abb. 492 Gefahrenklasse für die Feuergefährlichkeit verschiedener Öle.

24.6.3.2 Flammpunkt, Brennpunkt

Der Flammpunkt ist die Temperatur, bei welcher eine über die Flüssigkeitsoberfläche geführte Flamme das sich bildende Öl-Luft-Gemisch erstmalig entflammt (DIN 51 584).
Der Brennpunkt ist die niedrigste Temperatur, bei der die Dämpfe einer gleichmäßig erwärmten Flüssigkeit unter bestimmtem Druck nach der Entzündung durch eine Flamme ruhig weiterbrennen (DIN 51 376).
Flammpunkt und Brennpunkt werden als Kennwerte für die Feuergefährlichkeit benutzt, die in Gefahrenklassen eingeteilt ist (Abb. 492).

24.6.3.3 Farbe

Gebrauchte Öle werden häufig noch nach ihrer Farbe beurteilt (DIN 51 578). Vorsicht ist geboten, da frisches Öl infolge der Destillation, Raffination und Zusätze bereits mehr oder weniger dunkel sein kann. Dunkle Farben sind u.a. auf Oxidation und Verunreinigungen durch Staub/Ruß zurückzuführen.

24.6.3.4 Korrosionsschutzverhalten

Mit einer Vielzahl von Korrosionstesten (z.B. Kupferstreifentest DIN 51 760) wird versucht, die Öle auf korridierende Verbindungen hin zu überprüfen und die Wirksamkeit von Oxidationsinhibitoren, Antioxidanten und Metalldesaktivatoren zu bestätigen.
Öleigene korrosive Verbindungen sind insbesondere in Getriebeölen enthaltene Schwefelzusätze, die zum Angriff kupferhaltiger Teile führen können, und bei der Ölalterung entstehende saure Oxidationsprodukte, die Blei angreifen. Ölfremde korrosive Verbindungen sind u.a. Sauerstoff und Wasser sowie durch im Betrieb (Kraftstoffverbrennung) entstandene Säuren.

24.6.3.5 Schaumverhalten

Jedes Öl schäumt, wenn es genügend stark mit Luft durchwirbelt wird. Es ist von der Viskosität und somit zwangsläufig von der Temperatur abhängig. Die Schaumneigung von Schmierölen erhöht sich im Betrieb durch Zutritt von Verunreinigungen wie Staub, Sand, Wasser, Fett usw. Ölschaum begünstigt die Ölalterung, den Ölverbrauch und kann zu Störungen/Schäden der Lager (Kühlung/Schmierung) führen. Übermäßige Schaumbildung von Ölen läßt sich durch Zugabe bestimmter Additive (vorzeitiges Zerplatzen/Abstoßen der Luftblasen) und durch konstruktive Maßnahmen des Schmiersystems (s. Ölschmierung, Abb. 498, S. 465) verhindern.
Die Beurteilung des Schaumverhaltens geschieht nach ASTM D 892, DIN 51 566 oder DIN 51 381 (Hilfsmittel, Motore und Getriebe).

24.6.3.6 Kälteverhalten

Verlieren Öle bei niedrigen Temperaturen ihre Fließfähigkeit, kommt es zu Verstopfungen von Ölleitungen, Ölbehältern und Ölpumpen mit der Folge von Startschwierigkeiten, Leistungsverlusten und Betriebsstörungen (s. S. 229). Für den Verlust des Fließvermögens sind der Paraffinausfall und die Eigenviskosität (Viskositätsverlauf im Niedrigtemperaturbereich) verantwortlich. Öle, die kein Paraffin enthalten, stocken infolge der bei der Abkühlung ansteigenden Eigenviskosität ebenfalls.
Das Kälteverhalten hat Bedeutung für Maschinen/Lagerungen, die im Freien oder unbeheizten Räumen betrieben werden. Meist wird es nach dem Pourpoint, welcher etwa 5 ... 10 °C unter der niedrigsten Gebrauchstemperatur des Öles liegen soll, beurteilt.

24.6.3.7 Aschegehalt, Verkokungsneigung, Verdampfungsverlust

Untersuchungen des Aschegehaltes (DIN 51 575), der Verkokungsneigung (Conradson-Test, DIN 51 551) und des Verdampfungsverlustes (DIN 51 581) dienen sehr speziellen Zwecken und sind für die Qualitätskennzeichnung von untergeordneter Bedeutung.
Aschebildner sind Raffinationsreste, Wirkstoffe, Eindicker (unlösliche Metallseifen, Verunreinigungen, Abrieb). Unlegierte Frischöle müssen völlig frei von Asche sein. Der Aschegehalt kann manchmal sich anbahnenden Lagerschaden anzeigen (s. a. Bemerkung 24.5.3.8).
Der Verkokungsrückstand läßt Rückschlüsse auf die Rückstandsbildung von Heißölen (z.B. Motorenölen) zu.
Bei höheren Temperaturen auftretender Verdampfungsverlust (bereits ein merkliches erstes Verdampfen) kann den Ölverbrauch steigern und die Öleigenschaften verändern. Ca. 40° unterhalb des Flammpunktes beginnt bereits ein merkliches erstes Verdampfen.

24.6.3.8 Reinheit

Die Mindestanforderungen für Schmierstoffe enthalten immer auch Grenzwerte für zulässige Verschmutzungen im Anlieferungszustand. Maßgebend für die Betriebssicherheit des Lagers sind Art, Menge und Härte der ungelösten Stoffe. Gebräuchliche Untersuchungsmethoden erfassen diese Größen jedoch nur unvollständig, und die Schmierstellen-Anforderungen sind auch sehr unterschiedlich, so daß eindeutige Aussagen letztendlich nur durch umfangreiche Praxistests erhalten werden können.
Die Schmierstoff-Verschmutzungen lassen sich einteilen in:

- ungelöste Stoffe (feste Fremdstoffe)
- Wasser
- sonstige Verunreinigungen

Feste Fremdstoffe verursachen Verschleiß, je nach ihrer Härte, Teilchengröße, Teilchenform und ihrer Menge. Harte Teilchen sind z.B. Siliciumdioxid (Sand, Staub), Eisen und Eisenoxide. Die Bestimmung des Gehaltes an festen Fremdstoffen ist in DIN 51 592 oder ASTM D 1404 festgelegt. Im Betrieb werden die festen Fremdstoffe durch geeignete Filter ausgeschieden (s. Ölwechsel S. 466). Wasser kann in Schmierölen gelöst, dispergiert oder frei vorkommen. Über die Einflüsse des Wassers auf die Gebrauchsdauer der Lagerung siehe Ölalterung, S. 459. Je nach Betriebsweise kann entweder das Emulgieren von kleinen Wassermengen erwünscht oder das Demulgieren bei hohem Wasseranfall erforderlich werden. Die Bestimmungen des Wassergehaltes sind in DIN 51 777 und 51582 bzw. DIN ISO 3733 und ASTM D 95 vorgeschrieben. Für den schnellen Nachweis sehr geringer Wassermengen (>0,1 %) hat sich die Spratzprobe bewährt. Der Schmierstoff wird dabei im Reagenzglas über einer Flamme erwärmt. Wenn Spuren von Wasser vorhanden sind, ist ein knackendes Geräuch — ein Spratzen — zu hören. Bei höherem Wasseranteil schäumt die Substanz über.
Sonstige Verunreinigungen in Schmierstoffen sind organische Substanzen (Dichtungskomponenten), Farbanstriche, Kunststoffbeschichtungen, Kühlflüssigkeiten, Hydrauliköle, Lösungsmittel u.v.a. Sie sind schwer nachweisbar. Sie bewirken Strukturveränderungen (Verdünnung, Verdickung) oder üben eine katalytische Wirkung aus.

24.6.3.9 Verträglichkeit, Mischbarkeit der Schmieröle untereinander

Schmieröle unterschiedlicher Zusammensetzung und Herstellung sollen, wie die Schmierfette, nicht gemischt werden, um wesentliche Veränderungen der Schmiereigenschaften auszuschließen. Möglichkeiten s. Abb. 445, S. 421.

24.6.3.10 Verträglichkeit mit Dichtungen und Kunststoffen

Schmierstoffe kommen häufig auf Dauer und bei erhöhten Betriebstemperaturen mit Dichtungen und Kunststoffen in Berührung, so daß einerseits diese Materialien ausgelaugt, aufgelöst, verformt, aufgeweicht oder verhärtet werden können und andererseits der Schmierstoff sich durch die aufgenommenen Stoffe in seiner Eigenschaft verändert (s. a. 25.3.2).
Die Verträglichkeit wird durch Einlagerung von Prüfkörpern über eine längere Zeit im Schmierstoff und Bestimmung der Veränderungen von Form, Farbe, Gewicht, Härte, Dehnung, Festigkeit und Elastizität der Prüfkörper beurteilt. Anschließend kann der Schmierstoff untersucht werden.

24.6.4 Alterung

Schmieröle und Schmierölprodukte (Fette) altern in mehr oder weniger starkem Maße unter dem Einfluß von Sauerstoff, Temperatur, Druck, UV-Strahlung (Tageslicht), Feuchtigkeit und katalytisch wirkenden Metallen (Cu, Fe usw.). Die Alterung ist zum einen auf die Oxidation des Schmieröles und zum anderen auf die Bildung von Molekülkomplexen (Agglomeration gleichartiger Moleküle) zurückzuführen. Durch die Alterung verändert sich die chemische Struktur des Schmierstoffes. In Öl enthaltene Alterungsprodukte bewirken Farbänderungen, Viskositätserhöhungen, Rückstands-/Schlammbildungen und somit Gebrauchsminderungen. Alterungsprodukte können gummiartige bzw. lackartige Ablagerungen an den Gleit- und Wälzflächen bilden, die Schäden und Störungen hervorrufen.
Aromaten-ungesättigte Kohlenwasserstoffverbindungen wie Benzol, Toluol und Naphtalinbzw. asphaltbasische Öle neigen mehr zur Ölalterung, synthetische Öle weniger als paraffinbasische Öle. Die gute Löslichkeit von Sauerstoff in Ölen aus Kohlenwasserstoff,

Ester und Äther erfordert kein Sauerstoff-Angebot von außen oder intensive Vermischungen des Öles mit Luft, da der im Öl gelöste Sauerstoff sich durch Diffusion ergänzt. Bei der Oxidation entstehen zunächst Säuren, Alkohole, Wasser, evtl. auch Ketone und Aldehyde. Spätere Reaktionen führen z.B. zu Molekülvergrößerungen. Bei starker Oxidation fällt Schlamm aus, bei Hochtemperaturoxidation (>140 °C) können weitere Oxidation, Dehydrierung oder thermische Überbeanspruchung zu koksartigen Produkten führen.

Von großem Einfluß auf die Ölalterung ist die Temperatur. Bis ca. 90 °C ist sie meist vernachlässigbar gering, darüber hinaus nimmt sie überproportional zu (10 °C bedeuten etwa doppelte Alterungsgeschwindigkeit).

Freies Wasser im Schmierstoff beschleunigt seine Alterung und führt zur Korrosion. Außerdem wird der Schmierfilm durch Wassertropfen unterbrochen und dadurch die Schmierfähigkeit des Schmierstoffes vermindert. Feuchtigkeit kann sich bei einigen Schmierstoffen mit geringer Detergent/Dispersant-Additivierung nachteilig auswirken, wenn das Demulgiervermögen (rasche Abscheidung nicht gelöster Wasseranteile) unzureichend ist.

Zur Alterung und Verringerung des Gebrauchswertes der Schmierstoffe gehört neben diesen chemisch-physikalischen Veränderungen der Abbau der Additive und die allgemeine Verschmutzung des Schmierstoffes während des Betriebes (Metallabrieb, Ruß, Wasser usw.). Siehe Wälzlagerschäden S. 225 ff.

Alterungsvorgänge werden durch bereits im Schmierstoff vorhandene natürliche Alterungsstoffe und oxidationsverhindernde Wirkstoffe verzögert (s. Zusätze, S. 460).

Zur Untersuchung des Alterungszustandes und des Alterungsverhaltens ist eine große Zahl von (Laboratoriums)testen entwickelt worden (Abb. 493). Für nicht oder nur schwach legierte Schmieröle eignen sich Sauerstoffaufnahmetests, wobei Sauerstoffdruck, Temperatur, Katalysator und Prüfdauer in weiten Bereichen variiert werden können. Bewertet wird nach Schlammbildung und Säuregehalt. Neben der Prüfung des Gebrauchtöles ist auch die des Frischöles durchzuführen, weil erst die Differenz Aufschluß über den Fortschritt der Alterung zuläßt. Eine alte Methode zur Kennzeichnung des Alterungszustandes unlegierter Gebrauchtöle ist die Bestimmung der Verseifungszahl VZ. Eine häufig verwendete Methode zur Abschätzung des Alterungszustan-

Methode	Norm
IR-Spektroskopie	DIN 51 451
Ölalterung/Oxidation	DIN 51 352
unter Sauerstoffdruck	ASTM D 2272
katalysiert, Luftzufuhr	DIN 51 394 (IP 280, IP 306)
Verseifungszahl (VZ)	DIN 51 559
Neutralisationszahl (NZ)	DIN 51 558
(Total) Acid Numer (TAN, SAN)	ASTM D 664
Oxidationsstabilität, DSC, Differential Scanning Calometry	—
Korrosive Alterungsprodukte (Säure an Kupfer)	DIN 51 759
Korrosionsschutz	
Bromwasserstoffsäure-Tauchprüfung	DIN 51 357
Meerwasser-Tauchprüfung	DIN 51 358
Feuchtigkeitskammer	DIN 51 359
Kesternich-Verfahren	DIN 51 386
Gelpermeations-Chromatographie, IR-Spectroskopie	—

Abb. 493 Verschiedene Methoden zur Bestimmung der Ölalterung (Öl-Restgebrauchsdauer)

des erlaubt ein IR-Spektrum mit Auswertung der charakteristischen C = 0 Schwingungen bei 1700 min^{-1} (störende Additive sind zu kompensieren oder herauszunehmen). Bei anderen Methoden wird die Restmenge an antioxidativ wirkenden Additiven wie Zink(dialkyl)-dithiophosphate (Z_nDTP) oder Phenolen bestimmt. Das Ausmaß bereits erfolgter Oxidation läßt sich anhand der Konzentration an sauren Alterungsprodukten abschätzen (NZ, TAN). Dem gleichen Zweck dienen auch Korrosionstests. Für (schnelle Routine-) Untersuchungen zur Bestimmung der Oxidationsstabilität ist in den vergangenen Jahren die DSC, Differential Scanning Calometry, entwickelt worden.
Der Verbrauch/Abbau der Additive wird je nach ihrer Art durch IR-Spektroskopie, Viskositätsmessungen, Korrosionstests oder Gelpermeations-Chromatographie (sehr aufwendig) bestimmt. Das Demulgiervermögen eines Öles wird nach DIN 51 599 beurteilt.

24.6.5 Additive

Additive, Zusätze oder auch Wirkstoffe genannt, sind öllösliche Stoffe (synthet. Verbindungen), die Mineralölen oder Mineralölprodukten zugesetzt werden, weil die natürlichen Kohlenwasserstoffe allein nicht mehr alle Anforderungen der modernen Schmiertechnik erfüllen. Die Mineralölindustrie macht reichlich Gebrauch von dieser Möglichkeit, die Eigenschaften der Schmierstoffe zu verändern bzw. zu verbessern (legierte Schmierstoffe). Abb. 494 bringt eine Zusammenfassung häufig verwendeter Additive für Industrie-Schmierstoffe.
Man kann Additive unterteilen in solche, die die physikalischen Eigenschaften der Grundöle verändern (z.B. VT-Verhalten), und solche, die chemische Reaktionen (z.B. Korrosionsschutz, EP-Eigenschaften) auslösen. Sie können sich in ihren Wirkungsweisen ergänzen, verstärken oder stören. Viele moderne Additive erfüllen mehrere Funktionen (Multi-Purpose-Additives), wodurch eine gegenseitige Störung einzelner Additive vermieden wird. Eine weitere Unterteilung der Additive umfaßt solche, die die herstellungstechnisch erzielbaren Grundöleigenschaften verbessern (Kälteverhalten, VI), und andere, die den Ölfraktionen Eigenschaften verleihen, die sie von Natur aus nicht oder nicht in ausreichendem Maße besitzen (Emulgierneigung, Korrosionsschutz, EP-Eigenschaften usw.).
Die Wirksamkeit der Additive ist begrenzt. Oxidationsinhibitoren werden verbraucht (Schlammbildung), einige verflüchtigen sich (Phenoltypen) und andere Wirkstoffe bauen oxidativ und thermisch ab. Verschleißinhibitoren verarmen nach chemischer Metalloberflächen-Reaktion. VI-Verbesserer (Hochpolymere) werden mechanisch und oxidativ verändert, grenzflächenaktive Wirkstoffe absorbiert, Dispergatoren und Emulgatoren mit Schmutz und Fremdöl belastet. Bei wasserhaltigen Hydraulikölen treten bakterielle Verseuchungen auf. Diese Einflüsse gehören zum Bereich der Schmierölalterung (Gebrauchswertminderung). Gealterte Öle können wieder gebrauchsfähig gemacht werden (s. Ölpflege).
Die thermische Langzeitbelastungsgrenze heutiger EP-Additive (EP = Extrem Pressure = Hochdruck) liegt bei ca. 100 ... 120 °C. Die kurzzeitige Belastungsgrenze geht bis ca. 160 °C für EP-legierte Mineralöle (z.B. in Pkw-Achsgetrieben).
EP-Additive wirken sehr aggressiv und müssen daher immer mit Korrosions- und Oxidationsinhibitoren kombiniert werden.
Bestimmte Eigenschaften der Mineralöle können durch Additive grundsätzlich nicht beeinflußt werden, wie z.B. Wärmeleitfähigkeit, Flüchtigkeit, Strahlenbeständigkeit, Paraffinausscheidung, Luftausscheidung, thermische Stabilität, Gaslöslichkeit, Kompressibilität u.a.

24.6.6 Ölauswahl

Für die Wahl des richtigen Öles müssen im wesentlichen folgende Eigenschaften bekannt sein:

Ölart

Viskosität (+VI)

Gebrauchstemperatur
(Flammpunkt, Pourpoint)

Druckaufnahmevermögen
(EP-Eigenschaften)

Verschleißfestigkeit
(AW-Eigenschaften)

Korrosionsschutzvermögen

Alterungsbeständigkeit
(Neutralisationszahl)

Additivtyp	Typische Elemente	Zugabe |Massen-%|	Wirkung
Angriffspunkt GRUNDÖL Antioxidantien (Oxidationsinhibitoren)	S-, N-, P- oder S-P-Verbindungen, Zink(dialkyl)dithiophosphate, Phenolische Inhibitoren, Aminische Inhibitoren	0,5 ... 3	Verzögerung des oxidativen Alterungsprozesses
Viskositätsindex (VI)-Verbesserer	Polymethacrylate (PMA), Olefin-Copolymere (OCP), Styrol/Dien-Copolymere	0,1 ... 1	Minderung des Temperaturabfalls bei steigender Temperatur
Antischaumzusätze	Silikone, Polyäthylenglykoläther		Verhinderung von Schaumbildung (Oberflächen-Spannungsreduzierung)
Pourpoint-Verbesserer (Stockpunkt-Erniedriger)	Polymetacrylate (PMA), Alkylierte Naphtaline		Verbesserung des Tieftemperatur-Fließverhaltens paraffinischer Öle
Farbstoffe, Geruchsverbesserer	Synthetische Parfüme		Ansprechende Farbe, akzeptabler Geruch
Angriffspunkt METALLOBERFLÄCHE Verschleißinhibitoren |AW/EP(Antiwear + Extreme Pressure) -Zusätze|	Zinkdialkyldithiophosphate, Schwefelträger, Triarylphosphate, Chlorparaffine, Fettsäuren, Festschmierstoffe	EP 2 ... 10 AW, 0,1 ... 2	Verhinderung von mechanischem Verschleiß (Riefen, Fresser, Abtrag) im Mischreibungsgebiet, bei schweren stoßartigen Belastungen
Reibwertveränderer (Friction Modifier)	Sulfurierte Molybdänkyldithiophosphate, Synthetische Ester, Phosphonate		Verringerung des Reibungskoeffizienten bei Mischreibungsbedingungen
Haftverbesserer	Polyisobutylene	0,5 ... 2	Verbesserung der Haftfähigkeit (Abtropf- u. Abschleuderneigung)
Korrosionsinhibitoren	Zink- u. Dithiophosphate, Metallphenolate, basische Metallsulfonate		Korrosionsverringerung bleihaltiger (Typ A) und kupferhaltiger (Typ B) Werkstoffe
Rostinhibitoren	Alkenylbernsteinsäure Halbester, Fettsäureamide, Metallsufonate	0,5 ... 4	Schutz vor korrosivem Angriff von Sauerstoff und Feuchtigkeit.
Metalldesaktivatoren	Benzotriazole, Thiadiazole	0,05 ... 0,1	Bildung passivierender Schutzfilme (Vermeidung katalytischer Einflüsse)
Detergent-/Dispersant (HD-Additive)	Metallhaltige Sulfonate, Phenolate, Salicylate, Alkysuccimide, -amine, -thiophosphonate		Verhütung von Ablagerungen (Lackbildung) auf heißen Metalloberflächen und von Schlammbildung bei niedrigen Temperaturen (Bindung/Inschwebeh.)
Festschmierstoffe	Molybdändisulfid, Graphit	1 ... 3	Vermittlung von Notlaufeigenschaften

Abb. 494 Häufig verwendete Additive für Industrie- und Kfz.-Schmierstoffe

24.6.6.1 Bestimmung der geeigneten Viskosität

Für die max. Gebrauchsdauer (Ermüdungslaufzeit, Verschleißsicherheit) der Wälzlager ist ein ausreichend tragfähiger Schmierfilm in den Wälz- und Gleitkontakten erforderlich. Bei gegebener geometrischer Kontaktfläche (Form, Rauhigkeit) muß das Öl für die gegebene Drehzahl, Belastung und Lagerart eine bestimmte Betriebsviskosität ν aufweisen. Diese ist in vereinfachter Form nach der Bezugsviskosität ν_1 für unlegierte und mäßig legierte Mineralöle zu bestimmen (Diagramm Abb. 434, S. 407). Für synthetische Öle sind Korrekturfaktoren gemäß S. 207 zu berücksichtigen.

Sehr lange Gebrauchsdauern, ja sogar Dauerfestigkeit, lassen sich erreichen, wenn die Betriebsviskosität $\nu = 3 \ldots 4\,\nu_1$ oder das Viskositätsverhältnis $\chi = \nu/\nu_1 \approx 4$ beträgt (Abb. 191, S. 207). Bei normalen Ansprüchen an die Gebrauchsdauer/Betriebssicherheit sollte für Lager mit geringen Gleitreibungsanteilen die Betriebsviskosität der Bezugsviskosität entsprechen.

Für kinematisch ungünstige Lagerbauarten (axialbelastete Rollenlager, langsamlaufende und hochbelastete Großlager mit großen Gleitreibungsanteilen) sind erfahrungsgemäß höhere Betriebsviskositäten erforderlich, um in den Kontaktbereichen Laufbahn/Wälzkörper, Wälzkörper/Käfig, Wälzkörper/Führungsbord eine genügende Trennung durch den Schmierstoff zu gewährleisten:

$\nu = \nu_1$	für Rillenkugellager, Schrägkugellager, Pendelkugellager, Radial-Zylinderrollenlager, radial belastete Kegelrollenlager
$\nu = 2\nu_1$	für Pendelrollenlager, Axial-Pendelrollenlager, vollrollige Zylinderrollenlager, axial belastete Rollenlager
$\nu = 2{,}5\nu_1$	für langsamlaufende, $d_m \cdot n < 10000$, hochbelastete Axial-Pendelrollenlager ($D > 400$ mm)

Mit höherer Viskosität steigt die Schmierstoffreibung (Walkarbeit), die Antriebsleistung, die Betriebstemperatur und die Schmierstoff-Alterung, so daß insbesondere bei schnellaufenden Lagern die höhere Viskosität durch die höhere Betriebstemperatur teilweise oder ganz kompensiert wird.

Bei höheren Drehgeschwindigkeiten (ab ca. $d_m \cdot n > 150\,000\ \text{min}^{-1} \cdot \text{mm}$) kann man die Betriebsviskosität durch Kühlung des Öles und/oder der Lagerstelle selbst steigern. Abhängig von der Betriebstemperatur (siehe S. 285) wird aus dem VT-Diagramm die erforderliche Nennviskosität bei 40 °C bestimmt und die ISO-Viskositätsgruppe nach Abb. 480, S. 451 festgelegt. Liegt kein VT-Diagramm der Ölhersteller vor, ist dieses meist aus ihren Daten zu konstruieren. Dazu werden mindestens 2 Viskositätspunkte in ein VT-Diagramm gemäß Abb. 484, S. 452 eingetragen und durch eine Gerade verbunden, so daß beliebige Zwischenwerte abgelesen werden können. Für Mineralöle mit durchschnittlichem VT-Verhalten (VI » 95) kann das VT-Diagramm Abb. 495 benutzt werden.

Der Bereich I stellt den Regelfall der Wälzlagerschmierung dar. Im Bereich II liegt häufig Mischreibung vor, die Öle sollen grenzschmierwirksame Additivierung (EP-, AW-Zusätze) aufweisen. Im Bereich III (hohe Viskosität) können evtl. Probleme beim Fördern der zähen Öle auftreten. Bei hohen Drehzahlen können sich hohe Planschverluste (Reibung) und damit erhöhte Betriebstemperaturen und unerwünschter Viskositätsabfall ergeben. Eine bewährte Faustregel der Wälzlagerschmierung besagt, daß bei mittleren Drehzahlen die Betriebsviskosität etwa 12 mm^2/s (früher 2,8 °E) für radialbelastete Lager (Rillenkugellager, Zylinderrollenlager), 20 mm^2/s für kombiniert belastete Lager (Kegelrollenlager, Pendelrollenlager) und 30 mm^2/s für rein axialbelastete Lager (Axial-Rillenkugellager, Axial-Pendelrollenlager) betragen soll.
Es wird Einzelfälle geben, wo die Betriebsviskosität sich nicht in der gewünschten Höhe verwirklichen läßt, sei es
- weil die Ölauswahl von anderen Komponenten der Maschine bestimmt wird
- weil ein ausreichend fließfähiges Öl für eine Umlaufschmierung zur Kühlung der Lager vorgesehen ist
- weil zeitweise höhere Temperaturen oder sehr niedrige Drehzahlen vorkommen, die nicht mit dem zähesten anwendbaren Öl abgedeckt sind.

In diesen Fällen muß mit verminderter Gebrauchsdauer gerechnet werden, wenn die zu geringe Betriebsviskosität nicht ganz oder weitgehend durch EP-, AW-Additive oder Festschmierstoffe kompensiert werden kann (s. chem. Schmierung, S. 484).

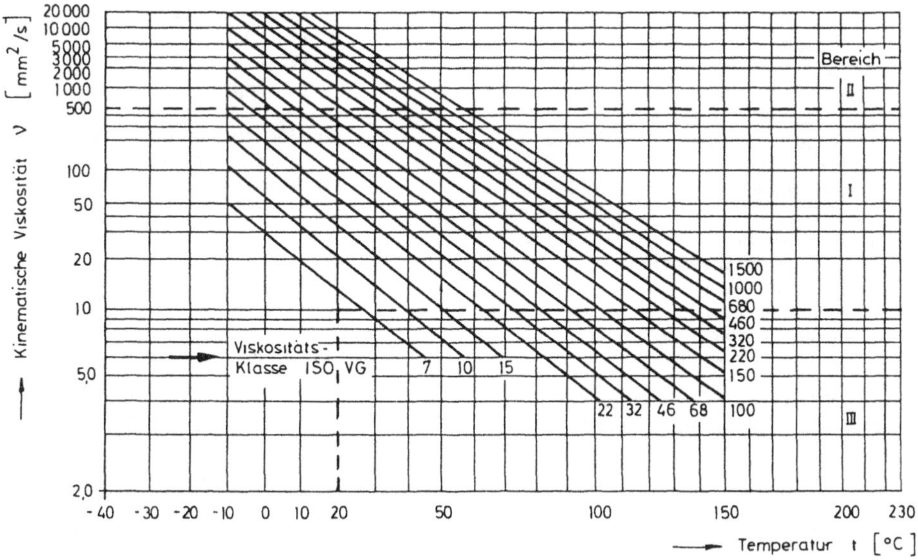

Abb. 495 Viskosität-Temperatur (**VT**)-Verlauf für Mineralöle (VI ≈ 95) verschiedener ISO VG (Viskositätsgruppen)

24.6.6.2 Ölauswahl für besondere Betriebsbedingungen

Während die normalen Betriebsbedingungen (Drehzahl unter Drehzahlgrenze $n < ng$, Belastung $P < 0{,}1\,C$, Temperatur $t = 0 \ldots 120\,°C$, Atmosphärendruck $p = 1$ bar) mit allen guten Marken-(Maschinen-)Schmierölen nach Abb. 467 sicher beherrscht werden, erfordern die darüber hinausgehenden Betriebsbedingungen besondere Beachtung:

— Schmierfilmdicke je nach Schmierungszustand (s. S. 404) sind EP- und/oder AW-Additive (s. S. 460) bei
Grenzschmierung
($\varkappa < 0{,}4$) obligatorisch,
Teil- oder Mischschmierung
($\varkappa = 0{,}4 \ldots 1$) empfehlenswert,
Teil- bis Vollschmierung
($\varkappa > 1$) notwendig bei großen Rollenlagern ($D > 100$ mm) oder kinematisch ungünstigen Lagern (Verbesserung der Funktionssicherheit)
— niedrige Betriebsviskosität ($\varkappa > 1$) ist durch EP- und AW-Additive zu unterstützen
— hohe Drehzahlen verlangen hohe Oxidationsstabilität, gutes VT-Verhalten und geringe Schaumbildungsneigung
— hohe Belastungen ($P > 0{,}12\,C$ für Kugellager bzw. $P > 0{,}15\,C$ für Rollenlager) erfordern bei Teilschmierung ($\varkappa = 0{,}4 \ldots 1$) grundsätzlich EP-Additive.
— hohe Temperaturen setzen ausreichende Gebrauchstemperaturwerte und gutes VT/Vp-Verhalten voraus. Außerdem sind die Verdampfungsverluste zu beachten.
— niedrige Temperaturen bedingen gutes Kälteverhalten.
— Verunreinigungen (Staub, Schmutz, Wasser) ist, wenn nicht vermeidbar, mit Zusätzen gegen Ölalterung, für Wasserabscheidung, für Korrosionsschutz und zur Inschwebehaltung der Verunreinigungen entgegenzuwirken.
— Wechselwirkung zwischen Dichtungswerkstoff und Schmieröl, Vorsichtsmaßnahmen sind auf S. 458 beschrieben.
— Strahlungsbeständigkeit, siehe Abschnitt 24.5.4.5., S. 427. Die Gebrauchsdauer wird wie bei Fetten beurteilt.
— Nicht atmosphärische Umgebungsbedingungen (z.B. extrem hohe Drücke und Temperaturen, Gase hoher Reinheit, Vakuum, Schwerelosigkeit). In diesen Fällen sind weder Öl- noch Fettschmierungen geeignet, es ist eine Feststoffschmierung vorzusehen (S. 484).

— Verschiedene Komponenten in einer Maschine können, jede für sich, ein anderes, ein in seinen Eigenschaften teils gegensätzliches Öl erforderlich machen (s. Beispiel Abb. 496). Das unbedingt erforderliche Öl ist auf die Vor- und Nachteile für die Wälzlager hin zu überprüfen. Bei negativem Ergebnis ist der Aufwand für eine getrennte Schmierung (z.B. extra abgedichtete Lager) und die Möglichkeit eines Universalöls oder Ölverbesserung durch entsprechende Additivierung mit der möglichen drastischen Gebrauchsdauerreduzierung der Wälzlager bei ungeeignetem Öl gegeneinander abzuwägen.

24.6.6.3 Festlegung geeigneter Öle

Nachdem die wichtigsten Eigenschaften des zu verwendenden Öles festgelegt sind, ist das nächstliegende Öl nach den Datenblättern der Schmierstoffhersteller oder nach den Abb. 495 und 470 auszuwählen.

Beispiel

Gegeben: Zwischenwelle eines stationären Stirnradgetriebes mit Zylinderrollenlager NJ212R, Radialbelastung F_r = 18 kN, Drehzahl n = 276 min^{-1}, Betriebstemperatur t = 70 °C.

Gesucht:
1) Geeignete Ölviskosität ISO VG = ?, Wesentliche Öleigenschaften, Ölmenge bei einjähriger Ölwechselfrist q = ?
2) Mögliche Fettschmierung und Nachschmierfrist t_{fn} = ?
3) Schmierfilmdicke h_0 = ?

Lösung: Mittlerer Lagerdurchmesser
$d_m = (d + D)/2 = (60 + 110)/2 = 85$ mm
Erforderliche Betriebsviskosität
ν_1 = 48 mm^2/s aus Abb. 434, S. 674, $\varkappa > 1$, da D > 100 mm
1) Gewählt $\nu_1 \approx 50$ mm^2/s oder ISO VG 220 aus Abb. 495
EP-/AW-Additive empfehlenswert, da P/C = 18/97,7 > 0,15
Ausreichend ist ein entsprechendes Mineralöl, q » 1,5 l aus Abb. 500, S. 467. Der notwendige Ölwechsel ist durch Öl-Alterungsprüfungen über die 1-Jahres-Frist hinaus evtl. zu verlängern. Eine längere Ölwechselfrist bis Dauerschmierung ist durch Verwendung synthetischer Öle zu errei-

Anforderungen	Motor	Getriebe	Nasse Kupplungen, Bremsen	Ölhydraulische Kupplungen	Hydraulik	Wälzlager
Geringe Viskositätsänderung bei Temperaturschwankungen	*	*	*	*	*	
Schmierwirkung	*	*		*	*	*
Verschleißschutz, EP-Wirkung	*	**			*	*
Ölfilmfestigkeit	*	*			*	*
Reinigung und Verteilung von Schmutz	**				*	
Scherstabilität	*	**		**	*	
Haftreibwert			*			
Schutz vor Schaumbildung	*				*	
Wärmeabführung und Kühlwirkung	**		**	*	*	
Korrosionsschutz	*	*	*		*	*
Verhinderung von Schaumbildung	*	*	*	*	*	
Mischbarkeit mit anderen Ölen		*	*		*	
Verträglichkeit mit Dichtungen und Kunststoffen		*	*		*	

Keine Anforderungen bzw. Eigenschaften unerwünscht
* Durchschnittliche Anforderungen ** Hohe Anforderungen

Abb. 496 Anforderungen verschiedener Maschinenteile an das (Schmier-)Öl bei durchschnittlichen Betriebsbedingungen

chen (Abschnitt 24.6.1.5, S. 441).

2) EP-Lithiumseifenfett mit einer Grundölviskosität $\nu_{40\,°C}$ > 48 mm²/s. Gewählt Koyo-Fett Nr. 4 aus Abb. 447 S. 425

$$\frac{ng_f}{n} \cdot k = \frac{4600}{276} \cdot 1{,}0 = 16{,}7$$

$t_f \approx$ 18.000 h aus Abb 451, S. 430

ng_f = 4.600 min⁻¹ siehe Koyo-Hauptkatalog

k = 1,0 aus Abb. 452, S. 431

Bei geschlossener, gut abgedichteter Lagerstelle ($t_{fe} = t_{fn}$) ist mit einer Nachschmierfrist von t_{fn} = 12.000 ... 18.000 h zu rechnen.

(s. Abschnitt 24.5.6.4, S. 432)

Soll das Fett nicht ausgewaschen werden, muß die Lagerstelle gegenüber dem Ölraum wirksam abgedichtet sein.

3) Schmierfilmdicke h_0 = 0,15 µm aus Beispiel S. 208/209.

24.6.7 Ölschmierverfahren

Wie schon aus der Übersicht (Abb 438, S 414) hervorgeht, unterscheidet man ca 11 verschiedene Ölschmierverfahren, die nachfolgend erklärt werden.

24.6.7.1 Tauch-, Bad- oder Sumpf-Öl-Schmierung

Bei diesem einfachen Schmierverfahren steht das Lager zum Teil in Öl. Der Ölstand soll bei horizontaler Lagerachse und im Stillstand bis zur Mitte des untersten Wälzkörpers reichen. Bei drehendem Lager wird ein Teil des Öles durch die Wälzkörper und den Käfig mitgenommen und über dem Lagerumfang verteilt, die Lagerlaufbahnen, -Borde und -Gleitflächen also bei (jeder) Umdrehung der Lager wieder von neuem mit Öl benetzt. Ölrücklauf- bzw. Ölumlaufkanäle werden bei Lagern mit unsymmetrischem Querschnitt, die das Öl von der einen Seite zur anderen fördern, empfohlen (Beispiel Abb. 101, S. 118).

Ein Olstand über den untersten Wälzkörper hinaus ist insbesondere bei hohen Drehzahlen (n/ngö > 0,35 bzw. dm · n > 200 000) zu vermeiden, weil die hohe Planschreibung zu erhöhten Lagertemperaturen mit vorzeitiger Ölalterung und Schaumbildung führt.

Der Ölstand muß durch Anzeige am Gehäuse (Schauglas, Standrohr, Peilstab, Prüfschraube o. ä.) kontrolliert werden. Gelegentlich soll das Öl bei einer Tauchschmierung das Lager auch kühlen. Die dazu erforderliche größere Ölmenge kann bei Einhaltung des vorgeschriebenen Ölstandes nur in breiteren Gehäusen untergebracht werden. Ist die Lagerung außerdem für höhere Drehzahlen ausgelegt, werden zweckmäßigerweise Staudämme mit Verbindungsbohrungen (Abb. 498) vorgesehen, so daß geringere Ölbewegungen stattfinden und sich Verunreinigungen in Nebenkammern absetzten können.

Bei niedrigtourigen Getrieben mit Tauchschmierung sind nichtschleifende, seitlich der Zahnräder angebrachte Ölabstreifer von Vorteil, wenn sie sicherstellen, daß das abgestreifte Öl über höhergelegene Sammeltaschen, -Wannen oder -Kanäle zu den über dem Ölstand liegenden Lagern und Zahnrädern gelangt.

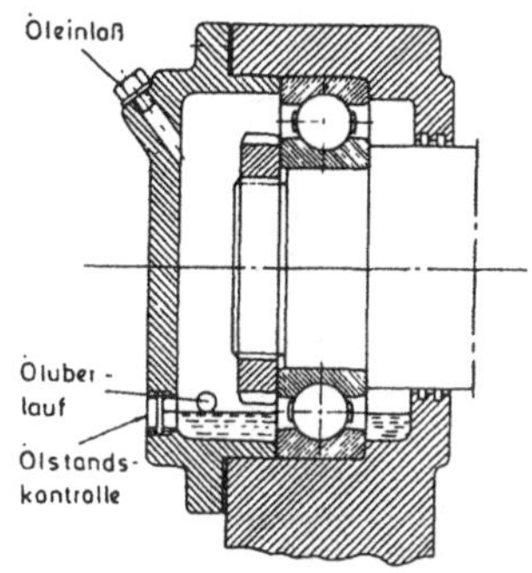

Abb. 497 Tauch- oder Ölbadschmierung

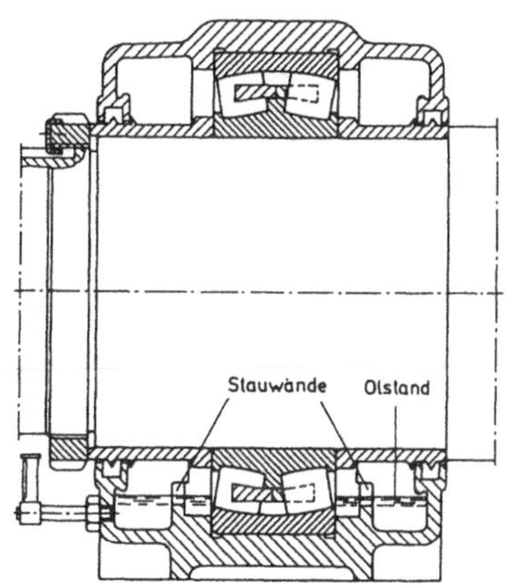

Abb. 498 Großer Ölsumpf mit Stauwänden

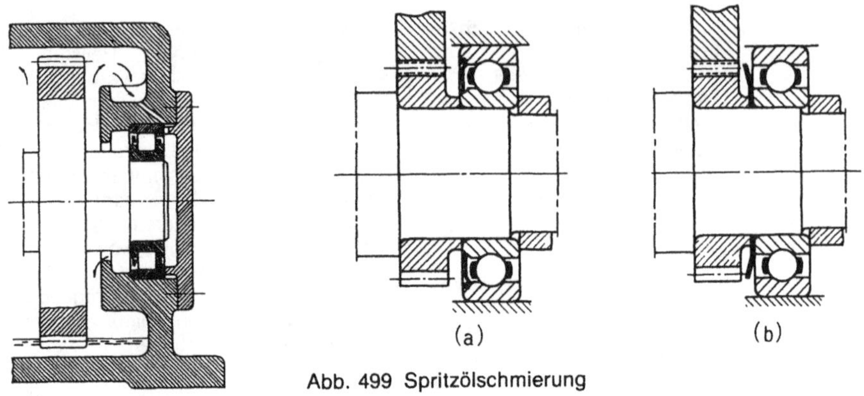

Abb. 499 Spritzölschmierung

24.6.7.2 Spritzölschmierung

In Gehäusen reicht das von den Zahnrädern bzw. von einer besonderen Schleuderscheibe abgespritzte Öl, zusammen mit dem im Gehäuse entstehenden Öldunst, meist aus, die Wälzlager zu schmieren. Damit das Spritzöl entgegen der Erdbeschleunigung obenliegende Lager erreicht, muß das eintauchende Rad oder die Schleuderscheibe eine Mindestdrehzahl von $n \approx 300/\sqrt{D}$ mit D = Lager-Außen-∅ [mm] haben, anderenfalls ist eine Ölabstreifvorrichtung vorzusehen. Mit Rücksicht auf Planschverluste soll die Umfangsgeschwindigkeit des eintauchenden Rades 12 m/s (Stirn- und Kegelräder, Schleuderscheiben) bzw. 9 m/s (Schneckenräder) nicht überschreiten. Für das Anfahren nach Betriebsunterbrechungen ist eine Anfangsschmierung (Ölstand wie bei Tauch- oder Ölbadschmierung) durch Staudämme, hochliegende Abfluß- oder Überlaufbohrungen oder durch die Lager selbst (Laufbahnrille) sicherzustellen. Damit das Spritzöl auch tatsächlich ins obere Lager gelangt, sind Rinnen, Rippen oder Fangtaschen an den Gehäusewandungen für die Zuführung auf der richtigen Lagerseite (Eigenförderung) vorzusehen (Abb. 499).

24.6.7.3 Öldunstschmierung

Öldunst- und Spritzölschmierung sind oft miteinander verbunden. Ausnahmen bilden die Ölnebel-, Ölluft- und Kurbelkastenschmierung von 2-Takt-Verbrennungsmotoren (Umspülung der Pleuel- und Kurbelwellenlager durch ein Kraftstoff-Öl-Luft-Gemisch). Der Vorteil der Öldunstschmierung liegt darin, daß auch abseits liegende, sonst schlecht zugängliche Lagerstellen erreicht werden. Daß dieses immer ausreichend geschieht, ist durch praktische Versuche zu belegen.

24.6.7.4 Ölwechselfrist und Ölmenge

Die Ölwechselfrist hängt von der Alterung, Verschmutzung und der Menge des Öles ab. Bei normalen Bedingungen sollten Ölwechselfristen und Ölmengen nach Abb. 500 eingehalten werden.

Gehäuse mit geringen Ölmengen erfordern einen häufigeren Ölwechsel. In der Einlaufperiode, insbesondere bei Zahnradgetrieben, muß der Ölwechsel auf Grund erhöhter Temperaturen und Abrieb/Verschmutzung häufig schon sehr kurzfristig erfolgen.

Häufig wird der Ölwechsel schon wegen des (anormalen) steigenden Gehaltes an Verunreinigungen vorgenommen. Abb. 501 zeigt einige Faktoren, die direkt oder indirekt einen Ölwechsel erforderlich machen. Die einzelnen Analysewerte können keine absoluten Grenzwerte darstellen, weil diese von der Ölqualität (Belastbarkeit) und der Empfindlichkeit der jeweiligen Lagerung abhängen. Die Bewertung der Analyseergebnisse setzt fast immer den Vergleich mit dem entsprechenden Frischöl voraus. Was zählt, ist nicht das absolute Ergebnis, sondern die Veränderung der verschiedenen Werte zusammen betrachtet. Eine grobe Abschätzung des Alterungs- und Verschmutzungsgrades ist auch möglich durch Farbvergleich von je einem Tropfen frischen

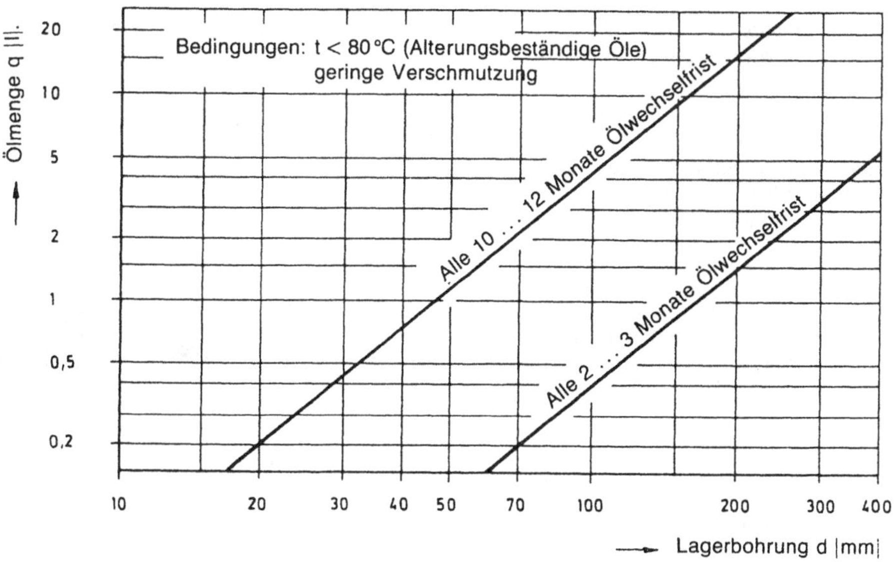

Abb. 500 Ölwechselfrist und Ölmenge bei Tauch-, Bad-, Sumpf- und Spritz-Ölschmierung

Analysewert	Schmierölart	ca. Grenzwert
Feste Fremdstoffe* (Gesamt-Verunreinigung)	Hydrauliköl Getriebeöl Otto-Motorenöl Diesel-Motorenöl	<0,1 Gew.% <0,2 Gew.% 2 Gew.% 6 Gew.%
Flüssige Fremdstoffe,* Wasser	Motoren- und Getriebeöl	<0,2 %
Kraftstoffverdünnung	Motorenöl, SAE 30/40 Motorenöl, SAE 15W40	Flammpunkt >200 °C Flammpunkt >190 °C
Gasförmige Fremdstoffe, Luft	Hydrauliköl	Dichteverlust <10 %
Antioxidantien (Erschöpfung der Additivwirksamkeit)	Synthetische Getriebeöle	>0,5 ... 1 % Gew. Restantioxidans
Viskosität (Veränderung)	Motoren- u. Getriebeöle	± eine SAE-Klasse
Neutralisation, NZ (Ölalterung)	Hydrauliköl Getriebeöl	+1 ... 1,5 mgkoH/g +2 mgkoH/g
Glycolgehalt (durch Kühlmitteleinbruch)	Motorenöle	<0,1 Gew.%

* Prüfmethoden Abb. 535, S. 493

Abb. 501 Einige wichtige Anhaltswerte für den Ölwechsel.

und gebrauchten Öles auf Fließpapier. Bei kritischen Einbaufällen ist die Ölwechselfrist, beginnend mit 1 ... 2 Monaten, zu kontrollieren (NZ, VZ, Fremdstoffe, Viskosität) und in kleinen Schritten zu korrigieren, bis die optimale Ölwechselfrist gefunden ist.

Eisenhaltige Fremdstoffe kann man evtl. durch einen Magnetpfropfen im Ölsumpf auffangen, Schmutzzutritt ins Lager durch integrierte Lagerdichtung (Abb. 499 a) oder durch Schleuderringe (Abb. 499 b) verhindern.
Abb. 500 gilt für alle vorgenannten Arten der Ölschmierung, wobei die Wechselfrist nicht etwa als Lagerbetriebszeit, sondern als die Zeit zwischen Einfüllen und Erneuerung des Öles zu verstehen ist, da das Öl auch in Betriebspausen altert.

24.6.7.5 Tropfölschmierung
Die Tropfölschmierung eignet sich bis zu hohen Drehzahlen, erfordert aber eine stetige Beaufsichtigung. Das verbrauchte Öl muß frei ablaufen können. Je nach Lagergröße, -bauart und -drehzahl sind etwa 5—40 Tropfen pro Minute, entsprechend 0,006 ... 0,01 cm^3/min, erforderlich. Die früher verwendeten Tropföler (Abb. 502) sind zusehends durch Zentral-Schmieranlagen (Abb. 506) ersetzt worden.

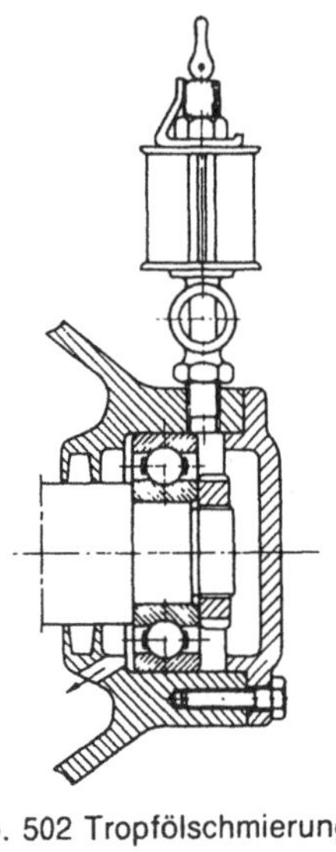

Abb. 502 Tropfölschmierung

24.6.7.6 Dochtöl-Schmierung
Im Gegensatz zu Tropfölern, bei denen das Öl durch Eigengewicht in das Lager fließt, folgt die Förderung des Öles bei Dochtschmierung durch Kapillarkräfte. Das Öl wird durch einen Docht aus dem Vorratsbehälter gesaugt und zur Lagerstelle geführt. Dochtölschmierung eignet sich nur bei kleinen Rillenkugellagern und benötigt ebenfalls eine regelmäßige Wartung (Abb. 503 und 504).

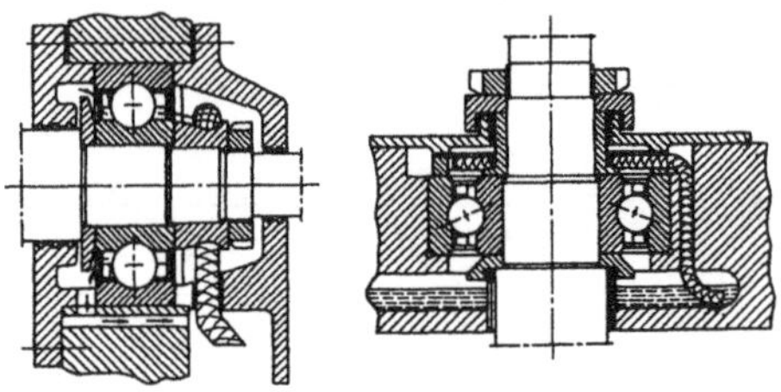

Abb. 503 Dochtölschmierung

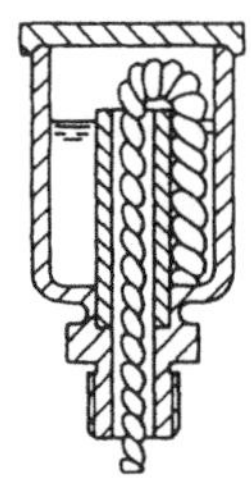

Abb. 504 Dochtöler

24.6.7.7 Zentralschmieranlagen
Zentralschmieranlagen bieten im Vergleich zur Einzelschmierung wesentliche Vorteile. Der Wartungsaufwand ist sehr viel geringer und hauptsächlich auf Schmierstoffnachfüllen und Funktionskontrolle beschränkt. Beim Nachschmieren wird keine Schmierstelle vergessen. Diese Vorteile müssen mit höheren Anlagekosten erkauft werden. Entscheidende Gründe für den Einbau von Zentralschmieranlagen sind:
— Den einzelnen Schmierstellen muß soviel Schmierstoff zugeführt werden, daß dies mit Ölkanne oder Fettpresse nicht bewältigt werden kann.
— Der Zeitaufwand beim Nachschmieren „von Hand" ist unwirtschaftlich.

Zentralschmiersystem	Schmier-stoff*	Mögliche Schmierstellen	Schmierstoff leitung [m]	Dosierung pro Schmierstelle
Mehrleitungssystem Öl- und Fett-Schmierpumpen	Öl/Fett	... 30	5 ... 50	0,18 ... 400 cm^3/h
Einleitungssystem	Öl	... 500	... 50	10 ... 1500 mm^3/Takt
Zweileitungssystem	Öl/Fett	... 5000	... 200	0,02 ... 15 cm^3/Takt
Progressivsystem	Öl/Fett	... 100	... 50	0,01 ... 500 cm^3/min
Drosselsystem	Öl	... 500	... 200	0,1 ... 40 cm^3/min
Ölnebelsystem	Öl	... 2500	... 200	0,2 cm^3/h
Öl-Luft-System	Öl	... 5000	... 200	>0,05 cm^3/h

* Wälzlagerfette der NGLI-Klasse 2 ... 3

Abb. 505 Verschiedene Systeme der Zentralschmierung

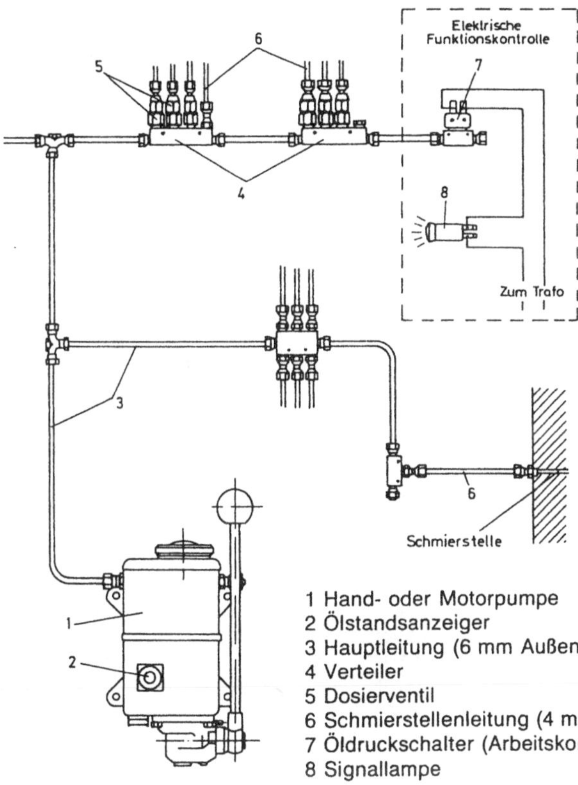

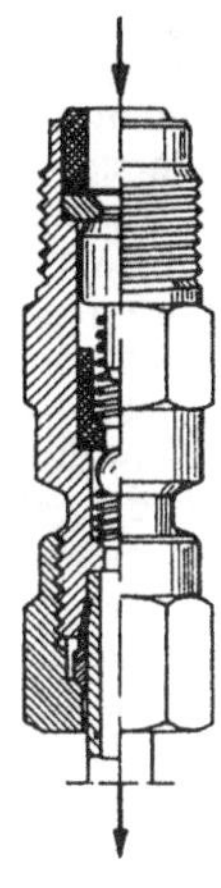

Dosierventil

1 Hand- oder Motorpumpe
2 Ölstandsanzeiger
3 Hauptleitung (6 mm Außen-∅)
4 Verteiler
5 Dosierventil
6 Schmierstellenleitung (4 mm Außen-∅)
7 Öldruckschalter (Arbeitskontakt)
8 Signallampe

Abb. 506 Zentralschmierung für Fett oder Öl (Einleitungsanlage)

— Eine genau dosierte, zuverlässige Fett- oder Ölzufuhr muß unabhängig vom Bedienungspersonal jederzeit gewährleistet sein.

Jede Zentralschmieranlage besteht aus einem zentralen Aggregat (z.B. Pumpe, Ölnebelgerät), dem Rohrleitungssystem, den Verteilerelementen und den Dosierventilen.

Neben diesen Hauptelementen können noch weitere Geräte wie Durchlaufkontrollen, Funktionskontrollen, Zeitsteuerungen, Heizungen oder Kühler und Füllstandsanzeiger eingebaut werden (Abb. 506).

Je nachdem, ob der Schmierstoff von den Schmierstellen wieder zurück zum Behälter geleitet wird oder nicht, spricht man von einer Verbrauchs- oder Umlaufschmierungsanlage, auch Verlust- oder Durchlaufschmierungsanlage genannt.

Es gibt min. 7 verschiedene Systeme der Zentralschmierung (Abb. 505). Bei Mehrleitungsanlagen versorgt jeder Pumpenanschluß je eine Schmierstelle mit Schmierstoff. Die Dosierventile (Verteiler oder Zumeßventile) entnehmen der Hauptleitung pro Takt (Druckaufbau durch Pumpe) ein bestimmtes, festes Schmierstoff-Volumen und geben dieses an die Schmierstelle weiter. Die Schmierstoffzufuhr wird nicht durch das Fördervolumen der Pumpe, sondern durch die Dosiermenge im Arbeitsrhythmus der Pumpe bestimmt. Progressivverteiler und Drosseln verteilen das gesamte Fördervolumen in festem, bestimmbarem Verhältnis auf die Schmierstellen. Diese Systeme werden auch kombiniert eingesetzt, so z.B. Drossel als Hauptaufteilung und Progressivverteiler zur Feinaufteilung. Ölnebel- und Öl-Luft-Systeme s. S. 470 ... 475.

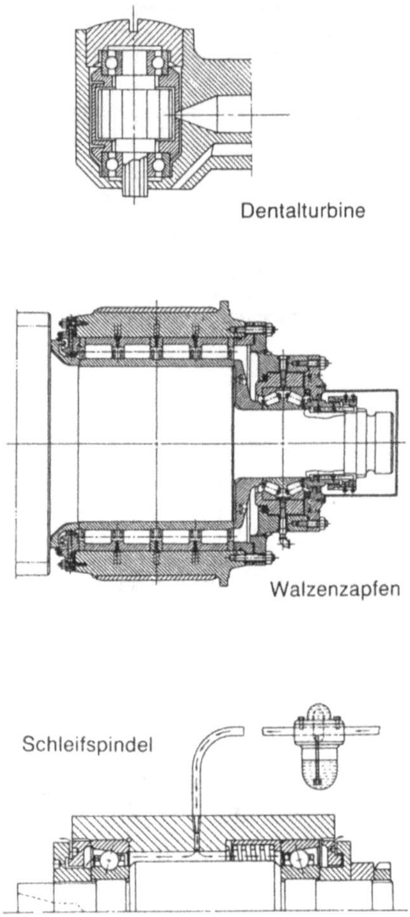

Abb. 507 Anwendungsbeispiele der Ölnebelschmierung

24.6.7.8 Ölnebelschmierung

Diese Art der Minimal-Schmierung findet man sowohl bei Dental-Turbinen-Lagern von wenigen Millimetern Durchmesser und Drehzahlen bis 400.000 min^{-1} als auch bei Walzwerks-Lagern über 1000 mm Durchmesser und schwersten Belastungen (Abb. 507). Bei Axiallagern gilt allerdings $t \leqq 50\,°C$.

Eine Ölnebel-Schmieranlage (Abb. 508) besteht aus 3 Hauptteilen: Ölnebelgerät, Rohrleitung und Verdichterdüsen. Das Ölnebelgerät (Abb. 509) arbeitet nach dem Saugzerstäuberprinzip: Sobald Preßluft (oder ein anderes geeignetes Trägergas) in die Düse einströmt, wird Öl aus dem Tank angesaugt und zu Tropfen von 0,2 ... 1000 μm ∅ vernebelt. Zu große Tröpfchen (> 5 μm) werden durch ein Staublech ausgefällt. Dieser sogenannte „Trockennebel" gelangt dann in Rohrleitungen mit maximal 5 m/s zu den Lagerstellen, wo er in Verdichterdüsen durch Beschleunigung (v_{max} = 30 m/s) und Kollision zu größeren Tropfen rückverdichtet wird. Dieser „Naßnebel" schlägt sich bei richtiger Luftstromführung auf alle Lagerkontaktstellen nieder und sorgt so für eine ausreichende reibungsarme Schmierung. Die Abluft entweicht weitgehend ölfrei in die Atmosphäre.

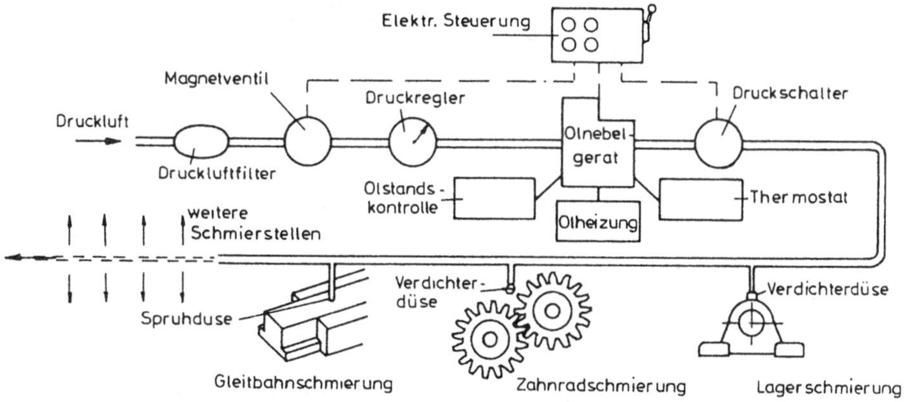

Abb. 508 Ölnebelschmieranlage

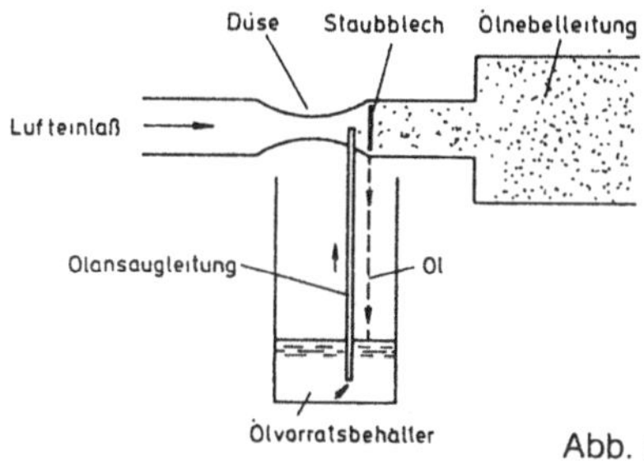

Abb. 509 Prinzip des Ölnebelgerätes

Energie	Druckluft: pü = 5 bar, kontinuierlich, möglichst trocken (Filter), Elektrischer Strom: 220/380 V.
Schmierstoff	Nur Flüssigkeiten, keine Fest- oder Fettschmierstoffe möglich, Viskosität begrenzt: $\nu_{max} = 450 \cdot 10^{-6}\,mm^2/s$ bei 50 °C trotz Aufwärmung auf 80 °C.
Rohrleitung	Verlegung möglichst geradlinig, Gefälle > 1 % zum Gerät oder Lagerstelle, Sackbögen führen zu Rohrverschluß.
Lagerstelle	Temperatur < 200 °C (Wärmeniveau von Oxidationsstabilität des Schmierstoffes abhängig). Lagerdrehgeschwindigkeit begrenzt (keine Benetzung).
Dichtung	Gute Dichtung erforderlich, geringer Luftüberdruck reicht meist nicht aus, um feste Fremdkörper und Wasser fernzuhalten. Luftströmung aufrecht erhalten.
Umwelt	Luftdruck außerhalb der Lagerstelle größer als Ölnebeldruck (pa ≧ pi) führt zu Anlagenausfall.

Abb. 510 Voraussetzungen für die Ölnebelschmierung

	Vorteile	Nachteile
Konstruktion	Viele Lager- und Reibstellenanschlüsse (bis ca. 500) mit nachträglicher Systemvergrößerung oder -verkleinerung möglich.	Druckluft-Erzeugung / Transport sehr teuer.
Montage	Einfache Montage, einfache Bauteile.	Innere Sauberkeit der Rohre sehr wichtig (Düsenverstopfung führt zu Lagerschäden).
Betrieb	Einfache Einstellung. (Häufige Überprüfung und Protokollierung während der Einfahrzeit sowie Blockierung von späteren Einstellmanipulationen empfehlenswert.)	Empfindlich gegenüber ungenügendem Rohrgefälle (Ölstau, Rohrverstopfung → Systemausfall).
Instandhaltung	Keine bewegten Verschleißteile, geringer Wartungsaufwand (Kontrolle und Befüllung), Leckagen bedeuten nur geringen Schmierstoffverlust (Druckabfall im System löst Warnung aus).	Kontinuierliche Funktionskontrolle einzelner Lager- und Reibstellen zu aufwendig bzw. nicht durchführbar.
Lagerstelle	Dauerfrischölschmierung, Minimalschmierung, Vermeidung von Reibkorrosion (intensive Benetzung aller Reibflächen), Inspektion der Lagerstelle einfach, schnell und sauber. Wesentliche Verringerung der Reibung gegenüber Fett- oder Ölumlaufschmierung (geringere Erwärmung, hohe Drehzahlen).	Wärmeabfuhr gering.
Umwelt		Ölnebel kann zu Umweltbelästigung führen. Deshalb sind sorgfältige Einstellung, richtige Ölauswahl und Ölableitungen besonders wichtig.

Abb. 511 Vor- und Nachteile der Ölnebelschmierung

Die Voraussetzungen für die Anwendung der Ölnebelschmierung sind in der Abb. 510 zusammengefaßt, die Vor- und Nachteile dieses Schmiersystems in Abb. 511 gegenübergestellt.

Ölnebelgeräte gibt es in verschiedenen Größen. Als Bemessungsgrundlage dient eine empirische Kennzahl, das sogenannte „Lagerzoll" oder neuerdings auch „Lagereinheit" (LE) genannt. 1 LE = 1 Zoll (25,4 mm) Lagerbohrung x Lagerreihe. Mit Hilfe dieser Lagereinheit werden das Ölnebelgerät, die Rohre und die Verdichterdüse ausgewählt. In der Regel werden C-LP-Öle (s. Abb. 467, S. 440) mit besonderen Vernebelungseigenschaften (Hochpolymere-Zusätze) verwendet. Der stündliche Ölverbrauch wird im Mittel etwa 0,15 cm^3 $\pm 40\,\%$ pro LE, der stündliche Luftverbrauch ca. 0,04 m^3/LE betragen.

Die Ölnebelschmierung ist sehr sorgfältig zu konstruieren und herzustellen. Bei der Schmierstoffzuführung ist die Eigenförderung der Lager zu beachten und ein Ölstand (seitliche Abflußbohrungen und hochliegende Luftaustrittsbohrungen) vorzusehen.

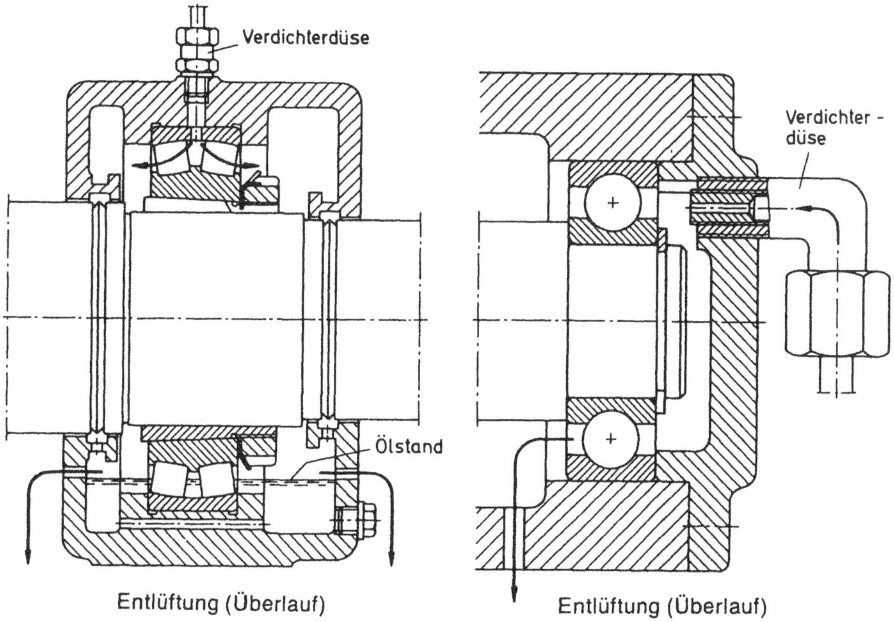

Abb. 512 Positionen der Düsen und Entlüftung bei Ölnebelschmierung

Um alle Lauf- und Gleitflächen des Lagers zu erreichen und zu benetzen, muß der Ölnebel-Strom das Lager durchströmen. Die Verdichterdüse (Zuführung des Ölnebels) muß möglichst in der oberen Lagerhälfte, die Entlüftung in der unteren Lagerhälfte gegenüber und auf der anderen Lagerseite angebracht werden (Abb. 512).

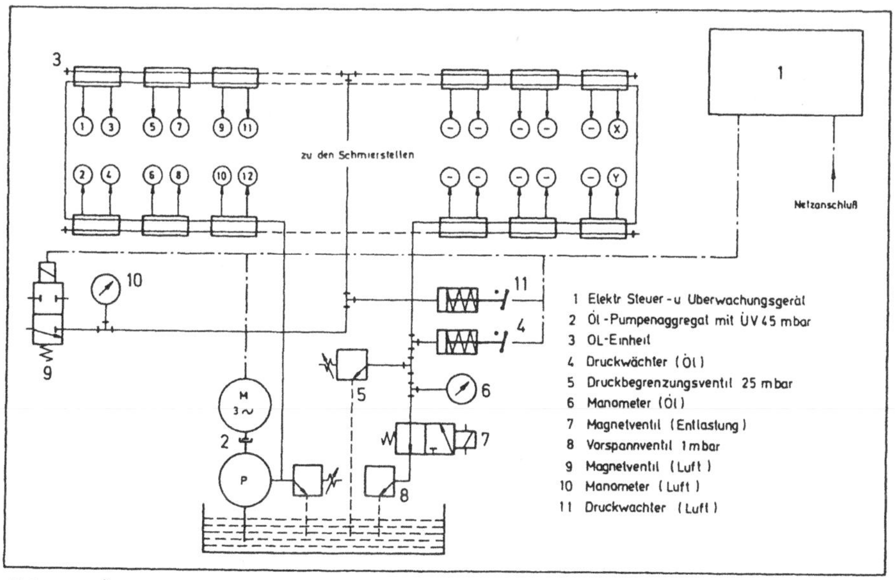

Abb. 513 Öl-Luft-Schmieranlage

24.6.7.9 Öl-Luft-Schmierung

Mit den herkömmlichen Schmiersystemen gelingt es, den Schmierstellen die "Schmierstoff-Minimalmenge" (s. Abb. 438, S. 414) im zeitl. Mittel (kleiner Tropfen pro langem Zeitraum) zuzuführen. Wenn es sich dann dabei um eine hochtourig laufende Wälzlagerung mit geringer Lagerluft (z.B. Werkzeugmaschinenspindel) handelt, können diese kleinen Tropfen das Betriebsverhalten der Lagerung im Moment der Schmierstoffzugabe und noch kurz danach empfindlich stören (Reibungs-/Temperaturanstieg, Heißlauf). Gefordert werden eine kontinuierliche Schmierung, wie sie mit der Ölnebel- oder Öl-Luft-Schmierung seit Jahren praktiziert wird (Abb. 513).
In der Öl-Luft-Mischeinheit wird Öl, über ein Dosierventil periodisch gesteuert, in einen kontinuierlich wirksamen Luftstrom eingespritzt. Die Luft verteilt den abgegebenen Öltropfen quer und längs der Rohrverbindung, transportiert ihn zur Schmierstelle und zieht ihn dabei auseinander, so daß an der Schmierstelle ein feiner kontinuierlicher Ölstrom ankommt, welcher über eine Düse in das Lager eingespritzt wird. Es können alle Ölsorten verwendet werden, auch solche mit hoher Viskosität (bis ISO VG 1500 $\hat{=}$ $\nu_{20\,°C}$ ≈ 7000 mm^2/s) und mit EP-Zusätzen.

Bei Entwurf und Ausführung dieses Schmierungssystems sind folgende Punkte besonders zu beachten:

- je Lagerstelle eine Dosiereinheit mit separater Zuleitung
- Dosiereinheiten müssen exakt einstellbar sein
- Rohrleitungen, lichte Weite 2 ... 4 mm und mind. 500 mm lang (Zeit für Ölverteilung), keine Querschnittsveränderungen, glatte Rohranschlüsse und Verbindungen (Ölstau und zeitlichen Ölüberschuß mit Temperaturanstieg vermeiden)
- Anforderungen an verwendete Druckluft, s. Ölnebelschmierung, Abb. 510, S. 738
- Öl-Luft-Strom muß Luftwirbel, welcher sich bei hohen Drehzahlen am Lager bildet, leicht durchdringen. Düsenanordnung (Ölzufuhr) richtet sich nach der Lagerart: Einreihige Lager zwischen Innenring und Käfig, zweireihige Lager in Lagermitte oder seitlich in Höhe der Außenringlaufbahn, Schräglager in Förderrichtung.
- Große Ölabläufe (zu viel Öl im Lager erhöht die Temperatur)
- Zuzuführende Ölmenge nach Gl. 473 und Feineinstellung während Versuchsläufen mit gleichzeitigen Temperaturmessungen

Empfohlene Ölmenge pro Schmierstelle:

$$q = 0{,}03 \cdot d \cdot B \;|mm^3/h| \qquad \text{(Gl. 473)}$$

mit

d Lagerbohrung |mm|
B Lagerbreite |mm|

Die kleinste kontinuierlich zugeführte Ölmenge zu einer Schmierstelle beträgt ca. 0,05 cm^3/h.

Die Vorteile der Öl-Luft-Schmierung sind:

- Es können Schmierungsprobleme bewältigt werden, die bei extremen Betriebsbedingungen, wie hohen Drehzahlen, Temperaturen und geringstem Schmierölbedarf, mit anderen Schmiersystemen nicht oder nur unbefriedigend gelöst werden.
- Hoher Wirkungsgrad durch geringe Reibungsverluste in den Lagern.
- Ständig frisches, sauberes Öl. Es lassen sich viele Ölsorten verwenden, höhere Viskositäten ohne Vorheizung, EP-Öle, synthetische Öle.
- Die zum Öltransport verwendete Druckluft schützt durch Überdruck in der Lagerung vor von außen eindringenden Verunreinigungen.
- Gegenüber der Ölnebelschmierung beträgt die empfohlene Ölmenge nur 10 %, wovon kaum Öl über die (Luft)-Austrittsöffnungen in die Umwelt entweicht.

Bevorzugte Anwendungsgebiete sind hochtourige Werkzeugmaschinenspindellagerungen, Stranggußanlagen, Rollgänge, Walzwerke, Steinbrecher, Papiermaschinen, Heizungsventilatoren usw.
Die Nachteile sind ähnlich den Ölnebelschmieranlagen (Abb. 511, S. 472), mit Ausnahme des Rohrgefälles, das hier keine Rolle spielt, und der Umweltbelästigung.

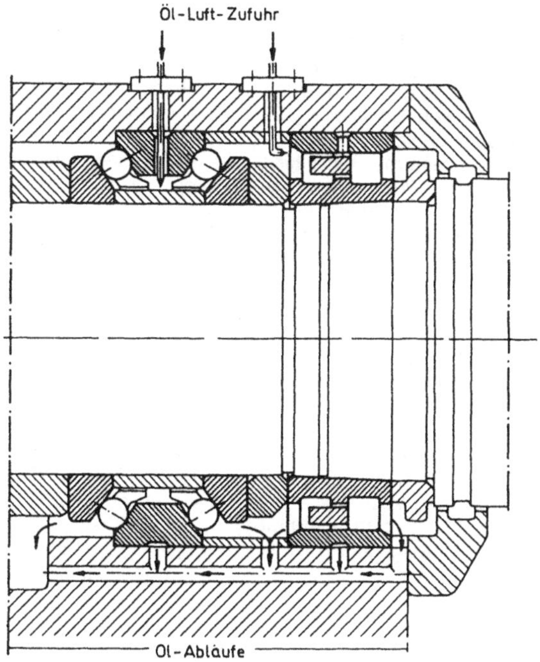

Abb. 514 Öl-Luft-Schmierung für eine Hochleistungsdrehmaschine (Spindelkopf-Lagerung) Spindel-Ø 180 mm, Antrieb ca. KW, Drehzahl n = 60 ... 6400 min^{-1}, lichte Weite der Düse 0,5 mm, EP-Mineralöl $\nu_{40°C}$ = 50 ... 100 mm^2/s, Taktzeit 10 min^{-1}, Luftdruck in Zuleitung 2,5 bar, Ölbedarf 100 mm^3/h/Schräglager und 60 mm^3/h/Zylinderrollenlager.

24.6.7.10 Sprüh-Schmieranlagen

Sprüh-Schmieranlagen für Öle oder Fette arbeiten nach dem gleichen Prinzip wie die Öl-Luft-Schmierung. Anstelle der Schmierdüsen werden Sprühköpfe eingesetzt. Anwendungsgebiete sind offene Großgetriebe (Drehrohrofen, Tagebaugeräte, Kohleverbrennungsanlagen) und Förderketten. Der Schmierstoff muß neben gutem Lasttragevermögen und Verschleißschutz (Festschmierstoff-Zusätze) besonders gutes Haftvermögen, leichte Versprühbarkeit sowie gute Förderbarkeit und ausreichenden Korrosionsschutz bieten.

24.6.7.11 Ölumlaufschmierung

Die Ölumlaufschmierung gewährleistet eine sichere Dauerschmierung und eine gute Wärmeableitung. Günstig ist außerdem die Abfuhr (Ausspülung) von Verunreinigungen (Abrieb, Verschleißpartikel, Wasser, Schmutz) aus dem Lager und daß auch schlecht zugängliche Lagerstellen sicher erreicht werden. Sie wird häufig angewendet bei Lagerungen, die durch hohe Belastung und/oder hohe Drehzahl viel Reibungswärme erzeugen oder denen aus der Umgebung Wärme zugeführt wird, bei Werkzeugmaschinen, wo bestimmte Temperaturen aus Maßstabilitätsgründen nicht überschritten werden dürfen, bei mehreren gleichzeitig zu versorgenden Schmierstellen und wenn die Wälzlagerschmierung in die Umlaufschmierung anderer Maschinenteile einbezogen werden kann (z.B. Getriebe).

Die Ölumlaufschmierung ist je nach Betriebs- und Konstruktionsbedingungen einfach bis aufwendig zu gestalten. Im einfachsten Fall nutzt man die Förderwirkung der Lager mit asymmetrischem Aufbau (z.B. Schräglager) oder die Förderwirkung von Schmierringen, Spritzringen, Schleuderscheiben, Kegelflächen, Zahnrädern u.ä. In den meisten Fällen wird das Umlauföl mit einer Pumpe aus dem Vorratsbehälter zum Lager gefördert, durchläuft das Lager aufgrund von Druck, Schwerkraft oder Eigenförderung des Lagers und kehrt drucklos zum Vorratsbehälter zurück. Im aufwendigsten Fall besteht die Ölumlaufanlage aus Ölbehälter, Pumpe, Filter, Kühler, Behälterheizung, Druckbegrenzer, Drosseln, Rückschlagventile, Manometer, Thermometer, Separatoren und Ölabsaugung.
Die Größe der Umlaufanlage richtet sich nach dem Ölbedarf der Schmierstellen und nach der angestrebten Ölverweilzeit im Vorratsbehälter. Läßt man die Leitungsvolumina außer acht, ermöglichen es die Erfahrungswerte für die Ölumwälzzahl, die Füllmenge des Vorratsbehälters M festzulegen, d.h.:

$$M = m \cdot 60/z \; [l] \qquad \text{(Gl. 474)}$$

mit

m Umlaufmenge [l/min]
z Ölumwälzzahl
= 3 ... 8 für Wälzlagerungen
= 4 für Walzwerksanlagen
= 10 für Elektrische Maschinen
= 60 für Hydraulikanlagen

Die Ölumwälzzahl soll im Hinblick auf Ölalterung, Ölabkühlung und Absatzzeit für Verunreinigungen so niedrig wie möglich angesetzt werden. Füllmengen M < 3 l sind zu vermeiden.
Die Planung und Verlegung der Ölleitungen aus Kupfer, Stahl oder Kunststoff (Polyamid) verlangt besondere Sorgfalt. Alle vermeidbaren Rohrwiderstände müssen ausgeschlossen werden. Die Zulaufquerschnitte sind so zu dimensionieren, daß die Strömungsgeschwindigkeit 2 m/s nicht übersteigt und der Zuführungsdruck nicht unnötig hoch ist, d.h. in der Regel 1 ... 4 bar beträgt. Gegebenenfalls müssen Drosseln, Blenden, Druckminderventile oder geeignete Zumeßelemente (Dosierventile) eingebaut werden. Gegen das Entleeren der Druckleitungen bei Betriebsunterbrechungen sind Rückschlagventile angezeigt.

Die Abflußleitungen sind reichlich zu bemessen, damit sich das Öl nicht staut, sondern drucklos zum Vorratsbehälter zurückfließt. Ölstauungen bedeuten, insbesondere bei hohen Drehzahlen, beträchtliche Leistungsverluste. Sie können den Wärmetransport verhindern und die Dichtungen durch Überdruck unwirksam machen. Der erforderliche Querschnitt hängt von der Ölviskosität und dem Gefällewinkel ab.
Das Gefälle soll mindesten 5 % (≈ 3°) betragen, der Querschnitt entsprechend

$$d_a = (14 \ldots 26) \cdot \sqrt{m} \; [mm] \qquad \text{(Gl. 475)}$$

mit

d_a lichter Durchmesser der Abflußleitung [mm]
m Ölumlaufmenge [l/min]

Diese Gleichung gilt für Öle bis zu einer Betriebsviskosität von ca. 500 mm^2/s $\nu_{40\,°C}$ (≈ ISO VG 320).

Wenn Öl-(Rücklauf-)Temperaturen < 80 °C nicht gehalten werden können (begrenzter Ölvorrat/unzureichende Wärmeabfuhr wie z.B. in Hochleistungsgetrieben), ist das Mineralöl häufiger zu ergänzen oder es ist mit einer überproportionalen Alterungsgeschwindigkeit zu rechnen. Sonderöle ermöglichen längere Betriebszeiten.
Ölkühler müssen so ausgelegt werden, daß die gewünschte Öl-Rücklauftemperatur bei den vorliegenden Betriebsverhältnissen sicher eingehalten werden kann (evtl. Zusatzkühler für Sommerbetrieb). In Sonderfällen kann eine Ölvorwärmung erforderlich sein. Bei Verwendung elektrischer Heizstäbe in Ölsumpfen sollte die max. zulässige Grenzfilmtemperatur (Ölhersteller fragen) eingehalten werden, die punktuelle Öltemperatur < 100 °C betragen und schließlich die Heizflächenleistung bei Konvektion < 0,7 W/cm^2 nicht überschreiten, weil sonst thermische Zersetzungen der EP-Additive nicht auszuschließen sind.

In den Vorratsbehältern von Umlaufanlagen muß das Öl Gelegenheit haben, Verunreinigungen abzuscheiden. Hilfreich sind ausreichende Verweilzeiten im Vorratsbehälter (geringe Umwälzzahl), Überlaufkammern mit Vorklärung, Temperierung, Magnetabscheidung, Absetzschleusen und geneigte Behälterböden mit Schlammablaß an der tiefsten Stelle. Ver-

unreinigungen, die nicht im Vorratsbehälter abscheiden, müssen durch Filter oder Separatoren entfernt werden.
Als Maschenweiten für die Ölfilter sind anzusetzen:

— 60 µm bei geringer Anforderung an die Verschleißsicherheit, bei MoS_2-haltigen Ölen und bei großen Lagern,
— 25 µm bei mittleren Anforderungen an die Verschleißsicherheit (≙ Industriehydrauliksystemen),
— 10 µm bei hohen Anforderungen an die Verschleißsicherheit, insbesondere bei kleinen Lagern ($d <$ 30 mm) und Lagerbauformen mit höheren Gleitanteilen (Kegelrollenlager, Pendelrollenlager).

Separatoren sollen in erster Linie das Wasser vom Öl trennen. Das Rücklauföl sollte über schwach geneigte Leitbleche mit Sieben in den Vorratsbehälter zurücklaufen, um zu verhindern, daß die Luft im Rücklauföl in die Ölfüllung eingewirbelt wird (Ölalterung, s. S. 458). Die Rücklaufleitung vom Überdruckventil kann unter dem Ölstand eingeführt werden.

Wälzlager müssen bereits beim Start der Maschine mit Schmierstoff versorgt sein, d.h. Pumpen-Vorlauf oder Ölstände in Lagern durch Öldämme oder seitlich versetzte Rücklaufbohrungen, wenn die Lager trocken laufen könnten s. Abb. 516 oder 517.

Bei Zentralschmieranlagen empfiehlt es sich darüber hinaus, einen zeitlich begrenzten Notbetrieb bei Ausfall der Pumpe durch (batteriebetriebene) Reservepumpe oder Hochbehälter sicherzustellen.
Öle für Umlaufschmieranlagen müssen ein gutes Wasser- und Luftabscheidevermögen aufweisen und der oxidativen Beanspruchung auf Dauer widerstehen. Große Umlauföl-Füllungen (> 3 m^3) werden normalerweise nicht gewechselt, sondern durch Nachfüllung der Verlustmenge erneuert. Besondere Anforderungen an Viskosität, Lastaufnahme und andere Eigenschaften des Öles ergeben sich aus der Kombination der Anlagenteile und der Schmierstellen. Als Umlauföle haben sich Mineralöle C-L, L-TD bzw. C-LP gemäß Abb. 467 (S. 440) bewährt.

Betriebsviskosität nach Abb. 434, S 674 vorausgesetzt.

A
Zur Schmierung ausreichende Ölmenge
B
Obere Grenze für Lager symmetrischer Bauform
C
Obere Grenze für Lager asymmetrischer Bauform (Eigenförderung)

A_1, B_1, C_1: $D/d > 1{,}5$
A_2, B_2, C_2: $D/d \leqq 1{,}5$

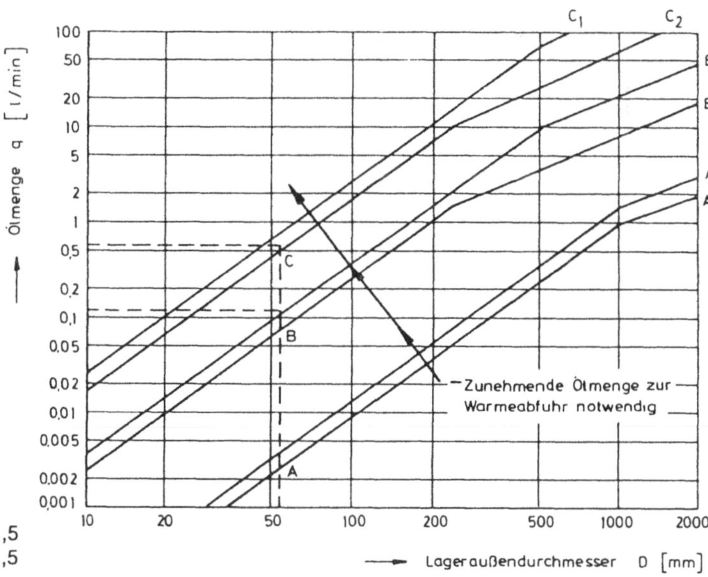

Abb. 515 Ölmenge bei Umlaufschmierung (Erfahrungswerte)

Erfahrungswerte für die erforderlichen Ölmengen bei Umlaufschmierung sind Abb. 515 zu entnehmen. Die Mindestölmenge (Linie A) berücksichtigt bereits ungünstige Ölzufuhrverhältnisse (z.B. Ölzufuhr von der Seite anstelle durch die Lagermitte). Die Maximal-Ölmengen resultieren aus dem Widerstand, den die Lager dem durchfließenden Öl entgegensetzen. Für asymmetrische Lager (Schräglager) ist die Maximal-Ölmenge wegen der Pumpwirkung der Wälzkörper und des Käfigs größer als bei symmetrischen Lagern. Die Abstände A und C bzw. A und B sind sehr groß, weil die Wärmezufuhr- und Wärmeabfuhrverhältnisse sowie die gewünschte Betriebstemperatur in weiten Bereichen schwanken können. Welche Ölmenge im Einzelfall tatsächlich zugeführt werden muß, läßt sich letztendlich nur durch Versuchsläufe (Messungen der Öl- und Lagertemperaturen bei verschiedenen, konstanten Ölmengen) ermitteln.

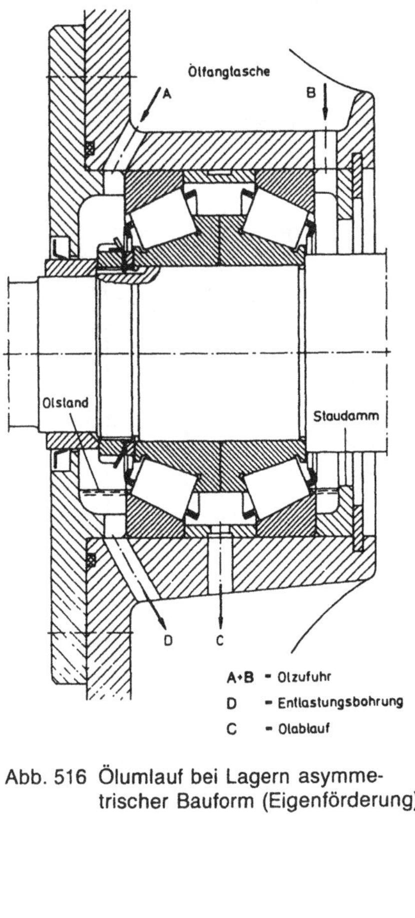

Abb. 516 Ölumlauf bei Lagern asymmetrischer Bauform (Eigenförderung)

Theoretisch läßt sich die erforderliche Ölmenge (q) aus dem Gesamtreibungsmoment des Lagers herleiten; dieses jedoch auch nur näherungsweise, weil die Lagertemperatur, die Betriebsviskosität sowie die genauen Wärmezu- und -abfuhrverhältnisse rechnerisch nur schwer zu erfassen sind.

$$q = \frac{M_R \cdot \pi \cdot n}{c \cdot (t_a - t_e \cdot \varrho} [\mathrm{l/min}] \qquad \text{(Gl. 476)}$$

mit

- M_R Lager-Gesamtreibungsmoment |Nmm| (S. 280)
- n Lagerdrehzahl $|\mathrm{min}^{-1}|$
- c Spezifische Wärmekapazität |J/kgK| (Abb. 491, S. 456)
- t_a Ölaustrittstemperatur [°C] (t_a-t_e gewöhnlich 20 °C)
- te Öleintrittstemperatur [°C]
- ϱ Öl-Dichte kg/m^3 (Abb. 470, S. 443)

Beispiel

Gegeben: Kegelrollenlager 33205,
n = 1200 min^{-1}, Mineralöl I,
t = 100 °C, M_R = 640 Nmm,
ta = 60 °C, te = 40 °C

Gesucht: Erforderl. Ölmenge zur Wärmeabfuhr, q = ?

Wert aus Abb. 491, S. 456:
c = 2100 J/kg K
Wert aus Abb. 470, S. 443
$\varrho_{15\,°C}$ = 887 kg/m^3 → $\varrho_{60\,°C}$ = 860 kg/m^3 (Abb. 489, S. 455)

Lösung:

$$q = \frac{2 \cdot \pi \cdot 640 \cdot 1200}{2100\,(60-40) \cdot 830} = 0{,}134 \text{ l/min}$$

q = 0,12 ... 0,5 l/min zum Vergleich aus Abb. 515

Abb. 516 zeigt die Ölumlaufschmierung einer Schneckenwelle. Das vom Schneckenrad abgeschleuderte und in einer Fangtasche gesammelte Öl wird auf beiden Lageraußenseiten (A + B) zugeführt und durch die Lager selbsttätig zur Mitte gefördert, wo es durch Abflußbohrungen (C) zurückfließen kann.
Wichtig sind die Beachtung der Lagerförderrichtung mit entsprechender Ölzufuhr, reich-

lich bemessene Ölabfluß- und Entlastungsbohrungen mit (C + D) > 4 (A + B) zur Vermeidung von Ölstaus und der Ölstand für die Anlaufperiode (Dämme, Staubleche und seitlich versetzte Abflußbohrungen).

Abb. 517 zeigt die Ölumlaufschmierung der Walzenlagerung einer Papiermaschine mittels Ölförderring, auch Schmierring genannt. Der Ring hat einen wesentlich größeren Durchmesser als die Welle und taucht tief in den unter dem Lager liegenden Ölsumpf ein. Er wälzt sich beim Lauf an der Führungsbuchse ab und fördert so Öl in den Lagerraum. Der Ölablauf ist seitlich versetzt und ergibt nur einen kleinen, aber ausreichenden Ölstand, in den die Wälzkörper eintauchen.

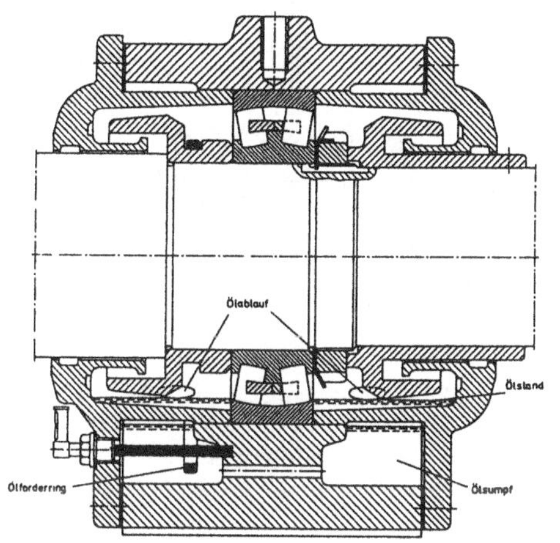

Abb. 517 Ölumlauf mit Ölförderring

Bei senkrechten, schnell laufenden Wellen bietet die Anwendung von kegeligen Flächen/Spalten/Bohrungen oder Gewinden eine Ölförderung aus dem unterhalb der Lager liegenden Ölbehälter. Bild 518 zeigt die Ölumlaufschmierung im Frässpindel-Kopflager einer Holzbearbeitungsmaschine. Das Öl steigt an einer äußeren Kegelfläche empor. Es wird dabei durch einen ruhenden Stift, der im Abstand von 0,5 ... 1 mm parallel zur Kegelfläche angebracht ist, unterstützt. In Abb. 519 wird das Öl an einer inneren Kegelfläche hochgefördert und dringt durch die Bohrung am oberen Ende in das Lager ein. Abb. 520 zeigt die Ölumlaufschmierung bei Anwendung eines Fördergewindes.

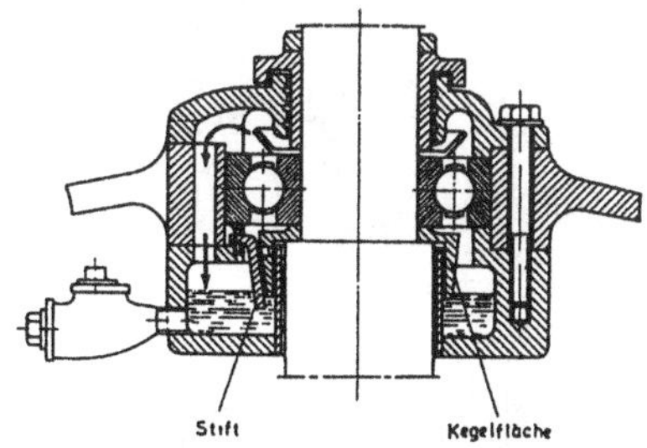

Abb. 518 Ölumlauf bei äußerer Kegelfläche

Bei diesen Fördermitteln muß die günstigste Ausführung durch Versuche überprüft werden, da die geförderte Ölmenge von der Viskosität, von der Spaltbreite, von den Querschnitten der Zu- und Abflußkanäle, vom Kegelwinkel der Fördermittel und vor allem von der Drehzahl abhängt. In der Regel sind die Ölfördermengen sehr gering.
Lassen sich mit diesen Mitteln die vorliegenden Wärmemengen nicht abführen, ist eine Ölpumpe einzubauen.

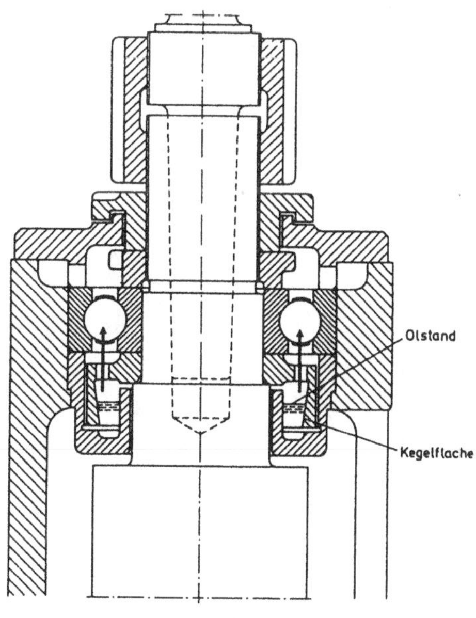

Abb. 519 Ölumlauf bei innerer Kegelfläche

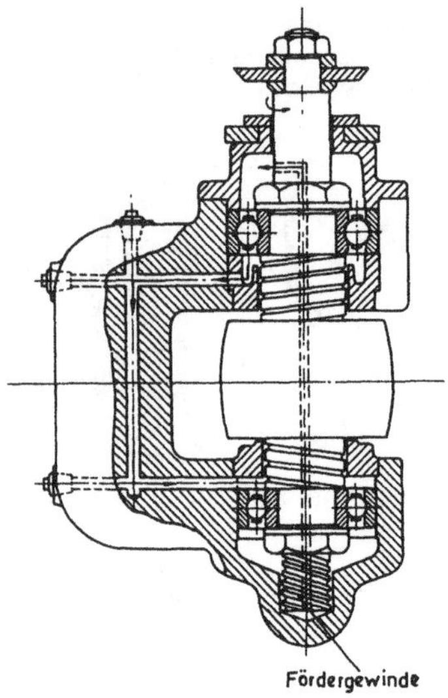

Abb. 520 Ölumlauf bei Fördergewinde

Eine Umlaufschmierung mit Pumpe und Ölkühler ist in der Abb. 522 angedeutet. Sie ist für die Kalanderwalzenlagerung erforderlich, weil durch den Walzenzapfen Dampf geleitet wird und die Lagertemperatur bestimmte Grenzen (siehe Abschnitt 6.8.) nicht überschreiten darf.

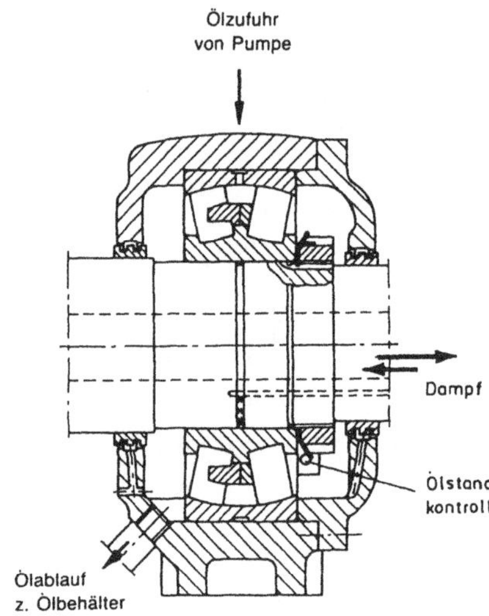

Abb. 522 Pumpenumlaufschmierung, z.B. für Kunststoff-Kalander-Walzen-Lagerung

Das Öl wird, wie Abb. 521 zeigt, oben bzw. auf einer Lagerseite zugeführt und kann unten bzw. auf der anderen Lagerseite in den Vorratsbehälter zurückfließen. Bei sehr großen Ölmengen (ungünstige Temperaturverhältnisse, hohe Drehzahlen, $\nu > 30\ mm^2/s$) leitet man einen Teil des Ölstroms über Entlastungskanäle um das Lager herum, damit die Lagerreibung in Grenzen bleibt und dennoch eine hohe Wärmeabfuhr gewährleistet ist.

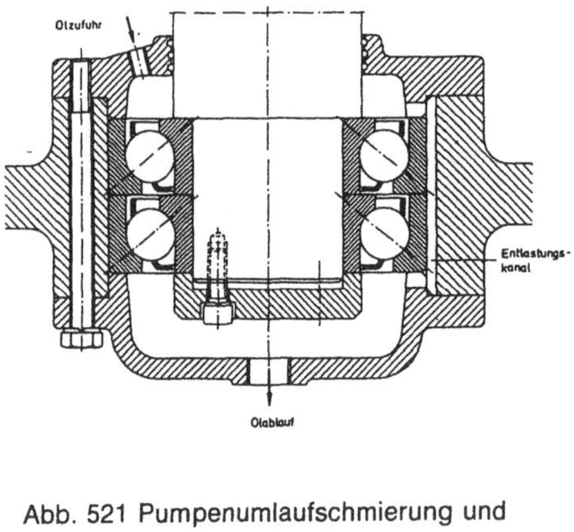

Abb. 521 Pumpenumlaufschmierung und Entlastungskanäle

Um die Drehzahlgrenzen der Rollenlager, insbesondere der Kegelrollenlager, bei Ölumlaufschmierung anzuheben, ist die kritische Zone zwischen Führungsbord und Rollen wirksamer zu schmieren, d.h. zu verhindern, daß der Ölfilm an dieser Stelle durch Fliehkräfte unterbrochen wird. Dies kann, wie die Abb. 523 zeigt, auf verschiedene Weisen gelöst werden. Die Drehzahlgrenzen (s. S. 288/290) lassen sich somit auf über das Doppelte des bisherigen steigern (z.B. $d_m \cdot n = 0{,}8 \cdot 10^6$ für Kegelrollenlager auf bis zu $2 \cdot 10^6$).

Lösung	Lagerausführung	Vorteil	Nachteil
1	 Lager mit Ölumlenkring	Einfach, billig in der Herstellung	Ölstau erhöht Reibung/Lagertemperatur
2	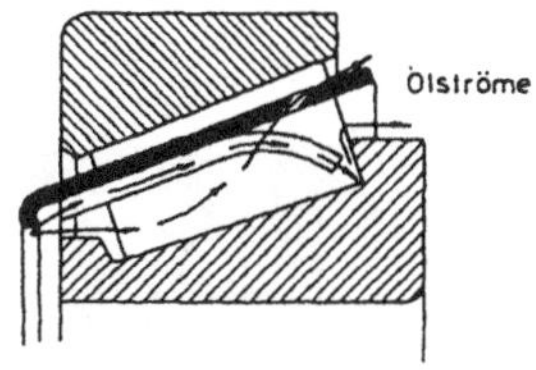 Käfig mit Ölführungsblechen bzw. -röhrchen	Geringe Reibung/ Lagertemperatur, keine Hohlwelle erforderlich	Komplizierter, teurer Sonderkäfig
3	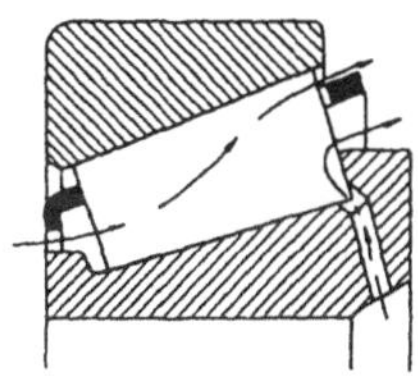 Ölbohrungen im Innenring	Elegante Lösung bei Hohlwellen	Sonderlager
4.	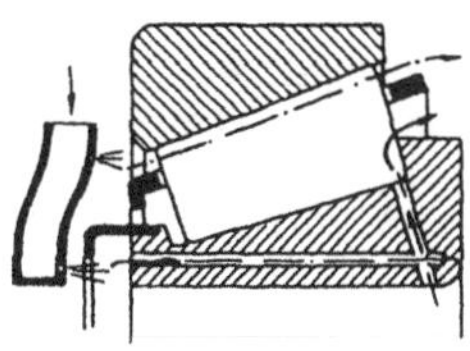 Ölbohrungen im Innenring und Öleinspritzschmierung	Gezielte Ölzufuhr, gute Wärmeabfuhr	Hoher Aufwand für Düsen, Düsenhalterung und Ölbohrungen im Innenring

Abb. 523 Verschiedene Lösungen der Drehzahlerhöhung von Rollenlagern, hier Kegelrollenlagern, bei Ölumlaufschmierung

24.6.7.12 Öleinspritzschmierung

Da mit steigenden Drehzahlen der Durchlaufwiderstand des Lagers zunimmt, gelangt bei üblicher Umlaufschmierung u. U. nicht genügend Öl in das Lager. Dann muß das Öl unter erhöhtem Druck durch (eine) Düse(n) in das Lager gespritzt werden, und zwar in den Spalt zwischen Käfig und Laufring (siehe Abb. 524). Bei extrem hohen Drehzahlen und/oder hohen Genauigkeitsanforderungen sind wegen der besseren Kühlwirkung auch die Innenborde zu bespritzen (siehe Abb. 525). Durch die Öleinspritzung treten geringere Planschverluste auf.

Anhaltswerte für die erforderlichen Ölmengen sind in Abb. 526 abgegeben. Entsprechend sind die Düsen-∅ und die Drücke festzulegen. Im allgemeinen liegen die Düsen-∅ zwischen 0,7 und 1,2 mm, die Drücke vor der Düse zwischen 1,5 und 12 bar, die Einspritzgeschwindigkeit über 15 m/s. Der Druckabfall in der Düse kann bis zu 10 bar betragen. Der Düsen-∅ soll 0,7 mm nicht unterschreiten, weil die Gefahr der Verstopfung durch Fremdkörper besteht. Daher ist auch stets ein Ölfilter vorzuschalten. Die Ölablaufbohrungen vor und hinter dem Lager sind reichlich zu dimensionieren, bei beengtem Bauraum ist eine Absaugung vorzusehen. Gut geeignet sind synthetische Öle, weil sie wenig zur Schaumbildung neigen und gut abfließen.

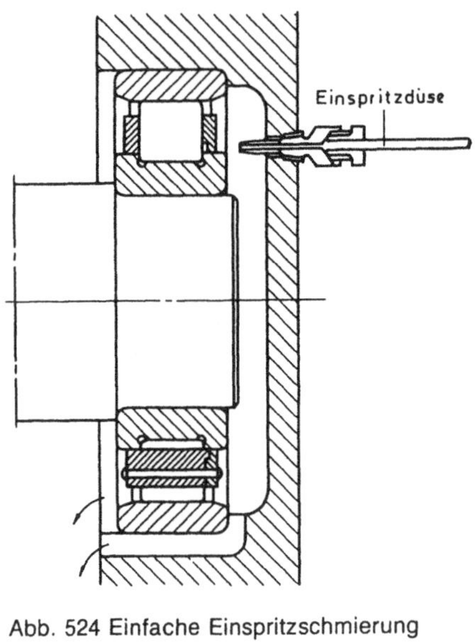

Abb. 524 Einfache Einspritzschmierung

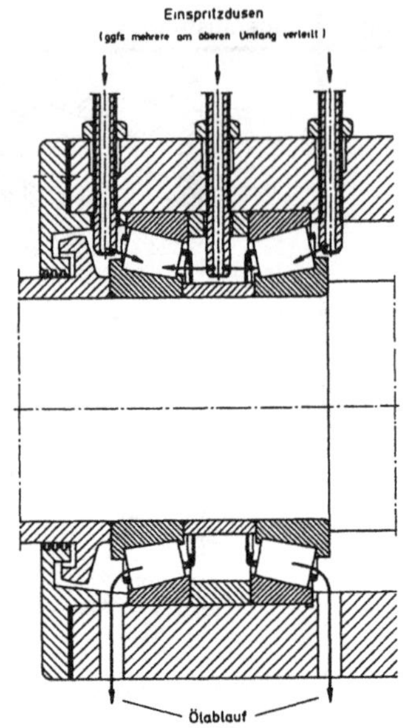

Abb. 525 (Aufwendige) Einspritzschmierung, z.B. für hochtourige Werkzeugmaschinenspindel-Lager

Nennmaß d, der Lagerbohrg. [mm]		über / bis	— / 50	50 / 120—	120
erforderl. Ölmengen q [l/min]	Rillenkugellager, Schrägkugellager		0,5...1,5	1.1...4,2	2,5...
	Zylinderrollenlager		0,8...2,0	1,5...5	3,0...
	Kegelrollenlager		1,0...2,5	2,0...6	3,5...

Abb. 526 Ölmenge (Richtwerte) bei Einspritzschmierung

Durch Kühlung des umlaufenden Öles kann die Betriebstemperatur und damit die Betriebsviskosität auf dem gewünschten Niveau gehalten werden. Die anzustrebende Betriebsviskosität für Kühlschmierung ist etwa wie folgt:

Drehzahl n [min⁻¹]	0,5 $ng_ö$	0,8 $ng_ö$	1 $ng_ö$	> 1 $ng_ö$
Betriebsviskosität ν_1 [mm²/s]	16	12	8	< 8

ng_o Drehzahlgrenze [mm⁻¹] für Ölschmierung, s. Koyo-Hauptkatalog

24.6.7.13 Öl-Minimalmengenschmierung
Zur Schmierung der Wälzlager selbst sind nur sehr kleine Ölmengen erforderlich, d. h. die in Abb. 515 (S. 477) angegebene untere Grenze (Linie A) kann beträchtlich unterschritten werden, wenn möglichst niedrige Lagertemperaturen, ohne den Aufwand für die Kühlung mit größeren Ölmengen, angestrebt werden. Die Zusammenhänge zwischen Schmierstoffmenge, Lagerreibung- und Temperatur sind in Abb. 527 dargestellt.
Wichtig ist, daß die kleine Ölmenge alle Kontaktflächen im Wälzlager, insbesondere die schmiertechnisch ungünstigen Stellen (Bord, Rolle), ausreichend benetzt. Bei Kugel- und Zylinderrollenlagern in Werkzeug-Spindellagerungen hat sich die Ölzufuhr direkt in das Lager (Bohrung im Außenring) und bei Schräglagern in Förderrichtung gut bewährt. Abb. 528 zeigt für diese u.ä. Lager die günstigen kleinen Ölmengen in Abhängigkeit von der Lagerbauform und dem Druckwinkel (Förderwirkung). In Grenzfällen kann die Ölmenge noch einmal auf 1 ... 10 % dieser Grundwerte reduziert und damit die Reibung weiter vermindert werden. Zur Minimalmengenschmierung zählen die Sprüh-, Tropf-, Impuls-, Ölnebel- und die Öl-Luft-Schmierung.

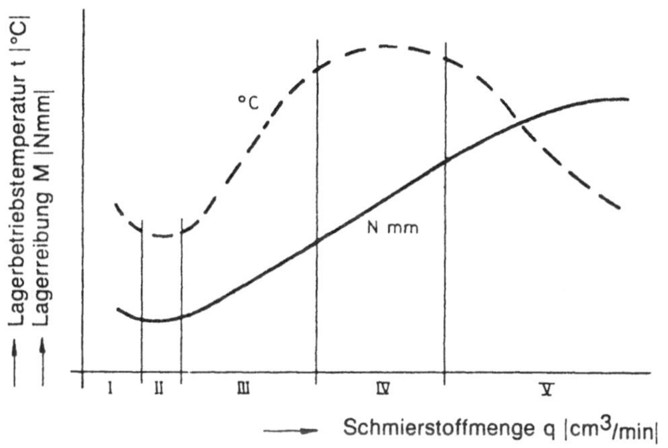

Schmierzustände (s.a. S. 671)			Auswirkung
Bereich	I	Grenzschmierung	Hohe Reibung/Temperatur, großer Verschleiß
	II	Minimalmengenschmierung	Minimale Reibung/Temperatur
	III	Grenzvollschmierung (Starvation)	Ausreichender gleichbleibender Schmierfilm ohne Schmierstoffüberschuß
	III/IV	Normalschmierung	Reibungs-/Temperaturanstieg bzw. Gleichgewicht Wärmeentwicklung/ Wärmeableitung
	V	Kühlschmierung	Temperaturrückgang

Abb. 527 Grundsätzliche Zusammenhänge zwischen Schmierstoffmenge, Lagerreibung und Lagerbetriebstemperatur.

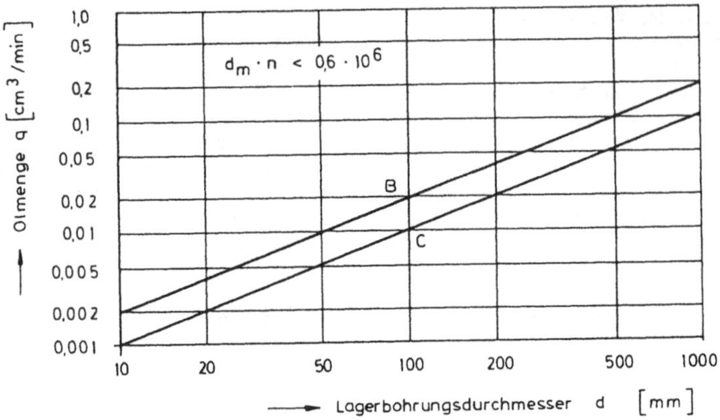

B Lager symmetrischer Bauform (z.B. zweireihige Radial-Zylinderrollenlager, $\alpha = 0°$)

C Lager asymmetrischer Bauform (z.B. Einreihige Axialschrägkugellager, $\alpha = 60 \ldots 90°$)

Abb. 528 Richtwerte für die Öl-Minimalmengenschmierung

24.7 Feststoffschmierung

24.7.1 Arten und Eigenschaften der Festschmierstoffe

Festschmierstoffe sind Elemente oder chemische Verbindungen (feste Stoffe), die aufgrund ihrer Struktur in der Lage sind, zwei aufeinander gleitende Oberflächen voneinander zu trennen und dadurch Reibung und Verschleiß zu mindern. Nach ihrem Aufbau unterscheidet man zwischen:

- Chemischen Aufbauschichten
- Festschmierstoffen mit Schichtgitterstruktur
- Festschmierstoffen ohne Schichtgitterstruktur
- Metallfilmen
- Thermoplasten

Die wichtigsten Vertreter und ihre Eigenschaften sind in Abb. 529 zusammengestellt.

24.7.1.1 Chemische Aufbauschichten

Chemische Aufbauschichten entstehen beispielsweise bei Öl- oder Fettschmierung durch EP-Additive (s. S. 460). Die Reaktion der EP-Additive mit den Gleitflächen hängt von dem Lagerwerkstoff, der Additivart und den Betriebsbedingungen ab. Die aufgebauten Reaktionsschichten wirken wie Festschmierstoffe. Sie werden während des Betriebes abgetragen und durch noch nicht umgesetzte Additive ersetzt. Die Abtragung und Erneuerung der Reaktionsschichten findet bis zur Erschöpfung des Additivvorrates statt. Parallel dazu erfolgt die Abtragung und Fließeinglättung der Rauhheitsspitzen bis zur Verschleißnormalisierung. Dieser Vorgang wird auch Korrosivschmierung genannt.

24.7.1.2 Festschmierstoffe mit Schichtgitterstruktur

Zu dieser Gruppe der am häufigsten verwendeten Festschmierstoffe gehören Graphit, Molybdän- und Wolframdisulfid. Ihre Schmierfilmbildung ist unter 24.2.6 beschrieben.

Festschmierstoffe / Eigenschaft	Graphit	Molybdändisulfid	Wolframdisulfid	Polytetrafluoräthylen	Gold
	C	MoS_2	WS_2	PTFE	Au
Farbe	schwarz	grau	grau	weiß/transp.	gelb
Dichte [g/cm³]	1,4 ... 2,4	4,8 ... 4,9	7,4	2,1 ... 2,3	19,3
Metall-Haftung	mäßig	gut	gut	schlecht	gut
Reibungskoeffizient („Stahl auf Stahl")	0,1 ... 0,2	0,04 ... 0,09	0,08 ... 0,2	0,04 ... 0,09	0,1 ... 0,3
Wärmeleitfähigkeit	gut	mäßig	mäßig	schlecht	sehr gut
Schmelzpunkt [°C]	3500	1180		327	1063
Gebrauchstemperatur [°C]	-20 ... +430	-180 ... +450	-180 ... +510	-250 ... +260	-253 ... +1010
Schmierverhalten bei geringer/hoher Belastung	gut/gut	gut/sehr gut	gut/sehr gut	sehr gut/ schlecht	gut/ schlecht
Beständigkeit bei:					
Vakuum	schlecht	sehr gut	sehr gut	gut	gut
Strahlung	mäßig	gut	gut	schlecht	gut
Korrosion	gut	schlecht	schlecht	gut	sehr gut
Chemikalien	sehr gut	mäßig	gut	sehr gut	sehr gut
Oxidations (Zerfalls)-Produkte	CO, CO_2	MoO_3, SO_2	WO_3, SO_2	C_2F_4	AuO

Abb. 529 Arten und Eigenschaften wichtiger Festschmierstoffe

Metallfilm (-überzug)	Dichte [g/cm³]	Härte [HRB]	Max. Gebrauchstemperatur [°C]	Verschleißfestigkeit	Bemerkungen
Zinn, Sn (rein)	7,2	—	- 36 ... +177	gering	Sehr weicher (duktiler) Werkstoff, geringe Temperaturbeständigkeit
Blei, Pb	11,34	—	- 54 ... +232	gering	Ähnlich Sn, sehr strahlungsbeständig
Indium, In			-196 ... +149	gering	Ähnlich Sn, sehr gut für Kryogen (Tiefkühl)-Anlagen
Silber, Ag	10,5	88	-198 ... +900	gut	Sehr gute chemische u. Strahlungsbeständigkeit
Rhodium, Rh	12,3	43 ... 72	-198 ... +1926	gut	Ähnlich Ag, aber noch bessere Hochtemperatureigenschaften. Wesentl. teurer als Ag u. Au
Gold, Au	19.3	26 ... 77	-253 ... +1010	gering ... gut	Ähnlich Ag, jedoch noch bessere chem. Beständigkeit, bessere Hoch- u. Tieftemperatureigenschaften
Kupfer, Cu	8,9	97	-263 ... +1038	gering	Geeignet im Vakuum

Abb. 530 Eigenschaften der Weichmetallfilme

Vorteile	Nachteile
Schmierungsfreie Verwendung	Geringe thermische Stabilität
Einbettung von Verschleißpartikeln und Fremdkörpern	Geringe Belastbarkeit
Gute Korrosions- und Chemikalienbeständigkeit	Hoher Ausdehnungskoeffizient
Geräuschdämpfung	Elektrostatische Aufladung
Hohe Stoßfestigkeit	Eingebettete Verunreinigungen können abrasiv wirken
Teilweise sehr preiswert	Geringe Wärmeleitfähigkeit

Abb. 531 Vor- und Nachteile selbstschmierender Kunststoffe (reine Thermoplaste)

Graphit ist der älteste und preiswerteste Festschmierstoff mit guten Schmiereigenschaften bei atmosphärischen Bedingungen bis 430 °C. Oberhalb dieser Temperatur oxidiert Graphit zu reinen Gasen (CO, CO_2), Graphit schmiert gut in feuchter Luft oder in Kohlendioxid-Atmosphäre, mäßig in Sauerstoff und schlecht in Stickstoff. Im Hochvakuum verliert Graphit seine Schmierfähigkeit, weil die zur Aufrechterhaltung seiner Schmiereigenschaften notwendigen absorbierten Gas-, Öl- oder Wasserfilme verdampfen.

Molybdändisulfid, MoS_2, ist unter atmosphärischen Bedingungen bis ca. 450 °C sehr schmierwirksam und bleibt es auch bei niedrigen Temperaturen oder bei hohem Vakuum sowie in Wasserstoff- oder Inertgasatmosphäre bis 1100 °C.
Im Gegensatz zu Graphit verursacht MoS_2 kein „Stick slip" (Ruckgleiten). Der Reibungskoeffizient sinkt mit steigender Flächenpressung oder trockener Luft. Die Belastbarkeit von MoS_2 liegt bei ca. 3000 N/mm^2, also über der Fließgrenze der Lagerwerkstoffe. Nachteilig ist, daß MoS_2 in Gegenwart von Feuchtigkeit und Metallen zu elektrochemischer Korrosion neigt. Wird ein Korrosionsschutz gefordert, müssen die Lagerteile vorher zinkphosphatiert, kadmiert oder MoS_2 in Form von Gleitlacken verwendet werden.
Ein weiterer Nachteil ist seine Neigung, unter oszillierenden Bewegungen die Bildung von Tribokorrosion (Schwingverschleiß, Passungsrost, Frettungskorrosion) zu fördern.

Wolframdisulfid hat ähnliche Eigenschaften wie MoS_2. Es ist ein wenig weniger schmierwirksam in Normalatmosphäre bis 510 °C, im Vakuum oder Inertgasatmosphäre bis über 1300 °C.

24.7.1.3 Festschmierstoffe ohne Schichtgitterstruktur

In der Luft- und Raumfahrt haben bei hohen Temperaturen um 400 °C im hohen Vakuum Oxide des Molybdän und Wolfram (MoO_3, WO_3) oder Fluoride des Calcium und/oder Barium (CaF_2, BaF_2) trotz verhältnismäßig hoher Kosten Verwendung gefunden. Daneben haben sich hellfarbene Feststoffe wie Phosphate, Oxide, Hydroxide und Sulfide des Calcium oder Zink in Suspensionen, Pasten und Fetten eingeführt.

24.7.1.4 Weichmetallfilme

Weiche Metalle wie Gold, Silber, Indium, Kupfer und Blei haben von Natur aus geringe Scherfestigkeiten und damit niedrige Reibungskoeffizienten. Sie werden vornehmlich in der Raumfahrt, Feinmechanik und Elektronik verwendet (Abb. 530). Der Auftrag erfolgt galvanisch oder durch Aufdampfen.

24.7.1.5 Thermoplaste (selbstschmierende Kunststoffe)

PTFE (Polytetrafluoräthylen) ist der am häufigsten für Gebrauchsgüter verwendete Festschmierstoff. Der Reibungskoeffizient ist kleiner als der der anorganischen Festschmierstoffe. Oberhalb 260 °C beginnt es sich allmählich zu äußerst giftigen Gasen zu zersetzen und auf die Lagermetalle korrosiv zu wirken. Seine Schmierwirksamkeit ist unabhängig von der Anwesenheit absorbierter Gase/Dämpfe und bleibt auch im Hochvakuum erhalten. Eine gute Eignung ist bei Schwingreibung zur Verhinderung von Tribokorrosion (Stillstandserschütterung, „False brinelling", Rüffelbildung) gegeben. Das Lastaufnahmevermögen dünner, auf harten Werkstoffen aufgebrachter PTFE-Filme ist durch die geringe Kaltfließfestigkeit begrenzt.

	Handelsform	Beschreibung	Filmdicke [µm]	Gebrauchstemperatur	Typische Anwendungen
Trockenschmierung	Pulver	Mineralien oder synthetische Stoffe unterschiedlicher Korngröße	≈ 1	entsprechend der Festschmierstoffart	Behandlung von Massenteilen, PTFE-Pulver in Autoklavenlagern ($t > 300$ °C)
	Gleitlacke	Dispersion von Festschmierstoffpulvern mit organischen (Harze) oder anorganischen (Salze) Bindemitteln und entsprechenden Lösemitteln (Ester, Alkohole, Ketone, Aromaten, Wasser usw.)	max. 15, nach Einlauf ca. 2 ... 4	Organische Gleitlacke, lufttrocknend: 80/150 °C wärmehärtend: 180/300 °C Anorganische Gleitlacke bis 550 °C. Sie sind stabil bei Ultrahochvakuum und Strahlung.	Langsamlaufende Lager, oszillierender/intermittierender Betrieb. Gegen Freßerscheinungen und Passungsrost
	Hochtemperaturpasten	Anteigungen von Festschmierstoffpulvern in (fast) rückstandsfrei verdampfenden Ölen, ca. 50 Gew.-% Feststoffanteil	≈ 1 ... 2	entsprechend der Festschmierstoffart. Nachschmierung mit Suspensionen gleichen Ölträgers	wie oben, jedoch bei Temperaturen ≧ 200 °C (Brennofenlager)
	Weichmetallfilme	Galvanische oder aufgedampfte Überzüge	2 ... 15	Silber, Gold, Blei, Zinn ca. 450 °C	Lager (Käfig-)-Schmierung in Röntgenröhren, Satelliten, Kryogan- und Vakuum-Anlagen
Flüssigkeitsschmierung	Suspension (Ölzusätze)	Festschmierstoffpulver in Trägeröl, 3 ... 15 Gew.-% Feststoffanteil, Teilchengröße < 1 µm	—	entsprechend der Ölschmierung	Hochbelastete, ölgeschmierte Wälzlager (Rollenlager) mit hohen Gleitreibungsanteilen ($P/C > 0{,}1$ $K < 1$)
	Schmierfette	Festschmierstoffpulver in Schmierfetten < 3 Gew.-% Feststoffanteil	—	entsprechend der Fettschmierung	Hochbelastete, langsamlaufende Wälzlager (Rollenlager), n_{gf} ca. 40 ... 70 % des feststofffreien Schmierfettes
	Montagepasten	Anteigungen von Festschmierstoffpulvern in Ölen mit geeigneten Dickungsmitteln, > 50 % Feststoffanteil	—	entsprechend der Dickungsmittelart. Für Wälzlagerschmierung ungeeignet	Montageerleichterung beim Auf- und Einpressen von Wälzlagern und Preßverbindungen

Abb. 532 Typische Anwendungen der Festschmierstoffe

Ein anderer, dem PTFE chemisch sehr ähnlicher Festschmierstoff ist das Fluoräthylenpropylen (FEP) mit einem höheren Lastaufnahmevermögen.
Andere schmierwirksame Thermoplaste sind Polyamid (PA), Polyacetal (POM), Polyäthylen (PE) und Polyäthersulfon (PES), die nur als Lager- und Käfigwerkstoffe zur Verfügung stehen. Die Nachteile der selbstschmierenden Kunststoffe (Abb. 531) können vielfach durch Veränderung der Zusammensetzung, Füllstoffe und Verstärkungsmaterialien behoben werden.
Compounds (Verbundwerkstoffe) mit Graphit, MoS_2, Metallpulver (C) oder Glasfaser sind meist höher belastbar und den unterschiedlichen Anwendungsfällen anzupassen.

24.7.2 Anwendungs- und Handelsformen

Festschmierstoffe sind eine sinnvolle Ergänzung zu den konventionellen Schmierstoffen Fett und Öl. Sie werden bei Trockenschmierung (direkt) und Mangelschmierung oder Mischreibung (indirekt) eingesetzt.
Trockenschmierung wird vorwiegend im Tief- und Hochtemperaturbereich, im Hoch- und Ultrahochvakuum, in Kernreaktoren, in der Feinmechanik, Elektronik und Optik verwendet.

Dabei geht es um Konstruktionen und Betriebsbedingungen, wo mit Schmierölen und -fetten wegen ihres nicht ausreichenden Temperaturverhaltens (< —60 ... > 230 °C), ihrer Neigung zur Alterung, Spreitung (Abtropfen, Kriechen) und zum Verdampfen keine betriebssichere Schmierung zu erreichen ist.
Bei Mangelschmierung (Grenz- und Mischreibung, s. Abb. 123, S. 146) setzt man den Ölen und Fetten EP-/AW-Additive zu, um durch chemische Aufbauschichten (s. 24.7.1.1) erhöhtem Verschleiß oder gar Fressen der Gleitflächen entgegenzuwirken. In einigen Anwendungsfällen — hohe spezifische Belastungen und/oder sehr kleine (oszillierende) Gleitbewegungen — reichen auch diese Additive nicht aus, so daß der Einsatz höher belastbarer Festschmierstoffe mit Schichtgitterstruktur erforderlich wird. Durch die Beimischung von Festschmierstoffen zu Schmierfetten und -ölen läßt sich deren Beständigkeit gegen Druck und Temperatur nicht steigern, sondern nur die Notlaufeigenschaften und Einlaufeigenschaften der Wälzlager mit hohen Gleitanteilen (z.B. Rolle-Bord-Kontakt) verbessern und auch das nur, wenn die Festschmierstoffe nicht vorher ausgeschwemmt werden.
Bei Flüssigkeits(EHD)-Schmierung sind die Festschmierstoffzusätze unwirksam, ja manchmal sogar von Nachteil, weil der Feststoffanteil die Reibung der Öle und Fette erhöht. Soll dennoch bei hochtourigen Lagern ein Festschmierstoff verwendet werden, ist eine Kombination von Trockenschmierung und Fett- oder Ölschmierung vorzusehen.
In Ölumlaufanlagen muß sich die Maschenweite der Filter auch nach der Teilchengröße der in Öl befindlichen Festschmierstoffe richten.
Festschmierstoffe gibt es in verschiedenen Handelsformen von Pulvern bis zu Pasten (s. Abb. 532).
Pulver wird vorwiegend zum Beschichten von Kleinteilen für untergeordnete Anwendungsfällen benutzt.
Gleitlacke (Pulver plus Bindemittel plus Lösungsmittel) ergeben gegenüber Pulver- und Pastenschmierung mehrfach dickere Festschmierstoffschichten und bedeutend höhere Gebrauchsdauern.

Bei Gleitlacken ist die Verträglichkeit mit den Umgebungsmedien zu berücksichtigen. Organische Binder (Phenol-, Epoxid-, Polyamid-Harze/Cellulose) erweichen bei hohen Temperaturen, darunter leidet die Haftfähigkeit des Gleitlackes. Anorganische Binder (Salze wie Silikate, Borate, Phosphate u. dgl.) sind thermisch hochstabil und gasen im Hochvakuum nicht aus. Bei allen Gleitlacken ist der mäßige Korrosionsschutz meist durch Vorbehandlung der Oberflächen zu verbessern.
Gleitlacke werden vielfach in staubiger Umgebung verwendet, wo Öle oder Pasten durch Anteigung/Verfestigung und damit verbundenem höheren Verschleiß ausscheiden. Gleitlacke sind nichtschmutzend (saubere Montage, ideal für Gebrauchsartikel).

24.7.3 Verarbeitung

Festschmierstoffe werden als dünne Schichten (max. 15 μm) auf einzelne oder alle Wälzelemente aufgebracht, selbstschmierende Käfige auch direkt daraus hergestellt.
Zum Auftragen der Pulverfilme verwendet man Bürsten, Leder oder Stoff (Einreiben,

Schwabbeln, Trommeln). Gleitlackfilme werden aufgesprüht (Sprühpistole) und ihre Gebrauchsdauer ggfs. durch Einbrennen verlängert. Pasten werden mit einem Pinsel aufgetragen.

Pulver- und Gleitlackfilme lassen sich an fettigen/öligen Lagern nicht oder nur unvollständig aufbringen. Ein einwandfreies Aufbringen ist nur bei der Herstellung vor dem Zusammenbau des Lagers gewährleistet.

Zur besseren Verankerung der Festschmierstoffe sind die zu schmierenden Oberflächen in der Regel vorzubehandeln, d.h. z.B. zu entfetten, sandzustrahlen, zu ätzen, zu phosphatieren (Stahl), zu oxallieren (rostfreier Stahl), zu kadmieren (erhöhter Korrosionsschutz), zu beizen.

MoS_2-Pulver z.B. wird aus den Kontaktzonen herausgedrückt, wenn die Lagerlaufbahnen nicht mindestens auf Ra = 10 μm aufgerauht sind.

Besonders dauerhaft sind Metallfilme, die elektrostatisch abgeschieden oder durch Kathodenzerstäubung im Ultrahochvakuum aufgebracht werden (Aufdampfung). Günstig ist die anschließende Behandlung mit MoS_2.

Pasten können beim Einbau der Lager eingebracht werden und später nach- oder neugeschmiert werden. (Überschmierung beachten!)

24.7.4 Konstruktive Hinweise

Bei einer Trockenschmierung müssen folgende konstruktiven Gesichtspunkte beachtet werden:

- Zugang und Ausbau der Lagerstellen so leicht wie möglich machen, weil einem Zusammenbruch des Trockenschmierfilmes der Ausfall des Gerätes folgt.
- Günstige Werkstoffpaarung wählen
- Zu beschichtende Flächen und erforderliche Filmdicken bestimmen (entsprechend den aufgetragenen Festschmierstoff-Filmdicken ist die Radialluft der Wälzlager zu vergrößern)
- Vorbehandlung der Oberflächen und erforderlichen Korrosionsschutz festlegen
- Kantenpressungen (Fluchtfehler) vermeiden
- Für gute Wärmeableitung sorgen
- Einlaufvorgang vorsehen.

24.7.5 Gebrauchsdauer

Die Gebrauchsdauer (Schmierungwirkungsdauer) eines Trockenschmierfilmes hängt von der Art des Festschmierstoffes, der Verankerung auf den Kontaktflächen und der Filmdicke ab. Die Trockenschmierung ist eine Verschleißschmierung, etwa proportional dem Produkt aus Flächenpressung und Gleitgeschwindigkeit. Sie fällt aus, sobald der Schmierfilm (örtlich) abgetragen ist. Bis heute gibt es keine allgemein gültigen Berechnungsgrundlagen zur Bestimmung der Gebrauchsdauer feststoffgeschmierter Wälzlager. Nach Hüber soll für die Gebrauchsdauer N trockengeschmierter Wälzlager die Gleichung gelten:

$$N = \frac{1}{2}\left(1 - \frac{\cos\alpha}{d_m/D_w}\right) \cdot Z \cdot n \quad |\text{Umdrehungen}| \quad \text{(Gl. 477)}$$

mit

α	Druckwinkel |°|
d_m	Teilkreis-∅ des Wälzkörpersatzes |mm|
D_w	Wälzkörperdurchmesser |mm|
Z	Wälzkörper-Anzahl
n	Lagerdrehzahl |min^{-1}|

In den meisten Anwendungsfällen ist man jedoch auf Erfahrungswerte und/oder Versuchswerte angewiesen. Hier einige Beispiele:

Mit dem einmal aufgebrachten Trockenfilm in mäßig belasteten, langsam laufenden Lagern werden häufig Laufleistungen von 400 ... 600 h erzielt, bevor die Lager nachbehandelt werden müssen.

Kugellager, deren Ringe und Käfige mit einer Goldschicht von > 0,5 μm versehen wurden, haben sich sowohl bei Normalatmosphäre als auch im Vakuum bis 10^{-6} Torr bewährt. Bei wolframdisulfidbeschichteten Lagern (mittels Klüber Wolframtherm-Verfahren) wurden zufriedenstellende Ergebnisse bis 10^{-10} Torr erreicht und Laufzeiten von > 5000 h bei Raumtemperatur, geringen Belastungen und Drehzahlen um 1000 min^{-1} erzielt.

Die Schmierwirkungsdauer MoS_2-haltiger Trockenschmierfilme ist in Edelgasatmosphäre, z.B. Argon, bedeutend höher als in trockener Luft. Bei entsprechender Vorbehandlung der Oberfläche kann ein einmal aufgebrachter MoS_2-Film die Aggregat-Lebensdauer erreichen oder überschreiten.

24.8 Korrosionsschutzmittel

Korrosion ist die Zerstörung von Metall durch chemische oder elektrochemische Reaktion mit seiner Umgebung (DIN 50900). Sie tritt auf, wenn Sauerstoff oder andere aggressive Substanzen und Feuchtigkeit gleichzeitig auf eine Metalloberfläche einwirken. Unter „Rost" versteht man die Korrosion von Stahl und Eisen an der Luft, im Wasser oder in wäßriger Lösung. Jeder Korrosionsschutz zielt darauf ab, den Zutritt dieser Stoffe zur Metalloberfläche zu verhindern.

Für Wälzlager werden, schon bei der Fertigung, meist Korrosionsschutzmittel auf Mineralölbasis verwendet, weil sie einerseits einen ausreichenden Korrosionsschutz bieten und andererseits mit vielen Schmierstoffen verträglich sind, so daß das Auswaschen der Lager bei der Montage und Fettung entfällt. Sie gehören zur Gruppe der temporären Korrosionsschutzmittel, die sich bei Bedarf auch verhältnismäßig einfach durch Lösungsmittel entfernen lassen.

Reine Mineralöle wirken korrosionshemmend. Ihre Schutzwirkung ist im allgemeinen um so besser, je höher die Viskosität und je dicker, zäher der gebildete Schutzfilm ist. Durch geeignete Additive (Massenanteil 5 ... 25 %, s. Abb. 494, S. 461) kann der Schutzeffekt beträchtlich erhöht werden.

Lösungsmittelverdünnte Öle ($\nu_{20\,°C}$ = 3 ... 25 mm²/s) bilden sehr dünne Schutzfilme und dringen auch in sehr enge Spalten ein. Beim Tauchen oder Aufspritzen unverdünnter Öle ($\nu_{20\,°C}$ = 40 ... 100 mm²/s) entstehen leicht dicke Ölfilme, welche zum Nachtropfen neigen und zur Verschmutzung der Verpackung (Unfallgefahr) führen.

Die Wirkung der Korrosionsschutzmittel wird vornehmlich im Labor getestet. Von den vielen verschiedenen Testen seien hier beispielhaft erwähnt:

ASTM-D 1743	(Schwitzwassertest)
DIN 51802	(Emcor Test)
VWD	(Vertical Water Displacement)-Test
DIN 50017	(Kesternich Test)
DIN 50092	(Salzwassersprühtest)

Die Eigenschaften und Laborwerte eines bewährten Korrosionsschutzmittels für Normal-Wälzlager sind in Abb. 533 aufgelistet.

Eigenschaft/Prüfung		Ergebnis
Zusammensetzung		40 % Mineralöl 10 % Additive 50 % Kerosin
Farbe		gelblich-braun
Dichte ϱ	[kg/l]	0,821
Viskosität $\nu_{25\,°C}$	[mm²/s]	25
Flammpunkt	[°C]	45
Verunreinigungen, bis Größe 25 µm bis Größe 75 µm bis Größe 125 µm		 67 Teile/cm³ 0 Teile/cm³ 0 Teile/cm³
Wassergehalt	[%]	< 0,05
Schichtdicke	[µm]	≈ 1,2
Prüfungen, Wasserverdrängung Feuchtigkeit Salzwasser		 gut > 500 h (bestanden) > 72 h (bestanden)
Korrosion, Fe, Cu, Ms, Cd, Ag		 alle < 0,2 mg/cm²

Abb. 533 Eigenschaften und Laborwerte eines bewährten Korrosionsschutzmittels (P1300, JIS-Z 1803, NP3) für Normal-Wälzlager.

24.9 Wälzlagerschäden durch mangelhafte Schmierung

Wie die Abb. 202, S. 222 zeigt, sind ungefähr 43 % aller Wälzlagerschäden auf mangelhafte Schmierung zurückzuführen. An vielen weiteren Schäden, die sich nicht direkt auf die Schmierung zurückführen lassen, ist sie mitbeteiligt.

Eine unzureichende Schmierung in den Wälz- und Gleitkontakten führt zu Verschleiß, Anschmierungen, Schürfungen und Freßspuren. Ferner können Ermüdungen (Abblätterungen) und Wärmerisse auftreten. Gelegentlich kommt es auch zu einem Heißlauf der Lager, dann nämlich, wenn sich bei Schmierstoff-

Merkmal, Schadensbild	Ursache	Hinweise
Hohe Lagertemperatur, Heißlauf, verfärbte Lagerteile (s. S. 233)	Schmierstoffmangel	Kein zusammenhängender, tragfähiger Schmierfilm (Örtliche Festkörperberührung, Mischreibung)
	Ungeeigneter Schmierstoff	Kein zusammenhängender, tragfähiger Schmierfilm (Örtliche Festkörperberührung, Mischreibung)
	Schmierstoff-überschuß	Hohe Schmierstoffreibung bei mittleren bis hohen Drehzahlen, plötzliche Schmierstoffzufuhr
Geräusch (s. S. 387)	Schmierstoffmangel	Örtliche Festkörperberührung, kein zusammenhängender, tragfähiger und dämpfender Schmierfilm.
	Ungeeigneter Schmierstoff	Zu dünner Schmierfilm, weil zu geringe (Grund-)Öl-Viskosität. Ungünstige Fettstruktur mit geräuschanregenden Teilchen.
	Verunreinigung	Schmutzteilchen unterbrechen den Schmierfilm und bewirken Geräusche.
Geschädigter Schmierstoff (Farbänderung, Verfestigung)	Ungeeigneter Schmierstoff	Betriebstemperatur liegt über Gebrauchstemperatur des Schmierstoffes. Bildung von Rückständen.
	Zu lange Gebrauchsdauer	Zu lange Schmierstoff-Wechselfrist bzw. Nachschmierfrist.
	Verunreinigungen, Schmierstoff-Veränderungen	Von außen eingedrungene oder aus Lagerverschleiß resultierende Teilchen. Reaktionen zwischen Schmierstoff und Lagerteilchen.
Ermüdung (s. S. 224)	Schmierstoffmangel	Örtliche Festkörperberührung und hohe Tangentialspannungen an der Oberfläche. Übermäßiger Verschleiß.
	Ungeeigneter Schmierstoff	Unzureichende Schmierfilmbildung: Zu geringe (Grund-)Öl-Viskosität. Schmierstoff enthält Stoffe mit geringer Vp-Erhöhung, z.B. Wasser
	Verunreinigung	Überrollung harter Teilchen bewirken örtliche Spannungskonzentration, und korrosive Medien verursachen Korrosionsmarken, von denen die Ermüdung bevorzugt startet.
Verschleiß an Wälzkörpern, Laufbahnen, Führungsborden (s. S. 230)	Schmierstoffmangel	Örtliche Festkörperberührung, kein zusammenhängender, tragfähiger Schmierfilm. Gleitmarken, Reibkorrosion bei oszillierender Relativbewegung, Stillstandserschütterungen
	Ungeeigneter Schmierstoff	Zu geringe (Grund-)Öl-Viskosität, keine AW- oder EP-Zusätze bei hoher Belastung oder im Mischreibungsgebiet.
	Verunreinigungen	Feste (harte) Teilchen oder flüssige, korrosive Medien.
Käfigverschleiß (s. S. 229)	Schmierstoffmangel	Ungenügende Schmierfilmbildung an Käfigkontaktstellen
	Ungeeigneter Schmierstoff	Zu geringe (Grund-)Öl-Viskosität, keine Verschleißschutz (AW)-Additive
	Verunreinigungen	Feste (harte) Teilchen oder flüssige, korrosive Medien.

Abb. 534 Wälzlagerschäden durch mangelhafte Schmierung

mangel oder Schmierstoffüberschuß (Überschmierung) die Lagerringe infolge ungünstiger Wärmeabfuhr ungleichmäßig erwärmen und eine Lagerluftverminderung bzw. -verspannung hervorrufen.
Die hauptsächlichsten Ursachen für diese Schäden sind in Abb. 534 zusammengestellt.
Abhilfemaßnahmen sind:

- Konstruktive und verfahrensmäßige Maßnahmen (auf den Anwendungsfall abgestimmte Schmierstoffversorgung) bei Schmierstoffmangel und Schmierstoffüberschuß
- Ausreichende Berücksichtigung aller Bedingungen und rechtzeitige Schmierstofferneuerung bei ungeeignetem Schmierstoff (s. Hinweise in den vorangegangenen Kapiteln).
- Maßnahmen zur Verminderung der Konzentration von Verunreinigungen (s. folgendes Kapitel)
- Schadensverhütung und Schadensfrüherkennung durch Überwachung und Instandhaltung, S. 540 und 547.

24.9.1 Schmierstoff-Verunreinigungen

Schmiersysteme, die frei von Verunreinigungen sind, lassen sich in der Praxis kaum realisieren, weil sowohl die Schmierstoff-Herstellung als auch der Schmierstoff-Gebrauch mit mehr oder weniger festen und flüssigen Fremdstoffen belastet ist.

Anwendungsübliche Verunreinigungen sind bereits bei der Bestimmung der Ermüdungslebensdauer und der Gebrauchsdauer berücksichtigt, weil die Berechnungsmethoden auf empirischen, durch Praxisversuche bestätigten Werten beruhen.

Treten stärkere Verunreinigungen auf als bei dem betrachteten Anwendungsfall üblich, muß mit verminderten Laufzeiten bzw. Frühausfällen gerechnet werden. Andererseits können bei besonders guter Sauberkeit höhere Laufzeiten erreicht werden (s. Abb. 191, S. 207).
Alle Schmierstoffe enthalten bereits im Anlieferungszustand bestimmte Verunreinigungen (s. DIN-Normen Mindestanforderungen). Häufiger jedoch gelangen Verunreinigungen in das Öl oder das Lager bei der Erstmontage, bei der Reinigung der Maschinenteile, Ölleitungen usw. und während des Betriebes durch unzureichende Dichtungen oder offene Stellen in dem Schmiersystem (Ölbehälter, Pumpe). Ferner können Verunreinigungen bei der Wartung ins Lager gelangen, z.B. durch Schmutz am Schmiernippel oder an der Fettpresse.

Alle festen Fremdstoffe führen zu Verschleiß und vorzeitiger Ermüdung. Harte Fremdstoff-Teilchen (z.B. Eisenspäne, Schleifspäne, Formsand) in Wälzlagern bewirken abrasiven Verschleiß, besonders an Stellen mit hohen Gleitanteilen (z.B. Rolle-Bord-Kontakt). Der Verschleiß steigt mit der Konzentration der Teilchen im Öl und mit der Partikelgröße etwa proportional an. Der Verschleiß nimmt mit der Teilchen-Härte zu. Verschleiß entsteht auch bei Anwesenheit extrem kleiner Partikel ($< 2\,\mu m$). Der zulässige Grenzwert richtet sich nach dem jeweiligen Einbaufall. Größere Fremdstoff-Teile (ca. 0,1 mm Kantenlänge) führen bei Überrollung zu Eindrückungen in den Laufbahnen. Dabei wird plastisch verformtes Material an den Rändern aufgeworfen, das bei jeder weiteren Überrollung erhöhte Materialbeanspruchungen (Spannungspitzen) bewirkt, weil die Rückverformung nur teilweise vonstatten geht. Die erhöhte Materialbeanspruchung hat eine Reduzierung der Ermüdungslaufzeit zur Folge. Je größer die Härte der überrollten Fremdstoffe ist und je kleiner die Lager sind, um so größer ist die Lebensdauerermüdung.
Verschiedene (genormte) Methoden zur Bestimmung von festen und flüssigen Fremdstoffen sind in Abb. 535 zusammengestellt.

Eine Verminderung der Teilchenkonzentration läßt sich erreichen durch:

- Sauberkeit bei Montage und Wartung
- Gründliche Reinigung der Lagerumgebungsteile,
  Gehäuse sollen z.B. vor der Bearbeitung innen gestrahlt und nach der Bearbeitung mit einem schmierstoffbeständigen Grundanstrich bzw. Korrosionsschutz versehen werden
- Sorgfältige Dichtungsmontage
- Ölfilter

— Ableitung und Ablagerung in beruhigten Ölzonen
— Abschirmung der Lagerstelle
— Kurze Wechselfrist des Schmierstoffes

Methode	Norm
Zentrifugenmethode	DIN 51 365
Membranfiltration	DIN 51 592
Sulfatasche	DIN 51 575
Oxidasche	EN 7
Tüpfeltest*	
Dekantiertest*	
Opt. Komparator*	(ISO 2049)
Spektroskopische Verfahren	
Thermogravimetrisches Verfahren	
Fremdmetallerfassung	
Röntgenfluoreszenz	DIN 51 418 u.a.
Emissionsspektralphotometrie	
Atomabsorption	DIN 51 401 u.a.
Naßchemische Methoden	
Ferrographie	
Partikelzählung und Teilchengrößenbestimmung (Optischer Zähler)	ASTM F 661
Wasserbestimmung	
nach Karl Fischer	DIN 51 777
Xylol-Methode	ISO 3733
Hydrid-Methode*	
Hydrationswärme*	
Spratzprobe*	
Kraftstoffbestimmung	
Destillation von OK	DIN 51 561
DK, gaschromatographisch	ASTM D 3524
Flammpunkt (COC)	ISO 2592
„Setaflash"*	
Glykolbestimmung	
Dünnschichtchromatographie	EDIN 51 375
Gaschromatographie	EDIN 51 375
Xylol-Methode	ISO 3733

* Schnelltest

Abb. 535 Verschiedene Methoden zur Bestimmung fester und flüssiger Fremdstoffe in Schmierstoffen.

Flüssige Verunreinigungen, wie Wasser, Dampf, Säure, Laugen und Lösungsmittel (z.B. chlorierte Kohlenwasserstoffe), sind von unterschiedlichem Einfluß auf die Schmierstoff-Qualität und -Leistung. Gelöstes Wasser hat, mit Ausnahme von Ester-Ölen, weder Einfluß auf die Schmierölqualität noch auf die Wälzlagerschmierung.

Tritt Wasser über die Sättigungsgrenze hinaus in dispergierter Form auf (z.B. Öl trübe bis grauweiß, Wasser in Öl-Emulsion), sind die Schmieröl-Qualität und der Schmierungszustand mehr oder weniger stark beeinträchtigt, und die Lagerbelastung nimmt beträchtlich ab (s. Beispiel S. 210).

Freies Wasser ist entweder vom Schmierstoff nicht angenommen oder bereits ausgeschieden worden. An der Schmierstelle birgt es die Gefahr erheblicher Korrosion in sich. Der zulässige Wassergehalt in Öl hängt von der Ölsorte und den Anforderungen an die Lagerstelle ab (Ölhersteller fragen).

Wasser in Fett, siehe 24.5.4.5

Aggressive Medien bewirken eine starke Veränderung der chemisch-physikalischen Kennwerte und führen hauptsächlich zur Schmierstoff-Alterung und Oberflächenzerstörung (Korrosion).

Die alterungsbedingten Wälzlagerschäden können durch Überwachung der Lagerung verhindert, mindestens jedoch frühzeitig erkannt werden.

25 Abdichtung

25.1 Einleitung

Wälzlager müssen durch geeignete Abdichtungen ununterbrochen (während der ganzen Betriebszeit) geschützt werden, damit sie störungsfrei arbeiten und eine hohe Gebrauchsdauer erreichen. Die Abdichtung muß einerseits den Schmierstoff im Wälzlager halten und andererseits das Eindringen von Verunreinigungen in das Lager verhindern.
Feste Verunreinigungen (Sand, Staub, Metallabrieb), die in das Lager gelangen, werden von den Wälzelementen überrollt. Die Laufflächen erhalten dadurch Eindrükkungen (Kerben), die Ausgangspunkt für vorzeitige Ermüdungserschäden sind (s. S. 225). Schmirgelnde Verunreinigungen (Schlamm, Schmutz) führen zu Verschleiß (Lagerluftvergrößerung) und beeinträchtigen die Funktion und die Laufgenauigkeit der Lagerung. Wasser, Schnee, ätzende Flüssigkeiten oder aggressive Dämpfe verringern die Schmierfähigkeit des Schmierstoffes und greifen die feinstbearbeiteten Lageroberflächen an, was ebenfalls zur Verringerung der Gebrauchsdauer führt. Wälzlager aus nichtrostendem Stahl können in diesem Zusammenhang nicht als Ersatz für eine ausreichende Dichtung angesehen werden, weil die Tragfähigkeit dieser Lager geringer ist, sich der Lagerverschleiß vergrößert und die Ermüdungslebensdauer abfällt, wenn das eindringende Medium die Schmierstoffeigenschaften verändert.
Zur Bewältigung dieser Aufgaben gibt es eine Vielzahl von Abdichtungsarten und -lösungen. Die Wahl der Abdichung richtet sich im wesentlichen nach folgenden Kriterien:

Umgebungsbedingungen, abzudichtende Medien, Druckunterschiede, Öl- oder Fettschmierung, horizontaler oder vertikaler Einbau, Winkeleinstellbarkeit, vorhandener Raum, Kontaktfläche, Drehzahl, zulässiger Reibungs- bzw. Temperaturwert, tragbarer Aufwand und bisherige Erfahrungen.
Wenngleich kaum exakte Angaben über die Gebrauchsdauer der Abdichtungen, insbesondere bei berührenden (schleifenden) Dichtungen gemacht werden können, sind doch Hinweise möglich, welche Abdichtungen bei bestimmten Betriebsverhältnissen vorzuziehen sind und welche Maßnahmen zur Verlängerung der Gebrauchsdauer der Abdichtungen führen. Die Abdichtungen lassen sich in drei Hauptgruppen unterteilen:

1. Berührungsfreie Dichtungen
2. Berührende oder schleifende Dichtungen
3. Statische Dichtungen

25.2 Berührungsfreie Dichtungen

Berührungsfreie Dichtungen sind einfache, unempfindliche, verschleißfreie Dichtungen, die auch für hohe Drehzahlen und Betriebstemperaturen geeignet sind. Ihre Lebensdauer ist nahezu unbegrenzt, da sie — abgesehen von der Schmierstoffreibung im Dichtspalt — keine Reibung und keinen Verschleiß erzeugen.
Einen Überblick der gebräuchlichsten Bauformen und ihre Hauptmerkmale gibt Abb. 536.

Die berührungsfreien Dichtungen basieren auf der Dichtwirkung eines begrenzten Spaltes, welcher axial, radial oder in beiden Richtungen angeordnet ist. In diese Gruppe gehören auch die auf der Fliehkraftwirkung beruhenden Schleuderdichtungen, wie Spritzkanten, Spritzringe, Schleuderscheiben und dergleichen, die oft zur Erhöhung der Dichtwirkung beider Gruppen zusätzlich eingesetzt werden.
Der enge Spalt am Durchtritt der Welle durch das Gehäuse ist eine sehr einfache und in vielen Fällen ausreichende Dichtung. Dieser Spalt kann sehr eng (0,05 ... 0,3 mm) ausgeführt werden, da die Wälzlager eine geringe Lagerluft haben und unter günstigen Umweltverhältnissen keinen Verschleiß und keine merkliche Verlagerung der Welle aufweisen. Die Spaltbreite wird deshalb meist von dem Radialschlag der Welle und der Exzentrizität des Gehäusedurchganges zum Lageraußenringsitz bestimmt. Je enger und länger die Spalten vorgesehen werden können, desto besser ist die Dichtwirkung.
Konzentrische Rillen in der Durchgangsbohrung erhöhen die Dichtwirkung des Spaltes. Bei Fettschmierung findet der Fettkragen, welcher die von außen kommenden Verunreinigungen festhält, in diesen Rillen seinen Halt.

Die Wirksamkeit der Dichtung läßt sich durch Labyrinthe beträchtlich steigern. Sie bedingen aber in der Regel einen erhöhten Fertigungsaufwand. Die Labyrinthe sind vorteilhaft mit steifem, wasserabweisendem Fett (Sperrmedium) zu füllen und bei großem Schmutzanfall über Schmierkanäle in bestimmten Zeitabständen nachzuschmieren.
Im Serienbau lassen sich einbaufertige Labyrinthe wie auch solche, die aus gepreßten Einzelteilen zusammengesetzt werden, billig und raumsparend verwenden. Kolbenring- bzw. Lamellenscheiben ermöglichen auf einfache Weise und bei geringer Bauhöhe, speziell bei hohen Drehzahlen und Temperaturen, wirkungsvolle Labyrinth-Dichtungen. Die geschlitzten Ringe sitzen mit Spannung in der glatten Bohrung des Gehäuse(deckel)s und haben in den Nuten der Wellen(büchse) radiales und axiales Spiel. Die geschlitzten Ringe sind beim Einbau gegeneinander zu versetzen.
Membran-Dichtungen werden direkt neben Wälzlagern eingebaut und benützen die Seitenfläche der Lager als Anlaufflächen. Sie sind ein einfaches, preiswertes Dichtungselement mit geringer Bauhöhe. Sie werden entweder mit dem Außenring oder mit dem Innenring zusammengespannt. Bei Kegelrollenlagern verwendet man häufig eine Doppeldichtung und füllt die Kammer zwischen den beiden Scheiben mit einem (wasserabweisenden) Fett. Bei günstigen Umgebungsverhältnissen und Fettschmierung genügt es oft, eine einfache Stauscheibe vorzusehen, die das Fett am Lager hält.

Bei der Konstruktion flüssigkeitsbespritzter berührungsfreier Dichtungen ist darauf zu achten, daß

- möglichst wenig Flüssigkeit mit hoher Geschwindigkeit in den Eingangsspalt der Dichtung gelangt (vorgeschaltete Schleuderscheibe),
- die Abspritzwirkung der ersten Kante der Dichtung besonders gefördert, keineswegs aber behindert wird,
- Rückflußmöglichkeiten aus den Fangräumen ungehinderten Abfluß gewährleisten,
- rotierende Teile innerhalb der Dichtkammern nicht im Ölbad eintauchen (Rückflußstau),
- Quetscheffekte in der abzudichtenden Flüssigkeit durch weitspaltige Dichtungen vermieden werden.

25.3 Berührende oder schleifende Dichtungen

Die Dichtwirkung ist besser als bei den berührungsfreien Dichtungen, sie verschleißen aber mit der Zeit und müssen manchmal ausgewechselt werden. Ihre Gebrauchsdauer hängt von der Verschmutzung, dem Anpreßdruck, dem Schmierungszustand und bei nichtmetallischen Werkstoffen auch von der Temperatur ab. Die gebräuchlichsten Bauformen schleifender Dichtungen und ihre Hauptmerkmale sind in Abb. 537 zusammengestellt.

Die Dichtwirkung der schleifenden Dichtungen beruht darauf, daß ein elastisches Dichtelement mit einem bestimmten Druck (Vorspannkraft) an der Dichtfläche anliegt, wodurch die benachbarten Räume getrennt werden. Der Druck sollte so klein wie möglich gehalten werden, weil mit wachsendem Druck das Reibmoment, die Temperatur und der Verschleiß ansteigen. Die zulässige Erwärmung begrenzt die maximale Umfangsgeschwindigkeit. Bei den meisten Dichtungen nimmt die höhere Anfangsreibung während des Einlaufens schnell ab. Bei jeder schleifenden Dichtung ist eine Schmierung der Dichtfläche wegen des sonst einsetzenden starken Verschleißes erforderlich, d.h. die Dichtlippe soll immer auf einem dünnen Schmierfilm (Meniskus) laufen.
Die Gleitfläche für die Dichtung muß frei von Riefen (Pumpwirkung) und Beschädigungen sein. Bevorzugt werden polierte, im Einstechverfahren geschliffene oder glattgewalzte Oberflächen mit $R_z = 0{,}8\ \mu m$ (> 10 m/s) bis $2{,}4\ \mu m$ (< 5 m/s) Bei geringerer Rauhigkeit oder auf verchromter Gleitfläche haftet der Schmierfilm nur unzureichend. Thermische Überlastung der Dichtlippe kann die Folge sein. Zu rauhe Gleitflächen fördern den Dichtlippen-Verschleiß. Im allgemeinen Fall soll die Mindest-Oberflächenhärte 45 HRC betragen, bei starkem Schmutzanfall und Umfangsgeschwindigkeit > 4 m/s 55 HRC Bei Oberflächenhärtung ist eine Einhärtetiefe von $> 0{,}3$ mm erforderlich, beim Nitrieren die Grauschicht zu glätten.

Der Dichtflächendurchmesser kann die Toleranz h 11 bekommen. Die Rundlaufabweichung darf bis 2000 min^{-1} 0,15 mm und bis 4000 min^{-1} 0,075 mm nicht überschreiten. Die Koaxialität zwischen Welle und Gehäuse soll für Wellendurchmesser bis 40 mm 0,15 mm und ab 120 mm 0,3 mm betragen. Weitere Einzelheiten siehe DIN 3760.
Kanten der Wellen und der Gehäuse müssen im Dichtungsbereich gut gerundet oder besser noch mit einer Schlupffase für die Montage versehen werden.
Filzringdichtungen stellen die einfachste Bauart der schleifenden Dichtungen dar. Sie haben sich vor allem bei Fettschmierung gut bewährt, denn das Fett bildet nach kurzer Laufzeit eine vorspannungsfreie, eng anliegende Dichtfläche mit hervorragender Dichtwirkung gegen Staub. Bei nicht zu starker Verschmutzung genügt ein Filzring, bei stärkerer Verschmutzung kann man zwei Filzringe nebeneinander setzen; besser ist es jedoch,einen Filzring mit einem anderen Dichtelement (Labyrinth oder Schleuderscheibe) zu kombinieren, weil der äußere Filzring selten ausreichend geschmiert wird und austrocknet.

Stoffbuchsen-Dichtungen bestehen aus mehreren aneinandergereihten verformbaren Ringen, die axial zusammengepreßt eine sichere Abdichtung, vor allem gegen Überdrücke, ergeben. Reibung und Verschleiß dieser Elemente sind jedoch bedeutend und beschränken die Anwendung der Stoffbuchsen-Dichtung auf Lagerungen, die nur sehr langsam umlaufen oder lediglich Schwenkbewegungen ausführen.

Bei Abdichtung gegen feuchten Schmutz (Schlamm) und niedrige Drehzahlen oder Schwenkbewegungen finden kostengünstige und leicht zu montierende O-Ringe Verwendung.

Für höhere Anforderungen haben Manschetten- oder Lippendichtungen (Wellendichtringe) weite Verbreitung gefunden. Nicht zuletzt deshalb, weil Wälzlager im Dauerbetrieb eine genaue Wellenführung gewährleisten und einbaufertige Elemente in verschiedenen Bauformen und Abmessungen zur Verfügung stehen.
Wie bereits erwähnt, ist die Betriebssicherheit dieser Dichtungen an bestimmte Voraussetzungen geknüpft. Notwendig ist vor allem eine gute Gleitfläche und eine ausreichende Schmierung. Je höher die Umfangsgeschwindigkeit, desto geringer muß der Radialschlag der rotierenden Gleitfläche gehalten werden. Beim Einbau ist darauf zu achten, daß die empfindliche Dichtlippe nicht verletzt wird (Schlupffase oder Montagehülse ähnlich Abb. 574, S. 522).
Je nachdem, ob hauptsächlich Schmierstoffaustritt aus dem Gehäuse oder das Eindringen von Verunreinigungen verhindert werden soll, muß die Dichtung entweder mit nach innen oder nach außen gerichteter Dichtlippe eingebaut werden. Sind beide Fälle gleich wichtig, ist eine (zusammengesetzte) doppelte Wellendichtung vorzusehen, wobei die Lippen entgegengesetzt gerichtet sind und der Zwischenraum mit Fett gefüllt bzw. auch öfters nachgeschmiert wird. Baut die Doppeldichtung zu breit, ist vielleicht ein Wellendichtring mit Staublippe möglich. Bei extrem ungünstigen Umgebungsverhältnissen sollten äußere Schleuderringe, Schutzkappen oder Labyrinthe vorgeschaltet werden, um die Dichtungslippen und Dichtungsringe vor Verschleiß zu schützen.

V-Ringe sind einteilige Lippendichtungen aus elastischem Gummi wie Radial-Wellendichtringe. Der wesentliche Unterschied liegt darin, daß die Dichtlippe axial auf die Gleitfäche gedrückt wird und zugleich als Schleuderscheibe wirkt. V-Ringe sind unempfindlich gegen radialen Versatz und arbeiten auch dann zuverlässig, wenn die Gehäusewand nicht rechtwinklig zur Lagerachse steht. Der Anpreßdruck der Dichtlippe und damit die Reibung verringern sich mit steigender Umfangsgeschwindigkeit selbsttätig. Bei ca. 15 m/s hebt die Dichtlippe ganz ab und wirkt nur noch als Schleuderscheibe.

Im Gegensatz zu anderen berührenden Dichtungen werden an die Dichtflächen der V-Ringe keine hohen Anforderungen gestellt. Bei Rauhtiefen zwischen R_t 1 ... 10 µm differieren Reibung und Verschleiß nicht wesentlich. Wichtig ist jedoch, daß sämtliche Bearbeitungsspitzen durch Schmirgeln oder Abziehen mit einem Schleifstein entfernt werden, weil sonst die scharfkantigen Spitzen den dünnen Schmierfilm durchbrechen und die Dichtlippe zerstören.

Gleitring-Dichtungen führen auch bei schwierigsten Abdichtungsproblemen zu guten Ergebnissen. Sie sind allerdings auf-

Bauform	Beispiele A	Beispiele B		Schmierstoff
Spaltdichtung	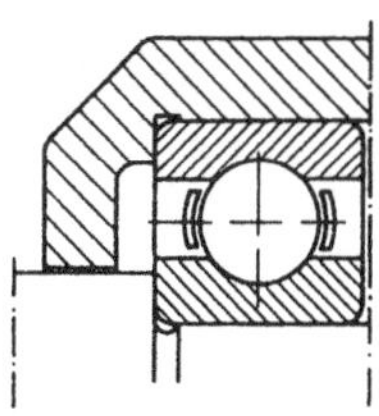 glatt	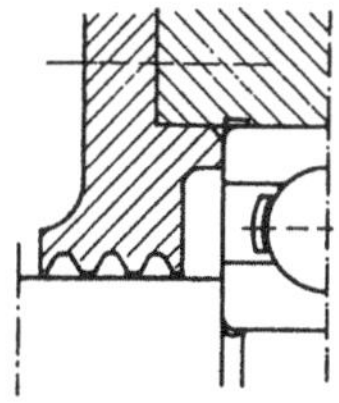 mit Rillen		Fett
Labyrinth-dichtung	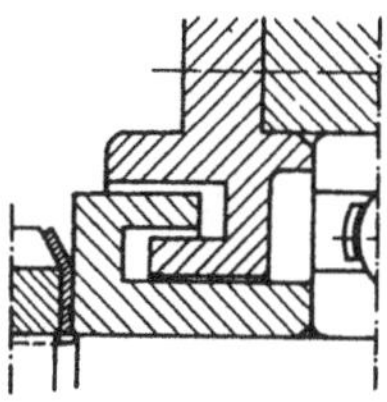 einfach axial	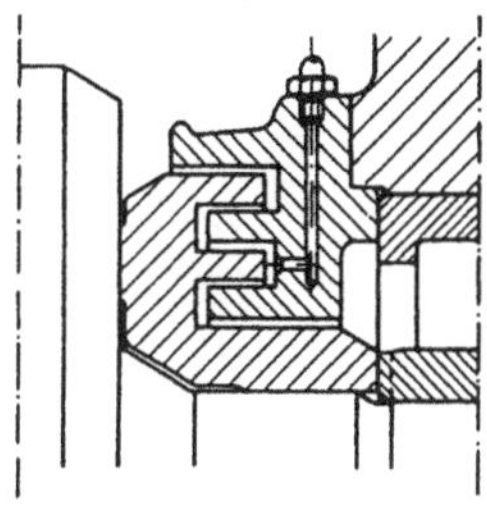 mehrfach axial		Fett
	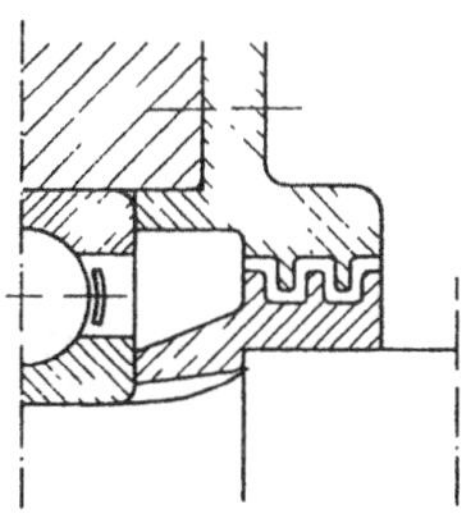 radial (geteiltes Gehäuse)	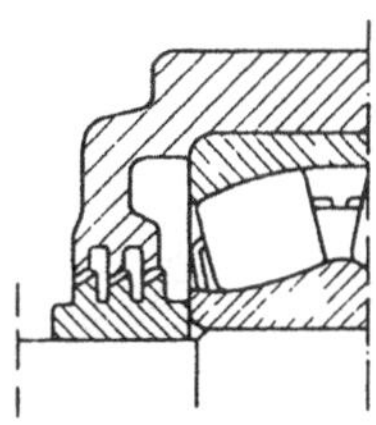 schräg (Pendellager)	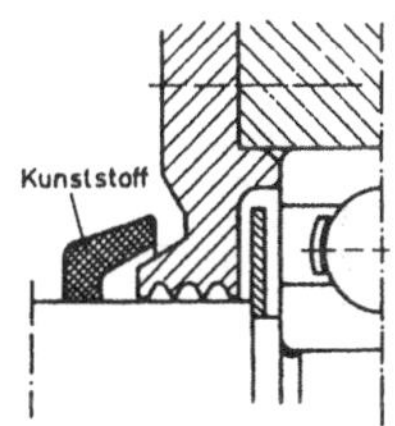 mit Schleuderring und Stauscheibe	
Kolbenring- bzw. Lamellen-Scheiben-Dichtung	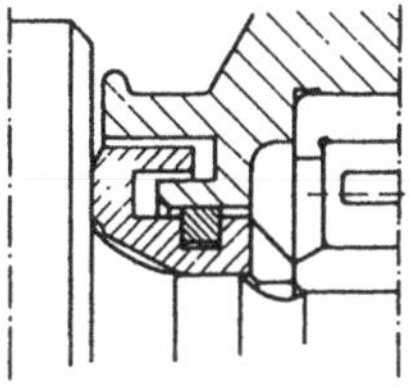	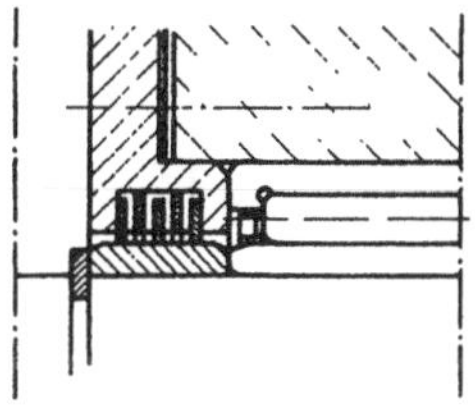		Fett

Dichtet gegen	Vorteile*	Nachteile**	Bemerkungen
mäßigen Staubanfall	A: Billig, einfach B: Kein Eindringen von Schmutz, solange Fett in den Rillen ist	A. Schmutz und Feuchtigkeit wandern an der Welle ins Innere	Verbesserung der Dichtwirkung durch Verlängerung des Spaltes und/oder (Förder-)Rillen Rillenabmessungen s. Abb. 543, S. 505 Spaltbreite 0,1 ... 0,3 mm
starken Schmutz und Feuchtigkeit	Sehr wirksam. Mit Welle umlaufender Labyrinthring schleudert Schmutz ab.	Mehrstufige Labyrinthe sind teuer und erfordern viel Platz	Schiefstellung bei Pendellager (Pumpwirkung) berücksichtigen. Labyrinthspiele s. 544, S. 505. Schmierstoff in Labyrinthgänge verbessert Dichtwirkung.
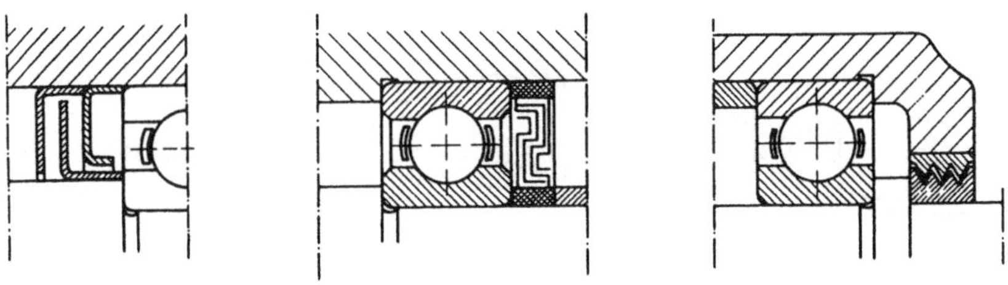 aus Preßteilen	Z-Dichtung, schmal, zum Wälzlager passend, einbaufertig		Sageform, ineinander verschlungen, einbaufertig
starken Schmutz, Feuchtigkeit	Raumsparend, temperaturunempfindlich, geringe Reibung	Kein Fettabfluß	Nachschmieren der Lagerstelle führt zu überhöhter Temperatur, weil Fett nicht über Dichtung entweichen kann.

Abb. 536 Berührungsfreie Dichtungen

Bauform	Beispiele A	Beispiele B	Schmierstoff
Membrandichtung (Nilosring)	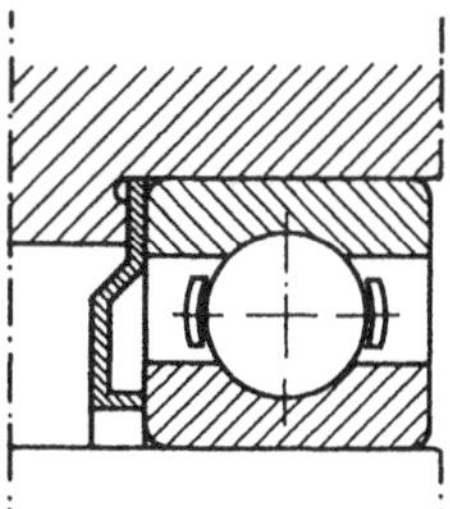 innen dichtend	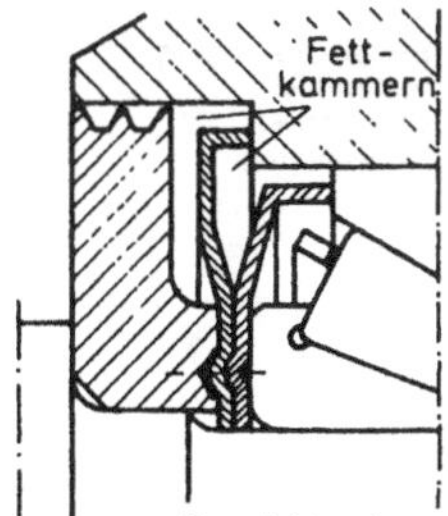 außen dichtend	Fett
Spaltdichtung mit Spritzring	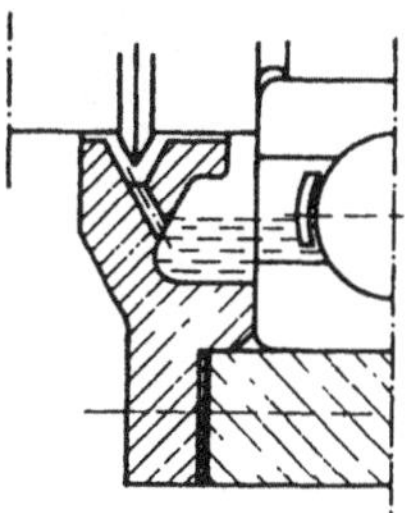 einfacher Spritzring	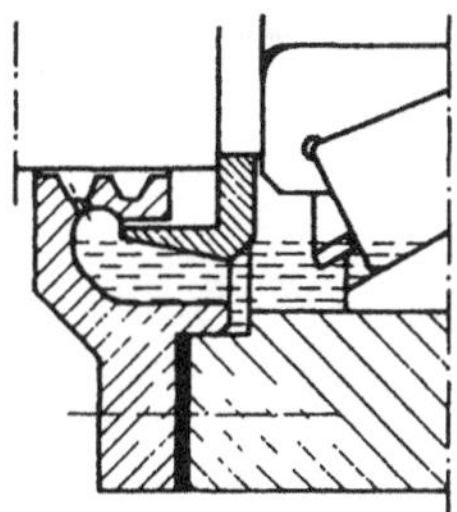 gekröfter Spritzring	Öl (Fett)
Gewindewellendichtung, Staurohr bei senkrechter Welle	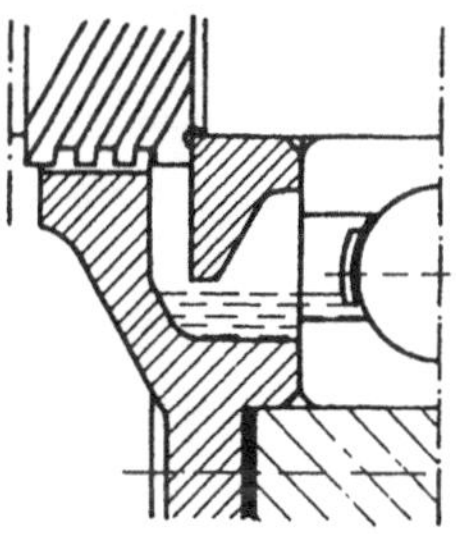	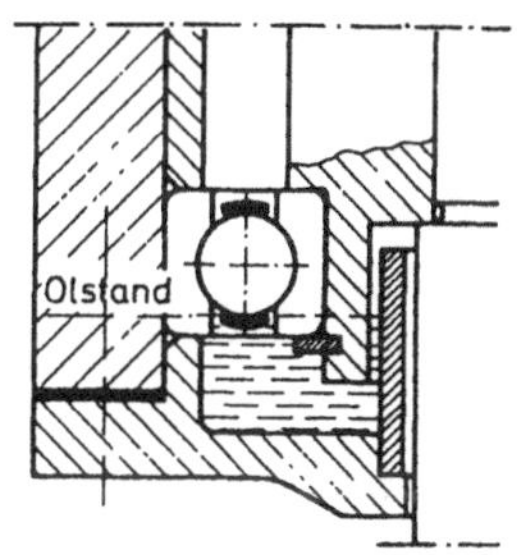	Öl
Stauscheibendichtung	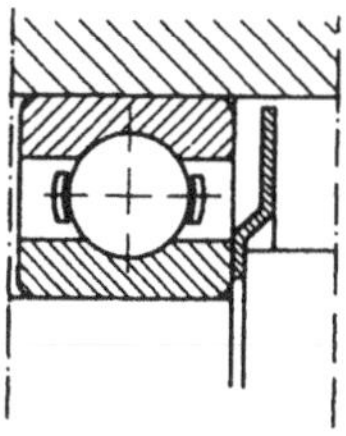 außen dichtend	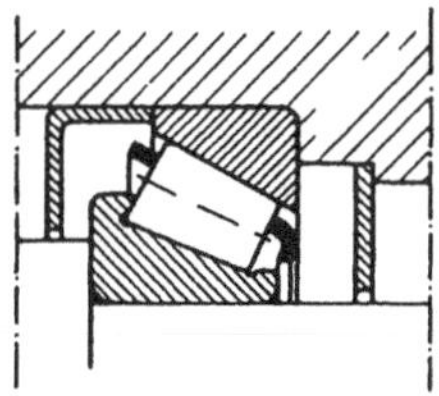 innen dichtend	Fett

Abb. 536 Berührungsfreie Dichtungen (Fortsetzung S. 500)

Dichtet gegen	Vorteile*	Nachteile**	Bemerkungen
Schmutz (Feuchtigkeit)	Billig, raumsparend, Seiten des Lagers finden als Gleitflächen Verwendung	Bis zum Einlauf schleifende Dichtung Max. Umfangsgeschwindigkeit ≈ 5 m/s. Keine Federwirkung in axialer Richtung	B: Doppelt-Dichtung mit Fettkammer steigert Dichtwirkung beträchtlich.
mäßigen Schmutzanfall	Sehr wirksam	(Aufwendige Fertigung)	Ölrückflußbohrung wegen Schaumbildung unter Ölniveau legen Auf schlagfreien Lauf des Spritzringes achten
mäßigen Staubanfall	A radial raumsparend A und B sehr wirksam	A Nur eine Drehrichtung zulässig, nur während des Laufes wirksam	A Bei besonders hohen Dichtungsanforderungen gegenläufiges Gewinde mit Sperrflüssigkeit verwenden.
leichten Staubanfall (Fettkragen)	Billig, einfach, hält Fett am Lager	Geringe Dichtwirkung	Nur für Maschinen in trockenen, (fast) staubfreien Räumen

* Gemeinsame Vorteile: kein Verschleiß, keine Erwärmung, unbegrenzte Lebensdauer
** Gemeinsame Nachteile: Statisch wenig wirksam, Spaltverluste

Bauform	Beispiele A	Beispiele B	Geschwindigkeit*	Schmierstoff
Filzring-dichtung	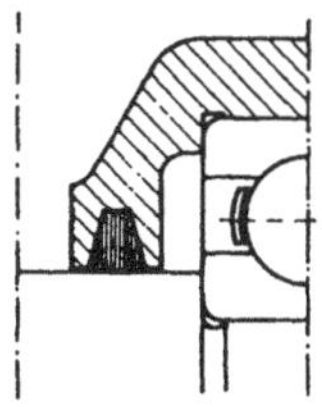	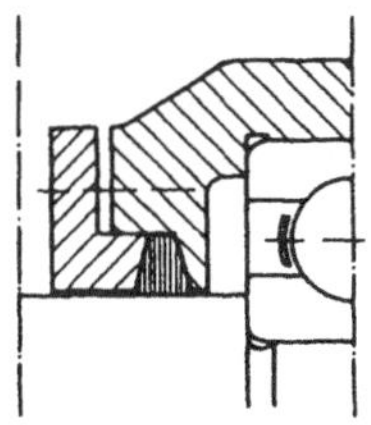 Filz nachstellbar (Stopfbuchse	4	Fett
O-Ring-Dichtung	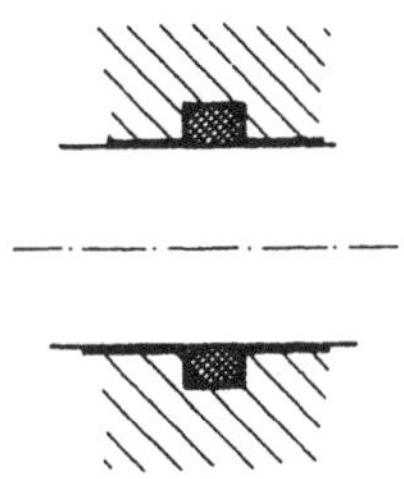	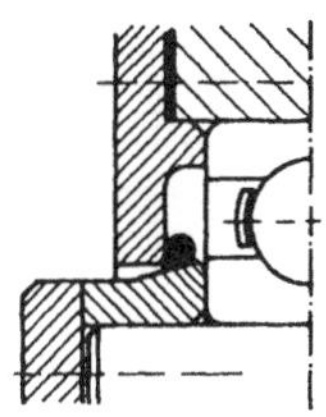	0,5 (4)	Öl Fett
Radial-Wellen-dichtringe (RWDR)	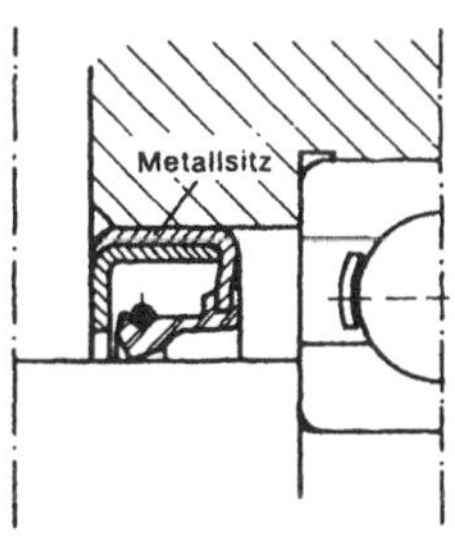 innen dichtend	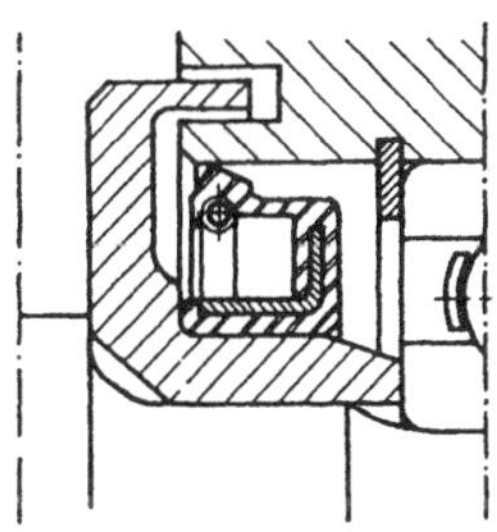 außen dichtend	12 (40)	Öl Fett

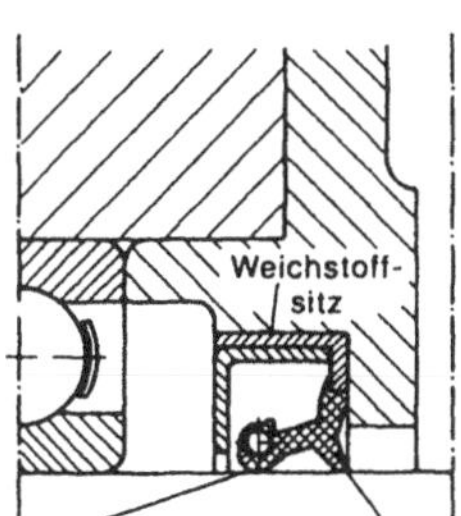

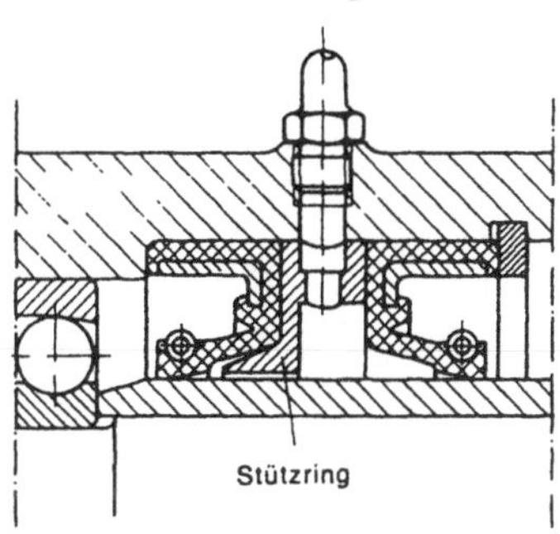

Dichtet gegen	Vorteile	Nachteile	Bemerkungen
Staub (Feuchtigkeit)	Billig, einfache Bearbeitung der Dichtfläche. Leichte Montage	Reibung, Nachlassen der Dichtwirkung. Austrocknung des Filzes	Bei Temperaturen > 100 °C Asbest-Graphit-Ringe verwenden. Filzringe vor Einbau in heißem Öl (ca. 80°C) tränken (Schmierstoffträger). Abmessungen DIN 5419, s. Abb. 545, S. 506.
feuchten Schmutz (Schlamm)	Billig, platzsparend, leichte Montage	Starke Schwankung des Reibmomentes, auch bei enger Tolerierung. Längung durch Alterung	Für Temperaturen bis ca. 80 °C, Sonderformen bis 4 m/s: A) Profilring mit kreuzförmigem Querschnitt B) O-Ring auf kegeliger Hülse
Flüssigkeiten, Staub, starken Schmutz (nur bei ausreichender Schmierung)	Gute Dichtwirkung	Empfindliche Dichtlippe(n). Nachlassende Dichtwirkung durch Verschleiß Hoher Aufwand für Lauffläche bei großen Geschwindigkeiten und Durchmessern	Radial-Wellendichtringe DIN 3760. Ab 0,5 bar Überdruck Metallstützring vorsehen Verschiedene Werkstoffe s. Abb. 546/548, S. 508 .. 510 Einbauvorschriften der Hersteller beachten. Dichtlippe darf nicht beschädigt werden. Sehr wirksamen Schutz gegen eindringendes Wasser und Schmutz bieten drei WDR bei Walzenzapfenlagerungen.

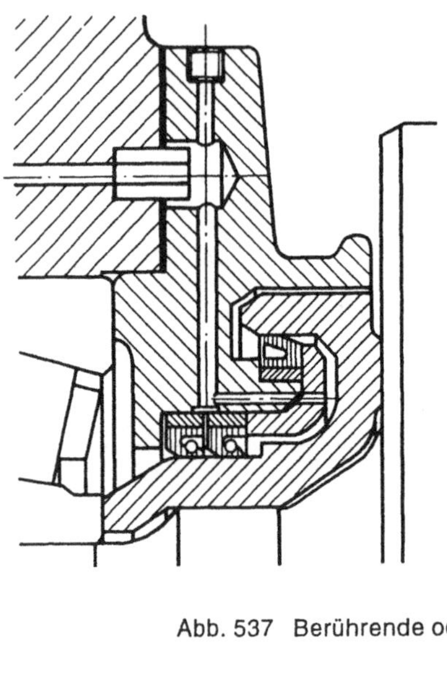

Walzenzapfen

* Zulässige Umfangsgeschwindigkeit für Normalausführung [m/s]

Abb. 537 Berührende oder schleifende Dichtungen (Fortsetzung S. 503/504)

Bauform	Beispiele A	Beispiele B	Geschwindigkeit*	Schmierstoff
V-Ring-Dichtung	 Fettschmierung	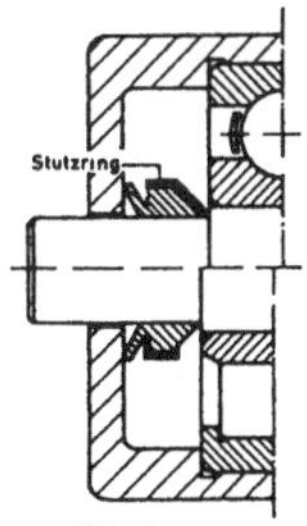 Ölschmierung	15 (19)	Öl Fett
Gleitring-dichtung	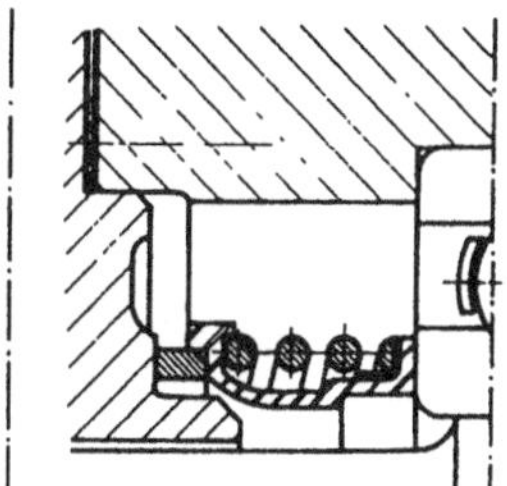 mit Schraubenfeder	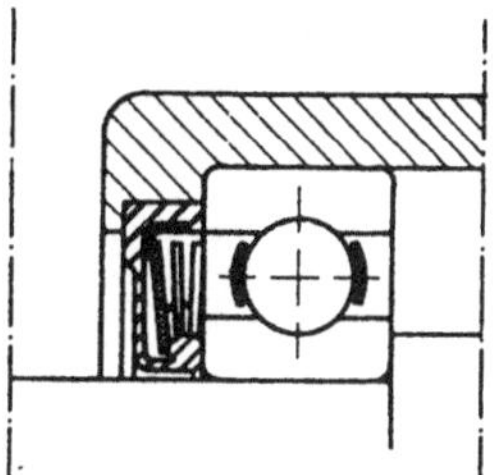 mit Sternfeder (AWDR)	15 (75)	Öl Fett

Abb. 537 Berührende oder schleifende Dichtungen — Fortsetzung

wendig und teuer; etwas kostengünstiger, aber weniger wirksam ist der Axial-Wellendichtring.

25.4 Kombinierte Dichtungen

Kombinierte Dichtungen werden sich immer dann ergeben, wenn an einer Einbaustelle verschiedene und schwierige Dichtungsaufgaben zu erfüllen sind (Abb. 538 ... 541).

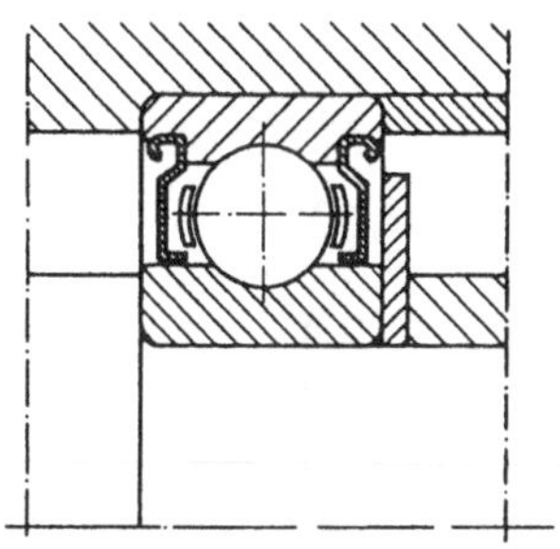

Abb. 538 Staubsaugermotor

Verbesserungen der Dichtwirkung durch am Innenring eingesetzte, den Dichtspalt überdeckende Schleuderscheibe gegen im Luftstrom befindlichen Schmutz.

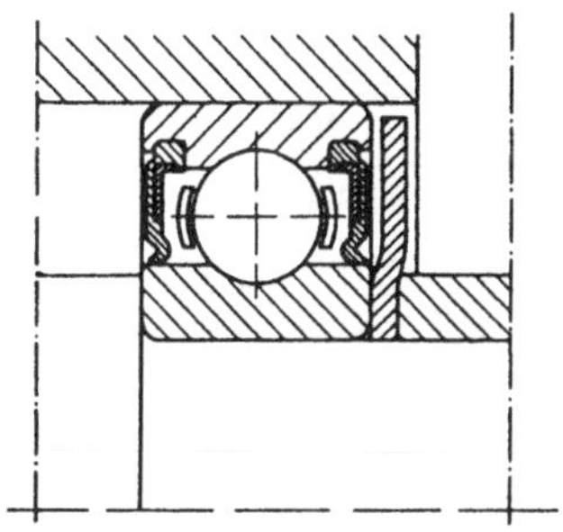

Abb. 539 Land- oder Textilmaschinen-Welle

Die Schleuderscheibe schützt die im Lager integrierte Gummidichtung vor dem Zerreiben durch Heu-, Stroh- oder Textilwickel.

Dichtet gegen	Vorteile	Nachteile	Bemerkungen
Staub, Flüssigkeiten	Billig, bei niedrigen Drehzahlen < 6 m/s ist Putzen oder Feindrehen der Dichtfläche ausreichend. Leichte Montage. (Dehnbarkeit). Einfache Lagerhaltung, da eine Ringgröße mehrere Wellen-Ø abdeckt.	Spannung der Dichtlippe läßt nach (Gummi-Relaxion)	Für Temperaturen bis 100 °C, bei höheren Umfangsgeschw. (> 12 m/s) Metallstützring vorsehen. Bei ≈ 15 m/s hebt Dichtlippe ab und wirkt nur noch als Schleuderscheibe. Eignet sich auch als Schmierfettmengenregler. Standard-Werkstoff: NB.
(Aggressive) Flüssigkeiten, Schmutz	Konstanter Dichtdruck. Notlaufeigenschaften bei selbstschmierenden Gleitwerkstoffen	Teuer, häufig großer Platzbedarf und Reibungswärme. Leckage während des Einlaufvorganges	Sonderkonstruktionen für hohe Anforderungen bezügl. Druck, Drehzahl, Temperatur und aggressiven Medien. Gasdicht durch Kammern mit Sperrflüssigkeit.

* Zulässige Umfangsgeschwindigkeit für Normalausführungen [m/s]

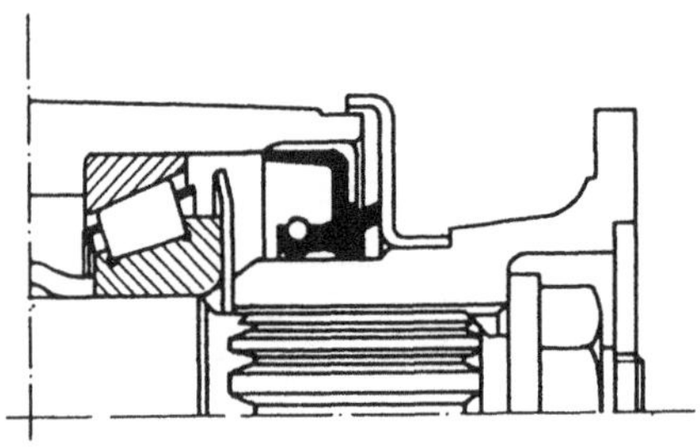

Abb. 540 Kfz-Ritzelflanschlager

Der Radialwellendichtring mit Staub- oder Zusatzlippe wird innen durch eine Stauscheibe gegen zu hohen Öldruck und außen durch eine Schutzkappe gegen Straßenstaub und Spritzwasser vor Verschleiß geschützt.

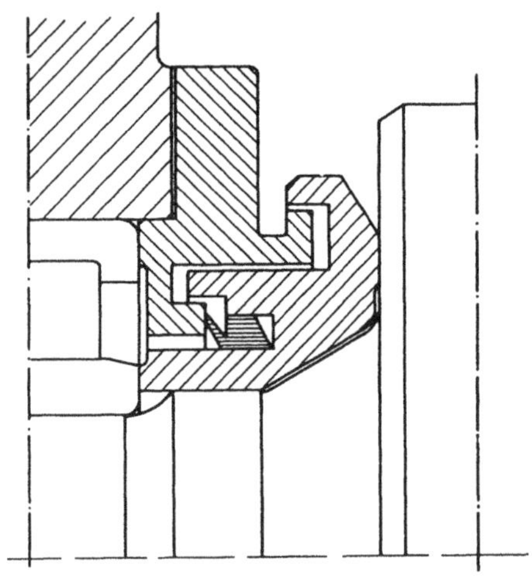

Abb. 541 Walzenzapfenlagerung

Labyrinthe schützen den V-Ring vor groben Verunreinigungen.

25.5 Magnetflüssigkeitsdichtung

Bei Plattenspeicherantrieben (Miniatur- und Kleinlager) wird der Plattenraum gegen das Eindringen von Schmierstoffpartikeln mittels (integrierten) Magnetic Fluid Seals (Magnetflüssigkeitsdichtungen) hermetisch abgeschirmt. Sie bestehen aus einer Magnetscheibe (Abb. 542), welche mit der Welle oder dem Innenringbord einen Spalt bildet. In diesen Spalt wird bei Montage eine magnetisierbare Flüssigkeit gegeben. Die Flüssigkeit wird bei rotierendem Lager durch das Magnetfeld im Dichtspalt gehalten und schließt diesen hermetisch ab. Sämtliche Wellendichtungen weisen Dunstleckagen auf. Diese könnten mit Magnetic Fluid Seals verhindert werden, wenn sich deren Verhalten gegenüber Schwebetröpfchen als genügend stabil erweist.

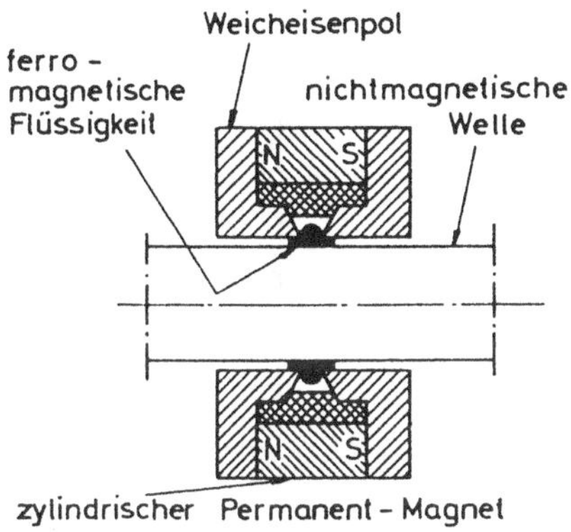

Abb. 542 Magnetflüssigkeitsdichtung

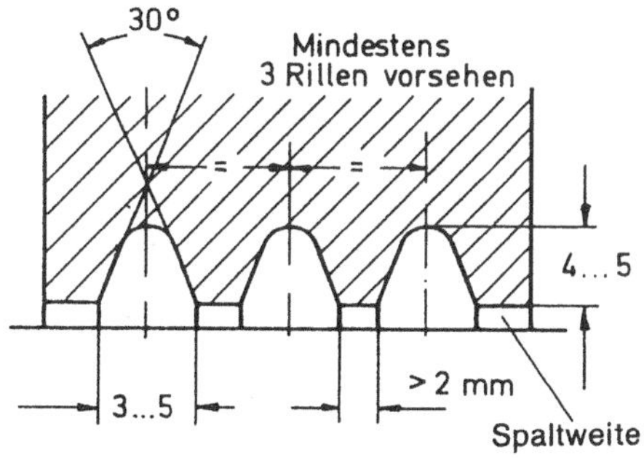

Abb. 543 Empfohlene Rillenmaße S_r, s. Abb. 544

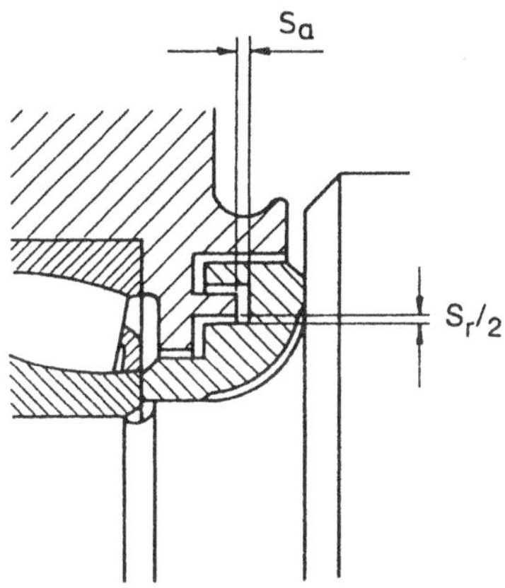

Labyrinth-bohrung d über	bis	Breite des Labyrinthspaltes S_r Maße in mm	S_a
	40	<0,3	2
40	80	0,4	2,5
80	120	0,5	3
120	180	0,6	3,5
180	250	0,7	4
250	315	0,8	5
315	400	0,9	5
400	500	1,0	5
500	630	1,1	5
630	800	1,2	5
800	1000	1,3	5
1000	1250	1,4	5

Abb. 544 Empfohlene Labyrinthspiele

25.6 Werkstoffe für gummielastische Dichtungen

Für die Wahl der richtigen Dichtungswerkstoffe ist eine Mindestkenntnis ihrer Eigenschaften und Medienbeständigkeit unter verschiedenen Betriebsbedingungen erforderlich (Abb. 546/547). Häufig muß dennoch bei den Dichtungsherstellern zurückgefragt werden.

NB ist ein Mischpolymerisat aus Butadien und Acryl-Nitril (18 ... 50%), z.B. Perbunan N. Es ist der meist verwendete Werkstoff für gummielastische Dichtungen. Weniger geeignet ist NB bei Medien mit viel aromati-

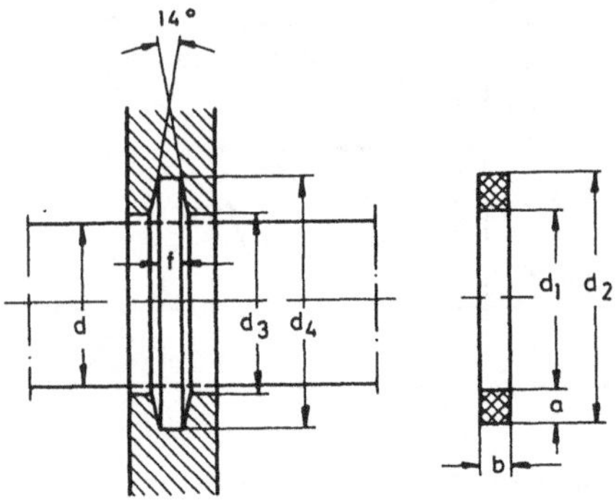

¹) die Abmaße der Welle sollen das Toleranzfeld h 11 nicht überschreiten. Die Gleitfläche für den Filz soll geschlichtet oder geschliffen sein; bei höheren Anforderungen ist sie zu polieren.

²) Die Bohrung d_4 muß gegebenenfalls bei Verwendung von Pendellagern größer gewählt werden. Die übrigen Maße der Ringnut bleiben unverändert.

³) Länge inkl. Zuschlag für Überlappung

Der Filzring und auch der Filzstreifen dürfen im Grunde der Ringnut (Maß d_4) nicht aufsitzen.

Filzringe und Ringnuten fur Zylinderrollenlager in elektrischen Maschinen siehe DIN 43 283

Wellendurchmesser h 11¹)	Maße in mm											
	d_1	zul. Abw.	d_2	zul. Abw.	d_3 H 12	$d_4$²) H 12	l Länge³)	a	zul. Abw.	b	zul. Abw.	f H 13
32	32	± 0,5	44	± 0,5	33	45	138	6	± 0,4	5	± 0,4	4
35	35		47		36	48	150					
36	36		48		37	49	155					
38	38		50		39	51	160					
40	40		52	± 0,6	41	53	165					
42	42		54		43	55	170					
45	45		57		46	58	180					
48	48		64		49	65	190	8	± 0,5	6,5		5
50	50		66		51	67	210					
52	52	± 0,6	68		53	69	215					
55	55		71		56	72	225					
58	58		74		59	75	235					
60	60		76		61,5	77	240					
65	65		81	± 0,7	66,5	82	260					
70	70		88		71,5	89	280	9		7,5	± 0,5	6
72	72		90		73,5	91	290					
75	75		93		76,5	94	300					
78	78		96		79,5	97	310					
80	80		98		81,5	99	315					
82	82	± 0,7	100		83,5	101	320					
85	85		103		86,5	104	330					
88	88		108		89,5	109	340	10		8,5		7
90	90		110		92	111	350					
95	95		115		97	116	370					
100	100		124	± 0,8	102	125	390	12	± 0,6	10		8
105	105		129		107	130	410					
110	110		134		112	135	430					
115	115		139		117	140	440					
120	120		144		122	145	470					
125	125	± 0,8	153		127	154	490	14		11	± 0,6	9
130	130		158		132	159	510					
135	135		163		137	164	520					
140	140		172	± 1	142	173	540	16		12		10
145	145		177		147	178	560					
150	150		182		152	183	580					
155	155		187		157	188	590					
160	160		192		162	193	610					
165	165		197		167	198	630					
170	170		202		172	203	640					
175	175		207		177	208	650					
180	180		212		182	213	670					

Abb. 545 Filzring, Filzstreifen und Ringnuten DIN 5419

schen Kohlenwasserstoff-Anteilen, wie z.B. Kraftstoffe (Benzol) und hochlegierte Mineralöle (Hypoidöle). Die in diesen Fällen auftretende starke Quellung kann zwar durch einen hohen Acryl-Nitrilgehalt verbessert werden, es ist dann aber mit folgenden Veränderungen zu rechnen:

— Verringerung der Elastizität/Kälteflexibilität/Gasdurchlässigkeit
— Verschlechterung des Druckverformungsrestes

Probleme können auch die Additive bereiten, wenn eine Verhärtung durch Nachvulkanisation auftritt. Quellung und Verhärtung können ausgleichend wirken.

Dichtungen aus **AC**, z.B. Silopren, quellen und verhärten in hochlegierten Ölen nicht so sehr wie NB. Sie werden deshalb zum Abdichten von hochlegierten Getriebeölen, wie Hypoidöle, eingesetzt und außerdem dort, wo die Temperaturbeständigkeit von NB-Mischungen nicht ausreicht. AC-Dichtungen sind in Wasser und wässerigen Medien nicht beständig und altern vorschnell unter dem Einfluß von Metallseifen (Fetten)

Zu den wichtigsten Vorteilen von **SI** zählen der außergewöhnlich breite Temperaturbereich von —60 ... +230°C, die fast unbegrenzte Alterungsbeständigkeit gegen Luft, Sauerstoff und Ozon. Nachteilig ist die starke Quellung bei kurzkettigen bzw. niedermolekularen Kohlenwasserstoffen, wie z.B. Benzin, und die Nichtverwendungsfähigkeit bei Hypoidölen und Heißdampf. Ungünstig sind außerdem die geringe Reißfestigkeit und die starke Kerbempfindlichkeit. SI ist nur anwendbar bei Zutritt von Luftsauerstoff an die Dichtstelle, weil es sich sonst zusetzen kann. Dichtungen aus SI werden in der Regel in Öl bis zur Sättigung vorgequollen, so daß im Betrieb keine weitere Quellung bzw. maßliche Veränderung eintritt. Als Nebeneffekt ergibt sich durch die Ölspeicherung ein sehr niedriger Reibungswert und die bekannte günstige Notlaufeigenschaft.
FP, z.B. Viton, ist der teuerste und in seiner Verarbeitbarkeit schwierigste der hier beschriebenen Dichtungswerkstoffe. Er ist aber wegen seiner Beständigkeit gegen chemische Einflüsse sowie gegen hohe Temperaturen wohl der beste Wellendichtring-Werkstoff. Vorsicht ist nur geboten bei Heißwasser und Dampf über 100°C (hohe bleibende Verformung). Nicht besonders günstig ist auch das Kälteverhalten dieses Werkstoffes (Verhärtung, Versprödung).

Drehzahlverlustleistung, zulässige Druckbeaufschlagung und zulässige Umfangsgeschwindigkeit für diese Elastomere sind aus Abb. 548 zu entnehmen. Sie gelten für flüssige Schmierstoffe bei nicht hydrodynamisch wirkenden Dichtungen. Bei hydrodynamisch wirkenden Dichtungen, sogenannten Dralldichtungen, liegen die Grenzwerte bedeutend höher. Bei Fettschmierung sind die Grenzwerte fast zu halbieren, weil die Wärmeabfuhr im Dichtspalt wesentlich schlechter ist als bei der Abdichtung von flüssigen Medien.

25.7 Wechselwirkung zwischen Dichtungswerkstoff und Schmierstoff

Zwischen dem Dichtungswerkstoff und dem Schmierstoff entsteht, wie auch bei allen anderen abzudichtenden Medien, eine dauernde Wechselwirkung. Dichtungswerkstoffe saugen mehr oder weniger viel von der sie umgebenden und abzudichtenden Flüssigkeit auf. Die Dichtung wird dadurch weich. Sie verändert ihre Form und die Lage der Dichtlippe. Umgekehrt entsteht durch das Herauslösen extrahierbarer Mischungsbestandteile eine Schrumpfung oder Verhärtung des Dichtungswerkstoffes. In beiden Fällen kann die Funktion der Dichtung stark beeinträchtigt werden.
Moderne Schmierstoffe, welche in Automobilgetrieben oder in schweren Industriegetrieben verwendet werden, enthalten bis zu 27% chemische Zusätze (Additive), wie z.B. Hypoidöle mit 1 ... 3,5% Schwefel, 0,3% Phosphor, 1 ... 1,6% Chlor, 0,3% Zink, 1 ... 1,8% Blei und 9,5 ... 24% weiteren Zusätzen. Diese Zusätze verbessern einerseits die Schmierstoffeigenschaften (Schmierfähigkeit, thermische Stabilität, Antiverschleißeigenschaften usw.), bewirken aber andererseits eine Veränderung der Dichtungswerkstoffe. Ob es eine positive oder negative Wirkung hat, hängt von der chemischen Zusammensetzung der Zusätze und der Betriebstemperatur ab, siehe Abb. 547/546.

Phosphorsäureester sowie verschiedene Klassen aromatischer und halogenierter Verbindungen bewirken eine Quellung des Dichtungswerkstoffes, weil sie stark in

	Dichtungswerkstoffe DIN (ASTM/D 1418-ISO 1629) Bezeichnungen	NB (NBR) Acrylnitril-Butadien Kautschuk	AC (ACM) (Poly)acrylat-Kautschuk	SI (VMQ-MVQ) Silikon-Kautschuk	FP (FKM-FPM) Fluor-Kautschuk
Physikalische/mechanische Eigenschaften	Härte [Shore A] DIN 53505	55 . . . 80	60 . . . 80	70 . . . 85	80 . . . 95
	Dichte [g/cm³] DIN 53497	1,31	1,53	1,37	1,89
	Zugfestigkeit [N/mm²]	8 . . . 35	> 8	> 10	16
	Reißdehnung [%] DIN 53304	350	250	250	125
	Kompressibilität, Druckverformungsrest DVR 70h/70° C ASTM D 395 B	12	gut	passabel	12
	Rückformungsvermögen [%]	ausgez.	gut	ausgez.	gut
	Scherfestigkeit	ausgez.	gut	mangelhaft	ausgez.
	Verschleißfestigkeit	ausgez.	ausreichend	mangelhaft	ausgez.
	Schmierfähigkeit	ausgez.	ausgez.	passabel	ausgez.
	Notlaufeigenschaften	ausgez.	gut	passabel	gut
	Verbindung mit Metallen	ausgez.	ausgez.	passabel	ausgez.
	Verbindung mit Textilien	gut	gut	passabel	ausgez.
	Gasdurchlässigkeit	passabel	passabel	niedrig	äußerst niedrig
	Alterungsbeständigkeit	ausgez.	ausgez.	ausgez.	ausgez.
	Flammwidrigkeit	passabel	passabel	gut	ausgez.
	Entzündungswiderstand	gut	ausgez.	ausgez.	ausgez.
	Tiefsttemperatur [°C]	−30	−25	−60	−40
	Spitzen/Dauer-Betriebs-temperaturen	130/110	180/150	230/180	300/200
		Zulässige Temperaturen* des abzudichtenden Mediums [°C]			
Mineralölbasis	Motorenöl	110/130	150/160	180	200
	Getriebeöl (Hypoidöl)	90/120	130/160	+	150/170
	Getriebeöl	(80/100)	(120/150)	(−)	(150/160)
	ATF-Öl	100/120	130/150	O	170
	Druckfl'k. DIN 51524 . . . 5)	100	130	150	180
	Fett	90/120	150	+	180
Schwerentflammbare Flüssigkeiten	HS-D_R, Chlor-Phosphor-Säureester	—	—	O	O
	HS-D_S, Chlor-Kohlenwasserstoff	—	—	O	150
	HS-D_r, Gemisch $D_R + D_S$	—	—	O	150
	HS-A(B), Wasser-Öl-Emuls.	60	—	O	+
	HS-C, Polykol-Wass.-Misch.	70	O	O	+
Sonstige Medien	Wasser/Dampf	100	—	O	100
	Waschlauge	90	—	—	100
	Luft/Sauerstoff	90	130	200	200
	Heizöl (EL, L) Dieselöl	90	O	—	150
	(Super-)Benzin (aliphat. Kohlenwasserst.)	50	O	—	50
	Bremsfl. (Glykolbasis)	—	—	—	O
	Benzol, (Di)ester (arom. Kohlenwasserstof.)	—	—	—	O
	Tri- u. Perchloräthylen (chlor. Kohlenwasserstof.)	—	—	—	■
	Freon Nr. 12	■	—	—	■
	Kerosin	80	O	—	80
	Ungefähr. Preisverhältnis	1	2	8	20

■ beständig
— nicht beständig
O Medien innerhalb dieser Gruppe verhalten sich unterschiedlich
\+ beständig, aber Einsatz nicht üblich
* höherer Wert = Spitzentemperatur während 1 . . . 10 h der Gesamtbetriebszeit

Abb. 546 Eigenschaften und Medienverträglichkeit einiger Dichtungswerkstoffe (Elastomere für Wälzlagerungen)

Dichtungs-werkstoff	Synth. Kohlenwasserstoff (z.B. Polyalphaolefine)	Polyglykol (z.B. HFC)	Diester	Phosphorsäureester (z.B. HFD-Druckfl.)
NB	Schrumpfung*	Schrumpfung	Quellung	Nicht beständig
AC	Geringe Veränderung	Mäßig bis starke Quellung*	—	Nicht beständig
SI	Beständig	Mäßige Quellung	Beständig	Nicht beständig
FP	Starke Schrumpfung*	Mäßige Quellung	Quellung	Beständig

*viskositätsabhängig

Schmierstoff-Zusätze (s.a. Abb. 494, S.728)	Wirkung auf Dichtungs-werkstoffe
Oxidationsinhibitoren	—
Viskositätsverbesserer	Quellung
Antischaumzusätze	Nicht quellend
Stockpunkterniedriger	Quellung
Verschleißinhibitoren	Verhärtung, ölunlösliche Ablagerungen
Reibwertveränderer	Quellung
Rostinhibitoren	Quellung bis Verhärtung, ölunlösliche Ablagerungen
Detergent/ Dispergent	Unbestimmt bis Quellung, ölunlösliche Ablagerungen

Messung	DIN-Norm
Härte	53505/53519
Quellung	53521
Aromaten (Anilinpunkt)	51775/51787 ASTM D 1012

Abb. 547 Einfluß synthetischer Flüssigkeiten und Schmierstoff-Zusätze auf Dichtungswerkstoffe (Vulkanisate, Elastomere).

Gummi löslich sind. Schwefel-(Verbindungen) werden vielfach zum Vulkanisieren von Gummi verwendet. Es ist daher verständlich, daß ein Schmierstoff mit Schwefelzusätzen eine Nachvulkanisation des Gummis bewirkt und ab ca. 95°C Betriebstemperatur zu harten, brüchigen Dichtungen führt.
Während des Betriebes entstehen durch thermische oder oxyditative Belastungen des Schmierstoffes Ablagerungen, die den Dichtungswerkstoff chemisch und/oder mechanisch beeinträchtigen. Schwefel-, Phoshor-, Chlor- und Zinkverbindungen fallen bei Temperaturen über 150°C aus und lagern sich auf der Dichtfläche ab. Die Dichtungen fallen dann nach kurzer Zeit aus, obwohl der Dichtungswerkstoff nicht an der chemischen Reaktion beteiligt war.
Im Tieftemperaturbereich verliert der Dichtungswerkstoff sein gummielastisches Verhalten und wird spröde. Der Stockpunkt des Schmierstoffes sollte daher stets unterhalb dem Sprödigkeitspunkt des Dichtungswerkstoffes liegen.

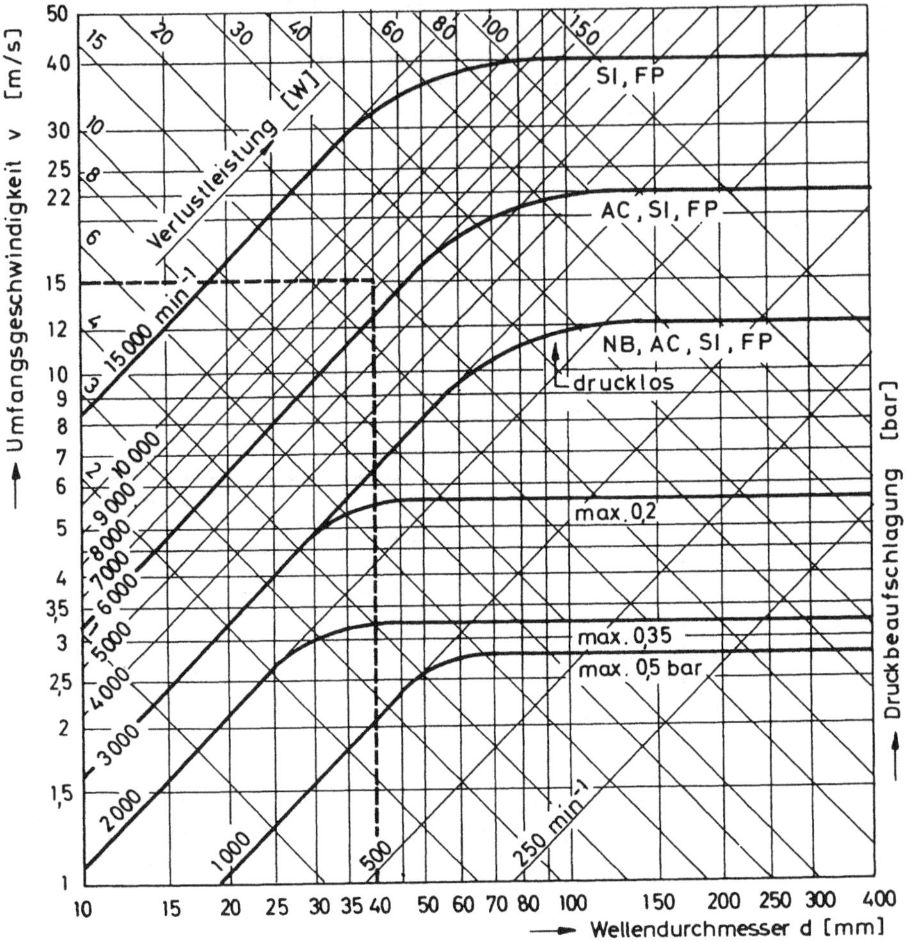

Beispiel

Gegeben: d = 40 mm, n = 7200 min^{-1}

Gesucht: v = ? Erforderl. Dichtungswerkstoff, m = ?
Reibleistung bei $\mu = 0{,}18$
und $p_1 = 70$ N/m, W = ?

Lösung: v = 15 m/s
m = SI oder FP

$$W = 19 \cdot \frac{0{,}18}{0{,}1} \cdot \frac{70}{100}$$

= 24 Watt

Abb. 548 Zulässige Umfangsgeschwindigkeit und Drehzahl der abzudichtenden Welle, zulässige Druckbeaufschlagung nach DIN 3760 und Verlustleistung bei einer radialen Linienpressung von $p_1 = 100$ N/m und $\mu = 0{,}1$ für verschiedene Dichtungswerkstoffe

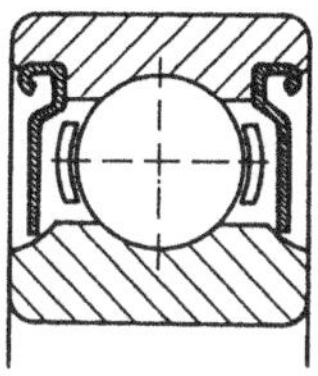

(Z)Z_{alt}

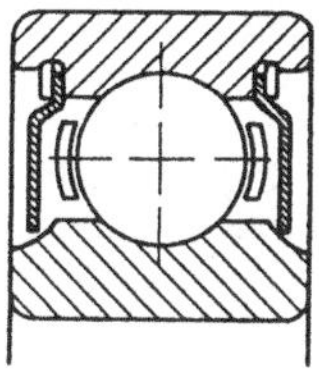

(Z)ZX

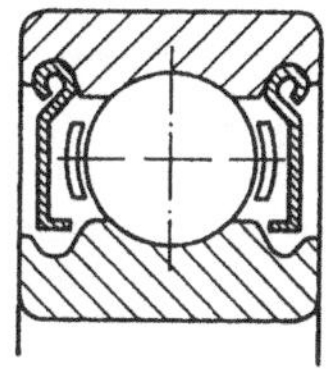

(Z)ZN

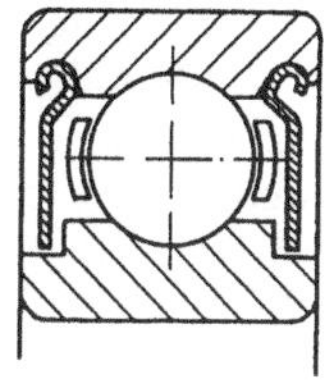

(Z)ZK

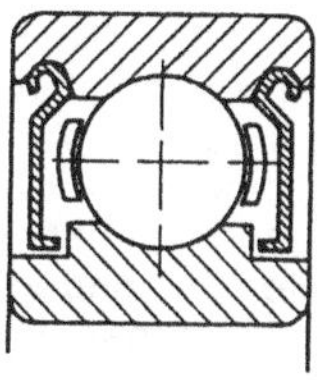

(Z)ZL

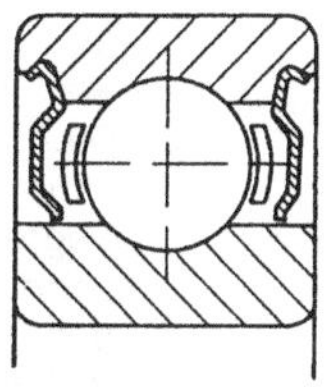

(Z)ZS

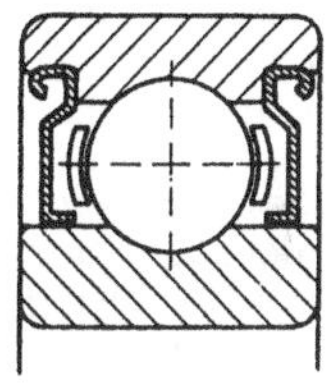

(Z)Z_{neu}

Abb. 549 Kugellager mit Deckscheiben verschiedener Ausführungen

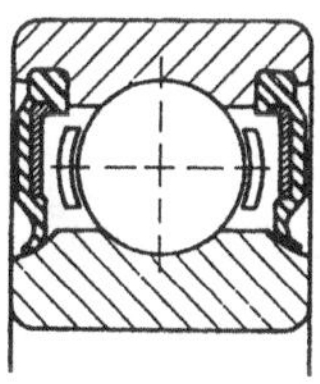

(2)RS_{alt}

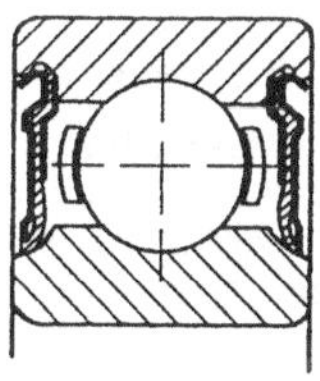

(2)RSA

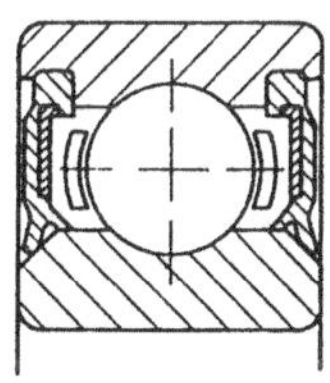

(2)RK

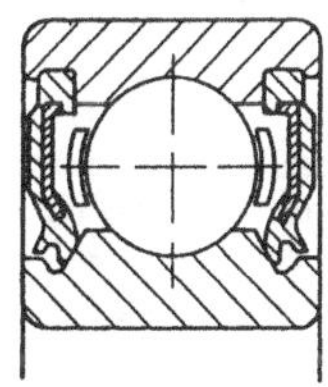

(2)RKN

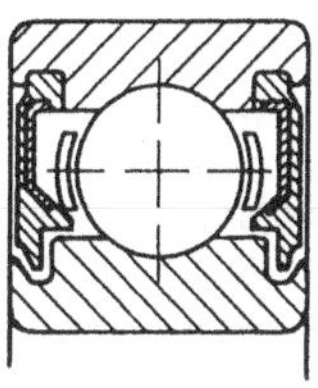

(2)RU

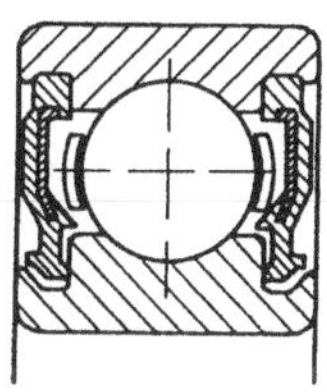

(2)RD

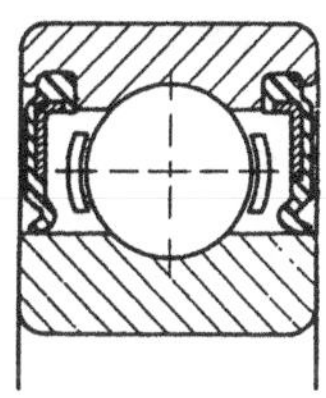

(2)RS_{neu}

Abb. 550 Kugellager mit Dichtscheiben verschiedener Ausführungen

25.8 Wälzlager mit eingebauten Dichtungen

Die Tendenz zu immer kleineren, leichtgewichtigeren und wartungsfreien Maschinen, Geräten und Apparaten hat mit dazu beigetragen, daß Wälzlager mit eingebauten Dichtungen weiterentwickelt und in steigendem Maße verwendet werden.
Serienmäßig werden in den genormten Abmessungen drei Arten abgedichteter Lager hergestellt:

1. Lager mit Deckscheiben (Lagernachsetzzeichen Z oder ZZ).
2. Lager mit schleifenden Dichtscheiben (Lagernachsetzzeichen RS oder 2RS, RD oder 2RD, RK oder 2RK).
3. Lager mit berührungsfreien Dichtscheiben (Lagernachsetzzeichen RU oder 2RU).

Sie sind auch in den Kapiteln Rillenkugellager, S. 19, Pendelkugellager, S. 34, und Gehäuslagereinheiten, S. 124, aufgeführt.

25.8.1 Lager mit Deckscheiben

Es werden verschiedene Varianten gefertigt (Abb. 549). Die älteste Deckscheiben-Konstruktion ist die Ausführung ZZ_{alt} mit Hohlkehle am Innenring. Sie hat sich aus der Vereinheitlichung von Innenringen für Lager mit Deck- und Dichtscheiben ergeben. ZZX ist eine Variante mit besonderer Außenringbefestigung (Sprengring) hauptsächlich für ganz kleine ($D < 22$ mm) und mittelgroße ($120 < D < 180$ mm) Kugellager. ZZN-, ZZK- und ZZL-Lager mit Eindrehung am Innenring sind seltener und teurer in der Fertigung, aber auch in der Regel mit besserer Dichtwirkung. ZZS und ZZ_{neu} sind Neuentwicklungen mit wachsender Verbreitung. Der Innenring hat keine Hohlkehle oder Eindrehung mehr. Der Außendurchmesser des Innenringes ist glatt und wird geschliffen. Die Vorteile sind:

- Einheitliche Innenringe bei offenen, abgedeckten und abgedichteten Lagern.
- Geringere Maßabweichungen, höhere Oberflächengüte/Rundheit und damit engere Dichtspalte bzw. günstige Laufflächen für die Dichtscheiben gegenüber den anderen Ausführungen, die am Dichtspalt nicht geschliffen, sondern nur gedreht werden.
- Die neuen Ausführungen haben weniger Anscheuer-Tendenz bei Verkantung (Fluchtfehler) und Axialverschiebung der Kugellagerringe gegeneinander.

Von allen gezeigten Deckscheiben ist ZZ_{neu} die wirksamste und wirtschaftlichste Variante.
Die Deckscheibe besteht aus einer profilierten Stahlblechscheibe. Sie wird in eine umlaufende Nut im Außenring eingepreßt und bildet mit dem Innenring je nach Ausführung eine mehr oder weniger wirksame Spaltdichtung. Die Deckscheibe erzeugt als berührungsfreie Dichtung keine zusätzliche Reibung und ist damit dem offenen (nicht abgedichteten) Lager in Lauftemperatur und Drehzahlgrenze ebenbürtig. Die Dichtwirkung gegen Fettaustritt ist sehr gut, ihre Dichtwirkung gegen eindringende Verschmutzung und Feuchtigkeit aber natürlich begrenzt. Dennoch sind die Lager mit Deckscheiben in den meisten Fällen, besonders bei einfachen Konstruktionen und mäßiger Verschmutzungsgefahr, völlig ausreichend. Bei umlaufendem Außenring besteht die Gefahr, daß der Schmierstoff von einer gewissen Drehzahl an am Übergang Deckscheibe zu Außenring aus dem Lager austritt. RS-Scheiben dichten an dieser Stelle besser.

25.8.2 Lager mit Dichtscheiben

Das Bedürfnis nach Lagern, die auch bei stärkerer Verschmutzungsgefahr wirkungsvoll geschützt sind, führte zur Entwicklung der Lager mit Dichtscheibe.
Die Dichtscheibe ist eine elastische, schleifende (Gummi-)Dichtung, die gleichsam, wie die beschriebene Deckscheibe, in eine Nut des Außenringes gepreßt wird und mit ihrem Innenrand als Dichtlippe axial oder radial am Innenring federnd anliegt.
Je nach Anwendungsfall werden folgende, unterschiedliche Ausführungen gefertigt (Abb. 550).
Die $2RS_{alt}$ Dichtscheibe mit Hohlkehle am Innenring ist noch die meistverbreitete Ausführung. 2RSA in Sandwich-Bauweise ist teurer und daher seltener. Die Dichtlippe wird durch die außenliegende Stahlscheibe geschützt, ein Vorteil, der z.B. bei Lagerstellen in Land- und Textilmaschinen zum Tragen kommt, und zwar dann, wenn eine Wickelgefahr (Zerreiben der Gummidichtung) besteht und aus Platzmangel keine

zusätzliche Schleuderscheibe oder Abdekkung vorgesehen werden kann. 2RK und 2RKN sowie 2RD sind Doppellippen-Dichtungen mit entsprechenden Ausdrehungen am Innenring. 2RK und 2RKN werden mit höherer Dichtlippen-Vorspannung ausgeführt, so daß die bessere Dichtwirkung gegenüber $2RS_{alt}$ mit höherer Reibung (niedrige Drehzahlgrenze) in Kauf genommen werden muß. Die 2RD-Dichtung dagegen wurde für höchste Drehzahlen (z.B. Hochleistungs-Wechselstromgeneratoren für Kfz.) ausgelegt, ohne daß die Dichtwirkung gegenüber $2RS_{alt}$ abfällt. Im allgemeinen Anwendungsfall wird $2RS_{alt}$ zunehmend durch $2RS_{neu}$ abgelöst. Diese neue Variante hat wie die ZZ_{neu}-Ausführung keine Hohlkehle und keine Eindrehung am Innenring. Sie läßt sich durch den glatten Innenring-Außendurchmesser nicht nur einfacher und präziser fertigen, sondern ist auch wirksamer und preisgünstiger.

25.8.3 Lager mit berührungsfreien Dichtscheiben

Die berührungsfreien Dichtscheiben stehen in ihrer Dichtwirkung zwischen den ZZ- und 2RS-Dichtungen. Sie wurden für Höchstdrehzahlen entwickelt, bevor es die sie ersetzenden 2RD-Dichtungen gab. Die Dichtlippe ist gegabelt, greift in eine V-Nut am Innenring ein, so daß sich sehr enge Labyrinthspalten ergeben.

25.8.4 Ausführung der Dichtscheiben

Die Dichtlippe und die einvulkanisierte Stahlscheibe sind so gestaltet, daß die Federkennlinie so flach wie möglich verläuft. Dadurch wird erreicht, daß sich Vorspannung bzw. Reibung und Temperatur des Lagers kaum ändern, wenn Innenringe und Außenringe sich bei drehenden Lagern im Rahmen der Lagerluft gegeneinander bewegen.

Für Dichtwirkung und Reibung sind die Oberflächen- und Formgüte der Lippe und der Innenringlauffläche besonders wichtig. Geschliffene Dichtflächen sind im allgemeinen vorteilhafter als gedrehte.

Dichtwirkung und Reibung steigen mit zunehmender Vorspannung, d.h. die geforderte max. Dichtwirkung und die wünschenswerte minimale Reibung wirken entgegengesetzt. Sie lassen für die Vorspannung nur einen Kompromiß zu, welcher mit dem Hauptanwendungsgebiet abgestimmt werden muß (s. z .B. gedichtete Rillenkugellager S. 20).

25.8.5 Fettfüllung

Lager mit beidseitigen Abdeckungen oder Abdichtungen werden vom Wälzlagerhersteller einmalig mit Fett gefüllt. Sie dürfen weder ausgewaschen noch bei der Montage erwärmt werden. Die Gebrauchsdauer läßt sich nach Angaben in Kapitel 24.5.6.1 (S. 430) abschätzen.

25.8.6 Prüfung der Dichtungen

Für die Beurteilung und Fertigungsüberwachung von Dichtungen stehen neben den Standard-Qualitätssicherungsmethoden, wie Geometrie-Kontrolle (Querschnittsproben) und Feststellen von Beschädigungen der Dichtlippe (mittels Glasdorn, Lichtkasten oder Mikroskop), ein Reihe von speziellen Prüfvorrichtungen und -verfahren zur Verfügung. So werden u.a. die Federkennlinien der Dichtscheiben und die Anpreßkräfte der Dichtlippe aufgezeichnet, die Reibung und Temperatur gemessen, Abb. 553, die Leckverluste unter leichtem statischen oder dynamischen Druck bestimmt, Abb. 551, die Wirksamkeit gegen Spritzwasser und Staub (Fremdkörper) ermittelt, Abb. 552, und in weiteren Prüfvorrichtungen Materialproben auf Shorehärte, Druckverformungsrest, Zugfestigkeit, Bruchdehnung, Quell- und Schrumpfverhalten , Beständigkeit gegen verschiedene Medien, Alterung und Verhalten bei Tief- und Hochtemperaturen usw. untersucht. Als praktische Beispiele mögen die Vergleichsversuche von Rillenkugellagern mit verschiedenen Dichtungsausführungen für Kfz-Wechselstrom-Generatoren bzw. -Schaltgetrieben dienen (Abb. 554 ... 563).

Es sind folgende Dichtungen:

○ RU
● RD
□ RS
⊗ RK
△ RKN

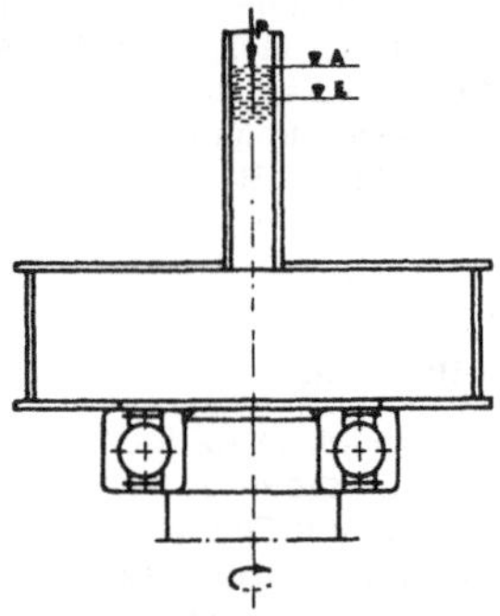

Abb. 551 Versuchsanordnung zur Messung der Dichtwirkung bei Öldruck

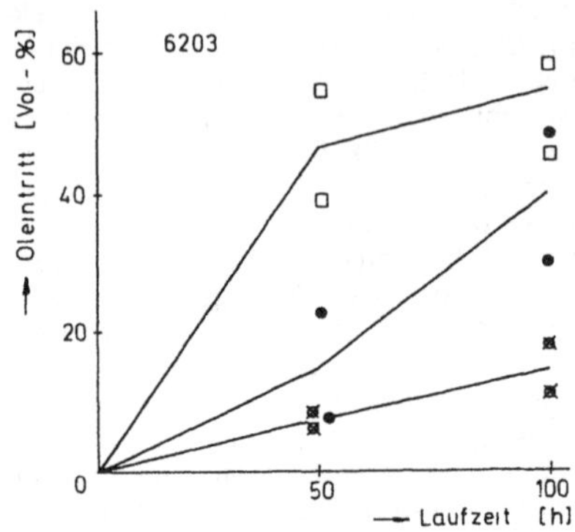

Abb. 554 Öleintrittsprüfergebnisse

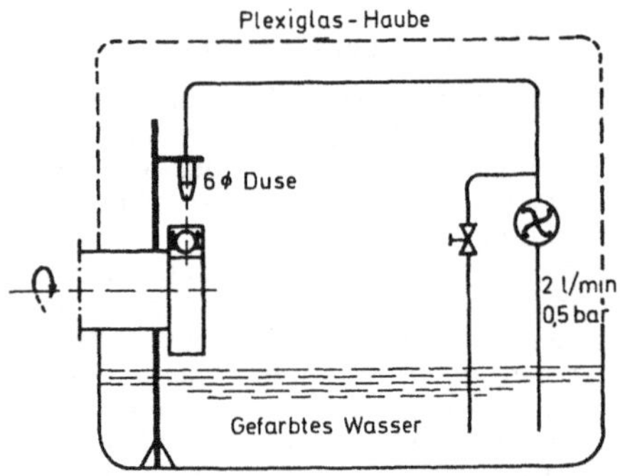

Abb. 552 Versuchsanordnung zur Messung der Dichtwirkung bei Spritzwasser

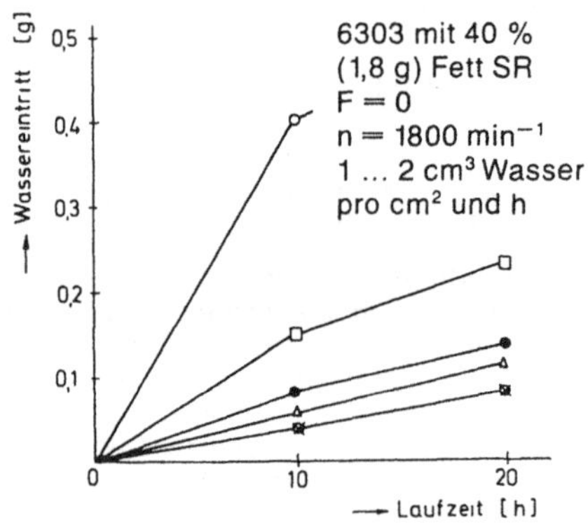

Abb. 555 Sprühwasserprüfergebnisse

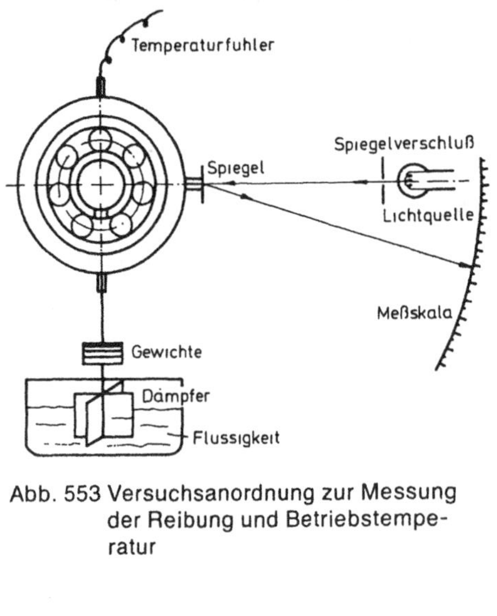

Abb. 553 Versuchsanordnung zur Messung der Reibung und Betriebstemperatur

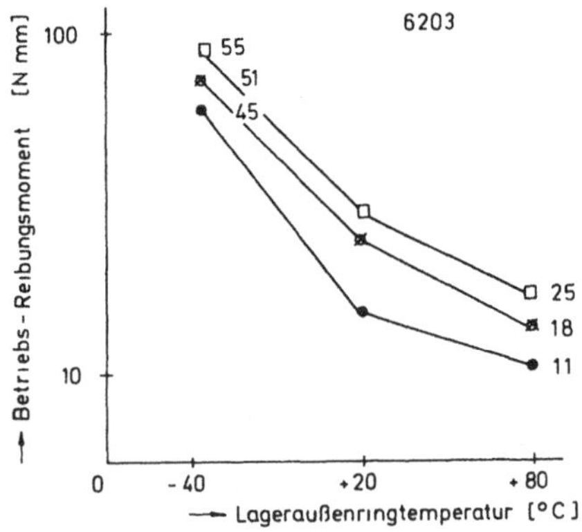

Abb. 556 Betriebsreibungsmomentprüfergebnisse

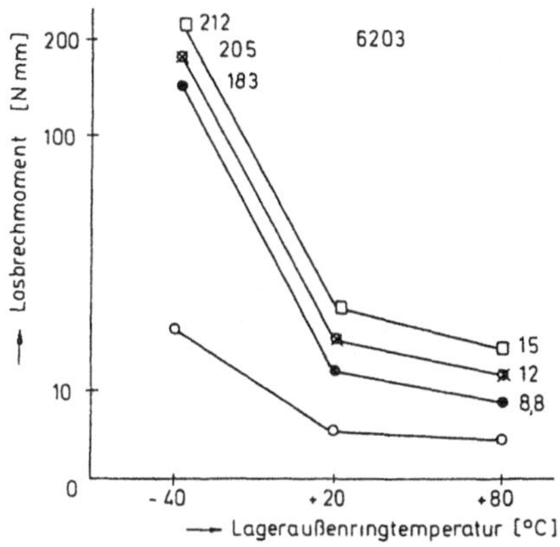

Abb. 557 Losbrechmomentprüfergebnisse

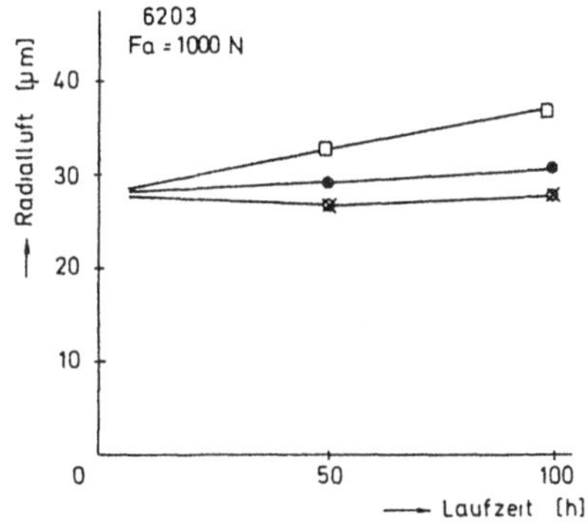

Abb. 560 Radialluftprüfergebnisse

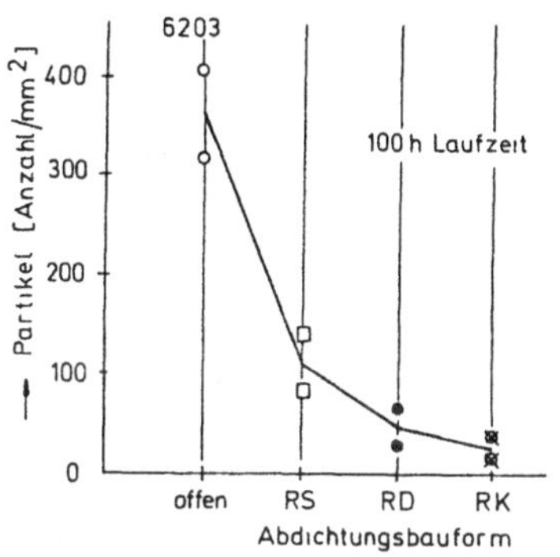

Abb. 558 Schmutzeintrittsprüfergebnisse

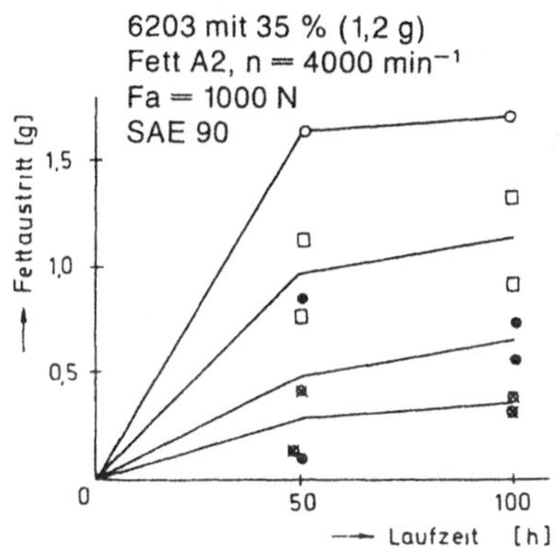

Abb. 561 Fettaustrittsprüfergebnisse (1)

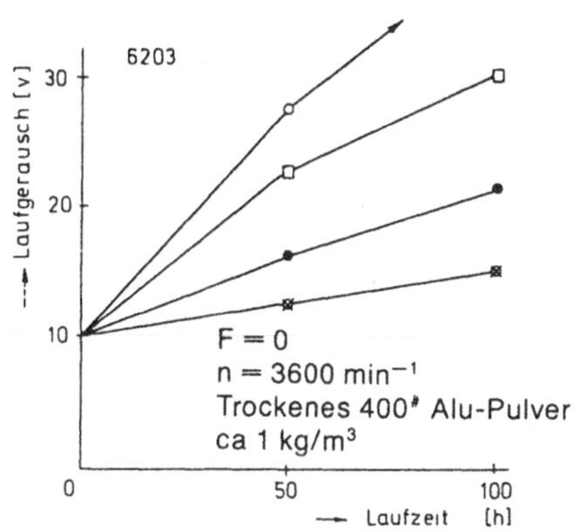

Abb. 559 Laufgeräuschprüfergebnisse

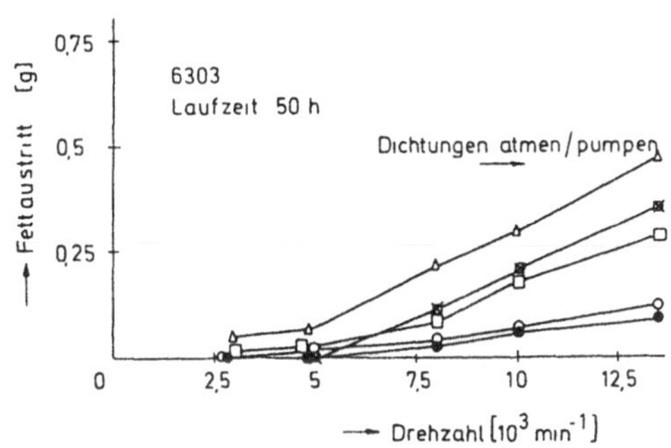

Abb. 562 Fettaustrittsprüfergebnisse (2)

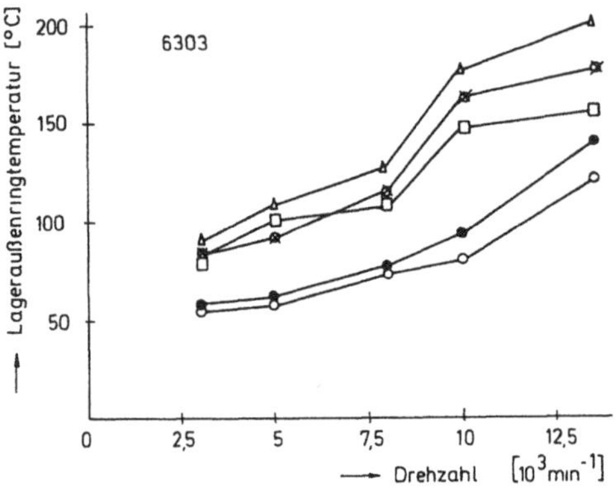

Abb. 563 (Spitzen) Temperaturprüfergebnisse

Gehäusebohrung vorgesehen. Um die Anschlußstücke nicht unnötig fein aufeinander abstimmen zu müssen, soll der O-Ring-Querschnitt 2,5 ... 5 mm und größer betragen. Der O-Ring soll etwa 20 % des Ausgangsdurchmessers zusammengepreßt und die Nut zur seitlichen Ausdehnung des O-Ringes entsprechend breit ausgeführt werden, weil sich nur so der zur ausreichenden Dichtwirkung erforderliche Anpreßdruck erzeugen läßt. Bei großen Dichtungsabmessungen und Nut im Gehäuse kann die Montage durch Zusammenklappen der Dichtung erschwert werden. Die vollständige Einbettung des O-Ringes in einer mit Fett gefüllten Nut schafft Abhilfe; günstiger für die Montage ist jedoch die Nut im Lagerdeckel.

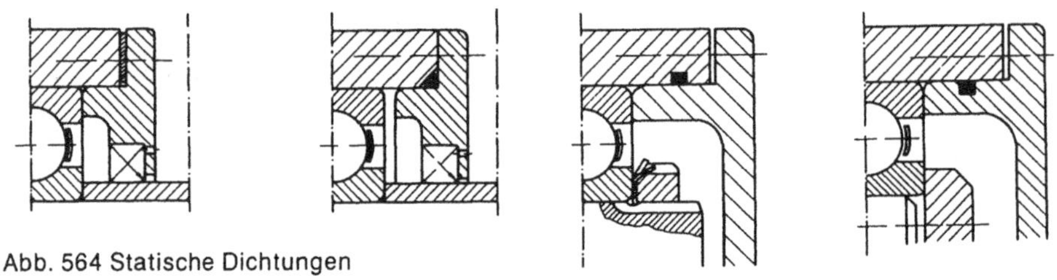

Abb. 564 Statische Dichtungen

25.9 Statische Dichtungen

Abgesehen von gelegentlichen Toleranzproblemen bereitet es bei Wälzlagerungen keine Schwierigkeiten, den Spalt zwischen ruhenden Maschinenteilen, z.B. Lagergehäuse/Lagerdeckel, sicher abzudichten. Dazu werden Flachdichtungen und O-Ringe verwendet, Abb. 564.

Die Flachdichtungen bestehen aus zusammendrückbaren Werkstoffen, wie Papier, Kork, Gummi, Kunststoff oder Weichmetallen. Bei Ölschmierung werden (zusätzlich) flüssige Dichtungsmittel verwendet.

Bei Festlagern ist die Länge der Deckelzentrierung so zu bemessen, daß die Dichtung bereits zusammengepreßt wird, bevor der Deckel den Außenring berührt.

Während die Flachdichtungen bei häufig wiederkehrenden, gleichen Dichtungsaufgaben zum Einsatz kommen, werden O-Ringe vorzugsweise bei Einzelfertigung und großen Wälzlagerungen eingesetzt. Bei Loslagern wird für den O-Ring das Gehäuse abgeschrägt, bei Festlagern eine Rechtecknut entweder im Gehäusedeckel oder in der

25.10 Dichtungsschäden

Eine ausgefallene Dichtung darf nicht achtlos weggeworfen werden, sondern sollte auf die Schadensursache hin untersucht werden. Die Kosten für die Dichtung sind im Verhältnis zu einer Maschine, einem Getriebe oder einer Spindel sehr niedrig, um so höher sind dagegen die Folgekosten eines Dichtungsschadens durch Stillstandzeiten, Produktschäden, Aus- und Einbauaufwand. Das Schadensbild gibt Aufschluß darüber, ob die Dichtung z.B. durch starke Verschmutzung, Metallabrieb, Schmutz und aggressive Additive im Öl (Medien-Unverträglichkeit) ausgefallen ist. Es zeigt ferner, ob die Dichtung durch Überhitzung (feine Risse, Ablagerungen) infolge zu hoher Reibung mit der Lauffläche (Trockenlauf, zu hohe Geschwindigkeit) oder mangelnder Ölkühlung und hoher Fremderwärmung beschädigt wurde. Ölleckagen können auch u.a. bei verstopften Entlüftungen (Aufbau eines Überdruckes), Wellenschieflagen und Wellenexzentrizitäten (Pumpwirkung) entstehen.

26 Ein- und Ausbau

Wälzlager sind Präzisionsbauteile und verlangen eine sehr sorgfältige Handhabung vor, während und nach dem Einbau bzw. Ausbau. Dieser muß in allen Phasen genau geplant und darf nur mit geeigneten Werkzeugen unter Wahrung größter Sauberkeit durchgeführt werden, damit die Wälzlager im Betrieb störungsfrei laufen.
Der Montageplatz muß sauber, trocken und frei von schädlichen Dämpfen sein, keineswegs in der Nähe von spanenden Bearbeitungsmaschinen oder an Orten, wo geschweißt oder mit Preßluft gearbeitet wird. Vor der Montage sind Gehäusebohrung, Wellensitz und Anlageschultern auf Maß-, Form- und Lagegenauigkeit sowie auf Sauberkeit hin zu prüfen und fehlerhafte Teile zurückzuweisen. Ferner ist zu überprüfen, ob die auf der Verpackung gestempelte Lagerkennzeichnung mit den Angaben auf der Zeichnung bzw. Stückliste übereinstimmen. Die Lager sind, wenn möglich, so einzubauen, daß die Kennzeichen auf Innen- und Außenring im eingebauten Zustand lesbar sind.
Harte Schläge direkt auf die Lager sind unzulässig (Bruchgefahr, Brinellierungen). Die Montagekräfte sollen nicht über die Wälzkörper geleitet werden, weil auch in diesem Fall Br nellierungen in den Laufbahnen auftreten können. Die Lager selbst dürfen nicht ungeschützt am Montageplatz aufbewahrt werden (Verschmutzung). Aus gleichem Grunde sind die Schmierstoffe nur aus Originalbehältern heraus zu verwenden und immer gut verschlossen zu halten. Verschmutzungen (Fremdkörper) im Lager führen zu Brinellierungen (Geräusch), Verschleiß (Laufungenauigkeit) und zu vorzeitigem Lagerausfall.

26.1 Aufbewahrung

Wälzlager müssen in trockenen, sauberen Räumen mit möglichst konstanter Temperatur ($> 0°C$) und einer relativen Luftfeuchtigkeit von < 60 % aufbewahrt werden. Sie sind werksseitig mit einem Konservierungsmittel auf Mineralölbasis versehen und gut verpackt. Diese Maßnahmen schützen die Lager viele Jahre zuverlässig vor Rost. Bei befetteten (abgedichteten) Wälzlagern sollte die Aufbewahrungsfrist längstens 5 Jahre betragen, weil das Fett während der Lagerung möglicherweise altert (verharzt). Alle Lager sind erst unmittelbar vor der Montage aus der Verpackung zu nehmen.

26.2 Reinigung

Die Anlieferung der Wälzlager vom Hersteller erfolgt im einwandfreien, sauberen, konservierten Zustand. Eine Nach- oder Auswaschung ist in aller Regel unnötig, ja mit dem Risiko verbunden, daß sie erst verschmutzt werden. Eine Auswaschung des Konservierungsmittels kann nur erforderlich werden, wenn zur Lagerschmierung synthetische Schmierstoffe, Hoch- oder Tieftemperaturschmierstoffe eingesetzt werden oder eine Verschmutzung der Lager eingetreten ist. Synthetische Öle, z.B. Polyglykoläther, Silikon- und Alkoxyfluoröle, sind mit Mineralölen nicht mischbar, d.h., der Schmierstoff schwimmt auf dem als Trennfilm wirkenden Korrosionsschutzfilm und wird schon nach kurzer Zeit aus dem Lager herausgetragen. Bei Esteröl leidet die hohe Alterungsbeständigkeit. Eine Vermischung mit Schmierstoffen auf Mineralölbasis hat keine nachteiligen Wirkungen. Der Korrosionsschutz allein reicht nicht zur Lagerschmierung aus.
Zum Entkonservieren und Waschen der Lager stehen verschiedene Reinigungsmittel zur Verfügung (Abb. 565). Es sollen mindestens zwei Bäder (Vor- und Endreinigung) vorhanden sein. Im einfachsten Fall sind die Lager zu tauchen und unter gelegentlichem Drehen des Außenringes mit einem Pinsel oder einer Bürste gründlich zu reinigen. Die Lager sind dann ebenso sorgfältig zu trocknen, weil das zurückbleibende Reinigungsmittel das Haftvermögen des Schmierstoffes herabsetzt. Das Reinigungsmittel kann mit gefilterter trockener Druckluft ausgeblasen werden. Dabei darf das Lager durch den Luftstrom nicht in Umlauf ($n > 10$ min^{-1}) versetzt werden, weil Anschmierungen auf den Laufbahnen entstehen können. Zum Entfernen von verhärteten Schmierstoffresten dürfen auch keine harten/spitzen Gegenstände verwendet werden.
Nach dem Waschvorgang und Verdunsten des Lösungsmittels müssen die Lager sofort gefettet bzw. eingeölt werden, damit

Reinigungsmittel	R-V*	Temperatur**	Anmerkungen
Anorganisch	F, S, K	70 . . . 80°C	Sodalösung oder Natronlauge, nicht für Lager mit Leichtmetallkäfig geeignet. Natronlauge wirkt stark ätzend, Schutzbrille/Gummihandschuhe tragen.
1 Metasilikate (0,5 . . . 5prozentig)			
2 Sodalösung (0,5 . . . 1prozentig)			
3 Natronlauge (6 prozentig)			
Organisch, brennbar			
4 Waschpetroleum (wasser-/säurefrei)	F, T, S	< 50°C	Feuergefährlichkeit und Feuerschutzmaßnahmen beachten.
5 Waschbenzin (kein Fahrbenzin)	F, T	< 22°C	Benzin, Benzol entfetten mehr oder weniger metallisch blank.
6 Benzol	F, T	< 22°C	
Organisch nicht brennbar	F, T, S	< 100°C	Unfallverhütungsvorschriften (MAK-Wert möglichst 200) beachten, Reinigungen metallisch blank, d. h. erhöhte Korrosionsgefahr. Lager sofort nach Reinigung konservieren.
7 Tetrachlorkohlenstoff			
8 Trichloräthylen			
9 Perchloräthylen			

* Reinigungsverfahren: **F**lut-, **S**pritz-, **T**auch- und **K**ochverfahren
** Max. Badtemperatur, Teile solange im Bad belassen, bis gleiche Temperatur erreicht ist.

Abb. 565 Reinigungsmittel und -verfahren für Wälzlager

Korrosion ausgeschlossen ist.
Ebenfalls sind sämtliche Anschlußteile gründlich zu reinigen und zu entgraten. Besonders zu beachten sind Bohrungen, Gewindelöcher, Nuten und Freistriche, wo sich gerne Bearbeitungsspäne absetzen. Gußgehäuse sind von Formsand- und Bearbeitungsrückständen zu befreien und sollen innen möglichst mit einem Schutzanstrich versehen werden.

Kalt-, Emulsions-, alkalische oder saure Reiniger sind wegen ihrer schlechten/mäßigen Fett/Öl-Löslichkeit für Wälzlager wenig geeignet. Dagegen sind chlorierte Kohlenwasserstoffe (wie Tri, Per, Tetra) ausgezeichnete Lösungsmittel für Fette und Öle. Weil das Einatmen ihrer Dämpfe und die längere Berührung mit der Haut zu schweren Gesundheitsschäden führen kann, sollen diese Reiniger nur in besonderen, geschlossenen Anlagen eingesetzt werden. Die Lager werden in heiße Lösungsmitteldämpfe aufgehängt, wobei das Lösungsmittel auf den kalten Lagern kondensiert und die Lageroberflächen abwäscht (von Öl und Fett befreit). Da Festkörper jedoch nur mechanisch entfernt werden können, ist eine anschließende/gleichzeitige Flutung/Abspritzung mit dem Lösungsmittel erforderlich.
Bei Anwendung heißer Lösungsmitteldämpfe wird die Feuchtigkeit verdrängt, die Gefahr des Rostens der Wälzlager vermindert.

26.3 Einbau von Lagern mit zylindrischer Bohrung

Kleine Lager (d < 50 mm) können kalt auf die Welle oder in das Gehäuse gepreßt werden. Begonnen wird meist mit dem Ring des nichtzerlegbaren Lagers, der eine Preßpassung hat. Verwendet werden mechanische oder hydraulische Pressen und besondere

Montagevorrichtungen. Die Montage läßt sich erleichtern, wenn die Lagersitzflächen leicht eingeölt oder mit einem Festschmierstoff eingerieben sowie mit einer Schlupffase (10 ... 15°) versehen werden. Ist die Passung nicht allzu fest, lassen sich die Ringe auch durch leichte Hammerschläge auf besondere Montagehülsen aus weichem Stahl oder Messing montieren (Abb. 566). Direkte Schläge auf die Lager (Abb. 567) und Aufschlagen von Zahnrädern, Kupplungsteilen, Riemenscheiben u.ä. auf fertig montierte Lagerungen sind unbedingt zu vermeiden. Werden Lager gleichzeitig auf der Welle und in das Gehäuse montiert, so ist eine an beiden Lagerringen anliegende Scheibe zu verwenden. Das gleiche gilt für Pendellager, um ein Ausschwenken/Verkanten des losen Ringes zu verhindern. Bei einigen Lagern, z.B. Pendelkugellagern, stehen die Wälzkörper und/oder Käfige/Dichtungen seitlich vor, so daß die Scheibe entsprechende Ausnehmungen haben muß (Abb. 568).
Große Lager und Lager mit Preßsitzen werden zum Montieren angewärmt (Warmschrumpfen). Dies geschieht am zweckmäßigsten im Ölbad (Abb. 569) oder noch sauberer, schneller und einfacher mit induktiven Anwärmgeräten (Abb. 570). Die Erwärmungstemperatur richtet sich nach der Lagergröße und der Passung (Abb. 571). Mit Rücksicht auf Gefügeumwandlung und Härteabfall darf hierbei die Temperatur an keiner Stelle des Lagers 120°C (normale Maßstabilisierung), bzw. 150°C (SO-Maßstabilisierung) überschreiten.
Lager mit Deck- und Dichtscheiben dürfen nicht im Ölbad angewärmt werden, weil das Fett verölt.
Nach dem Anwärmen sind Lagerbohrung und -Außendurchmesser mit einem sauberen Lappen (keinesfalls mit fusseligem Putzlappen) von Öl und Konservierungsmittel zu reinigen. Die Lager bzw. Lagerringe werden dann rasch und ohne Verkanten durch leicht schraubende Drehung bis zur Anlagefläche auf die Sitzfläche aufgeschoben und bis zum Erkalten unter axialer Verspannung gehalten, damit die satte Anlage an Wellen- bzw. Gehäuseschulter gewährleistet ist (Abb. 572).

Außer Ölbad und Anwärmgerät können auch Wärmeschränke, Heizplatten oder Infrarotlichter verwendet werden. Heizplatten

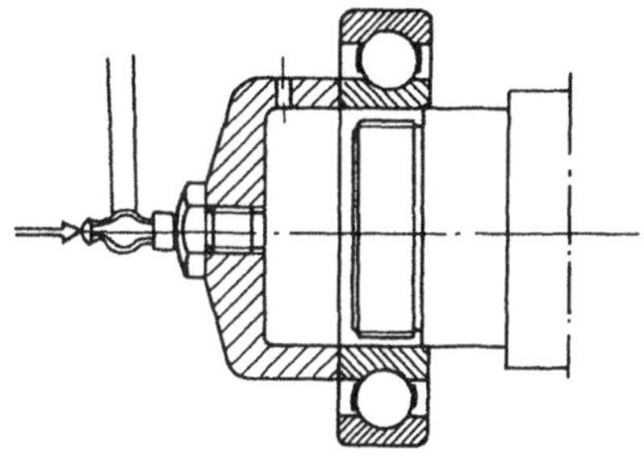

Innenring-Preßpassung

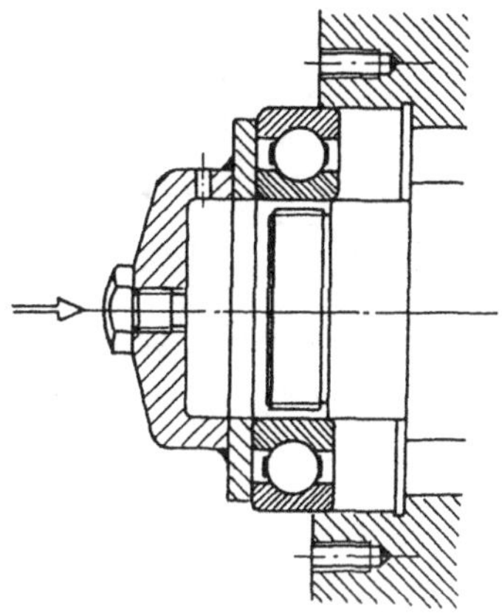

Innen- und Außenring-Preßpassung

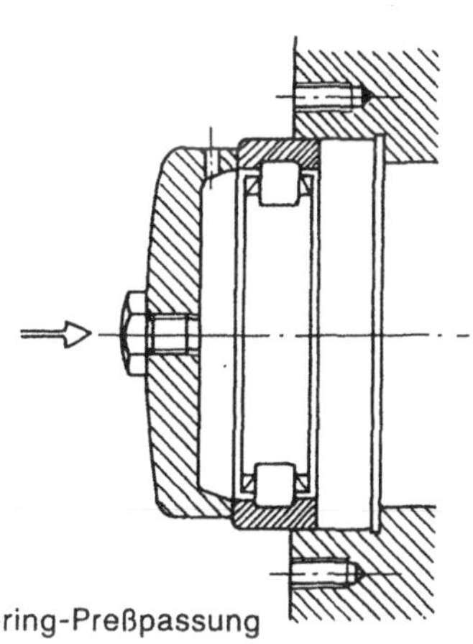

Außenring-Preßpassung

Abb. 566 Passende Montagehülsen (Schlaghülsen zum Auf- bzw. Einpressen (Auftreiben) für Wälzlager(ringe)

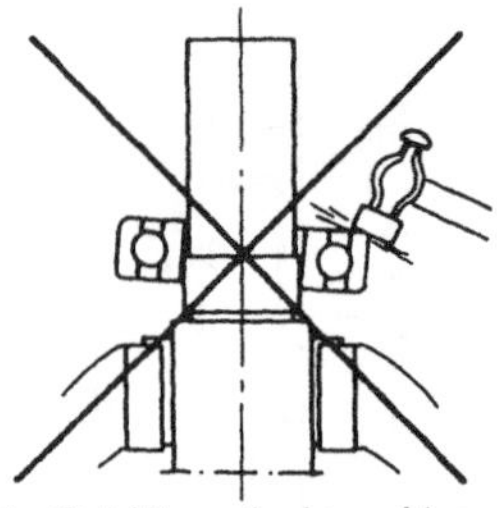

Harte Schläge direkt auf Lager

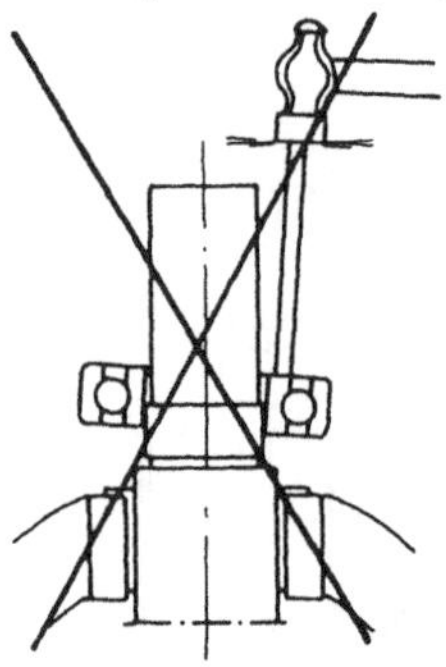

Einseitiges Zwischenstück/Verkanten

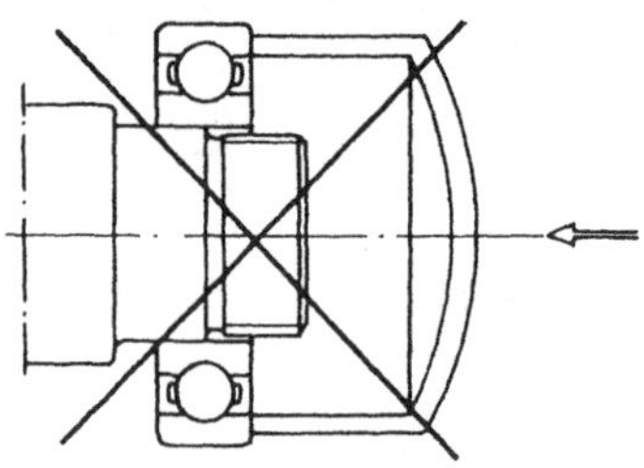

Auspreßkraft über Wälzkörper

Abb. 567 Unsachgemäße Wälzlagermontage

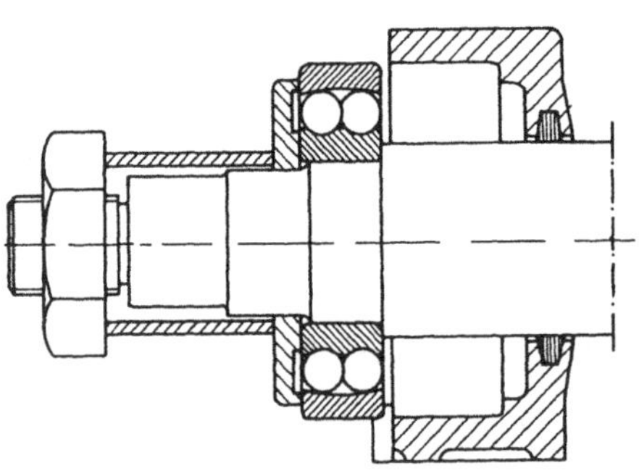

Abb. 568 Pendellager-Montage

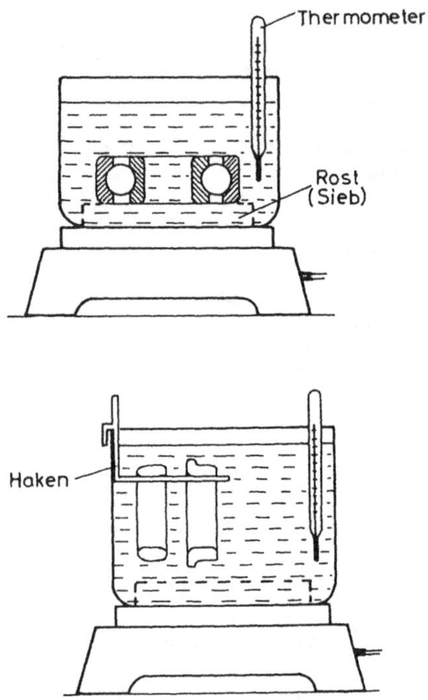

Abb. 569 Anwärmung der Wälzlager (-ringe) im Ölbad

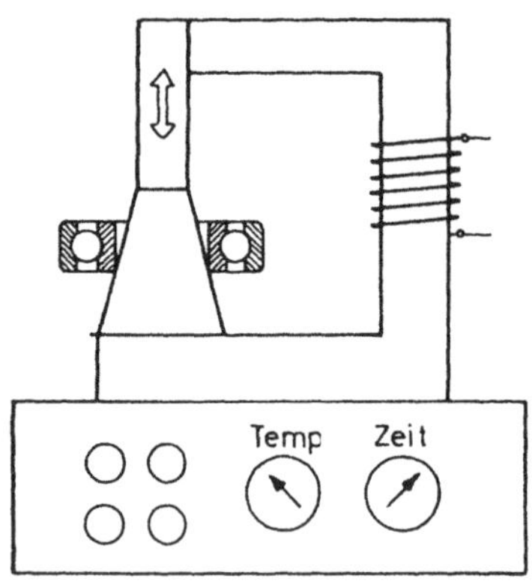

Abb. 570 Induktives Anwärmgerät für Wälzlager u.ä. Teile

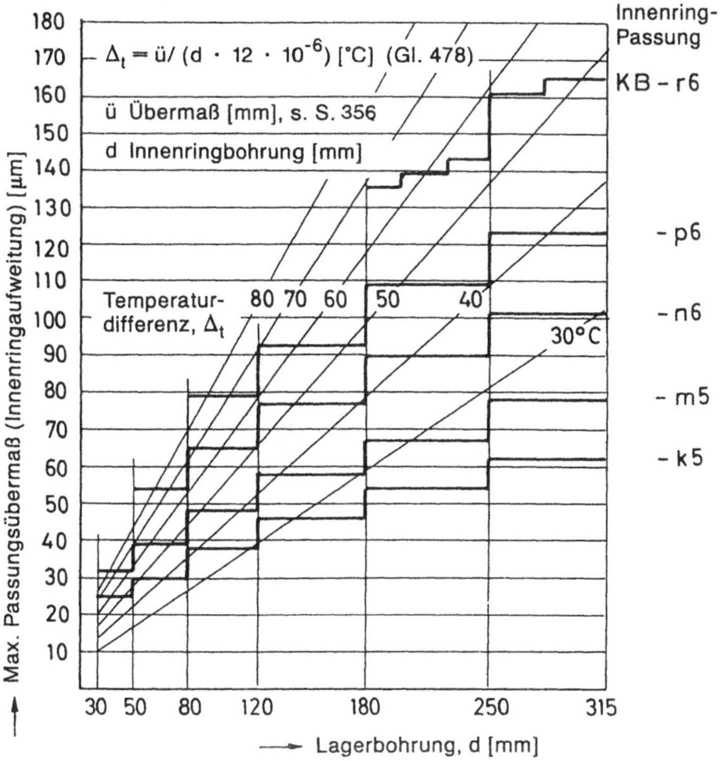

Abb. 571 Erforderliche Temperaturdifferenz Δ_t beim Warmaufziehen von Wälzlager-Innenringen

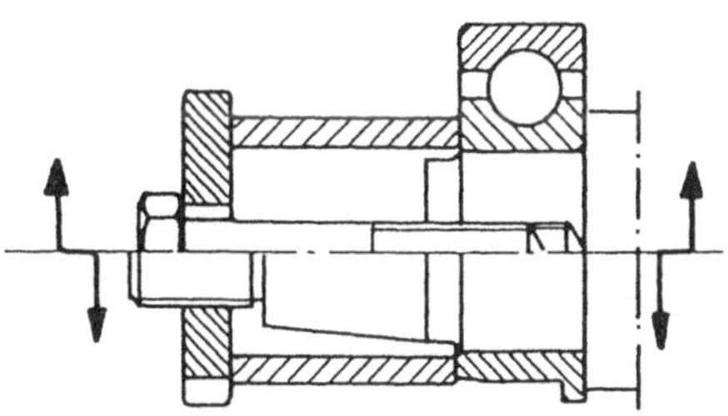

Abb. 572 Axialverspannung zum Halten des Innenringes während seiner Abkühlung

und Infrarotlichter haben den Nachteil, daß die Temperatur nur schwer kontrollierbar ist und eine gleichmäßige Erwärmung mehrmaliges Wenden der Lager erfordert. Bei Verwendung von Schweißbrennern oder Lötlampen ist dieser Nachteil noch ausgeprägter, weshalb sie sich zum Erwärmen von Wälzlagern von selbst verbieten.
Als brauchbar haben sich noch Ringbrenner mit Anschluß an die (Leucht-)Gasleitung erwiesen (Abb. 573).
Bei allen Einrichtungen zum Aufwärmen ist eine präzise Temperaturkontrolle, -regelung und -abschaltung zu empfehlen. Ein direkter Kontakt mit der Wärmequelle, außer mit der induktiven, ist auf jeden Fall zu vermeiden, weil örtliche Überhitzung und Verschmutzungen (z.B. Rückstände im Ölsumpf) sonst nicht ausgeschlossen werden können. Eine Unterkühlung (Kaltdehnung) der Lager, z.B. mit Trockeneis oder Flüssigstickstoff zur leichteren Montage in Gehäusen, ist nur in Sonderfällen (Energieeinsparung-Masseverhältnis: Lager, Lagerteil-

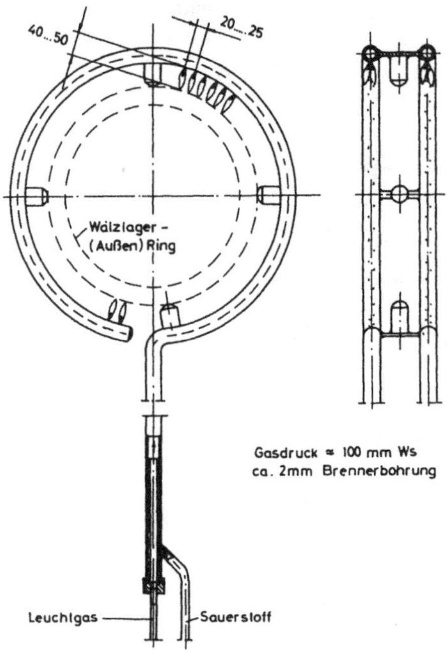

Abb. 573 Ringbrenner zum Anwärmen von Wälzlagern

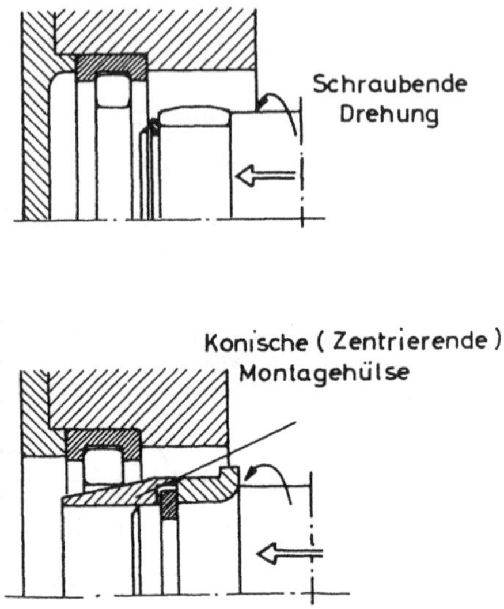

Abb. 574 Einbau der Innenringe von Zylinderrollenlagern

Gehäuse) empfehlenswert, weil Schwitzwasser beim Auftauen zur Korrosion von Lagern und Anschlußteilen führen kann (Passungsrost). Temperaturen unter −50°C sollten wegen der Gefahr der Lagerwerkstoffversprödung (Restaustenit-Martensit-Umwandlung) vermieden werden.

26.3.1 Einbau von Zylinderrollenlagern

Innen- und Außenring werden getrennt eingebaut. Damit keine Schürfmarken (siehe Lagerschäden, S. 232) beim Ineinanderschieben entstehen, darf der freie Lagerring nicht gewaltsam in den Rollensatz gedrückt werden. Beide Lagerringe müssen genau fluchten; dies kann durch Drehen der Welle oder des Gehäuses erreicht werden. Besonders gefährdet sind NUP-Lager, weil sie keine Abschrägung (Schlupffase) besitzen. Bei großen, schweren Lagerungen und größerem Rollendurchhang ist die Fluchtung mit Hilfe einer konischen Führungsbuchse zu gewährleiten (Abb. 574). Bei vertikaler Montage ist die günstigste Rollenlage zu wählen. (Abb. 575).

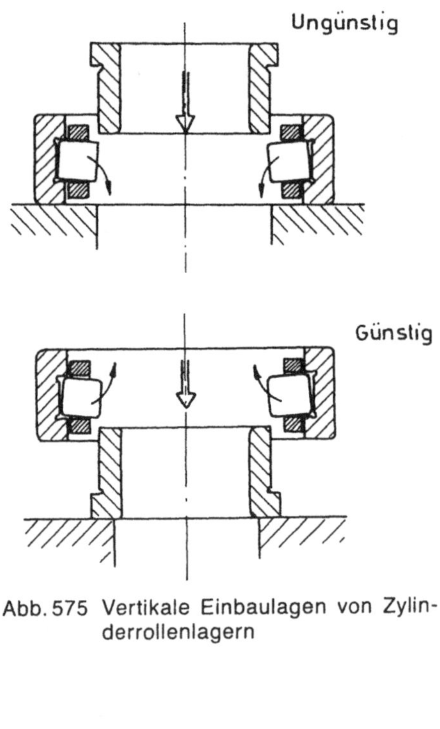

Abb. 575 Vertikale Einbaulagen von Zylinderrollenlagern

26.3.2 Einbau von Schräglagern

Einreihige Schrägkugellager und Kegelrollenlager werden in der Regel gegen ein zweites eingestellt. Die Besonderheiten sind in dem Textteil Kegelrollenlager S. 65 erklärt.

26.3.3 Einbau von Gehäuselagern

Gehäuselager haben in der Regel einen Schiebe- oder Lossitz auf der Welle und sind daher problemlos einzubauen. Nähere Einzelheiten siehe S. 131.

26.4 Einbau von Lagern mit kegeliger Bohrung

Wälzlager mit kegeliger Bohrung werden entweder mit Spann- oder Abziehhülsen auf der Welle befestigt oder direkt auf den kegeligen Zapfen montiert. Der kegelige Lagersitz ist besonders sorgfältig zu prüfen (Abmessung, Form, Oberfläche, Traganteil). Dazu kann ein besonderer Kegellehrring (Abb. 576) oder in Notfällen auch das Lager selbst verwendet werden. Die Bohrung des Kegellehrringes oder Lagerringes wird dünn mit Tuschierpaste eingerieben, der Kegellehrring bzw. Lagerring dann auf den kegeligen Zapfen aufgeschoben und in der Endlage ¼ bis ½ mal hin und her gedreht. Wenn der Traganteil nicht mindestens 90 % beträgt, muß der kegelige Sitz nachgearbeitet werden.

Der in jedem Fall erforderliche Festsitz wird durch Verschiebung des Innenringes auf dem Wellensitz oder durch Einziehen bzw. Einpressen der Hülsen erreicht. Damit verbunden ist eine Aufweitung des Innenringes bzw. eine (Radial-)Luftverminderung des Lagers. Sowohl der axiale Verschiebeweg als auch die Luftverminderung können als Maß für die Festigkeit der Passung herangezogen werden, siehe Pendelkugellager S. 36 bzw. Pendelrollenlager S. 104. Um einerseits Ruckgleiten während des Aufziehens und andererseits Wandern des Innenringes auf dem Schmierfilm während des Betriebes zu verhindern, dürfen die kegeligen Sitze nur hauchdünn eingeölt werden (Gefahr des Innenringwanderns mit Heißlauf, Fressen und Beschädigung des Lagers).

Beim Einbau von Wälzlagern mit Spannhülsen wird zuerst die Spannhülse in die richtige Wellenposition gebracht (ggfs. ist sie mit

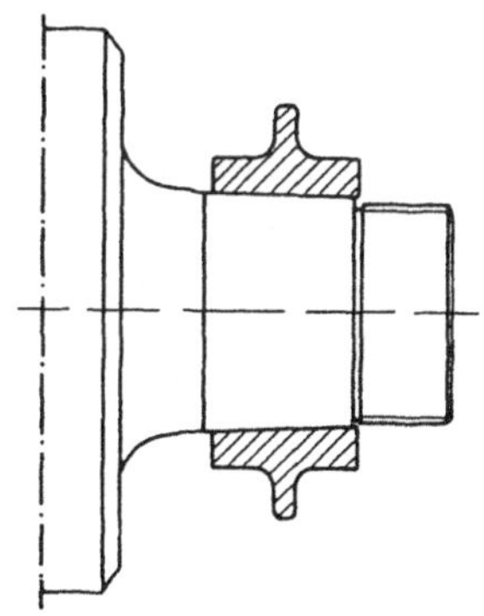

Abb. 576 Kegellehrring

einem Keil aufzuweiten), dann das Lager, das Sicherungsblech und zuletzt die Nutmutter.

Bei Wälzlagern mit Abziehhülsen wird zuerst das Lager und dann die Abziehhülse auf die Welle geschoben. Die Abziehhülse wird in den Lagerring gepreßt, wobei wegen des doppelten Widerstandes am kegeligen und zylindrischen Teil der Abziehhülse keine normale breite Nutmutter verwendet werden sollte. Um die Reibung zu reduzieren und „Fressen" zu verhindern, können die Gewinde mit Festschmierstoffen, wie z. B. MoS_2 oder Bleiweiß, eingerieben werden.

Beim Anziehen der Nutmutter ist die Spannhülse gegebenfalls mit einem Gegenhalter festzuhalten (Abb. 577).

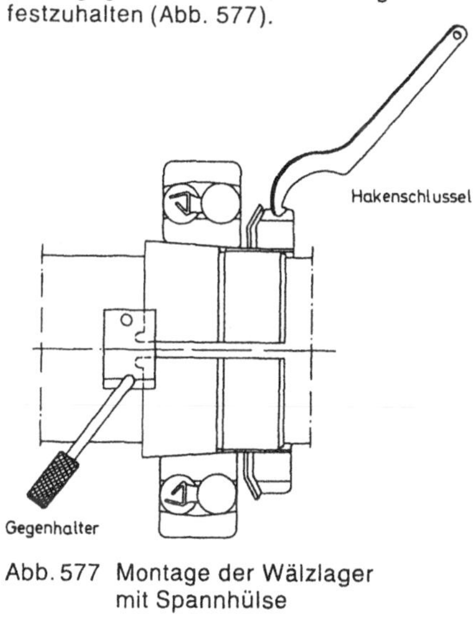

Abb. 577 Montage der Wälzlager mit Spannhülse

26.4.1 Einbauhilfen

Kleine Lager werden bei Befestigung auf Spannhülsen mit der zugehörigen Hülsen(Nut-)mutter, bei Befestigung auf Abziehhülsen oder kegeligen Wellenzapfen mit einer Wellenmutter auf den kegeligen Sitz gepreßt. Die Mutter kann durch leichte Hammerschläge auf einen in der Schlüsselnut der Mutter angesetzten Metalldorn oder mit einem Hakenschlüssel bzw. Schlagschlüssel angezogen werden.
Mittlere Lager können warm aufgeschoben oder mittels Druckschrauben montiert werden (Abb. 579). Beim Warmaufziehen muß die axiale Stellung des Innenringes mit Paßstücken kontrolliert werden. Die Paßstücke werden nur bei der Montage verwendet. Ihre Dicke d ergibt sich aus der Differenz des Abstandes X des aufgesetzten kalten Lagers und den für den Sitz erforderlichen axialen Aufschiebweg a.
Bei der Montage mit Druckschrauben zieht man die Nutmutter zunächst nur soweit an, bis die Montagescheibe satt an die Abziehhülse, bzw. den Innenring anliegt. Alle Druckschrauben werden dann gleichmäßig über Kreuz angezogen, bis die erforderliche Radialluftverminderung erreicht ist. Da der Kegel der Lagerbohrung selbsthemmend ist, kann die Mutter mit Druckschrauben und Montagescheibe durch eine Nutmutter mit Sicherungsblech bzw. -stück ersetzt und so das Lager endgültig axial festgelegt werden.

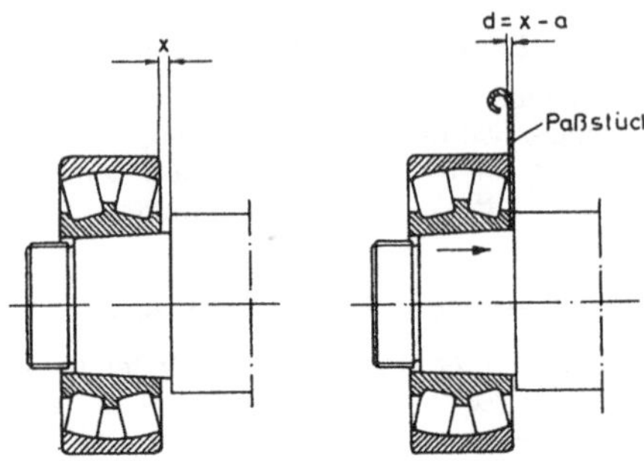

Abb. 578 Montage angewärmter Wälzlager

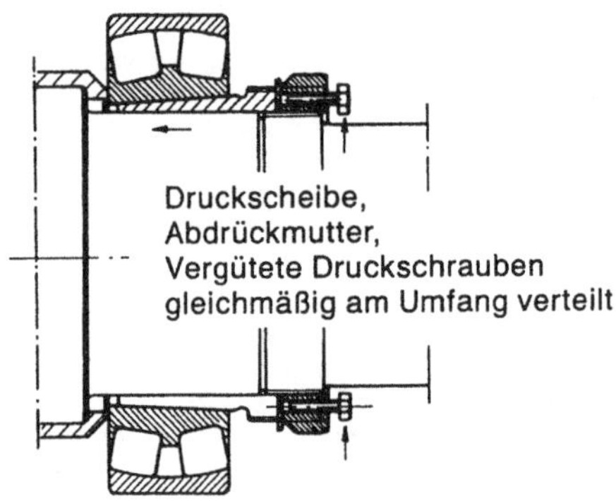

Abb. 579 Montage der Wälzlager mittels Druckschrauben

Große Lager werden zweckmäßiger mit Hilfe einer Hydraulikmutter, auch Ringkolbenpresse genannt, und/oder des Druckölverfahrens eingebaut (Abb. 580). Die Hydraulikmutter besteht aus einem Stahlring mit Innengewinde, welcher an einer Stirnfläche mit einer Ringnut versehen ist, in der ein Ringkolben durch Drucköl verschoben wird. Bei dem Druckölverfahren werden über Bohrungen und Ringnuten Öl oder ähnliche Medien in die Paßfugen gepreßt. Durch die elastische Verformung der Flügelteile und dem Ölfilm in der Paßfuge lassen sich die Aufpreßkräfte erheblich reduzieren (s. S. 535).

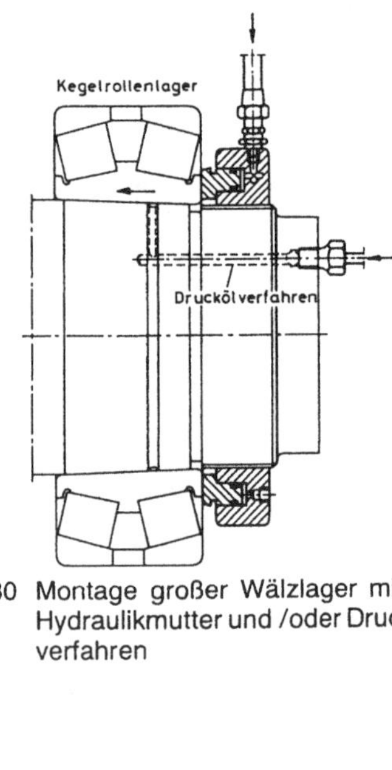

Abb. 580 Montage großer Wälzlager mittels Hydraulikmutter und /oder Druckölverfahren

26.5 Probelauf

Nach beendeter Montage und Schmierung der Wälzlager ist zunächst eine Laufprobe von Hand durchzuführen. Dabei soll sich die Lagerung leicht oder, wenn Dichtungen vorhanden sind, mindestens ruckfrei drehen. Erst dann kann unter Beachtung von Laufgeräusch, Laufgenauigkeit und Temperatur (Abb. 581) allmählich auf maximale Drehzahl und Belastung gesteigert werden.
Ist alles in Ordnung, wird ein gleichmäßiges, leises und surrendes Geräusch zu hören sein. Beschädigte oder verunreinigte Lager verursachen ein lautes, unregelmäßig polterndes Geräusch, während pfeifende Laufgeräusche auf Schmierstoffmangel hindeuten. Einzelheiten s. Kap. 23.3, S. 396.

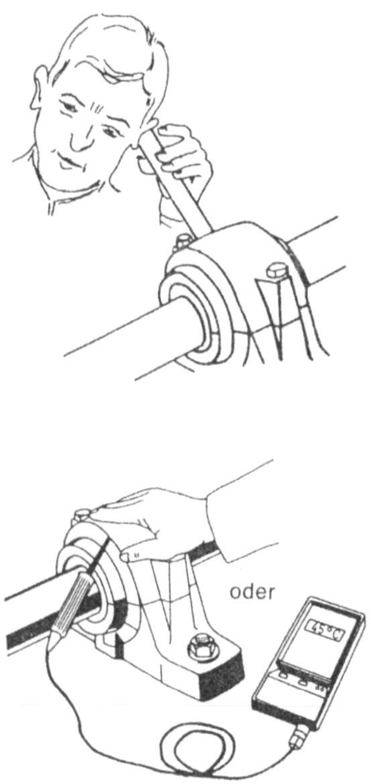

Abb. 581 Geräusch- und Temperaturprüfung beim Probelauf von Wälzlagerungen

Ungewöhnlich hohe Temperaturen oder plötzlicher Temperaturanstieg bei unveränderten Betriebsbedingungen sind Zeichen für ungenügende oder übermäßige Schmierung, für Verunreinigung, Überlastung, Lagerschäden, zu geringe Lagerluft, Lagerverspannung, zu hohe Reibung der Dichtung oder für schleifende Anschlußteile. (Typische Lagerbetriebstemperaturen siehe Kap. 17, S. 286).
Wenn diese oder andere Unregelmäßigkeiten auftreten, ist der Probelauf sofort abzubrechen und die Lagerung zu überprüfen. Bei besonderen Lagerungen, wie z.B. Walzenzapfenlager, große Einzelstücke u. dgl., sollten alle Angaben über die Montage, wie Datum, komplette Lagerbezeichnung, Maßhaltigkeit der Lager und Anschlußteile, Lagerluft vor und nach dem Einbau, eingesetzte Montagewerkzeuge, verwendeter Schmierstoff, besondere Vorkommnisse u.ä., in Form eines Protokolles aufgeschrieben werden. Zusammen mit einer Wartungsanweisung mit Angaben über Schmierfrist, Kontrollen, Betriebstemperaturen usw. erhält man eine gute Planungshilfe für die vorbeugende Instandhaltung.

26.6 Ausbau

Die Wahl des Ausbauverfahrens ist u.a. davon abhängig, ob das Lager weiter verwendet werden soll oder nicht. Kann es verschrottet werden, darf es auf die einfachste Weise, auch mit Schneidbrenner und Hammer, demontiert werden. Soll es jedoch nach dem Ausbau wiederverwendet werden oder ist ein Lagerausfall zu klären, dann ist der Ausbau genauso sorgfältig wie der Einbau vorzunehmen. Die Ausbaukräfte dürfen nicht über stillstehende Wälzkörper geleitet werden, weil sich die Wälzkörper in die Laufbahn eindrücken können (Brinellierungen). Bei nicht zerlegbaren Lagern wird zuerst der Ring mit der losen Passung von seiner Sitzfläche abgezogen und anschließen der Ring mit der festen Passung abgepreßt (Abb. 582). Bei zerlegbaren Lagern werden die Ringe getrennt ausgebaut (Abb. 583).

26.6.1 Ausbau von Lagern mit zylindrischer Bohrung

Kleinere und mittlere Wälzlager werden meist mit mechanischen Abziehvorrichtun-

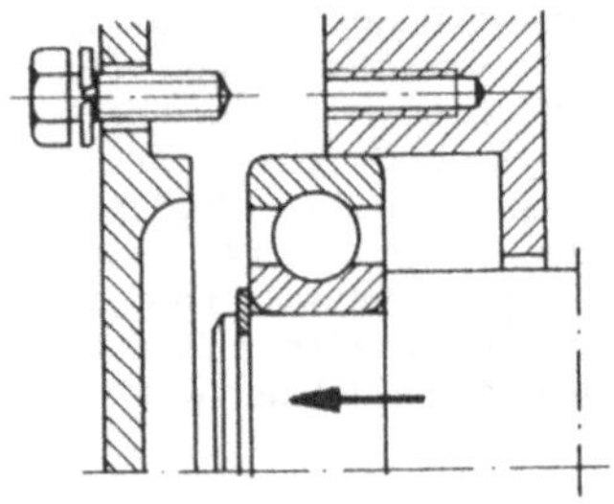

Abb. 582 Ausbau von nicht zerlegbaren Wälzlagern

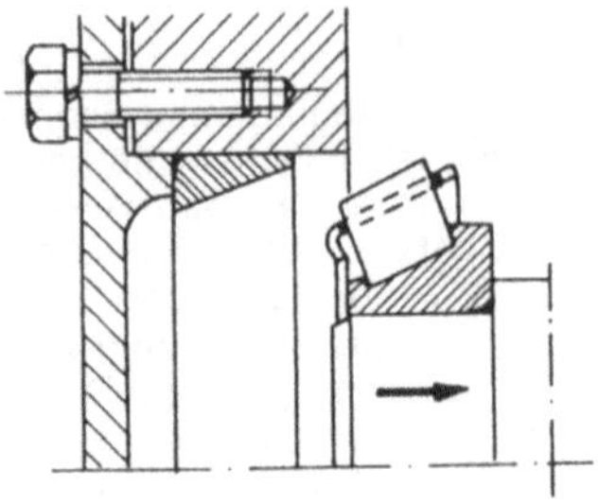

Abb. 583 Ausbau von zerlegbaren Wälzlagern

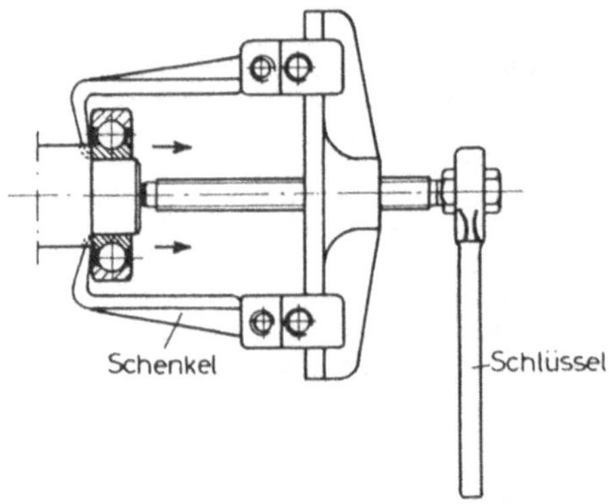

Abb. 584 Abziehvorrichtung für Wälzlager

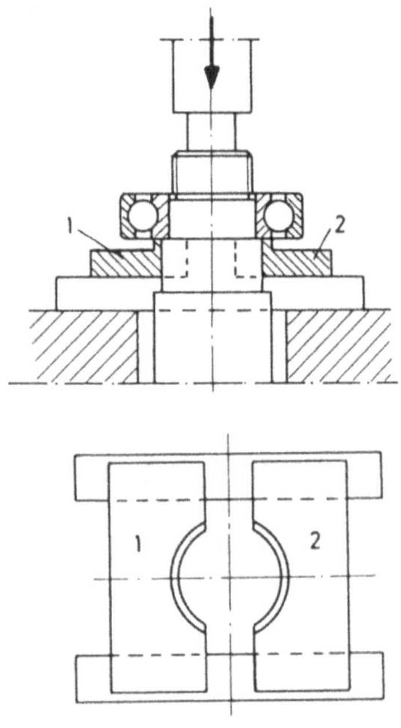

Abb. 585 Abpressen eines Wälzlagers mittels Presse

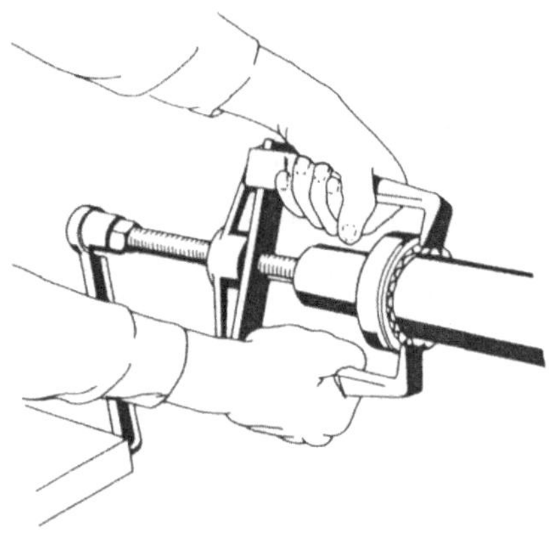

Abb. 586 Abziehen über Außenring bei drehenden Wälzkörpern

gen (Abb. 584) oder hydraulischen Pressen (Abb. 585) demontiert. Dabei sollen die Abziehwerkzeuge unmittelbar hinter die Seitenflächen der festgefügten Lagerringe oder an einem dahinter liegenden Teil, wie z.B. Zahnrad, Labyrinth usw., angesetzt werden. Ist dies nicht möglich, kann die Ab-

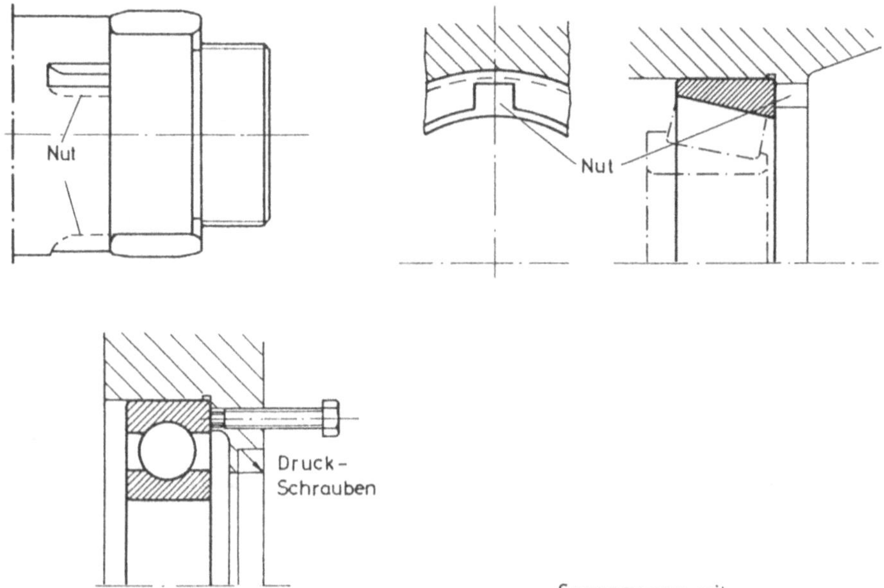

Abb. 587 Nuten und Gewindebohrungen zum Ansetzen von Abzieh- bzw. Auspreßvorrichtungen für Wälzlager (ringe)

ziehvorrichtung auch an den lose gefügten (Außen-) Ring angesetzt werden, wenn dieser Ring während des Ausbaues ständig gedreht wird. (Siehe Mindestüberrollung S. 323). Der Schlüssel wird dazu in geeigneter Weise abgestützt und die Abziehvorrichtung an den Schenkeln gedreht (Abb. 586). Richtiger wäre gewesen, man hätte konstruktive Maßnahmen zum Ausbau, wie z.B. Abziehnuten oder Ausdrückbohrungen (Abb. 587), vorgesehen.

Bei größeren Lagern (d > 150 mm) sind die Abziehkräfte (s. S. 535) oft so groß, vor allem wenn sich nach längerer Betriebszeit Passungsrost gebildet hat, daß sich das Druckölverfahren anbietet. Dafür sind Ölbohrungen und Nuten im Lagersitz vorzusehen, siehe S. 531.

Stehen weder Abziehvorrichtung noch Pressen zur Verfügung, dürfen kleine Lager auch mit Hammer und Weichmetalldorn de-

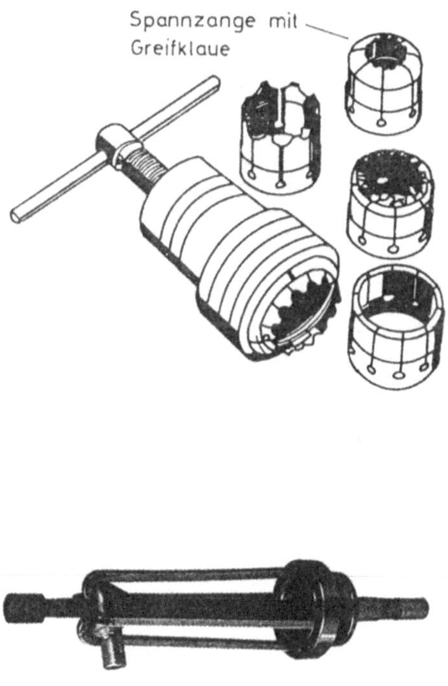

Abb. 588 Verschiedene Wälzlager-Abzieher

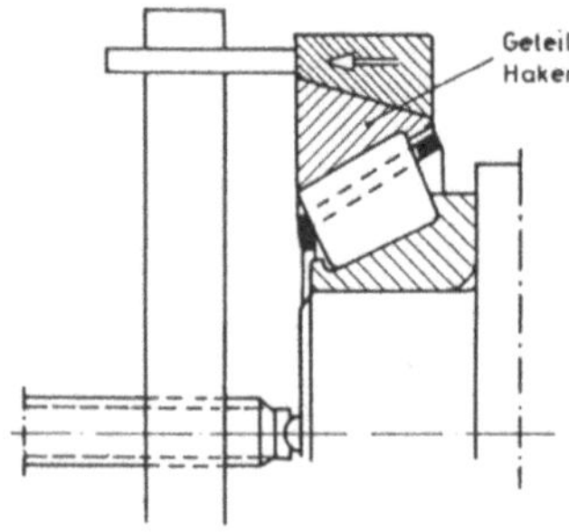

Abb. 589 Kegelrollenlager-Abzieher mit geteiltem Hakenring

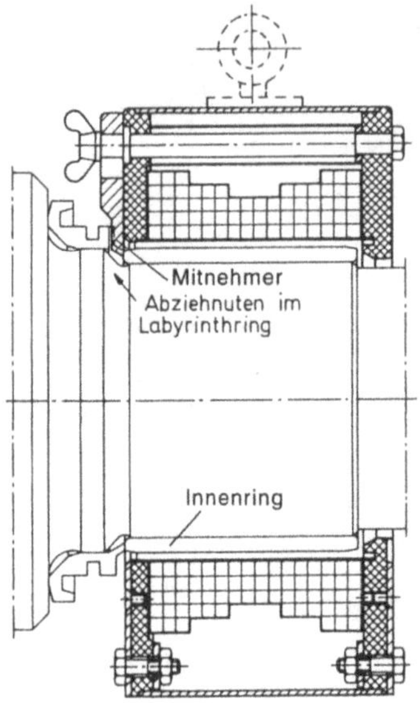

Abb. 590 Elektrische Abziehvorrichtung für Zylinderrollenlager-Innenringe

montiert werden. Die Schläge sollen nicht zu kräftig sein und müssen gleichmäßig über den Umfang verteilt werden, um (weitere) Lagerbeschädigungen und Verkantungen zu vermeiden.
Bei sehr beengten Einbaustellen haben sich diverse „maßgeschneiderte" Hilfswerkzeuge, wie Wälzlager-Abzieher (Abb. 588) oder Kegelrollenlager-Abzieher (Abb. 589), bewährt. Im ersten Fall fassen die Greifklauen zwischen die Wälzkörper am Innenringbord und werden ohne Laufbahnbeschädigung auf dem Innenring-Außendurchmesser festgeklemmt. Im zweiten Fall greift ein geteilter Hakenring hinter den Wälzkörpersatz.
Für den häufigen Ein- und Ausbau von gleich großen Zylinderrollenlager-Innenringen ohne oder mit nur einem Bord, wie z.B. Radsatz- oder Walzwerkslager, wurden besondere Abziehvorrichtungen entwickelt, bei denen die Ringe rasch erwärmt und abgezogen werden können, ohne daß sich die Welle wesentlich erwärmt und ausdehnt (Abb. 590).

Die elektrische Abziehvorrichtung enthält mehrere mit Wechselstrom zu erregende Induktionsspulen, die so angeordnet sind, daß der auszubauende Ring mit magnetischem Wechselfeld durchsetzt und die dadurch hervorgerufenen Wirbelströme zu einer raschen Erwärmung und Aufweitung des Ringes führen. Die Innenringe müssen nach diesem Vorgang entmagnetisiert werden.
Wesentlich billiger und einfacher zu handhaben sind Abziehringe aus Aluminiumlegierungen (Silumin) oder Kupferlegierungen (Abb. 591). Die Abziehringe werden mit offener Flamme, Heizspirale, Heizplatte oder Ofen auf 200 ... 220°C erwärmt und auf den Innenring aufgesetzt. Durch Festspannen des Abziehringes auf dem Innenring erwärmt sich der Innenring sehr rasch und weitet sich auf, während der Abziehring sich abkühlt und schrumpft, so daß der Lagerring leicht abzuziehen ist. Um einen guten Wärmeübergang zu gewährleisten, wird der Innenring-Außendurchmesser vorher mit einem oxydationsbeständigen, zähen Öl, z.B. mit Heißdampfzylinderöl mit $\nu_{100°C} \approx 40\ mm^2/s$ oder Silikonöl, bestrichen.
Reichen Erwärmung und Presse zum Lagerausbau nicht aus, können die Gegenstücke vielleicht unterkühlt werden.
Unbrauchbar gewordene Lagerringe können durch Zersprengung entfernt werden. Dazu wird der Ring (mit einem Schweißbrenner) stark erwärmt und mit einem Wasserstrahl schnell abgeschreckt, so daß der Ring infolge hoher Spannungen zerspringt.

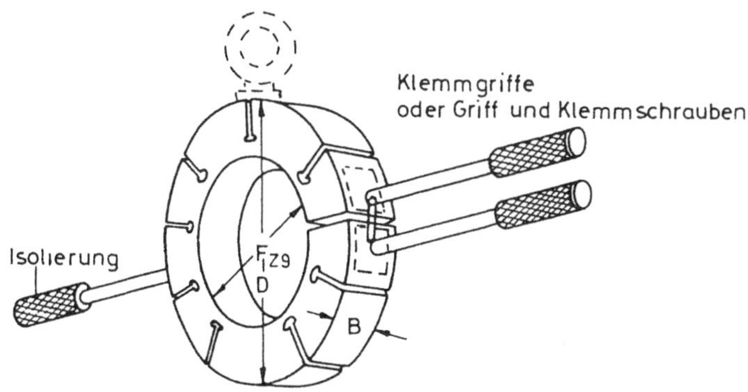

F Innendurchmesser des Abziehringes gleich Laufbahndurchmesser des Lagerringes

D Außendurchmesser des Abziehringes:

$D_{Al} \approx [4\,F^2 - 3\,d^2]^{1/2}$ [mm] (Gl 479)

$D_{Cu} \approx [3\,F^2 - 2\,d^2]^{1/2}$ [mm] (Gl. 480)

B Breite des Abziehringes gleich Innenringbreite [mm]

d Innenringbohrung [mm]

Wärmeausdehnung:

$\alpha_{Al} = 23{,}8 \cdot 10^{-6}$ 1/°C

$\alpha_{Cu} = 16{,}5 \cdot 10^{-6}$ 1/°C

Dichte:

$\varrho_{Al} = 2{,}6$ kg/dm³

$\varrho_{Cu} = 8{,}8$ kg/dm³

Spezifische Wärmekapazität:

$c_{pmAl} = 0{,}931$ kJ/kg °C

$c_{pmCu} = 0{,}394$ kJ/kg °C

Abb. 591 Alu- oder Kupfer-Abziehringe fur Zylinderrollenlager-Innenringe

26.6.2 Ausbau von Lagern mit kegeliger Bohrung

Beim Ausbau von Wälzlagern mit Spannhulse wird die Spannhülsenmutter entsichert und um einige Umdrehungen gelöst. Dann wird der Innenring mittels Hammerschlägen auf einen an der Innenring-Seitenfläche angesetzten Weichmetalldorn oder besonderem Schlagstück von der Hülse getrieben (Abb. 592).

Bei Wälzlagern mit Abziehhülse wird nach dem Entfernen der axialen Befestigung (Wellenmutter, Spannplatte oder ähnliches) eine Abziehmutter auf das Hülsengewinde aufgeschraubt und so lange angezogen, bis die Hulse sich löst. Bei überstehendem Hulsengewindeteil ist ein Stützring einzusetzen, damit das Gewinde beim Anziehen der Mutter nicht nach innen ausweicht (Abb. 593).

Zur Demontageerleichterung großer Lager werden häufig besondere Abdrückmuttern mit Druckschrauben, ähnlich Abb. 579, S. 524, Hydraulikmuttern oder das Öldruckverfahren (Abb. 594) angewendet. Beim Drucköverfahren gleiten die Lager außerordentlich schnell von ihrem kegelichen Sitz, so daß die axiale Bewegungsmöglichkeit des Lagers oder der Hülse durch einen Anschlag (Bund, Wellenmutter, Spannplatte oder dergleichen) begrenzt werden muß Nähere Einzelheiten s. Abb. 594

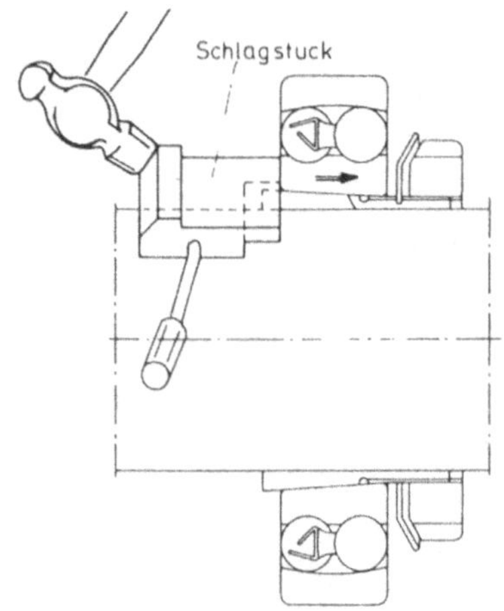

Abb. 592 Ausbau einer Spannhülse mit Schlagstück

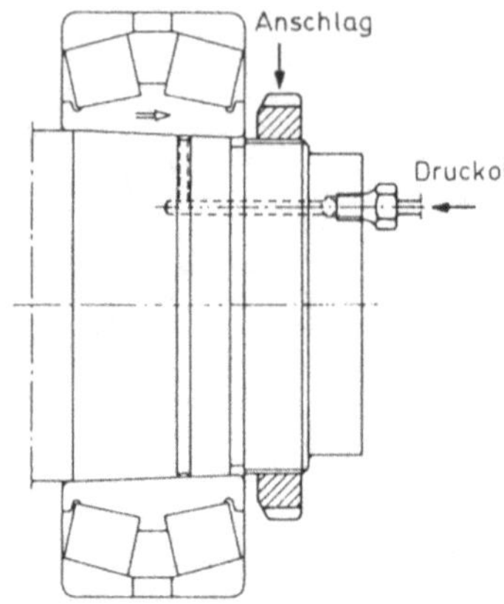

Abb. 594 Ausbau eines Wälzlagers vom kegeligen Sitz mit Drucköl

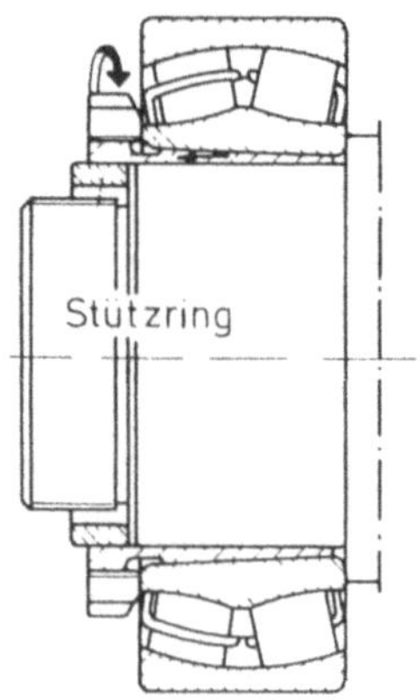

Abb. 593 Ausbau einer Abziehhülse mit Nutmutter

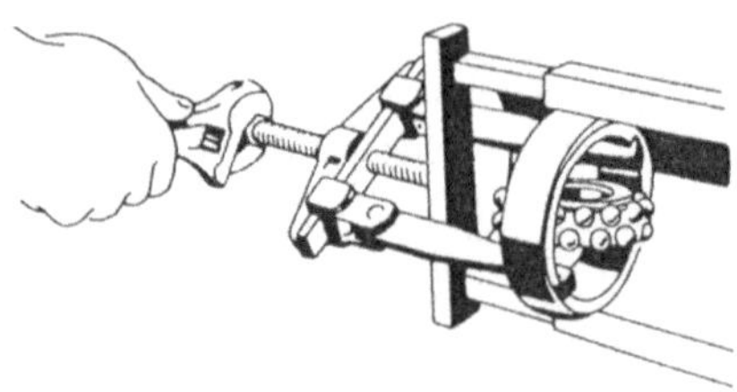

26.6.3 Ausbau von Lagern aus Gehäusen bei festem Außenringsitz

Lager mit festem Sitz im Gehäuse, wie z.B. Nabe, Trommel, können mit einem ebenen, gratfreien Rohrstück ausgepreßt werden. Bei Pendel-Kugellager und Pendelrollenlager läßt sich der Innenring mit Wälzkörpern meist so ausschwenken, daß eine Abziehvorrichtung angesetzt werden kann. Ist weder eine geeignete Presse noch eine geeignete Abziehvorrichtung greifbar, dürfen kleine Lager, wie bei festen Innenringen auch, mit Hammer und Weichmetalldorn ausgebaut werden Abb. 595).

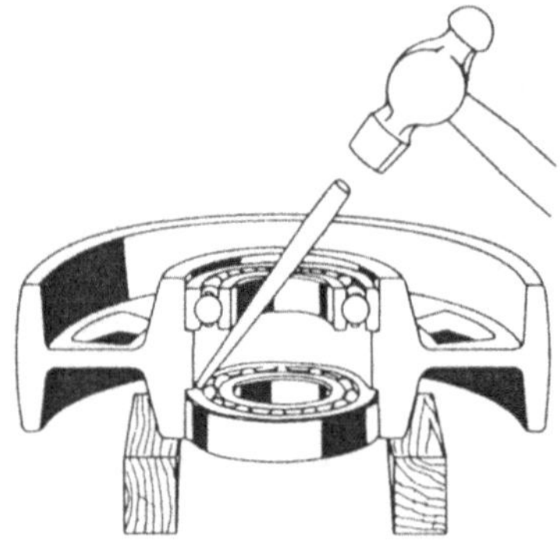

Abb. 595 Ausbau von Wälzlagern aus Gehäusen bei festem Außenringsitz

26.6.4 Untersuchung von ausgebauten Wälzlagern

Nach dem Ausbau sollte das Lager überprüft werden. Dazu ist das Lager, wenn möglich, zuerst auszuwaschen, zu trocknen und ganz leicht einzuölen, bevor die Laufbahnen und Wälzkörper auf Anzeichen von Beschädigungen hin untersucht werden.
Der Lauf und das Lagergeräusch wird, wie in Abb. 419, S. 391 gezeigt, durch Drehen von Hand geprüft. Ein unbeschädigtes Lager, das gleichmäßig ohne große Lagerluft umläuft, kann gefahrlos wieder eingebaut werden.

26.7 Druckölverfahren

Ein bewährtes Verfahren, die Ausbaukräfte von Wälzlagern erheblich zu verringern, aber auch montierte Lager feinfühlig einstellen zu können, ist das Druckölverfahren. Durch Einpressen von Drucköl zwischen die Fügeflächen lassen sich die Wälzlager gleich „schwimmenden" Teilen mit geringem Kraftaufwand und ohne Gefahr von Oberflächenbeschädigungen leicht verschieben.
Dieses Verfahren ist eine zumeist unverzichtbare Ausbauhilfe bei großen Wälzlagern, insbesondere wenn sich auf den Fü-

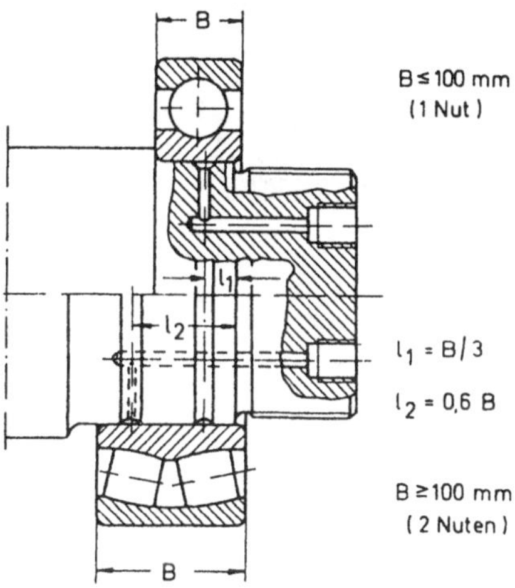

Zylindrischer Lagersitz

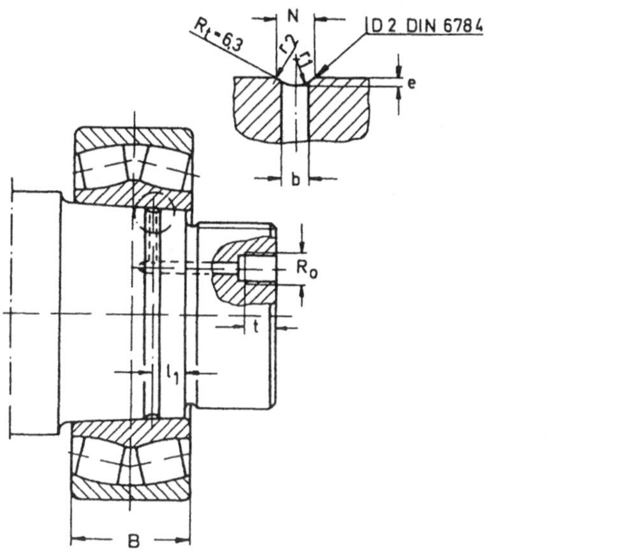

Kegeliger Lagersitz

Ölbohrung N_{max}	Abmessungen [mm] R_0 (ISO 228-G)	t
2	M 4 x 0,5	4 ... 5
5	R 1/8"	7 ... 11
8	R 1/4" ... R 1/2"	12 ... 18
6 ... 12	R 3/4"	16 ... 20

Lagerbohrungsdurchmesser, d über	bis	Abmessungen [mm] N ≈	e ±0,1	r_1 ±0,5	r_2 ± 2	b max
—	160	3	0,5	2,5	0,4	3
160	250	4	0,5	4	0,6	4
250	400	5	0,5	6	1	5
400	630	6	0,6	8	1,6	6
630	1000	8	0,8	10	2,5	8

Abb. 596 Richtlinien für Ringnuten, Bohrungen und Anschlußgewinde des Druckölverfahrens DIN 15055

geflächen Passungsrost gebildet hat. Es wird aber auch für Wälzlager ab d = 60 mm eingesetzt und zunehmend wegen seiner Einfachheit auch bei anderen Preßverbänden, wie Zahnrädern, Kupplungen, Riemenscheiben, Schwungrädern, Propellern und dergleichen. In allen Fällen wird die Haftreibung im Preßverband und damit die Verschiebekraft erheblich kleiner. Sie beträgt etwa 1/10 der Werte des trockenen Verbandes (s. S 536). Aus diesem Grunde können nicht zerlegbare Lager auch über den Außenring abgezogen werden.

Um das Druckölverfahren anwenden zu können, müssen die Welle, die Nabe, das Gehäuse, die Hülse oder ein besonderer Druckring mit Bohrung, Ringnuten und Anschlußgewinde für das Druckölverfahren versehen sein. Die empfohlenen Abmessungen sind in Abb. 596 dargestellt. Der Abstand der Ringnut zu der Seite, von der die Montage/Demontage vorgenommen wird, soll etwa ⅓ der Lagerbreite betragen. Die Nut soll nicht zu breit, aber gut gerundet sein, damit das Öl nach dem Einbau gut abfließen kann. Zylindrische Fügeflächen erhalten je nach Lagerbreite eine oder mehrere Ringnuten, die mit je einer Ölzuführungsbohrung verbunden sind. Kegelige Fügeflächen und abgestufte Fügeflächen benötigen meist nur eine Ringnut und eine Ölzuführungsbohrung.

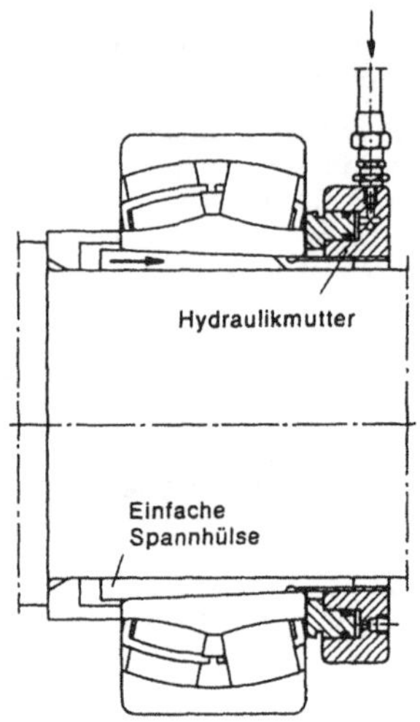

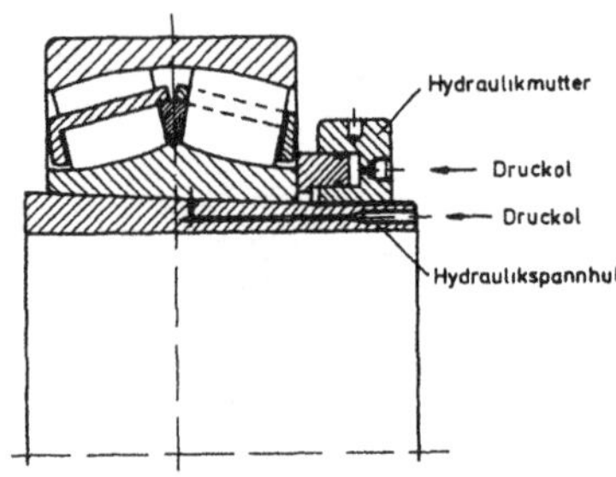

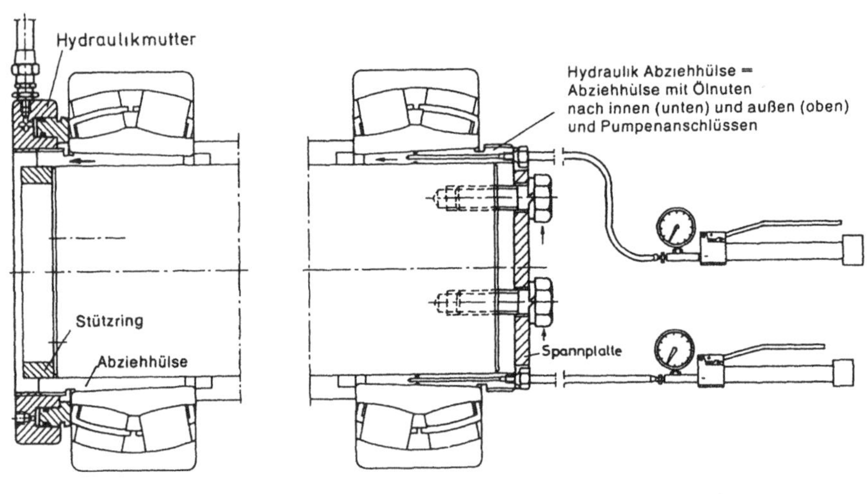

Abb. 597 Wälzlagerein- und -ausbau auf/vom kegeligen Sitz mittels Druckölverfahren

Zum Öleinpressen wird eine Hochdruckpumpe für 500...800 bar benötigt. Als Drucköl eignen sich Maschinenöle (keine Hydrauliköle) mit einer kinematischen Viskosität von ca. 300 mm²/s für den Einbau (schneller, vollständiger Ölabfluß) und ca. 1000 mm²/s für den Ausbau (langsamer Ölabfluß). Bei schwierigen Demontageverhältnissen (beschädigte Zapfen) können auch andere inkompressible, schmierfähige Medien wie z.B. Fett verwendet werden. Zur Überwindung möglichen Passungsrostes werden rostlösende Mittel hinzugesetzt.

Druckölverbände werden nach der Streckgrenze des verwendeten Materials bemessen: $\sigma_{zul.} \leqq 0{,}9\, \sigma_{0,2}$

26.7.1 Kegelige Fügeflächen

Bei Wälzlagern mit kegliger Bohrung kann das Druckölverfahren sowohl für den Einbau als auch für den Ausbau herangezogen werden. Beim Auftreiben auf den kegligen Lagersitz empfiehlt sich die Kombination von Druckölverfahren und Hydraulikmutter (Abb. 597). Beim Ausbau dieser Lager gleitet das Lager schlagartig von seinem kegligen Sitz, sobald sich ein trennender Ölfilm zwischen den Fügeflächen aufgebaut hat. (Vorsicht, Anschlag anbringen.) Vor der Kontrolle der Radialluftverminderung muß der Öldruck weggenommen werden.

26.7.2 Zylindrische Fügeflächen

Bei Wälzlagern mit zylindrischer Bohrung kann das Druckölverfahren in der Regel wirtschaftlich nur zum Ausbau eingesetzt werden. Beim Einbau (Fügen) müssen die Teile auf der ganzen Länge des Verbandes verschoben werden. Es bereitet Schwierigkeiten, den Ölfilm zwischen den Fügeflächen aufzubauen und bis zum Montageende zu halten (Abb. 598). Dem Öl ist beim Ausbau ausreichend Zeit zu lassen, sich zwischen den Fügeflächen zu verteilen. Erst wenn ringsherum an der Paßfuge deutlich sichtbar Öl austritt, kann mit dem Abpressen des Lagers begonnen werden. Das Abpressen muß zügig erfolgen, am besten mittels vorgespannten Abziehwerkzeuges (Abb. 599).

Läßt sich aus irgendeinem Grunde ein Abziehwerkzeug nicht ansetzen, ist man schon wie folgt vorgegangen:

Trockeneis wird gegen die Stirnfläche der Welle oder nahe der Lagerstelle auf die Welle mit Platten und Federn gedrückt und das Ganze mit einem schweren Tuch nach außen hin isoliert. Dadurch wird der zylindrische Lagersitz auf der Welle schwach konisch, so daß das Lager in der Regel selbsttätig von der Welle gleitet, wenn nach dem Kühlvorgang Öl zwischen die Fügeflächen gepreßt wird. Ggf. muß von Hand oder durch leichte Hammerschläge nachgeholfen werden.

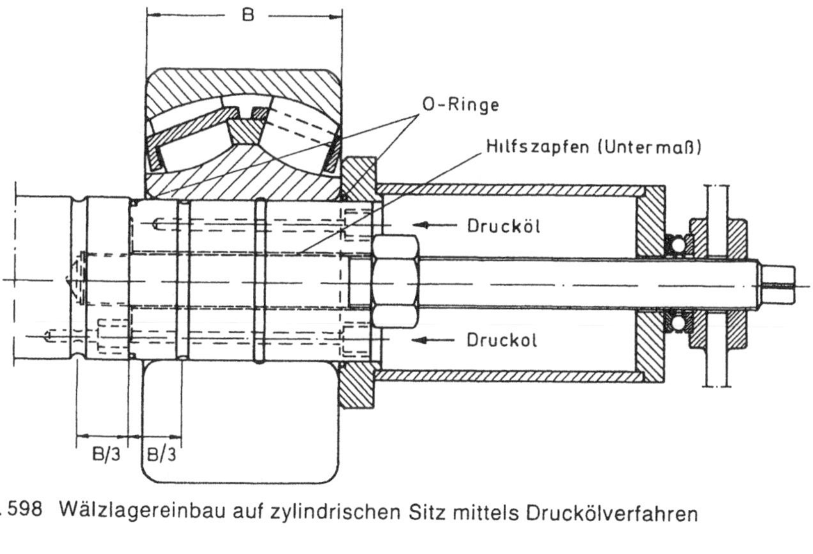

Abb. 598 Wälzlagereinbau auf zylindrischen Sitz mittels Druckölverfahren

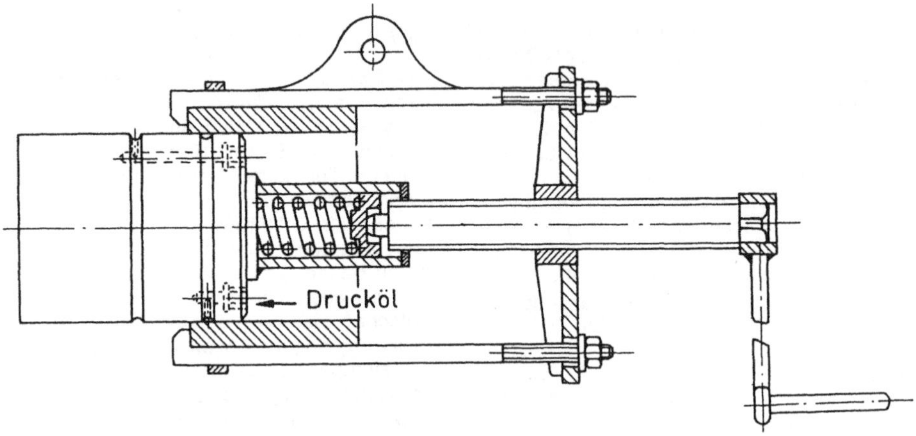

Abb. 599 Wälzlager-Innenring-Ausbau vom zylindrischen Sitz mittels Drucköl und vorgespanntem Abziehwerkzeug

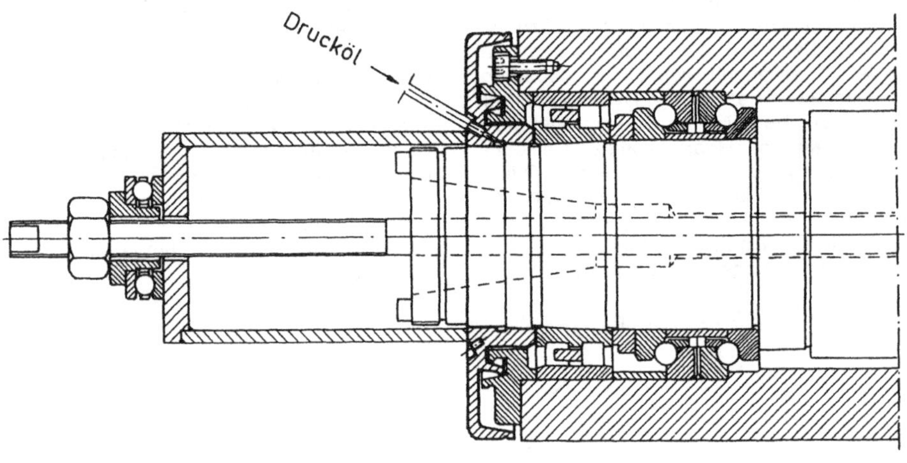

Abb. 600 Einbau eines Stufenringes mittels Druckölverfahren

26.7.3 Abgestufte Fügeflächen

Der abgestufte zylindrische Preßverband löst sich ebenfalls selbständig, weil sich in der Stufe eine axiale Druckkomponente aufbaut. Beim Einbau ist ein zusätzliches Aufpreßwerkzeug oder die Erwärmung des Stufenringes erforderlich (Abb. 600).

26.7.4 Fügeflächen ohne Bohrung und Ringnuten

Wenn Bohrungen und Ringnuten aus Gründen der Fertigung oder Festigkeit nicht vorgesehen waren, läßt sich zum Ausbau von zylindrischen oder kegligen Fügeflächen ein Öl-Druckring verwenden. Er wird gegen

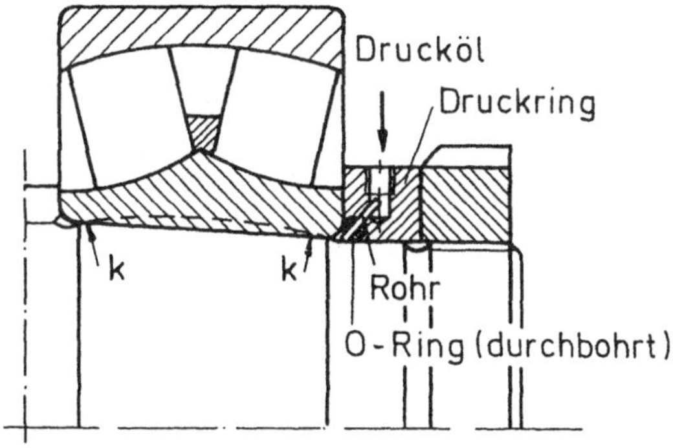

Abb. 601 Wälzlagerausbau vom kegeligen Sitz mittels Drucköl und Druckring

das Lager verspannt, dickes Öl, z.B. Heißdampfzylinderöl, zwischen die Fügeflächen gepreßt, Öldruckringe und axiale Befestigung wieder entfernt und das Lager vom Sitz gezogen. Der aufgebaute Ölfilm wird durch die erhöhten Kantenspannungen (KK) lange genug zurückgehalten (Abb. 601). Bei zylindrischem Lagersitz ist außerdem eine Abziehvorrichtung erforderlich.

26.8 Aufpreß- und Abziehkräfte

Die Kräfte zum Aufpressen und Abziehen des Wälzlagers werden durch die Abmessungen des Lagerringes, dem Übermaß und der Reibungszahl zwischen den Fügeflächen (Paßfuge) bestimmt. Es gilt für

zylindrische Lagersitze:

$$F_p = \mu_p \cdot F_h \text{ [kN]} \qquad \text{(Gl. 481)}$$

$$F_w = \mu_w \cdot F_h \text{ [kN]} \qquad \text{(Gl. 482)}$$

$$F_h = \int_p \cdot d_f$$
$$= p_F \cdot \pi \cdot F \cdot B \cdot 10^{-3} \text{ [kN]} \qquad \text{(Gl. 483)}$$

kegelige Lagerspitze

$$F_p = F_h (\sin\alpha + \mu_p \cdot \cos\alpha) \text{ [kN]} \qquad \text{(Gl. 484)}$$

$$F_w = F_h (\sin\alpha + \mu_w \cdot \cos\alpha) \text{ [kN]} \qquad \text{(Gl. 485)}$$

mit

- F_p Aufpreßkraft [kN]
- F_w Abziehkraft [kN]
- F_h Haftreibungskraft [kN]
- μ_p Reibungszahl beim Aufpressen s. Abb. 602
- μ_w Reibungszahl beim Abziehen, s. Abb. 602
- α Kegelwinkel [°]
- p_F Fugendruck (Radialspannung) [N/mm²], s. S. 372, $p_F = \sigma_r$
- F mittlerer Borddurchmesser des Wälzlagerringes [mm], s. Abb 380
- B Breite des Preßverbandes (Lagers) [mm], s. Maßtabellen

Während die Maße klar zu bestimmen sind, kann die Reibungszahl für die verschiedenen Einbaufälle nur geschätzt werden. Die Reibungszahl wird von der Beschaffenheit der Oberfläche (Form, Rauhigkeit) sowie deren molekularen Anziehungskräften (Kohäsion) bestimmt. Die wirksame Berührungsfläche entsteht durch plastische Verformungen der Rauhigkeitsspitzen der Oberfläche. Sie macht nur einen kleinen Teil der Fügefläche aus und wird durch den Fugendruck bestimmt. Molekulare Oxydschichten, Gase und Schmierstoffe, die meist immer vorhanden sind, verhindern mehr oder weniger die unmittelbare Berührung der Fügeflächen. Das verringert die

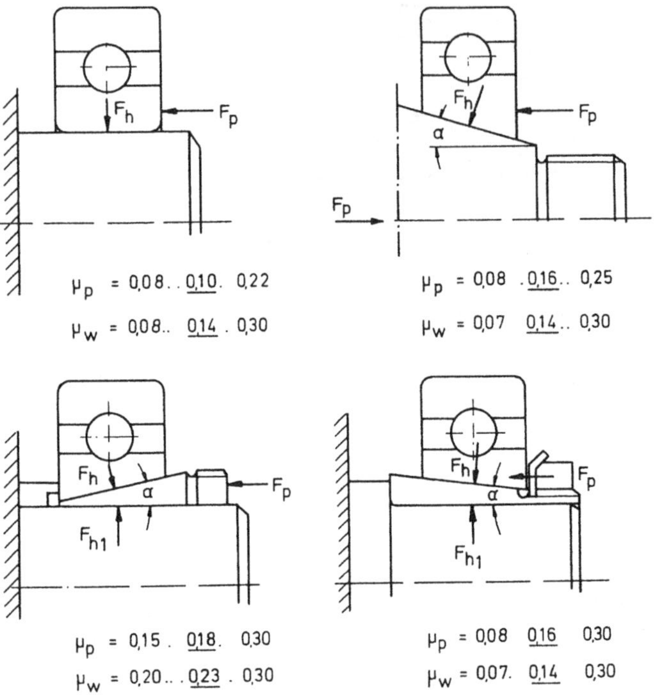

Einbaufälle und Reibungszahlen

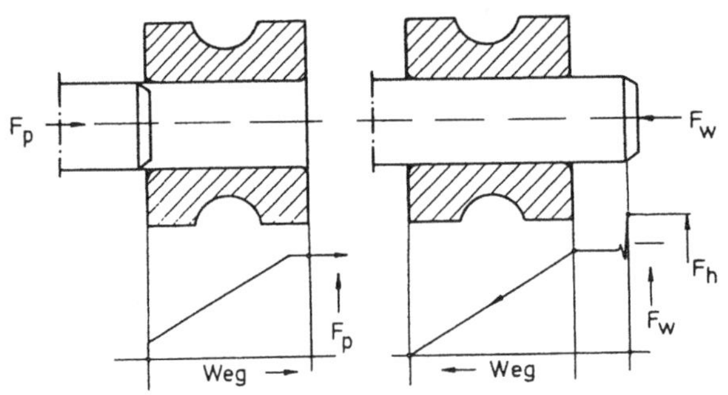

Kraftverlauf beim Auf- und Abpressen eines (Wälzlager-)Ringes.

Abb. 602 Zur Berechnung der Aufpreß- und Abziehkräfte von Wälzlagern

Reibung. Andererseits kann Passungsrost die Reibungszahl beträchtlich erhöhen. Diese oder ähnliche Zustände führen zu großen Schwankungen der Reibungszahlen. Abweichungen von bis zu 100 % sind nicht ungewöhnlich bei ein- und demselben Preßverband, der auf die gleiche Art zu verschiedenen Zeiten gefügt wurde. In der Abb. 602 sind die üblichen unteren, mittleren und oberen Grenzwerte der Reibungszahlen für verschiedene Einbaufälle angegeben. Sie basieren auf vielen Versuchen und gelten nur annähernd, so z. B. der niedrige Wert für leicht gefettete oder geölte Fügeflächen beim Einbau und der hohe Wert für absolut trockene Fügeflächen beim Ausbau. Für Lager, die unmittelbar auf einem Kegel montiert sind, ist die Reibungszahl größer als bei Lagern auf zylindrischem Sitz. Beim Einziehen oder Einpressen einer kegeligen Hülse, die sich sowohl gegen den Lagerring als auch gegen die Welle verschiebt, ist die Reibungszahl noch höher. Wird das Lager bzw. der Lagerring vor dem Einbau erwärmt, reduzieren sich Übermaß und Auspreßkräfte. Beim Druckölverfahren geht die Reibungszahl infolge der Flüssigkeitsreibung bis auf 0,005 zurück, meist wird $\mu = 0{,}01$ nicht überschritten. Die Einbau- und Ausbauwerkzeuge können dann mit aussichtsreicher Sicherheit mit $\mu = 0{,}02$ ausgelegt werden.

Beispiel

Gegeben: 22207 R auf Stahlvollwelle 35 k6, Gehäuse H7

Gesucht: Aufpreßkraft $F_p = ?$, Abziehkraft $F_w = ?$

Lösung: Fugendruck gemäß Gl. 447, S. 373

$$p_F = ü \cdot 104/d\ [1-(d/F)^2]$$

$$ü = 0{,}021 \text{ mm}$$
$$d = 35 \text{ mm}$$
$$F = 43 \text{ mm}$$
$$B = 23 \text{ mm}$$

$$p_F = 0{,}021 \cdot 104/35\ [1-(35/43)^2] = 21 \text{ N/mm}^2$$

$$F_h = p_F \cdot \pi \cdot F \cdot B \cdot 10^{-3} = 21 \cdot \pi \cdot 43 \cdot 23 \cdot 10^{-3} = 65 \text{ kN}$$

$$\text{Aufpreßkraft } F_p = \mu_p \cdot F_h = 0{,}10 \cdot 65 = 6{,}5 \text{ kN}$$

$$\text{Abziehkraft } F_w = \mu_w \cdot F_h = 0{,}14 \cdot 65 = 9{,}1 \text{ kN}$$

26.8.1 Zulässige Abziehkräfte

Bei sachgemäßer Demontage werden die zulässigen Druckfestigkeitswerte der Wälzlagerwerkstoffe bei weitem nicht erreicht. Eine Ausnahme bildet der Lagerausbau über die Wälzkörper, ein Fall, der manchmal doch nicht zu vermeiden ist. Damit keine unzulässigen Eindrückungen in den Laufbahnen entstehen, ist die max. Abziehkraft auf die zulässige statische Belastung zu beschränken (s. S. 9/10). Bei Schräglagern ($\alpha > 0°$) ist ferner die aus der Lagergeometrie entstehende Klemmkraft F_K zu berücksichtigen. Sie verdreifacht etwa die normale Abziehkraft F_W. Wenn z.B. der Innenring eines Kegelrollenlagers über den Außenring abgezogen/ausgepreßt werden muß, ergeben sich Kräfteverhältnisse gemäß Abb. 603.

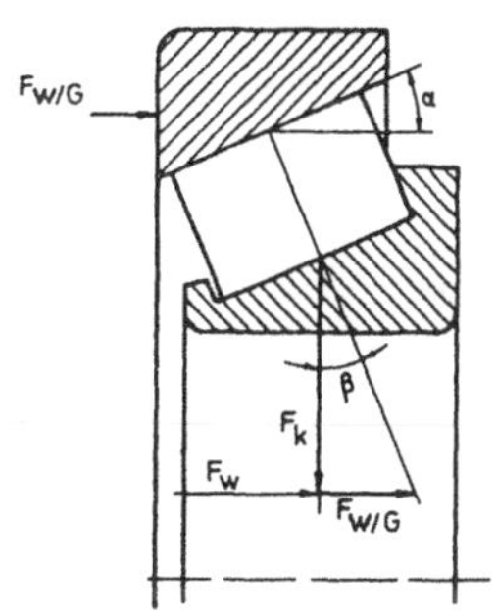

Abb. 603 Kräfteverhältnisse beim Abziehen des Innenringes über den Außenring

$$F_{W/G} = F_W + F_K \cdot \mu = \frac{F_W}{1 - \mu/\tan\beta} \text{ [kN]} \qquad \text{(Gl. 486)}$$

mit

$F_{W/G}$ Abziehkraft, wenn der Innenring über den Außenring (Wälzkörper) abgezogen wird [kN]

F_W Abziehkraft, wenn am Innenring gezogen/gedrückt wird [kN]

μ Reibungszahl Innenring/Welle [mm], z.B. μ = 0,13 für geschliffene Lagersitze oder
μ = 0,23 für gedrehte Lagersitze

β Innenringkegelwinkel ≈ Druckwinkel α [°]

26.8.2 Schraubenverbindung

Beim Ein- und Ausbau von Wälzlagern taucht häufig die Frage nach dem Zusammenhang zwischen Vorspannkraft und Anziehdrehmoment der Schraubenverbindung auf. Dieser Zusammenhang läßt sich, wie im folgenden gezeigt, berechnen.

Das gesamte Schraubenanziehdrehmoment M_A ergibt sich nach den Gesetzen der Mechanik (Schiefe Ebene, Reibung) aus dem Gewindeanziehdrehmoment M_G und dem Kopfreibungsmoment M_K.

$$M_A = M_G + M_K \text{ [Nmm]} \qquad \text{(Gl. 487)}$$

$$M_G = F_V \cdot d_{2/2} \cdot \tan(\varphi + p_G) \text{ [Nmm]} \qquad \text{(Gl. 488)}$$

$$M_K = F_V \cdot D_{Km/2} \cdot \tan p_K \text{ [Nmm]} \qquad \text{(Gl. 489)}$$

mit

F_V Vorspannkraft (Klemmkraft bei Montage) [N]

d_2 Flankendurchmesser des Schraubengewindes [mm]

φ Steigungswinkel des Schraubengewindes [°] (φ ist gewöhnlich 1 ... 3°)

p_G Reibungswinkel zur Reibungszahl des Gewindes μ_G [°], (p_G ist gewöhnlich 4 - 15°)

D_{Km} Wirksamer Durchmesser für das Reibungsmoment in der Schraubenkopf- oder Mutter-Auflage [mm], $D_{Km} = (D_A - d_i)/2$

p_K Reibungswinkel zur Reibungszahl der Kopf- oder Muttern-Auflage μ_K [°]

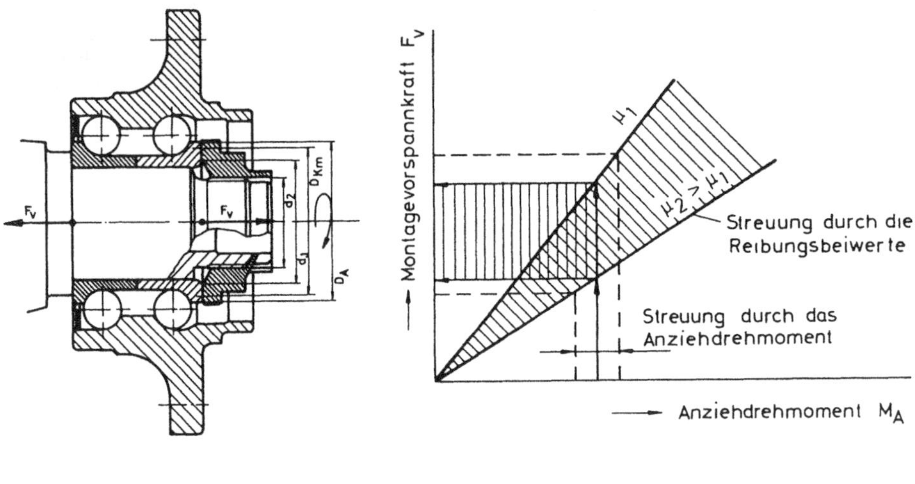

Abb. 604 Beispiel einer Schraubenverbindung für Wälzlager (Radlagerung) mit Verspannungsdiagramm

Stahl-Mutter / Schraube				Innengewinde: geschn. oder geschn. + phosph.	Innengewinde: gal Zn	Auflagefläche: geschnitten blank	Auflagefläche: geschnitten phosph.	Auflagefläche: geschliffen blank	Auflagefläche: gal Zn 6
Gewinde	gerollt	schwarz oder phosphatiert	trocken		0,08 ... 0,16				
			leicht geölt	0,10 ... 0,18					
	geschnitten	schwarz oder phosphatiert	leicht geölt	0,10 ... 0,18					
	gal Zn 6		trocken		0,12 ... 0,20				
			geölt	0,10 ... 0,18	0,10 ... 0,18				
	mit Kleber			0,18 ... 0,10					
	mit MoS_2			0,08 ... 0,10					
Kopfauflagefläche	gepreßt	schwarz oder phosphatiert	geölt			0,10 ... 0,18	0,10 ... 0,18	0,16 ... 0,22	0,10 ... 0,16
	geschnitten	schwarz oder phosphatiert	geölt			0,10 ... 0,18		0,10 ... 0,18	0,10 ... 0,16
	geschliffen	schwarz oder phosphatiert	geölt			0,10 ... 0,18	0,10 .. 0,20	0,16 ... 0,22	0,10 ... 0,18
	gal Zn 6					0,10 ... 0,18		0,10 ... 0,18	0,16 ... 0,20

Abb. 605 Richtwerte für Reibungszahlen für die Berechnung von Schraubenverbindungen

Die Vorspannkraft F_V ist in hohem Maße von den Reibungszahlen μ_G und μ_K abhängig. Richtwerte sind in Abb. 605 angegeben. Bei konstantem Anziehdrehmoment M_A wird also bei niedrigen μ_G und μ_K die Vorspannkraft F_V hoch und umgekehrt. Bei unbehandelten Schraubenverbindungen gilt, daß von dem aufgewendeten Anziehdrehmoment M_A ca. 50% als Kopfreibung μ_K und ca. 40% als Gewindereibung μ_G verloren gehen und nur etwa 10% zur Erzeugung der gewünschten Vorspannkraft F_V verfügbar sind. Durch Oberflächenbehandlung und/oder Schmierung, vorzugsweise mit Festschmierstoffen (Gleitlacke), lassen sich erhebliche Verbesserungen (geringere, konstantere Reibung, höhere, konstantere Vorspannkraft, höhere Dauerfestigkeit und leichter Ein-/Ausbau) erreichen.

27 Überwachung der Wälzlager

27.1 Notwendigkeit

Das Wälzlager ist ein sehr zuverlässiges Maschinenbauelement (siehe Wälzlagerschäden S. 222). Die Wahl des optimalen Wälzlagers für eine bstimmte Lagerstelle, die sorgfältige Konstruktion der Lagerung einschließlich Schmierung und Abdichtung und schließlich die fachmännische Montage tragen dazu bei, vorzeitige Lagerausfälle zu vermeiden. In den meisten Fällen werden Wälzlager eingebaut und „vergessen", d. h. sie überleben die Lebensdauer der Maschinen, in die sie eingebaut wurden.
Eine sorgfältige Überwachung ist nur in Sonderfällen notwendig, z. B. wenn

- ein Lagerausfall Menschen gefährdet
- ein Lagerausfall große Maschinenschäden zur Folge hat
- ein unerwarteter Lagerausfall (Stillstandszeiten) einen großen Produktionsverlust mit sich bringt
- Lager an ihrer Leistungsgrenze betrieben werden (z. B. Drehzahl größer als Grenzdrehzahl)
- Wälzlager über die rechnerische Lebensdauer hinaus betrieben werden sollen, weil es die Wirtschaftlichkeit der Anlage nahelegt.

In diesen Fällen kommt es darauf an, einen sich anbahnenden Schaden so früh wie möglich zu erkennen. Denn nur dann ist es möglich,

- das Ausmaß des Schadens gering zu halten
- mögliche Folgeschäden zu verringern bzw. abzuwenden
- rechtzeitige Vorkehrungen gegen Wiederholungsfälle zu treffen
- eine angemessene frühzeitige Zeitplanung für Reparatur und Ausfall der Maschinenanlage vorzunehmen (Vorbeugende Instandhaltung s. S. 218).

Die Wälzlagerüberwachung kann erfolgen durch:

- Revision
- Diagnoseverfahren
- kontinuierliche Überwachung.

Die turnusmäßige Revision einer Maschine ist die älteste und bekannteste Methode der Maschinenüberwachung. Wenngleich die Revision heute auch schon teilweise bei abgedeckten Maschinen (Endoskopie) erfolgt, bleibt sie schwierig. In vielen Fällen müssen die Lager demontiert werden, und durch nachfolgende, unsachgemäße Montage entsteht oft erst ein Schaden. Anwendung findet die Revision z.B. bei Walzwerkslagern und bei Eisenbahnlagern. Von größerer Bedeutung und erfolgversprechender sind Diagnoseverfahren und kontinuierliche Überwachung des Betriebszustandes (Fahrzeugdiagnose alle 15000 Km, wöchentliche SPM in Raffinerien, ständige Temperatur-, Last- oder Schwingungsmessungen mit am Lager eingebauten Meßfühlern in Flugzeugen, Turbinen, Reaktoren usw.). Eine Zusammenstellung bewährter Systeme mit einigen Grenzwert-Angaben ist Abb. 606 zu entnehmen.

Die Meßverfahren der Überwachungsgeräte beziehen sich häufig nur auf die Messung von Relativwerten, weil zu viele Einflüsse und Störquellen die Absolutwert-Messung erschweren bzw. unmöglich machen. Für die Auswertung (Meßwertanalyse) sind deshalb, neben dem Betrag, die zeitliche Meßwertveränderung (plötzliche Veränderungen) und die Verbindung zur Praxis erforderlich.
Es stehen eine Vielzahl von Meßgeräten zur Verfügung, vom einfachen Thermometer bis hin zu Meßlagern mit integrierten Sensoren (DMS = Kraftmeßlager, s. S. 331, TME = Temperaturkontrollierte Lager).
In der Regel bestimmen die Sicherheitsbedürfnisse und die aufzuwendenden Kosten über die Wahl des Überwachungssystems.

Allgemein gesprochen ist die Überwachung der Wälzlager nicht unproblematisch. Wenn es zur „Schadensmeldung" kommt, sind oft bereits deutliche Veränderungen an den Funktionsflächen der Lager eingetreten. Dies trifft besonders für die Schwingungs- und Verschleißmessung zu. Die Temperaturmessung hat in der Regel eine zu lange Reaktionszeit. Für den aktuellen Lagerbetrieb ist z. Z. die Stoßimpulsmessung die sicherste Methode.

Überwachungssystem, veränderliche Meßgröße	Erfaßbare Schadensarten, Meßort	Grenzwert Alarm	Grenzwert Abschaltung	Meßfühler, Meßgeräte
1. **Laufruhe** [m/s, m/s²]	Oberflächenschäden (Ermüdung, Riefen, Eindrückungen, Bruch etc.)			
1.1 Wellenschwingung	Lagerstelle/Welle	siehe VDI-Richtlinie 2056		Schwingungsaufnahme, Frequenz-Analysegerät
1.2 Körperschall (Vibrationen)	Lagerkörper (Lagergehäuse)			Schwingungsaufnehmer, (Geräuschprüfgerät, s. S. 392)
1.3 Geräusch				Subjektives Abhören
1.4 Stoßimpuls	Lagergehäuse			Stoßimpulsaufnehmer
1.5 Luftschall	Raum	nur für Labormessungen		Mikrophon
2. **Temperatur** [°C]	Trockenlauf, Heißlauf, Anschmierungen, Hitzerisse			
2.1 —"—	Lagergehäuse	70	90	Rauchpatronen,
2.2 —"—	Lagerkörper	90	120	Thermofarben,
2.3 —"—	Schmierstoff im Lager	80	100	Thermoplättchen, Bimetallschalter,
2.4 —"—	Schmierstoff			Schmelzsicherungen, Thermometer Thermowiderstände
3. **Verschleiß** [g, µm]	Verschleiß der Lagerteile (Abriebpartikel) Schmierstoff (Einbaustelle)			Analysegeräte, radioaktive bzw. induktive Messung
4. **Schmierstoffzustand** (Probeentnahme)	Alterung, Verschleißpartikel, Schmierstoffmenge, Korrosion			Analysegeräte (NZ, VZ, HO_2, FeO_3 . .)
4.1 Öldruck	vor/nach	- 30 %	- 50 %	Manometer,
4.2 Öldurchflußmenge	Lager			Sichtkontrolle, Mengenzähler
5. **Belastung** [N/m²]	Lagergehäuse			Dehnmeßstreifen (Druckdose, Kraftmeßlager)
6. **Reibung** [Nm]	Welle	nur für Labormessungen		Dehnmeßstreifen

Abb. 606 Zusammenstellung bewährter Wälzlagerüberwachungssysteme

27.2 Schwingungsmessung

Die Schwingungsmessung ist ein unentbehrliches Hilfsmittel zur Bestimmung der Laufruhe einer Maschine (s.S. 396) und kann Einschränkungen (geringer Energieinhalt des Nutzungssignales im Vergleich zu den Grundschwingungen - Rauschen) für die Überwachung von Wälzlagern eingesetzt werden.
Zur Messung der Schwingungen werden Weg-, Geschwindigkeits- oder Beschleunigungsaufnehmer (Sensoren, Detektoren, Fühler, Sonden) über Kabel mit einem Anzeigegerät verbunden. Die Aufnehmer sind mit piezo- und ferroelektrischen Wandlermaterialien bestückt. Das Anzeigegerät weist analog oder digital die Meßgrößen a = Beschleunigung [mm/s²], v = Schnelle [mm/s] und x = Ausschlag [mm] aus. Die Schwingungsmessung wird entweder durch Spezialisten vereinzelt und gezielt vorgenommen oder an festgelegten Meßpunkten in bestimmten Zeitabständen durchgeführt oder aber auch kontinuierlich erfaßt und mit einem Überwachungssystem gekoppelt. Das Überwachungssystem gibt Alarm oder schaltet die Maschine ab, wenn vorgegebene Grenzwerte überschritten werden. Nachgeschaltete Analysegeräte helfen den Schadensort zu bestimmen.

Zu den bekanntesten Schwingungsmeßverfahren zählen:

- die Frequenzanalyse
- das Kurtosismeßverfahren
- die Schallemissionsanalyse
- die Stoßimpulsmessung und
- die Korrelationsanalyse

27.2.1 Frequenzanalyse

Bei der Frequenzanalyse werden mit Beschleunigungsaufnehmern gemessene Signale auf typische Frequenzen hin untersucht und mit berechenbaren Schadensüberrollungsfrequenzen oder auch mit Frequenzspektren intakter Lager verglichen (s. z.B. Abb. 424, S. 395).

27.2.2 Kurtosismeßverfahren

Mit dem „Kurtosis-Meter" wird aus den gemessenen Beschleunigungssignalen ein statistischer Wert, der Kurtosis-Wert β_2, ermittelt:

$$\beta_2 = \frac{\int_{-\infty}^{+\infty} (x - \bar{x})^4 \, P_{(x)} \, d_x}{\sigma^4} \qquad \text{(Gl. 490)}$$

mit

X Beschleunigungsamplitude [mm/s²]

$\bar{X}$ Mittelwert von X

$P_{(X)}$ Wahrscheinlichkeitsverteilung von X

σ Standardabweichung

Der Kurtosis-Wert nimmt für intakte Lager bis auf wenige Abweichungen (± 8%) den Wert 3 an. Er ist weitgehend unabhängig von Lagerbelastung und -drehzahl. Zur Beurteilung des Lagerschadens sind also keine Basisdaten erforderlich. Der Kurtosis-Meßwert wird über fünf diskrete Meßbereiche von 2,5 . . . 80 kHz ermittelt. Je nach Lagerschädigungsgrad im jeweiligen Frequenzband treten bedeutende Änderungen des Kurtosis-Wertes auf. Wenn ein Schaden sehr weit fortgeschritten ist, muß zur Lagerzustandsbeurteilung unbedingt der Beschleunigungspegel mit herangezogen werden, weil diese Schadensauswalzung einer statistischen Gleichverteilung der Beschleunigungsamplituden gleichkommt.

Das „Kurtosis-Meter" besteht aus einem Beschleunigungsaufnehmer, einem Batteriegerät und der Kurtosis-Einheit. Es wurde von der British Steel Corp. für den Einsatz in Hüttenwerken entwickelt.

Für die Lagerzustandsmessung wird am Gerät der Drehzahlbereich 0 . . . 1000 min^{-1} oder > 1000 min^{-1} eingestellt, der Beschleunigungsaufnehmer fest angebracht und der Kurtosis-Wert direkt abgelesen:

- guter Lagerzustand ($\beta_2 \approx 3$)
- leichte Lagerschäden ($\beta_2 \neq 3$)
- fortgeschrittene (schwere) Lagerschäden.

Werden Einzelheiten zur Lagerzustandsbeurteilung gewünscht, können weitere Werte für jeden Frequenzbereich zur Anzeige gebracht werden:

K Kurtosis-Wert

g Quadratischer Mittelwert der Beschleunigungen (Beschleunigungspegel) [mm/s²]

E „Hüllfunktion"

Mit der „Hüllfunktion" und einem zusätzlichen Analysator kann die Schadensüberrollungsfrequenz identifiziert werden und damit die Schadenserkennung im Verhältnis zur Lagerdrehzahl.

27.2.3 Schallemissionsanalyse

Der Vorgang, daß Werkstoffe unter mechanischer Belastung Schallsignale aussenden, wird mit „Schallemission" bezeichnet. Die Schallemissionsanalyse (SEA) befaßt sich mit der präzisen Registrierung und Analyse der Schallsignale. Sie wird vorwiegend bei der zerstörungsfreien Werkstoffprüfung (Risse, Lunker usw.) eingesetzt. Sie kann aber auch für die Schadensvorhersage an Wälzlagern verwendet werden, wenn es gelingt, die hoch frequenten Signale geschädigter Lagerteile beginnenden Schadenszustände zuzuordnen (s. Geräuschmessung S. 390).

27.2.4 Stoßimpulsmessung

Bei der Stoßimpulsmessung (SPM = Shock Pulse Meter) werden die durch Überrollung der Schadensstelle erzeugten Stöße und sich im Lagergehäuse fortpflanzenden Stoßwellen mittels eines Beschleunigungsaufnehmers von einem Pizokristall mit einem mechanischen Resonanzschwingkör-

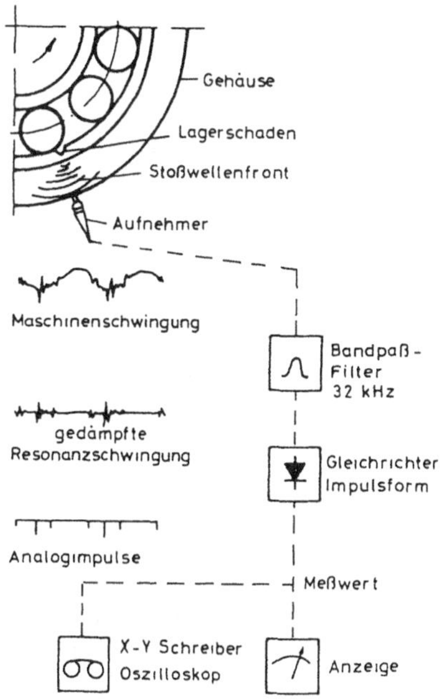

Abb. 607 Anordnung der Stoßimpulsmessung

per in elektrische Signale umgewandelt. Registriert wird der Spitzenwert einer Stoßwelle, der nur im Microsekundenbereich auftritt. Der Beschleunigungsaufnehmer ist auf die zu erwartenden Stoßwellen (> 30 kHz) abgestimmt. Zusammen mit einem Bandpaß-Filter von 32 kHz, das die normalen Maschinenschwingungen und den hörbaren Schall nicht passieren läßt, entsteht ein stabiler Resonanzkreis (Abb. 607).

Das erforderliche Meßgerät einschließlich der notwendigen Erfahrungen für Einbau und Auswertung der Messung wird u. a. von Koyo angeboten (Abb. 608). Vereinfacht dargestellt muß zunächst ein Meßnippel - möglichst nahe und in der Lastzone - an der Lagerstelle eingebaut werden, dann die Erstmessung, d. h. der Ausgangszustand der intakten Wälzlager, ermittelt und protokolliert werden (Abb. 609). In Zeitabständen, die sich aus Schadenserfahrungen, Meßergebnisverlauf oder Instandhaltungsplänen ergeben, werden Wiederholungsmessungen unter gleichen Bedingungen durchgeführt und ebenfalls protokolliert. Da der Stoßimpulspegel leicht beschädigter Lager über 10 mal und der der stark beschädigten Wälzlager bis zu 500 mal höher liegt als der Stoßimpulspegel des einwandfreien, neuwertigen Lagers, kann die Entscheidung für den Ausbau eines derartig sich verschlechternden Wälzlagerzustandes mit Sicherheit getroffen werden (Abb. 610).

Eine Dauerüberwachung mit eingebauten Grenzwertmeldern ist möglich, wenn die Drehzahl der Maschine nahezu konstant ist, d. h. die Vergrößerung des Stoßimpulses bei steigender Drehzahl gegenüber dem Grenzwert für das beschädigte Wälzlager unbedeutend ist.

Grenzen der Stoßimpulsmessung sind durch die teilweise große Signaldämpfung und durch die Funktionsuntüchtigkeit bei kleinen Drehzahlen gesetzt. Zu beachten ist, daß lose Maschinenteile, Lager mit zu viel Luft oder andere mechanische Fehler bei schwingenden Maschinen (Siebe, Vibratoren) Störungen verursachen, die die Meßwerte verfälschen. Das gleiche gilt für Last- und Druckstöße bestimmter Maschinen wie z. B. Exzenterpressen, Brecher, Walzenstühle. Messungen an den Lagern sollten dann möglichst nur im Leerlauf oder bei gleichmäßig stoßfreier Lagerbelastung vorgenommen werden. Eine starke Meßwertveränderung kann auch bei Nachschmierung (Veränderung des Schmierzustandes) auftreten.

27.2.5 Korrelationsanalyse

Alle bisher betrachteten Verfahren zeigen das eigentliche Meßergebnis meist nur in Form einer skalaren Größe mit der entsprechenden Unsicherheit in der Lagerzustandsbeurteilung an. Dagegen besteht hier die Möglichkeit, den zeitlich regellosen Beschleunigungsverlauf mittels stochastisch-ergodischer Meßtechnik zu analysieren. Ein Digital-Korrelator mißt die Wahrscheinlichkeitsfunktion der Beschleunigungswerte und läßt infolge charakteristischer Strukturmaße auf den jeweiligen Lagerzustand schließen (Abb. 611).

Mit der Korrelationsanalyse wird ein größerer Informationsinhalt der Signalstruktur erfaßt. Die Bandbreite reicht von 0 Hz . . . 1 MHz gegenüber 30 . . . 50 KHz bei dem SPM-Gerät.

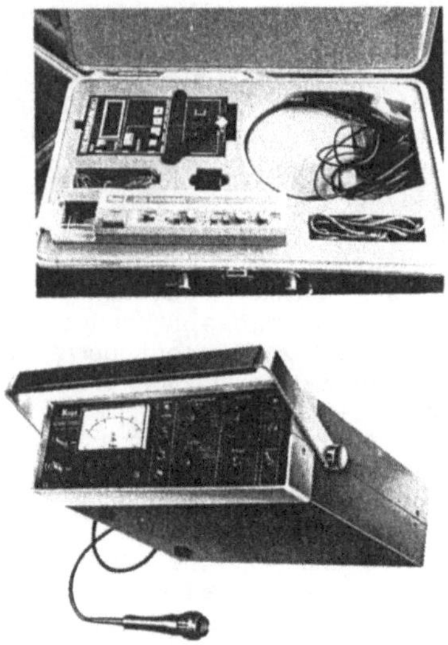

Abb. 608 Koyo BEARING CHECKER (Stoßimpuls-Meßgeräte)

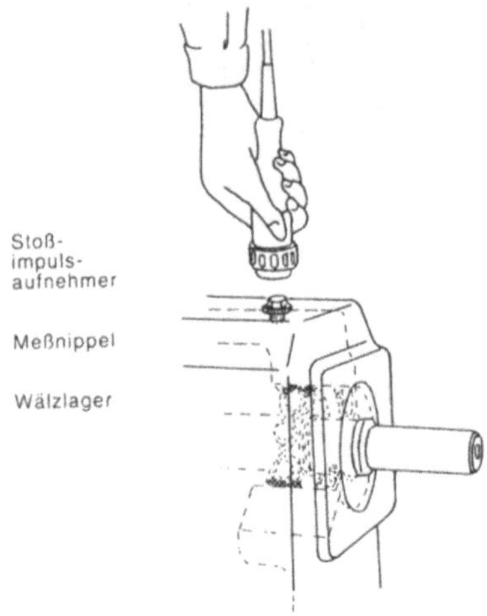

Abb. 609 Meßausrüstung und Meßpunkt zur Stoßimpuls-Messung

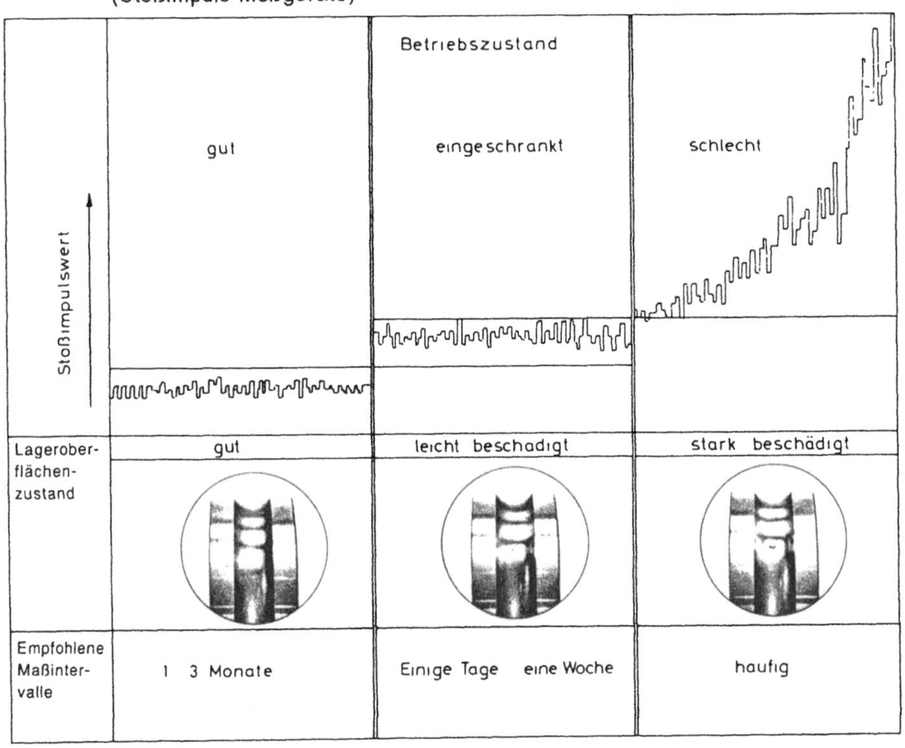

Abb. 610 Wälzlager-Schadensentwicklung (Stoßimpuls-Messung)

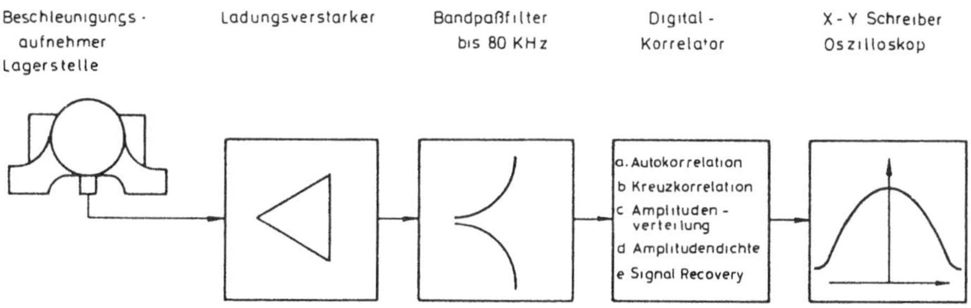

Abb. 611 Meßanordnung der Korrelationsanalyse

Die Meßwerterfassung ist ähnlich wie bei dem Stoßimpulsverfahren. Die Zuordnung leichter, mittlerer und schwerer Lagerschäden erfolgt über Vergleichsmessungen und durch gleichzeitige Anwendung der vorhergenannten Verfahren (27.2.1 . . . 27.2.4).

27.3 Beanspruchungsanalyse

Die Messung von Wälzkörperüberrollungskräften (s. Kraftmeßlager Abb. 355, S. 331) läßt sich zur Wälzlagerüberwachung und Lagerzustandsbeurteilung ausbauen, wenn sozusagen von äußeren Kräften auf innere umgeschaltet wird und diejenigen Signalanteile untersucht werden, welche mit der Wälzkörperüberrollungsfrequenz oder nahe darüber auftreten.

In Abb. 612 sind drei unterschiedliche Schadensfälle mit ihrer Signalform und Schadensfrequenz im Vergleich zum schadensfreien Wälzlager gezeigt.
Bei schadensfreiem Lager zeigt die mit Dehnungsstreifen oder optischen Glasfasern gemessene Beanspruchung einen gleichförmigen Signal-Verlauf. Die Belastung (Dehnung σ_t) erreicht ihren höchsten Wert, wenn ein Wälzkörper unter der Meßstelle vorbeirollt, ihren niedrigsten Wert (Entlastung, Stauchung) zwischen zwei Wälzkörpern. Die höchste im Signal enthaltene Frequenz ist mit der Wälzkörperüberrollungsfrequenz identisch (s. S. 389).

Bei geschädigten Lagern ändert sich der Signalverlauf. Dreht z. B. ein Innenringschaden unter der Meßstelle durch und befindet sich dort gleichzeitig ein Wälzkörper, dann tritt eine Entlastungsspitze (Peak) auf, d.h. der Wälzkörper „fällt" in die Schadensstelle. Mit dieser Entlastungsspitze sind Signalfrequenzen oberhalb der Wälzkörperüberrollungsfrequenz verbunden. Die Amplitude der Entlastungsspitze ist ein Maß für die Tiefe der Laufbahnschädigung, die Breite für die Schadensausdehnung in Umfangsrichtung. Da die Entlastung so lange dauert, wie der Wälzkörper mit dem Schaden in Verbindung ist, ergibt sich die Möglichkeit, die Schadensgröße aus Überrollungsgeschwindigkeit und Überrollungsdauer (Breite der Entlastungsspitze) zu berechnen. Die Schadensüberrollungsgeschwindigkeit entspricht der Relativgeschwindigkeit des Wälzpunktes zur beschädigten Laufbahnoberfläche.

$$b_s = \frac{1}{2}\pi \cdot d_m \left[1 - (D_w/d_m)^2\right] \cdot t_u \text{ [mm]}$$

(Gl. 491)

mit

b_s Innenring-Schadensbreite [mm]
n Innenring-Drehzahl [min^{-1}]
d_m Teilkreis-Ø des Wälzkörpersatzes [mm]
D_w Wälzkörperdurchmesser [mm]
t_u Überrollungsdauer des Schadens [10^{-3} s]

Analog zu diesen kinematischen Betrachtungen lassen sich auch die Schäden an Wälzkörper und Außenring bestimmen.

Der Wälzkörperschaden in Abb. 612 tritt immer dann im Signal auf, wenn der Lagerkäfig eine volle Umdrehung gemacht hat. Die Schadensfrequenz entspricht etwa dem Doppelten einer Innenring-Umdrehung. Der Außenringschaden tritt mit der Wälzkörper-

Schaden	Signalform	Schadensfrequenz (Spitzen-Wiederholdauer)

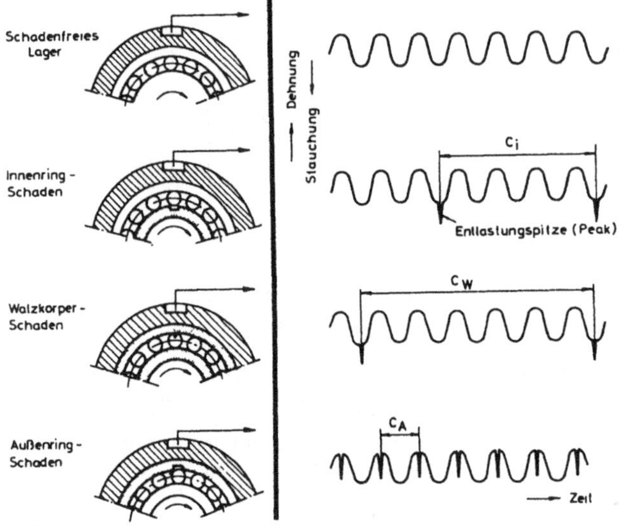

–

$$C_I = 1/n \qquad \text{(Gl. 492)}$$

$$C_W = \frac{2}{1 - D_W/d_m} \cdot 1/n \qquad \text{(Gl.493)}$$

$$= 1/n_K \qquad \text{(Gl. 494)}$$

$$C_A = \frac{2}{Z\,(1 - D_W/d_m)} \cdot 1/n \qquad \text{(Gl. 495)}$$

$$= 1/n_W \qquad \text{(Gl. 496)}$$

mit

n Innenringdrehzahl [min^{-1}]
D_W Wälzkörperdurchmesser [mm]
d_m Teilkreis-Ø des Wälzkörpersatzes [mm]
Z Wälzkörper-Anzahl
n_K Käfigdrehzahl, s. Gl. 203, S. 272
n_W Wälzkörperdrehzahl, s. Gl. 202. S 272

Abb.612 Ermüdungs-Schadensfälle mit Signalformen und Schadensfrequenzen bei umlaufendem Innenring.

überrollungsfrequenz auf, d. h. etwa die doppelte Innenring-Drehzahl geteilt durch die Wälzkörper-Anzahl.

Eine automatische Beanspruchungsanalyse mittels Filter, Konverter und Mikrorechner führt zur Messung der Schadensentwicklung im Wälzlager.

Die Beanspruchungsanalyse liefert bisher als einziges Wälzlagerüberwachungssystem neben zuverlässigen Hinweisen auf vorhandene Schäden auch deren Breite in Umfangsrichtung in mm.

27.4 Körperschallmessung

Diese Methode nutzt die von mechanischen Schwingungen abgestrahlte Schallenergie, verstärkt sie und bildet einen relativen Wert. Die so ermittelte Geräuschstärke wird als Schadensindikator durch Vergleichsmessungen zur Beurteilung der Lagerung verwendet. Gemessen wird üblicherweise im Bereich von 100 bis 20.000 Hz. Weitere Einzelheiten s. S. 392/393.

27.5 Geräuschmessung

Die einfachste Überwachungsmethode ist, die Lagerstelle mit einem Holzstab, Schraubendreher oder mit einem Stethoskop abzuhören (Abb. 425, S. 396). Das Meßprinzip ist das gleiche wie bei 27.4. Es setzt erfahrenes Überwachungspersonal voraus, denn durch Überlagerung von anderen Schwingungen benachbarter Maschinenteile (Störgeräusche) entsteht ein großer Unsicherheitsfaktor.

27.6 Temperaturmessung

Jede Lagerbeschädigung ist im Betrieb mit einem Anstieg der Reibungsverluste und damit der Lagertemperatur verbunden. Die Messung der Lagertemperatur in ihrer zeitlichen Veränderung bzw. in ihrem Verhältnis zu anderen für die Maschine eigentümlichen Temperaturen gibt Hinweise auf den Lagerzustand. Sie ist die billigste Überwachungsmethode, aber auch nicht immer zuverlässig, weil z. B. beim Nachfetten eine Temperaturerhöhung, die über Stunden anhalten kann, auftritt (Abb. 299, S. 286) oder bei Schmiermittelmangel das Lager bis zum Ausfall gefahren werden kann,ohne daß vorher ein nennenswerter Temperaturanstieg meßbar ist.

Die verwendbaren Meßfühler reichen von einfachen Grenzwertgebern bis zu kontinuierlich arbeitenden Meßfühlern; die Meßgeräte von einfachen Thermometern und Registriergeräten bis zu berührungsfreien, elektronischen Überwachungssystemen mit automatischer Warnung/Abschaltung.

27.7 Verschleißmessung

Lagerschäden, die mit Verschleiß verbunden sind, lassen sich durch regelmäßige Schmierstoff-Analysen erkennen. In einfachen Fällen wird die Grau- bis Schwarz-Verfärbung des Fettes bzw. die Trübung des Öles beurteilt und die Ablagerung im Ölsumpf (Bodensatz) am Magnetstopfen, im Magnetfilter oder mit der Ferrographie beobachtet. In aufwendigeren Fällen wird eine spektrometrische (ASS, ES, RFA, IRA, ZOD, SOAP*), chemische oder elektroindikative Analyse durchgeführt.

Die spektrometrische Analyse „SOAP" ist ein fest programmiertes Laboruntersuchungsprogramm und sehr verbreitet in der Flugzeug-Wartung. Es untersucht regelmäßig entnommene Schmierölproben auf 10 der wichtigsten, in den Bauteilen von Wälzlagern, Pumpen, Getrieben, Dichtungen des Ölkreislaufes enthaltene chemische Elemente und Silicium als Nachweis für Staub, Sand oder Verschmutzung. Die Anbahnung eines Fehlers schlägt sich in der Anreicherung dieser Elemente in der Schmierölprobe nieder. Bei intakten Dichtungen, konstantem Ölverbrauch und Nachfüllen von Frischöl liegt der Anteil der verschiedenen Elemente normalerweise bei < 1 ppm. Schadensverdacht beginnt mit Konzentrationen > 10 ppm.

Die elektroindikative Analyse beruht auf der durch Verschleiß (Abrieb) bedingten Leitfähigkeitsänderung des Schmieröls.

* ASS	Atomabsorptions-Spektrometrie
ES	Emissions-Spektrometrie
RFA	Röntgenfluoreszenz-Analyse
IRA	Infrarot-Analyse
ZOD	Zeppelin-Öl-Diagnose
SOAP	Spectrometries Oil Analysis Programm

27.8 Andere Messungen

Je nach Art der Maschine, Schmierung und Verwendung können zum Schutze der Lagerungen die vorgenannten Überwachungssysteme durch zusätzliche Messungen wie z.B. Öldruck, Gehäusebelastung oder Lagerreibung ergänzt werden.

28 Instandhaltung

Instandhaltung wird nach DIN 31051 als „Maßnahmen zur Bewahrung und Wiederherstellung des Sollzustandes sowie zur Feststellung/Beurteilung des Istzustandes von technischen Mitteln eines Systems" definiert. Sie beinhaltet die Inspektion (messen, prüfen), Wartung (säubern, schmieren, nachstellen), Instandsetzung (ausbessern, einstellen) und die Festlegung einer Instandhaltungsstrategie (Abb. 613).
Das heißt, daß abnutzungs- und alterungsbedingte Reparatur- und Wartungsarbeiten zu einem Zeitpunkt erkannt, eingeleitet und ausgeführt werden müssen, zu dem die uneingeschränkte Verfügbarkeit in Frage gestellt wird.

Die Verfügbarkeit (V) ergibt sich aus

$$V(t) = \frac{MTBF}{MTBF + MTTR} \quad [h] \qquad (Gl.\ 497)$$

mit

MTBF Meantime between failures (Mittlere Zeit zwischen Fehlern = mittlere ausfallfreie Betriebszeit) [h] s. a. S. 219

MTTR Meantime to repair (Mittlere Reparaturzeit [h] = mittlere Stördauer)

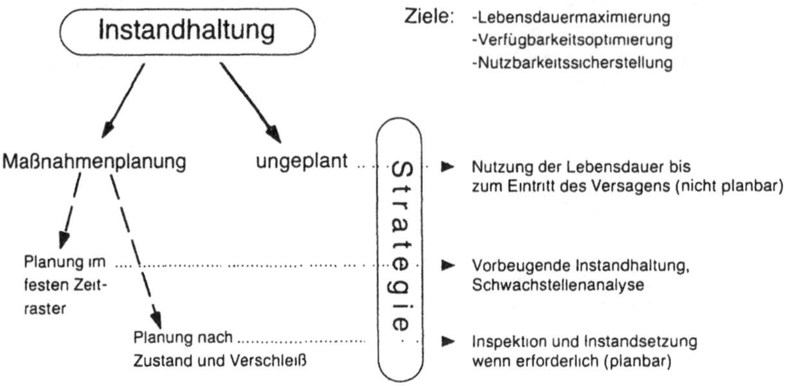

Abb. 613 Instandhaltungs- Ziele und -Strategien

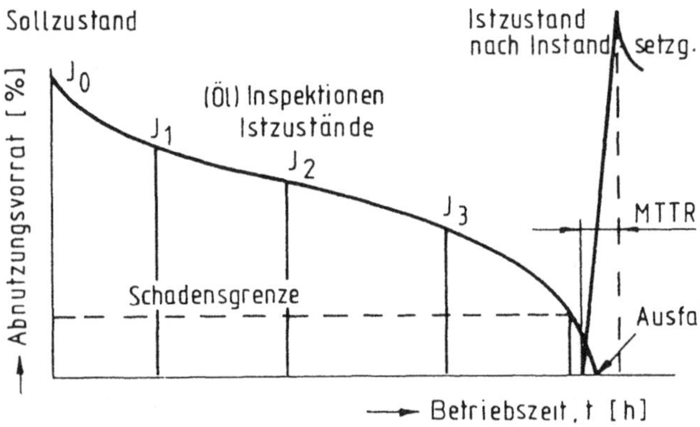

Abb. 614 Abnutzungsverlauf der Verschleißteile

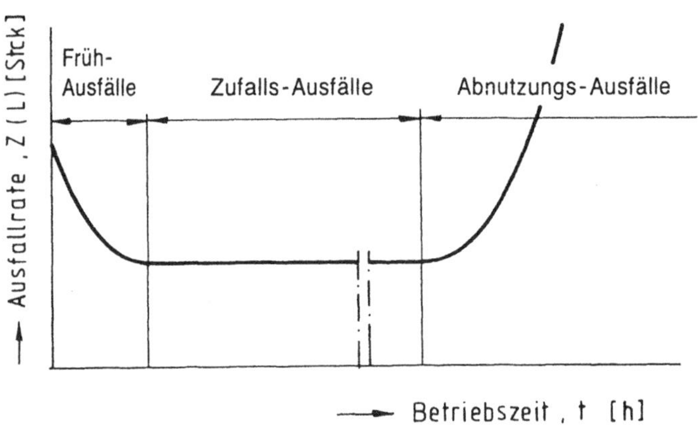

Abb. 615 Ausfallverteilung der Wälzlager und anderer Teile („Badewannenkurve")

MTTR + MTBF Gesamtbetriebszeit [h]

Weitere Einzelheiten s. Kap. 10.3 Vorbeugende Instandhaltung S. 218/219.

28.1 Ausfallverhalten/Schadensverlauf

Voraussetzung für diese Berechnungen sind Kenntnisse über das wahrscheinliche Ausfallverhalten der verwendeten Lager. Diese Information muß der Wälzlagerverwender mittels statistischer Erhebungen erstellen (Lebenslaufbeschreibung, Felddaten) oder der Lagerhersteller aus Versuchen ermitteln (Labordaten).
Für reine Verschleißteile ergibt sich ein Abnutzungsverlauf nach Abb. 614.
Für Wälzlager u.a. Teile gilt, vereinfacht dargestellt, meist eine Ausfallverteilung gem. Abb. 615.

- Frühausfälle sind auf Konstruktions-, Werkstoff- Montage- oder Bedienungsfehler zurückzuführen. Die Ausfallrate ist fallend.
- Abnutzungsausfälle treten meist erst nach einer bestimmten Betriebszeit auf. Ursache sind Verschleiß, Korrosion, Schmiermittelmangel, Ermüdung, Veränderungen des Werkstoffes oder der Lager (Kontakt-) Geometrie. Die Ausfallrate ist steigend.
- Zufallausfälle sind unvorhersehbar und entstehen bei plötzlicher Überbelastung bzw. Zerstörung eines Elementes.

Bei wiederholt auftretenden Schäden (Schwachstelle) muß überprüft werden, ob technisch Verbesserungen möglich und wirtschaftlich tragbar sind. Ist dies der Fall, müssen bei der Instandsetzung entsprechende Veränderungen (betriebssichere Bauelemente) eingeführt werden. Diese Erfahrungen sind auch bei der Beschaffung von Neuanlagen zu berücksichtigen, d.h., keine Schwachstellen mit einzukaufen.

28.2 Instandsetzung

Aus wirtschaftlichen Gründen werden die beschädigten Wälzlager nach mehr oder weniger ausgedehnter Schadensanalyse in der Regel verschrottet und durch neue ersetzt. Eine Nacharbeit lohnt nicht. Bei größeren Wälzlagern (D > 250 mm), welche z. B. in Walzwerken und Eisenbahnen eingebaut sind, kann eine Instandsetzung durch Nacharbeit und /oder Teiletausch wirtschaftlich sein. Die Entscheidung hierüber (Kosten für die Nacharbeitung < Lagerneupreis, Garantieerhalt) sollte in Zusammenarbeit mit dem Lagerhersteller getroffen werden.
Für die Weiterverwendbarkeit beschädigter Wälzlager gilt allgemein :

- Verschleiß bis zum doppelten Wert der Obergrenze Herstelluft
- Eindrücke durch überrollte Fremdkörper sind ungefährlich, wenn die Ränder nicht scharfkantig sind (Nacharbeit s. Abb. 616)
- Örtliche Schälungen (Ermüdungen) können aus der Belastung genommen werden, z. B. der Außenring in die unbelastete Zone gedreht und die Rolle(n) entfernt werden. Daher ist bei Walzwerkslagern der Außenring in 4 Lastzonen eingeteilt. Schäden an rotierenden Lagerteilen (Innenring) lassen sich mildern, wenn sie in weniger belastete Positionen gewechselt werden, z. B. von Ballen- zur Außenseite. Bei teilweise ermüdeten Lagern rechnet man überschlägig mit einer sorgenfreien Weiterlaufzeit von ca. 5 % der bisher erreichten Lebensdauer, bevor sie endgültig ausfallen, d. h. ein halbes Jahr nach 10jährigem Betrieb oder 14 Tage nach einjährigem Betrieb. Das ist manchmal sehr wenig, aber dennoch meistens bis zur geplanten Revision und Maschinenüberholung ausreichend.

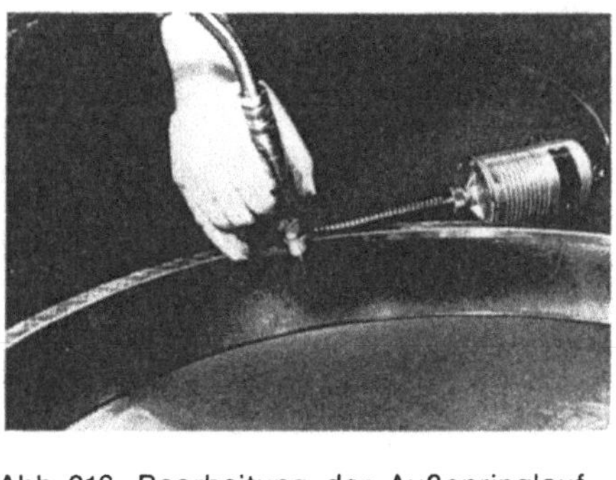

Abb. 616 Bearbeitung der Außenringlaufbahn eines beschädigten Wälzlagers mit Handschleifer, Sandpapier und Ölstein

29 Koyo-K-V-SR-Wälzlager

29.1 Einleitung

Drei Buchstaben stehen für die außergewöhnlichen Lager: K für Keramik-, V für Vakuum- und SR für selbstschmierende Reinraum-Wälzlager. Fortschritte in vielen Bereichen der Technik werden getragen durch die verfügbaren Werkstoffe, die dem jeweiligen Einsatzfalll möglichst gut anzupassen sind. So gelangte Koyo auf der Suche nach thermisch und mechanisch höchstbeanspruchbaren Werkstoffen einerseits zu keramischen und andererseits zu selbstschmierenden und/oder besonderen oberflächenveredelten Werkstoffen.

Die Eigenschaftsprofile dieser „High-Tech"-Produkte eröffnen ungeahnte Möglichkeiten fortschrittlicher Lagerungen, die hier im folgenden beispielhaft angedeutet werden sollen.

29.2 Koyo-Keramik-(K)Wälzlager

Vollkeramik-Lager

Teilkeramik-Lager (Hybridlager)

Seit vielen Jahren beschäftigen sich Koyo-Ingenieure mit der Entwicklung keramischer Werkstoffe für Wälzlager. In der Zusammenarbeit mit der Keramikindustrie ist es uns schließlich gelungen, betriebssichere Keramik-Wälzlager auf der Basis von Siliziumnitrid zu entwickeln.

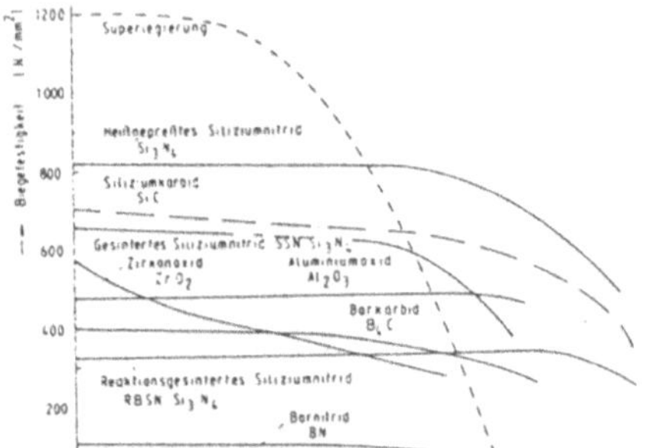

Abb. 617 Biege(bruch)festigkeit als Funktion der Temperatur für verschiedene ingenieurkeramische Werkstoffe

Viele Versuchsreihen haben gezeigt, daß sich von allen Keramiken Siliziumnitrid (Si_3N_4) am besten für Wälzlager eignet (Abb. 617). Andere Keramikwerkstoffe, wie Aluminiumoxid (Al_2O_3) oder Siliziumkarbid (SiC), haben einen höheren Elastizitätsmodul (Hertzsche Pressung) und eine geringere mechanische Belastbarkeit.
Zirkonoxid hat einen günstigeren Elastizitätsmodul, ähnlich Stahl, einen größeren Ausdehnungskoeffizienten, der günstigere Passungsbedingungen mit Stahlwellen ergibt. Die wesentlich höhere Dichte und die bisherigen Lebensdauerergebnisse kompensieren jedoch diese Vorteile.

29.2.1 Eigenschaften

Im Vergleich mit konventionellen Wälzlagerstählen ergeben sich eine Reihe von Vorteilen, nämlich höhere Warmfestigkeit/Laufgeschwindigkeit/Steifigkeit, niedrige Dichte, geringe Wärmeentwicklung, kein Magnetismus, keine elektrische Leitfähigkeit, hohe Verschleiß-/Korrosionsbeständigkeit, und schließlich kein Fressen und Verschweißen. Dementgegen stehen die Sprödigkeit und die hohen Herstellungskosten (Abb. 618).

Wer sich heute um Entwicklungen fortschrittlicher Lagerungen bemüht, muß Keramik in seine Überlegungen mit einbeziehen.

	Wälzlagerstähle SUJ2 100Cr6)	M50 80MoCrV4216)	Kramik Si_3N_4	Bemerkung Vorteil Si_3N_4
Gebrauchstemperatur [⁰C]	120...250	bis 450	bis 800	hohe Warmfestigkeit
Dichte ρ [g/cm³]	7,85	8,10	3,17...3,21	verringerte Laufbahnbeanpruchung (geringere. W.-Körper-Fliehkräfte)
Reibung bei sparsamer Schmierung		groß	niedrig	geringe Wärmeentwicklung
Werkstoffhärte Hv 10 bei 20⁰C bis max. Betriebstemperatur	810...600	710...650	1300 - 2000	hohe Verschleißfestigkeit
Korrosionsbeständigkeit		wenig	groß	beständig gegen fast alle Medien außer Flußsäure/Alkalien
Elektrische Isolation		keine	gut	
Magnetisierbar		ja	nein	
Elastizitätsmodule E [N/mm²]		20800	309000...325000	höhere Steifigkeit
Poissonsche Zahl ν		0,30	0,26...0,28	
Biegebruchfestigkeit σ_B [MPa]		≥ 2500	700...1000	
Ausdehnungskoeffizient α bei 20...300/1000 ⁰C [10^{-6}/K]		12,5	2,9...3,2	geringe Vorspannungsstreuung bei Temperaturänderung
Druckfestigkeit [N/mm²]			3000...4400	
Bruchdehnung %		> 5	0,1...0,2	praktische keine Verformung vor dem Bruch
Weibull-Modul, m		–	> 10...20	
Wärmeleitfähigkeit λ [W/m · K]		40...50	29...34	gute Isolierung/ weniger gute Wärmeabfuhr
Spezifische Wärme-Kapazität [J/kgK]		503	712	

Abb. 618 Eigenschaften der Koyo-Wälzlager-Keramik im Vergleich zu Koyo-Wälzlager-Stählen

29.2.2 Typische Anwendungsbeispiele der Koyo-Keramik-(K)Wälzlager

Industriezweig	Maschine/Geräte	Gründe
Chemische Industrie/ Textilindustrie	Färbereimaschinen, chem. Reaktoren, Zentrifugen Rührwerke, Autoklaven	Korrosionsbeständigkeit, Schmierstofffreiheit, Wärmebeständigkeit
Elekro/Elektronik	Halbleiter-Fertigungsmaschinen	Korrosionsbeständigkeit, Magnetismus
Vakuumtechnik	Turbomolekularpumpen	Höchstdrehzahlen, Schmierstofffreiheit
Werkzeugmaschinen	Bearbeitungszentren, Hauptspindeln	Wärmeentwicklung, Höchstgeschwindigkeiten, Bearbeitungsgenauigkeit
Stahlwerke	Container für Metallbeschichtungsanlagen, Elektrolyt. Bäder	Wärmebeständigkeit, Korrosionsbeständigkeit
Nahrungsmittel-/ Getränke-Herstellung	Flaschenfüllmaschinen, Nahrungsmittelbearbeitungsmasch.	Korrosionsbeständigkeit Schmierstofffreiheit
andere	Kernenergieanlagen, Flugzeugmotoren/Turbinen Luftturbinen, Turbocharger	Wärmebeständigkeit, Höchstdrehzahlen, Schmierstoffprobleme

29.2.3 Fertigungstechnik

Am Beginn der Keramiklager-Fertigung (Abb. 619) steht die Auswahl/Herstellung des maßgeschneiderten Keramikpulvers und der Sinterzusätze. Nach dem Homogenisieren folgt das Heißpressen der Wälzelemente bei hohen Temperaturen und hohen Drücken, also Sintern in einfachen Formen, so daß sich eine Hartbearbeitung anschließen muß. Die einzelnen Fertigungsstufen müssen mikroskopisch sehr sorgfältig kontrolliert werden, um zu verhindern, daß Fehlstellen (Risse, Poren), Verunreinigungen, Komponentenanhäufungen und unerwünschte Korngrößen auftreten.

Siliziumnitrid-Si_3N_4-Pulver kann durch unterschiedliche Reaktionen gewonnen werden (SI-Nitridierung, carbothermische Zersetzung von Si-Dinitrid u. a.), entsprechend ist die Pulvergüte (Reinheit, Teilchengröße, Teilchenform und Oberflächenbeschaffenheit).

Da die reinen Si_3N_4-Kristalle eine stark ausgeprägte kovalente Bindungscharakteristik haben, ist es nicht möglich, dichte Körper durch Sintern/Verdichten ohne zusätzliche Hilfsmittel herzustellen.
Die gebräuchlichsten Sinterhilfsmittel sind Al_2O_3 (Aluminiumoxid), Y_2O_3 (Yttriaoxid) und MgO (Magnesiumoxid). Sie reagieren beim Sintern und Heißpressen mit den auf der Oberfläche der SiN_4-Pulverteilchen befindlichen SiO_2-Teilchen.
Bei diesem Flüssigkeits- oder Gasphasenprozeß kommt es zur Teilchenumordnung durch Kapillarkräfte und Auflösen kleinerer Si_3N_4-Körner in der Silikatschmelze und Auskristallisation von Si_3N_4 an großen Kristallen (Kornwachstum).

Der Verdichtungsvorgang wird durch äußeren Druck unterstützt. Entsprechend wird zwischen gesintertem (SSN), reaktionsgesintertem (RBSN), heißgepreßtem (HPSN) und heißisostatisch gepreßtem (HIPSN) Siliziumnitrid unterschieden.

Der Verdichtungsgrad steigt so von etwa 75 % auf > 98 %, die Biegefestigkeit von 250 auf bis zu 980 N/mm². Die max. Einsatztemperatur fällt dann von 1400 auf ca. 820 °C.

Da beim Heißpressen keine komplizierten Keramikformen möglich sind, müssen die würfel- oder zylinderförmigen Rohlinge durch Sägen zu Kugeln, Rollen oder Ringen weiterverarbeitet werden. Die Fertigbearbeitung erfolgt durch Schleifen und Läppen mit Diamantwerkzeugen. Um Risse in der Werkstoffoberfläche, die im späteren Betrieb zum Bruch der Wälzlager führen, zu vermeiden, wird mit geringen Abtragswerten und hohen Spanndrücken gearbeitet. Daraus resultieren sehr lange Bearbeitungszeiten (Keramik-Kugeldurchlauf 75 – 100 h statt 5 – 6 h für Stahlkugeln) und hohe Kosten.

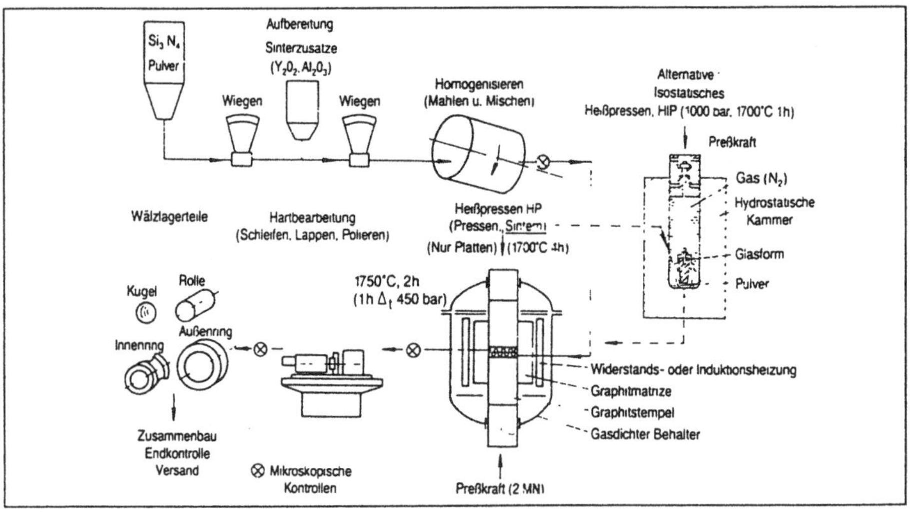

Abb. 619 Fertigungsschema der Wälzlagerteile aus heißgepreßtem Siliziumnitrid

Für die Koyo-Keramiklager wird eine Pulvermischung bestehend aus 93 Gew.% Si_3N_4, 5 Gew.% Y_2O_3 und 2 Gew.%Al_3O_3 in Graphitformen (zur leichteren Ausformung mit Bornitrid eingestrichen) bei 1750 ... 1800 °C und 280 ... 560 bar heißgepreßt. Jeder Fertigungsschritt unterliegt einer strengen Qualitätskontrolle. Spezielle Schleiftechniken ermöglichen Toleranzbreiten und Oberflächengüten, die für HPSN-Kugeln bis D_W = 25 mm besser als die Genauigkeitsklassen I und II DIN 5401 liegen.
Die Eigenschaftswerte der Koyo-Keramik sind in Abb. 617 und 618 wiedergegeben.

29.2.4 Ermüdungsverhalten, dynamische Tragzahlen, Lebensdauerberechnung

Das Ermüdungsverhalten von Keramiklagern ist ähnlich phänomenologisch wie bei Lagern aus üblichem Wälzlagerstahl, d. h. beim Überrollvorgang (periodische Druckspannungen) lösen sich kleine Teile aus der Laufbahn-Oberfläche, platzen ab, ohne daß ein Wälzkörperbruch erfolgt (Grübchen, Pittings). Diese örtliche Materialzerstörung tritt ein, wenn die (Hertz'sche) Pressung zu hoch wird oder Material-Schwachstellen vorhanden sind. Die Schwachstellen können in der Laufbahn-Oberfläche liegen als Folge fehlerhafter (Schleif-)-Bearbeitung oder knapp unterhalb der Laufbahn-Oberfläche als Gefügefehler (Poren, Einschlüsse, Risse, ungeordnete Gefügeanteile usw.). Für die erzielbare Lebensdauer von Keramiklagern, die ebenfalls nach den Formeln der Stahllager ($L = (C/P)^p \cdot a_1 \cdot a_2 \cdot a_3$) beurteilt wird, kommt es entscheidend auf die Keramik-Qualitätssicherung an.
Die dynamischen Tragzahlen unserer Keramiklager C_K entsprechen denen der Wälzlager aus Stahl, wobei Vollschmierung vorausgesetzt wird. Versuche zeigen, daß Wälzlager mit Keramikkugeln etwa die gleiche Ermüdungslebensdauer wie Wälzlager mit Stahlkugeln erreichen, sofern die Kugeln aus Chargen guter Qualität und gleiche Hertz'sche Pressungen zwischen Kugeln und Laufbahnen vorliegen.
Dauerfestigkeit wird ebenso wie bei Stahllagern erreicht (Hertz'sche Flächenpressung p_0 < 2000 N/mm², günstiger, sauberer Schmierspalt).
Abb. 620 zeigt die Weibull-Verteilung einiger Überrollungsversuche von Keramik- und Stahlplatten als Anhalt für die Lebensdauer von Keramiklagern. Zu beachten sind die etwas größeren, aber stärker streuenden Lebensdauerwerte der Keramikplatten.

29.2.5 Fliehkraftbeanspruchung

Kugeln aus Si_3Ni_4 sind leichter als solche aus Stahl. In schnellaufenden Wälzlagern ergeben sich daraus geringere Fliehkräfte. Diese Fliehkräfte wirken zusätzlich zu den äußeren Kräften und bestimmen die Hertz'sche Flächenpressung am Außenring, die über Dauer- bzw. Zeitfestigkeit der Lager entscheidet. Der Vorteil dieser geringeren Fliehkraft wird über den höheren Elastizitätsmodul (1,5fach gegenüber Stahl) nur zum Teil wirksam.

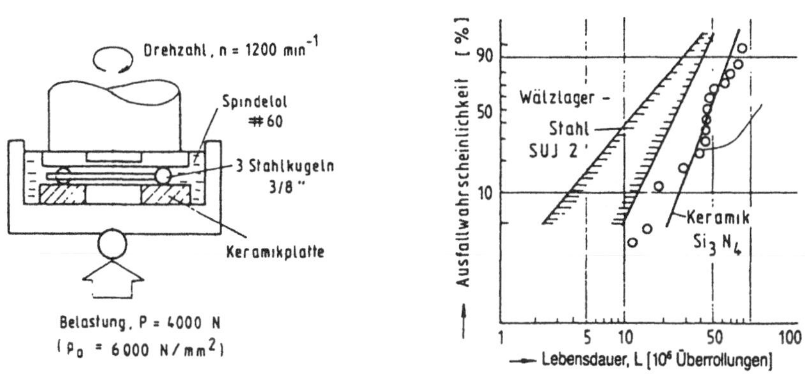

Abb. 620 Überrollungsversuche und Lebensdauer von Stahl- und Keramikplatten

29.2.6 Lagerkinematik

Geringere Fliehkräfte führen zu günstigeren kinematischen (Abwälz-)Bedingungen. Sie werden durch das Bohr-Roll-Verhältnis $\tau = W_W/W_B$ beurteilt. Je kleiner der Quotient ist, desto günstiger sind die Abwälzbedingungen.
Bei schnellaufenden Lagern werden die Kugeln durch die Fliehkräfte nach außen getrieben und am Außenring geführt. Der Druckwinkel-Unterschied zwischen Innen- und Außenringlaufbahn wird mit zunehmender Fliehkraft größer. Keramikkugeln mit geringerer Dichte/Fliehkraft ergeben ein niedrigeres Bohr-Roll-Verhältnis.
Bei verkippten (nicht fluchtenden) Lagern ergeben sich an dem Umfang unterschiedliche Kugelgeschwindigkeiten (Kugelvorlauf und -nachlauf), die die Käfige zusätzlich belasten.
Auch hier machen sich geringere innere Lagerbeanspruchungen bemerkbar.

29.2.7 Reibung, Wärmeentwicklung

Die günstigen kinematischen Verhältnisse und die sich aufgrund des höheren Elastizitätsmoduls ausbildende kleinere Druckelipse, ergeben für Lager mit Keramikkugeln deutlich kleinere Reibmomente und mithin niedrige Betriebstemperaturen gegenüber Lager mit Stahlkugeln.

29.2.8 Drehzahlgrenzen

Um den Faktor, um den die Keramikkugellager reibungsärmer und kühler laufen, kann die Drehzahlgrenze gegenüber Stahlkugellagern angehoben werden, in der Regel und als grober Anhalt um ca. 65 %.

29.2.9 Schmierung

Für die trockene Gleitreibung keramischer Werkstoffe wurden Werte zwischen 0,2 und 0,8 gemessen. Sie sind für viele technische Systeme aus Gründen der Laufruhe, Lebensdauer und Betriebssicherheit nicht annehmbar, eine Schmierung, sprich Reibungsminderung, ist daher unumgänglich.
Durch die geringe Beanspruchung in den Kontaktstellen (s. 29.2.4 ... 6) und dem niedrigen thermischen Längenausdehnungskoeffizient (ca. 1/4 von Stahl) ergeben sich bessere Notlaufeigenschaften, weil die Wärmeausdehnung/Verspannung/Radialspielminderung langsamer zunehmen. Die Zeit bis zum Abbrennen der Lager bei Betrieb ohne Schmierung ist um ein vielfaches länger als bei Stahllagern.
Diese geringere Beanspruchung führt auch zu einer geringeren Beanspruchung des Schmierstoffes, d. h. in der Regel ist seine Gebrauchsdauer um den Faktor 3 größer.
Keramiklager für thermisch hoch beanspruchte Maschinen erfordern besondere Schmierstoffe, z. B. synthetische Öle und PTFE-Fette bis 250 °C, Feststoffschmierstoffe wie Graphit, MoS_2, bis max. 550 °C, wobei der Wälzlagerkäfig meist als Schmierstoffreservoir dient (Abb. 621).

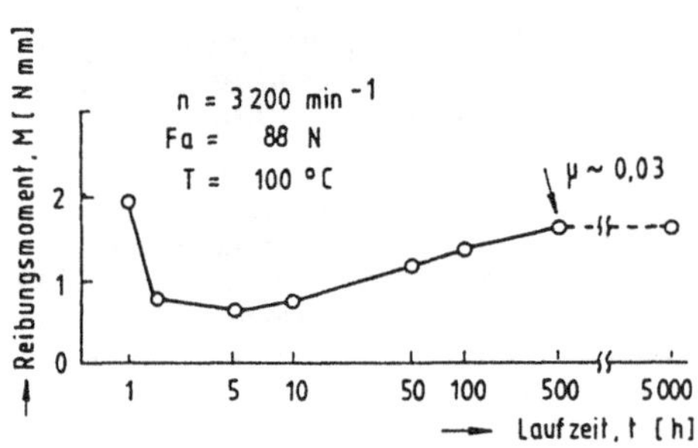

Abb. 621 Reibungsverhalten zweier Rillenkugellager Ø8xØ22x7 mit Keramikkugeln im Vakuum $1{,}3 \cdot 10^{-5}$ mbar = $1 \cdot 10^{-5}$ Torr = $1{,}3 \cdot 10^{-6}$ Pa bei Feststoffschmierung MoS_2

29.2.10 Druckfestigkeit, Bruchlasten und statische Tragzahlen

Die statische Tragzahl Co_k unserer Teilkeramiklager entspricht etwa der statischen Tragzahl unserer Wälzlager aus Stahl, bei Vollkeramiklagern kann sie auch darüber liegen. Bruchlastversuche bestätigen eine Sicherheitsreserve von ≈ 17 (Abb. 622).

29.2.11 Spannung, Dehnung, Spannungsverteilung, Festigkeitsverteilung

Da vor dem Bruch der Keramik keine nennenswerte Verformung auftritt, machen alle bei Metallen üblichen Begriffe/Definitionen kaum einen Sinn.
Während man bei Metallen meist von Zugspannungen spricht, ist dies bei Keramiken häufig die Biegespannung oder auch

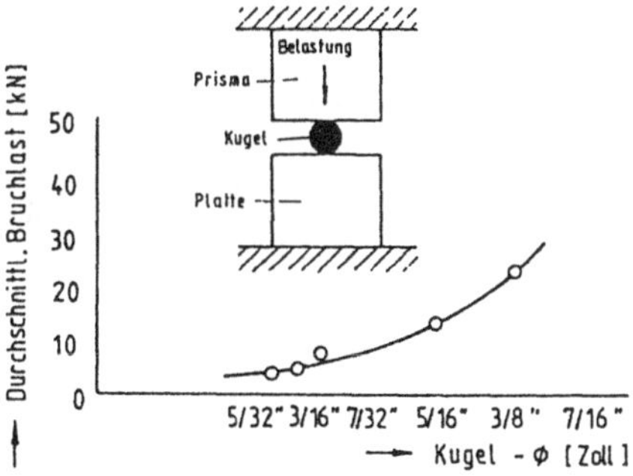

Abb. 622 Bruchlasten einiger Koyo-Keramikkugeln

Druckspannung. Aus Herstellungsgründen wird der Biegeversuch in der Regel an rechteckigen Keramik-Stäben durchgeführt, wobei die Meßwerte u. a. durch die Geometrie, Oberflächenbeschaffenheit und die Versuchsdurchführung beeinflußt werden.

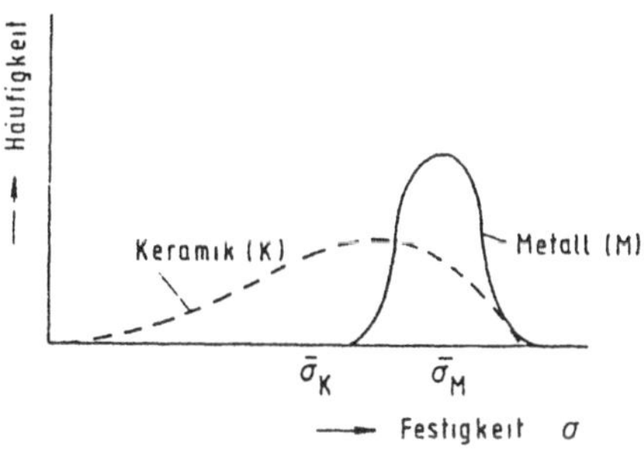

Abb. 623 Häufigkeitsverteilung von Festigkeiten bei Materialien und Keramiken

Das Spannungs-Dehnungs-Diagramm für Ingenieurkeramiken folgt im Bereich niedriger und mittlerer Temperaturen der Hook'schen Gerade, $\sigma = E \cdot \varepsilon$, wobei ε sehr viel kleiner als bei Metallen ist (0,1 zu 5 %). Die Häufigkeitsverteilung von Festigkeitswerten metallischer und keramischer Werkstoffe ist sehr unterschiedlich (Abb. 623). Während die Streuung der Festigkeitswerte bei Metallen (duktile Werkstoffe) innerhalb eines schmalen Bereiches, ähnlich einer Gauß'schen Normalverteilung liegt und die Konstruktion eines Bauteiles links der Verteilungskurve ($f_s > 1$) sicher ist, sieht die Verteilungskurve für die Festigkeit der Keramik ganz anders aus. Die Festigkeitswerte beginnen bei 0, bzw. kurz darüber, und haben einen sehr breiten Bereich. Es existiert also kein Bereich ohne mindere Festigkeitswerte für eine praktisch sichere Konstruktion. Man muß mit einer Ausfall- bzw. Bruchwahrscheinlichkeit rechnen. Für diesen vielfach experimentell abgesicherten Sachverhalt verwendet man die Weibull-Statistik:

$$m \approx 1{,}2\ (\sigma/\bar{s})$$

mit

m Weibull-Modul
σ Mittelwert der Festigkeit [N/mm²]
$\bar{s}$ Standardabweichung

Mit zunehmendem Bauvolumen und Weibull-Modul nimmt die zulässige Festigkeit stark ab:

$$\frac{\sigma_1}{\sigma_2} = \left(\frac{V_1}{V_2}\right)^m$$

29.2.12 Lagerluft und Passagen

Für Keramiklager gelten die gleichen Empfehlungen wie für Lager aus Stahl. Bei Vollkeramiklagern ist der kleinere Wärmeausdehnungskoeffizent zu berücksichtigen, ggf. eine kompensierende Zwischenlage (Toleranzring) vorzusehen. In beiden Fällen erlaubt die geringere Wärmeentwicklung und der niedrigere Wärmeausdehnungskoeffizient niedrigere Lagerluftwerte als bei Stahllagern. Die zulässige Tangentialspannung in der Bohrung des Keramikringes sollte 400 N/mm² nicht wesentlich überschreiten.

29.2.13 Steifigkeit

Der ca. 1,5fach höhere Elastizitätsmodul begründet die höhere Steifigkeit der Keramiklager gegenüber Stahllagern. Gemäß Abb. 624 beträgt die elastische Axialverschiebung nur 89 % des Stahllagers.

29.2.14 Temperaturverhalten

Siliziumnitrid hat ein ausgezeichnetes Temperaturverhalten. Härte und Festigkeit beginnen erst ab 800 °C abzunehmen (s. Abb. 617). Normale Wälzlagerstähle dürfen bis

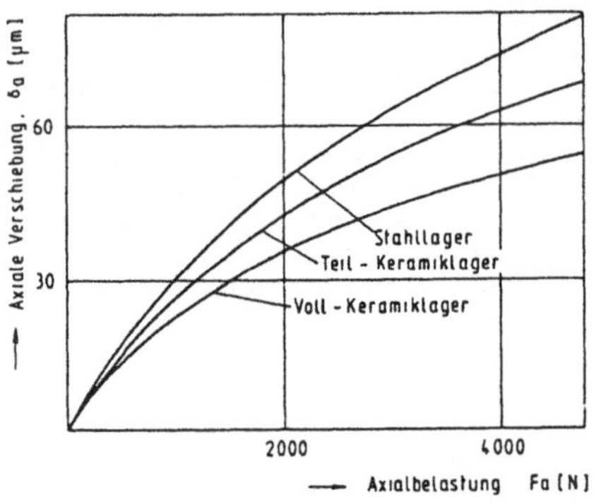

Abb. 624 Federung/Verschiebung der Koyo-Keramik- und Stahl-Wälzlager

120 °C eingesetzt werden, müssen bis max. 300 °C in verschiedenen Stufen maßstabilisiert werden, wobei Abstriche an die Tragfähigkeit zu machen sind. Warmfeste Wälzlagerstähle haben ihre Einsatzgrenzen bei etwa 450 °C und Schnellstahl bei etwa 550 °C. In allen Fällen ist auf ausreichende Schmierung zu achten.

29.2.15 Korrosionsbeständigkeit

Siliziumnitrid ist gegenüber fast allen korrosiven Medien, von Phosphorsäure (H_3PO_4), Schwefelsäure (H_2SO_4), Salzsäure (HCl), Natronlauge (NaOH) bis Seewasser, beständig. Ausnahmen bilden lediglich Flußsäure (HF) und Kombinationen von HCl + HNO_3.

29.2.16 Isolation

Keramik hat einen hohen spez. elektrischen Widerstand und ermöglicht eine völlige elektrische Isolation.

29.2.17 Magnetismus

Keramiklager sind vollkommen unmagnetisch und normal belastbar. Kunststofflager mit Glaskugeln dagegen sind zwar auch unmagnetisch, aber nur gering belastbar, und nicht härtbare Werkstoffe haben immer noch eine gewisse Restpermeabilität.

29.2.18 Verschleißverhalten

Im Vergleich mit Stahllagern ist der Verschleiß von Keramiklagern bei Trockenschmierung zu Beginn des Betriebes geringer, später jedoch höher, weil immer mehr Abriebteilchen schmirgelnd wirken. Bei Keramiklagern ist daher durch Schmierung (Spülung, Beschichtung mit Feststoffen) der Verschleiß zu reduzieren und die Gebrauchsdauer ganz wesentlich zu verlängern.

29.2.19 Spindellagerung

Koyo-Wälzlager mit Keramikkugeln (Teilkeramiklager) eignen sich besonders für

- hohe Drehzahlen
- lange Gebrauchsdauer
- hohe Steifigkeit
- Schmierung ohne Wärmeabfuhr (Fett- statt Ölschmierung)
- niedrige Betriebstemperaturen

wie z. B. für Spindellagerungen von Werkzeugmaschinen für die Hochgeschwindigkeitsbearbeitung und für Triebwerke/Fluglager. Ob Stahl- oder Keramikkugeln zu höheren Gebrauchsdauerwerten führen, hängt von der Hertz'schen Flächenpressung ab. Bei Dauerfestigkeit werden Stahlkugeln den Keramikkugeln schon aus Kostengründen vorgezogen.

Bei Drehzahlwerten von $dm \cdot n > 1{,}4 \cdot 10^6$ ist die Fliehkraftbeanspruchung für den Phenolharzkäfig/Hartgewebekäfig zu hoch, so daß ein stärkerer, z. B. silberbeschichteter Sonderstahl- oder Messingkäfig erforderlich wird.

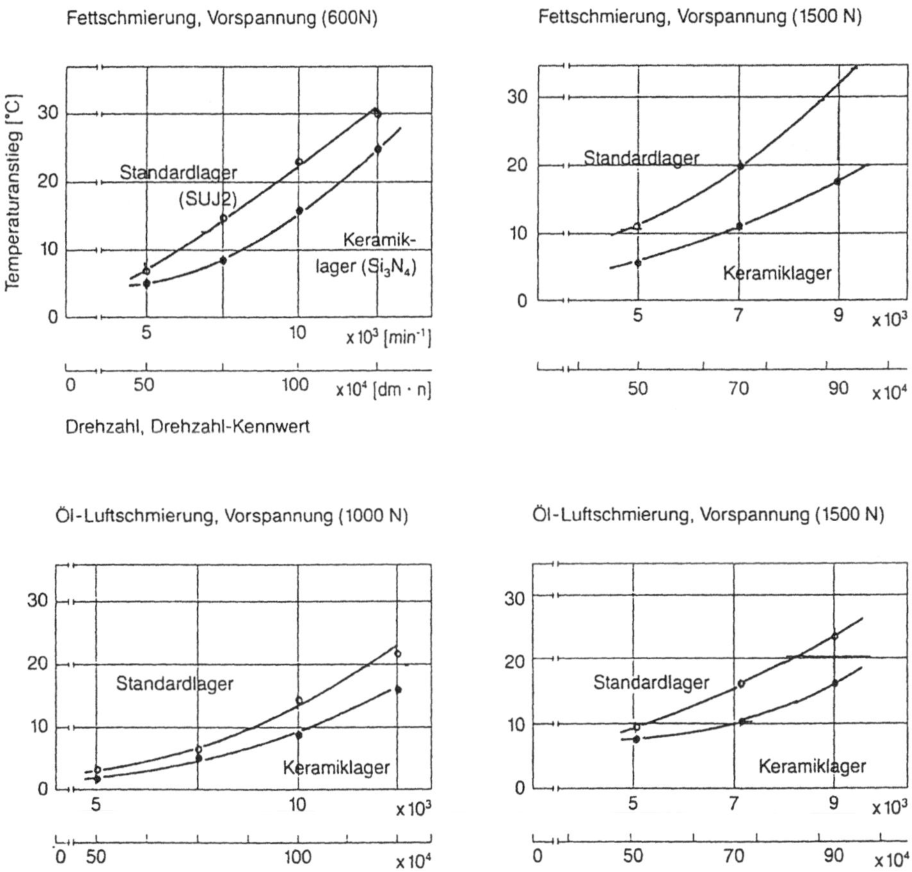

Abb. 625 Temperaturverhalten von Hochgeschwindigkeits-Spindellagern

29.2.20 Einbaubeispiel

Vertikalspindel eines Bearbeitungszentrums, 60 – 10.000 min^{-1}, SK40 mit Teilkeramik-Spindellager, ohne Außenkühlung, Riementrieb

3NCPACH014CA-5DBDLFTP4 (unten)
Ø70 x Ø110 x 60 mm

3NCP7012CA-7DBLFTP4 (oben)
Ø60 x Ø95 x 36 mm

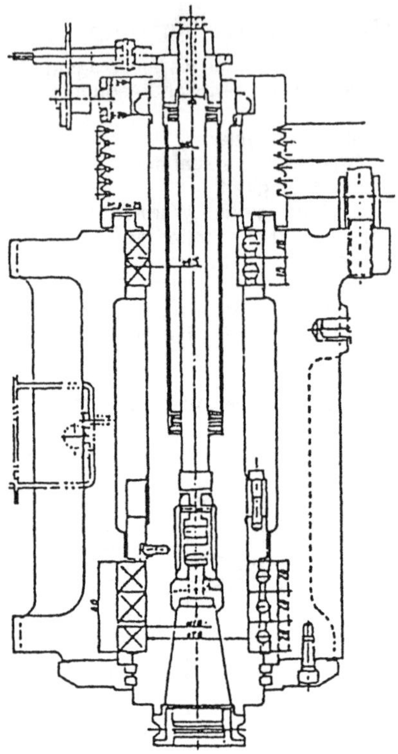

Abb. 626 Spindelkonstruktion

Montageanweisungen

Passung:
Spindel/Lager 0 ... 0,002 mm fest (vermessen/gepaart)
Gehäuse/Lager 0,006 ... 0,008 mm (lose/unten)
0,010 ... 0,012 mm (lose/oben)

Lagervorspannung:
Einstellung bei 10.000 min^{-1} unter Berücksichtigung von Passungen und Ringaufweitungen durch Fliehkräfte

Schmierung:
Fett, 10 % Füllmenge, Klüber Isoflex NBU 15

Testergebnisse

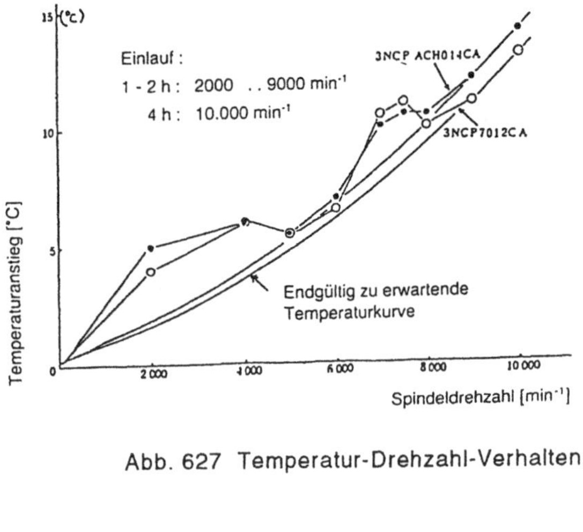

Abb. 627 Temperatur-Drehzahl-Verhalten

29.2.21 Koyo-K-V-SR-Wälzlager-Bezeichnungssystem

Vorsetz- Basiskenn- Nachsetzzeichen

3 NC P 7206C ST4 SL P5 /· 00

SV 608 ZZ V ST MPZ P0 / 00

- 00: Teil Geräuschpegel
- P5 / P0: Toleranzklasse DIN 620
- MPZ: Schmierung[8]
- SL: Käfigwerkstoff[3) 7)]
- ST4 / ST: Ringwerkstoff[2) 7)]
- V: Vollkugelig
- ZZ: Abdichtung[6)]
- 7206C / 608: Übliche Lagerbezeichnung[4)]
- P: Wälzkörperwerkstoff[1)]
- NC / SV: Keramiklager / Vakuumlager[5)]
- 3: Teil-Keramik (nur Wälzkörperkeramik)

SR-Wälzlager s. S. 563

29.2.22 Vor- und Nachsetzzeichen Koyo-Keramik-(K-)Wälzlager

1) Wälzkörperwerkstoffe
Si_3N_4 S (Heißgepreßt, HP): P, für Kleinserienfertigung
Si_3N_4 R (Isostatisch heißgepreßt, HIP): ohne, für Massenproduktion

2) Ringwerkstoffe*:

		Wärmebeständig bis
SKH4 Schnellstahl	HT	500 °C
M50 Werkzeugstahl	MF	450 °C
SUS440 Nichtrostender Stahl	ST	230 °C
BeCu (C1720) Berylliumbronze	BC	120 °C
SUJ2 Wälzlagerstahl	ohne	120 °C

3) Käfigwerkstoffe

		selbstschmierend bis
PTFE (Teflon)	PT	230 °C
SL-Z0 Kupferlegierung ($d_m \cdot n > 1{,}4 \cdot 10^6$)	SL	120 °C
C Graphit	GF	550 °C
Hartgewebe (Phenolharz) ($d_m \cdot n < 1{,}4 \cdot 10^6$)	FT	nein
Glasfaser verstärkter Kunststoff	FG	nein

4) Berührungswinkel und Innenkonstruktion

C = 15°	ohne = 30°
CA = 20°	B = 40°
AC = 25°	

s S. 181/183, 485/486

29.2.23 Vor- und Nachsetzzeichen Koyo-Vakuum-(V-)Wälzlager

5) Vorsetzzeichen
SV ... Lager für Vakuumbedingungen
SE ... Lager für nichtatmosphärische Bedingungen

6) Abdichtung
Ohne = offene Lager = Standard
ZZ, beidseitige Abdeckung, zum Schutz gegen vagabundierende Partikel inner- und außerhalb der Lager

7) Ring-/Kugel-/Käfigwerkstoffe*
ST ... YS, Nichtrostender Stahl:
SUS440C (Ringe, Kugel) } bis 230 °C
SUS304 (Käfig) }
HT, Schnellstahl:
SKH4 (Ringe/Kugel) bis 550 °C

8)

Schmierung	Vakuum	maximale Betriebstemp.
Standard (ohne Nachsetzzeichen) = Vakuumfett	...10^{-6}mbar	-40...+200 °C
MP7, PTFE-beschichteter Käfig	...10^{-7}mbar	-100...+200 °C
MS7, MoS2-beschichteter Käfig	...10^{-8}mbar	-100...+300 °C
MB3, Pb-beschichtete Kugeln	...10^{-12}mbar	-200...+300 °C
MG3 Ag-beschichtete Kugeln	10^{-2}...10^{-12}mbar	-200 ... +300 °C
	bei HT-Material	...550 °C

29.3 Koyo-Vakuum-(V-)Wälzlager

Die Vakuumtechnik, als eines der vielversprechenden High-Tech-Felder, macht rapide Fortschritte und verlangt Wälzlager, die im (Ultrahoch-)Vakuum verwendet werden können. Da Normalschmierstoffe im Vakuum verdampfen/agglomerieren und übliche Festschmierstoffe keine ausreichende Haftung/Lagerlebensdauer erbringen, veredelt Koyo die Laufbahnen ihrer Vakuum-Wälzlager durch ein besonderes Ionenplattierungsverfahren und erreicht so ausreichende Lagergebrauchsdauern im Vakuum (Abb. 628).

Die Kugeln der Koyo-Vakuum-Wälzlager werden je nach Gebrauchsdauer-Anforderungen mit Silber (Ag) = hohe Gebrauchsdauer, Gold (Au) = hohe Korrosionsbeständigkeit oder Blei (Pb) bzw. MoS_2 = niedrige Reibung beschichtet. Die Wälzlagerelemente werden je nach Betriebstemperatur aus nicht trostendem Stahl SUS 440C bis ca. 300 °C oder aus Schnellstahl SKH4A bis ca. 550 °C gefertigt. Die Käfige, die Deckscheiben und Sprengringe sind in allen Fällen aus SUS440C gepreßt. Die niedrigste Betriebstemperatur beträgt ca. -180 °C.

29.3.1 Eigenschaften

1) Feststoff- oder Trockenschmierung, verschiedener Materialien garantieren ölfreie Vakuen und minimale Gasmengen.
2) Hohe Temperaturen und Ultrahochvakuum, warmharter Schnellstahl und Ag beschichtete Kugeln ermöglichen den dauerhaften Betrieb im Ultrahochvakuum bis 550 °C.
3) Neues Ionenplattierungsverfahren, dieses besondere Verfahren (Mehrschichten) erhöht die Lebensdauer um den Faktor 3, verglichen mit Normallagern im Vakuum, je höher das Vakuum, je länger die Gebrauchsdauer.
4) Lösungsmittelfreie Lager, durch Reinigung/Entölung mit organischen Lösungsmitteln (z. B. Trichloräthylen, Tetrachlorkohlenstoff) im Vakuumkessel.

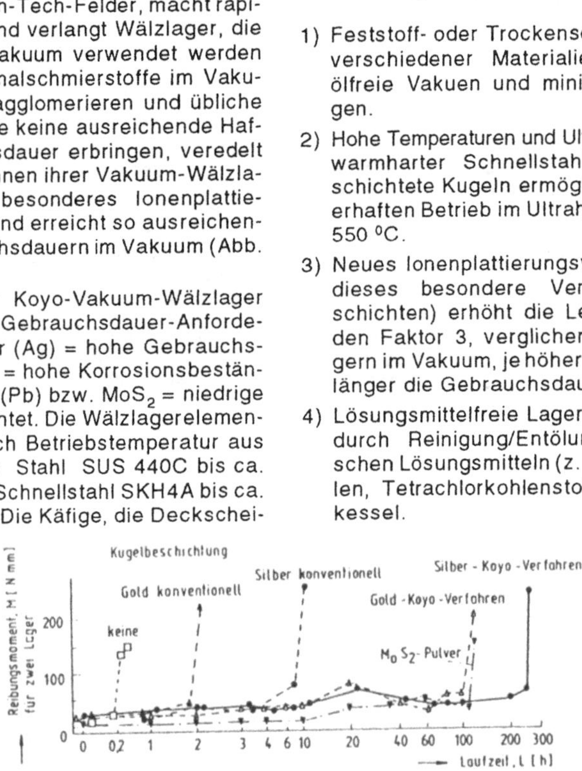

Abb. 628 Lebensdauervergleich der Kugellager mit unterschiedlicher Kugelbeschichtung im Vakuum ($p = 10^{-5}$ Torr), bei einer Axialbelastung (F_a = 150 N), bei einer Drehzahl ($n = 200\ min^{-1}$) und einer Raumtemperatur (T = 20 °C)

29.3.2 Tragfähigkeit

Die statische Tragfähigkeit der Koyo-Vakuumlager CO_v ist nahezu die gleiche wie die der normalen Wälzlager.
Die dynamische Tragfähigkeit C_v verringert sich im Hochvakuum für Rillenkugellager auf nahezu 1/13 der Tragfähigkeit der Normalwälzlager: $C_v = C/13$.

29.3.3 Gebrauchsdauer

Die Gebrauchsdauer/Verschleißfestigkeit der Koyo-Vakuumlager (Lh_v 90 % Wahrscheinlichkeit) läßt sich nach folgender Gleichung bestimmen/abschätzen.

$$Lh_v = b_1 \cdot b_2 \cdot b_3 (C_v/P) \cdot 16667/n \text{ [h]}$$

für T = 20 °C, p = 1 · 10^5 Torr (1,3 x 10^{-3} Pa)

b_1 Drehzahlfaktor = 1,5 · 10^{-3} (n+1)
b_2 Werkstoffaktor = 1 für Silberbeschichtung
= 0,5 für Goldbeschichtung
b_3 Anwendungsfaktor, s. nachfolgende Tabelle
n Drehzahl 10 < n < 1000 [min^{-1}]
P Dynamisch äquivalente Belastung [N]

	Betriebs-Temperatur [°C]	-100	25	120	300
b_3	für Ag	1,5	1	0,8	0,3
	Umgebungs-druck [mbar]	10^5	10^{-3}	10^{-6}	10^5 Ar/He
b_3	für Ag	0,02	1	3	0,3

29.3.4 Genauigkeit

In der Regel werden Lager der Toleranzklasse Po (Standard) eingesetzt. Ausnahmen bilden Fanglager (< P6) und Röntgenröhrenlager (< P5).

29.3.5 Drehzahlgrenze,Passungen, Lagerluft

Die Drehzahlgrenze $d_m \cdot n$ für Vakuumlager liegt bei ca. 0,15 · 10^6, z. B. 10.000 min^{-1} für 608, kurzzeitig bei bis zu 0,5 · 10^6 für Fanglager bei Magnetlagerungen. Ab $d_m \cdot n = 1 \cdot 10^6$ werden Lager meist ohne Käfig (vollkugelige Lager mit Füllnuten) eingesetzt.

Je nach Oberflächenbeschichtung und der empfohlenen Passung (Welle h7, Gehäuse H7) entspricht die Lagerluft C4-Werten. Ausnahme: Standardluft für Fanglager.

29.3.6 Anwendungen

Anwendungen dieser Koyo-Lager ergeben sich schon aus dem Namen, nämlich überall dort, wo Lager im Vakuum laufen müssen. Vakuum-Einrichtungen (Pumpen, Röntgenröhren, UHV-Apparaturen), Halbleiter-Beschichtungsmaschinen, aber auch in Kernkraftwerken, Raketen, Satelliten und Tiefsttemperaturmaschinen (Kryogenanlagen) usw.

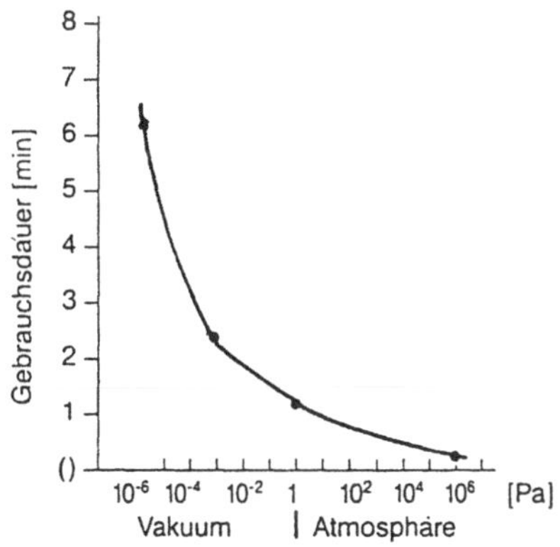

Testvorrichtung: Hochvakuum, 4-Kugel-Tester

Prüfling: 1/4 SUS" 440C Kugeln mit Silberlonenplattierung

Belastung: 196 N (max. Hertz'sche Pressung = 4.200 N/mm²)

Drehzahl: 132 min^{-1} (Gleitgeschwindigkeit 72 mm/s)

Umgebungstemperatur: 25 °C

Vor- und Nachsetzzeichen der Koyo-Vakuum-(V-)Wälzlager s. S. 558

Abb. 629 Gebrauchsdauer von Lagern mit silberionenplattierten Kugeln in Abhängigkeit des Atmosphärendruckes

29.3.7 Einsatzgrenzen

Die Einsatzgrenzen ergeben sich aus den verwendeten Materialien und Schmierstoffen (s. S. 181/183, 485/486).

Für mittlere Vakuen, bis 10^{-7} Pa = 10^{-6} mbar, können bei häufigem Wechsel mit der Atmosphäre besondere Vakuumfette bis max. 200 °C verwendet werden.

Die Gebrauchsdauer von silberbeschichteten Kugel(lagern) beträgt in der Atmosphäre nur 7,7 % der Gebrauchsdauer im Vakuum.

Der Grund liegt im Sauerstoff der Atmosphäre, welcher zu Silberoxid führt, der dazu neigt, sich sehr leicht von der Stahloberfläche zu lösen. Daher sollten diese Lager nur ab Vakuen < 10^{-3} Pa (= 10^{-2} mbar) zum Einsatz kommen.

29.4 Koyo-Selbstschmierende Reinraum-(SR-)Wälzlager

29.4.1 Anwendungen

Es gibt verschiedene Einsatzbereiche von Wälzlagern, die weder mit Fett noch mit Öl geschmiert werden dürfen, sei es, daß diese Schmierstoffe das Arbeitsgut verunreinigen können, sich die Schmierfette und -Öle in nichtatmosphärischer Umgebung unzulässig verändern (z. B. im Vakuum ausgasen) oder die Wälzlager ganz einfach in aggressiven Medien laufen müssen. Für diese Anwendungsfälle hat Koyo Kugellager aus rostfreiem Kugellagerstahl weiterentwikkelt, so daß diese durch besondere Kugeln und/oder Käfige selbstschmierend sind.

Anwendungsschwerpunkte für diese selbstschmierenden Wälzlager sind Geräte, Instrumente und Maschinen in

- Anlagen der Chemie, der Textilherstellung, der Nahrungsmittelbearbeitung, der Sanitär-, Medizinal- und Feinwerktechnik sowie in Reinräumen (besondere Anforderungen an den Schutz vor Verunreinigungen durch fettige und ölige Schmierstoffe, Abrieb, aggressive Medien)
- der Vakuum-, Luft- und Raumfahrttechnik (hohe/tiefe Temperaturen, nichtatmosphärische Umgebung, Vakuum, schwerzugängliche Lagerstellen)
- der Wärme-, Trocknungs- und Kryogentechnik (hohe/tiefe Temperaturen, aggressive Medien).

Denkbar sind diese selbstschmierenden Wälzlager auch in einigen Anwendungen mit bisher konventionell geschmierten Lagerstellen, wo durch Wegfall der Zusatzeinrichtungen zur Schmierstoffversorgung, Vereinfachung der Abdichtungen oder Näherrükken der Lagerstelle an die heiße Zone, Einsparungen an Bauraum, Gewicht und Aufwand erzielt werden können. Allerdings sind diesen Anwendungen sehr bald Grenzen durch die verringerte Gebrauchdauer, reduzierte Belastbarkeit und fehlende Kühlungskapazität gesetzt.

Die Koyo-Selbstschmierenden (SR-)Wälzlager werden in vier verschiedenen Ausführungen, z. Z. d = 6 ... 40 mm, geliefert. Die verwendeten Werkstoffe und die Lagerleistungsdaten sind in Abschnitt 4.2 zusammengefaßt. Die Selbstschmierung der Lager ist durch den „schmierenden" Käfig (Übertragung vom Schmierstoff auf die Laufbahnen) und/oder den selbstschmierenden Wälzkörperwerkstoff gewährleistet.
Die Koyo-SR-Wälzlager bieten bei Betrieb ohne äußere Schmierung ein sehr niedriges und stabiles Reibungsmomenten-Niveau.

Die Bauform I-2 und III-2 verursachen nur geringen Anrieb, d. h. sie verschmutzen nicht die Umgebung, wie es bei Verwendung üblicher Schmiermittel und feststoffbeschichteter Lageroberflächen der Fall ist. Sie erfüllen die Reinheitsklasse 10 über viele hundert Betriebsstunden.
Die Bauform III-2 hat eine größere Korrosionsbeständigkeit, die Bauform I-4 eine größere Belastbarkeit als die Bauform I-2.

Alle diese Lager eignen sich für Atmosphärendruck bis Mittel-Vakuum bei niedrigen Drehzahlen und Belastungen.

Die statischen und dynamischen Tragzahlen sind sehr niedrig (s. S. 563).
Alle selbstschmierenden/trockenschmierenden Wälzlager haben eine sehr begrenzte, stark streuende nur nach Versuchen/ Erfahrungen abzuschätzende Gebrauchdauer.
Die Lagerluftwerte und Passungen sind ähnlich den Normal-Wälzlagern zu wählen.

29.4.2 Lagerbauformen, -Eigenschaften, -Werkstoffe und Leistungsfähigkeit

	Lagerbauform	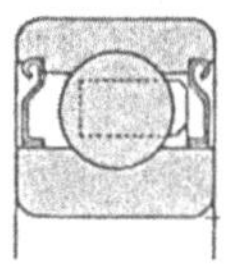	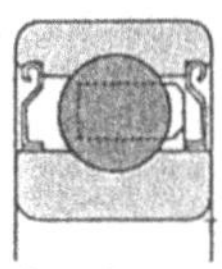	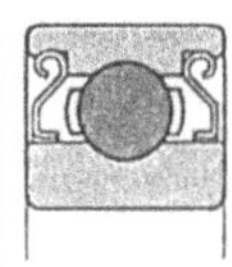	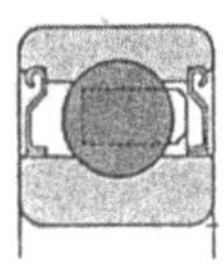
	Neue Bezeichnung	SE ... STFA	SL ... ST4FA	SL ... MD4FA	SL ... ST4YS
	Type. alte Bezeichnung	I-4. SLB-4	I-2. SLB-2	III-2. SLQB-2	II-2. SLPB-2
Eigenschaften	Reinheit (US Fed. St 209)	Klasse 1000	Klasse 10	Klasse 10	Klasse 100
	Korrisionsbeständigkeit			√	
	Niedriges Reibungsmoment		√	√	√
	Wärmebeständigkeit	√	√	√	√
	Vakuum-Betrieb	√	√	√	√
Werkstoffe	Lagerringe	JIS SUS 440C¹⁾	JIS SUS 440C	JIS SUS 630²⁾	JIS SUS 440C
	Kugel	JIS SUS 440C	Glasigamorpher Kohlenstoff (1700 HV)		
	Käfig	Whisker verstärktes ETFE			JIS SUS 304
	Deckscheiben	JIS SUS 304¹⁾ (SUS316L)			
Leistungsfähigkeit	Gebrauchstemperaturbereich	- 100 ... + 200°C			- 100 ... + 400°C
	Drehzahl-Kennwert, $d_m \cdot n$	20 ... 40000			
	Belastung	P < 0,1C	P < 0.05C		
	Umgebung	Atmosphäre...Vakuum (10^{-6} mbar = 10^{-7} Pa)			
	Korrisionsbeständigkeit	ausreichend (Feuchtigkeit, organ. Lösungen, Alkali, Korrosive Gase)		gut (Seewasser, Dünnsaure, Schwefelsäure)	ausreichend
	Typische Anwendungen	Farbspritzkabinen, Förderbänder und Einrichtungen wie für Typen I-2, II-2 und III-2, je nach Belastung	Einrichtungen die sowohl im Vakuum als auch in der Atmosphäre arbeiten, für Chips, Leiterplattennerstellung, CVD, Sputtering	Einrichtungen in Brauereien, Mineralwasser-, Nahrungsmittel-, Pharmacie-Chemie-Betrieben, zum Abfüllen, Reinigen, Beschichten	Einrichtungen für Wärmebehandlungen, Sputtering, sowie solche für Typ I-2, abhängig von der Temperatur

1) Rostfreie Wälzlagerstähle s. S. 181/178 2) Rostfreier Wälzlager-Stahl

29.4.3 Prüfergebnisse

29.4.3.1 Reinheit

Versuchsbedingungen:

SR-Lager SL6002ZZC3 ...	Belastung Fr = 3 N, Fa = 10 N
Selbstschmierung	Raumtemperatur
Drehzahl n = 100min^{-1}	Reinluftzufuhr 8 x 10^{-3}m^3/s
(d_m · n = 2350)	

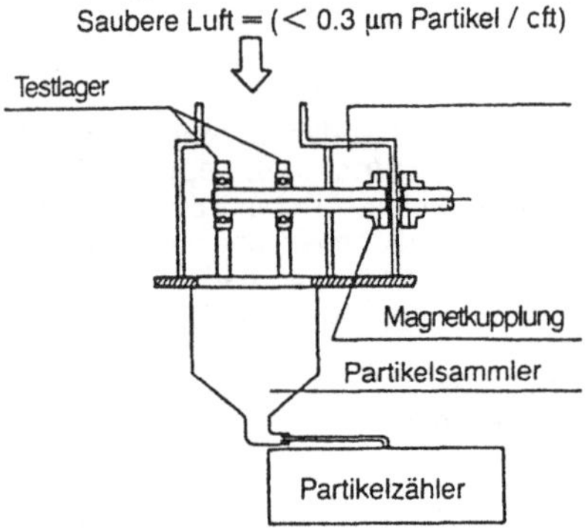

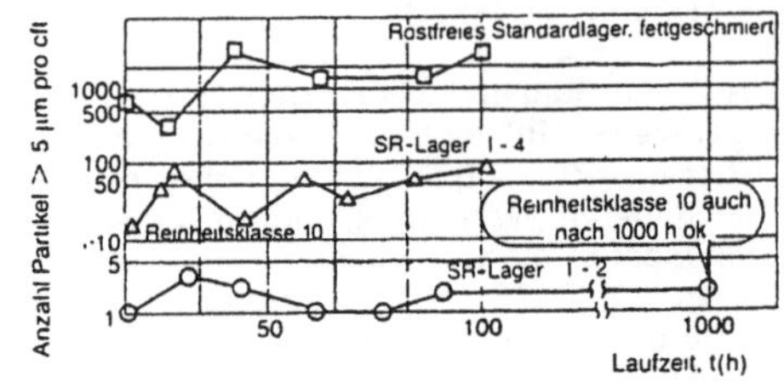

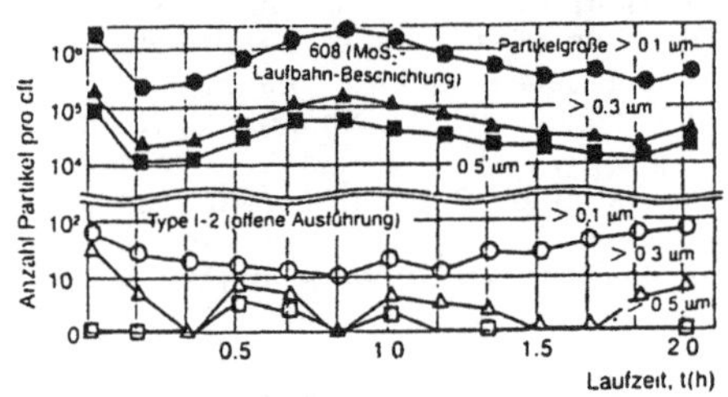

29.5 Koyo-Selbstschmierende Reinraum-(SR-)Wälzlager-Bezeichnungssysteme

Vorsetz- Basis- Nachsetzzeichen

SE 6200 ZZ C3 ST FA PO / 00

- 00: Teil
- /: Geräuschpegel
- PO: Toleranzklasse DIN 620
- FA: Käfigwerkstoffe[4])
- ST: Ring-/Kugel-Werkstoffe[3])
- C3: Lagerluft
- ZZ: Abdichtung[2])
- 6200: Übliches Lagerkurzzeichen
- SE: [1])

Vor- und Nachsetzzeichen

1) Vorsetzzeichen:
SE.......... Lager für nichtatmosphärische Bedingungen
SL .... Selbstschmierende Lager
SLB, SLQB, SLPB } alte Zeichen

2) Abdichtung
ZZ beidseitig abgedichtet = Standard

3) Werkstoffe
Ringe: ST, ST4 nichtrostender Kugellagerstahl SUS 440C
MD4 nichtrostender Kugellagerstahl SUS 630
Kugeln: ST nichtrostender Kugellagerstahl SUS 440C
ST4, MD4 selbstschmierender, amorpher Kohlenstoff

4) Käfigwerkstoff
FA Whiskerverstärkter ETFE (Flourharz)
FB Glasfaserverstärkte PTFE/MoS_2-Komposition
YS Nichtrostender Stahl SUS 304
PG PEEK

29.6 Lieferprogramm – Koyo-(SR-)Wälzlager

SR-Lager — Serie	Hauptabmessungen [mm]			Belastungsgrenzen [N] [1]				Drehzahlgrenzen [2] [min^{-1}]		
				I-		I-2 + III-2				
	d	D	B	Fr	Fa	Fr	Fa	I-4	II-2	I-2, III-2
626ZZC3	6	19	6	33	20	18	8	1600	800	2300
608ZZC3	8	22	7	42	25	23	10	1300	700	2200
6000ZZC3	10	26	8	55	33	31	13	1100	600	2100
6200ZZC3	10	30	9	85	51	34	20	1000	500	2000
6001ZZC3	12	28	8	64	38	36	15	1000	500	2000
6201ZZC3	12	32	10	113	68	45	25	900	500	1800
6002ZZC3	15	32	9	72	436	39	17	900	400	2000
6202ZZC3	15	35	11	126	75	53	29	800	400	1600
6003ZZC3	17	35	10	81	49	42	18	800	400	1900
6203ZZC3	17	40	12	156	93	67	36	700	400	1400
6004ZZC3	20	42	12	114	69	65	26	700	300	1600
6204ZZC3	20	47	14	214	128	89	50	600	300	900
6005ZZC3	25	47	12	126	75	70	29	600	300	1100
6205ZZC3	25	52	15	236	142	97	55	500	300	800
6006ZZC3	30	55	13	160	96	92	37	500	200	900
6206ZZC3	30	62	16	323	194	134	75	400	200	600
6007ZZC3	35	62	14	185	111	119	48	400	200	800
6007ZZC3	35	72	17	349	210	177	100	300	200	500
6008ZZC3	40	68	15	223	134	123	50	300	200	700
6208ZZC3	40	80	18	386	231	202	114	300	200	400

[1]) Maximalwerte gelten für reine Radial- <u>oder</u> reine Axialbelastungen
[2]) Maximalwerte gelten für 1/3 der Belastungsgrenzen

29. 7 Koyo-K-V-SR-Wälzlager-Auswahltabelle

Lagerart und -bauform	Anwendung	Betriebsbedingungen: Druck [mbar]				Temperatur [°C]					Reinheit					Korrosionsbeständigkeit 1)									(Statische) Belastbarkeit, P/C					Drehzahlgrenze. $d_m \cdot n$ [10^6]			
		10^{-7} max.	10^{-5}	10^{-3}	Normal-atmosphäre	- 40	< 150	< 230	< 550	< 800	Klasse 10	Klasse 1000	Antimagnetisch	Elektr. Isolation	Strahlung	Hohe Luftfeuchtigkeit	Leitungswasser	Seewasser	Organisches Lösungsmittel	Schwache Laugen	Konzentrierte Laugen	Schwache Säuren	Leicht aggressive Gase	Trocken-Schmierung	0,003	< 0,01	< 0,03	< 0,2	> 0,2	0,02	0,04	0,1	0,5
K – NC, Vollkeramiklager	Hohe Temp.	X	X	X	O	X	O	O	O	X	X	X	O	O	O	O	O	X	O	X	X	X	X	O	O	O	O	O	O	O	O	O	O
K – NC, Vollkeramiklager	Korrosionsbeständigkeit	X	X	O	O	X	O	O	X	X	X	X	O	O	X	O	O	O	O	O	O	O	O	O	O	O	O	O	O	O	O	O	O
K – 3NC, Teilkeramik-Lager	Hohe Temperaturen	X	X	O	O	O	O	X	X	X	X	X	X	X	X	X	X	X	X	X	X	X	X	O	O	O	O	O	O	O	O	O	10^6
K – 3NC, Teilkeramik-Lager	Hohe Temperaturen	X	X	X	O	O	O	O	O	X	X	X	X	X	O			X	O	X	X	X		O	O	O	O	O	O	O	O	O	10^6
K – 3NC, Teilkeramik-Lager	Korrosionsbeständigkeit	X	X	O	O	O	O	O	X	X	X	X	X	X	X	O	O		O	O	X	Δ	X	O	O	O	O	O	O	O	O	O	O
K – 3NC, Teilkeramik-Lager	Vakuum	O	O	O	O	O	O	O 300	X	X	X	X	X	X	X			X	X	X	X	X		O	O	O	O	O	O	O	O	O	O
V – ST	Normal-Temperatur	O	O	O	X	O	O	O 300	X	X	X	X	X	X	X	X	X	X	X	X	X	X	Δ	O	O	O	O	O	O	O	O	O	X
V – HT	Hoch-Temperatur	O	O	O	X	O	O	O	O	X	X	X	X	X	X	X	X	X	X	X	X	X	X	O	O	O	O	O	O	O	O	O	X
SR – Type, I - 2, I - 4, III - 2	Super-Reinheit	X	X	O	O	O	O 200	X	X	X	O	O	X	X	X	O	Δ	X	O	O	O	X	Δ	O	O	Δ	X	X	X	O	O	X	X
SR – Type, I - 2, I - 4, III - 2	Reinheit	X	X	O	O	O	O 200	X	X	X	X	O	X	X	X	O	Δ	X	O	O	O	X	Δ	O	O	O	O	O	X	O	X	X	X
SR – Type, I - 2, I - 4, III - 2	+ Korrosionsbeständigkeit	X	X	O	O	O	O 200	X	X	X	O	O	X	X	X	O	O	O	O	O	O	Δ	Δ	O	O	Δ	X	X	X	O	O	X	X
SR – II - 2	+ Hochtemperatur	X	X	O	O	O	O	O	O 400	X	X	O 100	X	X	X	O	Δ	X	O	O	O	X	Δ	O	O	O	X	X	X	O	O	X	X

1) 200h-Test

O zulässig, gut Δ bedingt zulässig, mittel X nicht zulässig, schlecht

30 Übersicht der Wälzlagernormen

Die Wälzlager und ihre Teile sind in ihren äußeren, z. Teil auch inneren Abmessungen und Toleranzen in nationalen und internationalen Normen festgelegt. Die wichtigsten „metrischen" Normen wie DIN (Deutschland), ISO (International) und JIS (Japan) stimmen untereinander weitgehend überein und sind hier mit Nummer und Titel aufgelistet.

30.1 Deutsche Wälzlagernormen

Grundnormen

DIN ISO 76	Wälzlager; Statische Tragzahlen
DIN ISO 281 T1	Wälzlager; Dynamische Tragzahlen und nominelle Lebensdauer, Berechnungsverfahren
DIN ISO 355	Wälzlager; Metrische Kegelrollenlager, Maße und Reihenbezeichnungen
DIN 611	Wälzlager, Wälzlagerteile, Wälzlagerzubehör und Gelenklager, Übersicht
DIN 616	Wälzlager, Maßpläne für äußere Abmessungen
DIN 620 T1-T6	Wälzlager, Meßverfahren für Maß- und Lauftoleranzen/Toleranzen für Radiallager/Axiallager/Radiale Lagerluft/Grenzmaße für Kantenabstände (metrische Lagerreihen)
DIN 622 T1	Tragfähigkeit von Wälzlagern; Begriffe Tragzahlen, Berechnung der äquivalenten Belastung und Lebensdauer
DIN 623 T1	Bezeichnungen für Wälzlager
DIN 4000 T12	Sachmerkmal-Leisten für Wälzlager und Wälzlagerteile
DIN 5418	Einbaumaße für Wälzlager (Rundungen, Schulterhöhen)
DIN 5425 T1	Wälzlager, Toleranzen für den Einbau; Allgemeine Richtlinien (Passungen)
DIN ISO 1132	Wälzlager; Toleranzen; Definitionen (Maß-, Form- und Laufgenauigkeit)
DIN 17230	Wälzlagerstähle; Technische Lieferbedingungen
DIN 50281	Reibung in Lagerungen; Begriffe, Arten, Zustände, Größen
DIN 50320	Verschleiß; Begriffe, Systemanalyse, Gliederung
LN 65025	Technische Lieferbedingungen für Wälzlager im Flugwerkbau

Radiallager

DIN 615	(Radial-) Schulterkugellager
DIN 617	Wälzlager; Nadellager mit Käfig, Maßreihen 48 und 49
DIN 618	Wälzlager; Nadellager mit Käfig, Nadelhülsen, Nadelbüchsen
DIN 625 T1-T3	(Radial-) Rillenkugellager, einreihig, ohne Füllnuten, mit kegeliger Bohrung, Ringnut, Deck- und Dichtscheiben; zweireihig, mit Füllnuten
DIN 626 T1-T3	Wälzlager; Rillenkugellager mit kugelförmiger Außenringmantelfläche und verbreitertem Innenring, Spannlager, Gehäuse
DIN 628 T1-T2	(Radial-) Schrägkugellager, einreihig und zweireihig
DIN 630 T1-T2	(Radial-) Pendelkugellager, zylindrische und kegelige Bohrung, breiter Innenring; Innenring mit Klemmhülse
DIN 635 T1-T2	Radial-Rollenlager; (Radial-)Tonnenlager, ein- und zweireihig
DIN 720	Wälzlager; Kegelrollenlager, Gegenüberstellung von DIN- und ISO-Kurzzeichen
DIN 5405 T1	Wälzlager; Nadellager, Radial-Nadelkränze
DIN 5412 T1,4,9	Wälzlager, Zylinderrollenlager, einreihig, mit Käfig, Winkelringe/ Auswahltabelle; zweireihig mit Käfig, zweireihig vollrollig, nicht zerlegbar

30.2 ISO (Internationale) Wälzlagernormen

ISO 281/1	Rolling bearings — Dynamic load ratings and rating life —Part I: Calculation methods
ISO 355	Rolling bearings — Metric tapered roller bearings — Boundary dimensions and series designations
ISO 464	Rolling bearings with locating snap ring — Dimensions
ISO 492	Radial bearings — Tolerances
ISO 578	Rolling bearings — Tapered roller bearings — Inch series —Tolerance classes 4 (normal tolerances), 3,0 and 00
ISO 582	Rolling bearings — Metric series — Chamfer dimension limits
ISO 1002	Rolling bearings — Airframe bearings — Characteristics, boundary dimensions, tolerances, static load ratings
ISO 1123	Tapered roller bearings — inch series — Chamfer dimensions limits
ISO 1132	Rolling bearings — Tolerances — Definitions Bilingual edition
ISO 1160	Rolling bearings for railway axle-boxes — Acceptance inspection
ISO 1206	Needle roller bearings — Light and medium series — Dimensions and tolerances
ISO/DIS 1224	Rolling bearings — Instrument precision bearings (Revision of- ISO/R 1224 — 1971)
ISO 2264	Rolling bearings — Bearings with spherical outside surface and extended inner ring width
ISO 2349	Rolling bearings — Tapered roller bearings — Sub-units —Tolerances — Metric series, normal tolerance class and tolerance class 6 — Inch series, tolerance class 4 (normal tolerance class)
ISO 2982	Rolling bearings — Locknuts, narrow series, and lockwashers with straight inner tab
ISO 2983	Rolling bearings — Locknuts, wide series, and lockwashers with bent inner tab
ISO 3030	Needle roller bearings — Needle roller and cage assemblies — Metric series — Part I: Radial needle roller and cage assemblies — Boundary dimensions and tolerances
ISO 3031	Needle roller bearings — Thrust needle roller and cage assemblies, thrust washers — Dimensions and tolerances
ISO 3096	Needle roller bearings — Needle rollers — Dimensions — Metric series
ISO 3145	Rolling bearings — Bearings with spherical outside surface and extended inner width — Eccentric locking collars
ISO 3228	Rolling bearings — Bearings with spherical outside surface and extended inner ring width — Cast and pressed housings
ISO 3245	Rolling bearings — Needle roller bearings, drawn cup, without inner ring — Metric series — Boundary dimensions and tolerances
ISO 3290	Rolling bearings — Bearing parts — Balls for rolling bearings
ISO 5593	Rolling bearings — Vocabulary Bilingual edition
ISO 5753	Rolling bearings — Radial internal clearance
ISO 6193	Rolling bearings — needle rollers — Tolerances
ISO 6278	Needle roller bearings — Track rollers — Boundary dimensions
ISO 6979	Needle roller bearings — Heavy series — Dimensions and-tolerances
ISO 7063	Needle roller bearings — Track rollers — Tolerances
ISO DIS 8443	Radial ball bearings with flanged outer ring — Flange dimensions

Bemerkung:

ISO/R	ISO-Empfehlung
ISO/DIS	ISO-Norm-Entwurf

30.3 Griechische Schrift, Dezimale Vielfache, Römische Ziffern, Allgemeintoleranzen

Schräge Schrift	*α*	*β*	*γ*	*δ*	*ε*	*ζ*	*η*	*ϑ*	*ι*	*ϰ*	*λ*	*μ*	*ν*	*ξ*	*ο*	*π*	*ρ*	*σ*	*τ*	*υ*	*φ*	*χ*	*ψ*	*ω*
	A	*B*	*Γ*	*Δ*	*E*	*Z*	*H*	*Θ*	*I*	*K*	*Λ*	*M*	*N*	*Ξ*	*O*	*Π*	*P*	*Σ*	*T*	*Y*	*Φ*	*X*	*Ψ*	*Ω*
Senkrechte Schrift	α	β	γ	δ	ε	ζ	η	ϑ	ι	κ	λ	μ	ν	ξ	ο	π	ρ	σ	τ	υ	φ	χ	ψ	ω
	A	B	Γ	Δ	E	Z	H	Θ	I	K	Λ	M	N	Ξ	O	Π	P	Σ	T	Y	Φ	X	Ψ	Ω
Wort	Alpha	Beta	Gamma	Delta	Epsilon	Zeta	Eta	Theta	Jota	Kappa	Lampda	My	Ny	Ksi	Omikron	Pi	Rho	Sigma	Tau	Ypsilon	Phi	Chi	Psi	Omega

Abb. 630 Griechische Schrift, DIN 1453

Faktor	Vorsatz	Zeichen	Faktor	Vorsatz	Zeichen
10^{-18}	Atto	a	10^{1}	Deka	da
10^{-15}	Femto	f	10^{2}	Hekto	h
10^{-12}	Piko	p	10^{3}	Kilo	k
10^{-9}	Nano	n	10^{6}	Mega	M
10^{-6}	Mikro	μ	10^{9}	Giga	G
10^{-3}	Milli	m	10^{12}	Tera	T
10^{-2}	Zenti	c	10^{15}	Peta	P
10^{-1}	Dezi	d	10^{18}	Exa	E

Abb. 631 Dezimale Vielfache und Teile von Einheiten, DIN 1301 (Auszug)

I = 1	VII = 7	XL = 40	IC = 99	DC = 600	M = 1000
II = 2	VIII = 8	L = 50	C = 100	DCC = 700	Beispiele:
III = 3	IX = 9	LX = 60	CC = 200	DCCC = 800	1927 = MCMXXVII
IV = 4	X = 10	LXX = 70	CCC = 300	CM = 900	1980 = MCMLXXX
V = 5	XX = 20	LXXX = 80	CD = 400	XM = 990	
VI = 6	XXX = 30	XC = 90	D = 500	IM = 999	

Abb. 632 Römische Ziffern

Langenmaß, mm

Nennmaßbereich über	bis	Genauigkeitsgrad f fein	m mittel	g grob	sg sehrgrob
ab 0,5	3	± 0,05	± 0,1	± 0,15	
3	6	± 0,05	± 0,1	± 0,2	± 0,5
6	30	± 0,1	± 0,2	± 0,5	± 1
30	120	± 0,15	± 0,3	± 0,8	± 1,5
120	315	± 0,2	± 0,5	± 1,2	± 2
315	1000	± 0,3	± 0,8	± 2	± 3
1000	2000	± 0,5	± 1,2	± 3	± 4
2000	4000	± 0,8	± 2	± 4	± 6
4000	8000		± 3	± 5	± 8
8000	12000		± 4	± 6	± 10
12000	16000		± 5	± 7	± 12
16000	20000		± 6	± 8	± 12

Rundungshalbmesser, mm

Nennmaßbereich über	bis	Genauigkeitsgrad f fein	m mittel	g grob	sg sehrgrob
ab 0,5	3	± 0,2	± 0,2	± 0,2	± 0,2
3	6	± 0,5	± 0,5	± 1	± 1
6	30	± 1	± 1	± 2	± 2
30	120	± 2	± 2	± 4	± 4
120	315	± 4	± 4	± 8	± 8

Winkelmaße*

über	bis	f fein	m mittel	g grob	sg sehrgrob
	10	± 1°	± 1°	± 1°30′	± 3°
10	50	± 30′	± 30′	± 50	± 2°
50	120	± 20′	± 20′	± 25	± 1°
120	400	± 10′	± 10′	± 15	± 30′
400		± 5′	± 5′	± 10	± 20′

Die Nennmaße beziehen sich auf die Länge des kürzeren Schenkels

Abb. 633 Allgemeintoleranzen (Freimaßtoleranzen), Din 7168

30.4 Umrechnungstabelle: Zoll – Millimeter

Zoll [Inches]		Millimeter [mm]	Zoll [Inches]		Millimeter [mm]
			25/64	.390625	9.9219
	.000010	.000254	13/32	.40625	10.3187
	.000020	.000508	27/64	.421875	10.7156
	.000030	.000762	7/16	.4375	11.1125
	.000040	.001016	29/64	.453125	11.5094
	.000050	.001270	15/32	.46875	11.9062
	.000055	.001397	31/64	.484375	12.3031
	.000060	.001524	1/2	.5	12.7000
	.000065	.001651	33/64	.515625	13.0969
	.000070	.001778	17/32	.53125	13.4937
	.000075	.001905	35/64	.546875	13.8906
	.000080	.002032	9/16	.5625	14.2875
	.000085	.002159	37/64	.578125	14.6844
	.000090	.002286	19/32	.59375	15.0812
	.000095	.002413	39/64	.609375	15.4781
1/64	.015625	.3969	5/8	.625	15.8750
1/32	.03125	.7937	41/64	.640625	16.2719
3/64	.046875	1.1906	21/32	.65625	16.6687
1/16	.0625	1.5875	43/64	.671875	17.0656
5/64	.078125	1.9844	11/16	.6875	17.4625
3/32	.09375	2.3812	45/64	.703125	17.8594
7/64	.109375	2.7781	23/32	.71875	18.2562
1/8	.125	3.1750	47/64	.734375	18.6531
9/64	.140625	3.5719	3/4	.75	19.0500
5/32	.15625	3.9687	49/64	.765625	19.4469
11/64	.171875	4.3656	25/32	.78125	19.8437
3/16	.1875	4.7625	51/64	.796875	20.2406
13/64	.203125	5.1594	13/16	.8125	20.6375
7/32	.21875	5.5562	53/64	.828125	21.0344
15/64	.234375	5.9531	27/32	.84375	21.4312
1/4	.25	6.3500	55/64	.859375	21.8281
17/64	.265625	6.7469	7/8	.875	22.2250
9/32	.28125	7 1437	57/64	.890625	22.6219
19/64	.296875	7.5406	29/32	.90625	23.0187
5/16	.3125	7.9375	59/64	.921875	23.4156
21/64	.328125	8.3344	15/16	.9375	23.8125
11/32	.34375	8.7312	61/64	.953125	24.2094
23/64	.359375	9.1281	31/32	.96875	24.6062
3/8	.375	9.5250	63/64	.984375	25.0031

inches / mm		10	20	30	40	50
		254.0	508.0	762.0	1016.0	1270.0
1	25.4	279.4	533.4	787.4	1041.4	1295.4
2	50.8	304.8	558.8	812.8	1066.8	1320.8
3	76.2	330.2	584.2	838.2	1092.2	1346.2
4	101.6	355.6	609.6	863.6	1117.6	1371.6
5	127.0	381.0	635.0	889.0	1143.0	1397.0
6	152.4	406.4	660.4	914.4	1168.4	1422.4
7	177.8	431.8	685.8	939.8	1193.8	1447.8
8	203.2	457.2	711.2	965.2	1219.2	1473 2
9	228.6	482.6	736.6	990.6	1244.6	1498.6

Abb. 634 Umrechnung Zoll in Millimeter. DIN 4892

30.5 Umrechnung Technische Einheiten in SI-Einheiten

		Technisches Einheitensystem (überholt)	SI-Einheiten (Internationales Einheitensystem) Name	Zeichen	Umrechnung
Länge	l	m, mm, µm	Meter	m, mm, µm	1 m = 10^3mm = 10^6µm
Fläche	A	m^2, mm^2	Quadratmeter	m^2, mm^2	1 m^2 = $10^6$$mm^2$
Volumen	V	cm^3, l	Kubikmeter	m^3	1 m^3 = 10^9 mm^3 = 10^6 cm^3 1 l = 10^{-3} m^3
Dichte	ϱ	g/cm^3 (spez. Gewicht)	Kilogramm pro Kubikmeter	kg/m^3	1 kg/m^3 = 10^{-3} Mg/m^3 = 10^{-3} g/cm^3
Masse	m	kp s^2/m	Kilogramm	kg	1 kp s^2/m = 9,81 kg
Kraft	F	kp	Newton	N	1 kp = 9,81 N = 9,81 kg m/s^2 ≈ 10 N
Drehmoment	M	kp m, kp mm	Newtonmeter	Nm	1 kp m = 10^{-3}kp mm = 9,81 N m
Flächenpressung	p_0	kp/mm^2	Pascal	N/mm^2	1 kp/mm^2 = 9,81 N/mm^2
Spannung	σ	kp/mm^2	Pascal	Pa	1 Mpa = 1 N/mm² = 10 bar
Massenträgheitsmoment	Θ	$kpms^2$	Kilogramm-Quadratmeter	kg · m^2	
Zeit	t	s, min, h	Sek., Min., Std.	s, min, h	1 s = 1/60 min = 1/3600 h
Leistung	P	PS	Watt	W	1 PS = 0,7355 kW, 1 kW = 1,36 PS
Druck (Atmosphare)	p	kp/cm^2, at, bar atm, atü, Torr		bar, MPa N/mm^2	1 bar = 1 daN/cm^2, 1 mmWS, ≈ 0,1 mbar = 10^5 Pa = 1,02 kp/cm^2 (at)
Drehzahl	n	1/min	Umdrehungen pro Sekunde/Minute	1/s, 1/min	1/min = 1/60 · 1/s
Frequenz	f	Hz, 1/s, 1/min	Hertz	Hz	1 Hz = 1/s = 60/min
Geschwindigkeit	v	m/s	Meter pro Sekunde	m/s	1 km/h = 0,27778 m/s
Volumenstrom	q	l/min	Kubikmeter pro Sekunde	m^3/s, dm^3/min	1 l/min = 1/60 000 m^3/s = 1 dm^3/min
Winkelgeschwindigkeit	ω	1/s, 1/min	Radiant pro Sekunde	rad/s	2 π rad = 360°
Temperatur	T	°C K	Kelvin Grad Celsius	K °C	1°C ≙ 1 K (°C + 273,16 = K)
Kinematische Viskosität	ν	cSt	Quadratmeter pro Sekunde	m^2/s, mm^2/s	1 cSt = $10^{-6}$$m^2$/s = 1 mm^2/s
Dynamische Viskosität	η	cP	Pascalsekunde	Pa · s	1 cP = 10^{-3} Pa · s = 1 m Pa · s
Energie	E	erg	Joule	J	1 erg = 10^{-7} J
Arbeit	A	kpm	Joule	J	1 J = 1 Nm = 1 Ws
Wärmemenge	Q	kcal	Joule	J	1 cal = 4,188 J = 1,16 · 10^{-6} kWh
Ebener Winkel	α, β	Grad	Radiant Grad	rad	1° = π/180 rad = 0,017453 rad 1° = 60', 1' = 60"
Spezifische Wärmekapazität	c	kcal/kg °C	Joules pro Kilogramm Kelvin	J/kg K	1 kJ/kg K = 0,2388 kcal/kg °C
Wärmeleitfähigkeit	λ	kcal/ m · h · grad	Watt pro Kelvin-Meter	W/Km	1 W/Km = 10^{-2} W/Kcm = 0,8598 kcal/m · h · °C
Wärmeübergangskoeffizient	α	kcal/ m^2 · h · grad	Watt pro Kelvin-Quadratmeter	W/Km^2	1 kcal/m^2 · h · grd = 1,163 W/(m^2 K)

Abb. 635 Umrechnung Technische Einheiten in SI-Einheiten

30.6 Schrifttum - Hinweise

1) Palgren, A., Grundlagen der Wälzlagertechnik 1964 — Frankh'sche Verlagshandlung Stuttgart

2) Eschmann, P., Das Leistungsvermögen der Wälzlager 1964 — Springer-Verlag Berlin/Göttingen/Heidelberg

3) Koyo Ball and Roller Bearings 1982 - Sektion I and II

4) Niemann, G., Maschinenelemente, Band 1 1975 — Springer-Verlag Berlin/Heidelberg/New York

5) Dubbel, Taschenbuch für den Maschinenbau 14. Auflage 1981 — Springer-Verlag Berlin/Heidelberg/New York

6) Klein, M., Einführung in die DIN-Normen 8. Auflage 1980 — Teubner-Stuttgart, Beuth-Berlin/Köln

7) VDI Richtlinie 2226...Festigkeitsrechnung metallischer Bauteile
VDI Richtlinie 3822...Schadensanalyse
VDI Richtlinie 4009...Weibull-Verteilung u. a.
VDI Richtlinie 2234 ... Wirtschaftliche Grundlagen für den Konstrukteur
VDI Richtlinie 2222...Konstruktionsmethodik
Beuth-Verlag Berlin/Köln

Sachwortverzeichnis, deutsch-englisch

In der täglichen Praxis fehlt hier und da das englische Fachwort. Was liegt näher, es hier mit dem Sachwortverzeichnis zu kombinieren? Gleichwertige Bezeichnungen sind durch / Striche getrennt, erklärende Bezeichnungen in ( ) Klammern hinzugefügt.

Handbuch der physikalisch-technischen Kraftmessung

Herausgegeben von Wolfgang Weiler

1993. X, 291 Seiten mit 194 Abbildungen und 22 Tabellen.
Gebunden.
ISBN 3-528-08945-8

Kraftmessung gehört in Industrie und Wissenschaft zu den festen Bestandteilen bei der Ermittlung von Belastungen. Die zu messenden Kräfte reichen von oft nur geringen bis hin zu extremen Belastungen. Dieses Handbuch zeigt bis ins Detail die Probleme der Kraftmessung und deren Lösung auf. Wegen der Häufigkeit der Verbreitung wird den Kraftmeßgeräten mit Dehnungsmeßstreifen die größte Aufmerksamkeit geschenkt. Zusätzlich werden mechanische Geräte behandelt. Aus kompetenter Sicht hat der Herausgeber, in der Physikalisch-Technischen Bundesanstalt (PTB) für die Kraftmessung verantwortlich, den Inhalt für den Anwender zusammengestellt.

Über den Herausgeber: Prof. Dr.-Ing. Wolfgang Weiler ist in der Physikalisch-Technischen Bundesanstalt für das Kraftmeßwesen verantwortlich.

SPRINGER NATURE

GPSR Compliance

The European Union's (EU) General Product Safety Regulation (GPSR) is a set of rules that requires consumer products to be safe and our obligations to ensure this.

If you have any concerns about our products, you can contact us on ProductSafety@springernature.com

In case Publisher is established outside the EU, the EU authorized representative is:

Springer Nature Customer Service Center GmbH
Europaplatz 3
69115 Heidelberg, Germany

Zeitfracht Medien GmbH
Ferdinand-Jühlke-Straße 7
99095 Erfurt, Deutschland
produktsicherheit@kolibri360.de